유기합성화학

공학박사 정평진 편저

東明社

이 연구는 2005학년도 단국대학교 대학연구비의
지원으로 연구되었음

유기합성화학

초판 발행 2008년 2월 20일
초판 2쇄 발행 2021년 3월 26일

편저자 정평진
펴낸이 최국주
펴낸곳 동명사
출판등록 1950년 11월 1일(제1-76호)
주소 (우 10881) 경기도 파주시 회동길 50(문발동)
전화 031-955-7200(대표)~2, 7203(편집부), 7204(물류)
팩스 031-955-7205
전자우편 webmaster@dmsbook.com
홈페이지 www.dmsbook.com

ISBN 978-89-411-4127-3 93570
값 26,000원

머리말

Preface

유기화합물의 종류는 너무나 많기 때문에 그들의 반응종류도 다종다양함을 알 수 있다. 그러나 유기전자론이나 반응메카니즘의 지식을 이용하면 다수의 유기반응을 체계화시킬 수 있으며, 비교적 적은 지식의 기억으로 다수의 유기반응을 이해할 수 있으리라고 생각할 수 있다. 더욱, 이들의 지식을 충분히 이해하고 있으면 유기반응의 최적조건의 검토도 용이하며, 따라서 새로운 유기화합물의 합성에도 많은 도움이 되리라고 생각한다.

유기화학은 가르치는 입장이든 또는 배우는 입장이든 학문의 영역 중에서 그다지 쉽지 않은 학문이다. 왜냐 하면 유기화합물은 종류도 많고 유기반응도 복잡하고 너무나 범위가 넓기 때문이다. 유기화학의 가장 어려운 곳은 기초입문부분이라고 누구나 생각하고 있지만, 일단 학생들이 유기화학을 계통적으로 배우고, 반응메카니즘을 이해하면서 진행하면 어려움도 차츰 해결되리라고 생각한다.

본서는 유기화학반응의 본질을 계통적으로 몇 개의 종류로 분류해서 학생들이 보다 쉽게 이해할 수 있도록 정리한 것에 그 특징이 있다. 즉, 유기화학반응을 쉽게 이해할 수 있도록 필요한 기본개념을 설명한 후, 그의 반응메카니즘을 개략적으로 설명하는데 주안점을 두고 있다.

본서는 12장으로 분류되어 있으며, 각각의 장에는 그것에 관련된 연습문제를 게제했지만, 그중에는 본문 중에 누락된 필요한 지식을 보충하는 의미로서 취급했다. 또한 더욱 고급이라고 생각되는 문제에 대해서는 *표를 붙여서 독자들에게 도움을 주려고 노력했다. 일반적으로 문제의 해답은 될 수 있는 한 상세히 설명했지만, 반응메카니즘에 대해서는 처음에 설명한 것과 같이 확정적이다라고는 한정할 수 없다. 이 점에 대해서 독자들은 오해 없길 바란다.

본인은 학식이 천박한 자로서 본서의 내용중 뜻이 잘 통하지 않는 곳도 적지 않으리라고 생각되는 바, 독자여러분의 아낌없는 충고를 바라마지 않는 바이다.

끝으로 본서의 필요성을 인식하고 강력히 권고해주신 선후배 및 동료교수들, 원고를 타이핑 해 준 신소재공학과 학생들과 원고를 정리해 준 김연갑 군에게 감사드리며 또한 출판을 기꺼이 허락해 주신 동명사 여러분들에게 심심한 사의를 표하는 바이다.

2006년

천안(안서호반에서) 정평진

개정판을 내면서

유기화합물은 종류가 많기 때문에 그들의 반응종류도 다종다양하다. 유기합성화학이 출간된 이래, 내용상 부족한 양자화학, 일상생활에 관련된 유기화합물과 고분자화합물, 유기화합물의 구조결정법을 보충하게 되었다.

끝으로 본서의 개정의 필요성을 인식하고, 강력히 권고해 주신 선후배 및 동료 교수들과, 개정판을 기꺼이 허락해 주신 동명사 여러분들에게 심심한 사의를 표하는 바이다.

2008년

천안(안서호반에서) 정 평 진

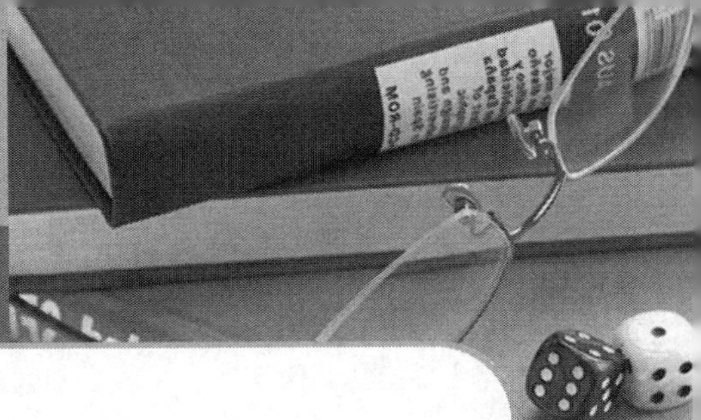

목차

content

제 1 장 유기반응의 형식

제 2 장 산과 염기

제 3 장 이온적 부가반응

목차 content

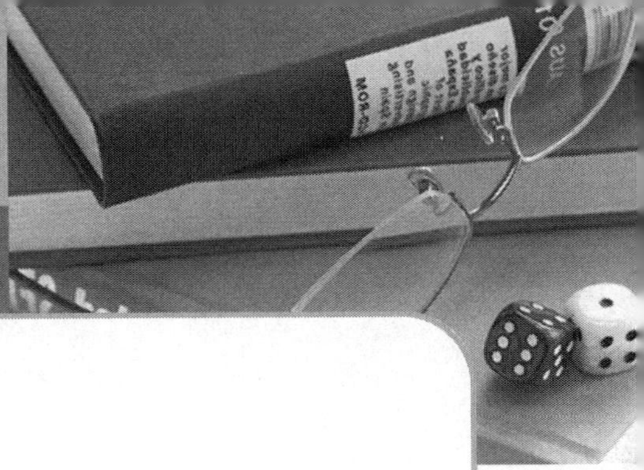

목차
content

목차 content

목차

content

목차 content

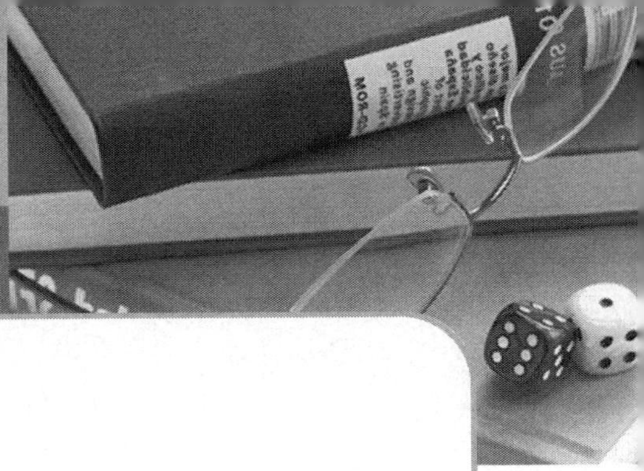

content 목차

목차 content

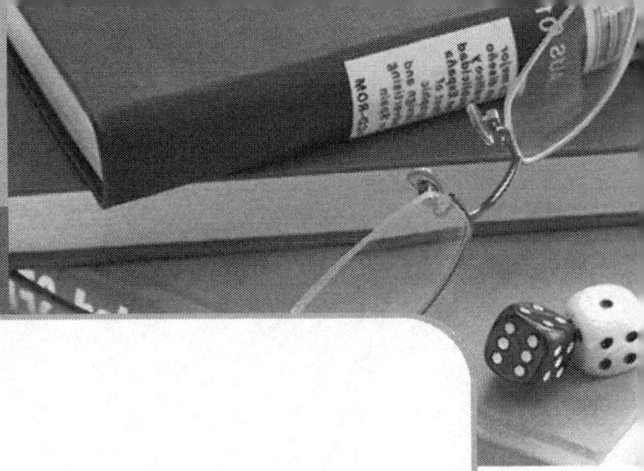

content 목차

01 유기반응의 형식

1-1. 기본개념

유기반응은 유기분자내의 전자분포의 이동에 의한 결합의 생성과 개열에 의하여 일어나는 원자의 조합을 취급하고 있기 때문에, 가장 먼저 단일결합의 개열에 대해서 설명하기로 한다.

$$X\!:\!Y \longrightarrow X\cdot + Y\cdot \quad \text{라디칼개열} \tag{1}$$

$$X\!:\!Y \longrightarrow X^{+} + Y\!:^{-} \quad \text{이온개열} \tag{2}$$

단일결합, X : Y의 개열에는, 생성하는 X, Y가 전자를 1개씩 보유하는 라디칼개열(homolysis)과, 어떤 한쪽이 2개의 전자를 보유하는 이온개열(heterolysis)이 있다. 이것은 반응시약이 단일결합인 X : Y를 개열시키는 경우에도 마찬가지이다.

$$X\!:\!Y + Z\cdot \longrightarrow X\!:\!Z + Y\cdot \tag{3}$$

$$X\!:\!Y + Z\!: \longrightarrow X\!:\!Z + Y\!: \tag{4}$$

$$X\!:\!Y + Z \longrightarrow X\!:\!Z + Y \tag{5}$$

(3)식은 Z · 에 의한 라디칼적 치환반응이다. (4)식은 음이온 혹은 고립전자쌍을 갖는 시약(Lewis염기)이 분극한 단일결합에 친핵적으로 공격하여 치환반응을 일으키는(nucleophilic substitution) 경우로서, 이 때의 Z를 친핵시약(nucleophile)이라고 말한다. (5)식은 음이온이나 전자쌍을 받아들일 수 있는 시약(Lewis산)이 분극한 단일결합에 친전자적으로 공격하여 치환반응을 일으키는(electrophilic substitution) 경우로서, 이 때의 Z를 친전자시약

(electrophile)이라고 말한다. (1), (3)식 등의 라디칼반응에 대한 설명은 10장으로 미루고, 여기서는 이온반응에 기여하는 요소에 대해서 설명하기로 한다.

(i) 단일결합의 영구분극(permanent polarization, I_S)

(ii) 단일결합의 분극율(polarizability, I_D)

(iii) 공명

{ (mesomerie, M) : 원계의 안정회에 기여
(electromerie, E) : 이중결합 혹은 공액계의 반응시, 가성적 분극에 기여

(iv) 초공액(hyperconjugation, H)

(v) 입체효과(steric effect)

(vi) 용매효과(solvent effect)

이들의 요소의 내용은, 그 명칭에 따라서 간단히 설명하기로 한다.

1-1-1. 단일결합의 영구분극

단일결합의 영구분극, 즉 정적 유도(induction-static, I_S)는 다른 원자간의 공유결합에서는 항상 일어난다. 즉, 원자핵의 정전하는, 형식적으로는 전자에 의하여 중화되어 있지만, 전자의 핵전하에 대한 차폐효율이 외각전자로 갈수록 감소하기 때문에 각각의 원자는 서로 다른 부분정전하를 가지게 된다.

따라서 다른 원자간에 공유결합이 생성하는 경우에는, 공유전자쌍에 치우침이 발생하여 부분적 이온성이 형성된다. 원자나 원자단이 탄소원자와 결합하고 있는 경우, 공유전자쌍과 탄소원자의 거리가, 표준으로 취한 탄소-탄소결합에 있어서 공유전자쌍과 탄소와의 거리보다도 커지면, 그의 원자나 원자단은 전기적 음성($-I_S$) 혹은 전자흡인성이다라고 정의되며, 반대로 그 거리가 작아지면, 그의 원자나 원자단은 전기적 양성($+I_S$) 혹은 전자공여성이라고 말한다.

치환기의 전자흡인성의 순서

$$R_3C-I < R_3C-Br < R_3C-Cl < R_3C-F$$

$$R_3C-CR_3 < R_3C-NR_2 < R_3C-OR < R_3C-F$$

$$R_3C-Na < R_3C-MgX$$

1-1-2. 단일결합의 분극율

단일결합의 분극율(induction-dynamic, I_D)의 척도는 단위전하가 변했을 때의 공유전자쌍의 이동으로 동적 유도를 나타낸다. 분극율이 영구분극과 다른 점은, 전하가 제거되면 전자가 재차 원래의 위치로 되돌아오는 것이다. 분극율은 반응에 있어서는 영구분극보다도 중요한 요소라고 생각된다.

결합분극율의 감소순서

$$C-I > C-Br > C-Cl > C-F$$

$$C-C > C-N > C-O > C-F$$

1-1-3. 공 명

공명(mesomerie, resonance)의 원리는 "어떤 화합물에 있어서, 원자핵의 위치가 변하지 않고, 그 전자쌍의 분포만을 변화시켜 2개 혹은 그 이상의 다른 식으로 표시되는 혼성체로서, 실제의 화합물은 어떤 한 개의 극한구조식으로부터 기대되는 것보다도 안정하다". 공명에 있어서 문제로 되는 것은, 어떤 종류의 공명구조식을 선택할지, 또는 이들의 기여의 크기는 어느 정도일지라고 하는 것에 대해서는 거의 대부분 화학적 직관에 의지할 수밖에 없는 것이다. 다음에 그의 판단자료를 나타낸다.

(1) 동일원자 골격 상의 전자쌍이동을 의미하기 때문에, 호변이성체는 공명구조의 일종이 아니다.

(2) 다른 원자가 다중결합을 이루고 있을 때는, 항상 이온화한 구조의 기여가 있다. 전기음성도가 큰 쪽의 원자가 음전하를 띤다. 예로서 나타내면,

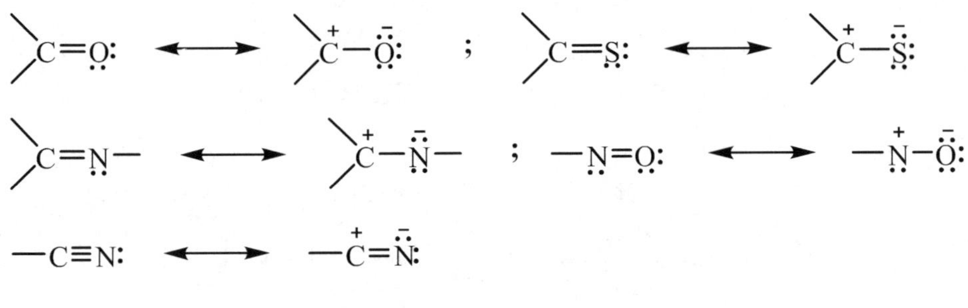

(3) 고립전자쌍을 갖는 원자가 탄소-탄소 이중결합에 결합할 때는, 항상 고립전자쌍은 그 원자가 결합하고 있는 탄소원자와 이중결합을 형성하려고 한다. 예를 들면,

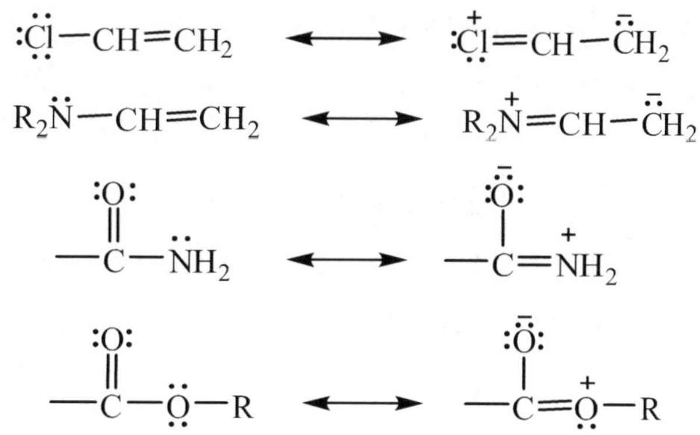

(4) 공액계가 존재할 때는, 항상 부분이중결합의 생성을 가능하게 하는 것과 같은 공명구조의 기여가 있으며, 이 효과는 모두 공액계에 전달된다.

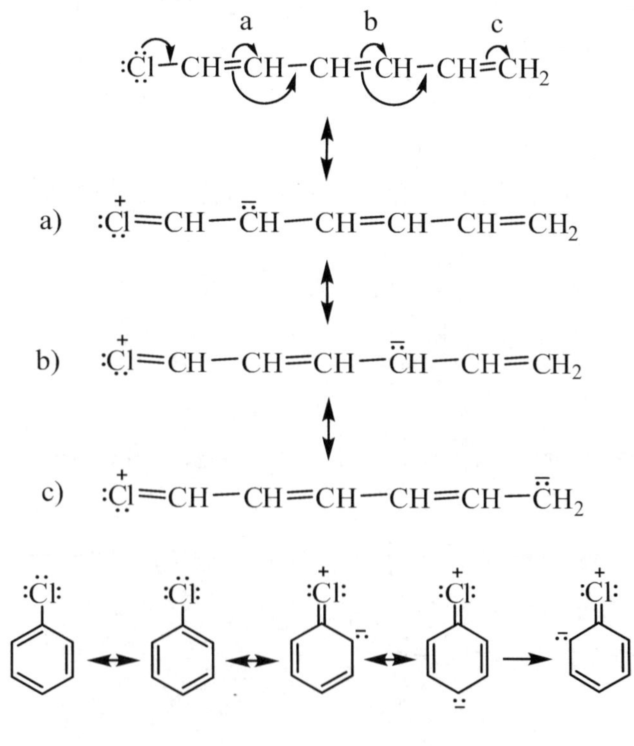

염소는 정전적으로는 전자흡인성($-I_S$)이지만, 공명효과로서는 전자공여성(+M)이다. 상대적 강도는, $I_S > M$이다.

(5) (2)에서 설명한 기가 이중결합과 공액할 때는, 항상 양성원자와 부분이중결합을 생성하는 것과 같은 이중결합의 분극형만이 공명에 기여한다.

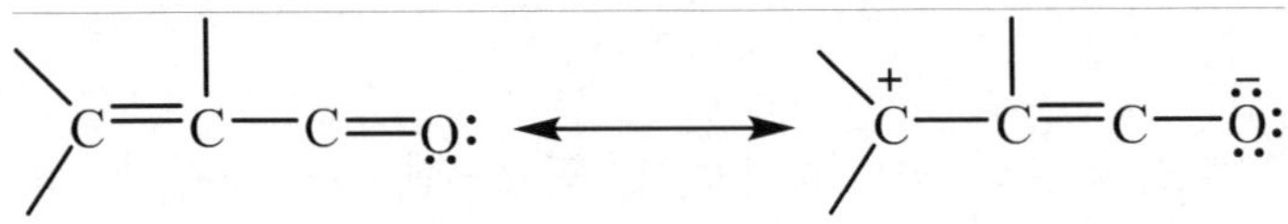

(6) 평면성을 파괴하는 입체효과는 공명을 저해하며, 평면성을 증대하는 효과는 공명을 조장한다.

공명효과(M)는 원계에 있어서 안정성을 설명하는 것이지만, 반응할 때에 전하의 이동이 일어나면, 이중결합 혹은 공액계에 유도되는 전자이동은 단일결합의 분극율에 유래하는 것보다도 훨씬 크다라고 생각되며, 그 효과는 공명구조와 유사한 방법으로 표시된다. 이 반응할 때의 가성적인 전자이동을 E효과라고 말한다. 예를 들면, 염화비닐에 있어서는, 원계에 있어서,

의 기여가 있지만,

H^+ 이 접근하면	$\overset{+}{Cl}=CH-\overset{-}{C}H_2\text{---}H^+$
OH^- 이 접근하면	$H\overset{-}{O}\text{---}\overset{+}{Cl}=CH-\overset{-}{C}H_2$

양쪽 모두 공명형으로 표시되는 전자이동이 조장된다. 이 H^+ 혹은 OH^-의 접근에 의하여 조장된 분량에 상당하는 전자이동이 E효과이다. 다른 원자로부터의 전자공여의 난이는, 단일결합의 분극율에 비례할 것이다.

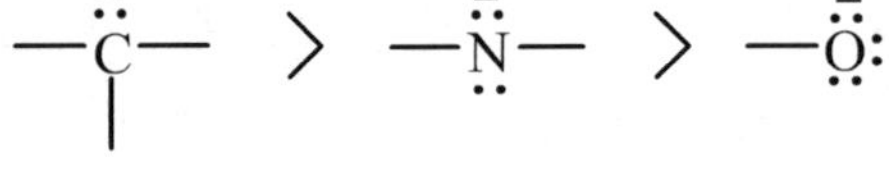

이중결합의 분극의 용이한 순서는 반대이다.

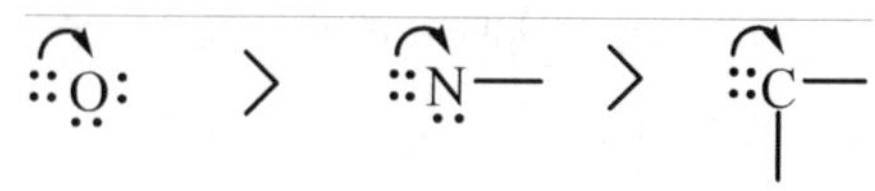

1-1-4. 초공액

초공액은 C-H결합을 함유한 공액효과로서, 탄소-탄소 이중결합, 벤젠환, 카르보닐기 등의 α 위치에 있는 C-H결합이 이들의 계에 대해서 R_2N-이나 R-O-와 같이, 고립전자쌍을 제공하는 형식으로 공액에 관여하는 경우를 말한다. 초공액에 대한 알킬기의 효과의 순서는

$$CH_3 > CH_3CH_2 > (CH_3)_2CH > (CH_3)_3C$$

로서, +I효과와 반대의 순서이다. +I효과와의 분리는 곤란하며, 현재도 의론하고 있지만, 2-펜텐에의 염화수소가 부가한 주생성물은 2-클로로펜탄으로서, I효과로부터의 예상과 반대이고, 또한 t-부틸양이온의 안정성에 대해서도 초공액이 기여하고 있다라고 생각된다.

1-1-5. 입체효과

원자 또는 원자단이 서로 접근하면, 일반적으로 커다란 교환반발력이 작용하여 입체효과가 발생한다. 원자 또는 원자단이 너무나 접근하고 있기 때문에, 분자내에 있어서 정상적인 원자가의 방향성이 틀어지기도 하고, 결합주위의 자유회전이나 공명이 방해되는 것을 입체장해라고 말한다. 이 크기는 문제가 되는 원자단간의 van der Waals 반경의 겹침에 의하여 어느 정도 판정할 수 있다. 더욱, 반응시에 있어서도, 반응중심에 접근하여 존재하는 치환기의 형상이나 크기가 반응성에 영향을 미치는 경우가 있으며, 이 효과가 반응을 방해하는 것과 같이 작용하는 경우는, 분자내와 마찬가지로 입체장해라고 말하며, 반응을 촉진하는 경우는 입체가속이라고 말한다.

1-1-6. 용매효과

무극성 용매중에 있어서는 기상의 경우와 반응속도에 차이가 없는 경우도 있지만, 일반적으로 극성용매중에 물질을 용해시키면, 용질의 극성에 따른 용매화를 받아 안정화된다.

동일의 반응을 유전율이 다른 용매 중에서 행하면, 원계에 있어서 용매화와, 전이상태에 있어서 용매화에 의한 안정화에 차이가 있기 때문에 반응속도가 변한다. 이온반응쪽이 라디칼반응보다도 전이상태에 있어서 전하분리가 크기 때문에, 용매효과가 현저하다. 극성만으로 한정하지 않고, 용매와 용질에는 특이한 상호작용도 많으며, 용매효과는 반응에 복잡한 영향을 미친다.

1-1-7. 결합에너지와 전기음성도

하나의 유기반응에는 많은 요소가 기여하고 있으며, 이들 중 어떤 것은 서로 반대방향으로 작용하기 때문에, 그의 해석 및 평가는 매우 곤란하며, 현재는 거의 대부분의 경우 불가능하다. 그러나 기지의 많은 유기반응을 정리하고 분류하여, 전자론, 유기반응메카니즘을 기초로 하여 이들을 해석하면 어느 정도의 확실한 미지의 반응을 예상할 수 있다.

이들의 기본적인 자료는 결합에너지와 전기음성도이다. 2원자분자인 A_2, B_2 및 AB의 결합에너지를 D(A−A), D(B−B) 및 D(A−B)(kcal/mol)로 나타내면, △에 의하여 A−B의 추가된 이온적인 안정화를 나타낼 수 있다.

$$\varDelta = D(A-B) - \frac{1}{2}\{D(A-A) + D(B-B)\} \qquad (6)$$

원자A 및 B의 전기음성도를 χ_A및 χ_B라고 하면

$$\chi_A - \chi_B = \sqrt{\varDelta/23.06} = 0.208\sqrt{\varDelta} \qquad (7)$$

다수의 결합에너지를 전자볼트(1eV=23.06kcal/mol)로서 나타내는 수치를 사용하여, 각 원소 고유의 전기음성도를 구할 수 있다. 원자의 이온화에너지는 A → A^++e^-로 되는 반응의 에너지로서 원자 및 양이온이 전자를 끌어당기는 경향의 평균이라고 생각된다.

전기 음성도와, 이들의 이온화에너지와 전자친화력의 합 간에는 비례관계가 있음을 나타내고 있다. 즉, 전기음성도는 안정한 분자내에 있어서 중성원자가 전자를 끌어 당기는 척도로서, 결합 A−B에 대해서는, 양쪽 원자의 전기음성도의 차이로부터 결합의 이온성을 평가할 수 있다. 결합의 이온성에 기여하는 요소는 I_S와 M효과이고, 이들은 같은 방향으로 작용한다라고 한정할 수 없지만, 이들의 효과의 중첩성이 전기음성도에 의하여 평가되는 것이다. 표 1−1에 결합에너지와 전기음성도의 값을 나타낸다. 반응에 있어서는 I_D와 E효과의 기여쪽이 크지만, 이들의 평가는 매우 곤란하며, 원계에 있어서 효과로부터 추측

하는 것이다.

표 1-1 단일결합의 결합에너지(kcal/mol, 25℃)*

H	C	N	O	F	Si	P	S	Cl	Br	I		χ
104	99	93	111	135	70	76	81	103	88	71	H	2.1
	83	70	84	105	69		62	79	66	57	C	2.5
		38	53	65				48			N	3.0
			33	44	88			49	48		O	3.5
				37	129		71	61	61		F	4.0
					42		54	86	69	51	Si	1.8
						51		79	65	51	P	2.1
							51	60	51		S	2.5
								58	52	50	Cl	3.0
									46	43	Br	2.8
										36	I	2.5

χ : 전기음성도

* L.Pauling : "The Nature of the Chemical Bond", Chapter 3, Cornell Univ. Press. Ithaca, New York(1960).

1-2. 반응메카니즘

1개의 반응에 있어서 원계로부터 생성계로 변하는 과정에서 각 원자의 위치, 전자이동의 방향 각종의 변화가 일어나는 속도 등을 상세히 밝히는 것이 반응메카니즘을 결정하는 것이지만, 그 현상에 대해서는 간단한 유기반응일지라도 우리들의 지식은 상당히 부족하다. 1개의 반응에 다수의 메카니즘이 생각되는 경우가 많으며, 그 가능성을 검증하는 방법을 고안하여, 모든 검토에 노력하면서 진실한 반응메카니즘에 접근하는 것이다. 다음에 이들을 검토하는 경우의 요점을 열거한다.

(1) 생성물을 정량적으로 설명할 것. 이것은 당연하지만, 생성물의 구조이성, 기하이성, 광학이성 및 동위체표지법을 이용한 실험결과도 만족하게 설명하는 것은 그리 쉬운 것이 아니다. 예를 들면, 올레핀에 대한 브롬의 부가는 트란스부가이지만, 그의 메카니즘은 아직 충분히 설명되어 있다라고는 말할 수 없다.

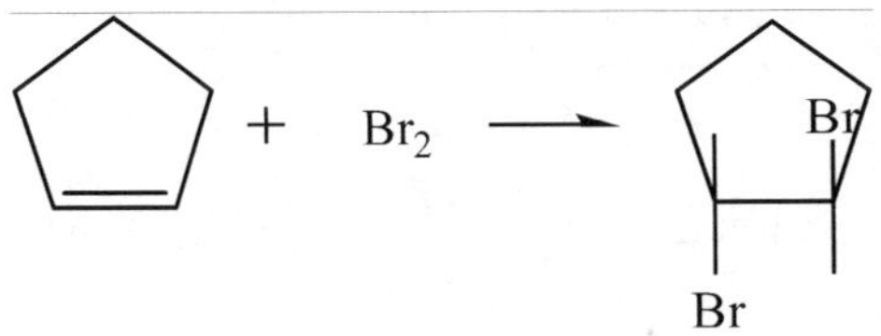

(8)

카르보닐기의 산소를 ^{18}O로써 표지한 치환과산화벤조일과 트리n-부틸포스핀의 반응에 의하여 생성하는 치환 무수벤조산중의 ^{18}O의 분포는 (9)식과 같다(O^*는 ^{18}O를 나타낸다).

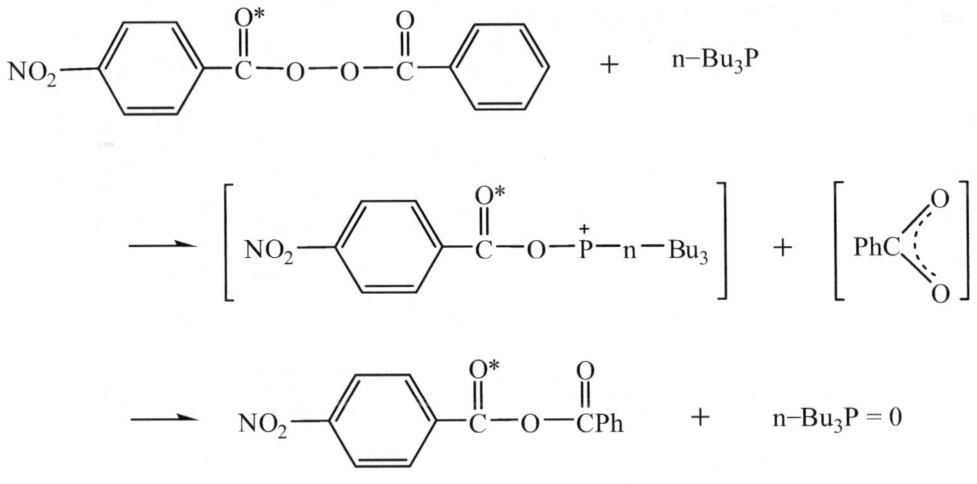

(9)

(2) 반응중간체를 가정했을 때는, 물리적 수단 등에 의하여 관찰하든지, 혹은 불안정 중간체로서 단리하면 좋지만, 아무튼 생성물을 정확히 설명하지 않으면 안 된다. 반응중간체를 가정함으로써, 이것을 확인하기 위한 물리적, 화학적 수단을 고려할 수 있기 때문에, 이들의 검토에 노력하지 않으면 안된다. 이들의 과정에 의하여 더욱 확실한 반응중간체를 검증할 수 있다.

(3) 반응메카니즘은 반응조건의 변화, 즉 용매효과, 첨가물의 영향, 산-염기촉매의 작용 등을 설명하지 않으면 안 된다.

(4) 반응메카니즘은 속도론적 검토에 노력하지 않으면 안된다. 반응차수는 원칙적으로 율속단계에 관여하는 분자수와 같기 때문에, 이것은 중요하다. 온도변화로부터 얻어지는 활성화 엔탈피 및 엔트로피의 대소, 부호 및 치환기효과, 동위체효과 등의 결과를 설명하지 않으면 안 된다.

1-3. 생략 기호표

본서에 있어서 사용되고 있는 생략기호(양을 나타내는 것은 제외)를 여기에 정리해 둔다.

‖표 1-2‖ 생략기호표

생략기호		생략기호	
Ac	아세틸기(CH_3CO)	Ph	페닐기(C_6H_5)
t-Am	tert-아밀기($C_2H_5(CH_3)_2C-$)	Pr	프로필기(C_3H_7)
Ar	아릴기	R	알킬기 또는 일반치환기
B	염기	S	기질, 제4장에서는 용매
Bs	$p-BrC_6H_4SO_2$	Ts	$p-CH_3C_6H_4SO_2$
Bu	부틸기(C_4H_9)	X	할로겐원자 또는 일반치환기
E	친전자시약	Y	일반치환기
Et	에틸기(C_2H_5)	Δ	가열
Hal	할로겐원자	*	동위체표지 또는 비대칭원자를 나타낸다
Me	메틸기(CH_3)	┼	t-부틸기
P	생성물. 제10장에서는 과산화물		

연습문제

01 다음 분자의 구조식을 쓰고 원자가전자를 모두 도시하여라.

a) 염화수소　　b) 황화수소　　c) 이산화탄소
d) 질산　　e) 일산화탄소　　f) 시안화수소
g) 브롬　　h) 질소

02 다음 각 화합물의 탄소-탄소의 결합길이는 얼마인가?

a) 에탄　　b) 에틸렌　　c) 아세틸렌

03 다음의 원자 또는 이온의 구조를 표시하여라.

a) 수소원자　　b) 탄소원자　　c) 플루오르원자
d) 플루오르이온　　e) 헬륨원자　　f) 네온원자
g) 산소원자　　h) 질소원자

04 다음 각 화합물의 형식전하를 산출하여라.

a) 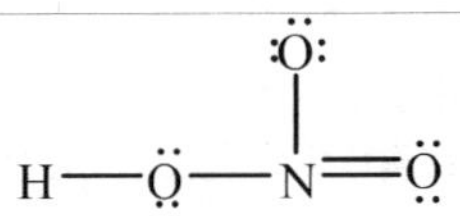

b) 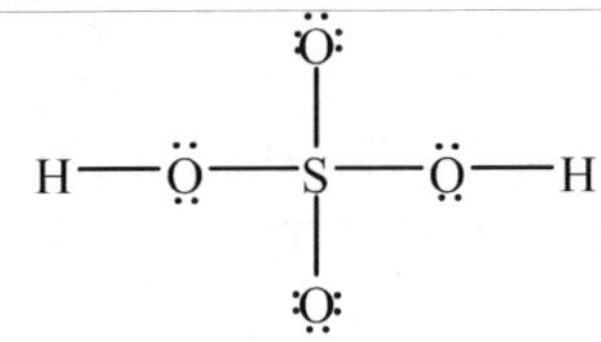

c) 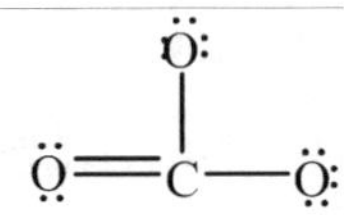

d) 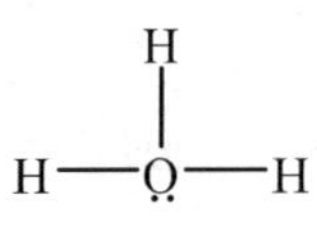

e) 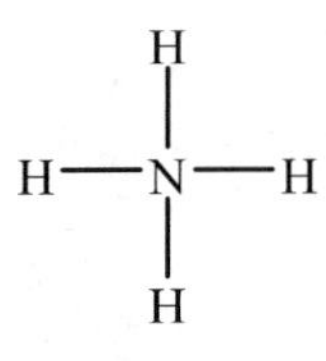

f) 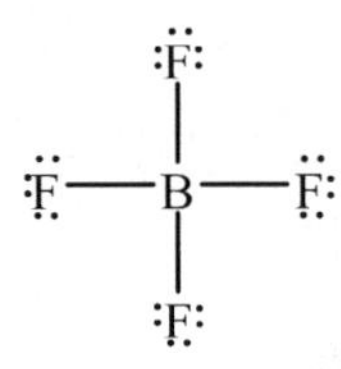

05 어떤 화합물 1.37g을 기화시키면 99℃, 740mmHg에서 420ml로 된다. 분자량을 구하라.

06 다음 화합물의 백분율 조성을 계산하여라.

a) C_2H_6O　　b) $C_3H_8O_3$
c) $C_4H_{10}O$　　d) C_8H_9ON

07 C 92.3%, H 7.7%로 형성되는 액체 0.2g은 99℃, 740mmHg에서 80.5ml의 기체로 변한다. 이 화합물의 분자식을 구하라.

08 C, H, O로 형성되는 물질을 분석하여 다음과 같은 결과를 얻었다. C, H, O의 백분율 조성, 실험식 및 분자식을 구하라.

09 C, H, O, N으로 형성되는 물질의 분석치는 다음과 같다. 이 물질의 분자식을 구하라.

C 64.08%, H 4.60%, N 4.68%, 분자량 약 300

10 C_9H_{14}의 탄화수소를 접촉수소첨가하였던 바 2몰의 수소를 흡수 했다. 분자 중에 몇 개의 환(고리)이 존재할까?

11 1염기산 100mg을 중화하는데 1/10N NaOH 9ml을 필요로 했다. 또한 그의 분석치는 다음과 같았다. 분자식을 구하라.

C 65.50%, H 5.41%

12 어떤 물질 3.102mg을 분석하여 질소가스 0.316cc(0℃, 760mmHg)를 얻었다. 다음의 분자식 중에서 정확하다라고 생각되는 것은 무엇일까?

a) $C_{13}H_8O_2N_2$　　b) C_6H_8ON　　c) $C_{12}H_{11}O_9N_3$

13 다음에 표시하는 각 분자의 쌍극자모멘트(괄호내 단위D)로부터 분자의 구조와 극성과의 관계를 설명하여라.

a) CH_4(0)　　b) CH_3Cl(1.86)　　c) $CHCl_3$(1.15)
d) CCl_4(0)　　e) H_2O(1.84)　　f) CO_2(0)
g) NH_3(1.46)

14 유기화합물이 물에 잘 용해하는 경우, 이 화합물은 어떤 구조의 것이라고 생각되는가?

15 다음 화합물의 간략화한 전자식을 쓰고, 고립전자쌍 및 형식전하가 있으면 그들을 표시하여라.

a) CH_3ONO b) CH_2N_2 c) CH_3COONa
d) $C_2H_5NO_2$ e) CH_3SO_3H

16 다음의 주어진 분석치로서 물질의 실험식을 구하라.

a) C 62.80 : H 6.70 b) C 67.38 : H 3.75 : N 7.49
c) C 69.12 : H 4.19 : Cl 11.35 (힌트 : 산소의 %에 주의할 것)

17 기체화합물이 있다. 원소분석의 결과 C 24.25 : H 4.05 : Cl 71.80의 값을 얻었다. 이 기체 1ℓ의 110℃, 760mmHg에 있어서 중량은 3.14g이었다. 이 기체의 분자식을 구하라.

18 다음 분자식의 어떤 것이 정확하며 어떤 것이 잘못인가?

a) $C_{10}H_{22}O$ b) $C_{20}H_{41}$ c) $C_{14}H_8O_4$
d) $C_{21}H_{31}O_3$ e) $C_{21}H_{31}O_3N$ f) $C_8H_{14}ON$
g) $C_{20}H_{32}OSN_2$ h) $C_{10}H_{20}Br_3$ (힌트 : 각 원자의 원자가에 주의할 것)

19 $C_2H_4Br_2$에는 2개의 이성체가, 또한 $C_2H_3Br_3$에도 2개의 이성체가 있다. 이들의 이성체의 구조식을 써라.

20 다음의 A그룹에 표시하는 구조식의 화합물은 분류상 B그룹의 어느 것에 속하는가?

A :
1) $CH_2=CHCOOH$ 2) $NH_2CH_2CH_2COOH$ 3) 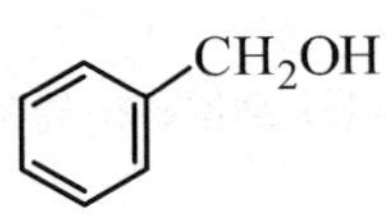

4) 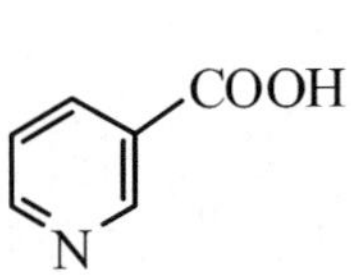 5) 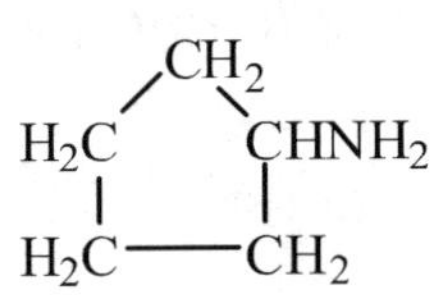 6) 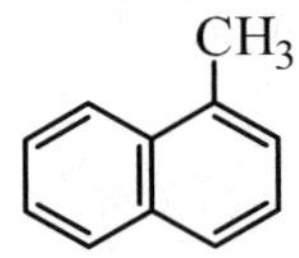

B : a) 지방족화합물 b) 지방족고리화합물 c) 방향족화합물
d) 헤테로고리화합물 e) 탄화수소 f) 알코올

g) 카르복시산　　h) 아미노산　　i) 불포화카르복시산

21 다음의 4종류의 화합물에 대해서 아래의 물음에 답하여라.

a) $CH_3CH=CHCH_3$　　b) CH_3NO_2

c) CH_3OH　　d) CH_3COOH

1) 각각의 전자식을 써라

2) 각 탄소원자의 결합이 sp^3, sp^2, sp 혼성의 어느 것인지를 설명하여라.

3) 기하이성체가 있는 것은 어떤 것인가?

22 다음에 예를 든 관능기 a)~e)에 대해서 물음에 답하여라.

a) $-OH$　　b) $-COOH$　　c) $-NH_2$

d) $-SO_3H$　　e) $-CH=CH_2$　　f) $-CN$

1) 각각의 관능기명을 써라.

2) 화합물에 수용성을 제공하는 것을 선택하라.

3) 화합물에 산성을 제공하는 것을 선택하라.

4) 화합물에 중합성을 제공하는 것을 선택하라.

5) 화합물에 염기성을 제공하는 것을 선택하라.

23 다음의 반응은 친핵반응, 친전자반응 중 어느 것인가?

a) 할로겐화알킬의 가수분해

b) 벤젠의 혼산에 의한 니트로화

c) 피리딘과 소듐아미드의 반응

d) 에틸렌에 브롬의 부가

e) 페놀에 아질산의 작용

24 다음의 화합물의 물에 대한 용해성을 추정하고, 그 이유를 설명하여라.

a) $C_{10}H_{21}COOH$　　b) $CH_2OH-CH(OH)-CH_2OH$

c) C_4H_9OH　　d) $C_2H_5OC_2H_5$　　e) CH_3NH_2

f) NH_2CH_2COOH　　g) CH_3CHO　　h) C_6H_5COOH

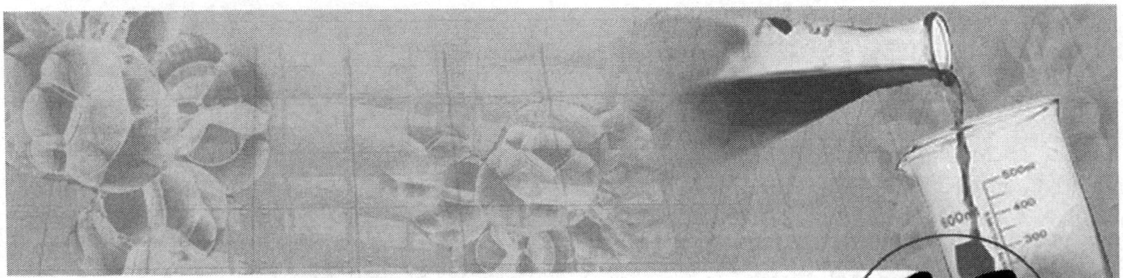

산과 염기 02

2-1. 정의

수용액 중에 있어서 해리하여 수소이온을 생성하는 물질이 산이고, 수산이온을 생성하는 물질이 염기이다라고 하는 Arrhenius의 정의로부터 , 화학의 발전에 따라서 산-염기의 개념은 확장되었으며, 아래에 설명하는 2개의 정의는 현재 널리 사용되고 있다.

Brönsted-Lowry의 정의에 의하면, 산이란 프로톤의 공여체이고, 염기란 프로톤의 수용체이다. 산이 프로톤을 공여하면, 염기는 반대로 프로톤을 수용하기 때문에 염기이다. 이것을 원래의 산의 공액염기라고 말하며 염기에 있어서도 마찬가지이다.

Lewis의 정의에 의하면, 산이란 고립전자쌍과 배위할 수 있는 분자 혹은 이온이고, 염기란 산이 배위할 수 있는 고립전자쌍을 갖는 분자 혹은 이온이다. 프로톤을 수용하기 위해서는 고립전자쌍을 갖지 않으면 안 되기 때문에, Brönsted-Lowry염기는 Lewis염기와 마찬가지이다. 한편 모든 Brönsted-Lowry산은 Lowis산에 포함되지만, Lewis산에는 삼플루오르화붕소, 염화알루미늄, 삼산화항 등 비수용액 중에 있어서 유기반응에 중요한 물질이 다수 포함된다.

2-2. 강도와 구조

산-염기의 강도는 평형상수로서 표시된다. 예를 들면 수용액 중에서는,

$$HA + H_2O \underset{k_2}{\overset{k_1}{\rightleftharpoons}} A^- + H_3O^+ \qquad (1)$$

$$K = \frac{[A^-][H_3O^+]}{[HA]}, \quad pK_a = -\log K \qquad (2)$$

편의상 평형상수 보다는 pK_a를 사용하는 경우가 많으며, pK_a는 산과 공액염기의 농도가 같을 때의 그 용액의 pH이다. 수용액 중에 있어서 프로톤의 이동은 매우 빠르며, 표 2-1에 나타낸 바와 같이 k_2는 약 $3 \times 10^{10}\ \ell \cdot mol^{-1} \cdot sec^{-1}$로서 용액 중에 있어서 분자의 충돌회수와 같고, 이 반응의 활성화에너지는 거의 0이다. 더욱 $pK_a \doteqdot \log k_2 - \log k_1$의 관계가 성립하고 있지만, 이 관계는 탄화수소 등의 유사산(pseudo acid) 혹은 비수용액 중에 있어서는 일반적으로는 성립하지 않는다.

강산의 공액염기는 약염기이고, 염기로서는 안정한 물질이다. 표 2-2에 나타낸 바와 같이, 메탄은 극히 약산이고, 메틸음이온은 매우 불안정하지만, 질산은 강산이고, 질산음이온은 안정하다. 표 2-2의 pK_a값은 음이온의 안정성에 의하여 이해된다.

평형상수는 표준자유에너지와 (3)식의 관계에 있다.

$$\Delta F^\circ = -2.3RT \log K \quad (R: \text{기체상수}; \quad T: \text{절대온도}) \qquad (3)$$

(3)식에 적당한 수치를 대입하면, 산이 해리했을 때에 1.4kcal/mol 안정화 하면, pK_a값이 1 감소하는 것을 알 수 있다.

‖ 표 2-1 ‖ 산염기반응의 속도(18~25℃)

$$A(+H_2O) \underset{k_2}{\overset{k_1}{\rightleftharpoons}} B + H_3O^+$$

산	pK_a	$\log k_1$	$\log k_2$
H_2O	15.7	−4.6	11.1
$Me_3\overset{+}{N}H$	9.8	1.0	10.8
H_3BO_3	9.1	1.0	10.1
$H{\cdot}CO_2H^*$	4.3	4.7	9.0
$Me{\cdot}CO{\cdot}CO_2H$	2.6	6.3	8.9
HSO_4^-	1.6	9.0	10.6
$Ph{\cdot}CO{\cdot}CO_2H$	1.4	10.2	11.6

k_1: sec^{-1}, k_2: $l \cdot mole^{-1} \cdot sec^{-1}$
* 50%알코올용매중

‖ 표 2-2 ‖ 프로톤산의 pKa

구조식	pK_a	구조식	pK_a
CH_3-H	58	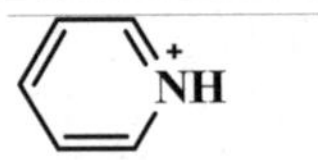	5.17
$C_6H_5CH_2-H$	37		
$C_6H_5C\equiv C-H$	21	$CH_3\overset{+}{N}H_2-H$	10.64
$CH_3C(=O)CH_2-H$	20	$C_6H_5\overset{+}{N}H_2-H$	4.58
		$(CH_3)_3CO-H$	20
$H-CH_2NO_2$	10.2	CH_3O-H	16
$H-CN$	9.14	C_6H_5O-H	10
$(CH_3C(=O))_2CH-H$	9.0	CH_3CO_2-H	4.76
		$C_6H_5CO_2-H$	4.17
$H-CH(NO_2)_2$	3.6	HCO_2-H	3.77
NH_2-H	36	CF_3CO_2-H	−0.25
C_6H_5NH-H	27	$H-ONO_2$	−1.37

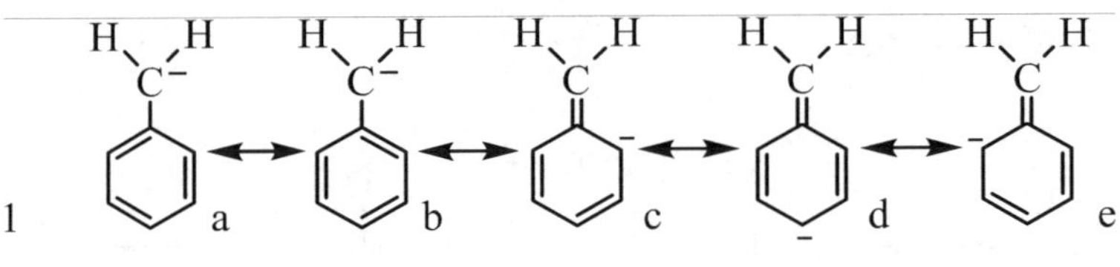

톨루엔은 메탄보다도 산성이 강하지만, 이것은 벤질음이온(1)의 공명에 기인한다라고 생각된다. (a)와 (b)는 Kekulé형태로서 톨루엔 자신의 안정화에도 기여하고 있기 때문에 톨루엔에 비교하여 벤질음이온의 안정화에 기여하고 있는 공명구조는 (c)~(e)이다. 만일 메탄에 비교하여 톨루엔이 산으로서 강한 것은, 이 공명에 유래한다라고 하면, 양쪽의 pK_a의 차는 21이기 때문에 벤질음이온의 공명안정화는 29kcal/mol(1.4×21)이다.

이 페닐기의 효과는 메틸암모늄이온과 아닐륨이온(2) (8.4=1.4×6kcal/mol), 메탄올과 페놀(3) (8.4=1.4×6kcal/mol) 및 아세트산과 벤조산(4) (0.84=1.4×0.6kcal/mol)에 있어서도 보여진다.

2 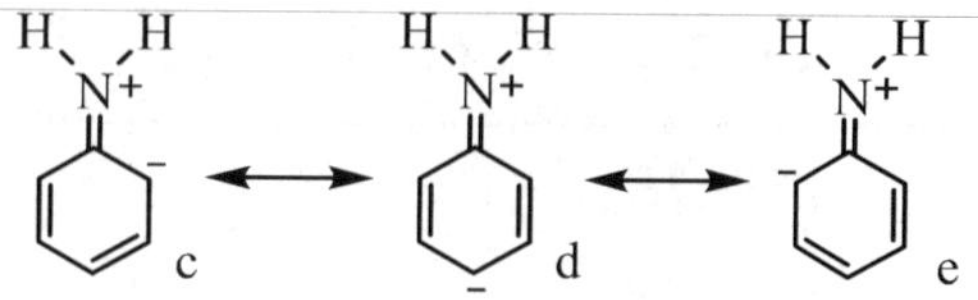

3 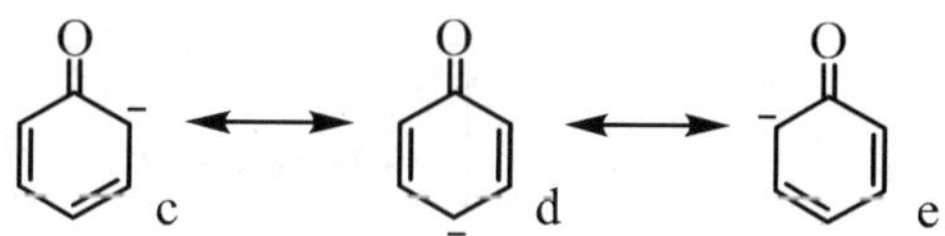

4 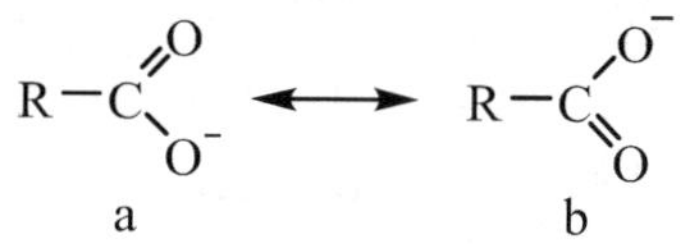

(2), (3)의 경우 공액염기의 여분의 안정화에 기여하는 공명구조식을 표기했지만, 이들이 벤질음이온에 비교하여 기여가 작은 것은, 질소 및 산소원자의 전기음성도가 크고, 음전하가 원자상에 편재화 하기 쉬운 것, 및 (2)의 경우에는 전하분리형 공명구조식인 것에 의하여 이해된다. (4)의 경우는 카르복실레이트음이온이 2개의 등가인 공명구조식을 취하기 때문에, 아세트산도 벤조산도 소위 프로톤산으로, 카르복실레이트음이온을 더욱 안정화시키기 위한 페닐기의 기여는 작다.

아세톤 및 니트로메탄도 음이온에는 공명구조식을 나타낼 수 있지만, 이들의 경우는 산소상에 음이온이 있는 구조의 기여쪽이 크다.

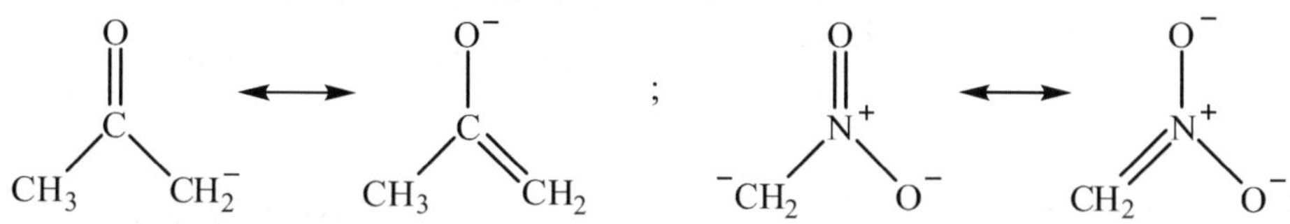

산의 강도를 결정하는 요소는 공명 이외에도 다수 존재한다. 트리플루오로아세트산은 보다 강산이다. 이것은 플루오르의 전기음성도가 큰 것으로부터도 알 수 있으며, 대부분 플루오르의 정적 유도효과(−Is)에 유래한다라고 생각된다.

메탄올과 페놀, 및 메틸암모늄과 아닐륨의 산강도의 차이를 위에서 공명에 의하여 설명했지만, 일부는 결합의 전기음성도의 차이에 유래한다고 생각된다. 2s전자는 2p전자 보다 5.3eV(122kcal/mol)안정하다. 따라서 2s궤도쪽이 2p궤도 보다 전자흡인력이 강하기 때문에 sp, sp^2, sp^3혼성궤도에 대해서 생각하면, 결합의 전기음성도, 산성도는 이 순서로서 감소하며, 결합의 길이는 이 순서로서 증대한다. 아세틸렌은 sp결합이기 때문에 산성이며, 피리딘이 메틸아민에 비하여 약염기인 것은, 고립전자쌍이 sp^2궤도에 있는 것이 커다란 원인이라고 생각된다. t-부틸알코올과 메탄올 및 포름산과 아세트산의 산성도의 차이는 음이온에 대한 물용매의 용매화에 있어서 입체장애가 중요한 요소라로 생각된다.

2-3. 환상공액계의 안정성

앞의 절에서, 산의 강도에 대해서 공액염기의 공명에 의한 안정화가 크게 기여하고 있는 것을 나타냈지만, 단순히 원자가결합법에 의한 공명구조식만을 생각하면, 시클로부타디엔(5)이나 시클로옥타테트라엔(6)은 안정한 화합물이라고 생각된다.

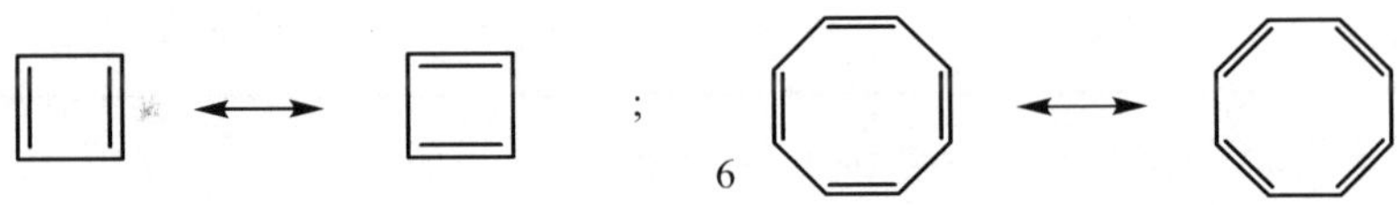
5 ; 6

더욱, 표 2-3의 (a), (b)가 (c)~(f)에 비하여 상당히 불안정[(b)는 (a)보다 29.0kcal/mol 불안정]한 것은 공명구조식으로부터는 이해할 수 없다. 이와 같은 사실을 설명하는 데 분자궤도법의 이론이 있다. 이것의 결론만을 요약하면 "탄소와 수소로 형성되는 단환식 공액불포화화합물에 있어서, 그의 π 전자의 수가 (4n+2)개 (n=0, 1, 2…)일 때, 그의 불포화계는 안정화 하여 방향족성을 나타낸다"라고 표현된다(Hückel규칙). 여기서 말하는 방향족성이란, 환상의 공액계에 있어서 특별한 안정화를 의미한다. (5), (6) 및 표 2-3의 (a), (b)는 상기의 규칙에 해당하지 않고, 불안정한 것을 이해할 수 있다.

벤젠은 n=1의 경우의 대표적인 예이지만 (c), (d)도 n=1의 예이다. (c)의 pK_a는 페닐아세틸렌이나 아세톤의 값과 거의 같으며, 톨루엔 보다는 훨씬 강산이다. 이것은 공액염기인 시클로펜타디엔일아니온이 6π 전자를 가지며, 안정화(23.8=1.4×17kcal/mol)하기 때문이다. n=0의 경우의 실제적인 예가 (e), (f)이다. (f)는 pK_{R^+}가 7.2로서 중성수용액중에서도 안정하다. n=2의 경우의 실제적인 예로서, 시클로옥타테트라엔일디아니온(7) 및 시클로노나테트라에닐아니온(8)이 합성되어 있다.

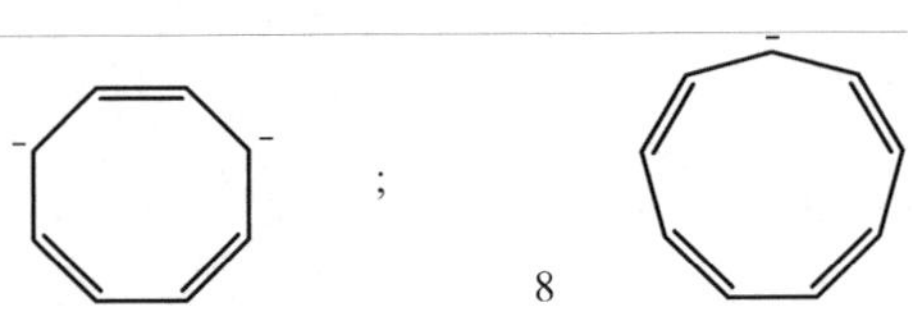
7 ; 8

표 2-3 카르보늄이온의 pK_{R^+}*

	구조식	pK_{R^+}		구 조 식	pK_{R^+}
(a)	$(C_6H_5)_3C^+$	−6.6	(d)	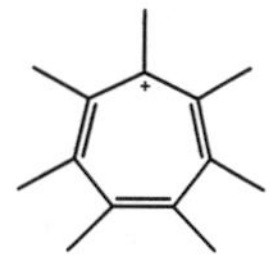	4.7
(b)	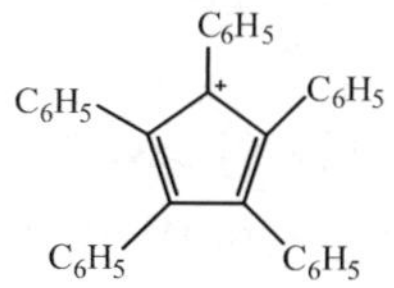	−16	(e)	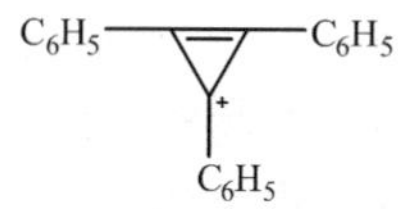	3.1
(c) **	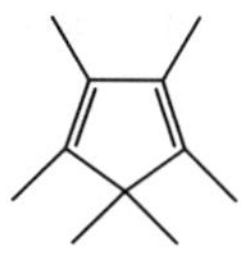	20	(f)	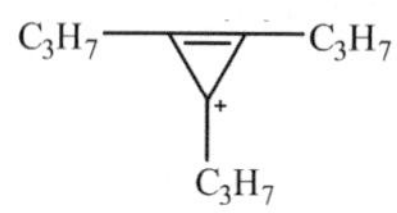	7.2

* $R^+ + H_2O \overset{K}{\rightleftharpoons} ROH + H^+$에서 $pK_{R^+} = -\log K$.

** pKa 값 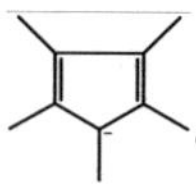 이 음이온으로서 안정하기 때문에 (c)는 탄화수소로서는 산으로서 강하다.

이들의 화합물중의 수소는 완전히 자기적으로 같으며, 방향족성을 나타내는 것으로 밝혀졌다. n=3, 4의 경우의 실제적인 예도 있지만, 차츰 불안정해지며, 실제로는 n의 값에 제한이 있다. 이와 같이 산-염기의 강도를 화합물의 안정성에 기초로 사용할 수 있다.

2-4. 산접촉반응과 산성도함수(H_0)

산이나 염기류가 유기반응의 촉매로 되는 것은 주지의 사실이며, 일반적으로 산-염기 촉매반응에 대해서의 해설은 생략하고, 산성도함수와 반응메카니즘의 관계에 대해서 간단히 설명한다. Hammett은 산성수용액 중에 있어서 특수한 지시약(B)의 이온화평형에 관해서 산성도함수(H_0)를 정의했다.

$$B + H^+ \rightleftharpoons BH^+ \tag{4}$$

$$H_0 \equiv -\log C_{BH^+}/C_B + pK_{BH^+} \tag{5}$$

C_{BH^+}/C_B : 지시약의 산형태와 염기형태의 농도비,

K_{BH^+} : 공액산 (BH^+)의 평형상수

활량계수를 사용하여 다시 나타내면

$$H_0 = -\log a_{H^+} \times f_B / f_{BH^+} \quad (6)$$

a_{H^+} : 수소이온활량,

f_B, f_{BH^+} : B 및 BH^+의 활량계수

따라서 이상적인 희박한 수용액 중에서는, $H_0 = -\log C_{H^+} = pH$로 된다. 또한, H_0의 값은 유전율이 큰 용액 중에서는, 사용하는 지시약에 의하지 않고, 일정한 값을 나타낸다. 이와 같이 정의한 H_0와 반응메카니즘에 대해서 Hammett은 다음과 같은 가정을 제안했다. 이들은 거의 대부분 실제적인 예에 의해서 지지되고 있다.

(1) 모든 전하를 갖지 않는 물질의 율속단계에 있어서 산접촉1분자반응(A-1반응)에서는, 반응속도상수의 대수와 $-H_0$가 본래 기울기 1의 직선관계를 나타낸다. A-1반응의 메카니즘은,

$$S + H^+ \rightleftharpoons SH^+ \quad \text{(평형)}$$

$$SH^+ \xrightarrow{k_1} X^+ \quad \text{(율속)} \quad (7)$$

$$X^+ + H_2O \longrightarrow \text{생성물} + H^+$$

(2) 모든 전하를 갖지 않는 물질의 율속단계에 있어서 산접촉2분자반응(A-2반응)에서는, 반응속도상수의 대수와 수소이온농도의 대수가 본래 기울기 1의 직선관계를 나타낸다. A-2반응의 메카니즘은,

$$S + H^+ \rightleftharpoons SH^+ \quad \text{(평형)}$$

$$SH^+ + Y \xrightarrow{k_2} \text{생성물} + H^+ \quad \text{(율속)} \quad (8)$$

과염소산 및 염산수용액(0.4~4.0M)중에 있어서 γ-부티로락톤의 가수분해 및 생성속도를 측정한 결과를 그림 2-1 및 2-2에 나타낸다.

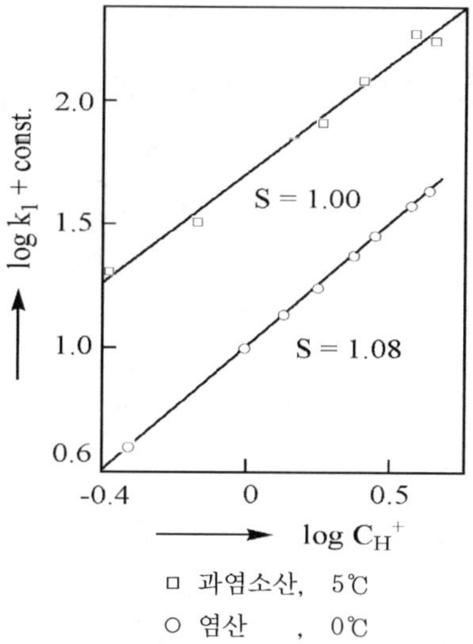

▮그림 2-1▮ γ-부티로락톤의 가수분해

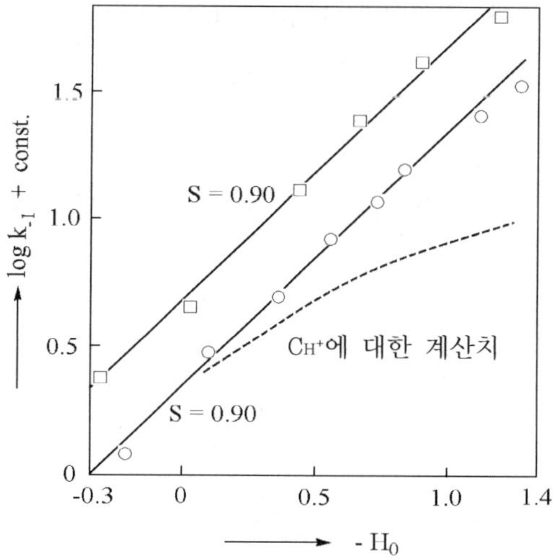

▮그림 2-2▮ γ-부티로락톤의 생성

$\log k_1$은 $\log C_{H^+}$와 직선관계를 나타내며, (9)식과 같이 A-2메카니즘에 따르는 것을 나타내고 있다.

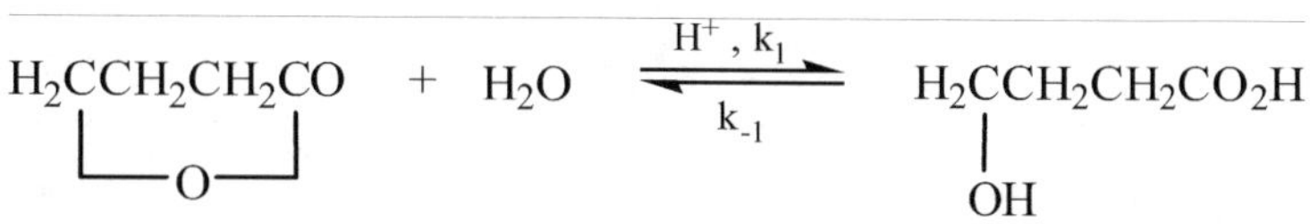

(9)

역반응은, 전이상태에서는 물분자를 함유하지 않고, 원계의 공액산과 같은 구조이기 때문에 Hammett의 가정에 의하면, $\log k_{-1}$과 $-H_0$는 직선관계를 나타낼 것이다. 결과는 그림 2-2에 나타내는 바와 같이, Hammett의 가정의 정확함을 증명하고 있다. 비틀림이 있는 4원환락톤인 β-프로피오락톤의 산접촉가수분해의 속도와 산농도의 관계를 과염소산, 황산, 질산수용액에서 구한 결과는, 모든 경우, 속도의 대수와 $-H_0$가 기울기 1.0의 직선관계를 나타냈다. 이것은, β-락톤은 A-1반응메카니즘에 따르는 것을 나타내며, γ-락톤의 A-2반응메카니즘과 대조적이다.

올레핀의 수화반응에 있어서는, 올레핀과 프로톤의 π착화합물로부터 카르보늄이온을 생성하는 단계를 율속으로 하는 A-1반응메카니즘이 제안되어 있다.

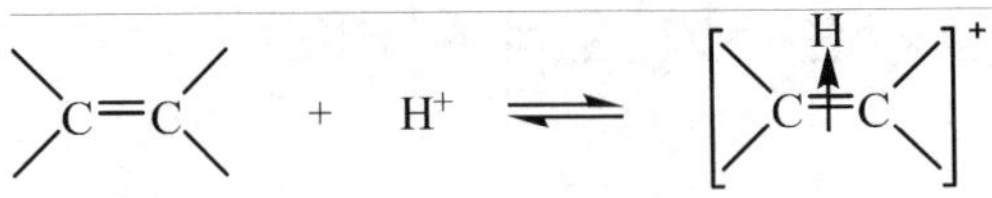

(평형) (10)

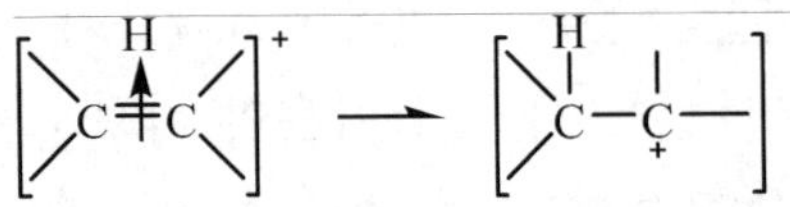

(율속) (11)

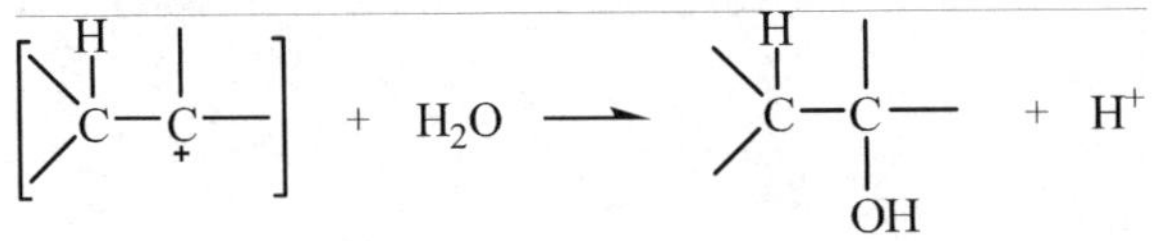

(12)

상기의 반응메카니즘을 밝힌 실험사실을 아래에 열거한다.

(1) 2-메틸-2-부텐과 2-메틸-1-부텐은 같은 t-아밀알코올을 생성(98%)하지만, 50%의 반응시에 있어서 올레핀의 이성화는 확인되지 않았다.

(2) D_2O-H_2O용액 중에서 50% 반응시에 있어서 원료의 중수소화는 확인되지 않았다.

(3) 이소부틸렌 및 수 종류의 올레핀의 질산 및 황산수용액중에 있어서 수화속도(k_1)를 측정한 결과, $\log k_1$과 $-H_0$가 직선관계를 나타냈다.

(4) 표 2-4에 나타내는 바와 같이 수화의 활성화엔트로피(제5장 10절 참조)는 거의 0이다.

표 2-4 수화 및 탈수반응의 활성화 엔트로피

올레핀		알코올	수화 $\Delta S_{k1}^{\ddagger}$	탈수 $\Delta S_{k-1}^{\ddagger}$
$(CH_3)_2C{=}CH_2$	$\underset{k_{-1}}{\overset{k_1}{\rightleftharpoons}}$	$(CH_3)_3COH$	+2	−25
	$\rightleftharpoons$	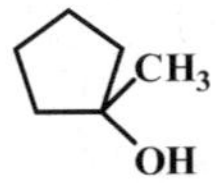	−5	−14
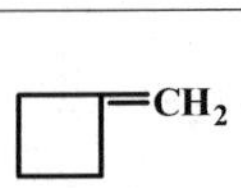	$\rightleftharpoons$	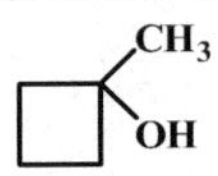	+1	—
$CH_3CH{=}C(CH_3){-}CH_3$	$\rightleftharpoons$	$CH_3CH_2C(OH)(CH_3)_2$	0	−15(±4)
$CH_3CH_2C(CH_3){=}CH_2$	$\rightleftharpoons$	$CH_3CH_2C(OH)(CH_3)_2$	−4	−15(±4)

$\Delta S^{\ddagger}$, *cal.* deg $^{-1}$(e.u.)

2-5. 에스테르의 알칼리 가수분해반응

알칼리수용액 중에 있어서 에스테르의 가수분해에는 3종류의 반응메카니즘이 확증되어 있지만, 그중에서 가장 일반적으로 일어나는 메카니즘, 즉 수산이온이 카르보닐기를 공격하는 2분자반응에 의하여 아실–산소결합이 개열하는 경우에 대해서 생각하면,

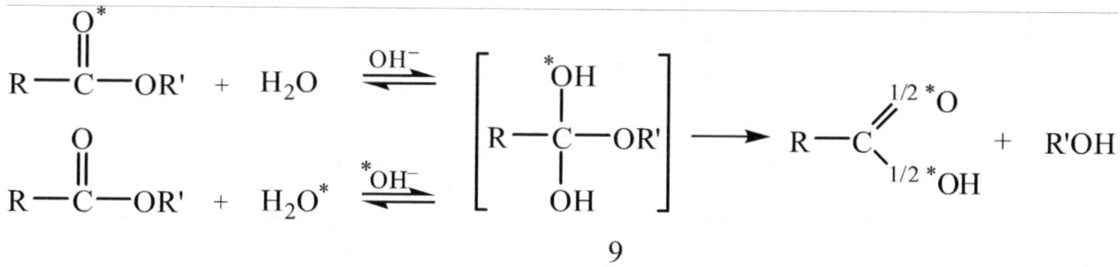
(13)

(13)식에 나타낸 교환평형이 존재하고, 부가중간체(9)가 존재하는 것이 동위산소를 사용한 연구에 의하여 밝혀지고 있다. 이것을 지지하는 결과로서는 (9)와 유사한 화합물을 단리시키는 경우도 있다.

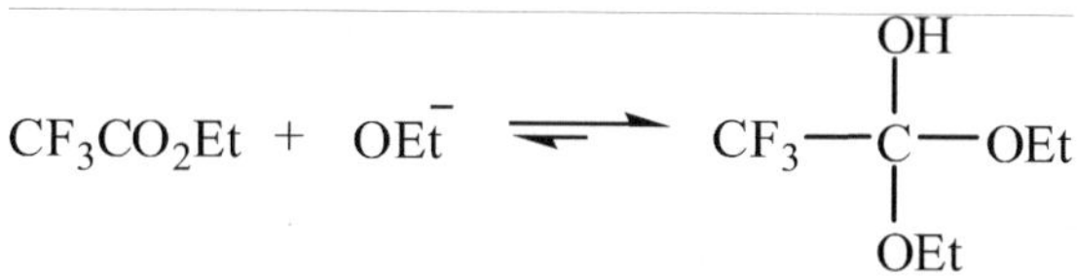
(14)

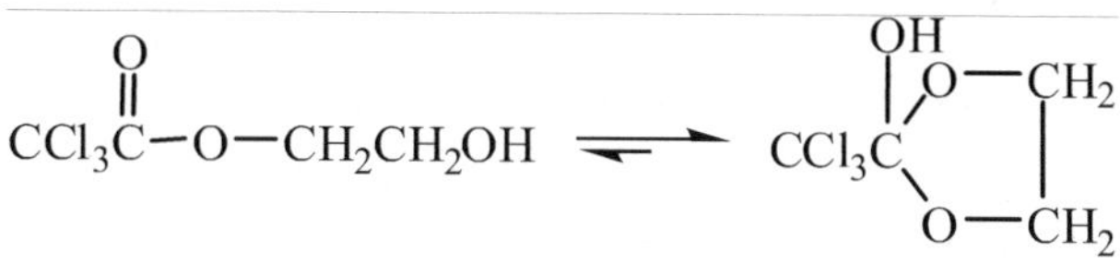
(15)

치환벤조산에스테르의 알칼리 가수분해속도는 카르보닐탄소의 전자밀도에 따라서 변하며, 벤젠핵과의 공액에 의하여 전자흡인성 치환기는 속도를 증대하고, 전자공여성 치환기는 감소한다고 생각된다.

이와 같은 치환기효과는 Hammett에 의하여 정량화되었으며, 각 치환기에 일정한 치환기상수(σ)를 평가할 수 있도록 나타내고 있다. σ값이 부(負)의 치환기는 벤젠환에 전자를 공여하고, 정(正)의 치환기는 전자를 흡인하는 것을 나타내고 있다. 이와 같이 생각하면, 각 반응에는 치환기에 대한 감도를 나타내는 반응상수(ρ)가 존재하게 된다. 따라서 반응속도에 대한 치환기의 효과는 단순히 (16)식으로 나타낼 수 있다(Hammett규칙).

$$\log (k_X / k_H) = \rho\sigma \qquad (16)$$

ρ는 1개의 반응에 있어서는 일정하기 때문에, 2개의 치환기에 대해서 속도를 측정하고 ρ를 결정하면, 다른 치환기에 대해서는 기지의 σ값을 이용하여 속도가 구해진다. 예를 들면, 표 2-5에 있어서,

$$\log (k_{NO_2} / k_{NH_2}) = \log (5670/1.27) = \rho(0.778 + 0.660) \quad (17)$$

따라서 ρ =+2.54이고, 그림 2-3의 기울기로부터 ρ =+2.59이다. 그래프로부터 구한 ρ값을 이용하여 p-Cl의 경우에서 속도상수를 구하면,

$$\log(k_{NO_2}/k_{Cl}) = \log(5670/k_{Cl}) = (+2.59) \times (0.778 - 0.227)$$

따라서 $k_{Cl} = 211$ (18)

‖표 2-5‖ 파라치환벤조산에틸의 알칼리가수분해

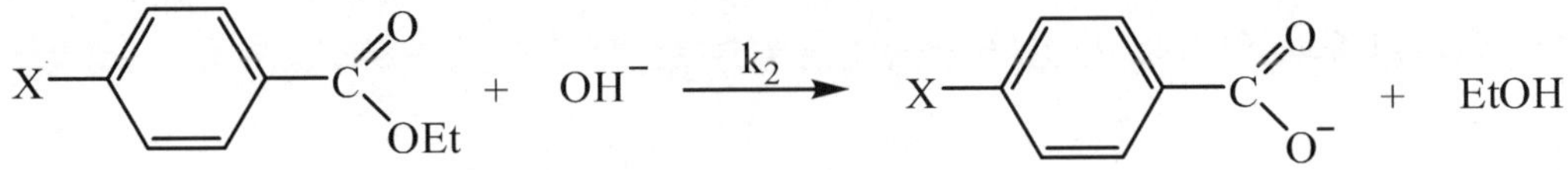

85%(w/w)에탄올수용액, 25℃

X_p	$k_2 \times 10^5 l \cdot mole^{-1} \cdot sec^{-1}$	σ_p
NH_2−	1.27	−0.660
CH_3O−	11.5	−0.268
CH_3−	25.1	−0.170
H−	55.0	0
Cl−	237	+0.227
Br−	289	+0.232
NO_2−	5670	+0.778

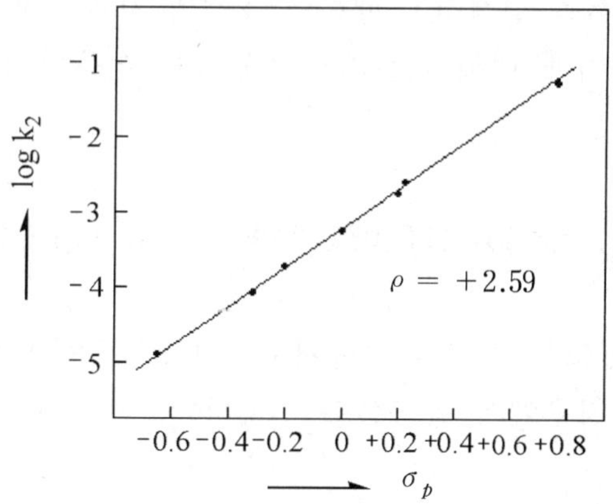

▌그림 2-3▐ 파라치환벤조산에틸의 알칼리 가수분해(표 2-5의 플롯)

표 2-5의 값과 비교하면 7%의 오차가 있다. 친핵반응에서는 공격을 받는 관능기의 전자밀도가 감소하면 속도는 증대하며, 증가하면 속도는 감소하기 때문에, ρ값은 정(正)이고, 친전자반응에서는 이것의 반대로서 ρ값은 부(負)로 된다. 에스테르의 알칼리 가수분해는 상기와 같이 ρ값은 정이고, 수산이온에 의한 카르보닐탄소에의 친핵반응이라고 하는 반응메카니즘과 일치하고 있다.

연 습 문 제

01 다음의 화합물의 공명구조식을 써라.

1) p−$CH_3OC_6H_4COCH_3$　　2) p−$NO_2C_6H_4CH=CHN(CH_3)_2$

3) 디아조메탄　　4) 메틸아지드　　5) 아산화탄소(O=C=C=C=O)

02 다음의 화합물 중에서 Lewis산과 Lewis염기를 선택하여라.

H_2O, $HgCl_2$, SO_2, SO_3, $FeCl_3$, $AlCl_3$, NO^+, 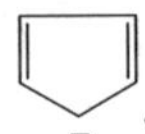,
$B(OEt)_3$, NO_2^-, Ph_3C^+, $C_6H_5COCH_2C_6H_5$, t−$C_4H_9O^-$,
헥사메틸벤젠, SbF_5, 테트라시아노에틸렌, NaCl

03 다음의 화합물을 친핵시약과 친전자시약으로 분류하여라.

Na, $SnCl_2$, $FeCl_3$, SO_3, SO_2, H_2O, HNO_3, HOCl,
CH_3SCH_3, $(C_2H_5)_3N$, $AlCl_3$, C_2H_5OH, CN^-, O_3, Cl_2,
Co^{3+}, RCOCl, I^-, $SnCl_4$, NO_2^+, $C_6H_5N_2Cl$, CH_3^+,
$S_2O_8^{2-}$, H_3O^+, $[Fe(CN)_6]^{4-}$, $[Fe(CN)_6]^{3-}$, $[Co(H_2O)_5(OH)]^{2+}$

04 다음의 산을 강한 순서로 나열하고, 이유를 설명하여라.

1) CH_3CO_2H, $(CH_3)_3N^+CH_2CO_2H$, FCH_2CO_2H, $ClCH_2CO_2H$,
$HOCH_2CO_2H$, $C_6H_5CH_2CO_2H$, $(CH_3)_3CCO_2H$

2) $CH_3CH=CHCO_2H$, $CH_3CH_2CH_2CO_2H$, $CH_3C\equiv CCO_2H$

3) $CH_3COCH_2COCH_3$ (a), $CH_3COCH_2CH_2COCH_3$ (b)

4)  (a)  (b)

5)  (a)  (b)

6) 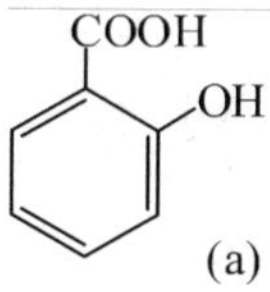 (a) 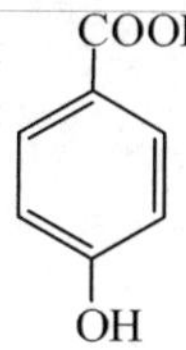 (b)

7) 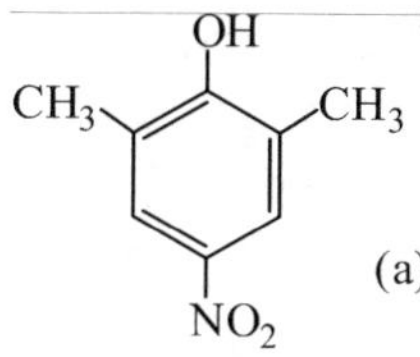 (a) 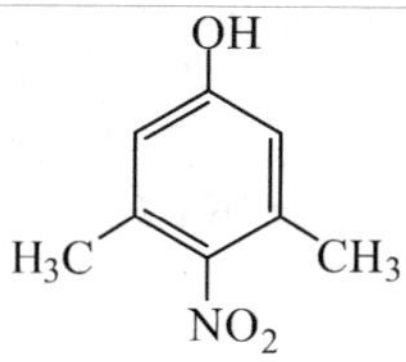 (b)

05 다음의 염기는 어느 쪽이 강한가? 이유를 설명하여라.

1) 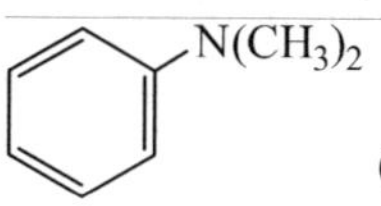 (a) 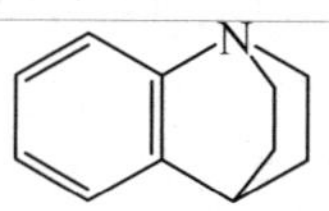 (b)

2) 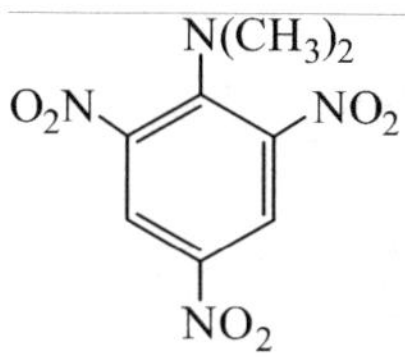 (a) 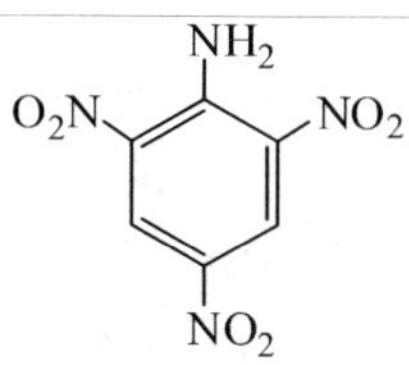 (b)

3) 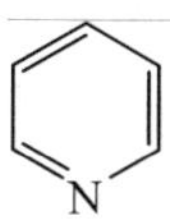 (a)  (b)

4) $C_6H_5CH_2O^-$ (a), $C_6H_5O^-$ (b)

5) CH_3NH_2 (a), $C_6H_5NH_2$ (b)

6) 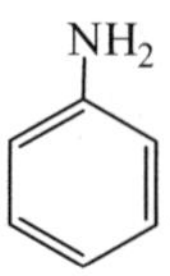 (a) 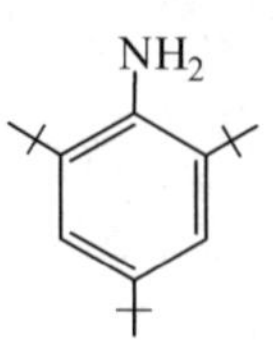 (b)

+ : t-Bu

06 말레산과 푸마르산은 어느 쪽이 강한가? 이들의 나트륨염에서는 어떠할까?

07 다음의 화합물을 공명에너지의 크기의 순서로 나열하여라.

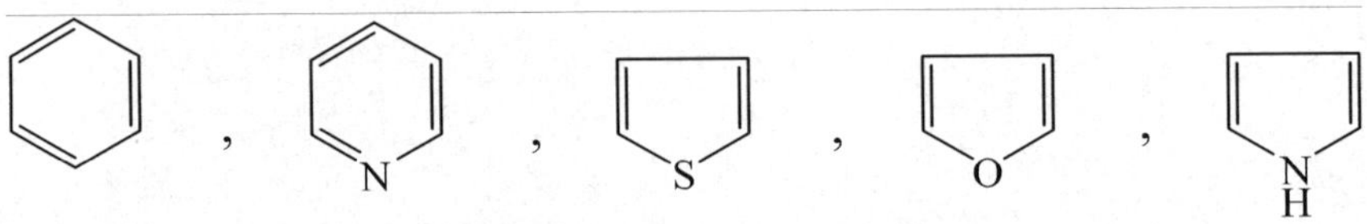

08 m-디메틸아미노- 및 m-메틸-m´-아세틸벤조산에틸의 85%에탄올 수용액중, 25℃에서의 알칼리가 수분해의 속도상수를 구하라. 단, 디메틸아미노, 메틸, 아세틸기의 σm값은 각각 −0.211, −0.069, 0.376이다.

09* 올레핀의 수화반응에서 다음의 실험 사실을 얻었다(4절참조). 2-메틸-2-부텐과 2-메틸-1-부텐은 같은 t-아밀알코올을 생성하지만, 반응을 50%에서 정지시켜도 올레핀의 이성화는 확인되지 않았다. D_2O-H_2O중 50%에서 반응을 정지시켜도 올레핀중에 중수소는 함유되지 않는다. logk_1은 $-H_0$와 직선 관계를 나타낸다. 수화반응의 활성화엔트로피는 거의 0이다. 이상의 사실이 본장(10)~(12)식의 메카니즘을 지지하고 있는 것을 설명하여라.

10*

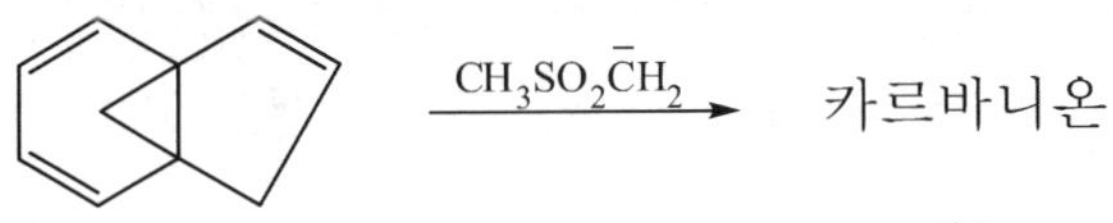

(a) (b)

(a)에 강염기인 $CH_3SO_2CH_2^-$를 작용시키면 (b)를 생성한다. NMR스펙트럼의 측정으로부터 (b)는 방향족성을 갖는 것이 발견되었다. 이 현상은 어떻게 생각하면 좋을까? 또한 (b)에 있어서 가능한 모든 공명구조식을 쓰고, 전자밀도가 가장 높다라고 생각되는 위치를 추정하여라.

11* 아스피린(아세틸살리실산)의 가수분해속도는 pH 4~8로서 일정하며, 더욱 아세트산음이온을 공존시켜도 변하지 않는다. 이와 같은 사실로부터 가수분해 메카니즘을 생각하여라. 또한 추정된 메카니즘을 설명하기 위한 실험방법을 생각하라.

이온적 부가반응 03

3-1. 탄소-탄소 이중결합에의 친전자적 부가반응

3-1-1. 할로겐의 부가반응

1) 반응메카니즘 및 입체화학

할로겐분자를 X_2로서 나타내면, 반응은 다음과 같이 일어난다.

$$R_1R_2C{=}CR_3R_4 \;+\; X_2 \longrightarrow R_1R_2C(X){-}C(X)R_3R_4$$

X_2가 C=C결합에의 1단계로서 부가하는 것이 아닌 것은, 다음과 같은 실험으로 알 수 있다. 즉, 친핵성의 어떤 음이온을 공존시켜 두면, 윗식에서 나타낸 생성물 이외에, 한쪽의 X의 곳에 공존시킨 음이온이 부가한 것을 생성한다. 이것으로부터 중간체로서 양전하를 갖는 카르보늄이온(1)이 생성한다라고 생각하면, 잘 설명된다.

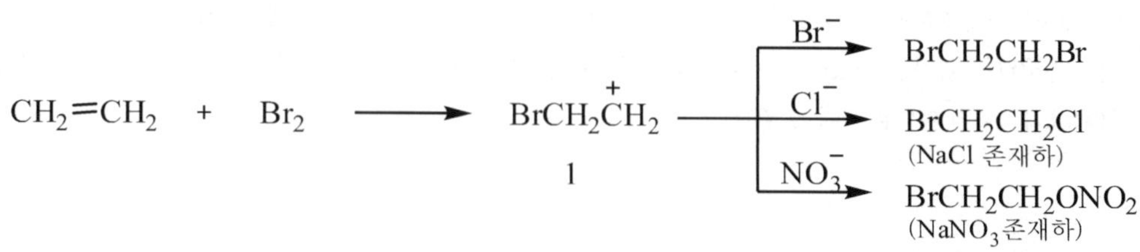

속도론적인 연구에 의하면,

$$\text{반응속도} = \boldsymbol{k}[\text{올레핀}][\boldsymbol{X}_2]$$

이것으로부터는, 진짜의 친전자시약은 무엇인지 알 수 없다. X_2자신으로도 좋고, X_2의 해리에서 생성한 X^+이 부가하는 것이 율속단계에서도 좋기 때문이다. X^+이 확실히 존재하는 증거는 없다. 다른 사실과도 포함하여 다음과 같은 π착화합물을 중간에 생성하고, 이것이 σ착화합물(제5장 11절 참조)로 변하는 것이 율속단계인 반응메커니즘에 타당하다.

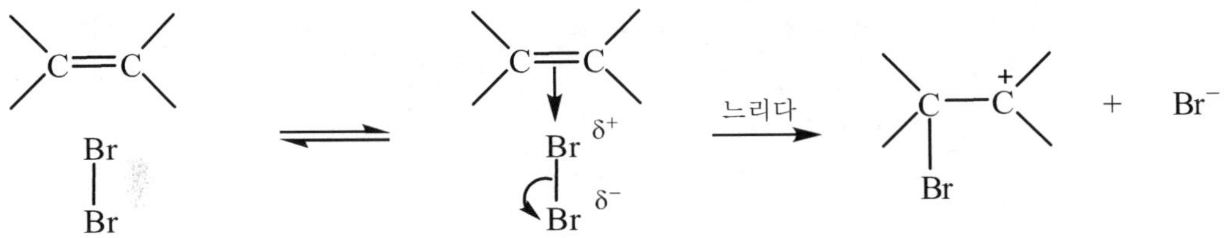

여기서 ⌒표시는 전자쌍이 이동하는 방향을 나타낸다(이제부터는 마찬가지로 설명한다).

아세트산중의 브롬화의 경우에는, 속도식은 다음과 같이 되는 경우가 많다.

$$\text{반응속도} = \boldsymbol{k}[\text{올레핀}][\boldsymbol{Br}_2]^2$$

이것은 다음과 같이 설명된다.

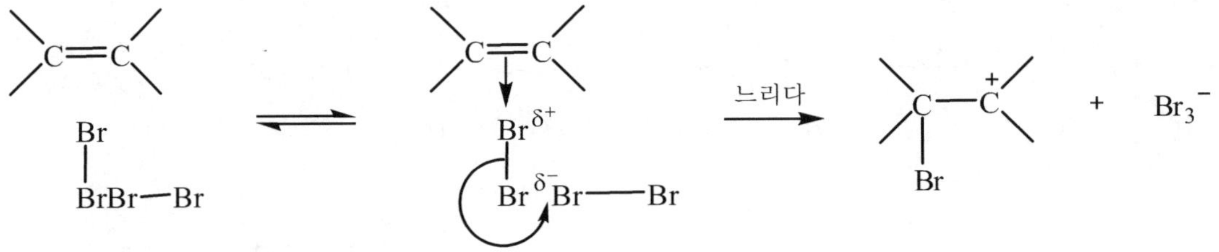

아세트산중에서는, Br^-을 잘 용매화하지 않기 때문에, 보다 안정한 Br_3^-으로서 Br^-을 분리하기 위하여 다른 1분자의 Br_2가 관여하고 있다.

지금까지 설명한 바와 같이 카르보늄이온이 중간체라면, cis-올레핀으로부터도 trans-올레핀으로부터도 같은 조성의 혼합물을 생성하게 된다. 즉, 카르보늄이온은 공명안정화로서 평면구조를 취하는 것으로 인하여 어느 쪽으로부터도 같은 카르보늄이온으로 되기 때문이다. 실제적으로, 시스이성체인 말레산으로부터는 라세미의 디브로마이드를, 트란스이성체인 푸마르산으로부터는 메소의 디브로마이드를 생성하며, 양쪽으로부터의 생성물은 다르다. 즉 반응은 입체특이적이다.

이것을 설명하기 위해서는, C-C축의 자유회전을 억제하면 좋기 때문에, 다음과 같은 브로모늄이온(2)의 형태로 되어있다라고 생각된다.

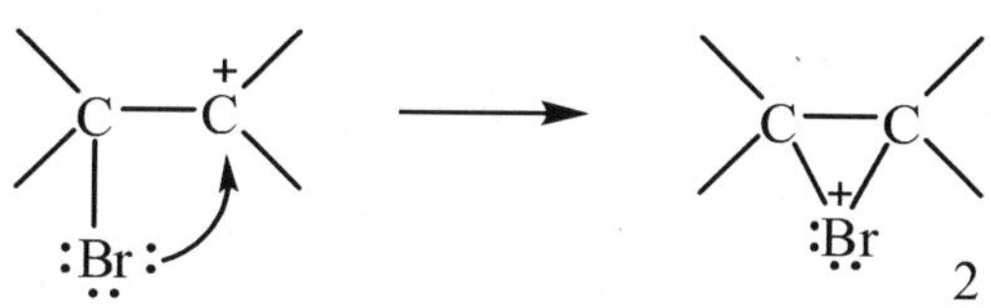

2

이와 같이 하면, 다음과 같은 그의 입체특이성이 잘 설명된다.

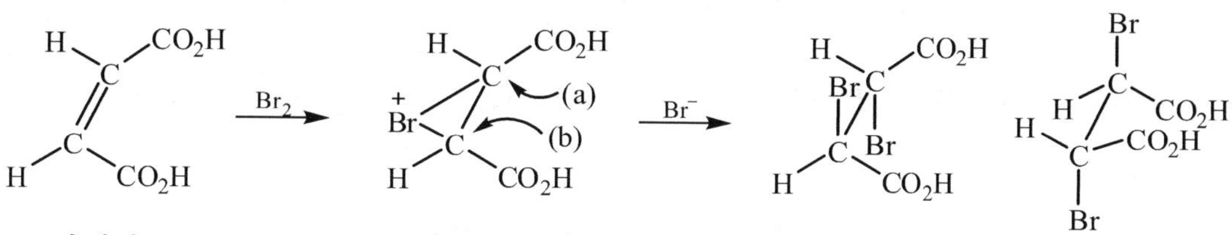

말레산

(a) 경로 (b) 경로

라세미체

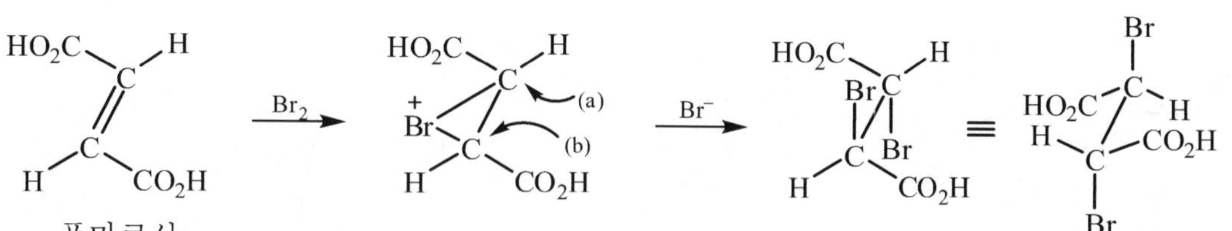

푸마르산

(a) 경로 (b) 경로

메소체

즉, Br^-이 브로모늄이온의 탄소를 Br^+이 결합하고 있는 쪽의 반대쪽으로부터 공격하여, 3원환이 개열된 것을 나타내고 있다(이것은, 제4장 2절에서 설명하는 친핵적 치환반응의 S_N2반응이다). 그 결과, Br_2는 이중결합에 트란스부가한 것으로 된다. 다른 올레핀의 경우에도 트란스부가이다.

다른 할로겐의 경우에도, (2)에 유사한 할로늄이온(3)을 경유한다라고 생각되지만, X=Cl에서는 그의 안정성이 작기 때문에, 완전한 트란스부가로 되지 않는 경우가 있다.

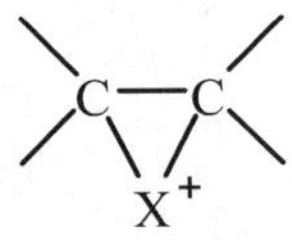

3

위에서, 다른 음이온의 존재하에서는, 이것도 포함되는 것을 설명했지만, 메탄올과 같은 친핵성이 큰 용매중에서는 이것도 포함된다.

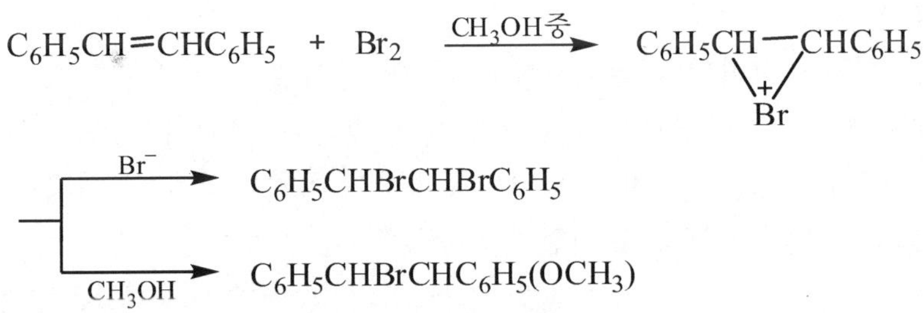

다음의 예는, 반응중간체가 카르보늄이온이 아니고, 브로모늄인 것을 나타내고 있다.

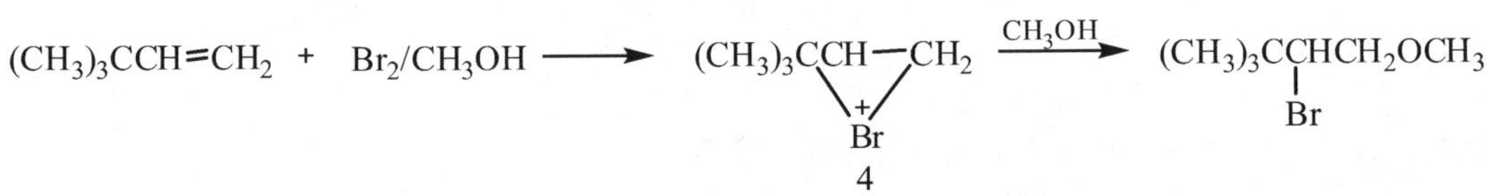

카르보늄이온이 중간체라면, 1-3항에서 설명한 배향성으로부터, 브롬은 $=CH_2$쪽에 결합하지 않으면 안 되지만, 생성물은 이것과 반대이다. 브로모늄이온(4)를 생각하면, 입체장애로 인하여 메탄올이 CH_2쪽에서 공격한다라고 생각하면 잘 설명된다.

불포화카르복시산염에의 할로겐부가에서는 β-락톤이 생성하지만, 이것도 지금까지의 반응메카니즘으로 설명할 수 있다.

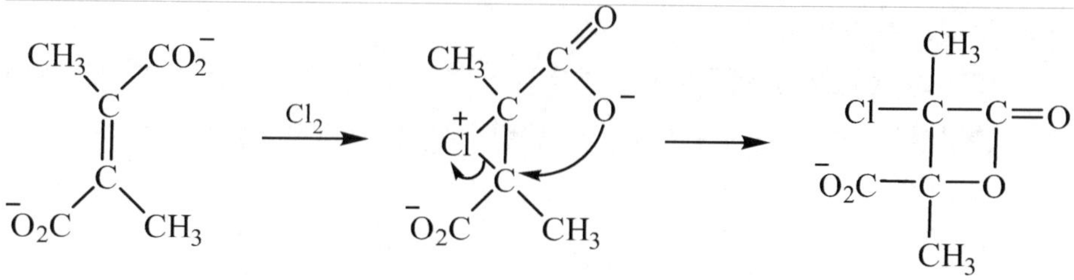

I_2는 반응이 느리기 때문에 사용할 수 없으며, F_2는 반응이 너무나 격렬하여 분해를 동반하기 때문에 거의 사용되지 않는다.

비극성용매중에서는, 이온반응에 불리하기 때문에, X_2는 라디칼메카니즘(제10장 7절 참조)으로 부가한다.

2) 치환기의 효과

할로겐부가는 친전자적이기 때문에, 이중결합의 전자밀도가 큰 것, 즉 전자공여성기가 치환한 것에서는 빠르며, 반대로 전자흡인성기가 치환한 것에서는 느리다라고 예상되지만, 실제로도 그렇다. 다른 친전자적 부가반응에서도 마찬가지이다. 다음에, 브롬의 부가반응에 대한 상대적 반응속도를 표시한다.

$$\underset{0.03}{CH_2=CHBr \approx CH_2=CHCO_2H} < \underset{1}{CH_2=CH_2} < \underset{2}{CH_3CH=CH_2}$$

$$< \underset{5}{(CH_3)_2C=CH_2} < \underset{10}{(CH_3)_2C=CHCH_3} < \underset{13}{(CH_3)_2C=C(CH_3)_2}$$

$C_6H_5CH=CHX$의 아세트산중의 염소부가반응에서는,

X	COC_6H_5	CO_2H	CHO	CN	NO_2	SO_2Cl
속도비	61	4.9	1.8	0.022	0.020	0.001

3-1-2. 할로겐화수소의 부가반응

일반적으로는 다음과 같이 표시된다.

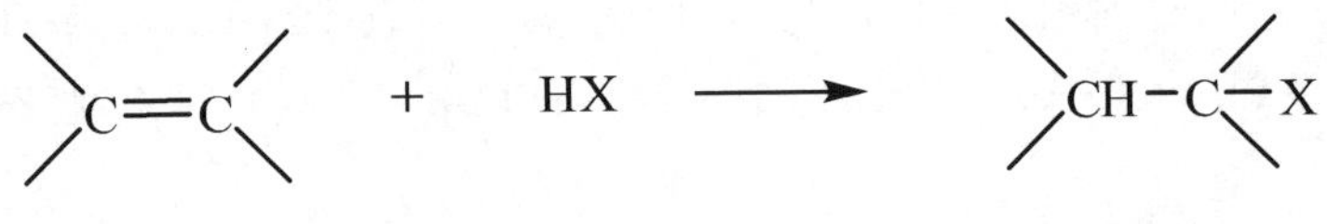

이것은 할로겐화알킬의 합성법이다. 모든 할로겐화수소에서 잘 진행하며, 그의 반응성은 HI > HBr > HCl > HF의 순서이고, 이것은 또한 산으로서의 강도의 순서이기도 하다. X^-의 친핵성(제4장 6절)의 순서도 $I^- > Br^- > Cl^- > F^-$으로서 양쪽의 효과가 조합된 위의 순서로 된다. 반응의 메카니즘은 할로겐부가와 마찬가지로 생각된다.

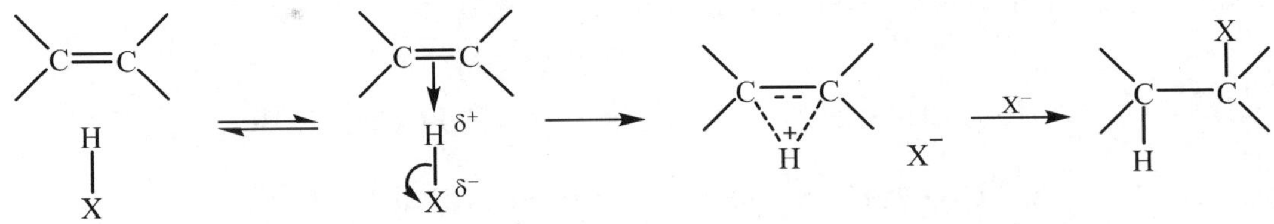

따라서 입체화학적으로는 역시 트란스부가로 생각된다. 실제적으로

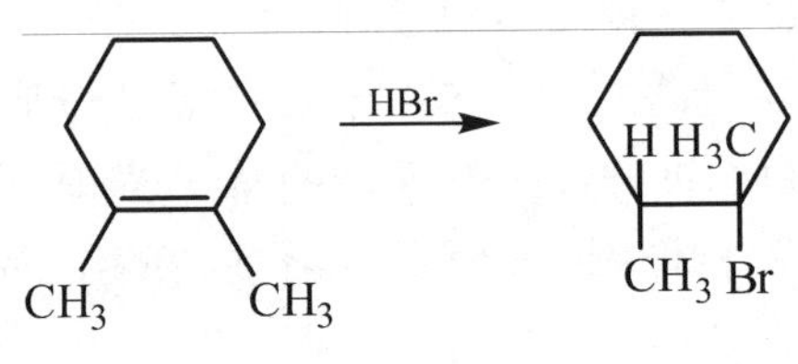

그러나 어떤 경우에는 시스부가가 주로 일어난다라고 알려져 있다.

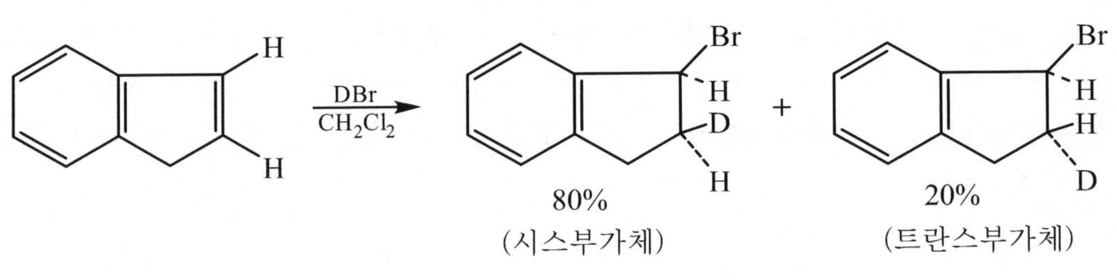

이것은 카르보늄이온이 이온쌍으로서 생성하기 때문에, Br^-이 접근하는 데 있어서 D^+과 같은 쪽으로부터 부가한다. 즉, 주로 시스부가라고 설명되고 있다.

HX의 부가에서 문제로 되는 것은, 부가의 배향성이다. 이 배향성에 있어서의 경험측으로서는 Markownikoff규칙이 알려져 있다. 비대칭 올레핀에의 HX의 부가에서는, X는 수소의 수가 적은 쪽의 탄소에 결합하고, H는 수소의 수가 많은 탄소에 결합하는 것이다. 예를 들면,

$$CH_3CH{=}CH_2 + HBr \longrightarrow CH_3\underset{\underset{Br}{|}}{C}HCH_3$$ ($CH_3CH_2CH_2Br$은 생성하지 않는다)

$$CH_2{=}CHCl + HCl \longrightarrow CH_3CHCl_2$$

그러나 이 규칙에 반대인 배향성도 알려져 있다. 예를 들면,

$$HO_2CCH{=}CH_2 + HBr \longrightarrow HO_2CCH_2CH_2Br$$

$$CF_3CH{=}CH_2 + HBr \longrightarrow CF_3CH_2CH_2Br$$

$$(CH_3)_3\overset{+}{N}CH{=}CH_2 + HI \longrightarrow (CH_3)_3\overset{+}{N}CH_2CH_2I$$

그 이유에 대해서는 1-3항에서 설명하기로 한다.

HBr의 부가의 경우에는, 가끔 반응조건에 따라서 경험측에 반대하는 부가물을 생성하는 경우가 있다. 이것은 산소나 과산화물의 존재에서 관찰되며, 이온반응메카니즘이 아니고 라디칼반응메카니즘이기 때문이다(제10장 7-1항 참조). 따라서 실제로 행할 때에는 주의가 필요하다.

3-1-3. 배향성의 설명

제5장 7절에 나타낸 친전자적 방향핵치환반응의 배향성의 경우와 마찬가지로, 중간체의 안정성을 비교하면, Markownikoff규칙도 이것과 반대의 배향성도 이해할 수 있다. 즉, 올레핀에 H^+이 부가하여 생성하는 카르보늄이온의 안정성을 고려하면 좋다. 프로필렌의 경우에는,

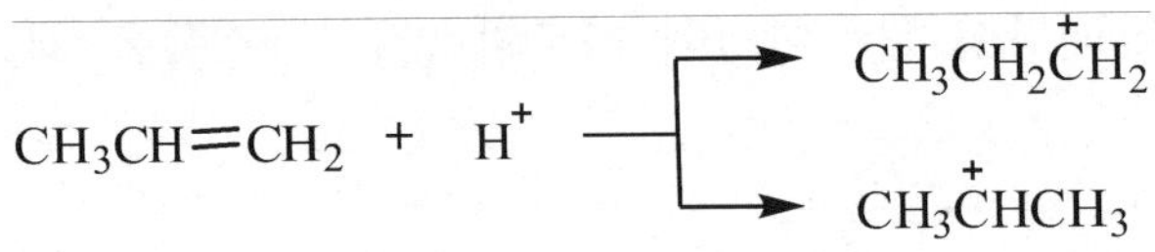

(5)

(6)

(6)의 쪽이, 2개의 메틸기의 전자공여성으로 인하여 (5) 보다도 안정화하기 때문에, (6)을 통해서의 반응이 일어난다. 즉, Markownikoff규칙에 따르는 생성물을 제공한다. 일반적으로 카르보늄이온의 안정성은, 마찬가지로 생각하면 3차>2차>1차의 순서로 된다.

염화비닐의 경우에는

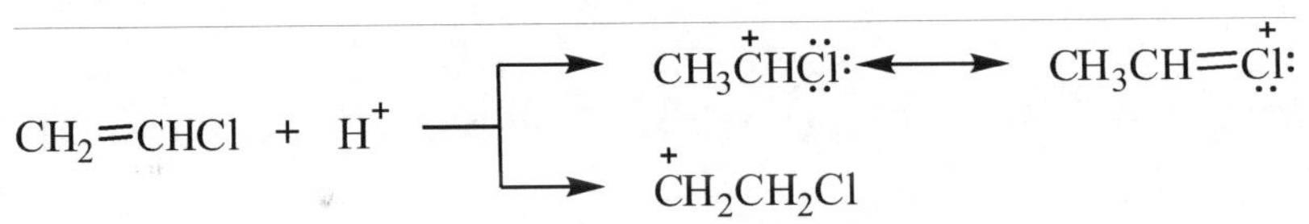

(7)

(8)

(7)에서는 표시한 것과 같은 공명이 있고, (8)보다도 안정화되기 때문에 역시 경험측에 따른다.

경험측에 반대하는 것으로서는

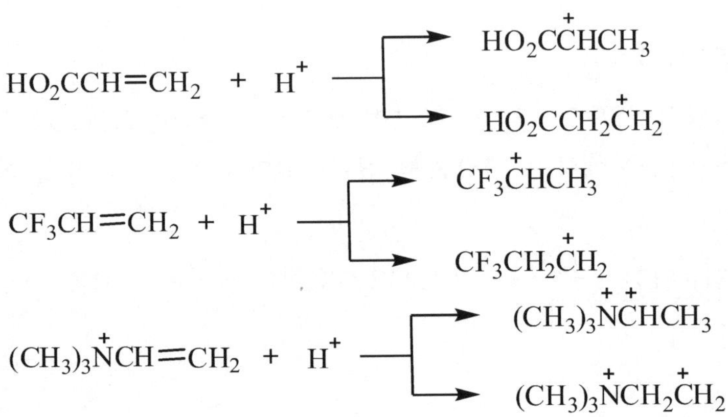

와 같이 되며, 경험측에 따르는 것의 중간체에서는, 양전하가 전자흡인성기와 인접하기 때문에 불안정하여 반대의 배향성을 나타내게 된다.

이와 같이, 중간체의 안정성을 생각하므로서 부가의 배향성을 잘 설명할 수 있다. 여기서 주의해야 할 사항도 있지만, 방향핵의 치환에서 오르토, 파라배향성기는 Markownikoff규칙에 따르는 생성물을 제공하며, 메타배향성기는 이것에 따르지 않는 생성물을 제공하는 것이다.

부가할 때에 전위생성물을 제공하는 경우가 있다.

$$(CH_3)_2CHCH{=}CH_2 + HCl \longrightarrow (CH_3)_2CClCH_2CH_3$$

이것은 다음과 같이 생각된다.

$$(CH_3)_2CHCH{=}CH_2 + HCl \longrightarrow (CH_3)_2CH\overset{+}{C}HCH_3 + \overset{-}{Cl}$$

$$(CH_3)_2CH\overset{+}{C}HCH_3 \xrightarrow{H^-\text{이동}} (CH_3)_2\overset{+}{C}CH_2CH_3 \xrightarrow{Cl^-} (CH_3)_2CClCH_2CH_3$$

즉, 전위하면 보다 안정한 카르보늄이온을 생성하는 경우에는, 이와 같은 전위가 잘 일어나는 경우가 많다.

이중결합의 양쪽의 탄소원자에 다른 치환기가 있을 때에도, 중간체로서의 카르보늄이온의 안정성을 비교하면 알 수 있다.

3-1-4. 산접촉 수화반응

에틸렌을 진한 황산에 흡수시키면, 황산이 부가하여 황산에스테르가 생성하며, 여기에 물을 가하면 쉽게 가수분해하여 에탄올로 된다. 일반적으로 알코올의 합성법으로 된다.

$$CH_2{=}CH_2 \xrightarrow{H_2SO_4} CH_3CH_2OSO_3H \xrightarrow{H_2O} CH_3CH_2OH$$

마찬가지로

$$C_2H_5CH{=}CH_2 \xrightarrow{H_2SO_4} C_2H_5CH(OSO_3H)CH_3 \xrightarrow{H_2O} C_2H_5CH(OH)CH_3$$

이 경우, H_2SO_4는 $H^+(OSO_3H)^-$로서 작용하여, Markownikoff규칙에 따른다. 이 반응

을 황산수용액에서 행하면, 1단계에서 알코올을 생성한다. 즉, 올레핀의 산접촉 수화반응이다. 이것은 OSO_3H^-보다도 물분자 쪽이 친핵성이 크기 때문이다. 묽은 질산에서도 마찬가지로 반응한다.

$$(CH_3)_2C{=}CH_2 \quad + \quad H_2O \xrightarrow{1M\,HNO_3} (CH_3)_3COH$$

이소부틸렌의 수화반응의 속도론적 연구로부터

반응속도 = *k*[이소부틸렌]

이 반응속도상수 k는 $[H_3O^+]$과는 비례하지 않는다(매우 희박한 곳에서는 비례하지만, 산이 진해지면 $[H_3O^+]$로부터 예상되는 것 보다는 급속히 k가 증대한다). 그러나 logk는 H_0(Hammett의 산성도함수, 제2장 4절 참조)와는 직선관계를 나타내며, 그의 기울기는 −1로 되었다. 즉, 율속단계에서는 H_3O^+은 관계하지 않게 되며, 율속단계는 π착화합물로부터 σ착화합물인 카르보늄이온으로 되는 곳이다. 이 반응은 알코올의 산접촉 탈수반응의 역반응이기 때문에, 가역적이라고 생각된다.

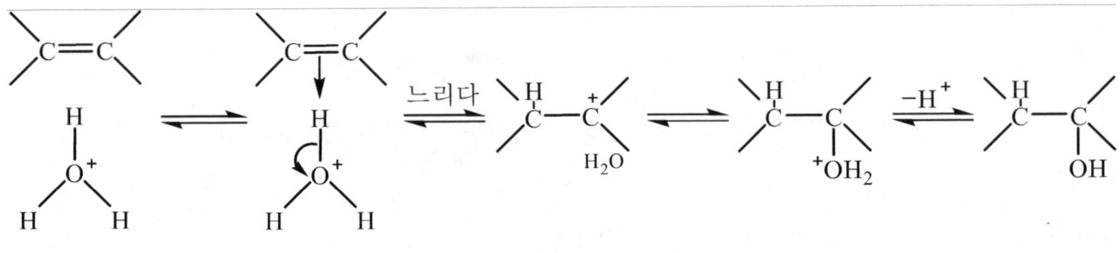

이 반응의 경우에는, 지금까지 설명한 것과 같은 입체특이성이 관찰되지 않는다.

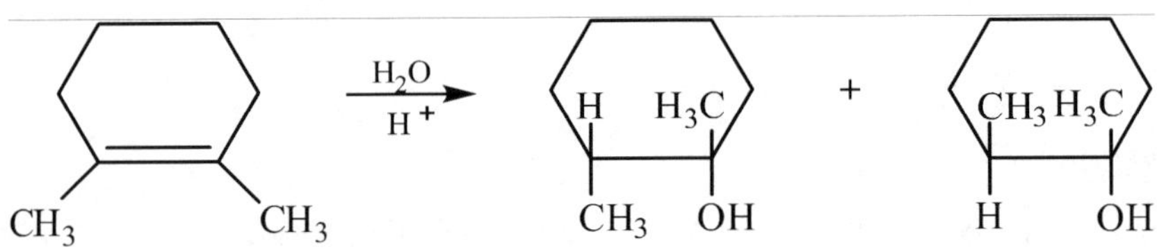

이들의 반응은 수중에서 행해지기 때문에, 브로모늄이온과 유사한 (9) 보다도 카르보늄이온인 (10)쪽이 유리해 진다. 물은 이온을 용매화하는 능력이 크기 때문이다.

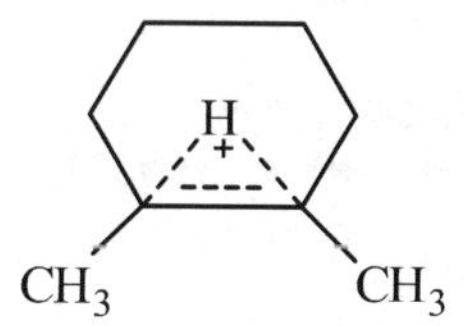
9

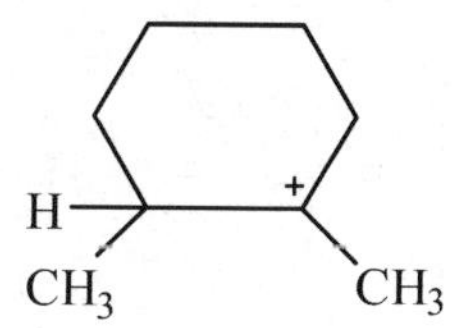
10

3-1-5. 기타의 비대칭화합물의 부가반응

비대칭화합물 A–B가 $A^{\delta+}-B^{\delta-}$와 같이 분극하고 있을 때에는, HX가 $H^{+}X^{-}$로 분극하고 있는 것과 마찬가지로 생각하면, H^{+}이 결합하는 곳에 A^{+}이 결합한다라고 생각하면, 지금까지의 생각으로 모두 설명된다.

1) 할로겐화할로겐화합물

ICl이 잘 사용된다. 이것은 전기음성도의 차로서 $I^{\delta+}-Cl^{\delta-}$와 같이 분극하고 있다. 예를 들면,

$$CH_3CH{=}CH_2 \quad + \quad ICl \longrightarrow CH_3CHClCH_2I$$

$$C_6H_5CH{=}CH_2 \quad + \quad ICl \longrightarrow C_6H_5CHClCH_2I$$

$$CH_2{=}CHSO_3H \quad + \quad ICl \longrightarrow CH_2ClCHISO_3H$$

에틸렌을 예로 들어서 메카니즘을 설명하면,

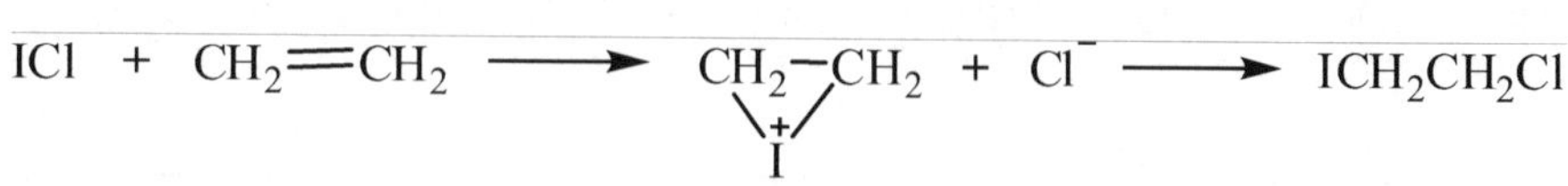

2) 하이포할로겐산

하이포할로겐산 HOX는 $HO^{\delta-}X^{\delta+}$로 분극하여 반응한다. 이 부가반응은 산이 존재하지 않으면 느리다. 에틸렌에의 부가에서 메카니즘을 설명하면,

$$HOX + H^+ \rightleftharpoons H_2\overset{+}{O}X$$

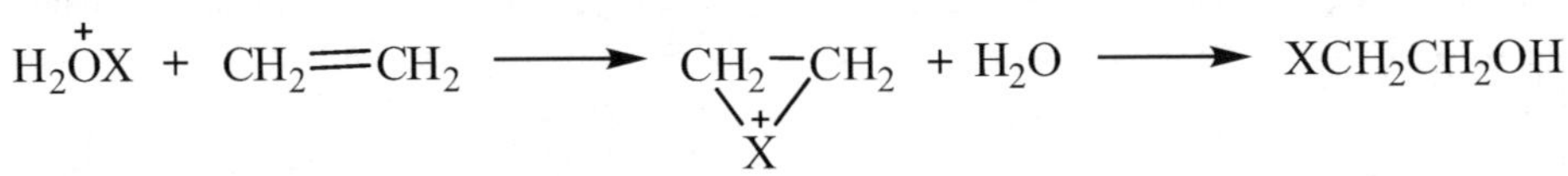

이 반응은, 할로하이드린의 합성법으로서 중요하다. 배향성도 위의 분극과 일치하고 있다.

$$(CH_3)_2C{=}CH_2 + HOCl \longrightarrow (CH_3)_2C(OH)CH_2Cl$$

할로늄이온이 중간체인 것은, 트란스부가하는 것으로 알 수 있다.

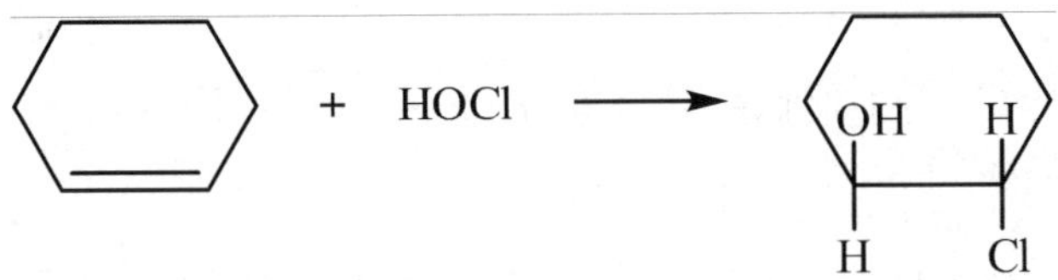

3) 디보란의 부가반응(hydroboration)

H. C. Brown에 의하여 발견된 반응으로서, 합성적으로 매우 유용한 반응이다. 프로필렌을 예로 들면,

$$6CH_3CH{=}CH_2 + B_2H_6 \longrightarrow 2(CH_3CH_2CH_2)_3B$$

$$(CH_3CH_2CH_2)_3B + 3H_2O_2 \xrightarrow{NaOH} 3CH_3CH_2CH_2OH + H_3BO_3$$

전체적으로 산접촉 수화반응일 때와는 반대로 물이 부가하여 알코올을 생성하게 된다. 이 반응메카니즘은 다음과 같이 생각된다.

$$B_2H_6 \longrightarrow 2BH_3$$

$$CH_3CH{=}CH_2 + BH_3 \longrightarrow CH_3\overset{+}{C}HCH_2\overset{-}{B}H_3$$

$$\xrightarrow{H^-\text{이동}} CH_3CH_2CH_2BH_2 \xrightarrow{2CH_3CH=CH_2} (CH_3CH_2CH_2)_3B$$

BH_3는 Lewis산이기 때문에, 이것이 H^+과 마찬가지로 작용한다라고 생각하면, Markownikoff규칙에 따르고 있다. 입체화학적으로는, 전체적으로서 물이 올레핀에 시스 부가한 것으로 된다.

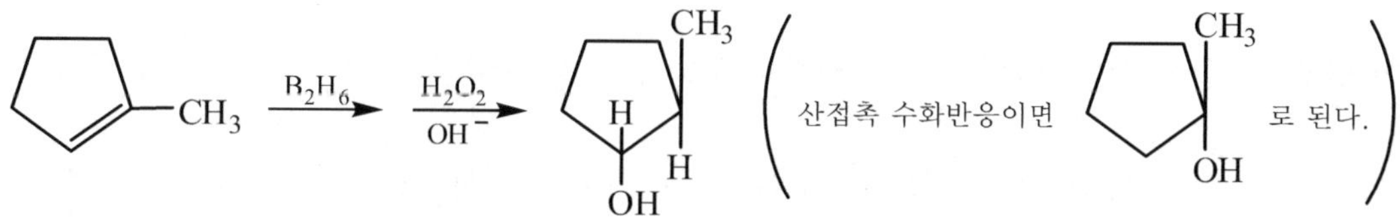

일반적인 수화반응과 전혀 다른 것을 제공하며, 입체특이적이기 때문에 합성적으로 중요하다.

4) 기타

예를 들어서 정리한다. [ ]내에는 분극방향 또는 메카니즘이다.

$$(CH_3)_2C{=}CH_2 + H_2S \longrightarrow (CH_3)_3CSH \qquad [H^+SH^-]$$

$$CCl_3CO_2H + CH_2{=}C(CH_3)_2 \xrightarrow[0^\circ C]{BF_3} CCl_3COOC(CH_3)_3$$

$$[CCl_3CO_2H + BF_3 \longrightarrow \overset{+}{H}\overset{-}{B}F_3(O_2CCCl_3)$$

$$\xrightarrow{CH_2=C(CH_3)_2} (CH_3)_3\overset{+}{C} + \overset{-}{B}F_3(O_2CCCl_3) \longrightarrow (CH_3)_3CO_2CCCl_3 + BF_3]$$

$$C_2H_5COCl + CH_2{=}CH_2 \xrightarrow{AlCl_3} C_2H_5COCH_2CH_2Cl$$

$$[C_2H_5COCl + AlCl_3 \longrightarrow C_2H_5\overset{+}{C}O\cdot Al\overset{-}{C}l_4$$

$$\xrightarrow{CH_2=CH_2} C_2H_5COCH_2\overset{+}{C}H_2Al\overset{-}{C}l_4 \longrightarrow C_2H_5COCH_2CH_2Cl + AlCl_3$$

(제5장 5절의 Friedel-Crafts 반응을 참조)]

$$C_6H_5CH{=}CH_2 \quad + \quad Hg(O_2CCH_3)_2$$

$$\xrightarrow{CH_3CO_2H\text{ 중}} \quad C_6H_5\underset{\substack{|\\ OCOCH_3}}{CH}-CH_2HgOCOCH_3 \qquad [CH_3\overset{-}{CO_2}\overset{+}{Hg}OCOCH_3]$$

3-1-6. 카르보늄이온의 부가반응(알킬화반응)

이소부틸렌과 같이 비교적 안정한 카르보늄이온을 생성하는 올레핀은, 산접촉 부가반응으로 이량체를 생성한다.

$$(CH_3)_2C{=}CH_2 \quad + \quad H^+ \longrightarrow \quad (CH_3)_3C^+$$

$$(CH_3)_3C^+ \quad + \quad CH_2{=}C(CH_3)_2 \quad \longrightarrow \quad \underset{11}{(CH_3)_3CCH_2\overset{+}{C}(CH_3)_2}$$

$$11 \longrightarrow \quad H^+ \quad + \quad (CH_3)_3CCH{=}C(CH_3)_2 \quad + \quad (CH_3)_3CCH_2\underset{\substack{|\\ CH_3}}{C}{=}CH_2$$

이량체카르보늄이온(11)은 H^+을 잃지 않고, 더욱 이소부틸렌에 부가할 수 있지만, 입체장애로 인하여 반응은 매우 느려진다. 적당한 Lewis산촉매를 사용하면 폴리머를 얻을 수 있다. 이것은 양이온중합이라고 불리우는 반응이다.

다음과 같은 반응도 마찬가지로 진행한다.

$$(CH_3)_3CCl \quad + \quad SnCl_4 \quad \xrightarrow{0℃} \quad (CH_3)_3\overset{+}{C}Sn\overset{-}{Cl_5}$$

$$\xrightarrow{CH_2{=}CH_2} \quad (CH_3)_3CCH_2\overset{+}{CH_2}Sn\overset{-}{Cl_5} \quad \longrightarrow \quad (CH_3)_3CCH_2CH_2Cl \quad + \quad SnCl_4$$

$$CHCl_3 \quad + \quad AlCl_3 \quad \rightleftharpoons \quad \overset{+}{CHCl_2}Al\overset{-}{Cl_4}$$

$$\xrightarrow{CCl_2{=}CCl_2} \quad CHCl_2CCl_2\overset{+}{CCl_2}Al\overset{-}{Cl_4} \quad \rightleftharpoons \quad CHCl_2CCl_2CCl_3 \quad + \quad AlCl_3$$

$$CH_2{=}O + H^+ \longrightarrow \overset{+}{C}H_2OH \xrightarrow{C_6H_5CH{=}CH_2} C_6H_5\overset{+}{C}HCH_2CH_2OH$$

$$\xrightarrow{H_2O} C_6H_5CH(OH)CH_2CH_2OH$$ (Prins 반응이라고 불리우고 있다.)

85~100% 황산 또는 액체의 플루오르화수소산중에서는, 이수부틸렌에 의한 이소부탄의 알킬화가 일어난다.

$$(CH_3)_3CH + CH_2{=}C(CH_3)_2 \xrightarrow{H_2SO_4} (CH_3)_3CCH_2CH(CH_3)_2$$

이것도 유사한 반응메카니즘으로 일어난다.

$$(CH_3)_2C{=}CH_2 \xrightarrow{H^+} (CH_3)_3C^+ \xrightarrow{CH_2{=}C(CH_3)_2}$$

$$\underset{11}{(CH_3)_3CCH_2\overset{+}{C}H(CH_3)_2} \xrightarrow{(CH_3)_3CH} (CH_3)_3CCH_2CH(CH_3)_2 + (CH_3)_3C^+$$ (연쇄반응)

이 반응은, 고옥탄가의 가솔린에 사용되는 가지가 많은 탄화수소의 합성법으로서 중요하다.

3-1-7. 카르벤의 부가반응

카르벤(carbene)은 디치환탄소(: CX_2)의 총칭으로서, 전자가 부족하기 때문에 친전자적으로 작용한다. 올레핀에 부가하면 시클로프로판 유도체를 생성하기 때문에, 시클로프로판환의 합성법으로서 유용하다.

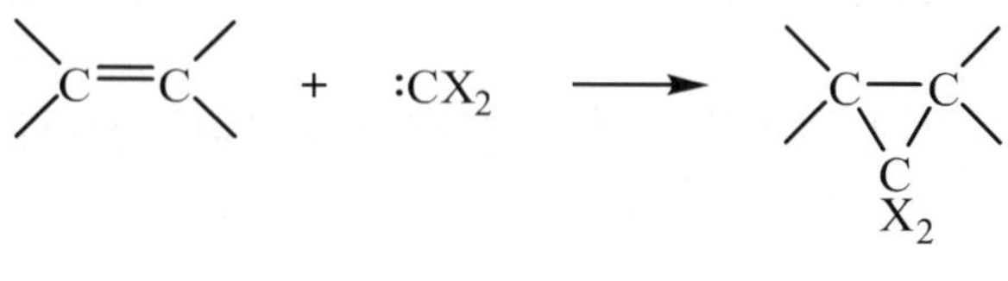

카르벤의 발생방법에는 여러 가지가 있지만(제7장 5, 6절 참조), 그중에서 하나의 예를 들어서 설명한다.

$$HCCl_3 + t\text{-}C_4H_9OK \rightleftharpoons :\bar{C}Cl_3 + t\text{-}C_4H_9OH + K^+$$

$$:\bar{C}Cl_3 \rightleftharpoons :CCl_2 + Cl^-$$

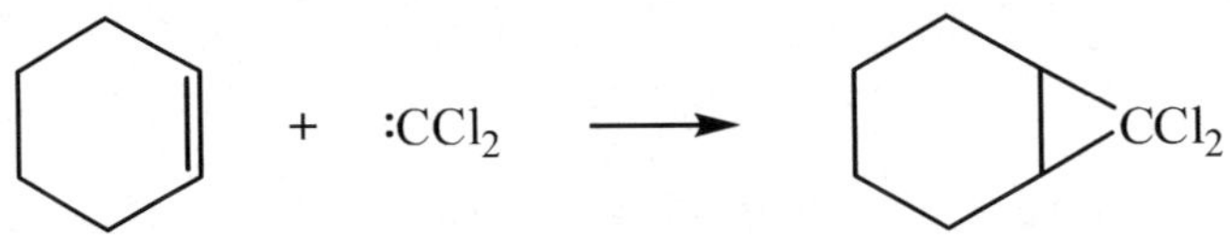

카르벤이 친전자적인 것은 표 3-1에서, Br_2의 올레핀부가의 상대반응성과 같은 순서로 진행하는 것으로부터 알 수 있다.

카르벤의 부가는 지금까지의 것과 다른 시스부가이다.

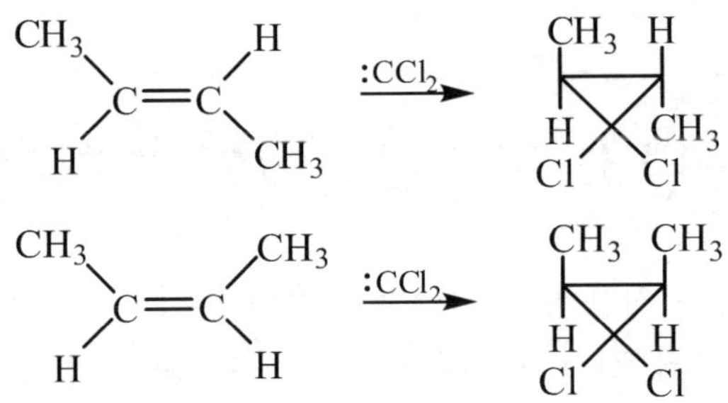

이외에 시스부가의 예로서는, 에폭시화반응, 시스수산화반응(글리콜생성)등이 있지만, 이들은 산화반응의 곳에서 설명하기로 한다(제12장 참조).

▌표 3-1▌ 부가의 상대반응성

올레핀	: CCl_2	: CBr_2	•CCl_3	$Br_2(Br^+)$
$(CH_3)_2C{=}C(CH_3)_2$	6.6	3.5	–	2.5
$(CH_3)_2C{=}CHCH_3$	2.9	3.2	0.17	1.9
$(CH_3)_2C{=}CH_2$	1.00	1.00	1.00	1.00
$CH_2{=}CHCH{=}CH_2$	–	0.5	>40	
	–	0.5	0.15	
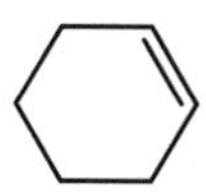	0.12	0.4	0.045	
$C_6H_5CH{=}CH_2$	–	0.4	>20	0.59
$n\text{-}C_4H_9CH{=}CH_2$	0.023	0.07	0.19	0.36

3-2. 탄소-탄소 이중결합에의 친핵적 부가반응

일반적으로 올레핀에서는 친핵적 부가반응은 일어나기 어렵지만, 전자흡인성기가 치환한 올레핀에서는 이중결합의 전자밀도가 감소하기 때문에, 친핵적 부가반응이 일어나게 된다.

$$CF_2{=}CF_2 \xrightarrow{EtO^-} EtOCF_2CF_2^- \xrightarrow{EtOH} EtOCF_2CF_2H$$

전자흡인성의 치환기가 결합한 탄소상에 음전하가 오는 쪽이 안정화가 크기 때문에, 비대칭올레핀에서는 친핵시약은 전자흡인성치환기가 결합하지 않은 쪽의 탄소에 부가하게 된다.

$$C_6H_5SH \;+\; CH_2{=}CHCO_2CH_3 \xrightarrow{OH^-} C_6H_5SCH_2CH_2CO_2CH_3$$

$$\overset{\delta-}{R}-\overset{\delta+}{Mg}Br \;+\; C_6H_5CH{=}CHSO_2C_6H_5 \xrightarrow{H_2O} C_6H_5CHRCH_2SO_2C_6H_5$$

$$HCN + (CH_3)_2C{=}CHNO_2 \xrightarrow{KOH} (CH_3)_2C(CN)CH_2NO_2$$

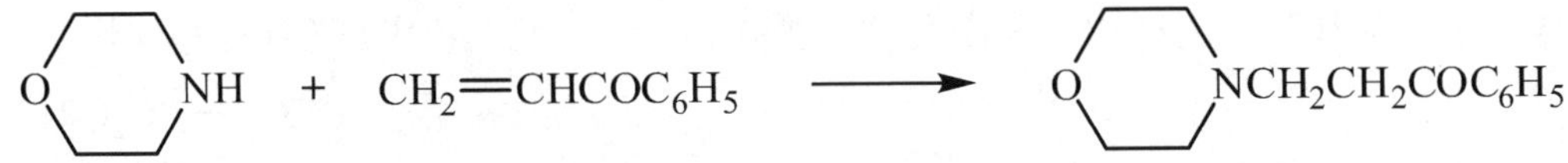

이 분류에 속하는 반응으로서는, 시아노에틸화와 Michael부가반응이 유명하며, 합성반응으로서도 매우 중요하다.

3-2-1. 시아노에틸화반응

활성수소를 갖는 화합물에 알칼리성에서 아크릴로니트릴을 반응시켜, 활성수소를 시아노에틸기로 치환하는 반응이다. 예를 들면,

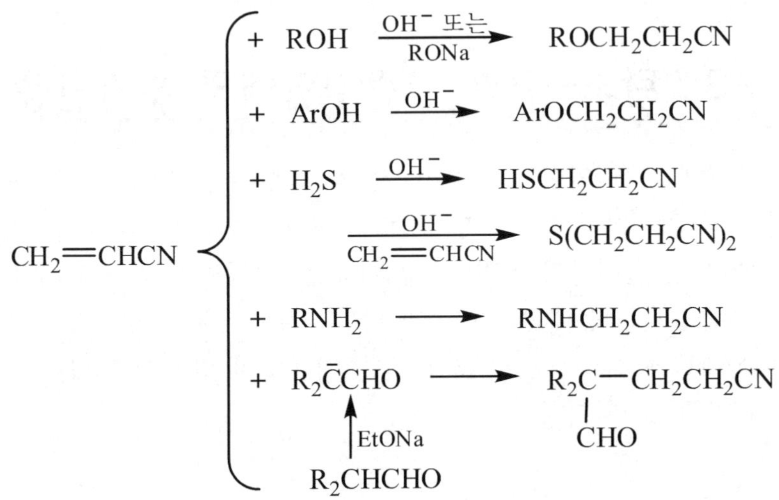

3-2-2. Michael 부가반응

α,β-불포화카르보닐화합물에, 활성메틸렌화합물이 염기의 존재하에서 부가하는 반응이다. 활성메틸렌화합물로부터의 음이온이 친핵시약으로 된다.

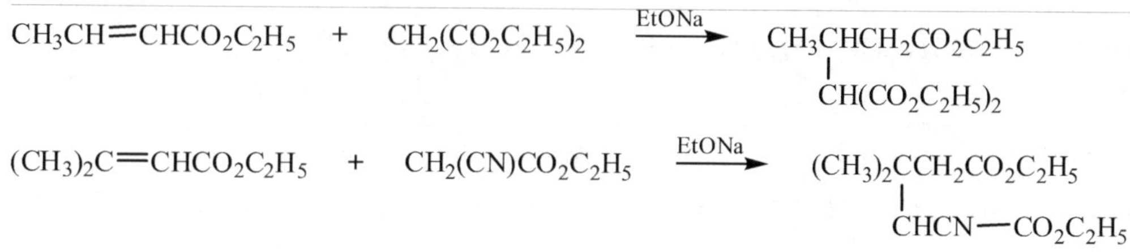

아크릴산에틸과 아세토아세트산에틸과의 반응을 메카니즘으로 나타내면,

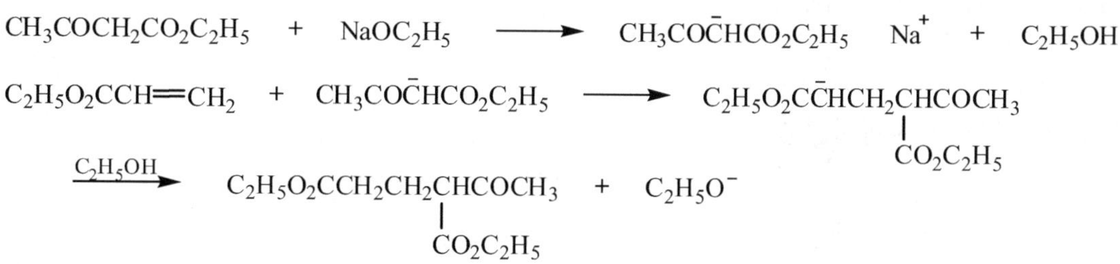

3-3. 탄소-탄소 삼중결합에의 부가반응

탄소-탄소 이중결합에서 일어나는 부가반응의 대부분은, 탄소-탄소 삼중결합에서도 일어난다. 배향성 및 입체화학도 마찬가지이다. 그러나 올레핀에의 부가반응에 비하여 아세틸렌에의 부가반응은 일어나기 어렵다. 그 이유는 잘 알려져 있지 않지만, 다음과 같이 생각된다. 부가의 중간체는 올레핀의 경우와 마찬가지로 생각하면, (12) 또는 (13)으로 된다. (12)에서는 올레핀에 상당하는 것보다도 큰 비틀림이 있다라고 생각되기 때문에, 올레핀의 경우보다 불안정하다.

12 13

(13)을 생각했을 때도 올레핀의 경우보다 불안정하다고 생각된다. 전기음성도는 $sp^3 < sp^2 < sp$의 순서로 커진다(제2장 2절 참조). (13)에서는 양전하가 sp탄소상에 있는데 대해서, 올레핀으로부터의 카르보늄이온에서는 sp^2탄소상에 있다. 따라서 (13)도 불안정한 것이다.

올레핀의 경우와 마찬가지로, 전자공여성기는 아세틸렌의 반응성을 증대하며, 전자흡인성기는 반응성을 저하시킨다. 올레핀과의 차이는, 부가생성물이 올레핀으로 되기 때문에, 더욱 다른 1분자가 부가하는 것이다. 예를 들면,

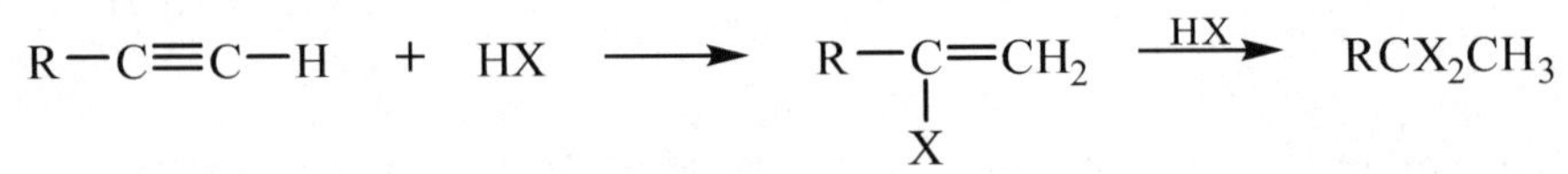

Markownikoff규칙에 따르고 있다.

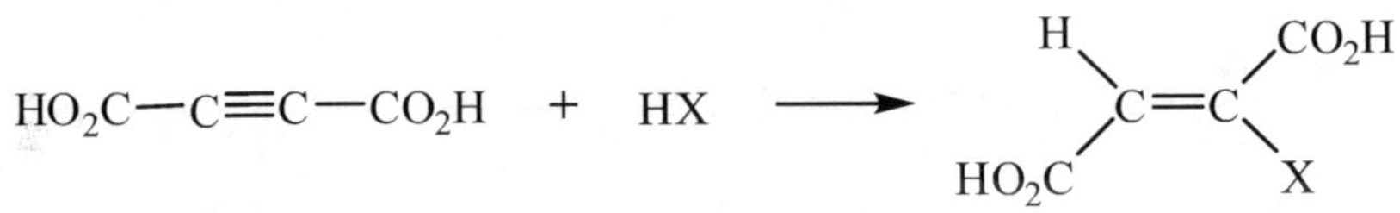

아세틸렌의 수화반응은 수은염을 사용하여 행한다. 이 때의 배향성은 Markownikoff규칙에 따른다.

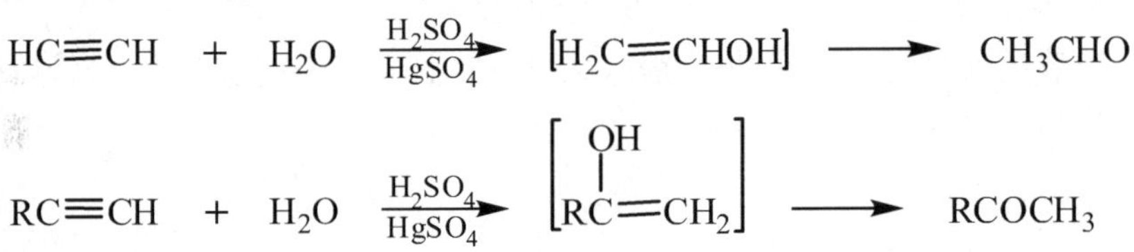

이 반응의 메카니즘은 다음과 같이 생각되고 있다.

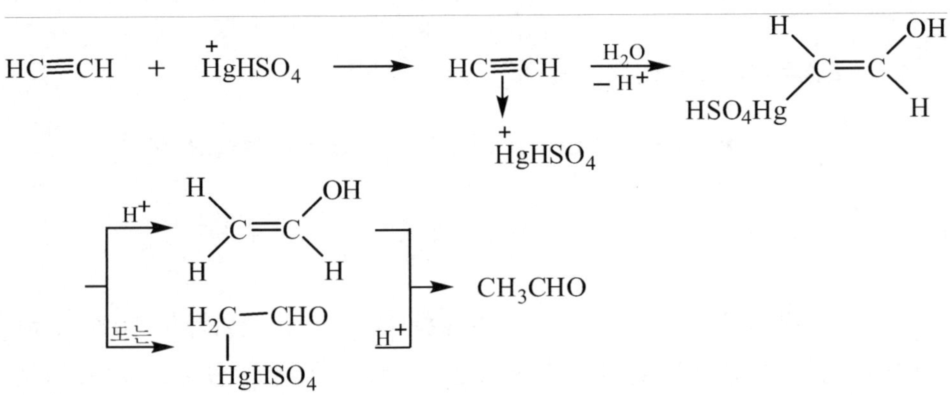

카르복시산도 마찬가지로 부가하여 비닐에스테르를 생성한다. 예를 들면,

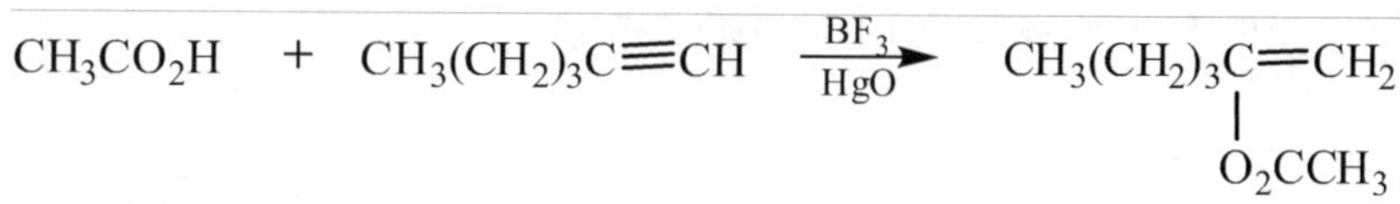

아세틸렌에서의 하이드로보레이션(1-5항 3절 참조)에서는 카르보닐화합물을 생성한다. 예를 들면,

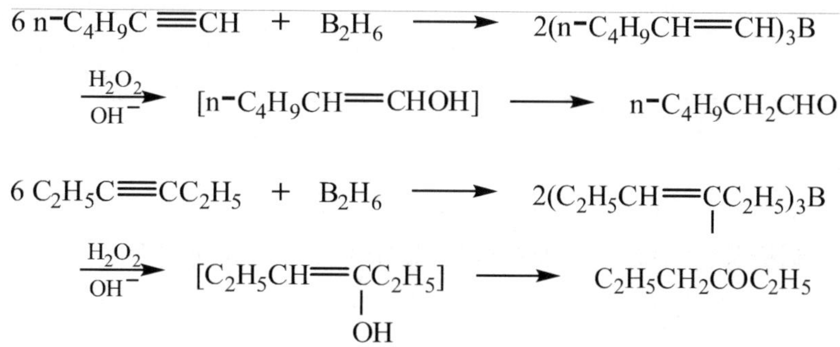

모노치환아세틸렌에서는, 통상의 수화반응과 반대의 부가배향성을 나타내고 있다. 이것은 올레핀의 경우와 마찬가지이다.

3-4. 공액이중결합에의 부가반응

부타디엔에의 X_2의 부가에서는 다음과 같이 1,2-부가와 1,4-부가가 일어난다.

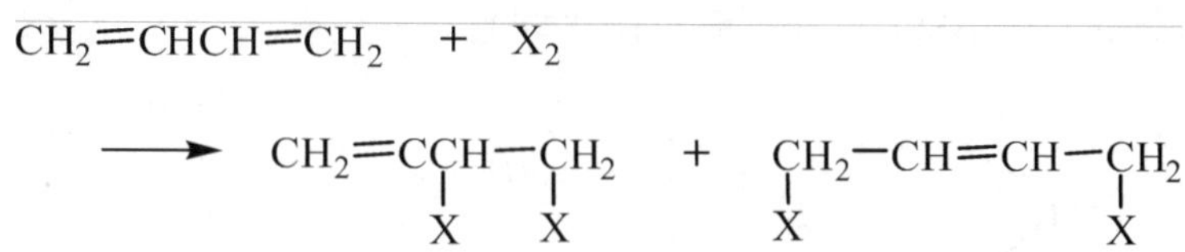

(1,2 부가체) (1,4 부가체)

부타디엔에의 브롬의 부가에서는 1,2-부가체를 20%, 1,4-부가체를 80% 생성한다. 이 비율은 실제로 양쪽 이성체의 열역학적 평형혼합물과 일치하고 있다. 1,2-부가체는 속도

론적 지배(kinetic control)의 조건하에서 많이 생성하며, 1,4-부가체는 열역학적 지배(제5장 4절 참조)의 조건하에서 생성한다.

공액디엔에의 할로겐의 부가반응도 올레핀에의 부가와 마찬가지로 단계적으로 일어난다. 1,2-부가에서 중간체는 다음과 같은 할로늄이온이나 카르보늄이온이라고 생각된다.

1,4-부가의 경우는, 다음과 같은 할로늄이온이 기대된다. 따라서 생성물은 시스이성체로 예상되지만, 실제로는 트란스이성체만이 생성되기 때문에, 이와 같은 할로늄이온은 생성되지 않는 것이다. 이와 같은 사실로부터도 1,2-부가가 속도론적 지배인 것을 납득할 수 있다.

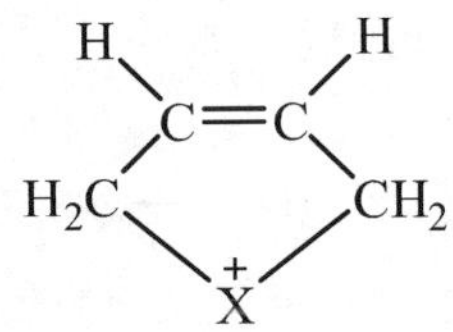

1,2-부가와 1,4-부가는, 공명에 의하여 잘 설명된다.

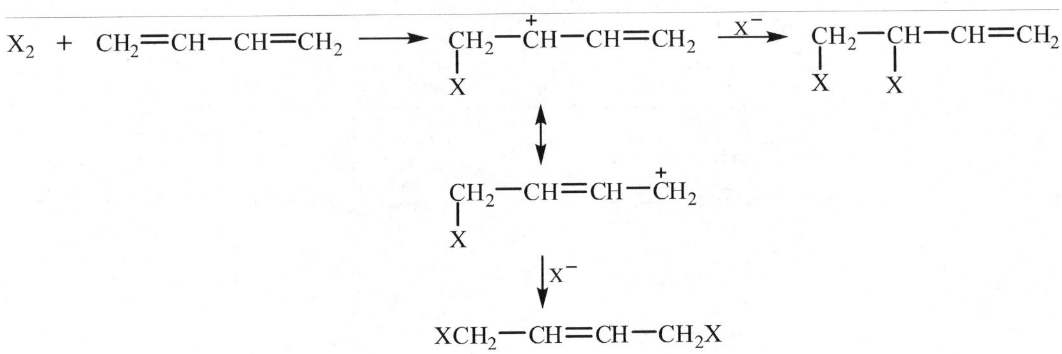

할로겐화수소의 부가에서도 1,2-부가 및 1,4-부가가 일어난다.

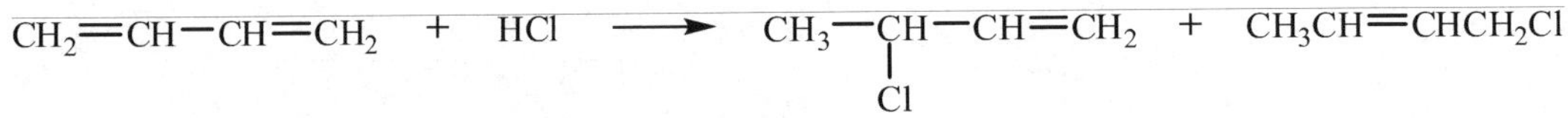

이 경우도, 1,2-부가는 속도론적 지배의 조건하에서 유리하며, 1,4-부가는 열역학적 지배의 조건하에서 유리하다. HBr의 부가의 경우는, 빠르게 평형으로 되기 때문에, 1,2-부가체를 유리하게 하는 것은 곤란하다. 공액디엔에의 부가는, 올레핀에 대한 것보다도 반응이 빠른 것은, 중간의 카르보늄이온이 공명에 의하여 안정화하기 때문이다. 페닐치환 올레핀의 반응성이 큰 것도 마찬가지로 설명된다. 스티렌에서는,

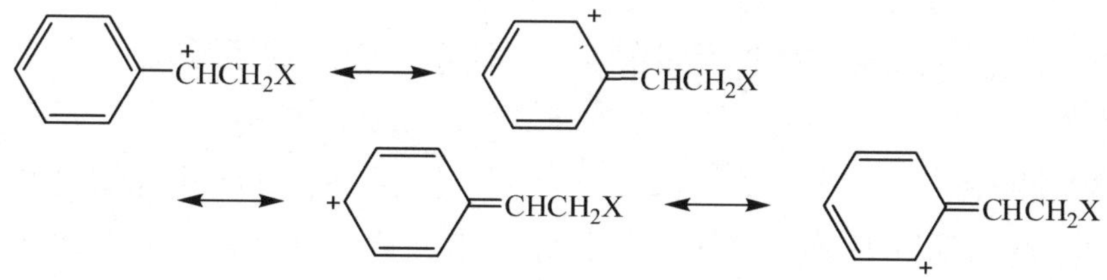

이 경우에는 1,2-부가체 밖에 생성하지 않는다. 1,4-부가 및 1,6-부가도 위의 공명으로부터는 생각되지만, 이 경우에는 방향족성을 잃기 때문에, 에너지적으로 불리해 진다. HX의 부가가 Markownikoff규칙에 따르는 것도 위와 같은 공명 때문이다.

$$C_6H_5CH{=}CH_2 + HX \longrightarrow C_6H_5CHXCH_3$$

치환공액디엔에의 부가의 배향성은, 중간에 생성하는 카르보늄이온의 안정성을 비교하면 이해할 수 있다. 예를 들면, 이소프렌에의 HBr의 부가에서는,

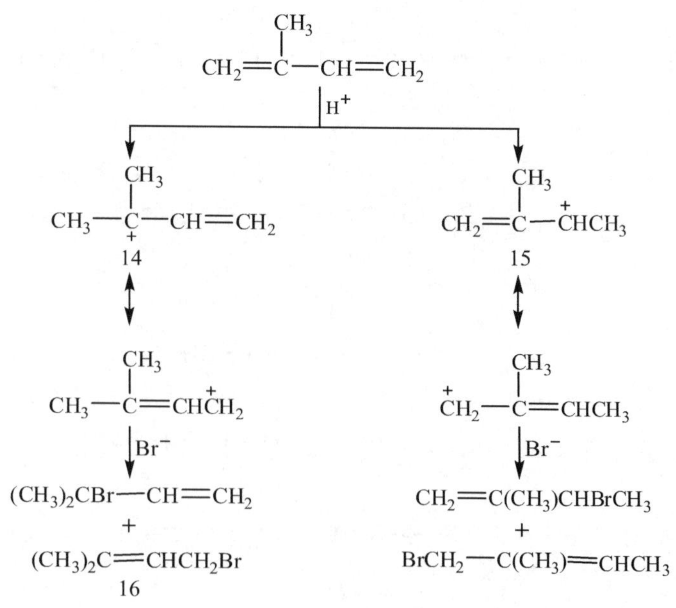

(14)와 (15)를 비교하면, (14)쪽이 3차카르보늄이온을 함유하기 때문에 유리해 지며, 이것을 경유한 것이 생성하지만, HBr의 부가이기 때문에 1,4-부가체인 (16)이 생성된다.

α,β-불포화카르보닐화합물에의 HX형 화합물의 부가에서도 1,2-부가 및 1,4-부가가 생각되지만, 어느쪽도 동일물질을 생성하게 된다. 단, >C=O에의 1,2-부가에서는 원래의 화합물로 되돌아온다. 따라서 단순히 올레핀에의 부가로서 생성물은 이해할 수 있으며, 전자흡인성기 치환올레핀이기 때문에, 배향성은 Markownikoff규칙의 반대로 된다. 이 반응은 아래와 같은 공명이 있기 때문에, (2)의 경로를 통하여 반응이 진행하는 쪽이 유리하다.

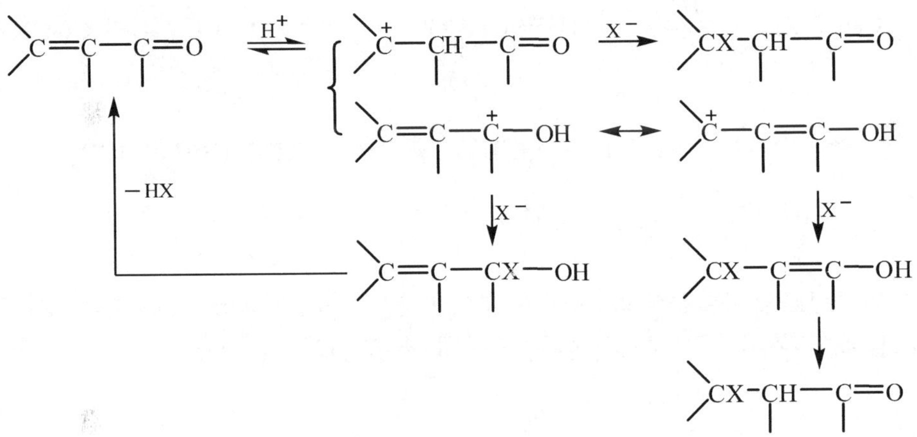

(1)

(2)

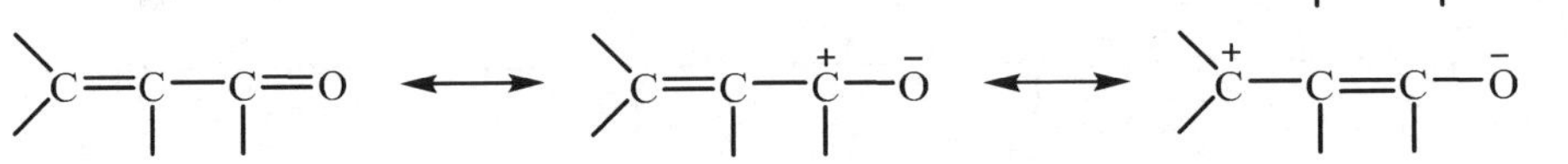

아크롤레인의 산촉매 수화반응의 속도는,

$$\text{반응속도} = \boldsymbol{k}[\text{아크롤레인}][H_3O^+]$$

로 되며, 이 메카니즘도 1,4-부가로서 설명할 수 있다.

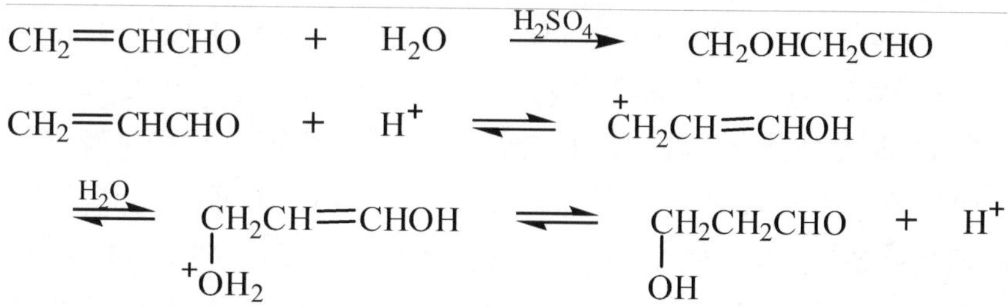

아크릴산메틸에의 산촉매 존재하에서 알코올의 부가반응도 마찬가지이다.

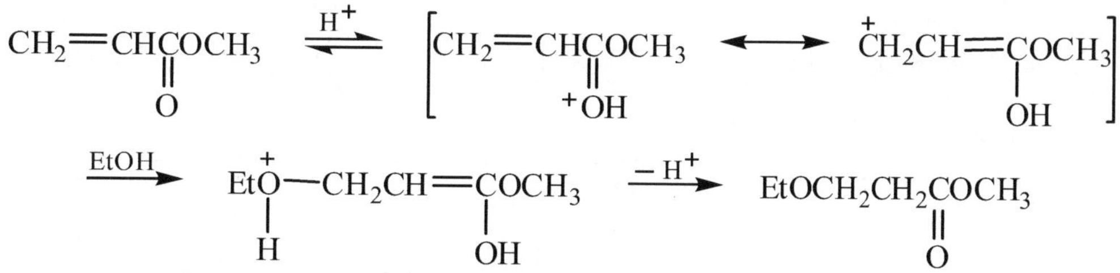

α,β-불포화카르보닐화합물에의 친핵적 부가반응도, 마찬가지로 1,4-부가로서 설명하는 것이 좋다(예는, 이미 2절에서 1,2-부가로서 설명했다).

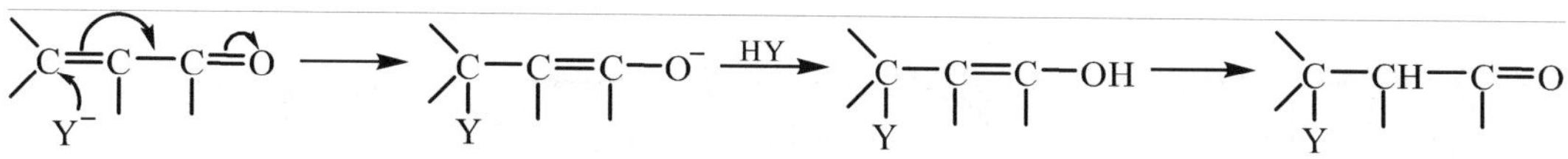

Grignard시약의 부가에서는, 1,2-부가와 1,4-부가의 양쪽이 가능하다.

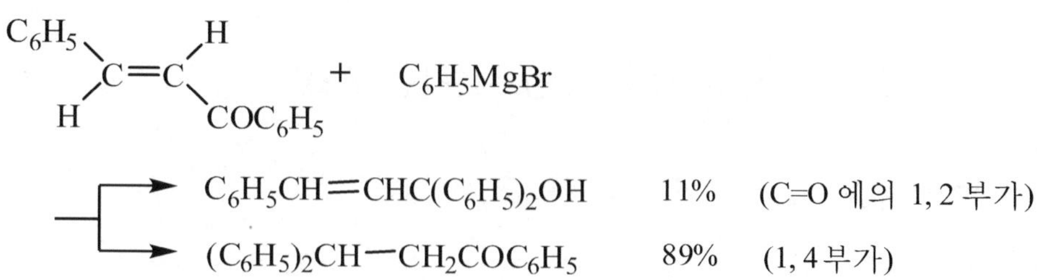

상당하는 시스올레핀에서는 1,4-부가체뿐이다. 이것은, >C=O에의 1,2-부가가 입체장애로 인하여 곤란하기 때문이다.

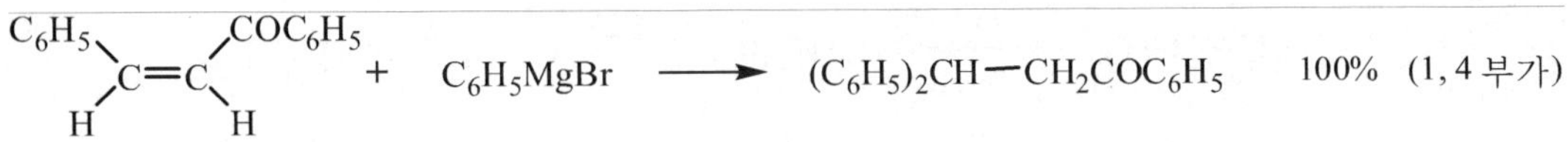

3-5. 기타의 다중결합 (>C=O는 제외)에의 부가반응

가장 중요한 것은, 카르보닐기에의 부가이지만, 이것에 대해서는 별도를 정리하여 설명(제8장 참조)하기 때문에, 여기서는 주로 니트릴에의 부가에 대해서 설명한다.

친전자적 부가반응으로서는, 니트릴의 산촉매 가수분해반응이 있다.

이 메카니즘은,

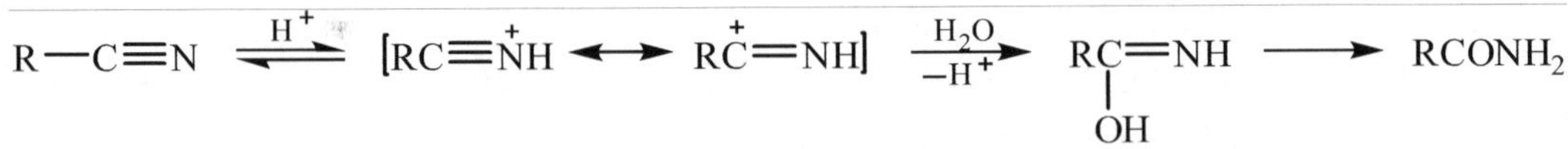

니트릴에 무수알코올중에서 염화수소를 작용시키면, 이미노에테르를 생성하며, 여기에 물을 가하면 상당하는 카르복시산에스테르를 생성한다.

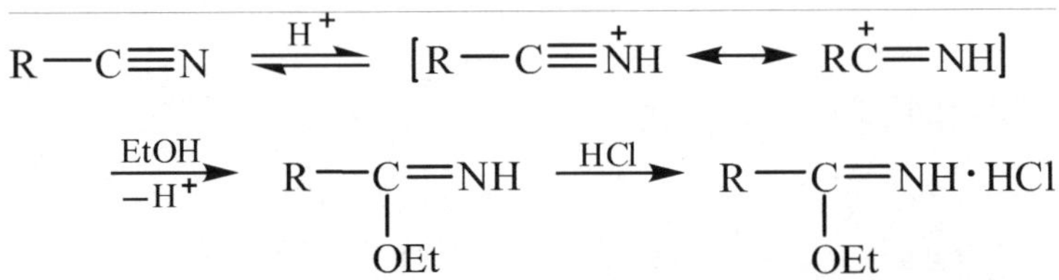

이미노에테르

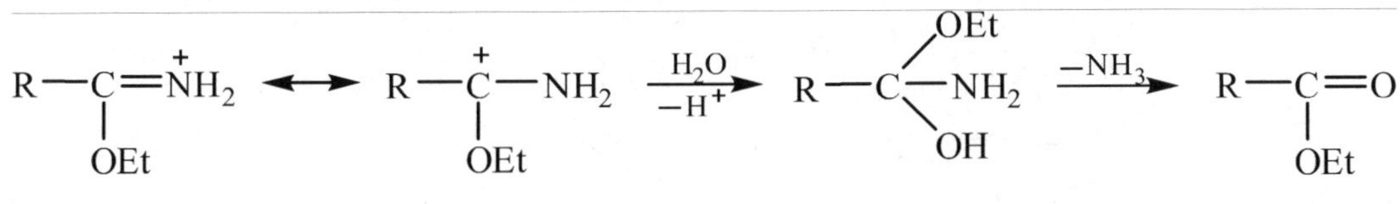

산의 존재하에서 안정한 카르보늄이온을 생성하는 알코올이나 올레핀을 니트릴의 존재하에서 반응시키면 아미드를 생성한다. 이것은 Ritter반응이라고 불리우며, 가수분해에서 3차알킬아민이 생성하기 때문에, 이것의 합성법이다. 예를 들면,

$$(CH_3)_2C{=}CH_2 \xrightarrow{H_2SO_4} (CH_3)_3\overset{+}{C} \xrightarrow{RC\equiv N} R\overset{+}{C}{=}NC(CH_3)_3$$

$$\xrightarrow{H_2O} RCONHC(CH_3)_3 \xrightarrow{H_2O} (CH_3)_3CNH_2 + RCO_2H$$

친핵적 부가반응으로서는, 니트릴의 알칼리 가수분해가 있다. 이 경우의 반응속도는,

$$\text{반응속도} = k[RC\equiv N][OH^-]$$

그의 메카니즘은,

$$RC\equiv N + OH^- \xrightarrow{\text{느리다}} R{-}C(OH){=}\bar{N} \xrightarrow{H_2O} RCONH_2 \longrightarrow RCO_2H + NH_3$$

니트릴은 또한 알칼리성 과산화수소에 의해서도 아미드로 가수분해된다. 반응속도는,

$$\text{반응속도} = k[RCN][H_2O_2][OH^-]$$

$$RCN + 2H_2O_2 \xrightarrow{OH^-} RCONH_2 + O_2 + H_2O$$

이 메카니즘은 다음과 같이 생각된다.

$$H_2O_2 + OH^- \longrightarrow HO_2^- + H_2O$$

$$RC\equiv N + HO_2^- \xrightarrow{\text{느리다}} R{-}C(OOH){=}\bar{N} \xrightarrow[-OH^-]{H_2O} R{-}C(OOH){=}NH$$

$$\xrightarrow{H_2O_2} R{-}C(OH){=}NH + O_2 + H_2O$$

$$\longrightarrow RCONH_2$$

니트릴과 Grignard시약과의 반응도 친핵적 부가반응이라고 생각된다.

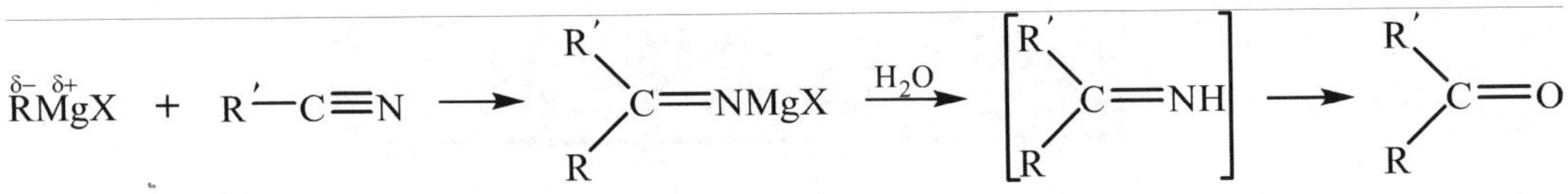

이것은 케톤의 합성법이다.

>C=N-에도 Grignard시약은 반응한다. 단, 케톤과 아민으로부터의 것으로는 부가하지 않는다. 알데히드와 아민으로부터 얻어지는 것, 즉 탄소에 수소가 있는 것에서 반응한다.

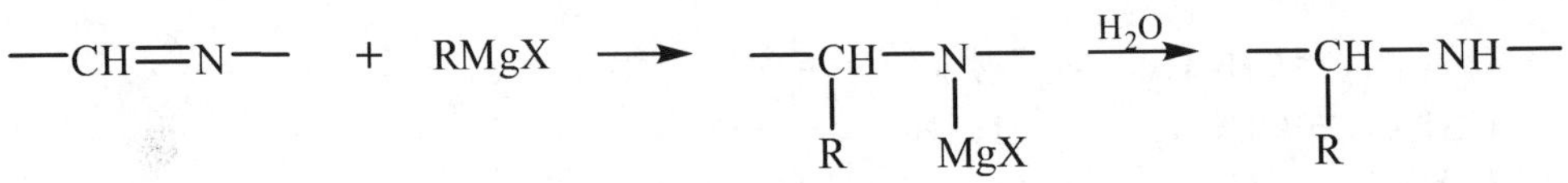

연습문제

01 나음의 반응생성물은 무엇일까?

1) $CH_3CH{=}C(CH_3)_2 + HI \longrightarrow$

2)  $-CH_3 + HBr \longrightarrow$

3) $C_2H_5CH{=}CHCH_3 + HBr \longrightarrow$

4) $(CH_3)_2C{=}CHCH_3 + HOBr \longrightarrow$

5) $C_6H_5CH{=}CH_2 + H_2O + H_2SO_4 \longrightarrow$

6)  $+ Br_2 \longrightarrow$

7) trans-$CH_3CH{=}CHC_2H_5 + Br_2 \longrightarrow$

8) cis-2-부텐 + $HOCl \longrightarrow$

9) $CH_3C{\equiv}CH + HBr \longrightarrow \xrightarrow{HBr}$

10) $(CH_3)_2C{=}CCl_2 + HCl \longrightarrow$

11) $CF_3CH{=}CHCl + HCl \longrightarrow$

12) $CH_3OCH{=}CHF + HCl \longrightarrow$

13) $(CH_3)_3CCH{=}CH_2 + HI \longrightarrow$

14) $(CH_3)_2C{=}CHC(CH_3)_3 + H_2O + H_2SO_4 \longrightarrow$

15) $CH_3CH{=}CHCO_2H + ICl \longrightarrow$

16) $C_6H_5CH{=}CH_2 + BrCl \longrightarrow$

17) $(CH_3)_2C{=}CH_2 + NOCl \xrightarrow{\text{피리딘}}$

18) 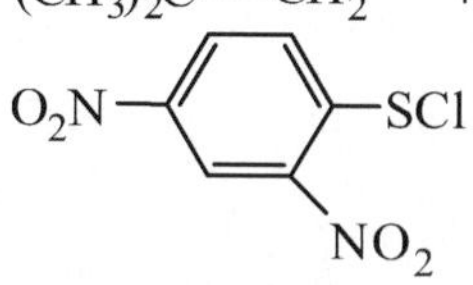 $+ C_6H_5CH{=}CH_2 \xrightarrow{CH_2Br_2\ 중}$

19) $C_6H_5CH{=}CHCH_3 + HCl \longrightarrow$

20) $CH_3CH{=}CHCH{=}CH_2 + HBr \longrightarrow$

21) $(CH_3)_2C{=}CH_2 + C_6H_5COCl \xrightarrow{AlCl_3}$

22) $C_6H_5CH{=}CH_2 + B_2H_6 \longrightarrow \xrightarrow[OH^-]{H_2O_2}$

23) 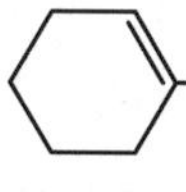 $-CH_3 + B_2H_6 \longrightarrow \xrightarrow[OH^-]{H_2O_2}$

24) $CH_3CH{=}C(CH_3)C_2H_5 + B_2H_6 \longrightarrow \xrightarrow[OH^-]{H_2O_2}$

02 니트로벤젠 중의 올레핀에의 할로겐화수소의 부가속도는 $SnCl_4$를 가하면 증가한다. 이것을 설명하여라.

03 수중에서의 에틸렌에 브롬을 부가하는 경우, 브롬화나트륨을 가하면 에틸렌브로마이드의 생성량은 증가하지만, 에틸렌의 감소속도는 감소한다. 이것을 설명하여라.

04 다음의 반응메카니즘을 생각하여라.

1) 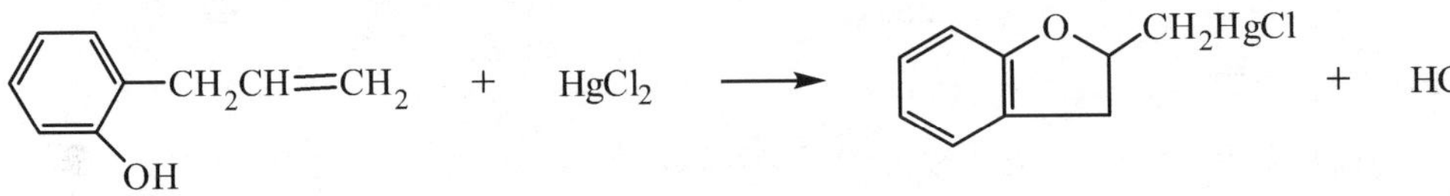

2) 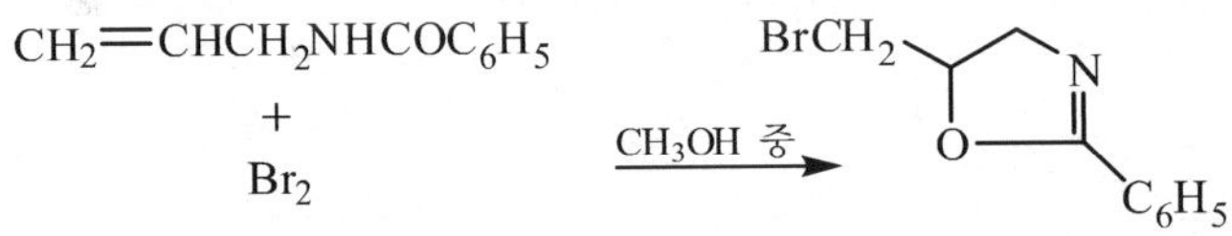

3) 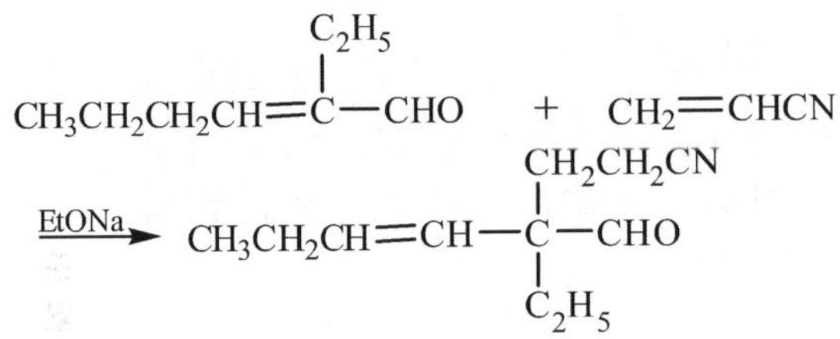

05 다음의 반응생성물은 무엇일까?

1) $(CH_3)_2C{=}CHCOCH_3 + (CH_3)_3NH \longrightarrow$

2) 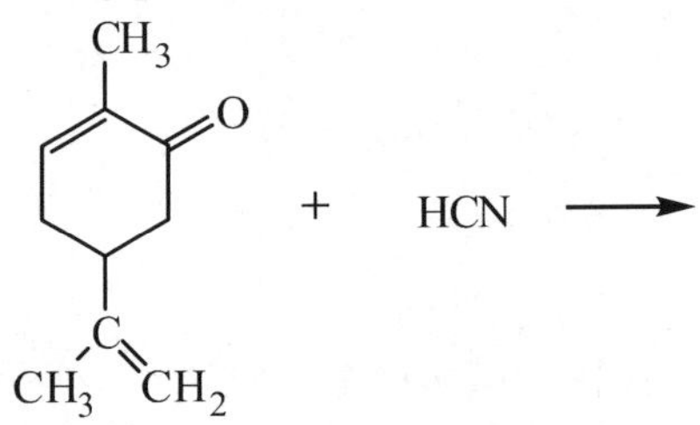

3) $CH_3NO_2 + CH_3CH{=}CHCO_2C_2H_5 \xrightarrow[EtOH]{EtONa}$

4) $C_6H_5CH{=}CHNO_2 + CH_3NO_2 \xrightarrow[EtOH]{EtONa}$

5) $(CH_3)_2NH + C_6H_5CH{=}CHNO_2 \longrightarrow$

6) 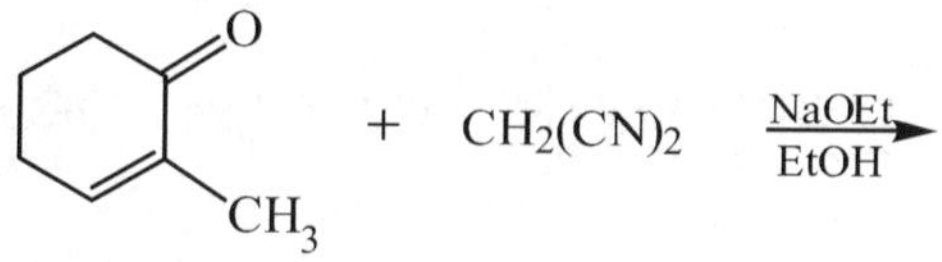

7) 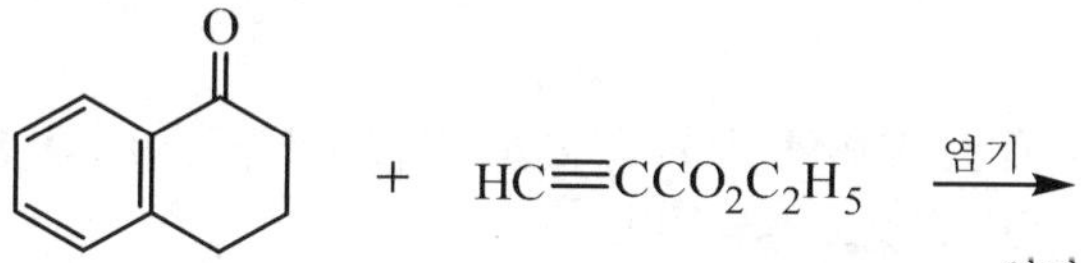

8) $CH_2{=}CHCN + C_6H_5NHCSNHC_6H_5 \xrightarrow{\text{염기}}$

9) $C_6H_5CH{=}CHCO_2C_2H_5 + CH_2(CO_2C_2H_5)_2 \xrightarrow{EtONa}$

10) $C_6H_5N_2^+Cl^- + CH_3CN \longrightarrow$

11) $CH{\equiv}CH + HCN \longrightarrow$

12) $CH_3(C{\equiv}C)_4CH_3 + CH_3Li \longrightarrow \xrightarrow{H_2O}$

13) $C_6H_5C{\equiv}CH + CH_3SNa \xrightarrow{CH_3OH\ \text{중}}$

14) $CH_3COCH{=}CH{-}C{\equiv}CH + (C_2H_5)_2NH \longrightarrow$

15) 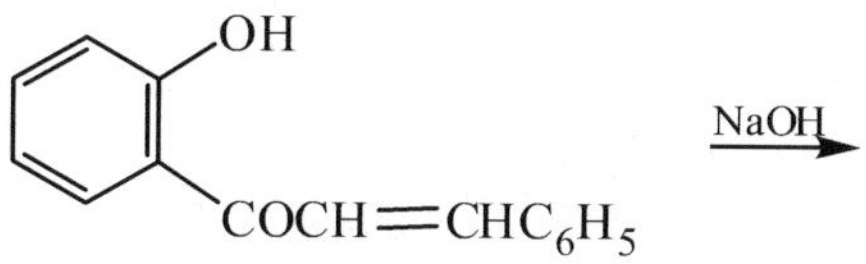

16) $C_6H_5(C{\equiv}C)_2C_6H_5 + H_2S \xrightarrow{OH^-}$

06 크로톤산에틸과 메틸말론산디에틸을 에탄올중에서 소듐에톡사이드와 반응시켰을 때, 소듐에톡사이드가 1/6당량과 1당량에서 다른 생성물을 생성한다.

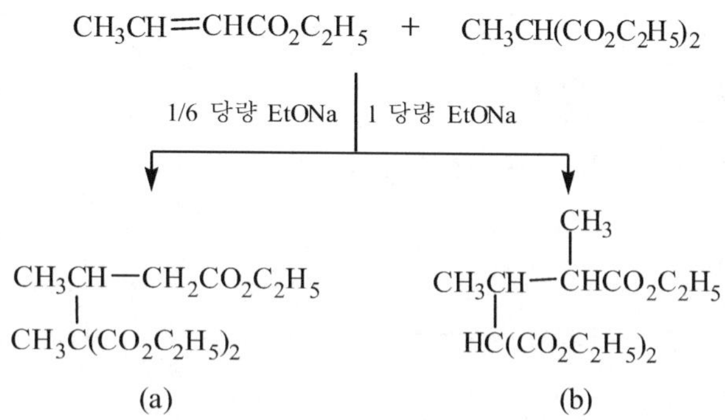

(a)는 예상되는 생성물이지만, (b)는 이상한 생성물이다. 이 이상한 생성물의 생성메카니즘을 알기 위하여, 크로톤산에틸의 카르보닐탄소를 ^{14}C로서 표지하여 (b)를 얻고, 이것을 알칼리가수분해하여 얻어지는 카르복시산을 가열했다. 발생하는 이산화탄소중에는 42%의 ^{14}C가 함유되었다. 이와 같은 사실로부터 이상한 생성물(b)의 생성메카니즘을 추정하여라. 메틸말론산디에틸 대신에 말론산디에틸을 사용하고, 1당량의 소듐에톡사이드의 존재하에서 반응시켰을 때에, 이와 같은 이상한 반응이 기대되는가를 생각하여라.

이온적 지방족치환반응 04

이온적 지방족치환반응에서 잘 연구되며, 게다가 합성반응으로서도 중요한 것은 탄소원자상에서의 친핵적 치환반응이기 때문에, 여기서는 주로 탄소원자상에서의 친핵적 치환반응을 설명하고, 최후에 친전자적 치환반응에 대해서 언급하기로 한다.

4-1. 친핵적 치환반응의 정의

$$Y: + R{-}X \longrightarrow Y{:}R + {:}X$$

위와 같은 치환반응을 친핵적 치환반응(nucleophilic substitution)이라고 말한다. 여기서, Y : 는 친핵시약으로서 반드시 중성이라고는 한정할 수 없으며, 대부분의 경우 음이온이다. X는 탈리기(leaving group)라고 말한다. 아래에 전형적인 예를 나타낸다.

$$H_2O + RCl \longrightarrow ROH + HCl$$

$$RO^- + R'Br \longrightarrow ROR' + Br^-$$

$$HO^- + Me\overset{+}{N}Me_3 \longrightarrow MeOH + NMe_3$$

$$Me_3N + MeI \longrightarrow Me_3\overset{+}{N}Me + I^-$$

친핵적 치환반응은 일반적으로 탈리반응(제7장 참조)과 경쟁적으로 일어나지만, 이것에 대해서는 8절에서 설명한다.

포화탄소상의 친핵적 치환반응은 그의 메카니즘에 의하여 2종류로 대별된다. 이들은, R-X의 구조나 반응조건에 의한다.

그 하나의 전형적인 예는, 브롬화메틸의 알칼리에 의한 가수분해이다.

$$\mathrm{MeBr} + \mathrm{OH^-} \longrightarrow \mathrm{MeOH} + \mathrm{Br^-}$$

이 경우 반응속도$=k_2[\mathrm{MeBr}][\mathrm{OH^-}]$의 속도식으로 표시된다. 이것은 1단계메카니즘으로서 이와 같은 메카니즘을 친핵적 2분자치환반응(substitution, nucleophilic, bimolecular), S_N2메카니즘이라고 말한다. OH^-이 탄소원자에 접근하면, 동시에 C-Br결합이 늘어나며, 마침내 개열하여 새로운 C-OH결합이 형성된다.

다른 전형적인 예는 염화t-부틸의 가수분해이다.

$$\mathrm{Me_3CCl} + \mathrm{OH^-} \xrightarrow{H_2O} \mathrm{Me_3COH} + \mathrm{Cl^-}$$

이 경우 속도식은 속도$=k_1[\mathrm{Me_3CCl}]$로 표시되며 OH^-의 농도에 의존하지 않는다. 이와 같은 반응은 친핵적 1분자치환반응(substitution, nucleophilic, unimolecular), S_N1메카니즘이라고 말하며 (1)식과 같다.

$$\mathrm{Me_3CCl} \underset{}{\overset{\text{느리다}}{\rightleftharpoons}} \mathrm{Me_3C^+} + \mathrm{Cl^-}$$

$$\mathrm{Me_3C^+} + \mathrm{H_2O} \xrightarrow{\text{빠르다}} \mathrm{Me_3COH} + \mathrm{H^+} \qquad (1)$$

즉, S_N1메카니즘은 카르보늄이온을 중간체로 하는 2단계반응이다.

Y : 로서 용매자신이 작용하는 경우도 있으며, 이 때를 가용매분해(solvolysis)라고 말하지만, 용매는 과잉으로 사용되기 때문에 반응 중 그의 농도는 일정하다라고 볼 수 있다. 따라서 속도론적으로는 S_N1 인지 S_N2를 결정할 수 없다. Y : 가 물일 때는 가수분해(hydrolysis), 에탄올일 때는 가에탄올분해(ethanolysis), 아세트산일 때는 가아세트산분해(acetolysis) 등으로 불리운다. 이하에서 이들의 메카니즘에 대해서 설명한다.

4-2. S_N2메카니즘에 있어서 입체화학

S_N2메카니즘에는 다음과 같이 2가지가 가능하다.

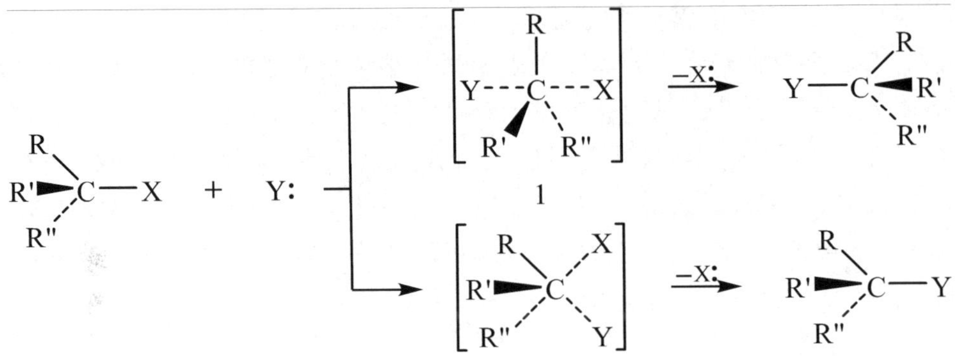

(2)

(3)

(2)식에 의하면, Y : 는 X의 반대쪽으로부터 접근하며, 전이상태(1)을 통하면서 강풍에 펼쳐진 우산처럼 탄소의 곳에서 반전한다. 이와 같은 반전을 Walden반전이라고 말한다. 그러나 (3)식에 의하면, Y : 는 X와 같은 쪽으로부터 접근하여, X : 가 탈리하기 때문에, 탄소의 곳의 입체배치(configuration)는 변하지 않는다. 즉 입체가 보존된다. 양쪽을 구별하는 데에는, 광학활성체[비대칭 탄소, 즉 탄소원자에 결합한 4개의 기가 모두 다른 것을 갖는 화합물이 광학분할에 의하여, 좌선체(−)와 우선체(+)로 분리한 것]을 사용하면 좋다. 아래에 그의 실제적인 예를 나타낸다.

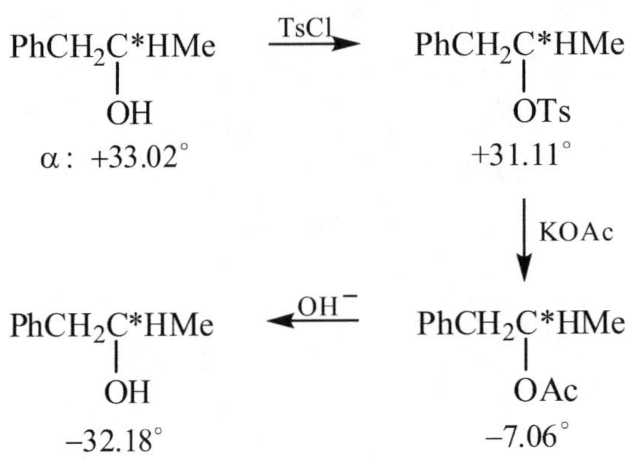

α : 선광도, Ts : p-$CH_3C_6H_4SO_2$,
Ac : CH_3CO, C* : 비대칭탄소

제1단계와 제3단계에서는 비대칭탄소를 함유한 결합이 개열하지 않고 있는 것이 알려져 있기 때문에, 그의 입체배치는 변하지 않으며, 제2단계에서 Walden반전을 하고 있다. 이 단계가 S_N2반응인 것은 속도론적 연구로부터 알 수 있다. 이 경우, 반전전후에서 선광도의 부호가 변하고 있지만, 치환기의 종류에 따라서는 부호가 변하지 않는 것도 있기 때문에, 위에서 설명한 바와 같이 반응전후에서 같은 화합물로 하든지, 이미 알고 있는 입체배치의 것으로 유도하지 않으면 안된다.

이상에서, S_N2반응에서는, (2)식과 같이 친핵시약이 탈리기의 반대쪽으로부터 공격하며 입체화학적으로는 반전한 생성물을 생성하는 것을 알 수 있다. 이와 같은 사실은 일반적으로 확인되고 있다. 입체배치의 결정은 복잡한 것으로서, 친핵적 치환반응 메카니즘의 개척자인 Ingold는, 교묘한 실험으로 이것을 돌파했다. 즉, 광학활성인 요오드화알킬과 방사성 요오드음이온($*I^-$)과의 반응으로, 라세미화의 속도와 방사성 요오드의 교환반응속도를 비교했다.

$$(+)-RI \quad + \quad I^{*-} \longrightarrow (-)-RI^{*} \quad + \quad I^{-} \qquad (4)$$

위에서 설명한 S_N2메카니즘에 의하면 (4)식과 같이 될 것이다. 그러나 원계나 생성계도 같은 것이기 때문에, 교환에 의하여 (−)−RI*가 1분자 생성하면, 1분자의 원료 (+)−RI에 의하여 그의 선광도가 0으로 된다. 즉 라세미화가 일어난다. 따라서 1회 교환이 일어나면 2분자가 라세미화 하는 것으로 되며, 라세미화 속도는 교환속도의 2배로 될 것이다. 실제로, R=2−옥틸에서 이것이 확인되었다. 만일 입체가 보존된다면, 교환이 일어나도 선광도는 변하지 않고, 치환으로 라세미화가 일어나기(S_N1이 이것에 해당한다)때문에, 양쪽의 속도는 일치할 것이다.

S_N2반응에서 반전이 일어나는 것은 환상화합물을 사용해도 알 수 있다. 예를 들면, 다음과 같다.

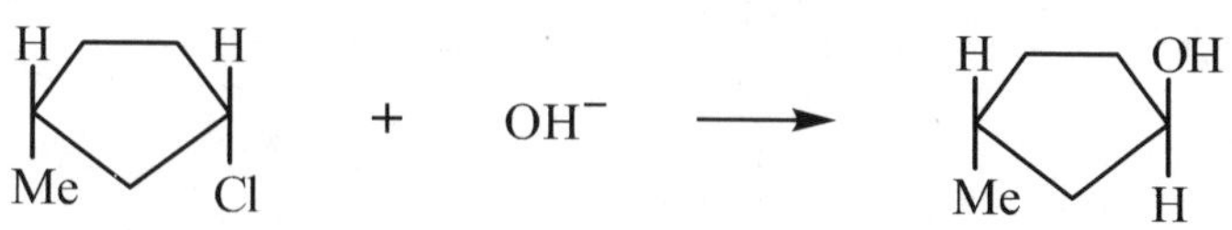

시스체 트란스체

4-3. S_N1메카니즘

4-3-1. 입체화학

S_N1메카니즘에서는 중간체가 카르보늄이온이기 때문에, 카르보늄이온은 초공액효과(제1장 참조) 등에 의한 안정화를 요구하게 되며, 평면구조를 취한다라고 생각된다. 따라서 Y : 의 공격은 평면의 상하로부터 같은 확률로서 일어난다라고 생각되기 때문에, 광학활성체를 사용하면 라세미화가 일어나는 것으로 된다.

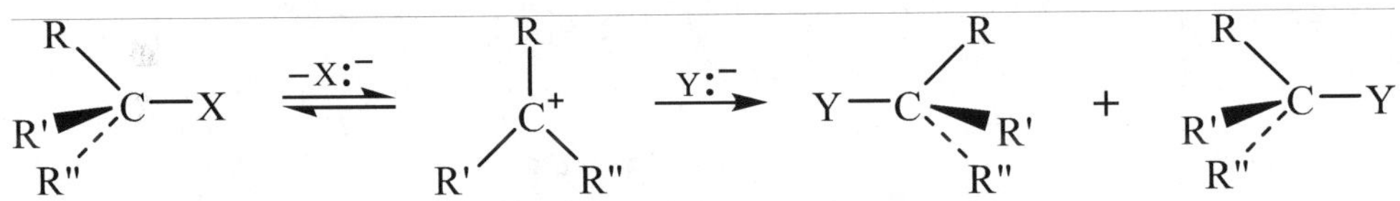

1 : 1
(라세미혼합물)

그러나 S_N1에서도 언제나 라세미화가 일어난다라고는 한정할 수 없으며, 조건에 따라서는, 반전을 동반하는 라세미화의 것이 많다. 이것에 대해서는 7절에서 설명하기로 한다.

4-3-2. 속도론적 연구

브롬화t-부틸의 90% 함수 아세톤중의 가수분해는 희박용액(0.02M)에서는, 앞에서 설명한 1차의 속도식에 따르지만, 진한 용액(O.1M)에서는, 속도는 반응이 진행함에 따라서 증대한다. 이 증가는 LiBr의 첨가에서도 관찰되기 때문에, 이온강도의 증대로서 해석되고 있다.

그러나 염화p,p'-디메틸페닐메틸의 85% 아세톤수용액중에서의 가수분해에서는 이와 같이는 되지 않고, 반응의 진행과 함께 속도는 감소한다. 이것은 역반응의 존재를 나타낸다. 또한 공통이온을 함유하는 LiCl의 첨가에서는 속도는 현저하게 느려지며, 공통이온을 함유하지 않는 같은 농도의 중성염(LiBr, $Me_4N^+NO_3^-$, NaN_3 등)에서는, 이온강도의 효과로 인하여 속도는 증대한다. NaN_3의 첨가의 경우에는, N_3^-의 친핵성이 크기 때문에, 상당하는 아지드를 많이 생성한다. 이것은 중간에 카르보늄이온을 생성하는 증거의 하나로 된다.

공통이온의 효과는, 이온강도의 증대에 의한 촉진과 역반응의 촉진에 의한 속도감소가 겸하기 때문에, 최초의 브롬화t-부틸의 경우에는, 이전의 것이 혼합하여 약간 속도가 증가한 것이다. 공통이온에 의한 속도감소를 질량작용효과(mass law effect)라고 말한다. 이것을 정량적으로 취급하면, 다음과 같이 된다.

$$R-X \underset{k_2}{\overset{k_1}{\rightleftharpoons}} R^+ + X^-$$

$$R^+ + Y^- \xrightarrow{k_3} R-Y$$

이것으로부터, RX의 감소속도는 다음과 같이 된다.

$$\text{속도} = \frac{k_1[RX]}{\dfrac{k_2[X^-]}{k_3[Y^-]}+1}$$

안정한 카르보늄이온을 생성하는 것일수록, 질량작용효과는 크지만, 이것은 역반응의 확률이 크기 때문이다.

4-3-3. 중수소 동위체효과

S_N2반응에서는 중수소 동위체효과가 관찰되지 않지만, S_N1반응에서는 β위치를 중수소로 치환하면 동위체효과가 관찰된다. 2-브로모펜탄 및 그것의 1,1,1,3,3-d_5체의 98℃에 있어서 포름산중의 가용매분해에서는, $k_D/k_H = 0.72$이다. 이와 같이 중소수가 치환한 쪽이 반응속도가 느리지만, 그의 크기는, C-D결합의 개열이 율속단계에 포함된 경우(1차동위체효과)에 비하여 훨씬 작기 때문에, 2차동위체효과라고 불리우고 있다. 이 동위체효과의 원인은, 중수소가 치환된 쪽이 초공액효과가 작기 때문이라고 해석되고 있다.

4-4. S_Ni메카니즘

알코올을 염화티오닐로서 염화알킬로 변화시키는 반응은, 다음과 같이 클로로술핀산알킬(어떤 경우에는 단리된다)이 중간체라고 생각되고 있다.

$$ROH + SOCl_2 \xrightarrow{-HCl} ROSOCl \xrightarrow{\text{가열}} RCl + SO_2$$

이 경우에, 광학활성인 알코올을 사용하면, 생성하는 염화알킬은 완전한 입체보존생성물을 생성한다. 이것은 다음과 같은 메카니즘으로 설명되고 있다.

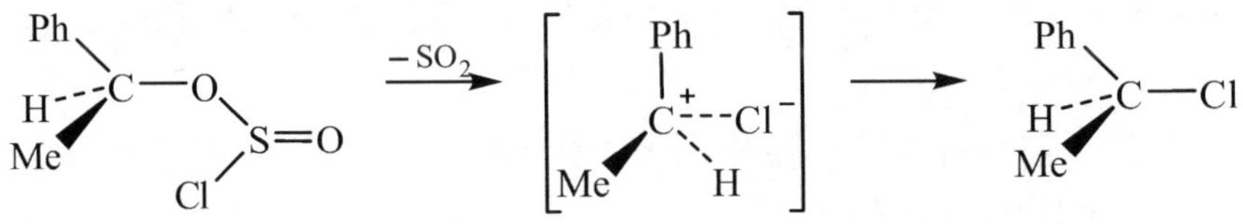

2

즉, 클로로술핀산알킬의 분해로서 (2)와 같은 이온쌍이 생성하며, Cl은 원래 $ClSO_2$가 치환하고 있던 전면부근에 있기 때문에 곧바로 결합할 수 있는 것이다. 이와 같은 입체보존의 친핵적 치환반응을 S_Ni(substitution, nucleophilic, internal)메카니즘이라고 말한다.

그러나 같은 반응을 피리딘 등의 염기의 존재하에서 행하면, 완전히 반전한 염화알킬을 생성한다. 이것은 염기의 존재하에서는 발생하는 염화수소가 이온화하여 Cl^-을 생성하기 때문에, 다음과 같이 S_N2메카니즘으로 변하기 때문이다.

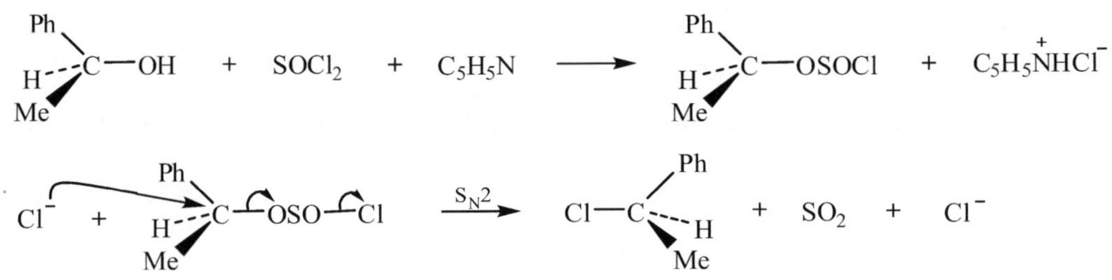

S_Ni메카니즘으로 진행하는 반응은 그다지 없지만, 다음과 같은 Stevens전위반응은, α

-페닐에틸기를 광학활성으로 했을 때에도, 생성물중의 α-페닐에틸기의 입체배치는 보존되고 있다.

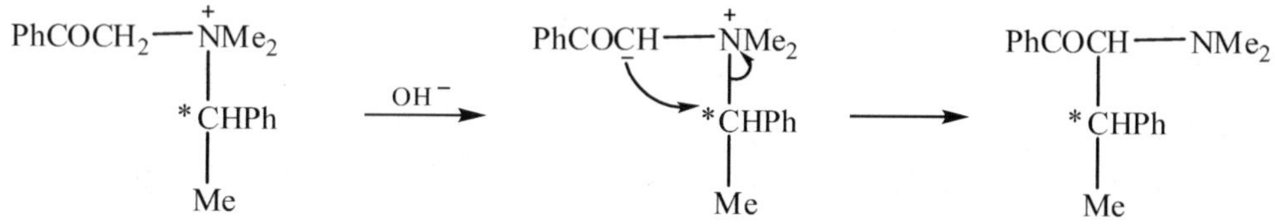

이것은 음이온의 공격이 N^+과 같은 쪽으로 밖에 일어날 수 없기 때문이다.

4-5. 전위반응을 동반하는 친핵적 치환반응

카르보늄이온은 전위하기 쉬운(제9장 참조) 것으로 알려져 있기 때문에, S_N1반응에서는 가끔 전위반응 생성물을 동반한다.

네오펜틸유도체는, 뒤에서 설명하는 바와 같이, α-탄소에 부피가 큰 t-부틸기가 결합되어 있기 때문에 S_N2메카니즘이 일어나지 않고, S_N1메카니즘으로 카르보늄이온을 생성한다. 이 경우, 생성하는 카르보늄이온은 1차로서 불안정하기 때문에, 메틸기가 인접의 C^+으로 전위(1,2-이동이라고 말한다)하여, 안정한 3차카르보늄이온으로 변한다고 생각되지만, 실제로도 그와 같다. 카르보늄이온의 안정성에 대해서는 제5장 4절을 참조하기 바란다.

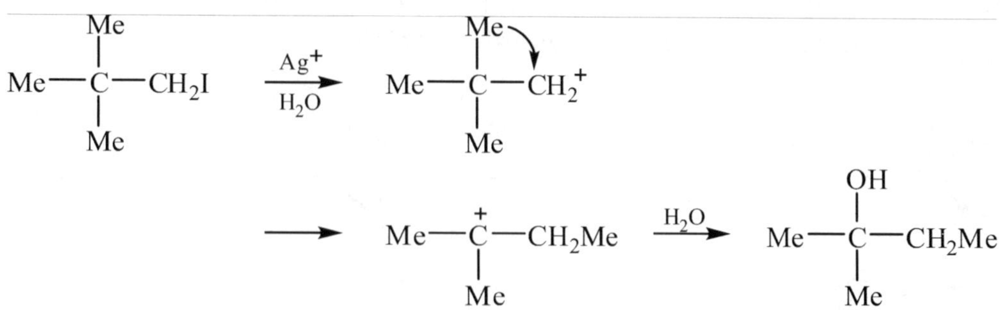

할로겐화치환알릴로부터의 카르보늄이온은, (3)과 같이 공명안정화하기 때문에, 이것은 S_N1반응을 받기 쉽다. 공명의 기여로 인하여 생성물은 이성체혼합물로 된다. 이와 같은 전위반응을 일반적으로 알릴전위반응이라고 말한다.

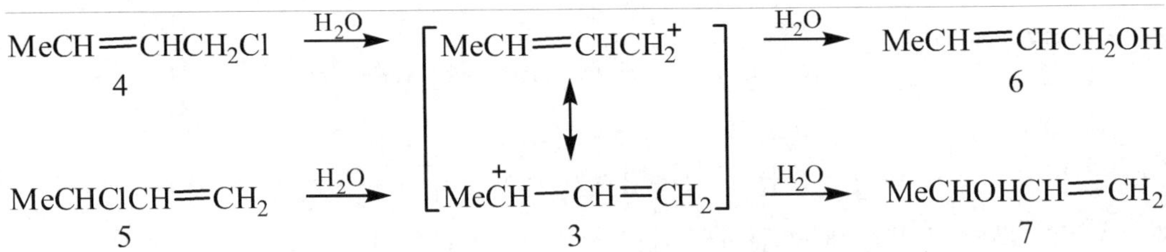

50%아세톤수용액중 47℃에서는, 염화크로틸(4)로부터는 (6) : (7) = 56 : 44, 같은 카르보늄이온을 생성하는 염화α-메틸알릴(5)로부터는 (6) : (7) = 43 : 57이다. 완전히 S_N1반응이라면 (6) : (7)은 어느 쪽이나 같은 비율이 예상되지만, 약간 다른 것은, 이성화하지 않는 S_N2를 동반하기 때문이다.

크로틸알코올(6)에 에테르중에서 염화티오닐을 작용시키면, 4절에서 설명한 바와 같이, S_Ni메카니즘이 일어나리라고 예상되지만, 이 경우에는, 알릴전위한 염화α-메틸알릴(5)를 생성한다. 이것은, 중간체에스테르에서 (8)과 같은 전자이동이 일어나기 때문이다.

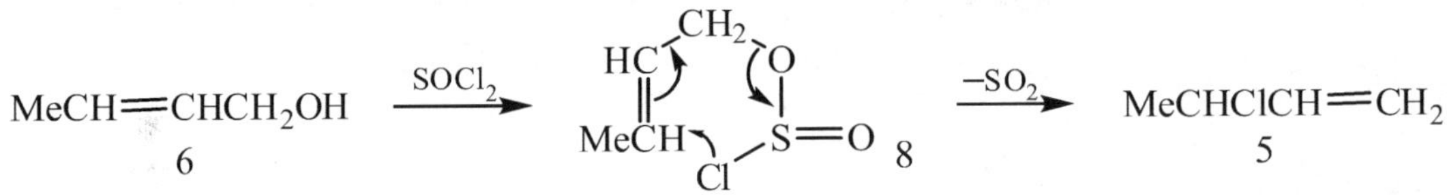

마찬가지로 (7)로부터는 (4)를 생성한다. 이와 같이 알릴전위를 일으키는 S_Ni메카니즘을 S_Ni'메카니즘이라고 말한다. 이 경우에도, S_Ni반응과 마찬가지로, 염기의 존재하에서는 S_N2메카니즘으로 변하며, 알릴전위를 하지 않게 된다.

$$\text{MeCH{=}CHCH}_2\text{OH} \xrightarrow[\text{에테르중}]{\text{SOCl}_2,\ n\text{-Bu}_3\text{N}} \text{MeCH{=}CHCH}_2\text{Cl}$$

치환알릴유도체의 S_N2반응에서도 알릴전위를 일으키는 수가 있다. 이것은 S_N2'메카니즘이라고 불리우며, 예를 들면 다음과 같다.

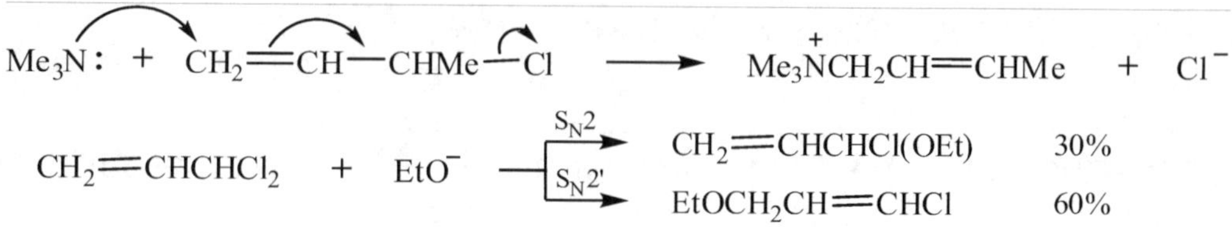

α위치에 치환기가 없을 때에는, 일반적으로 S_N2쪽이 빠르지만, α위치에 커다린 치환기가 있으면 그의 입체장해로 인하여 S_N2'반응이 주가 된다.

S_N2'반응의 입체화학은, 다음과 같은 예로부터 아는 바와 같이, 탈리기의 시스위치에 공격이 일어난다.

전위반응을 피하고 싶은 경우에는, 될 수 있으면 S_N2반응을 유리하게 하는 조건에서 행하는 것이 좋다.

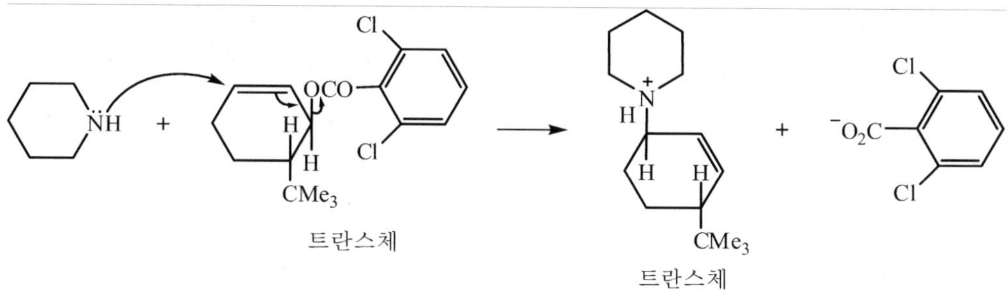

4-6. 반응성에 미치는 구조, 친핵시약, 용매의 영향

4-6-1. RX에 있어서 R의 영향

먼저, S_N1반응에 대해서 생각해 보기로 하자. 중간체는 카르보늄이온이기 때문에 Hammond의 가설(제5장 7-4항 참조)에 의하여, 그 전이상태는 카르보늄이온에 유사하다라고 생각된다. 따라서 생성하는 카르보늄이온이 안정할수록 반응이 빠르다라고 생각된다. 즉 속도는, 1차<2차<3차의 순서로 증대한다. 실제로 브롬화알킬의 100℃에서의 포름산중의 가용매분해의 상대속도는 다음과 같다.

CH_3Br	$MeCH_2Br$	Me_2CHBr	Me_3CBr
1.00	1.71	44.7	10^8

α-아릴기는 S_N1반응을 촉진하며, $PhCH_2X$, Ph_2CHX, Ph_3CX의 순서로 반응속도는 증대한다. CH_3X가 거의 S_N1반응을 하지 않는데 대해서 $PhCH_2X$가 S_N1반응을 하는 것은, 공명안정화 된 벤질양이온을 생성하기 때문이다. 이미 설명한 할로겐화치환알릴의 큰 S_N1반응성도 마찬가지의 이유이다. α-알콕시기도 S_N1메카니즘을 용이하게 하지만, 이것도 생성하는 카르보늄이온의 공명안정화에 의한다.

$$CH_3OCH_2^+ \longleftrightarrow CH_3\overset{+}{O}{=}CH_2$$

전자흡인성기인 α-CN, SO_2R, NO_2, CO_2R 등이 S_N1반응성을 감소시키는 것도 마찬가지로 이해할 수 있다.

지금까지는 R의 극성효과(I효과, M효과, 초공액효과)만을 주목했지만, 입체효과도 큰 영향을 끼친다.

RX의 S_N1반응에서는, 원계에서의 R이 가지가 많은 것에서는, 반응속도가 이상하게 증대한다. S_N1반응의 전이상태는 카르보늄이온에 가까운 구조를 가지며, 중심탄소는 sp^2상태로서 평면으로 된다. 따라서 중심탄소의 결합각은, 원계의 109°28′이 전이상태에서는 120°로 가까워지기 때문에, 원계에서의 입체의 비틀림이 감소한다. 따라서 원계에서 큰 입체의 비틀림을 갖는 경우에는 반응이 이상하게 촉진된다. 이것은 입체가속(Steric acceleration)이라고 불리우는 현상이다. 이것에서도 S_N1 반응성의 Me<Et<i-Pr<t-Bu의 순서가 설명된다. 다음에 S_N2반응을 생각해 보기로 한다. 먼저, 표 4-1에 자료를 나타낸다.

‖표 4-1‖ 아세톤중에서의 반응(5)의 S_N2상대속도

$$RBr + I^- \rightarrow RI + Br^- \quad (5)$$

R	CH_3	$MeCH_2$	Me_2CH	Me_3C
k_{rel}	145	1	0.0078	<0.00051
R	CH_3CH_2	$MeCH_2CH_2$	Me_2CHCH_2	Me_3CCH_2
k_{rel}	1	0.82	0.36	0.000012

표 4-1의 상단에서 아는 바와 같이, S_N2반응성은 Me>Et>i-Pr>t-Bu, 즉 1차>2차>3차의 순서로서, S_N1반응성과 반대이다. 즉, 가지는 S_N2반응성을 감소시킨다. 이것은 탈

리기의 반대쪽으로부터의 시약의 접근이 입체적으로 방해되기 때문이다. 표 4-1의 하단에서 아는 바와 같이, β위치의 가지도 S_N2반응성을 감소시키며, 특히 네오펜틸기에서는 S_N2반응성이 현저하게 작다. 이것도 같은 이유에 의한다.

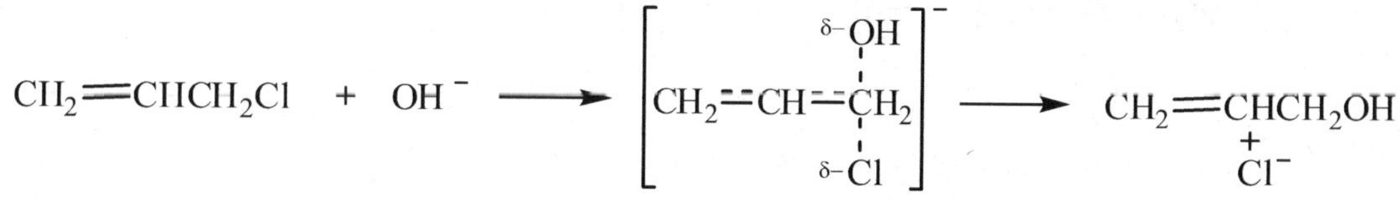

9

할로겐화알릴도 S_N2반응성이 크다. 이 설명은 확실하지 않지만, 전이상태(9)의 안정화로서 일반적으로 설명되고 있다.

여기서 (9)는 각종의 공명한계식을 하나로 정리하여 나타내고 있다.

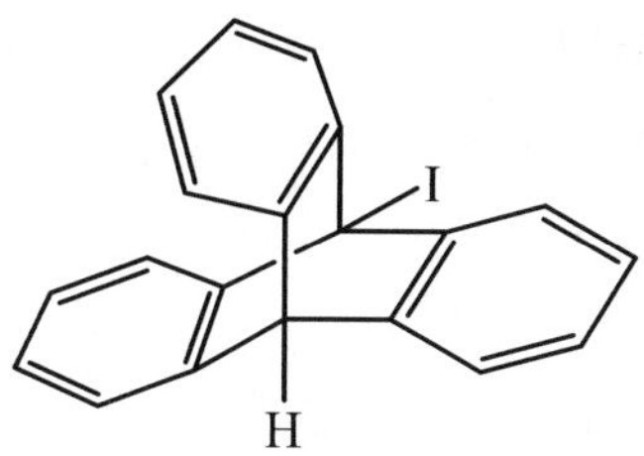

10

아이오도트리프티센(10)과 같이, 고리가 단단하게 고정된 화합물의 다리목(bridge head)의 할로겐원자는, S_N1, S_N2의 양쪽의 반응성을 나타내지 않는다. 즉, NaOH 또는 Na_2S의 알코올용액(S_N2)이나 $AgNO_3$−EtOH(S_N1)에 대해서 저항한다. 후면공격이 불가능하기 때문에 반응은 일어나지 않으며, 카르보늄이온도 고리의 고정으로 인하여 평면으로 되지 않아, 안정화되지 않기 때문에 S_N1반응도 일어나지 않는다.

4-6-2. 탈리기 X의 영향

S_N2반응 및 S_N1반응에 미치는 탈리기의 영향은 예를 들면 다음과 같다.

$$EtX + EtO^- \xrightarrow[25^\circ C]{EtOH} EtOEt + X^-$$

위의 S_N2반응에 대한 X의 영향을 상대속도로서 나타내면, X=$PhSO_3$, I, Br, Cl에서, 각각 5.8, 1.9, 1.0, 0.024(40℃)로 된다.

$$\text{i-PrX} + \text{EtOH} \xrightarrow[50^\circ C]{80\%\ \text{EtOH}} \text{i-PrOEt} + \text{HX}$$

위의 S_N1반응에 대해서의 상대속도는, X=$PhSO_3$, Br, Cl에서 각각 76.3, 1.0, 0.00131이다.

일반적으로 X의 순서는, $NR_2 < OH \approx OR < NR_3^+ < OAC \approx F < Cl < Br < I < OTS$이다. 이들 중, 앞쪽의 3개($NR_2$, OH, OR)는 일반적으로 S_N1 및 S_N2반응성을 나타내지 않지만, 이들을 프로톤화 하면 탈리하기 쉽다. 이것이, 이들을 치환할 때, 산을 사용하는 이유이다. 위의 계열을 살펴보면, 탈리하기 쉬운 X는, 상당하는 산(H−X)의 산성이 강한 것을 알 수 있다. 즉, 강산으로 부터의 X(공액염기)는 좋은 탈리기로 된다.

4-6-3. S_N1반응의 촉매

탈리기를 배위시킬 수 있는 Lewis산은 분극을 촉진하는 S_N1반응의 촉매로 된다. Ag, Hg, Cu염이 이것에 속한다.

$$\text{RX} + \text{Ag}^+ \rightleftharpoons \text{R—X---Ag}^+ \xrightarrow{\text{느리다}} \text{AgX} + \text{R}^+ \xrightarrow{\text{HY}} \text{RY} + \text{H}^+$$

4-6-4. 친핵시약의 영향

S_N1반응에 대해서는, 당연히 영향이 없기 때문에, S_N2반응에 대해서만 생각하기로 한다.

수용액중 25℃에서의 브롬화메틸과 친핵시약과의 S_N2반응에 있어서 상대속도와 친핵시약의 염기성도(K_B)를 표 4−2에 나타낸다.

표 4−2로부터, K_B와 k_{rel}간에는 평형관계가 아닌 것을 알 수 있다. K_B는 프로톤에 전자를 제공하는 능력(염기성)을, k_{rel}은 탄소원자에 전자를 제공하는 능력(친핵성, nucleophilicity)을 나타낸다. 즉, 전자를 제공하는 상대가 다르면 평형관계는 없다. 일반적으로 친핵성은,

$$H_2O < TsO^- < NO_3^- < F^- < SO_4^{2-} < AcO^- < Cl^- < \text{피리딘}$$
$$< HPO_4^{2-} < Br^- < N_3^- < (NH_2)_2CS < OH^- < PhNH_2 < SCN^-$$
$$< I^- < CN^- \approx SH^- \approx SO_3^{2-} < S_2O_3^{2-}$$

의 순서로 되는 것이 알려져 있다. OH^-, I^-이 좋은 친핵시약인 것을 알 수 있다. 원자가 클수록 분극하기 쉽고, 전이상태에서의 변위가 가능하기 때문에, 친핵성이 커진다라고 해석할 수 있다.

▌표 4-2▌ 수용액중에서의 브롬화메틸의 S_N2상대속도와 친핵시약의 K_B값

친핵시약	k_{rel}	K_B	친핵시약	k_{rel}	K_B
H_2O	1.0	10^{-6}	HO^-	1.6×10^4	10^0
AcO^-	5.2×10^2	10^{-11}	$PhNH_2$	3.1×10^4	10^{-10}
Cl^-	1.1×10^3	$\sim10^{-20}$	SCN^-	5.9×10^4	10^{-14}
Br^-	7.8×10^3	$<10^{-2}$	I^-	1.1×10^5	$<10^{-22}$
N_3^-	1.0×10^4	10^{-11}			

할로겐간에서의 친핵성은 $I^- > Br^- > Cl^-$의 순서이지만, 이것이 결합에너지, 염기성의 순서와 반대인 것은, 이온용매화 에너지에 의한 것이라고 생각된다. 작은 이온에서는 전하가 집중되어 있기 때문에 용매화에너지가 크다. 따라서 커지면 반응물질에 접근하기 어렵고, 또한 반응할 때 용매를 유리시키기 어렵기 때문에 불리해 진다.

4-6-5. 용매의 효과

S_N1반응에서는 RX가 이온으로 개열하여 양이온과 음이온을 생성하기 때문에, 이온화 능력이 큰 용매중에서 반응은 촉진된다. 즉, 용매의 유전율이 클수록 반응은 촉진된다. RX^+형의 것에서는, 전이상태는 $R^{\delta+}---X^{\delta+}$와 같이 전하가 분산되기 때문에, 전하가 집중된 원계의 RX^+쪽이 전이상태 보다도 용매화가 약간 커지며, 보다 안정화되기 때문에, 활성화에너지가 약간 증가하고, 따라서 용매의 이온화능력이 증가하는 것에 대해서, 반응속도는 약간 감소한다.

S_N2의 경우도 마찬가지로 생각하면, 표 4-3과 같이 정리된다.

‖표 4-3‖ S_N2반응에 대한 용매효과

전하의 배치		전이상태에서의 상대적 전하	용매의 이온화능력이 증가할 때의 속도변화
원 계	전이상태		
$Y^- + RX$	$Y^{\delta-}\cdots R\cdots X^{\delta-}$	분 산	약간 감소
$Y + RX$	$Y^{\delta+}\cdots R\cdots X^{\delta-}$	증 가	크게 증가
$Y^- + RX^+$	$Y^{\delta-}\cdots R\cdots X^{\delta+}$	감 소	크게 감소
$Y + RX^+$	$Y^{\delta+}\cdots R\cdots X^{\delta+}$	분 산	약간 감소

지금까지 설명한 결과는 OH를 함유하는 용액중에서 이온화능력을 증가시킬 때에 해당된다. 이미 설명한 친핵성의 순서는 $HCONMe_2$중에서는 다르다. 즉, $Cl^- > Br^- > I^-$의 순서로 된다, 이것은 단순히 예상되는 순서이며, OH를 함유하는 용액중에서의 역전은, 앞에서 설명한 바와 같이, 작은 것일수록 용매화가 크기 때문이다. 이와 같은 특수한 용매의 효과는, 양이온과 음이온에 대한 용매화의 차이를 생각하지 않으면 안 되는 것을 나타낸다. 일반적으로, 양이온은 고립전자쌍을 갖는 주기율표 제1열의 원소를 함유하는 용매에서 잘 용매화 된다. 이것에 속하는 것은, NH_3, H_2O, ROH, RCO_2H, SO_2, Me_2SO 등이다. 음이온은, H-Y결합이 강하게 분극하고 있는 것과 같은, 커다란 전기음성도를 갖는 Y를 함유하는 H-Y형의 용매에서 잘 용매화된다. 이와 같은 용매화는 모형적으로 다음과 같이 표시된다.

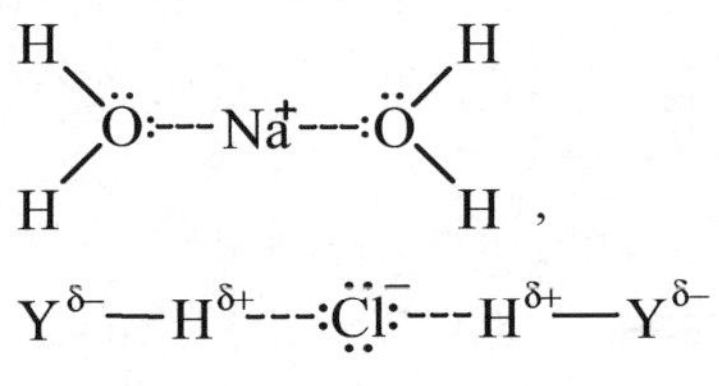

가장 강력한 이온화능력을 갖는 용매는, 음이온, 양이온의 양쪽을 용매화하는 것으로서, 예를 들면 물이다.

S_N1과 S_N2의 양쪽의 반응이 일어나는 경우에는, 용매의 이온화 능력이 큰 경우, 즉 물을 함유하는 용매로 되면, S_N1반응이 일어나게 된다.

4-7. S_N1메카니즘과 이온쌍

3-1항의 입체화학에서, S_N1반응에서는 라세미화 한다라고 설명했지만, 실제로는 완전히 라세미화 하는 것은 적고, 일반적으로 반전생성물을 약간 동반한다. 생성하는 카르보늄이온이 긴 수명을 갖지 않으면, 그것은 탈리기를 가깝게 붙잡고 있다라고 생각된다. 즉 이온쌍으로 되어있다. 따라서 탈리기는 카르보늄이온의 전면에 놓여있기 때문에, 용매는 후면으로부터 공격하기 쉬워지며 반전생성물이 보존생성물 보다도 많아진다.

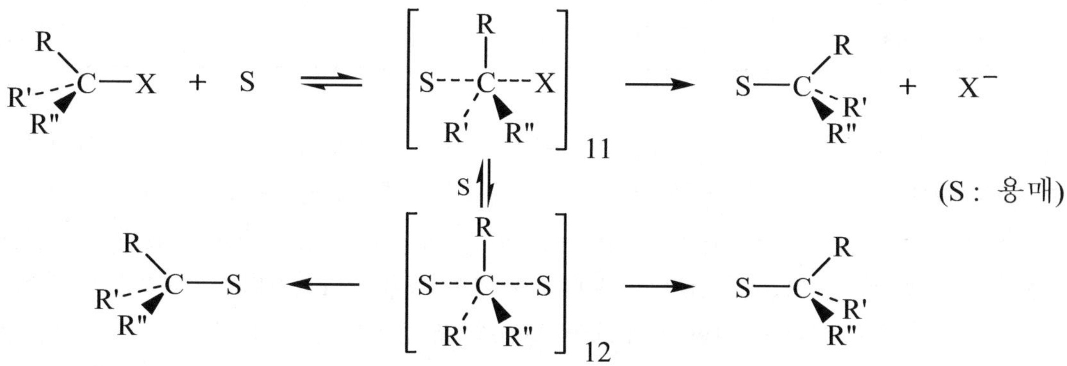

즉, 카르보늄이온은 (11)과 같이 비대칭으로 용매화 되어 있다. (11)이 긴 수명을 갖는 경우에는 탈리기를 완전히 잃고 (12)와 같이 대칭으로 용매화 되며, 이것으로부터는 반전생성물과 보존생성물이 같은 양으로 생성되기 때문에 완전히 라세미화 한다. 염화 α,α-디메틸알릴은 아세트산중에서는 염화 γ,γ-디메틸알릴로 1차반응으로 전위한다. 이 경우, Cl^-의 질량작용의 효과는 없고, $^*Cl^-$의 존재하에서도 생성물중에 Cl^*은 함유되지 않는다. 따라서 Cl^-은 유리되지 않는 것을 알 수 있으며, 이것은 다음과 같이 설명된다.

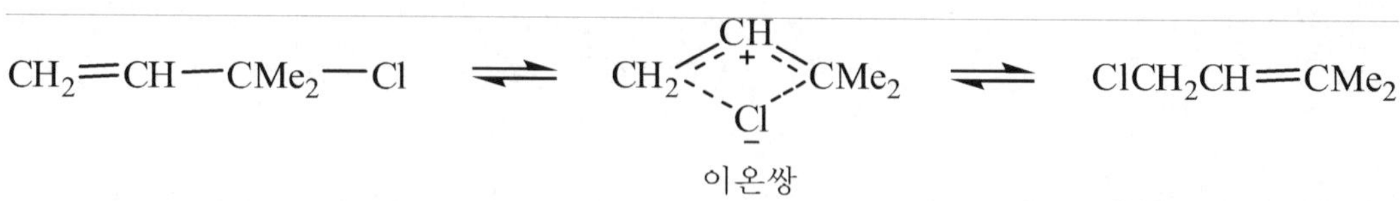

이것은 이온쌍의 내부복귀(internal return)라고 말한다. 이온쌍은 안정한 카르보늄이온을 생성하는 화합물의 이온용매화능력이 작은 용매(특히 아세트산)중에서의 가용매분해에서 잘 관찰되고 있다.

4-8. 치환반응(S_N)과 탈리반응(E)과의 경쟁

4-8-1. 구조의 영향

$E2/S_N2$의 비율은 가지가 있으면 증대한다. 이것은 S_N2의 후면공격이 입체장해로 인하여 억제되기 때문이다. $E1/S_N1$의 비율은 입체의 비틀림이 큰 R에서는 증대한다. 이것은 E1에서 올레핀으로 되는 쪽이 S_N1에서 원래와 같은 입체의 비틀림을 갖는 것으로 되돌아오는 것보다도 유리하기 때문이다.

4-8-2. 용매의 영향

$E1/S_N1$의 비율은 카르보늄이온에 의하여 결정되기 때문에 거의 영향이 없다.

$RX+R'O^-$와 같은 경우의 $E2/S_N2$의 비율은, 용매의 이온화능력이 감소하면 증대한다. 이것은 (6)과 같이 양쪽 반응의 전이상태를 생각하면, E2의 경우쪽이 전하분산의 정도가 크기 때문이다.

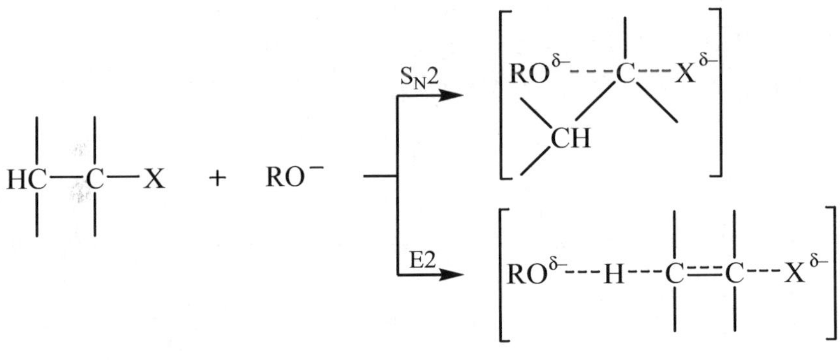

(6)

RX가 암모늄염, 술포늄염일 때에도 마찬가지이다. 예를 들면, 55℃에서의 브롬화이소프로필과 NaOH과의 반응에서는, $E2/S_N2$의 비율은, 60% EtOH중에서 1.17, 80% EtOH 중에서 1.44, 무수에탄올 중에서 2.45로 된다.

4-8-3. 친핵시약의 영향

강염기를 사용할 때는 E2에 유리하고, 약염기에서는 친핵성이 큰 것(PhS^-, I^-, N_3^-, CN^- 등)을 사용하면 S_N2로 유리해 진다. 따라서 올레핀의 합성을 목적으로 하는 경우는, 이온화

능력이 작은 용매(EtOH 등)중에서, 고농도로 강염기를 사용한다.

2차 및 3차알킬유도체의 경우, 적당한 염기농도에서는 S_N1-E2반응을 일으킬 수 있다. 브롬화이소프로필 및 브롬화t-부틸에서는, 소듐에톡사이드가 존재하지 않을 때나, 이것이 고농도로 존재할 때는, 후자가 올레핀을 많이 생성하지만, 0.05N NaOEt와의 반응에서는 전자가 고수율로서 올레핀을 생성한다. 이것은 전자가 E2반응이고, 후자가 E1반응이기 때문이다.

4-8-4. 온도의 영향

E2반응쪽이 S_N2반응보다도 활성화에너지가 크기 때문에, 온도를 올리면 E2/S_N2의 비율은 증대한다.

4-9. 인접기의 관여

일반적으로, 탈리기 Y의 β위치에 π전자 또는 고립전자쌍을 갖는 원자 또는 X기가 존재하면, S_N1에 의한 이온화를 조장하는 것이 알려져 있다. 반응식으로 나타내면 (7)식과 같다. 이 경우의 중간체는 (13)과 같은 가교이온이다.

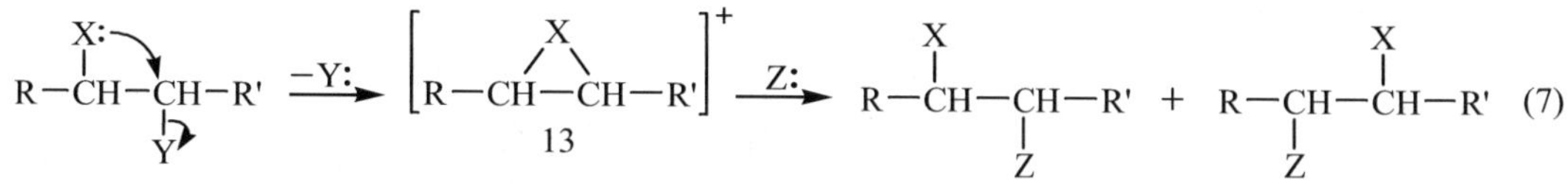

즉, X가 갖는 전자쌍에 의하여 Y가 치환되는 분자내 S_N2형이라고 생각되며, 이 효과는, X와 Y가 트란스형으로 될 때 최대로 된다. 이와 같은 분자내의 효과를 인접기관여(neighbering group participation)라고 말한다. X로서, 페닐기, 할로겐, 유황, 질소, 산소가 유용하다. 이외에 각종의 것이 관여하고 있으며, 이것으로부터 비고전적인 카르보늄이온(non-classical carbonium ion)의 개념이 제안되었지만, 이것에 대해서는 제9장에서 설명하기로 한다.

4-9-1. 페닐기

β-페닐에틸토실레이트-α-^{14}C(14)를 포름산 중에서 가용매분해하면, 다음과 같이 된다.

$$PhCH_2{}^{14}CH_2OTs \xrightarrow{HCO_2H} PhCH_2{}^{14}CH_2OCHO + Ph^{14}CH_2CH_2OCHO$$

14

즉, ^{14}C는 α 위치뿐만이 아니고, β 위치에도 온다. 이것은 페닐기의 관여를 생각하면, 중간체는 (8)로 나타낸 것과 같은 공명, 정리해서 나타내면 (15)와 같은 페노늄이온(phenonium ion)으로 하면, 대칭적으로 되기 때문에 쉽게 설명된다.

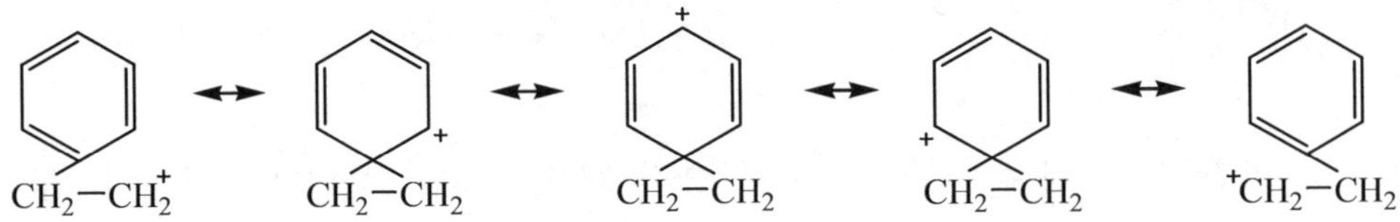

(8)

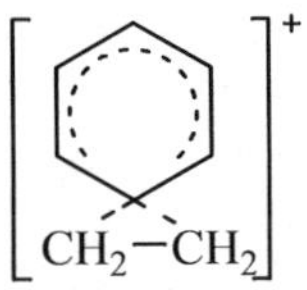

15

3-phenyl-2-butanol의 토실레이트의 가아세트산분해반응의 예를 아래에 나타낸다. 이 D-트레오체의 에탄올중의 아세트산칼륨과의 반응은 S_N2반응으로서, D-에리트로체의 아세테이트를 생성하지만, 가아세트산 분해반응에서는 라세미의 DL-트레오체의 아세테이트로 된다. 후자의 반응은 페노늄이온을 생각하면 다음과 같이 잘 설명된다.

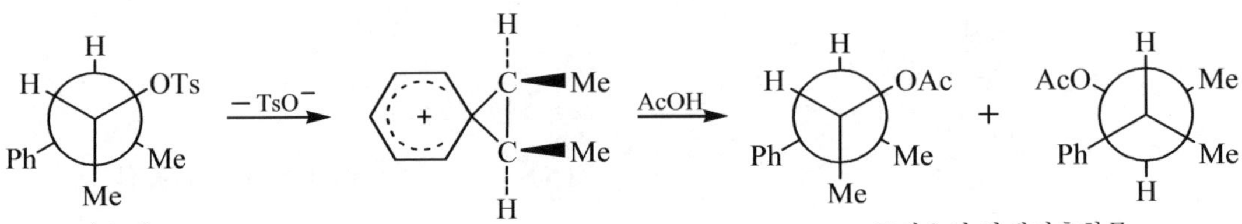

트레오체　　　　트레오의 라세미혼합물

마찬가지로 D-에리트로체는 가아세트산분해반응에서 D-에리트로체의 아세테이트만을 생성한다.

4-9-2. 할로겐

trans-2-iodocyclohexyltosylate의 가아세트산분해반응은 시클로헥실토실레이트 보다도 천배이상이나 빠르며, 확실히 요오드의 인접기 관여가 있다. 생성물은 트란스아세테이트이다.

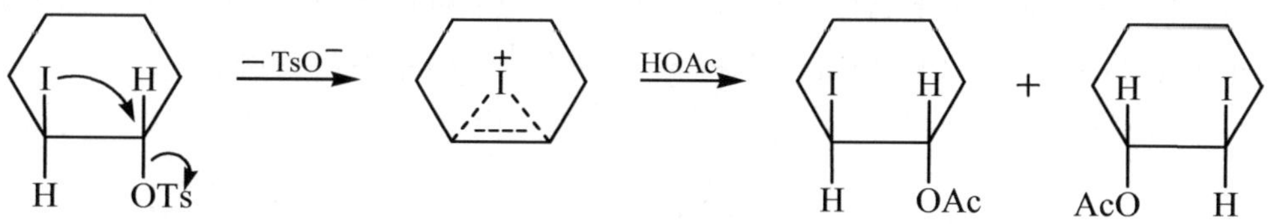

브롬, 염소도 마찬가지이다. 이들의 경우의 중간체는, 이중결합에의 할로겐의 부가의 경우의 할로늄이온(제3장 1-1항 참조)과 같다.

4-9-3. 유황 및 질소

비스(β-클로로에틸)술피드(mustard gas)(16)의 가수분해는, 상당하는 유황을 함유하지 않는 것보다도 상당히 빠르며, 알칼리의 농도에 따르지 않는 1차반응으로서 질량작용효과가 있고, 반응이 진행함에 따라서 속도가 저하한다. 또한, $S_2O_3^{2-}$를 가해도 속도는 변하지 않는다. 따라서 반응은 다음과 같이 진행한다고 생각된다.

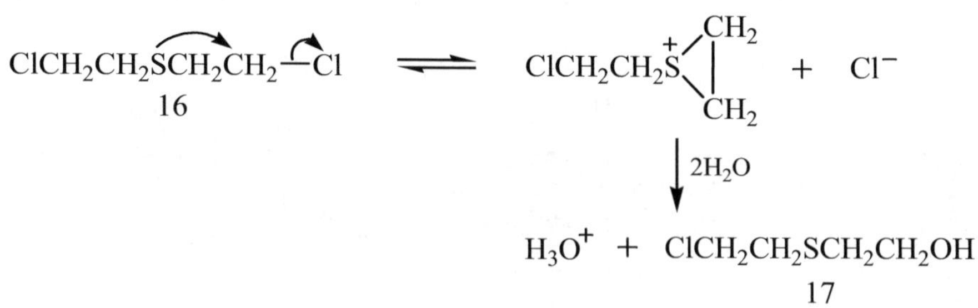

생성하는 (17)은 더욱 같은 메카니즘으로 가수분해된다. 다음의 반응도 마찬가지이다.

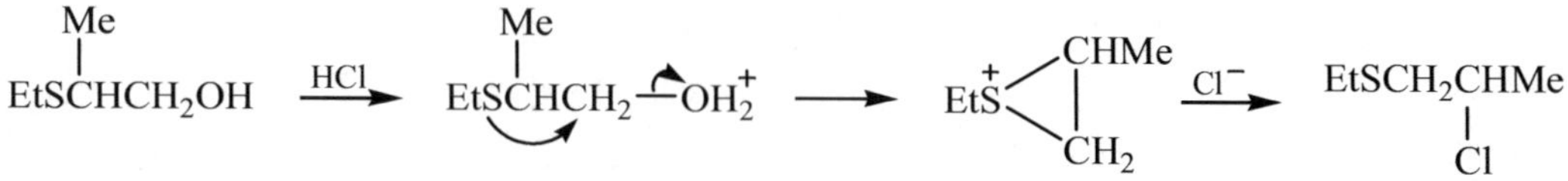

질소도 마찬가지로 관여한다.

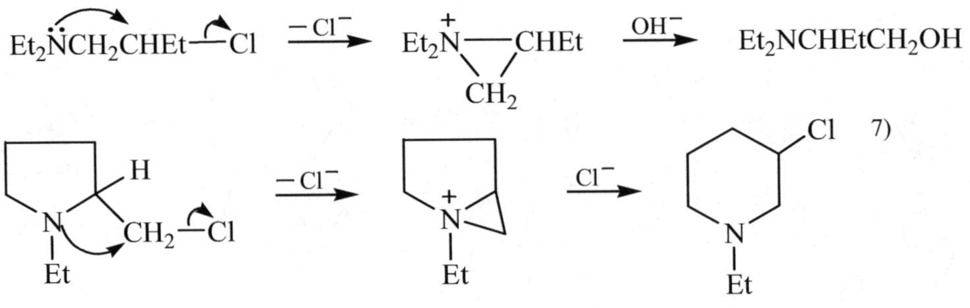

7)

4-9-4. 산소

에틸렌클로로하이드린에 알칼리의 작용에 의한 에폭사이드의 생성이 가장 간단한 예이다.

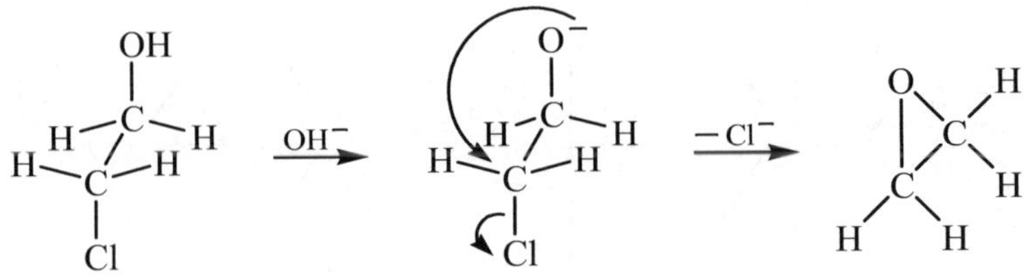

에폭사이드의 생성은 입체특이적이며, 에리트로-3-브로모-2-부탄올로부터는 트란스 에폭사이드가 생성한다.

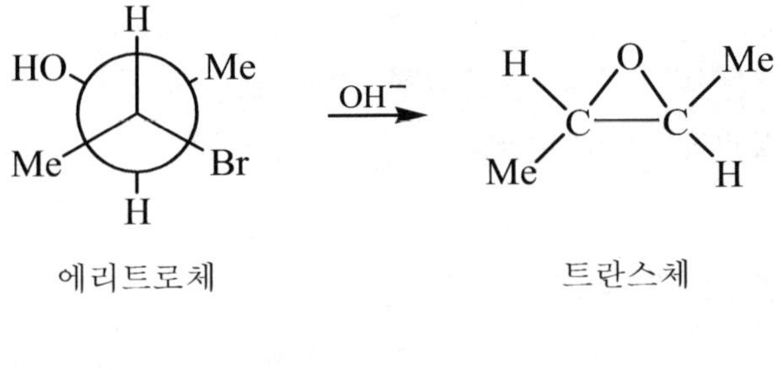

마찬가지로 트레오체로부터는 시스에폭사이드가 생성한다.

2-브로모시클로헥실아세테이트에 빙초산중에서 아세트산은을 작용시키는 경우, 시스체로부터도 트란스체로부터도 입체특이적으로 트란스-1,2-디아세톡시시클로헥산을 생

성하지만, 후자의 경우는 반응속도가 훨씬 빠르다. 이것은 (18)과 같은 카르보닐산소의 관여로서 설명된다.

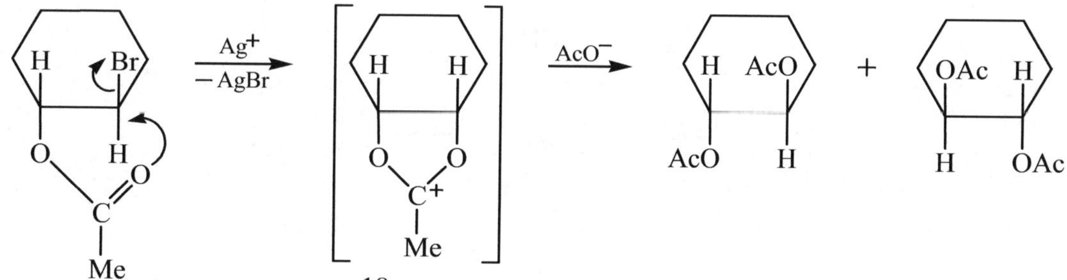

18

메톡시기의 산소원자도, 다음의 예와 같이 관여할 수 있으며, 트란스체로부터 입체특이적으로 트란스체를 생성한다.

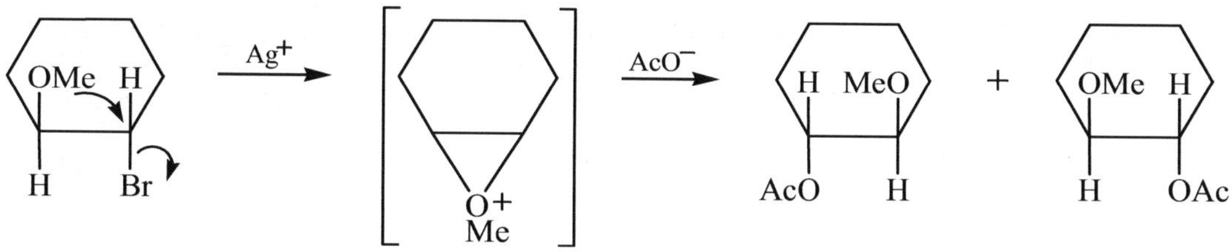

4-10. 친핵적 치환반응의 합성적 이용

친핵적 치환반응은 합성반응으로서 중요한 것을 포함하고 있기 때문에 지금까지 예로 나오지 않은 반응을 정리해서 설명한다.

4-10-1. 에폭사이드의 개환반응

에폭사이드는 강한 친핵시약에 의하여 개환한다. 이 경우, 비대칭인 에폭사이드에서는, 친핵시약은 치환기가 없는 쪽을 공격한다. 이 때 반응은 S_N2이며, 아래에 반응의 예를 나타낸다.

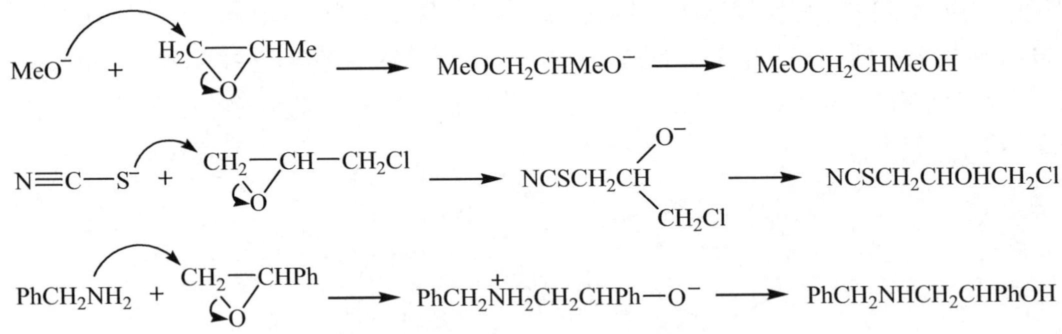

이들이 S_N2반응인 것은, 다음의 반응예의 입체화학으로부터 알 수 있다. 즉, 생성물은 트란스체이다.

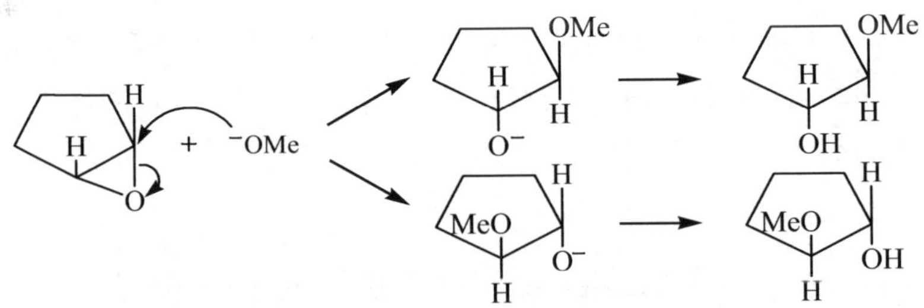

Grignard시약과의 반응도 마찬가지이다. 이 반응은 탄소수를 2개 증가시키는 방법이다.

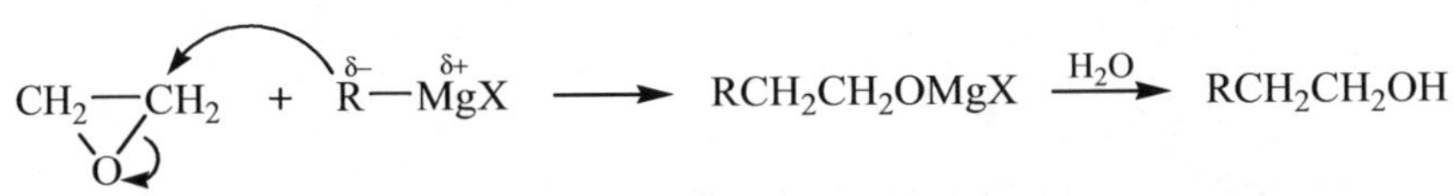

에폭사이드의 고리는 또한 산촉매에 의해서도 개환한다.

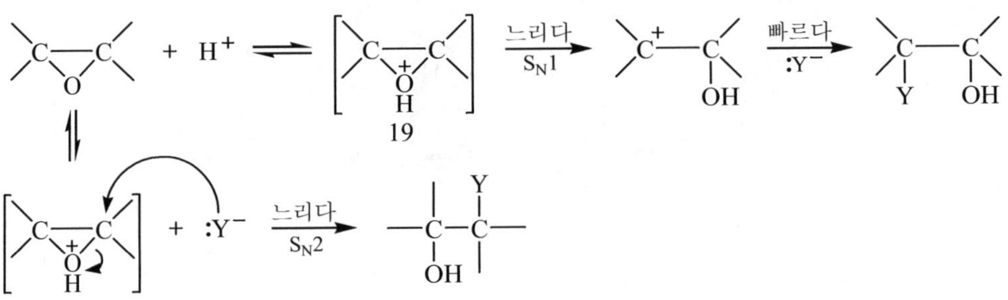

HCl, HBr에 의한 에폭사이드의 개환은 3차반응이며, 속도$=k_3$[에폭사이드][H^+][X^-]로서 표시되기 때문에, 후자의 S_N2반응과 일치한다. 이것은 다음과 같이 입체화학적으로 트란스체를 생성하는 것으로 부터도 알 수 있다. 비대칭인 경우에는 치환기가 없는 쪽을 친핵시약이 공격한다.

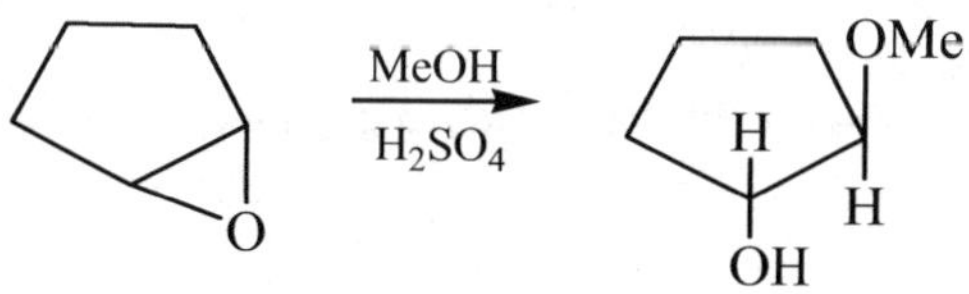

한편, 에폭사이드의 수중에서의 산촉매에 의한 가수분해는 S_N1으로서 카르보늄이온중간체를 경유한다. 이것은, 속도가 H_3O^+의 농도에 의하지 않고, Hammett의 산성도함수(제2장 4절 참조)에 의하기 때문이다. 이와 같은 경우의 개열방향은, (19)의 개환으로 생성하는 카르보늄이온이 안정한 것을 생성하게 된다. 따라서 산이 존재하지 않을 때와는 반대의 개환생성물이 생성하게 된다. 예를 들면 다음과 같다.

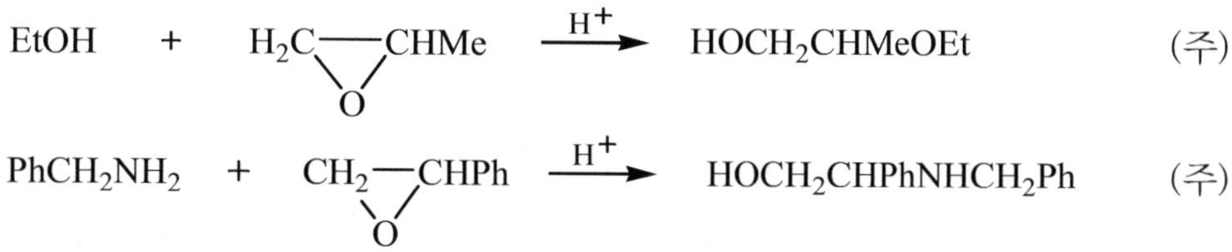

4-10-2. 수산기의 할로겐에 의한 치환반응

알코올과 염화티오닐과의 반응에 대해서는 이미 4절에서 설명했다. 알코올과 HCl, HBr과의 반응에 의한 할로겐화알킬의 생성에도 2가지의 메카니즘이 생각된다.

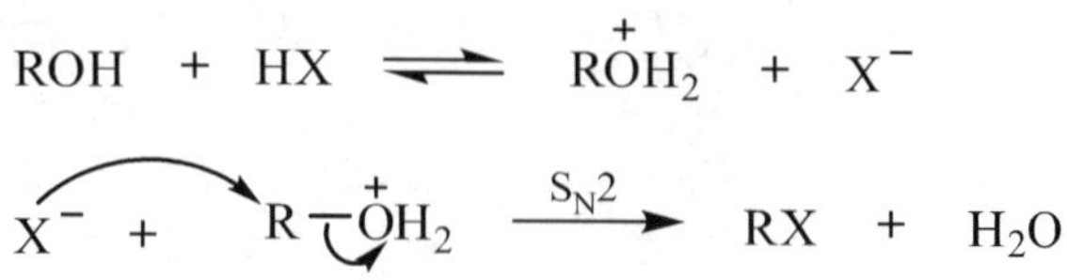

또는

$$R\overset{+}{O}H_2 \overset{S_N1}{\rightleftharpoons} H_2O + R^+ \xrightarrow{X^-} RX$$

전자의 S_N2반응성은 Me>Et>i-Pr>t-Bu의 순서로 되며, 후자의 S_N1에서는 반대로 t-Bu>i-Pr>Et>Me의 순서로 되는 것은 다른 경우와 마찬가지이다. $ZnCl_2$와 진한 염산은 Lucas시약이라고 불리우며, 3차알코올은 곧바로, 2차알코올은 수분후에, 1차알코올은 상당히 서서히 염화물을 생성하기 때문에, 이들의 구별에 사용된다. 이 때, $ZnCl_2$는 Lewis산으로서 작용한다.

PBr_3, PCl_5도 알코올을 할로겐화합물로 변화시키지만, 아인산에스테르, 인산에스테르가 중간체라고 생각되며, 일반적으로 S_N2반응이다.

$$3ROH + PBr_3 \longrightarrow 3PBr + H_3PO_3$$

$$ROH + PCl_5 \longrightarrow RCl + POCl_3 + HCl$$

다음과 같은 방법도 있지만, 3차알코올에는 사용되지 않는다.

$$ROH + TsCl \xrightarrow{\text{피리딘}} ROTs$$

$$ROTs + KI \xrightarrow[\text{아세톤중}]{S_N2} RI + TsO^-K^+$$

4-10-3. 에테르의 생성 및 개환

할로겐화알킬과 알콕사이드와의 반응에 의한 Williamson에테르합성법이 잘 알려져 있다.

$$RONa + R'X \xrightarrow{S_N2} ROR' + NaX$$

이것은 E2반응과 경쟁하기 때문에, 에테르를 합성하는 경우에는, E2/S_N2 비율을 작게 하지 않으면 안된다. 예를들면, 메틸이소프로필에테르는 (9)식의 반응을 사용하지 않으면 안된다. (10)식의 반응으로는 적당하지 않다.

$$\mathrm{MeI + i-PrO^-} \xrightarrow{S_N2} \mathrm{i-PrOMe + I^-} \qquad (9)$$

$$\mathrm{i-PrI + MeO^-} \xrightarrow{\mathbf{E2}} \mathrm{MeCH = CH_2 + MeOH + I^-} \qquad (10)$$

에테르는 HBr, HI와 가열하면 개열한다. 이 메카니즘에도 2가지가 생각된다.

$$\mathrm{ROR'} + \mathrm{H^+} \rightleftharpoons \mathrm{R\overset{H}{O^+}R'}$$

$$\mathrm{R\overset{H}{O^+}R'} + \mathrm{I^-} \xrightarrow{S_N2} \mathrm{RI} + \mathrm{R'OH} \xrightarrow{HI} \mathrm{R'I}$$

또는

$$\mathrm{R\overset{H}{O^+}R'} \xrightarrow{S_N1} \mathrm{ROH} + \mathrm{R'^+} \xrightarrow{I^-} \mathrm{R'I}$$

$$\mathrm{ROH} \xrightarrow{HI} \mathrm{RI}$$

R'^+이 카르보늄이온으로서 안정할 때에는 S_N1 반응으로 일어난다. Zeisel의 알콕시기 정량법도 이들의 반응에 의한다. HI가 잘 사용되는 것은 I^-이 강한 친핵시약이기 때문이다.

4-10-4. 기타

아래에 설명하는 반응은 S_N2이기 때문에, 3차알킬화합물은 적당하지 않다.

$$\mathrm{RX + NaSH \longrightarrow RSH + NaX}$$

$$RX + R'SNa \longrightarrow RSR' + NaX$$

$$RX + Na_2SO_3 \longrightarrow RSO_3Na + NaX$$

$$RX + NaSCN \longrightarrow RSCN + NaX$$

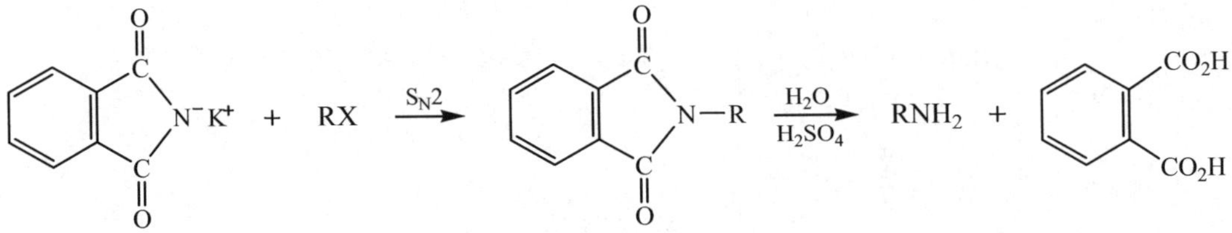

(이것은 Gabriel 합성법이라고 불리우며, 순수한 1차아민의 합성법이다.)

$$RX + AcO^-Na^+ \longrightarrow ROAc + NaX$$

$$EtO^- + CH_2(CO_2Et)_2 \longrightarrow \overline{C}H(CO_2Et)_2 \xrightarrow[S_N2]{\mathbf{RX}} RCH(CO_2Et)_2 \xrightarrow[\mathbf{H^+}]{\mathbf{H_2O}}$$

$$RCH(CO_2H)_2 \xrightarrow{\Delta} RCH_2CO_2H + CO_2$$

(이것은 말론산에스테르합성법이라고 말한다.)

$$HC{\equiv}CH + NH_2^- \xrightarrow{\mathbf{NH_3}} NH_3 + HC{\equiv}C^- \xrightarrow[\mathbf{S_N2}]{\mathbf{RX}} HC{\equiv}CR + X^-$$

$$CH_3CH_2^-Na^+ + CH_3CH_2{-}Br \xrightarrow{S_N2} C_2H_5{-}C_2H_5 + NaBr$$

이 반응은 Wurtz반응이라고 불리우며, 다음의 부반응을 동반한다.

$$C_2H_5^-Na^+ + H{-}CH_2{-}CH_2{-}Br \xrightarrow{E2} C_2H_6 + CH_2{=}CH_2 + NaBr$$

분자내 S_N2 반응도 다음과 같이 일어난다.

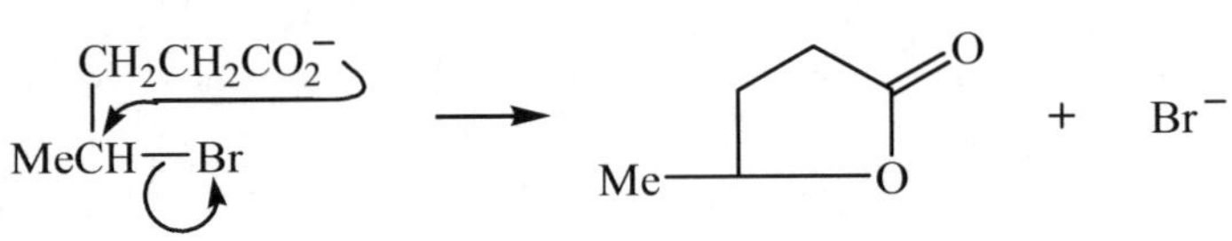

4-10-5. Ambident 친핵시약에 의한 치환반응

다른 원자를 함유하는 반응중심이 2곳인 친핵시약을 Ambident 친핵시약이라고 말한다. 이 경우, 메카니즘에 의하여 반응점을 제어할 수 있다. 아세토아세트산에틸의 음이온에 대해서 예로써 나타낸다.

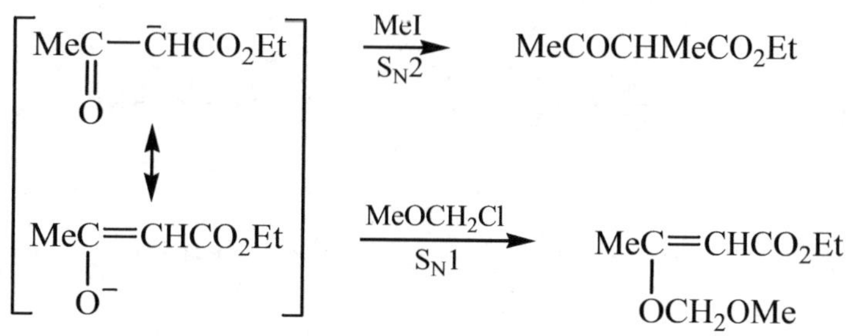

즉, S_N2 반응에서는 C-알킬화가 일어나고, S_N1반응에서는 O-알킬화가 일어난다. α-피리돈의 음이온에 대해서도 마찬가지이다.

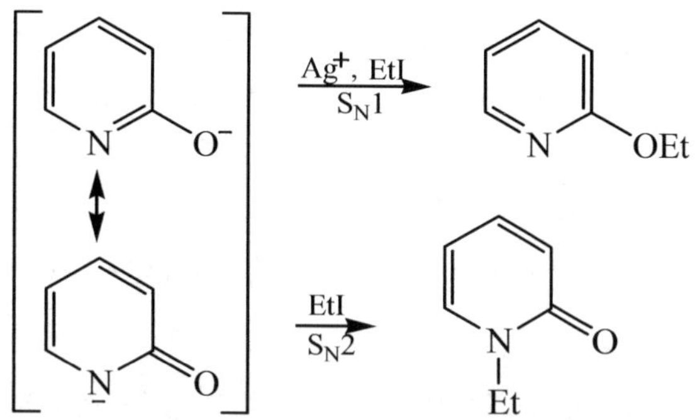

S_N1반응에서는 O-알킬화가 일어나고, S_N2반응에서는 N-알킬화가 일어난다. S_N1 반응에서는, 가장 전기음성도가 큰 반응점에서 일어나고, S_N2반응에서는 전기음성도가 작은 반응점에서 반응하는 것을 알 수 있다. 그 이유는, S_N1에서는 전하밀도가 큰 곳에서 반응하기 때문이고 S_N2반응에서는 전하가 많은 곳에서는 용매화가 크기 때문에, 이것에 상쇄되어 에너지적으로 불리하게 되어, 용매화가 작은 곳에서 반응하게 된다.

친핵적 치환반응에 관해서는, 아직 의론할 점도 많기 때문에 상세히 연구되고 있다.

4-11. 친전자적 치환반응

일반적으로는 다음과 같이 나타낸다. 이 때, Y^+는 친전자시약이다.

$$RX + Y^+ \longrightarrow RY + X^+$$

이 경우에도, 친핵적 치환반응과 유사하다라고 생각하면, 메카니즘적으로는 2가지로 대별된다.

$$RX \underset{}{\overset{\text{느리다}}{\rightleftharpoons}} R:^- + X^+, R^- + Y^+ \xrightarrow{\text{빠르다}} RY$$

$$Y^+ + R{-}X \longrightarrow RY + X^+$$

전자는 S_E1(substitution, electrophilic, unimolecular), 후자를 S_E2(substitution, electrophilic, bimolecular) 메카니즘이라고 말한다.

탄소원자상에서의 친전자적 치환반응은, 일반적으로 유기금속화합물(탄소-금속결합을 갖는 화합물)에서 볼 수 있으며, 친핵적 치환반응 정도로 일반적이 아니기 때문에 그다지 연구되지 않았다. 예를 들면, 다음과 같다.

$$MeMgBr + Br^{\delta+}-Br^{\delta-} \longrightarrow MeBr + MgBr_2$$

$$EtHgBr + Br^{\delta+}-Br^{\delta-} \longrightarrow EtBr + HgBr_2$$

$$EtHgEt + ClHg^{\delta+}-Cl^{\delta-} \longrightarrow EtHgCl + EtHgCl$$

$$CH_2{=}CHCH_2{-}Li + H^{\delta+}-OH^{\delta-} \longrightarrow CH_2{=}CHMe + LiOH$$

친전자적 치환반응의 메카니즘에 대해서는, 최근 유기수은화합물에서 많이 연구되고 있다. 하나의 예로서 S_E2반응의 입체화학이 보존되는 것으로 알려져 있다.

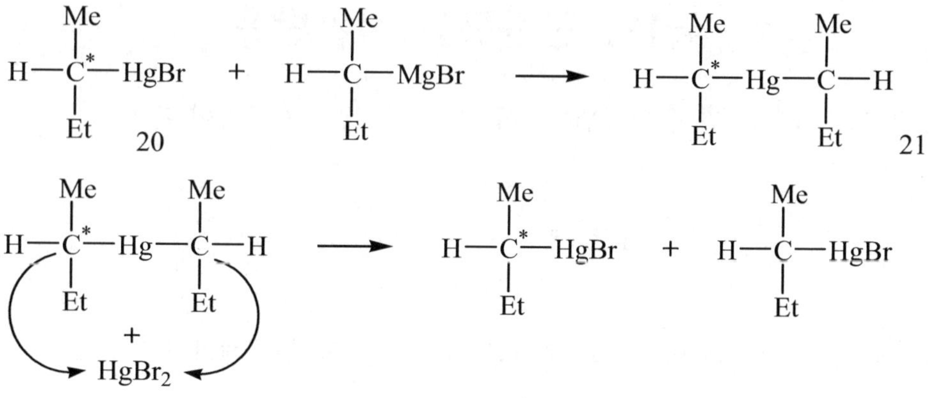

즉, 브롬화D-sec-부틸수은(20)과 브롬화DL-sec-부틸마그네슘으로부터, 한쪽만의 광학활성인 sec-부틸수은(21)이 생성된다. (21)과 $HgBr_2$와의 반응은, 속도$=k_2[sec-Bu_2Hg][HgBr_2]$이기 때문에, S_E2반응인 것이 확실하다. 이 반응에서 생성하는 브롬화sec-부틸수은의 선광도의 부호는 (20)과 같으며, 그의 크기는 (20)의 절반이었다. 따라서 입체적으로 보존되고 있다. 만일 반전한다고 하면, 생성물의 선광도는 없어질 것이며, 만일 라세미화를 일으킨다고 하면, 그의 선광도는 1/4로 될 것이다.

S_E1반응의 경우는 복잡하며, 사용하는 용매에 따른다. 이 경우에는, 중간체는 카르바니온이지만, 그의 구조는 : NH_3에 유사하며, 반전평형에 있다고 생각되기 때문에, 완전히 유리된 카르바니온을 생성한다고 하면, 라세미화 하게 된다.

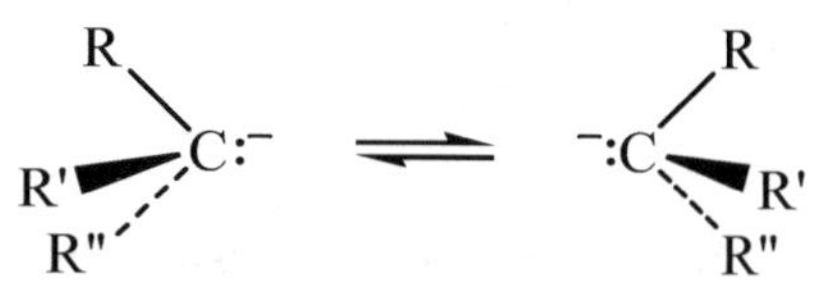

연 습 문 제

01 다음의 반응생성물은 무엇일까?

1) $Ph_3CCl + CH_3OH \longrightarrow$

2) 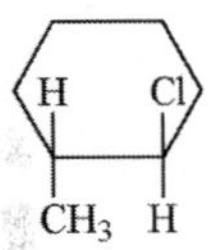 $+ CH_3CO_2Na \longrightarrow$

3) $p\text{-}O_2NC_6H_4CH_2Cl + CH_2(CO_2Et)_2 \xrightarrow{NaOEt}$

4) $PhOMe + HBr \longrightarrow$

5) $MeCH{=}CHCH_2OH + HCl \xrightarrow{H_2O}$

6) $EtBr + (NH_2)_2C{=}S \longrightarrow \xrightarrow[H_2O]{NaOH}$

7) * $Me_3CCH_2I + KNH_2 \longrightarrow$

8) 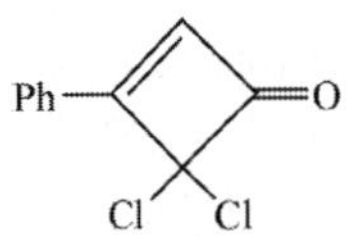 $+ NaOEt \longrightarrow$

9) $HCONHPh + EtI + Ag_2O \xrightarrow{EtOH}$

10) 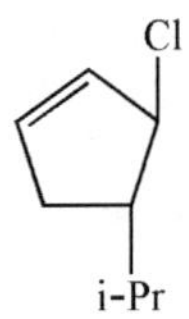 $+ Me_3N \xrightarrow{\text{아세톤}}$

11) 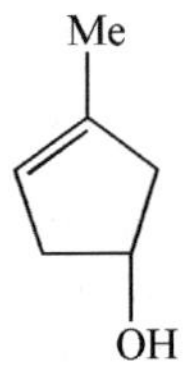 $+ SOCl_2 \xrightarrow{\text{에테르}}$

12) 광학활성인 에리트로 및 트레오-3-브로모-2-부탄올에의 HBr의 작용

13) RBr에의 NaCN, AgCN, $AgNO_2$, $NaNO_2$ 의 작용

14) D-$MeCHBrCO_2^-$ + MeOH $\longrightarrow$

15) D-$MeCHBrCO_2^-$ + NaOMe $\xrightarrow{MeOH}$

16) *trans*-MeCH=CHPh $\xrightarrow{HOCl}$ $\xrightarrow{NaOH}$

17) 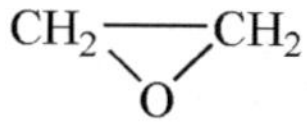 $+NH_3$ $\longrightarrow$

18) 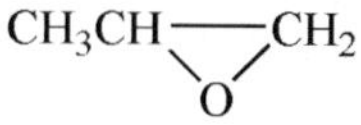 $+CH_3MgI$ $\longrightarrow$

19) 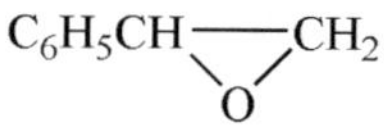 $+HCl$ $\xrightarrow{H_2O}$

20) 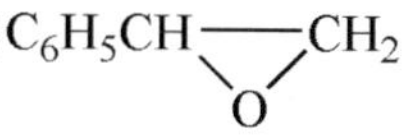 $+CH_3SH$ $\xrightarrow{NaOH}$

21) 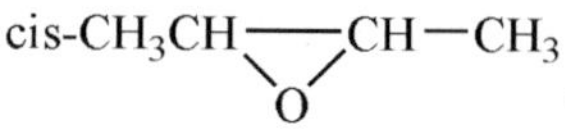 $+H_2O$ $\xrightarrow{H^+}$

22) 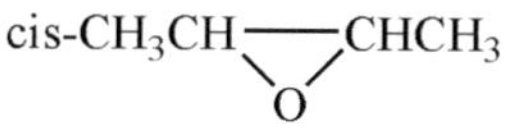 $+C_2H_5OH$ $\longrightarrow$

02 다음의 반응메카니즘을 추정하여라.

1) $2MeN(CH_2CH_2Cl)_2$ $\xrightarrow{aq.\ 아세톤}$ 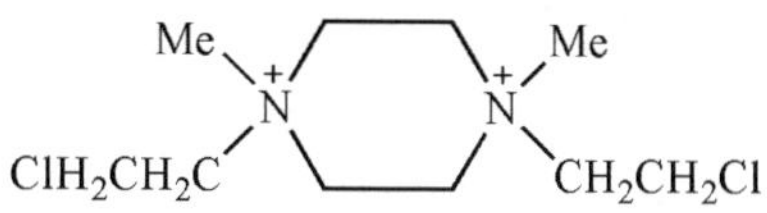

2) 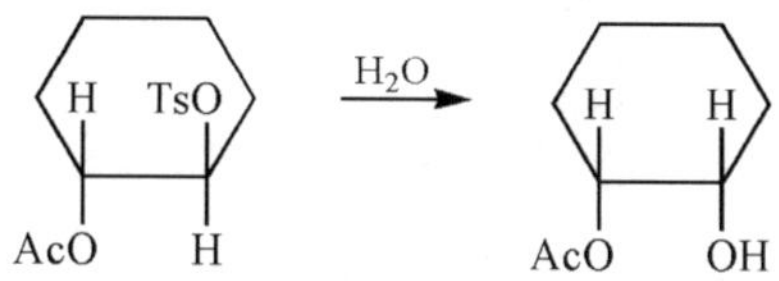

3) 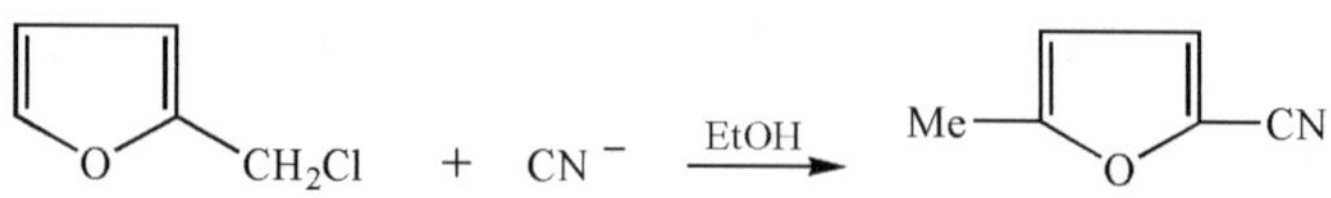

4) 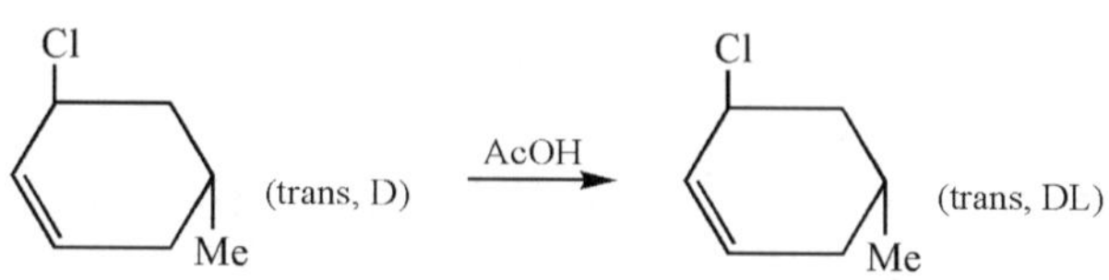

5) 

6) $CH_3CH(Cl)-CH_2(OH) + KCN \longrightarrow CH_3CH(OH)-CH_2CN$

03 다음의 사항을 설명하여라.

1) trans-시클로헥센클로로하이드린을 강알칼리로서 처리하면 trans-시클로헥센글리콜을 생성한다. 한편, cis-시클로헥센클로로하이드린에서는 시클로헥사논이 얻어진다.
2) RCl의 가수분해는 I^-로서 접촉된다(반응메카니즘 및 입체화학에 대해서도 설명하여라).
3) 요오드화메틸에 대해서는, 트리에틸아민쪽이 피리딘 보다도 반응성이 크지만, 요오드화 이소프로필에 대해서는 반대이다.
4) 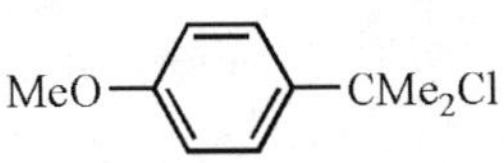 의 가용매분해반응은 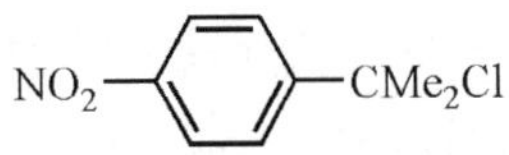 보다도 빠르다.
5) 45℃, 80% 에탄올중의 PhCHRCl의 가용매분해반응의 상대속도는, R=Me, Et, i-Pr, t-Bu에서 540 : 125 : 27 : 1이다.
6) 2차할로겐화알킬에 소듐메톡사이드의 작용에서는 메틸에테르가 상당히 생성하지만, 포타슘 t-부톡사이드의 작용에서는 거의 대부분 올레핀을 생성한다.

04 다음의 반응의 경우, 입체배치는 어떠할까? 라세미화의 과정에 대해서도 설명하여라.

$$MeCH{=}CHCHMeCl \xrightarrow{aq.\ 아세톤} MeCH{=}CHCHMeOH$$

05* 브롬화부틸과 시안화나트륨과의 S_N2반응속도는, Me_2SO와 에탄올 중에서 비교했을 때, 어떻게 다를까?

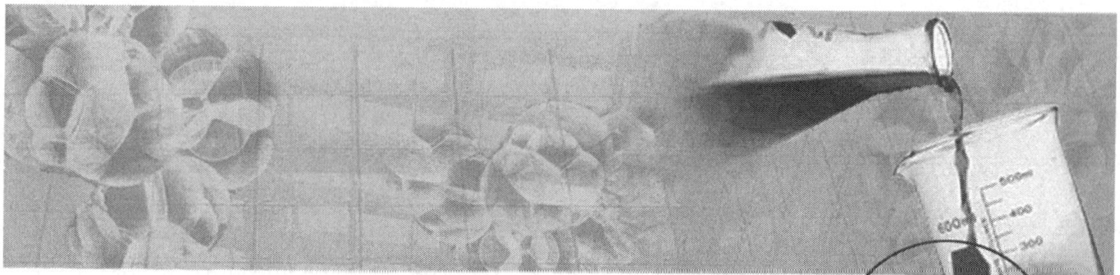

친전자적 방향핵 치환반응 05

5-1. 니트로화반응

친전자시약이 방향핵에 치환하는 반응을 친전자적 방향핵치환반응(electrophilic aromatic substitution)이라고 말하지만, 그중에서도 가장 잘 메카니즘이 연구되어 있는 것이 니트로화반응이다.

니트로화는, 일반적으로 혼산이라고 불리우는 진한 질산과 진한 황산과의 혼합물과, 방향족화합물을 반응시키면 일어난다. 이 경우의 진짜의 공격시약이 니트로늄이온(NO_2^+)인 것은, 다음에 설명하는 각종의 증거로부터 확인되고 있다.

(1) 진한 질산은, 진한 황산 중에서 그의 빙점강하도로부터, 다음과 같이 4개의 입자로 해리되어 있다. 그 결과, NO_2^+의 생성이 예상된다.

$$HNO_3 + 2H_2SO_4 \rightarrow NO_2^+ + H_3O^+ + 2HSO_4^-$$

이것을, 분해해서 나타내면

$$HNO_3 + H_2SO_4 \rightarrow H_2\overset{+}{O}-NO_2 + HSO_4^-$$

$$H_2\overset{+}{O}-NO_2 + H_2SO_4 \rightarrow NO_2^+ + H_3O^+ + HSO_4^- \qquad (1)$$

와 같이 생각된다.

(2) 진한 질산의 진한 황산용액 중에서는, 분광학적으로 NO_2^+이 생성하고 있으며, 적당한 조건하에서는, $NO_2^+ClO_4^-$ 등과 같은 니트로늄이온이 단리된다.

(3) 다른 니트로늄염, 예를 들면 $NO_2^+BF_4^-$는 강력한 니트로화제로 된다.

진한 질산만으로는 느리지만, 니트로화되는 것은, 다음의 반응으로 역시 NO_2^+을 생성하기 때문이다.

$$HNO_3 + HNO_3 \rightleftharpoons H_2\overset{+}{O} - NO_2 + NO_3^-$$

$$H_2\overset{+}{O} - NO_2 + HNO_3 \overset{\text{느리다}}{\rightleftharpoons} NO_2^+ + H_3O^+ + NO_3^- \qquad (2)$$

벤젠이나 톨루엔과 같은 반응성이 큰 것에서는, 니트로화의 속도는 질산만의 1차에 비례하며, 대과잉으로 질산을 사용할 때에는 0차반응으로 된다. 이것은 NO_2^+의 생성이 가장 느린 반응, 즉 율속단계(rate determining step)인 것을 나타내고 있다.

니트로벤젠 등의 반응성이 작은 것에서는, 속도$=k_2[HNO_3][C_6H_5NO_2]$로 되며, NO_2^+이 방향핵을 공격하는 곳이 율속단계로 된 것을 알 수 있다.

니트로화의 메카니즘은 다음과 같다라고 알려져 있다.

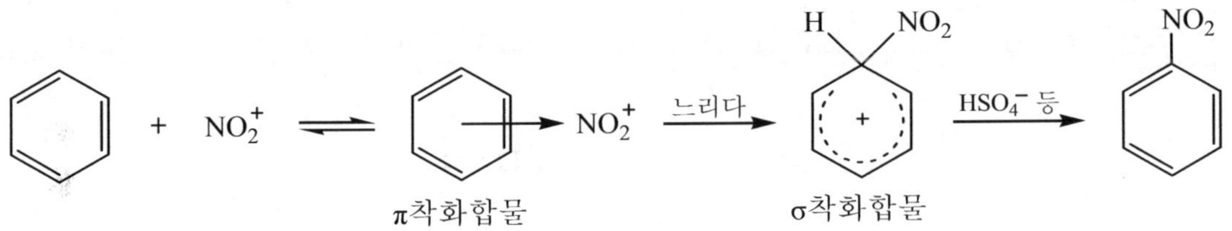

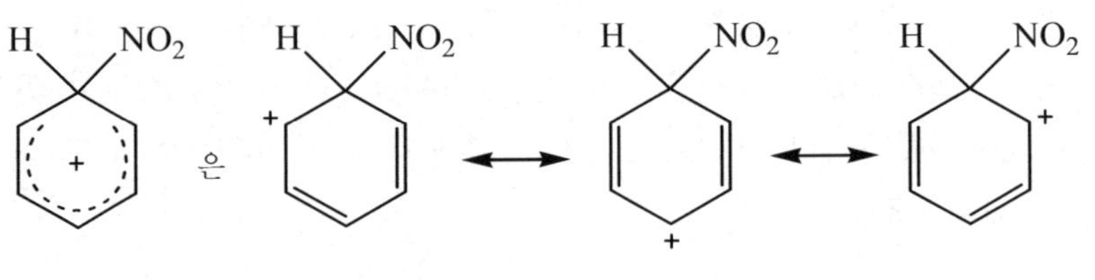

윗식은 이와 같은 공명을 하나로 정리하여 표시했기 때문에 양전하가 분산하는 범위를 점선으로 나타내고 있다.

π 착화합물과 σ 착화합물에 대해서는 11절에서 설명한다. 벤젠핵에 수소의 무거운 동위체인 $D(^2H)$, $T(^3H)$를 함유하는 화합물과, 함유하지 않는 화합물의 반응속도비, K_H/K_D 또는 K_H/K_T(동위체효과라고 말한다)를 비교하면, 무거운 동위체를 함유하는 결합쪽이 개열하기 어렵기 때문에, 율속단계에 수소원자의 개열이 포함되어 있다라고 하면, 위의 속도

비는 1 보다도 클 것이다. 그러나 실제로는 거의 1이기 때문에, 율속단계는 NO_2^+이 방향핵에 부가하는 곳으로서, σ착화합물의 NO_2가 결합하는 탄소상의 H가 탈리되는 곳이 아닌 것을 알 수 있다. 또한, NO_2^+이 수소를 직접치환하는 1단계반응도 동시에 부정된다.

진한 질산에 의한 니트로화에서는, 질산염의 첨가로서 반응이 느려지지만, 이것은 (2)식의 평형이 좌측으로 치우쳐 NO_2^+의 농도가 저하하기 때문이다. 아질산의 존재에서도 니트로화가 느려지지만, 이것도 NO_3^-이 생성하기 때문이라고 설명된다.

$$2HNO_2 \rightleftharpoons H_2O + N_2O_3$$

$$N_2O_3 + 2HNO_2 \rightleftharpoons 2N_2O_4 + H_2O$$

$$N_2O_4 \rightleftharpoons NO^+ + NO_3^-$$

N_2O_5는 CH_3NO_2, CH_3CN, $CHCl_3$, CCl_4중에서 강력한 니트로화제이지만, 용매의 극성이 증가해도 속도는 그다지 증대하지 않기 때문에, NO_2^+과 NO_3^-으로 해리하여 반응하는 것이 아니고, N_2O_5분자로서 공격한다. 그러나 황산이나 과염소산의 존재 하에서는, 반응이 상당히 가속되는 것은, 다음과 같이 NO_2^+을 생성하기 때문이다.

$$N_2O_5 + H_2SO_4 \rightarrow NO_2^+ + HNO_3 + HSO_4^-$$

페놀이나 아니솔과 같은 상당히 활성인 화합물에서는, 에외로서 묽은 질산으로 니트로화가 일어나며, 아질산으로 가속된다. 이것은 니트로소늄이온(NO^+)이 공격시약으로 되는 반응으로 일어나기 때문이다. 니트로소화는 치환기의 파라위치에서 일어나기 때문에, 주로 p-니트로소체를 생성한다.

$$HNO_2 + 2HNO_3 \rightleftharpoons NO^+ + H_3O^+ + 2NO_3^-$$

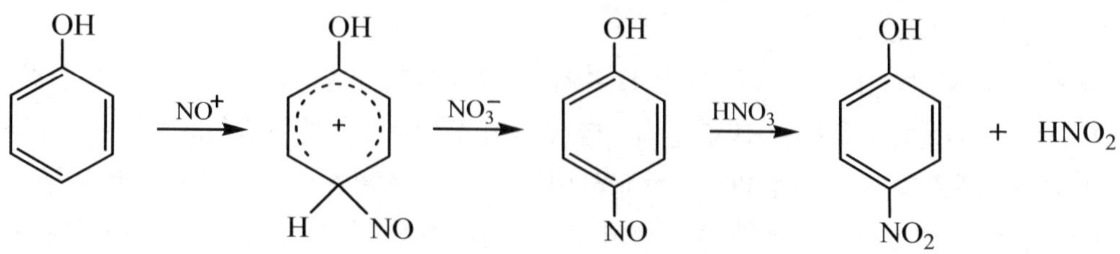

아질산은 질산에 의한 페놀의 산화로서 부생하기 때문에, 처음부터 가할 필요가 없으며, 반응이 일어나면 생성하기 때문에 가속된다.

5-2. 술폰화반응

술폰화에는, 진한 황산 또는 발연황산이 사용된다. 이 경우의 진짜의 공격시약은, 다음과 같이 생성하는 SO_3 또는 HSO_3^+이라고 생각된다.

$$2H_2SO_4 \rightleftharpoons SO_3 + H_3O^+ + HSO_4^- \quad (3)$$

$$\left.\begin{array}{l} 2H_2SO_4 \rightleftharpoons H_3SO_4^+ + HSO_4^- \\ H_3SO_4 \rightleftharpoons HSO_3^+ + H_2O \end{array}\right\} \quad (4)$$

각종의 사실로부터 (3)식에 의한 SO_3가 진짜의 공격시약이라고 생각되고 있다. 술폰화가 니트로화와 다른 점은, 동위체효과가 확인되는 것이다. 따라서 σ착화합물로부터 H^+이 분리되는 곳이 율속단계에 관계하고 있는 것으로 된다.

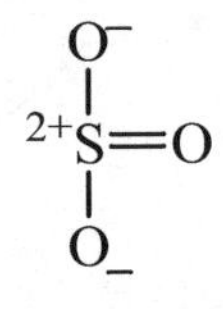

또한, 반응이 가역적이며, 벤젠술폰산을 묽은 황산과 가열하면 벤젠이 재생한다. 이와 같은 사실은, 다음의 메카니즘으로서 설명된다.

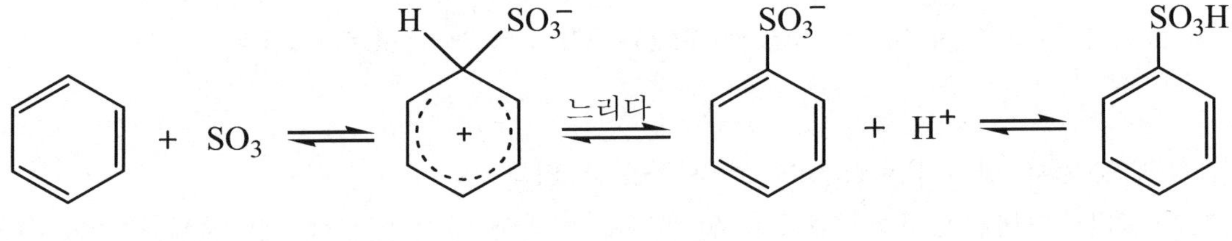

5-3. 할로겐화반응

염소나 브롬에 의한 염소화, 브롬화는 철분이나 $AlCl_3$로서, 또한 염소화는 요오드의 존재로서 접촉된다. 이것은 다음과 같이 할로겐의 분극이 촉진되기 때문에, 양전하를 띤 할로겐원자를 생성하는 것에 의하지만, 유리의 Cl^+, Br^+이 실제로 생성하는지 어떤지는 의문이다. 양전하를 띤 할로겐을 함유하는 착화합물이 진짜의 공격시약이라고 생각된다.

$$Br_2 + FeBr_3 \rightleftharpoons \overset{\delta+}{Br} - \overset{\delta-}{Br} \cdot FeBr_3$$

$$3Cl_2 + I_2 \rightarrow 2ICl_3 \rightarrow 2ICl_2^- + 2Cl^+$$

그러나 할로겐은 방향족화합물과 π착화합물을 생성하는 것이 알려져 있기 때문에, 촉매로서 철분말을 사용했을 때의 예를 다음과 같이 나타낸다.

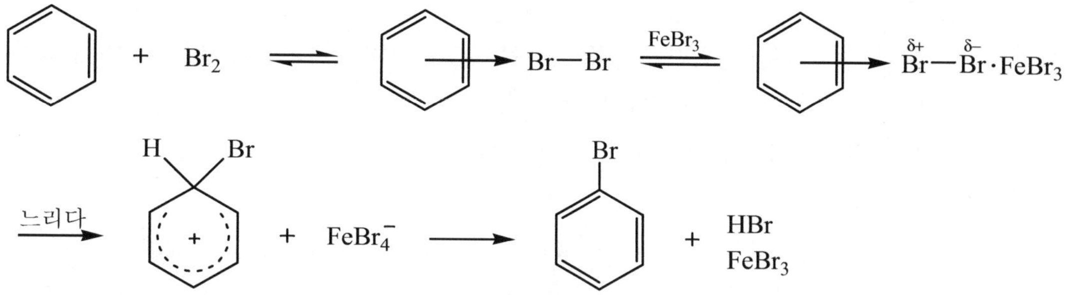

아세트산 중에서의 Br_2에 의한 브롬화에서는 아니솔, 아세트아닐리드. 메시틸렌에서는 속도$=k_3[ArH][Br_2]^2$로 된다. 이것은 위의 메카니즘에서, 다른 1분자의 Br_2분자가 $FeBr_3$ 대신에 작용하는 것으로 설명된다.

산의 존재하에서 하이포염소산, 하이포브롬산도 할로겐화제로 된다.

$$HOCl + H^+ \rightleftharpoons H_3\overset{+}{O} - Cl \overset{\text{느리다}}{\rightleftharpoons} H_2O + Cl^+$$

위의 반응에서 생성하는 Cl^+이 공격시약으로 된다.

요오드화는 평형반응이며, 평형이 원계쪽에 치우쳐 있기 때문에, 잘 진행되지 않지만,

생성하는 HI를 중화시키기도 하고, 산화시켜서 평형을 변경시키면 일어난다.

$$C_6H_6 + I_2 \rightleftharpoons C_6H_5I + HI$$

예를 들면,

$$C_6H_6 + I_2 \xrightarrow{HNO_3} C_6H_5I$$

$$C_6H_5NH_2 + I_2 \xrightarrow[H_2O]{NaHCO_3} p\text{-}NH_2C_6H_4I$$

요오드와 함께, $AgClO_4$, $Ag_2SO_4+H_2SO_4$를 사용하면, 요오드화를 일으킬 수 있지만, 이것은 I^+을 생성하기 때문이다.

$$AgClO_4 + I_2 \longrightarrow I^+ + AgI + ClO_4^-$$

$$AgHSO_4 + I_2 \longrightarrow I^+ + AgI + HSO_4^-$$

예를 들면, 니트로벤젠으로 부터는 m-nitroiodobenzene이 생성한다.

할로겐간화합물 BrCl이나 ICl은, 전기음성도의 차이로 인하여 다음과 같이 분극하기 때문에, 각각 브롬화, 요오드화제로 된다.

$$\overset{\delta+}{Br}-\overset{\delta-}{Cl},\ \overset{\delta+}{I}-\overset{\delta-}{Cl}$$

5-4. Friedel-Crafts 알킬화반응

방향족화합물에, 할로겐화알킬과 $AlCl_3$, 알코올과 산 또는 Lewis산(예를 들면 BF_3), 올레핀과 산을 작용시키면 알킬화가 일어난다. 카르보늄이온(R^+)이나 그의 착화합물을 생성하고, 이것이 공격시약으로 되고 있다.

$$RX + AlCl_3 \rightleftharpoons \overset{\delta+}{R}-\overset{\delta-}{X} \cdot AlCl_3$$

$$ROH + H^+ \rightleftharpoons ROH_2^+ \rightleftharpoons R^+ + H_2O$$

$$R_2C = CR'_2 + H^+ \rightleftharpoons R_2\overset{+}{C}-CHR'_2$$

톨루엔을 할로겐화메틸과 브롬화알루미늄으로 메틸화할 때, 오르토, 메타, 파라체의 생성비는 요오드화메틸에서는 49, 11, 40%이고, 브롬화메틸에서는 54, 17, 29%로 되며, 다르기 때문에, CH_3^+이 유리하여 생성하지 않는 것을 나타낸다. 따라서 위에 나타낸 바와 같이 착화합물이 공격시약으로 되고 있다.

카르보늄이온이 보다 안정한 카르보늄이온으로 전위할 때는, 전위생성물이 얻어지는 경우가 있다. 카르보늄이온의 안정도는 1차<2차<3차의 순으로서, 이것은 C^+에 결합하는 알킬기의 I효과 및 초공액 때문이다(제1장 1절 참조).

예를 들면, 아래의 반응에서

$$Me_3CCH_2Cl + AlCl_3 + C_6H_6 \longrightarrow C_6H_6CMe_2CH_2Me \qquad (5)$$

$$(Me_3CCH_2^+ \longrightarrow Me_2\overset{+}{C}CH_2Me)\ (Me : \text{메틸})$$

$$CH_3CH_2CH_2Br + GaBr_3 + C_6H_6 \longrightarrow Me_2CHC_6H_5\ (\text{주}) \qquad (6)$$

사용하는 Lewis산이 다른 때에는 전위하지 않는다. 이것은 R의 분극의 정도에 의한 것이라고 생각된다. (5)식에서 $FeCl_3$를 사용하면 전위하지 않은 $Me_3CCH_2C_6H_5$를, (6)식에서 $AlCl_3$를 사용하면 전위하지 않은 $CH_3CH_2CH_2C_6H_5$를 생성한다.

알킬기가 치환되면, 그의 전자공여성으로 인하여 반응성이 증가하기 때문에, 다치환체가 생성하기 쉽다. 알킬화반응도 가역적이며, 알킬기의 이동이나 탈리가 일어난다.

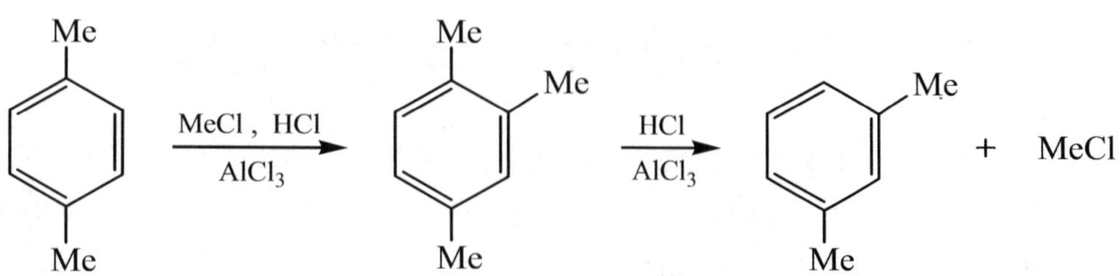

마찬가지의 반응은, $HF-BF_3$에 의하여 더욱 쉽게 일어난다.

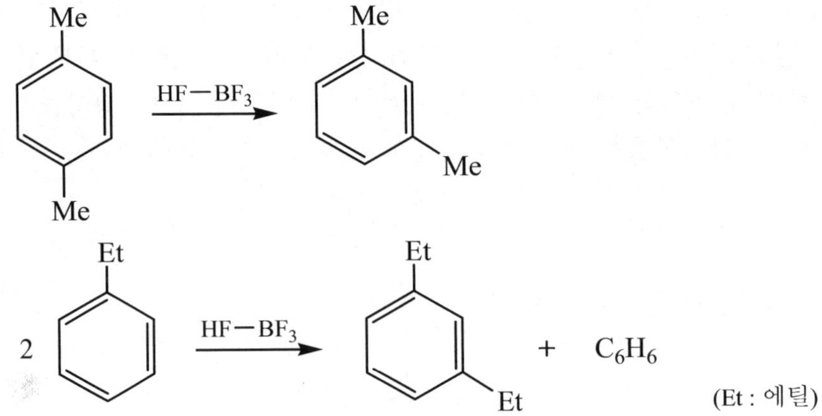

더욱 확실한 예는 다음과 같다.

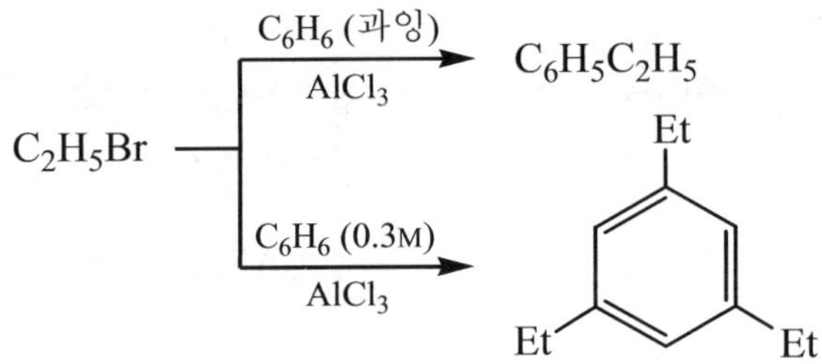

이들은 7절에서 설명하는 바와 같이, 알킬기가 오르토, 파라배향기인 것으로부터 생각하면 이상하다. 이 현상은 가역반응으로 보여지며, 속도론적 지배(kinetic control)와 열역학적 지배(thermodynamic control)로서 설명된다. 위의 예에서 설명한 바와 같이, 오로토, 파라치환체를 생성하는 것이 메타치환체를 생성하는 것보다도 속도적으로는 빠르지만(속도론적 지배), 반응이 가역적이기 때문에 느리나, 열역학적으로 안정한 메타체로 변하기(열역학적 지배) 때문에, 최후에는 안정한 화합물만을 생성한다. 가역반응에서는, 항상 이와 같은 양쪽 경로가 일어나기 때문에 주의해야 한다.

5-5. Friedel-Crafts 아실화반응

산염화물이나 산무수물과 Lewis산에 의한 방향핵의 아실화에 대해서 살펴보자. 이 반응은 알킬화반응과는 달리 비가역적이며, 도입되는 것은 아실기이기 때문에, 전자흡인성으로 인하여 핵이 불활성화 되어, 다치환은 일어나지 않는다. 또한 생성물의 카르보닐화합물이 Lewis산과 착화합물을 형성하기 때문에 Lewis산은 1몰 이상 사용하지 않으면 안 된다.

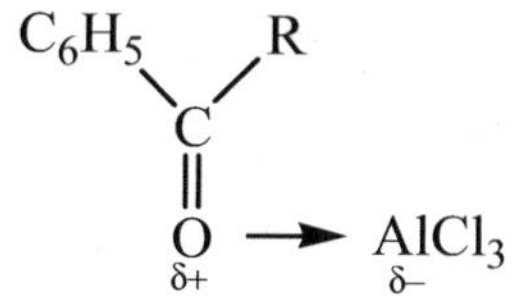

공격시약은 알킬화반응할 때와 마찬가지로 생각된다. 즉,

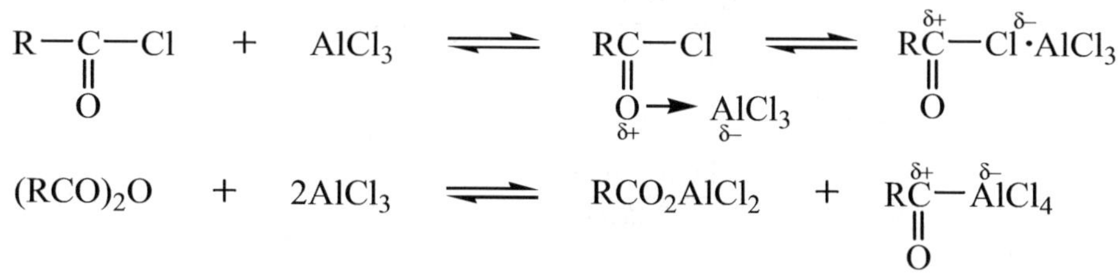

유리의 아실륨이온(RCO^+)이 생성하는 증거가 있다. 아세트산의 진한 황산용액은 아세틸화의 능력이 없지만, 무수아세트산의 진한 황산용액은 강한 아세틸화시약이 된다. 이들의 반응 중에서는 각각 다음과 같이 된다.

$$CH_3CO_2H + H_2SO_4 \rightarrow CH_3CO_2H_2^+ + HSO_4^-$$

$$(CH_3CO)_2O + 2H_2SO_4 \rightarrow CH_3CO^+ + CH_3CO_2H_2^+ + 2HSO_4^-$$

이 비교로부터 아세틸화의 공격시약은, CH_3CO^+인 것을 알 수 있다. 마찬가지로 CH_3CO^+을 생성하는 다음과 같은 혼합물에서도 아세틸화가 일어난다.

$$CH_3COCl + AgClO_4 \rightarrow CH_3CO^+ + AgCl + ClO_4^-$$

$$2CH_3COCl + ZnCl_2 \rightarrow 2CH_3CO^+ + ZnCl_4^{2-}$$

$$2(CH_3CO)_2O + ZnCl_2 \rightarrow 2CH_3CO^+ + [ZnCl_2(OCOCH_3)_2]^{2-}$$

아실륨이온이 안정한 카르보늄이온을 생성할 때에는 탈일산화탄소반응이 일어난다.

$$Me_3CCOCl + AlCl_3 + C_6H_6 \rightarrow C_6H_5CMe_3 + CO$$

$$(Me_3CCO^+ \rightarrow CO + Me_3C^+)$$

HCOCl은 존재하지 않지만, CO와 HCl과의 혼합물을 사용하면, 포르밀화가 일어난다.

$$CO + HCl + AlCl_3 \longrightarrow H\overset{\delta+}{C}(=O)-\overset{\delta-}{Al}Cl_4 \xrightarrow{C_6H_6} C_6H_5CHO$$

이 반응은 Gatterman-Koch의 알데히드의 합성법으로서 알려져 있으며, Cu_2Cl_2를 조촉매로 사용한다.

5-6. 디아조커플링반응

디아조늄염은 페놀, 방향족아민에 핵치환하여 아조화합물을 생성한다.

이 때의 pH에 의한 속도변화를 그림 5-1에 나타낸다.

그림으로부터 아는 바와 같이, 페놀에서는 속도가 최대로 되는 pH범위는 9~10(페놀이 해리하는 pH)으로서 좁고, 아민에서는 4~10(pH 4 이하에서는 아민은 암모늄염으로 된다)으로 넓은 것이 특징이다.

ArOH에서의 속도식은　　속도 = $\boldsymbol{k}_2[ArN_2^+][ArO^-]$

$ArNH_2$에서의 속도식은　　속도 = $\boldsymbol{k}_2[ArN_2^+][ArNH_2]$

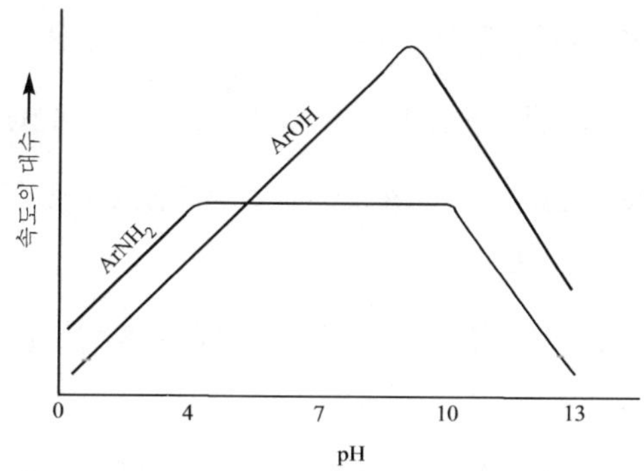

‖그림 5-1‖ 반응속도와 pH와의 관계

ArOH 자신으로의 반응은 매우 느리다. ArOH에서의 공명구조식은 전하분리형인데 대해서, ArO^-에서는 그렇지 않기 때문에 핵의 전자밀도가 전자에 비하여 크기 때문이다. 암모늄염에서는, 그의 큰 전자 흡인성으로 인하여 핵의 전자밀도가 감소하여 반응하지 않는다. 따라서 최대속도를 나타내는 pH 이하에서는 속도가 감소한다.

디아조늄염은, pH를 증가시키면, 왼쪽으로부터 오른쪽으로 순서에 따라서 그의 구조가 변한다.

$$\underset{\text{디아조늄이온}}{ArN_2^+} \underset{H^+}{\overset{OH^-}{\rightleftharpoons}} \underset{\text{디아조하이드록사이드}}{Ar-N=N-OH} \underset{H^+}{\overset{OH^-}{\rightleftharpoons}} \underset{\text{디아조테이트이온}}{Ar-N=N-O^-}$$

pH10 이상에서는 디아조커플링의 능력이 없는 디아조테이트이온의 농도가 증가하기 때문에, 그림으로부터 아는 바와 같이, 속도가 급속히 저하한다.

이와 같은 사실을 이용하면, "H산"의 경우에, pH에 의하여 다음과 같이 커플링의 위치를 제어할 수 있다.

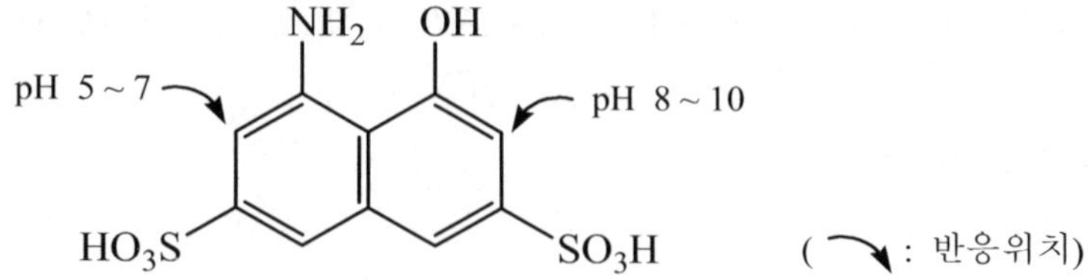

5-7. 반응성과 배향성

모노치환벤젠의 벤젠에 비교한 반응성 및 치환이 일어나는 위치에 있어서, 모든 친전자적 방향족치환반응에서 모노치환벤젠을 경험적으로 다음과 같이 3가지로 분류할 수 있다.

(1) 벤젠보다도 반응성이 크고, 오르토 또는 파라위치에 치환을 일으키는 것, 이와 같은 치환기로서는, OH, O^-, OR, OAr, NH_2, NR_2, $NHCOCH_3$, R, Ar 등(R : 알킬, Ar : 아릴).

(2) 벤젠보다도 반응성이 작고, 오르토 또는 파라위치에 치환을 일으키는 것. 이것에 속하는 것은, CH_2Cl, F, Cl, Br, I, $CH=CHNO_2$ 등.

(3) 벤젠보다도 반응성이 작고, 메타위치에 치환을 일으키는 것. 이것에 속하는 것은, NO_2, N^+H_3, N^+R_3, P^+R_3, S^+R_2, I^+Ar, CF_3, CCl_3, SO_3H, SO_2R, CO_2H, CO_2R, $CONH_2$, CHO, COR, CN 등.

5-7-1. 경쟁반응

벤젠과 반응성을 정량적으로 비교하는 데에는 경쟁반응을 이용한다. 이것은 벤젠과 그의 치환체 ArH와의 혼합물을, 소량의 반응시약과 반응시키고, 각각으로부터의 생성물의 양을 정량하여 반응속도의 비를 구하는 방법이다.

$$C_6H_6\ (\text{a몰(초기농도)}) + R \xrightarrow{k_B} C_6H_5R\ (\text{x몰(생성량)})$$

$$ArH\ (\text{b몰(초기농도)}) + R \xrightarrow{k_{ArH}} ArR(\text{y몰(생성량)})$$

$$d[C_6H_5R]/dt = k_B[C_6H_6][R]$$

$$d[ArH]/dt = k_{ArH}[ArH][R]$$

이것으로부터

$$d[ArH]/d[C_6H_5R] = k_{ArH}[ArH]/k_B[C_6H_6]$$

$[C_6H_6]$, $[ArH] \gg [R]$이라면, 다음식과 같이 간단해 진다.

$$k_{ArH}/k_B = ay/bx$$

k_{ArH}/k_B는 벤젠에 대한 상대반응성이며, 1보다도 큰 것은, 벤젠보다도 활성인 것을 나타낸다.

배향성을 나타내는 데에는, 벤젠의 각 위치의 반응성(k_H)을 기준으로 하고, 모노치환벤젠의 각 위치의 반응성(k_{o-x}, k_{m-x}, k_{p-x})을 나타내는 것이 편리하며, 이것을 부분속도비(partial rate factor)라고 말하고, o_f^x, m_f^x, p_f^x로 나타낸다. 벤젠은 등가인 위치가 6개 있으며, 모노치환벤젠에서는 오르토, 메타위치에서는 2개씩 있기 때문에, 오르토, 메타, 파라이성체의 생성비로부터, 부분속도비는 다음 식으로 구해진다.

$$o_f^X = \frac{k_{o-X}}{k_H} = \frac{k_{ArH}}{(k_{B/6})} \times \frac{o\%}{2\times100}$$

$$m_f^X = \frac{k_{m-X}}{k_H} = \frac{k_{ArH}}{(k_{B/6})} \times \frac{m\%}{2\times100}$$

$$p_f^X = \frac{k_{p-X}}{k_H} = \frac{k_{ArH}}{(k_{B/6})} \times \frac{p\%}{100}$$

어떤 조건하에서의 니트로화로서 얻어진 결과를 표 5-1에 나타낸다. 이것으로부터 전에 주어진 경험적 사실이 정량적이라는 것을 알 수 있다.

‖ 표 5-1 ‖ 모노치환벤젠의 니트로화

치환기	이성체분포(%)			k_{ArH}/k_B	o_f^X	m_f^X	p_f^X
	o	m	p				
CH_3	56.5	3.5	40.0	24	42	2.5	58
Me_3C	12.0	8.5	79.5	15.7	5.5	4.0	75
CH_2Cl	32.0	15.5	52.5	0.302	0.29	0.14	0.951
Cl	29.6	0.9	68.9	0.033	0.029	0.0009	0.137
Br	36.5	1.2	62.4	0.030	0.033	0.0011	0.112
NO_2	6.4	93.2	0.3	$\sim10^{-7}$	1.8×10^{-6}	2.8×10^{-5}	2×10^{-7}
CO_2Et	28.3	68.4	3.3	0.0003	2.5×10^{-4}	6×10^{-4}	5×10^{-5}

5-7-2. 반응성과 배향성의 해석

반응성은, 모노치환벤젠 자신의 I 및 M효과를 생각하면 설명된다.

경험사실의

(1)의 치환기중, 알킬기는 전자공여성으로 인하여 벤젠고리상의 전자밀도를 높이기 때문에 벤젠보다도 활성으로 된다. 기타의 것은, M효과로서 벤젠고리상에 음전하를 유도하기 때문에 활성으로 되지만, I효과에서는 거의 대부분이 전자흡인성으로 반대의 효과로 되지만, M효과가 우세하기 때문에 전체로서는 활성화된다.

(2)의 치환기는, 전자흡인성의 I효과와 전자공여성의 M효과를 나타내지만, 제1장 1절에서 설명한 바와 같이, I효과가 우세하기 때문에 벤젠보다도 불활성화 된다.

(3)의 치환기는, 전자흡인성의 I효과($-N^{+}H_3$와 같은 오늄염이라든지, $-CF_3$, $-CCl_3$ 등), 또는 I효과, M효과 모두 전자흡인성($-NO_2$, $-CO_2H$, $-CO_2R$, $-CONH_2$, $-CHO$, $-COR$, $-CN$ 등)이기 때문에 벤젠보다도 불활성화 된다.

배향성은, 중간에 σ착화합물의 안정한 것을 생성한다라고 생각하면 설명된다. 중간체가 안정할수록, 전이상태에서의 활성화에너지가 적은 것으로 끝나기 때문이다.

(1)의 것 중에서 알킬기의 예로서 메틸기로 나타내면 다음과 같다.

오르토치환에서는

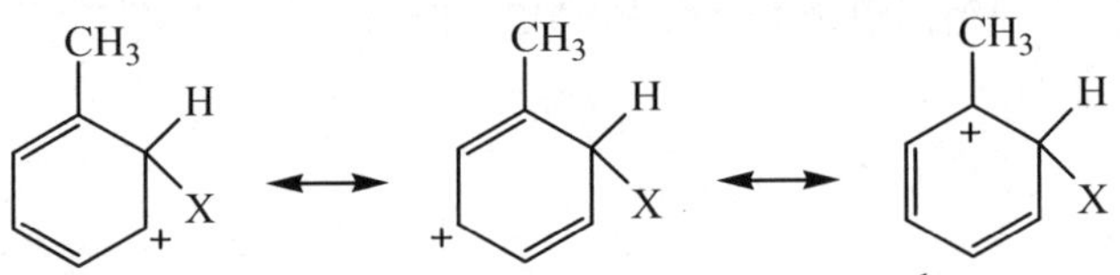

1

메타치환에서는

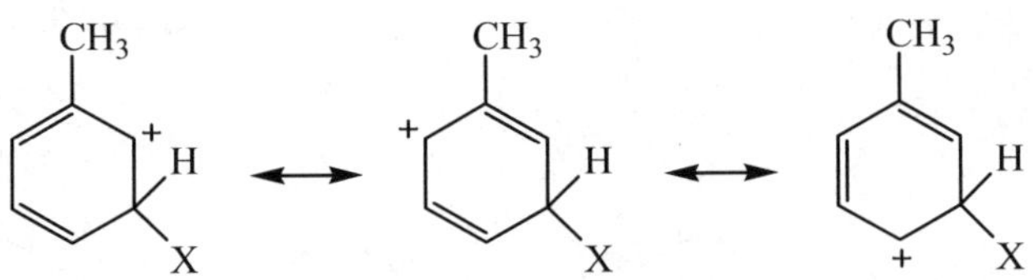

파라치환에서는

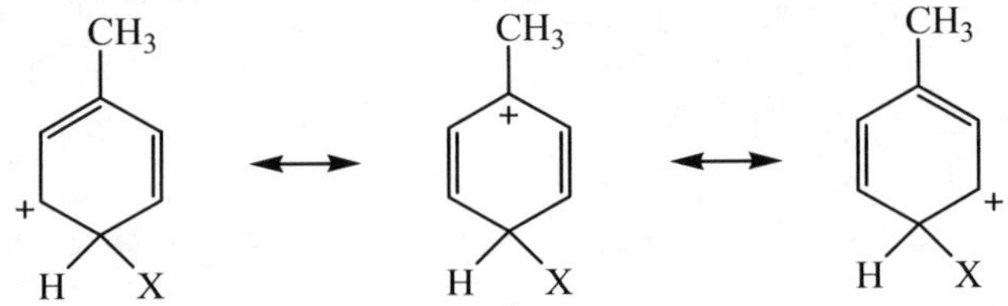

2

X는 도입기를 나타낸다. 오르토, 파라치환에서는 (1), (2)와 같이 알킬기가 치환한 곳에 양전하를 띠는 구조의 기여가 있으며, 이 전하는 알킬기의 전자공여성 I효과나 초공액으

로 중화되는 경향이 있고, 안정화에 기여하기 때문에, 메타치환의 것보다도 안정화 된다. 따라서 오르토, 파라배향으로 된다. 아래에 오르토와 파라에 대한 공명은 마찬가지이기 때문에 오르토로서 대표하여 나타낸다.

M효과를 나타내는 기의 경우에는, $-OCH_3$를 예로 들어서 나타낸다.

오르토치환에서는 (파라)

메타치환에서는

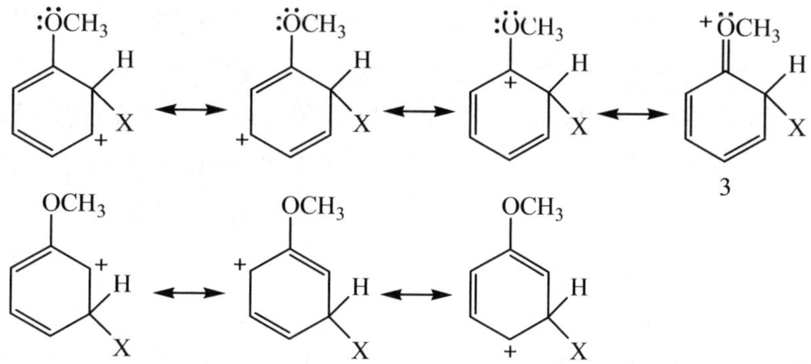

3

오르토, 파라치환에서는 (3)의 기여가 있기 때문에 보다 안정해지며, 오르토, 파라배향성으로 된다.

(2)의 것 중에서, 염소를 예로 들면, 다음 식으로 된다.

오르토치환에서는 (파라)

메타치환에서는

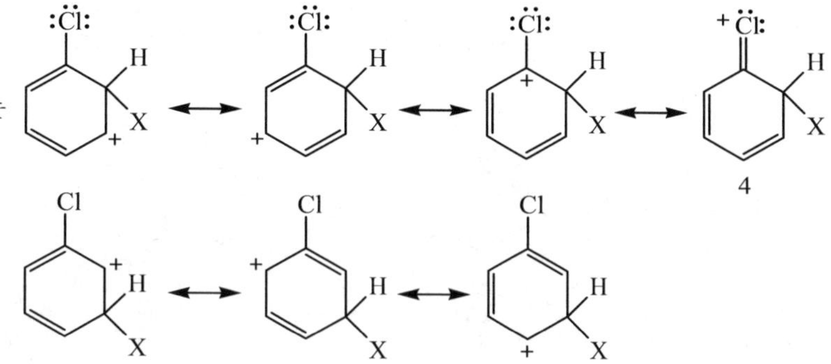

4

오르토, 파라치환에서는 (4)의 기여가 있기 때문에 보다 안정해 지며, 오르토, 파라배향으로 된다.

(3)의 것 중에서 I 효과만을 작용하는 예로써 $-N^{+}H_3$로 나타내면 다음 식으로 된다.

오르토치환에서는
(파라)

메타치환에서는

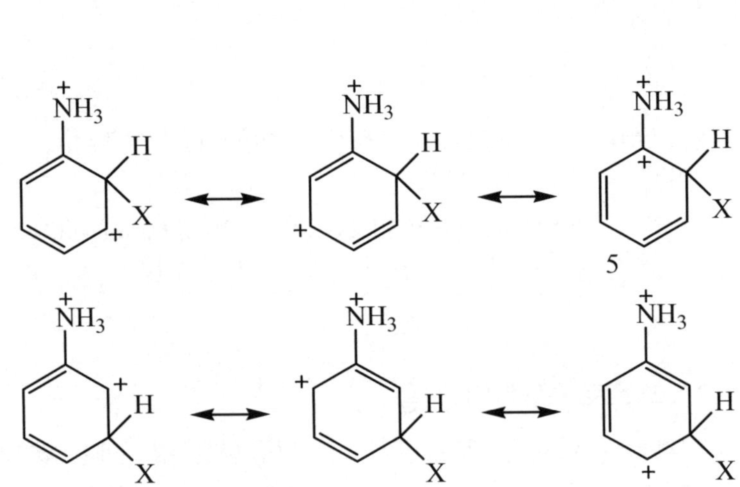

오르토, 파라치환에서는 양전하가 인접한 (5)의 구조가 있지만, 이것은 불안정하여 공명에 거의 기여하지 않기 때문에, 보다 안정한 메타배향성으로 된다.

I효과, M효과의 양쪽이 작용할 때에도 마찬가지이다. 니트로기를 예로 들면, 다음식과 같다.

오르토치환에서는
(파라)

메타치환에서는

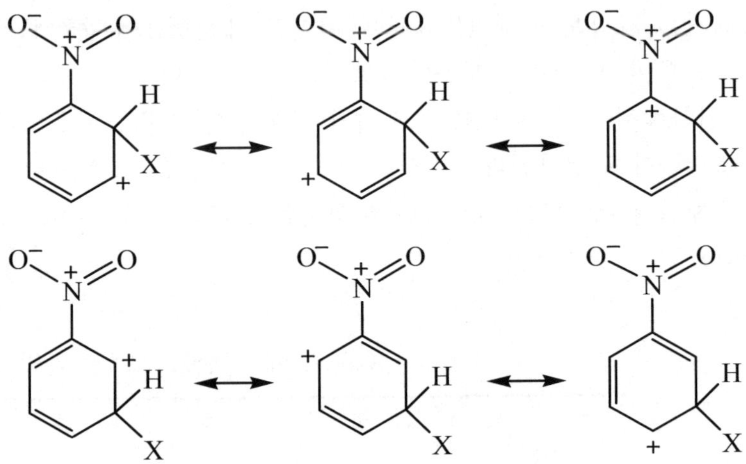

(3)에 속하는 것은, 벤젠핵과 치환기간에 메틸렌기를 도입하는데 따라서 메타이성체의 비율이 급속히 감소하며, 알킬벤젠의 경우와 유사하다. 이것은 I 효과의 탄소사슬에 전달하는 능력이 작기 때문이다. 니트로화의 경우의 메타%를 나타내면 다음과 같다.

$\underset{100\%}{PhN^+Me_3}$, $\underset{88\%}{PhCH_2N^+Me_3}$, $\underset{19\%}{Ph(CH_2)_2N^+Me_3}$, $\underset{5\%}{Ph(CH_2)_3N^+Me_3}$;

$\underset{93\%}{PhNO_2}$, $\underset{67\%}{PhCH_2NO_2}$, $\underset{13\%}{PhCH_2CH_2NO_2}$ (Ph: 페닐)

5-7-3. 오르토 / 파라의 비율

오르토/파라의 비율은, 무차별적으로 반응하는 경우에는 2가지로 예상되지만, 이와 같은 예가 없다. 공격시약이 일정하면, 벤젠핵상의 치환기의 크기가 클수록, 오르토 위치에서의 입체장애로 인하여 오르토/파라의 비율은 작아진다라고 생각된다. 알킬벤젠의 니트로화에서는, 오르토/파라의 비율은, 톨루엔 1.57, 에틸벤젠 0.93, 이소프로필벤젠 0.48, t-부틸벤젠 0.22로 되며, 또한, 톨루엔 1.57, 염화벤질 0.75, 염화벤잘 0.53, 벤즈트리클로라이드 0.23으로서, 그 예상과 일치하고 있다. 그러나 할로겐화벤젠의 니트로화에서는, 오르토/파라의 비율은 입체장해와 반대의 순서로 된다. 즉, F→Cl→Br→I의 순으로 오르토/파라의 비율이 증가한다. 이것은 이 순서로 전자흡인성의 효과가 감소하며, 게다가 *I* 효과는 가까운 곳에 큰 효과를 미치기 때문에, 이 순서로 오르토위치의 전자밀도가 감소하는 쪽이 작아지기 때문이라고 설명되고 있다.

모노치환벤젠이 일정하면, 공격시약이 클수록 입체장해로 인하여 오르토/파라의 비율이 작아진다라고 생각된다. 실제로 이와 같은 사실을 표 5-2로부터 알 수 있다. 클로로벤젠에 대해서 표에 나타냈지만, 다른 화합물($C_6H_5CH_3$, C_6H_5Br, C_6H_5OH 등)도 마찬가지의 경향이다.

▌표 5-2▐ C_6H_5Cl에 대한 오르토, 파라 %

반 응	Cl 화	NO_2 화	Br 화	SO_3H 화
오르토 %	39	30	11	0
파 라 %	55	70	87	100

표 5-3의 부분속도비의 자료도, 이것을 잘 나타내고 있다. 이것으로부터 공격시약의 크기는, $Br_2 > Cl_2 > NO_2^+ > H_2O^+Br$이라고 생각된다.

‖표 5-3‖ 톨루엔, t-부틸벤젠의 친전자적 치환반응에서의 부분속도비

공격시약	$C_6H_5CH_3$			$C_6H_5CMe_3$		
	o_f	m_f	p_f	o_f	m_f	p_f
NO_2^+	42	2.5	58	5.5	4.0	75
H_2O^+Br	76	2.5	59	13.6	2.6	38.5
Cl_2/CH_3CO_2H	615	5.0	820	72	6.9	503
Br_2/CH_3CO_2H	600	5.5	2420	0	0	752

일반적으로 활성이 약한 시약은 주로 파라위치에 치환한다(니트로소화, 디아조커플링 등). 그러나 이상과 같은 생각으로서는 설명할 수 없는 예도 많고, 실제적으로는 더욱 복잡하다.

5-7-4. Hammett규칙과의 관계

Hammett규칙에 대해서는, 제2장 5절에서 설명했지만, C_6H_5X에 대한 친전자적 치환반응에서는 다음과 같은 관계가 성립한다.

$$\log p_f{}^X = \sigma^+{}_{p-X}\rho, \quad \log m_f{}^X = \sigma^+{}_{m-X}\rho$$

$O_f{}^x$에 있어서는, 입체장해의 문제가 있기 때문에, 이와 같지 않다. 제2장 5절에서는 치환기상수로서 σ를 사용하고 있지만, 여기서는 친전자적 반응할 때, 적절한 σ^+를 사용하고 있는 것이 다르다. 전이상태나 반응중간체에서, 치환기가 출현하는 양전하와 직접 공명할 때에는, 통상의 σ값으로는 적절하지 않고, 특히 공명에서 양전하를 치환기쪽으로 끌어넣는 전자공여성 M효과의 것으로서, 현저하게 σ값에서 벗어나 σ^+쪽이 커진다. 주요한 σ^+값을 표 5-4에 나타낸다.

‖표 5-4‖ σ^+값

X	σ_m^+	σ_p^+
OMe	0.005	−0.778
Me	−0.066	−0.311
H	0	0
Cl	0.399	0.114
Br	0.405	0.150
N^+Me_3	0.359	0.408
CO_2H	0.322	0.421
CN	0.562	0.659
NO_2	0.674	0.790

σ^+값과 반응성간에는 관계가 있으며, 음의 것은 활성화이고, 양의 것은 불활성화하는 것을 알 수 있다. 이와 같이 해서 얻어진 몇 개의 ρ값을 표 5-5에 나타낸다.

‖표 5-5‖ 친전자적 치환반응의 ρ값

반 응	ρ
$ArH+Br_2/aq.\ CH_3CO_2H$ (25°)	−12.1
$ArH+Cl_2/CH_3CO_2H$ (25°)	−10.0
$ArH+CH_3COCl-AlCl_3/C_2H_4Cl_2$ (25°)	−9.1
$ArH+Hg(OCOCH_3)_2/CH_3CO_2H$ (25°)	−4.0
$ArH+EtBr-GaBr_3$ (25°)	−2.4

ρ의 크기는, 전이상태가 어디에 있느냐에 의존한다고라고 생각된다. 전이상태와 중간체와의 관계에 대해서는 Hammond의 가설이 알려져 있다. 공격시약의 에너지함량이 클수록, 전이상태는 원계에 가까운 곳에 있다라고 생각된다. 이와 같은 때에는, 벤젠핵상에는 큰 양전하가 나타나고 있지 않기 때문에, 양전하와 치환기간의 상호작용은 작기 때문에 ρ는 작아진다. 반대로, 전이상태가 중간체인 σ착화합물 쪽에 있으면, 핵상에 나타나는 양전하가 증가하기 때문에 ρ도 커진다.

5-7-5. 디치환벤젠에서의 배향성

오르토, 파라배향기와 메타배향기가 있을 때는, 배향성은 오르토, 파라배향기에 지배된다. 이 경우, 메타배향기는 장소를 차지하고 있는 의미밖에 없다.

2개의 오르토, 파라배향기가 있을 때는, 벤젠핵을 보다 활성으로 하는 쪽에 주로 지배된다. 예를 들면, 다음과 같다.

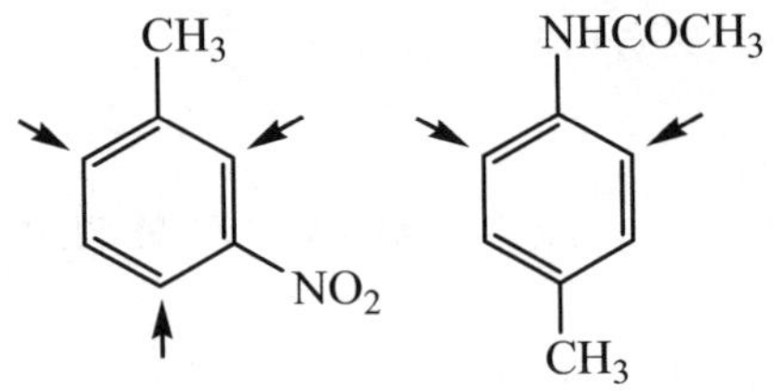

5-7-6. 이상배향성

술폰화, 알킬화, 요오드화 등, 가역적인 반응에서는 열역학적 지배에 의하여, 이상배향성을 나타내는 경우가 있음을 이미 설명했다.

5-8. 기타의 관련반응

벤젠을 황산의 존재하에서 포름알데히드와 가열하면, 디페닐메탄을 생성하지만, 이것은 다음과 같이 설명된다.

$$H_2C{=}O + H^+ \longrightarrow H_2C{=}\overset{+}{O}H \longleftrightarrow H_2\overset{+}{C}{-}OH \xrightarrow{C_6H_6} C_6H_5CH_2OH$$

$$\xrightarrow{H^+} C_6H_5CH_2\overset{+}{O}H_2 \xrightarrow{-H_2O} C_6H_5CH_2^+ \xrightarrow{C_6H_6} C_6H_5CH_2C_6H_5$$

염화아연의 존재하에서, 활성인 방향족화합물과 니트릴 및 HCl을 가열하여 가수분해를 행하면, 케톤을 생성한다. 이것은 Hoesch반응이라고 불리우며, 그의 메카니즘은 다음과 같다.

$$RC{\equiv}N + H^+ \underset{}{\overset{ZnCl_2}{\rightleftharpoons}} R\overset{+}{C}{=}NH\cdot ZnCl_2 \xrightarrow{ArH} ArCR{=}NH \xrightarrow{H_2O} ArCOR$$

친전자적인 방향족전위반응도 알려져 있다. 여기서는 분자간의 전위반응만을 취급한다. 분자간 전위반응에서는 일단 전위기가 분리하고, 재차 치환하여 전위생성물을 생성한다.

N-클로로아세트아닐리드를 염산으로 처리하면, o- 및 p- 클로로아세트아닐리드를 생성한다(Orton 전위반응이라고 말한다). 이 경우, 반응중에 Cl_2를 생성하는 것과, 페놀 등과 같은 활성인 화합물이 존재하면, 이것의 염소화가 주로 되는 것, HCl*을 사용하면 전위생성물에 Cl*가 도입되는 것 등으로부터, 분자간의 전위반응인 것을 알 수 있으며, 메카니즘은 다음과 같이 생각되고 있다.

$$C_6H_5NClCOCH_3 + HCl \rightleftharpoons C_6H_5NHCOCH_3 + Cl_2$$

$$\xrightarrow{\text{느리다}} ClC_6H_4NHCOCH_3 + HCl$$

속도식은, 제2단계가 율속인 것을 나타내며, 또한 오르토/파라의 비율은 같은 조건하에서의 아세트아닐리드의 염소화와 일치하는 것도 위의 메카니즘을 지지한다.

디아조아미노벤젠은, 염산 등의 산의 존재하에서 p-아미노아조벤젠으로 전위한다. 이때, 염화벤젠디아조늄의 생성이, 디메틸아닐린이나 β-나프톨의 존재하에서, 이들에 디아조커플링하는 것을 나타내고 있기 때문에 분자간 전위반응이다.

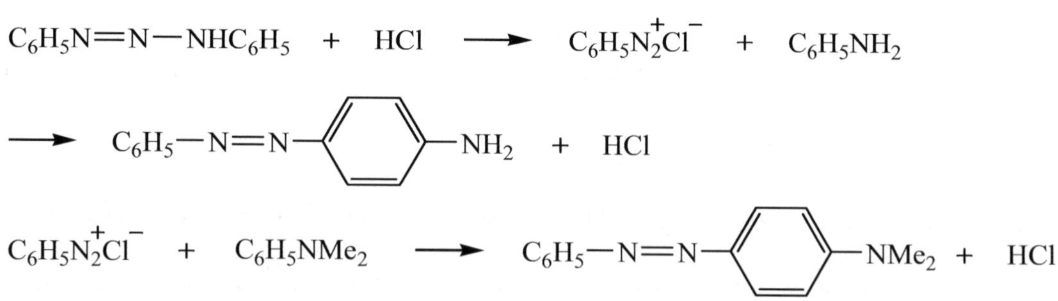

카르복시산페닐을 $AlCl_3$와 가열하면, o-, p-아실페놀로 전위한다(이것을 Fries전위반응이라고 말한다). 오로토이성체는 고온에서 유리하고, 파라이성체는 저온에서 보다 유리하다. 파라이성체를 $AlCl_3$와 함께 고온으로 처리하면 오르토이성체로 변하기 때문에, 오르토이성체의 생성은 열역학적 지배, 파라이성체의 생성은 속도론적 지배로 된다. 오르토이성체 쪽이 안정한 것은, 분자내 수소결합 때문이라고 생각된다.

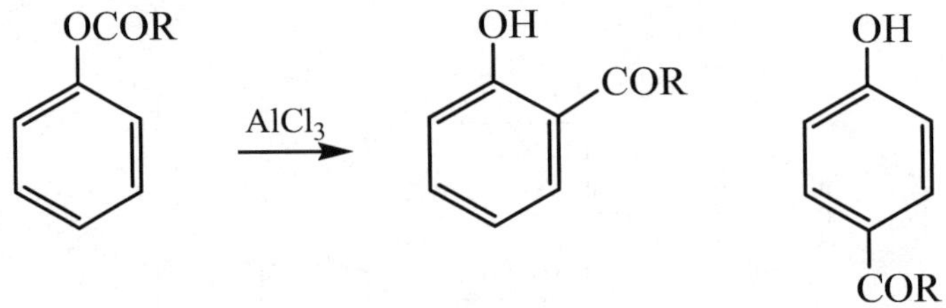

분자간 전위반응인 것은 알고 있지만, 확실한 메카니즘은 알 수 없다. 그러나 다음과 같이 생각하면 이해할 수 있을 것이다.

$$C_6H_5OCOR + AlCl_3 \longrightarrow C_6H_5OAlCl_2 + RCOCl$$

$$RCOCl + C_6H_5OAlCl_2 \xrightarrow{AlCl_3} RCOC_6H_4OAlCl_2 + HCl$$

5-9. 기타의 방향환에서의 배향성

5-9-1. 나프탈렌환

나프탈렌에서는, 친전자적 치환반응은 α-위치에서 일어나기 쉽다. 예를 들면,

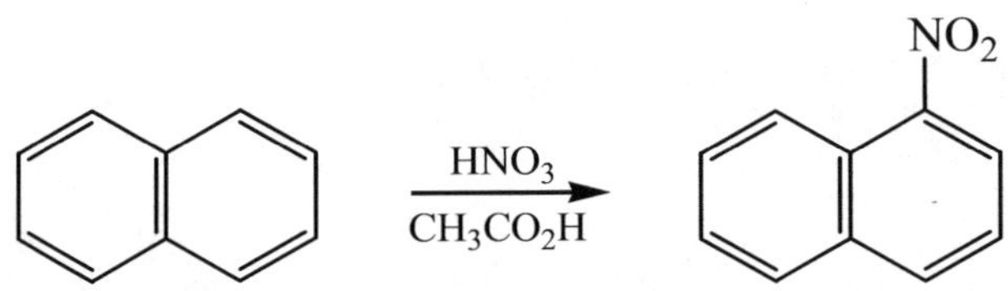

그러나 술폰화는, 저온(<110℃)에서는 α-치환체를 생성하지만, 고온에서는 주로 β-치환체를 생성한다.

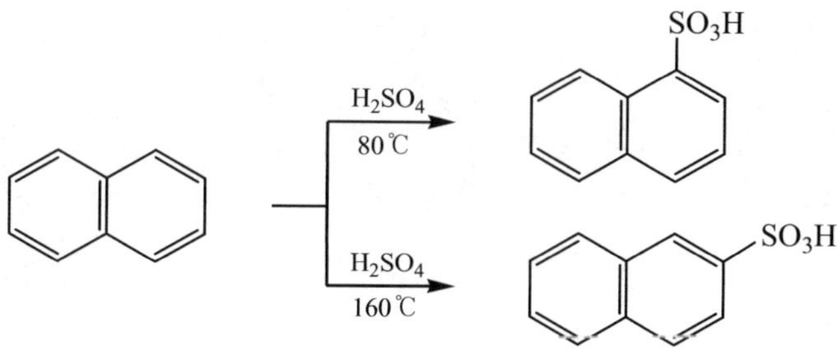

α-술폰산을 황산과 160℃로 가열하면 β-술폰산으로 되기 때문에, β-치환체의 생성은 열역학적 지배인 것을 알 수 있다. β-치환체 쪽이 안정한 것은 입체장해가 없기 때문이다.

아세틸화했을 때에는, 용매에 따라서는 β-치환체를 생성하지만, 이것은 공격시약이 용매화에 의하여 커지는 것이라고 생각된다.

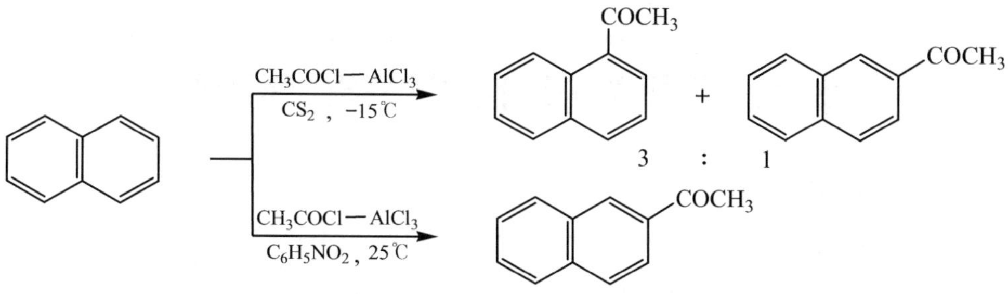

배향성은 벤젠계일 때와 마찬가지로 설명된다.

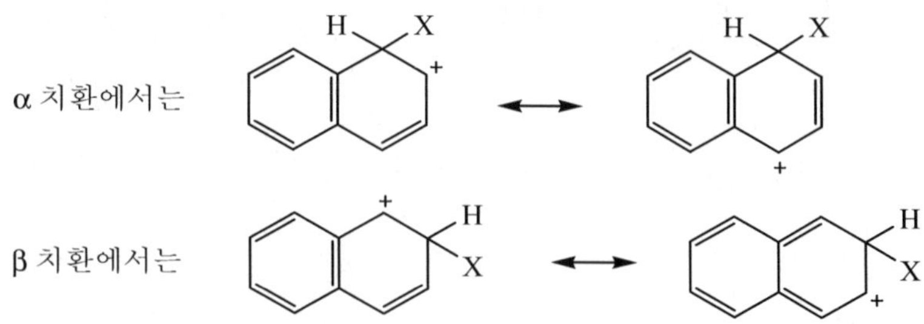

α 치환에서는 전부 7개, β-치환체에서는 6개의 공명구조식을 나타낼 수 있지만, 다른 것은 생략하고, 치환되는 고리상에 양전하가 있는 것만을 나타냈다. α 치환쪽이 공명구조

식도 많지만, 윗식에서 보면, β치환에서는 오른쪽과 같은 방향족성이 작은 구조를 취하지 않으면 안되기 때문에 에너지적으로 불리하며, α위치에 치환이 일어나게 된다. 벤젠에 비하여, 중간체의 σ착화합물에서의 양전하가 널리 분포하기 때문에 그 만큼 안정화하며, 따라서 활성으로 된다.

5-9-2. 헤테로 5원환

푸란, 티오펜, 피롤에서는 친전자적 치환에 대해서 α위치가 활성이다. 그러나 푸란, 피롤에서는 산성의 시약을 사용하면, 이것이 헤테로원자에 부가하여 방향족성을 잃기 때문에, 잘 반응하지 않고, 사용하는 시약에 제한이 있다. 따라서 술폰화에는 SO_3-피리딘, 니트로화에는 $CH_3CO_2NO_2$-무수아세트산을 사용하지 않으면 안된다.

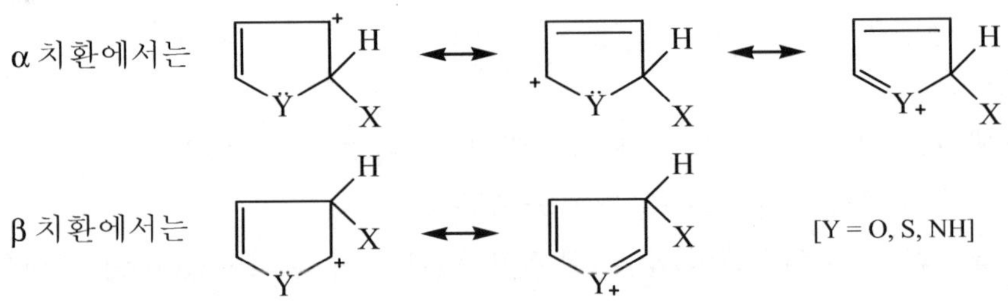

α치환쪽이 공명안정화가 크기 때문에 α위치에 치환하기 쉽다. 그러나 양쪽의 안정성에는 현저한 차이가 없기 때문에, α위치가 막혀있을 때에는, β위치에도 쉽게 치환이 일어난다.

이들의 고리에서는 방향족성의 원인인 6π전자계를 취하는 것으로, Y의 고립전자쌍을 공급하고 있기 때문에, 고리의 전자밀도가 향상되어 있으므로 벤젠보다도 활성이다. 이들은, 페놀, 티오페놀, 아닐린과 같다.

5-9-3. 헤테로 6원환

피리딘에는 다음과 같은 공명이 있다.

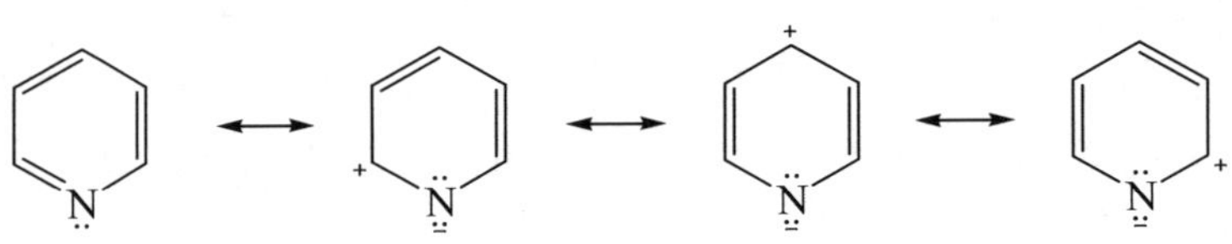

이것에 의하여 고리상에 양전하가 나타나기 때문에, 니트로벤젠과 유사하며, 친전자적 치환반응에 대해서 불활성화 되어 있다라고 생각된다. 실제로 반응은 곤란하며, 브롬화는 Br_2과 200℃ 이상으로, 니트로화는 KNO_3/H_2SO_4과 370℃로, 술폰화는 발연황산-$HgSO_4$과 220℃로 가열할 필요가 있고, β위치에 치환한다. 산성시약일 때에는 질소원자가 프로톤화 되기 때문에 더욱 불활성화 된다.

α 치환에서는 (γ)

β 치환에서는

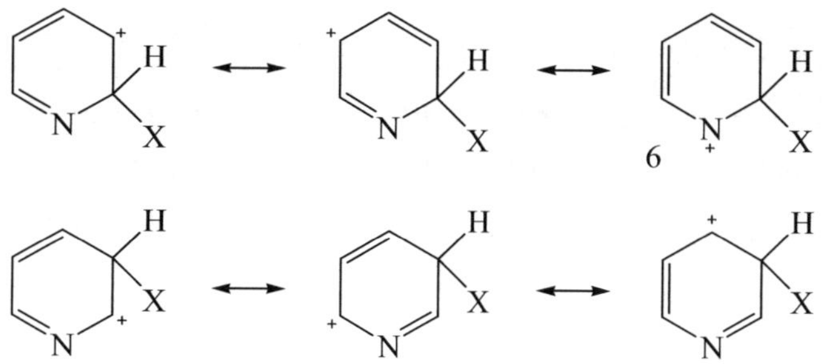

α, γ치환에서는 (6)과 같은 구조가 형성되지만, 이와 같은 것은 불안정하기 때문에 기여가 적고, 따라서 공명안정화가 큰 β치환으로 된다.

그러나 피리딘N-옥사이드로 되면 형태가 변한다. 즉, 공명에 의하여 고리상에 음전하가 나타나기 때문에, 친전자적 치환반응이 쉽게 일어난다고 생각된다. 실제로, 혼산과 100℃에서 γ-니트로체가 얻어진다.

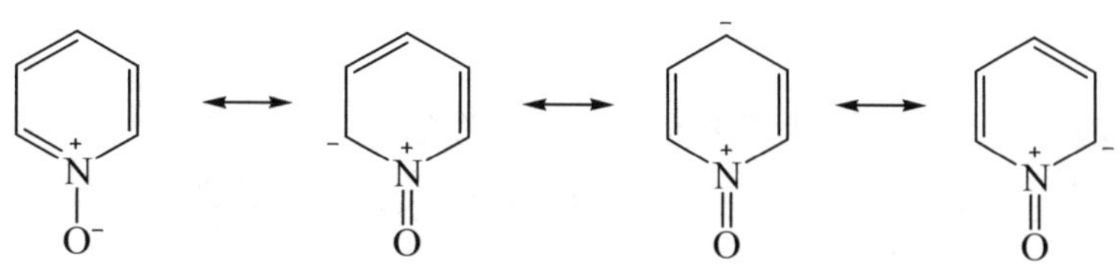

5-10. 전이상태이론

친전자적 치환반응의 메카니즘에 관련되어 σ착화합물, π착화합물의 의론에 있어서는 그의 이해를 돕기 위해서, 전이상태이론에 대해서 간단히 설명하기로 한다.

전이상태이론은 반응속도에 관한 이론으로서, 반응속도를 다음과 같이 3개의 기본적인 가정에 따라서 생각한다.

(1) 반응과정에서 반응하는 분자는 출발물질, 생성물질의 어느것 보다도 높은 어떤 퍼텐셜에너지상태(이것은 전이상태라고 말한다)를 넘지 않으면 안된다.

(2) 이 전이상태에 있는 분자(이것을 활성착화합물이라고 말한다)는 출발물질과 통계적인 평형에 있다.

(3) 반응속도는 활성착화합물의 농도에 비례한다(통계역학에 의한 계산으로 부터, 그의 비례상수는 $_{k}kT/h$이다. 여기서 $_{k}$: 유전율, 일반적으로 1로 간주한다; k : 볼쯔만 상수; T : 절대온도; h : 플랭크 상수)

이것을 그림으로 나타내면 그림 5-2와 같다. 이것은 반응의 에너지준위선도라고 말하며, 반응좌표는 반응의 진행경로를 나타내고 있다.

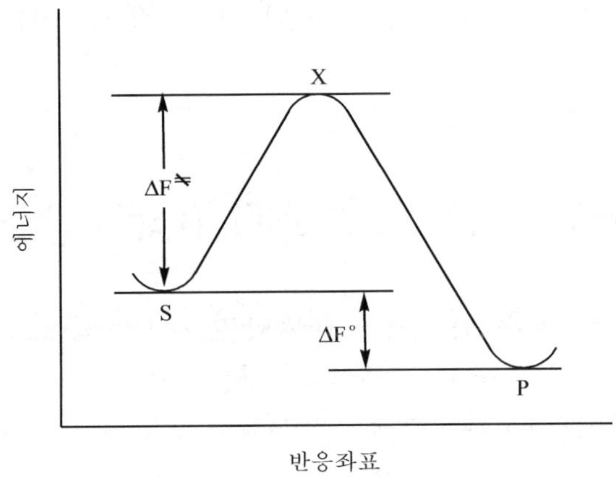

S : 출발물질
X : 활성착화합물
P : 생성물
ΔF≠ : 활성화의 자유에너지
ΔF° : 반응의 자유에너지변화

▌그림 5-2▐ 반응의 에너지준위선도

식으로 나타내면

$$S \overset{K^{\neq}}{\rightleftharpoons} X, \quad K^{\neq}\ (\text{평형상수}) = \frac{[X]}{[S]}$$

$$\text{속도} = \frac{kT}{h}[X] = \frac{kT}{h}K^{\neq}[S]$$

$kT/h \times K^{\neq}$는 속도상수에 해당한다. 열역학에 의한 관계로부터

$$\Delta F^{\ddagger} = -2.3RT \log K^{\ddagger} = \Delta H^{\ddagger} - T \cdot \Delta S^{\ddagger}$$

따라서

$$\text{속도상수} = \frac{kT}{h} K^{\ddagger} = \frac{kT}{h} e^{-\Delta F^{\ddagger}/RT} = \frac{kT}{h} e^{-\Delta H^{\ddagger}/RT} e^{-\Delta S^{\ddagger}/R}$$

$\triangle F^{\ddagger}$, $\triangle H^{\ddagger}$, $\triangle S^{\ddagger}$는 각각 활성화에너지, 활성화엔탈피, 활성화엔트로피라고 말한다.

여기서 주의해야할 사항은, 속도측정의 실험으로부터 얻어지는 지식은 율속단계의 전이상태에 관한 것뿐으로서, 그의 전후에 어떤 변화가 존재하는지는 이것 만으로부터는 알 수 없다고 하는 것이다.

5-11. π착화합물과 σ착화합물

방향핵치환반응의 메카니즘의 연구에는 대별하여 2개의 문제가 있다. 하나는, 공격하는 친전자시약이 무엇인가라고 하는 문제이고, 다른 하나는, 공격을 받는 방향핵이 어떤 변화를 받는가라고 하는 문제이다. 제1의 문제에 대해서는 1절~6절에서 설명했기 때문에, 여기서는 제2의 문제에 대해서 생각해 보기로 한다.

일반적으로 방향족화합물(전자공여체)은 친전자시약(일반적으로는 전자수용체)과 착화합물을 형성하는 것이 알려져 있다. 이 착화합물에는 2종류가 있으며, 하나는 방향환의 6개의 π전자가 모두 같이 전자공여에 관여하는 경우로서, 이것은 π착화합물(또는 전하이동착화합물)이라고 말한다. 다른 하나는, 전자수용체가 방향핵의 어떤 1개의 탄소원자에 결합하여 σ결합을 형성하고 있는 경우로서, σ착화합물(또는 아레노늄착화합물)이라고 불리운다. 이들은 일반적으로 다음과 같이 표시된다.

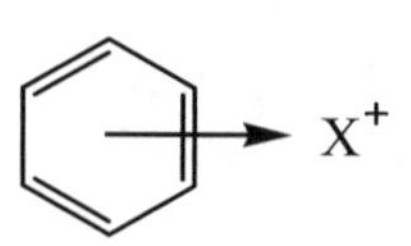

π착화합물

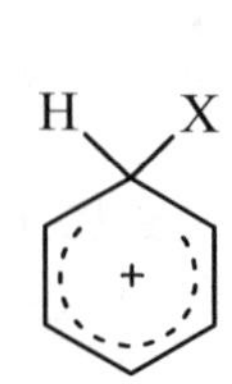

σ착화합물

이들의 착화합물의 정성 및 정량의 방법에는, 용해도측정, 분배율측정, 증기압측정, 스펙트럼측정(자외선흡수스펙트럼, 적외선흡수스펙트럼, 핵자기공명흡수스펙트럼)등이 있다. 이들 2종류의 착화합물을 예로 들어서 설명한다. 벤젠에 염화수소를 용해시키면, 그의 용해도측정으로부터 벤젠은 염화수소와 1 : 1의 착화합물(7)을 형성하고 있는 것을 알 수 있다. 이 착화합물은 무색이고, 전기전도성이 없으며, 또한 염화수소 대신에 염화중수소 DCl을 사용해도 벤젠은 중수소화 되지 않는다(즉, 방향환의 수소와의 교환은 일어나지 않는다). 이 경우는, HCl의 수소는 염소와 분리되지 않고, 벤젠환의 π 전자와 약하게 상호작용을 하고 있음에 불과하다. 이것이 π 착화합물이다. 그러나 벤젠에 플루오르화수소와 삼플루오르화붕소의 혼합물을 가하면, 벤젠 : 플루오르화수소 : 삼플루오르화붕소= 1 : 1 : 1의 착화합물(8)을 생성하며, 이것은 강하게 착색하고 있고, 전기전도성을 갖는다. 게다가, HF 대신에 DF를 사용하면 벤젠은 중수소화 된다.

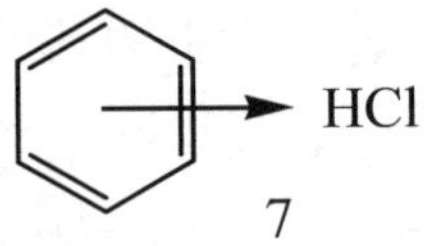

7

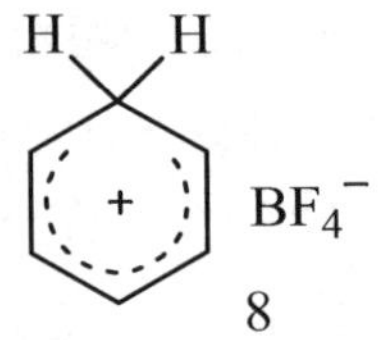

8

이 경우는, HF의 수소는 벤젠환과 σ 결합으로서 결합하고 있으며, 이것이 σ 착화합물이다. 이들의 착화합물중에는 안정하게 단리할 수 있는 것도 있지만, 대부분은 불안정하며, 저농도로서 용액상태로 존재한다. π 착화합물, σ 착화합물의 예를 다음에 몇 개로서 나타낸다.

π착화합물

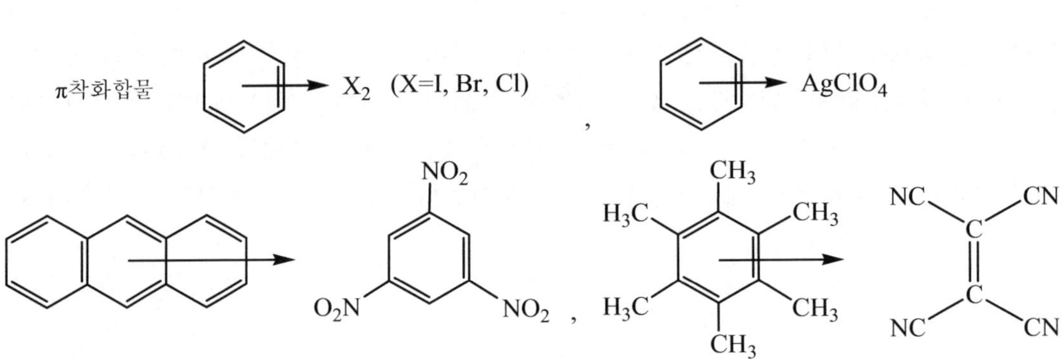

σ착화합물

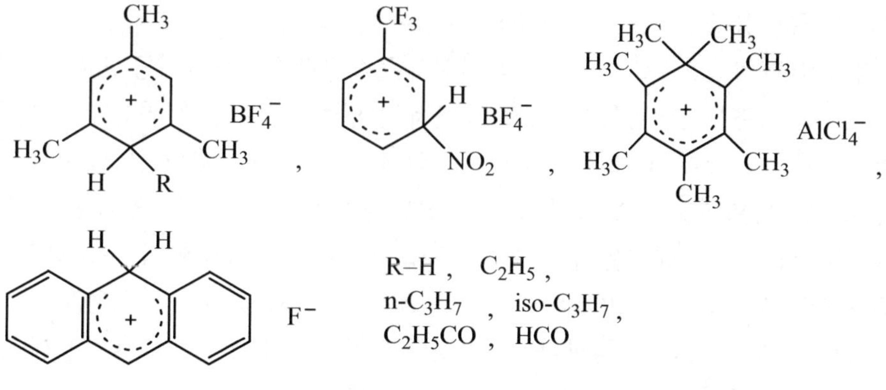

이와 같이 많은 친전자시약이 방향족화합물과 π착화합물 및 σ착화합물을 형성하며, 또한 한쪽에서는 친전자시약이 방향환상에서 치환반응을 행하는 것으로부터, 이들의 착화합물이 친전자적 방향핵치환반응으로 중요한 역할을 수행하고 있는 것이 예상되지만, 실제로 많은 실험결과가 그 예상의 정확성을 나타내고 있다. 벤조트리플루오라이드는 니트릴플루오라이드, 삼플루오르화붕소와 저온에서 반응하여 착색한 1 : 1 : 1의 결정성의 착화합물(9)를 생성하지만, 이것은 −50℃이상에서는 분해하여 삼플루오르화붕소, 플루오르화수소 및 거의 정량적으로 m−니트로벤조트리플루오라이드(10)을 생성한다.

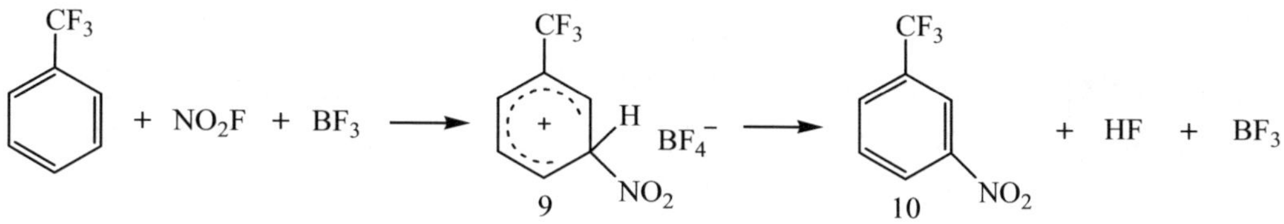

일반적인 니트로화의 조건에서 벤조트리플루오라이드는 (10)을 생성하기 때문에, 이 사실은 (9)가 니트로화의 중간체인 것의 강력한 증거이다. 또한, 메시틸렌은 플루오르화에틸, 삼플루오르화붕소와 반응하여 융점 −15℃의 오렌지색의 고체를 생성하지만, 이것은 온도를 올리면 고수율로서 에틸화합물(12)를 생성한다. 따라서 σ착화합물(11)은, 이와 같은 Friedel−Crafts반응의 중간체라고 생각된다.

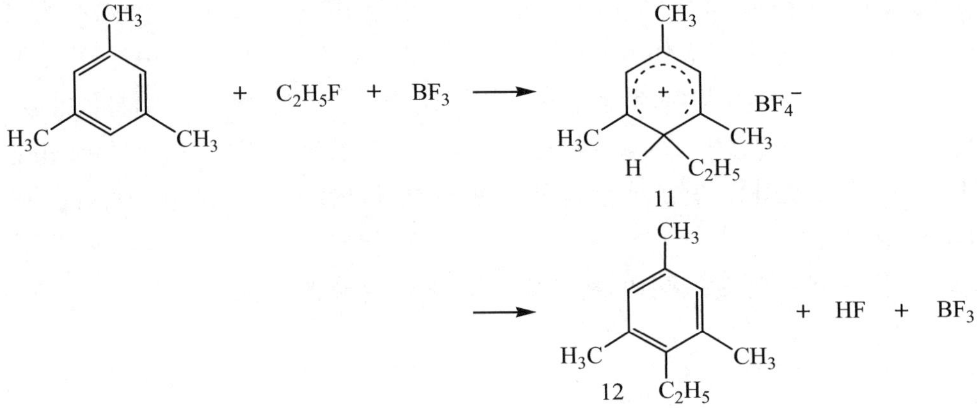

σ착화합물이 반응중간체인 것의 보다 일반적인 증거로서 표 5-6에, 그 사실을 나타낸다.

▌표 5-6▌ 알킬벤젠에 있어서 π 및 σ착화합물의 상대적 안정성과 할로겐화의 속도

화 합 물	상대적 안정성		상대속도	
	π착화합물 (HCl)	σ착화합물 ($HF-BF_3$)	Cl_2	Br_2
벤젠	0.61	0.01	0.005	0.004
톨루엔	0.92	–	0.157	0.24
에틸벤젠	1.06	–	0.13	–
이소프로필벤젠	1.24	–	0.08	–
t-부틸벤젠	1.36	–	0.05	–
p-자일렌	1.00	1	1.00	1
o-자일렌	1.13	2	2.1	2.1
m-자일렌	1.26	20	200	204
1,2,4-트리메틸벤젠	1.36	40	–	600
1,2,3-트리메틸벤젠	1.46	약 40	–	600
1,3,5-트리메틸벤젠	1.59	2,800	80,000	75,000

즉, 알킬벤젠의 할로겐화의 속도는 σ착화합물의 상대적인 안정성과 좋은 평형관계에 있다. 이것은 할로겐화의 전이상태가 σ착화합물에 유사한 것을 나타내고 있다. 또한, 이

표 5-6으로부터 할로겐화의 속도와 π 착화합물의 안정성간에는 그다지 관계가 없음을 알 수 있다. 그러나 앞에서 설명한 바와 같이, 속도측정의 결과로부터 얻어진 지식은, 단순히 에너지준위선도의 최고점(전이상태)에 관한 것 뿐이기 때문에, π 착화합물이 σ 착화합물의 생성하는 이전 또는 이후에 존재하는 가능성은 부정할 수 없으며, 오히려 강한 결합의 σ 착화합물이 생성하는 전후에는 약한 결합의 π 착화합물의 존재를 생각하는 쪽이 타당하다라고 생각된다.

이상의 의론을 벤젠의 브롬화의 예로서 정리하여 나타낸다.

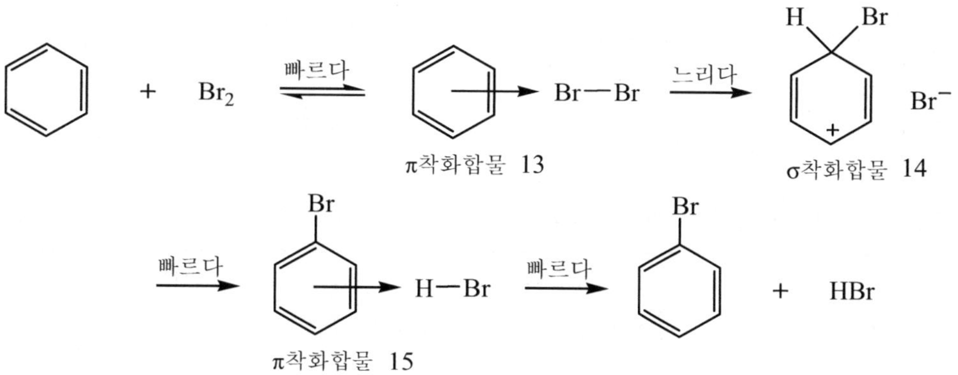

이 반응의 에너지준위선도는 그림 5-3과 같다.

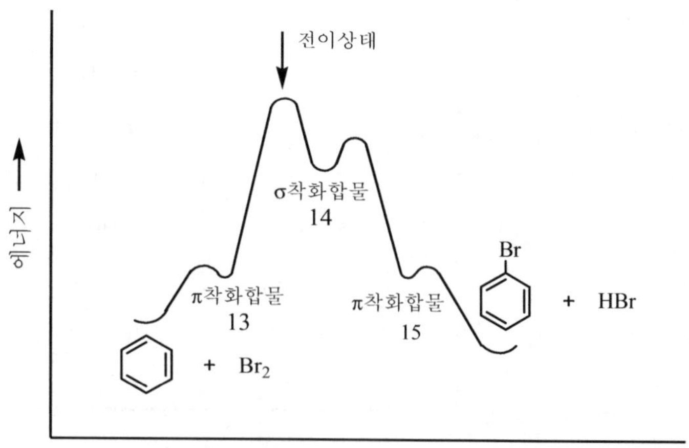

▌그림 5-3▐ 친전자적 방향핵치환반응의 에너지준위선도

가장 높은 산을 넘는 곳, 즉 π착화합물(13)이 σ착화합물(14)로 되는 곳이 율속단계이다. 그러나 친전자적 방향핵치환반응의 모든 것에 있어서 σ착화합물의 생성이 율속단계라고는 한정할 수 없다.

예를 들면, 테트라메틸렌술폰중, 니트로늄플루오로보레이트 $NO_2^+BF_4^-$를 친전자시약으로 하는 니트로화에서는, π착화합물의 생성이 율속단계라고 생각되고 있다. 최근, 이와 같은 생각에 대해서 의문이 출현되고 있다.

연습문제

01 다음의 화합물을 모노니트로화할 때의 반응성과 배향성을 설명하여라.

1) C_6H_5NO　　2) $C_6H_5(CH_3)_2N{\rightarrow}O$
3) p-$CH_3CONHC_6H_4C_6H_5$　　4) p-$C_6H_5C_6H_4NO_2$
5) $C_6H_5CH{=}CH_2$　　6) $C_6H_5CH{=}CHNO_2$

02 아닐린을 아세트산중에서 질산으로 니트로화하면, o-및, p-니트로아닐린을 36 : 64의 비율로서 생성하지만, 혼산으로 니트로화하면, o-,m- 및 p-니트로아닐린을 1 : 49 : 50의 비율로서 생성한다. 이것의 차이를 설명하여라.

03 다음의 화합물을 니트로화할 때, 주로 치환되는 위치는 어디일까?

1) p-브로모톨루엔　　2) m-클로로-t-부틸벤젠
3) α,α,α-트리클로로-p-자일렌　　4) p-브로모아니솔
5) p-니트로벤조페논　　6) o, p-디메틸벤조페논

04 HOBr, Br_2, Br^+, Br_3^-, HBr, H_2O^+Br, BrCl을 브롬화능력이 큰 순서로 나열하여라.

05 비페닐을 어떤 조건에서 모노니트로화했을 때, 벤젠에 대한 상대반응성은 40이었다. 이 때의 모노니트로비페닐의 생성비는, o : m : p=68 : 1 : 31%이었다. 이들로부터 비페닐의 부분속도비를 구하여라.

06 벤젠에 다음의 시약을 반응시켜서 얻어지는 것은 무엇일까?

1) $Me_2CH-CHMeOH+HF$　　2) $MeCH{=}CMe_2+H_3PO_4$
3) 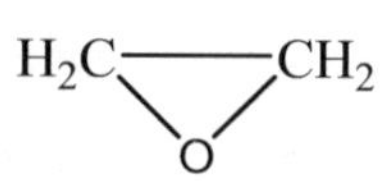 + $AlCl_3$　　4) $CF_3C(=O)-OOH$ + BF_3
5) $NH_2OCH_3+AlCl_3$　　6) $CH_2O+HCl+ZnCl_2$

07 다음의 반응생성물은 무엇일까?

1)
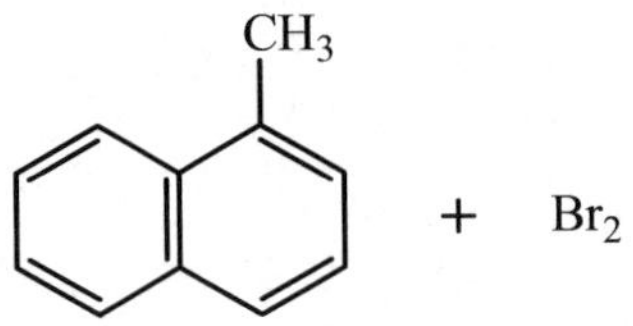

2)
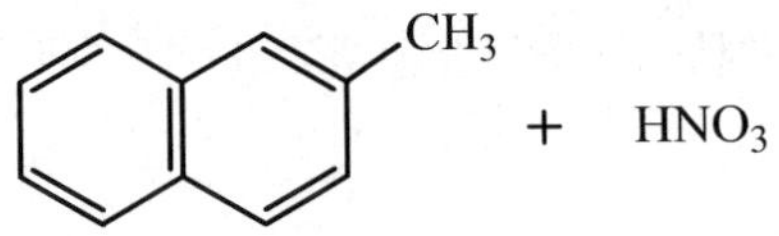

3)
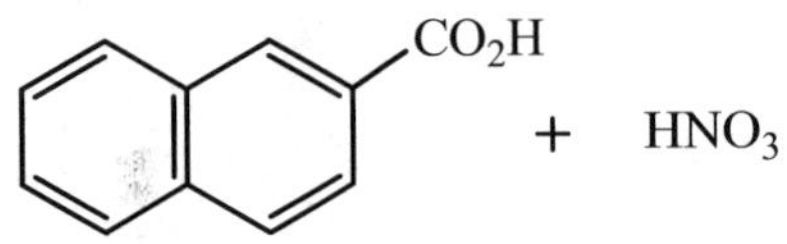

4)
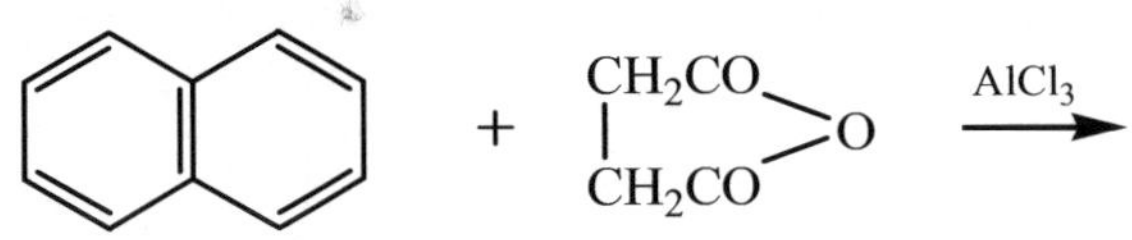

5)
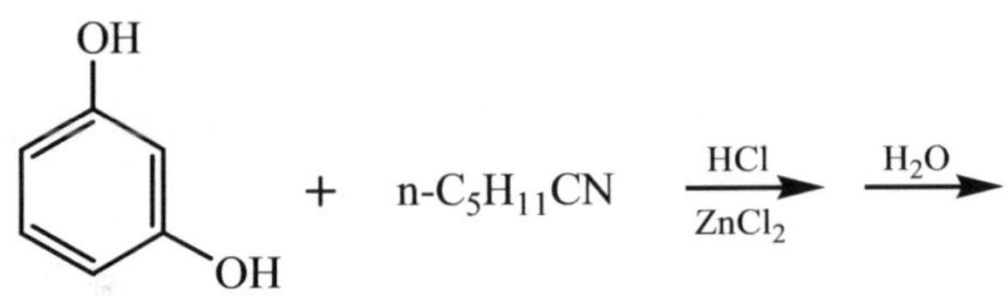

08 N-메틸-N-t-부틸아닐린의 디아조커플링속도는, 디메틸아닐린에 대한 것보다도 훨씬 느리다. 그 이유를 설명하여라.

09 다음의 합성경로를 생각하여라.

1) C_6H_6 → m-$NO_2C_6H_4Br$
2) C_6H_6 → 2,4-$(NO_2)_2C_6H_3Cl$
3) $C_6H_5NHCOCH_3$ → o-$NO_2C_6H_4NHCOCH_3$
4) C_6H_6 → m-$NO_2C_6H_4COCH_3$
5) C_6H_5OH → o-BrC_6H_4OH

10* 소량의 물을 함유하는 진한 황산중에서의 술폰화속도는 물의 농도의 2승에 반비례한다. 이것으로부터 공격시약은 SO_3 또는 $H_2S_2O_7$이며, $H_3SO_4^+$나 HSO_3^+, S_2O_6가 아닌 것을 설명하여라.

11* 다음의 2개의 것에 디아조커플링을 하는 경우에, 어떤 위치에서 반응한다라고 생각되는가?

1)

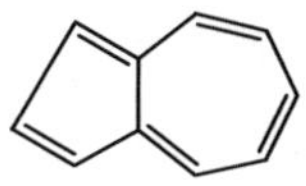

2)

12 인돌, 벤조푸란, 벤조티오펜의 친전자치환은 어떤 위치에서 일어난다라고 생각되는가? 그의 구조는 다음과 같다.

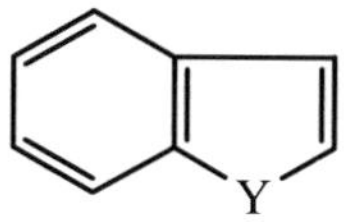

(Y = NH, O, S)

친핵적 방향핵 치환반응 06

친핵시약이 방향환에 치환하는 반응을 친핵적 방향핵 치환반응(nucleophilic aromatic substitution)이라고 말하지만, 이 반응은 크게 다음과 같이 3가지로 분류된다.

(1) 방향족 S_N1 반응(디아조늄염의 반응)

(2) 부가－탈리형반응(방향족 S_N2반응)

(3) 탈리－부가형반응(벤자인반응)

6-1. 방향족 S_N1반응(디아조늄염의 반응)

방향족 1차아민과 아질산을 반응시키면, N_2O_3가 아미노기에 작용하며, 다음과 같은 메카니즘으로 디아조늄염이 생성한다.

$$2HNO_2 \underset{}{\overset{\text{빠르다}}{\rightleftharpoons}} N_2O_3 + H_2O \xrightarrow[\text{느리다}]{ArNH_2} Ar\overset{+}{N}H_2-N=O$$

$$\xrightarrow{\text{빠르다}} Ar-\overset{+}{N}\equiv N + H_2O$$

치환벤젠디아조늄염의 수용액중에서의 분해(페놀을 생성한다)는 1차반응이며, 반응계에 알코올, 염소음이온 등의 친핵시약을 가해도 생성물은 변하지만, 속도는 변하지 않는다. 이와 같은 사실은, 디아조늄염의 분해가 율속단계이고, 그 후에 친핵시약과의 빠른 반응이 일어나서 생성물이 결정되는 것을 나타내고 있다.

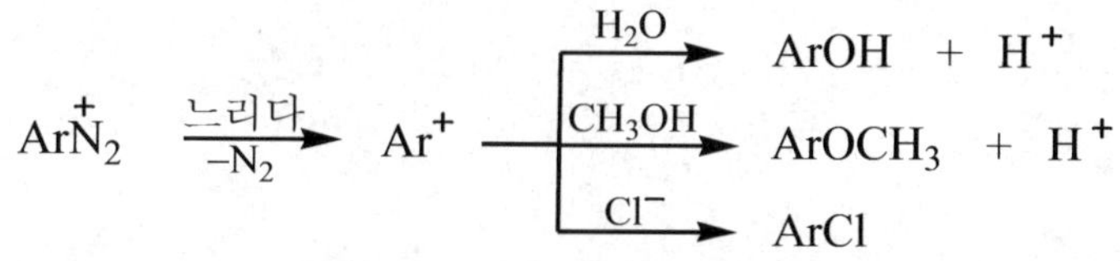

이것을 에너지준위선도로서 나타내면, 그림 6-1과 같다. 제2의 산의 높이가 공격하는 친핵시약에 의하여 다르기 때문에, 친핵시약의 변화에 의하여 생성물이 변하는 것이다.

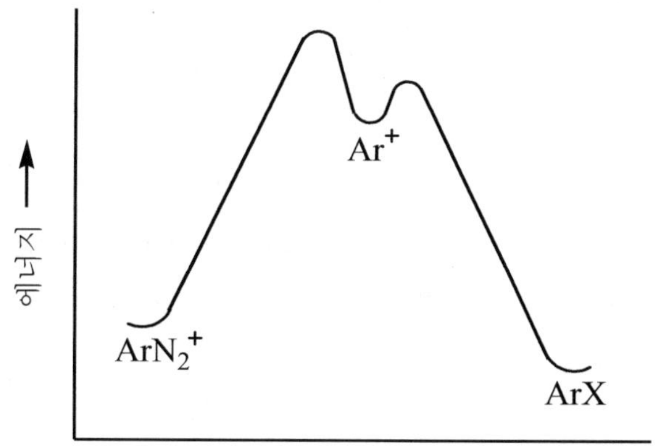

▌그림 6-1▌ 디아조늄염의 분해반응의 에너지준위선도

이와 같은 친핵적 1분자치환반응은 S_N1(substitution, nucleophilic, unimolecular)이라고 표기한다. 이 메카니즘으로 부터 예상되는 바와 같이, 일반적으로 생성하는 아릴카티온(Ar^+)을 안정화 시키는 전자공여성기가 반응을 빠르게 진행시킨다. 그러나 친핵시약이 보다 강력하게 되면(예를 들면, Br^-, I^-, CN^-, PhS^-, SCN^- 등), 방향환이 활성화되어, 위에서 설명한 1분자반응 이외에 친핵시약이 율속단계에 관여하여 2분자반응도 병행해서 일어나게 된다. 예를 들면, p-니트로벤젠디아조늄염의 반응에서, 브롬이온의 농도를 높이면, p-니트로페놀에 대한 p-니트로브로모벤젠의 생성비가 높아지는 것뿐만이 아니고, 분해속도도 증대한다. 이것은 다음식의 제2항의 효과분량만큼 속도가 증가하기 때문이다.

$$\text{분해속도} = k_1[ArN_2{}^+] + k_2[ArN_2{}^+][Br]$$

디아조늄염은 이외에도 몇가지 형태의 분해반응을 행한다(예를 들면, Sandmeyer반응,

Gomberg반응 등). 이들에 대해서는 제10장의 라디칼반응에서 설명하기로 한다.

6-2. 부가-탈리형반응(방향족 S_N2반응)

p-브로모니트로벤젠을 메톡사이드이온과 반응시키면, P-니트로아니솔을 생성한다. 이 반응은 P-브로모니트로벤젠, 메톡사이드이온에 각각 1차, 즉, 전체로서 2차반응이며, 먼저 메톡사이드이온이 방향환에 부가하여 중간체(1)을 생성하고, 그 후에 브롬음이온이 탈리하는 메카니즘(부가 -탈리반응)으로 진행한다라고 생각된다.

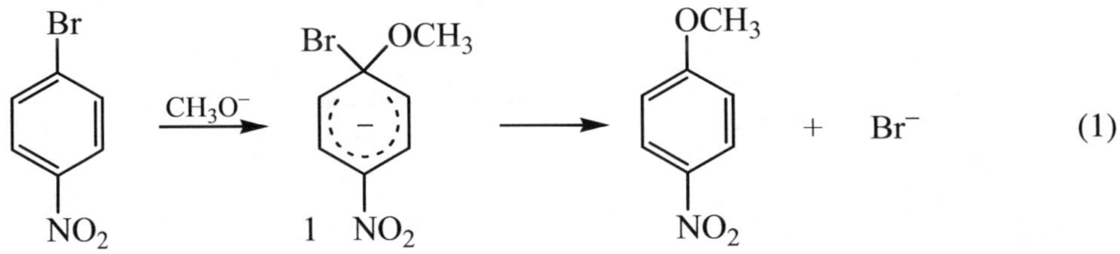

6-2-1. 아릴기의 구조와 반응성의 관계

이 형태의 반응은 $-NO_2$, $-N_2^+$ 등의 기로서 강력하게 활성화 된 방향환에서 일어난다. 이것은 이들의 기가 중간체를 현저하게 안정화시키기 때문이다. 예를 들면, (1)에서는 다음과 같이 공명에 의하여 안정화 되어 있다.

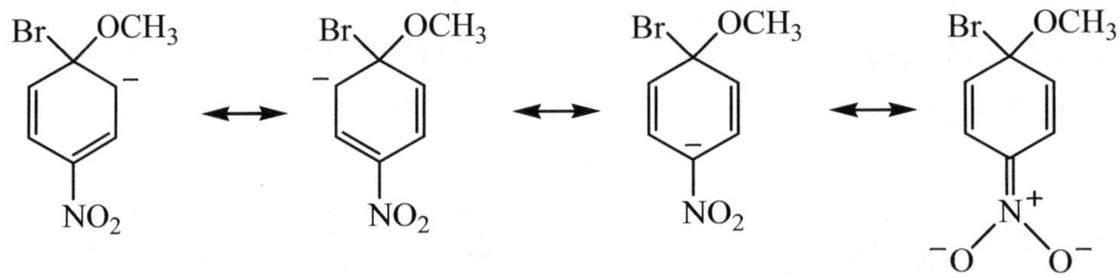

(1)식의 반응에서 중간체(1)은 확인할 수 없지만, 니트로기의 수가 증가하면 안정화의

정도가 향상되기 때문에, 중간체를 단리 혹은 확인할 수가 있다. 가장 유명한 예는 Meisenheimer에 의하여 제안된 것이다. 트리니트로페네톨과 포타슘메톡사이드로부터 얻어지는 부가물과, 트리니트로아니솔과 포타슘에톡사이드로부터 얻어지는 부가물은 같으며, 이것은 단리할 수 있다. 이것을 산으로 처리하면, 양쪽 모두 같은 비율의 트리니트로아니솔과 트리니트로페네톨의 혼합물을 생성한다.

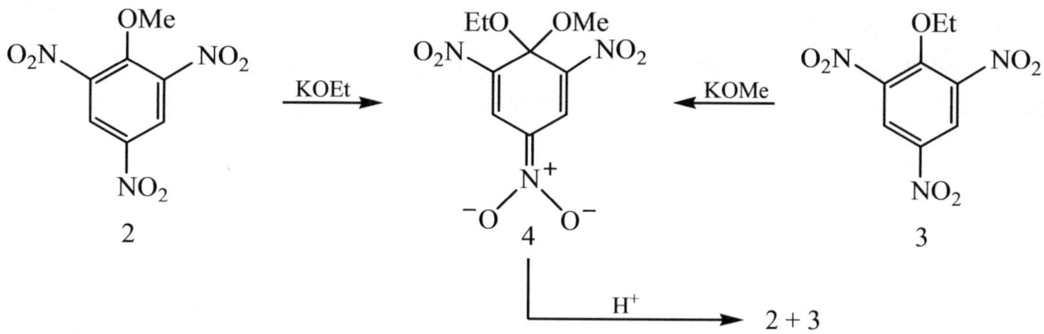

(1), (4)와 같은 형태의 부가물은 일반적으로 Meisenheimer중간체라고 불리운다. 또한, m-디니트로벤젠을 액체암모니아에 용해시키면, 전기전도성이 있는 자색의 용액을 생성하지만, 이것은 (5)와 같은 음이온이 생성했기 때문이라고 생각된다.

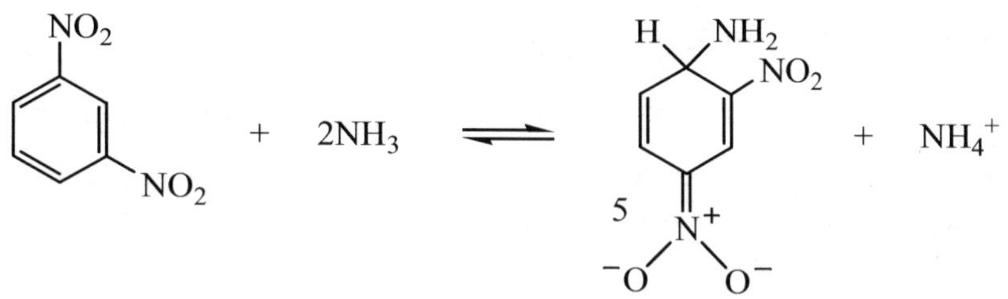

니트로기 이외의 음성기에서도 이와 같은 형태의 반응을 일으킬 수 있지만, 그 속도는 현저하게 느려진다.

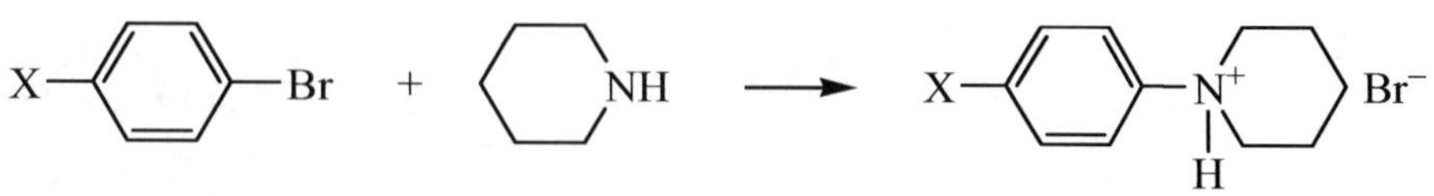

X :	NO_2	CH_3CO	CN	CH_3SO_2
상대속도 :	1	0.013	0.031	0.053

디아조늄기는 정전하를 갖기 때문에, 그의 활성화작용은 니트로기 보다도 크며. 따라서 다음과 같은 반응이 일어난다. 1-니트로-2-나프틸아민을 염산산성으로 디아조화하면, 1-니트로-2-클로로나프탈렌은 생성하지 않고, 니트로기가 염소로 치환된다.

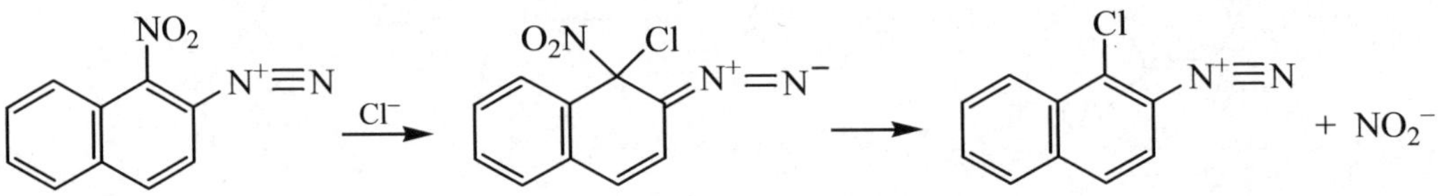

다음의 반응도 마찬가지로 이해된다. 즉, 염소음이온으로 치환된 디아조늄염이 에탄올로서 환원된 것이라고 생각된다.

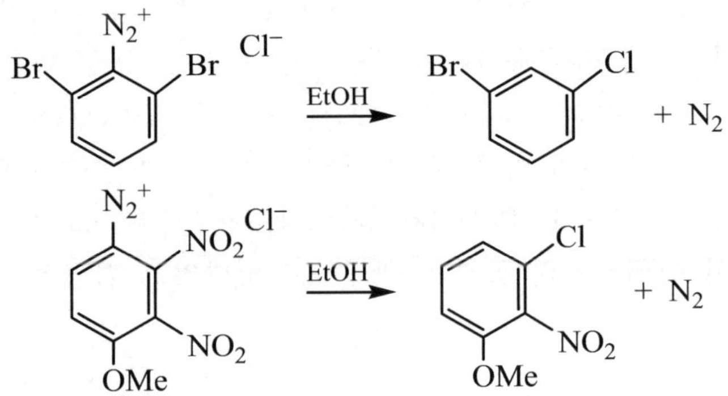

피리딘환의 α와 γ 위치도 친핵적 치환반응을 받기 쉬우며, 고리내의 질소원자가 고리상의 니트로기와 유사한 역할을 한다(제5장 9-3항 참조).

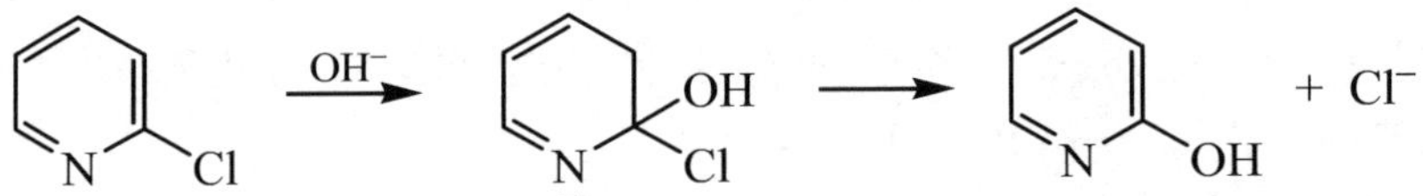

알칼리아미드에 의한 피리딘환의 아미노화(Chichibabin반응)도 마찬가지로 생각된다.

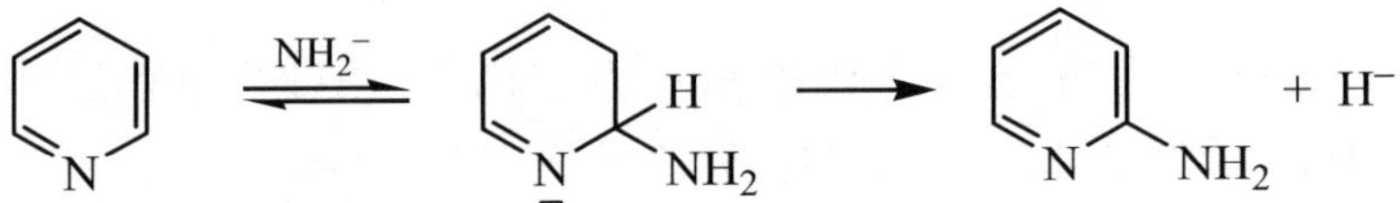

6-2-2. 탈리하는 기의 성질과 반응성의 관계

다음의 반응속도는 치환기 X를 바꾸어도, 거의 일정하다라고 알려져 있다.

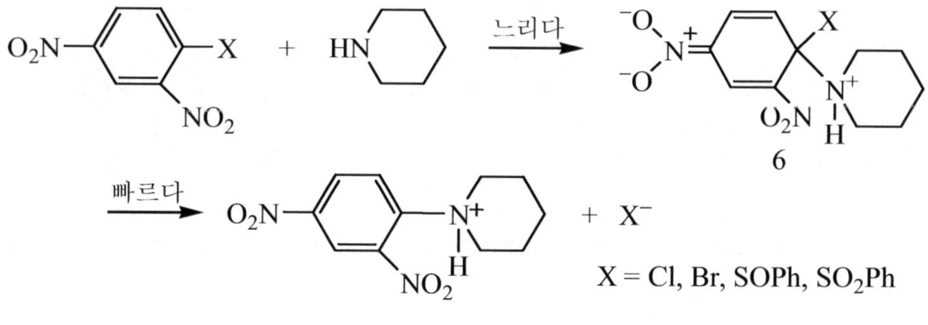

이것은 치환기X의 탈리가 율속단계에 관여하고 있지 않은 것을 나타내고 있으며, 중간체(6)을 생성하는 부가반응이 율속단계인 것을 알 수 있다. 또한 다음의 반응에서는, 속도비는 F : Cl : Br : I = 3100 : 13.6 : 11.8 : 1로서, 이들은 C-X결합의 절단되기 쉬운 순서 I > Br > Cl > F의 역으로 되어 있다. 이 사실도 X의 탈리가 율속단계가 아닌 것을 나타내고 있으며, 전기음성도(F > Cl > Br > I)가 높은 할로겐일수록, 그의 결합하는 탄소의 전자밀도를 감소시켜서 친핵시약의 공격을 쉽게하고 있다라고 설명된다.

X = F, Cl, Br, I

친핵적 방향핵 치환반응에서는, 일반적으로 표시하면 다음과 같지만, 위에서 설명한 2가지의 반응에서는 K_{-1}은 K_2에 비하여 무시할 수 있을 정도로 작으며, 일단 (7)이 생성하면 이것은 빠르게 생성물 Ar-Y로 변한다.

$$\text{Ar-X} + \text{Y}^- \underset{k_{-1}}{\overset{k_1}{\rightleftharpoons}} \text{Ar}^-\!\!<\!\!{}^{\text{X}}_{\text{Y}} \xrightarrow{k_2} \text{Ar-Y} + \text{X}^-$$

지금까지 연구된 이와 같은 형태의 반응은, 거의 대부분 부가가 율속단계라고 생각되고 있다. 이것을 에너지준위선도로서 나타내면 그림 6-2와 같다.

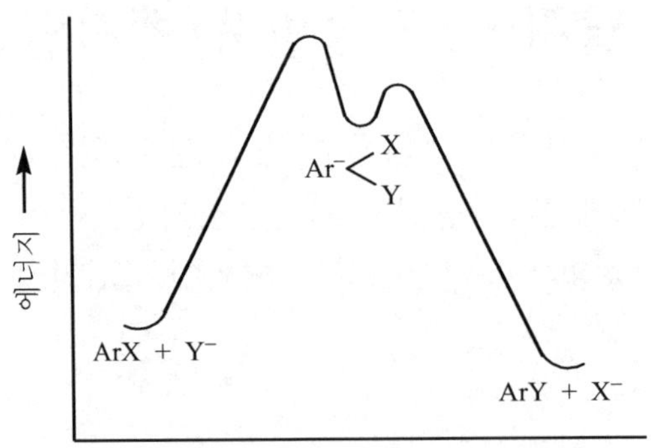

‖그림 6-2‖ 부가-탈리형반응의 에너지준위선도

친핵시약이 다르면, 탈리하는 기가 다르다라고 하는 실험결과도 있으며, 그의 간단한 예상은 곤란하다.

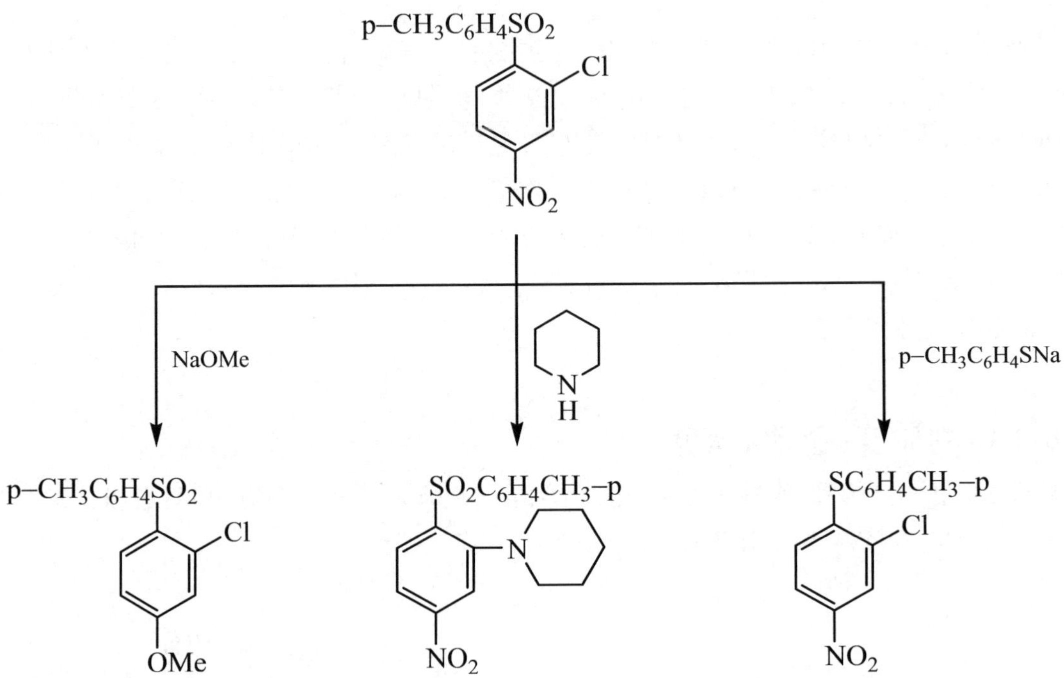

6-3. 탈리-부가형반응(벤자인반응)

니트로기와 같은 강력한 음성기가 치환하고 있지 않은 할로겐화아릴, 예를 들면 p-브로모톨루엔을 포타슘아미드와 같은 강염기와 반응시키면, 아미노기가 원래 브롬이 결합하고 있던 탄소에 도입된 정상적인 치환생성물 이외에, 그 인접의 탄소에 도입된 생성물도 얻어진다.

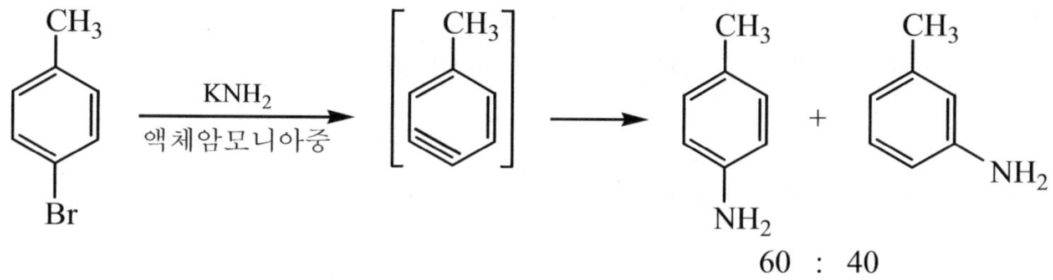

이와 같이 이상한 치환반응은, 이후에 설명하는 각종의 사실로부터, 브롬화수소가 탈리하여 생성된 benzyne(일반적으로 aryne이라고 말한다)이라고 불리우는 중간체에, 암모니아가 부가하는 메카니즘으로 진행한다라고 알려져 있다. 이와 같은 형태의 반응은, 벤자인반응(benzyne reaction) 또는 옆자리치환반응(cine-substitution)이라고 말하며, 친핵적 방향핵치환반응중에서 가장 흥미있는 반응이다. 친핵적 치환반응 이외에도 벤자인이 중간체로 되는 중요한 반응이 있기 때문에, 여기서는 일반적인 벤자인의 생성 및 반응에 대해서 설명한다.

6-3-1. 벤자인의 존재의 증명

클로로벤젠-1-^{14}C에 액체암모니아중, 포타슘아미드를 작용시키면, 아닐린-1-^{14}C와 아닐린-2-^{14}C가 거의 같은 양으로 생성된다.

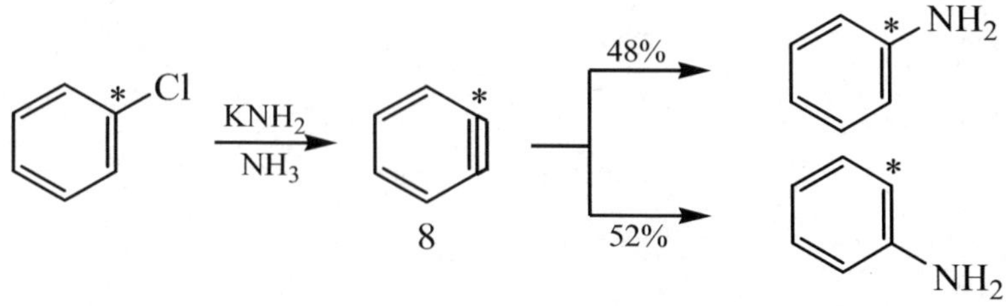

이것은 먼저 염기에 의하여 염화수소가 탈리하여 대칭적인 중간체, 벤자인(8)을 생성하며, 여기에 암모니아가 부가하여 아닐린이 된다라고 하는 탈리-부가메카니즘으로 잘 설명된다. 아닐린의 생성비가 완전히 1 : 1이 아닌 것은, 동위체효과에 의한 것이라고 생각된다.

또한, o- 및 m-플루오로아니솔을 4몰당량의 페닐리튬과 반응시키고, 곧바로 이산화탄소를 가하면, 2종류의 메톡시비페닐카르복시산(14와 15)이 오르토, 메타이성체로 어느것이나 같은 비로서 생성한다. (9)→(11), (10)→(12)가 일어나는 것은 다른 실험으로부터 알려져 있기 때문에, 이와 같은 실험사실은 다음과 같은 반응식에 따라서 (11), (12)의 어느 것으로 부터도 같은 중간체 (13)을 생성한다라고 하면 잘 이해된다.

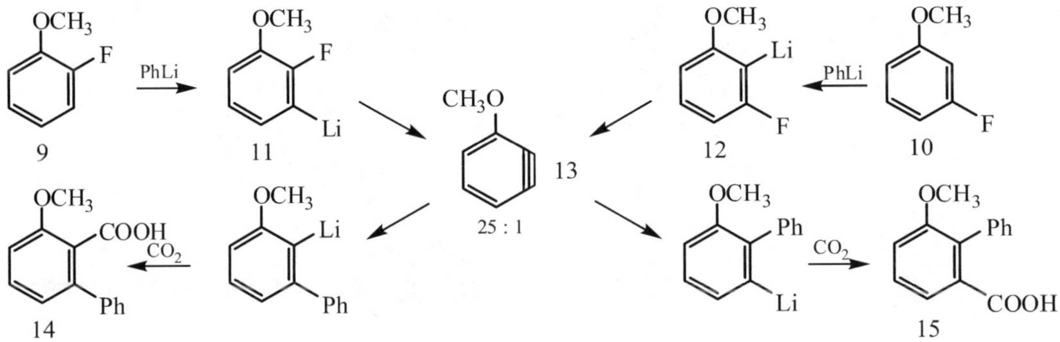

이 형태의 반응중간체가 벤자인이라고 하는 것은, 반응할 때, 디엔형화합물을 공존시키면 Diels-Alder반응형 부가물을 생성하는 것으로부터도 강하게 지지된다. 그의 반응예를 나타내면 다음과 같이 진행한다.

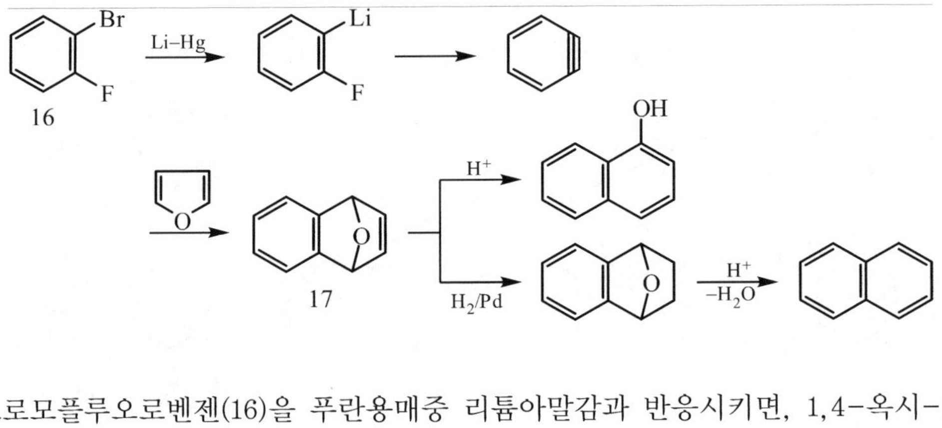

o-브로모플루오로벤젠(16)을 푸란용매중 리튬아말감과 반응시키면, 1,4-옥시-1,4-디

하이드로나프탈렌(17)이 얻어진다. 이것은 생성한 벤자인이 친디엔제로서 푸란을 공격하여 생성한 것이라고 생각된다. 그 구조는, 산에 의하여 이성화하여 α-나프톨로 되고, 또한 환원 후, 산에 의하여 나프탈렌이 되는 것으로부터 확인되었다. 푸란 이외에도 수많은 화합물이 벤자인과 반응하는 것이 알려져 있다(아래의 반응식을 참조).

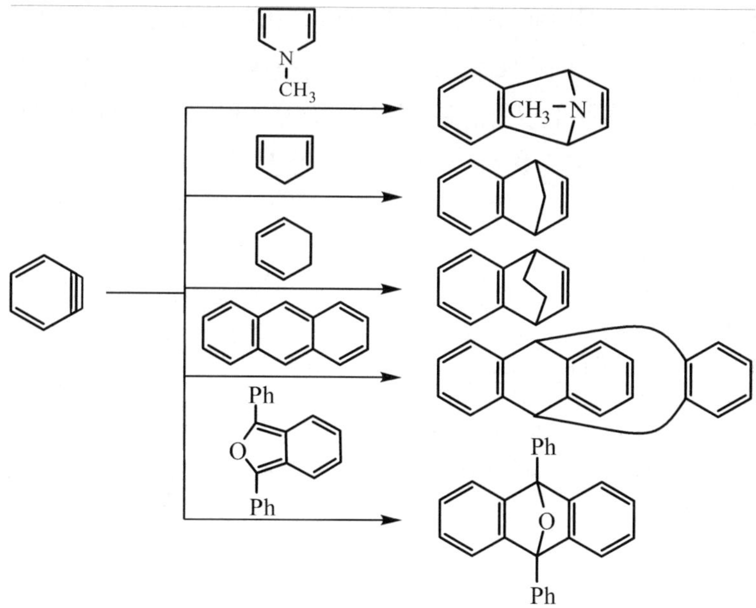

이 환상부가반응은, 현재 어떤 반응에서 벤자인중간체가 생성하는지 어떤지를 판정하는 수단으로 되어 있으며, 이 반응을 이용하여 할로겐화아릴과 염기의 반응, 유기금속화합물을 경유하는 반응 이외에도, 각종의 방법으로 벤자인을 생성시키는 것이 확인되었다. 이 반응의 몇 가지의 예를 아래에 나타낸다.

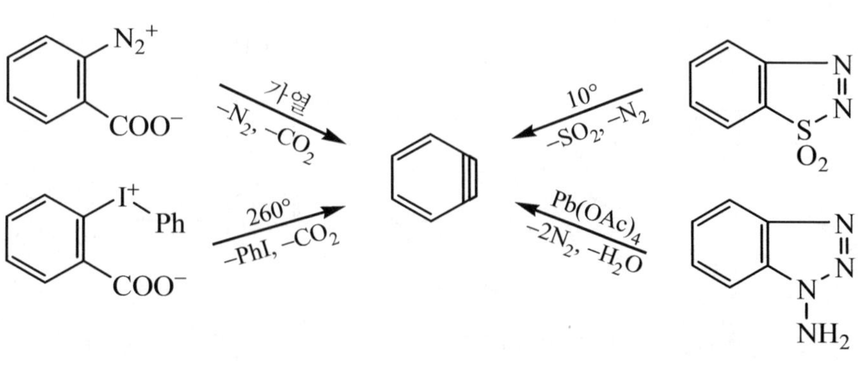

o-브로모플루오로벤젠의 테트라하이드로푸란중 마그네슘과의 반응, 디아조벤젠-o-카르복실레이트의 열분해, 벤조티아졸-1,1-디옥사이드의 열분해의 3종류의 반응에서, 각각 푸란, 시클로헥사디엔간에 경쟁적으로 부가반응을 시키면, 얻어지는 부가물(17), (18)의 수량의 비율은 항상 20 : 1이었다. 이 사실은 3종류의 반응에서, 동일의 중간체가 생성하고 있는 것을 나타내고 있다.

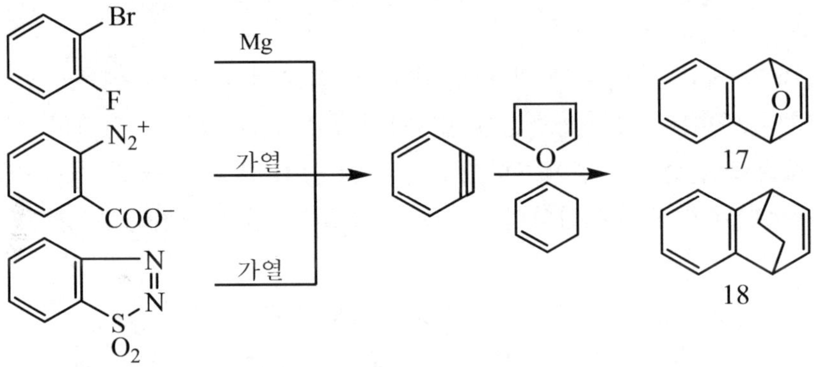

벤자인은 용액중의 반응에 한정되지 않고, 기상반응에서도 생성한다. 비스-o-아이오도페닐수은(19) 또는 과산화프탈로일(20)을 아르곤중에서 열분해하면, 벤자인이 가스상태로서 단시간 존재한다. 다른 첨가물이 존재하지 않으면 비페닐렌으로 되지만, 열분해장치중에 벤자인이 발생하는 바로 뒤에 푸란증기를 통하면, α-나프톨[최초에 생성하는 부가물(17)의 분해생성물]이 얻어진다. 이 조건에서 발생한 벤자인의 수명은 20msec이다.

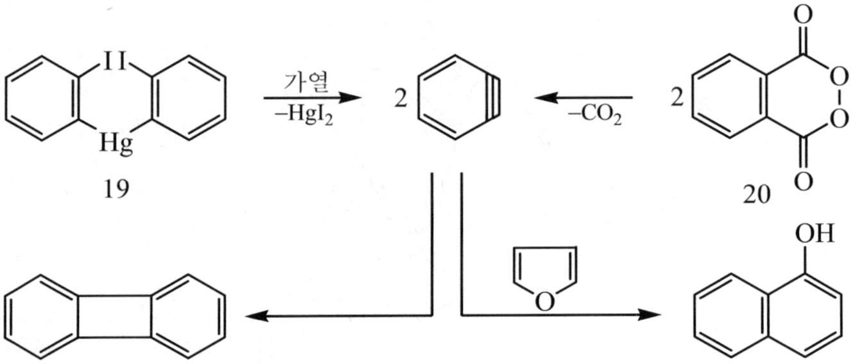

디아조벤젠-o-카르복실레이트의 선광광분해에서도 벤자인의 생성이 질량분석에 의하여 확인되고 있다.

6-3-2. 벤자인의 생성메카니즘

1) 유기리튬화합물을 사용하는 벤자인의 생성

할로겐벤젠이 에테르 중에서 페닐리튬과 반응하여 할로겐이온이 탈리하는 상대속도는 다음과 같다.

PhF 23.3, PhCl 1.75, PhBr 2.28, PhI 1.

PhCl과 PhBr이 작은 차이로서 바뀌어 있지만, 할로겐의 I 효과에 의한 오르토위치의 수소의 산성도의 변화(F > Cl > Br > I)에 잘 일치하고 있다. 오르토위치의 수소의 산성도가 높아지면 금속화의 속도가 증가한다라고 알려져 있기 때문에, 위의 실험사실은, 할로겐 탈리반응의 율속단계가 오르토위치의 수소의 금속화인 것을 나타내고 있다.

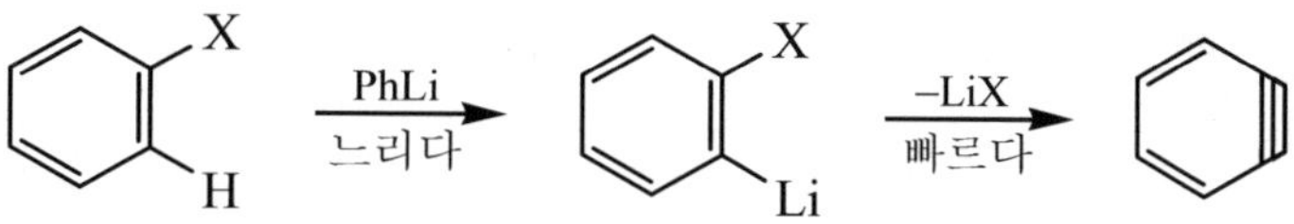

다른 방법으로 합성한 o-리튬할로겐벤젠의 실험으로부터 LiX의 탈리하기 쉬운 순서는 LiI > LiBr > LiCl ≫ LiF인 것을 알 수 있지만, 이 사실도 위의 결론을 지지한다. 따라서 벤자인의 생성은 2단계반응으로서, 브로모벤젠 및 플루오로벤젠에 있어서의 에너지준위선도는 그림 6-3과 같다.

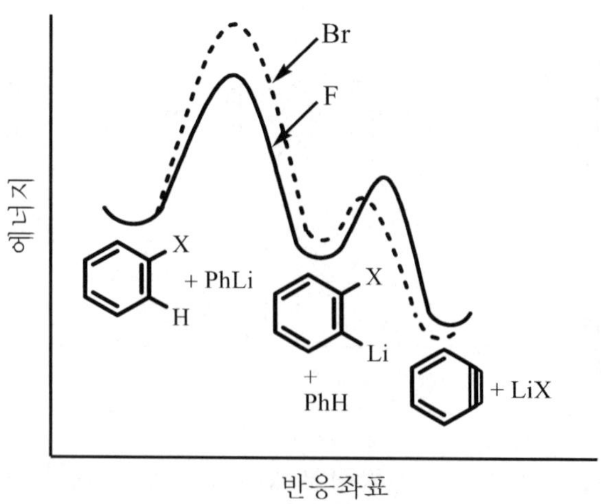

‖그림 6-3‖ 벤자인생성의 에너지준위선도

2) 할로겐벤젠의 액체암모니아중에서 알칼리아미드와의 반응

플루오로벤젠-2-d, 클로로벤젠-2-d, 브로모벤젠-2-d는 액체암모니아 중에서 알칼리아미드로 처리하면, 암모니아의 수소와의 교환이 일어나 중수소를 잃는다. 그의 속도는 PhF≫PhCl>PhBr로서, 오르토위치의 수소의 산성도의 순이다. 그러나 벤자인의 생성속도는 PhBr>PhI>PhCl≫PhF로서 1)의 경우와 다르며, 오르토위치의 수소의 산성도의 순으로 되어 있지 않다. 한편, C-X결합의 절단하기 쉬운 순서에서는 C-I>C-Br>C-Cl>C-F인 것을 생각하면, 관찰되는 벤자인생성속도의 순서는 Br>I>Cl≫F로서 수소를 잃고 음이온으로 되는 단계(F≫Cl>Br>I)의 에너지의 山과, 음이온이 할로겐을 잃고 벤자인으로 되는 단계(I>Br>Cl≫F)의 에너지의 산의 높이의 관계로서 결정된다라고 생각된다. 따라서 이 경우도 1)과 마찬가지로 벤자인의 생성은 2단계반응이다.

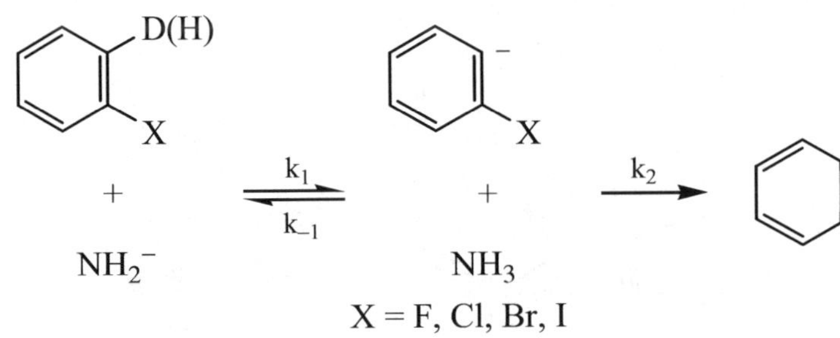

(2)

클로로벤젠-2-d, 브로모벤젠-2-d에서의 동위체효과 K_H/K_D가 각각 2.9, 5.5인 것을 생각하면, 벤자인의 생성은 다음과 같이 설명된다. 즉, (2)식에서 X가 플루오르일 때는 제1의 산이 낮기 때문에 암모니아로부터 수소이온을 취하여 원래의 위치로 되돌아오는 반응은 매우 빠르고 ($k_{-1}≫k_2$), 따라서 중수소교환이 빠르다. 그러나 제2의 산이 높기 때문에 벤자인의 생성속도는 느리다. 브롬일 때는, 제2의 산이 낮기 때문에, 브롬이온의 탈리는 빠르고 ($k_2≫k_{-1}$), 음이온생성이 율속이기 때문에, 동위체효과가 나타난다. 염소일 때는 제1의 산과 제2의 산의 높이가 그다지 차이가 없기 때문에 ($k_{-1}≈k_2$), 음이온은 일부가 출발물질로 되돌아오고, 이 때 중수소교환이 일어나 동위체효과가 작아진다.

6-3-3. 아린(aryne)으로의 탈리 및 부가의 배향성

다음의 그림에서 나타내는 바와 같이 o, p-치환할로겐벤젠으로부터 생성하는 벤자인은 일률적으로 결정되지만, m-치환할로겐벤젠에서는 3-치환벤자인(21), 4-치환벤자인(22)의 양쪽을 생성할 가능성이 있다. 또한, (21), (22)에의 시약이 부가하는 방향에도 각각 2

가지가 있다. 일반적으로 아린생성을 위한 할로겐화수소의 탈리반응의 경우, 탈리가 일어나는 방향은 치환기의 *I* 효과에 의한 탈리수소원자의 산성도에 의하여 결정된다. R이 전자흡인성기이면 수소원자의 산성도는 o>m>p로 되며, 전자공여성기이면 반대로 p>m>o로 되기 때문에, m-치환할로겐벤젠의 경우에 R이 전자흡인성기이면 (21), 전자공여성기이면 (22)의 생성이 유리해 진다. 아린에의 부가에 관해서는, (21)에의 부가의 경우는, R이 전자흡인성기이면 오르토에 음전하가 생기는 쪽이 안정성이 크기 때문에 메타치환체가, 전자공여성기에서는 반대로 오르토치환체가 생성하기 쉽다. (22)의 경우에 있어서도 마찬가지로 생각하면, 전자흡인성기에서는 파라치환체, 전자공여성기에서는 메타치환체가 생성하기 쉽다.

브롬화아릴의 에테르 중, 리튬피페리디드의 반응에 의하여 부가의 배향성의 실제적인 예를 다음에 나타낸다.

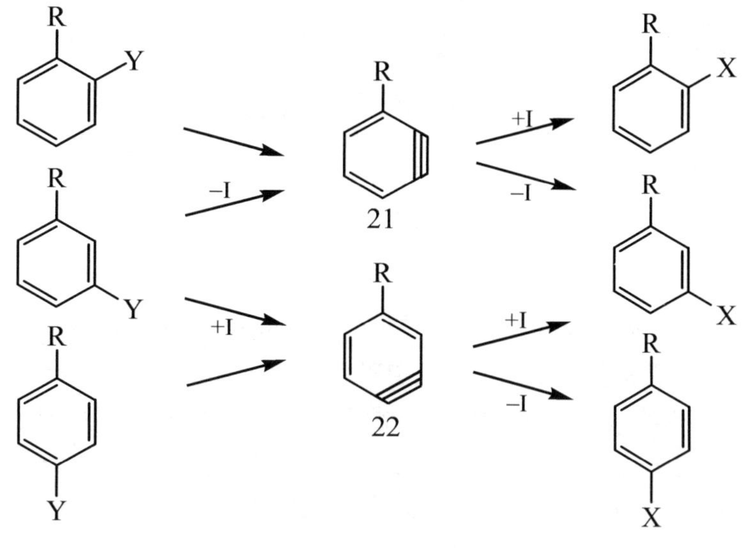

(+I, −I의 기호는 반응이 각각 +I효과, −I효과를 갖는 치환기에서 유리해지는 것을 나타낸다.)

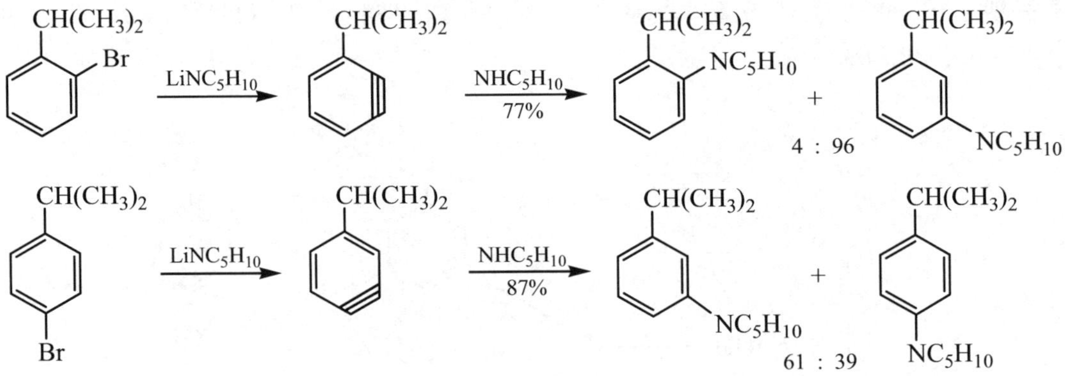

다른 브롬화아릴에 있어서 생성비를 나타내면 다음과 같다.

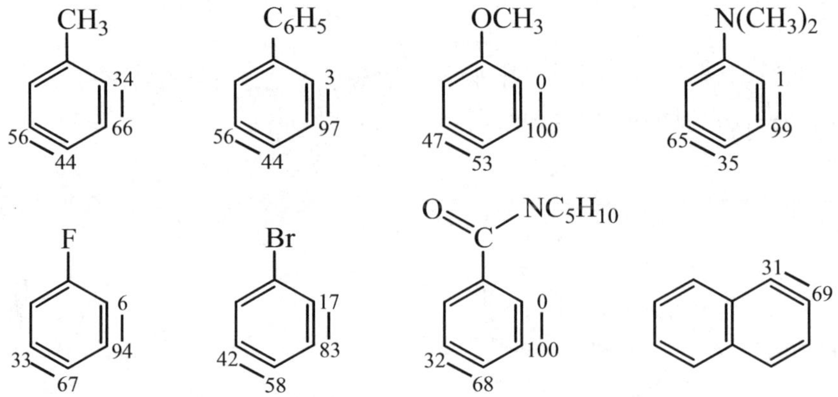

오르토위치로의 배향의 경우에는 입체효과가 현저하다.

6-3-4. 탈리 - 부가형 반응과 부가 - 탈리형 반응의 공존

앞의 절에서 설명한 부가 -탈리형 반응(방향족 S_N2반응)도 탈리-부가형 반응(벤자인반응)도 모두 할로겐화아릴과 염기의 반응이기 때문에, 조건에 따라서는 양쪽이 공존하는 수가 있다. 양쪽의 비율을 결정하는 인자는 염기의 종류, 반응할 수 있는 방향환상의 치환기의 종류, 반응온도 등이다. 예를 들면, o- 또는 p-할로겐(Cl, Br, I)-톨루엔을 340℃에서 4N NaOH 수용액과 가열하면 벤자인반응에 의한 생성물만을 생성하지만, 반응을 250℃에서 행하면 직접치환이 동시에 일어나게 된다. 250℃에서는 o-, m-, p-브로모톨루엔, o-, m-, p-아이오도톨루엔으로서 벤자인반응이 점유하는 비율은 각각 85, 51, 47, 63, 33, 6%이다.

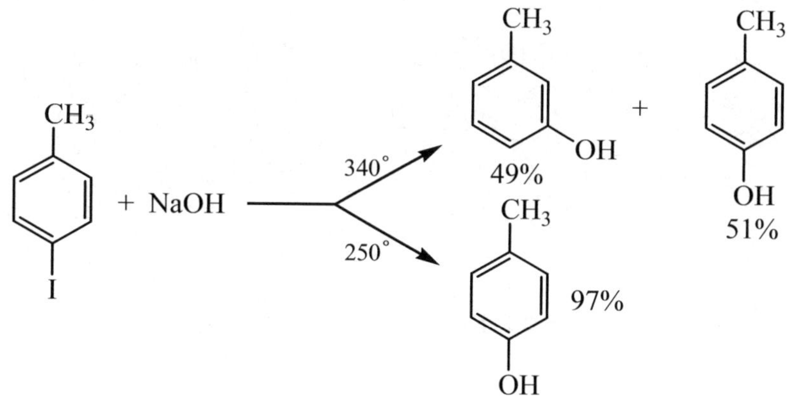

또한, 1-치환나프탈렌의 피페리딘용매중의 반응에서는, 치환기의 종류, 강염기의 존재의 유무 등에 따라서 치환의 반응메카니즘이 다르다.

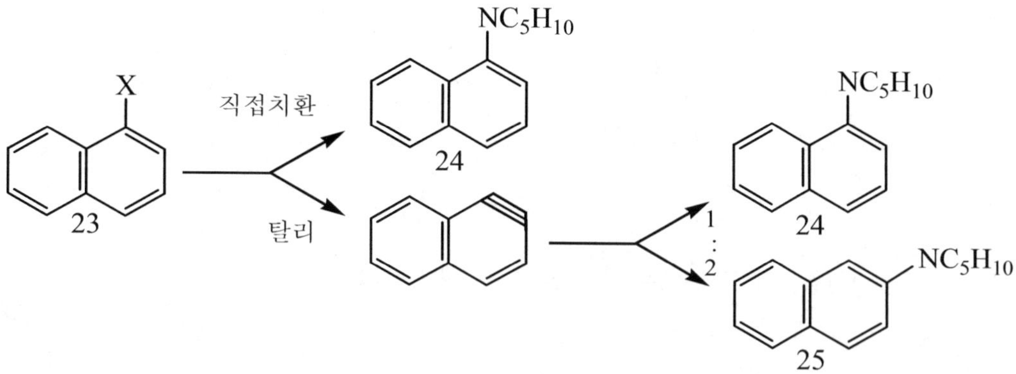

(23)에서 X가 Cl, Br, I일 때는 피페리딘중, 소듐아미드로 처리하면, 어느것이나 (24)와 (25)를 1 : 2의 비율로서 생성한다. 이 비율은, 다른 실험으로부터 벤자인반응에 의한 생성비인 것이 알려져 있다. 그러나 X가 CH_3SO_2, SO_3Na, OC_6H_5일 때 및 X가 Br에서도 소듐아미드를 공존시키지 않을 때에는, 직접치환밖에 일어나지 않는다. X가 F일 때는, 피페리딘 중, 소듐아미드로서 40%가 직접치환, 60%가 벤자인반응이다.

6-3-5. 아린의 반응 및 합성으로의 응용

아린의 반응 중, 합성적으로 흥미가 있는 반응을 살펴보기로 하자.

1) Diels-Alder반응형 환상부가반응

벤자인을 친디엔제로 하는 Diels-Alder반응에 의하여, 합성하기 곤란했던 화합물이 쉽게 합성되기에 이르렀다. 실제적으로는 3-1항에서 설명했다.

2) 분자내 폐환반응

헤테로고리화합물의 새로운 합성법으로서 유용하며, 일반적으로는 다음과 같이 나타낸다.

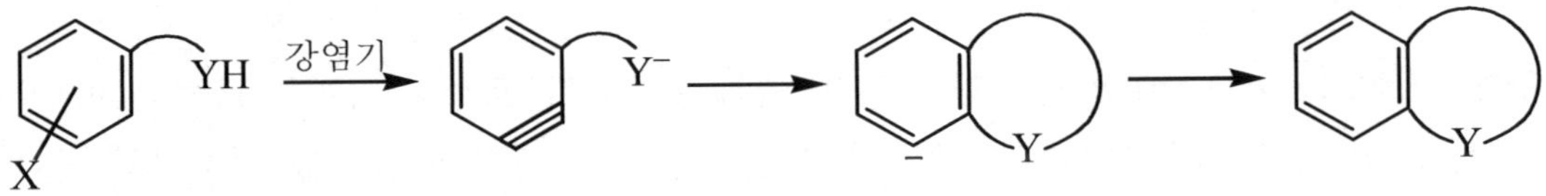

대표적인 예는

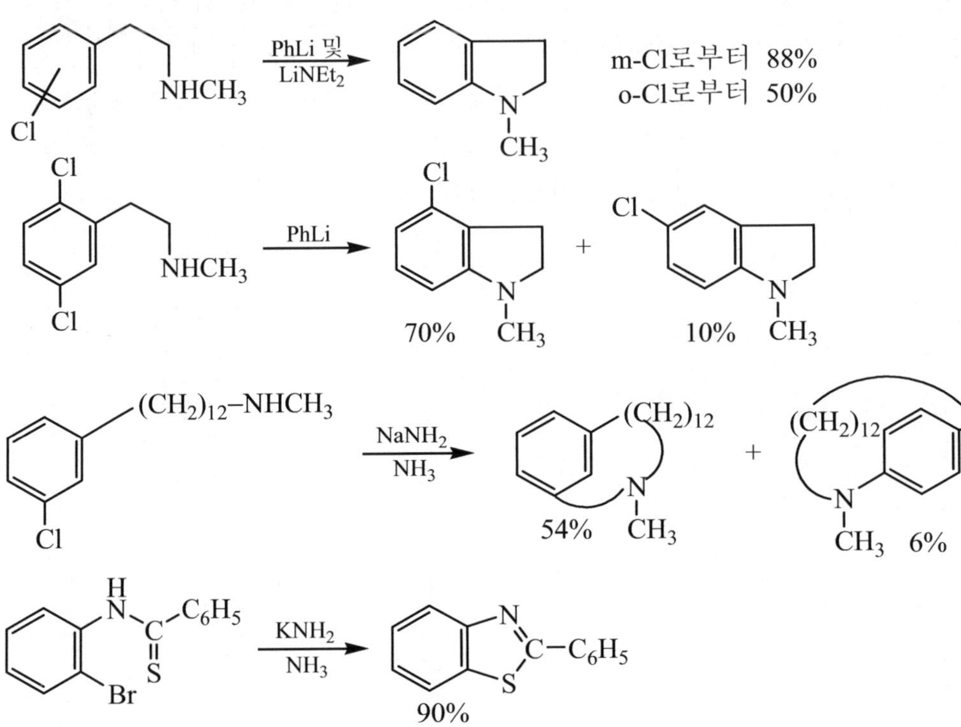

6-3-6. 벤자인의 구조

벤자인은 안정한 형태로서 단리되어 있지 않기 때문에, 그의 구조에 관해서는 각종의 추측이 행해지고 있지만, 극단적인 형태로서 나타내면 다음과 같이 2가지로 생각된다.

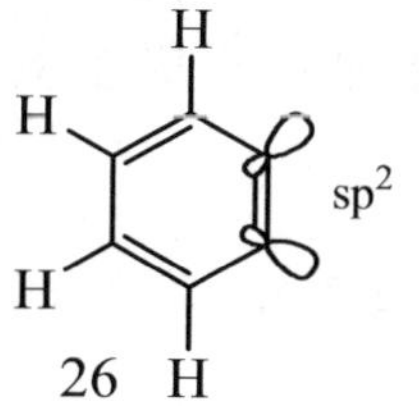

26

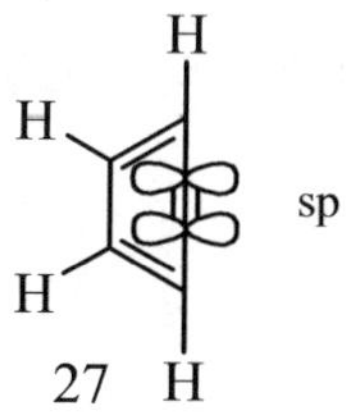

27

첫째는 (26)과 같이 벤젠환은 sp^2혼성에 의한 σ결합의 골격은 그대로 남기고 정6각형을 취하고 있다. 2개의 전자가 벤젠환의 평면내에서 sp^2궤도에 들어가 벤자인의 결합을 형성하고 있다. 그러나 이 2개의 궤도의 겹침은 작기 때문에 결합은 약하다. 둘째는 (27)과 같이 탈리가 일어난 탄소원자가, 아세틸렌에서와 같이 sp혼성으로 되어 벤젠환이 큰 변형을 받은 것이다. 주목되고 있는 탄소상의 2개 그룹의 π전자 중, 1개의 그룹은 변형된 방향환의 π전자와 공액하고, 다른 1개의 그룹은 벤젠환의 평면내에 있으며, 보통의 π결합을 형성하고 있다. 즉, 이 형태에서는 통상의 결합을 형성하기 위하여, 벤젠골격의 변형이라고 하는 큰 희생을 감수하고 있다. 현재, 보다 타당성이 있다라고 생각되는 구조는 전자에 약간 후자가 가미된 형태, 즉 새롭게 형성되는 결합에 맡겨두는 탄소의 궤도는 약간 p궤도성이 증가한 sp^2혼성궤도일 것으로 생각된다.

연습문제

01 다음의 2개중, 친핵시약에 대한 반응성은 어느 쪽이 클까?

1) 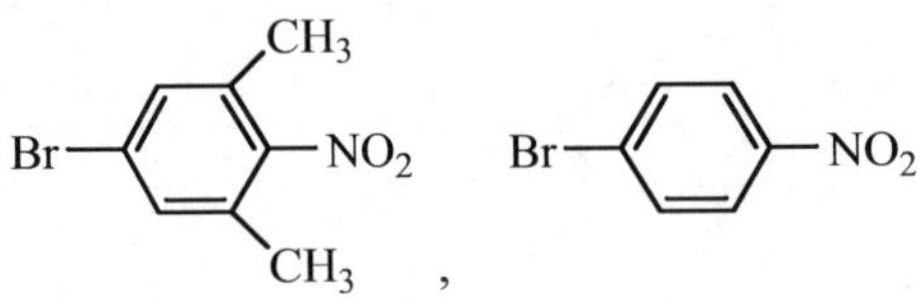

2) 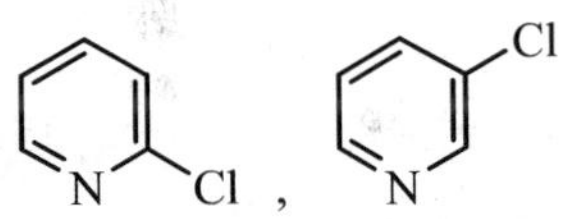

02 다음의 반응메카니즘을 추정하여라.

1) 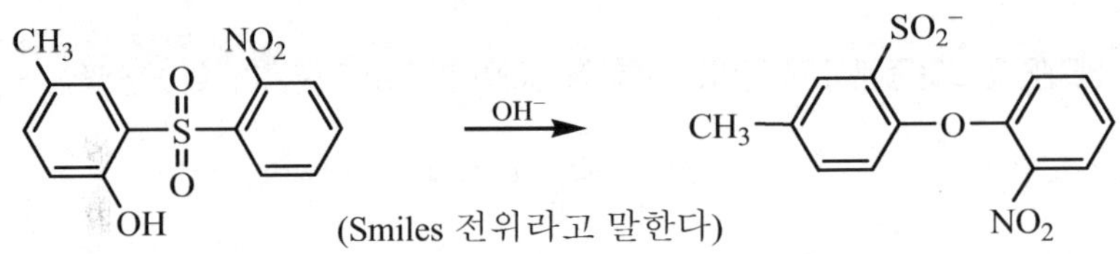

(Smiles 전위라고 말한다)

2) 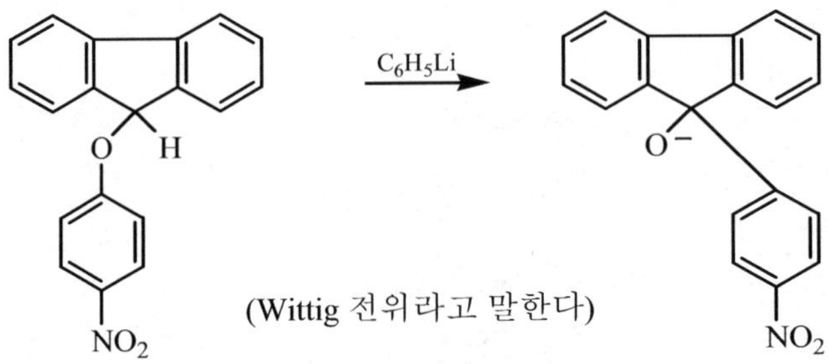

(Wittig 전위라고 말한다)

3) 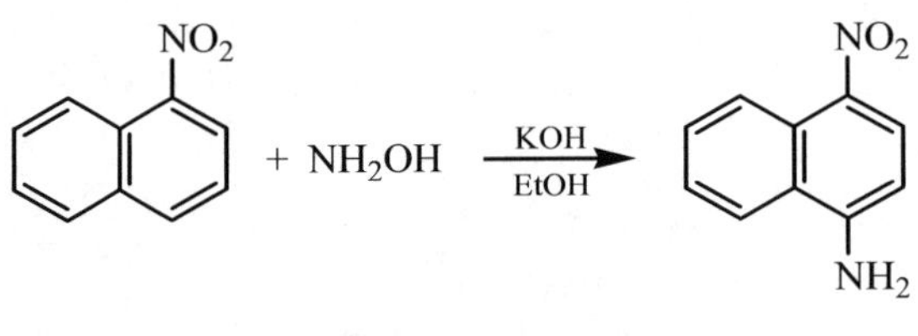

03 다음의 실험사실을 설명하여라.

1) 벤젠디아조늄염의 분해는, 전자공여성기가 메타위치에 결합하면 가속되지만, 파라위치에 결합하면 감속된다. 예를 들면, p-메톡시벤젠디아조늄염은 비치환체 보다도 분해가 느리다.
2) 다음과 같은 디니트로화합물은 친핵적 치환반응할 때, 입체장해이 큰쪽의 니트로기가 공격된다.

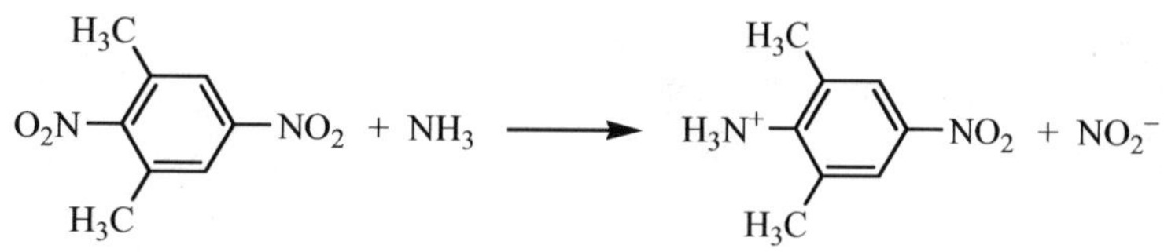

3) p-브로모아닐린을 아질산나트륨과 염산으로 디아조화하고, 염화제1구리로 처리하면, p-브로모클로로벤젠 이외에 소량의 p-디클로로벤젠을 생성한다.
4) 2 및 6위치를 중수소로서 표지한 플루오로벤젠은 액체암모니아중 포타슘아미드의 존재하에서 중수소의 교환은 빠르지만, 아닐린은 생성하지 않는다.

04 다음의 화합물에 액체암모니아중에서 소듐아미드를 작용시키면, 어떤 반응이 일어날까?

1) $C_6H_5Br + CH_2(CO_2CH_3)_2$

2)
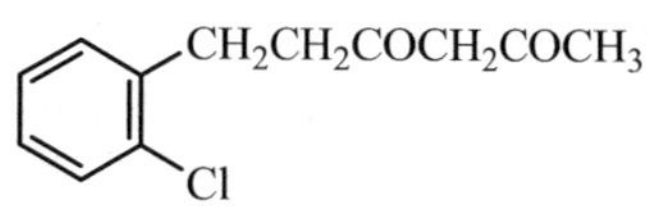

3)
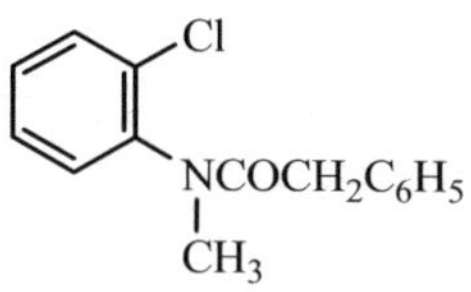

4)
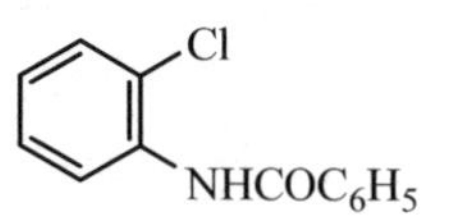

5)
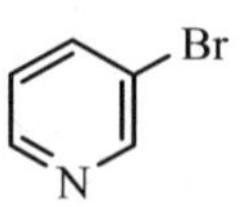

6)
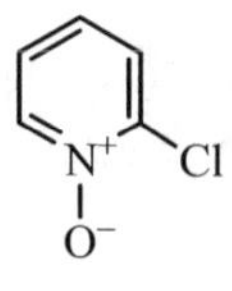

7)* $C_6H_5CH_2-N^+(CH_3)_2CH_2C_6H_5$

8)*
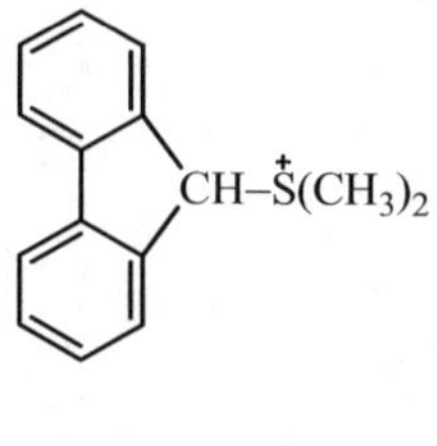

9)*
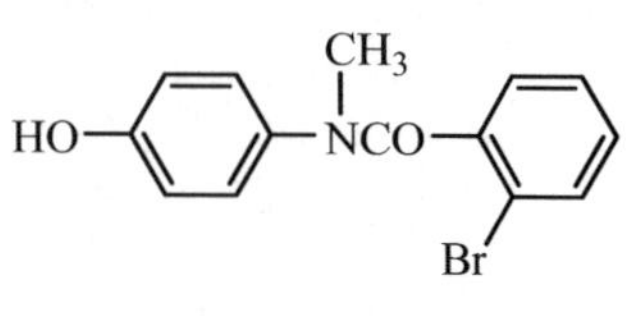

05 다음의 반응생성물은 무엇일까?

1) 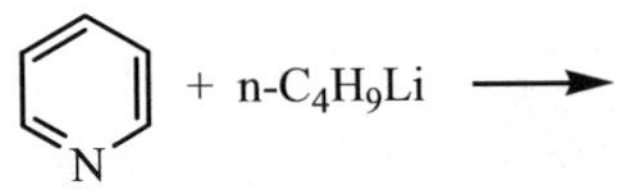

2) 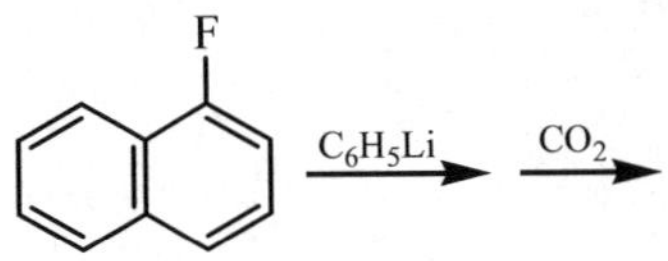

3) 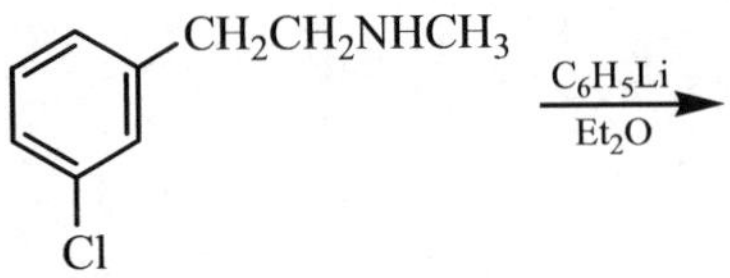

4) 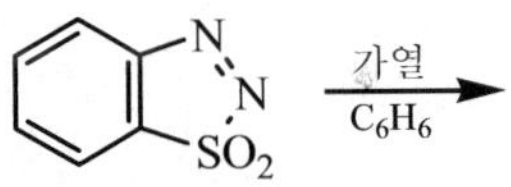

5) 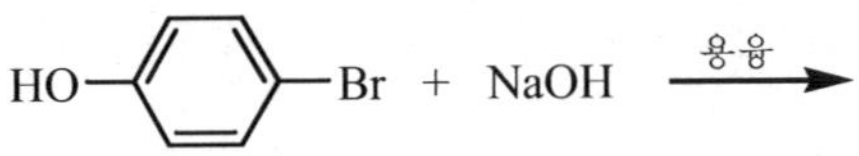

6) 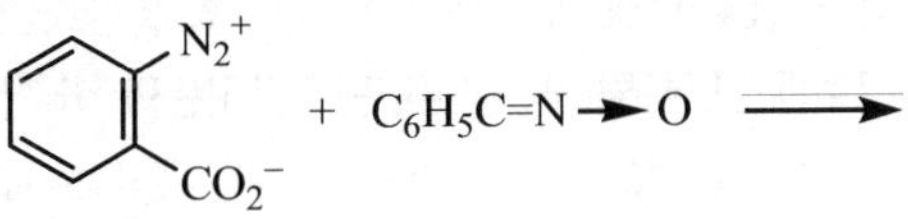

7) 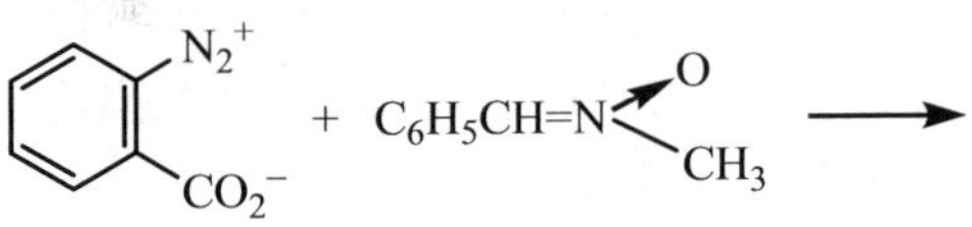

8) 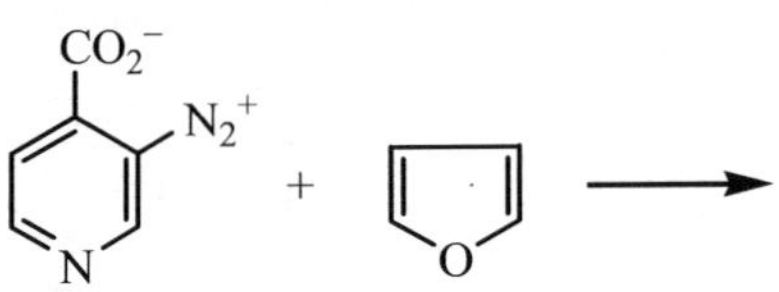

9) 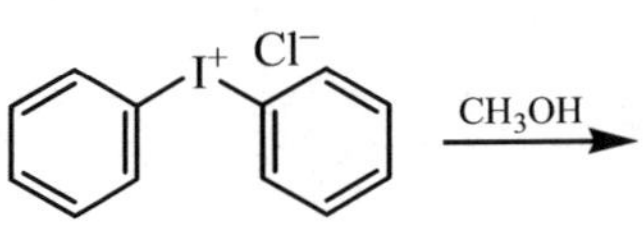

10) 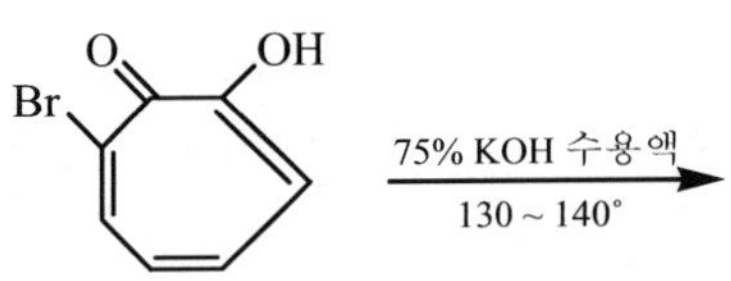

11) 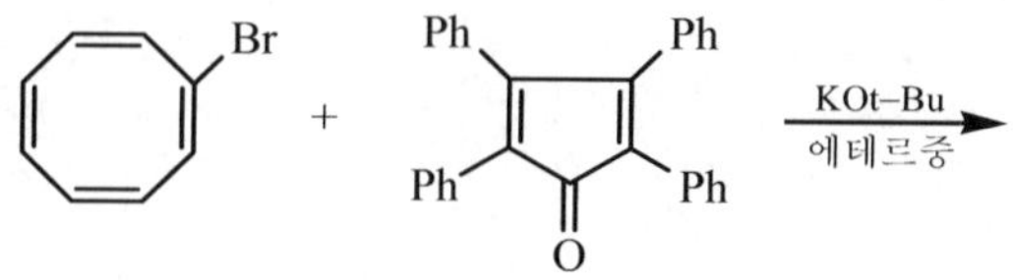

12) 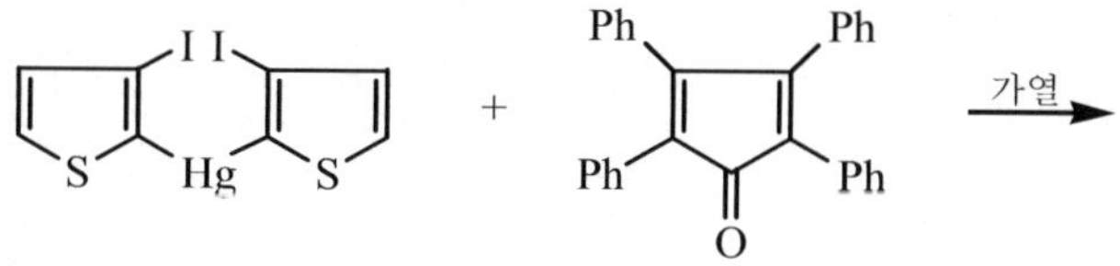

13)* 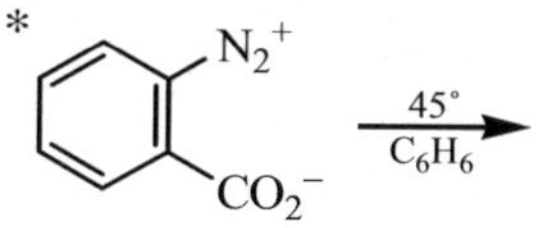

06 다음의 합성경로를 고찰하여라.

1) $C_6H_6 \longrightarrow$ p–$NH_2C_6H_4OC_2H_5$

2) $C_6H_5Cl \longrightarrow$ 2,4–$(NH_2)_2C_6H_3NHCH_3$

07* p-클로로니트로벤젠은 시안화칼륨의 알코올수용액과 100℃에서 반응하여, 질소를 발생하면서 m-클로로벤조산을 생성한다. 같은 조건에서의 m-클로로벤조니트릴 및 클로로벤즈아미드의 가수분해는 상기의 반응 보다는 느리다. $^{15}NH_3$를 용액에 가해도 발생하는 질소에는 ^{15}N은 함유되지 않는다. 9atom%의 ^{15}N을 함유하는 p-클로로니트로벤젠을 사용하여 반응시키면, 발생하는 질소에는 9.27% $^{29}N_2$가 함유된다. $H_2{}^{18}O$중에서는, 카르복시기의 1개의 산소원자에 ^{18}O가 함유된다. 이상의 실험사실로부터 이들의 반응메카니즘을 추정하여라.

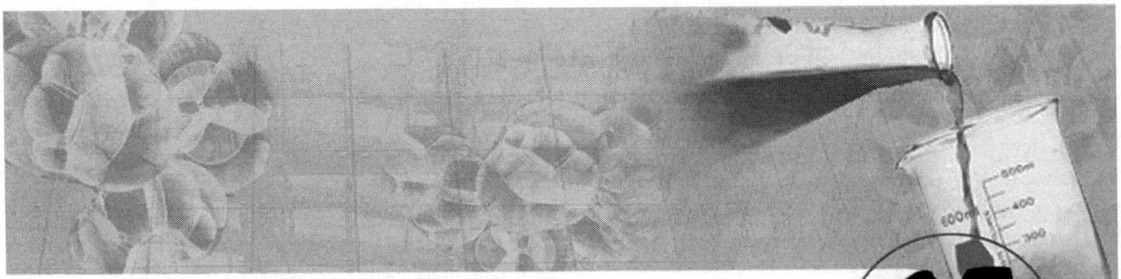

탈리반응 07

탈리반응이란 1개의 분자로부터 2개의 원자 또는 원자단이 다른 원자 또는 원자단에 의하여 치환되지 않고 제거되어서 새로운 분자를 생성하는 반응이다. 탈리되는 원자단이 동일의 원자에 결합하고 있는 경우는 α탈리(또는 1,1-탈리), 서로 인접한 원자에 결합하고 있는 경우는 β탈리(또는 1,2-탈리)라고 말한다.

α 탈리

β 탈리

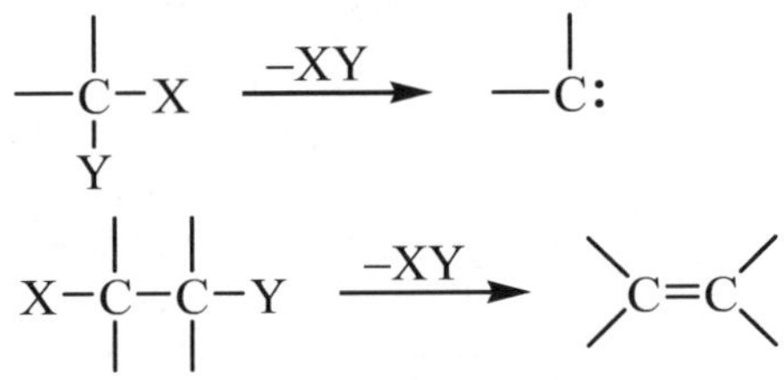

이외에 γ탈리(또는 1,3-탈리), δ탈리(또는 1,4-탈리)등도 알려져 있다.

γ 탈리

δ 탈리

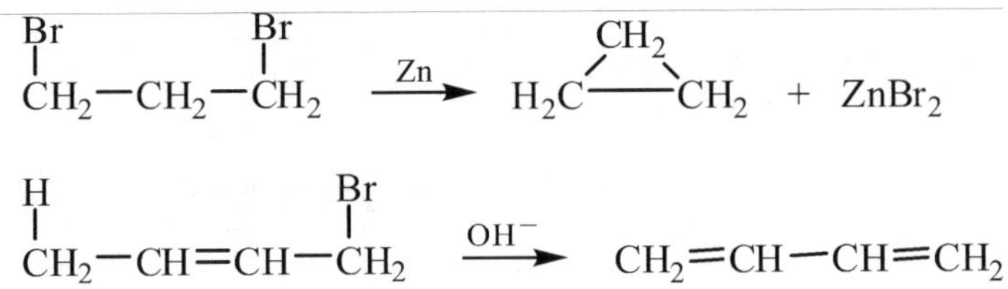

여기에서는 중요한 탈리반응인 β탈리와 α탈리에 대해서 설명한다. β탈리 중에는 다음

과 같이 올레핀 이외의 생성물을 생성하는 것도 있지만, 가장 일반적인 반응은 올레핀생성반응이며, 여기서는 그것에 대해서 만 설명하기로 한다.

$$ArCH{=}N{-}OH \xrightarrow{-H_2O} Ar{-}C{\equiv}N$$

올레핀은 일반적으로 탈리반응으로 합성되며, 또한 올레핀에 가장 특유한 반응은 부가반응이기 때문에, 이 2개의 반응간에는 본질적인 관계가 있다라고 생각된다. 그림 7-1에서 A와 B간에는 에너지적으로 가장 낮은 경로는 단 1개밖에 존재하지 않기 때문에, 반응 A→B와 반응 B→A는 같은 길을 통하여(단, 방향은 반대) 진행하지 않으면 안 된다. 이것을 미시적 가역성의 원리(principle of microscopic reversibility)라고 말한다. 이 원리로부터 "동일의 조건으로 행하는 한" 탈리반응과 부가반응은 동일의 길을 통한다. "동일의 조건으로 행하는 한"이라고 하는 조건은 중요하며, 예를 들면 산성조건하에서의 올레핀에 대한 HBr의 부가반응의 통로는, 염기조건하에서의 HBr의 탈리반응의 그것과는 동일하지 않다. 염기가 존재하면 새로운 낮은 에너지의 산을 통하는 길이 생기기 때문이다.

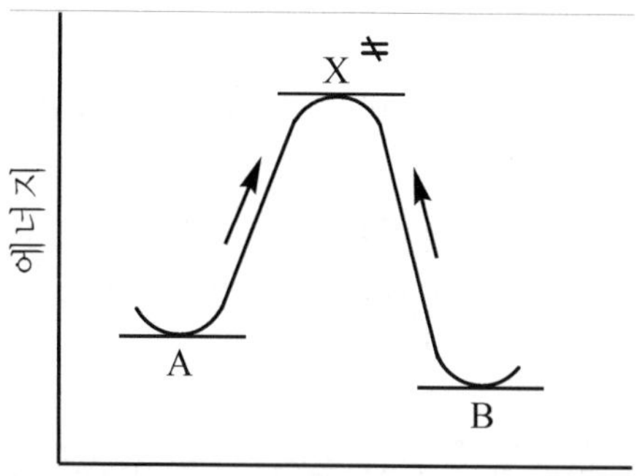

▌그림 7-1▌ 동일조건하에서 진행하는 정반응과 역반응의 동일경로 및 동일전이상태

7-1. β-탈리반응

아래의 포화화합물(1)로부터 HX가 탈리하여 올레핀을 생성하는 반응에는,

1) C_β-H결합의 개열
2) C_α-X결합의 개열

3) $C_\alpha - C_\beta$간의 π 결합의 형성

의 3가지 과정이 있다. 이들의 과정이 어떤 속도와 순서로서 일어나는가에 따라서 E2, E1, E1cB로 생략해서 표시하는 3가지 형태의 반응이 일어나는 것으로 알려져 있다. 또한 X로 되는 기를 구성하고 있는 원자의 하나가 C_β상의 H를 탈취하여, 분자내에서 탈리반응이 일어나는 경우도 있으며, 이것은 분자내 시스탈리반응(Ei반응이라고 생략)이라고 불리운다.

7-1-1. E2반응(2분자탈리반응)

(1)식에 나타낸 바와 같이, 염기에 의한 C_β-H결합의 개열, 이중결합의 형성, C_α-X결합의 개열이라고 하는 3가지의 과정이 동시에 일어나는 형태의 반응(이와 같이 몇가지의 과정이 동시에 진행하는 형태의 반응을 협주반응이라고 말한다)은 출발물질과 염기가 관여한 2분자반응의 탈리(elimination)이기 때문에, E2반응이라고 말한다.

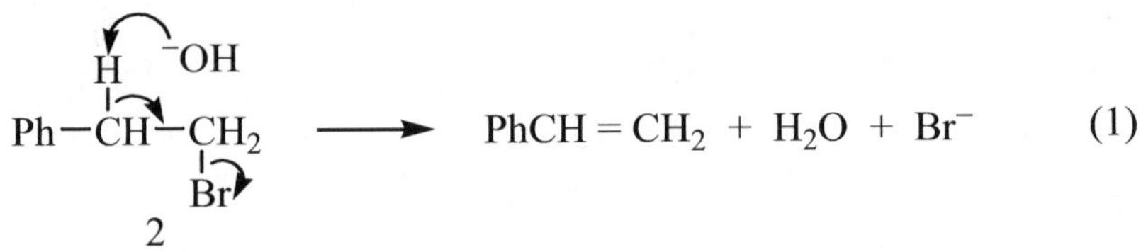

E2반응에 속하는 대표적인 반응은, 할로겐화알킬의 탈할로겐화수소반응 및 4차암모늄염의 염기에 의한 분해반응(Hofmann 분해)이다.

어떤 탈리반응이 속도론적으로 2차반응이라고 결정되어도, 이것만으로 반응이 (1)식과 같은 협주반응이라고 결론을 내릴 수 없다. 다음의 메카니즘의 어느 것이 2차반응으로 되기 때문이다.

$$PhCH_2CH_2Br \underset{}{\overset{\text{빠르다}}{\rightleftharpoons}} PhCH_2CH_2^+ + Br^- \xrightarrow[OH^-]{\text{느리다}} PhCH=CH_2 \quad (2)$$

$$PhCH_2CH_2Br \underset{\text{빠르다}}{\overset{OH^-}{\rightleftharpoons}} Ph\bar{C}HCH_2Br \xrightarrow{\text{느리다}} PhCH=CH_2 \quad (3)$$

$$PhCH_2CH_2Br \xrightarrow[\text{느리다}]{OH^-} Ph\bar{C}HCH_2Br \xrightarrow{\text{빠르다}} PhCH = CH_2 \qquad (4)$$

그러나 (2)식은 카르보늄이온에 관한 다른 실험사실로부터 부정된다. 즉, 카르보늄이온 $PhCH_2CH_2^+$이 1분자적으로 생성되면, 이것은 염기가 존재하지 않아도 반응하는 것이 예상되지만, 사실은 염기가 존재하지 않으면 (2)는 안정하기 때문이다. (3)식은 tracer를 사용한 다음의 실험으로부터 부정된다. 즉, (2)에 C_2H_5OD중에서 $C_2H_5O^-$를 염기로서 작용시켜도 회수되는 (2)나 생성하는 스티렌중에 D는 함유되지 않는다. 즉, 빠른 평형에 의한 카르보늄이온의 생성을 포함하는 메카니즘이 존재하지 않는다. (3)식과 같은 형태의 반응은 E1cB반응이라고 불리우며, 이것에 대해서는 뒤에서 설명한다. 위에서 설명한 tracer의 실험에서는 (4)식의 메카니즘은 부정되지 않는다. 그러나 E2반응이 진행하는 것과 같은 온화한 조건하에서는, 현저한 안정화를 받지 않는 $Ph\bar{C}HCH_2Br$과 같은 카르바니온은 생성하지 않는다라고 하는 카르바니온의 일반적인 성질에 관한 고찰 및 뒤에서 설명하는 E2반응의 입체화학적 특징 등으로부터 (4)식도 부정된다.

1) 배향성

염기에 의한 올레핀생성반응의 배향성에 대해서는 2가지의 경험규칙이 있다. 하나는 Hofmann규칙이라고 불리우며, "4차암모늄염이나, 트리알킬술포늄염과 같은 onium화합물로부터, 2종류 이상의 올레핀이 생성하는 경우는, 알킬기가 보다 적게 치환된 올레핀을 생성한다(즉, 보다 수소의 수가 많은 β위치의 탄소의 수소가 탈리한다)"라고 하는 규칙이다.

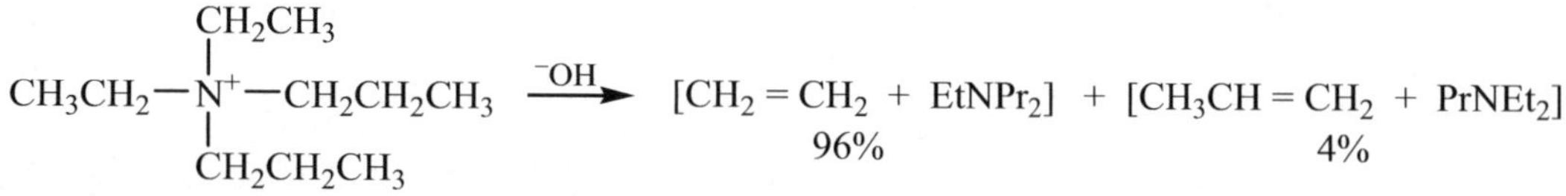

3

(Pr : n-프로필)

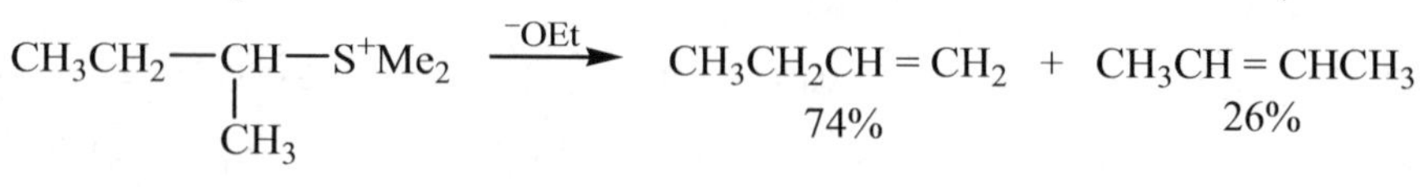

다른 하나는 Saytzeff규칙이라고 불리우며, "할로겐화알킬과 같은 중성물질의 탈리반응에 있어서는, 알킬기가 가장 많이 치환된 올레핀이 생성한다(즉, 보다 수소의 수가 적은 β위치의 탄소의 수소가 탈리한다)"라고 하는 규칙이다.

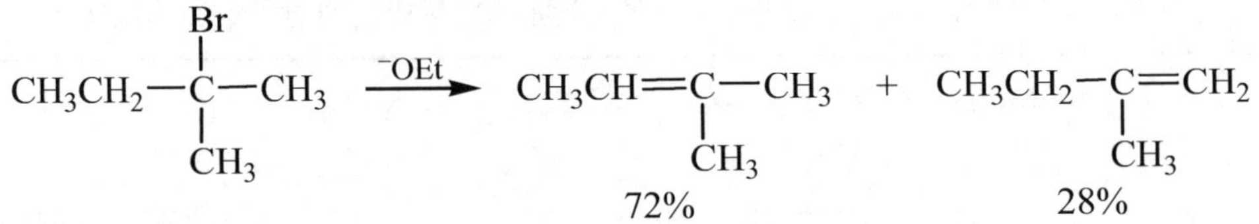

oniun염에서는 탈리하는 기가 정전하를 가지고 있기 때문에, 그의 강한 전자흡인성효과에 의하여 C_β상의 전자밀도가 상당히 감소하여 프로톤으로서 쉽게 탈리된다. 만일 C_β상의 전자밀도를 저하시키는 것과 같은 효과를 갖는 전자흡인성기가 C_β에 결합하면, 프로톤으로서 더욱 탈리하기 쉬우며, 반대로 전자공여성기가 결합하면 탈리하기 어려워 진다. (3)에 있어서, 프로필기에서는 그의 메틸기의 효과로서 C_β상의 수소의 산성도가 저하되기 때문에, 에틸기로부터 쉽게 탈리가 일어난다라고 생각된다. 또한 뒤에서 설명하는 바와 같이 onium염에서는 탈리하는 기(NR_3, SR_2 등)의 탈리능력이 낮기 때문에, 전이상태에서는 C_β-H의 개열이 상당히 진행되며, C_β상에 상당히 카르바니온성이 형성한다. β 위치의 알킬기가 이것의 카르바니온을 불안정화시키는 작용을 해도 onium염에서 Hofmann규칙이 성립하는 원인으로 되어있다라고 생각된다. β위치의 알킬기가 반응을 일으키기 어려운 효과는 표 7-1로부터도 확실하다.

‖표 7-1‖ (5)식의 반응속도상수 (에탄올중, 60℃)

$$RR'CHCH_2S^+Me_2 + {}^-OEt \longrightarrow RR'C{=}CH_2 + HOEt + Me_2S \qquad (5)$$

R, R'	H, H	H, Me	Me, Me
$k \times 10^5 (l \cdot mole^{-1} \cdot sec^{-1})$	79	29	10

‖표 7-2‖ (6)식의 반응속도상수 (에탄올중, 55℃)

$$RR'CHCH_2Br + {}^-OEt \longrightarrow RR'C{=}CH_2 + EtOH + Br^- \qquad (6)$$

R, R'	H, H	Me, H	Et, H	n-Pr, H	Me, Me	Ph, H
$k \times 10^5 (l \cdot mole^{-1} \cdot sec^{-1})$	1.6	5.3	4.3	3.5	8.5	5.61

▌표 7-3▐ (7)식의 반응에 있어서 올레핀생성비 (에탄올중, 70℃)

$$RCMe_2Br + EtO^- \longrightarrow \text{1-올레핀} + \text{2-올레핀} \qquad (7)$$

R	CH_3CH_2	$CH_3CH_2CH_2$	$CH_3CH_2CH(CH_3)$	$(CH_3)_3CCH_2$
1－올레핀 / 2－올레핀	0.43	1.00	1.17	6.1

▌표 7-4▐ (8)식의 반응의 올리핀생성비

$$Me_2CHCMe_2Br + RO^- \longrightarrow Me_2C{=}CMe_2 + Me_2CH(CH_3)C{=}CH_2 \qquad (8)$$

R	C_2H_5	$(CH_3)_3C$	$(CH_3)_2CC_2H_5$	$(C_2H_5)_3C$
1－올레핀 / 2－올레핀	0.25	2.7	4.3	11.4

할로겐화알킬의 탈리반응에서는 onium염의 경우와는 달리, β위치의 수소는 그다지 산성이 아니고, 프로톤으로서 탈리하기 쉬운 상태로는 되지 않고, 또한 탈리기 X도 비교적 탈취하기 쉬운 할로겐이기 때문에 β위치의 수소가 멀리 떨어져 있을 때에는 X도 상당히 떨어져 있으며, C_α, C_β간에는 어느 정도의 이중결합이 생성한다고 생각해도 좋다. 따라서 이 경우에는 α위치, β위치의 어느 쪽도 생성하는 이중결합을 안정화시킬 수 있는 치환기가 결합하고 있으면 반응성의 증가가 예상된다. 알킬기는 그의 초공액효과에 의하여 생성하는 이중결합을 안정화시키는 작용을 하기 때문에 Saytzeff 규칙이 성립하게 된다. 표 7-2는 β위치의 치환기효과를 나타낸 것이지만, 초공액효과는 Me>Et>n-Pr로서, 페닐기는 공액효과가 큰 것을 생각하면, 위의 예상과 잘 일치하고 있다.

통상의 할로겐화알킬을 통상의 염기와 반응시킬 때는 Saytzeff 규칙이 잘 성립하지만, 할로겐화알킬에서 가지가 증가하기도 하고, 염기의 크기가 증가하면 Hofmann규칙에 따르는 생성물을 생성하게 된다. 그의 예를 표 7-3, 표 7-4에 나타낸다.

2) 입체화학

특수한 경우를 제외하면 E2반응은 트란스탈리이다. 즉 전이상태에 있어서 탈리하는 기는 서로 가장 멀리 떨어진 트란스 동일평면의 위치(trans-coplanar position, 그림의 4)를 점유한다(여기서 말하는 트란스는, 생성하는 올레핀의 입체형태와는 관계없다).

트란스 동일평면에서의 탈리

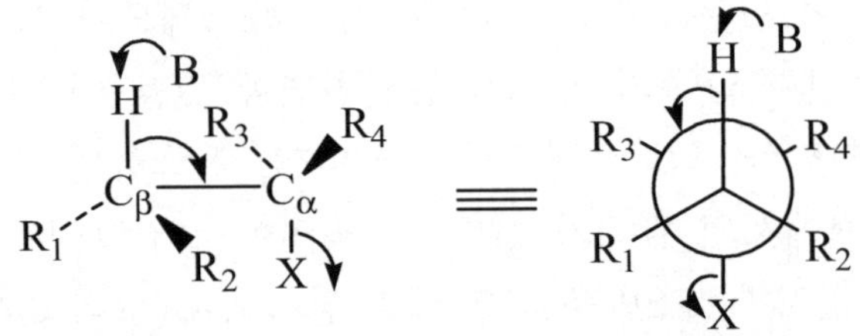

4

시스 동일평면에서의 탈리

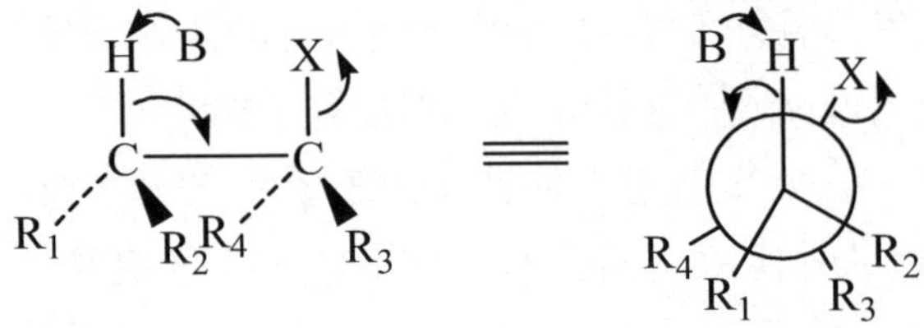

5

예를 들면, 스틸벤디브로마이드의 2개의 디아스테레오머로부터 탈브롬화수소할 때, 메소체로부터는 시스-α-브로모스티렌이, 라세미체로부터는 트란스-α-브로모스티렌이 생성한다.

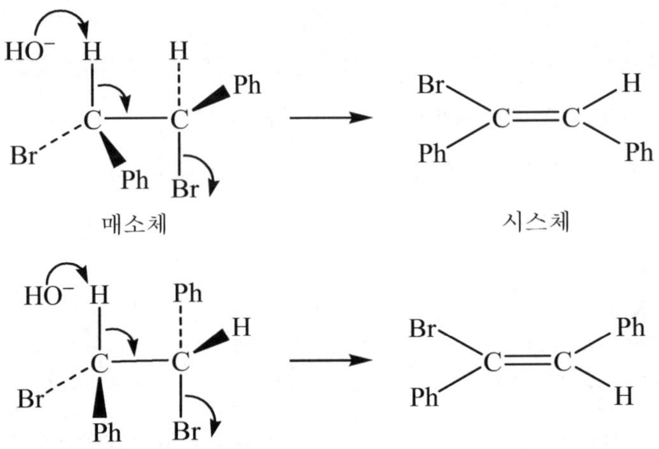

매소체 / 시스체

라세미체 / 트란스체

E2반응에서 관찰되는 이와 같은 입체특이성은 E2반응이 협주반응으로서, (4)식과 같은 카르바니온을 통하는 메카니즘(만일 이와 같은 메카니즘으로 진행하면 입체특이성은 없을 것이다)이 아닌 것을 증거하게 된다.

트란스탈리가 일어나는 이유는 다음과 같이 생각된다. C_β-H결합, C_α-X결합의 개열이 진행함에 따라서 C_α, C_β상에서는 탄소원자의 궤도가 $sp^3 \rightarrow sp^2$로 되는 변화가 시작되며,

C_α상에 비어 있는 p궤도, C_β상에 채워진 p궤도가 형성되기 시작한다. 이 2개의 p궤도의 겹침은 당연히 양쪽의 궤도가 동일평면에 있을 때 최대로 되며, 따라서 에너지적으로 가장 유리해 진다. 즉, 트란스동일평면(4), 시스동일평면(5)의 탈리가 쉽게 일어난다. 트란스동일평면에서의 탈리가 시스동일평면에서의 탈리에 비하여 유리한 것의 확실한 이유는 잘 알 수 없지만, E2반응을 C_β상의 전자의 C_α로의 S_N2형의 치환반응으로 간주하고, 탈리기 X가 트란스위치에 있는 쪽이 유리하다라고 생각되고 있다. 시스동일평면에서는 C_α, C_β상의 치환기가 모든 겹침의 입체형태를 취하는 것도 이 배치를 불리하게 한다.

C_β-H와 C_α-X가 트란스동일평면에 있는 입체형태가 E2반응에 가장 유리한 것은, 헥사클로로시클로헥산 유도체중 C_β-H와 C_α-Cl가 전혀 트란스동일평면의 액시얼위치를 취하지 않는 β이성체(6)이 다른 이성체에 비하여 탈염화수소의 속도가 매우 느린(10^{-4}정도) 것으로부터도 알 수 있다.

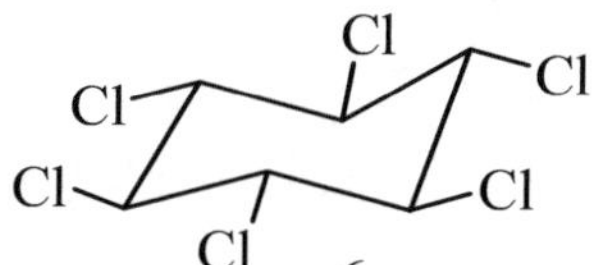

6

β-헥사클로로시클로헥산

또한, C_β-H와 C_α-X가 트란스동일평면을 취할 수 없는 것과 같은 고리화합물에서는, 시스동일평면을 취한 시스탈리가 우선적으로 일어나는 것을 알 수 있으며 다음과 같은 예가 있다.

트란스탈리라고 하는 입체특이성으로 인하여, 디아스테레오머의 에리트로-트레오(혹은 메소-라세미)의 한쌍이 E2반응을 한 경우에는, 당연히 각각 다른 생성물을 생성하는 것으로 되지만, 그 반응속도도 달라진다.

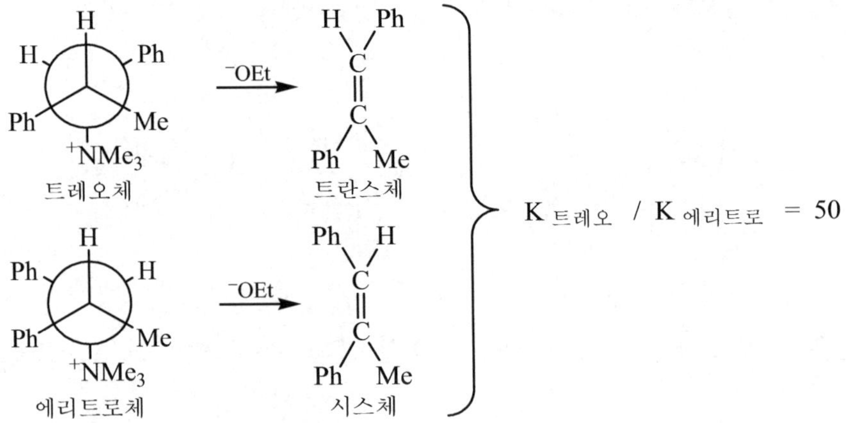

위의 반응에서 트레오체가 에리트로체 보다도 반응속도가 큰 것은 (7)에 나타낸 것과 같이 에리트로체에서는 전이상태에서 페닐기와 같은 부피가 큰 기가 서로 겹쳐있으며, 에너지적으로 불리하기 때문이다. 이와 같은 입체효과를 가리움 효과(eclipsing effect)라고 말한다.

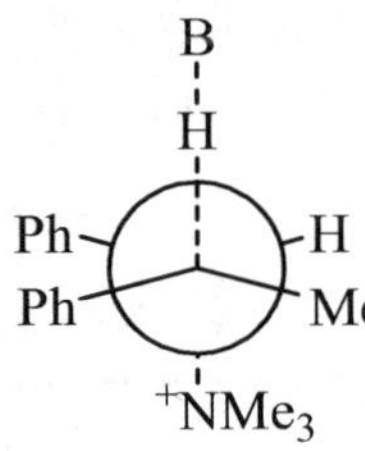
7

트란스탈리는 지금까지 설명한 것과 같은 프로톤의 탈리를 포함하는 반응에 한정되지 않고, 다른 형태의 탈리반응에서도 일어나는 것이 알려져 있다. 2,3-디브로모부탄(8)과 같은 vic-디할로겐화물은 메탄올 중에서 KI와 가열하면 쉽게 트란스형의 탈할로겐화반응을 하여 2-부텐을 생성한다.

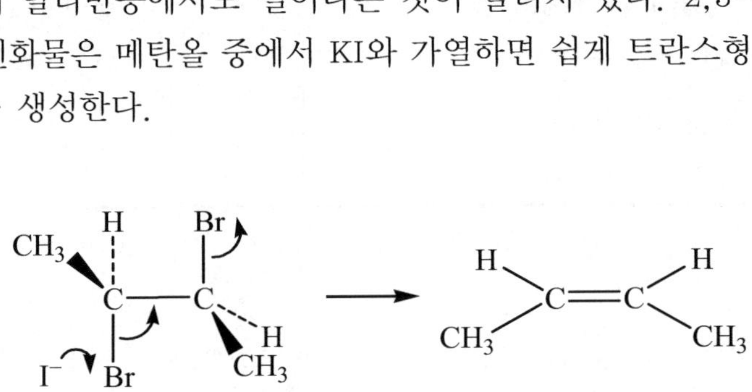
라세미체 8

시스체

또한 (8)을 아세톤중에서 아연과 반응시켜도 같은 반응이 일어난다.

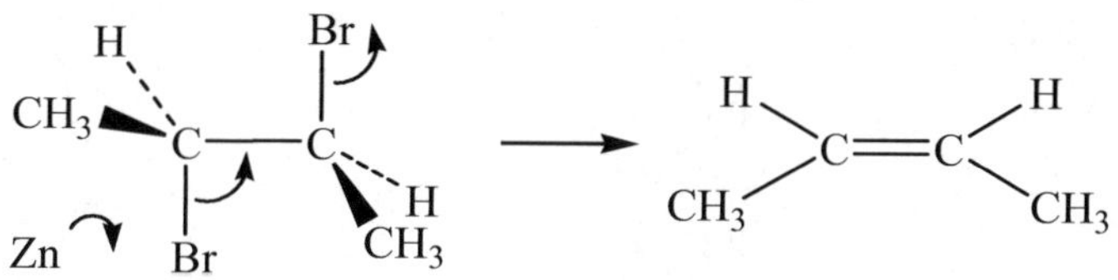

다음과 같은 β-할로카르복시산의 염기에 의한 탈카르복시화반응도 트란스탈리이다.

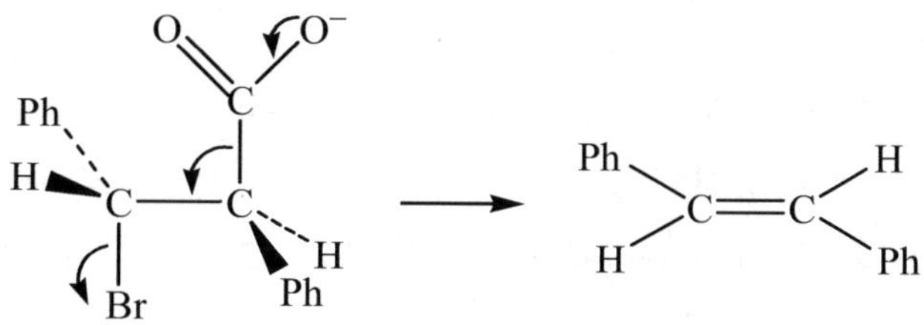

올레핀의 생성반응만이 아니고, 아세틸렌결합의 생성반응에 있어서도, 트란스탈리가 우선적으로 일어나는 것이 관찰된다. 그의 예를 표 7-5에 나타낸다.

‖표 7-5‖ 알코올레이트에 의한 트란스형 및 시스형 E2반응의 상대속도

	k_{trans}/k_{cis}
PhCH=CHBr	210,000
p-$NO_2C_6H_4CH$=CHBr	16,000
HalCH=CHHal	10,000~1,000
^-OOCCCl=$CHCOO^-$	10~50
^-OOCCBr=$CHCOO^-$	17
CH_3CH=CHBr	7

3) 전이상태의 모형

지금까지 E2반응에서는 C_β-H, C_α-X결합의 개열, C_α-C_β간의 π결합의 형성은 모두 완전히 동시에 일어나는 것이라고 생각되어 왔지만, 실제의 반응은 반드시 이와 같은 이

상적인 형태로서 진행한다라고는 한정할 수 없다. α 위치, β 위치상의 치환기의 종류, X의 성질, 염기의 성질, 용매 등으로 반응의 형태가 변한다라고 생각되는 실험사실이 다수 발견되었다. Cram등이 최초에 제안한 것을 기본으로 하여, Bunnett은 E2반응의 전이상태에 관해서, 다음과 같은 3가지의 모형을 생각했다(Cram–Bunnett의 모형). 굵은선의 결합은 그다지 개열이 진행하지 않는 결합, 가는선은 개열이 진행하는 결합을 나타내고 있다.

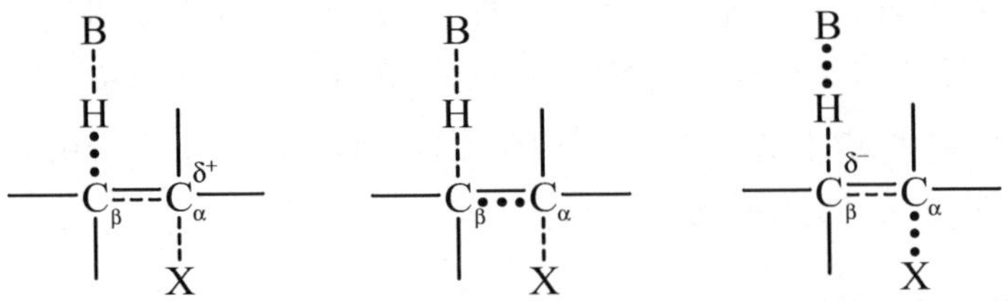

(b)가 E2반응의 이상적인 형태로서 모든 과정이 완전히 동시에 일어난다. (a)는 X의 탈리가 보다 진행하고 있기 때문에, C_α가 카르보늄이온에 유사한 상태이고, (c)는 H의 탈리가 보다 진행하고 있기 때문에 C_β가 카르바니온에 유사한 상태로 되어 있다. 예로서 (c)에 유사한 형태의 반응을 들면, p–치환 β–펜에틸유도체의 탈리반응 (9)식이 있다. 그의 실험결과를 표 7–6에 나타낸다.

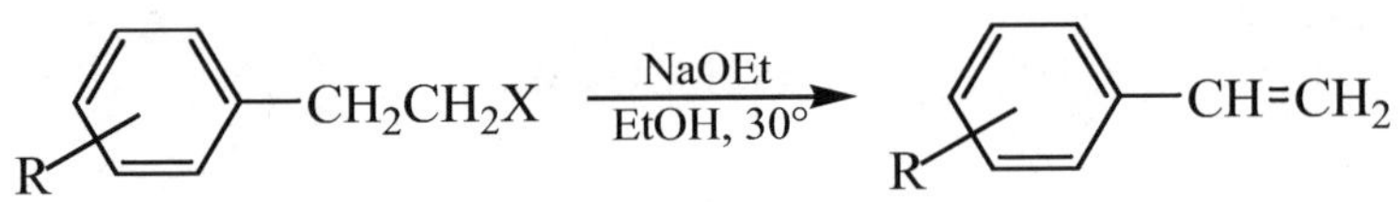 (9)

표 7–6 (9)식의 반응의 상대속도와 ρ 값

X	상대반응속도 (R=H의 경우)	ρ값
I	26,600	2.07
Br	4,100	2.14
$OSO_2C_6H_4CH_3$–p	392	2.27
Cl	68	2.61
F	1	3.12
$^+NMe_3$	–	3.77

ρ값이 모두 正인 것은 (반응이 전자흡인성기로서 촉진되는 것을 나타낸다), C_β상에 어느 정도 카르바니온성이 형성되고 있음을 나타내며, 또한 그 카르바니온성의 정도는 X=F일 때의 경우가 X=I일 때의 경우보다 큰 것을 알 수 있다. 이것은 다음과 같이 생각하면 이해할 수 있다. 에톡사이드이온이 $PhCH_2CH_2X$로부터 수소를 탈취하여 C_β상에 음이온성이 형성되지만, X=I일 때 요오드이온은 탈리되기 쉬운 기로 인하여, 카르바니온성은 그다지 형성되지 않고, 치환기가 카르바니온을 안정화시키는 효과는 조금밖에 작용하지 않기 때문에 ρ값은 작다. 그러나 X=F일 때는 플루오르이온이 탈리하기 어려운 기로 인하여, 카르바니온성이 증가하며, 치환기가 보다 효과적으로 작용하여 ρ값을 증가시키기 때문이다. 카르바니온성이 증가하면 전이상태의 에너지가 높아지며, 반응은 느려진다라고 생각되지만, 이것도 사실과 잘 일치하고 있다.

4) E2반응과 S_N2반응의 경쟁

지금까지 설명했지만, E2반응이 일어나는 것과 같은 조건하에서는 대소를 막론하고 반드시 염기에 의한 치환반응도 일어난다. 예를 들면 다음과 같다.

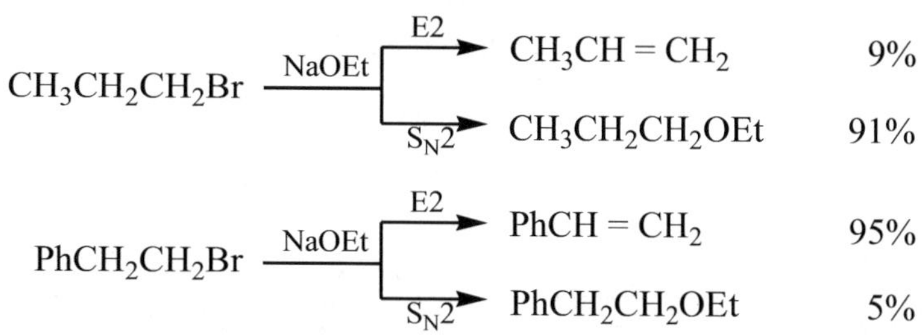

여기서 일어나는 치환반응은 염기와 할로겐화물에 각각 1차의 2차반응이기 때문에 S_N2반응이라고 불리운다(이것에 대해서는 제4장에서 설명했다). E2반응과 S_N2반응의 비율은 각각의 조건으로 변하지만, E2반응은 다음과 같은 조건에서 촉진되는 것이 알려져 있다(상세한 것은 제4장 8절 참조).

(1) α 및 β위치의 (특히 α위치) 탄소상의 알킬기의 증가

(2) 고농도의 강염기의 사용

(3) 비극성용매의 사용

(4) 높은 반응온도

7-1-2. E1반응(1분자탈리반응)

(10)식으로 나타내는 바와 같이, 출발물질이 먼저 X를 탈리하여 카르보늄이온을 생성하고, 이것이 빠르게 프로톤을 잃고 올레핀을 생성하는 반응은, 출발물질만의 농도에 의존하는 1분자반응이기 때문에, E1반응이라고 말한다.

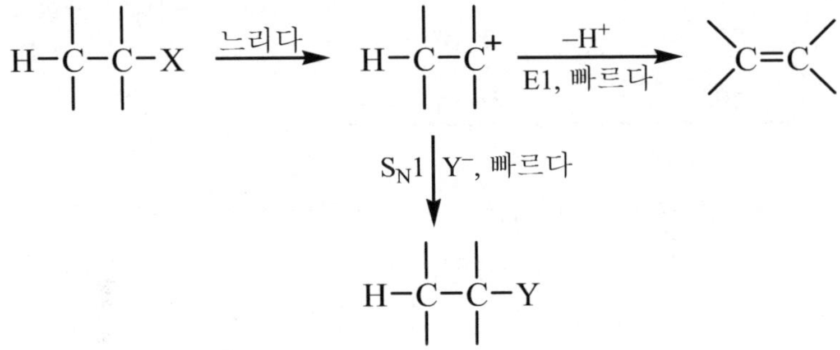

(10)

할로겐화알킬, 술포늄염, 및 술폰산에스테르의 탈리반응, 산촉매에 의한 알코올의 탈수반응, 디아조화에 의한 알킬아민의 탈아미노화반응 등이 이 형태의 반응에 속한다. 생성한 카르보늄이온은, 프로톤을 잃을 뿐만이 아니고, 용매나 다른 친핵시약과도 빠르게 반응하여 치환생성물을 제공한다. 이 치환반응의 속도는 역시 출발물질의 농도에만 의존하기 때문에, 이 형태의 치환반응을 S_N1반응이라고 말한다(이것에 대해서는 제4장에서 설명했다).

E1메카니즘에 의한 탈리반응은 1차반응이지만, 이 반응의 차수만으로는 프로톤의 탈리에 용매가 관여한 E2반응일 가능성은 부정할 수 없다. 예를 들면 용매가 관여하고 있을지라도 다량으로 존재하는 용매의 변화는 관찰되지 않기 때문에, 1차반응이라고 하는 결과가 나오기 때문이다. 그러나 다음에 설명하는 것과 같은 몇가지의 사실로부터, 반응에는 용매가 관여하지 않고, 확실히 중간에 카르보늄이온을 경유하고 있는 것을 알 수 있다. 첫째, 만일 카르보늄이온이 중간체라면, 생성한 카르보늄이온의 거동은 탈리기 X에 관계가 없을 것이다. 즉, S_N1과 E1반응에서 생성한 생성물의 비는 X에 관계하지 않을 것이다. 표 7-7의 사실은 이 예상과 잘 일치하고 있다.

표 7-7 염화알킬 및 디메틸술포늄이온의 80% EtOH중의 반응에 있어서 탈리반응의 비율

화 합 물	온 도 (℃)	탈리의 비율
t−BuCl	65.3	0.36
t−BuS$^+$Me$_2$	65.3	0.36
t−AmCl	50	0.40
t−AmS$^+$Me$_2$	50	0.48

t-Am : $CH_3CH_2-C(CH_3)_2-$

둘째, 생성하는 올레핀이 2종류 이상일 때에는, 그의 생성비가 X에 관계없이 일정하다라고 하는 사실이다. 다음의 표에서 아는 바와 같이, 브롬화t−아밀 및 t−아밀디메틸술포늄이온을 소듐에톡사이드와 반응시키면(E2반응), 1−올레핀과 2−올레핀의 생성비는 양쪽에서 전혀 다르지만, 이들은 염기가 존재하지 않는 에탄올중에서 분해시키면, 거의 같은 생성비를 나타낸다(E1반응).

		$H_3C-CH=C(CH_3)-CH_3$	$H_3C-CH_2-C(CH_3)=CH_2$
$CH_3CH_2-C(CH_3)_2-Br$	E1	82%	18%
	E2	71%	29%
$CH_3CH_2-C(CH_3)_2-S^+Me_2$	E1	87%	13%
	E2	14%	86%

셋째, 반응에 입체특이성이 없다라고 하는 사실이다. 염화메틸은 E2반응이 일어나는 것과 같은 조건(에톡사이드이온의 존재하)에서는 상당히 입체특이적으로 반응하여 2−멘텐 만을 생성하는데 대해서, 가용매분해에서는 2−멘텐, 3−멘텐의 혼합물을 생성한다.

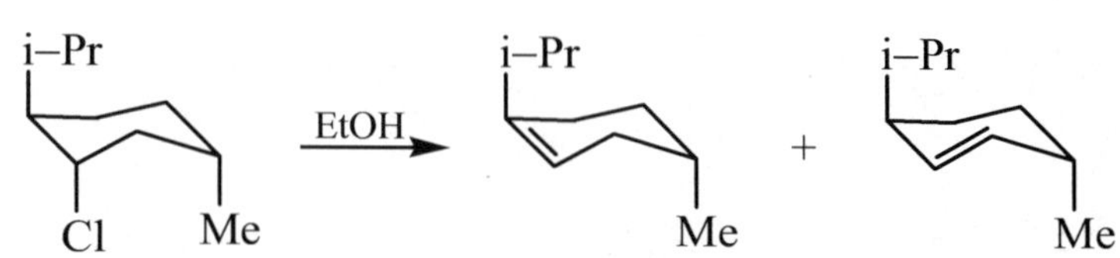

염화멘틸 3−멘텐(68%) 2−멘텐(32%)

그러나 E1반응일지라도, 이들의 3가지 조건이 반드시 성립하지 않는 것을 나타내는 실험사실이 차츰 집적되고 있다.

할로겐화알킬이나 onium염의 E1반응의 배향성은 Saytzeff규칙에 따른다. 예를 들면 브롬화t-아밀에서는 E2반응보다도 더욱 확실히 Saytzeff규칙에 따르고 있음을 알 수 있다. E1반응의 경우에는 카르보늄이온이 한번 생성하기 때문에, C_α상의 치환기는 평면을 취하게 되고, 치환기의 공명안정화는 E2반응에 있어서 보다도 더욱 커지며, 보다 알킬기가 치환된 올레핀을 생성하게 될 것이다. 그러나 입체장해가 현저하게 큰 경우는 Saytzeff규칙에 따르지 않게 된다. 예를 들면 다음과 같은 것이 있다.

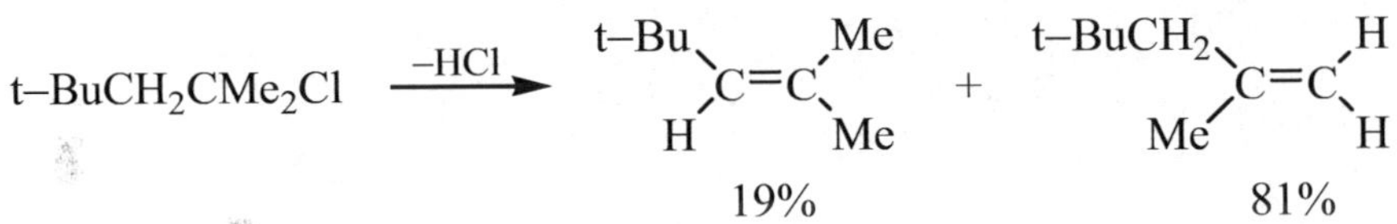

7-1-3. E1cB반응(카르바니온의 메카니즘)

다음식에 나타내는 바와 같이 빠른 평형반응에서 카르바니온을 생성하여, 이것이 X를 탈리하는 것과 같은 2단계로 진행하는 탈리반응은, E1cB반응(elimination, unimolecular, conjugate base, 공액염기의 1분자탈리반응)이라고 불리운다.

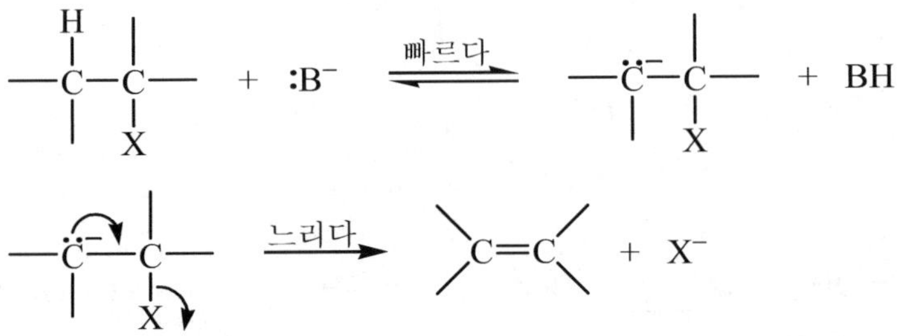

이 반응메카니즘은 다음과 같은 조건하에서 쉽게 일어난다고 생각된다.

(1) X가 탈리하기 어려운 기일 것

(2) 중간에 생성하는 카르바니온이 상당히 안정할 것

(3) 생성하는 올레핀이 출발물질에 비하여 상당히 불안정할 것

E1cB메카니즘으로 진행하는 것이 확인되고 있는 반응의 예는 매우 적다. 이 메카니즘으로 진행하는 예로서, 최초로 제안된 것은 다음과 같은 반응이지만,

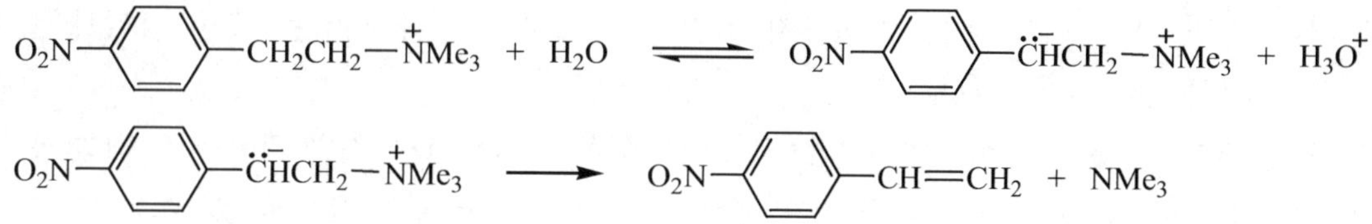

그 후, 트리튬으로 표지한 화합물(9)가 트리튬의 교환을 일으키지 않는 것, 동위체효과가 관찰되는 것($k_H / k_T = 2.12 \sim 2.47$, pH 6~7)등의 사실로부터 E1cB메카니즘은 부정되었다.

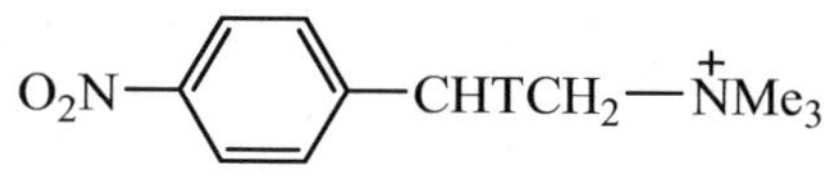
9

E1cB메카니즘으로 반응하는 것이 실증되어 있는 예를 몇개 든다.

어떤 경우에나 H, D교환속도 쪽이 올레핀 생성속도 보다도 큰 것이 증거로 되어 있다.

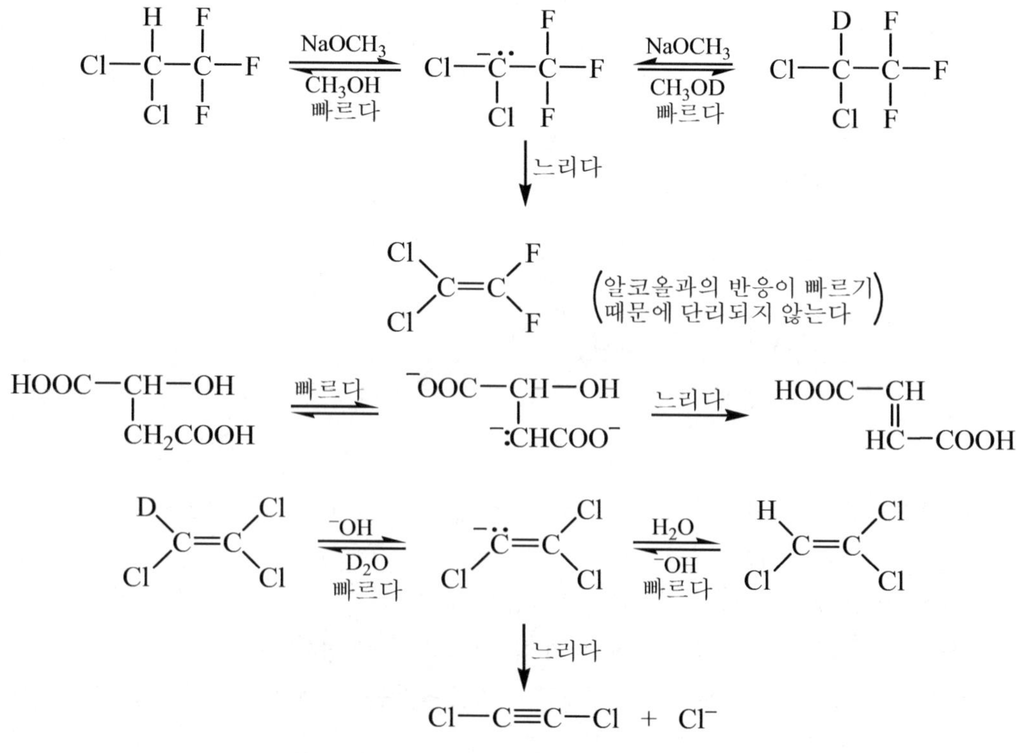

어느 경우에도, 앞에서 설명한 ElcB반응이 쉽게 일어나기 위한 조건이 충만되어 있다.

ElcB반응은 아니지만, 카르바니온을 경유하는 메카니즘으로 진행한다라고 생각되는 반응예가 있다. 예를 들면 α위치를 D화시킨 트리에틸술포늄이온에 트리페닐메틸음이온을 작용시키면 생성하는 디에틸술피드중의 D의 양이 감소하며, 동시에 생성하는 트리페닐메탄에는 75% 것의 D가 들어있다. 이것은 C의 경로를 통과하는 것은 적고, 대부분이 (10)과 같은 중간체를 경유하는 A, B의 경로를 통과하는 것을 나타내고 있다. 이와 같은 메카니즘은 α', β탈리라고 말한다.

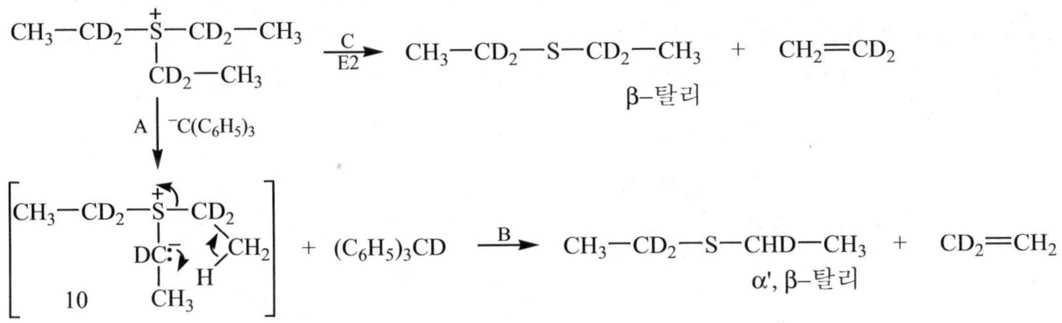

7-1-4. 분자내 시스탈리반응(Ei반응)

카르복시산에스테르, 크산토겐산에스테르, 3차아민옥사이드, 술폭사이드 등을 고온으로 가열하면, 분해하여 올레핀을 생성한다. 가장 전형적인 예는 크산토겐산에스테르의 열분해(*Chugaev*반응)이다.

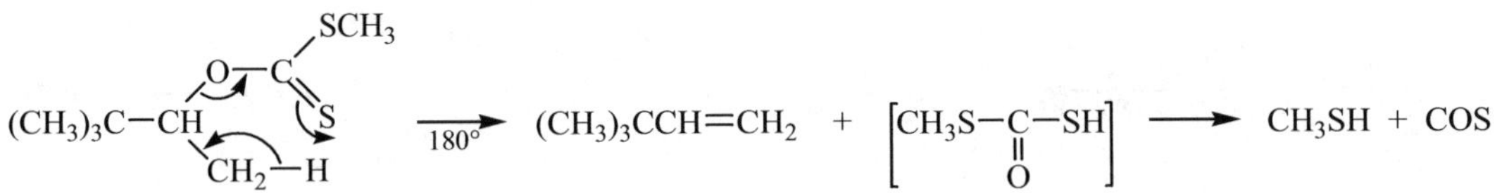

이 형태의 반응은 분자내에서 환상의 전이상태를 경유하여 시스탈리하는 1분자반응이기 때문에, 분자내 시스탈리반응(또한 Ei반응, elimination, internal)이라고 말한다.

카르복시산에스테르의 열분해(400~500℃)가 분자내 시스탈리메카니즘으로 진행하는 것을 나타내는 사실은 다수 있지만, 예를 들면 아세트산에스테르(11)에서는 주로 아세톡시기에 대해서 시스위치의 수소가 탈리한다.

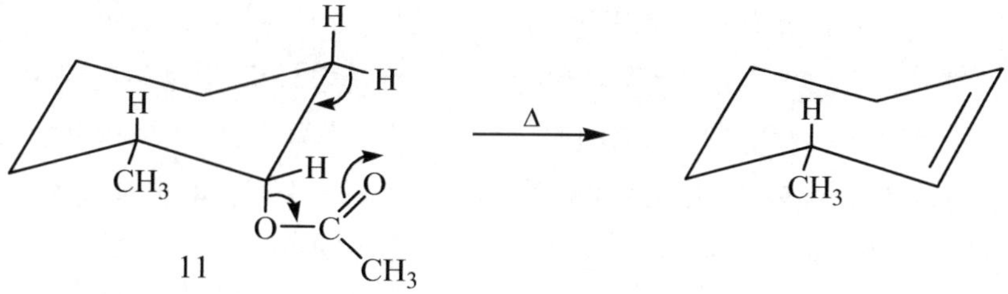

11

Chugaev반응이라고 불리우는 크산토겐산에스테르의 열분해는, 카르복시산에스테르의 열분해 보다도 200℃정도 낮은 온도에서 행하기 때문에 부반응이 적으며, 수득율도 높기 때문에 올레핀의 합성반응으로서 유용하다. 시스탈리의 입체특이성도 카르복시산에스테르의 경우보다 좋다. 다음에 나타내는 것과 같이 시스탈리를 행한다.

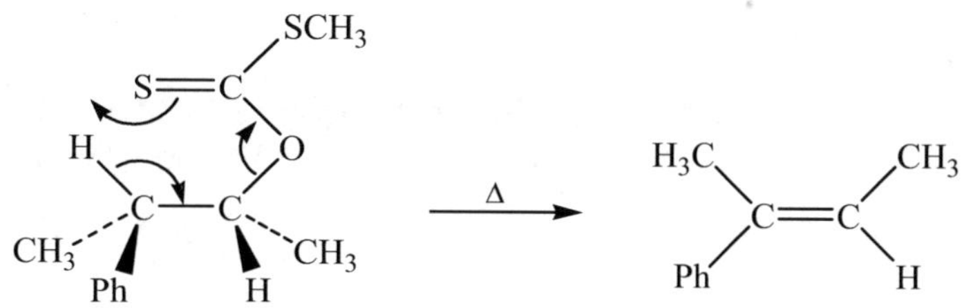

트레오체 　　　　 시스체

3차아민옥사이드의 열분해는 Cope반응이라고도 불리우며, *Chugaev* 반응보다도 더욱 낮은 온도에서 행할 수 있고, 또한 입체특이성도 좋다.

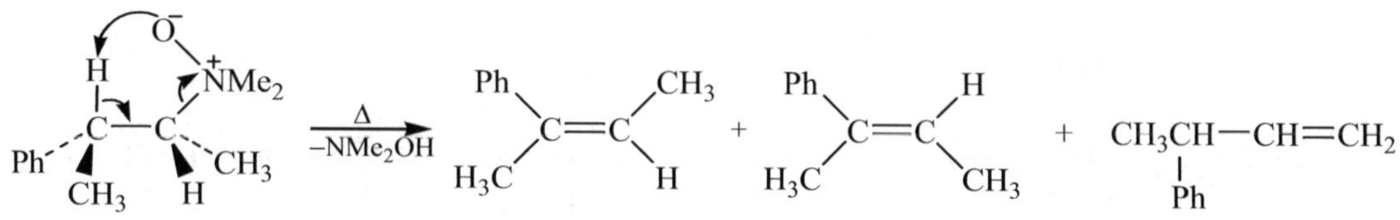

에리트로체 　 90% 　 3% 　 7%

술폭사이드의 열분해도 Cope반응과 마찬가지로 비교적 저온에서 행한다. 저온에서 행하면 입체특이성도 좋다.

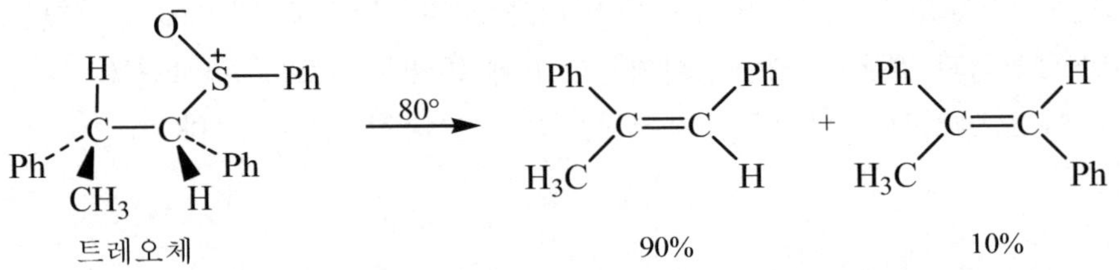

이들의 예로부터 아는 바와 같이 일반적으로 낮은 온도에서 분해할수록 입체특이성이 좋다.

7-2. α-탈리반응

7-2-1. 할로포름의 알칼리 가수분해반응

클로로포름에 알칼리수용액을 작용시키면, 일산화탄소와 포름산을 생성하지만, 이 반응은 다음식과 같이 α탈리를 포함하는 메카니즘으로 진행하는 것이 알려져 있다.

$$CHCl_3 + {}^{-}OH \underset{}{\overset{\text{빠르다}}{\rightleftharpoons}} H_2O + \bar{C}Cl_3$$

$$\bar{C}Cl_3 \xrightarrow{\text{느리다}} Cl^- + :CCl_2$$

$$:CCl_2 \xrightarrow[\text{다단계}]{{}^{-}OH,\ H_2O} CO + HCO_2^-$$

다른 할로포름의 대부분도 마찬가지의 메카니즘으로서 반응하지만, 플루오르원자를 함유한 할로포름($CHClF_2$, $CHBrF_2$, $CHIF_2$ 등)의 경우에는 다음과 같은 협주반응으로 1단계에서 α탈리가 일어난다.

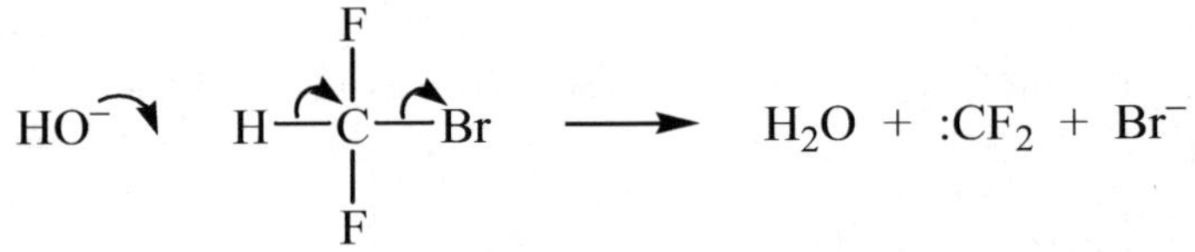

플루오르를 함유한 경우에 메카니즘이 변하는 것은 2가지의 이유가 있다. 첫째로 (11)식과 같은 3d궤도를 이용하여 공명안정화 하고 있는 $^{-}CCl_3$에 비하면 $^{-}CF_2Br$은 불안정하여

(F에는 3d궤도의 공명이 없다) 생성하기 어려운 것과, 둘째로 : CF_2에 존재하는 2p−2pπ 결합에 의한 (12)식과 같은 공명안정화가 : CCl_2에 존재하는 2p−3pπ 결합(이것은 2p−2pπ 결합에 비하여 불안정하다)에 의한 안정화보다도 크며, : CF_2가 보다 안정하기 때문이다.

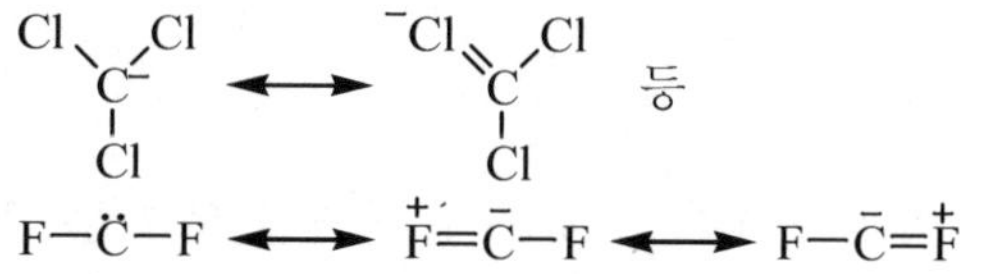

(11)

(12)

이 반응의 중간체로서 생성하는 : CCl_2, : CF_2와 같은 디치환탄소화합물은 카르벤(carbene)이라고 불리우고 있다(제3장 1−7항 참조). 카르벤은 불안정하기 때문에 단리할 수 없지만, 각종 방법으로서 포획하여 그의 존재를 확인할 수 있다. 예를 들면 올레핀과 반응하여 시클로프로판유도체를 생성한다.

$$CHCl_3 + t\text{-}BuOK \rightleftharpoons t\text{-}BuOH + K^+ + {}^-CCl_3$$

$${}^-CCl_3 \longrightarrow Cl^- + :CCl_2$$

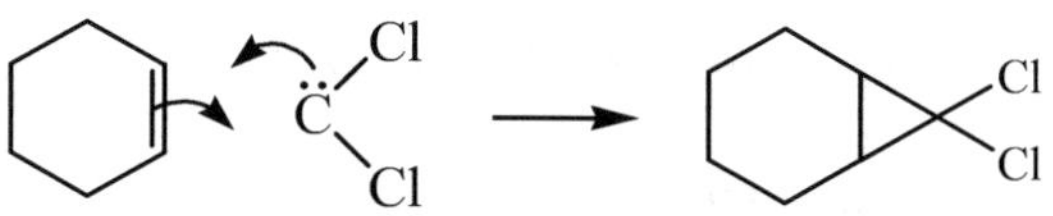

또한 (12)와 같은 우레탄유도체를 염기와 작용시키면, α 탈리가 일어나며 중간체로서 : N−CO_2Et(13)을 생성하는 것이 알려져 있다. (13)과 같은 모노치환질소유도체는 나이트렌(nitrene)이라고 불리운다. 카르벤과 마찬가지로 불안정하기 때문에 단리할 수 없지만, 각종의 방법으로 포획된다. 예를 들면 올레핀과 반응하여 아지리딘환을 생성한다.

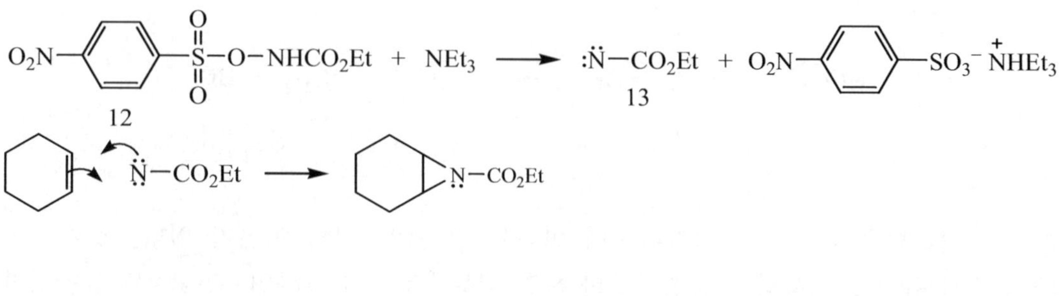

카르벤이나 나이트렌이 나타내는 이와 같은 특수한 성질은 "적어도 한쌍의 전자쌍과 한 개의 비어 있는 궤도를 갖는다"라고 하는 그의 전자구조에 유래하고 있다.

카르벤이나 나이트렌은 위에서 설명한 이중결합에의 부가반응 이외에도 몇가지 형태의 반응을 하며, 최근에 그의 합성화학적 이용도 개발되었고, 흥미있는 중간체로서 주목되고 있기 때문에, 이하에서는 α 탈리에 관련하여 카르벤 및 나이트렌의 화학에 대해서 설명하기로 한다.

7-2-2. 카르벤

카르벤의 생성법에는 대별하여 다음과 같이 2가지 방법이 있다.

(1) 할로겐화합물의 염기에 의한 α-탈리반응

$$R_2CHX \xrightarrow{-HX} R_2C:$$

(R = 알킬, 아릴, 할로겐, 시아노 등)

(2) 디아조화합물, 케텐류의 빛 혹은 열에 의한 분해

$$R_2CN_2 \xrightarrow{-N_2} R_2C:$$

$$R_2C=C=O \xrightarrow{-CO} R_2C:$$

1) 할로겐화합물의 α-탈리반응

앞에서 설명한 바와 같이, 할로포름과 염기의 반응이 대표적인 예이다.

$$CHCl_3 \xrightarrow{t\text{-BuOK}} {}^-CCl_3 \longrightarrow :CCl_2 + Cl^-$$

카르벤은 친전자성을 가지며, 더욱 올레핀에 대해서 입체특이적인 시스부가를 한다(제 3장 1-7항 참조).

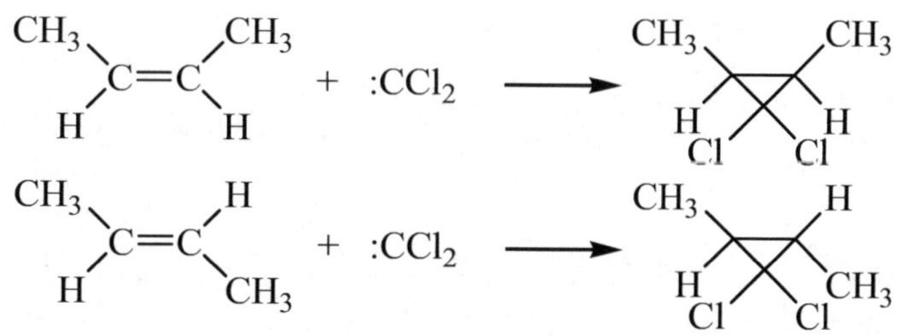

카르벤이 친전자적인 것은 다음의 반응(Reimer-Tiemann반응, 클로로포름과 수산화알칼리에 의하여 페놀의 오르토 또는 파라위치를 포르밀화하는 반응)으로 부터도 알 수 있다.

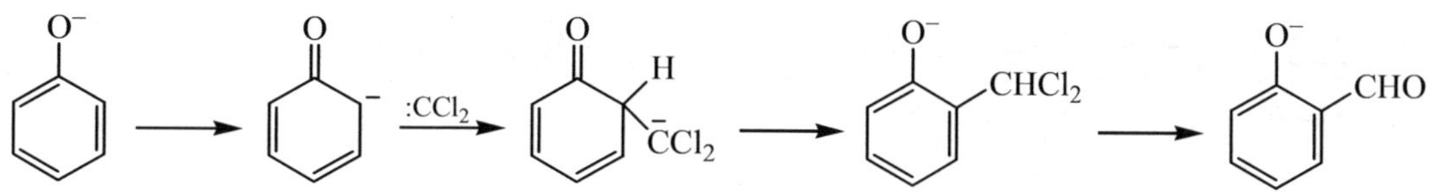

유기금속화합물을 사용하는 카르벤의 생성법도 다수 알려져 있다. 예를 들면 (13), (14) 식과 같은 반응이 있다.

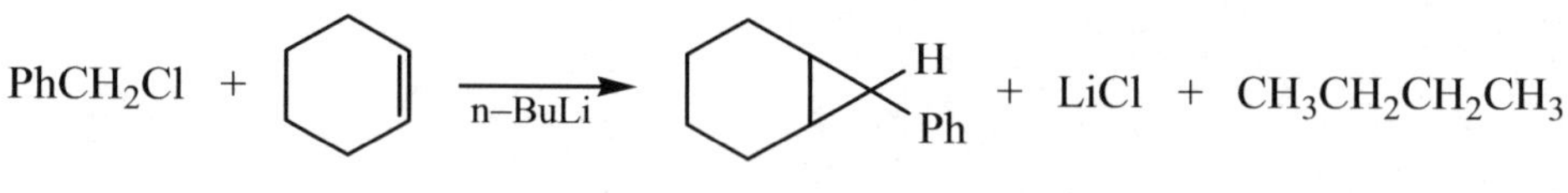 (13)

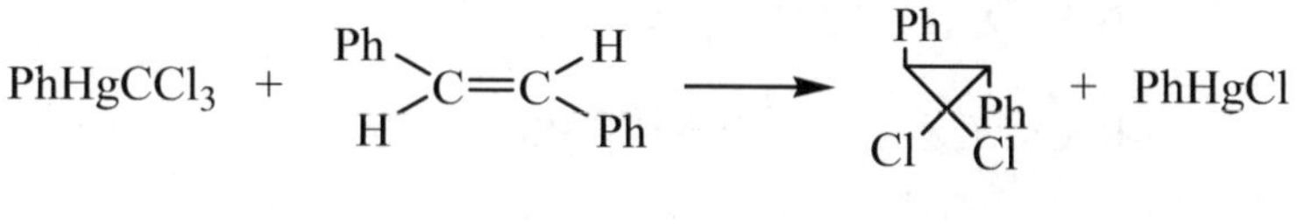 (14)

올레핀에의 부가반응은 카르벤의 매우 중요한 반응이지만, 할로겐화합물을 사용한 시클로프로판환의 생성이 모두 유리의 카르벤을 중간체로서 생성하는 것은 아니다. 예를 들면, 요오드화메틸렌과 아연-구리를 사용하여, 올레핀을 시클로프로판유도체로 변화시키는 법(Simmons-Smith의 방법)이 있지만, 이것은 다음과 같이 진행한다.

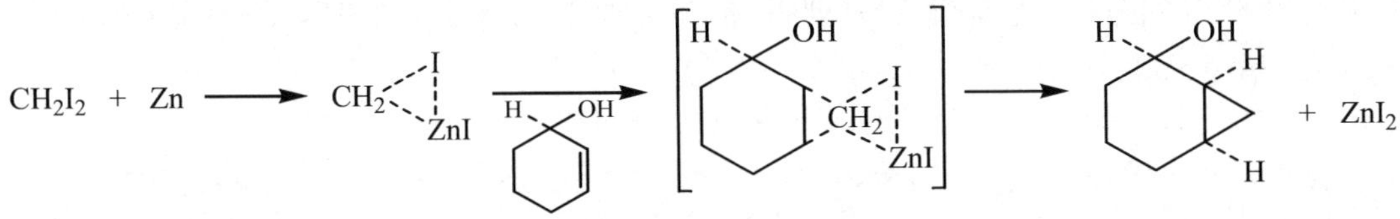

(13) (14)식의 반응에서도 유리의 카르벤은 경유하지 않는다라고 하는 의론도 있다.

2) 디아조화합물의 분해

디아조메탄을 시클로헥센중에서 광분해하면, 중간에 생성한 카르벤 : CH_2는 부가반응에 의한 생성물(14) 이외에, C-H결합에의 삽입반응(insertion reaction)에 의한 생성물 (15)~(17)을 생성한다.

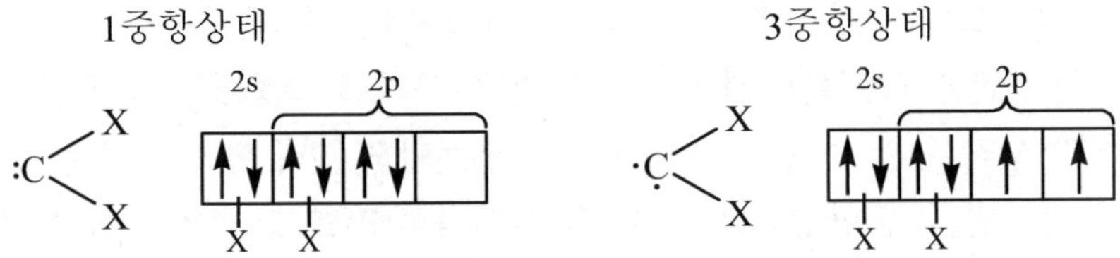

▌그림 7-2▐ 카르벤의 전자구조

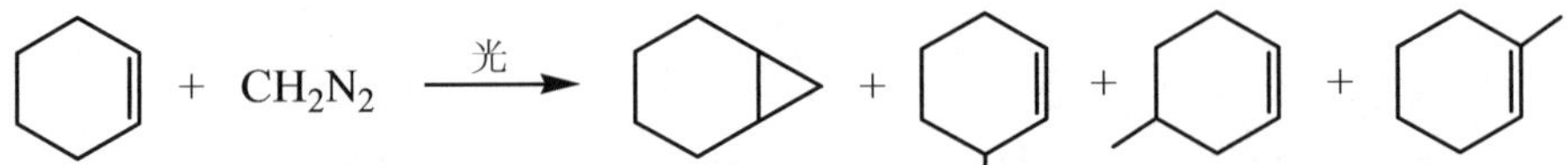

14 37% 15 26% 16 26% 17 11% (15)

삽입반응은 부가반응과 더불어 카르벤의 특유의 중요한 반응이다. 반응은 다음과 같이 진행된다.

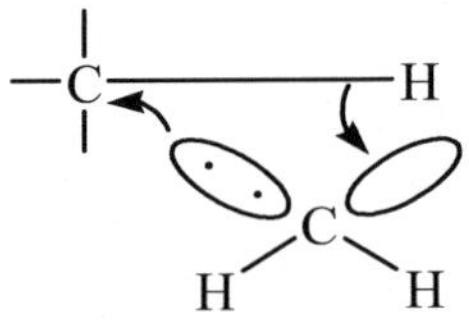

(16)식의 반응에서는, 생성한 카르벤이 분자내에서 β, γ, δ 위치의 C-H결합에 삽입된 생성물을 생성한다.

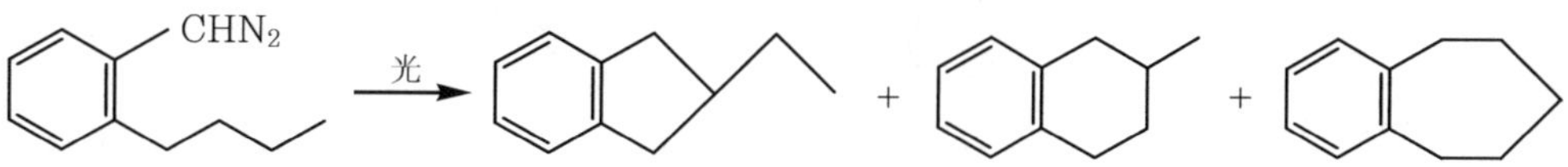

(16)

(15)식의 반응을 광증감제(예를 들면, 벤조페논, 광증감제의 존재하의 광분해반응은 광증감분해라고 말한다. 빛의 에너지가 한번 광증감제에 흡수되고, 그것이 CH_2N_2에 이동한다)의 존재 하에 행하면, (14) 70%, (15) 15%, (16) 15%라고 하는 생성비로 변한다. 이것은 이 경우에 생성한 카르벤 : CH_2가 (15)식의 경우와 반응성을 다르게 나타내지만, 이 반응성의 차이는 그의 전자구조의 차이에 의한 것이라고 생각되고 있다. (15)식에서 생성한 카르벤은, 1중항상태(singlet state), 광증감분해로서 생성한 카르벤은 3중항상태(triplet state)라고 말한다. 그의 전자구조는 그림 7-2에 나타낸다.

1중항상태의 카르벤은 입체특이적인 시스부가를 하지만, 3중항상태의 카르벤에는 입체특이성이 없다고 생각된다. 예를 들면 cis-2-부텐과의 반응에서, 1중항상태의 : CH_2는 (18)을 99%생성하지만, 3중항상태의 : CH_2은 (18)과 (19)를 2 : 1의 비로서 생성한다.

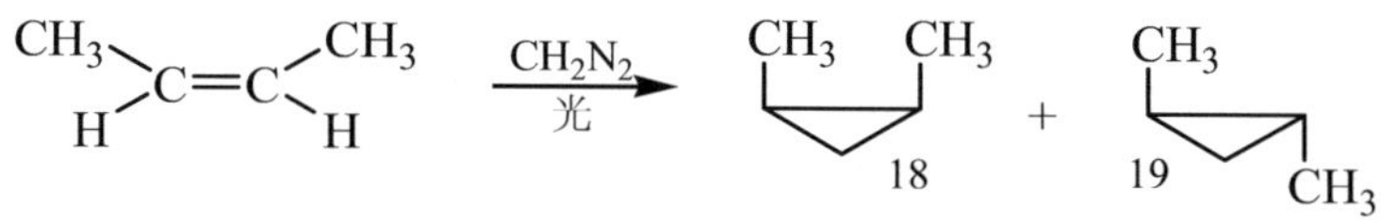

3중항상태의 카르벤은, 그의 전자구조로부터 아는 바와 같이 라디칼성을 가지고 있다. 예를 들면, 3중항상태에 있다고 생각되는 디페닐카르벤(Ph_2C :)은, 라디칼에 특유한 수소탈취반응을 한다(라디칼에 대해서는 제10장 참조).

$$Ph_2CN_2 \xrightarrow[\text{시클로헥산중}]{\text{光}} Ph_2\dot{C}\cdot \longrightarrow Ph_2\dot{C}H \xrightarrow{\text{이량화}} Ph_2CHCHPh_2$$

7-2-3. 나이트렌

나이트렌의 발생법에는 대별하여 다음과 같이 3가지가 있다.

(1) 아지드의 열 혹은 빛에 의한 분해

$$R-N_3 \xrightarrow{-N_2} R-\ddot{N}: \quad (R = 알킬, 아릴, 아실, 술포닐 등)$$

(2) 염기에 의한 α-탈리반응

$$RNHX \xrightarrow{-HX} R-\ddot{N}: \quad (X = 할로겐, 술폭시 등)$$

(3) 니트로 혹은 니트로소화합물의 탈산소반응

$$R-NO_2,\ R-NO \xrightarrow{R_3P,\ (RO)_3P} R-\ddot{N}:$$

1) 아지드의 분해반응

아지드포름산에틸을 시클로헥센중에서 광분해하면 다음과 같은 생성물을 생성한다.

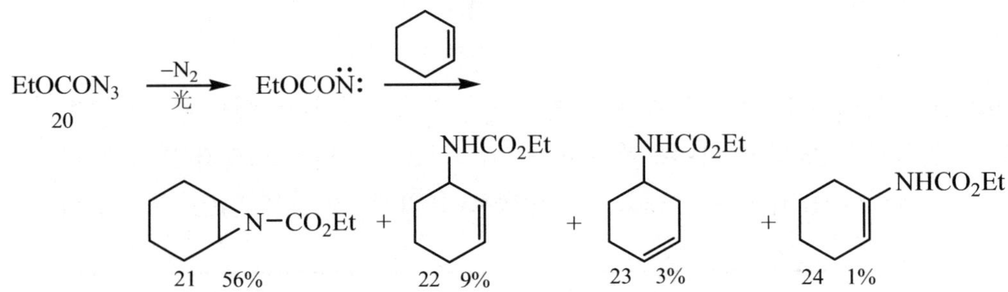

(21)은 이중결합에의 부가반응에 의한 생성물, (22)~(24)는 C-H결합에의 삽입반응에 의한 생성물이다. 부가반응 및 삽입반응은 카르벤에 있어서와 마찬가지로 나이트렌에 있어서도 대표적인 반응이다. 부가반응은 벤젠에 대해서도 일어난다.

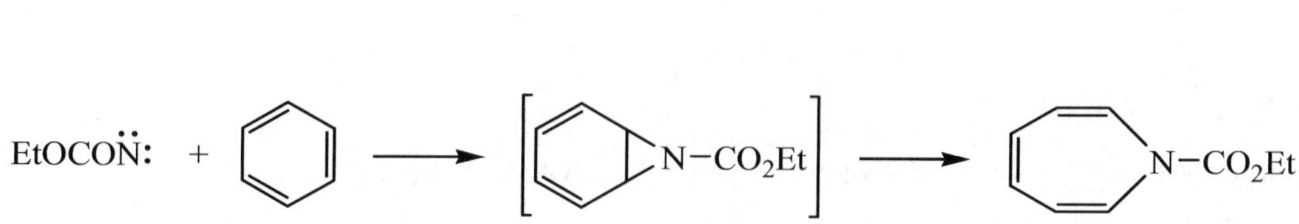

다음과 같은 방향족아미드를 분해하면 아조화합물을 생성한다. 이들은 생성한 나이트렌이 이량화하여 생성된 것이라고 생각된다. 그의 반응을 다음에 나타낸다.

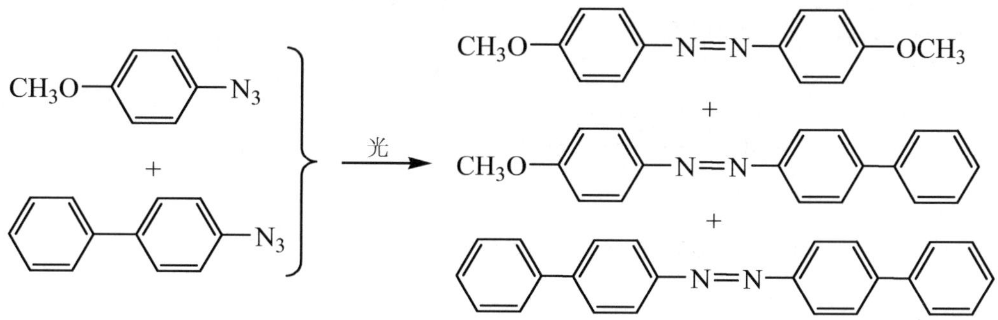

나이트렌은 카르벤과 마찬가지로 친전자적이며, 따라서 다음과 같이 반응한다.

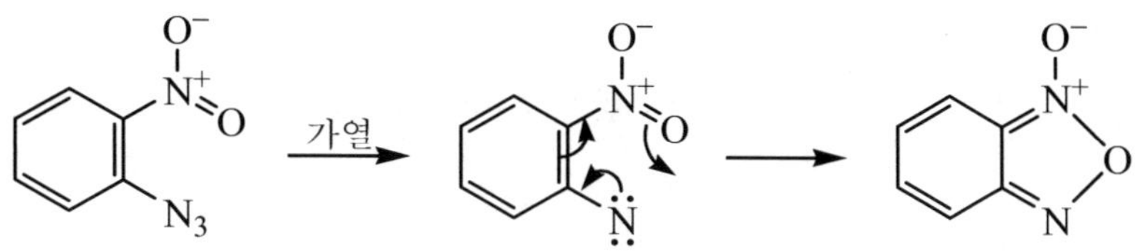

나이트렌의 올레핀에 대한 부가는 입체특이적 시스부가이다. 예를 들면, 아지드포름산메틸의 광분해로서 생성한 나이트렌과 cis- 및 trans-2-butene과의 반응에서는 다음과 같이 된다. 그러나 용매등의 반응조건의 변화로서 입체특이성을 잃는 수도 있다.

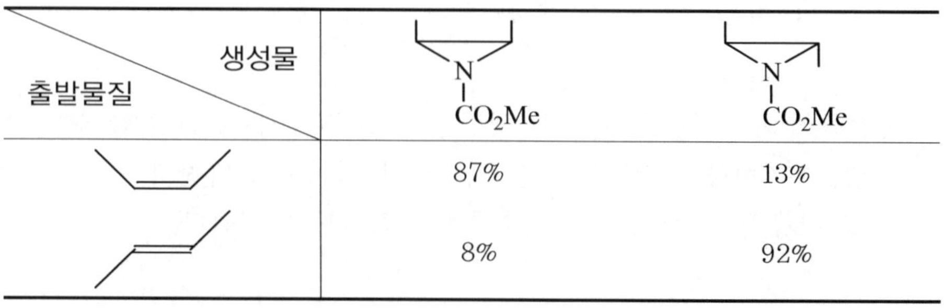

출발물질 \ 생성물	N-CO_2Me (cis)	N-CO_2Me (trans)
cis-2-butene	87%	13%
trans-2-butene	8%	92%

2) 염기에 의한 α-탈리반응

앞에서 설명한 바와 같이 우레탄유도체(12)는 트리에틸아민과 반응하여 나이트렌을 생성한다. 이와 같이 해서 생성한 나이트렌은, 아지드포름산에틸(20)의 광분해로서 생성한 나이트렌과 꼭 같은 거동을 나타내는 것이 알려져 있다. 클로로아민, 알킬클로로아민, 하이드록실아민-O-술폰산 등은 염기와 반응하면, α탈리로서 생성한 나이트렌이 부가한 형태의 생성물을 생성한다. 예를 들면, 다음과 같은 반응이 있다.

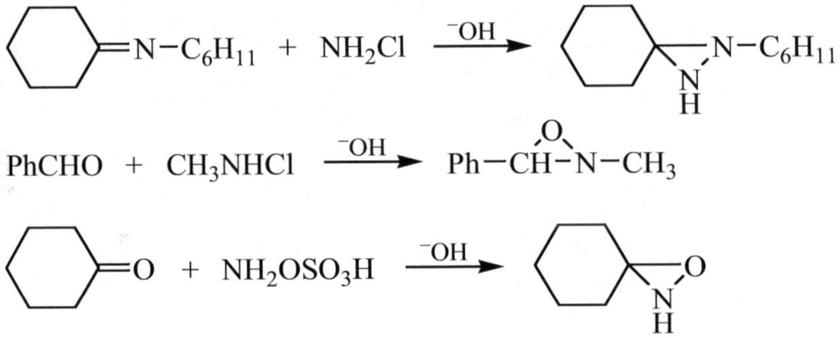

그러나 이들의 반응은 다음과 같은 메카니즘으로서 진행할 가능성이 높다.

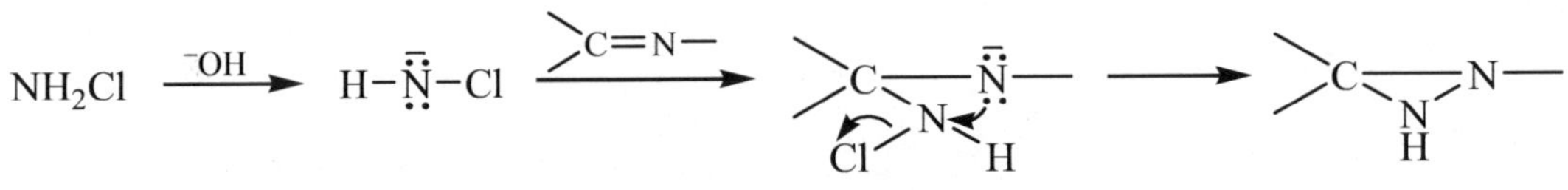

3) 니트로 및 니트로소화합물의 탈산소반응

니트로 및 니트로소화합물은 포스핀, 포스파이트 등의 3가의 인화합물과 반응하여 나이트렌을 생성한다. 예를 들면, 다음과 같다.

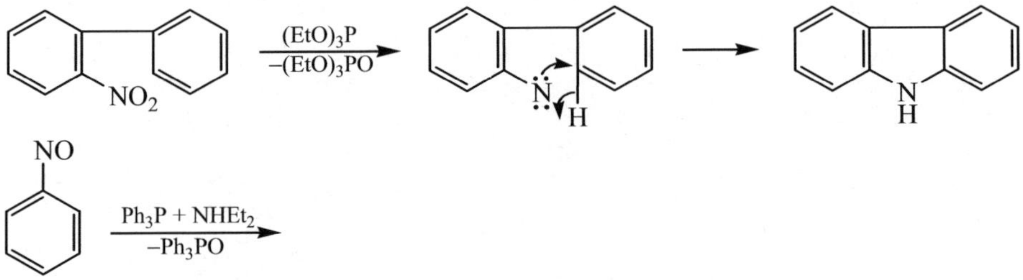

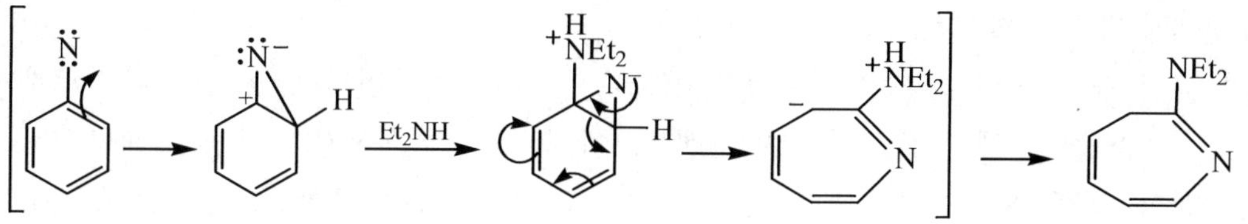
Et2NH
NEt2
H
N

연 습 문 제

01 다음의 화합물에 에탄올중 EtONa를 작용시켰을 때, 얻어지는 생성물은 무엇일까?

1) CH_3CH_2Br
2) $(CH_3)_2CHBr$
3) $(CH_3)_3CBr$
4) $C_2H_5(CH_3)_2CBr$
5) $(CH_3)_3CCH_2C(CH_3)_2Br$
6) $CH_3CH_2\overset{+}{S}(CH_3)_2$
7) $n-C_3H_7CH(CH_3)Br$
8) $ClCH_2CH_2N^+(CH_3)_2-CH_2CH_3$
9)* $C_6H_5CH(CH(CO_2Et)_2)CH_2CO_2C_2H_5$

02 다음의 반응생성물은 무엇일까?

1) $(CH_3)_3COH \xrightarrow{H^+}$

2) 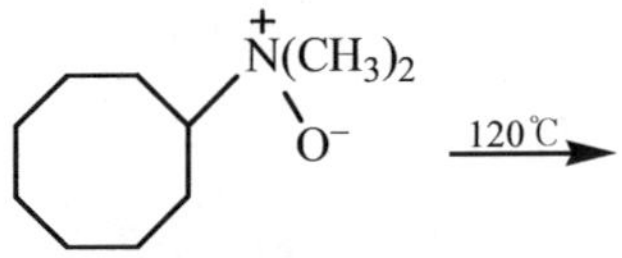

3) 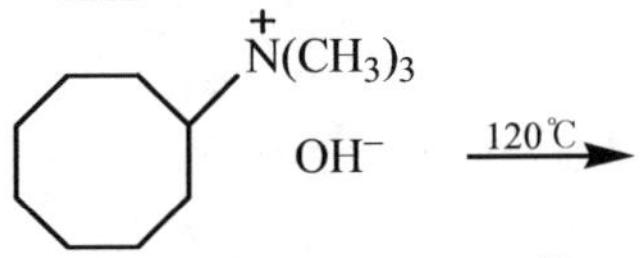

4) $C_2H_5CH(CH_3)-CH(O-CSSCH_3)CH_3 \xrightarrow{180℃}$

5) $C_2H_5CH_2CH_2-N^+(CH_3)_2-CH_2CH_3 \; OH^- \xrightarrow{150℃}$

6) 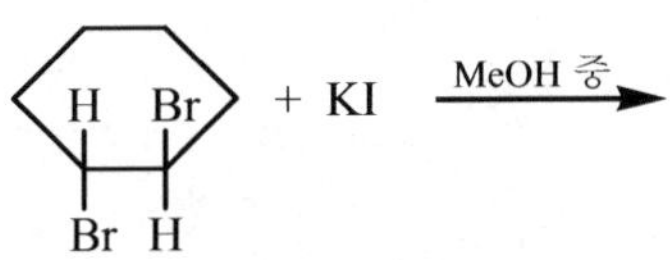

7) $C_2H_5C(CH_3)_2Br \xrightarrow[25℃]{EtOH}$

8) $n\text{–}C_3H_7CH\text{=}NOH + (CH_3CO)_2O \longrightarrow$

9) $CH_3CHBr\text{–}CBr\text{=}CH_2 + Zn \xrightarrow{EtOH}$

10) 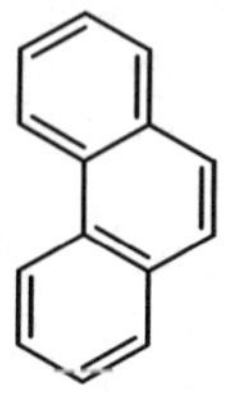 $+ N_2CHCO_2Et \xrightarrow{h\nu}$

11) $(CH_3)_2C\text{=}C(CH_3)_2 + n\text{–}C_4H_9Li + CH_2Cl_2 \longrightarrow$

12) 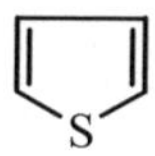 $+ CHCl_3 + KOH \longrightarrow$

13)* $Ph_2C\text{=}CHBr \xrightarrow{NaNH_2}$

14)* $CCl_3CO_2Na +$ 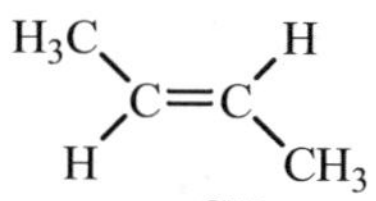 $\xrightarrow{\text{가열}}$

15)* $CCl_3CO_2Et +$ 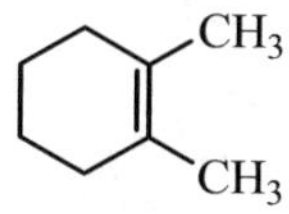 $\xrightarrow[OH^-]{\text{가열}}$

16)* $Ph_2COHCH_2PO(NMe_2)_2 \xrightarrow{\text{톨루엔중비등}}$

17)* $PhCHOHCH_2SONHC_6H_4CH_3(\text{–}p) \xrightarrow{\text{톨루엔중비등}}$

18)* $Ph_2COHCH_2SO\text{–}$ 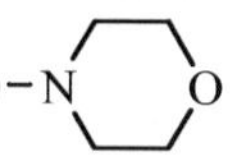 $\xrightarrow{\text{톨루엔중비등}}$

19)* $[Ph_3\overset{+}{P}\text{–}C(\text{=}NOH)COPh]Cl^- \xrightarrow{\text{클로로포름중비등}}$

20)* $[Ph_3\overset{+}{P}\text{–}C(\text{=}NOH)CH_3]Br^- \xrightarrow{\text{클로로포름중비등}}$

03 다음의 반응메카니즘을 생각하여라.

1) $HO\text{–}CH_2\text{–}CMe_2\text{–}CH_2Br \xrightarrow{^-OH} Me_2C = CH_2 + Br^- + CH_2 = O$

2) $(CH_3)_2C(OH)\text{–}C(CH_3)(CH_3OH)\text{–}C(CH_3)_2 \xrightarrow{H_2SO_4} (CH_3)_2CO + (CH_3)_2C = C(CH_3)_2$

3) $CH_3(CH_2)_4CBr = CHCH_3 \xrightarrow[2)\ H^+]{1)\ NaNH_2} CH_3(CH_2)_5C{\equiv}CH$

4) 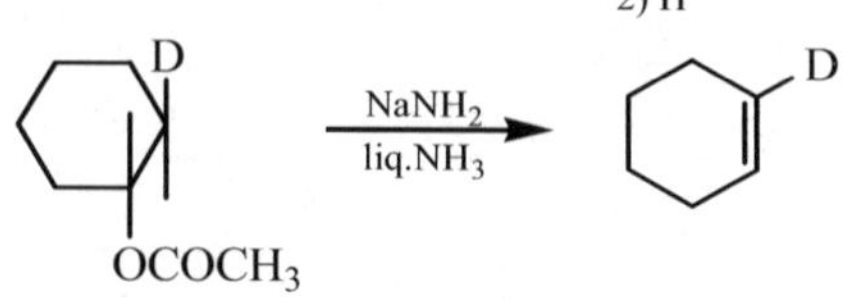

5) 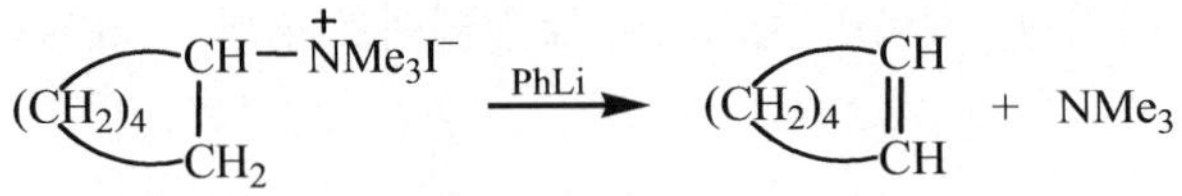

6) 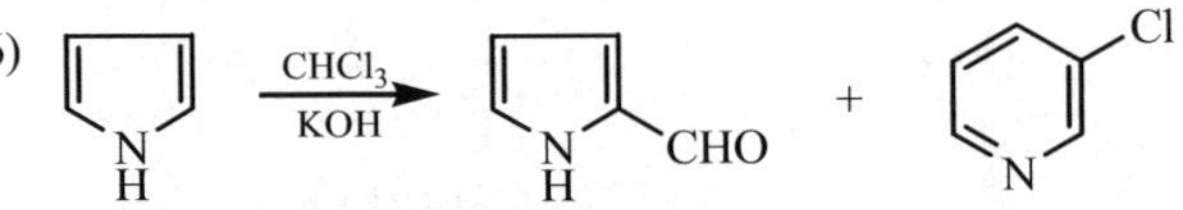

7) $C_6H_5NH_2 + CHCl_3 + KOH \longrightarrow C_6H_5NC$
(카르빌아민반응이라고 말한다)

8) $C_6H_5CH_2SO_2CHClC_6H_5 \xrightarrow{OH^-} C_6H_5CH=CHC_6H_5 + SO_2$

04 다음의 합성경로를 설명하여라.

1) $C_2H_5C(CH_3)_2Br \longrightarrow (CH_3)_2C(OH)-CHBrCH_3$

2) $CH_2{=}C(CH_3)C_2H_5 \longrightarrow (CH_3)_2C{=}CHCH_3$

3) $(CH_3)_3CCl \longrightarrow (CH_3)_3CI$

4) $(CH_3)_3CCl \longrightarrow (CH_3)_2CHCH_2OH$

5) 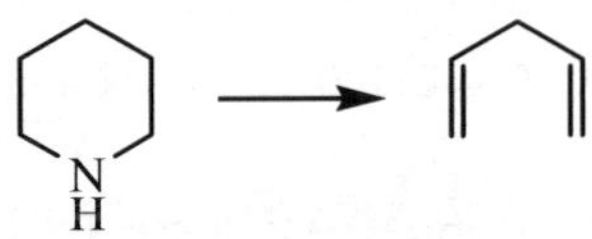

05 다음의 사실을 설명하여라.

1) PhCHMeCMeBrPh의 에리트로이성체를 염기로 처리하면, 주로 trans-올레핀을 생성하지만, PhCMeBrCHMeBr의 에리트로이성체는 주로 cis-올레핀을 생성한다.
2) (a)의 에리트로이성체를 수산화칼륨 수용액으로 처리했을 때에 생성하는 올레핀의 비는, R에 의하여 다음과 같이 변한다.

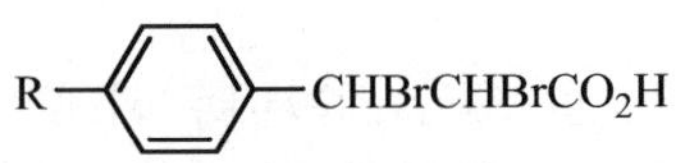
(a)

R	시 스	트란스
H	22%	78%
NO_2	67	33
OCH_3	0	100

3) OTs는 Cl 보다도 좋은 탈리기이지만, 클로라이드(a)는 토실레이트(b)와 그의 E2반응속도가 거의 같다.

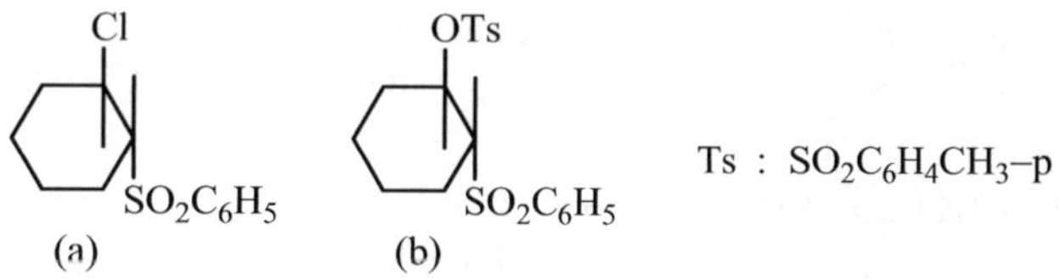

4) $C_6H_5COCHBrCH(C_6H_5)CO_2H$의 에리트로이성체는 피리딘에서 탈카르복실적 탈브롬화를 받지만, 그의 트레오이성체는 단순히 탈브롬화수소할 뿐이다. 에리트로이성체, 트레오이성체는 C_6H_5CO와 C_6H_5를 같은 기라고 했을 때로서 생각하여라.

5) $PhCH(OCOCH_3)CHDPh$의 열분해에서 에리트로이성체로부터 생성하는 trans–스틸벤에는 D가 그대로 남아있지만, 트레오이성체로부터 생성하는 trans–스틸벤에는 D가 거의 없다.

6) 2,3–디브로모부탄의 메소이성체를 아세톤중 KI로서 처리하면 trans–2–부텐을 생성하며, 라세미이성체는 cis–2–부텐을 생성한다. 이것과 반대로, 1,2–dibromo–1,2–dideuteroethane의 메소이성체는 같은 시약으로 처리하면 cis–1,2–dideuteroethylene을 생성한다.

06 다음의 염화물의 E1반응과 E2반응에 있어서 생성물은 무엇일까? E1반응과 E2반응에서는 어느 쪽이 빠르다고 생각되는가? 또한 양쪽의 반응에서의 주생성물은 각각 무엇일까?

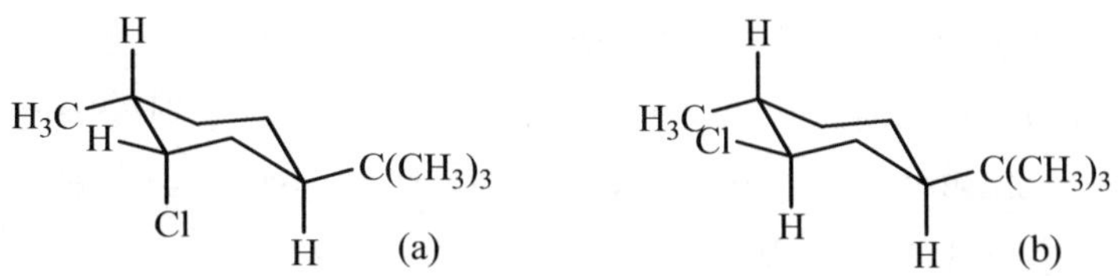

07 시클로펜타논-1-^{14}C를 오염화인, 알칼리로서 순서대로 처리하면, 1-클로로시클로펜텐-1-^{14}C를 생성한다. 이것을 페닐리튬과 120℃에서 처리하면, ^{14}C로서 표지된 1-페닐시클로펜텐을 생성하며, 이것을 격렬하게 산화하면 벤조산으로 된다. 이 벤조산의 카르복시기의 탄소에는 1-페닐시클로펜텐의 정확히 반절의 ^{14}C가 함유되어 있다. 이상의 실험사실로부터 1-페닐시클로펜텐의 생성메카니즘을 추정하여라.

08* 다음의 조합에 의한 에탄올중의 탈리반응에서 물을 증가하는 것에 따라서 반응속도는 어떻게 변할까?

1) $OH^- + (CH_3)_2CHBr$
2) $OH^- + (C_2H_5)_3S^+$
3) $H_2O + C_6H_5(CH_2)_2N(CH_3)_3$

09* 다음의 2개의 반응의 차이를 설명하고, 앞의 반응에서의 올레핀의 구조를 써라.

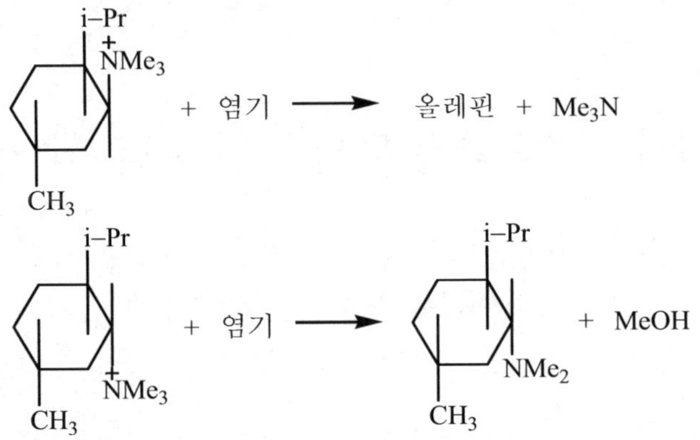

친핵적 부가 및 부가-탈리반응 08

8-1. 카르보닐화합물의 기본적 성질

카르보닐기는 (1)식에 나타낸 바와 같이 탄소가 正으로 분극한 이중결합이다. 따라서 인접한 결합으로부터 전자를 흡인하여 엔올화를 일으킴과 동시에, 카르보닐기의 탄소는 친핵적인 부가반응을 받으며, 산소는 친전자적인 부가반응을 받는다.

(1)

이와 같은 기본적인 성질에 기인하여 카르보닐화합물이 나타내는 다양한 반응을 아래와 같이 분류할 수 있다.

8-1-1. 케토-엔올평형

카르보닐기는, 그의 전자흡인성에 의하여 인접의 C-H결합을 활성화시키고, 그의 결합의 산성도를 증가시켜 일부분 엔올체를 생성한다. 이것을 호변이성화라고 말하고, 이와 같은 호변이성은 산 및 염기에 의하여 접촉된다. 아세톤을 예로 들어서 그의 메카니즘을 설명한다.

산촉매 $$HA + H_2O \rightleftharpoons H_3O^+ + A^-$$

$$CH_3\overset{O}{\overset{\|}{C}}CH_3 + H_3O^+ \rightleftharpoons CH_3\overset{^+OH}{\overset{\|}{C}}CH_3 + H_2O$$

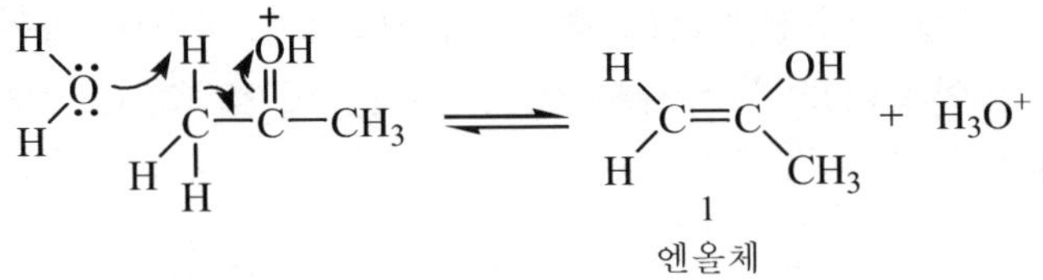

염기촉매 $B: + H_2O \rightleftharpoons OH^- + BH^+$

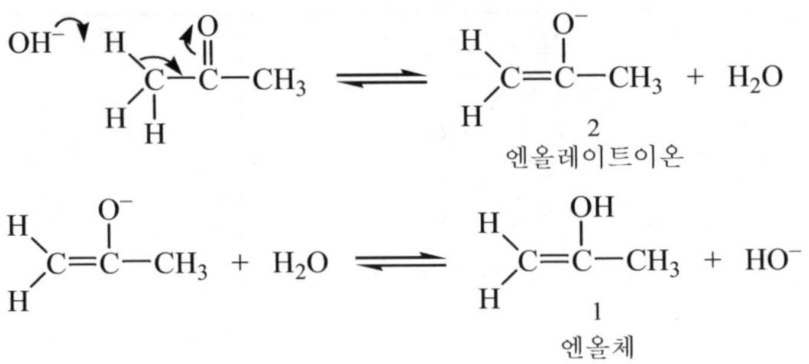

아세톤의 브롬화를 일정한 pH의 수용액에서 행하면, 그의 반응속도는 아세톤과 산 혹은 염기의 농도에 각각 1차로서 의존하며, 브롬의 농도에는 의존하지 않는다. 또한, 요오드화도 마찬가지의 속도인 점으로부터, 할로겐은 엔올체(1)과 반응한다고 생각된다. 염기촉매의 경우는, 실제로 엔올레이트이온(2)로 되지만, 엔올체(1)과의 구별은 곤란하다. 이 반응은 광학활성인 sec-부틸페닐케톤(3)으로서 상세히 연구되었기 때문에, 다음에 그의 반응식을 나타낸다.

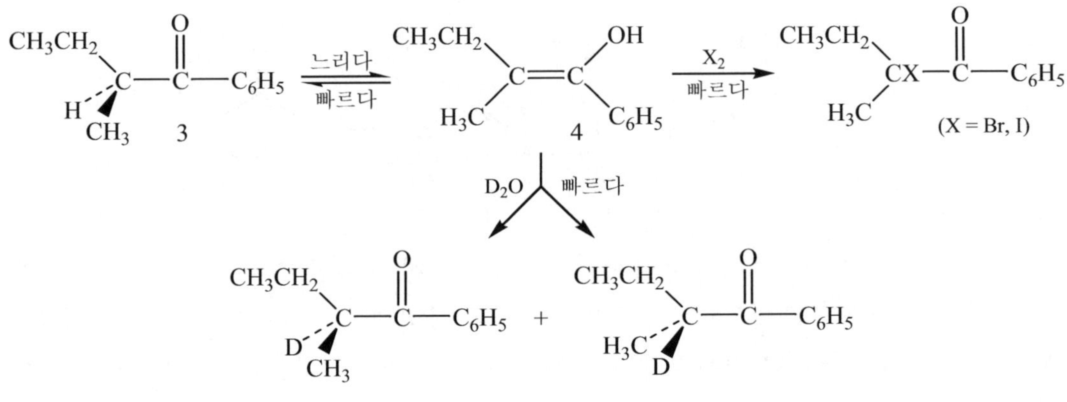

(3)의 산촉매에 의한 요오드화와 라세미화의 속도는 같은 조건하에서 같으며, 더욱 염기촉매에 의한 브롬화, 중수소화와 라세미화의 속도도 같다라고 하는 사실이 밝혀졌다.

이들은 (4)의 생성을 율속단계라고 하는 메카니즘에 의하여 설명된다. 케토-엔올평형은 α-탄소에 전자흡인성기를 치환하면 엔올형으로 치우친다고 생각되지만, 그의 실측치를 표 8-1에 나타낸다.

‖ 표 8-1 ‖ 평형에 있어서 엔올체의 함량(순물질)

CH_3COCH_3	0.00025(%)
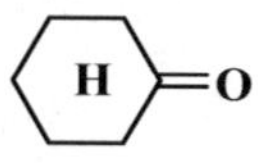	0.020
$CH_3COCH_2COCH_3$	80
$CH_3COCH_2CO_2C_2H_5$	7.5
$CH_3CO \cdot COCH_3$	0.0056
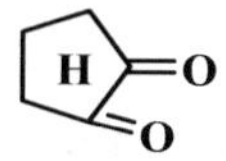	100

비아세틸과 1,2-시클로펜탄디온의 차이는, 주로 입체구조에 유래한다라고 생각된다. 비아세틸의 카르보닐기의 쌍극자의 반발은 최소로 되어 있지만, 고리화합물에서는 이 반발이 매우 크며, 엔올체의 산소와 잔존하는 카르보닐기는 공액하지 않지만, 엔올체로 되어 안정화한다. 수소결합의 생성도 일부는 기여하고 있다.

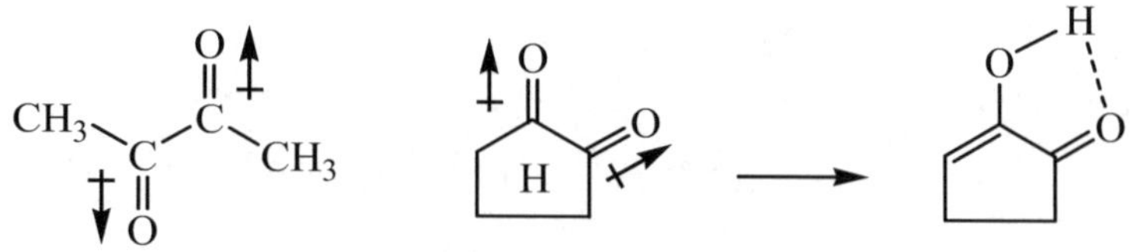

엔올체를 중간체로 하는 반응은, 율속단계가 엔올생성 자체인 경우가 많으며, 더욱 엔올레이트이온은 중요한 역할을 하는 카르바니온과의 공명체이기 때문에, 각종 화합물의 수용액 중에 있어서 프로톤탈리(카르바니온 생성)의 속도와 평형상수를 표 8-2에 나타낸다.

표 8-2에 나타낸 모든 속도와 평형상수간에는 간단한 상관관계는 없지만, 유사한 화합물중에서는 치환기의 전자흡인성이 클수록 평형상수가 크다.

‖표 8-2‖ 프로톤탈리의 속도와 평형상수

$$RH + H_2O \underset{k_2}{\overset{k_1}{\rightleftharpoons}} R^- + H_3O^+$$

(K= k_1/k_2, 수용액 25℃)

	k_1 (sec^{-1})	K
CH_3COCH_3	4.7×10^{-10}	10^{-20}
CH_3COCH_2Cl	5.5×10^{-8}	3×10^{-17}
$CH_3COCHCl_2$	7.3×10^{-7}	10^{-15}
$CH_3COCH_2COCH_3$	1.7×10^{-2}	1.0×10^{-9}
$CH_3COCH_2CO_2C_2H_5$	1.2×10^{-3}	2.1×10^{-11}
$CH_3CO_2C_2H_5$	–	3×10^{-25}
$CH_2(CO_2C_2H_5)_2$	2.5×10^{-5}	5×10^{-14}
$CH_2(CHO)_2$	–	1×10^{-5}
CH_3CONH_2	3×10^{-14}	10^{-25}
CH_3CN	7×10^{-14}	10^{-25}
$CH_2(CN)_2$	1.5×10^{-2}	6.5×10^{-12}
CH_3NO_2	4.3×10^{-8}	6.1×10^{-11}

엔올레이트이온은 할로겐화알킬에 의하여 알킬화된다. 이 반응은 엔올레이트이온에 의한 할로겐화알킬에 대한 S_N2반응이지만, 이 때 엔올레이트이온은 부분음전하를 띤 탄소와 산소와의 2곳에 알킬화를 받을 가능성이 있다. 합성적으로 중요한 아세토아세트산에스테르나 말론산에스테르에서는 C-알킬화가 우세하다. 대부분의 음전하는 산소원자상에 편재하고 있지만, 결합생성의 전이상태의 에너지가 높기 때문에 C-알킬화가 일어난다(제4장 10절 후반 참조).

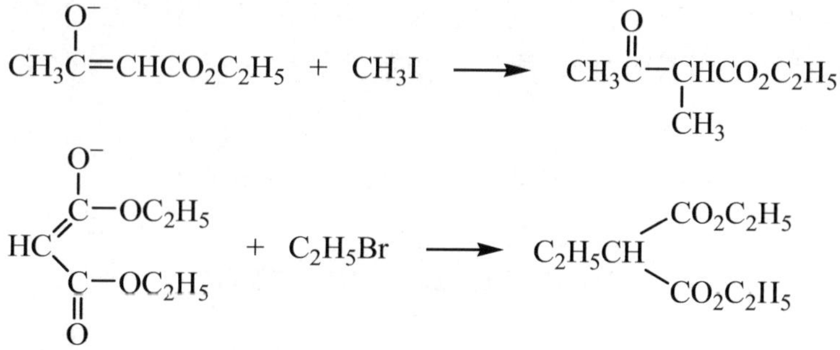

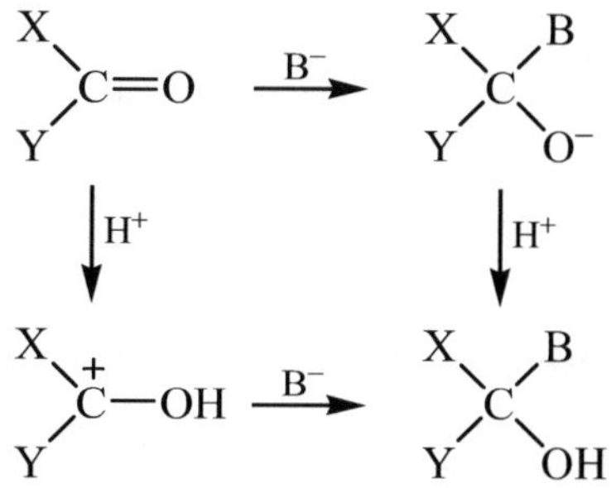

▮그림 8-1▮ 친핵적 부가반응

활성이 강한 시약의 경우에는 O-알킬화가 일어난다. 예를 들면 프로톤의 부가는, 최초는 빠르게 산소상에 일어나 엔올이 생성하며, 이것이 케토형으로 서서히 전위하는 것이다. 또한, 다음과 같은 예에서, 활성이 큰 할로겐화에테르는 O-알킬화를 일으킨다.

8-1-2. 친핵적 부가반응

친핵시약이 카르보닐기의 탄소에 부가한 후, 음전하를 띤 산소에 프로톤이 부가하는 반응은 명확하지만, 친전자시약(프로톤을 함유하는 Lewis산)도 또한 카르보닐기에의 부가반응에 관여한다. 이 경우는, 친핵시약과 탄소의 반응보다 먼저 친전자시약이 산소에 배위하는 것이다. 이 관계를 그림 8-1에 나타낸다.

후자의 하나의 예로서 아세트알데히드의 산촉매에 의한 수화반응이 있다. 아세트알데히드는, 평형에 있어서는 58% 수화하고 있지만, 그의 속도는 pH 7에서는 느리고, pH 4 및 pH 11에서는 상당히 빠르다(염기촉매도 받는다). 산촉매반응의 율속단계는 (2)식으로 나타내는 바와 같이, 프로톤이 부가한 카르보닐기에의 중성의 물이 부가(친핵시약)하는 반응이다.

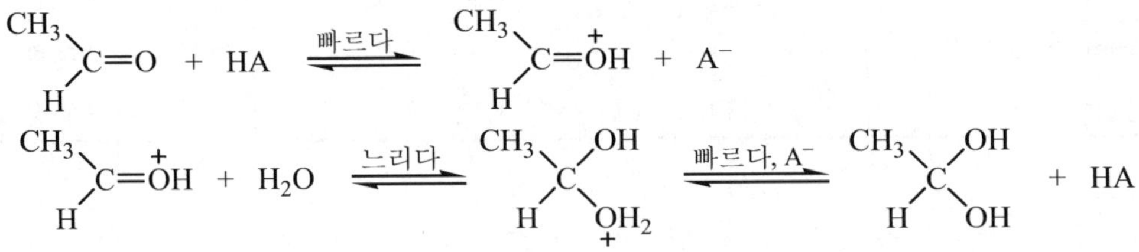

(2)

염기촉매의 하나의 예로서 시아노하이드린의 생성이 있다. 이 반응은 아민 등의 염기에 의하여 접촉되며, 다음과 같은 메카니즘으로 진행한다.

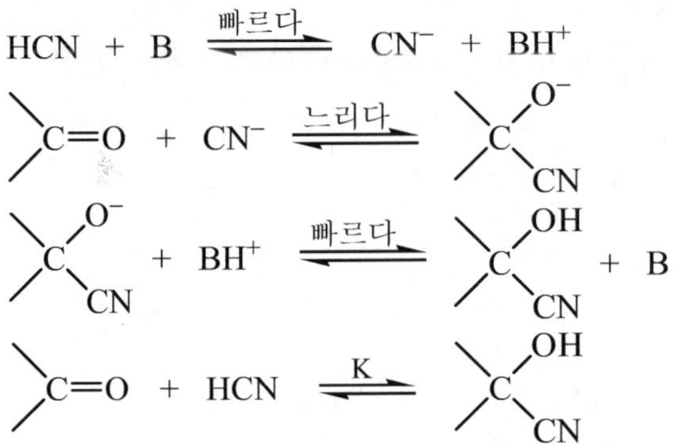

(3)

(3)식의 평형상수가 많은 카르보닐화합물에 있어서 측정되었으며, 각각의 화합물의 “카르보닐성”의 하나의 표적이라고 생각된다(표 8-3).

‖표 8-3‖ 시아노하이드린의 생성상수

카르보닐화합물	K, (3)식	카르보닐화합물	K, (3)식
CH_3CHO	너무커서측정불능	cyclo-$C_5H_{10}C=O$	10000
p-$NO_2C_6H_4CHO$	1430	cyclo-$C_6H_{12}C=O$	75
C_6H_5CHO	210	$CH_3COCH_2CH_3$	38
p-$MeOC_6H_4CHO$	32	$C_6H_5COCH_3$	0.77
p-$Me_2NC_6H_4CHO$	2.6	$C_6H_5COC_6H_5$	너무작아서측정불능
cyclo-$C_4H_8C=O$	500	$CH_3CO_2C_2H_5$	너무작아서측정불능

생성상수가 클수록 카르보닐기의 반응성이 크다. 아세트알데히드와 메틸에틸케톤의 생성상수의 차이는, 대부분 에틸기의 입체장해에 유래한다. 메틸에틸케톤과 아세토페논의 차이는, 일부는 입체인자(페닐기는 에틸기 보다 약간 크다)에 의하지만, 대부분은 벤젠고리와의 공액에 의한 전자적 효과이다. 전자적 효과는 파라치환벤즈알데히드를 비교하면 알 수 있다. 전자흡인성기는 카르보닐탄소의 전자밀도를 감소시키고, 반응성을 증대시킨다. 전자공여성기는 그의 반대이다. 하나의 카르보닐화합물에 대한 친핵적 부가반응의 평형의 위치는 친핵시약에 따라서 다르다. 제1장의 표 1-1에 나타낸 결합에너지의 값과, 알데히드의 카르보닐기의 결합에너지의 값(176kcal/mol)으로부터, ΔH를 계산하면 그림 8-2와 같이 되며, 산소, 질소, 탄소에 따라서 평형은 오른쪽으로 치우친다.

(결합에너지로부터 계산한 ΔH)

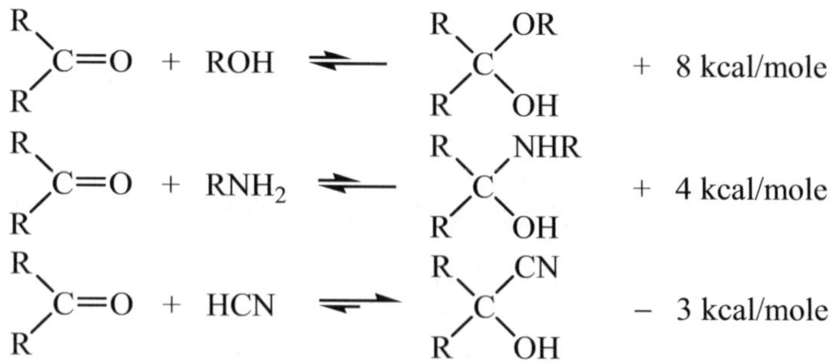

‖그림 8-2‖ 친핵적 부가반응에 있어서 평형

8-1-3. 친핵적 부가-탈리반응

친핵적 부가반응에 의하여 생성하는 4가의 탄소화합물이 불안정한 경우는, 그림 8-3에 나타내는 바와 같이, 원자단 Y가 탈리하는 경우가 있다. 이와 같은 반응을 부가-탈리반응이라고 말한다. 이것에 속하는 반응에서 메카니즘이 상세히 연구검토된 것은, 염기 및 산촉매에 의한 에스테르의 가수분해이다. 에스테르의 알칼리에 의한 가수분해에 대해서는 제2장 5절에서 설명했기 때문에, 여기서는 간단히 그 결론만을 설명하기로 한다.

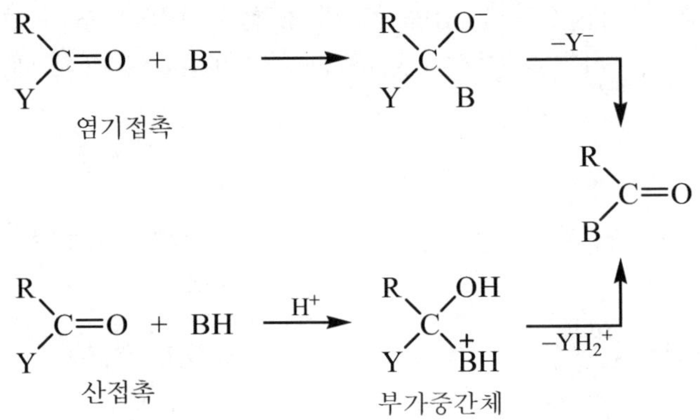

❙그림 8-3❙ 친핵적 부가-탈리반응

즉, 에스테르의 아실산소결합이 개열하는 경우는, 산촉매나 염기촉매 모두 부가중간체 (5)를 경유하며, 이것으로부터 알코올이 탈리하여 카르복시산이 생성되는 것을 증명했다.

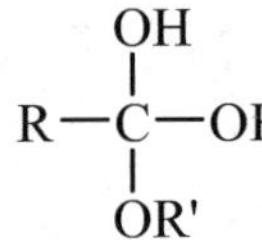

5

아미드도 염기 및 산에 의하여 가수분해되지만, 산촉매 쪽이 빠르다. 이 경우도 (4)식과 같이 부가중간체를 경유하지만, 중산소를 사용한 실험으로 증명되었다.

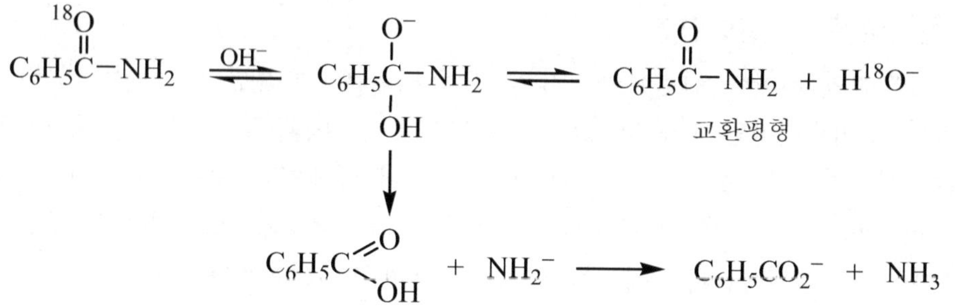

(4)

산촉매의 경우에도 부가중간체를 경유한다라고 생각되지만, 회수한 아미드중의 ^{18}O의 함량은 감소되지 않는다. 이것은 NH_3가 NH_2^-보다 탈리능력이 크기 때문이라고 생각된다.

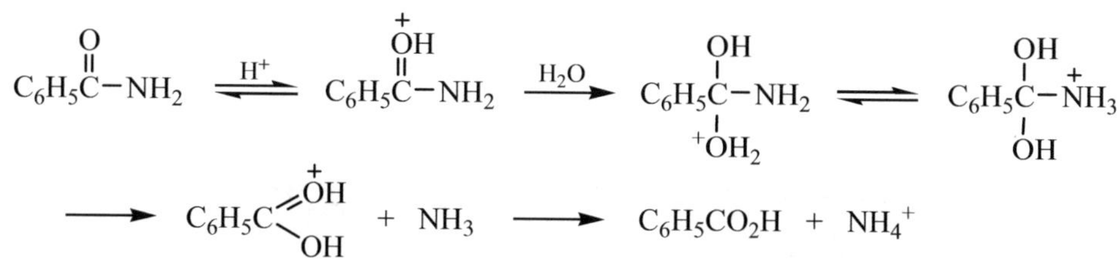

산염화물이나 산무수물의 경우에도, 이들과 마찬가지로 부가중간체를 거쳐 탈리에 의하여 가수분해가 일어난다라고 생각되고 있다. 이와 같이, RCOY에 있어서 각종의 Y의 리능력의 순위는 Y의 친핵성의 역으로서, 주기율표에서 오른쪽으로 진행할수록 커진다. 즉, $Y = R_3C^- < R_2N^- < RCON^-R < RO^- < RCO_2^- < X^-$로 된다. 이것과는 반대로 일정한 화합물에 대한 각종 친핵시약의 반응속도를 비교하여, 각종 시약의 친핵성의 검토가 행해졌다. 친핵성의 순서는 친핵반응을 받는 물질(포화탄소, 방향족, 카르보닐기, 헤테로원자 등)에 의해서도, 더욱 반응용매에 의해서도 변하지만, 여기서는 상기의 사실과 관련하여, 아세트산p-니트로페닐과 친핵시약의 반응속도(친핵성, nucleophilicity)를 수용액 중에서 측정한 값과 친핵시약의 pKa의 관계를 그림 8-4에 나타냈다.

그림에서 기울기는 0.8의 직선으로 되었고, 염기성이 가장 중요한 인자이다. HOO^-, CH_3OO^- 및 N_3^-이 이상하게 커다란 친핵성을 나타내는 것은, 이들에게는 분극율의 기여가 있기 때문이라고 생각되지만, α효과(반응점의 인접원자상에 있는 고립전자쌍의 효과)의 기여도 있다라고 생각된다. NH_2-NH_2 및 NH_2OH이 이상하게 커다란 친핵성을 나타내는 것은, 주로 α효과에 유래한다라고 생각된다.

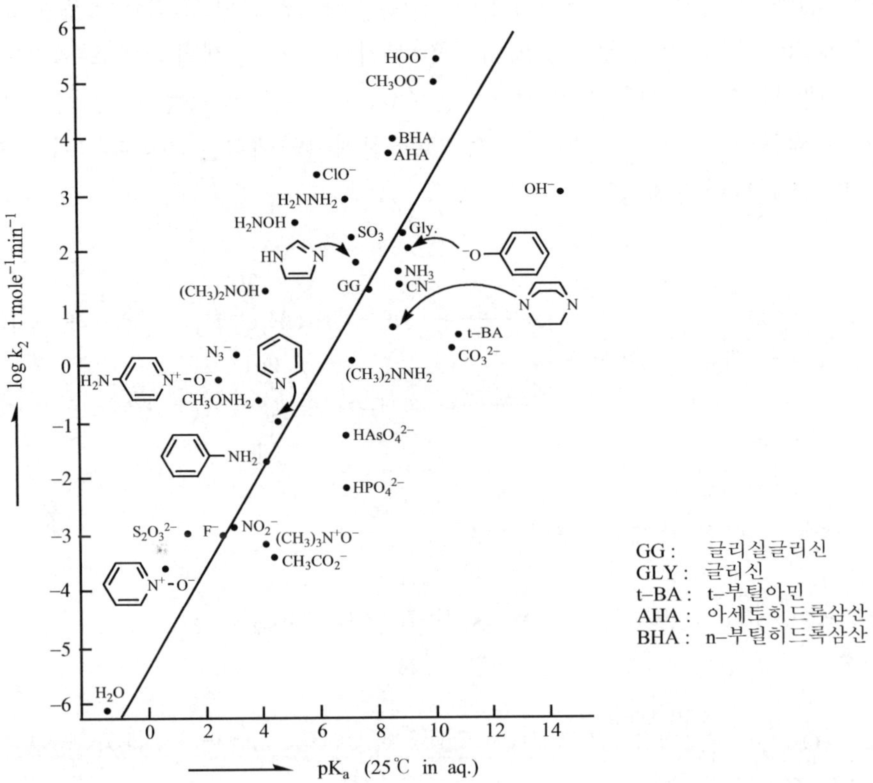

▌그림 8-4▌ 아세트산-p-니트로페닐과 친핵시약의 반응속도(k_2)와 염기성의 관계

8-1-4. 공액카르보닐화합물에의 부가반응

카르보닐기가 불포화결합과 공액하고 있으면, 공명에 의하여 그의 전자적 효과를 β 위치의 탄소 등에 영향을 끼친다. 친핵시약의 공액부가의 메카니즘은 (5)식과 같이 나타낸다.

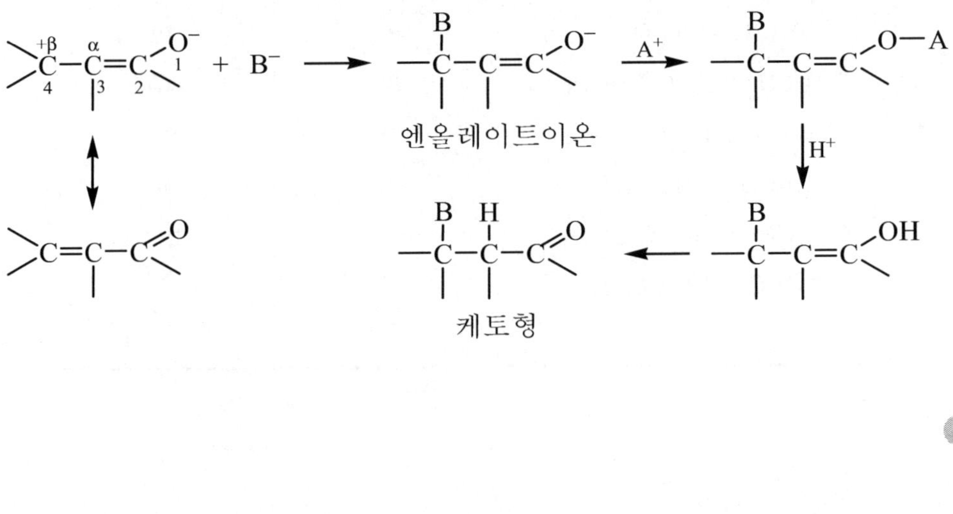

(5)

이와 같은 계에 있어서는, 탄소원자의 $\delta+$성은, 카르보닐탄소 쪽이 β탄소보다도 크기 때문이라고 생각되지만, 직접부가(1,2)와 공액부가(1,4)가 경쟁반응으로 되기도 하고, 혹은 한쪽만이 관찰되기도 한다. 일반적으로는 Grignard시약과 같은 강한 친핵시약에서는 직접부가가 우세하며, 아민과 같은 비교적 약한 친핵시약에서는 공액부가가 우세하다. 아래에 그의 반응예를 나타낸다.

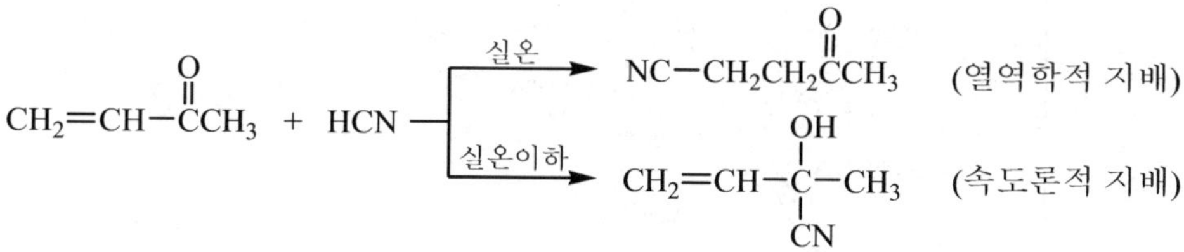

CN^-은 친핵성이 강하다(제4장 6절 참조).

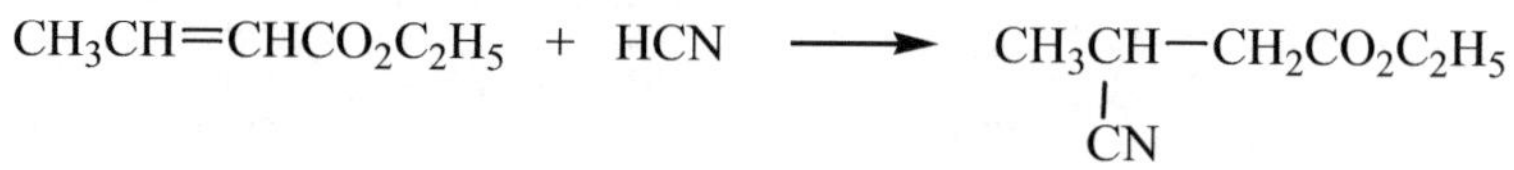

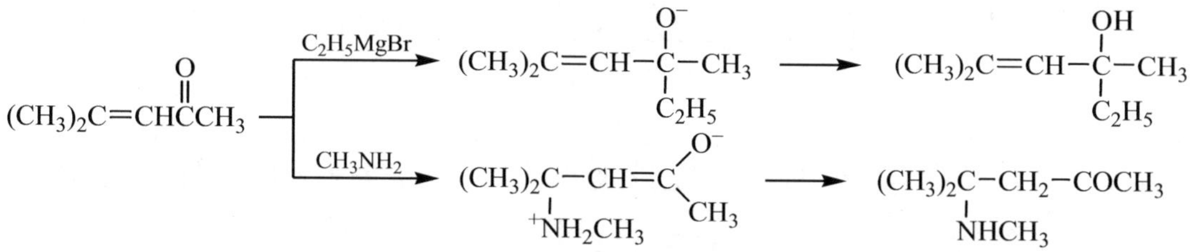

‖표 8-4‖ α,β-불포화화합물과 브롬화페닐마그네슘과의 반응

	직접부가(%)	공액부가(%)
$C_6H_5CH=CHCHO$	100	0
$C_6H_5CH=CHCOCH_3$	88	12
$C_6H_5CH=CHCOCH_2CH_3$	60	40
$C_6H_5CH=CHCOCH(CH_3)_2$	12	88
$C_6H_5CH=CHCOC_6H_5$	6	94
$C_6H_5CH=CHCOC(CH_3)_3$	0	100
$C_6H_5C(CH_3)=CHCOC_6H_5$	56	44

α,β-불포화화합물과 브롬화페닐마그네슘과의 부가물의 비율을 표 8-4에 나타낸다.

일반적으로 시약의 친핵성이 강해지고, β위치의 입체장해가 크면, 직접부가가 증가하고, 공액부가는 그의 반대로 된다. 이상으로 카르보닐화합물의 기본적 성질을 설명했기 때문에, 앞으로는 그에 상당하는 실제적인 예를 간단히 열거한다.

8-2. 헤테로원자를 친핵시약으로 하는 카르보닐화합물에 대한 부가 및 부가-탈리반응

8-2-1. 친핵적 부가반응

질소, 산소 혹은 할로겐 등의 친핵시약이 카르보닐기에 부가한 화합물이 직접 단리되는 경우에는, 카르보닐기에 인접하여 강한 전자흡인성기가 있는 경우만으로서 실제적으로는 적다. 예를 들면, (6), (7), (8)등이 있다.

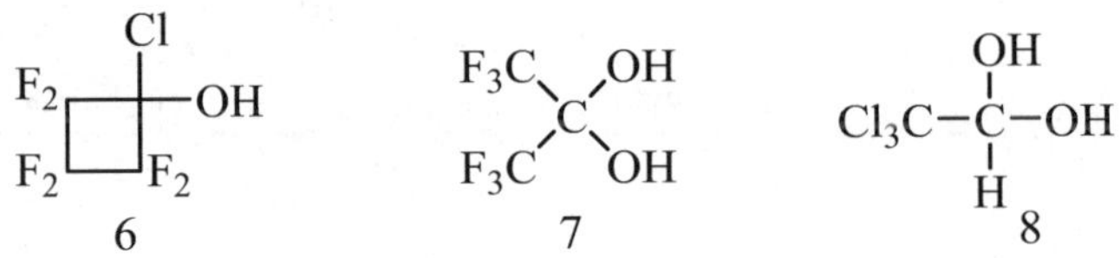

대개의 경우는 그림 8-5에 나타낸 바와 같이 탈수반응에 의하여 안정화한 경우에만 단리된다. 즉,

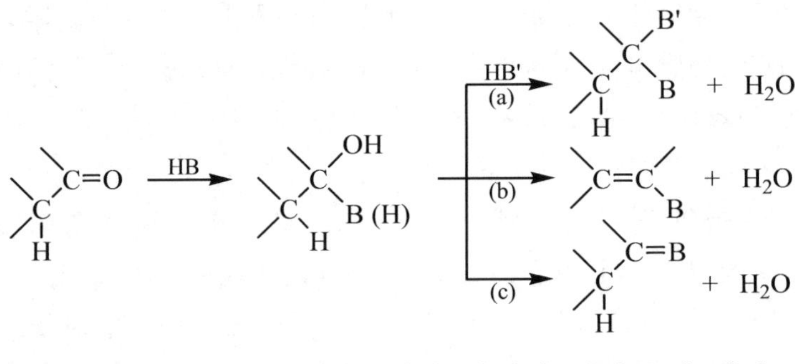

▌그림 8-5▐ 부가반응에 의한 안정한 화합물의 생성

(a) 제2의 친핵시약과의 분자간 탈수반응
(b) α-탄소상에 프로톤을 함유하는 분자내 탈수반응
(c) 헤테로원자상에 프로톤을 함유하는 분자내 탈수반응

경로(a)는 일반적으로 산촉매반응이다. 다음에 실제적인 예를 나타낸다.

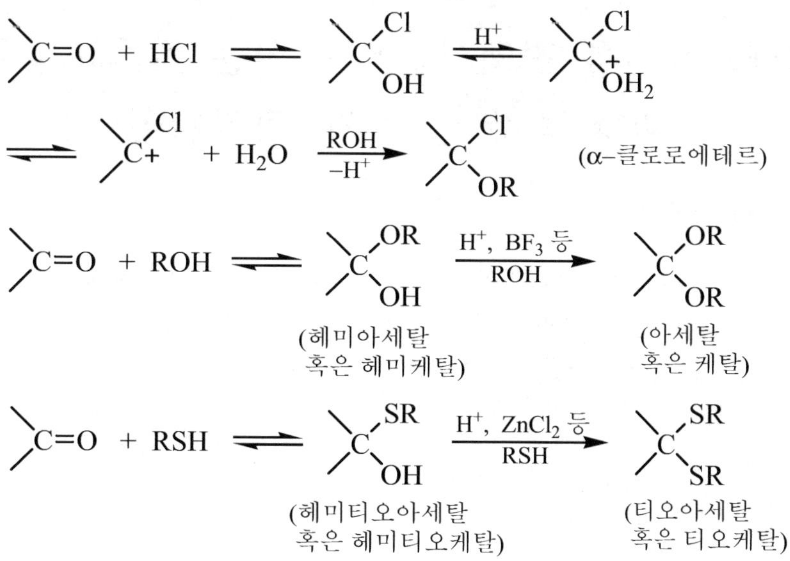

이들의 반응은, 부가중간체에 더욱 반응하여 4가의 단일결합의 화합물이 생성하기 때문에, 입체효과가 현저하다. 아세탈의 생성은 아세트알데히드와 1차알코올에서는 일반적으로 용이하지만, 2차 혹은 3차알코올과는 일부밖에 반응하지 않는다. 케톤은 1차알코올과도 케탈의 생성은 곤란한 것이 있다. 그러나 오르토에스테르[예, $HC(OC_2H_5)_3$]에 산촉매반응을 행하면, 케톤은 간단히 케탈을 생성한다. 더욱 1,2- 혹은 1,3-글리콜을 사용하면, 케탈 생성은 용이해 진다. 케탈이나 아세탈은 카르보닐기의 보호를 위해서도 중요하다. 예를 들면, 그림 8-6에 나타내는 바와 같이, 케탈의 생성에 의하여 니트릴을 환원할 때 케톤이 보호된다.

산성인 아황산나트륨의 진한 수용액은 알데히드, 메틸케톤 및 수종의 고리케톤과 비수용성의 부가물을 생성한다. 이 반응은 (6)식으로 나타내는 바와 같이, 부가물은 산 혹은 알칼리에서도 원래의 카르보닐화합물을 재생하기 때문에, 이들의 화합물의 정제에 이용되고 있다.

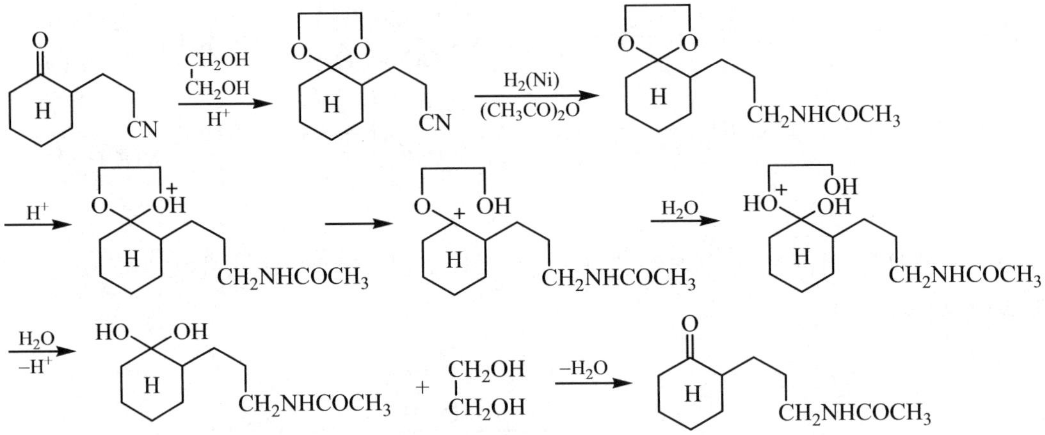

그림 8-6 케탈생성에 의한 카르보닐기의 보호

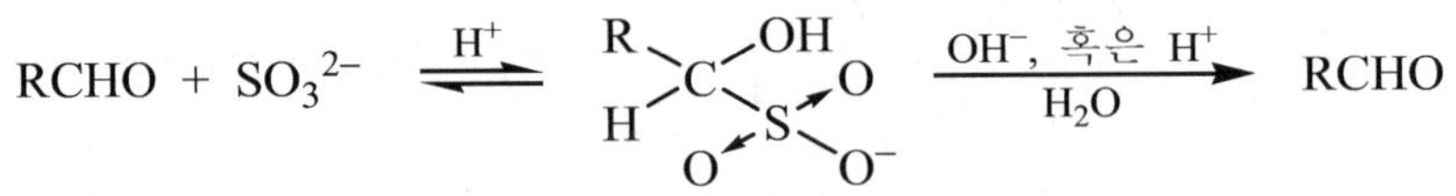

9 (6)

부가물(9)의 생성의 평형상수는 다음의 순서로서 감소한다. 일반적으로 알데히드쪽이 케톤 보다 반응성이 크며, 케톤에는 입체장해가 현저하다.

$$CH_3CHO > C_2H_5CHO > C_6H_5CHO > CH_3COCH_3 > C_2H_5COCH_3 > (CH_3)_3CCOCH_3$$

그림 8-5의 경로(b), (c)는 부가-탈리형반응이라고 생각하는 것이 적절하다라고 생각되기 때문에 뒤에서 설명하기로 한다.

케텐 및 이소시아네이트도, 다음 식과 같이 엔올체를 거쳐 이성화하며, 안정한 카르보닐화합물을 생성한다.

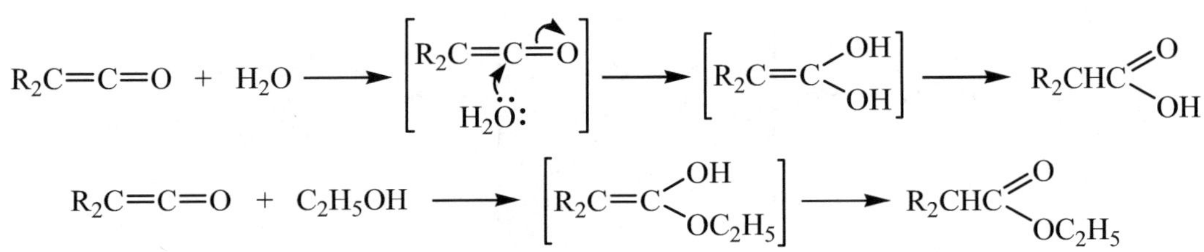

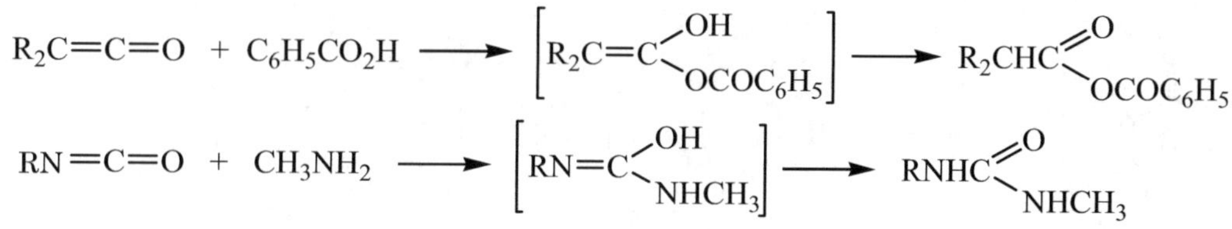

케텐 그 자신은 아세톤의 열분해에 의하여 합성되며, 무수아세트산이나 아세토아세트산에틸의 원료로 된다.

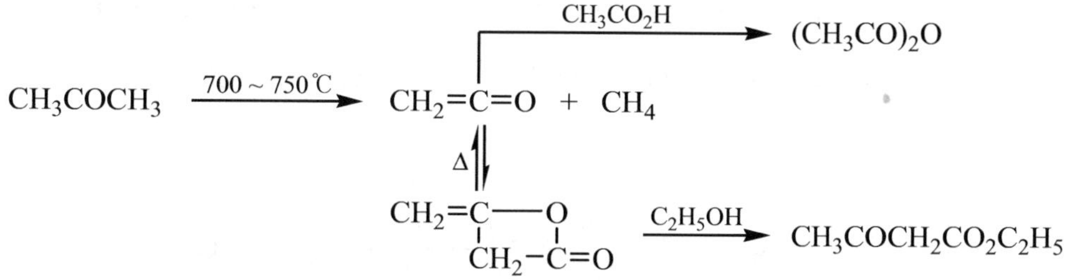

불포화카르보닐화합물에의 공액부가생성물은, 일반적으로 직접 부가화합물 보다 안정하다. 이하에 그 실제적인 예를 나타낸다.

공액부가는 카르보닐기뿐만이 아니고, 강한 전자흡인성기에 의해서도 가능하다. 예 : $-NO_2$, $-SO_2R$, $-CN$ 등(제3장 4절 참조).

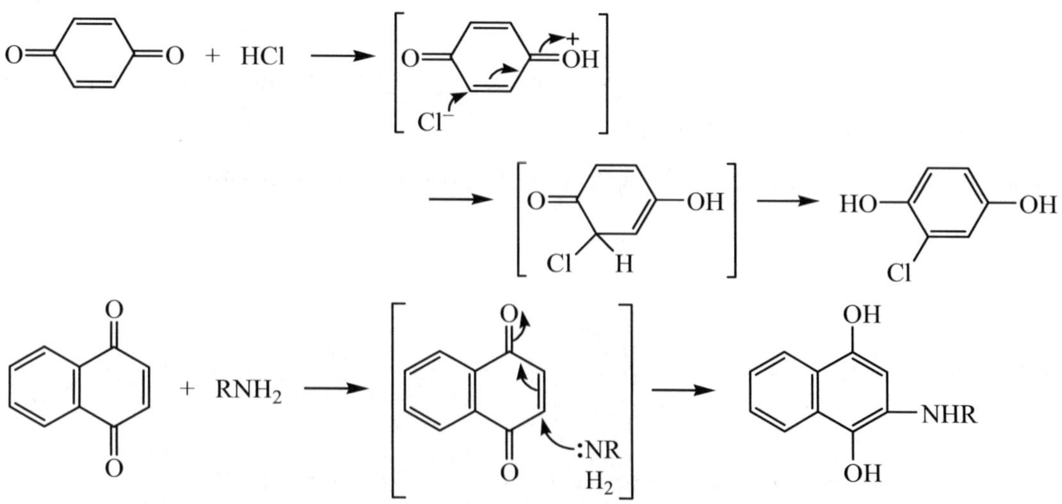

$$CH_3CH{=}CHCHO + 3C_2H_5OH \xrightarrow{H^+} CH_3CH(OC_2H_5){-}CH_2CH(OC_2H_5)_2$$

$$CH_2{=}CHCN + HOCH_2CH_2SH \longrightarrow HOCH_2CH_2SCH_2CH_2CN$$

$$CH_2{=}CHCO_2C_2H_5 + (HOCH_2CH_2)_2NH \longrightarrow (HOCH_2CH_2)_2N{-}CH_2CH_2CO_2C_2H_5$$

8-2-2. 부가-탈리반응

그림 8-5의 경로(b)의 반응은 알코올이나 메르캅탄에서는 일어나지 않지만, 2차아민의 경우는 엔아민합성으로서 중요하다. 카르보닐기의 인접위치에 알킬화가 일어난다.

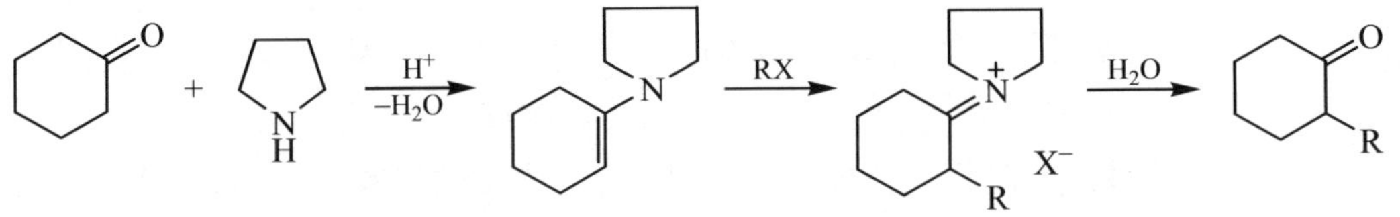

그림 8-5의 경로(c)는 1차아민에 특유한 반응이다. 일반식 R-NH_2로 표시되는 다수의 화합물이 경로(c)에 따라서 탈수축합하여 >C=N-R형태의 화합물을 생성한다. 그의 반응예를 표 8-5에 나타낸다.

▮표 8-5▮ 알데히드 및 케톤의 아민유도체

아민류		생성물	생성물의 분류명
H_2N-R	1차아민	$R_2C=NR$	시프염기
H_2N-NH_2	하이드라진	$R_2C=NNH_2$	하이드라존
		$R_2C=N-N=CR_2$	아진
$H_2N-NHC_6H_5$	페닐하이드라진	$R_2C=NNHC_6H_5$	페닐하이드라존
$H_2N-NH-C_6H_3-(NO_2)_2-2,4$	2,4-디니트로페닐하이드라진	$R_2C=NNH-C_6H_3-(NO_2)_2-2,4$	2,4-디니트로페닐하이드라존
$H_2N-NHCONH_2$	세미카르바지드	$R_2C=NNHCONH_2$	세미카르바존
H_2N-OH	하이드록실아민	$R_2C=NOH$	옥심

이들의 화합물은 일반적으로 결정성이 좋으며, 단리하기 쉽기 때문에, 카르보닐화합물의 구조를 확인하기 위한 유도체로 사용된다. 일반적으로 아세트산 등의 약산 혹은 묽은 무기산을 촉매로 사용하고 가열하면 얻어진다. 아세토옥심의 생성을 예로 들어서 그림 8-5의 경로(c)를 상세히 생각하면 아래와 같다.

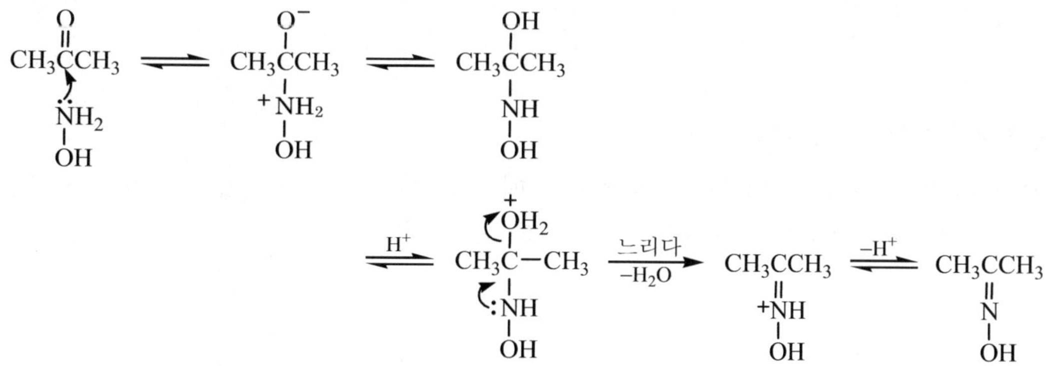

pH 6~7 이상에서는, 부가의 단계가 빠르고, 탈수가 율속단계인 것으로 알려져 있다. 프로톤의 농도가 낮고 산촉매는 생각되지 않기 때문이다. 산을 가하여 pH를 7로부터 5로 낮추면, 옥심의 생성속도가 증대한다. 이것은 탈수가 산촉매반응인 것을 나타내고 있다. 더욱 pH를 저하시키면, 반응속도는 감소한다. 그림 8-7에 나타낸다.

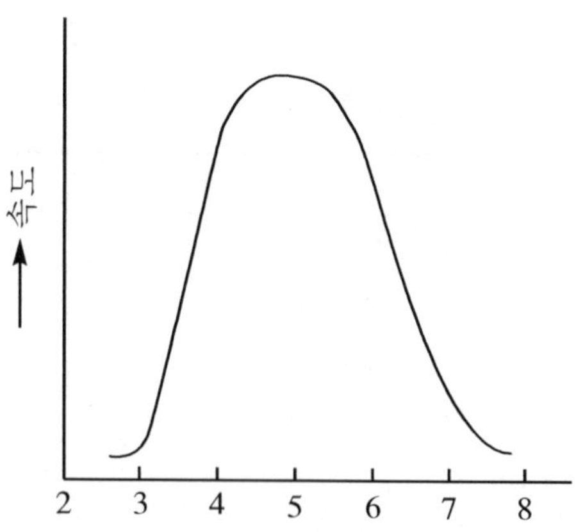

▌그림 8-7▐ 아세토옥심의 생성속도와 pH의 관계

이 반응에서 탈수는 매우 빠르지만, 하이드록실아민이 암모늄염으로 되며, 강산중에서는 하이드록실아민의 농도가 상당히 감소하여, 부가가 율속단계로 되기 때문이다. 따라서 옥심은 아세트산 산성(이 때의 pH가 최대속도로 한다)으로 합성되는 것이다. 이와 같은 사실은 표 8-5에 나타낸 화합물에 있어서는 공통적이다. 그러나 옥심의 경우는 상당히 강한 알칼리중에서도 합성된다. 이것은 강알칼리중에서는 하이드록실아민이 음이온($NH_2O^- \rightleftarrows {}^-NHOH$)으로 되고, 이것이 매우 강력한 친핵시약이기 때문이다.

카르복시산유도체의 부가-탈리반응 메카니즘은, 그림 8-3에 나타낸 바와 같이 부가중간체를 경유하여 진행하는 것으로서 에스테르 및 아미드의 가수분해에 대해서는 이미 설명했다. 여기서는, 카르복시산유도체중에서 가장 반응성이 풍부한 산염화물과 산무수물을 출발물질로 사용하는 경우, 부가중간체를 경유하는 같은 메카니즘을 통하여 각종 유도체가 합성되는 것을 나타낸다.

Alcoholysis (에스테르 생성)

$$CH_3CH_2OH + CH_3COCl \longrightarrow CH_3CH_2OCOCH_3 + HCl$$

$$C_6H_5OH + (CH_3CO)_2O \longrightarrow C_6H_5OCOCH_3 + CH_3CO_2H$$

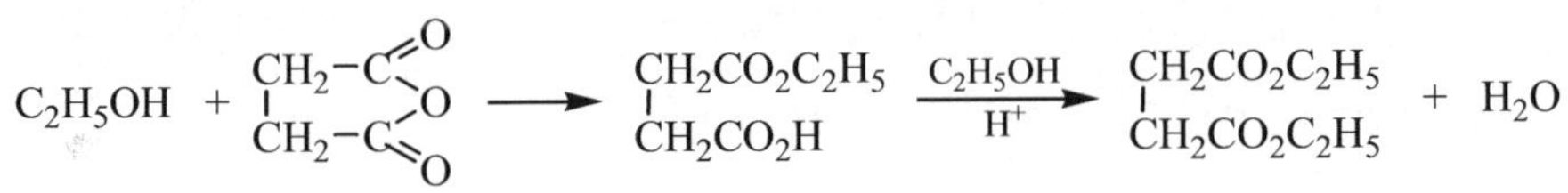

Acidolysis (산무수물의 생성)

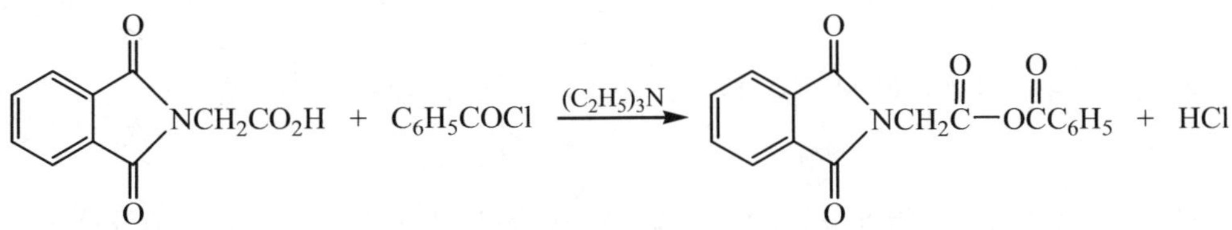

Aminolysis (아미드의 생성)

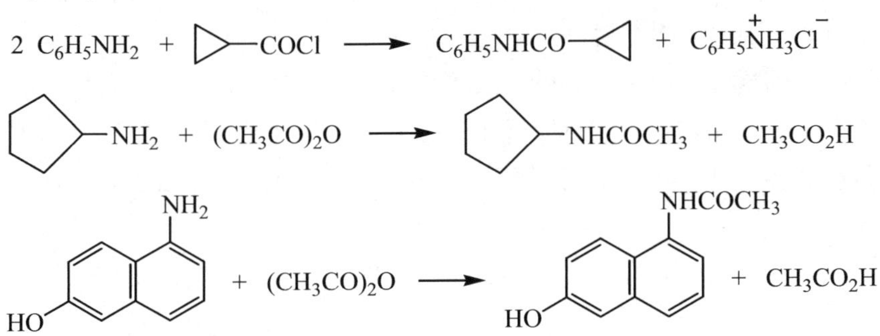

질소는 산소보다는 친핵성이 크기 때문에, 아미노기가 우선적으로 아세틸화 된다. 알콕실기는 탈리기로서 아미드기 보다도 강력하기 때문에 에스테르의 가아민분해반응에 의하여 각종 유도체를 생성한다.

$$NH_3 + C_6H_5CO_2C_2H_5 \xrightarrow{H^+} C_6H_5CONH_2 + C_2H_5OH$$

$$NH_2OH + CH_3CO_2C_2H_5 \xrightarrow{H^+} CH_3CONHOH + C_2H_5OH$$

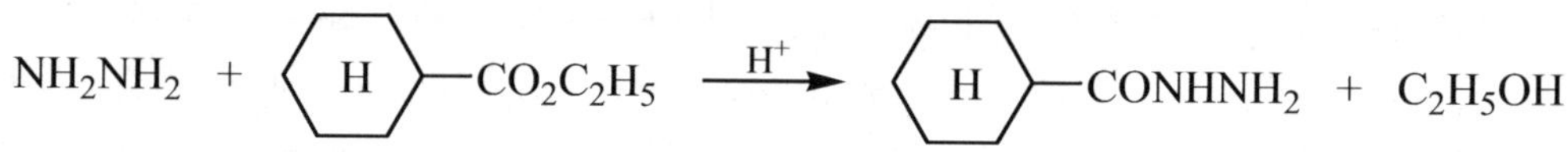

에스테르교환도 합성법으로서 유용한 것이 있다.

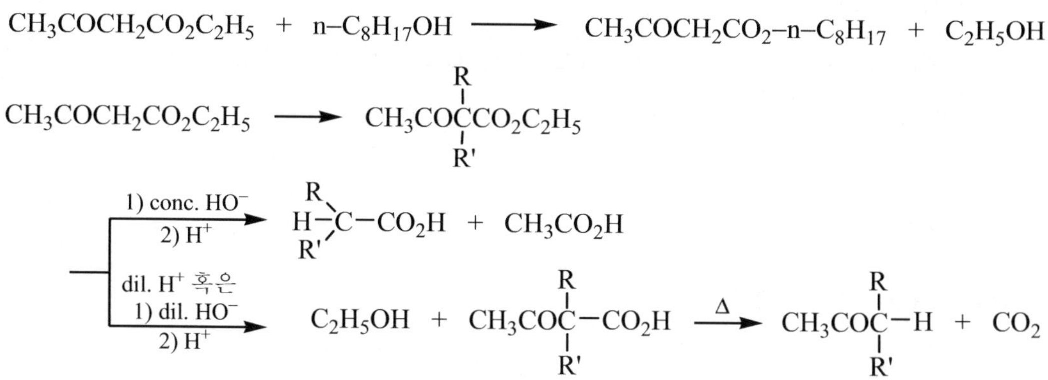

▌그림 8-8▐ 아세토아세트산에틸을 사용한 치환아세트산 및 치환아세톤의 합성

아세토아세트산은 가열에 의하여 쉽게 탈카르복시화반응하기 때문에, 산과 알코올로부터 아세토아세트산n-옥틸을 합성하는 것은 곤란하지만, 입수하기 쉬운 아세토아세트산에틸과의 교환반응에 의하여 합성할 수 있다.

할로포름반응은, 메틸케톤이나 산화에 의하여 메틸케톤을 생성하는 2차알코올($RCHOHCH_3$)로부터 카르복시산과 할로포름(HCX_3)을 생성하기 때문에, 카르복시산의 합성 및 구조결정에 유용하다. 이것도 중간에 생성하는 트리할로케톤($RCOCX_3$)의 부가-탈리반응에 유래한다.

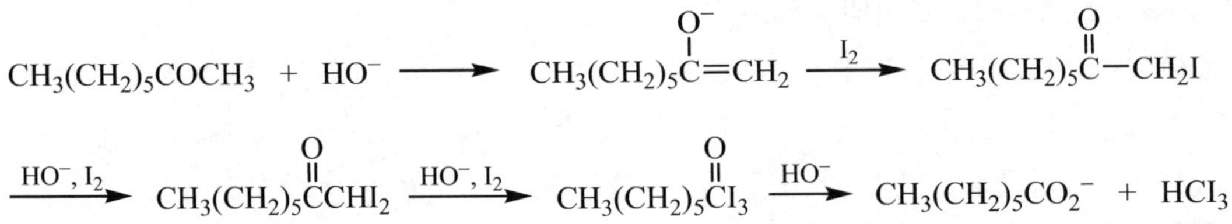

아세토아세트산에틸은 약산 혹은 약염기의 존재하에 에스테르기에 대해서 부가-탈리반응을 일으키며, 강염기의 존재하에서는 카르보닐기의 곳에서 부가-탈리반응을 일으킨 생성물을 생성한다(그림 8-8). 강염기에서는 (7)식과 같이 중간에 생성한 카르복시산이, 더욱 반응하기 때문이라고 생각된다. 활성메틸렌기는 다수의 치환기로서 알킬화(R, R')되기 때문에, 카르복시산이나 케톤의 합성법으로서 유용하다.

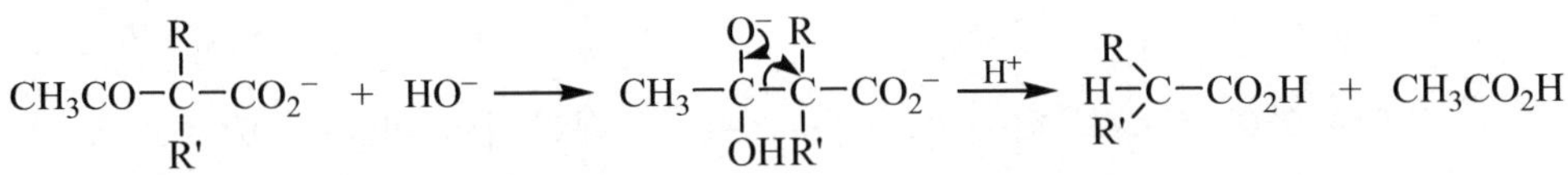
(7)

더욱 분자내의 부가-탈리반응이 일어나는 것도 당연하다.

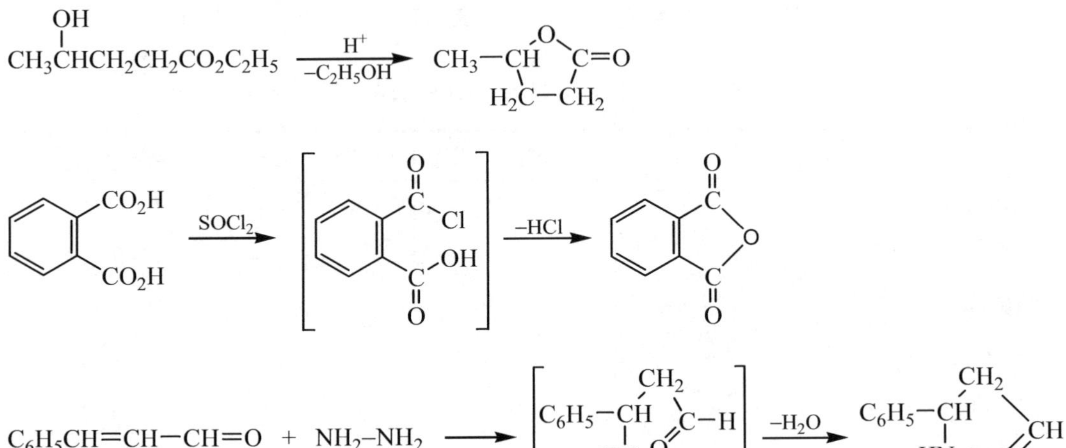

8-2-3. 친핵시약으로서의 수소음이온

수소화알루미늄리튬이나 수소화붕소나트륨 등의 금속수소화물은, 강력하며 게다가 선택성이 있는 환원제로서 유용하다. 반응은, 금속이온과 카르보닐기의 산소가 배위한 후, 수소음이온이 카르보닐기의 탄소를 친핵적으로 공격한다(8식 참조).

환원능력은 금속의 종류에 따라서 다르지만, 수소화알루미늄리튬이 가장 강력하며, 카르복시산유도체를 다음과 같이 환원한다.

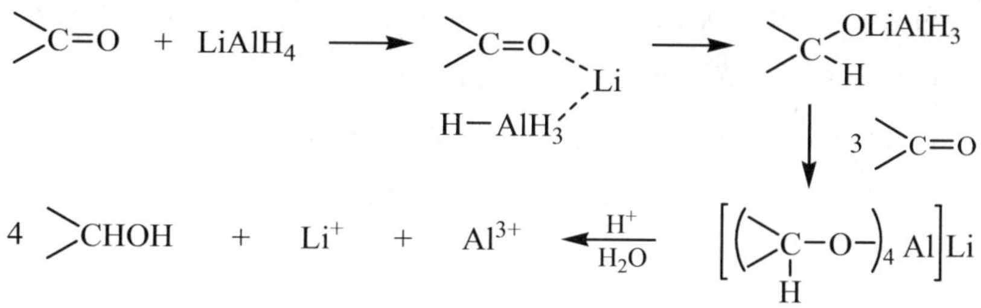
(8)

금속수소화물에 의한 각종의 화합물의 환원능력의 대략적인 비교를 표 8-6에 나타낸다.

$$R-\overset{O}{\overset{\|}{C}}-Y + LiAlH_4 \longrightarrow RCH_2OH \quad (Y = OCOR',\ OR')$$

$$R-\overset{O}{\overset{\|}{C}}-NR_2' + LiAlH_4 \longrightarrow RCH_2NR_2' \quad (R' = H,\ \text{알킬})$$

‖ 표 8-6 ‖ 금속수소화물에 의한 환원의 선택성

	$NaBH_4$	$NaBH_4+LiCl$	$NaBH_4+AlCl_3$	$LiAlH_4$	$LiBH_4$	환원생성물
RCHO	+	+	+	+	+	RCH_2OH
R_2CO	+	+	+	+	+	R_2CHOH
RCOCl	+	+	+	+	+	RCH_2OH
RCO_2R'	−	+	+	+	+	RCH_2OH
RCO_2H	−	−	+	+	±	RCH_2OH
RCN	−	−	+	+	−	RCH_2NH_2
RNO_2	−	−	−	+		RNH_2
$ArNO_2$	−			−	±	$ArNH_2$
>C=C<	−	−	+	−	−	>CH−CH<
R−X	±		+	+	−	R−H

8-3. 탄소원자(카르바니온)을 친핵시약으로 하는 카르보닐화합물에 대한 부가 및 부가-탈리반응

8-3-1. 디아조메탄 및 일리드

전자흡인성의 산소가 탄소와 이중결합을 형성하면, 탄소상에 부분양전하를 생성하는 것과 같이, 전자흡인성기가 상당히 활성인 카르바니온에 인접하여 존재하면 유사한 이중결합을 형성하여 카르바니온을 안정화 시킨다. 인접하는 기에 따라서 카르바니온의 안정화의 정도가 달라짐과 동시에 특징이 있는 반응을 한다.

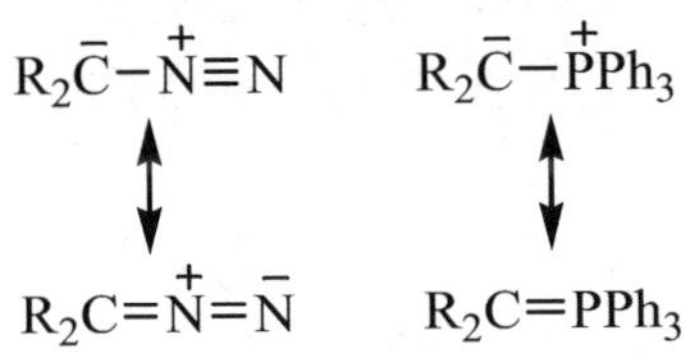

디아조알칸 10　　포스핀알킬렌 11

(10)~(13)은 각각 디아조늄, 포스포늄, 술포늄 및 옥소술포늄기에 의하여 안정화 된 카르바니온이다.

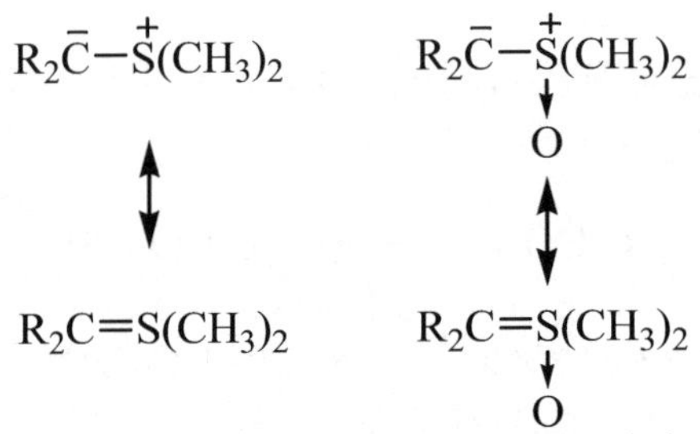

술포늄일리드 12　　옥소술포늄일리드 13

이들은 일반적으로 카르보닐기에 부가하여 중간체(14)를 경유하면서 그림 8-9에 나타낸 바와 같이 3종류의 반응을 한다.

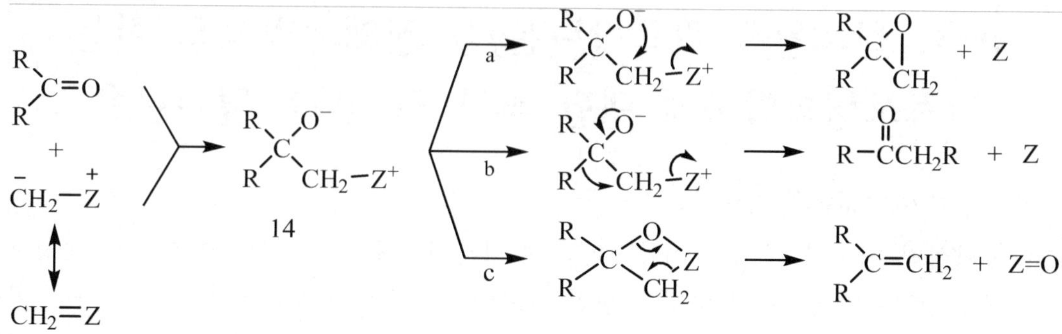

▌그림 8-9▌ $^{-}CH_2-Z^{+}$형일리드와 카르보닐화합물의 반응

디아조알칸에서는 경로 a, b가 일어나지만, b쪽이 일어나기 쉽다. 술포늄일리드는 a경로, 포스핀알킬렌에서는 c경로의 반응을 한다. 시클로헥사논과의 반응이 좋은 예이다.

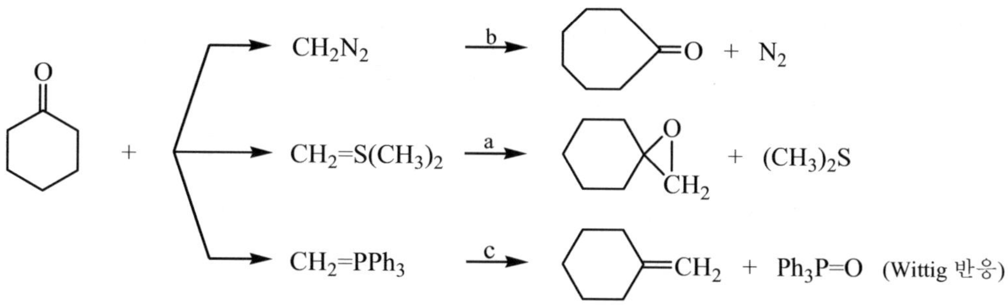

디아조메탄은 이외에 다음과 같은 반응을 하며, 유기합성시약으로서 중요하다.

$$CH_2N_2 + R-CO_2H \longrightarrow R-CO_2CH_3 + N_2 \quad \text{(정량적)}$$

$$CH_2N_2 + R-COCl \longrightarrow R-COCHN_2 + HCl$$

(디아조케톤의 합성) 15

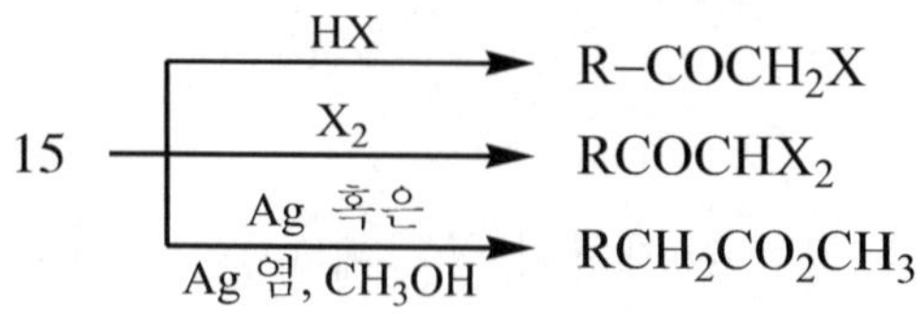

(9)

(9)식에 있어서, (15)와 은 혹은 은염의 반응은 Wolff전위(제9장 2-6항 참조)에 의하여

R이 전위하여 중간에 케텐을 경유하기 때문에, 생성한 카르복시산(에스테르)은 출발의 카르복시산(염화물) 보다도 탄소수가 1개 연장되어 있다. 이 반응 전체를 Arndt-Eistert반응이라고 말한다(제9장 2-6항 참조).

디아조메탄은 α,β-불포화알데히드 및 케톤과 반응하여 피라졸린을 생성한다(실제적인 예는 제11장 4-1항 참조). 이 경우는 카르보닐기와의 반응생성물은 알려져 있지 않다.

술포늄일리드(12), (13)은 그림 8-9의 경로a에 따라서 고수율로서 옥시란을 생성한다. (12)는 올레핀 및 Schiff 염기와 반응하며, 불포화결합에 메틸렌을 부가하여 시클로프로판 및 아지리딘을 생성하지만, (13)은 반응하지 않는다.

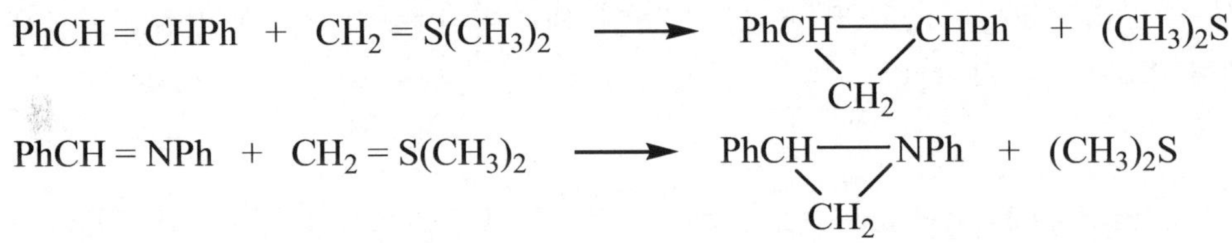

공액케톤에 대해서는, (12)는 카르보닐기에, (13)은 올레핀에 메틸렌을 부가한다.

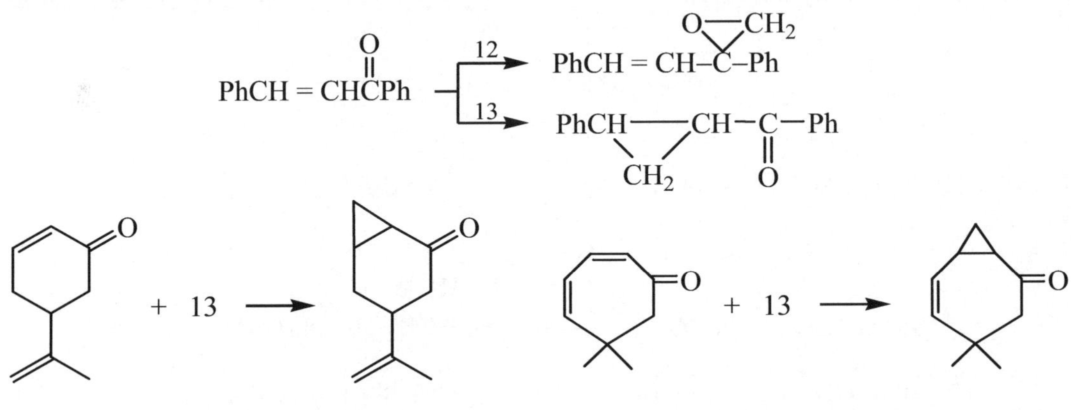

(11)은 Wittig시약으로서 알려져 있으며, 다수 합성되고 있다. (11)의 일반적인 합성법은, 포스포늄염(16)에 적당한 염기를 작용시켜서 HX를 탈리시키는 것이다. 즉, (16)과 (11)은 공액산과 염기의 관계에 있다.

$$\underset{16}{[Ph_3PCHR_1R_2]^+X^-} + :B \rightleftharpoons \underset{11}{Ph_3P = CR_1R_2} + BH^+ + X^-$$

R_1, R_2가 전자흡인성기이면 (16)의 산성이 강하며, (11)의 염기성이 약하다. 메틸렌트리페닐포스포란(11) ($R_1=R_2=H$)을 얻기 위해서는, 염기로서 n-부틸리튬, 수소화나트륨 혹은 소듐아미드 등, 강염기를 비수용액 중에서 작용시키지만, 메톡시카르보닐메틸렌트리페닐포스포란(11) ($R_1=CO_2Me$, $R_2=H$)은 수용액중에서 수산화나트륨의 희박용액을 작용시키면 얻어진다. 따라서 일리드와 다른 포스포늄염간에도 (10)식과 같은 평형이 있다라고 생각된다.

$$Ph_3P=CHR_1 + [Ph_3PCH_2R_2]^+Y^- \rightleftharpoons [Ph_3PCH_2R_1]^+X^- + Ph_3P=CHR_2 \quad (10)$$

(10)식을 일리드교환이라고 말한다. 이것에 의하여 각종의 포스핀알킬렌이 얻어진다. 그의 예를 들면 다음과 같다.

$$2\,Ph_3P=CH_2 + PhCOCl \rightleftharpoons [Ph_3PCH_3]^+Cl^- + Ph_3P=CHCOPh$$

(10)식의 평형은 R_1, R_2의 전자흡인력에 의하여 결정되기 때문에, 이 평형의 측정에 의하여 그의 순위를 구할 수 있다.

$$PhCO > CO_2Me > Ph > \text{알킬}$$

(11)의 기본적인 반응예를 나타내면 다음과 같다(Wittig반응).

$$Ph_3P=CH_2 + PhCOCH_3 \longrightarrow PhC(CH_3)=CH_2 + Ph_3P=O$$

$$[Ph_3PCH_2-CH=CH_2]^+Br^- + PhLi \longrightarrow Ph_3P=CH-CH=CH_2$$

$$\xrightarrow{PhCHO} PhCH=CH-CH=CH_2 + Ph_3P=O$$

클로로에테르로부터 비닐에테르를 합성하고, 이것을 산촉매에 의하여 가수분해 시키면, 원래의 카르보닐화합물보다도 탄소수가 1개 많은 알데히드가 합성된다.

$$Ph_3P + ClCH_2OMe \longrightarrow [Ph_3PCH_2OMe]^+Cl^- \xrightarrow{PhLi} Ph_3P{=}CHOMe \quad (17)$$

$$17 + PhCH{=}CH{-}CHO \longrightarrow PhCH{=}CH{-}CH{=}CHOMe$$

$$\xrightarrow{H^+,\ H_2O} PhCH{=}CH{-}CH_2CHO$$

분자내 폐환반응을 이용한 고리화합물의 합성도 가능하다.

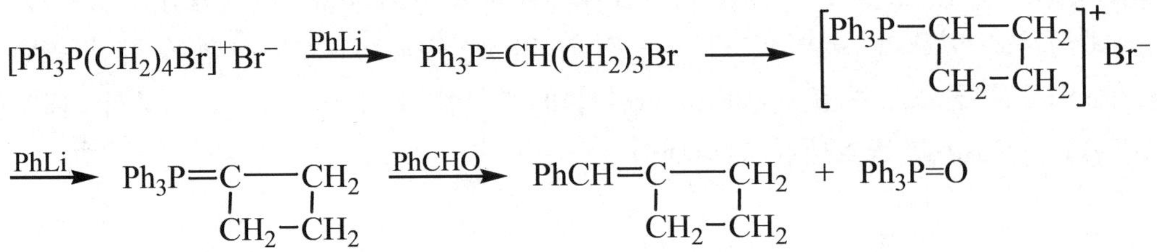

아세틸렌디카르복시산에스테르와 같은 활성화 된 삼중결합도 반응한다.

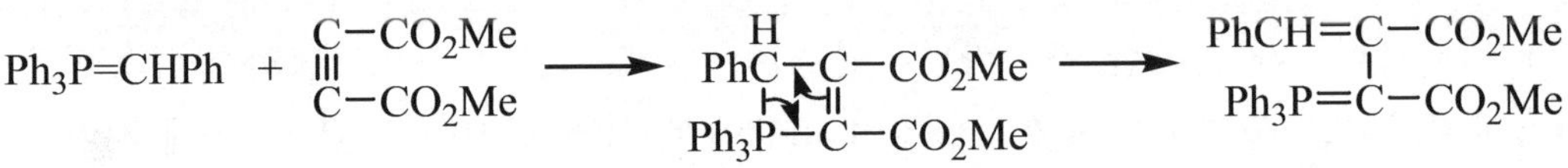

옥시란과는 시클로프로판을 생성한다.

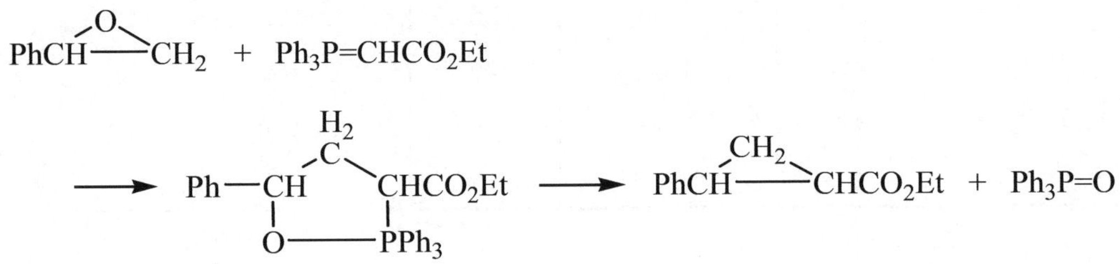

8-3-2. 카르바니온의 발생원으로서의 유기금속화합물

R-H결합의 수소를 금속으로 치환하면 유기금속화합물을 생성한다. R-H의 수소의 산성이 매우 강하면, 이 치환은 직접적으로 금속이나 강염기의 작용으로 행해진다. 예를 들면, 시안화수소는 알칼리금속이나 수산화나트륨으로 시아나이드이온(CN^-)을 생성하며, 아세틸렌유도체는 알칼리금속이나 소듐아미드로서 아세틸리드이온($R-C\equiv C^-$)을 생성한다. 그러나 R-H결합의 산성이 더욱 약하면 간접적인 방법이 필요하다. 예를 들면, 할로겐화물 (R-X)로 변화시킨 후, 금속과 반응시키는 것 등의 예가 있다(R-X + Mg → R-Mg-X). 이와 같이 해서 얻어진 유기금속화합물에 있어서 R-M의 결합은 강하게 분극($R^{\delta-}$---$M^{\delta+}$)하고 있으며, 분극의 강도는 R^-의 안정성, 즉 R-H의 산성에 직접 관련되어 있다(제2장 2절 참조). 예를 들면 R-M결합의 분극은 아래와 같은 순서로서, 대응하는 R-H결합의 pKa값을 괄호내에 나타낸다.

$$N\equiv C\cdots Li(9.14) > R-C\equiv C\cdots Li(21) > PhCH_2\cdots Li(37)$$

카르바니온의 친핵성의 강도의 순서는 R^-의 안정성과 반대이다. 또한 C-M결합의 친핵성은 금속에 의존하며, 결합의 이온성이 클수록 친핵성이 크다. C-M결합의 이온성을 표 8-7에 나타낸다. 가장 약한 카르바니온인 시아나이드이온이 카르보닐화합물과 반응하여 시아노하이드린을 생성하는 것은 제8장 1-2항에서 설명했지만, 그림 8-10에 시아노하이드린이 합성중간체로서 유용한 것을 나타낸다.

‖ 표 8-7 ‖ C-M 결합의 이온성(%)

C-K	51	C-Mg	35	C-Sn	12
C-Na	47	C-Al	22	C-Pb	12
C-Li	43	C-Zn	18	C-Hg	9
C-Ca	43	C-Cd	15		

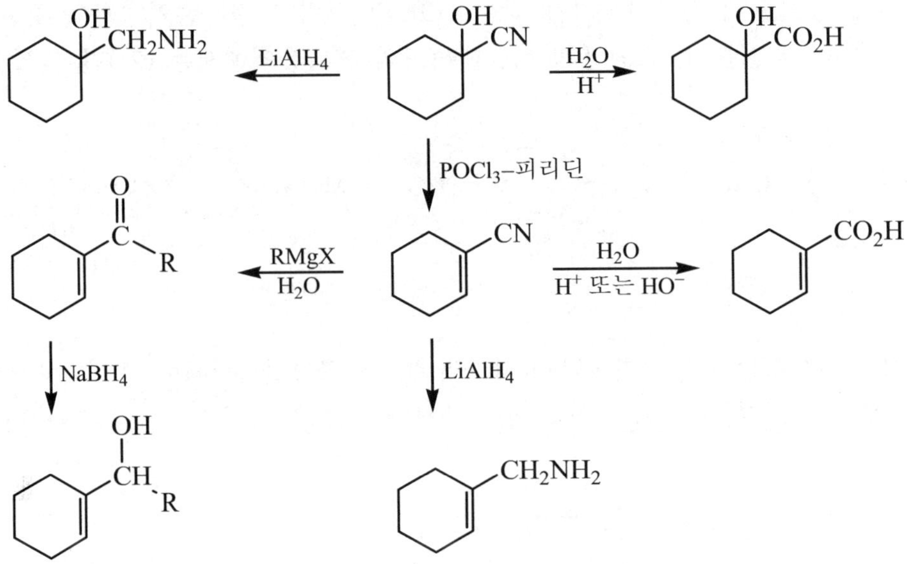

▌그림 8-10▌ 시아노하이드린을 중간체로하는 합성반응

더욱 특수한 예로서, 방향족알데히드 및 다른 엔올화하지 않은 알데히드의 시아노하이드린이 소위 벤조인축합을 행하는 것을 나타낸다. 이것은 시아노하이드린의 C-H결합이 시아노기의 전자흡인성으로 인하여 산성이 강하여 카르바니온(18)을 생성하기 때문이다. 벤즈알데히드의 예를 (11)식에 나타낸다.

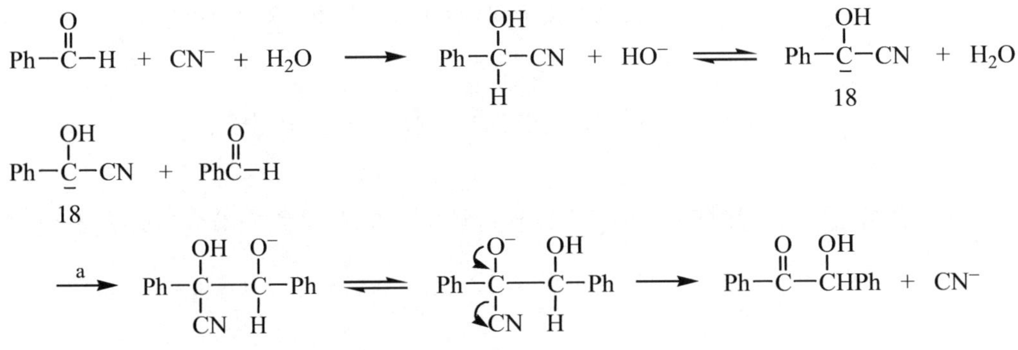

(11)

벤조인축합의 속도는 (12)식으로 표시되며, (11)식에 있어서 a가 율속단계라고 생각된다.

$$속도 = k[PhCHO]^2[CN^-] \tag{12}$$

파라위치에 강력한 전자공여성기를 갖는 (19) 및 강력한 전자흡인성기를 갖는 (20)은 벤조인축합을 하지 않는다. (19)와 벤즈알데히드의 혼합용액에서는 (21)만이 생성한다.

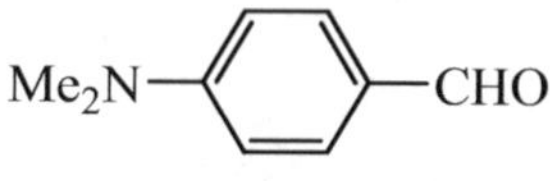
19

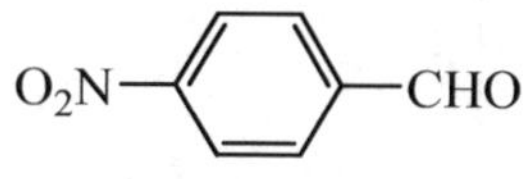
20

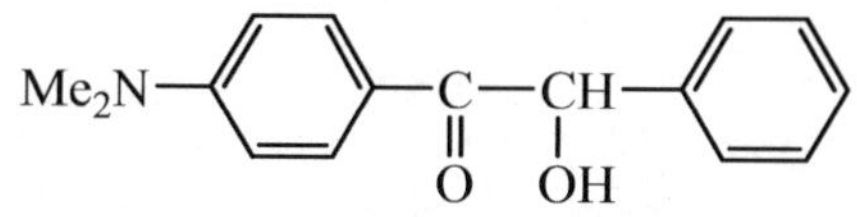
21

시아나이드이온 보다도 강력한 아세틸리드이온은 카르보닐화합물에 부가하여, 아세틸렌알코올(22)를 생성한다. (22)가 유용한 합성중간체인 것을 그림 8-11에 나타낸다.

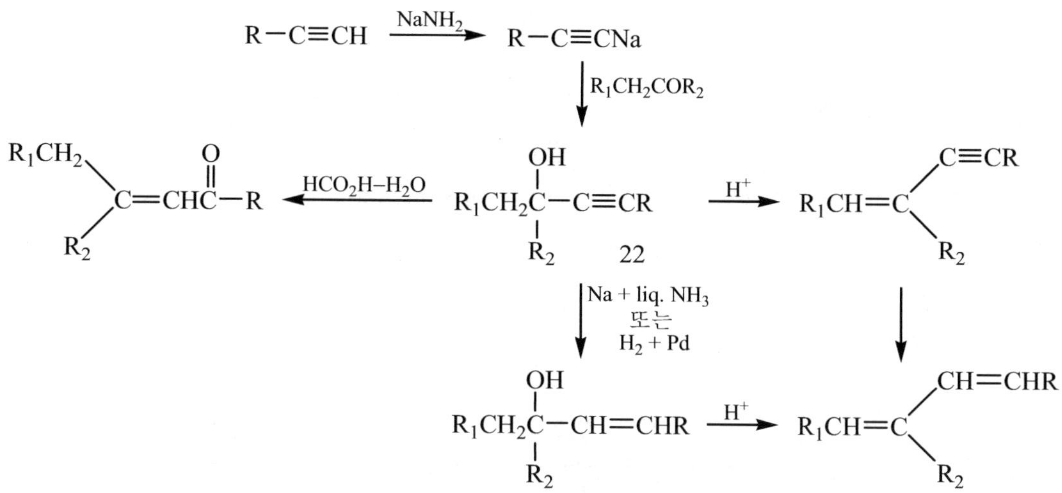

‖그림 8-11‖ 아세틸렌알코올을 중간체로 하는 합성반응

아세틸리드이온이 알코올레이트 보다도 강력한 친핵시약인 것은 (13)식으로부터 알 수 있다.

$$\mathrm{LiC{\equiv}C{-}\underset{\displaystyle CH_3}{\underset{|}{C}}{=}CHCH_2OLi} + \mathrm{RCHO} \longrightarrow \mathrm{R\underset{\displaystyle OH}{\underset{|}{C}}HC{\equiv}C{-}\underset{\displaystyle CH_3}{\underset{|}{C}}{=}CHCH_2OH} \qquad (13)$$

지금까지의 반응은 모두 친핵시약에 의한 카르보닐기의 친전자성의 탄소에의 공격만을 생각하고, 카르보닐기의 산소 혹은 카르바니온의 금속을 문제로 하지 않았지만, Grignard

시약을 예로 들어서 이들의 역할을 생각해 보기로 한다. Grignard시약은 일반적으로 에테르용매 중에서 합성되며 RMgX로서 표시되지만, 실제로는 (23)과 같은 구조로 되어 있다.

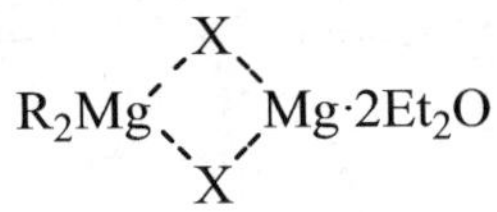
23

반응을 이해하는 데에는 RMgX로서 충분하기 때문에 일반적으로는 이와같은 표현을 사용한다. 이 때, X는 브롬이 보통이다.

Grignard시약과 카르보닐화합물의 반응의 제1단계는 (14)식의 착화합물(24)의 생성이며, 카르보닐기의 산소가 Lewis염기, 금속마그네슘이 Lewis산으로서 작용하여 (24)를 형성할 때, 배위한 에테르를 1분자치환한다.

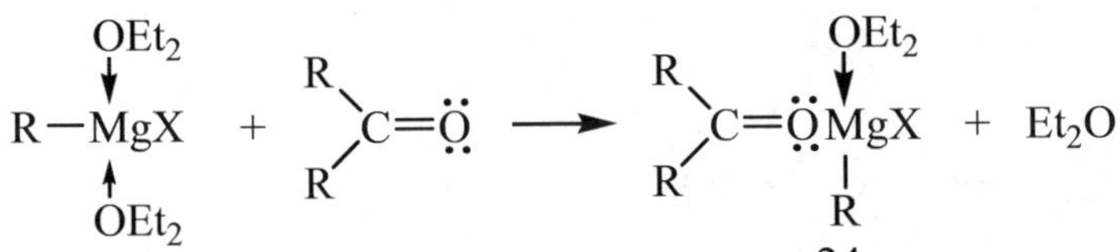
24 (14)

카르보닐화합물에의 부가반응에서는 다른 1분자의 Grignard시약이 관여하며 유사6원환을 형성하여 빠르게 부가물이 생성한다라고 생각된다(그림 8-12 참조). 그러나 이 중요한 반응 메카니즘은 그다지 확실하지 않다.

Grignard시약은 알데히드와 반응하여 2차알코올을, 케톤과 반응하여 3차알코올을 생성한다. 실제적인 예를 다음에 나타낸다.

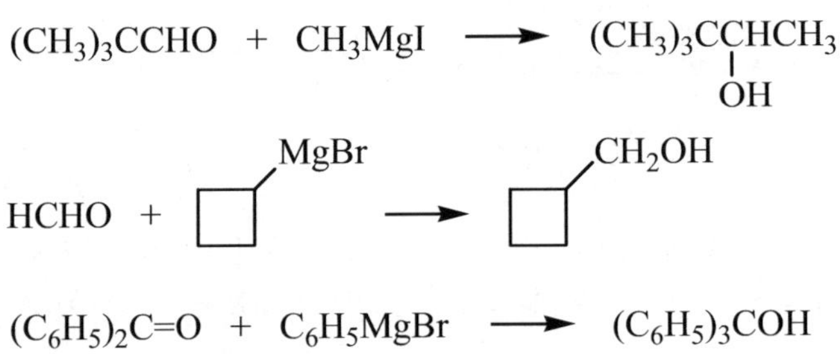

더욱, 케텐, 이소시아네이트와도 반응하며, 이산화탄소와 반응하여 카르복시산을 생성하는 것은 합성상 중요하다(15식).

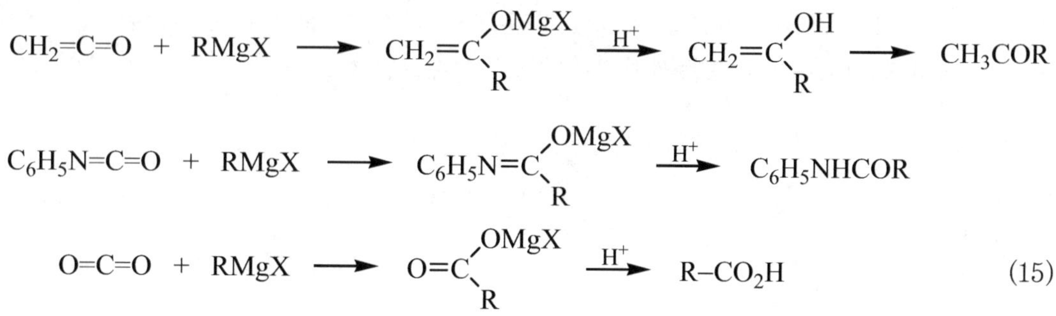

25

(15)

(25)는 카르복시산의 금속염이며, 탄소-산소 이중결합을 가지고 있기 때문에 더욱 Grignard시약과 반응한다라고 생각된다. 그러나 실제로는 (16)식의 반응은 실온에서 느리기 때문에, Grignard시약을 잘 분쇄한 드라이아이스상에 교반하면서 가하면, 거의 일어나지 않는다.

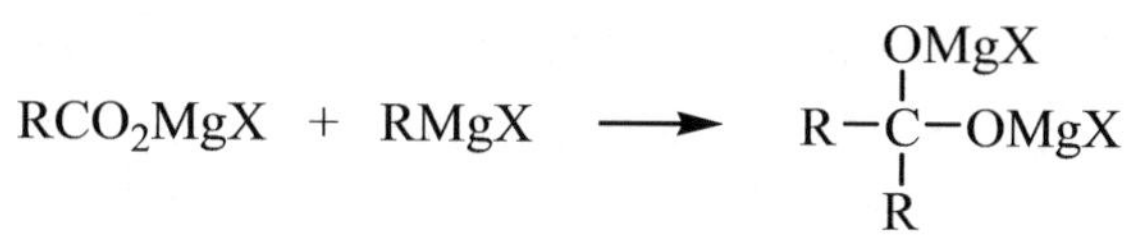

(16)

Grignard시약이나 유기리튬화합물과 같은 강력한 친핵시약은, 카르복시산유도체와 부가-탈리반응을 한다. 만일 카르복시산유도체가 "활성수소"를 가지고 있으면, 최초로 그것이 반응한다(17식).

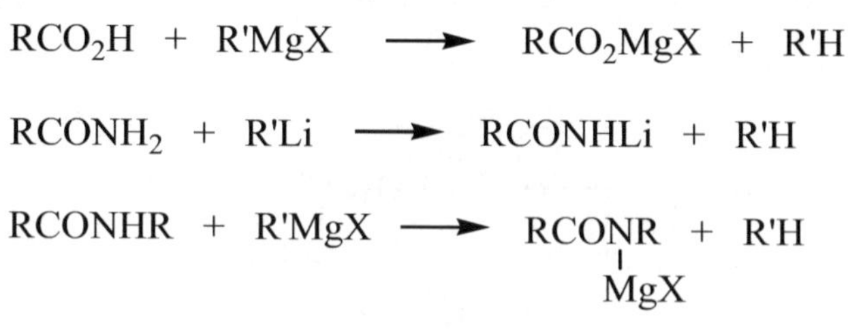

(17)

그러나 카르복시산유도체에 활성수소가 없으면, 부가-탈리반응에 의하여 케톤(26)이 생성하며, 생성한 케톤이 더욱 반응하여 알코올을 생성한다. (18)식에 나타낸 바와 같이, 이것에 의하여 에스테르, 산염화물이나 산무수물로부터는 2개의 치환기가 같은 3차알코올을 얻을 수 있다. 탄산에스테르로 부터는 3개 모두 같은 치환기를 갖는 3차알코올이 생성한다.

R'COY + RMgX (또는 RLi) (Y=Cl, OEt, OCOR')

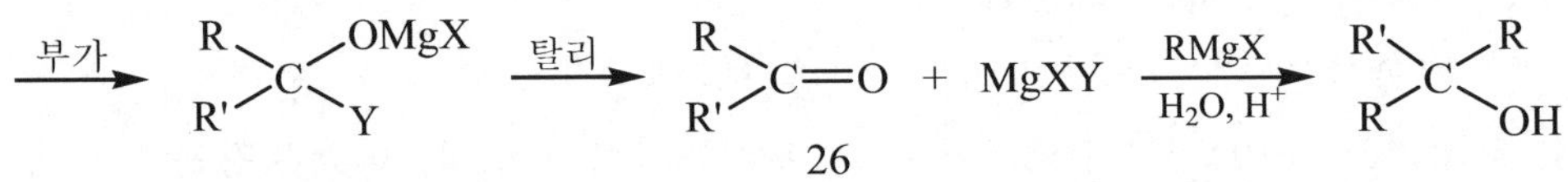

(18)

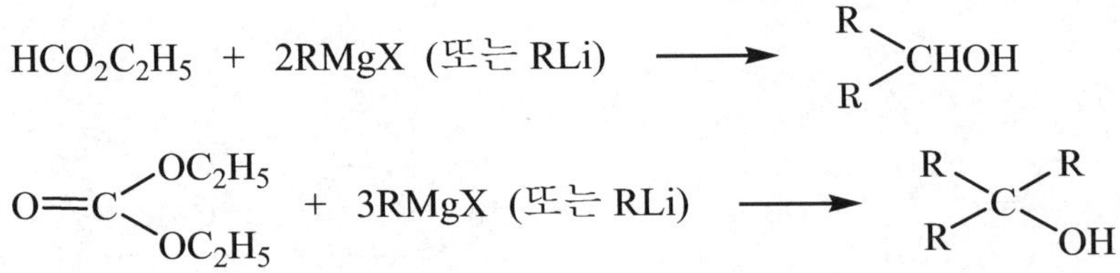

(18)식에 있어서 중간에 생성하는 케톤(26)을 합성적으로 얻을 수도 있다. 예를 들면, 약간 과잉의 산염화물의 용액중에 서서히 유기금속화합물을 첨가하는 것과 같은 방법 등을 시험하면 좋다. 그러나 더욱 편리한 방법은, 카드뮴화합물을 사용하는 것이다. 유기카드뮴화합물은, 산염화물로부터 케톤을 합성하는 데 일반적으로 사용된다(19식).

$$RMgX + CdCl_2 \longrightarrow RCdCl + MgXCl$$

$$RCdCl + R'COCl \longrightarrow RCOR' + CdCl_2 \qquad (19)$$

디메틸카드뮴은 메틸케톤의 합성법으로서 유용하다.

$$2RCOCl + (CH_3)_2Cd \longrightarrow 2RCOCH_3 + CdCl_2$$

다른 하나의 방법은 카르복시산에 2몰의 유기리튬화합물을 반응시키는 방법이다. 유기리튬화합물은 친핵성이 매우 강하기 때문에, 카르복시산의 리튬염에 부가반응을 하고, 생성한 디리튬염을 가수분해하면 케톤이 얻어진다(20식).

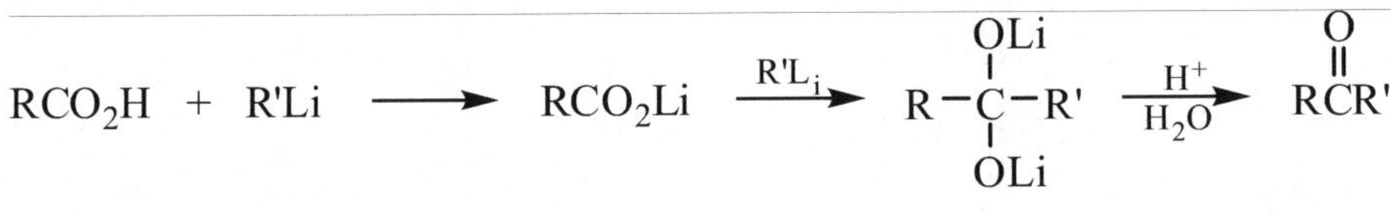

(20)

Grignard시약의 공액부가에 대해서는 1-4항에서 이미 설명했다. 유기금속화합물의 부가는 일반적으로 비가역반응이기 때문에, 직접부가와 공액부가의 비율이 합성적 유용성을 결정하는 것으로 된다. 가끔 양쪽의 생성물이 같은 정도 얻어져, 수율이 저하하는 것뿐만이 아니고, 분리가 곤란해진다. 그러나 유기금속화합물을 선택하면 이 비율은 조절할 수 있다. 그 목적을 열거하면 다음과 같다.

1) 유기리튬화합물은 대응하는 Grignard시약보다도 직접부가하기 쉽다.

2) 구리염($CuCl_2$, $CuBr_2$ 등)을 공존시키면 공액부가하기 쉽다. 공액부가는 1,4-부가뿐만이 아니고, 1,6-부가나 1,8-부가 등이 있다.

1,6-부가

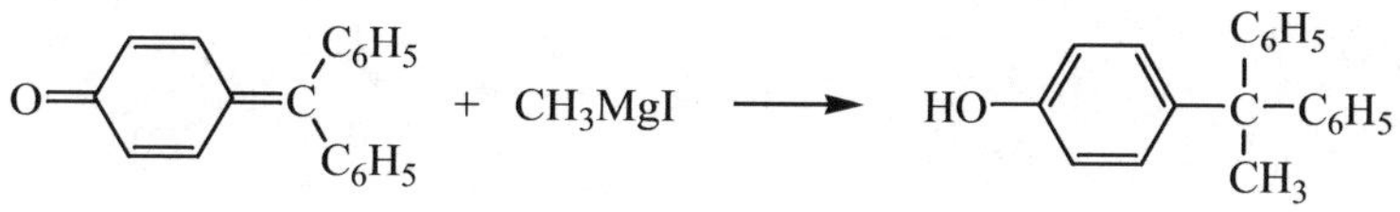

1,8-부가

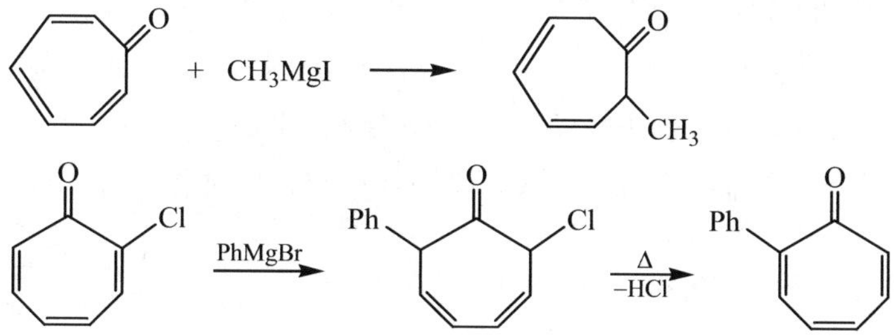

정상부가

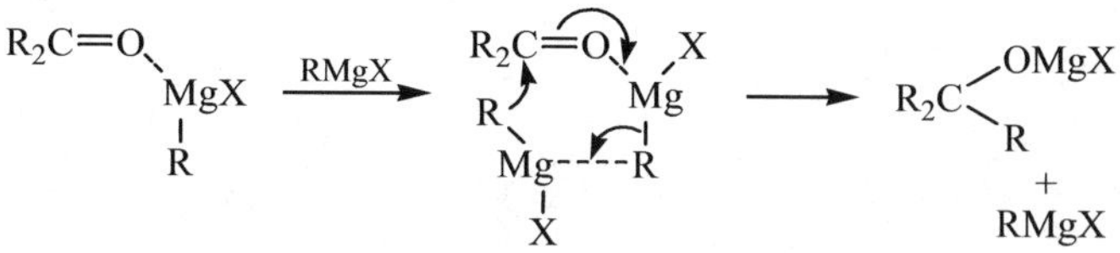

엔올화 ($R_2C=O$의 R이 α-C－H를 갖는다)

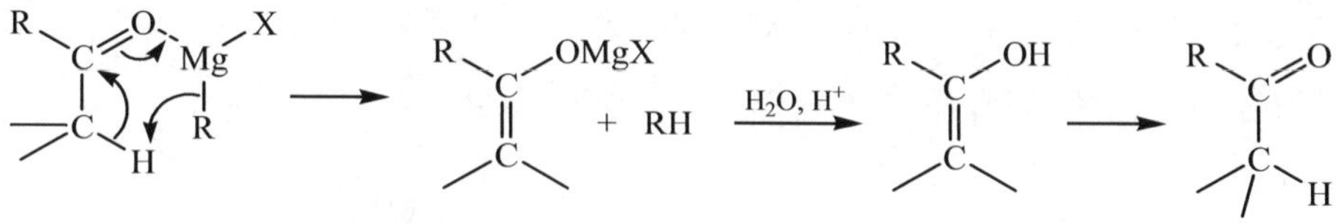

환원 (RMgX의 R이 β-H를 갖는다)

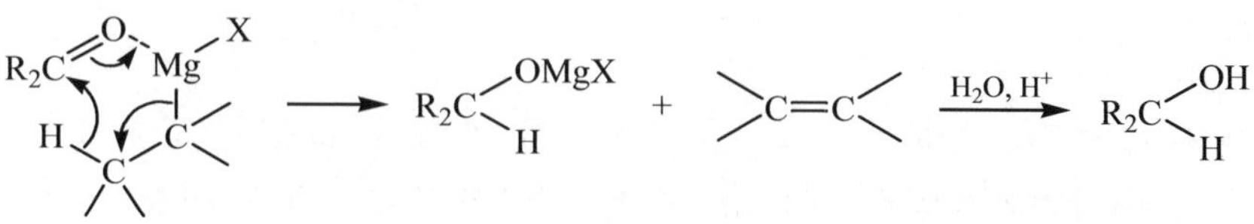

▌그림 8-12▌ Grignard시약과 카르보닐화합물의 반응성

Grignard시약은 일반적으로 부가반응을 하지만, 부피가 큰 알킬기를 갖는 3차알코올의 합성의 경우에는 가끔 부반응(엔올화와 환원)이 일어난다. 이것은 입체장해로 인하여 Grignard시약의 카르바니온이 카르보닐기에 접근하기 어렵기 때문이다. 엔올화는 케톤의 α-탄소에 적어도 1개의 수소가 있는 경우에 일어난다. 이 경우 가수분해에 의하여 출발물질을 재생한다. 환원은 Grignard시약의 β-탄소에 수소가 있는 경우에 일어난다. Grignard시약은 중간체에 있어서 카르보닐기에 수소음이온을 제공하고, Grignard시약으로부터는 올레핀이 생성한다. 출발물질의 케톤은 가수분해에 의하여 알코올을 생성한다. 이들의 반응메카니즘을 그림 8-12에 나타낸다.

‖표 8-8‖ 디이소프로필케톤과 Grignard시약(RMgX)의 반응생성물

R	부가(%)	엔올화(%)	환원(%)
CH_3-	95	0	0
CH_3-CH_2-	77	2	21
$CH_3-CH_2-CH_2-$	36	2	60
$(CH_3)_2CH-$	0	29	65
$(CH_3)_2CH-CH_2-$	8	11	78
$(CH_3)_3C-$	0	35	65
$(CH_3)_3C-CH_2-$	4	90	0

디이소프로필케톤과 각종의 Grignard시약의 반응에 있어서 부가, 엔올화 및 환원의 비율을 표 8-8에 나타낸다. Grignard시약의 R이 메틸과 에틸일 때에만 부가반응이 우세하다. 엔올화는 R이 2차 혹은 3차알킬이 아니면 중요하지 않다. 환원은 R의 β-H가 3차일 때 가장 일어나기 쉽다.

이들의 결과로부터 알 수 있는 것은, 3차알코올을 합성하는 경우에는 최후에 될 수 있

는 한, 작은 기를 도입하도록 하는 것이 좋다. 예를 들면, 2,4-디메틸-2-펜타놀을 합성하는 경우에는 (21)식 쪽이 (22)식 보다도 유리하다.

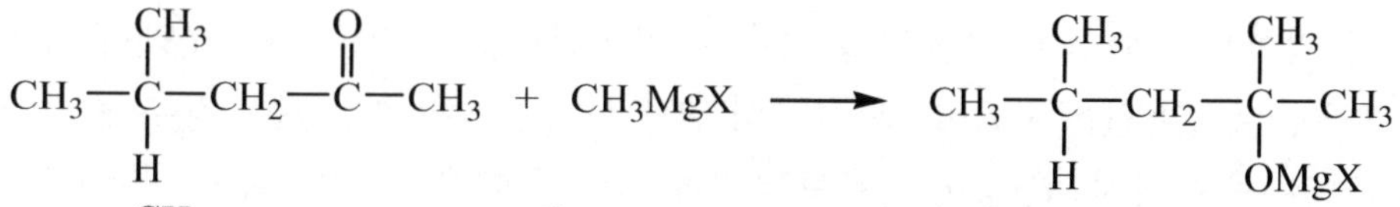
(21)

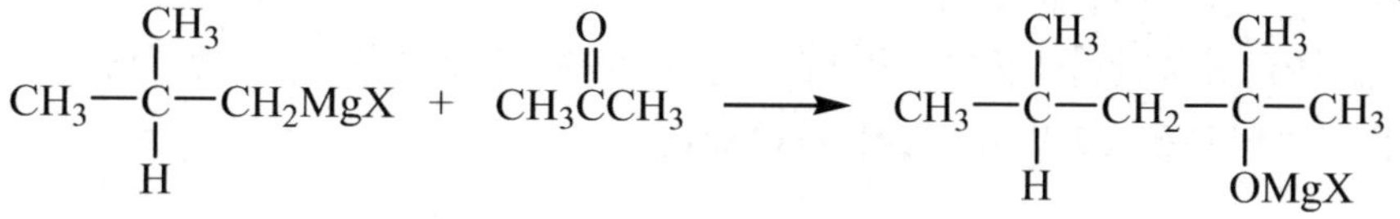
(22)

표 8-8에 있어서 브롬화이소프로필마그네슘과의 반응에서는 부가물이 생성되지 않지만, 이소프로필리튬을 사용하면 정상적인 부가물이 얻어진다. 더욱 디-t-부틸케톤과 t-부틸리튬의 반응에 의하여 높은 수득율로서 트리-t-부틸카르비놀이 얻어진다. 이와 같은 현저한 차이는, 리튬화합물은 (23)식과 같이 카르보닐화합물과 1 : 1의 배위착화합물을 생성하며, 이것이 곧바로 부가화합물을 생성하기 때문이라고 생각된다.

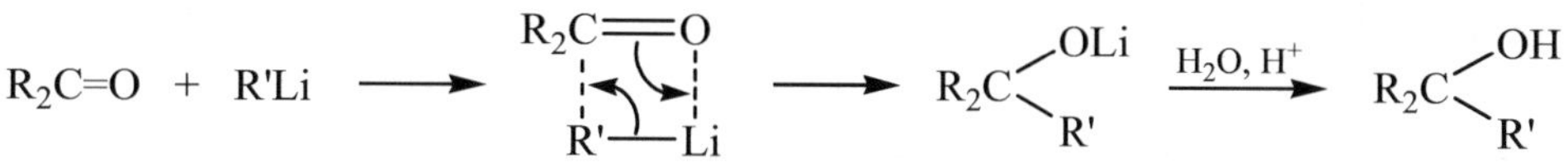
(23)

카르보닐기에의 부가반응의 입체화학을 자세히 살펴보면, 포름알데히드나 대칭의 케톤 이외의 경우에는 부가에 의하여 비대칭탄소가 생성하게 된다. (24)식과 같이 광학활성물질을 공존시키지 않든지, 혹은 분자내에 비대칭탄소가 존재하지 않는 경우에는 어떤 한쪽의 광학대칭체가 과잉으로 생성할 때, 이것을 절대비대칭합성이라고 말한다. 그러나 (24)식에 있어서 시안음이온은 아세트알데히드의 분자평면의 상하로부터 꼭 같은 비율로서 공격하기 때문에, D이성체와 L이성체는 꼭 같이 생성하며, 따라서 라세미체로 된다.

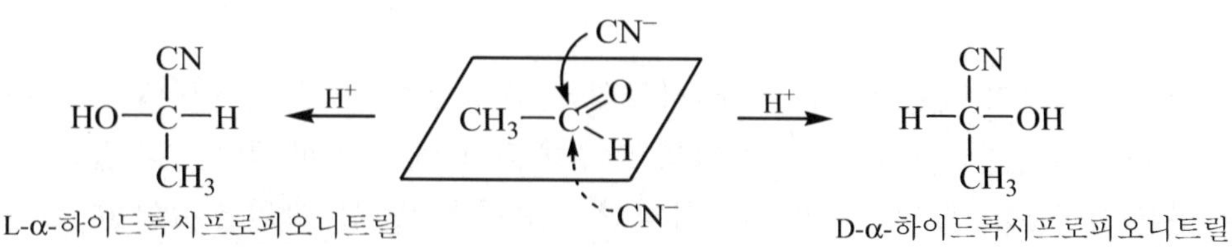

(24)

그러나 분자내에 이미 비대칭중심이 존재하며, 부가반응에 의하여 제2의 비대칭중심이 생성하는 경우에는, 부가의 방향은 정확하게 같지 않고, 어느쪽이 우세하여 광학활성으로 되는 것이 기대된다. 이것을 비대칭유도라고 말한다. 실제적으로 (25)식에 있어서는 (27b) : (27a) = 2 : 1이다.

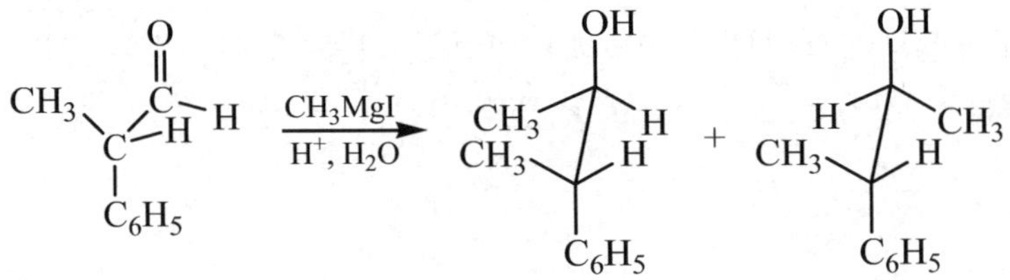

27a 27b (25)

이 반응은, 입체효과에 의하여 비대칭유도를 설명하는 Cram규칙으로 이해할 수 있다.

Cram규칙이란, 기존의 비대칭중심에 인접하여, 부가반응에 의하여 새로운 비대칭중심이 생성하는 경우에는, 전이상태에 있어서 이중결합은 가장 작은 α-치환기로 좁혀지며, 공격시약은 이중결합의 입체장해가 적은 쪽으로부터 공격한다. 이것을 그림으로 나타내면 (26)식과 같이 된다.

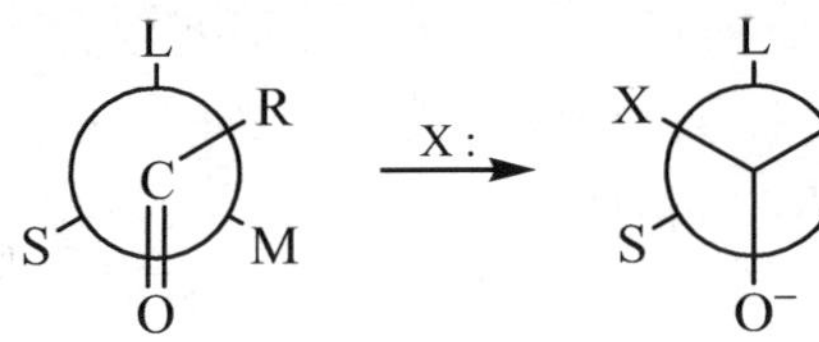

(L : 大, M : 中, S : 小) (26)

비대칭중심은 몇 개의 원자로부터 떨어져 있는 불포화결합에의 부가반응의 경우에도 영향을 미친다. 예를 들면, 페닐글리옥실산에스테르와 Grignard시약을 반응시키면, 새로운 비대칭중심을 갖는 α-하이드록시에스테르를 생성한다. 이것을 가수분해하면 광학활성인 α-하이드록시산이 얻어진다. 이 반응은 Cram규칙에 따라서 (27)식과 같이 된다.

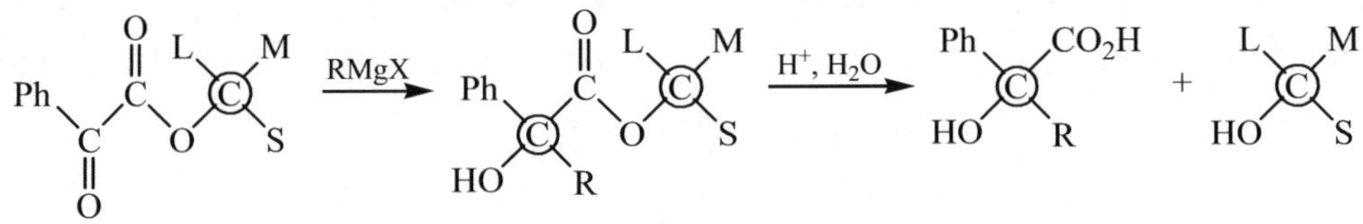

(27)

α-할로카르보닐화합물과 금속아연은 쉽게 반응하여 유기아연화합물(28)을 생성하며, 이것은 케톤 및 알데히드와 쉽게 부가반응을 한다. 카르보닐화합물의 (28)에 대한 반응성의

순서는 RCHO > R_2CO > RCO_2R'로 된다. α-할로에스테르의 반응성의 순서는,

$$ICH_2CO_2C_2H_5 > BrCH_2CO_2C_2H_5 > ClCH_2CO_2C_2H_5$$

이다. Grignard시약은 α-할로에스테르와 마그네슘으로부터는 얻어지지 않기 때문에 (28)은 합성반응상 유용하다. 이것을 Reformatsky반응이라고 말하며 그의 예를 나타내면 다음과 같다.

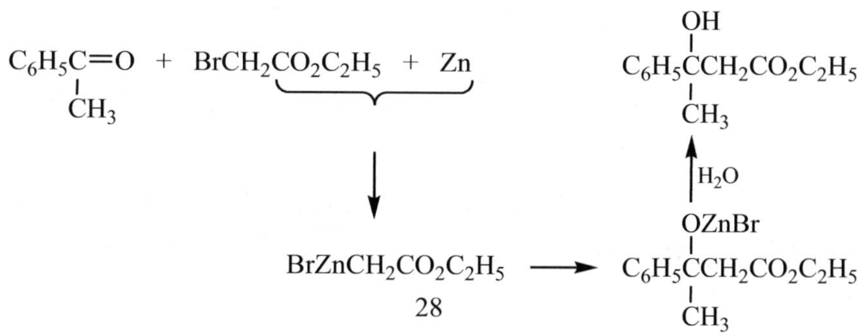

비닐기를 삽입한 할로에스테르도 Reformatsky반응을 하지만, 단순한 β-할로에스테르는 반응하지 않는다. Grignard반응의 특수한 예를 생각하면 좋다.

8-3-3. 카르바니온의 발생원으로서의 활성메틸렌화합물

전자흡인성기가 결합한 α-C-H결합은 적당한 염기의 작용으로 음이온을 생성한다. 이와 같은 화합물을 일반적으로 활성메틸렌화합물(표 8-2 참조)이라고 말한다. 활성메틸렌화합물로부터 생성하는 카르바니온의 친핵성은 Grignard시약 등의 유기금속화합물과 시안음이온의 중간이며, 카르보닐화합물과 반응하는 능력이 있다. 활성메틸렌화합물은 8-1-1항에서 설명한 바와 같이, 음전하가 분산하여 카르바니온과 옥시음이온의 양쪽의 반응성을 갖지("Ambident anion")만, 카르보닐기와의 반응에서는 생성하는 결합의 안정성에 따라서 거의 카르바니온으로서 반응한다(28식).

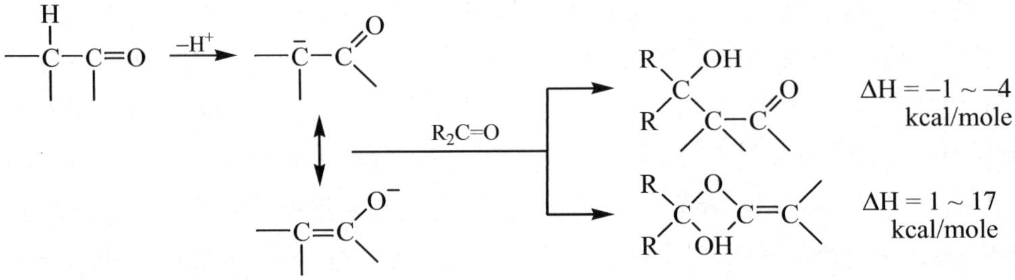

(28)

활성메틸렌으로부터 생성하는 카르바니온과 카르보닐화합물의 반응은, 대별하면 다음과 같은 3종류로 된다.

(1) 알돌축합 : 제1단계가 카르바니온의 알데히드나 케톤에의 직접부가의 경우

(2) Michael반응 : 제1단계가 카르바니온의 공액부가

(3) Claisen축합 : 카르바니온이 에스테르와 반응하여 부가-탈리반응을 일으키는 경우

이들의 반응메카니즘은, 이미 다른 친핵시약에 대해서 설명한 직접부가, 공액부가 및 부가-탈리반응과 꼭 같다. 실제적으로는 다종다양한 화합물이 축합반응을 행하지만, 이하에는 대표적인 반응에 대해서 간단한 예를 나타낸다.

알돌축합의 가장 간단한 예로서, 아세트알데히드가 활성메틸렌화합물과 동시에 카르보닐화합물로서 반응하는 예를 나타낸다.

카르바니온생성

$$CH_3CHO + HO^- \rightleftharpoons {}^-CH_2CHO + H_2O$$

직접부가

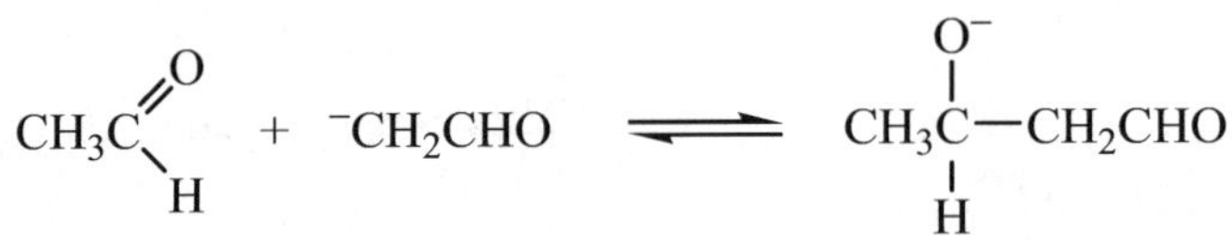

알돌생성

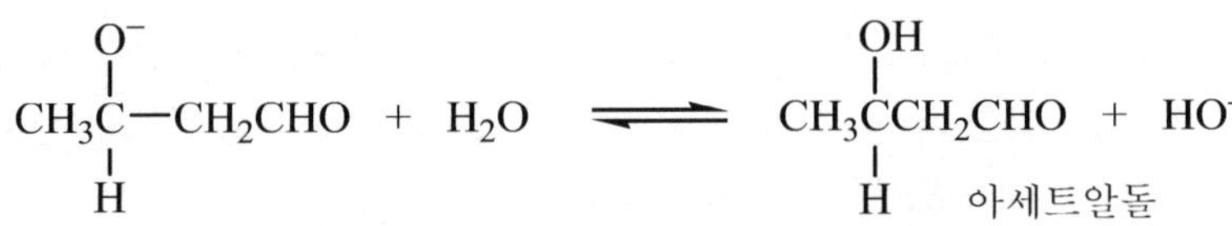

(29)

(29)식에 포함되는 평형은 생성물쪽으로 치우치며, 아세트알돌이 고수율로서 얻어진다.

다른 직접부가와 마찬가지로 알돌축합에는 입체효과의 영향이 강하다. 따라서 RCH_2CHO 형태의 알데히드는 쉽게 자기축합을 행하지만, 케톤의 축합의 비율은 매우 낮다. 실제로 아세톤의 알돌축합에 의한 디아세톤알코올은 평형일 때에는 2% 밖에 생성되지 않는다. 다른 알데히드 혹은 알데히드와 케톤의 혼합알돌축합은 생성물이 복잡해지기 때문에 일반적으로는 행하지 않는다. 한쪽은 효율이 좋은 활성메틸렌화합물이고, 다른쪽은 반응성이 풍부한 카르보닐화합물의 경우에는, 예외적으로 유용한 경우가 있다. 예를 들면, 디하이드록시아세톤과 글리세르알데히드의 축합에 의한 과당과 소르보스의 생성이 있다.

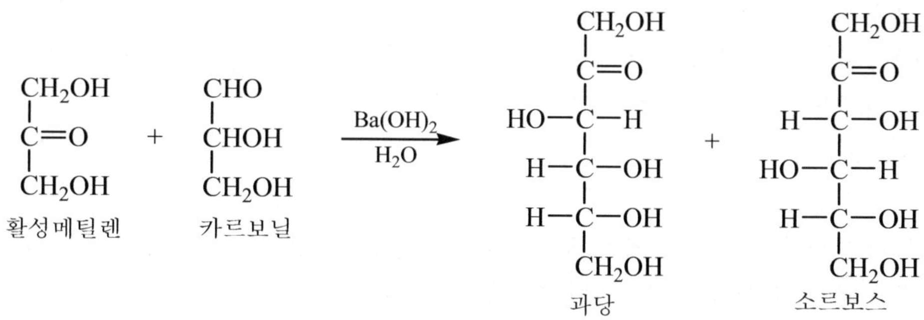

자기축합을 하지 않는 활성메틸렌화합물과의 혼합알돌축합은 가끔 유용하다. 니트로메탄과 알데히드의 예를 나타내면 다음과 같다.

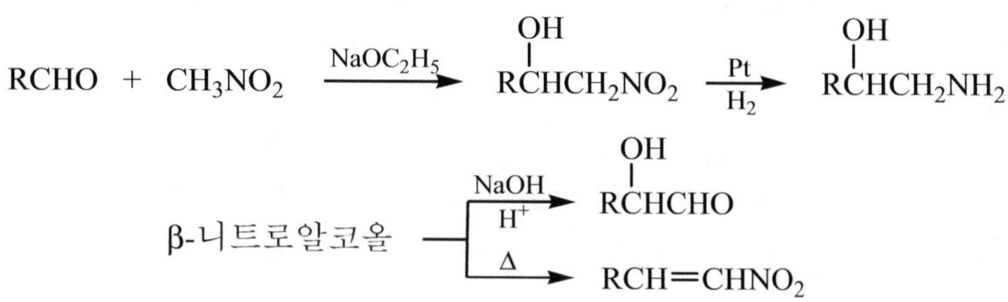

알돌화합물의 평형농도가 낮은 경우는, 생성물의 하나를 반응계외로 분리하든지, 알돌화합물이 탈수를 일으키는 조건에서 행하면 좋다. 예를 들면, 벤즈알데히드와 아세트알데히드는 염기의 존재하에서 신남알데히드를 생성한다.

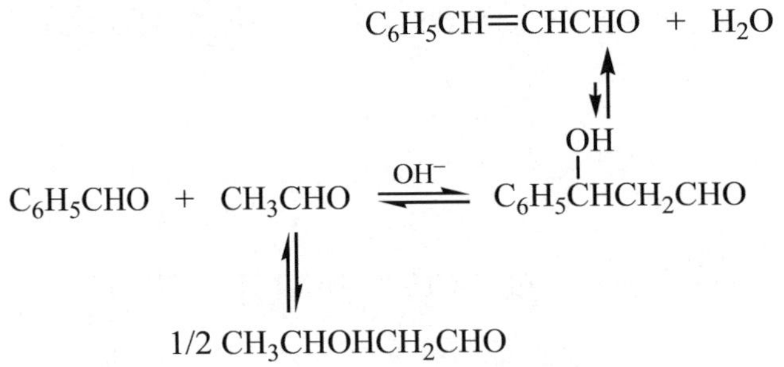

(30)

(30)식의 알돌형태의 부가-탈수반응에 관련된 반응은 상당히 많으며, 이들은 연구한 사람들의 이름을 표기한 것으로 알려져 있다.

1) Perkin반응

카르복시산염의 존재하에서 방향족알데히드와 산무수물의 축합반응 :

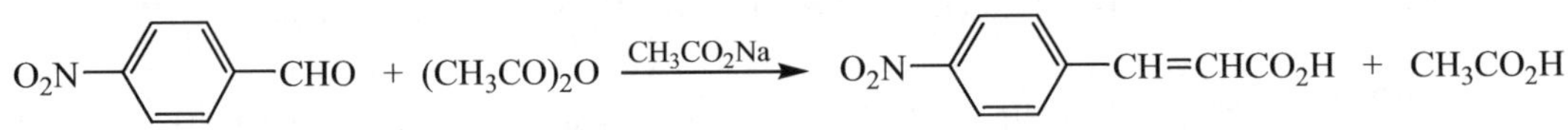

2) Knoevenagel축합반응

아민의 존재하에서 지방족 및 방향족알데히드와 말론산 및 말론산에스테르와의 축합반응 :

$$CH_3CH{=}CHCHO + CH_2(CO_2H)_2 \xrightarrow{\text{피리딘}} CH_3CH{=}CH{-}CH{=}CHCO_2H + H_2O + CO_2$$

3) Stobe축합반응

포타슘t-부톡사이드의 존재하에서 알데히드 및 케톤과 숙신산에스테르와의 축합반응 :

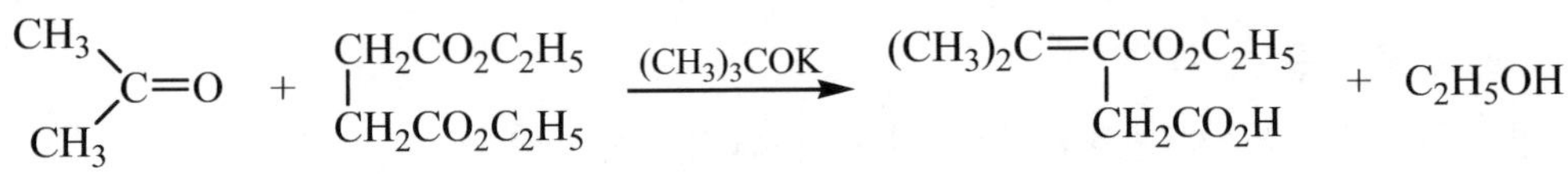

이들의 반응에서 불포화에스테르를 합성할 수 있지만, 그의 수득율은 신남산을 예로 들어서 비교하면 다음과 같다.

Perkin 반응

$$C_6H_5CHO + (CH_3CO)_2O \xrightarrow{CH_3CO_2Na} C_6H_5CH{=}CHCO_2H \quad (80\%)$$

Knoevenagel 축합

$$C_6H_5CHO + CH_2(CO_2H)_2 \xrightarrow{NH_3} C_6H_5CH{=}C(CO_2H)_2$$
$$\xrightarrow{-CO_2} C_6H_5CH{=}CHCO_2H \quad (80\%)$$

Reformatsky 반응

$$C_6H_5CHO + BrCH_2CO_2C_2H_5 \xrightarrow{Zn} C_6H_5CH(OH)CH_2CO_2C_2H_5 \quad (64\%)$$
$$\xrightarrow{-H_2O} C_6H_5CH{=}CHCO_2C_2H_5 \quad (57\%) \longrightarrow C_6H_5CH{=}CHCO_2H \quad (55\%)$$

알돌축합

$$C_6H_5CHO + CH_3CO_2C_2H_5 \xrightarrow{NaOC_2H_5} C_6H_5CH{=}CHCO_2C_2H_5 \quad (74\%)$$
$$\longrightarrow C_6H_5CH{=}CHCO_2H \quad (72\%)$$

방향족케톤(C_6H_5COR)과의 축합에 의하여 α-탄소에 가지가 있는 불포화카르복시산을 고수율로서 합성하는 데에는 상기의 4종류의 반응중 Reformatsky반응이 유일한 것이다. Perkin반응은 일어나지 않으며, 알돌축합은 일어나지 않고, 에스테르의 자기 Claisen축합에 의하여 1,3-디케톤이 생성하며, Knoevenagel축합에서는 R이 작을 때에 낮은 수율로서 일어나지만, 커지면 반응하지 않는다.

포름알데히드는 매우 활성이 강한 카르보닐화합물이지만, 자기 축합은 일어나지 않고, 다음에 나타내는 Tollens축합 및 Mannich반응을 행한다.

4) Tollens축합반응

포름알데히드를 카르보닐화합물로 하는 혼합알돌축합반응 :

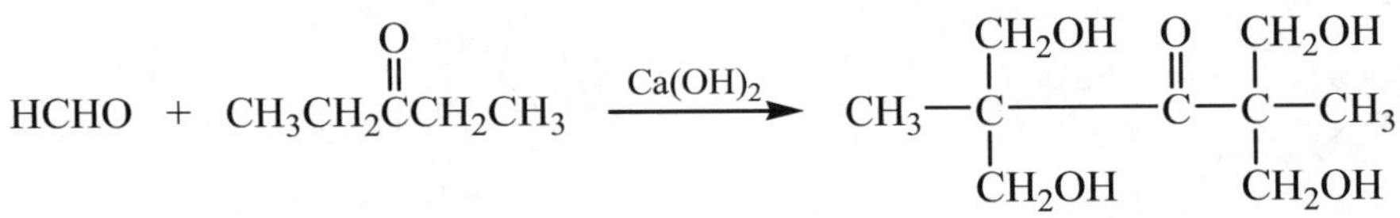

5) Mannich반응

암모니아, 1차아민 또는 2차아민의 염산염과 포름알데히드에 의한 활성메틸렌화합물의 아미노메틸화반응 :

$$HCHO + C_6H_5COCH_3 + (CH_3)_2NH{\cdot}HCl$$

$$\longrightarrow \underset{29}{C_6H_5COCH_2CH_2N(CH_3)_2{\cdot}HCl} \xrightarrow[\Delta]{H_2O,\ HO^-} (CH_3)_2NH + C_6H_5COCH{=}CH_2$$

Mannich염기(29)에 활성수소가 잔존하면, 더욱 1단계반응을 진행시킬 수 있다.

$$C_6H_5COCH_2CH_2N(CH_3)_2{\cdot}HCl + CH_2O + (CH_3)_2NH{\cdot}HCl$$

$$\longrightarrow C_6H_5COCH[CH_2N(CH_3)_2{\cdot}HCl]_2 + H_2O$$

활성메틸렌화합물로부터의 카르바니온도 활성화 된 불포화결합에의 공액부가를 행한다. 이 공액부가를 Michael부가라고 말한다(실제의 예는 제3장 2-2항 참조).

활성메틸렌으로부터의 카르바니온도 다른 친핵시약과 마찬가지로 부가-탈리반응을 행할 수 있다. 이 때, 반응을 받는 카르보닐화합물이 에스테르인 경우, 이 축합을 Claisen 축합반응이라고 말한다. 전형적인 예는 아세트산에틸의 자기축합반응이다.

$$CH_3CO_2C_2H_5 + NaOC_2H_5 \rightleftharpoons NaCH_2CO_2C_2H_5 + C_2H_5OH$$

(31)식에 있어서, 출발물질로부터 (30)까지의 평형은 원계쪽으로 치우쳐 있기 때문에, 생성하는 에탄올을 반응계로부터 분리하든지 또는 당몰의 염기를 작용시켜 (30)을 (31)로 변화시켜야 한다. 그러나 후자의 방법은 적어도 2개의 α-수소를 갖는 에스테르가 아니면 이용할 수 없다.

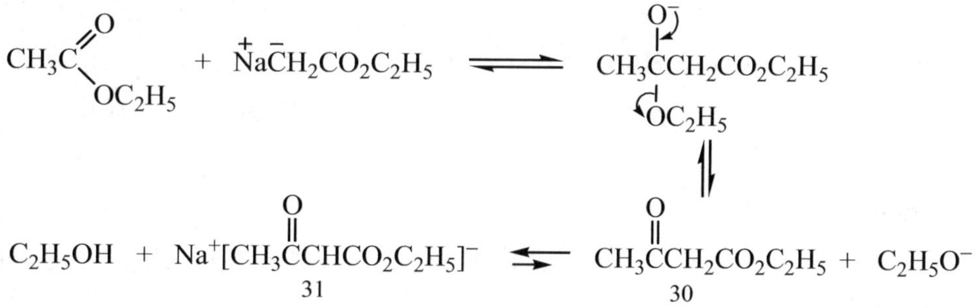

(31)

이소부티르산에틸과 같은 경우에는 트리페닐메틸나트륨과 같은 강염기를 작용시켜, 출발물질의 에스테르를 모두 카르바니온으로 변화시키고, 생성물인 β-케토에스테르의 평형농도를 증대시킬 수 있다.

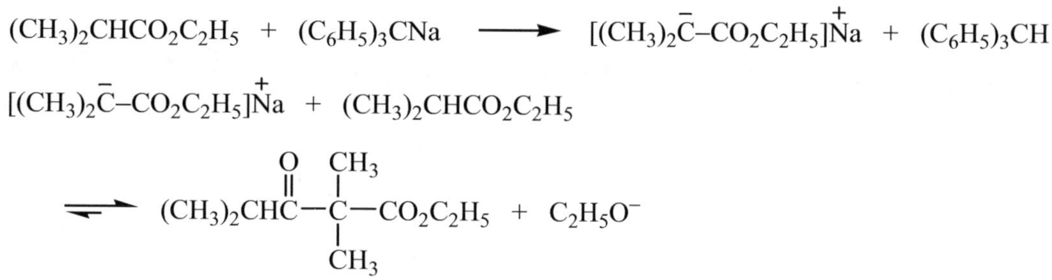

혼합Claisen축합반응은 혼합알돌축합반응의 경우와 마찬가지로, 일반적으로는 분리가 매우 곤란한 혼합물을 생성하기 때문에 이용할 수 없지만, 자기축합반응을 할 수 없는 카르보닐화합물을 1성분으로서 작용시키면 유용한 경우가 있다. 예를 들면, 포름산에틸, 탄산디에틸, 벤조산에틸 및 옥살산디에틸 등의 예가 있다.

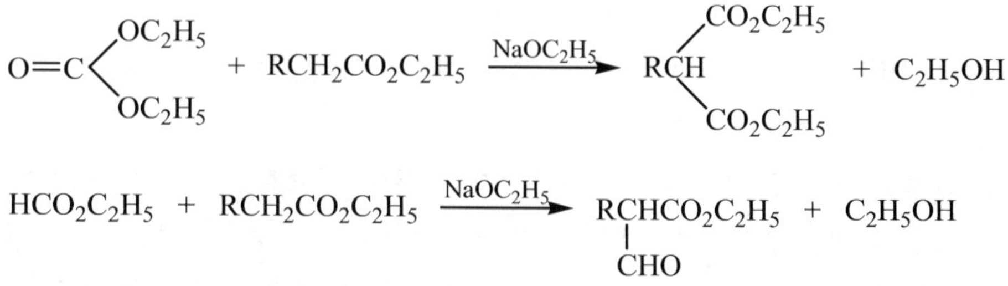

에스테르 이외의 활성메틸렌화합물로서, 케톤이 에스테르와 혼합클라이센축합반응을 하는 예도 많다.

$$CH_3CO_2C_2H_5 + CH_3COCH_3 \xrightarrow{NaOC_2H_5} CH_3COCH_2COCH_3 + C_2H_5OH$$

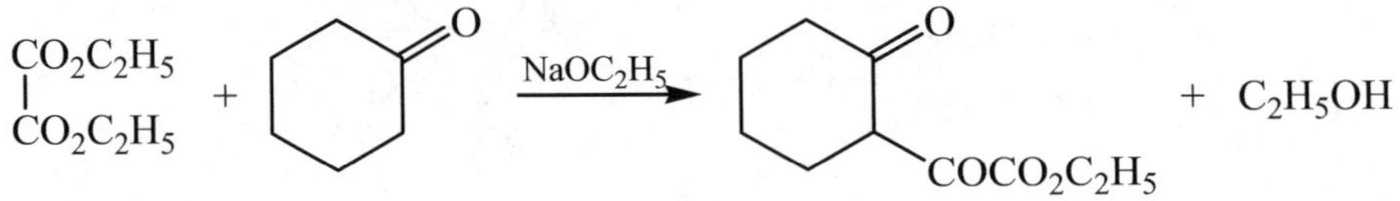

활성메틸렌화합물은 산염화물에 의하여 아실화 되지만, 이것도 Claisen축합반응과 같은 메카니즘이다.

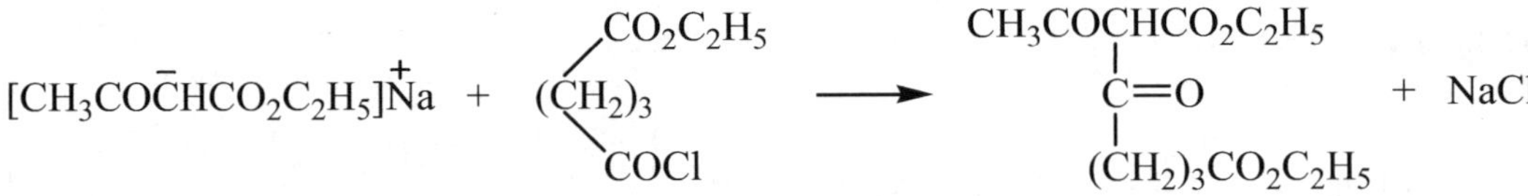

α-할로에스테르와 카르보닐화합물을 염기존재하에서 축합시키면, α,β-에폭시에스테르(32, 글리시딜에스테르)를 생성하며 이것을 글리시딜에스테르축합반응이라고 말한다. (32)를 가수분해하여 탈카르복시화반응을 행하면, 알데히드 또는 케톤으로 된다.

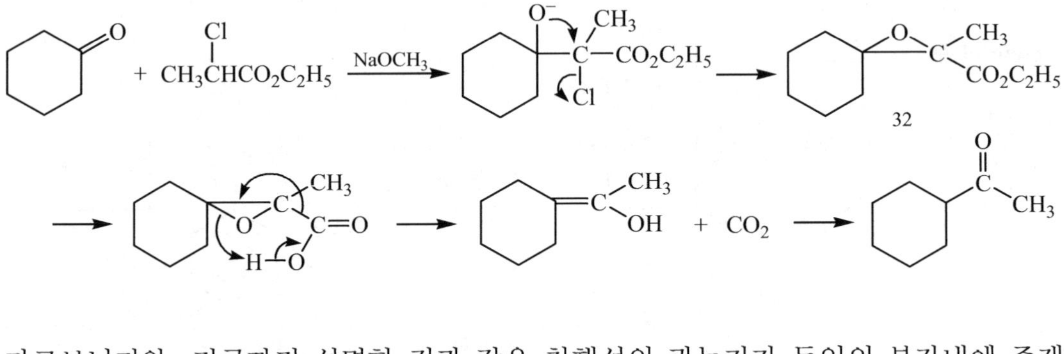

32

카르보닐기와, 지금까지 설명한 것과 같은 친핵성의 관능기가 동일의 분자내에 존재하면, 분자내반응을 일으키는 것은 당연하며 이와 같은 반응의 예를 아래에 나타낸다. 이들의 반응메카니즘은 지금까지의 설명으로부터 쉽게 이해할 수 있으리라고 생각된다.

알돌축합반응

Dieckmann축합반응이라고도 말한다. 5원 및 6원환화합물의 합성법으로서 중요하며 대환상화합물의 합성도 가능하다.

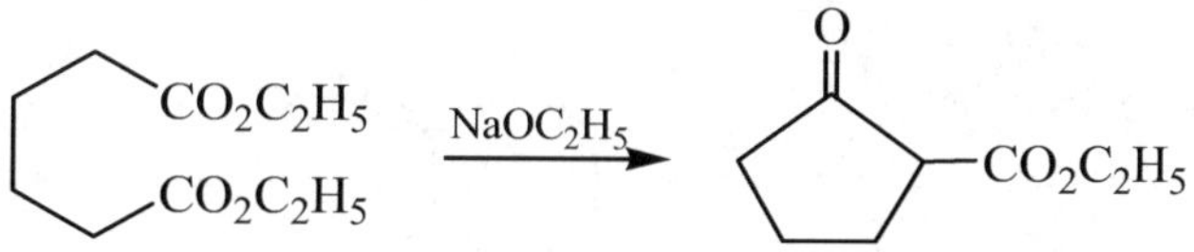

디아조케톤

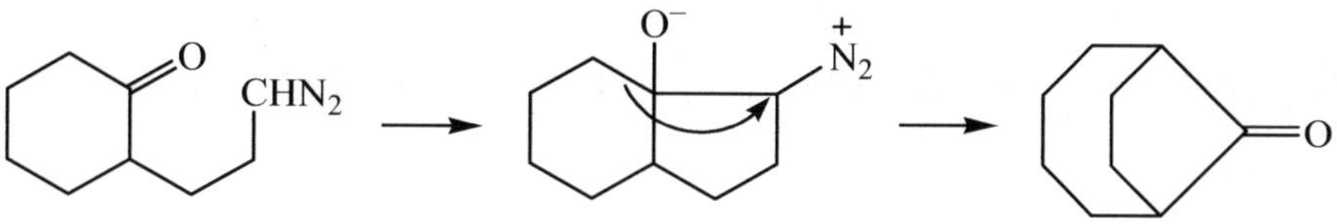

Grignard 시약과 케톤

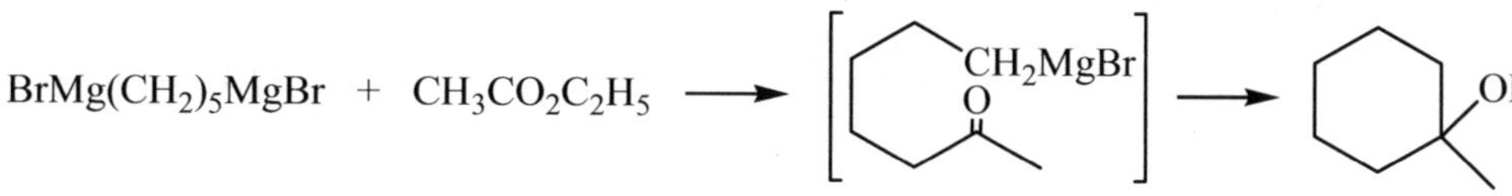

Claisen 케톤축합반응

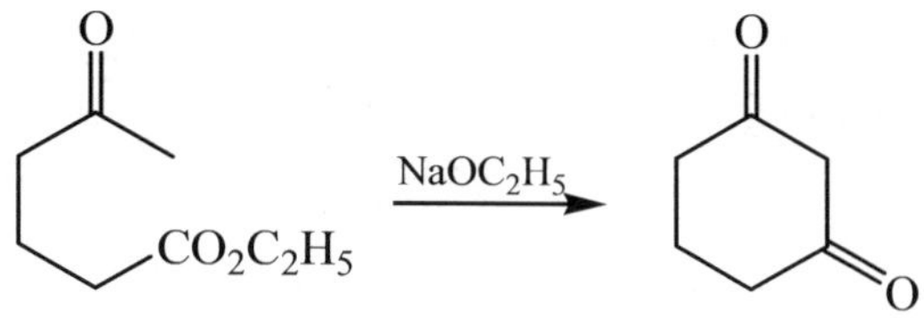

Michael 부가반응

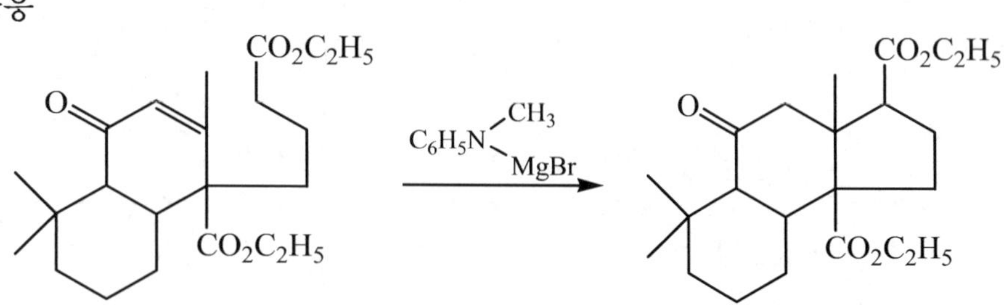

지금까지 설명한 것과 같은 반응을 이용하여 흥미있는 환상화합물의 합성이 다수 행해지고 있지만, 2가지 예를 아래에 나타낸다.

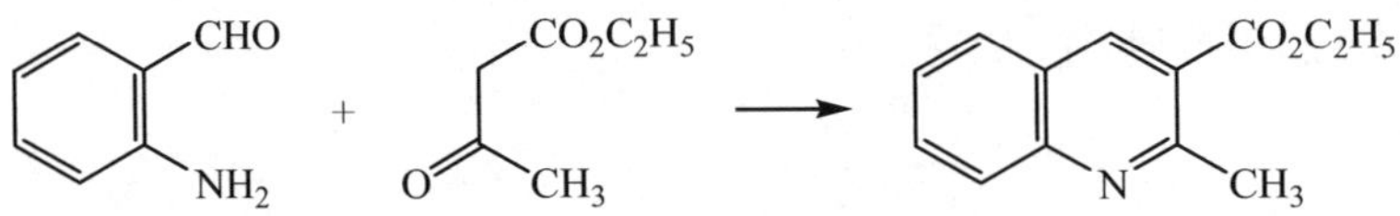

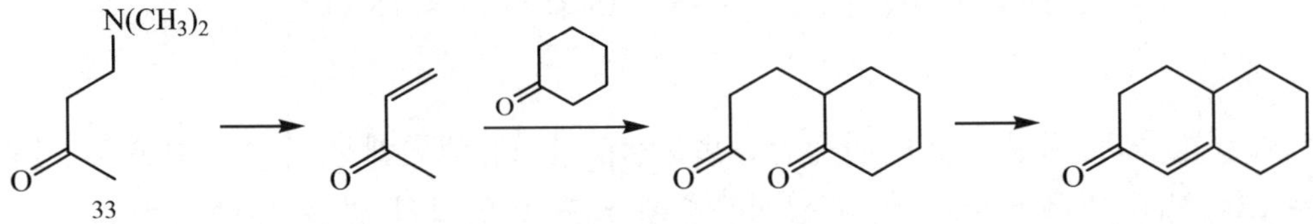

(32)

(32)식은 Robinson의 Mannich염기합성이라고 말한다. 이것은 염기의 작용에 의하여 (33)으로부터 α,β-불포화케톤이 생성하며, 이것에 대해서 시클로헥사논의 카르바니온이 Michael부가하고, 다음에 분자내에서 부가-탈수반응이 일어난다라고 생각된다.

8-4. 카르보닐화합물과 카르바니온에 관계가 있는 반응 예

이 절은 지금까지 설명한 바와 같이 일관된 것은 아니지만, 카르보닐기와 카르바니온이 관여하는 반응의 예를 설명하기로 한다.

엔올화하지 않은 알데히드, 주로 방향족알데히드는 강알칼리용액 중에서 수소음이온의 이동에 기인하는 산화-환원반응을 행하여, 대응하는 카르복시산과 알코올을 1분자씩 생성한다. 이 반응을 Cannizzaro반응이라고 말하며 이 반응은 조건에 따라서 3차 또는 4차 반응으로 되지만, 각각 (33)식의 a 및 b경로에 대응하는 것이다.

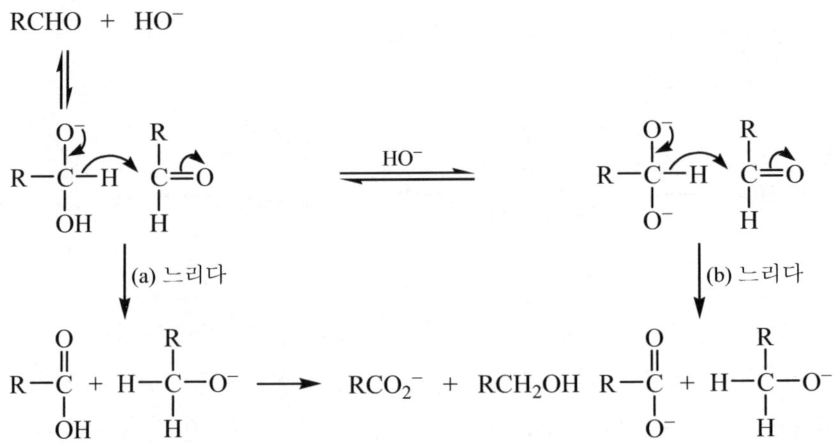

(33)

과잉의 포름알데히드와 다른 알데히드를 반응시키면, 포름알데히드가 수소음이온의 공여체로 되어 알코올의 합성에 이용할 수 있다.

$$RCHO + HCHO \xrightarrow{OH^-} RCH_2OH + HCO_2H$$

Cannizzaro반응과 같은 산화-환원반응으로서, 산성용액중에서 수소음이온의 이동에 기인하는 (34)식의 반응은 흥미있다(생성물중에 D가 도입되지 않는 것에 주의).

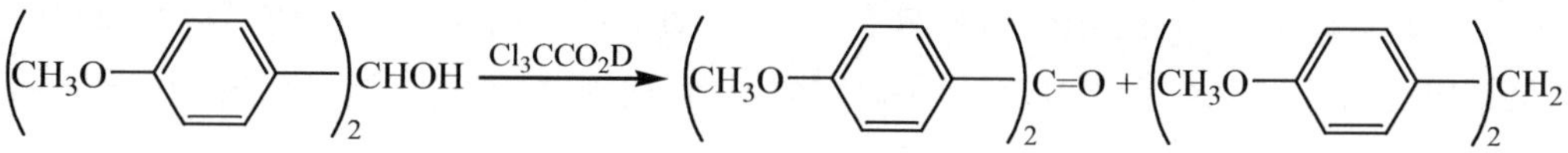
(34)

이것은 산성용액중에서 생성한 디페닐메틸양이온에 대한 수소음이온의 이동이다.

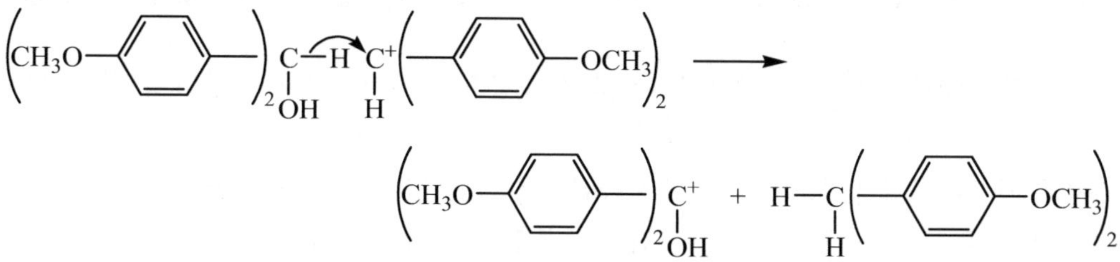

케톤에 대한 Cannizzaro반응과 유사한 반응이 방향족α-디케톤의 분자내 전위반응에 의한 α-하이드록시카르복시산의 생성, 소위 벤질산전위반응이 알려져 있다. 이 반응은 (35)식과 같이 나타낸다.

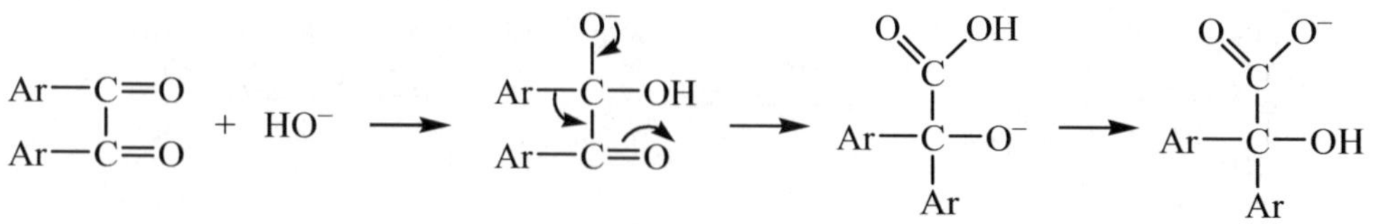
(35)

α-할로케톤과 수산음이온의 반응에 의하여 탄소골격이 변한 카르복시산을 생성한다. α'위치의 수소가 탈취되어 생성한 카르바니온이, α위치의 할로겐을 밀어내고 중간에 시클로프로판온을 경유하는 것은 ^{14}C를 tracer로서 확인할 수 있다. 이것을 Favorskii전위

반응이라고 말한다.

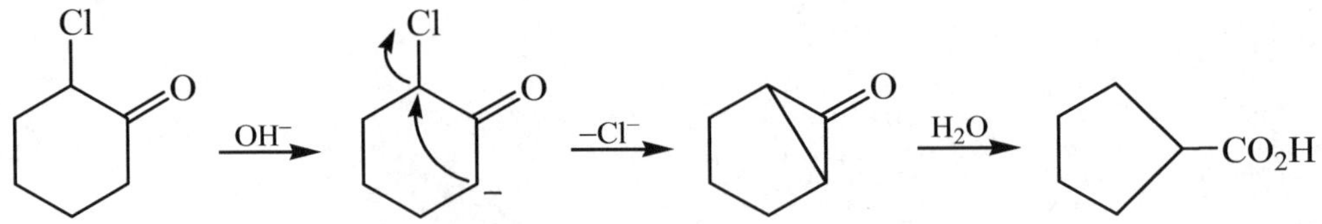

더욱 다음과 같은 예도 있다. 최초에 염소가 있었던 탄소원자의 입체배치가 반전하고 있다.

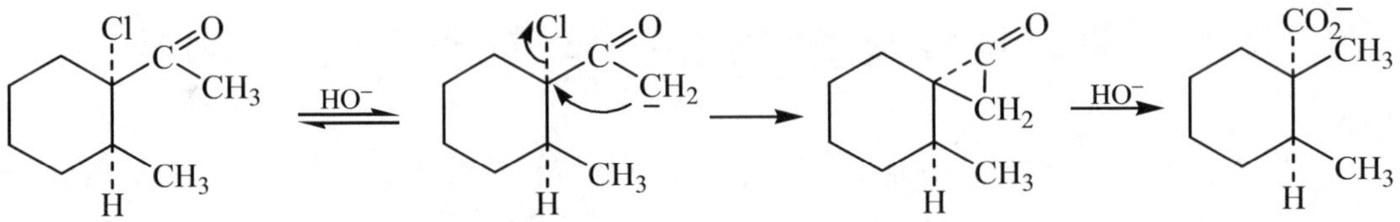

산촉매의 탈카르복시화반응도 알려져 있지만, 일반적으로는 카르복시산음이온 또는 수소결합한 카르복시기로부터, 이산화탄소와 카르바니온을 생성하는 것이 보통이다. 따라서 카르바니온을 안정화시키는 전자흡인성기는 탈카르복시화반응을 용이하게 한다. α-니트로이소부티르산의 탈카르복시화 반응속도는 카르복시산음이온의 농도에 1차이고, 브롬을 공존시켜도 속도는 변하지 않지만, 2-브로모-2-니트로프로판이 생성하는 것에 의하여 카르바니온의 존재가 증명되었다.

$$O_2NC(CH_3)_2CO_2^- \longrightarrow [O_2NC(CH_3)_2]^- + CO_2$$

$$[O_2NC(CH_3)_2]^- + Br_2 \longrightarrow O_2NC(CH_3)_2Br + Br^-$$

β-케토산이나 말론산 등은 가열에 의하여 쉽게 탈카르복시화반응을 하지만, 어느 것이나 분자내에서 프로톤의 이동을 일으켜 카르복시산음이온과 프로톤이 부가한 카르보닐기의 상태를 경유한다고 생각된다.

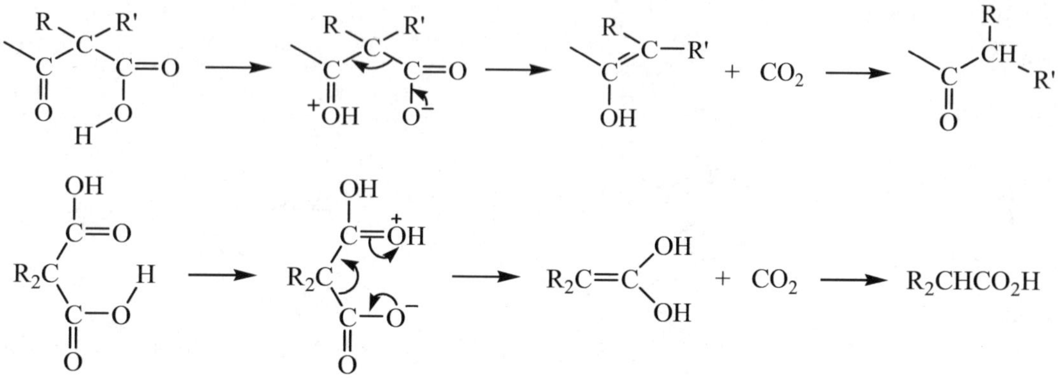

8-5. 헤테로원자를 함유하는 다중결합의 반응

Schiff염기(>C=N−)의 생성에 대해서는 2-2항에서 설명했다. 여기서는 관련화합물로서 엔아민에 대해서 설명하기로 한다. 비닐아민은 불안정하기 때문에 시프염기로 되지만, 질소상에 수소가 존재하지 않으면 안정하게 얻어진다(36식 참조). 엔아민은 엔올레이트 음이온과 같은 공명기여가 있다.

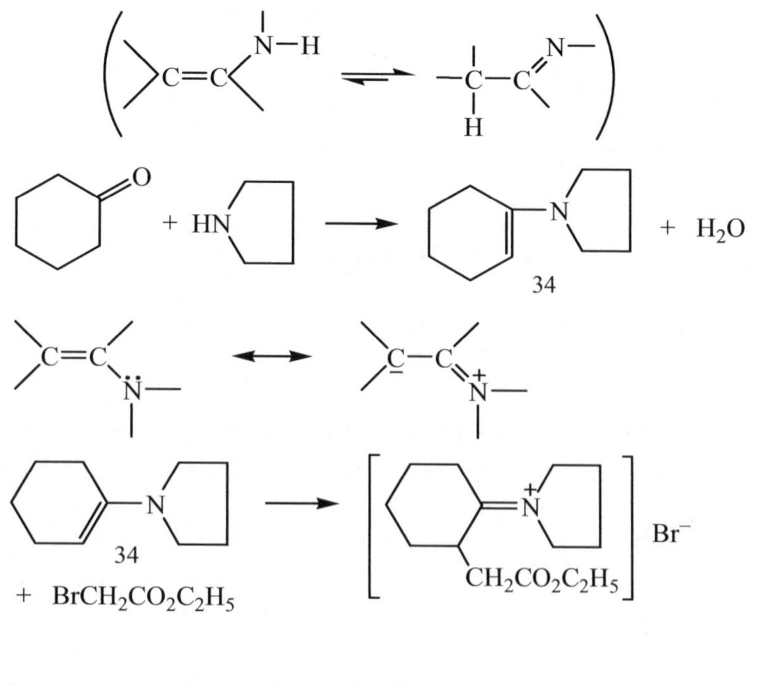

(36)

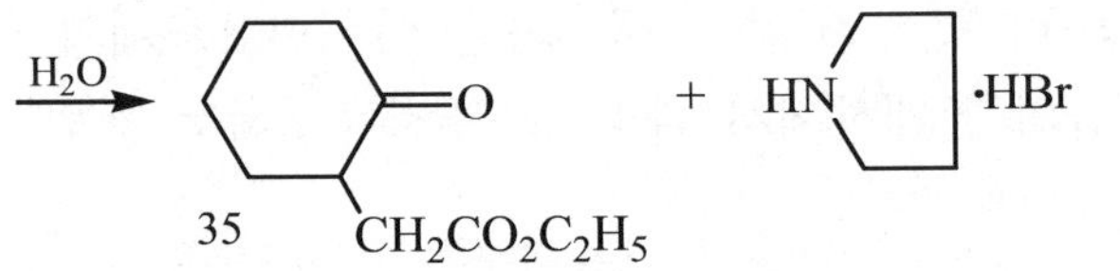

(34)를 브로모아세트산에틸과 반응시키고, 가수분해하면 (35)가 얻어진다. 케톤의 α 위치에 알킬화를 행한 것으로 된다. 엔아민에 산염화물을 반응시키고, 가수분해하면 1,3-디케톤이 얻어지며, 합성법으로서 유용하다.

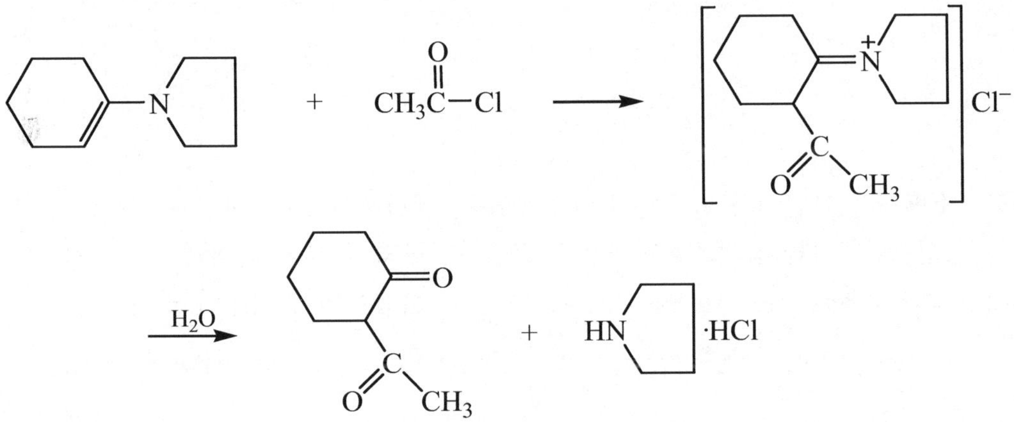

더욱 엔아민은 Michael부가를 행한다.

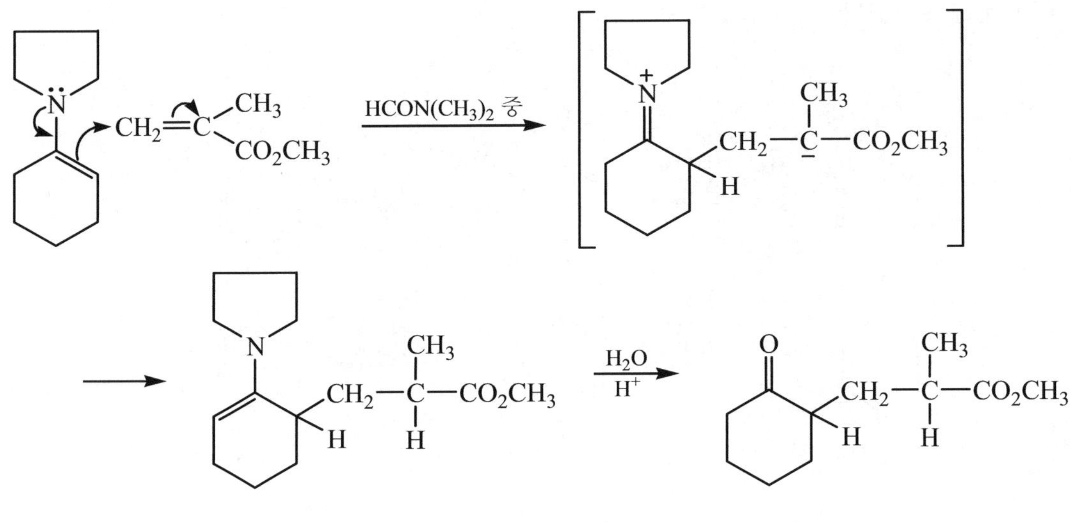

방향족의 N-니트로소아민은 대응하는 아닐린유도체와 아질산의 작용에 의하여 쉽게 얻어지지만, 산의 존재하에서 파라니트로소유도체로 전위한다.

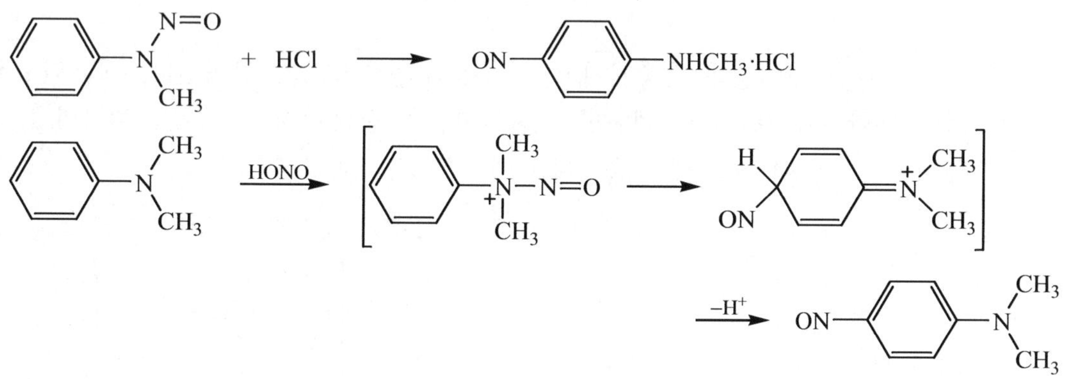

니트로소벤젠은 아닐린과 반응하여 아조벤젠을, 페닐하이드록실아민과 반응하여 아족시벤젠을 생성한다. 이들의 아조화합물은 니트로화합물의 환원에 의해서도 얻어지지만, 비대칭의 아조화합물을 얻는 데에는 아민과 니트로소화합물의 축합쪽이 좋다.

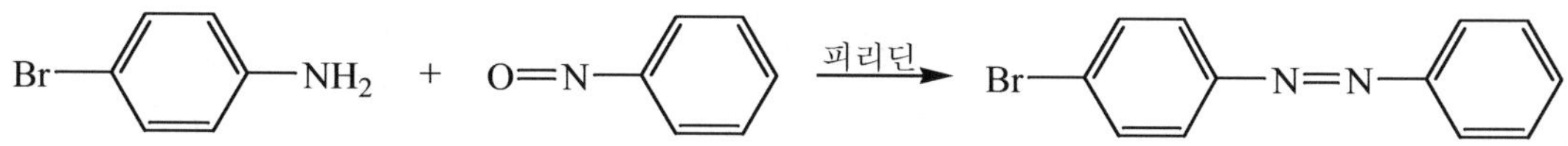

비대칭의 아조화합물을 얻기 위해서는, 다른 디아조화합물과의 방향족커플링반응(제5장 6절 참조)이 있다.

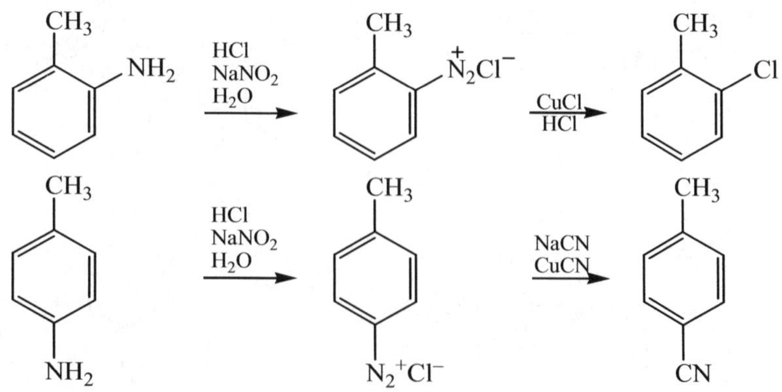

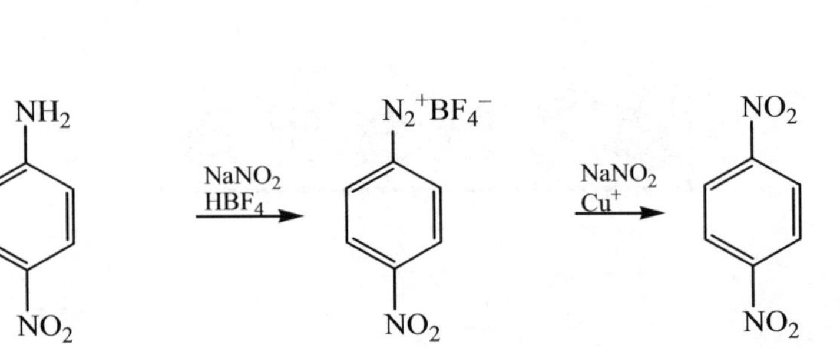

커플링반응 이외의 디아조화합물의 반응으로서는 Sandmeyer반응이 중요하다. 이것은 디아조늄염을 제1구리염과 산의 존재하에서 가열분해하여 할로겐화물을 얻는 반응이다. 요오드이온과 반응시킬 때에는 구리염은 필요없다.

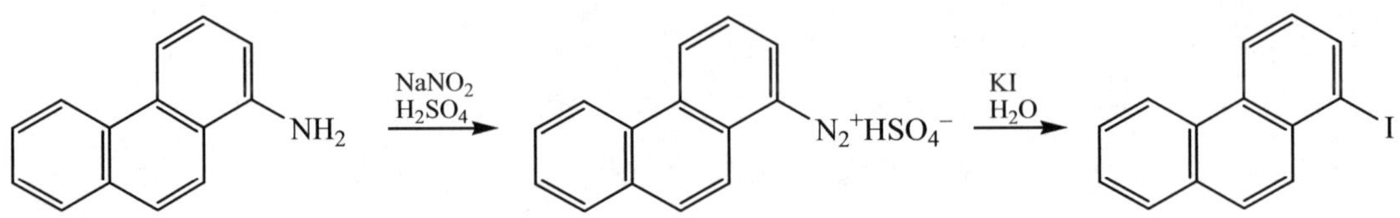

방향핵 이외에도 커플링반응을 행할 수 있다.

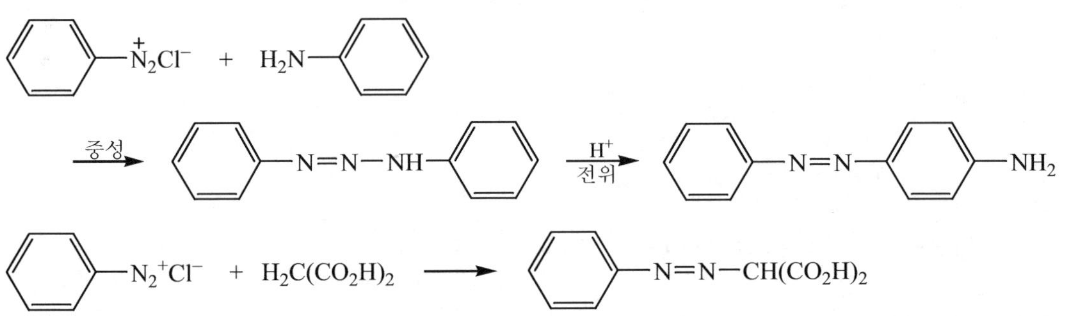

플루오르화반응에서는 테트라플루오로보레이트(고체)를 열분해시킨다. 이것을 Schiemann반응이라고 말한다.

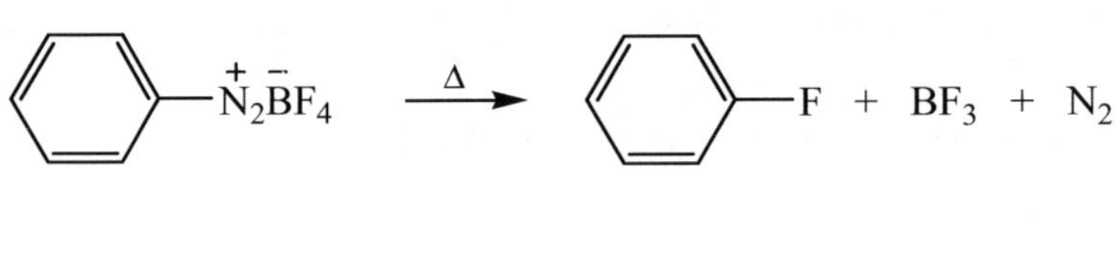

연 습 문 제

01 다음의 반응메카니즘을 설명하여라.

1) $PhCO_2H + H_2{}^{18}O \xrightarrow{H^+} PhC(={}^{18}O)-OH$

2)

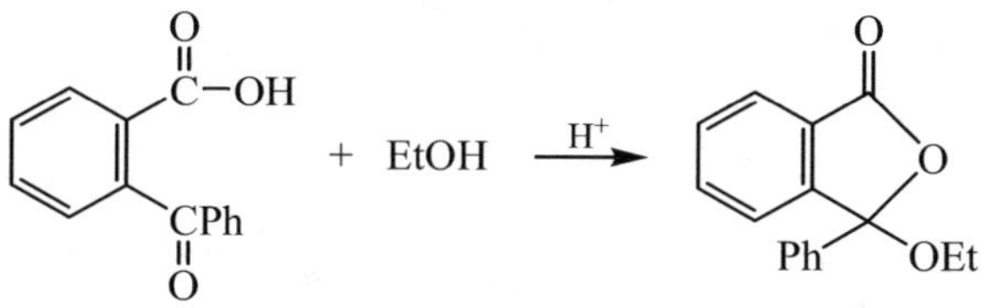

3) $Me_2CO + I_2 + DO^- \xrightarrow{D_2O} DCI_3 + CH_3CO_2^-$

4) 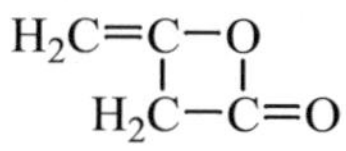 $+ EtOH \longrightarrow MeCOCH_2CO_2Et$

5) $C_6H_5CH_2CN \xrightarrow[HCl]{SnCl_2} \xrightarrow{H_2O} C_6H_5CH_2CHO$

6) $C_6H_5HgCCl_3 + Ph_3P + (CH_3)_2CO \xrightarrow{가열} (CH_3)_2C{=}CCl_2$

7)

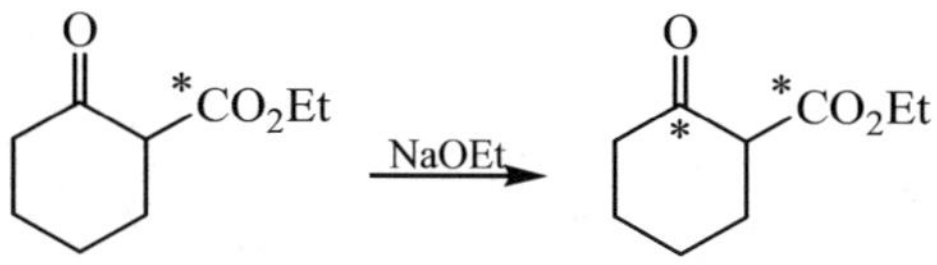

*는 ^{14}C가 도입된 위치를 나타낸다.

8) $(EtOOC)_2 + CH_2(CH_2CO_2Et)_2 \xrightarrow{EtO^-}$ 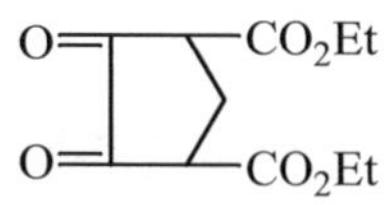

9) $(EtOOC)_2 + CH_3CH{=}CHCO_2Et \xrightarrow{EtO^-} EtO_2C-C(=O)-CH_2-CH{=}CH-CO_2Et$

10) $PhC(=O)CMe_2CO_2Et + MeCO_2Et \xrightarrow{EtO^-} PhCO_2Et + MeC(=O)-CMe_2CO_2Et$

11) $PhCOMe + ClCH_2CO_2Et \xrightarrow{EtO^-}$ 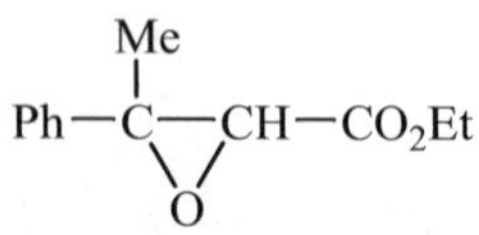

12) $CH_3COCN + KCN \longrightarrow CH_3CO_2C(CN)_2CH_3$

13) C_2H_5OCH (=O) + $ClCH_2CO_2C_2H_5$ $\xrightarrow{Zn}$ 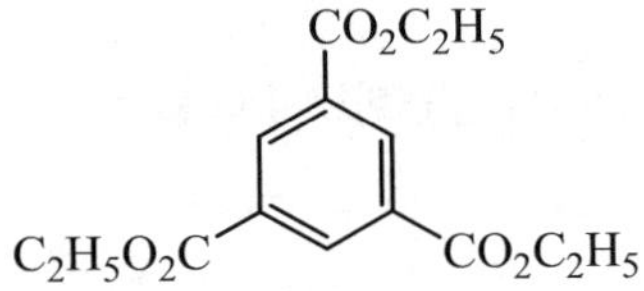

14) PhCHO + $CH_3COCH_2CO_2C_2H_5$ $\xrightarrow{EtO^-}$ 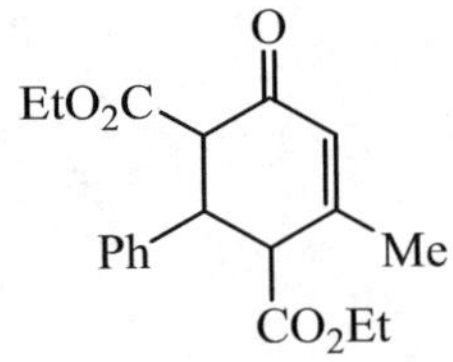

15) $O=C(CH_2CO_2CH_3)_2$ + PhCHO + $MeNH_2 \cdot HCl$ ⟶ 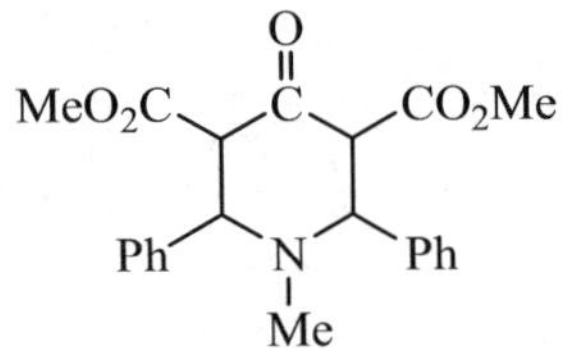

16) $(CH_2CHO)_2$ + $O=C(CH_2CO_2C_2H_5)_2$ + CH_3NH_2 ⟶ 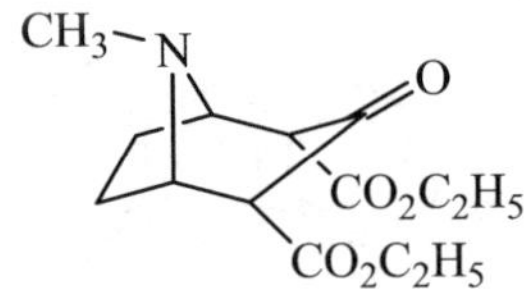

17) CH_3COCH_3 + CH_2O + $CH_3NH_2 \cdot HCl$ ⟶ 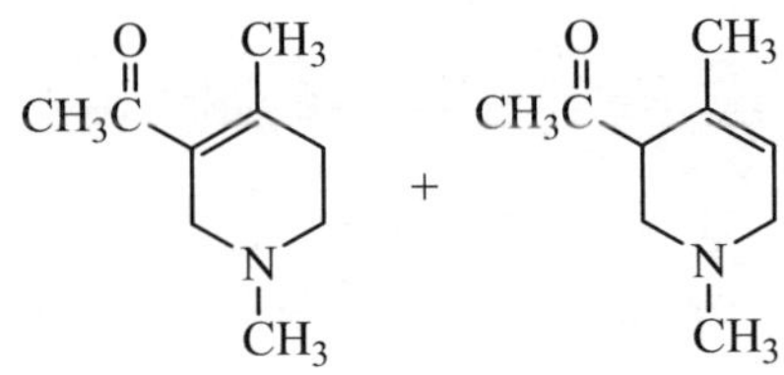

[주 : 표시된 원료는 당량관계를 나타냈다라고 한정할 수 없다.]

02 메시틸옥사이드($Me_2C=CHCOMe$)와 데옥시벤조인($PhCH_2COPh$)은 Michael 부가를 하여, 예상되는 생성물(a)와 함께 3,4-디페닐-5,5-디메틸-2-시클로헥세논(b)를 생성한다. (a)의 구조를 나타내고 (b)의 생성메카니즘을 추정하여라.

03 다음의 화합물은 알칼리가수분해에 의하여 인산디에스테르를 생성하지만, 이들을 속도의 순서로서 나열하고 이유를 설명하여라.

$(C_2H_5O)_3PO$, $(p-NO_2C_6H_4O)_3PO$,
$(C_2H_5O)_2(C_6H_5O)PO$, $(C_2H_5O)_2(p-NO_2C_6H_4O)PO$

04 각각의 항에 있어서 엔올화의 대소를 비교하여라.

1)

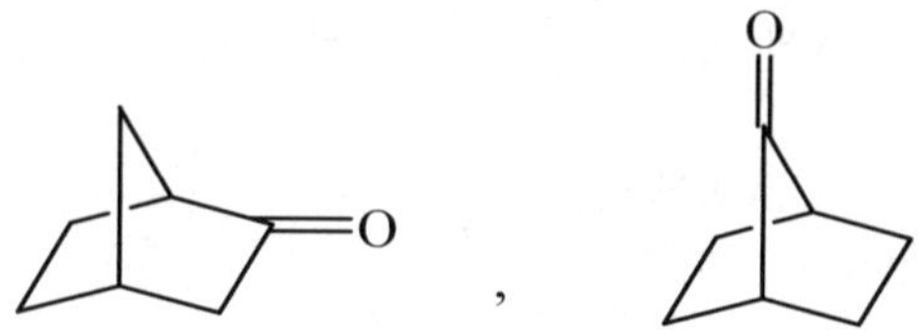

2)

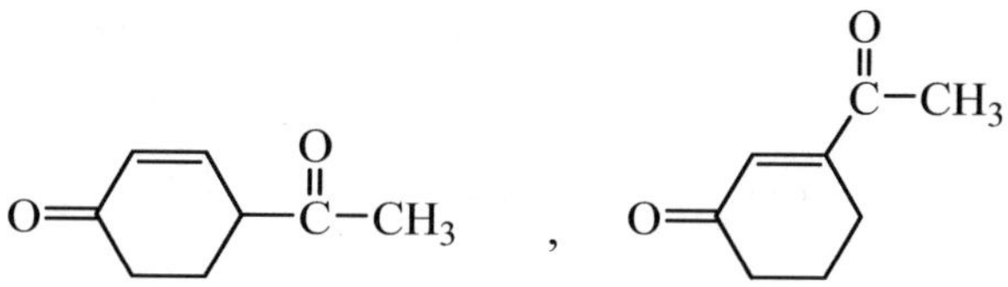

3)

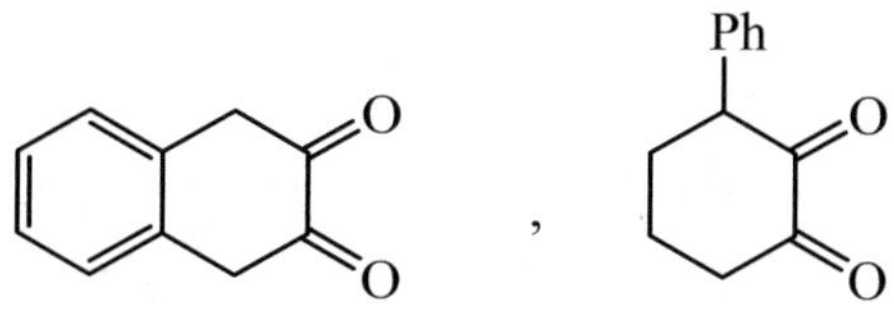

05 다음의 사실을 설명하여라.

1) 할로포름반응에서는 메틸기가 일반적으로 할로겐화된다.
2) 광학활성의 2-하이드록시-4-메틸시클로펜타논을 과잉의 페닐하이드라진으로 처리하면, 생성물에는 광학활성이 없다.
3) 2-이소프로필리덴-5-메틸시클로헥사논으로부터 피라졸린을 합성하면, 가능한 디아스테레오머 중에서 1쪽만을 생성한다.
4)

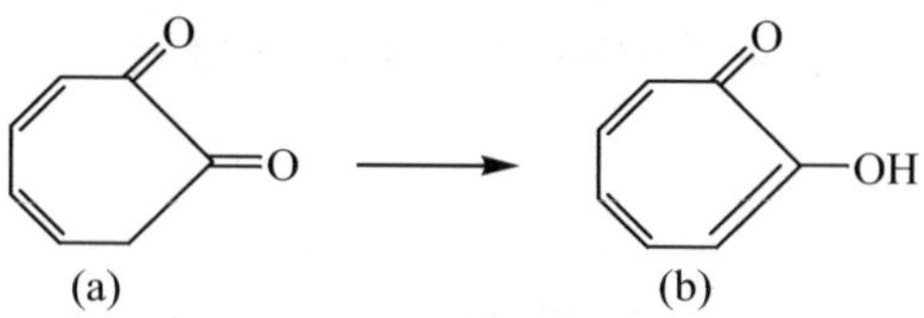

(a)는 모두 (b)의 형태로서 존재하고 있다.

5) 산성아황산나트륨과 카르보닐화합물의 부가물은 약산 및 염기에 의해서도 분해된다.
6) 아래의 혼합벤조인축합에서는, 생성하는 혼합벤조인은 1종류뿐이다.

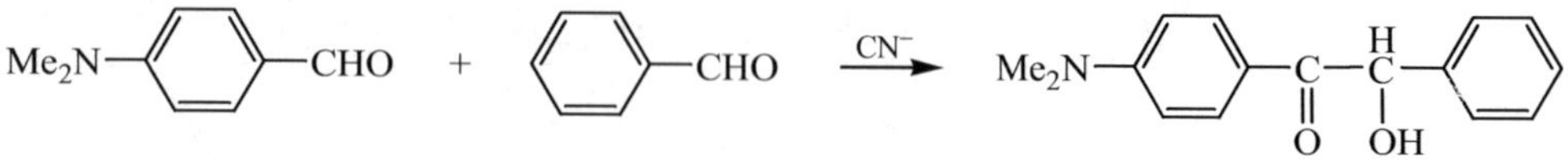

7) 아래의 축합반응의 생성물은 반응시간에 따라서 다르다.

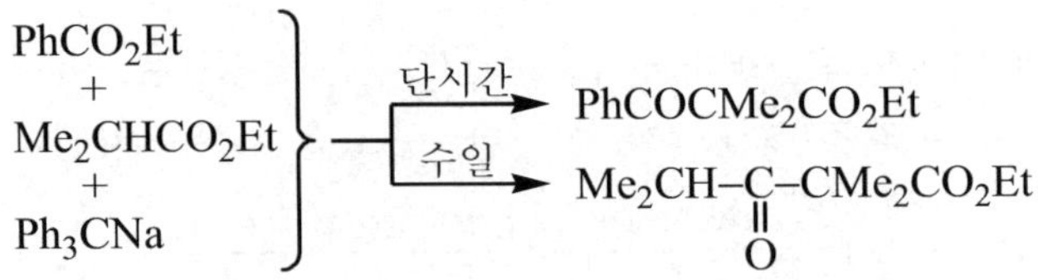

8) 아래의 2개의 반응으로 디아스테레오머가 생성한다.

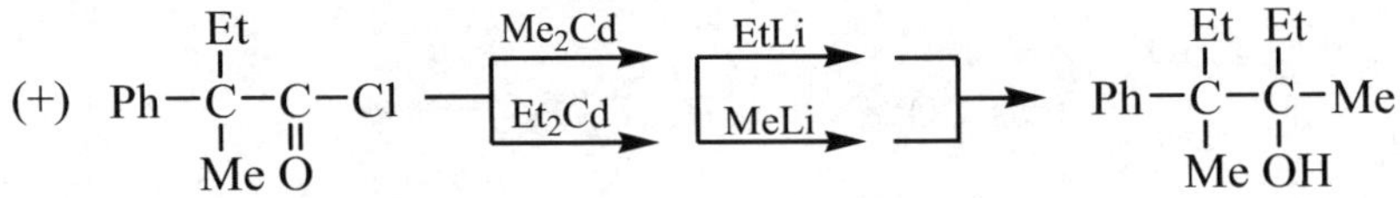

9)* 치환기가 없는 환상케톤의 시아노하이드린의 해리상수(K)와 고리의 크기의 관계는 다음과 같이 된다.

환의 크기	5	6	7	8	9	11	12	15~20
100 K	2.1	0.1	13	86	170	112	31	~10

06 다음의 반응생성물을 표시하여라.

1) 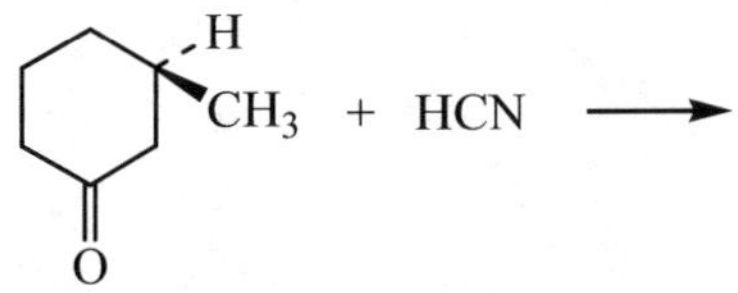

2) 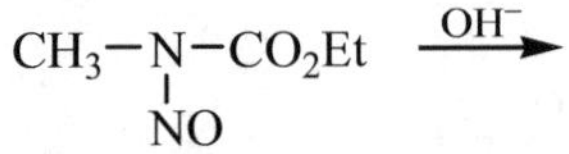

3) 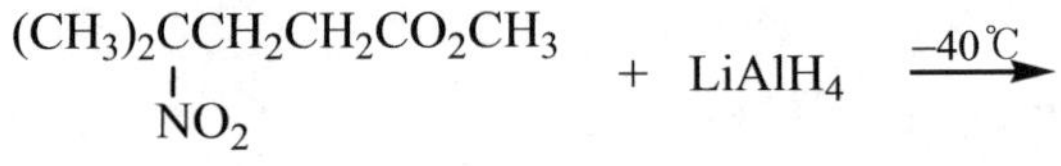

4)* 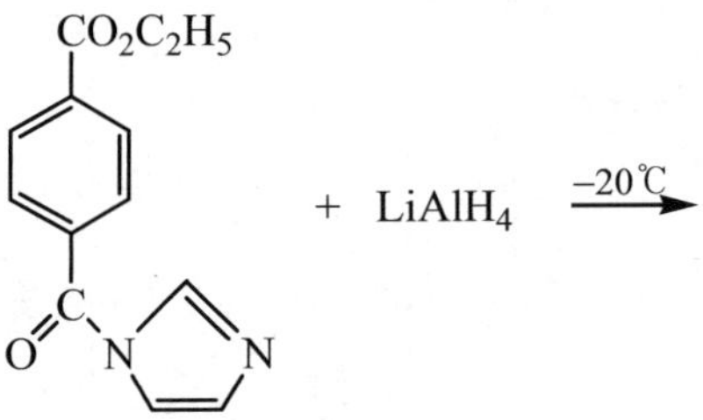

5) $C_6H_5CH{=}CHC(=O)C_6H_5 + HOOH \xrightarrow{NaOH}$

6) 어떤 퀴논에 하이드록실아민을 작용시켜서 얻은 생성물은, 어떤 페놀에 아질산나트륨을 반응시켜서 얻은 물질($C_6H_5O_2N$)과 같다. 구조를 표시하여라.

7) 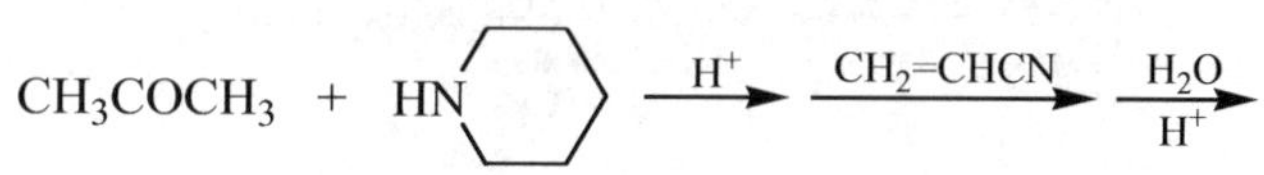

8) $CH_3CHO + (CH_3)_2CBrCO_2Et \xrightarrow{Zn}$

9) 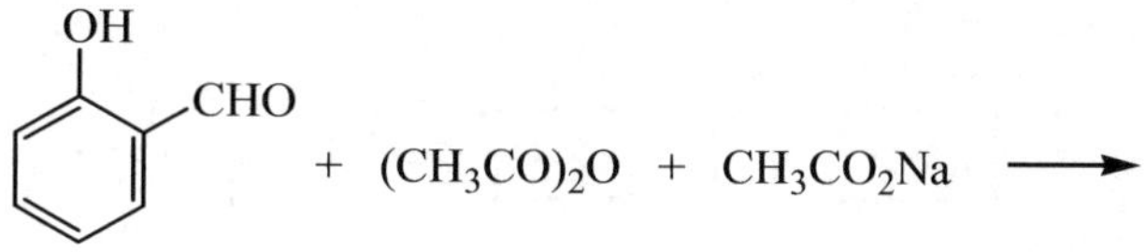

10) $C_6H_5CHO + (Me_2CHCO)_2O + Me_2CHCO_2Na$ $\xrightarrow{100℃}$ / $\xrightarrow{150℃}$

11) 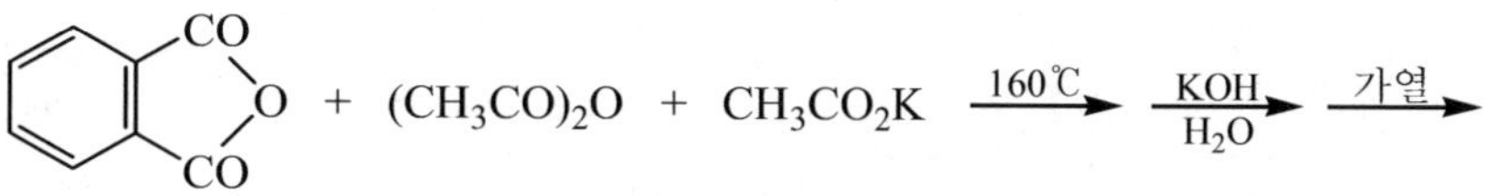

12) 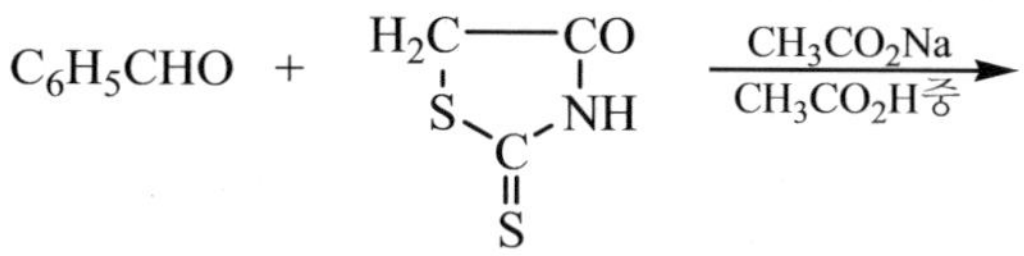

13) $CH_3CH{=}CHCHO + H_2C(CO_2H)_2 \xrightarrow{\text{피리딘}}$

14) 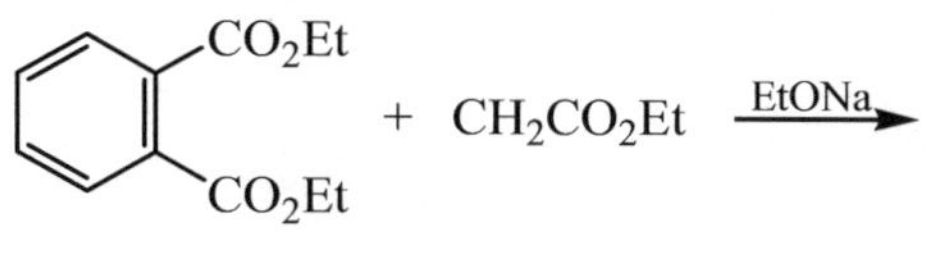

15) $(CH_3)_2CHCHO + CH_2O + CH_3NH_2 \xrightarrow{HCl}$

16) $C_6H_5OH + 3CH_2O + 3Me_2NH{\cdot}HCl \longrightarrow \xrightarrow{(CH_3CO)_2O}$

17) 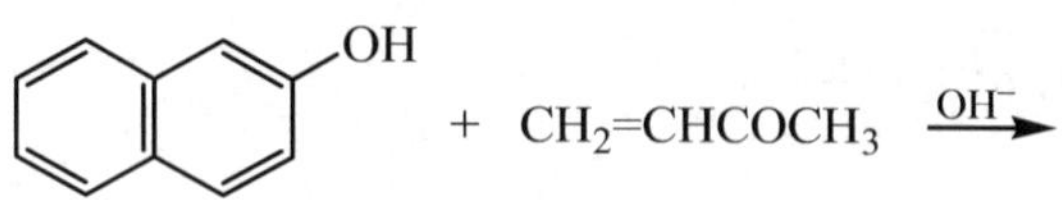

18) 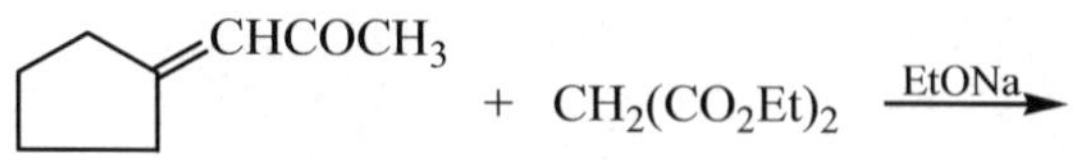

19) 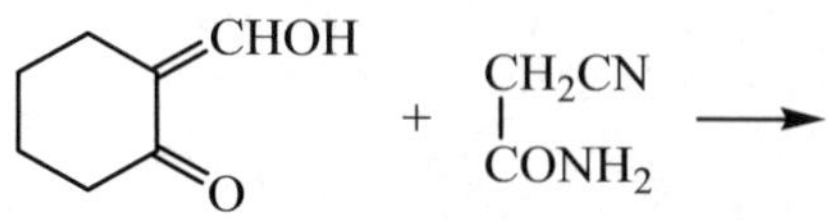

20) $PhCH{=}NNHPh + PhN_2^+Cl^- \xrightarrow{pH>9}$

21) $2PhN_2^+Cl^- + CH_3NO_2 \xrightarrow{OH^-}$

22) 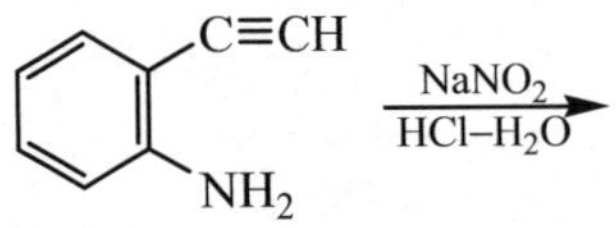

23) 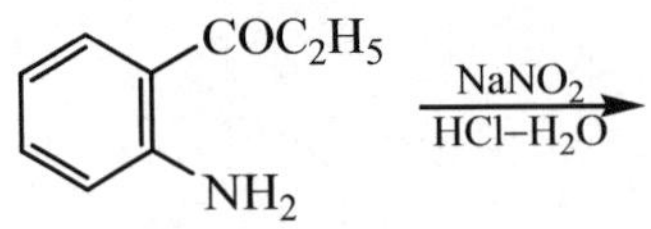

24) $CH_3CO-CH(CH_3)CO_2H + PhN_2^+Cl^- \xrightarrow{OH^-}$

07 다음의 합성경로를 고찰하여라.

1) $C_6H_5CO_2H \longrightarrow C_6H_5CH_2CONHC_6H_5$

2) $HCOCH_2CH_2CH_2OH \longrightarrow HCOCH_2CH_2CO_2H$

3) $CH_2=CHCOCH_3 \longrightarrow (CH_3)_2NCH_2CH_2C(OH)(CN)-CH_3$

4) $CH_3CH=CHCHO \longrightarrow CH_3CH(OEt)CH_2CH(OEt)_2$

5) 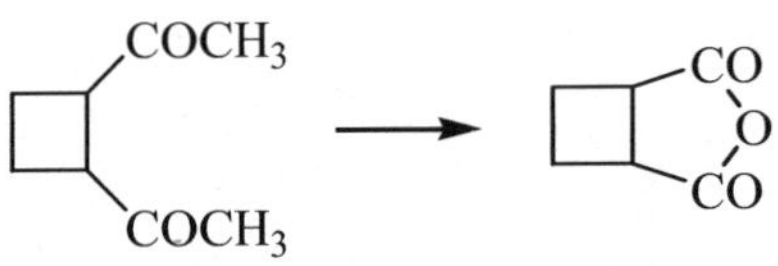

6) $PhCH_2CO_2Et \longrightarrow PhCH(CHO)CO_2Et$

7) $PhBr \longrightarrow Ph_2C=CH_2$

8) $PhCH_2Cl, PhCOCH_3 \longrightarrow PhCH=C(CH_3)C_6H_5$

9) 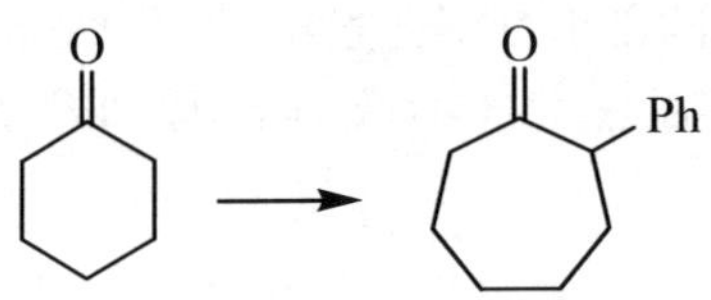

10) $PhBr \longrightarrow PhCH_2CH_2COCH_3$

11) 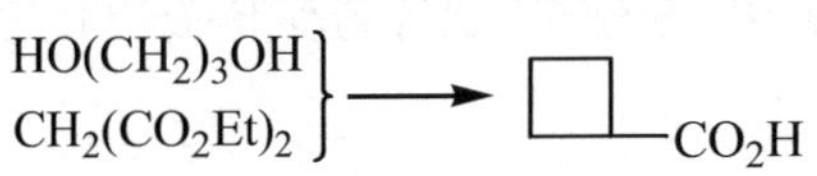

12) $PhCH=CHCHO \longrightarrow PhCH=CH-CH=CHCO_2H$

13) 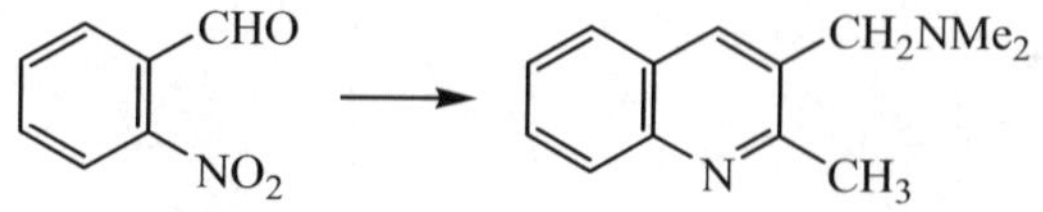

14) 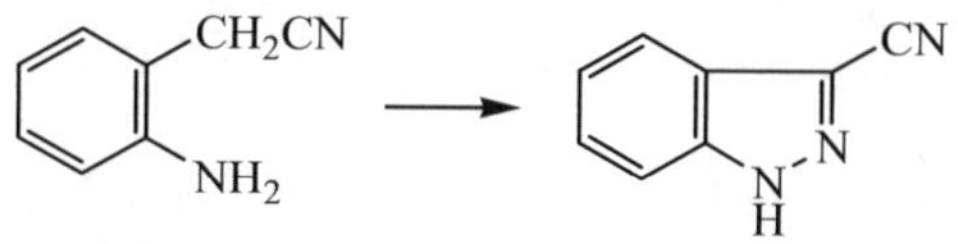

15) 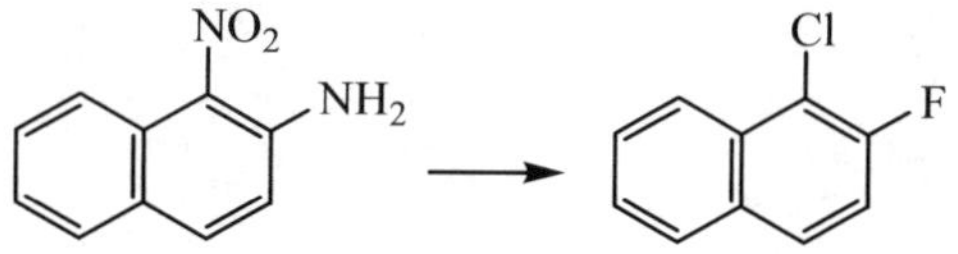

16) $MeEtCO + BrCH_2CO_2Et \longrightarrow EtCHMe\text{–}CH_2CO_2Et \longrightarrow EtCHMe\text{–}CH_2\text{–}CHMe\text{–}CH_2CO_2Et$

17) 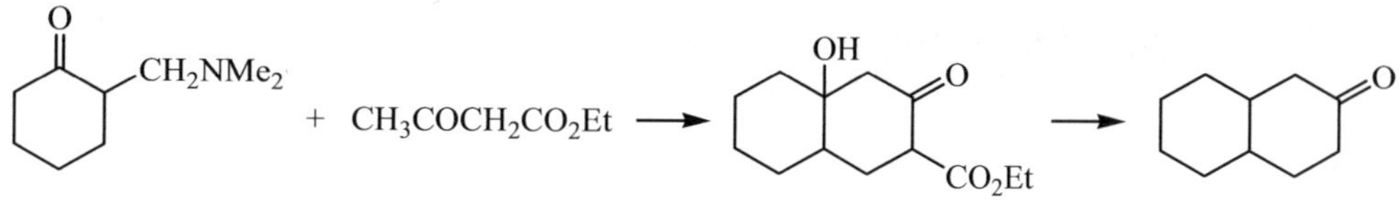

18) $CH_3COCH_2COCO_2C_2H_5 + NH_3 \longrightarrow$ 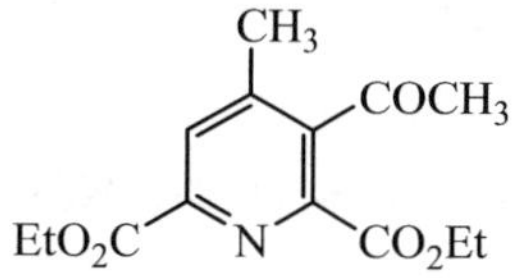

19) $CH_3COCH(CH_2Ph)CO_2Et + PhN_2^+ \longrightarrow$ 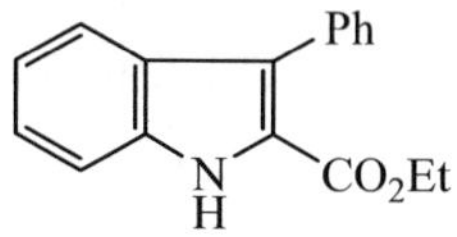

20) $C_6H_6 \longrightarrow$ m-디클로로벤젠

21) $C_6H_5NH_2 \longrightarrow$ p-디니트로벤젠

08 D-sec-부틸알코올을 사용하여 입체배치를 알 수 없는 광학활성 알코올의 입체배치를 결정하는 방법을 고찰하여라.

09 K_B가 10^{-14}의 카르보닐화합물과 K_B가 10^{-11}의 1차아민의 산접촉반응속도가 최대로 되는 pH를 구하라. 단, 양쪽 물질의 농도는 1M로 한다. 이 때의 속도는, pH=0 및 pH=7일 때와 비교하면 각각 몇배인가?

10* 가장 간단한 스테로이드인 Equilenin은 아래와 같은 도형에 따라서 완전합성되었다. 모든 단계의 반응식을 생각하여라.

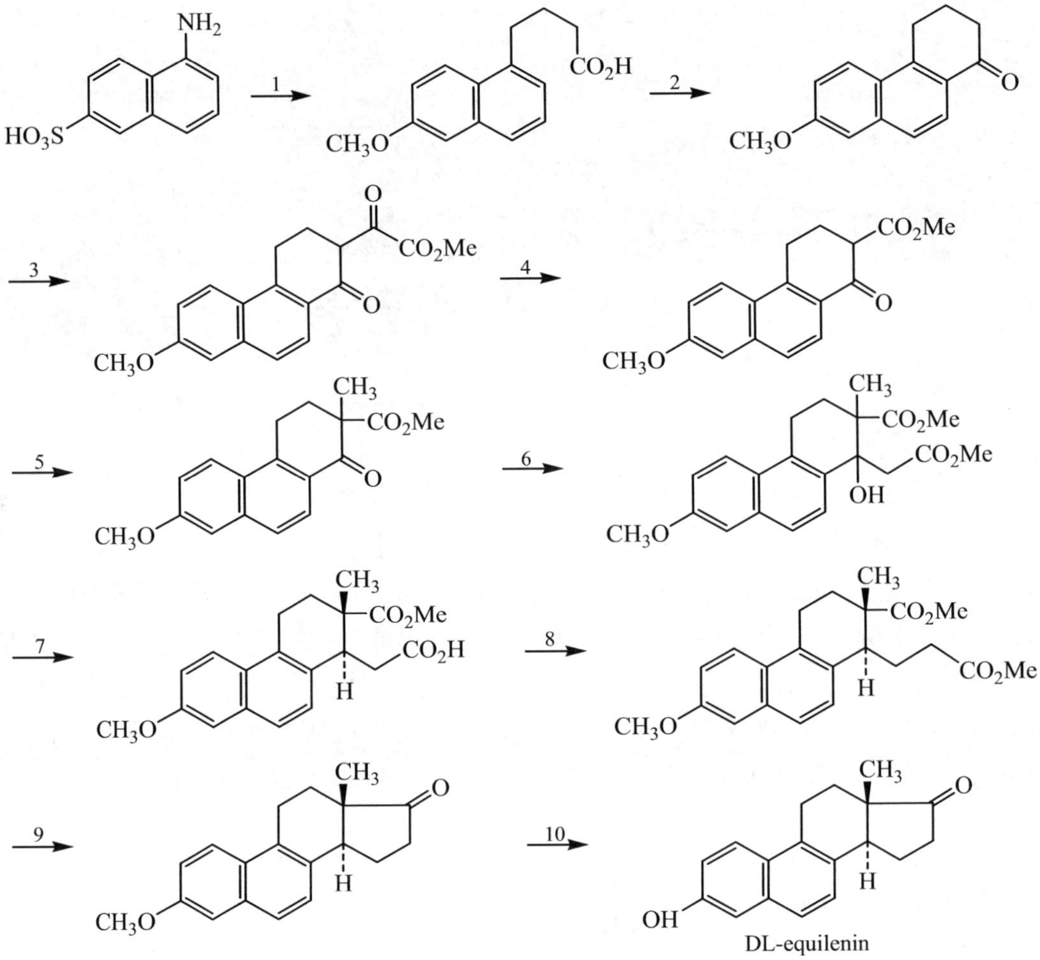
NH2
HO3S
1
CO2H
CH3O
2
O
CH3O
3
O
CO2Me
O
CH3O
4
CO2Me
O
CH3O
5
CH3
CO2Me
O
CH3O
6
CH3
CO2Me
CO2Me
OH
CH3O
7
CH3
CO2Me
CO2H
H
CH3O
8
CH3
CO2Me
H
CO2Me
CH3O
9
CH3
O
H
CH3O
10
CH3
O
H
OH
DL-equilenin

전자결핍원자에 기인하는 전위반응 09

지금까지 몇 개의 전위반응이 설명되었지만 여기서는 이들과는 다른 형태의 전위반응에 대해서 설명하기도 한다. 이들은 반응도중에 생성하는, 소위 전자결핍원자(electron defficient atom)가 원인으로 되어 일어나는 반응이다. 어떤 분자로부터 1개의 원자단이 결합전자를 가지고 탈리하면, 그 원자단이 결합하고 있던 원자는 6배위전자구조(sextet of electrons)를 취하게 된다. 이 때 이것을 서로 메우려고 인접원자상의 원자단이 결합전자를 가지고 이동해 오는 전위반응이 일어난다. 일반적으로 나타내면 다음과 같다.

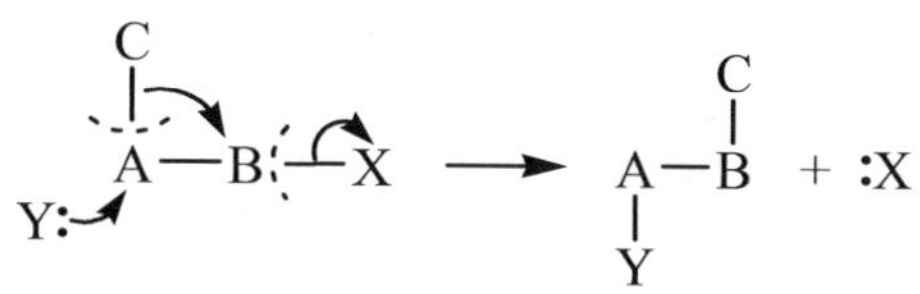

(1)

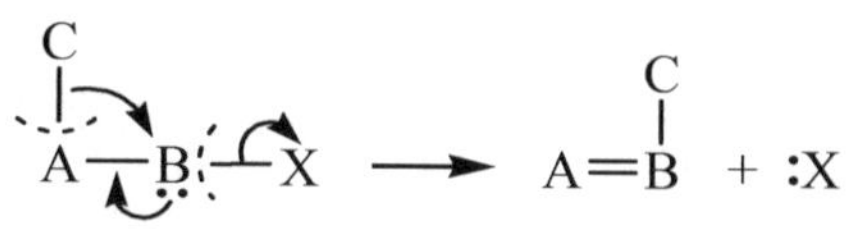

(2)

A : 이동의 출발점 B : 이동의 종착점 C : 이동하는 기
X : 탈리기 Y : 친핵시약

B에 고립전자쌍의 존재유무에 따라서 반응은 2개로 대별된다. 원리적으로는 A, B, C에 있어서 각종의 원자가 생각되지만, 확실한 예가 알려진 것은, A에 있어서는 탄소, B에 있어서는 탄소, 질소, 산소, C에 있어서는 탄소, 질소, 수소이다.

9-1. 카르보늄이온의 전위반응

카르보늄이온은 전위하기 쉬우며, 일반적으로 다음과 같은 반응이 많이 알려져 있다. (1)식에서 A, B, C는 모두 탄소의 경우에 해당된다.

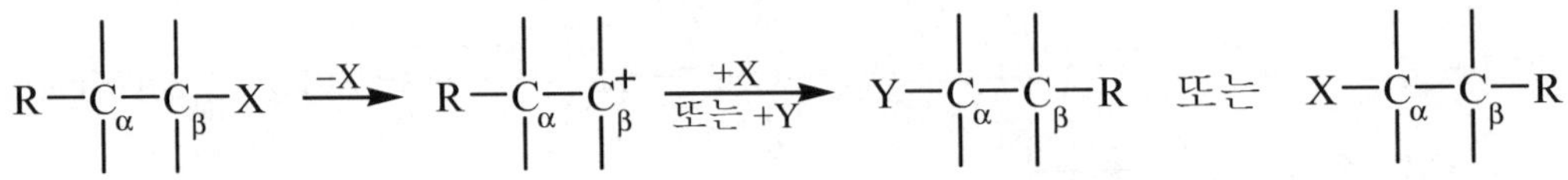

카르보늄이온의 생성에 있어서, 산소, 유황, 질소, 할로겐 등의 원자를 갖는 인접기의 관여가 중요한 역할을 한다고 이미 설명했다(제4장 9절 참조). 이들의 원자와 마찬가지로, 탄소가 인접기의 원자로서 어떻게 작용하느냐가 현재 카르보늄이온의 반응성에 관련되기 때문에 다수의 연구가 행해지고 있다. 카르보늄이온의 전위반응은 이와 같은 인접기 관여와 매우 깊은 관계가 있기 때문에, 여기서는 카르보늄이온의 전위반응에 대해서 주로 설명하기로 한다. 그러나 그 전에 카르보늄이온의 전위반응의 구체적인 예에 대해서 설명한다.

9-1-1. 카르보늄이온의 전위반응

1) 피나콜전위 및 그의 관련반응

강산의 존재하에 1,2-글리콜의 케톤 또는 알데히드로의 전위는 피나콜전위라고 말한다. 전형적인 예는 피나콜의 피나콜론으로의 전위로서 황산이 촉매로 사용된다. 이 반응은 아래과 같이 카르보늄이온(1)을 경유하여 진행한다.

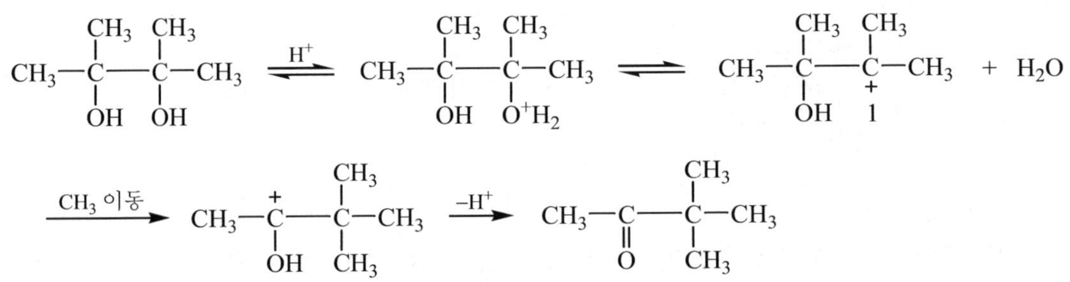

글리콜은 3차일 필요는 없고, 2차라도 좋다. 또한 이동기는 알킬, 아릴, 수소의 어느 경우에도 일어난다.

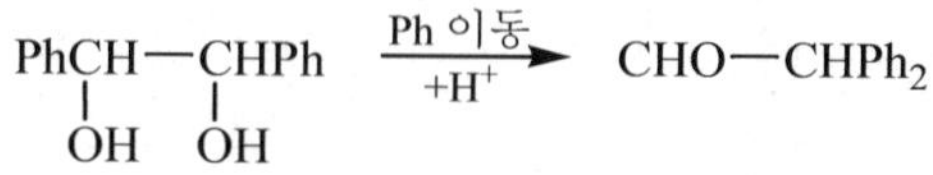

(3)

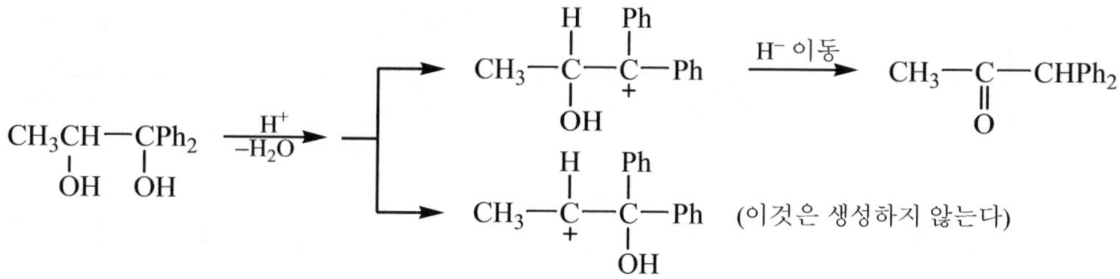

(4)

(4)식과 같은 비대칭글리콜은 안정한 카르보늄이온을 중간체로서 생성하는 것과 같은 반응이 일어난다. 일단 생성한 카르보늄이온으로부터 2종류의 기가 이동하는 것이 가능한 경우에는, 아릴기쪽이 알킬기 보다도 전위를 일으키기 쉽다. 이 때, 이동의 난이를 이동용이도(migratory aptitude)라고 말하며, 이것은 전위하여 이동했을 때 카르보늄이온을 안정시키는 경향의 크기로서 결정된다라고 생각된다.

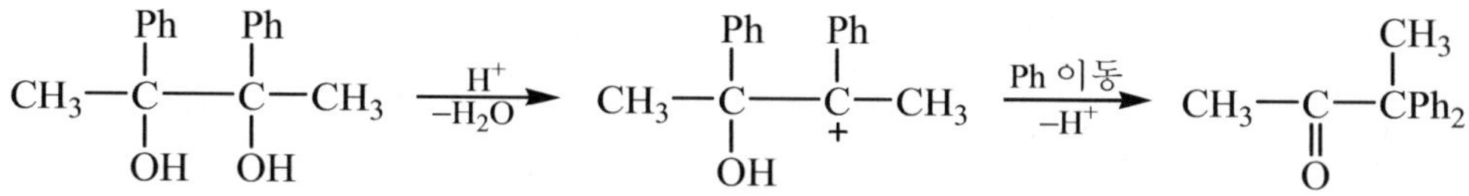

(2)와 같은 대칭의 테트라아릴피나콜로서 그의 생성물로부터 이동용이도를 구하면 다음과 같이 된다.

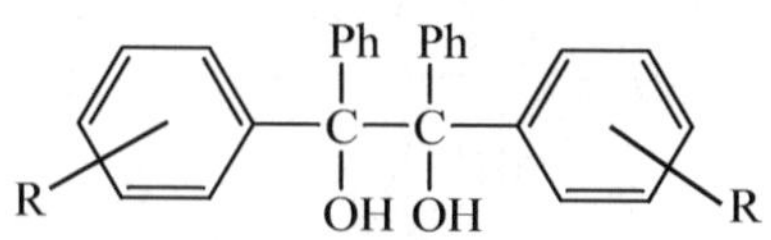

2

R	p-MeO	p-Me	p-Ph	H	p-Cl	o-Me
이동용이도	500	16	12	1	0.7	0.3

피나콜전위에 유사한 전위반응이 몇 개 있지만, 거의 대부분의 경우 중간에 피나콜전위와 유사한 카르보늄이온을 경유하여 진행한다고 생각된다.

β-아미노알코올의 탈아미노화반응 : 3차의 β-아미노알코올을 아질산으로 처리하면

디아조늄이온을 경유하여 케톤을 생성한다.

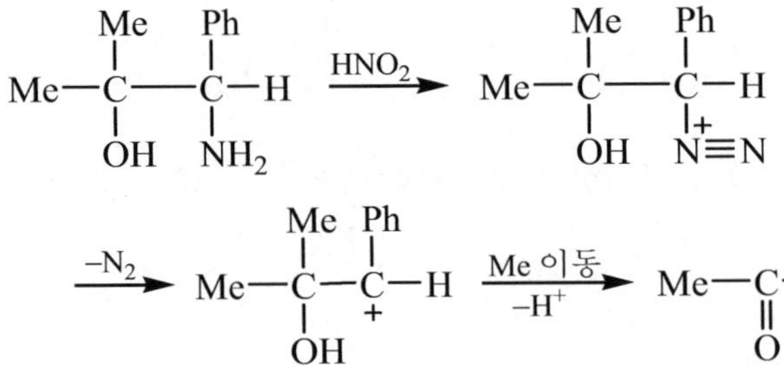

이와 같은 탈아미노화반응에서는, 아미노기가 결합한 탄소는 그의 입체배치를 반전하는 것이, 광학활성의 1,1-디페닐-2-아미노프로판올을 사용하여 확인되고 있다.

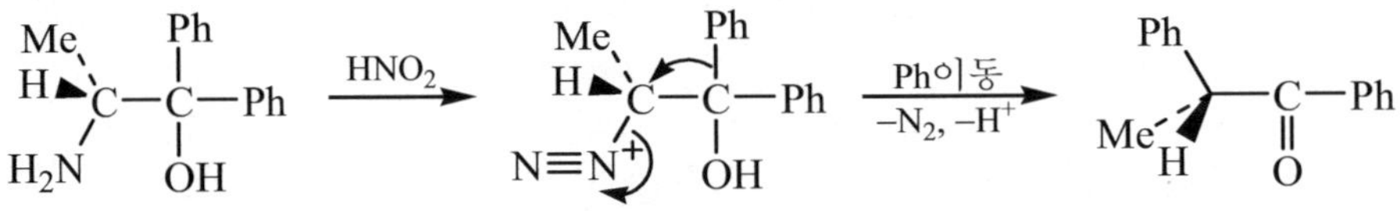

광학활성 3

만일 (4)와 같은 유리의 카르보늄이온이 생성하면, 얻어진 케톤은 라세미체로 되기 때문에, (3)으로 나타낸 것과 같이, 질소가 탈리할 때, 페닐기가 그의 후방으로부터 동시에 이동해 오는 것이라고 생각된다.

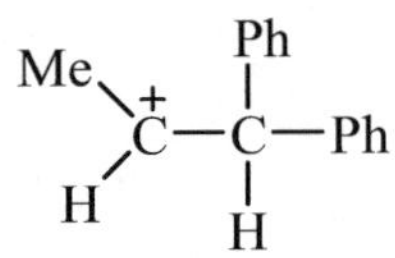

4

탈리기의 후방으로부터 탈리와 동시에 이동해 온다라고 하는 사실은 피나콜전위의 경우에도 있다. 즉, 1,2-디메틸시클로헥산-1,2-디올의 피나콜전위에서, 그 시스체는 묽은 황산중에서 쉽게 전위하며, 탈리하는 수산기와 트란스위치의 메틸기가 이동하지만, 트란스체에서는 이동기가 고리내의 메틸렌기이기 때문에 고리가 축소된 생성물을 생성한다.

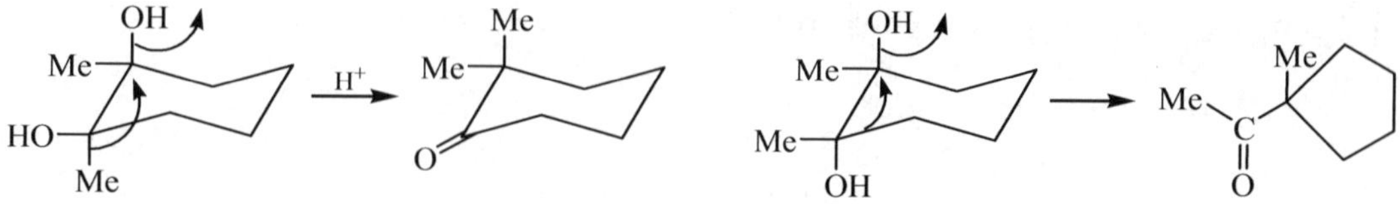

치환에틸렌옥사이드의 전위 : 치환에틸렌옥사이드는 산촉매로서 카르보닐화합물로 전위한다.

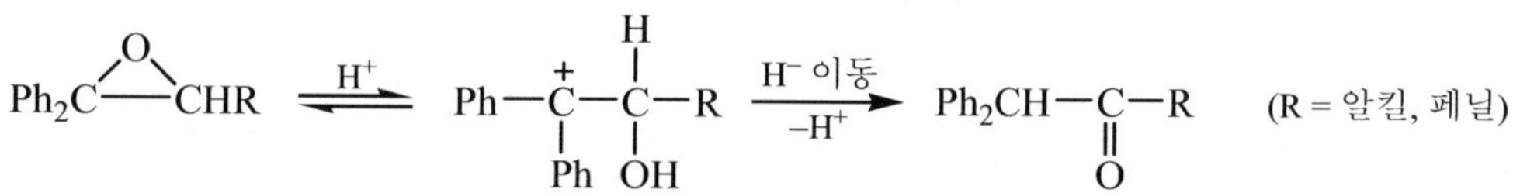

중원환화합물의 경우에는 탄소골격의 변화가 없고, 아래와 같이 수소의 이동이 일어난다.

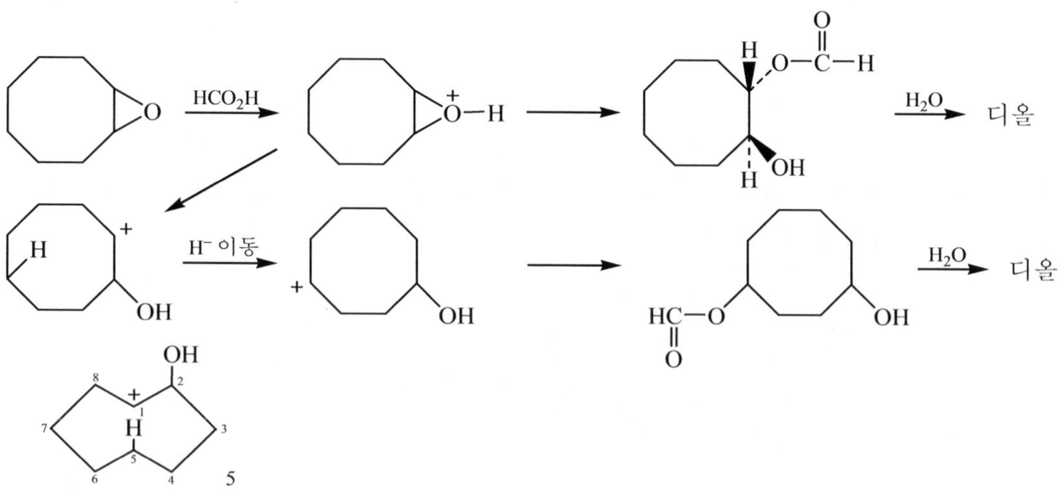

이 반응에서는 이동이 인접위치로부터가 아니고 떨어진 위치에서 일어난다. 이것은 8원환에서는 실제로는 (5)와 같이, 1위치와 5위치가 입체적으로 매우 가깝기 때문이다. 이와 같은 고리내의 떨어진 위치로부터의 이동은 transannular migration 이라고 말한다.

아실로인의 전위 : α－하이드록시케톤(또는 알데히드)은 산촉매로서 이성화한다.

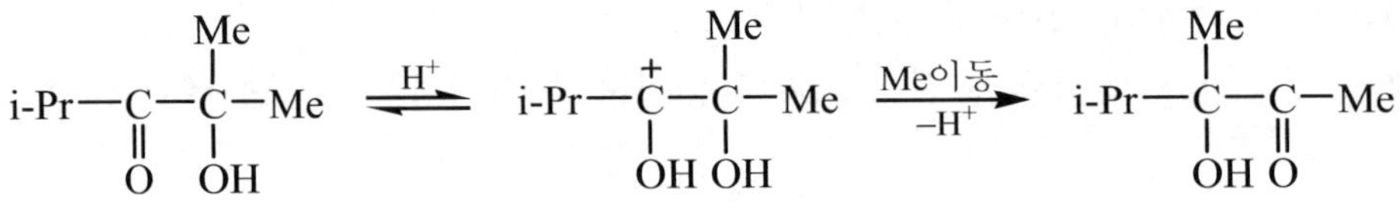

알데히드-케톤의 전위 :

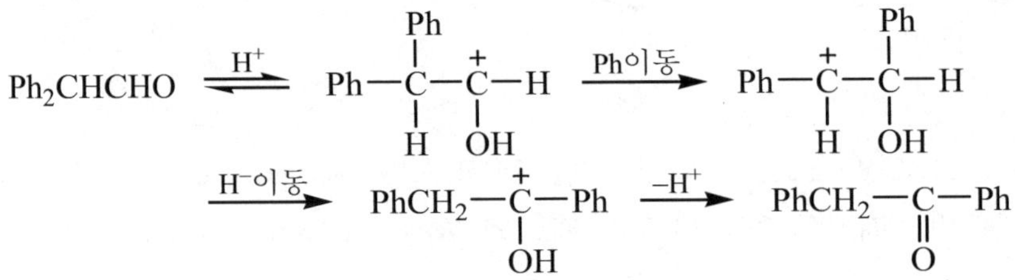

디엔온-페놀의 전위 :

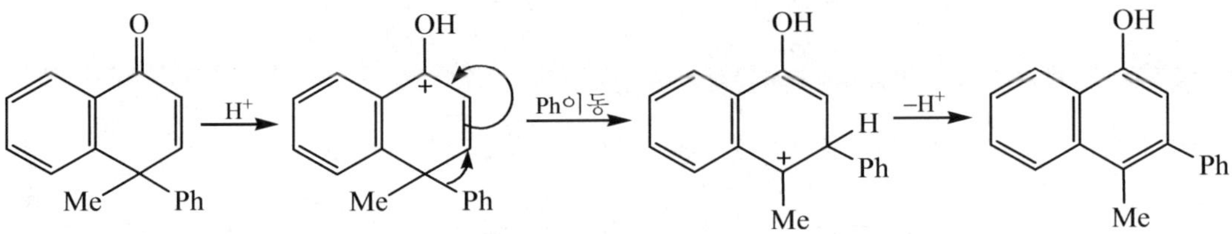

Tiffeneau의 아이오도하이드린의 전위 :

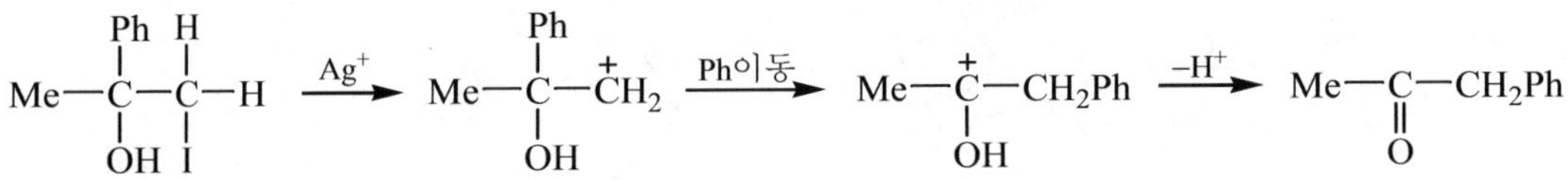

2) Wagner-Meerwein 전위 및 관련반응

테르펜의 일종인 염화피넨은 산촉매로서 용이하게 전위하여 염화보르닐을 생성한다.

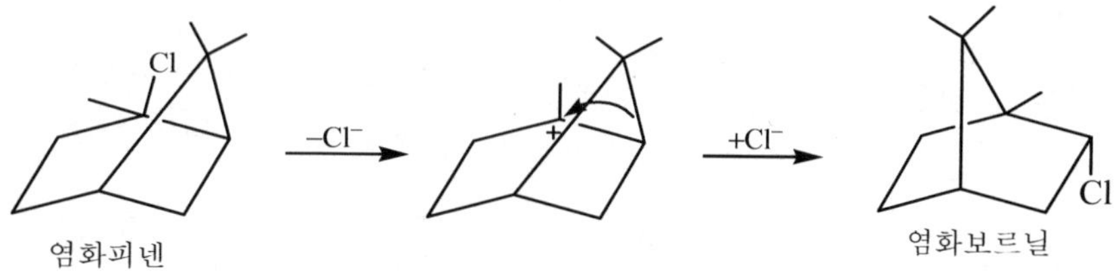

이 전위는 최초로 Wagner에 의하여 발견되었으며, Meerwein이 그 일반성 및 카르보늄이온을 통한 반응메카니즘을 밝혔기 때문에 Wagner-Meerwein전위라고 말한다.

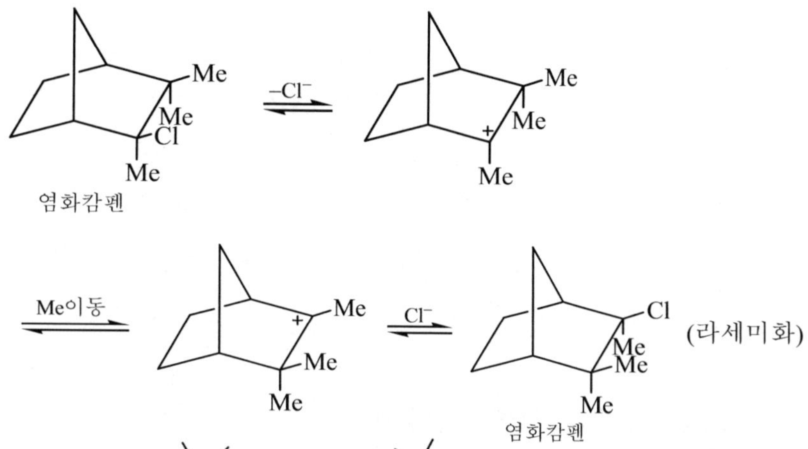

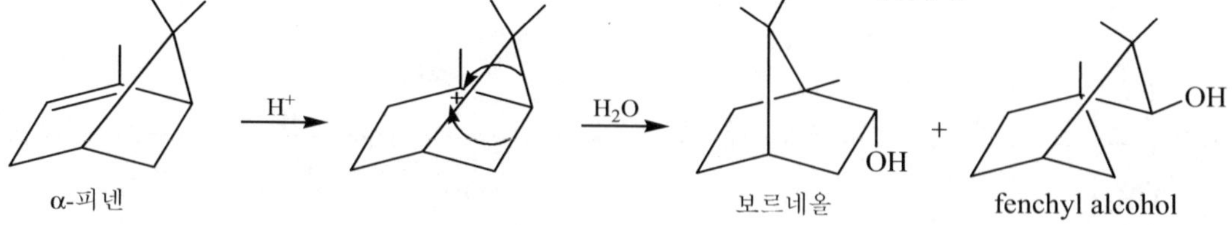

이 전위는 모두 도중에 카르보늄이온을 함유하지만, 그 카르보늄이온의 생성은 음성기의 탈리 또는 올레핀에의 프로톤의 부가에 의하여 일어나며, 또한 올레핀 생성, 친핵적 치환, 라세미화 등에 의한 각종의 반응생성물을 제공한다. 그 예를 앞에 나타내었다. 이 형태의 전위는 2환성테르펜류에 특유의 반응이 아니고, 단일환화합물, 쇄상화합물에서도 일어난다.

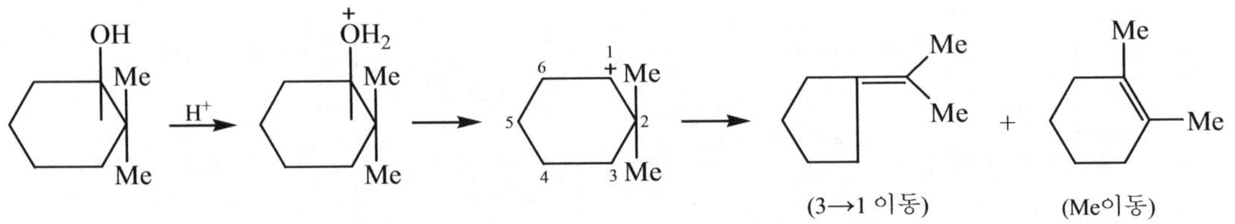

네오펜틸알코올 혹은 할로겐화네오펜틸은 각각 산 혹은 은, 수은이온의 촉매에 의하여 카르보늄이온을 생성하며, 보다 안정한 3차카르보늄이온으로 전위한 후, 공존하는 시약과 반응하여 각종의 생성물을 생성한다.

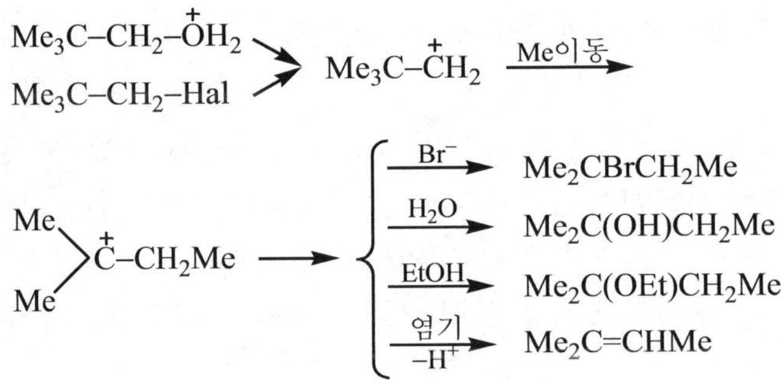

현재는 테르펜류에 한정하지 않고, 위와 같은 카르보늄이온을 통한 탄소골격의 변화를 동반하는 전위는 넓은 의미에서 Wagner–Meerwein전위라고 말한다.

Wagner–Meerwein 전위와 본질적으로 유사한 반응으로, 지방족1차아민의 아질산에 의한 탈아미노화반응이 있다. 이것은 일반적으로 Demjanov전위라고 말한다. 그 예는 다음과 같다.

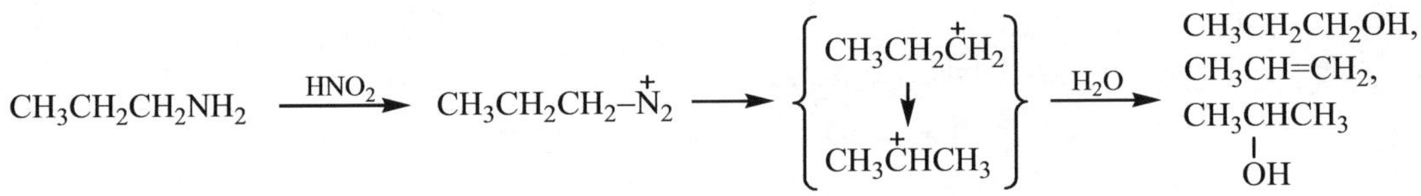

Demjanov 전위는 다음과 같이 고리의 확대, 고리의 축소를 동반하는 점에서 흥미가 있다. 시클로프로필메틸아민과 시클로부틸아민은 동일의 생성물을 생성하기 때문에, 양쪽으로부터 생성되는 카르보늄이온은 같다라고 생각된다.

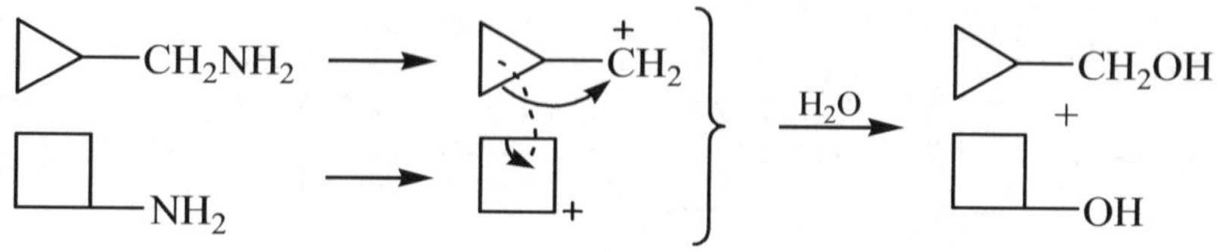

9-1-2. 인접기 관여 – 고전적 카르보늄이온과 비고전적 카르보늄이온

지금까지는, 먼저 카르보늄이온이 생성하고, 그것으로부터 인접기가 이동한다라고 생각했다. 그러나 반응속도측정, 생성물의 입체화학적 연구로부터, 실제로는 이온의 생성에는 인접기가 관여하고 있으며, 생성하는 카르보늄이온은 지금까지 생각한 것과 같은 카르보늄이온이 아니고(이것은 고전적 카르보늄이온이라고 말한다), 지금부터 설명하는 것과 같은 가교이온이다라고 생각하게 되었다. 이와 같은 생각에 의하여 많은 실험사실이 적절히 설명되고 있다. 또한 가교이온은 종래의 구조식에서는 표현할 수 없는 구조를 가지고 있기 때문에, 비고전적 카르보늄이온이라고 말하고 있다. 여기서는 지금까지 설명한 카르보늄이온의 전위에 있어서 실제로 어떻게 인접기가 관여하고, 또한 비고전적 카르보늄이온이라고 하는 개념을 도입하므로서 실험사실이 어떻게 설명되는가에 대해서 생각해 보기로 한다.

1) 아릴기의 인접기 관여 ------- 페노늄이온

염화 β,β,β-트리페닐에틸의 포름산중의 가용매분해의 속도는 염화네오펜틸에 비하여 약 60000배나 빠르다. 페닐기는 I 효과로서는 전자흡인성이기 때문에 (6)과 같은 고전적 카르보늄이온을 불안정화시키며, 따라서 가용매분해속도는 작다라고 생각된다. 그러나 페닐기의 이동이 염소이온의 탈리와 동시에 일어나 이온화를 돕는다라고 생각하면, 이것의 속도증가는 이해할 수 있다.

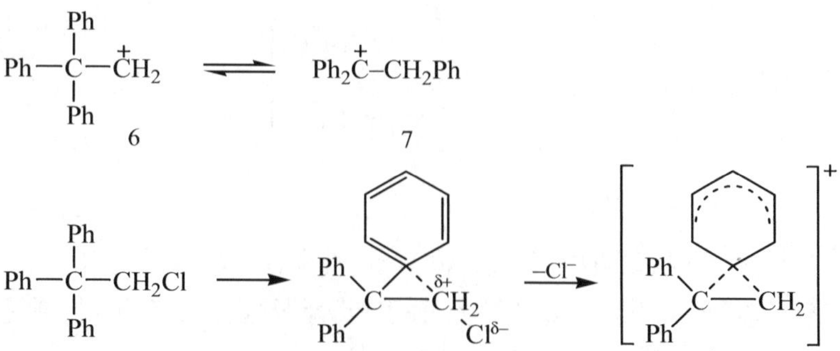

6 7 8

(5)

중간체로서 생성하는 이온이 (8)과 같은 비고전적 카르보늄이온이든지 혹은 매우 빠른 평형인 (6)이나 (7)과 같은 고전적 카르보늄이온인지는 현재 격렬한 논쟁 중에 있다. 이 문제는 위의 반응뿐만이 아니고, 지금부터 설명하는 반응에서도 항상 문제로 된다. 그러나 여기서는 생성하는 카르보늄이온이 비고전적인 것이다라고 하는 입장으로부터 설명을 진행하기로 한다. (5)식의 반응에서 보는 바와 같이, 인접기가 반응의 전이상태를 안정화 시키므로서 그의 속도를 높이는 효과를 anchimeric assistance(분자내 이웃 도움)라고 말한다. 따라서 (8)과 같은 가교이온은 페노늄이온이라고 말한다. 광학활성의 3-페닐-2-부틸토실레이트는 가아세트산분해를 행하면, 트레오이성체로부터는 라세미체가, 에리트로이성체로부터는 입체배치를 유지한 에리트로이성체가 얻어진다. 중간체에 고전적 카르보늄이온을 생각한 것에서는 이 사실은 설명할 수 없으며, 페노늄이온이라고 생각하면 잘 설명된다(제4장 9-1항 참조). 중간체가 페노늄이온인 것은, 페닐기 대신에 (9)와 같은 공명이 가능한 p-아니실기를 도입하면 80배나 속도가 빨라짐을 알 수 있다.

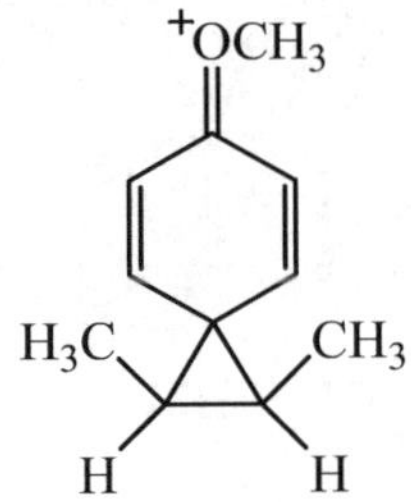

9

가교한 화합물은 특수한 경우에는 단리도 가능하다. (10)을 가용매분해하면 (11)이 단리되며, 이것은 메탄올중에서 산으로서 에테르로 변한다.

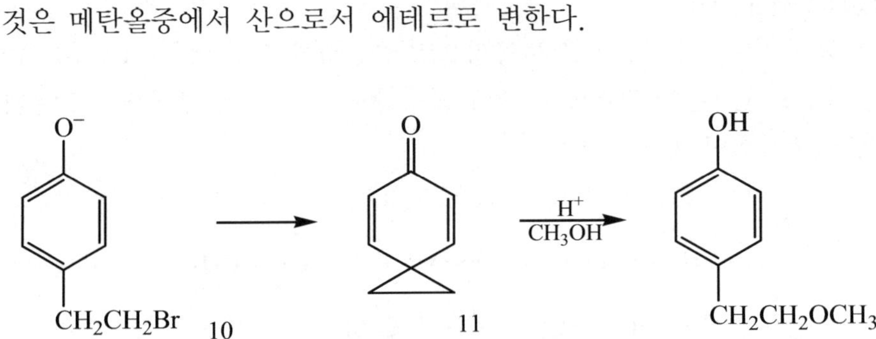

10 11

2) 알킬기의 인접기 관여

이동기가 알킬기인 경우에는 가교이온은 (12)와 같이 되며, 페노늄이온과는 달리, C_α와 C_β에 동시에 결합하는 구조를 표시할 수 없다. 따라서 anchimeric assistance는 아릴기에 비하여 작은 것이 예상된다. 실제로 비고전적 카르보늄이온의 존재를 확실히 나타낸 사실은 그다지 많지 않다. 예를 들면, L(+)-트레오-3-페틸-2-부틸아민의 아질산에 의한 탈아미노화에 있어서, 메틸기가 전위한 알코올은 완전한 라세미 화합물이 아니고, 약 1/6의 광학활성을 유지하고 있다. 이것은 (13)과 같은 비고전적 카르보늄이온을 생각하지 않으면 설명할 수 없다.

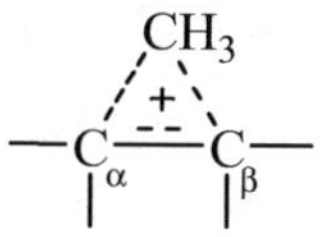
12

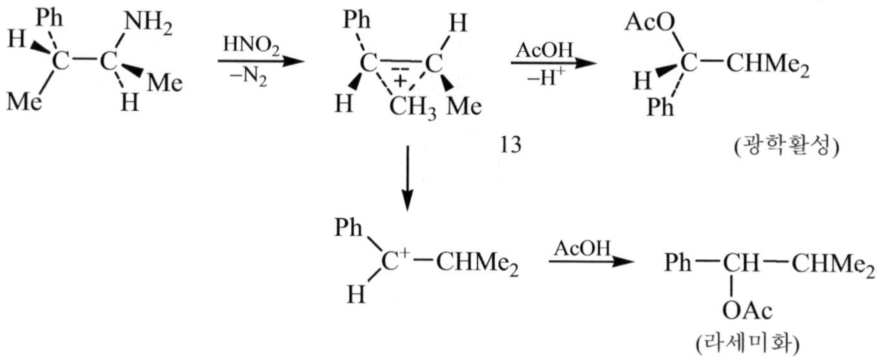

3) 이중결합의 인접기 관여

알릴카르보늄이온은 다음 식과 같은 공명으로 안정화하고 있지만, 탄소수가 1개 증가한 (14)와 같은 카르보늄이온의 경우에는, 알릴공명과 같은 효과는 생각되지 않는다. 그러나 다음과 같은 실험사실이 밝혀졌다.

$$CH_2{=}CH{-}\overset{+}{C}H_2 \longleftrightarrow \overset{+}{C}H_2{-}CH{=}CH_2,$$

$$CH_2{=}CH{-}CH_2{-}\overset{+}{C}H_2 \quad 14$$

콜레스테릴토실레이트를 아세트산칼륨 존재하에 가메탄올분해하면 이소콜레스테린 치환체를 생성하며, 또한 가아세트산분해의 속도는 포화의 콜레스탄일토실레이트의 40배나 빠르다. 이 생성물과 속도증가는 C_5–C_6간의 이중결합과 C_3 간에 (15)와 같은 상호작용이 발생하며, C_3의 이온화에 C_5의 $p\pi$ 궤도가 관여하고, 카르보늄이온의 비편재화가 일어나며, 중간체를 안정화시키기 때문에 일어난다라고 설명된다.

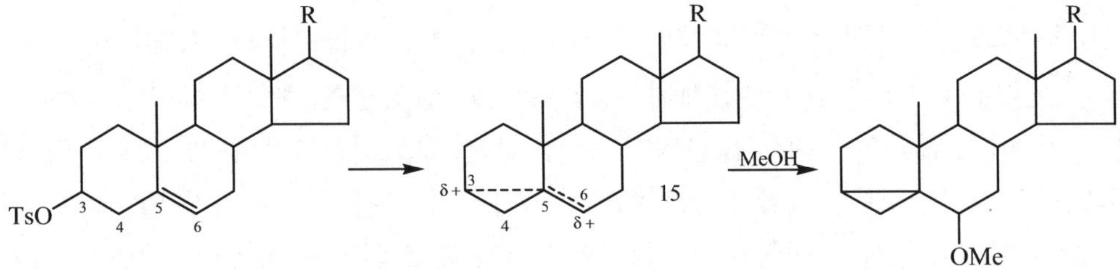

이와 같은 전하의 비편재화는 호모알릴공액이라고 불리우며, 생성한 (14)형의 양이온을 호모알릴양이온이라고 말한다.

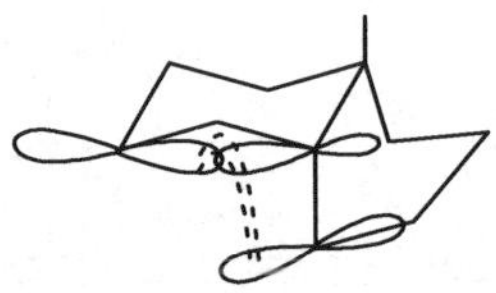

15

호모알릴기 이외의 이중결합이 반응에 관여하는 경우도 있다. β–시클로펜텐일에탄올의 p–니트로벤조산에스테르(16)의 가아세트산분해가 exo–노르보르닐아세테이트만을 생성하며, 게다가 속도는 대응하는 포화화합물 보다도 95배나 빠른 것이 발견되고 있다. 따라서 이것은 (17)과 같은 가교이온을 중간체로서 반응이 진행하기 때문이라고 생각되고 있다.

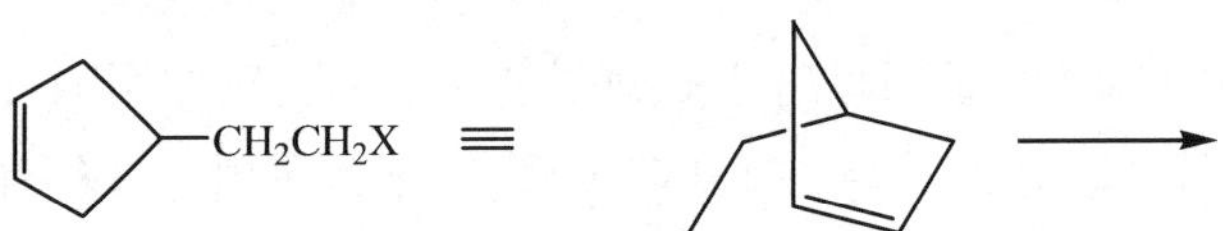

16 $(X = p\text{-}NO_2C_6H_4CO_2)$

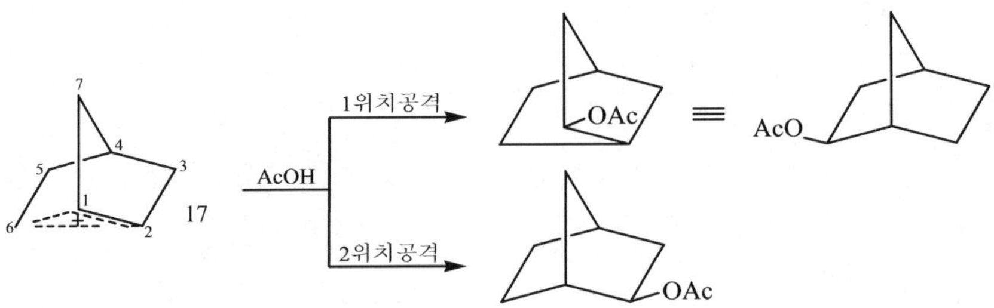

17

(17)에서는 고리의 밑으로부터의 용매의 공격이 전자운의 존재로서 방해되며, 위로부터 공격한 엑소이성체만을 생성한다라고 생각된다. 이중결합에 메틸기가 1개 및 2개 치환했을 때, 각각 속도가 7배, 40배로 되는 것으로부터도 (17)의 존재가 지지된다.

4) 비시클로계에 있어서 인접기 관여

exo-노르보르닐브로실레이트(18)의 가아세트산분해는 엔도이성체(19)에 비하여 350배나 빠르며, 게다가 엑소, 엔도이성체의 어느 경우도 생성물은 엑소이성체이다. 이와 같은 사실을 설명하기 위하여, 3)에서 설명한 것과 같은 가교이온(17)이 생각되고 있다. 엑소이성체의 속도가 큰 것은, 트랜스 위치에 있는 뒷쪽의 인접기의 관여가 일어나고 있기 때문이며, 엔도이성체에서는 이동하고 있는 인접기가 시스위치에 있기 때문에, 관여가 일어나기 어렵다고 생각된다.

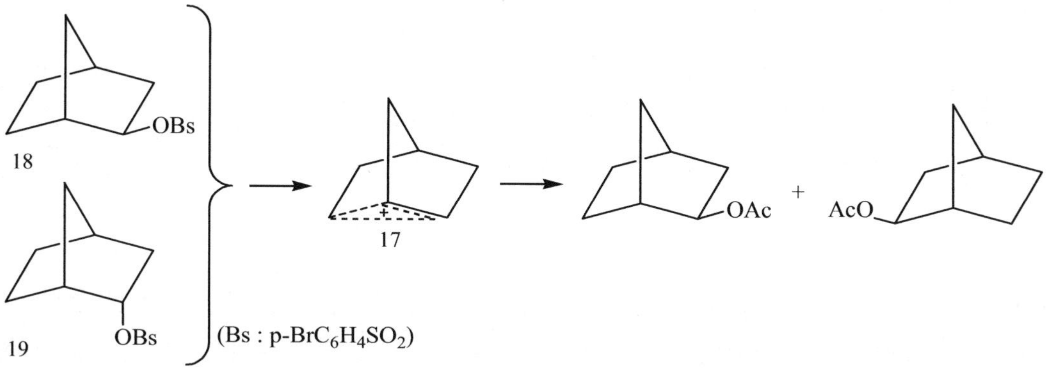

불포화결합이 존재하는 노르보르닐계의 화합물에 있어서도 엑소이성체쪽이 엔도이성체 보다도 가용매분해속도가 빠르다. 예를 들면, exo-노르보르넨일브로실레이트는 엔도이성체 보다도 7000배나 빠르게 가아세트산분해한다. 주생성물은 어떤 이성체의 경우나 3-아세톡시노르트리사이클렌으로서, 소량의 exo-아세테이트를 생성하며, 다음과 같이 설명되고 있다.

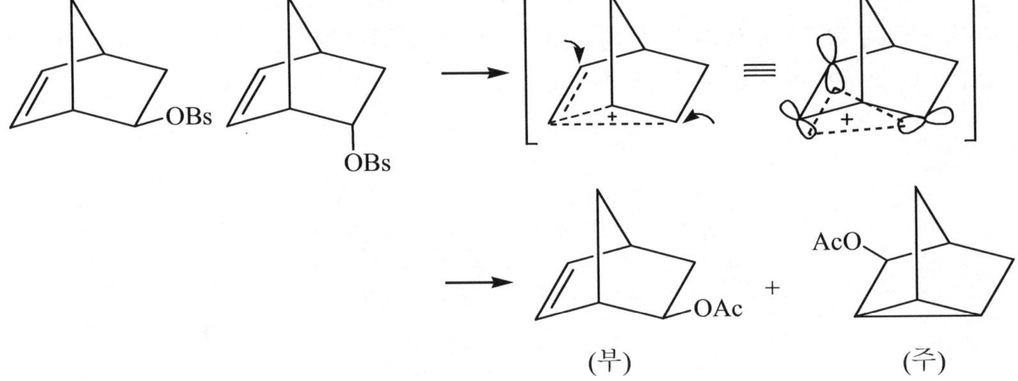

이것은 앞에서 설명한 호모알릴공액이 비시클로계에서 일어나고 있는 예이다.

7-노르보르넨일유도체에는 이중결합과 치환기의 방향에 의하여 syn과 anti의 2종류의 이성체가 존재한다. 이 경우도 이중결합에 의한 anchimeric assistance가 있으며, anti-7-노르보르넨일토실레이트의 가용매분해속도는 syn이성체의 10^{11}배이다. 이것은 다음과 같이 뒷쪽의 이중결합이 토실기의 탈리를 돕기 때문이라고 생각된다. syn이성체의 경우에는 이와 같은 효과는 생각되지 않는다.

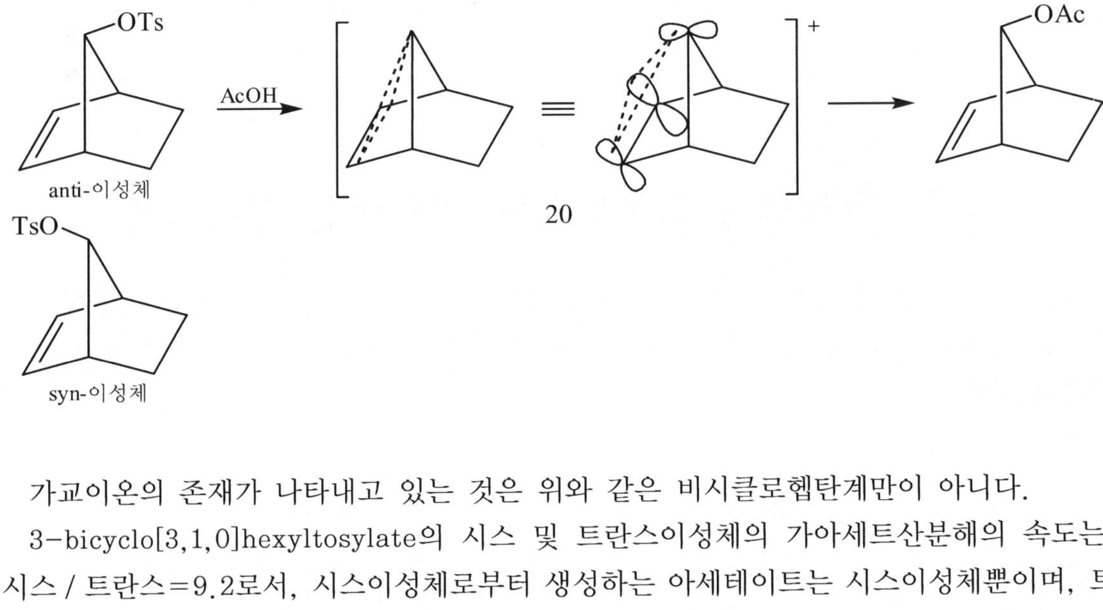

가교이온의 존재가 나타내고 있는 것은 위와 같은 비시클로헵탄계만이 아니다.

3-bicyclo[3,1,0]hexyltosylate의 시스 및 트란스이성체의 가아세트산분해의 속도는, 시스 / 트란스=9.2로서, 시스이성체로부터 생성하는 아세테이트는 시스이성체뿐이며, 트란스이성체는 생성되지 않는다. 게다가 반응중심탄소에 결합한 수소원자를 D치환한 토실레이트의 반응생성물인 cis-아세테이트중의 중수소는 1, 3, 5위치의 탄소에 균등하게

1/3씩 분포하고 있다. 그러나 트란스이성체의 D치환체의 생성물에서는 D의 분산이 없다. 이와 같은 사실은 중간에 (20)과 같은 비고전적 카르보늄이온을 생각하는 것에 의하여 설명되었다. (20)은 트리스호모시클로프로펜일카티온이라고 불리운다.

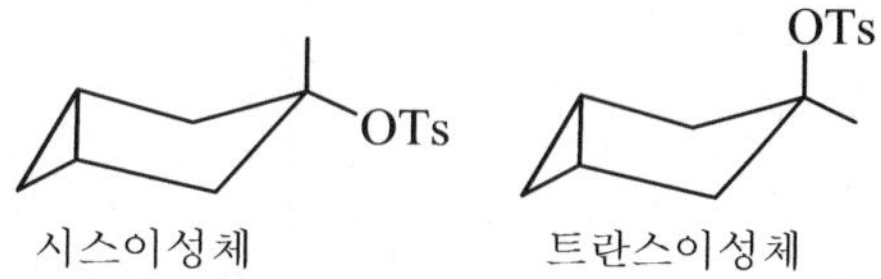

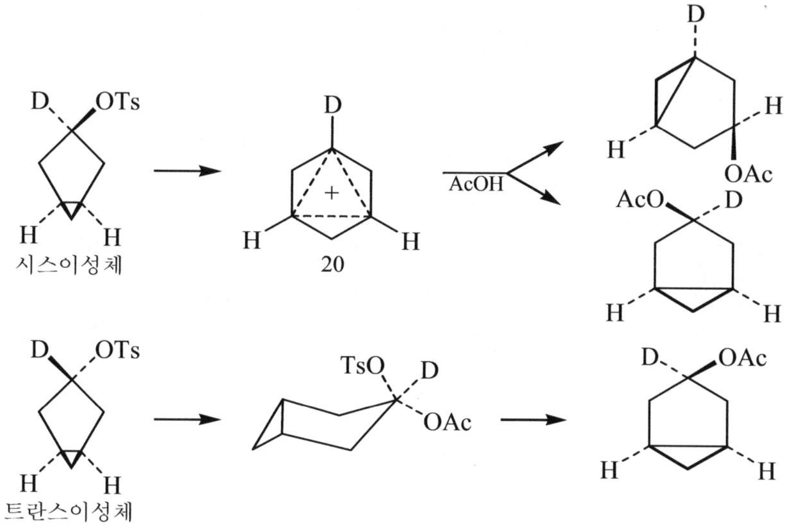

9-2. 전자결핍 질소원자에 기인하는 전위반응

일반식(1), (2)에서 B가 질소의 경우를 생각하면 탄소의 경우와는 달리 고립전자쌍을 가지고 있기 때문에 (2)식과 같은 형식의 반응을 하는 경우가 많으며, 다음과 같은 전위반응이 있다.

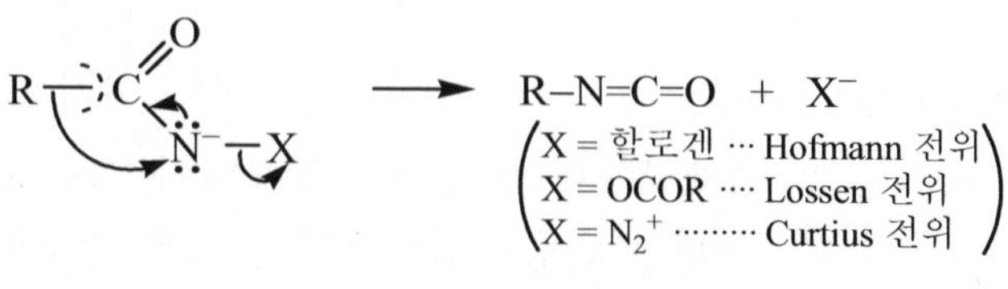

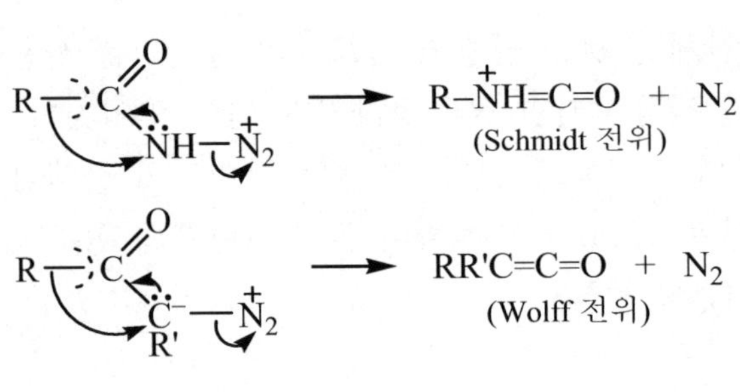

Wolff전위는 질소로의 전위반응이 아니지만, 반응메카니즘적으로 유사하기 때문에 여기서 설명하기로 하며, (1)식과 같은 형태의 반응으로서는 Backmann전위가 있다.

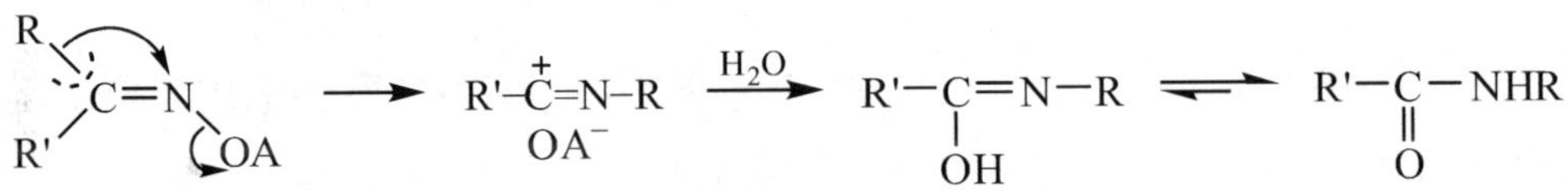

이들의 전위에 공통적인 특징은 이동기 R이 모두 그의 입체배치를 유지하면서 전위하는 것과, 탈리기의 개열과 전위는 협주적으로 일어나며, 중간에 R−CON̈, R'RC=N$^+$ 등과 같은 확실한 중간체를 생성하지 않는 것이다. 단, Wolff전위에서는 예외적으로 카르벤이 중간체로 된다. 이것에 대해서는 뒤에서 설명하기로 한다.

9-2-1. Hofmann전위반응

카르복시산아미드에 할로겐(일반적으로 브롬, 희귀하게 염소가 사용된다)과 알칼리를 작용시켜서 탄소수가 1개 적은 1차아민을 생성하는 반응을 Hofmann전위라고 말하며, 탄소수를 1개 적게 하는 방법으로서 중요하다. 다음의 식으로 나타내는 것과 같이, 먼저 N−할로아미드(21)를 생성하고, 이것이 전위하여 이소시아네이트로 되지만, 반응조건하에서는 가수분해를 받아 아민으로까지 변한다.

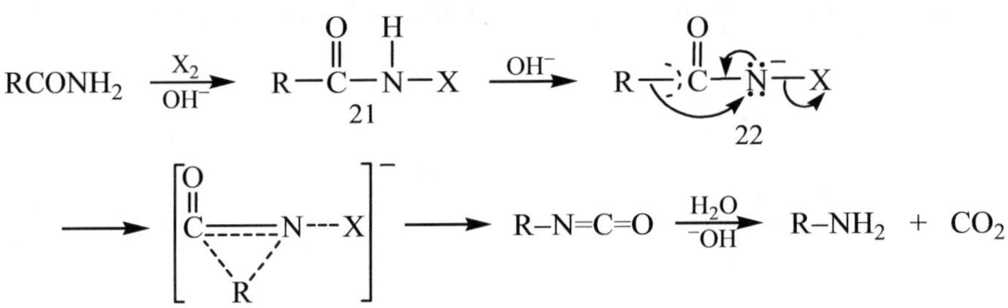

N-할로아미드(21)가 중간체인 것은 당량의 할로겐과 알칼리를 사용하면 이것이 단리되는 것, 및 그것에 알칼리를 작용시키면 불안정하지만 염이 얻어지며, 이것이 자발적으로 전위를 일으키는 것으로부터 확인되고 있다. N-할로아미드의 공액염기인 (22)는 다음과 같이 도중에 한번 아실나이트렌(23)을 생성하지 않고, 1단계의 협주적 메카니즘으로 이소시아네이트로 전위한다라고 생각된다.

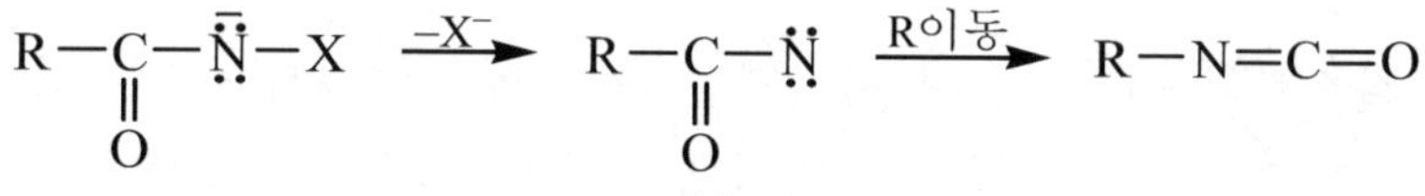

23

만일 (23)이 생성한다라고 하면, 물과의 반응생성물인 하이드록삼산(RCONHOH)이 생성한다라고 생각되지만, 실제로는 얻어지지 않는다.

이와 같은 형태의 다른 전위반응과 마찬가지로, Hofmann전위에 있어서는, 이동하는 R의 입체배치는 완전히 유지된다. 예를 들면 β-camphoramic acid를 Hofmann 전위시켜서 생성된 아미노산은, 쉽게 락탐으로 변한다. 이것은 입체배치가 유지되어 있지 않으면 일어날 수 없다라고 생각해도 좋다. 반전하면 생성물은 (24)이기 때문이다.

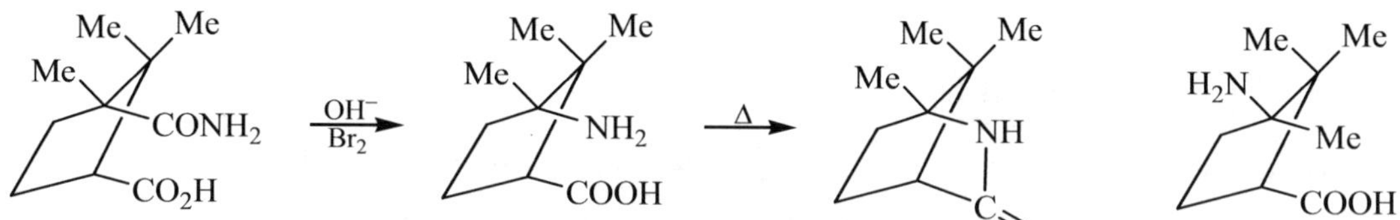

24

Hofmann전위의 특수한 예로서 요소로부터의 하이드라진의 생성반응이 있다.

$$H_2N-\underset{\underset{O}{\|}}{C}-NH_2 \xrightarrow[OH^-]{Cl_2} H_2N-N=C=O \xrightarrow{H_2O} H_2NNH_2 + CO_2$$

9-2-2. Lossen전위반응

하이드록삼산의 아실유도체에 대한 알칼리의 작용으로 이소시아네이트(또는 그것이 변한 것)가 생성하는 반응을 Lossen전위라고 한다. Hofmann, Curtius, Schmidt전위와는 다르며, 합성적인 의미는 거의 없고, 주로 이론적인 흥미로부터 연구되어 있으며, Hofmann전위와 유사하다. 중간에 염을 단리할 수 있으며, 이것은 자발적으로 혹은 온화하게 가열하는 것으로 전위를 일으킨다.

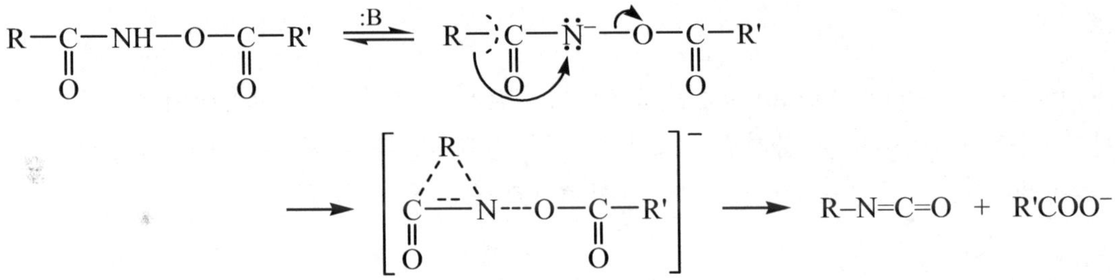

R, R'가 모두 치환페닐기일 때, R에 대해서는 전자공여성기가, R'에 대해서는 전자흡인성기가 반응을 촉진한다. 하이드록실아민은 아실유도체가 아니라도 각종 전위를 일으키는 것이 알려져 있으며, 다음과 같은 예가 있다.

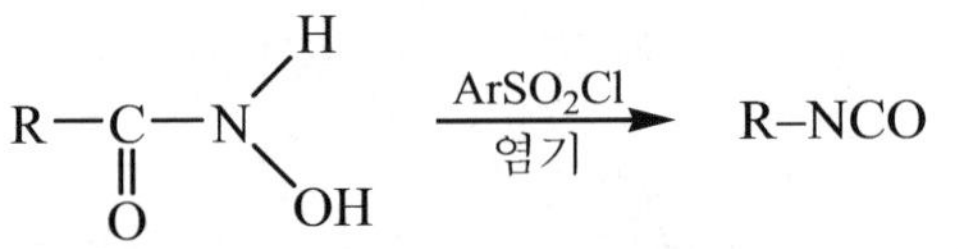

(Lossen 전위)

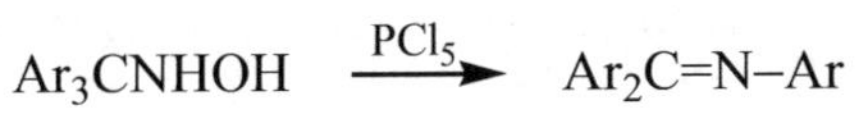

(Stieglitz 전위)

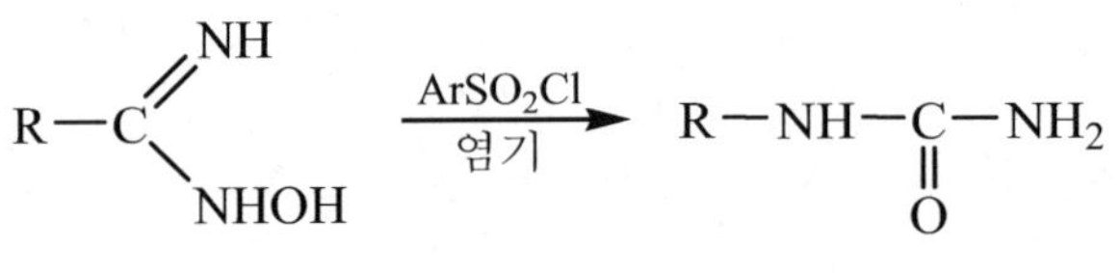

(Tiemann 전위)

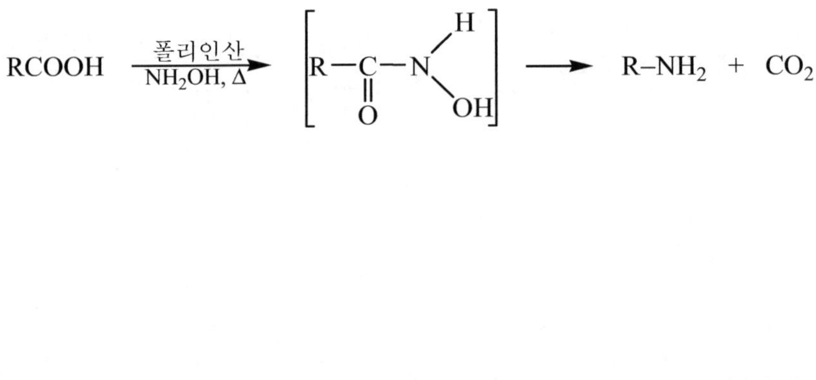

9-2-3. Curtius전위반응

카르복시산아지드의 불활성용매(벤젠, 클로로포름 등이 잘 사용된다)중의 열분해로서 이소시아네이트와 질소를 생성하는 반응이 Curtius전위이다.

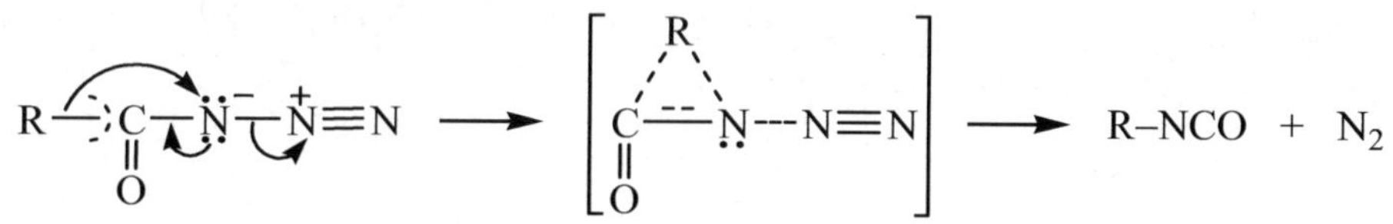

Hofmann, Lossen, Schmidt전위 등에서는 얻기 어려운 이소시아네이트가 단리되기 때문에 이소시아네이트의 합성법으로서 잘 이용된다. 또한 이소시아네이트로부터 유도되는 우레탄, 요소, 아미드, 아민 등의 합성법으로서도 유용하다.

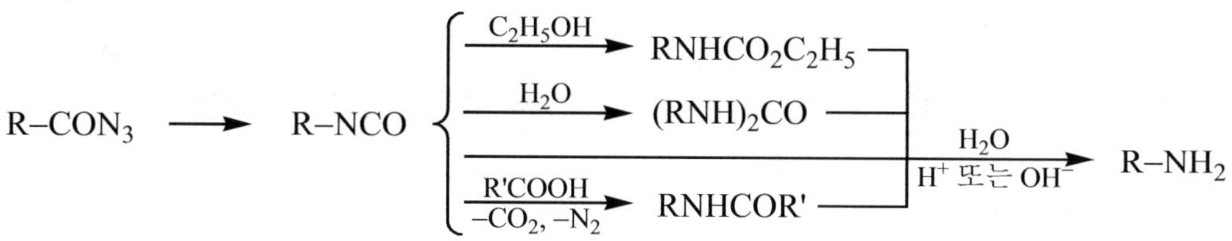

Curtius전위는 일반적으로 중성조건하에서 행하지만, 산의 존재하에서는 가속되는 것으로 알려져 있다.

카르복시산 이외의 산의 아지드에서는 전위가 일어나기 어렵고, 일반적으로는 전위하지 않는다. 그러나 어떤 종류의 조건하에서는 전위하는 경우도 있으며, 예를 들면 다음과 같다.

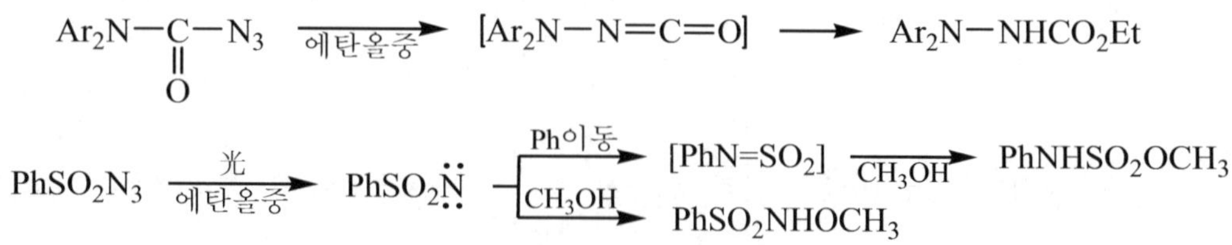

9-2-4. Schmidt전위반응

강산의 존재하에서 아지화수소산과 카르보닐화합물의 반응은 Schmidt전위라고 불리운다. 일반적으로 산으로서는 진한 황산이 사용되며, 벤젠, 클로로포름 등의 불활성용매중에서 행해진다. 카르복시산, 알데히드, 케톤은 각각 다음과 같이 반응한다. 형식적으로는 NH기가 카르보닐탄소와 그것에 결합하는 원자와의 사이에 삽입된 생성물, 혹은 그것이 탈수, 탈카르복시화반응한 형태의 생성물을 생성한다. 아민, 아미드 등의 합성법으로서 중요한 반응이다.

$$RCO_2H + HN_3 \xrightarrow{H_2SO_4} RNH_2 + CO_2 + N_2$$

$$RCHO + HN_3 \xrightarrow{H_2SO_4} RCN + RNHCHO$$

$$RCOR + HN_3 \xrightarrow{H_2SO_4} RCONHR + N_2$$

카르복시산과의 반응은 산촉매하에서의 Curtius전위와 마찬가지로 다음과 같은 메카니즘으로 진행한다고 생각되고 있다.

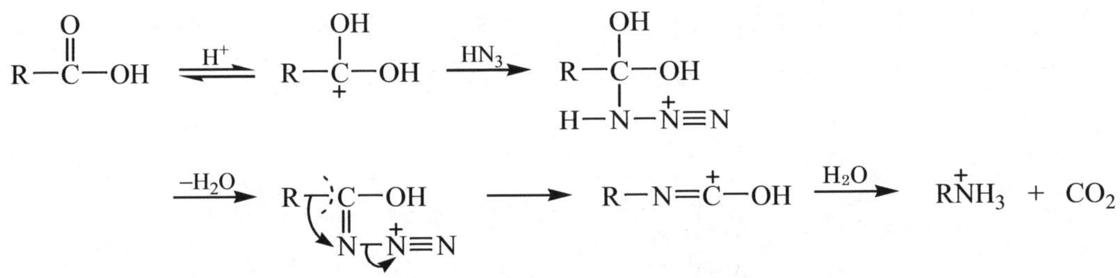

알데히드, 케톤의 경우도 같은 메카니즘으로 진행하지만, 이 경우는 뒤에서 설명하는 Beckmann전위와 유사하다.

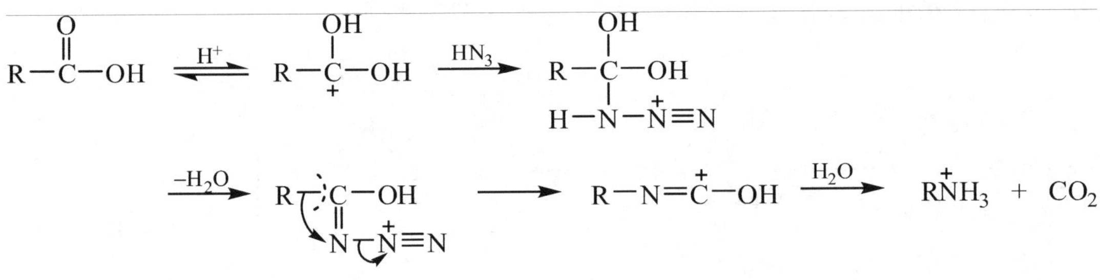

비대칭의 케톤에서는 R, R'중의 어느쪽이 이동하느냐가 문제로 되지만, 일반적으로는 양쪽에서 보다 부피가 큰쪽의 기가 이동한다. 그 이유는 다음과 같이 생각된다. 중간체인 이미노디아조늄이온(25)에는 2종류의 기하이성체가 가능하지만, R, R'중 큰쪽의 기가 디아조기에 대해서 트란스(안티)위치로 된 쪽이 안정하다라고 생각된다. 뒤에서 설명하는 Beckmann전위와 유사하다라고 생각하면, 디아조기에 트란스위치의 기가 이동하기 문에, 큰쪽의 기가 이동하게 된다. 실제로, 메틸에틸케톤에서는 에틸기의 이동이 우선하고, 페닐알킬케톤에서는 2종류의 아미드의 생성비는 다음과 같이 변하며, R이 커지는 것에 따라서 이동하기 쉬워지는 것을 알 수 있다.

PhCOR ⟶	PhCONHR +	PhNHCOR
R=CH_3	5	95
C_2H_5	15	85
$(CH_3)_2CH$	49	51

9-2-5. Beckmann전위반응

황산, 오염화인 등의 산성촉매하에 있어서 케토옥심의 아미드로의 전위는 Beckmann전위라고 불리운다. 아미드의 합성, 케톤의 구조확인에 잘 이용된다.

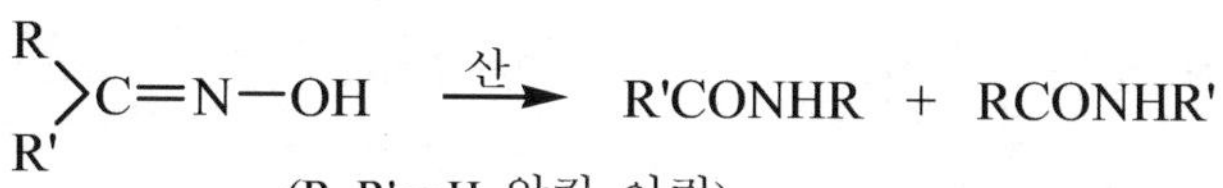

(R, R' = H, 알킬, 아릴)

산성촉매(합성적으로는 일반적으로 황산, 에테르중의 오염화인이 사용되지만, 이외에도 P_2O_5, SO_3, $SOCl_2$, $ArSO_2Cl$ 등도 사용되는 경우가 있다)는 수산기를 보다 탈리하기 쉬운 기로 하는 것에 의하여, N−O결합의 절단을 용이하게 하는 역할을 수행한다. 메카니즘은 다음과 같이 생각된다.

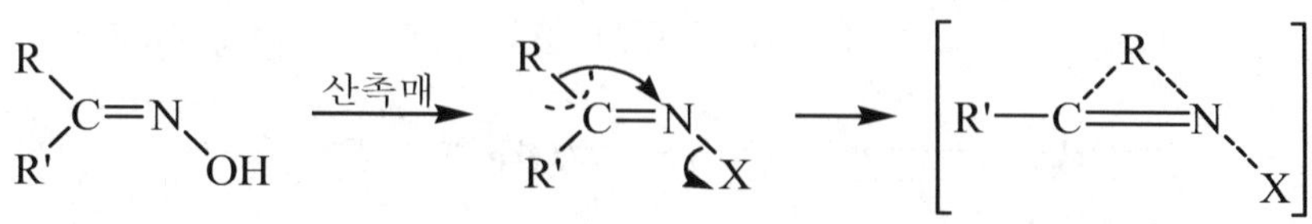

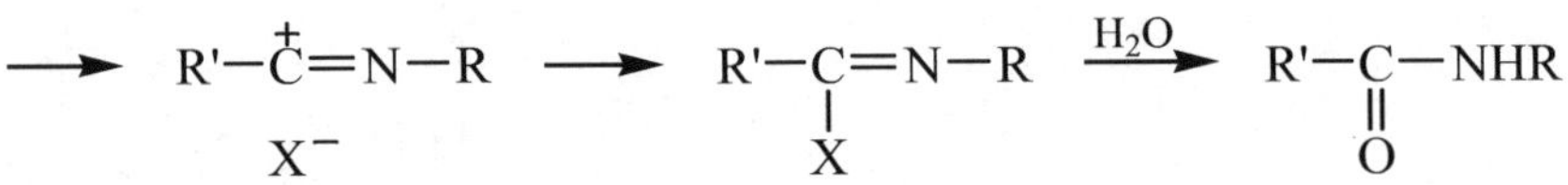

HX로 형성되는 산이 강할수록 전위하기 쉽다라고 알려져 있다. 적당한 농도의 황산중에서는, 전위속도는 Hammett의 Ho함수(제2장 4절 참조)에 비례하며, 따라서 율속단계는 옥심의 공액산($R_2C=N-\overset{+}{O}H_2$)이 관계하고 있음을 알 수 있다. 다른 촉매를 사용한 경우는 옥심에스테르를 중간에 생성하면서 반응이 진행한다라고 생각된다. 예를 들면, 다음의 예에서는 옥심자신은 산촉매가 아니면 전위하지 않지만, 그의 벤젠술폰산에스테르는 실온에서 자발적으로 전위하여 이미딜유도체(26)를 생성한다라고 알려져 있다.

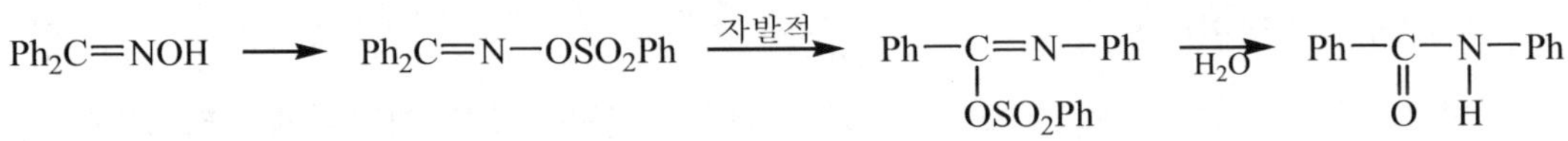
26

오염화인의 경우에는, 에스테르는 단리되어 있지 않지만, 역시 다음과 같이 진행한다라고 생각된다.

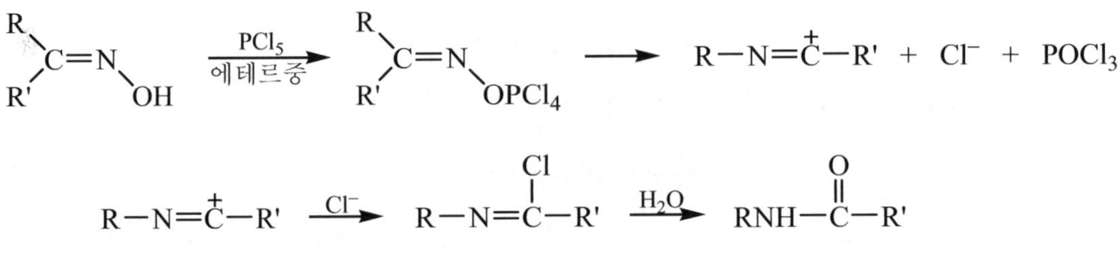

Beckmann전위에서는, 이동기는 수산기와 트란스위치(안티위치)에 있는 기인 것이 확인되었다.

케토옥심(27)은 염기로서 벤조이소옥사졸(29)로 되는 것으로부터, 아래의 식으로 나타낸 바와 같이 페닐기는 수산기와는 반대쪽에 있는 것을 알 수 있다. 이것을 Beckmann전위시키면 (28)을 생성하며, 수산기와 트란스위치의 페닐기가 이동하고 있음을 알 수 있다. 단, 사용하는 산촉매에 따라서는 전위 이전에 이성화가 일어나며, 입체배치가 변하는 것으로부터 주의하지 않으면 안된다. 에테르 혹은 벤젠중의 오염화인은, 다음과 같은 이성화를 가장 일으키기 어렵기 때문에, 옥심의 입체배치를 결정하는 것은 이것을 사용하는 것이 좋다.

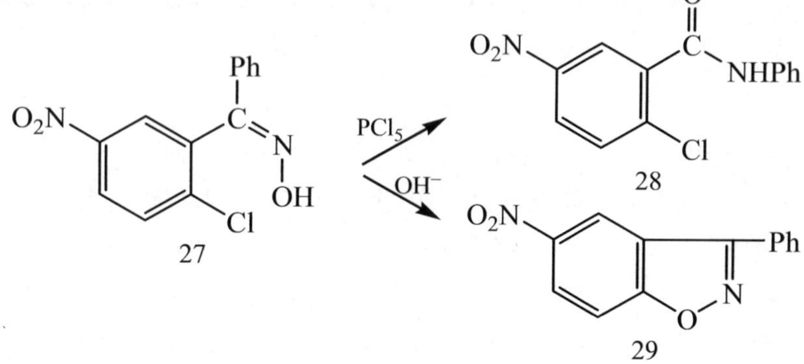

9-2-6. Wolff전위반응

α-디아조케톤의 전위를 Wolff전위라고 말하며, 다음과 같은 메카니즘으로 진행한다라고 생각되고 있다.

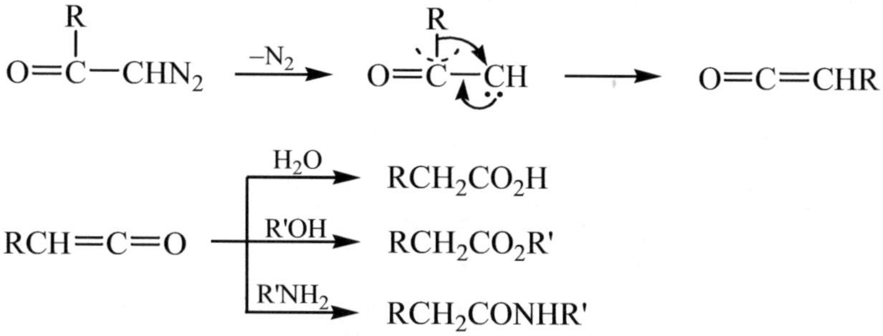

도중에 케텐을 생성하지만, 일반적으로 반응계중에 존재하는 활성수소화합물과 반응하여, 카르복시산유도체를 생성한다. 수중에서의 분해생성물로서 α-케토알코올이 단리되는 것으로부터, 반응중간체로서 케토카르벤이 존재하고 있음을 알 수 있다.

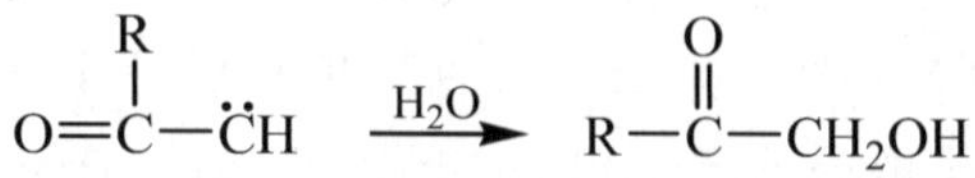

Wolff전위는 가열 혹은 광조사만으로도 일어나지만, 일반적으로 은 또는 은염이 촉매로서 사용된다. 이 반응은 라디칼적인 요소를 갖는 것이 알려져 있지만, 이것의 상세한

메카니즘에 대해서는 불명한 점이 많다. 이 전위반응은 다음 식과 같은 카르복시산의 탄소수를 1개 증가시키는 반응으로서 중요한 Arndt-Eistert반응의 일부이다.

$$RCO_2H \longrightarrow RCOCl \xrightarrow{CH_2N_2} RCOCHN_2 \xrightarrow{\text{Wolff 전위}} RCH{=}C{=}O \xrightarrow{H_2O} RCH_2CO_2H$$

9-3. 전자결핍 산소원자에 기인하는 전위반응

전자결핍 산소원자를 함유하는 전위는, 현재 과산화물의 반응에서만 알려져 있다. 일반적으로 과산화물은 라디칼분해를 일으키기 쉬운 화합물로서 알려져 있으며, 라디칼적인 전위반응도 알려져 있지만, 여기서는 이온반응만을 생각한다(라디칼에 대해서는 제10장에서 설명한다). 이 전위는 일반적으로 나타내면 다음과 같다. OX기는 R이 전위할 때 탈리하는 경우도 있다.

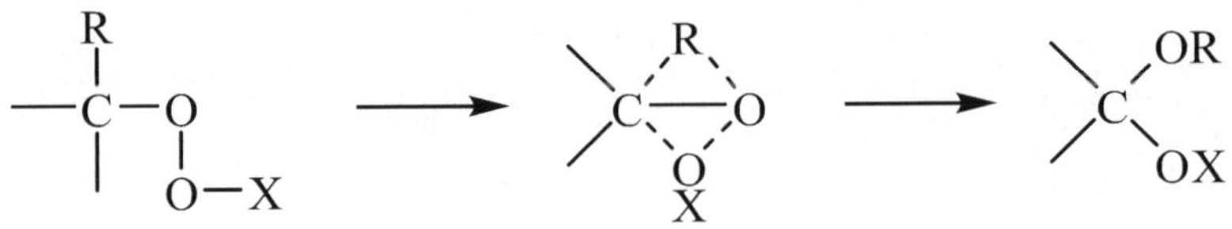

9-3-1. 퍼옥시에스테르의 전위반응

trans-9-데칼일하이드로퍼옥사이드의 에스테르는, 다음과 같이 전위하여 1,6-에폭시시클로데칸유도체를 생성한다. 반응은 RCO_2H형태의 산이 강한 것일수록, 또는 용매의 극성이 높을수록 빠른 것으로부터 이온적인 반응임을 알 수 있다.

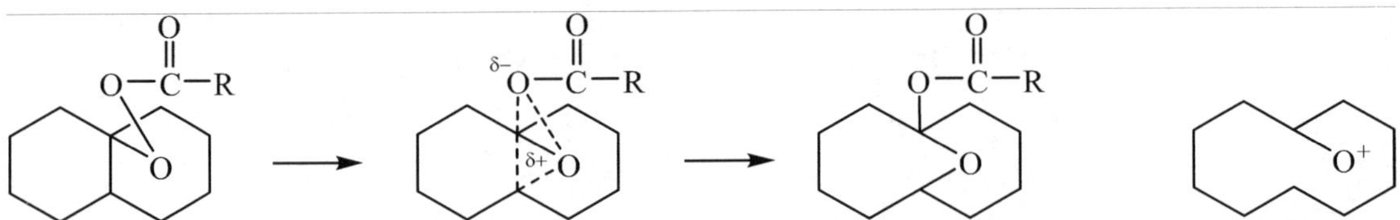

30 31 32

전위는 (31)과 같은 중간체(혹은 전이상태)를 경유하면서 진행하며, 유리하는 음이온($RCOO^-$)이나 양이온(32)을 생성하지 않는 것은, 과벤조산에스테르[(30)에서 R=Ph]가 전위할 때, p-니트로벤조에이트이온을 공존시켜도 p-니트로벤조산에스테르를 생성하지 않는 것, 및 출발물질의 카르보닐산소를 ^{18}O로서 표지한 경우에, 생성하는 에스테르중의 ^{18}O는 모두 카르보닐산소에 있는 것 등으로부터 증명되었다.

9-3-2. 하이드로퍼옥사이드의 전위반응

하이드로퍼옥사이드는 산촉매로서 전위하여 카르보닐화합물과 알코올(또는 페놀)을 생성한다. 그의 예를 들면 다음과 같다.

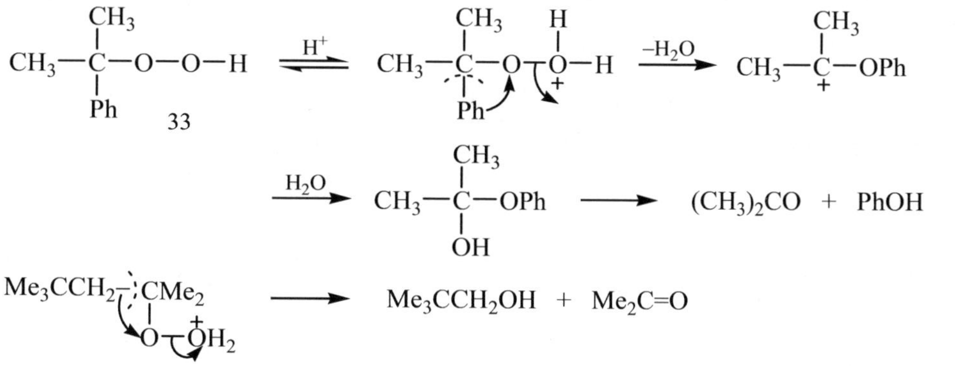

(6)

(33)은 쿠멘의 공기에 의한 산화(자동산화)로서 얻어지기 때문에, (6)식의 반응은 공업적인 페놀의 합성법으로서 이용되고 있다.

9-3-3. 과산화디아실의 전위반응

일반적으로 과산화디아실은 라디칼적으로 분해하는 것으로 알려져 있다.

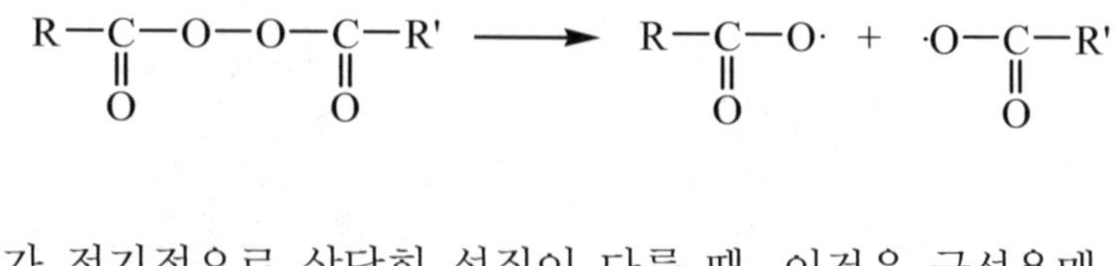

그러나 R, R'가 전기적으로 상당히 성질이 다를 때, 이것을 극성용매 중에서 분해하면 이온적인 전위반응이 일어난다. 예를 들면 p-메톡시-p'-니트로과산화벤조일은 니트로벤젠 혹은 염화티오닐 중에서 다음과 같이 전위하여 탄산에스테르를 생성한다.

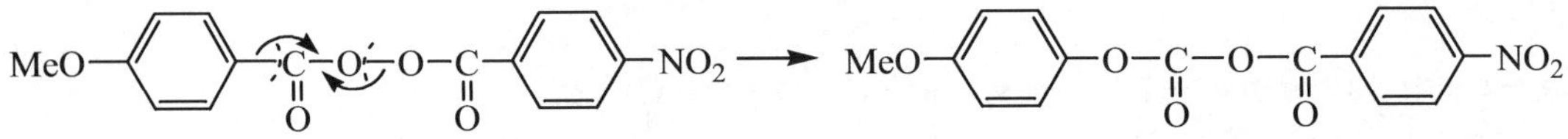

또한, 최근 R, R'가 전기적으로 다르지 않은 2차 과산화디아실을 비극성용매중에서 분해시켜도 마찬가지의 전위를 일으키는 것이 확인되었다.

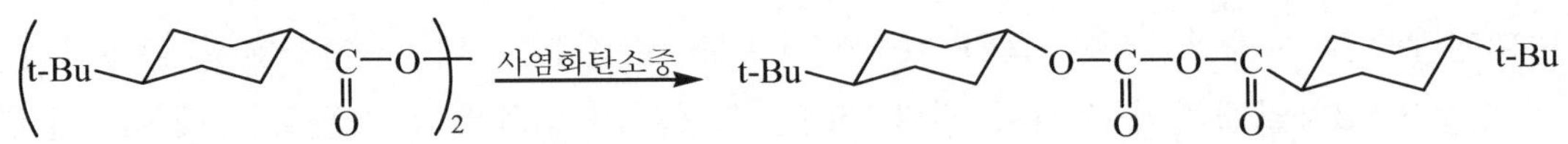

다음과 같은 과산화아실술포닐에서도 같은 형태의 전위가 일어난다.

9-3-4. Baeyer-Villiger 반응

케톤과 과산으로부터 에스테르를 생성하는 반응은 Baeyer-Villiger 반응이라고 불리운다.

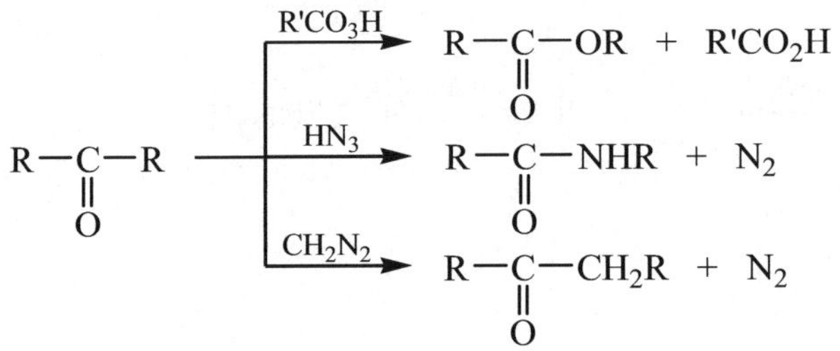

과산으로서는 카로산(H_2SO_5), 과벤조산, 모노과프탈산, 트리플루오로과아세트산 등이 잘 사용된다. 이 반응은 케톤과 아지화수소산으로부터 아미드를 생성하는 Schmidt전위, 케톤과 디아조메탄으로부터 메틸렌기를 증가시킨 케톤을 생성하는 반응과 매우 유사하다. 반응은 다음과 같이 진행하며, 중간체는 단리할 수도 있다.

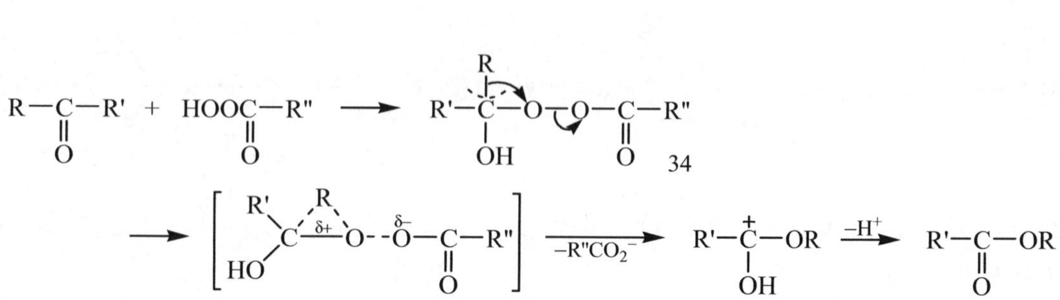

34

비대칭케톤을 사용한 경우, 그의 이동하기 쉬운 순서는, 메틸기 < 1차알킬기 < 2차알킬기 ≃ 아릴기 < 3차알킬기의 순서로 된다. 또한 이동기의 입체배치는 전위할 때 유지된다.

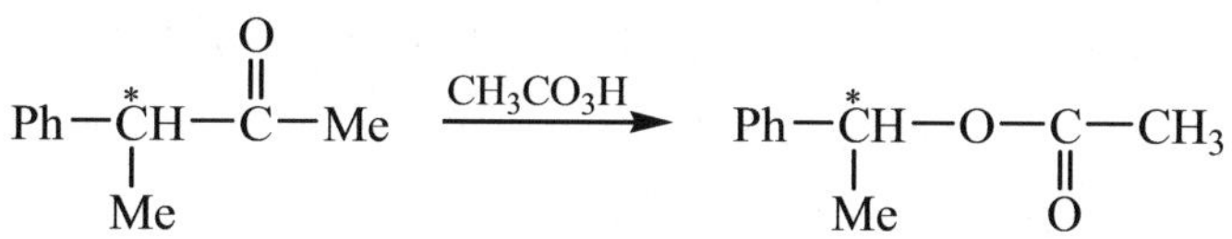

(보존)

알데히드는 일반적으로 카르복시산으로 산화되지만, R이 이동하기 쉬운 경우에는, 이것이 이동하여 포름산에스테르를 생성한다.

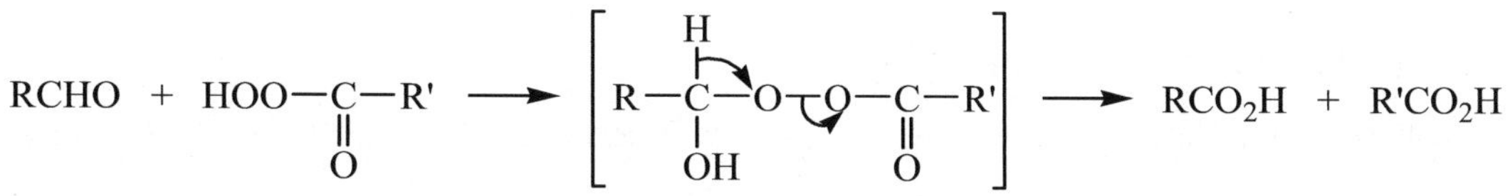

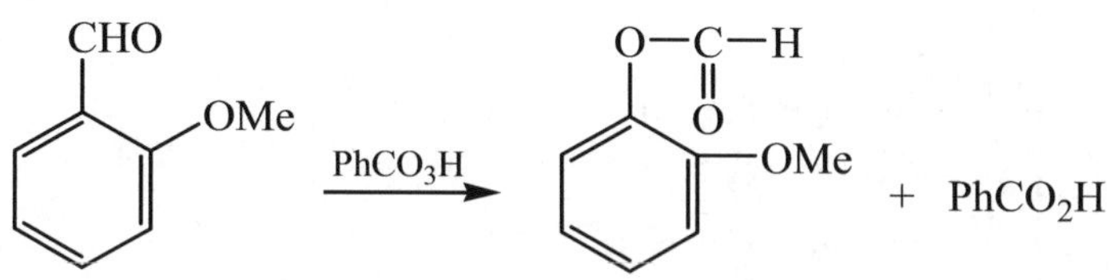

연 습 문 제

01 다음의 반응생성물은 무엇일까?

1) $(CH_3)_3C{-}CHOH{-}CH_3 \xrightarrow{H_2SO_4}$

2)
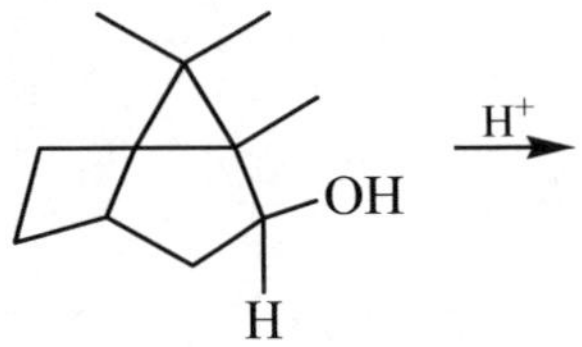

3)
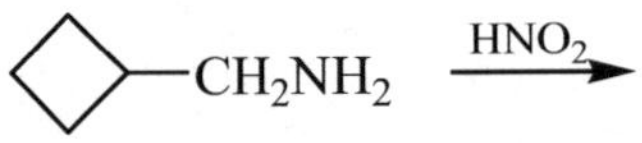

4)
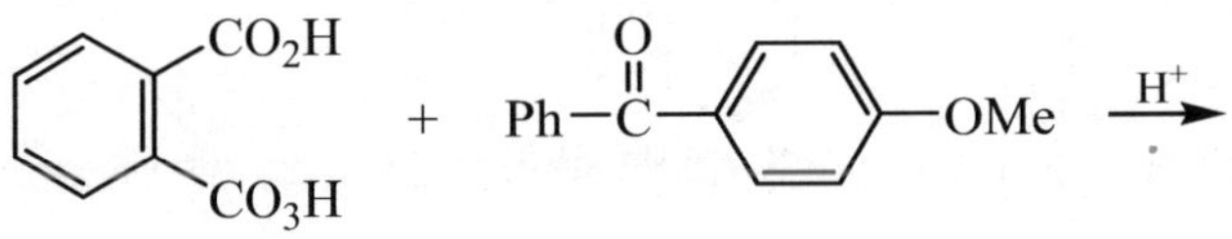

5) $Ph_2C{=}N{-}NH_2 \xrightarrow[c.\ H_2SO_4]{HNO_2} \xrightarrow{H_2O}$

6) $Ph_2C{=}N{-}OSO_2Ar \xrightarrow{C_2H_5OH}$

7) $C_6H_5COCH_3 + HN_3 \xrightarrow{H_2SO_4}$

8)
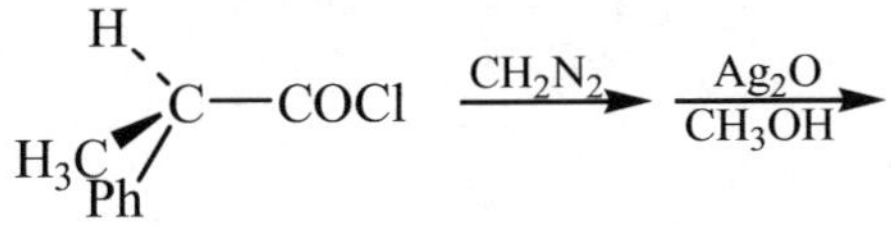

9)
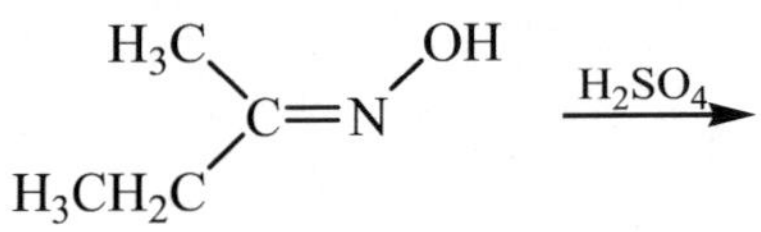

10)
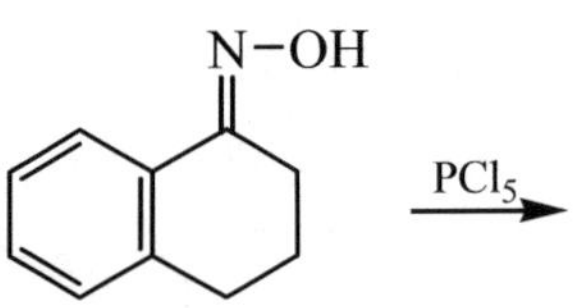

02 다음의 반응메카니즘을 추정하여라.

1) 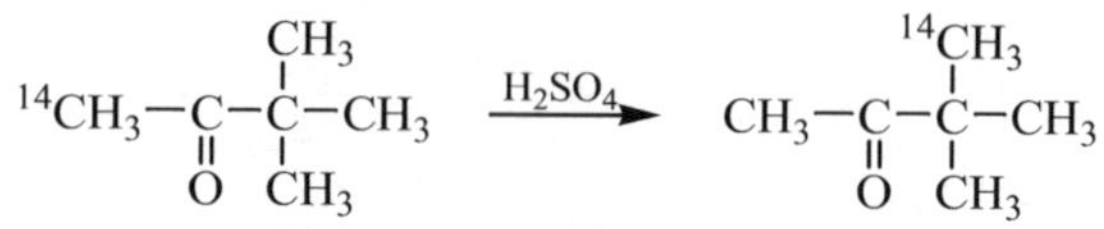

2) 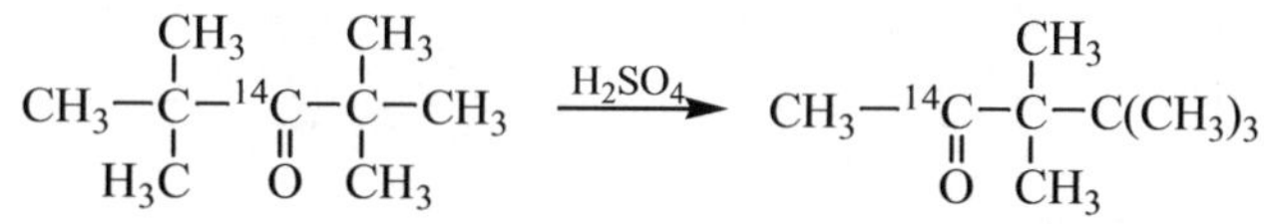

3) 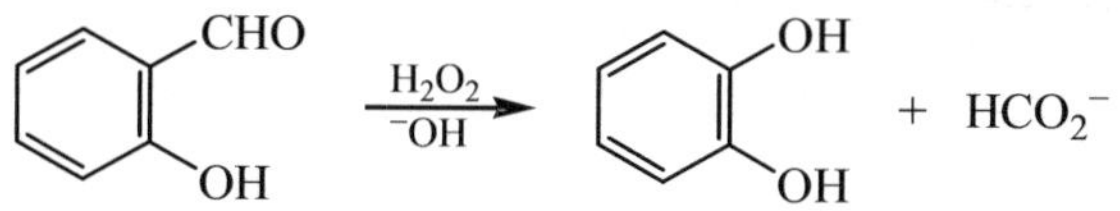

4) 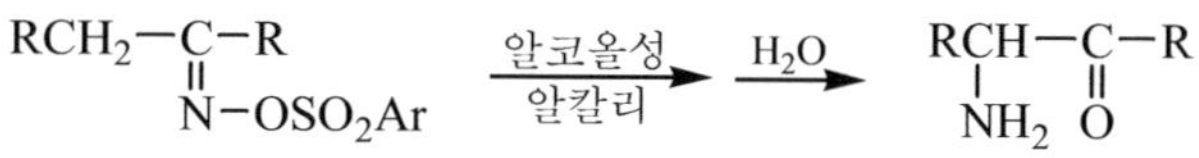

5) 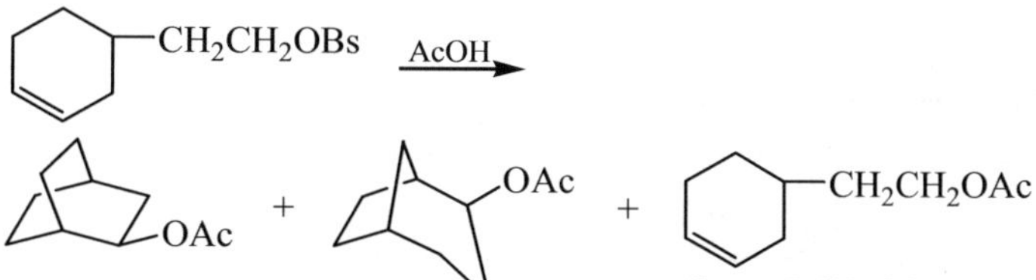

Bs = p-$BrC_6H_4SO_2$

6) 

7) 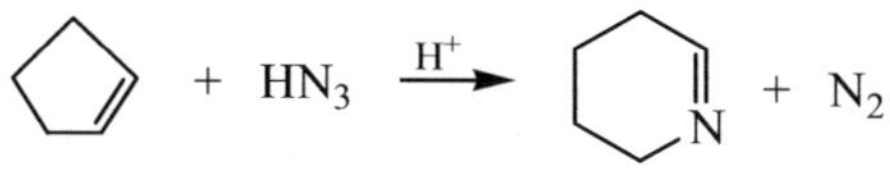

8) 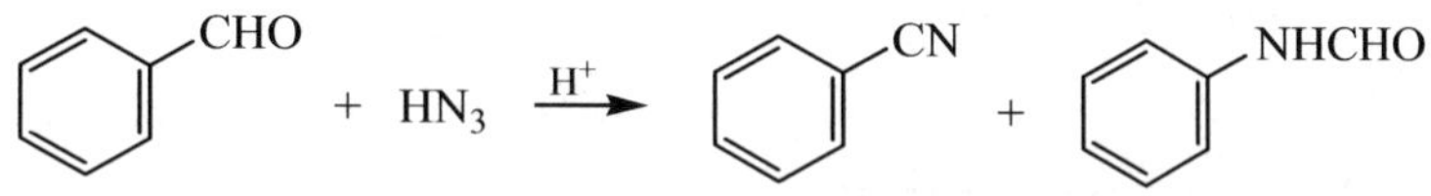

9) 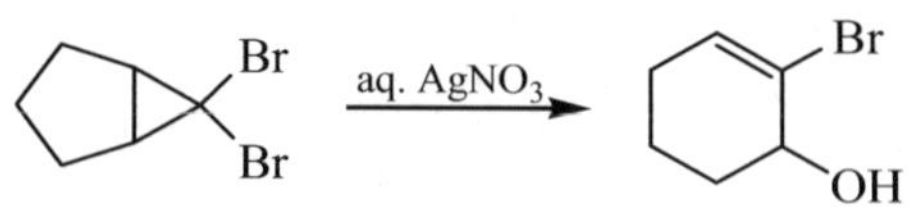

10)* 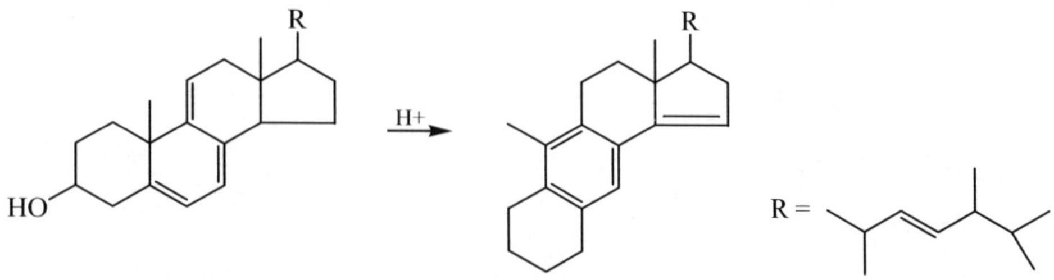

[산에 의하여 탈수후에, 공액폴리엔의 이성화를 생각하여라.]

03 다음의 합성경로를 생각하여라.

1) C_6H_5COOH ⟶ m-브로모아닐린

2)

3)

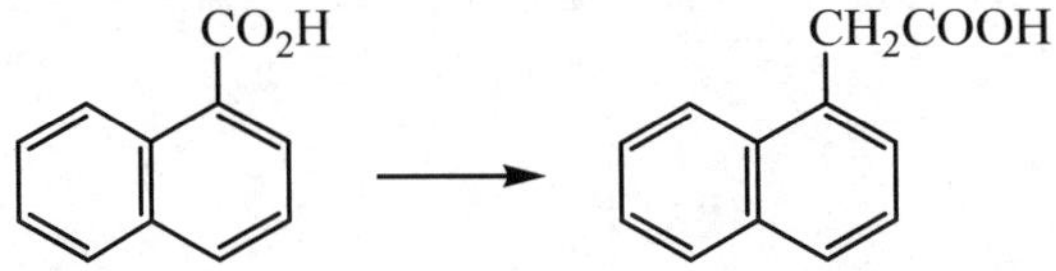

4)

04 다음의 사실을 설명하여라.

1) 아질산에 의한 탈아미노화시켰을 때, 다음의 아미노알코올의 에리트로이성체(a)에서는 페닐기가 전위하고, 트레오이성체(b)에서는 p−메톡시페닐기가 전위한다.

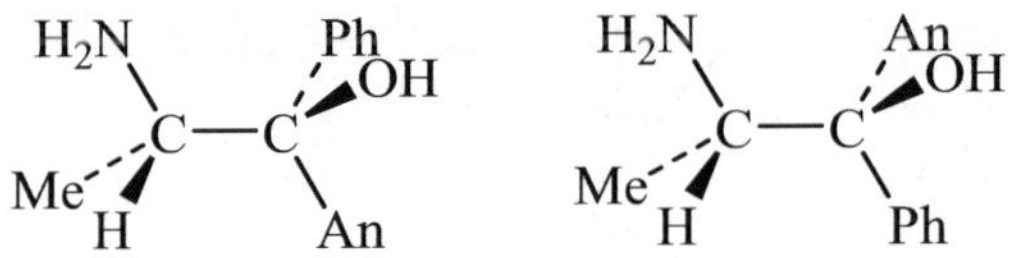

(a) (b)

An = p-$CH_3OC_6H_4$

2) 벤조페논옥심($Ph_2C=NOH$)을 고농도의 $H_2{}^{18}O$을 함유하는 소량의 물의 공존하에서 에테르 중 오염화인으로 처리하면, 사용한 $H_2{}^{18}O$와 같은 농도의 ^{18}O를 함유하는 $PhNHC^{18}OPh$가 생성한다. 이 조건에서는, 벤즈아미드는 $H_2{}^{18}O$와 산소를 교환하지 않는다라고 알려져 있다.

3) Schmidt 전위에서 아지화수소산을 과잉으로 사용하면 테트라졸이 생성한다. 정상적인 생성물인 아미드와 HN_3가 반응하여 테트라졸이 생성되지 않는다라고 알려져 있다.

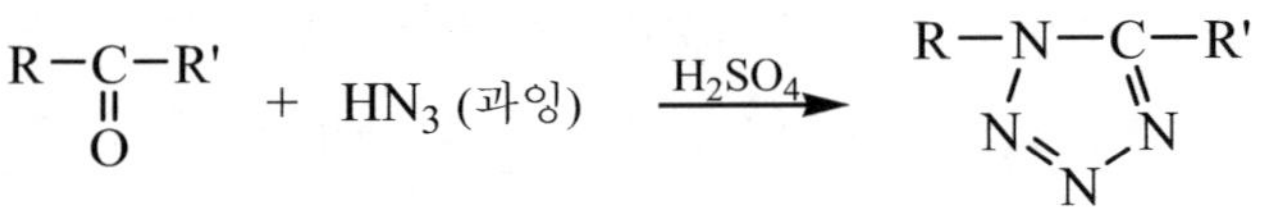

4)

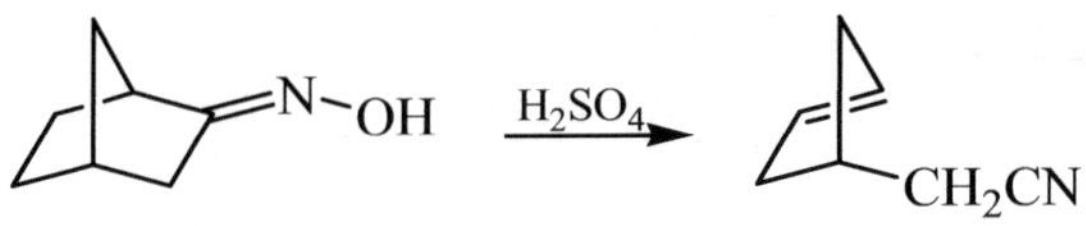

5)* 벤조산의 Schmidt 전위는 25℃ 혹은 그 이상의 온도를 필요로 하는데, 2,4,6-트리메틸 벤조산은 0℃에서도 빠르게 반응한다.

05 아래의 알코올의 p-톨루엔술폰산에스테르중, 1개는 대응하는 포화알코올의 p-톨루엔술폰산에스테르의 10^{11}배의 속도로서 가아세트산분해를 하고, 출발알코올의 아세테이트를 생성한다. 다른 하나의 알코올의 p-톨루엔술폰산에스테르는 대응하는 포화알코올의 10^{14}배의 속도로서 반응하고, 아세톡시비시클로[3,2,0]-2-헵텐을 생성한다. 이 2종류의 알코올의 구조를 결정하고 그의 반응성을 설명하여라.

06*

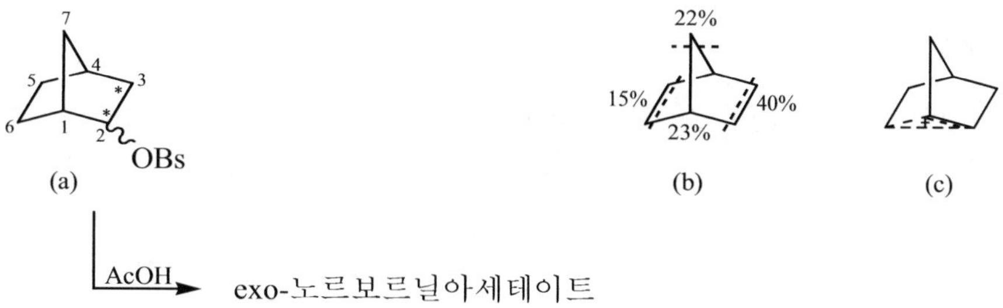

(a) (b) (c)

상기의 반응의 중간체로서 비고전적 카르보늄이온(c)의 존재를 확인하기 위하여, 2, 3위치를 ^{14}C로서 표지한 노르보르닐브로실레이트(a)를 가용매분해했다. 그 생성물을 아래의 식과 같은 경로로서 분해시켰을 때, ^{14}C분포는 (b)에 표시한 것과 같은 값을 나타냈다. 만일 반응이 완전히 (c)만을 중간체로서 진행했다라고 하면, ^{14}C분포의 계산치는 각각의 위치에 있어서 어떻게 될까? 또한, 만일 그의 값이 위의 실험치와 다르다면, 어떻게 생각하면 실험치를 설명할 수 있을까?

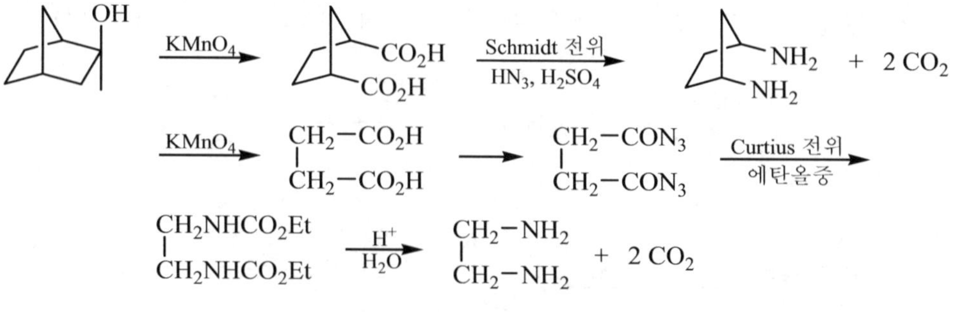

07 광학활성의 n-BuEtC^*HCO_2H가 생각되고 있다. 이것을 사용하여 Hofmann전위가 입체보존의 전위인 것이라고 알려져 있으며, Beckmann전위가 입체보존일지 아닐지를 결정하는 데에는 어떻게 실험을 행하면 좋을까?

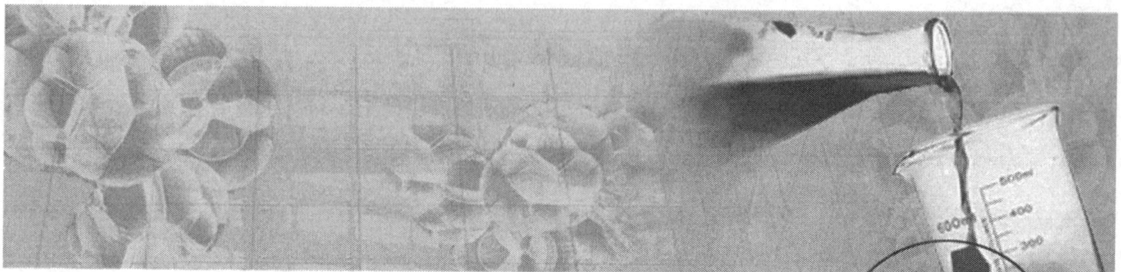

10 라디칼 반응

10-1. 안정라디칼

1900년에 Gomberg가 트리페닐메틸라디칼을 발견한 것이 최초이다. 염화트리페닐메틸의 벤젠용액에 질소기류하에서 은분말 또는 아연분말을 작용시키면, 황색용액이 얻어지며, 벤젠을 제거하면 헥사페닐에탄이 얻어진다. 이것을 재차 벤젠에 용해시키면 황색으로 된다. 이 황색용액에는, 트리페닐메틸라디칼이 존재하는 것을, 각종의 방법(분자량 측정, 자화율 측정, ESR법)으로 확인되고 있다. 이 황색용액에 산소를 접촉시키면 빠르게 퇴색하여 과산화트리페닐메틸을 생성하지만, 산소가 소비되면 또한 황색으로 된다. 즉, 다음과 같은 해리평형이 있다.

$$2Ph_3C{-}Cl + 2Ag \xrightarrow{-2AgCl} Ph_3C{-}CPh_3 \rightleftharpoons 2Ph_3C\cdot$$

$$2Ph_3C\cdot \xrightarrow{O_2} Ph_3C{-}OO{-}CPh_3$$

$$2Ph_3C\cdot \xrightarrow{I_2} 2Ph_3C{-}I$$

$$2Ph_3C\cdot \xrightarrow{NO} 2Ph_3C{-}NO$$

트리페닐메틸라디칼은, 요오드, 산화질소 등과도 마찬가지로 빠르게 반응한다. 표 10-1은 몇 가지의 헥사아릴에탄의 벤젠용액중, 25℃에서의 해리평형상수를 나타낸다.

‖표 10-1‖ 헥사아릴에탄의 해리평형상수(K) (벤젠중, 25℃)

헥사아릴에탄	K
Ph_3C-CPh_3	0.0002
$(p-MeOC_6H_4)Ph_2C-CPh_2(C_6H_4OMe-p)$	0.0008
$(p-MeC_6H_4)_3C-C(C_6H_4Me-p)_3$	0.01
$(o-MeOC_6H_4)_3C-C(C_6H_4OMe-o)_3$	0.1
$(o-MeC_6H_4)_2PhC-CPh(C_6H_4Me-o)_2$	2
$(p-O_2NC_6H_4)_3C-C(C_6H_4NO_2-p)_3$	大

에탄이 이와 같이 쉽게 개열하지 않는데 대해서, 헥사아릴에탄이 벤젠 중 25℃에서 쉽게 개열하는 것은, 생성하는 트리아릴메틸라디칼에는, 다음과 같은 공명기여가 다수 존재하며, 상당히 공명안정화 되기 때문이다.

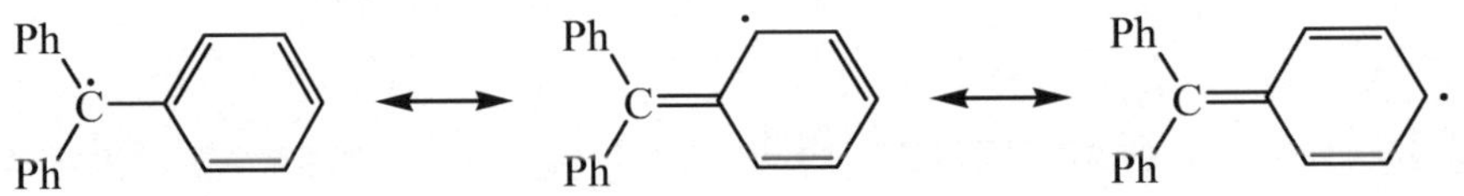

등

실제로는, o-수소간의 입체장해로 인하여, 3개의 벤젠환은 서로 약간 비틀어져 있으며, 프로펠라형태로 되어 있다. 위의 공명구조로부터 아는 바와 같이 파라위치에 치환기가 있으면 더욱 공액계가 넓어지기 때문에, 치환기의 전기적 성질에 따르지 않고 공명안정화가 증대되어 해리를 촉진한다(표 10-1 참조). 또한 헥사아릴에탄에서는 페닐기간의 입체장해가 매우 크지만, 해리하면 비틀림이 크게 완화되는 것도 해리하기 쉬운 이유이다. 표 10-1에서 오르토치환기가 해리를 촉진하는 것은 이와 같기 때문이다.

다른 중요한 안정라디칼의 예를 다음에 나타낸다.

$Ar_2N\cdot$ (디아릴아미노라디칼. Ar_2N-NAr_2의 열분해)

$Ar_2\dot{C}-O^-$ (케틸라디칼. 방향족케톤에 알칼리금속의 작용)

$p\text{-}Me_2NC_6H_4\overset{\cdot +}{N}Me_2$ (Wurster blue. 상당하는 디아민의 산화)

$Ar_2NO\cdot$ (디아릴니트록사이드. Ar_2NOH의 산화)

$2,4,6-(t-C_4H_9)_3C_6H_2O\cdot$ (트리 t-부틸페녹시라디칼. 상당하는 페놀의 산화)

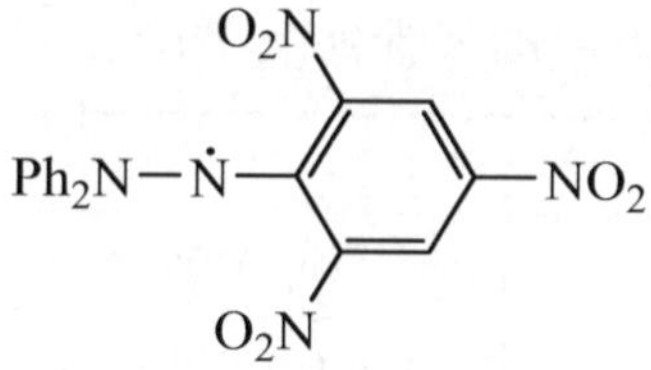

1

(디페닐피크릴하이드라질 DPPH라고 약칭. 상당히 안정)

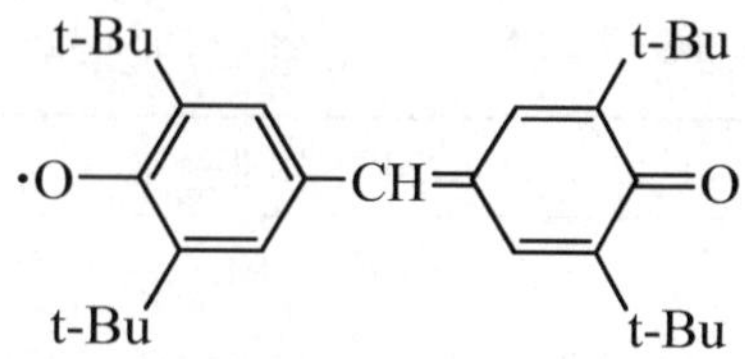

(카르비녹실. 상당히 안정하다) [Bu : C_4H_9].

이들은, 어느 것이나 공명안정화가 큰 것을 알 수 있다.

10-2. 라디칼 생성반응

10-2-1. 광분해반응

실제적인 예를 들면 다음과 같다.

$$Cl_2 \longrightarrow 2Cl\cdot$$

$$Ph\text{–}I \longrightarrow Ph\cdot + I\cdot$$

$$R_2Hg \longrightarrow 2R\cdot + Hg$$

$$R\text{–}N{=}N\text{–}R \longrightarrow 2R\cdot + N_2$$

$$t\text{-}BuOCl \longrightarrow t\text{-}BuO\cdot + Cl\cdot$$

$$Me_2CO \longrightarrow Me\cdot + Me\dot{C}O$$

케톤의 광분해의 경우에는 다음과 같이 라디칼로 분해하지 않는 것도 있다.

$$MeCOCH_2CH_2CH_3 \longrightarrow Me_2CO + CH_2{=}CH_2$$

10-2-2. 전자수수반응

카르복시산염은, 전기분해로서 라디칼을 발생한다. 이것을 Kolbe의 전기분해라고 말한다.

$$RCOO^- \xrightarrow{-e} RCOO\cdot$$

$$RCOO\cdot \longrightarrow R\cdot + CO_2$$

$$2R\cdot \longrightarrow R{-}R$$

방향족카르복시산에서는, 아로일옥시라디칼(ArCOO·)의 탈카르복시화반응이 일어나기 어렵다.

금속이온간의 전자수수는 매우 일어나기 어렵기 때문에, 낮은 온도에서의 라디칼발생법으로서 중요하다(redox법이라고 말한다). 예를 들면,

$$Fe^{2+} + HO{-}OH \longrightarrow Fe^{3+} + OH^- + \cdot OH \quad \text{(Fenton 시약)}$$

$$Fe^{2+} + ROOH \longrightarrow Fe^{3+} + OH^- + \cdot OR$$

$$Cu^+ + ROOC(=O){-}R' \longrightarrow Cu^{2+} + R'COO^- + \cdot OR$$

$$Co^{2+} + ROOH \longrightarrow RO\cdot + Co^{3+} + OH^-$$

$$Co^{3+} + ROOH \longrightarrow ROO\cdot + Co^{2+} + H^+$$

이상의 예에서 아는 바와 같이, 과산화물(-OO-결합을 갖는 것)은, 그의 이온가수가 변할 수 있는 금속이온의 저이온가의 것으로 환원되어 산소라디칼을 발생한다. 비대칭인 것에서는, 음이온으로서 안정하지 않은 쪽이 라디칼로 된다. 하이드로퍼옥사이드(ROOH)는 고이온가의 것(특히 Co^{3+})으로 산화되어, 퍼옥시라디칼(ROO·)을 생성한다.

다음과 같이, 페놀레이트음이온은 고이온가의 것으로 산화되어 아릴옥시라디칼을 생성한다.

$$ArO^- + Fe^{3+} \text{ (또는 } [Fe(CN)_6]^{3-}) \longrightarrow ArO\cdot + Fe^{2+} \text{ (또는 } [Fe(CN)_6]^{4-})$$

과산화벤조일(BPO)과 디메틸아닐린과의 혼합물은 저온에서 벤조일옥시라디칼을 생성하지만, 이것은 유기물간의 전자수수이다.

$$PhCO\text{–}OO\text{–}OCPh + PhNMe_2$$

$$\longrightarrow [PhMe_2\overset{+}{N}\text{–}OCOPh][PhCO_2^-] \longrightarrow Ph\overset{\cdot +}{N}Me_2 + PhCOO^- + PhCOO\cdot$$

10-2-3. 열분해반응

약한 결합에너지(제1장 표 1-1 참조)의 결합은 열에 의하여 라디칼로 개열한다. 라디칼 발생제로서 잘 사용되는 중요한 화합물의 속도론적 자료를 표 10-2에 나타낸다.

표 10-2 라디칼발생제의 속도론적 자료

화 합 물	활성화에너지 (kcal/mole)	반감기가 1hr로 되는 온도 (℃)
t-BuO-O-t-Bu	37	150
t-BuO-OCOPh	34	125
PhCOO-OCOPh	30	95*
MeCOO-OCOMe	30~32	85
$Me_2C(CN)\text{–}N{=}N\text{–}CMe_2(CN)$	30	85

* 불활성용매중의 경우

1) 과산화디알킬

RO-OR → 2RO · : R=t-Bu의 것이 잘 사용되며, 이 경우 생성하는 t-butoxy 라디칼은, 더욱 분해하여 메틸라디칼을 생성한다.

$$Me_3CO\cdot \longrightarrow Me_2CO + Me\cdot$$

2) 하이드로퍼옥사이드

RO-OH → RO · + · OH : R=t-Bu 의 것이 잘 사용된다.

3) 과산화디아실

RCOO-OCOR → 2RCOO · , RCOO · → R · +CO_2 : R=Me(과산화아세틸), Ph(과산화벤조일, BPO)이 잘 사용된다.

과산화벤조일의 경우에는 에테르, 알코올, 아민과 같은 활성용매중에서의 분해속도식은 다음과 같으며 불활성용매중에서의 분해보다도 빠르다.

$$-dP/dt = \boldsymbol{k}_1 P + \boldsymbol{k}_i P^{3/2} \qquad (1)$$

여기서, P는 BPO의 농도를 나타낸다.

일반적으로, 과산화물의 분해는 -OO-결합의 개열이 율속단계이며, 1차반응으로 분해하는 것이 보통이다. (1)식의 3/2차의 항은, 다음의 반응(2)에서 설명된다.

$$\begin{aligned} &P \xrightarrow{k_1} 2R\cdot \\ &R\cdot + SH \longrightarrow S\cdot + RH \\ &S\cdot + P \longrightarrow R\cdot + SR \\ &2S\cdot \longrightarrow S\text{–}S \end{aligned} \qquad (2)$$

여기서, SH는 용매이고 반응(2)식과 같이 라디칼에 의하여 유발되는 분해는 유발분해라고 말한다. (1)식의 우변 제2항은 유발분해에 유래하는 것이다.

에테르중에서는, 유발분해에 의한 생성물인 에틸α-벤조일옥시에틸에테르(2)를 고수율로서 생성한다. 이 생성메카니즘은 다음과 같다.

$$PhCOO\text{–}OCOPh \longrightarrow 2PhCOO\cdot$$

$$PhCOO\cdot + EtOCH_2CH_3 \longrightarrow PhCO_2H + EtO\dot{C}HCH_3$$

$$EtO\dot{C}HCH_3 + PhCOO\text{–}OCOPh \longrightarrow \underset{\substack{|\\ OCOPh \\ 2}}{EtOCHCH_3} + PhCOO\cdot$$

제2의 반응은 수소탈취반응이며, α-수소가 탈취되기 쉬운 것은 5절에서 설명하기로 한다.

4) 과산화에스테르

RCO−OOR' → RCOO· + ·OR' : R'=t−Bu, R=Me, Ph의 것이 잘 사용된다.

과옥살산디t−부틸은 저온(45℃)에서의 t−부톡시라디칼의 발생제로서 유용하다.

$$\text{t-BuO–O}_2\text{C–CO}_2\text{–O–t-Bu} \longrightarrow \text{2t-BuO·} + 2\text{CO}_2$$

5) 아조화합물

R−N=N−R → 2R · + N_2 : C−N의 결합에너지는 작지 않지만, 질소가스의 생성열이 크기 때문에 개열한다. 생성하는 R · 이 안정할수록 아조화합물의 분해온도는 저하한다. R=Ph는 안정, R=Me은 400℃에서 분해하는데 대해서, α,α'−아조비스이소부티로니트릴(R=Me_2(CN)C−, AIBN이라고 말한다)은 60℃이상에서 분해한다. AIBN으로부터의 라디칼(3)에는 다음과 같은 공명안정화가 있다.

$$\underset{3}{\text{Me}_2\dot{\text{C}}\text{C}{\equiv}\text{N}} \longleftrightarrow \text{Me}_2\text{C=C=N·}$$

페닐아조트리페닐메탄(40℃이상), N−니트로소아세트아닐리드(실온), 벤젠디아조하이드록사이드(실온)도 페닐라디칼 발생제로서 잘 사용된다.

$$\text{Ph–N=NCPh}_3 \longrightarrow \text{Ph·} + \text{N}_2 + \text{·CPh}_3$$

$$\text{PhN(NO)COCH}_3 \xrightarrow{\text{느리다}} \text{Ph–N=N–OCOCH}_3 \xrightarrow{\text{빠르다}} \text{Ph·} + \text{N}_2 + (\text{·OCOCH}_3)$$

$$\text{Ph–N=N–OH} \longrightarrow \text{Ph·} + \text{N}_2 + (\text{·OH})$$

N−니트로소아세트아닐리드와 벤젠디아조하이드록사이드의 분해에서는 아세톡시 및 하이드록시라디칼이 생성하지 않고 음이온으로 되는 것이 밝혀졌다.

6) Kharasch의 이상 Grignard 반응

Grignard 시약은 염화제1코발트의 존재하에서 라디칼을 발생한다.

$$2RMgX + CoCl_2 \longrightarrow R_2Co \longrightarrow Co + 2R\cdot$$

R'X(할로겐화물)의 존재하에서는 R' · 을 생성한다. 예를 들면,

$$2\ p\text{-}MeOC_6H_4CHBrEt \xrightarrow[CoCl_2]{PhMgBr} 2\ p\text{-}MeOC_6H_4\dot{C}HEt \xrightarrow{2량화} (p\text{-}MeOC_6H_4CHEt-)_2$$

이 반응의 메카니즘은 잘 알 수 없지만, 다음과 같이 생각된다.

$$2RMgX + CoX_2 \longrightarrow R_2Co + 2MgX_2$$

$$R_2Co \longrightarrow Co + 2R\cdot$$

$$RMgX + Co + R'X \longrightarrow RCoR' + MgX_2$$

$$RCoR' \longrightarrow Co + R\cdot + R'\cdot$$

7) 기 타

유기금속화합물의 탄소-금속결합은 개열하기 쉽다. 예를 들면,

$$R{-}Hg{-}R \longrightarrow 2R\cdot + Hg$$

하이포염소산알킬은 알콕시라디칼을 생성한다.

$$ROCl \longrightarrow RO\cdot + Cl\cdot$$

10-3. 라디칼의 일반적 반응

라디칼 자신의 반응에 속하는 것은 회합, 불균화, 분해 및 전위이며, 라디칼과 다른 물질과의 반응에 속하는 것은, 탈취반응, 부가반응, 유발분해(2-3절의 과산화벤조일의 분해에서 설명했다)이고 전자수수반응 등이다.

비교적 안정한 입체장해가 적은 라디칼은, 서로 결합하여 안정화하기 쉽다. 이것을 회합반응이라고 말하며, 같은 것의 회합을 이량화라고 말한다. 예를 들면,

$$2Me_2\dot{C}CN \longrightarrow Me_2C(CN)\text{–}CMe_2(CN)$$

$$2PhS\cdot \longrightarrow PhS\text{–}SPh$$

$$Me_2\dot{C}CN + PhCH_2S\cdot \longrightarrow Me_2C(CN)\text{–}SCH_2Ph$$

라디칼반응에서는, 안정라디칼(1절 참조)을 라디칼포촉제로 잘 사용하지만, 이것은 회합반응의 이용이다[특히 DPPH(1)가 잘 사용된다].

퍼옥시라디칼은 다음과 같이 회합하지만, ^{18}O를 tracer로 사용하는 연구에서 증명되고 있다.

$$2ROO\cdot \longrightarrow [RO\text{–}OO\text{–}OR] \longrightarrow O_2 + 2RO\cdot$$

불균화 반응에서는, 2개의 라디칼간의 수소원자의 수수이다. 예를 들면,

$$2CH_3CH_2\cdot \longrightarrow CH_3CH_3 + CH_2{=}CH_2$$

$$2CH_3CH_2O\cdot \longrightarrow CH_3CH_2OH + CH_3CH{=}O$$

$$CH_3CH_2\cdot + CH_3CH_2O\cdot \longrightarrow \begin{cases} CH_3CH_3 + CH_3CH{=}O \\ CH_2{=}CH_2 + CH_3CH_2OH \end{cases}$$

β-클로로알킬라디칼은 염소원자의 수수로서 불균화 한다.

$$2Me\dot{C}HCHClMe \longrightarrow MeCHClCHClMe + MeCH{=}CHMe$$

회합과 불균화는 경쟁적으로 일어난다. 분해와 전위반응에 대해서는 8절 및 9절에서 설명하기로 한다.

탈취반응은, 탈취하기 쉬운 수소원자나 할로겐원자를 갖는 물질의 존재하에서 일어난

다. 일반식으로 나타내면 다음과 같다.

$$R\cdot + S\text{–}X \longrightarrow S\cdot + R\text{–}X$$

결합에너지를 D, 공명에너지를 RE라고 하면,

$$D(S\text{–}X)\text{–}D(R\text{–}X) + RE(R\cdot)\text{–}RE(S\cdot) \qquad (3)$$

의 값이 음, 즉, 발열반응일 때 쉽게 일어난다. 생성하는 결합쪽이 개열하는 결합 보다도 강하며, 공격라디칼 보다도 생성라디칼쪽이 안정할수록 유리하다.

라디칼의 안정성은 카르보늄이온과 같지만, 각종의 라디칼의 안정성의 차이는 카르보늄이온에 있어서 보다도 작으며, 1차<2차<3차의 순서이다. 따라서 수소원자에 있어서는, 1차수소<2차수소<3차수소의 순서로 탈취하기 쉽다. 또한 일반적으로 I>Br>H>Cl의 순서로 탈취하기 어렵게 된다.

라디칼은 불포화결합에 부가하지만, 7절에서 설명하기로 한다.

전자수수는, 일반적으로 라디칼과 가변이온가를 갖는 금속이온간에 일어나지만, 실제적인 예는 뒤에서 설명하기로 한다.

$$R\cdot + M^{n+} \longrightarrow R^{+} + M^{(n-1)+} \qquad (M : Fe^{3+}, Cu^{2+} \text{ 등})$$

$$R\cdot + M^{n+} \xrightarrow{H_2O} RH + M^{(n+1)+} + OH^{-} \qquad (M : Cr^{2+}, Fe^{2+} \text{ 등})$$

라디칼반응의 일반적인 특징은 아래와 같다.

(1) 반응은 용매의 극성에 거의 따르지 않지만, 비극성용매중에서 유리하다(이온반응이 느리기 때문에).

(2) 산, 염기의 접촉작용이 관찰되지 않으며, 라디칼발생제의 첨가나 광조사로서 촉진되는 경우가 많다.

(3) 중합이나 공중합을 개시한다.

(4) 라디칼포촉제나 금지제의 존재하에서, 이어서 일어나는 반응이 정지한다.

(5) 이량체화나 불균화생성물을 생성한다(특히, 용매로부터의).

10-4. 지방족치환반응

지방족치환반응은, 탈취반응을 경유하면서 일어난다. 이 중에서 합성적으로 중요한 것은, 수소탈취반응을 함유하는 것이다. R'·을 라디칼발생제로부터의 라디칼이라고 하면, 일반적으로 다음과 같이 된다.

$$R'\cdot + X{-}Y \longrightarrow R'X + Y\cdot$$

$$Y\cdot + RH \longrightarrow R\cdot + HY \qquad (4)$$

$$R\cdot + X{-}Y \longrightarrow RX + Y\cdot \qquad (5)$$

10-4-1. 할로겐화반응

반응(4) 및 (5)가 어느 것이나 발열반응이라면, 이들은 연쇄반응으로 되며, 능률 좋게 일어난다. X=Y=할로겐, R=Me라고 했을 때의 각각의 반응열을 표 10-3에 나타낸다. 단, $D(CH_3{-}H)=102$kcal/mol, 다른 값은 제1장 표 1-1의 값을 사용했다.

❙표 10-3❙ 할로겐화반응의 반응열(ΔH)

X_2	$X\cdot + CH_4 \rightarrow HX + CH_3\cdot$의 ΔH	$CH_3\cdot + X_2 \rightarrow CH_3X + X\cdot$의 ΔH	전반응의 ΔH
F_2	−33	−68	−101
Cl_2	−1	−21	−22
Br_2	14	−20	−6
I_2	31	−21	10

표 10-3으로부터 아는 바와 같이, 플루오르화는 매우 잘 일어나고(C-C 결합의 개열을 동반한다), 염소화는 연쇄적으로 진행하지만, 브롬화는 탈취반응이 불리하나, 전체로서 발열반응이기 때문에 고온에서 일어난다. 그러나 요오드화는 전체로서도 흡열반응이기 때문에 곤란하다.

메탄의 염소화의 경우, 다음과 같이 일어나리라고 생각되지만, 반응열의 면으로부터도 불리하다.

$$Cl\cdot + CH_4 \longrightarrow CH_3Cl + H\cdot \qquad (\Delta H=23)$$

$$H\cdot + Cl_2 \longrightarrow HCl + Cl\cdot \qquad (\Delta H=-45)$$

이와 같이, 라디칼반응에서는 각각의 단계의 반응열의 고찰이 중요하다. 염소화제로서는, Cl_2-빛, SO_2Cl_2-BPO, t-BuOCl-빛, 또는 -AIBN이 잘 사용된다.

톨루엔의 염소화반응을 예로 들어서 나중의 2개의 반응을 메카니즘으로 나타내면 다음과 같이 진행하는 것을 알 수 있다.

$$(PhCOO)_2 \xrightarrow[\text{참조}]{2\cdot3\text{절}} Ph\cdot$$

$$Ph\cdot + SO_2Cl_2 \longrightarrow \cdot SO_2Cl + PhCl$$

$$\cdot SO_2Cl \rightleftharpoons SO_2 + \cdot Cl$$

$$\cdot Cl + PhCH_3 \longrightarrow HCl + PhCH_2\cdot$$

$$PhCH_2\cdot + SO_2Cl_2 \longrightarrow PhCH_2Cl + \cdot SO_2Cl$$

$$(Me_2C(CN)-N=)_2 \longrightarrow 2Me_2\dot{C}CN + N_2$$

$$t\text{-}BuOCl + Me_2\dot{C}CN \longrightarrow t\text{-}BuO\cdot + Me_2C(CN)Cl$$

$$t\text{-}BuO\cdot + PhCH_3 \longrightarrow t\text{-}BuOH + PhCH_2\cdot$$

$$PhCH_2\cdot + t\text{-}BuOCl \longrightarrow PhCH_2Cl + t\text{-}BuO\cdot$$

올레핀을 고온에서 염소화하면, 그의 알릴위치(이중결합에 인접하는 위치)가 염소화된다(이유에 대해서는 뒤에 설명하기로 한다).

$$CH_2{=}CHCH_3 + Cl_2 \xrightarrow{400℃} CH_2{=}CHCH_2Cl + HCl$$

브롬화에는 Br_2-빛, N-브로모숙신이미드(NBS)-빛, 또는 -BPO가 잘 사용된다. 여기서는 NBS에 의한 브롬화에 대해서 설명하기로 한다. NBS도 올레핀의 알릴위치를 브롬화시키는 시약으로서 유용하며 이 반응을 Wohl-Ziegler 반응이라고 말한다. 예를 들면 다음과 같다.

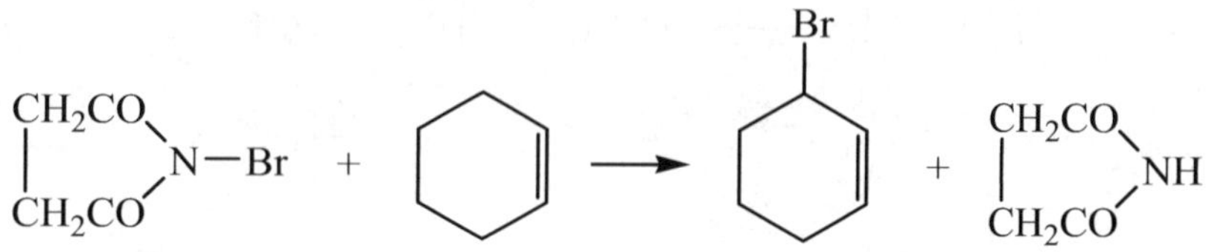

(NBS)

반응메카니즘에 대해서는 , 이전에는 숙신이미드라디칼에 의한 수소탈취반응을 함유한다라고 생각하고 있었지만, 현재는 NBS는 저농도의 브롬의 발생제이고, 수소를 탈취하는 것은 브롬원자이다라고 생각되며, 그의 메카니즘은 다음과 같다.

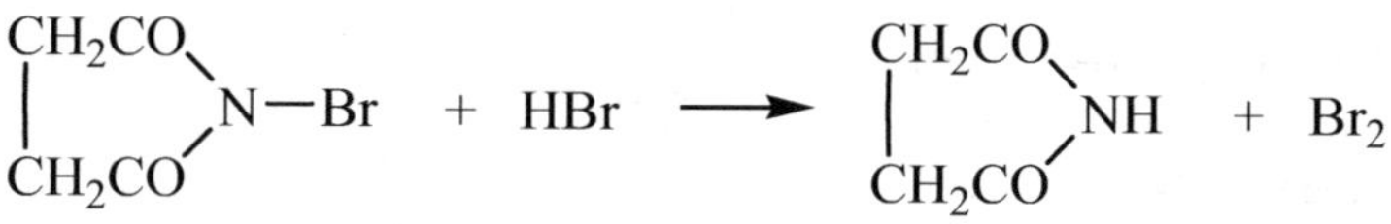

$$Br_2 \rightleftharpoons 2Br\cdot$$

$$Br\cdot + -CH_2CH{=}CH- \rightleftharpoons -CH_2CHBr\dot{C}H- \qquad (6)$$

$$Br\cdot + -CH_2CH{=}CH- \longrightarrow -\dot{C}HCH{=}CH- + HBr \qquad (7)$$

$$-\dot{C}HCH{=}CH- + Br_2 \longrightarrow -CHBrCH{=}CH- + Br\cdot$$

브롬의 올레핀에의 부가(6)는 가역적이기 때문에(7-1항 참조), 저농도의 브롬에서는 역행하며 (7)식이 유리해 지고, 알릴위치에 브롬화 된다. 앞에서 설명한 올레핀의 고온에서의 알릴위치의 염소화도 부가반응이 가역적이기 때문이다.

위의 메카니즘은, 저농도의 브롬에서는 실제로 알릴위치의 브롬화가 일어나는 것으로 확인되었다. 또한 NBS 및 브롬에 의한 브롬화반응에서의 상대반응성이 같은 것도 이것을 지지한다.

알릴위치의 수소가 탈취되기 쉬운 것은, 생성라디칼의 공명안정화 때문이고, 이와 같은 경우에는 이성체혼합물로 된다.

$$-\dot{C}HCH{=}CH- \longleftrightarrow -CH{=}CH\dot{C}H-$$

10-4-2. 산소라디칼에 의한 치환반응

탈취되기 쉬운 수소를 갖는 화합물의 존재하에서, 하이드로퍼옥사이드를 제1구리염이나 제1코발트염으로 분해시키면, 그의 수소가 퍼옥시기로 치환된다. 예를 들면, 다음과 같다.

$$C_6H_{13}CH{=}CH_2 + t\text{-}BuOOH \xrightarrow{Co^{2+}} C_5H_{11}CH{=}CH\underset{\displaystyle t\text{-}BuOO}{\underset{|}{C}}H_2 + C_5H_{11}\underset{\displaystyle t\text{-}BuOO}{\underset{|}{C}}HCH{=}CH_2$$

이들의 반응메카니즘은 다음과 같이 진행한다.

$$t\text{-}BuOOH + Co^{2+} \longrightarrow t\text{-}BuO\cdot + Co^{3+} + OH^-$$

$$t\text{-}BuOOH + Co^{3+} \longrightarrow t\text{-}BuOO\cdot + Co^{2+} + H^+$$

$$t\text{-}BuO\cdot + t\text{-}BuOOH \longrightarrow t\text{-}BuOH + t\text{-}BuOO\cdot$$

$$t\text{-}BuO\cdot + RH \longrightarrow t\text{-}BuOH + R\cdot$$

$$R\cdot + t\text{-}BuOO\cdot \longrightarrow ROO\text{-}t\text{-}Bu$$

마찬가지로, 과산화 t-부틸에스테르와 브롬화제1구리에 의하여, 아실옥시기에 의한 치환이 일어난다.

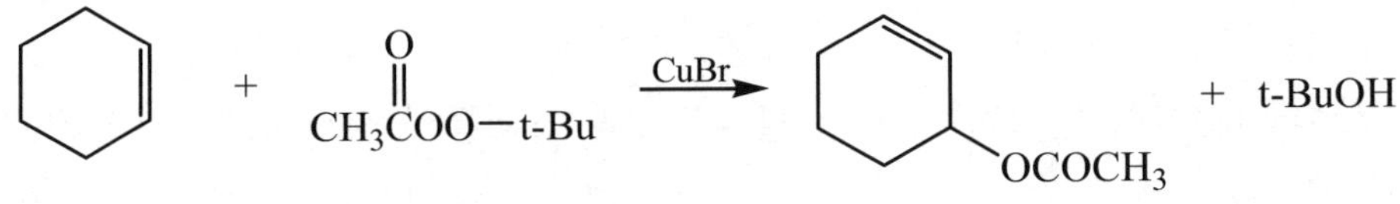

반응메카니즘은 다음과 같이 생각된다.

$$CH_3CO\text{–}OO\text{–}t\text{-}Bu + CuBr \longrightarrow [CH_3CO_2CuBr] + t\text{-}BuO\cdot$$

$$t\text{-}BuO\cdot + RH \longrightarrow t\text{-}BuOH + R\cdot$$

$$R\cdot + [CH_3CO_2CuBr] \longrightarrow ROCOCH_3 + CuBr$$

최후의 반응은, 라디칼에의 리간드의 직접이동이기 때문에 리간드이동이라고도 말한다. 그러나 다음과 같은 메카니즘도 가능하다.

$$[CH_3CO_2CuBr] \longrightarrow CH_3CO_2^- + CuBr^+$$

$$R\cdot + CuBr^+ \longrightarrow R^+ + CuBr$$

$$R^+ + CH_3CO_2^- \longrightarrow ROCOCH_3$$

여기서 2번째의 반응은, 라디칼로부터 착화합물로의 전자의 이동이기 때문에, 전자이동이라고 말한다. 어느쪽도 모두 증거가 있지만, 일반적으로 리간드이동쪽이 많은 것으로 생각된다.

10-5. 수소탈취반응에 영향하는 효과

과산화디t-부틸(DTBP)을 각종의 물질중에서 분해시키면 다음과 같은 반응이 일어난다.

$$\text{t-BuOO–t-Bu} \longrightarrow \text{2t-BuO}\cdot$$

$$\text{t-BuO}\cdot \xrightarrow{k_1} Me_2CO + Me\cdot$$

$$\text{t-BuO}\cdot + RH \xrightarrow{k_2} \text{t-BuOH} + R\cdot$$

이것으로부터 (8)식이 얻어지며, t-부틸알코올과 아세톤의 생성비로부터 k_2/k_1을 알 수 있다. k_1은,

$$[\text{t-BuOH}]/[Me_2CO] = k_2[RH]/k_1 \qquad (8)$$

라디칼 자신의 분해이기 때문에 일정하다고 볼 수 있으며, k_2의 상대값, 즉 수소의 탈취반응의 난이를 비교할 수 있다. 그의 일부를 표 10-4에 나타낸다.

‖ 표 10-4 ‖ t-BuO·에 의한 수소탈취반응(135℃)

C-H의 형		상대값*	C-H의 형		상대값*
Ph-H		0.03	1개의 Ph기로서 활성화된	1차	12.2
지방족	1차	1.0		2차	32
	2차	7.0		3차	51
	3차	28		2차(테트랄린)	76
2차(시클로헥산)		20			

* 수소원자 1개당의 값

표 10-4의 결과는, 생성하는 라디칼이 안정할수록, 탈취되기 쉬운 것을 나타내고 있다. 페닐기로서 활성화 된 경우에 반응성이 큰 것은, 생성하는 벤질형 라디칼의 공명안정화 때문이다.

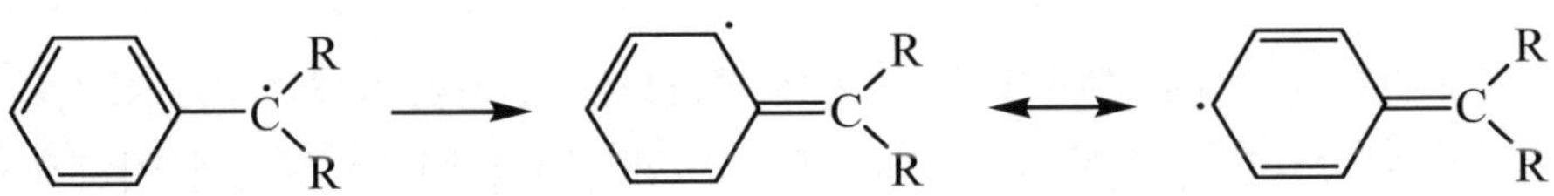

일반적으로, 헤테로원자나 치환기의 α 위치의 수소가 탈취되기 쉬운 것도 공명안정화 때문이다. 예를 들면,

$$R\dot{C}H-\ddot{O}-R' \longleftrightarrow R-\dot{C}H=\dot{O}-R' \longleftrightarrow R-\bar{C}H-\dot{O}^{+}-R'$$

$$R\dot{C}HCOR' \longleftrightarrow RCH=CR'-O\cdot \longleftrightarrow R\bar{C}H-CR'=\dot{O}^{+}$$

$$:\ddot{C}l-\dot{C}HR \longleftrightarrow :\dot{C}l^{+}-\bar{C}HR$$

메르캅탄, 페놀의 수소원자는 탈취되기 쉽다. 페녹시라디칼은 공명안정화 된다.

$$RSH + R'\cdot \longrightarrow RS\cdot + R'H$$

$$PhOH + R'\cdot \longrightarrow PhO\cdot + R'H$$

위에서 α 위치의 수소원자가 탈취되기 쉽다라고 설명했지만, 이것은 탄소라디칼에 대해서는 정확하지만, 다른 라디칼에서는 그렇지 않은 것이 있다.

각각의 위치의 수소원자 1개당의 상대반응성을 예를 들어 나타내면, 프로피온산의 경우, 염소원자에 대해서는 반대로 1차수소쪽이 반응성이 크다. 1-플루오로부탄에서는, 플루오르화를 제외하고, 3위치(2차), 4위치(1차)의 상대반응성은, 부탄의 2차수소와 1차수소의 반응성과 같지만, 2차수소이면서 1위치의 소수의 활성은 매우 작으며, 2위치의 활성도 저하하고 있다. 플루오르원자에 대해서는, 3위치의 수소의 반응성은, 부탄의 2차수소보다도 반응성이 저하하고 있다.

	$CH_3-CH_2-CO_2H$	
$CH_3\cdot$	1	7.8
$Cl\cdot$	30	1

	CH_2F-	CH_2 -	CH_2 -	CH_3	
$F\cdot$	<0.3	0.8	1.0	1.0	(20℃)
$Cl\cdot$	0.9	1.7	3.7	1.0	(78℃)
$Br\cdot$	1.0	9	82	1.0	(146℃)

이들의 결과로부터, 할로겐원자의 공격에 대해서, 전자흡인성기(카르복시기, 할로겐 등)의 α 위치의 수소원자의 전자밀도가 저하하고 있기 때문에, 반응성이 저하하고 있다라고 해석할 수 있다. 1-플루오로부탄에서는, 공격라디칼의 전기음성도의 순서(F>Cl>Br)와 α 위치의 불활성화의 순서와 관계가 있다. 일반적으로, 전자흡인성기(전자수용성)의 라디칼은 전자밀도가 낮은 곳에는 공격하기 어렵다. 이것은 (9)식과 같은 전이상태에서의 공명을 생각하면 설명된다.

$$[R-H\cdot X] \longleftrightarrow [R^{\delta+}\cdots H\cdots X^{\delta-}] \longleftrightarrow [R\cdot H-X] \qquad (9)$$

이것에 의하면, RH중의 전자흡인성에 의하며, 전이상태가 불안정해 지는 것을 알 수 있다.

1-플루오로부탄과 F·, Cl·, Br·의 반응성을 3위치의 2차수소와 4위치의 1차수소로서 비교하면, 이와 같은 순서로 선택성이 크다. 바꾸어 말하면, 이와 같은 순서로 반응성이 작아 지고 있다. 이것을 (3)식으로 생각하면, D(S−X), RE(S·)은 같기 때문에, D(R−X) 즉, 할로겐화수소의 결합에너지가 클수록, 라디칼로서는 활성인 것으로 된다. 이와 같은 것이 표 10-5에서도 관찰된다.

‖ 표 10-5 ‖ 2, 3의 라디칼의 상대반응성

C-H의 형		Cl· (80℃)	·CCl₃ (91.5℃)	CH₃·
$PhC(CH_3)_3$		0.22	0.08	-
$PhCH_3$		1.00	1.00	1.00
$PhCH(CH_3)_2$	3차	4.0	12.0	9.7
	1차	0.31	0.08	-
시클로헥산		2.8	-	0.30

선택성의 순서는 $Cl\cdot < CH_3\cdot < \cdot CCl_3$ 로서, 결합에너지의 순서 $H-Cl > H-CH_3 > H-CCl_3$와 평형관계에 있다. 합성적으로는 선택성이 큰 라디칼을 사용하는 쪽이 좋은 것은 틀림없다.

염소화의 경우에, 현저하게 용매효과가 관찰되는, 2,3-디메틸부탄의 55℃에서의 광화학적 염소화에 있어서, 3차수소와 1차수소와의 반응성의 비는, 무용매, 사염화탄소 또는 지방족카르복시산중에서는 3.5~4.0으로 일정하지만, 벤젠중에서는 14.6, 메시틸렌중에서는 25, 이황화탄소중에서는 33, n-부틸에테르중에서는 7.2로서 선택성이 증대되며, 같은 용매중에서는 온도가 낮을수록, 또한 용매량이 커질수록 이것의 비율이 커진다. 이것은 다음과 같이, 라디칼이 용매와 가역적으로 착화합물을 형성하고, 이 착화합물의 반응성이 작다라고 생각하면 설명된다. 염소원자는 전자수용성 라디칼이기 때문에,

염기성이 큰 것일 수록 용매효과가 크다.

라디칼반응에서는, 다음과 같이 일반적으로 라세미화가 일어난다.

$$\text{d-Et}\overset{*}{\text{C}}\text{HMeCH}_2\text{Cl} \xrightarrow{\text{Cl}\cdot} \text{Et}\dot{\text{C}}\text{MeCH}_2\text{Cl} \xrightarrow{\text{Cl}_2} \text{dl-Et}\overset{*}{\text{C}}\text{MeClCH}_2\text{Cl}$$

이것은 라디칼의 구조가 평면으로서 반전이 빠른 피라밋형이기 때문이다.

10-6. 자동산화반응

분자상태의 산소에 의한 연소를 동반하지 않는 완만한 산화반응을 자동산화라고 말한다. 일반적인 메케니즘은 다음과 같다.

$$R'\cdot + RH \longrightarrow R'H + R\cdot$$

$$R\cdot + O_2 \longrightarrow ROO\cdot$$

$$ROO\cdot + RH \longrightarrow ROOH + R\cdot$$

2번째의 퍼옥시라디칼의 생성은, 산소분자에의 라디칼의 부가반응이라고 생각된다. 탄소라디칼은 산소와 반응하기 쉽기 때문에, 산소는 라디칼포촉제로 된다.

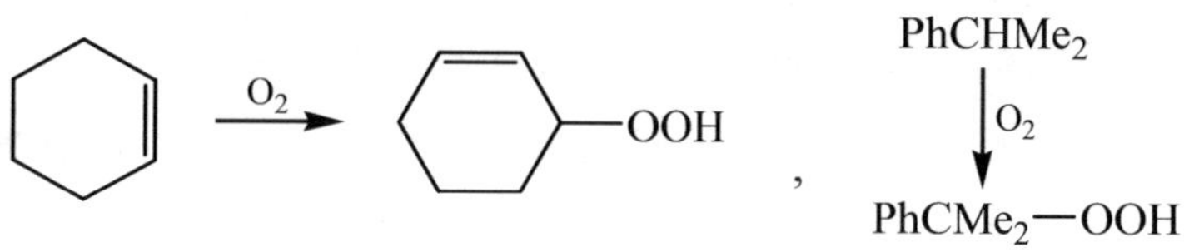

이와 같이 탈취하기 쉬운 수소가, 하이드로퍼옥시기로서 치환되어 하이드로퍼옥사이드를 생성한다. 하이드로퍼옥사이드는 열분해로서 라디칼을 생성하기 때문에 이와 같은 조건하에서는 반응은 자기촉매적으로 진행한다. ROO · 과 반응하기 쉬운 것을 가하면 반응은 금지된다. 이와 같은 물질은 항산화제라고 불리우며, 페놀류나 아닐린류 등이다.

알데히드는 자동산화로서 카르복시산으로 된다.

$$PhCH{=}O + R'\cdot \longrightarrow Ph\dot{C}{=}O + R'H$$

$$Ph\dot{C}{=}O + O_2 \longrightarrow PhCO\text{–}OO\cdot$$

$$PhCO\text{–}OO\cdot + PhCH{=}O \longrightarrow PhCO\text{–}OOH + Ph\dot{C}{=}O$$

$$PhCO\text{–}OOH + PhCH{=}O \longrightarrow 2PhCOOH$$

10-7. 부가반응

부가반응은 합성반응으로서도 중요하며, 다수의 연구가 있다.

10-7-1. 탄소-탄소 다중결합에의 부가반응

부가하는 화합물 A-B에, 광조사 또는 라디칼발생제, 일반적으로는 BPO, DTBP, AIBN의 존재하에서 올레핀을 작용시키면, 다음과 같이 1 : 1의 부가물을 생성한다.

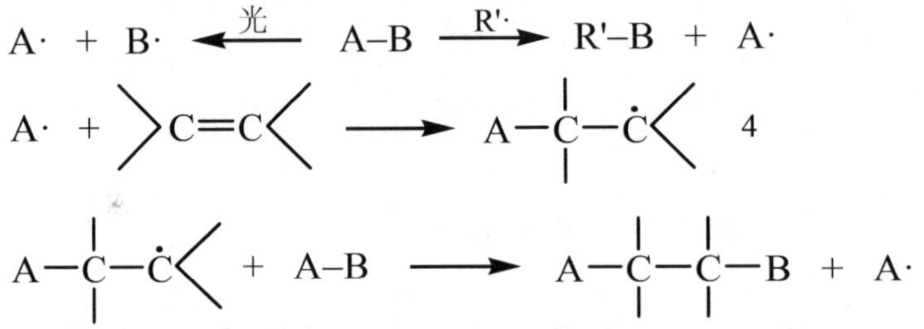

(10)

(11)

라디칼(4)가 A-B로부터 B를 탈취하는 능력이 작든지, A-B로부터 B가 탈리되기 어렵든지, 또는 올레핀이 대과잉일 때는, (4)는 더욱 올레핀과 반응한다.

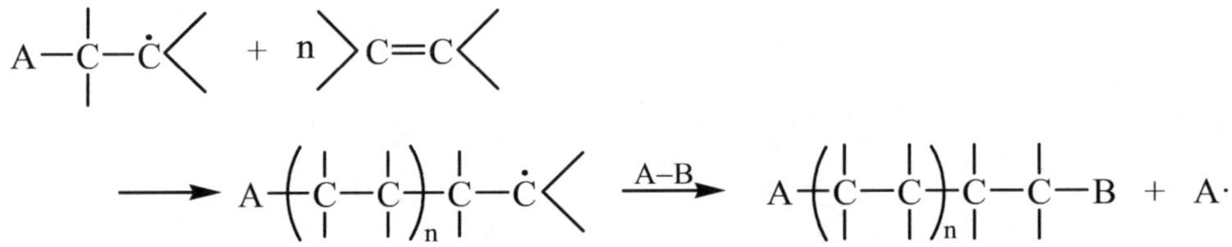

(5)

생성물 (5)를 텔로머라고 말하며, 이와 같은 반응을 텔로메리화반응이라고 말한다.
라디칼로서 탈취가 일어나는 화합물 A-B는 부가반응에 관여한다.
A-B로서 중요한 것은 다음과 같다.

CCl_3-Cl, CCl_3-Br, CCl_3-H, $CH_2BrCH_2CCl_2$-Br, RR'C(CO_2R'')-H, RO_2C-H, ROCR'R''-H, RR'C(OH)-H, RCOCR'R''-H, RR'C(NR_2'')-H, RCO-H, $OHCCCl_2$-Cl, Br-H, RS-H, ⩾Si-H, R_2P-H, $ArSO_2$-Cl 등

각각에서 왼쪽에 있는 부분이 최초에 부가한다.

표 10-6에, 에틸렌을 예로 들어서, 몇가지의 A-B에 대한 기소반응(10), (11)식의 반응열을 나타낸다.

‖표 10-6‖ 부가기소반응의 반응열(kcal/mole, 25℃)

B-A	(10)식의 ΔH	(11)식의 ΔH	B-A	(10)식의 ΔH	(11)식의 ΔH
H-OH	−32	22	Br-Br	−5	−17
H-F	−53	37	I-I	7	−13
H-SMe	−14	−12	$H-CH_2Ph$	−1.5	−21
H-Cl	−26	5	H-COMe	−16	−10
H-Br	−5	−11	$H-CCl_3$	−14	−8
H-I	7	−27	$Cl-CCl_3$	−14	−8
Cl-Cl	−26	−19			

각각의 기소반응은 모두 발열(⊿H<0)이기 때문에 반응이 쉽게 일어난다. 안정라디칼도 부가한다. 예를 들면,

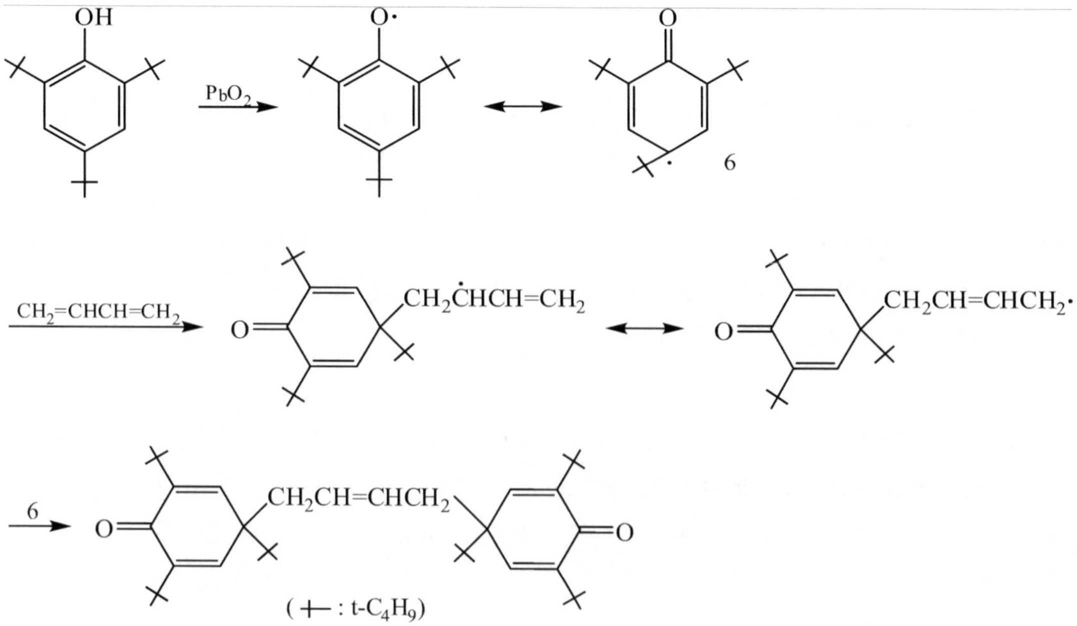

(┼ : t-C_4H_9)

비대칭올레핀에서는, 가능한 부가반응의 경로가 2가지이다. 이 배향성도 이온적 부가(제3장 참조)와 마찬가지로, 생성하는 라디칼의 안정성을 관찰하면 좋다. 전형적인 예로서는, 산소 또는 과산화물의 존재하에서의 브롬화알릴에의 브롬화수소의 이상부가이다.

$$CH_2{=}CHCH_2Br + HBr \xrightarrow[\text{BPO}]{O_2\text{ 또는}} BrCH_2CH_2CH_2Br$$

라디칼부가에서는, 최초에 부가하는 것은 Br · 이기 때문에, 가능한 중간체 라디칼은, 다음과 같다.

$$CH_2{=}CHCH_2Br + Br\cdot \rightarrow \begin{cases} \cdot CH_2CHBrCH_2Br & (7) \\ BrCH_2\dot{C}HCH_2Br & (8) \end{cases}$$

(7)은 1차라디칼이지만, (8)은 2차라디칼이기 때문에, (8)쪽이 안정하며, 이것이 수소를 탈취하여 Markownikoff규칙에 따르지 않는 1,3-디브로모프로판을 생성한다.

같은 차수의 라디칼을 생성할 때는, 공액능력이 큰 치환기와 공액할 수 있는 쪽의 라디칼이 보다 안정해 진다. 공액능력은 다음과 같은 순서로 저하한다.

$$Ph > CN \approx COR > CO_2Et \approx CO_2H > Me$$

예를 들면,

$$CCl_3Br + CH_3CH{=}CHCO_2Et \xrightarrow{\text{BPO}} MeCH(CCl_3)CHBrCO_2Et \quad (\cdot CCl_3\text{이 먼저 부가})$$

플루오르는 라디칼중심과의 공액능력이 작기 때문에, $-\dot{C}F_2$는 $-\dot{C}HX$ 보다도 불안정하게 되는 경우가 많으며, 그 결과, 2종류의 혼합물을 생성하기도 하고, 배향성이 역전하는 경우도 있다. 예를 들면, 다음과 같다.

$$CF_3I + CF_2{=}CHCl \xrightarrow{\text{光}} CF_3CF_2CHClI \quad (CF_3\cdot\text{이 먼저 부가})$$

$$HBr + CF_2{=}CFCF_3 \xrightarrow{\text{光}} CF_3CHFCF_2Br \quad (Br\cdot\text{이 먼저 부가})$$

$$HBr + CHF{=}CF_2 \xrightarrow{\text{光}} \underset{58}{CHF_2CHFBr} + \underset{42}{CF_2BrCH_2F}$$

58 : 42

부가반응의 경우에도, 5절에서 설명한 바와 같은, 극성효과가 확인된다. 이것도 전이상태에서의 공명으로 이해된다.

$$[\mathrm{A}\cdot\ \mathrm{CH_2{=}CHR}] \longleftrightarrow [\mathrm{A^-}\ \dot{\mathrm{C}}\mathrm{H_2}\overset{+}{\dot{\mathrm{C}}}\mathrm{HR}] \longleftrightarrow [\mathrm{A{-}CH_2\dot{C}HR}] \qquad (12)$$

$$[\mathrm{A}\cdot\ \mathrm{CH_2{=}CHR}] \longleftrightarrow [\mathrm{A^+}\ \dot{\mathrm{C}}\mathrm{H_2}\bar{\mathrm{C}}\mathrm{HR}] \longleftrightarrow [\mathrm{A{-}CH_2\dot{C}HR}] \qquad (13)$$

(12)식의 공명을 안정화 하는 라디칼, 즉 A^-이 안정한 것에서는, 전자공여성기에 의하여 전자밀도가 증대된 올레핀과 반응하기 쉽고, 반대로 (13)식의 공명을 안정화 하는 라디칼, 즉 A^+로서 안정한 것에서는, 전자흡인성기가 치환된 올레핀과 반응하기 쉽다. 이와 같은 치환기효과의 연구로부터, 할로겐원자, $CCl_3\cdot$, $CF_3\cdot$, $RS\cdot$, $ArCO_2\cdot$은 전자에 속하는 전자수용성라디칼이고, $R\dot{C}O$, $R_2\dot{C}OH$는 후자에 속하는 전자공여성라디칼인 것을 나타내고 있다. 실제로 각각의 음이온이나 양이온이 안정하다.

이온적인 부가반응에서는, 입체화학적으로 트란스부가인 것은 제3장에서 설명했지만, 라디칼부가반응에서도, 트란스부가인 것이 많다. 예를 들면, 1-브로모시클로헥센에의 브롬화수소의 라디칼부가에서는, 생성물의 99.7%는 cis-1,2-디브로모시클로헥산, 즉 트란스부가체이다.

라디칼(9)가 (10)과 같은 가교라디칼(브로모늄과 유사, 제3장 참조)이라고 생각하면 설명된다.

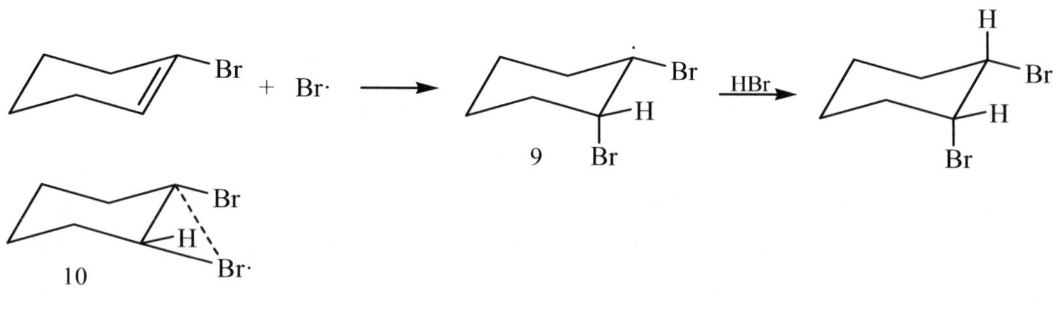

1-메틸시클로헥센에의 티올아세트산($CH_3CO{-}SH$)이나 트리클로로실란($H{-}SiCl_3$)의 부가에서는, 85%는 트란스부가이다. 최근 S, Si에 있어서도 (10)과 같은 가교라디칼이 생각되고 있다.

비시클로환에서는, 이중결합에 치환기가 없으면, 다음의 예와 같이 트란스부가가 일어난다. 최초에 도입되는 $C_3F_7\cdot$은, 입체장해가 적은 바깥쪽(exo)에 도입되고, 다음에 요오드를 탈취할 때는, 엑소에 큰 치환기가 도입되어 있기 때문에, 보다 입체장해가 적은 안쪽(endo)에서 일어나게 된다.

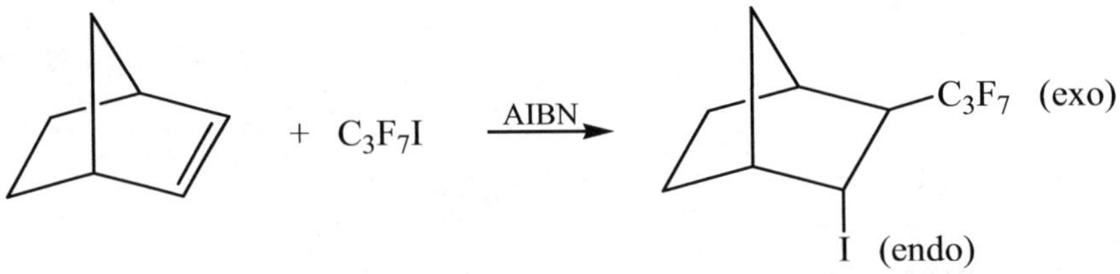

그러나 이미 치환기가 존재할 때에는, 그것으로 인하여 엔도방향에서의 탈취가 불리해지며, 엑소방향에서 일어나기 때문에 시스부가가 주로 된다.

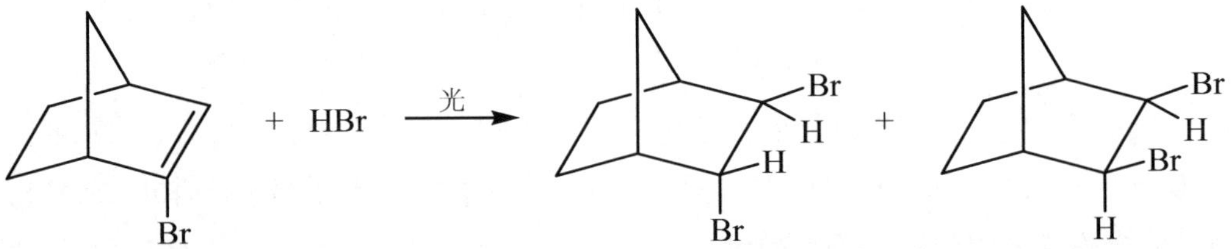

5 : 2

시스부가 트란스부가

시스올레핀에의 부가반응의 경우, 회수된 올레핀이 트란스이성체로 이성화하는 경우가 있다. 이것은 다음과 같이 설명된다.

즉, 중간체 라디칼(11)에서는, C-C결합의 자유회전이 가능해 지며, 이것으로부터 재차 라디칼 A · 가 탈리하기 때문이다. 이와 같이 가역적으로 부가하는 라디칼로서는, 할로겐, RS · , R_2P · 등이 알려져 있다. 탄소라디칼에는 이와 같은 것은 없다. (11)이 생성하고 곧바로, A-B로부터 B를 탈취하면, 이성화 되지 않고 생성물을 생성한다. 따라서 저온에서 자유회전을 느리게 진행시키면, H-Br의 부가는 입체특이적으로 트란스부가로 된다. 가역적이 아닐지라도, B의 탈취가 느릴 때에는 이성체 혼합물로 된다.

10-7-2. 전자수수를 동반하는 부가반응

제1구리염의 존재하에서, 벤젠디아조늄염과 α,β-불포화카르복시산유도체를 반응시키면, 페닐기의 부가반응이 일어난다. 이와 같은 반응을 Meerwein반응이라고 말한다. 반응 메카니즘은 다음과 같다.

$$PhN^{+}\equiv N + Cu^{+} \longrightarrow PhN{=}N\cdot + Cu^{2+}$$

$$PhN{=}N\cdot \longrightarrow Ph\cdot + N_2$$

$$Ph\cdot + CH_2{=}CHCN \longrightarrow PhCH_2\dot{C}HCN$$

$$PhCH_2\dot{C}HCN + CuCl^{+} \longrightarrow PhCH_2CHClCN + Cu^{+} \quad \text{(리간드 이동)}$$

$$PhCH_2\dot{C}HCN + CuCl^{+} \longrightarrow PhCH{=}CHCN + CuCl + H^{+}$$

최근, 알코올 또는 아세토니트릴중에서, 사염화탄소와 올레핀에 염화제1구리 또는 제1철을 70~140℃에서 반응시키면, 1 : 1의 부가물이 고수율로서 얻어진다라고 보고되었다. 이 메카니즘은 다음과 같이 진행된다.

$$M\cdot + CCl_4 \rightleftharpoons MCl^{+} + \cdot CCl_3$$

$$\cdot CCl_3 + CH_2{=}CHR \longrightarrow Cl_3CCH_2\dot{C}HR$$

$$CCl_3CH_2\dot{C}HR + MCl^{+} \longrightarrow CCl_3CH_2CHRCl + M^{+} \quad \text{(리간드 이동)}$$

일반적인 라디칼부가에서는, CCl_4로부터의 염소탈취가 그다지 빠르지 않기 때문에, 상당히 텔로머가 생성하는 것과 대조적이다. 주목할 만한 것은, 클로로포름의 부가이다. 라디칼에서는, 수소탈취반응이 일어나기 때문에, CCl_3와 H로 분해하여 부가하지만, 금속염에서는 염소가 탈리되기 때문에, $CHCl_2$와 Cl로 분해하여 부가하게 된다.

10-7-3. 헤테로원자를 함유하는 이중결합에의 부가반응

대체로 전형적인 것은 다음과 같다.

1) 카르보닐기에의 부가반응

탄소라디칼은 고압의 일산화탄소의 존재하에서는, 이것에 부가하여 아실라디칼을 생성한다.

$$R\cdot + CO \longrightarrow R\text{–}\dot{C}\text{=O}$$

공명안정화 라디칼은 퀴논의 카르보닐기에 부가한다.

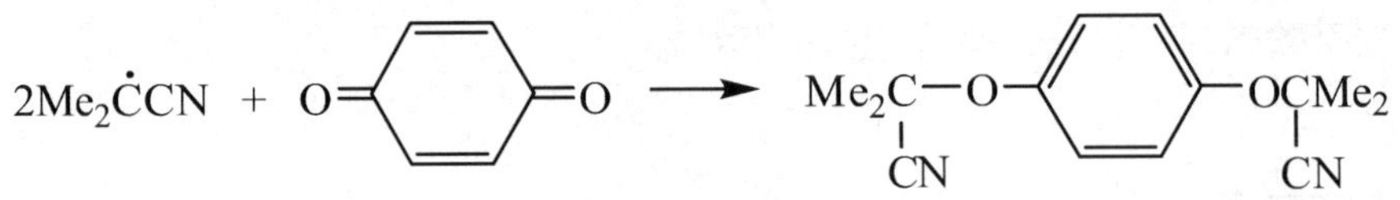

보통의 카르보닐기에의 부가는 어렵지만, 다음과 같은 예가 있다.

$$t\text{-BuO}\cdot + PhCHO \longrightarrow t\text{-BuOH} + Ph\dot{C}\text{=O}$$

$$Ph\dot{C}\text{=O} + PhCHO \longrightarrow Ph\dot{C}HOCOPh$$

$$2Ph\dot{C}HOCOPh \longrightarrow (PhCHOCOPh)_2$$

지방족알데히드에서는, 생성하는 아실라디칼이 분해하여 알킬라디칼로서 부가한다.

$$t\text{-BuO}\cdot + RCHO \longrightarrow t\text{-BuOH} + R\dot{C}\text{=O}$$

$$R\dot{C}O \longrightarrow R\cdot + CO$$

$$R\cdot + RCH\text{=O} \longrightarrow R_2CHO\cdot$$

$$R_2CHO\cdot + RCHO \longrightarrow R_2CHOH + R\dot{C}O$$

위의 예에서 아는 바와 같이, 아실라디칼은 카르보닐기의 산소에, 알킬라디칼은 탄소쪽에 부가한다. 최근, 퍼플루오로케톤의 카르보닐기에의 부가는, 고수율로 일어나는 것이 발견되었으며, 더욱 위에서 설명한 배향성도 확인되었다. 예를 들면,

$$PhCHO + (CF_3)_2CO \xrightarrow{BPO} PhCOOCH(CF_3)_2$$

2) 니트로소기에의 부가반응

예를 들면, 다음과 같은 반응이 있다.

$$ArN{=}O + 2Me_2\dot{C}CN \longrightarrow Ar{-}N(CMe_2CN){-}OCMe_2CN$$

다음의 부가반응에서, 중간에 니트록사이드(12)를 경유하는 것이 확인되었으며, 이것은 먼저 질소원자쪽에 부가하는 것을 알 수 있다.

$$CF_3I \xrightarrow{\text{光}} CF_3\cdot + I\cdot$$

$$CF_3\cdot + CF_3N{=}O \longrightarrow (CF_3)_2N{-}O\cdot \qquad (12)$$

$$(CF_3)_2N{-}O\cdot + CF_3\cdot \longrightarrow (CF_3)_2N{-}OCF_3$$

3) 이산화황에의 부가반응

RH에 염소와 이산화황을 광조사하에서 또는 과산화물의 존재하에서 반응시키면, 염화알칸술포닐을 생성한다(클로로술폰화반응).

$$Cl\cdot + RH \longrightarrow R\cdot + HCl$$

$$R\cdot + SO_2 \rightleftharpoons RSO_2\cdot$$

$$RSO_2\cdot + Cl_2 \longrightarrow RSO_2Cl + Cl\cdot$$

4) 니트로기, 니트론과의 반응

특수한 반응으로서 매우 흥미있다. 방향족니트로화합물은 AIBN으로부터의 라디칼과 다음과 같이 반응한다. 반응율은 100℃에서는 수%에 불과하다. 벤질라디칼도 마찬가지로 반응한다.

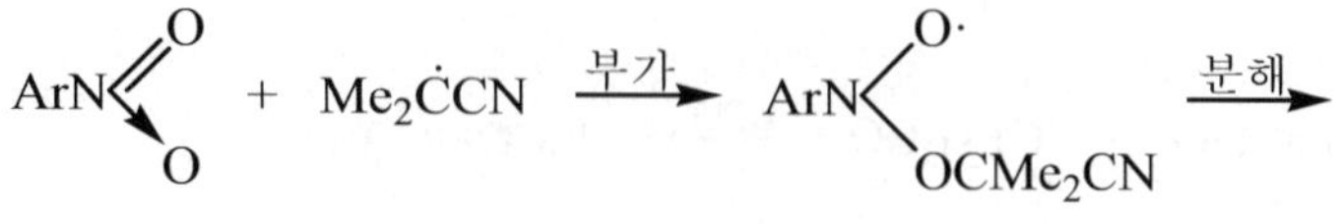

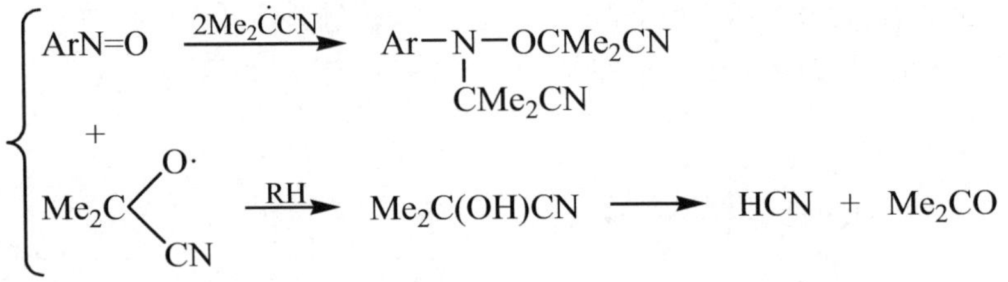

라디칼부가는 일반적으로 1,2- 또는 1,4-부가이지만, 알도니트론의 경우에는, C=N→O 결합에의 1,3-라디칼부가가 일어나며, 먼저 탄소에 부가하는 것을 알 수 있다. 예를 들면, 다음과 같다.

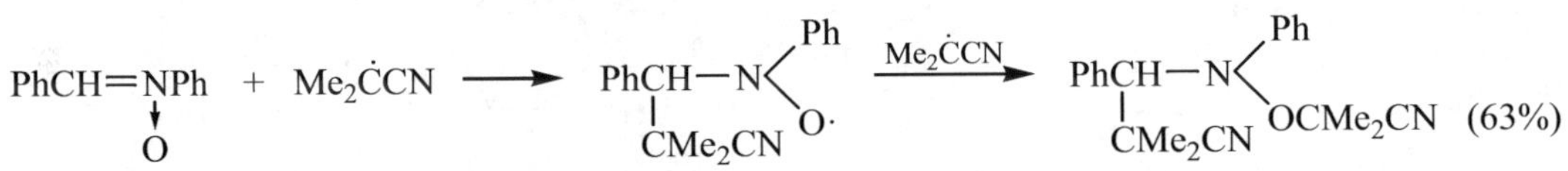

10-7-4. 방향핵에의 부가, 치환반응

벤젠을 광화학적으로 염소화하면, 부가하여 벤젠헥사클로라이드(BHC)을 생성한다. 알킬라디칼은 방향핵에 치환하지만, 이 메카니즘은 뒤에서 설명하는 페닐화의 그것과 마찬가지이다.

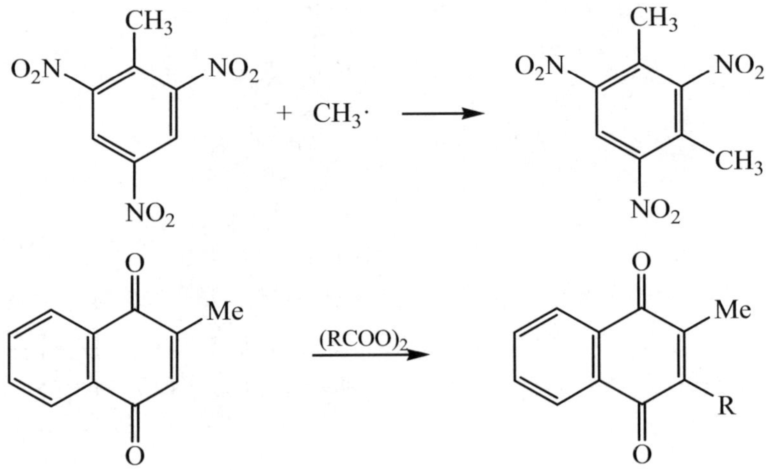

합성적으로 중요한 반응은 페닐화로서 페닐기의 발생제에 의하지 않고, 마찬가지로 반응한다. 이 때, BPO에 의한 벤젠의 페닐화의 메카니즘은 다음과 같다.

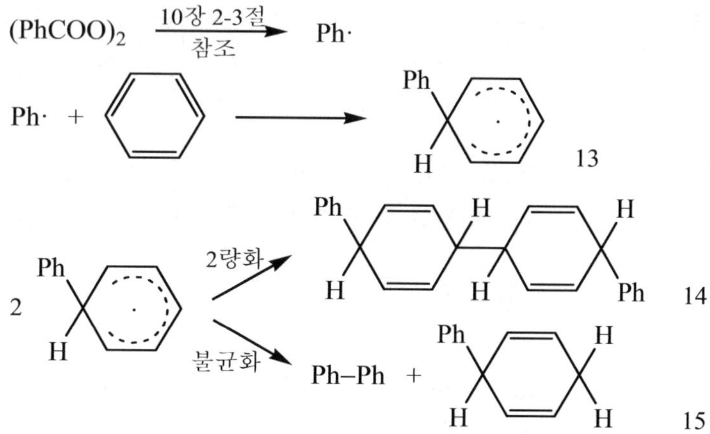

이것은 BPO의 농도가 상당히 낮은 경우이며, 농도가 진해지면 더욱 복잡하게 반응한다. (14), (15)의 생성은 라디칼(13)의 생성, 즉 페닐라디칼은 방향핵에 부가하는 메카니즘으로 치환하는 것을 나타내고 있다. 이것은 친전자적 방향핵치환(제5장 참조)과 마찬가지이다.

디아조늄염과 수산화알칼리에 의한 아릴화는 Gomberg반응으로서 알려져 있다.

$$ArN_2^+Cl^- + NaOH \longrightarrow ArN{=}N{-}OH$$

$$ArN{=}N{-}OH \longrightarrow Ar\cdot + N_2 + (\cdot OH)$$

$$Ar\cdot + Ar'H \longrightarrow Ar{-}Ar' + H\cdot$$

페닐화에 있어서 배향성은, 존재하는 치환기의 전기적 성질에 의하지 않고, 오로토, 메타 및 파라치환체를 생성하지만, 일반적으로는 오르토, 파라치환체가 주생성물이다. 이 경우의 극성효과에 대해서는 흥미있는 결과가 얻어지고 있지만, 여기서는 생략한다.

벤젠은 Fenton시약(2–2항 참조)에 의하여 페놀과 비페닐을 생성한다.

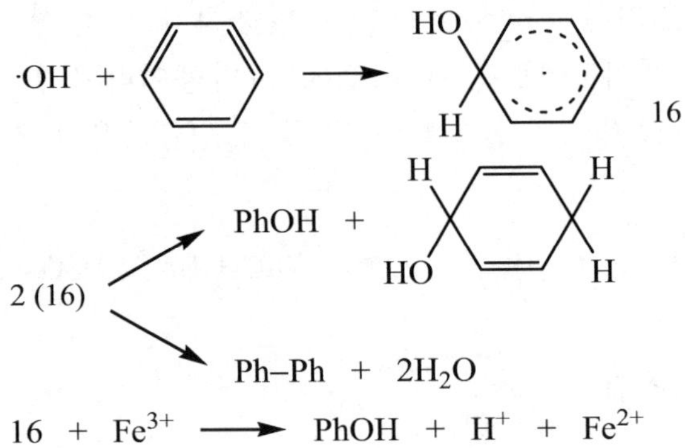

이 때 Fe^{3+}이 많으면, 페놀의 수득율이 증대한다. 이 경우도, ·OH의 부가로서 시작되지만, ESR측정법에 의한 (16)의 확인으로서 증명되고 있다.

10-8. 분해반응

반응의 예는 지금까지 설명한 것으로서 다음과 같다.

$$CH_3\dot{C}{=}O \longrightarrow CH_3\cdot + CO$$

$$CH_3COO\cdot \longrightarrow CH_3\cdot + CO_2$$

$$Me_3CO\cdot \longrightarrow CH_3\cdot + Me_2CO$$

$$CH_3CH_2O\cdot \longrightarrow CH_3\cdot + HCHO$$

$$Me\dot{C}HOEt \longrightarrow MeCHO + Et\cdot$$

$$PhCH_2SO_2\cdot \longrightarrow PhCH_2\cdot + SO_2$$

알데히드는 과산화디t-부틸에 의하여 탈카르보닐화반응을 받는다. 예를 들면 다음과 같다.

$$t\text{-}BuO\cdot + Me_2CHCH_2CHO \longrightarrow t\text{-}BuOH + Me_2CHCH_2\dot{C}O$$

$$Me_2CHCH_2\dot{C}O \longrightarrow Me_2CHCH_2\cdot + CO$$

$$Me_2CHCH_2\cdot + Me_2CHCH_2CHO \longrightarrow Me_2CHCH_3 + Me_2CHCH_2\dot{C}O$$

카르복시산은염에 사염화탄소중에서 브롬을 반응시키면, 이산화탄소를 발생하면서 상당하는 브롬화물을 생성한다. 이것은 Hunsdiecker반응이라고 말한다. 지방족카르복시산에서 쉽게 일어나며, 합성적으로 유용하다. 예를 들면, 다음과 같다.

$$PhCH_2CO_2Ag + Br_2 \longrightarrow PhCH_2Br + CO_2 + AgBr$$

이 반응메카니즘은 다음과 같다.

$$RCO_2Ag + Br_2 \longrightarrow RCO{-}OBr + AgBr$$

$$RCO{-}OBr \longrightarrow RCOO\cdot + Br\cdot$$

$$RCOO\cdot \longrightarrow R\cdot + CO_2$$

$$R\cdot + Br_2 \longrightarrow RBr + Br\cdot$$

3차알콕시라디칼은 일반적으로, $R_1R_2R_3CO\cdot \rightarrow R_1R_2C{=}O + R_3\cdot$와 같이 분해하지만, 라디칼로서의 탈리의 난이는 Ph < Me < 고위알킬의 순서이며, 보다 안정한 라디칼이 탈리한다. 예를 들면 다음과 같다.

$$Me_2CH{-}CMeEtO\cdot \longrightarrow CH_3\cdot + Me_2CHCOEt \quad (<0.5\%)$$

$$Me_2CH{-}CMeEtO\cdot \longrightarrow C_2H_5\cdot + Me_2CHCOMe \quad (3\%)$$

$$Me_2CH{-}CMeEtO\cdot \longrightarrow Me_2CH\cdot + MeCOEt \quad (95\%)$$

다음과 같은 분해반응도 있다.

$$PhCH(OMe)_2 \xrightarrow{t\text{-}BuO\cdot} Ph\dot{C}(OMe)_2 \longrightarrow PhCO_2Me + Me\cdot$$

10-9. 전위반응

일반적으로 전위된 쪽이 안정할 때, 전위반응이 일어난다.

10-9-1. 1,2-이동반응

아릴기의 1,2-이동은 잘 일어난다. 최초로 발견된 것은 다음의 예이다.

$$\mathrm{PhCMe_2CH_2Cl \xrightarrow[CoCl_2]{PhMgBr} PhCMe_2CH_2\cdot}$$

$$\mathrm{PhCMe_2CH_2\cdot \xrightarrow{Ph이동} \cdot CMe_2CH_2Ph}$$

$$\mathrm{PhCMe_2CH_2\cdot \xrightarrow{RH} PhCMe_2CH_3}$$

$$\mathrm{2\cdot CMe_2CH_2Ph \longrightarrow PhCH_2CMe{=}CH_2 + PhCH_2CHMe_2}$$

$$\mathrm{2\cdot CMe_2CH_2Ph \longrightarrow PhCH{=}CMe_2 + PhCH_2CHMe_2}$$

다른 방법으로 이 라디칼을 발생시켜도 마찬가지의 전위반응이 관찰된다. 다음의 전위반응은 100% 일어난다.

$$\mathrm{Ph_3CCH_2\cdot \longrightarrow Ph_2\dot{C}CH_2Ph}$$

$$\mathrm{Ph_3C\dot{C}HMe \longrightarrow Ph_2\dot{C}CHMePh}$$

$$\mathrm{Ph_2CMeCH_2\cdot \longrightarrow Ph\dot{C}MeCH_2Ph}$$

3,3-디페닐-1-부텐에 n-부틸메르캅탄을 부가시켰을 때는 전위반응이 일어나지 않지만, n-부티르알데히드일 때는 7%의 전위생성물이 동반하여 생성한다.

$$A\cdot + CH_2{=}CHCMePh_2 \longrightarrow ACH_2\dot{C}HCMePh_2 \quad \mathbf{17}$$

$$ACH_2\dot{C}HCMePh_2 \xrightarrow{\text{Ph이동}} ACH_2CHPh\dot{C}MePh \xrightarrow{A-H} ACH_2CHPhCHMePh$$

$$ACH_2\dot{C}HCMePh_2 \xrightarrow{A-H} ACH_2CH_2CMePh_2$$

$[A{=}n\text{-}BuS,\ n\text{-}C_3H_7CO]$

중간체 라디칼(17)은, 수소탈취와 페닐기 1,2-이동으로 경쟁반응을 하지만, 메르캅탄 쪽이 수소탈취가 쉽기 때문에 전위하지 않게 된다.

탄소로부터 산소로의 이동반응도 있다.

$$Ph_3COOH + Fe^{2+} \longrightarrow Ph_3CO\cdot + Fe^{3+} + OH^-$$

$$Ph_3CO\cdot \xrightarrow{\text{Ph이동}} Ph_2\dot{C}OPh$$

$$2Ph_2\dot{C}OPh \longrightarrow (Ph_2\overset{|}{C}OPh)_2$$

알킬기의 1,2-이동은 거의 없다.

1,2-비닐이동도 관찰된다. 예를 들면, 다음과 같다.

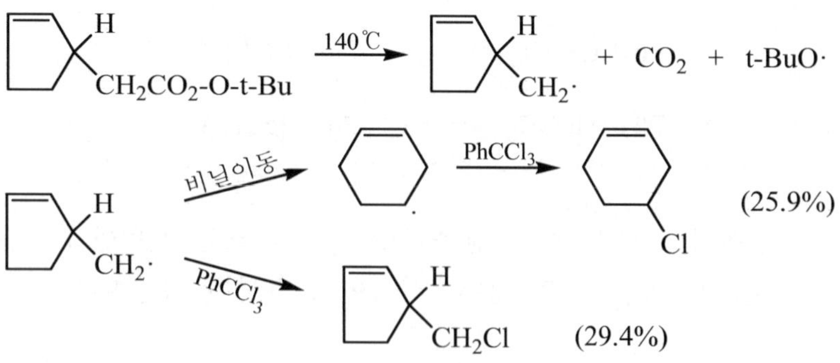

1,2-할로겐이동도 잘 일어난다. 예를 들면, 3,3,3-트리클로로프로펜에 브롬화수소를 BPO의 존재하에서 부가시키면, 다음과 같이 된다.

$$Br\cdot + Cl_3CCH{=}CH_2 \longrightarrow Cl_3C\dot{C}HCH_2Br$$

$$Cl_3C\dot{C}HCH_2Br \xrightarrow{\text{Cl이동}} \dot{C}Cl_2CHClCH_2Br$$

$$\dot{C}Cl_2CHClCH_2Br + HBr \longrightarrow HCCl_2CHClCH_2Br + Br\cdot$$

사염화탄소와 디아조메탄의 광화학반응에서는, 이와 같은 1,2-염소이동이 반복되어 일어나고 있다.

$$CH_2N_2 \xrightarrow{\text{光}} N_2 + :CH_2$$

$$:CH_2 + CCl_4 \longrightarrow \cdot CH_2Cl + Cl_3C\cdot$$

$$CCl_3\cdot \xrightarrow[-N_2]{CH_2N_2} CCl_3CH_2\cdot \xrightarrow{\text{Cl이동}} Cl_2\dot{C}CH_2Cl$$

$$\xrightarrow[-N_2]{CH_2N_2} ClCH_2CCl_2CH_2\cdot \xrightarrow{\text{Cl이동}} Cl\dot{C}(CH_2Cl)_2$$

$$\xrightarrow[-N_2]{CH_2N_2} ClC(CH_2Cl)_2CH_2\cdot \xrightarrow{\text{Cl이동}} \cdot C(CH_2Cl)_3$$

$$\xrightarrow[-N_2]{CH_2N_2} (ClCH_2)_3CCH_2\cdot \xrightarrow{CCl_4} CCl_3\cdot + C(CH_2Cl)_4 \quad (60\%)$$

10-9-2. 1,4- 및 1,5-이동반응

4위치 및 5위치의 수소원자는, 분자내에서 탈취되기 쉽다. 이들은 수소를 함유하는 환상전이상태가 5원환 또는 6원환으로 되기 때문이다. 예를 들면, Hofmann-Löffler반응이 이것의 예이다.

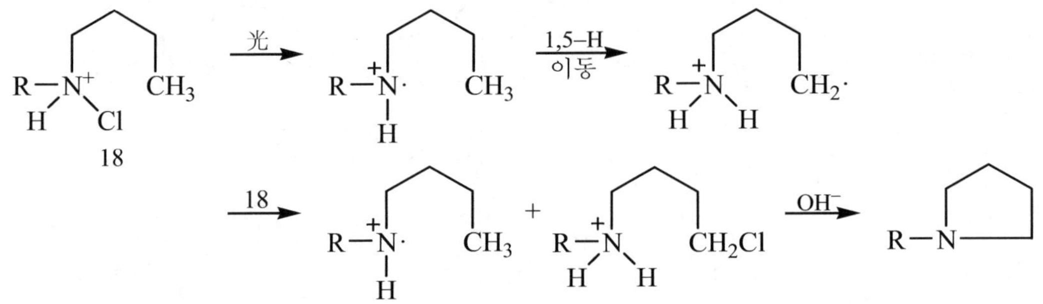

아릴기도 1,4-또는 1,5-이동을 한다. 예를 들면 다음과 같다.

$$PhMe_2C(CH_2)_2CH_2\cdot \xrightarrow{\text{1, 4-Ph 이동}} \cdot CMe_2(CH_2)_3Ph$$

$$Ar_3CCH_2COO\cdot \xrightarrow{\text{1, 4-Ph 이동}} Ar_2\dot{C}CH_2COOAr$$

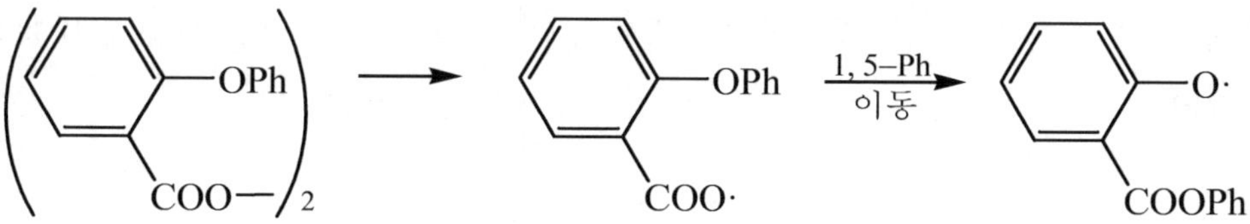

이들은 5원환 또는 6원환의 환상전이상태를 경유하여 일어난다. 최후의 경우에서, 이것을 나타내면 (19)와 같이 된다.

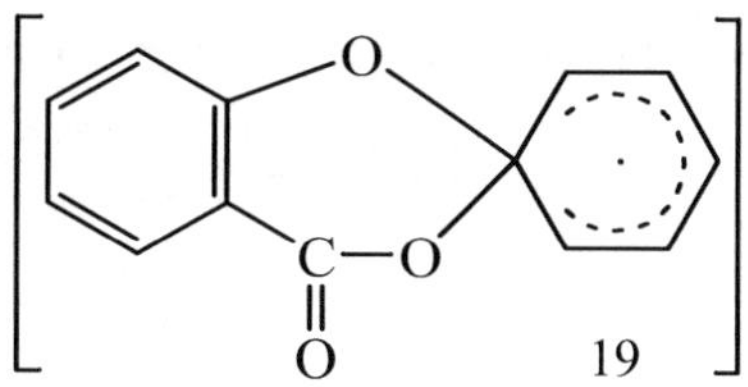

19

10-9-3. 분자내 부가반응

분자내에 불포화결합이 존재할 때는, 분자내 부가에 의한 전위반응이 일어난다. 예를 들면 다음과 같다.

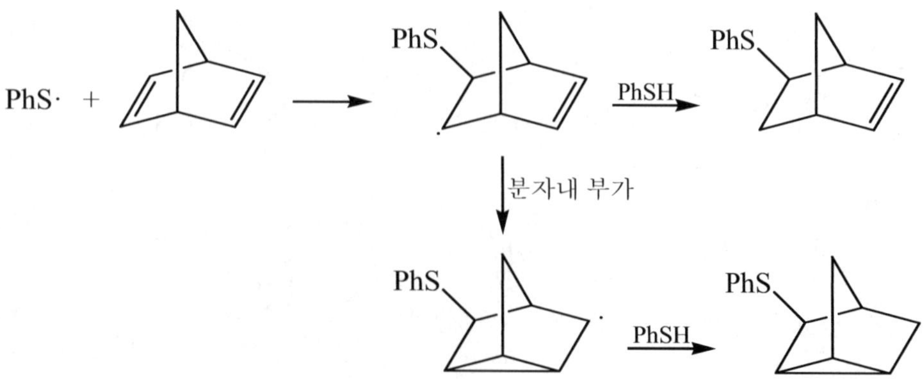

10-9-4. 환상라디칼의 분해반응

예를 들면, 다음과 같다.

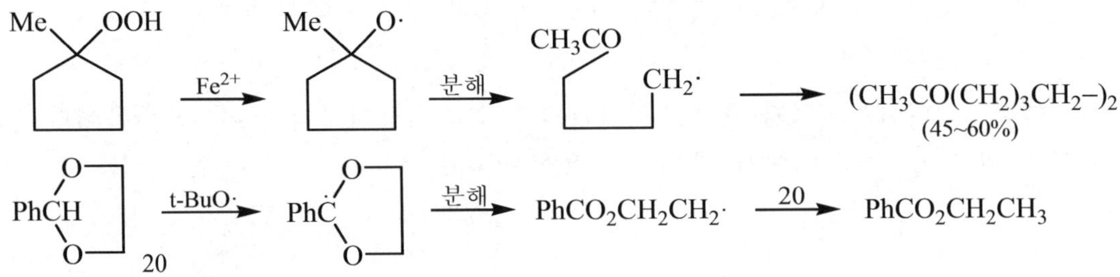

3원환은 개열하는 경우가 많다. 예를 들면 다음과 같다.

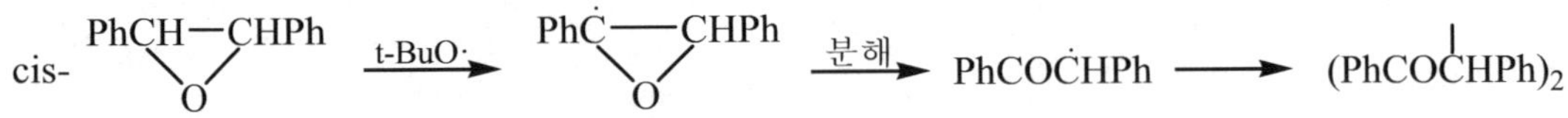

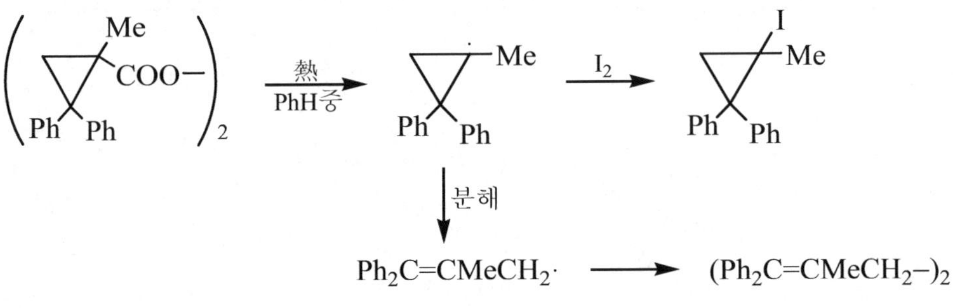

요오드의 존재 하에서는, 이것과의 반응이 빠르기 때문에 전위하지 않는다.

10-10. 전자수수반응

지금까지 많은 예로서 설명했지만, 다른 중요한 것의 하나로서는 Sandmeyer반응이다. 디아조늄염과 제1구리염과의 반응으로서 Meerwein반응(7절 참조)과 유사한 반응이다.

$$PhN_2^+ + CuCl_2^- \longrightarrow PhN{=}N\cdot + CuCl_2$$

$$PhN{=}N\cdot \longrightarrow Ph\cdot + N_2$$

$$Ph\cdot + CuCl_2 \longrightarrow PhCl + CuCl \quad \text{(리간드 이동)}$$

다른 하나는, 디아조늄염과 하이포인산과의 구리촉매하에서의 탈아미노반응이다. Ar·의 생성은 위와 같으며, 이어서 다음의 반응이 일어난다.

$$Ar\cdot + H_3PO_2 \longrightarrow ArH + H_2\dot{P}O_2$$

$$H_2\dot{P}O_2 + Cu^{2+} \longrightarrow H_2\overset{+}{P}O_2 + Cu^+$$

$$H_2\overset{+}{P}O_2 + H_2O \longrightarrow H_3PO_3 + H^+$$

연 습 문 제

01 다음의 반응생성물은 무엇일까?

1) $CH_2{=}CH(CH_2)_8CO_2H + HBr \xrightarrow{O_2}$

2) $CH_3CH{=}C(CH_3)_2 + HBr \xrightarrow{O_2}$

3) $C_6H_5CH{=}CH_2 + C_6H_5SH \xrightarrow{h\nu}$

4) $CH_3OCO(CH_2)_8COONa \xrightarrow{\text{전해}}$

5) $C_6H_5CH{=}CHCH_3 + CH_2(CO_2Et)_2 \xrightarrow{t\text{-}Bu_2O_2}$

6) $C_6H_{13}CH{=}CH_2 + CHCl_3 \xrightarrow{(CH_3COO)_2}$

7)
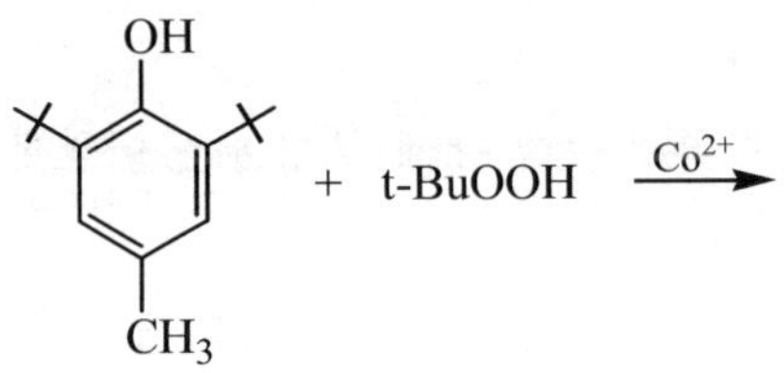

8) $ClCH_2CO_2H + (CH_3COO)_2 \longrightarrow$

9) $CH_3CH{=}CHCl + HBr \xrightarrow{BPO}$

10) $CH_3SH + CFCl{=}CF_2 \xrightarrow{\text{光}}$

11) $Me{-}C(OAc){=}CH_2 + HP(=O)(OEt)_2 \xrightarrow{BPO}$

12) $PhCHO + t\text{-}BuOCl \xrightarrow[CCl_4\ \text{중}]{BPO}$

13)
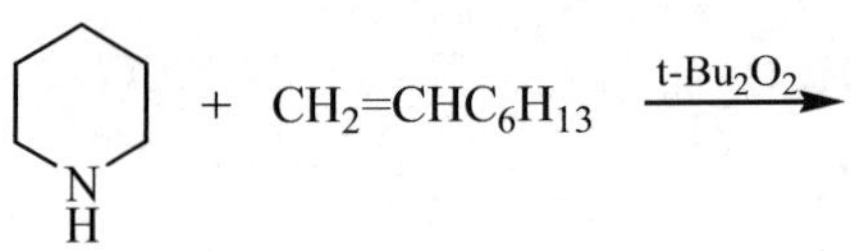

14)

15) 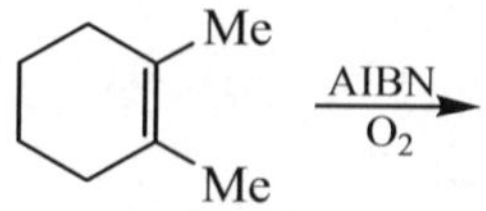

16) 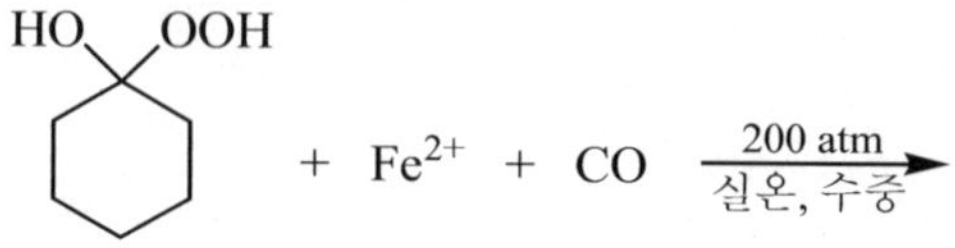

17) $PhSO_2Cl + CH_2{=}CHPh \xrightarrow{Cu_2Cl_2}$

18) $n\text{-}C_4H_9CMe_2OCl \xrightarrow[CCl_4\ 중]{光}$

19) 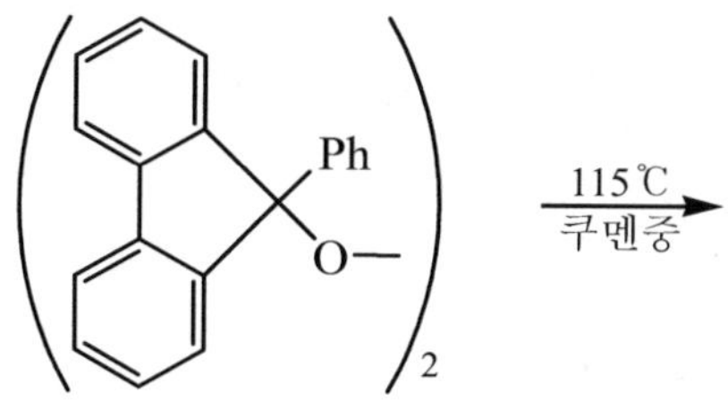

20) 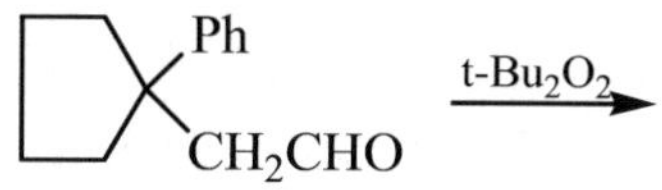

[순수한 알데히드중에서와, 클로로벤젠으로 희석했을 때에 생성물은 어떻게 다를까?]

02 다음의 반응메카니즘을 추정하여라.

1) $Me_2C(CN){-}N{=}N{-}CMe_2(CN) \xrightarrow[PhH\ 중]{80℃,\ 110분} Me_2C{=}C{=}N{-}CMe_2CN$

2) $CHCl{=}CCl_2 + O_2 \xrightarrow[光]{Cl_2\ (소량)} CHCl_2COCl$

3) $CH_2{=}CHCHBrCH_3 \xrightarrow[-12℃]{HBr,\ BPO} BrCH_2CH{=}CHCH_3$

4) $BrCCl_3 + N_2CHCO_2Me \xrightarrow{光} C_2Cl_6,\ BrCCl_2CHClCO_2Me,\ CCl_2{=}CClCO_2Me$

5) 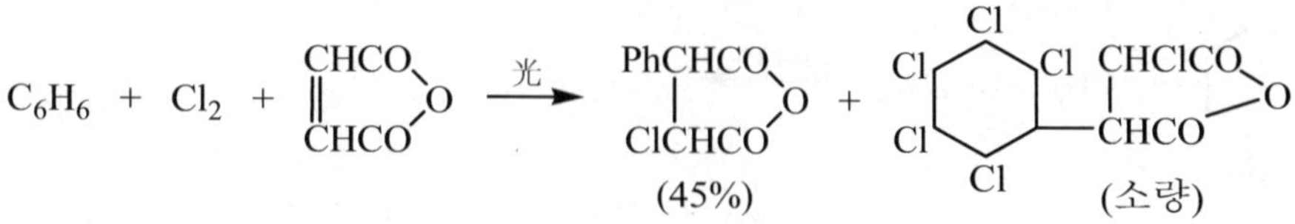

6)* 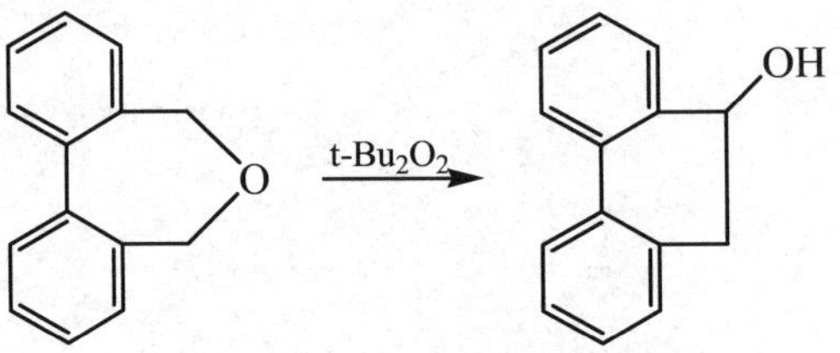

7)* 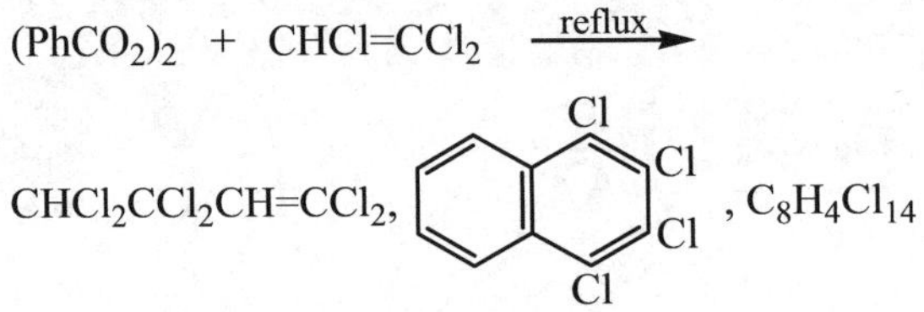

8)* 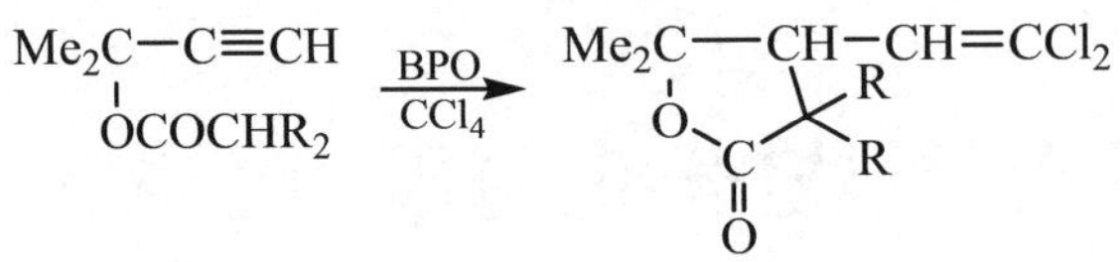

03 다음의 사실을 설명하여라.

1) 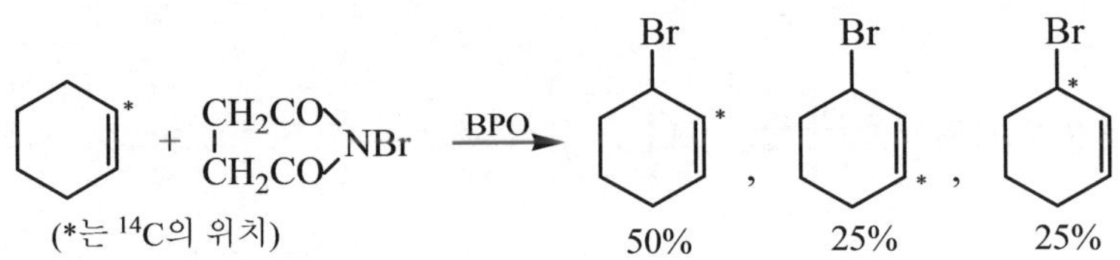

(*는 ^{14}C의 위치)

2) BPO를 개시제로서 $Me_2C{=}CHX$에 n-부티르알데히드를 부가했을때, X=CN에서는 $Me_2C(COPr)CH_2CN$만을, $X{=}CO_2Et$에서는, $Me_2C(COPr)CH_2CO_2Et$ 및 $Me_2CHCH(COPr)CO_2Et$를 3 : 1의 비율로서 생성한다.

3) 아조디페닐메탄을, 디페닐메탄-^{14}C중에서 분해시켰을 때, 생성하는 테트라페닐에탄중에는 거의 ^{14}C를 함유하지 않지만, 페닐메르캅탄의 존재하에서는, 테트라페닐에탄 중에 상당히 ^{14}C가 함유된다.

4) 방향족알데히드는 지방족알데히드 보다도 자동산화되기 쉽다.

5) 염화벤젠디아조늄을 에탄올 중에서 분해하면 벤젠을 생성하지만, 메탄올 중에서는 아니솔을 생성한다.

04 다음의 합성경로를 고찰하여라.

1) $C_6H_5CH_3$ → m-브로모톨루엔

2) C_6H_5Cl → 3,5-디니트로클로로벤젠

3) $C_6H_5CH_3$ → 2,6-디브로모톨루엔

환상부가와 관련반응 11

11-1. 환상부가반응의 정의

환상부가반응의 용어의 의미를 엄밀히 정의해도, 실제로는 판단이 곤란한 예도 많지만, 일반적으로 아래와 같은 특징이 있다.

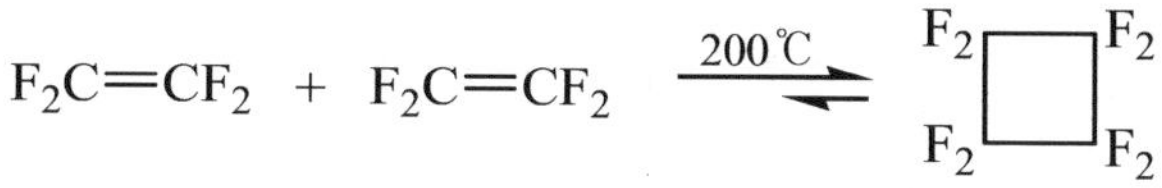

(1)

(1)식의 반응은 환상부가반응이다. 생성물에는 반응성분의 모두가 함유되어 있으며, 소분자(예를 들면 물, 할로겐화수소 등)의 탈리가 일어나지 않고 있다. 더욱 이 반응에 의하여 σ결합의 수가 2개 증가하고 있다. 일반적으로 환상부가반응에 의하여 2개의 새로운 σ결합이 생성하지만, 1개 혹은 3개의 경우도 있으며, 다음과 같다.

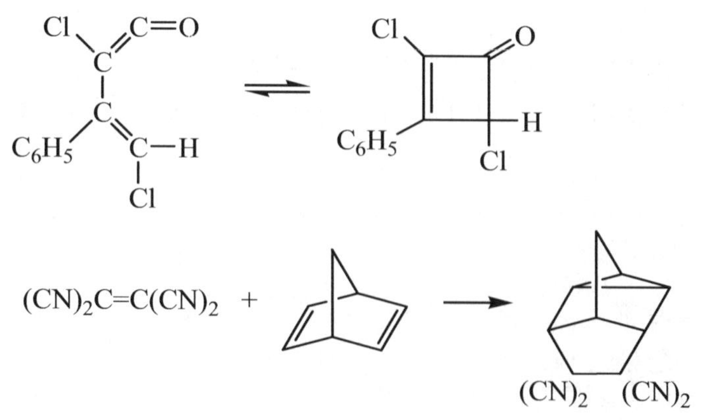

(2)

(2)식과 같이 필요한 관능기가 1분자 내에 함유되어 있으면, 분자내 환상부가반응도 가능하다. 이들의 예와 같이 출발물질 중에 함유되어 있는 σ 결합은 그대로 생성물에 함유되어 있다. 더욱 환상부가반응의 생성물은, 유한의 수명을 갖지 않으면 안 되고, 전이상태에서만 환상구조로 생각되는 반응은 포함되지 않는다.

11-2. 3원환 생성

2가의 탄소(카르벤) 및 1가의 질소(나이트렌)의 이중결합에의 부가반응에 의하여 3원환이 생성하지만, 이것에 대해서는 제7장(σ 탈리의 항 참조)에서 설명했다. 여기서는 옥시란의 생성에 대해서 설명한다. 아산화질소를 수은광증감분해하면 3중항상태의 산소원자가 생성하며, 산소원자는 올레핀과 반응하여 옥시란 및 카르보닐화합물을 생성한다. 산소원자는 치환기가 적은 쪽의 탄소원자에 우선적으로 부가(라디칼의 안정성)하며, 생성한 비라디칼은 옥시란 혹은 카르보닐화합물로 되어 안정화 한다.

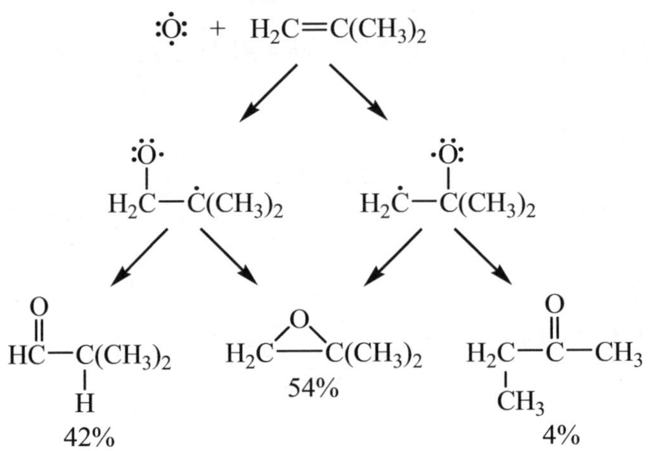

산소원자는 친전자적으로 반응하며, 입체특이성은 없다. 예를 들면, cis-2-butene으로부터 cis 및 trans-2-butene oxide가 생성한다.

11-3. 4원환 생성

11-3-1. 플루오로올레핀

올레핀 2분자로부터 시클로부탄이 생성한다고 가정하면, 이 반응의 생성열(△H)은 단순히 생각 하면 −40kcal/mol(2×146−4×83=−40)이다. 4원환의 결합의 비틀림, 치환기간의 입체적 반발은 5, 6원환에 비하면 크다. 이와 같은 점은 불리하지만, −40kcal라고 하는 커다란 생성열은 이것을 타개하는데 충분하리라고 생각된다. 실제로는 에틸렌 자신의 이량화(△H=−16kcal/mol로 계산되어 있다)는 일어나지 않지만, 테트라플루오로에틸렌은 실온에서 어느정도 안정상태로서, (1)식에 나타낸 것과 같이 200℃에서 쉽게 이량화하며, 500℃이상에서는 반대로 해리한다. (1)식의 정반응과 역반응의 활성화 에너지는 각각 25.4, 74.1kcal/mol이며, 따라서 생성열은 −48.7kcal/mol이다. 플루오로올레핀은 2−2부가하여 4원환을 생성하지만(2+2→4), 이 때의 배향성은 "head-to-head"이며, 그의 예는 다음과 같다.

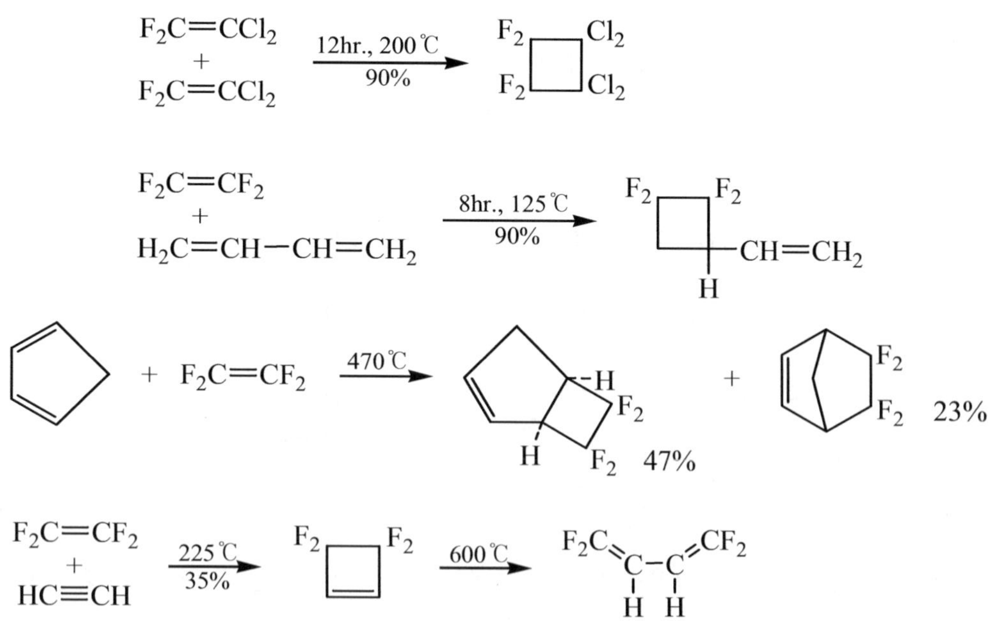

1,1-dichloro-2,2-difluoroethylene(1)과 부타디엔은 단일생성물(4)만을 생성한다. 메틸치환 부타디엔과 (1)의 반응에 있어서의 partial rate factor로부터 비라디칼메카니즘이 제안되어 있다.

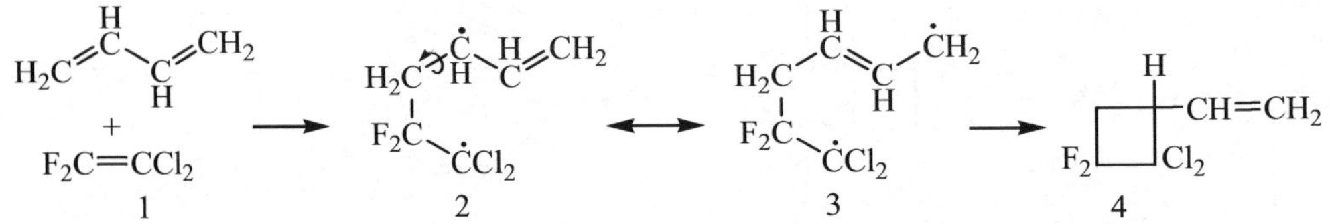
(3)

Partial rate factor의 값은 아래에 표시한다.

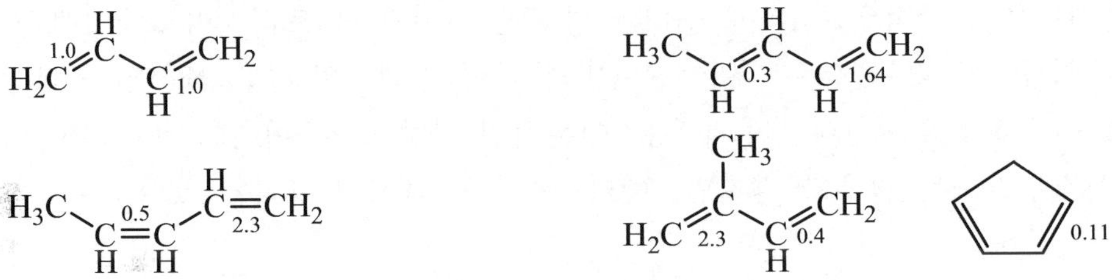

테트라플루오로에틸렌은 프로필렌보다도 부타디엔에 빠르게 부가하지만, 이것은 중간에 생성하는 알릴라디칼의 공명기여가 크기 때문이라고 생각된다. (3)식에 있어서는 (2)쪽이 (3)보다 라디칼로서 안정하다라고 생각되며(라디칼의 안정성은 3차>2차>1차, 제10장 참조), 생성물 (4)를 설명할 수 있다. cis 및 trans-1-methylbutadiene에서는 메틸화되어 있지 않은 이중결합에의 부가가 일어나기 쉬우며, 2-메틸체에서는 반대라고 하는 것은, 중간의 알릴라디칼의 α-혹은 γ-메틸기에 의한 안정화를 생각하면 이해할 수 있다. 더욱 생성물(4)에 입체특이성이 없는 것은, (2)로 자유회전하는 만큼의 수명이 있는 것을 나타내고 있다. 일반적으로 폴리클로로올레핀은 환상부가반응을 하지 않는다.

11-3-2. 공액 알켄

부타디엔을 중합방지제의 존재하에서 150~200℃로 가열하면 주로 Diels-Alder 반응에 유래하는 4-비닐시클로헥센을 생성하지만, 아래와 같은 식의 비라디칼메카니즘을 경유하는 2-2부가에 유래하는 부생성물을 생성한다.

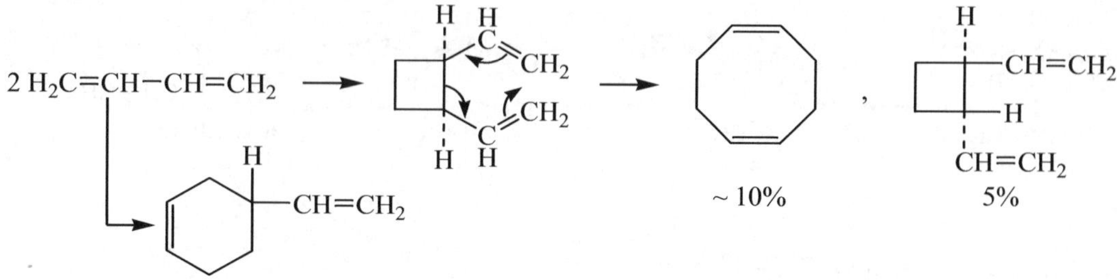

공액올레핀은 일반적으로 Diels-Alder 반응을 하지만, 테트라시아노에틸렌과 같이 강한 전자흡인성기를 갖는 경우, 혹은 엔아민과 같이 친핵성이 강한 올레핀과 적당히 조합시키면 2-2부가가 일어난다. 이 경우는 이온적인 다중심반응이라고 생각되며, 입체특이적으로 시스부가하는 경우가 많지만, 메카니즘은 그다지 분명하지 않다.

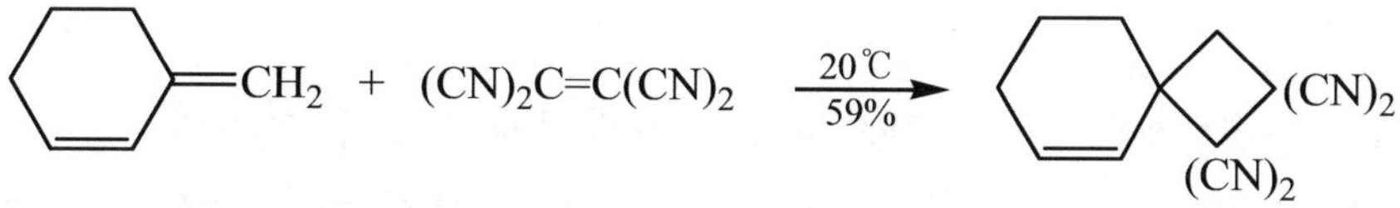

엑소에틸렌은 반응성이 크다.

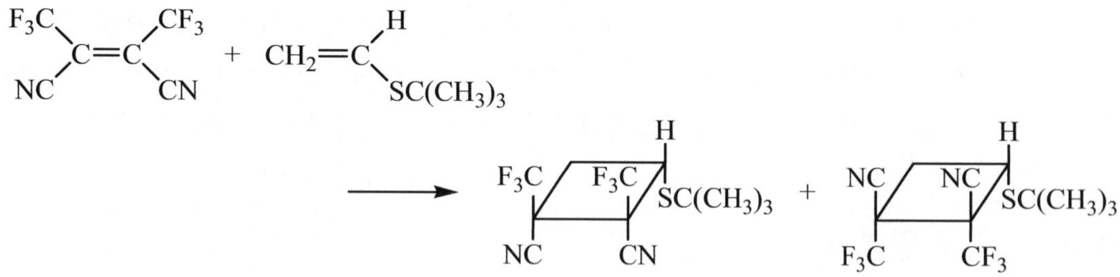

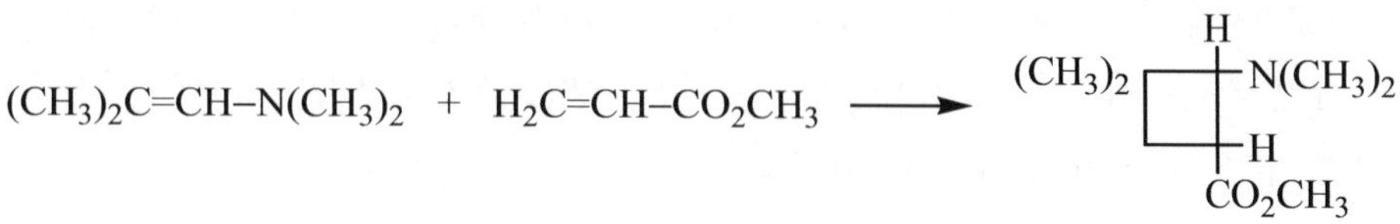

용매는 아세토니트릴, 니트로메탄 혹은 메탄올 등의 극성용매가 사용된다.

11-3-3. 비틀림이 있는 다중결합과 시클로부타디엔

비틀림을 갖는 분자의 분자내 환상부가의 예가 있다.

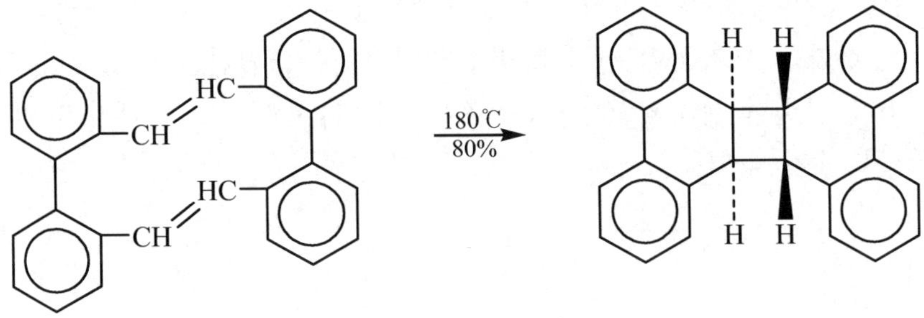

시클로부타디엔은 방향족성이 없고, 불안정하며 아직 단리되어 있지 않지만, 금속염과의 착화합물로서는 취출되어 있으며, 또한 반응 중간체로서 존재하고 있다라고 생각되는 예가 있다.

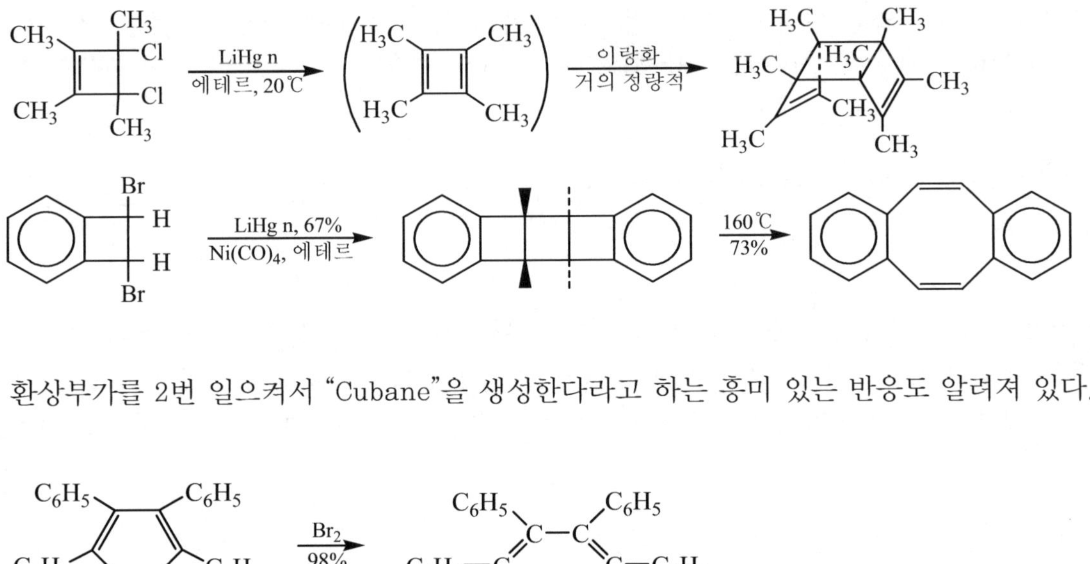

환상부가를 2번 일으켜서 “Cubane”을 생성한다라고 하는 흥미 있는 반응도 알려져 있다.

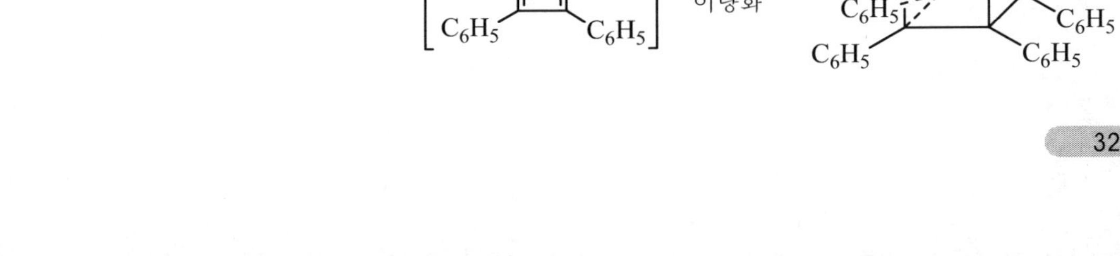

11-4. 5원환 생성(1,3-쌍극자부가)

5원환을 생성하는 반응은 다수이기 때문에, 여기서는 (4)식과 같이 a가 양전하를 띤 6전자구조를 가지며, c가 음전하를 띠고 고립전자쌍을 갖는 것과 같은 1,3-쌍극자(a-b-c)가 탄소-탄소 이중결합에 부가하여 헤테로원자를 함유하는 5원환을 생성 하는 반응에 대해서 설명한다. b가 질소나 산소와 같이 고립전자쌍을 가지면 1,3-쌍극자가 안정화되기 때문에 실제적으로 예가 많다.

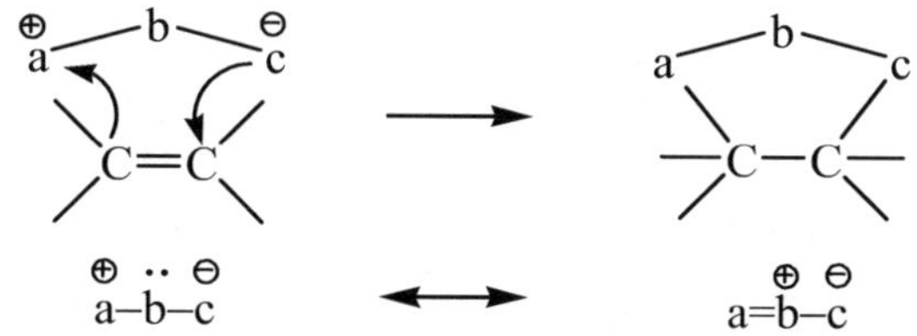

(4)

디아조메탄(5)은 1,3-쌍극자이지만, 기저상태에서는 모두 8전자계구조를 갖는 (5a)와 (5b)의 기여가 크다. 따라서 친전자적이며 더욱 친핵적 성질을 나타내는 것은 6전자구조를 함유(5c~5e)하고 있다라고 생각된다.

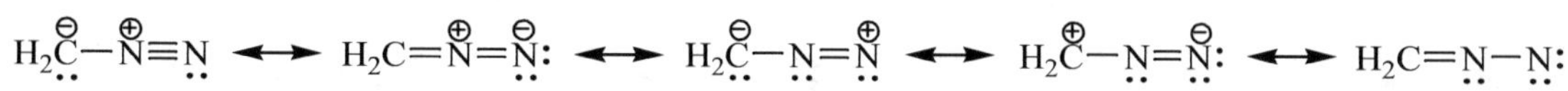

5a 5b 5c 5d 5e

또한 1,3-쌍극자의 명칭으로부터 이들은 커다란 쌍극자모멘트를 갖는다라고 생각하는 것은 잘못이며, (5a)와 (5b)의 기여가 거의 같으면 전하분포의 방향이 반대이기 때문에, 쌍극자모멘트는 작아진다. 실제로 디페닐디아조메탄의 쌍극자모멘트는 작으며 1.42D이다.

11-4-1. 디아조알칸

α,β-불포화에스테르에의 디아조알칸의 부가는 오래전부터 알려져 있지만(Buchner, 1888), 그 실제적인 예를 나타내면 다음과 같다.

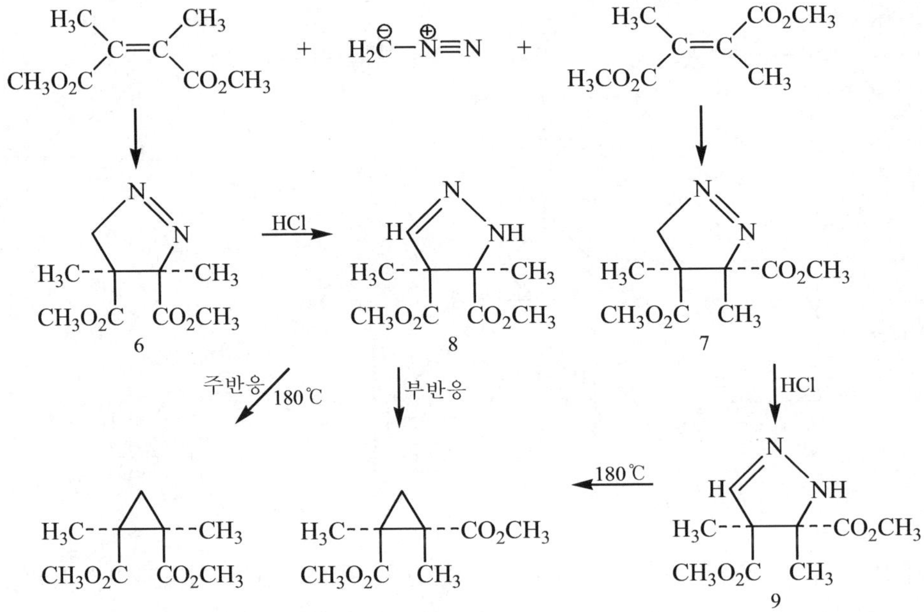

디메틸말레산디메틸과 디메틸푸마르산디메틸은 디아조메탄과 반응시키면 Δ^1-피라졸린 구조를 갖는 (6) 및 (7)을 단리할 수 있다. 이들은 염산 존재하에서 안정한 Δ^2-피라졸린(8) 및 (9)로 이성화한다. 이들은 입체특이적 시스부가에 의하여 생성한 디아스테레오머의 혼합물이지만, 그의 입체구조는 열분해에 의하여 대응하는 시클로프로판 유도체를 얻는 것에 의하여 더욱 확인되었다. 유사한 예를 아래에 나타내지만, 입체배치에 주의할 것

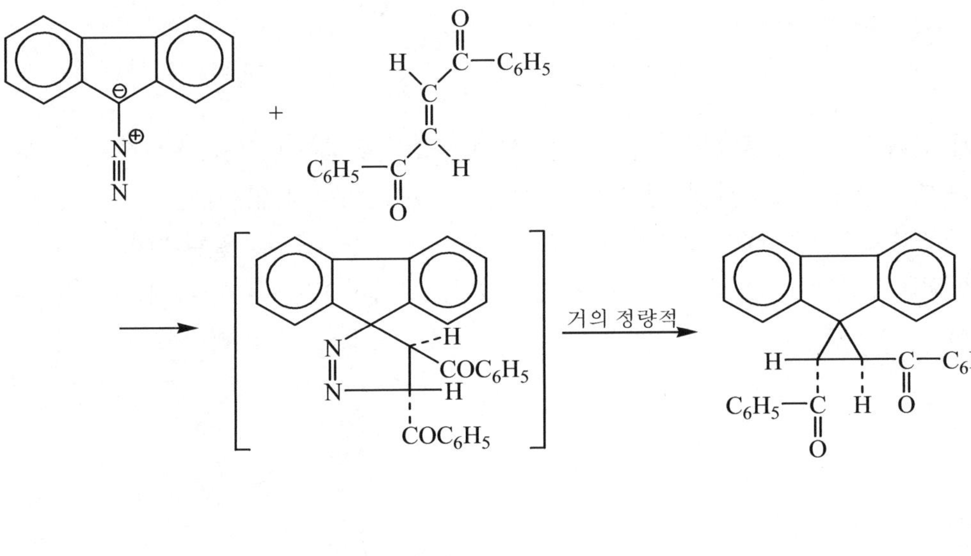

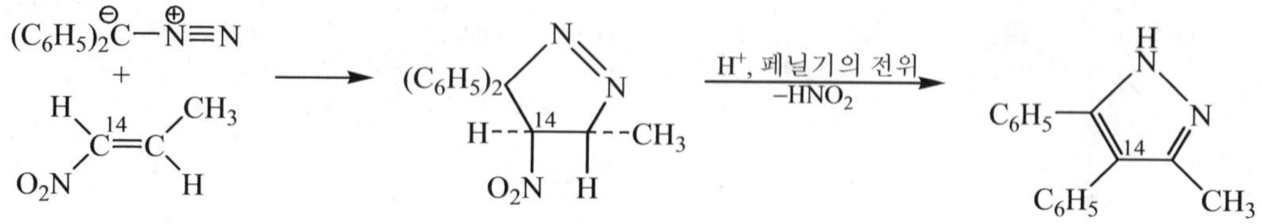

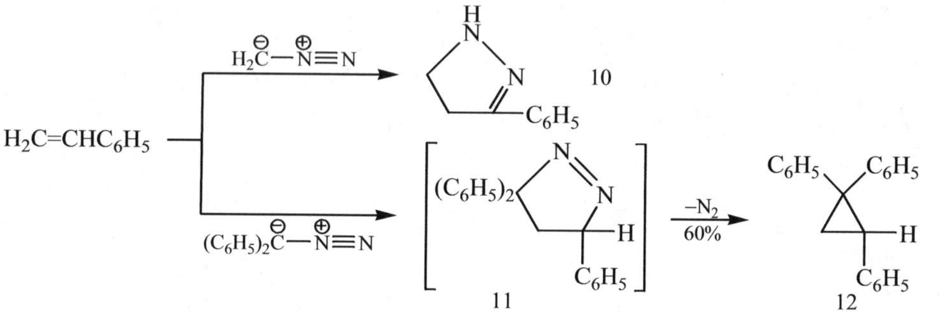

(5)

(5)식에 있어서 3-phenyl-Δ^2-pyrazoline(10)은 안정하게 얻어지지만, (11)은 얻어지지 않으며, 대응하는 시클로프로판 유도체(12)가 생성한다. 이 때 질소의 발생속도가 디페닐디아조메탄의 자기분해속도 보다도 빠르기 때문에, (11)이 중간에 생성하고, 이것이 분해한다라고 생각된다.

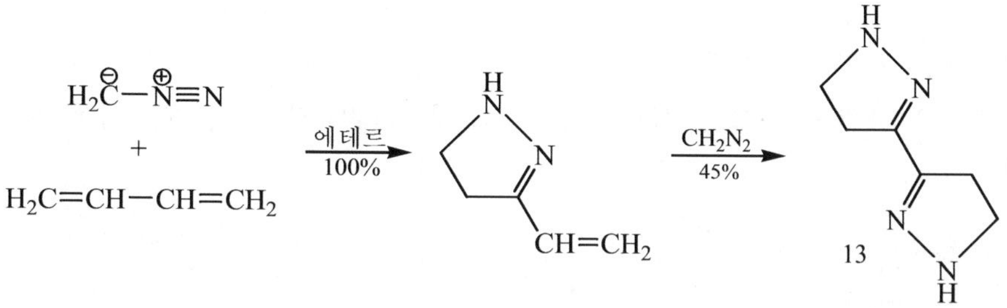

(6)

(6)식에 있어서는 3-2부가에 의한 5원환 생성을 2번 행하여 (13)을 생성하지만, 부타디엔의 1,4-부가, 즉 3-4부가에 의한 7원환의 형성은 일어나지 않는다.

α,β-불포화에스테르 및 니트릴과 디아조알칸의 반응은, 종래, 알킬디아조늄(14)을 중간에 예상되는 2단계반응이라고 생각하고 있었다. 그러나 (7)식의 메카니즘은 다음과 같은 점에서 모순한다.

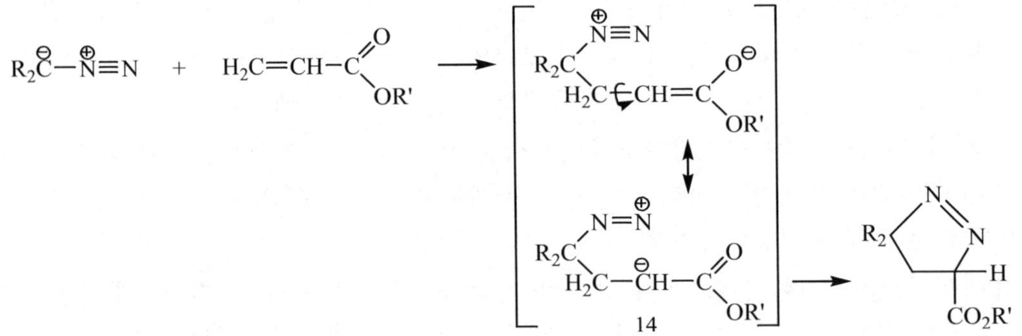

(7)

(1) 알킬디아조늄은 일반적으로 빠르게 발열반응으로 질소를 발생하지만, 이 반응에 있어서는 일반적으로 질소를 발생하지 않고, Δ^1-피라졸린이 얻어진다. 또한 질소를 발생하는 경우에도 불안정한 Δ^1-피라졸린의 분해에 유래한다라고 설명되고 있다.

(2) 이미 설명한 많은 예와 같은 입체특이적 시스부가는, (14)로부터는 기대되지 않는다. 이 반응의 메카니즘은 다중심협주적 부가(multi-center concerted addition, c경로)인 것을 지지하는 아래와 같은 사실이 있다.

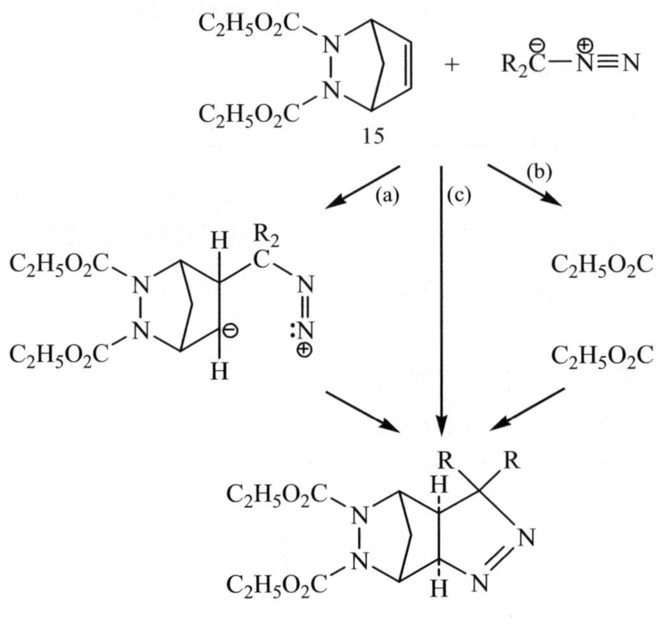

(8)

(i) (8)식에 있어서 생각되는 3가지 경로중, a경로는 디아조알칸에 의한 이중결합에의 친핵적 부가가 율속단계 이지만, 이것은 올레핀의 반응에 있어서 이외에는 유래가 없다. b경로는 디아조기의 질소에 의한 이중결합에의 친전자적 공격에 의하여 개시되기 때문에, 전자흡인성기를 함유하는 디아조알칸에서는 반응속도가 증가하면 예상되지만, 표 11-1에 나타낸 것과 같이 반응속도의 경향은 반대이고, 반응속도의 감소는 디아조화합물의 안정성의 경향과 일치하며, 경로c의 예상과 일치한다.

(ii) 용매의 극성을 변화시켜도 반응속도가 거의 변하지 않는 것은, 전이상태에 있어서 전하의 분리가 거의 없는 것을 나타낸다. 이것으로부터 a 및 b가 아니다.

‖표 11-1‖ (8)식의 N,N-디메틸포름아미드중에 있어서 반응속도(60℃)

디아조알칸	$k_2 \times 10^6$ (l/mole · sec)
디아조메탄	97,000
디아조디페닐메탄	1,000
디아조플루오렌	293
디아조아세트산에틸	93
디아조아세토페논	18
디아조p-니트로아세토페논	8.5
디아조벤조일아세톤	<1

(iii) 다중심반응에서는 활성화엔트로피가 음으로서 큰 값을 나타내며, 활성화엔탈피는 작다고 예상되지만, 표 11-2의 실측치는 그의 예상에 일치하고 있다.

‖표 11-2‖ 디아조디페닐메탄과 올레핀의 부가반응에 있어서 속도인자 (N,N-디메틸포름아미드중)

올레핀	$\Delta H^{\ddagger}$ (kcal/mole)	$\Delta S^{\ddagger}$ (e.u.)
아크릴산에틸	8.0	−43
푸마르산디메틸	8.4	−39
2,3-디아자비시클로[2,2,1]-5-헵텐-2,3-디카르복시산디에틸(15)	12.7	−34

일반적으로 디아조알칸에 대한 올레핀의 반응성은 공액한 카르보닐이나 니트릴기에 의하여 상당히 증대한다. 일반적으로 trans-올레핀 쪽이 cis-올레핀 보다도 반응성이 크다. 올레핀에 메틸기를 치환하면 속도가 감소한다. 예를 들면 아크릴산에틸, 메타크릴산에틸, 크로톤산에틸에 디아조디페닐메탄이 부가할 때의 속도비는 280 : 20 : 1 이다. 수많은 1,3-쌍극자에 대해서 상기의 디아조알칸과 같은 메카니즘의 검토가 행해진 결과, 위와 마찬가지로 다중심협주적 부가인 것이 명확히 밝혀졌다. 아래에 1,3-쌍극자의 소개를 겸하여 전형적인 예에 대해서 설명하기로 한다.

11-4-2. 니트릴일리드

염화N-(p-니트로벤질)벤즈이미도일(16)에 벤젠용매 중 트리에틸아민을 반응시키면, 1-페닐-3-(p-니트로페닐)니트릴일리드(17)를 생성하며 (17)은 아크릴로니트릴과 부가물을 생성한다.

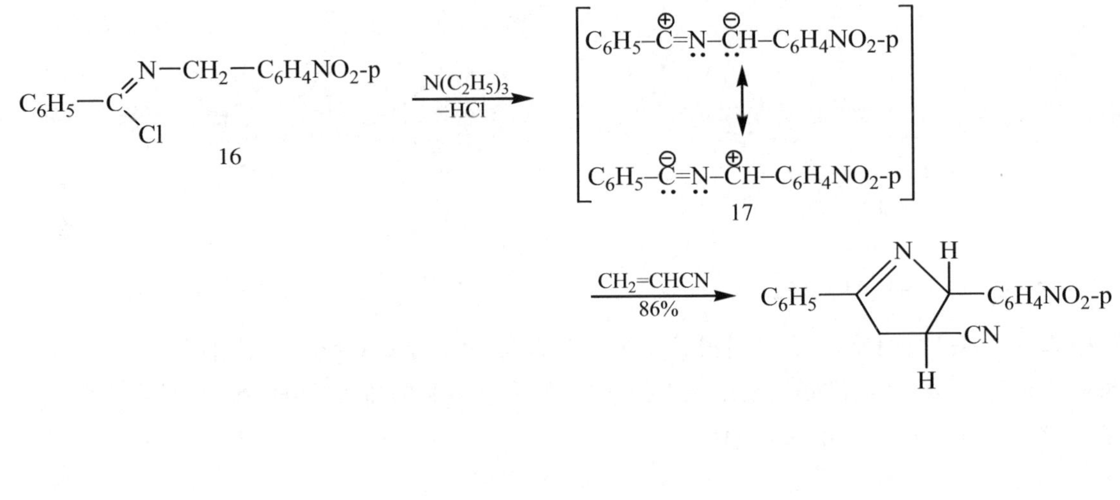

11-4-3. 니트릴이민

니트릴이민(18)은 2가지의 방법으로 제조되며, 어떤 방법에 의해서도 같은 생성물을 생성한다. 이와 같은 예로부터도 입체특이적 시스부가인 것이 밝혀졌다.

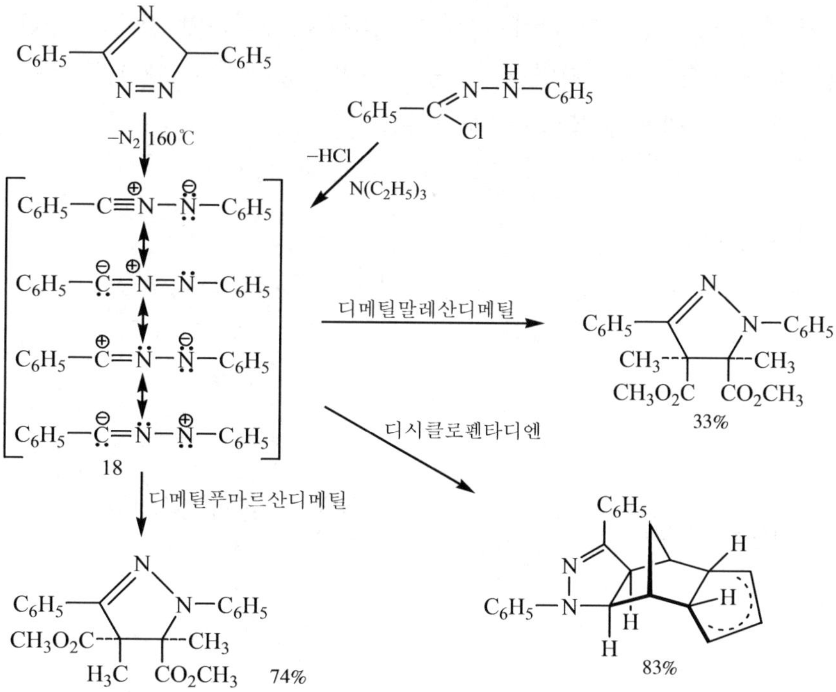

11-4-4. 니트릴옥사이드

벤조니트릴옥사이드는 단리되지만, 쉽게 이량화하여 froxane을 생성하기 때문에, 염화하이드록삼산 혹은 nitrolic acid(19)와 올래핀의 혼합용액에 3차아민을 서서히 적하하면 좋은 수득율로 부가물이 얻어진다.

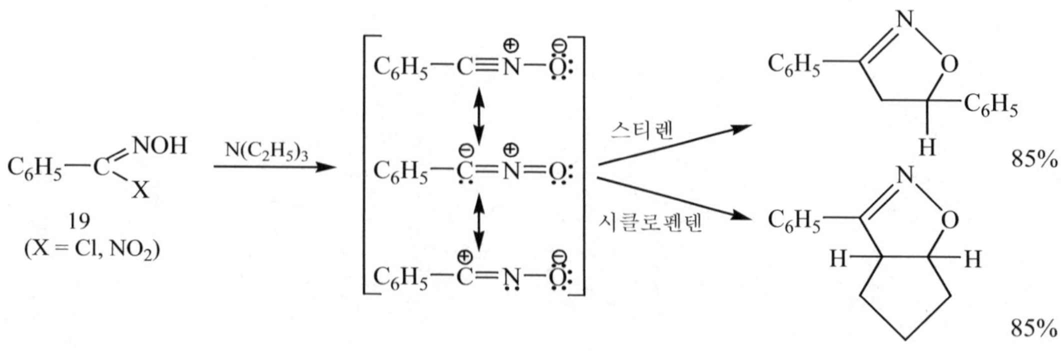

11-4-5. 아지드

아지드의 3개의 질소는 원계에서 직선구조이기 때문에, 올레핀에 부가할 때는 구부러진 구조를 취하지 않으면 안된다. 이것은 이미 설명한 1,3-쌍극자에 있어서도 같은 것이다. 비시클로[2,2,1]-헵텐계에 대한 아지드의 부가는 모두 엑소부가이다. 이것은, apoborny-lene(20)이 7위치의 메틸기의 입체장애에 의하여 반응하지 않는 것으로부터도 지지된다.

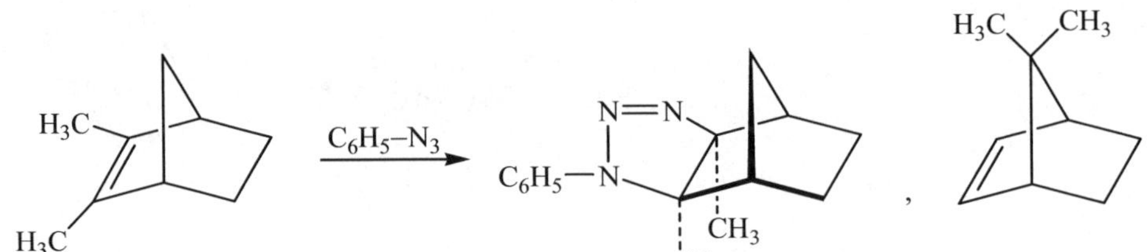

20

비시클로헵텐 유도체와 아지드의 부가물은 일반적으로 열에 안정하지만, 산촉매분해를 받기 쉽다. 마찬가지로, N-아실 및 N-술포닐아지드 유도체는 열에 불안정 하며, 아지리딘(21) 및 시프염기(22) 유도체를 생성한다. 예를 들면

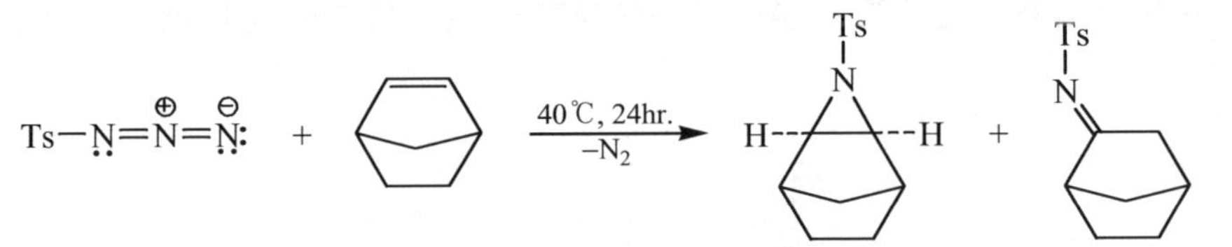

21 84% 22 9%
Ts : p-$CH_3C_6H_4SO_2$–

비틀림이 없는 올레핀이나 공액한 전자흡인성기가 없는 올레핀의 반응성은 둔하며, 고온 혹은 장시간을 필요로 한다. 아지드의 부가는 다른 1,3-쌍극자에 비하여 치환기효과가 작다.

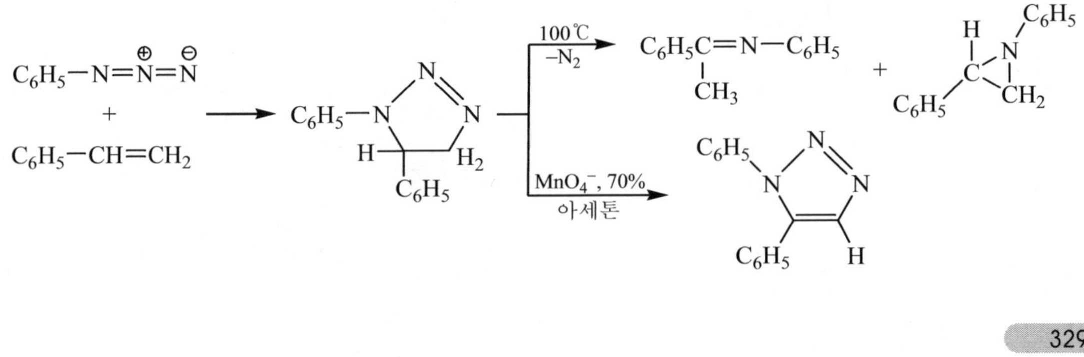

엔아민과 아지드는 쉽게 반응하며, 열분해에 의하여 아미딘(23)을 생성한다.

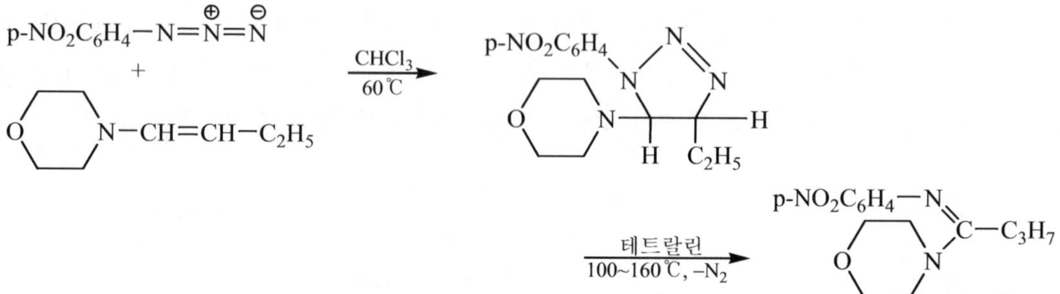

23

11-4-6. 아조메틴이민

최근, 새로운 1,3-쌍극자로서 아조메틴이민의 합성법이 개발되었으며, 올레핀과 일반적인 부가반응을 행하고 있다.

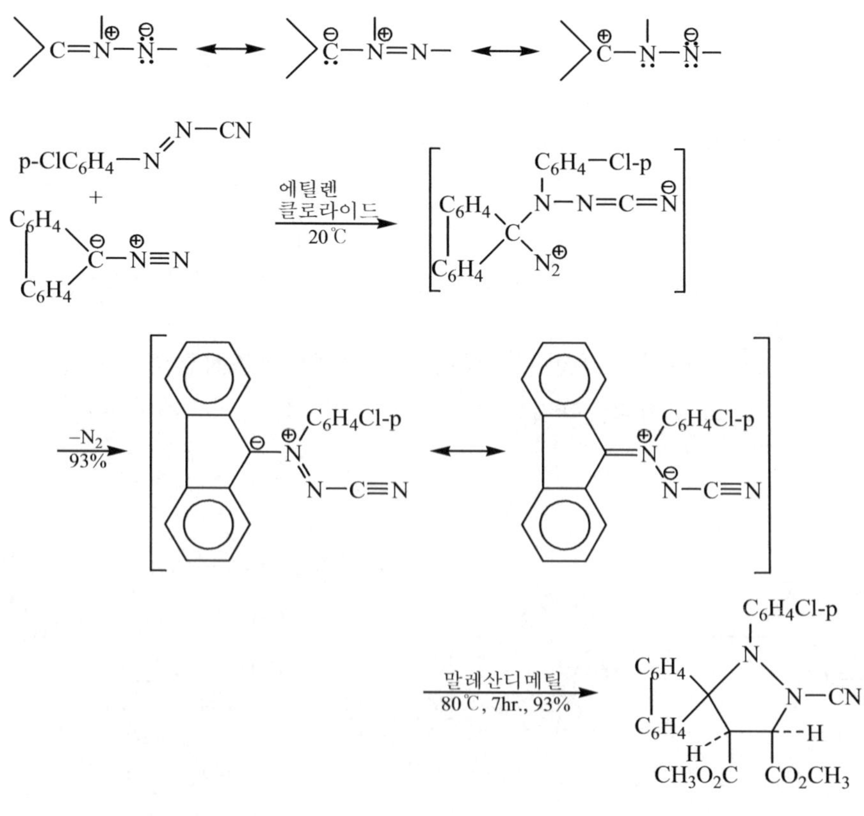

3,4-디하이드로이소퀴놀린 유도체(24)에 염기를 작용시켜서 얻어지는 아조메틴이민(25)은, 실제로 모든 불포화결합과 반응하며, 지금까지 알려져 있는 것 중에서 가장 활성인 1,3-쌍극자이다.

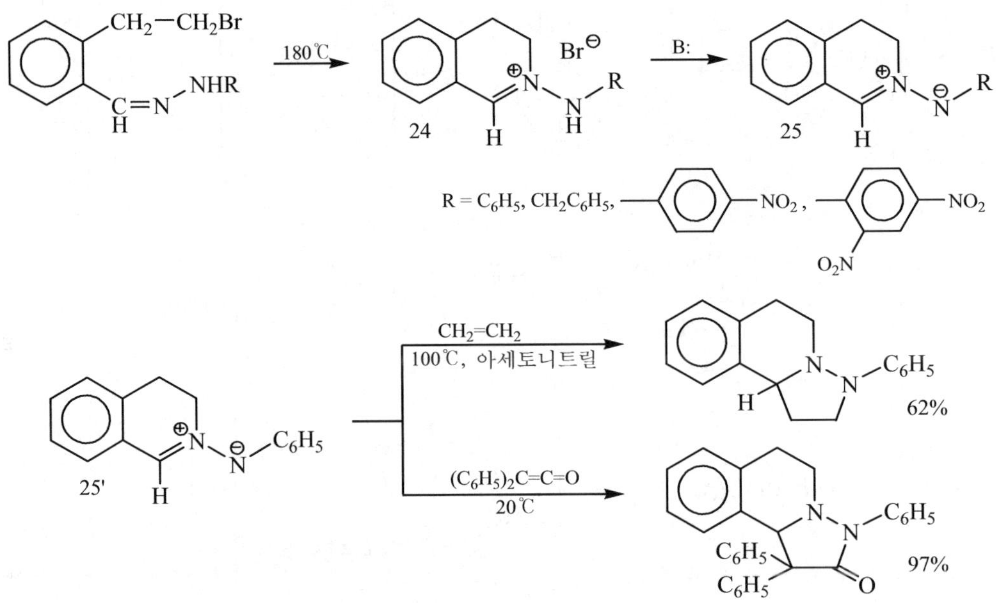

더욱 1,2-디치환하이드라진과 카르보닐화합물로부터 아조메틴이민이 생성하며, 다수의 치환기를 도입할 수 있게 되었다.

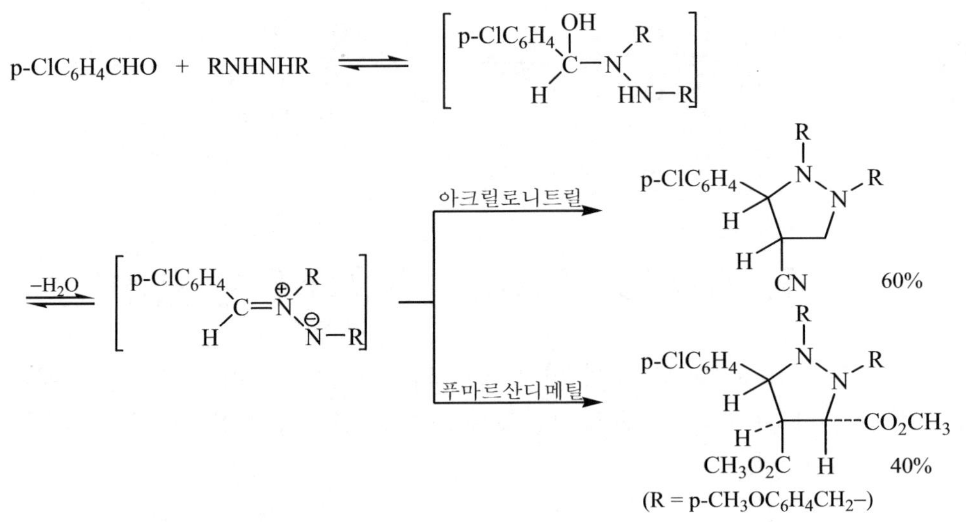

11-4-7. 기타

다음과 같은 1,3-쌍극자가 알려져 있다.

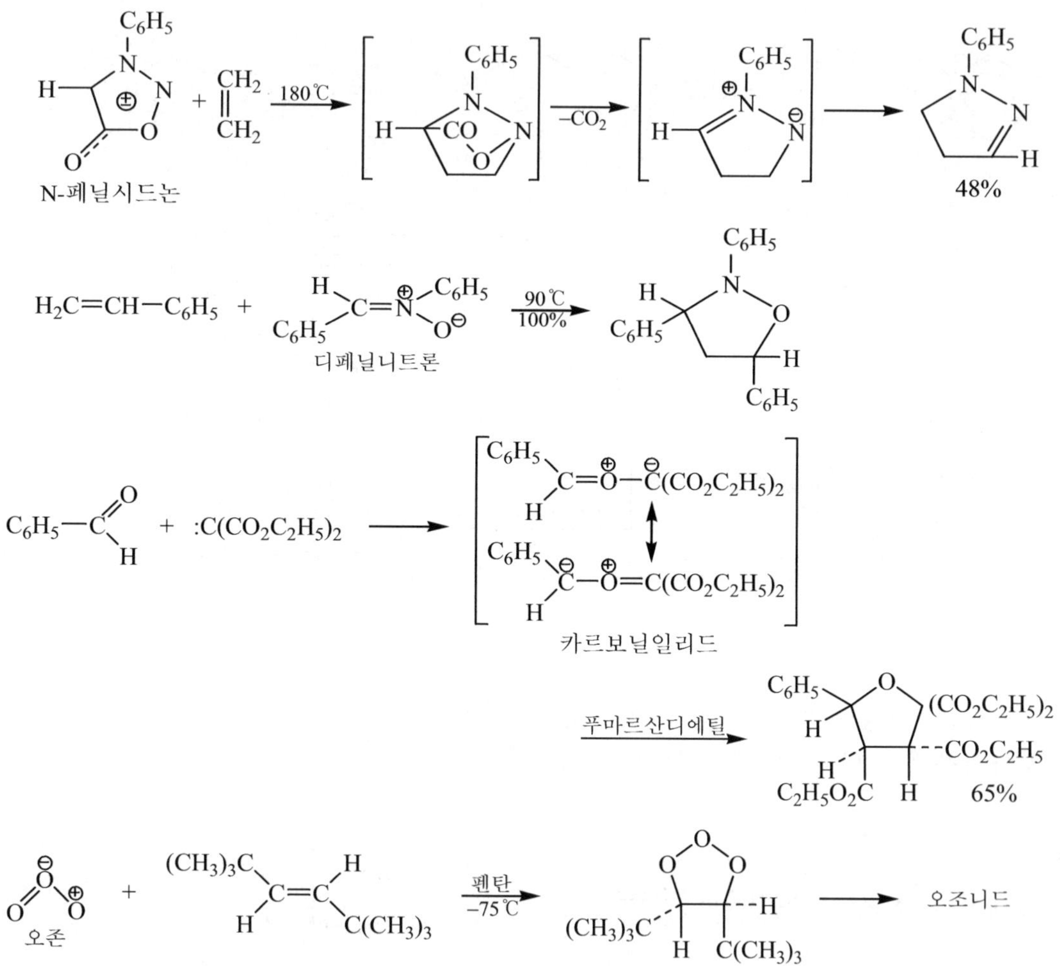

11-5. Diels-Alder 반응(6원환 생성)

1928년에 시작한 Diels와 Alder에 의한 (9)식과 같은 올레핀이 공액디엔에 부가하여 6원환을 생성하는 반응이, 매우 넓은 일반성을 가지고 있음이 밝혀졌으며, Diels-Alder반응이라고 불리우고 있다.

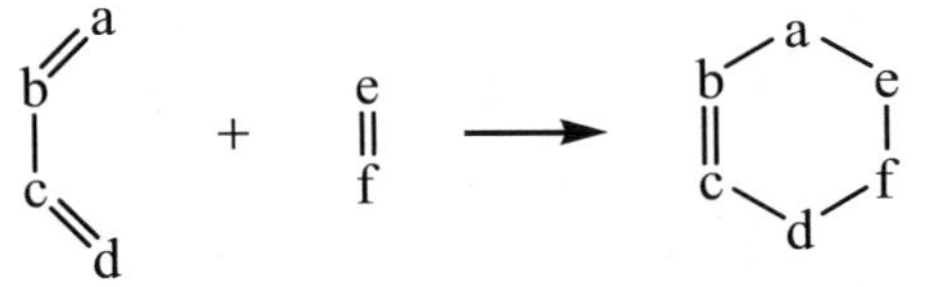

(9)

이와 같은 종류의 반응은 훨씬 오래전부터 시험되었지만, 다른 구조가 추정되었으며, 이 반응의 일반성이 인정되지 않았다. 예를 들면 (10)식과 같은 예가 있다.

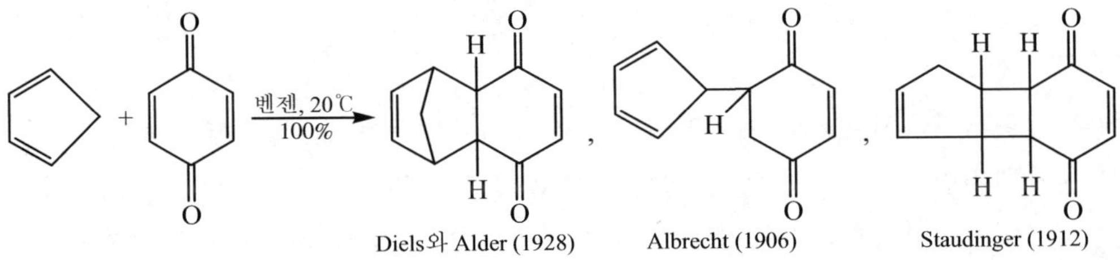

(10)

11-5-1. 디엔의 구조

부타디엔과 그의 유도체는 거의 예외없이 Diels-Alder반응을 한다. 아래의 예에 있어서 생성물의 입체구조에 주의하며, 1,3-쌍극자부가와 비교해 보기로 한다.

부타디엔 자신도 푸마르산디메틸과 고온에서 반응하여 시클로헥센-trans-4,5-디카르복시산디메틸(26)을 생성한다.

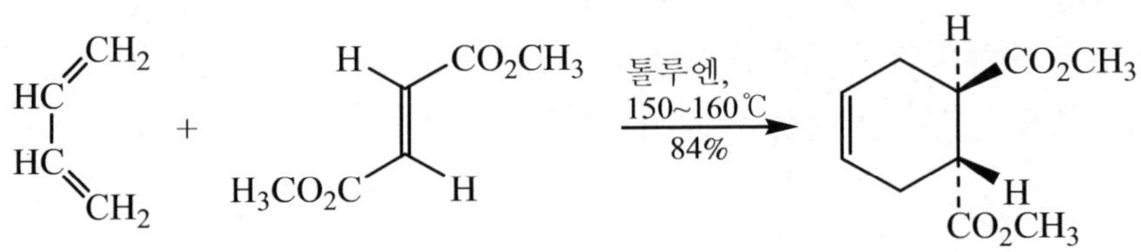

26

2-메톡시부타디엔은 용이하게 무수말레산에 부가하며, 가수분해에 의하여 시클로헥사논 유도체(27)를 고수득율로 생성한다.

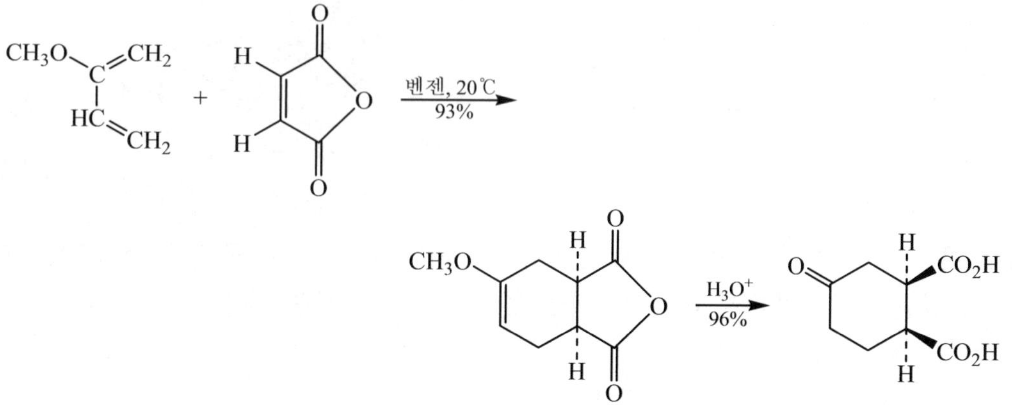

27

폴리엔은 치환부타디엔으로서 일반적인 Diels-Alder 반응을 한다. 부타디엔은"transoid" 형태로서 존재하지만, 반응하는 것은 평형으로 존재하는 미량의 "cisoid" 형태뿐이라고 생각된다. 따라서 "cisoid" 형태를 유리하게 하는 것과 같은 치환기를 도입하면 반응이 촉진되리라고 기대된다.

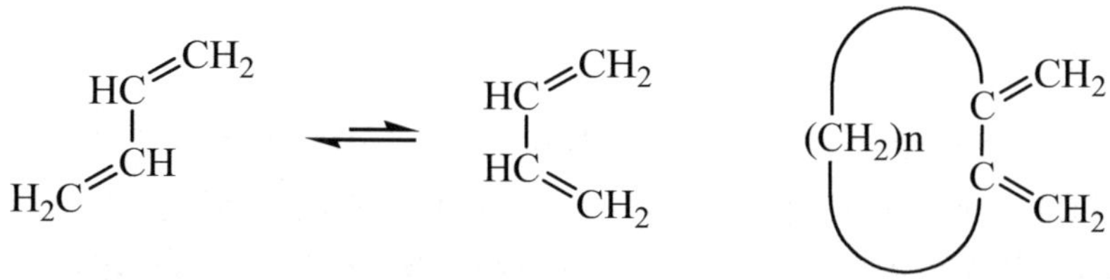

transoid cisoid quasicyclic 28

이 극단적인 예가 vic-비스메틸렌화합물(28) 이며, 실제로 상당히 반응성이 풍부하다. 1,2-디메틸렌시클로부탄은 무수말레산과 20℃에서 1 : 1의 부가물을 생성하며, 이것을 열분해 하면 더욱 1분자의 무수말레산을 부가한다.

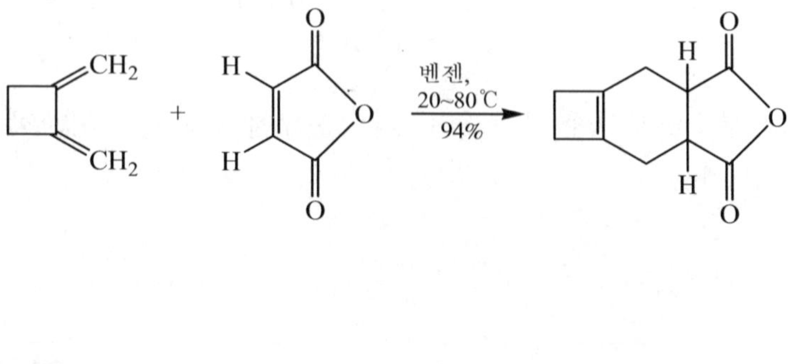

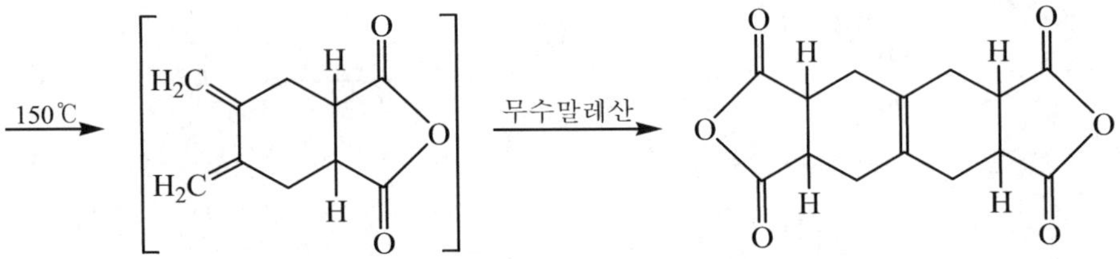

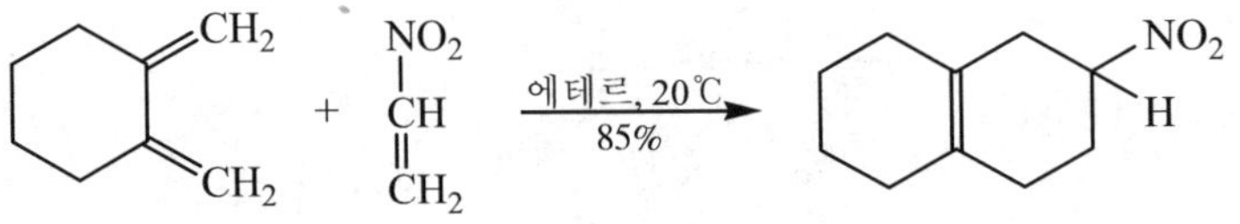

환상올레핀은 "cisoid"구조를 취하며, 입체배치가 고정되어 있기 때문에 Diels-Alder반응의 좋은 모델이다. 시클로펜타디엔과 무수말레산은 실온에서 발열적으로 반응하여 정량적이며 입체특이적으로 엔도부가물(29)을 생성한다.

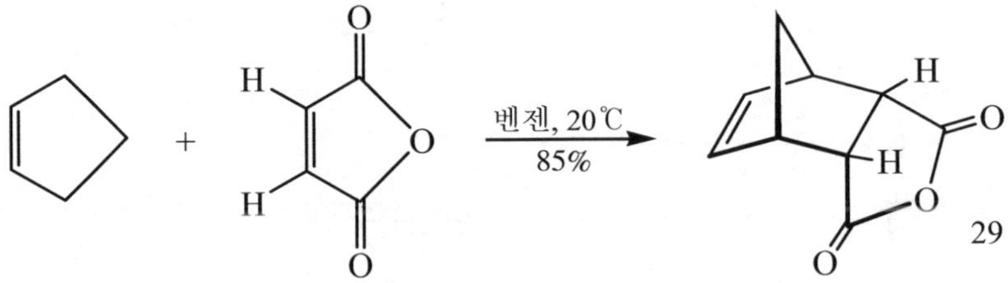

29

(11)

시클로펜타디엔은 그 자신이 디엔 및 친디엔제로서의 성질을 나타낸다. 부타디엔도 마찬가지이다. Alder등의 연구에 의하여 시클로펜타디엔의 부가물의 입체배치가 철저하게 결정되었다.

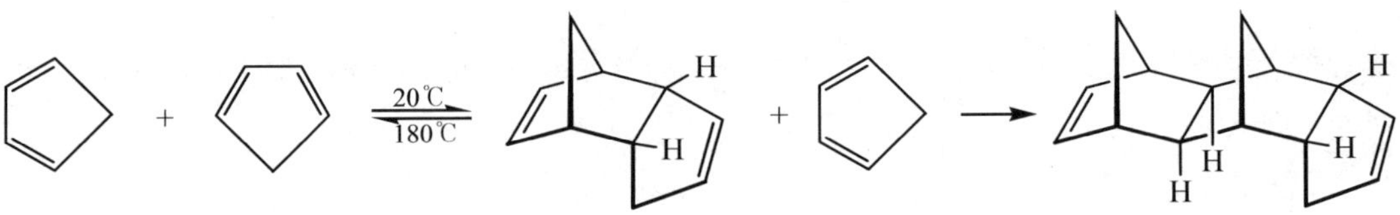

헤테로원자를 공액디엔으로서 함유하는 경우에도 Diels-Alder반응(1,4-쌍극자부가라고도 말한다)이 일어난다. 아크롤레인 유도체로부터는 디하이드로피란 유도체가 생성한다.

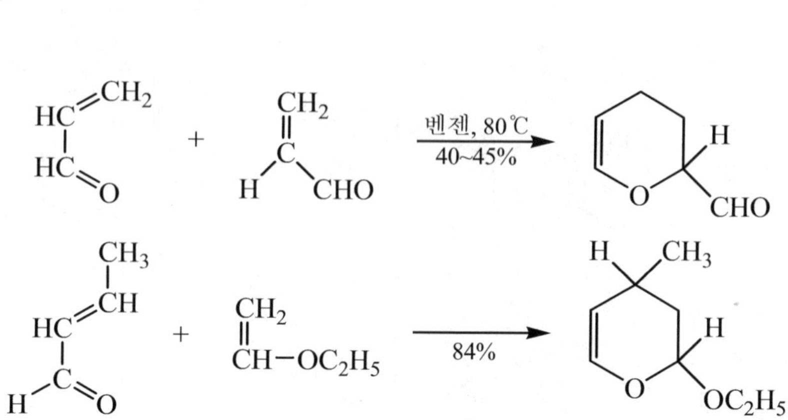

시클로펜타디엔온 자신은 모노머로서는 존재하지 않지만, 치환기의 종류에 따라서는 모노머로서 존재하는 것도 있다. t-부틸아세틸렌과의 반응에 의하여 1,2,4,5-테트라-t-부틸벤젠이 고수율로 얻어진다.

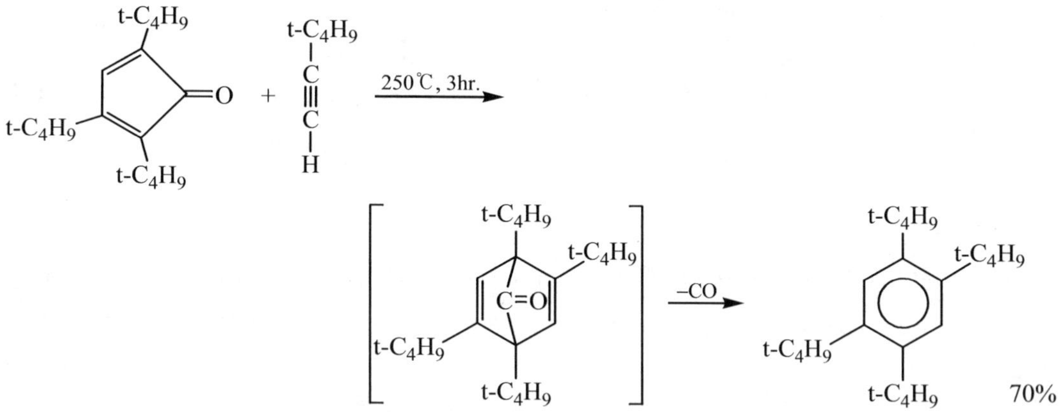

방향족 및 헤테로원자를 함유하는 방향족 화합물도 Diels-Alder 반응을 행하는 것이 알려져 있다.

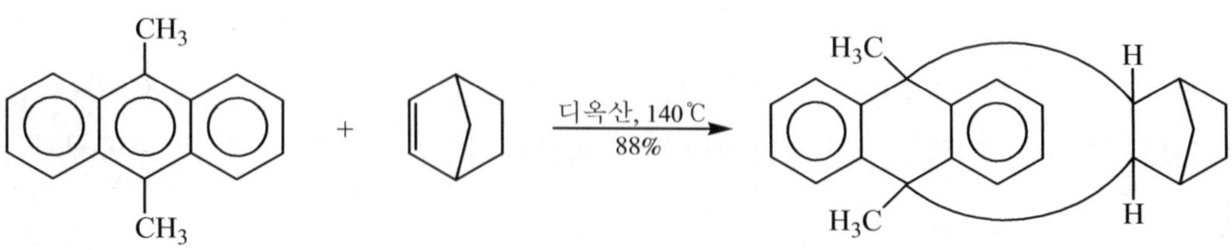

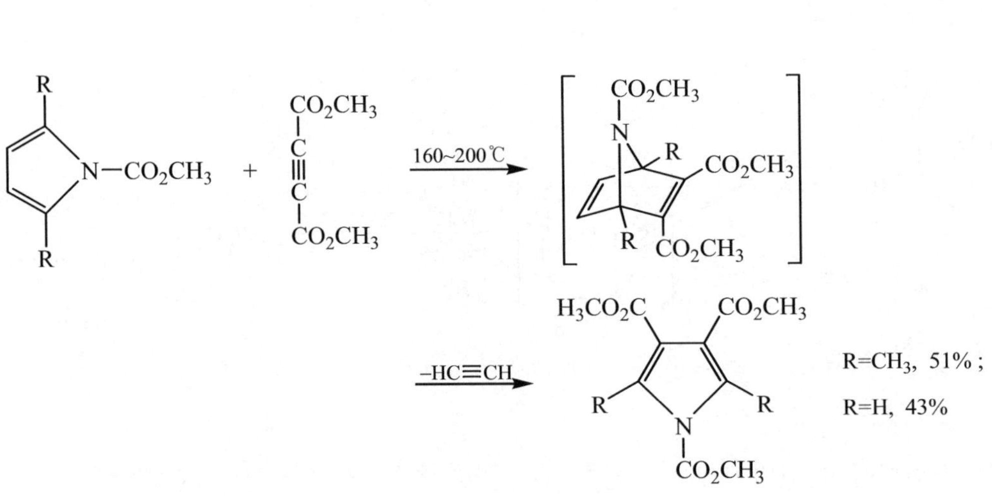

11-5-2. 친디엔제(올레핀)의 구조

디엔의 구조의 항에서, 이미 다수의 친디엔제의 실제적인 예를 나타냈기 때문에, 지금까지 표시되지 않은 형태의 친디엔제를 취급한다. 친디엔제의 이중결합의 전자밀도를 전자흡인성기와의 공액에 의하여 감소시키면 반응성은 증가한다. 환상친디엔제로서 벤조퀴논의 예를 (10)식에 나타내지만, 그의 반응성은 N,N-디술포닐퀴논디이민으로 되어도 보존되고 있다.

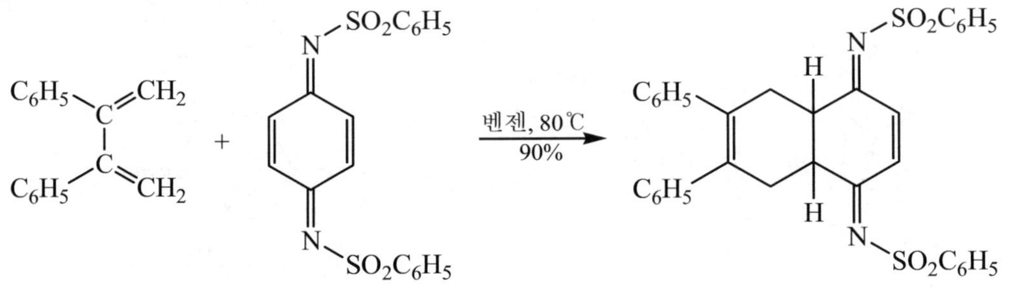

탄소-탄소 삼중결합은 sp혼성으로서 직선구조를 취하기 때문에, 9원환 이상으로 되지 않으면 환상화합물로서 비틀림이 있으며, 불안정하여 반응성이 높다. 이 특수한 예가 벤자인이지만, 이것에 대해서는 제6장에서 설명했기 때문에, 여기서는 환상알킨이 Diels-Alder반응을 하는(부가반응으로부터 존재가 추정된다) 것을 나타낸다.

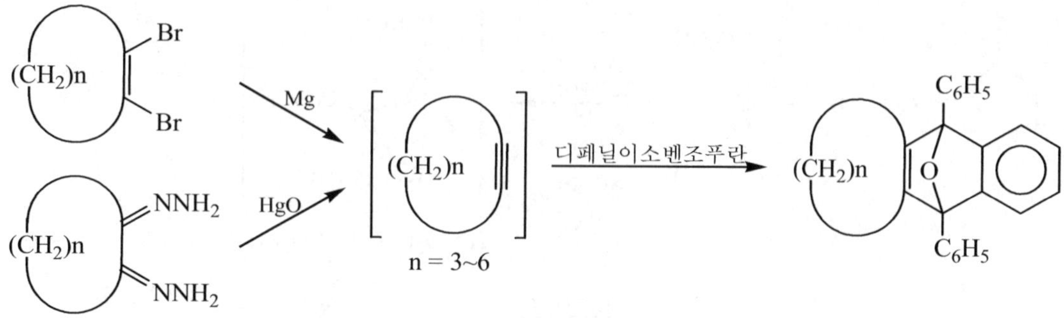

환상아조화합물이 친디엔제로서 강한 반응성을 갖는 것이 최근에 밝혀졌다.

4-phenyl-1,2,4-triazoline-3,5-dione(30)은 매우 활성인 친디엔제로서, 비시클로헵타디엔과 "homo-Diels-Alder"반응을 일으켜 (31)을 생성한다.

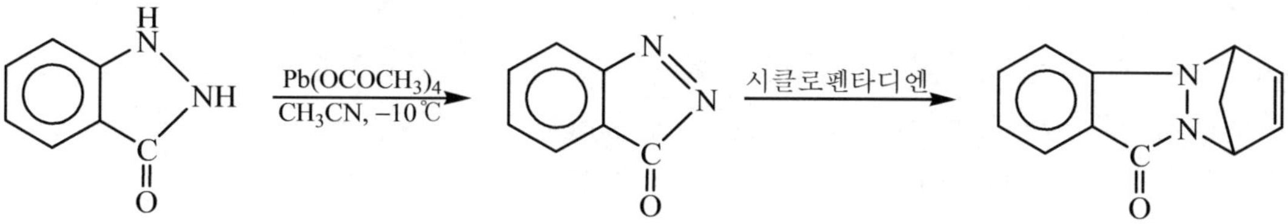

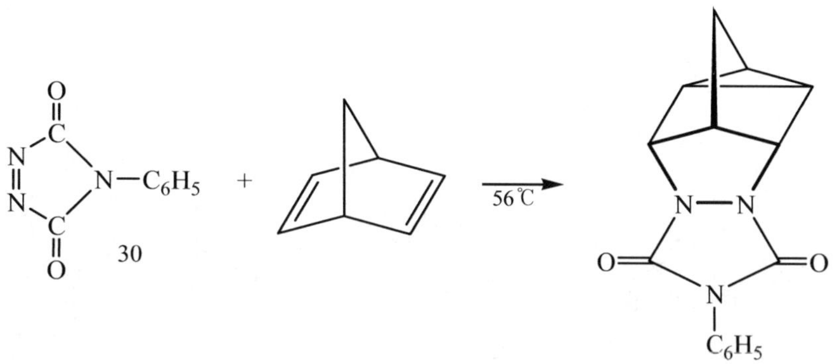

공액하고 있지 않은 이중결합이 관여하고 동시에 다환상화합물을 생성하는 것을 "homo-Diels-Alder"반응이라고 말한다.

환상이 아닌 아조화합물도 전자흡인성기에 의하여 활성화되면 친디엔제로 된다.

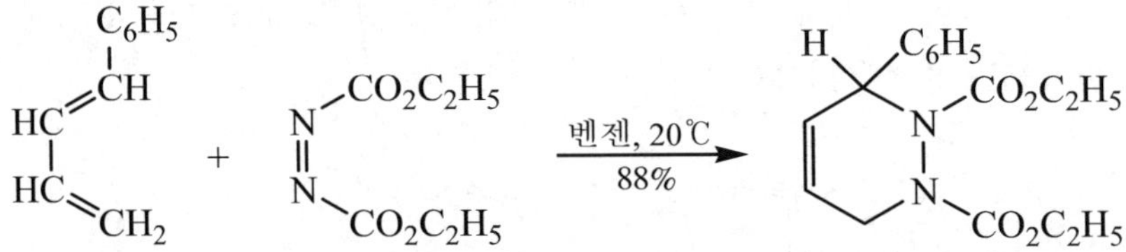

니트로소기도 방향환에 직접 결합하기도 하고, 전자흡인성기가 있으면 친디엔제로 된다.

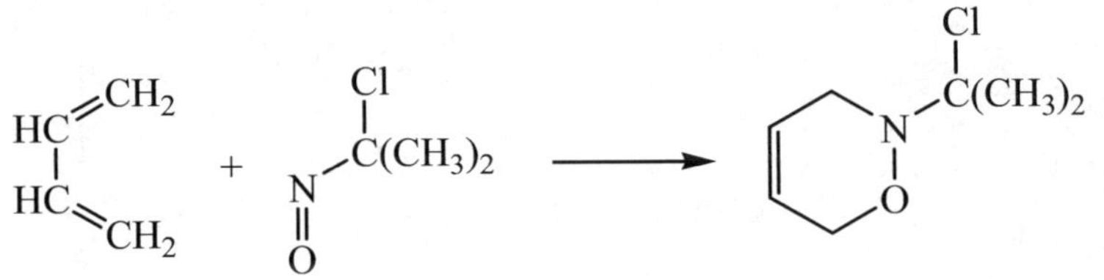

11-5-3. 입체특이성

지금까지의 예에서 아는 바와 같이, 제1의 특징은 원계에 있어서 디엔 및 친디엔제의 입체배치가 유지된다라고 하는 "시스부가규칙"이 성립하고 있다. 더욱 일례를 들면 (32), (33)과 같이 된다. (33)은 순수한 디아스테레오머의 1 : 1의 혼합물이다.

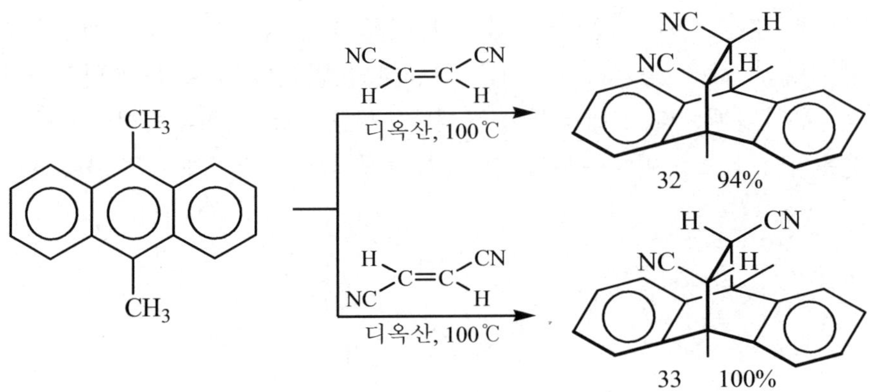

제2는 반응시에 있어서 디엔 및 친디엔제에 함유된 이중결합이 가장 많이 겹치는 것과 같은 평행평면에 배치하여 시스부가를 한다라고 하는 "엔도부가규칙"이 성립한다. 이 경우, 반응은 직접 관여하는 이중결합만이 아니고, 소위 활성화의 치환기에 함유되는 이중

결합도 포함된다. (12)식의 예에 있어서는 엑소체가 생성할 가능성도 있지만, 엔도부가규칙에 따라서 엔도체만이 생성한다.

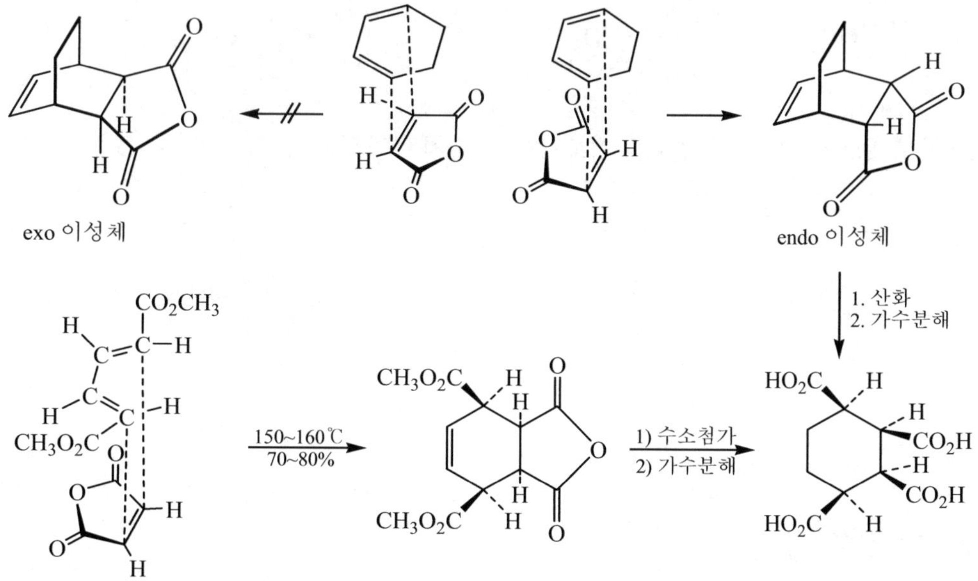

(12)

(13)

사슬상태의 디엔과 고리상태의 친디엔제의 경우도 (13)식과 같이 "엔도부가"가 증명되고 있다. 그러나 반드시 성립하지는 않는다. 예를 들면 시클로펜타디엔과 아크릴산에틸의 부가물의 엔도와 엑소의 비는 76 : 24이다. 1 : 1에 가까운 예도 있다.

제3은 디엔과 평면 "cisoid"형태를 취하지 않으면 반응하지 않는 것이 있다. 구조상 "transoid"형태밖에 취할 수 없는 디엔은 반응하지 않는다. cis-1-메틸부타디엔(34)는, trans-1-메틸부타디엔보다도 반응성이 작다. 또한 cis-1-치환부타디엔에서는 치환기가 커질수록 반응성이 감소하며, t-부틸 및 페닐기에서는 무수말레산과 반응하지 않는다.

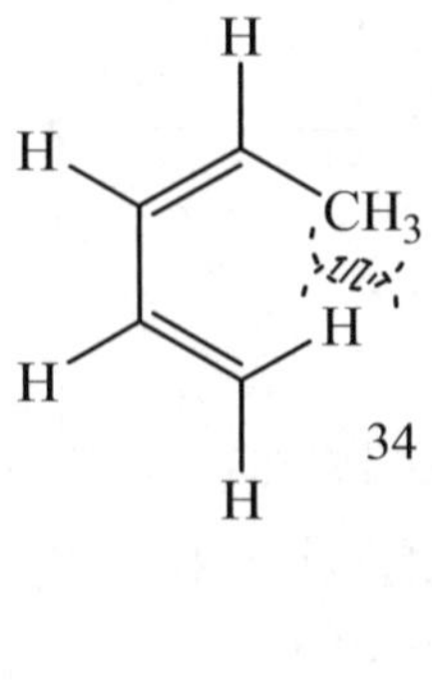

34

11-5-4. 반응메카니즘

반응이 정량적으로 진행하는 예가 많기 때문에 속도론적 연구도 많다. 일반적으로 Diels-Alder반응은 활성화에너지가 작고($\triangle E=9\sim17kcal/mol$), 빈도인자도 작다($\log A=5\sim8$). △E와 A는 Arrhenius의 식($k=Ae^{-\triangle E/RT}$)으로서 정의되는 것이다. 용매효과도 작고, 비극성용매로부터 극성용매로 변화시켜도 반응속도의 증가는 3~8배 정도이며, 전이상태에 있어서 전하분리는 원계에 비하여 그다지 크지 않다라고 생각된다. 친디엔제의 이중결합에 전자흡인성기가 치환하면 속도가 증가하는 것을 Alder가 확인했다. 더욱 트란스이성체 쪽이 시스이성체 보다도 친디엔제로서 강력하다라고 하는 것이 일반적으로 인정되고 있다. 이것에 대해서는 표 11-3에 정량적으로 표시되어 있다.

‖ 표 11-3 ‖ 시클로펜타디엔 및 9,10-디메틸안트라센과 각종의 친디엔제의 반응(디옥산중)

친디엔제	시클로펜타디엔 10^5k_2(l/mol · sec), 20℃	9, 10-디메틸안트라센 10^6k_2(l/mol · sec), 130℃
trans-비스벤젠술포닐에틸렌	11,500	–
cis-비스벤젠술포닐에틸렌	194	–
trans-디벤조일에틸렌	1,360	–
cis-디벤조일에틸렌	6.7	–
푸마르산디메틸	74.2	2,150
말레산디메틸	0.63	20.5
푸마로니트릴	80.6	45,300
말레오니트릴	91	43,500

디엔에 대한 치환기효과는 친디엔제와는 반대이며, 일반적으로 전자공여성기가 반응을 촉진한다. 시클로펜타디엔의 이량화나 벤조퀴논에의 부가반응에 대해서는 톨루엔술폰산, 클로로아세트산, 피리딘, 요오드 등은 거의 속도에 영향이 없다. $AlCl_3$, BF_3, $SnCl_4$등의 강력한 Lewis산은 상당히 강한 촉진효과가 있다. 이것은 친디엔제의 극성기에 Lewis산이 배위하여 더욱 전자흡인성을 증대시키기 때문이다. 현재, 모든 Diels-Alder반응은 (14)식의 a경로로서 나타내는 다중심반응으로 일단 이해되고 있다. 입체특이성이라든지 속도론적 사실은 이 경로에서 곧 이해된다. 그러나 이 다중심반응의 메카니즘을 더욱 깊이 생각하면, 결합의 생성형식 등 실제로 애매하다.

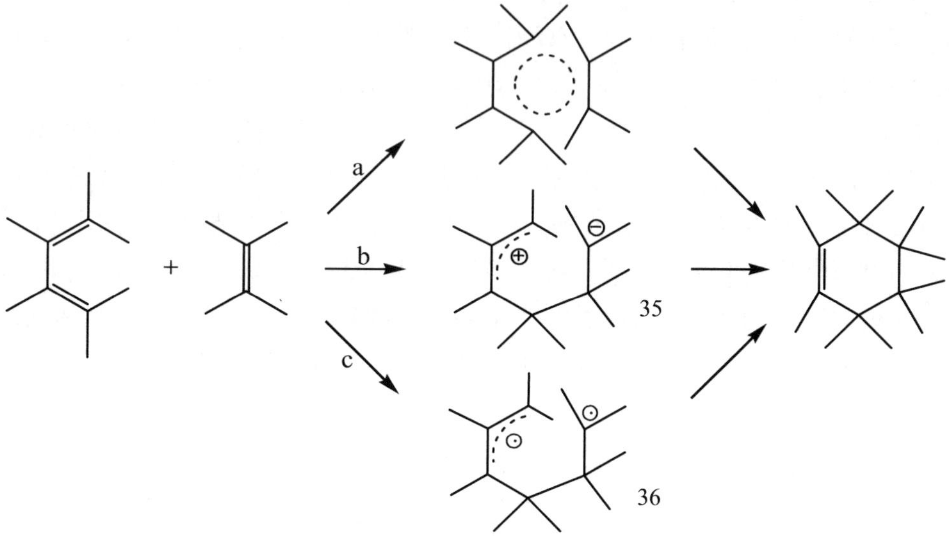

(14)

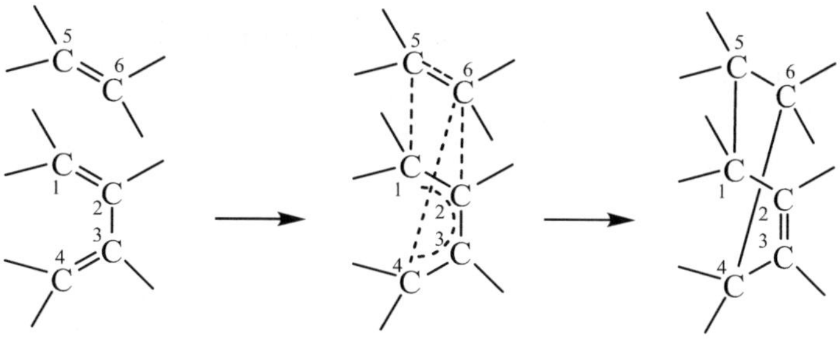

(15)

(15)식과 같이 디엔과 친디엔제가 평행평면상에 오고, 율속단계에서는 C_1과 C_5의 결합만이 형성된다. 이 때, 2차적 상호작용이 C_6와 C_2 혹은 C_4에 작용하여 입체특이적으로 부가한다라고 하는 다중심 2단계반응을 생각하는 설도 있다. (35)를 통과하는 이온적 2단계 메카니즘은 거의 가능성이 없다라고 생각된다. (36)을 통과하는 라디칼적 2단계 메카니즘은 배향성 및 치환기 효과를 설명할 수 있다. 그러나 이 경우, 자유회전이 저해되든지, 제2단계가 매우 빠르든지를 가정하지 않으면 안 된다. 따라서 입체특이성을 결정하는 에너지는 매우 작은 것이다. 이성체의 비가 99 : 1과 같이 한쪽으로 치우쳐도, 그것에 필요로 하는 에너지의 차는 3kcal/mol 이하이다. 최근에도 Diels–Alder반응의 메카니즘에 관하여 새로운 해석이 시험되고 있지만, 그 상세한 반응메카니즘의 이해는 금후의 문제이다.

11-6. 알릴전위반응

환상부가반응은 아니지만, (16)식으로 표시한 것과 같은 환상전이상태를 통과하여 알릴 위치의 원자단이 열적으로 분자내 전위를 일으키는 예는 다수 있으며, X가 수산기나 할로겐의 경우도 잘 알려져 있지만, 여기서는 Claisen전위와 Cope전위의 예로서 설명한다.

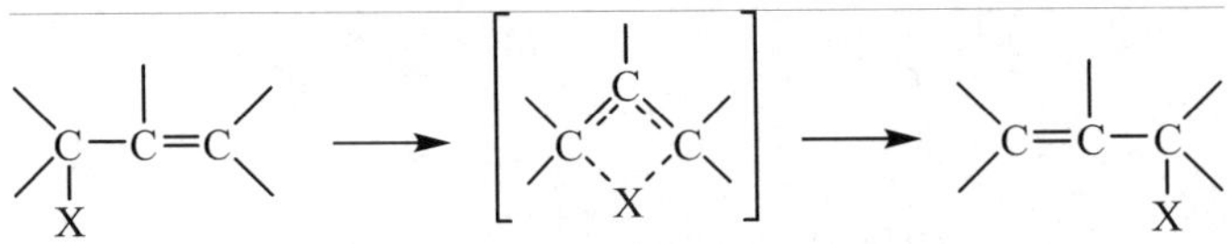

(16)

11-6-1. Claisen전위반응

페닐알릴에테르를 200℃이상으로 가열하면 전위를 일으켜서 o-알릴페놀을 생성하는 것이 Claisen에 의해서 발견되었으며, 일반성이 있다라고 하는 사실이 제안되고 있다.

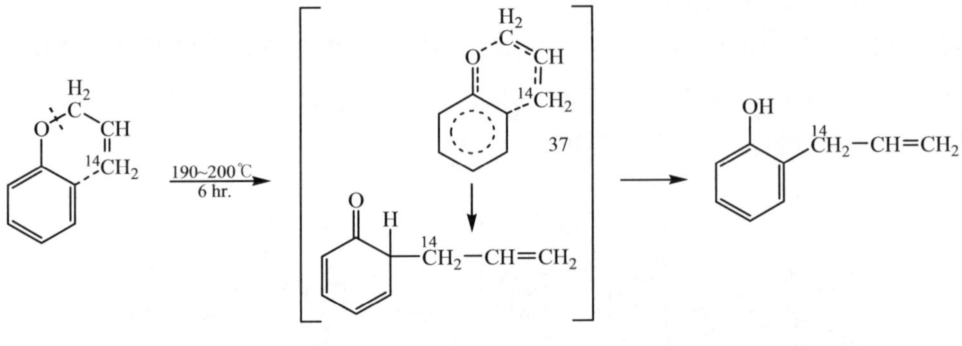

(37)과 같은 환상전이상태를 경유하여 분자내 전위를 하는 것이, 페닐알릴-3-^{14}C에테르나 (17)식 등에 의하여 밝혀졌다.

오르토위치가 치환되어 있을 때에는, (17)식과 같이 (38)이 다시 한번 전위하여 (39)로 된다. 전자를 o-Claisen전위, 후자를 p-Claisen전위라고 구별하는 경우도 있다.

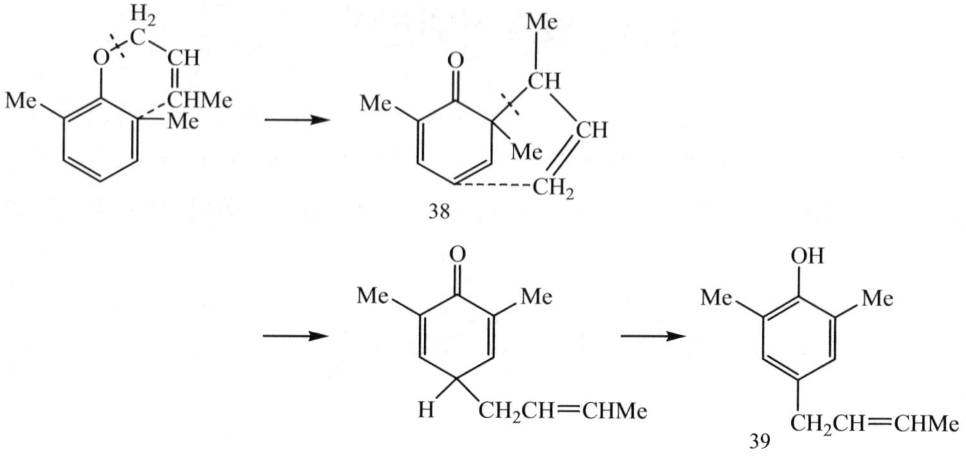

(17)

일반적으로 알릴위치의 결합은 쉽게 절단되지만, 알릴계(알릴, 페녹시나 옥시페닐 등)의 안정성에 있어서 더욱 환상전이상태의 안정성을 생각하면, Claisen전위가 쉽게 일어나는 것을 이해할 수 있다.

11-6-2. Cope전위반응

Claisen전위와 유사한 반응으로서 Cope에 의하여 발견된 알릴기의 재분배반응이 있다. (18)식의 반응의 활성화에너지가 25.8kcal/mol이고, 활성화엔트로피가 −11e.u.인 것은 분자내 환상전이상태를 경유하는 것이라고 생각된다.

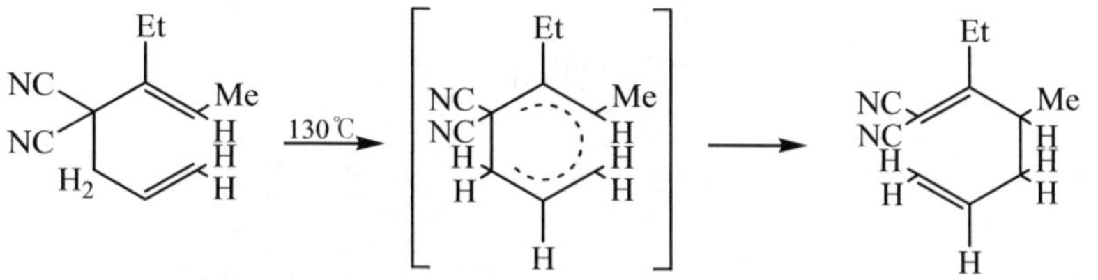

(18)

페닐치환체에서도 마찬가지의 반응이 일어나며, 에테르로부터 알데히드가 생성하는 예도 있다.

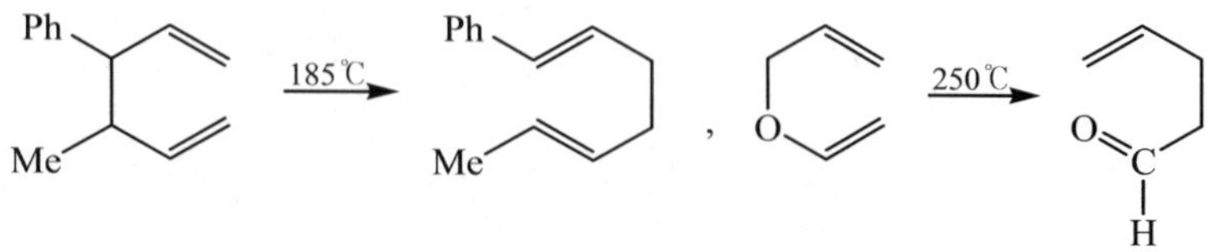

시클로프로판환은 분자내의 비틀림이 있기 때문에 개열을 일으키기 쉽다라고 생각된다. 실제로 시클로프로판의 열분해에 의한 프로필렌으로의 생성의 활성화에너지는 64.2kcal/mol이며, 에탄의 개열(83.3kcal/mol)과 비교하면 19.1kcal/mol만큼 활성화에너지가 저하하고 있다. 따라서 cis-디비닐시클로프로판은 쉽게 Cope전위를 일으키는 것이 기대된다. 실제로 (19)식의 반응을 −40℃에서 행해도 (40)은 얻어지지 않고, 모두 Cope전위 생성물인 시클로헵타디엔으로 이행한다. (40)의 트란스이성체는 안정하며 190℃로 가열하면 (40)을 경유하여 동일의 생성물을 생성한다.

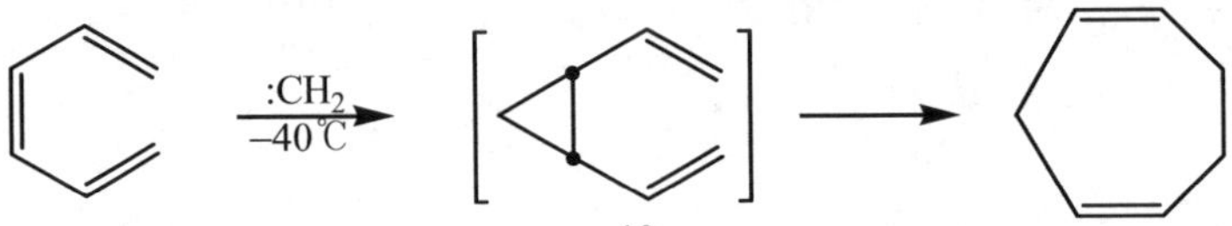

40

(19)

(40)의 비닐기를 메틸렌기로서 결합하여 두면, 생성물은 출발물질과 동일구조로 되기 때문에, 이 전위속도를 가역평형의 평형상수의 온도변화로부터 직접 측정할 수 있게 된다. 실제로 합성된 (41)은 매우 빠르게 Cope전위를 행하고 있음이 밝혀졌다. 전위속도는 180℃에서는 매초당 약 1000회, −50℃에서는 매초당 약 1회이다.

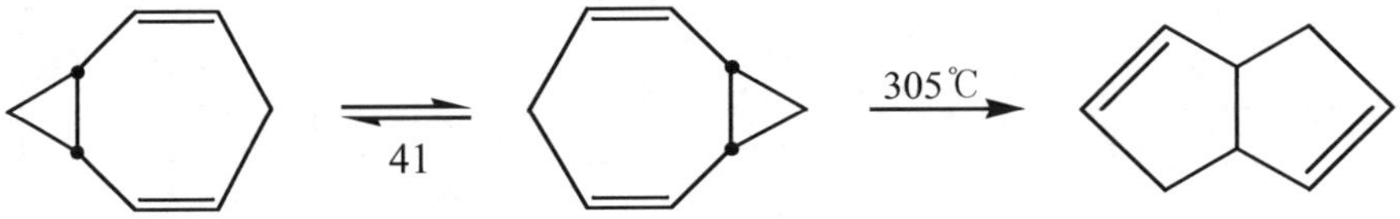

41

이 골격을 완전히 "cisoid"형태로 고정하면 전위속도는 더욱 빨리지리라고 예상된다. 실제로 합성된 (42)는 매우 빠르게 전위하여 −60℃에서도 구별할 수 없다. 전위의 활성화에너지는 8.1kcal/mol로 측정되었으며, 시클로헥산의 반전에너지(10.8kcal/mol)보다도 작은 에너지로서 탄소-탄소간의 결합이 절단되는 것은 경이적이다.

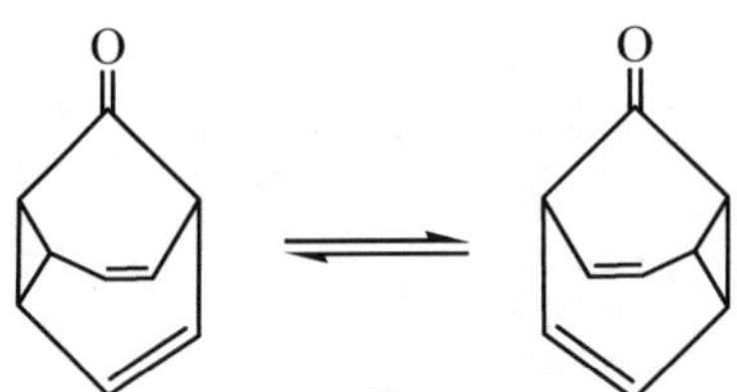

42

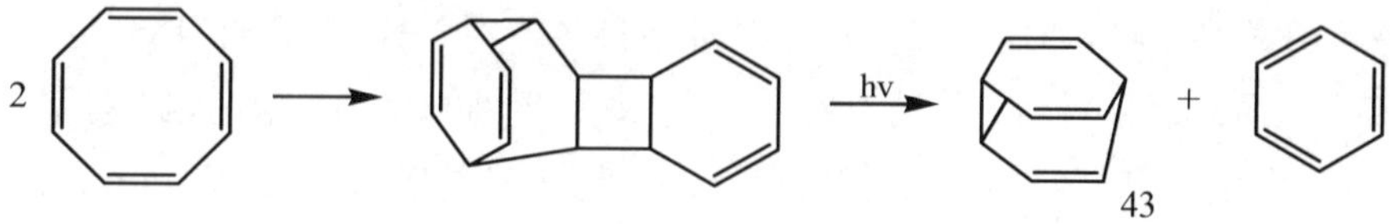

43

(42)의 카르보닐기를 비닐기로서 치환하면 대칭성도 좋고, 더욱 빠르게 전위가 일어나리라고 기대되지만, 실제로 얻어진 bullvalene(43)은 기대했던 그대로 0℃에서 매초당 약 790회의 전위가 일어나고 있는 것이 밝혀졌다. 불발렌은 10개의 C-H결합이 최대거리를 유지하면서 구면상을 이동하는 것과 같은 화합물이라고 생각된다. 이와 같은 전위속도는 NMR스펙트럼의 해석에 의하여 구해진다.

11-6-3. 벤지딘전위반응

하이드라조벤젠을 강산 중에 방치하면 주생성물로서 벤지딘을 생성하다. 이 반응도 아닐린의 질소상의 치환기가 산의 작용에 의하여 분자내 전위를 일으켜 벤젠환의 오르토 및 파라위치에 전위하기 때문에 Claisen전위와 유사한 점이 있다.

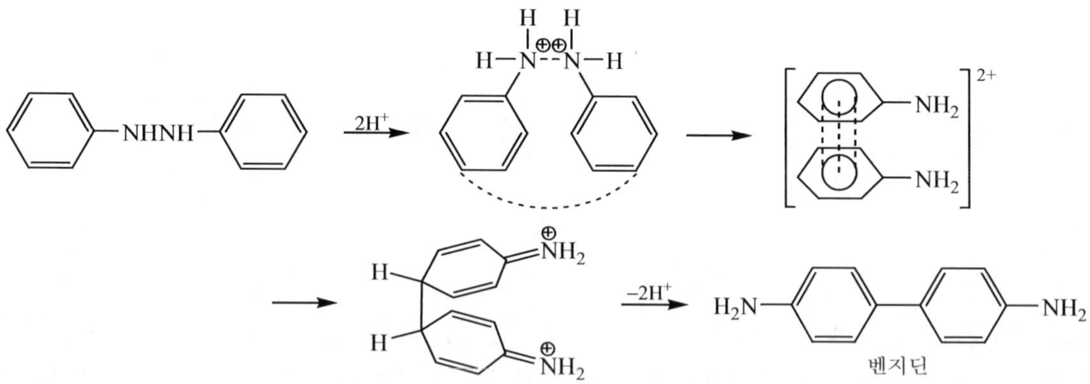

부생성물로서 아래의 화합물이 소량 취해진다.

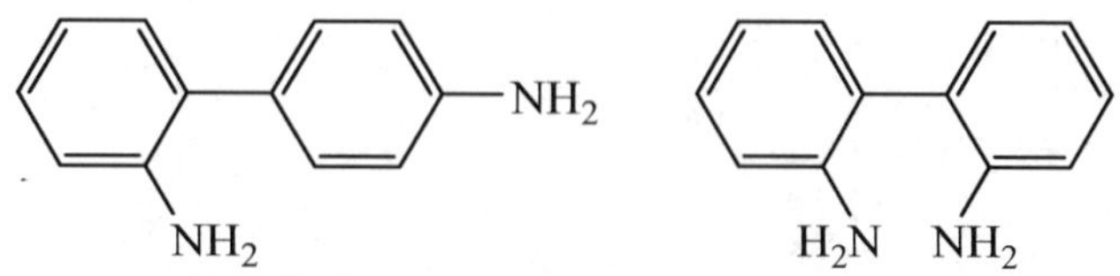

디페닐렌　　o-벤지딘

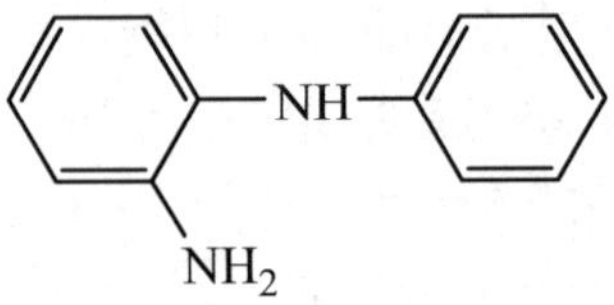
o-세미딘

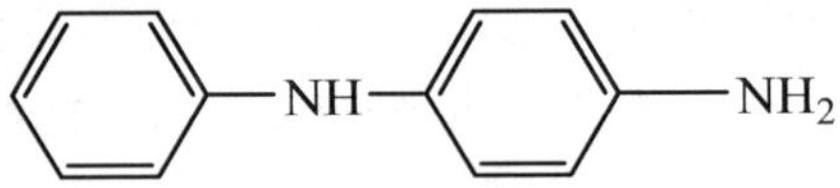
p-세미딘

11-7. 광화학반응을 이용한 환상부가반응

열에 의한 환상부가와 그의 관련반응에 대해서 설명했지만, 요즈음 유기화합물의 광조사에 의한 반응이 많이 시험되고 있으며, 대응하는 환상부가반응이 매일 매일 발견되고 있다. 빛에 의한 분자의 여기의 메카니즘은 자외선흡수와 동일하지만, 여기서는 이것을 설명할 여유가 없기 때문에 다른 참고서를 참조하기 바란다. 아무튼 빛을 흡수하여 여기된 분자는 기저상태보다도 적어도 50kcal/mol (600nm＝47.4kcal) 정도의 높은 에너지 상태로 되고 이것이 반응하기 때문에 열반응과는 다르며, 화합물의 종류에 따라서 매우 다양하다. 여기서는 카르보닐화합물과 폴리엔류에 대해서 그의 결과만을 소개하고 광화학반응에 대한 관심을 환기시키고 싶다.

11-7-1. 카르보닐화합물

카르보닐화합물과 치환올레핀에 광조사하면 1 : 1부가물인 옥세탄이 생성한다. 이 반응은 여기한 카르보닐화합물이 올레핀에 부가하여 중간체로서 비라디칼을 경유하여 진행한다라고 생각되며, 중간의 비라디칼의 안정성에 의하여 부가의 배향성이 결정된다고 설명되고 있다.

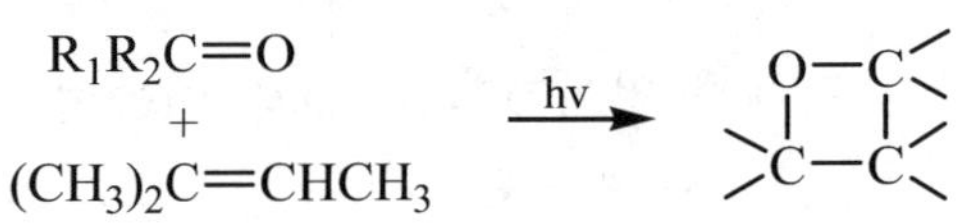

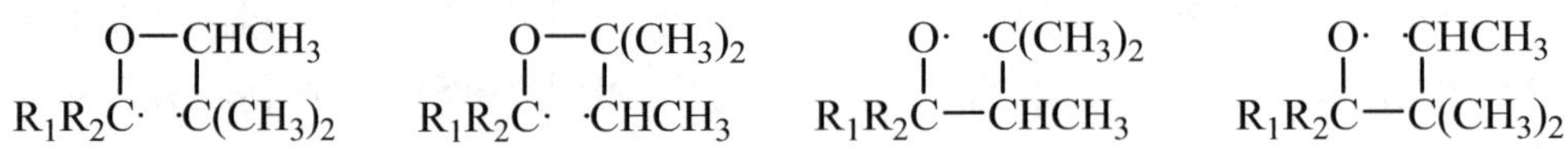
44 45 46 47

카르보닐화합물과 2-메틸-2-부텐과의 광화학반응의 중간체로서 비라디칼 (44)~(47)을 생각하면, 이 4종류의 구조의 안정성은 R_1, R_2에 의한 공명효과 및 메틸기의 초공액효과를 형성하면서 이와 같은 순서로 저하할 것으로 생각되기 때문에, (44)를 경유하여 생성하는 옥세탄이 가장 많으리라고 생각된다. 이것은 3절의 플루오로올레핀을 사용하는 4원환 생성의 메카니즘과 같다. 예를 들면, 벤조페논과 이소부틸렌의 광화학반응에서는 각각 (44) 및 (45)와 유사한 중간체를 경유하는 (48) 및 (49)가 9 : 1의 비율로서 생성한다.

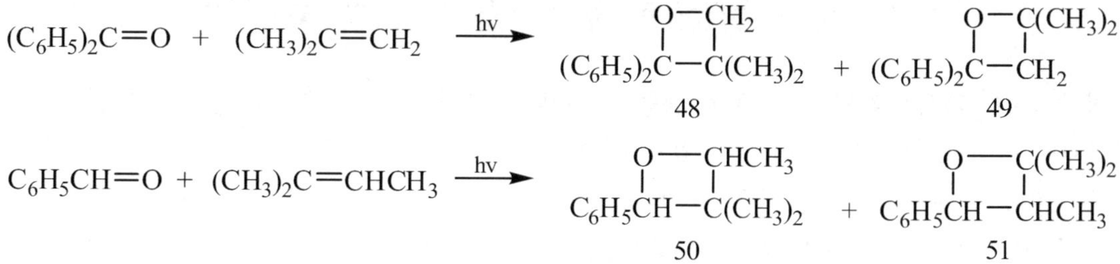

48 49 50 51

또한 벤즈알데히드와 2-메틸-2부텐의 광화학반응에서는 (50)과 (51)이 합계수득율 64%, 1.6 : 1의 비율로서 생성한다. α,β-불포화케톤을 광조사하면 이량화하여 시클로부탄유도체가 생성한다. 2-시클로펜텐온의 광조사에서는 syn형(52)과 anti형(53)의 2종류의 엑소이량체가 거의 같은 양으로 생성한다. α,β-불포화케톤의 광이량화의 배향성에는 치환기의 효과가 현저하다.

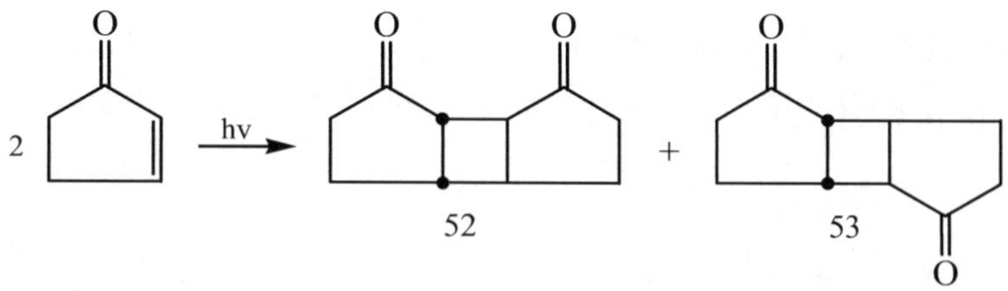

52 53

또한 올레핀과 함께 광조사하면, 시클로부탄 유도체가 얻어지지만, 그의 배향성에는 각종의 조합이 가능하며, 복잡해 지기 때문에 여기서는 생략한다.

카르보닐화합물의 광화학반응으로서는 광환원이 현저한 예의 하나이다. 예를 들면 벤조페논을 이소프로필알코올에 용해시키고, 미량의 아세트산의 존재하에 광조사하면, 거의 정량적으로 벤즈피나콜(54)이 생성한다.

$$(C_6H_5)_2C{=}O \xrightarrow{h\nu} (C_6H_5)_2C{=}O^* \xrightarrow{(CH_3)_2CHOH} (C_6H_5)_2\dot{C}OH + (CH_3)_2\dot{C}OH$$

$$(CH_3)_2\dot{C}OH + (C_6H_5)_2C{=}O \longrightarrow (CH_3)_2C{=}O + (C_6H_5)_2\dot{C}OH$$

$$2(C_6H_5)_2\dot{C}OH \longrightarrow (C_6H_5)_2C(OH)C(C_6H_5)_2OH \qquad (54)$$

이 반응과 마찬가지로 빛으로 여기시킨 카르보닐화합물의 분자내 수소탈취반응에 의하여 시클로부탄올을 생성하는 반응은 합성적으로도 유용하다.

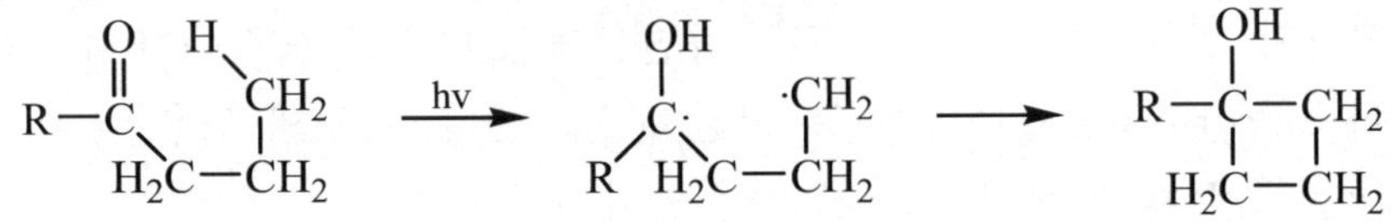

11-7-2. 공액폴리엔

공액폴리엔의 분자내 환화 및 분자간의 환상부가반응에 있어서는, 종전부터 입체특이성이나 반응이 일어나기 쉬운 것에 대해서 열반응과 광화학반응에서는 현저한 차이가 있는 것이 인정되었지만, 최근 이들의 상관관계에 대해서 Woodward-Hoffmann규칙이 제안되었으며, 다수의 사실을 모순없이 설명할 수 있게 되었다. 그들은 분자궤도법의 이론에 기인하여 열반응에서는 최고피점궤도, 광화학반응에서는 최저공궤도의 대칭성에 의하여 반응이 결정되는 것을 나타냈지만, 여기서는 그의 결론만을 소개한다.

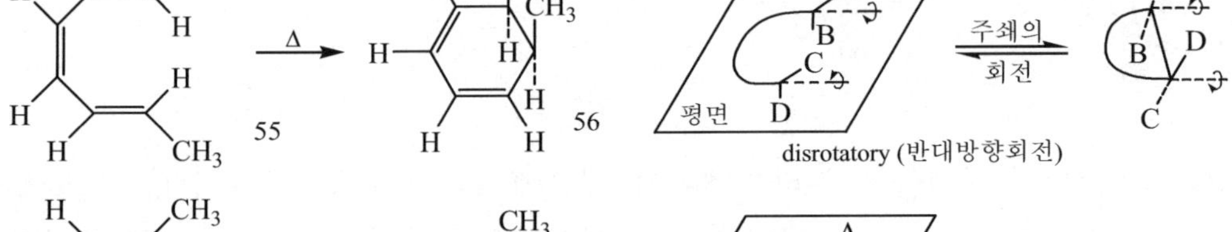

(20)

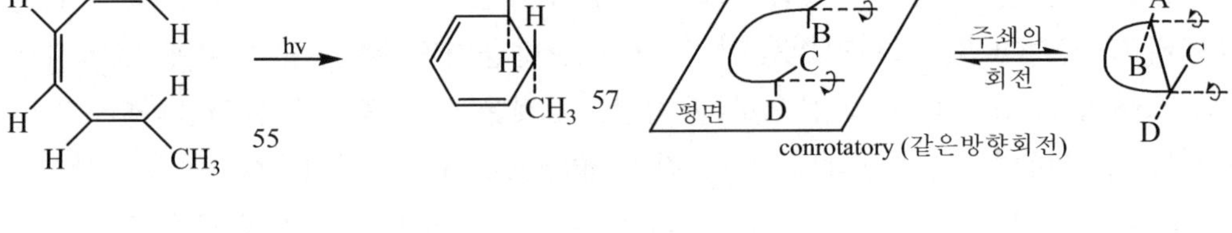

(21)

▌표 11-4▐ 분자내 폐환 및 개환반응의 입체특이성

	열화학반응	광화학반응
공액폴리엔이 (4n+2)개의 π 전자를 갖는 경우	disrotatory	conrotatory
공액폴리엔이 4n개의 π 전자를 갖는 경우	conrotatory	disrotatory

trans-cis-trans-1,6-dimethylhexa-1,3,5-triene(55)은 가열에 의하여 cis-1,2-디메틸시클로헥사-3,5-디엔(56)으로 된다. 한편 (55)를 광조사하면 trans-1,2-디메틸시클로헥사-3,5-디엔(57)으로 된다.

(56)을 생성하기 위해서는, (55)가 모두 평면상에 있다라고 생각하여 주사슬의 회전을 (20)식과 같이 disrotatory(반대방향)로 회전시키면 좋다. (57)의 경우는, 이것과는 반대로 conrotatory(같은 방향)으로 회전시키면 좋다.

즉, 열반응과 광화학반응에서는 회전방향이 반대이기 때문이다. 환상올레핀이 개열하여 직쇄의 공액올레핀을 생성하는 상기의 역반응에 있어서도, 그의 입체화학적 경로는 개환한 직쇄의 공액올레핀에 의하여 결정되는 것이 밝혀졌다. 이와 같은 고찰을 많은 공액폴리엔에 대해서 행한 결과 표 11-4의 관계가 밝혀졌다.

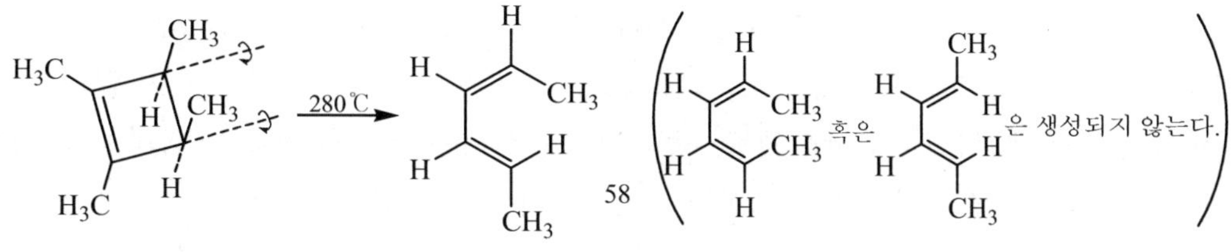

(22)

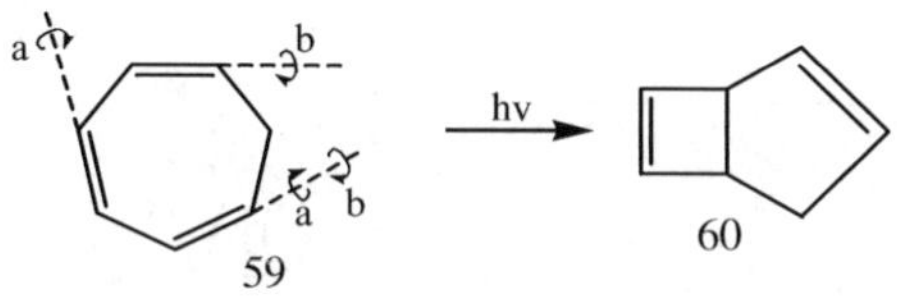

(23)

(22)식에 있어서는, 생성물은 부타디엔이기 때문에 4개의 π 전자를 갖는다. 열반응에 의한 개열이기 때문에 conrotatory회전으로서 생성물은 (58)이다. (23)식에 있어서는 헥사트리엔이라고 생각하면, 광화학반응에 의한 폐환반응이기 때문에, (59)에 있어서 b로 나타낸 것과 같이 conrotatory회전으로 되지만, 이것은 입체적으로 불가능하다. 따라서 부타디엔으로 생각하면, a로 나타낸 것과 같이 disrotatory로 되어 (60)이 생성한다. 표 11-4의 결과는 사실과 잘 일치하고 있다. 더욱 분자간 환화반응이 열반응으로 일어나기

쉬운지 혹은 광화학반응으로 일어나기 쉬운지에 관해서, 표 11-5의 선택율이 제안되어 있다. 여기서 취급하는 반응은 협주적으로 1단계로서 행해지는 경우로서, (61), (62) 및 (63)의 형태의 것이다. 여기서 m, n, p는 분자간 환화반응에 관여하는 공액폴리엔의 π 전자의 수이다. 예를 들면 (61)에 있어서는 m개의 π 전자를 갖는 공액폴리엔과 n개의 π 전자를 갖는 공액폴리엔이 점선의 부분에서 결합하여 환화하는 경우이다. 이 때, 2개의 π 결합이 2개의 σ 결합으로 변화하여 환화가 일어나기 때문에, $2\pi \rightarrow 2\sigma$ 로 표시된다. (62), (63)은 각각 $3\pi \rightarrow 3\sigma$, $4\pi \rightarrow 4\sigma$ 이다.

▌표 11-5▌ 분자간 환화반응의 선택율

반응형태	열 반 응				광 화 학 반 응			
$2\pi \rightarrow 2\sigma$	m	n			m	n		
(61)	4	2			2	2		
	6	4			4	4		
	8	2			6	2		
$3\pi \rightarrow 3\sigma$	m	p	p		m	p	p	
(62)	2	2	2		4	2	2	
	2	4	4					
	6	2	2					
$4\pi \rightarrow 4\sigma$	m	n	p	p	m	n	p	p
(63)	4	2	2	2	2	2	2	2
	$\Sigma\pi = (4n+2)$				$\Sigma\pi = 4n$			

이 선택율에 의하면, 디엔과 모노올레핀의 환상부가(4-2부가)는 열반응으로 일어나지만, 광반응으로는 일어나지 않으며, 또한 모노올레핀간의 부가(2-2부가)는 광반응으로 일어나고, 열반응으로는 일어나지 않게 된다.

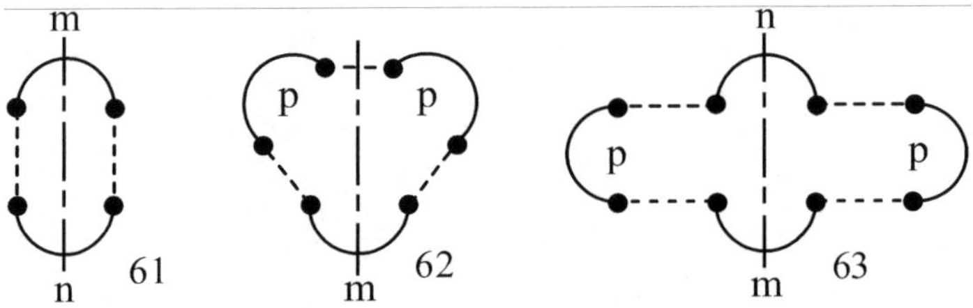

61 62 63

이 결론은 지금까지 설명한 Diels-Alder반응이 열반응으로서 단순한 올레핀간에서는 열반응이 일어나지 않는다는 사실과 잘 일치하고 있다(플루오로올레핀 등은 아니다). 7절의 부분에 대해서는 해설한 총설류를 참조하라.

연 습 문 제

01 아래의 화합물의 공명구조식을 써라.

1) N−phenylsydnone

2) N,N−diphenylchloroformazan($C_6H_5-N=N-C(Cl)=N-NH-C_6H_5$)로부터 탈염화수소하여 생성하는 니트릴이민(8전자계구조를 만족하는 것만으로 좋다.)

02 다음의 반응생성물은 무엇일까?

1) $(NC)_2C=C(CN)_2$ + cis, trans−2,4−hexadiene

2) $(NC)_2C=C(CN)_2$ + cis, cis−2,4−hexadiene

3) trans−1,3−pentadiene + cis−cinnamic acid

4) cyclopentadiene + ketene

5) isoprene + $CF_2=CF_2$

6) diphenylketene + styrene

7) allyl−2,6−dimethyl−4−(β−methylvinyl)phenyl ether $\xrightarrow{\text{가열}}$

8) $CH_3CH=CHCH_2-O-CPh=NPh \xrightarrow{\text{가열}}$

9) $CH_2=CMe-C(CN)_2-CH_2-CH=CHCH_3 \xrightarrow{\text{가열}}$

10)

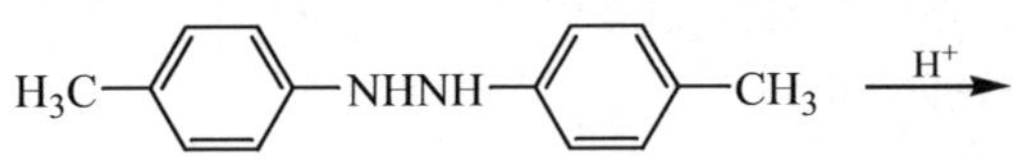

11)

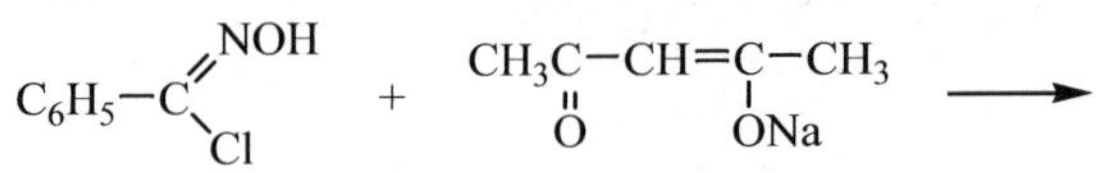

12)

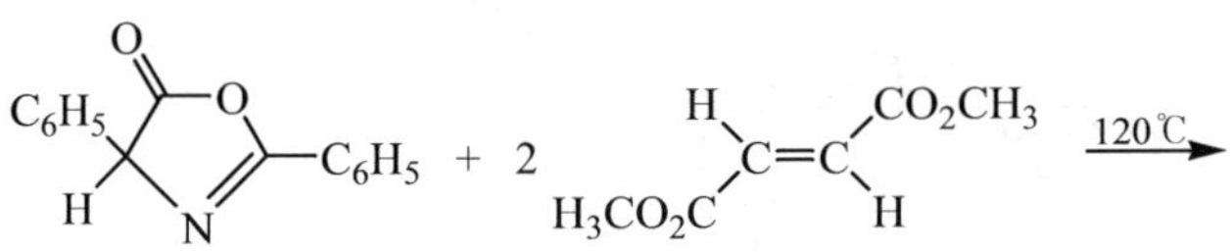

13)

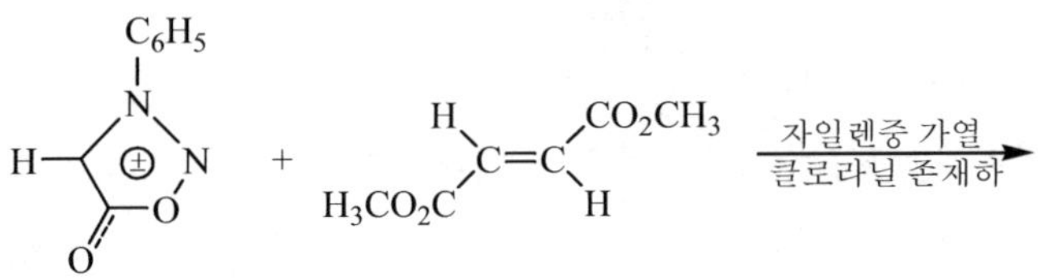

14) 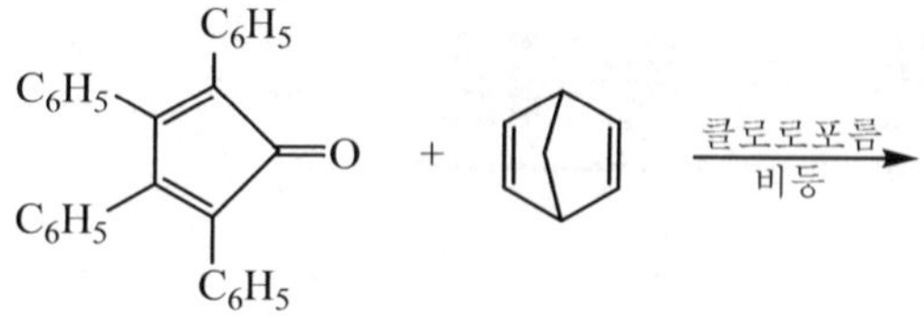

15)* n-$C_4H_9CH=CH_2$ + $CH_3O_2C-C\equiv C-CO_2CH_3$ ⟶

16) 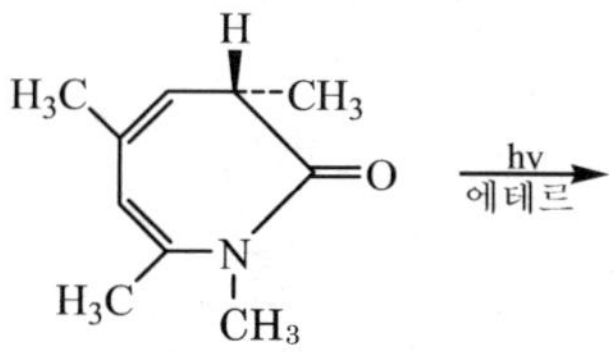

17)* 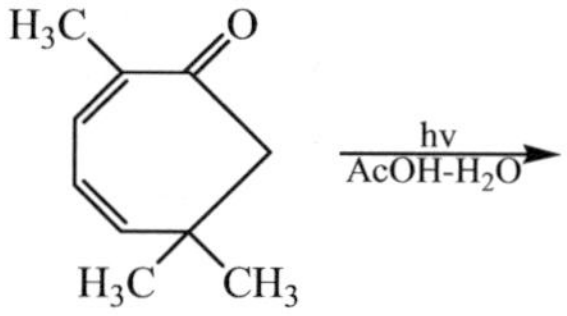

03 다음의 사실을 설명하여라.

1) 디페닐니트릴이민(18, 본문중)의 벤젠용액중에서 올레핀에의 부가속도는 트란스이성체쪽이 시스이성체 보다도 빠르다. 예를 들면 디메틸푸마르산은 디메틸말레산 보다도 36배나 빠르며, trans-스틸벤은 cis-스틸벤보다도 26배나 빠르다.
2) 헥사클로로시클로펜타디엔은 스티렌과는 쉽게 Diels-Alder반응을 하지만, 가장 강력한 친디엔제인 테트라시아노에틸렌과는 반응하지 않는다.
3) 1,3,5-cis, cis, cis-시클로옥타트리엔(Ⅰ)은 80~100℃로 가열하면 일부가 물질(a)로 변한다. (a)는 벤젠중 10℃에서 무수말레산과 쉽게 반응하지만, (Ⅰ)는 이 조건에서는 전혀 반응하지 않는다. (a)의 구조를 추정하여라.
4) β-나프틸알릴에테르의 Claisen 전위에서, 알릴기는 3위치가 아니고 1위치에 전위한다.
5) 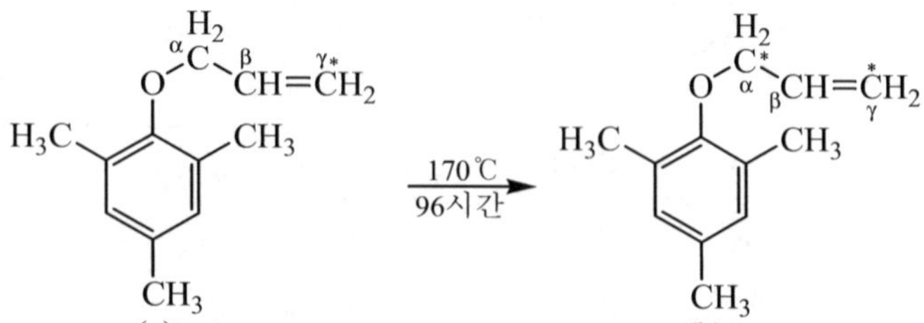

(a) (b)

(*는 ^{14}C표지위치, 6)도 마찬가지)

(b)의 α 와 γ 는 거의 같은 방사능을 갖는 것으로 된다.

6)*

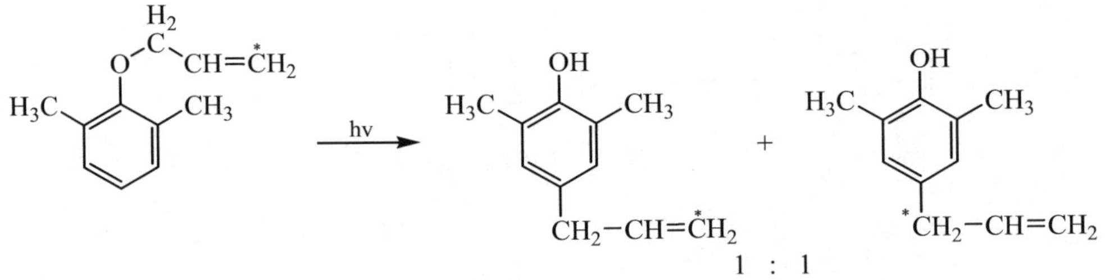

7)*

(광학활성이 보존된다)
(*는 비대칭탄소원자)

04* ^{15}N으로 표지한 시아노겐아지드(Ⅰ) $\overset{\ominus}{\underset{*}{N}}=\overset{\oplus}{N}=\underset{*}{N}-CN$을 시클로헥산중에서 분해하면 시클로헥실시안아미드(Ⅱ)를 생성한다. (Ⅱ)는 (Ⅰ)의 49.3±0.8%의 ^{15}N을 함유한다. (Ⅱ)를 황산으로 가수분해한 후, 수소화알루미늄리튬으로 환원하면 시클로헥실메틸아민과 시클로헥실아민의 혼합물을 생성한다. 이 혼합물을 분해하여 발생하는 질소중에는 (Ⅰ)의 28.7±1.1%의 ^{15}N이 함유된다. 한편 (Ⅰ)을 노르보르넨중에서 분해하면, 시아노아지리딘유도체(Ⅲ)을 생성한다. (Ⅲ)은 (Ⅰ)의 48.2±2.3%의 ^{15}N을 함유한다. (Ⅲ)을 황산으로 가수분해한 후, 수소화알루미늄리튬으로 환원하여 아지리딘유도체로 변화시킨 후, 이것을 분해하여 발생하는 질소가스중의 ^{15}N의 함량은 46.9±2.7%이다. 이들의 결과로부터 (Ⅰ)과 시클로헥산 및 노르보르넨과의 반응메카니즘을 추정하여라.

05* 환상부가반응을 이용하여, 표시된 출발원료를 사용하여 아래의 생성물을 합성하여라.

1)

2)

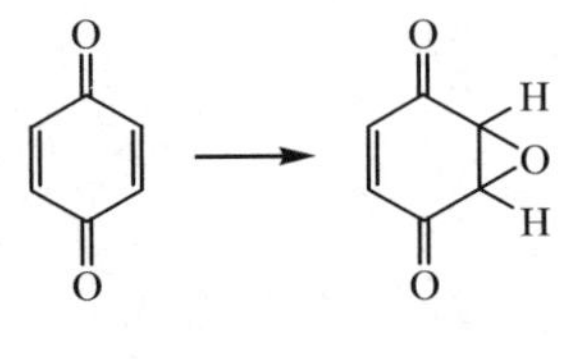

3)

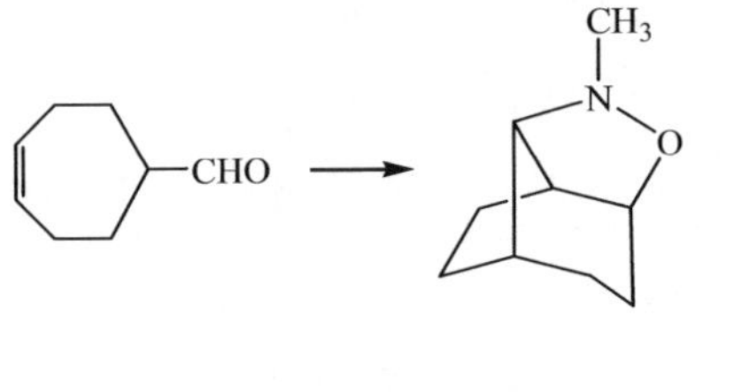

4)

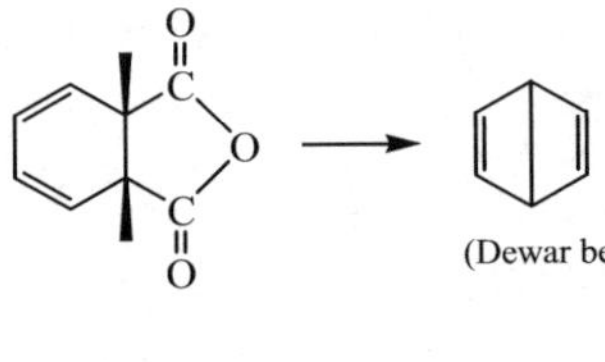

(Dewar benzene)

06* (a)로부터 출발하여 스테로이드의 완전합성의 중간체인 (e)의 합성단계를 아래와 같이 4단계 1)~4)로 나누어서 표시했다. 각각의 단계에는 각각 3단계의 반응이 포함되어 있다. 각각의 단계의 반응을 고찰하여라.

1)

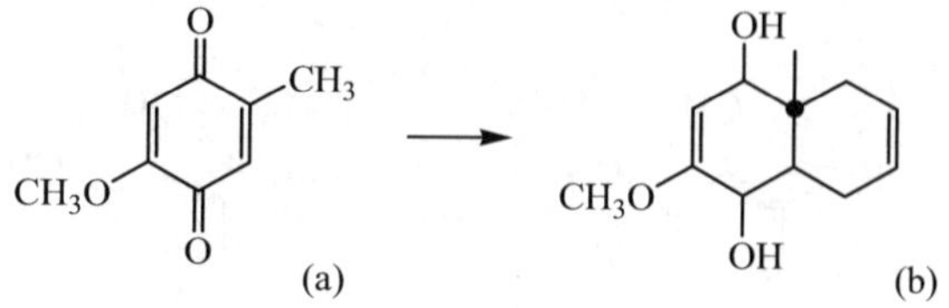

2)

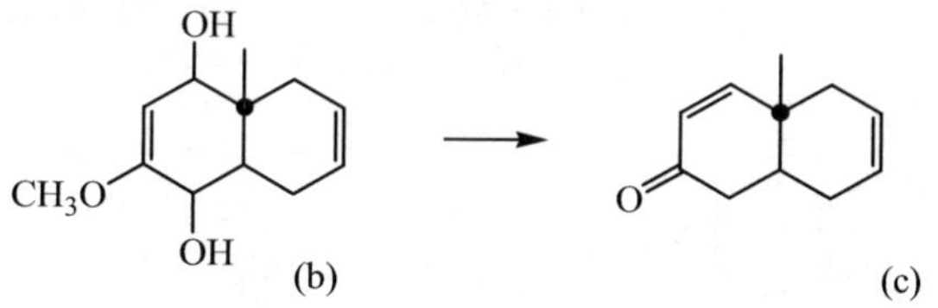

3)

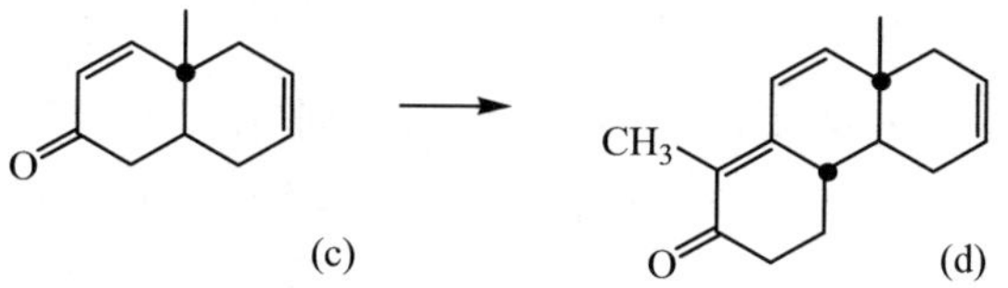

4)

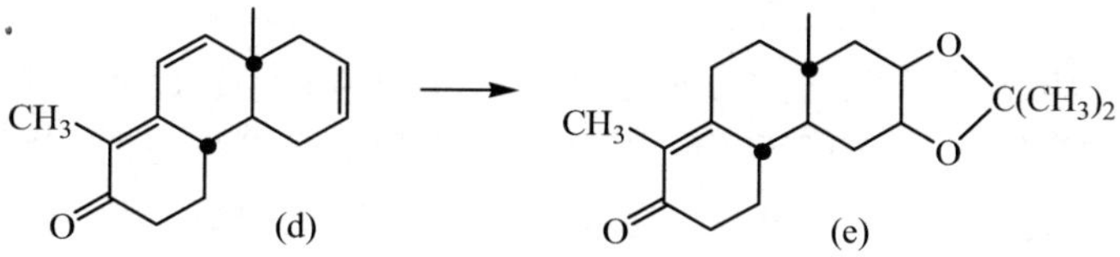

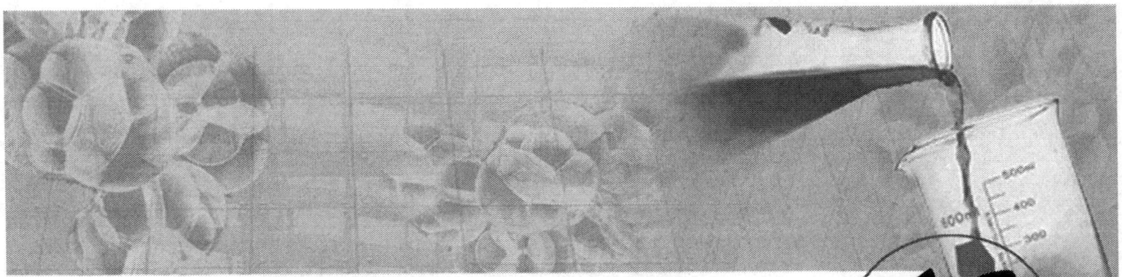

산화반응과 환원반응 12

식물은 빛의 에너지를 사용하여 이산화탄소를 환원하는 것에 의하여 유기물을 만들고, 동물은 생명유지에 필요한 에너지를 그 유기물의 산화에 의하여 얻고 있는 것을 생각하면, 산화환원의 반응은 생명의 본질에 매우 밀착한 중요한 과정인 것을 알 수 있다. 생체와 같이 복잡한 계에서는 물론이고, 일반적으로 유기화학에서 취급하는 단순한 분자의 산화환원반응도, 그의 메카니즘은 상당히 복잡하기 때문에 충분히 이해되지 않는 것이 많다. 여기서는, 특히 상세히 연구가 행해지고 그의 메카니즘이 확립되어 있는 것에 대해서는 될 수 있는 한 그의 메카니즘을 상세히 언급하고, 확실하지 않은 반응은 합성적으로 유용하다라고 생각되는 것의 구체적인 예를 되도록 기술하려고 한다.

산화와 환원은 유기화학에 있어서 매우 일반적이며 게다가 중요한 반응임에도 불구하고, 이것을 만족할 수 있도록 정의하는 것은 매우 어렵다. 물론 산화는 산소를 얻는 것, 수소를 빼앗기는 것, 혹은 전자를 잃는 것, 그리고 환원은 그의 반대라고 정의되고 있으며, 많은 경우에는 이 정의로서 충분하다.

$$CH_3CHO + H_2O_2 \longrightarrow CH_3CO_2H + H_2O$$

$$HCOOH + C_6H_5CH{=}CH_2 \longrightarrow CO_2 + C_6H_5CH_2CH_3$$

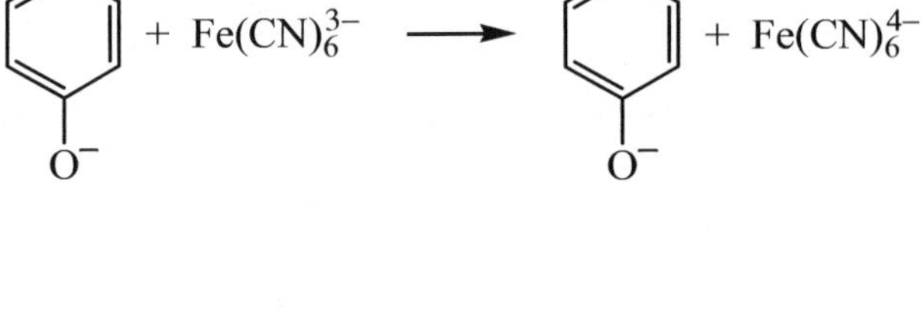

그러나 다음과 같은 경우에는, 위의 정의로서는 불충분하다.

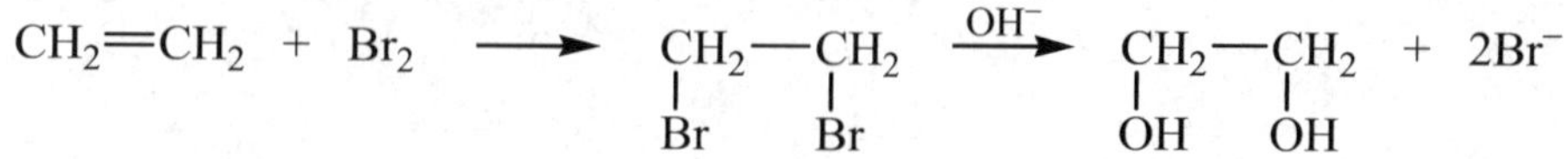

처음의 브롬분자가 2개의 브롬이온으로 환원되고 있기 때문에, 전체로서는 확실히 산화환원반응이다. 제2단계의 반응은 단순한 친핵적 치환반응이기 때문에 제1단계의 부가가 산화환원의 과정으로 된다. 이와 같은 경우도 포함해서, 유기화학에 있어서 산화환원을 만족할 수 있도록 정의하는 데에는 다음과 같이 생각하면 좋다. "생성물과 출발물질과의 차이가 단순히 프로톤, 수산이온, 할라이드이온, 알칼리금속이온, 암모늄이온, 아미드이온 등, 즉 물, 할로겐화수소, 암모니아 등의 교환으로 설명할 수 없을 때, 그의 반응은 산화환원과정을 포함하고 있다."

12-1. 산화반응

12-1-1. 탄화수소의 산화반응

1) 자동산화

어떤 종류의 유기화합물은 산소를 산화제로 하는 라디칼반응으로 산화된다. 비교적 저온에서 산소(공기)에 의하여 일어나는 산화반응은, 고온을 필요로 하는 연소와 구별되며, 자동산화라고 불리우고 있다(제10장 6절 참조). 예를 들면 다음과 같은 반응이 있다.

$$C_6H_5CH(CH_3)_2 \xrightarrow{O_2} C_6H_5C(CH_3)_2(OOH)$$

다른 구체적인 예 및 메카니즘에 대해서는 제10장 6절을 참조하기 바란다.

산소를 사용한 산화는 아니지만, 다음과 같은 호몰리시스에 의한 할로겐화반응도 산화반응이다(제10장 4절 참조).

$$R\text{–}H + Cl_2 \longrightarrow R\text{–}Cl + HCl$$

R-Cl은 가수분해하여 R-OH를 생성하기 때문에 R-Cl과 R-OH는 같은 산화준위이며, 따라서 R-Cl은 R-H 보다도 확실히 산화된 상태에 있다.

2) 과망간산 산화

과망간산칼륨은, 아마 유기화학에서 사용되는 산화제중에서 가장 강력하다라고 생각되며, 일반적으로 중성 혹은 알칼리성 수용액중에서 사용된다. 과망간산염에 의한 탄화수소의 산화의 형식에는 여러 가지가 있지만, 그의 대표적인 예로서는 다음과 같은 반응이 있다.

(i) 치환에 의한 알코올, 케톤, 카르복시산의 생성

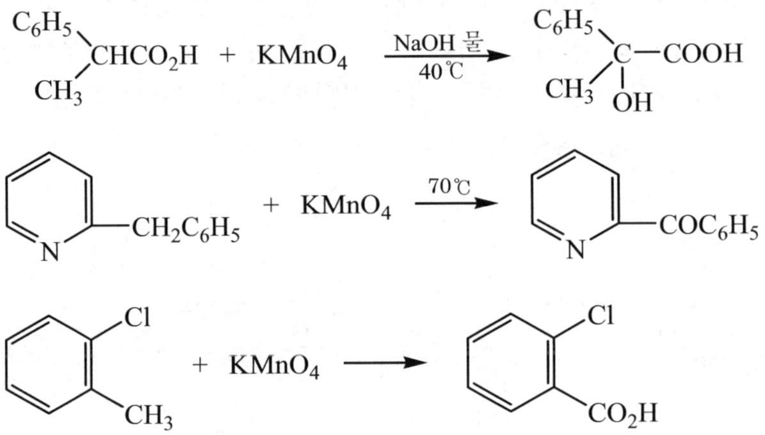

(ii) C-C결합의 개열에 의한 카르복시산의 생성

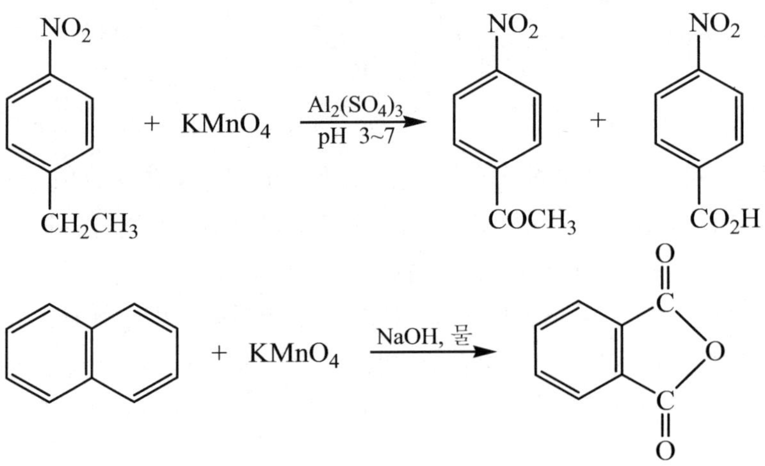

(iii) 이중결합에의 부가에 의한 글리콜의 생성

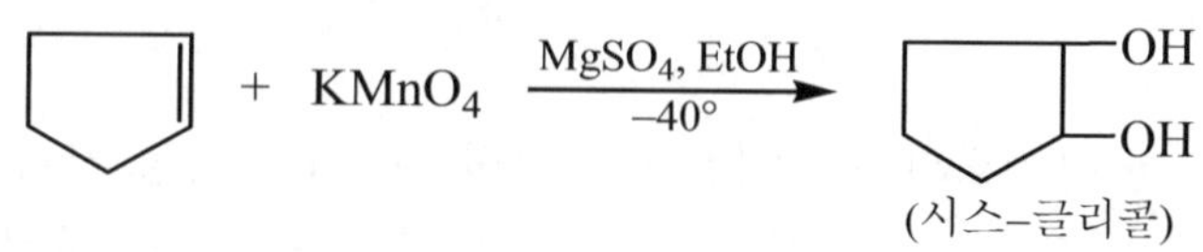

여기서는 메카니즘적으로 가장 연구가 잘 행해지고 있는 (iii)의 반응을 예로 하여, 과망간산 산화의 메카니즘을 고찰해 보기로 한다. 중성 혹은 약산성으로 산화하면, 올레핀은 아실로인을 생성한다. 그러나 여기서 산화를 정지시키는 것은 어렵다. 한편 pH 12 혹은 그 이상의 알칼리용액중에서는, cis-1,2-글리콜 생성의 단계에서 반응이 정지한다. ^{18}O로서 표지한 과망간산염을 사용한 상세한 실험의 결과로부터, 반응은 다음과 같은 메카니즘으로 진행한다라고 밝혀졌다. 글리콜에는, 과망간산염 중의 산소가 도입된다.

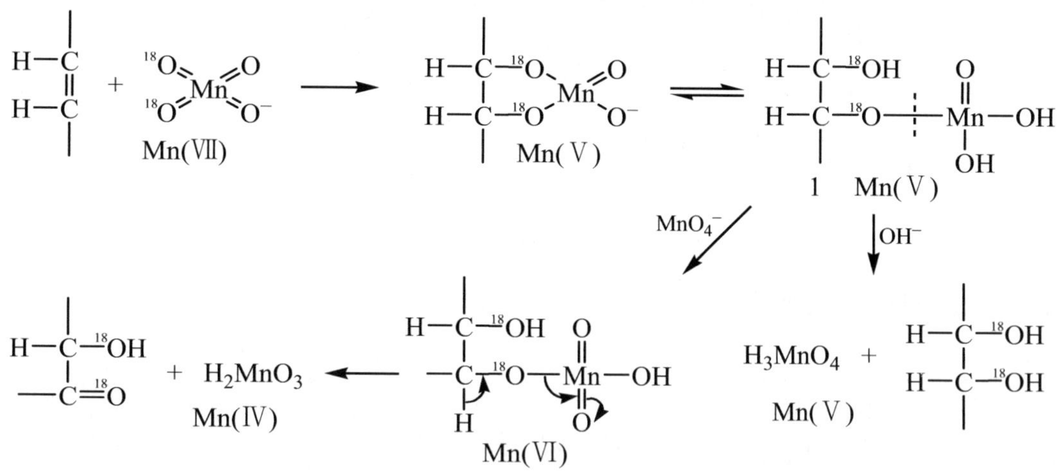

수산이온의 농도가 작을 때, 즉 중성 혹은 약산성에서는 중간체(1)은 더욱 산화되어 아실로인을 생성하며, 수산이온의 농도가 크면, 가수분해되어 글리콜을 생성한다. 과망간산염을 C=C결합의 산화제로서 사용하는 경우의 최대의 단점은, 특이성이 없다라고 하는 것으로서, 알데히드, 케톤, 알코올도 함께 산화되어 버린다. 이 점에서 Lemieux시약이라고 불리우는 미량의 과망간산을 함유하는 과요오드산의 용액은, 이중결합을 특이적으로 개열하는 좋은 산화제이다.

$$R_2C{=}CHR' \xrightarrow{KMnO_4-H_5IO_6} R_2C{=}O + R'CH{=}O$$

이 경우, 과망간산이 이중결합에 작용하여 글리콜을 생성하면, 이 글리콜을 과요오드산이 곧바로 개열하며(3절 참조), 동시에 Mn(V)를 원래의 과망간산으로 산화한다.

(iv) 이중결합의 개열

$$CH_3CH{=}C(CH_3)_2 \xrightarrow[OH^-]{KMnO_4} CH_3CO_2H + (CH_3)_2CO$$

3) 사산화오스뮴에 의한 산화

에테르, 벤젠, 시클로헥산 등의 건조한 불활성용매 중에서 사산화오스뮴을 올레핀과 반응시키면, 서서히 부가하여 황색의 오스뮴산에스테르를 생성하며, 이것을 물 또는 묽은 산과 비등시키면 cis-디올과 오스뮴산을 생성한다. 가격이 비싸지만, 올레핀의 산화를 확실히 디올의 단계에서 정지시킬 수 있는 유용한 산화제이다.

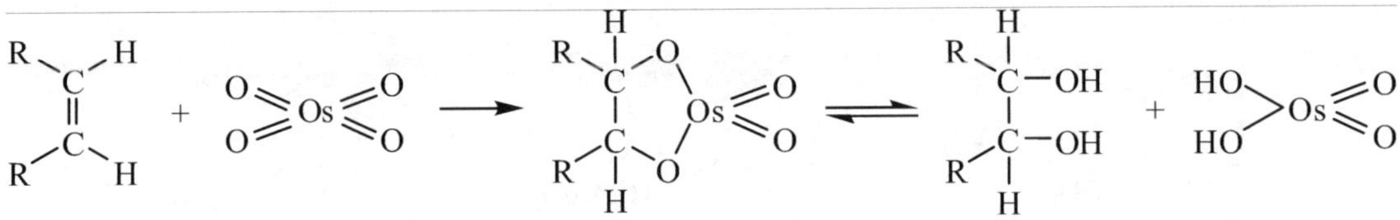

최후의 가수분해는 가역적이기 때문에, 아황산나트륨이나 포르말린 등의 환원제의 존재하에서 가수분해하여, cis-디올을 단리하는 쪽이 좋다. 환원제는 오스뮴산을 오스뮴으로 변화시키고, 생성물의 분리를 용이하게 한다.

4) 크롬산 산화

무수크롬산(CrO_3), 크롬산(H_2CrO_4), 크롬산염(M_2CrO_4), 중크롬산염($M_2Cr_2O_7$), 염화크로밀(CrO_2Cl_2, Ėtard시약)을 사용한 산화반응을 일반적으로 크롬산 산화라고 총칭하고 있다. 산화는 일반적으로 산성조건하에서 행한다.

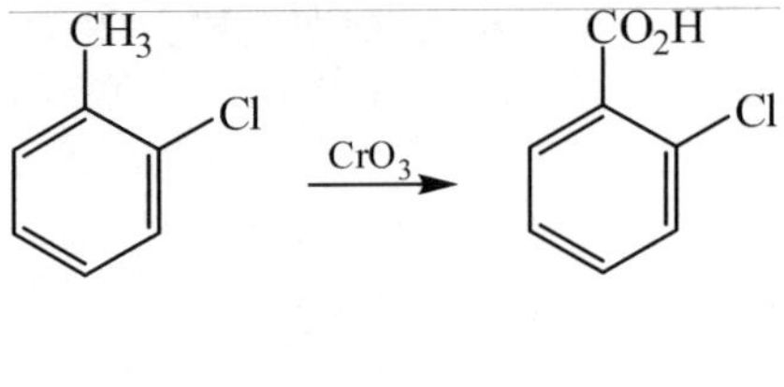

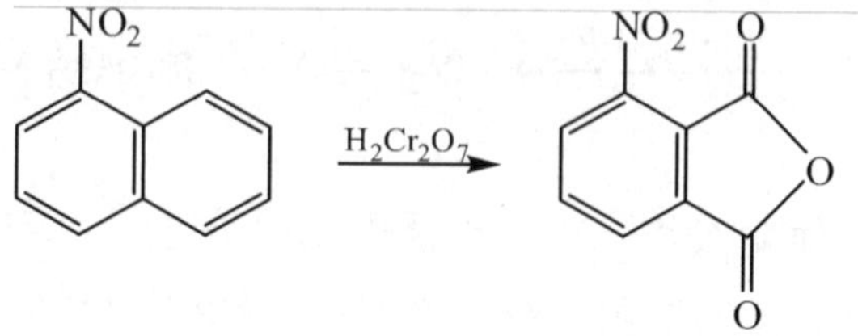

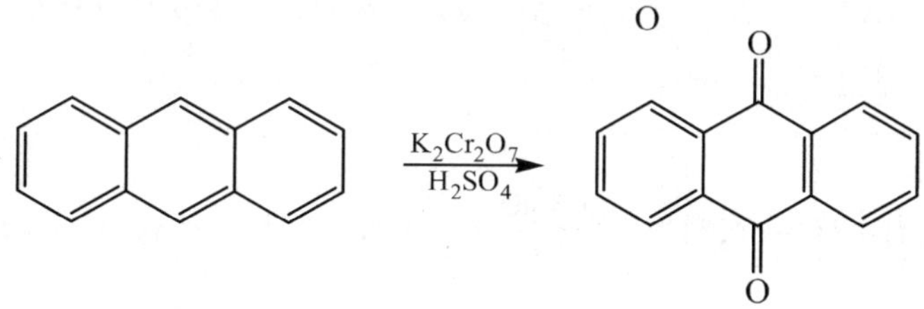

이 조건에서는 무수크롬산도 중크롬산염도 주로 크롬산의 형태로서 존재하고 있다. 방향족 측쇄의 산화에 과망간산염과 병행하여 잘 사용된다.

측쇄인 메틸기의 산화로서 알데히드를 얻고 싶을 때는, 무수아세트산 중의 무수크롬산으로 산화하면 디아세테이트[RCH(OAc)$_2$]로 되어 산화가 정지하기 때문에, 이것을 가수분해하면 좋다.

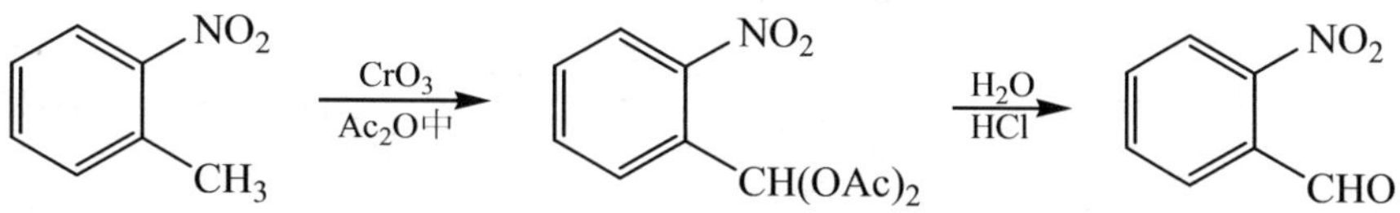

다음의 반응도 메틸기를 알데히드로까지 산화시키는 방법으로서 Ėtard반응이라고 한다.

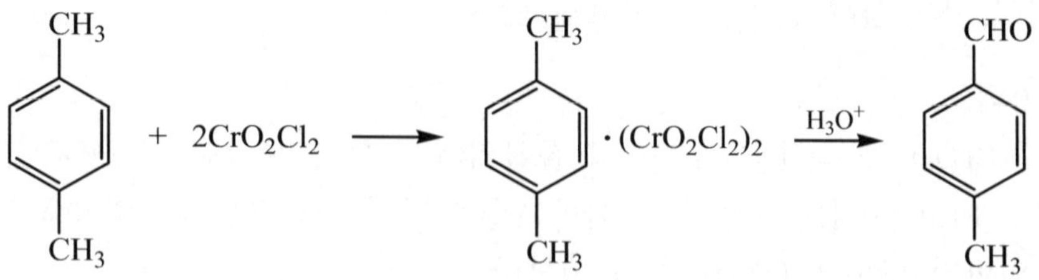

산화크로밀과 유기물의 2 : 1 착화합물이 생성하며, 이것을 가수분해하면 알데히드를 얻을 수 있다.

5) 오존 산화

오존은 저온에서도 용이하게 올레핀과 반응하여 아래와 같은 환상과산화물인 오조니드를 생성한다. 이 오조니드를 거쳐 탄소간결합의 개열을 행하기 때문에, 오존산화는 합성 및 구조결정에 중요하다.

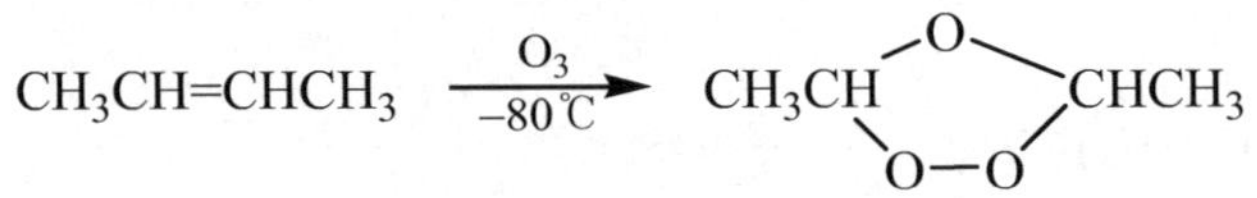

(오조니드)

오조니드생성은 각종의 증거로부터 환상부가로 시작되는 다음과 같은 메카니즘이 생각되고 있다.

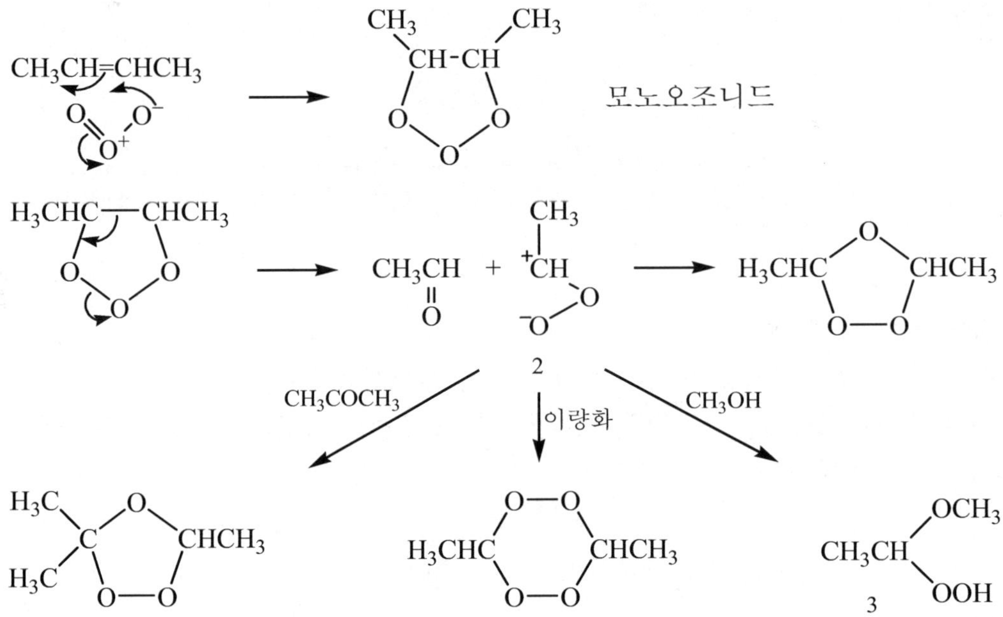

상기의 메카니즘의 증거로 되는 사실로서, 다른 카르보닐화합물을 오존산화시에 공존시키면, 그것에 의한 오조니드를 생성하는 것, (2)의 2량화생성물이 얻어지는 것, 알코올과 반응하여 (3)과 같은 하이드로퍼옥사이드를 얻는 것 등을 들 수 있다. 오조니드는 단리하지 않은 그대로 산화, 환원 등을 행하고, 카르보닐화합물을 얻는 경우가 많다. 산화(과산화수소가 잘 사용된다)하면 카르복시산을, 환원(접촉수소화, 아연과 산, 아황산수소나트륨 등이 잘 사용된다)하면 케톤이나 알데히드를 얻는다. 또한 수소화알루미늄리튬으로 환원하면 알코올이 얻어진다.

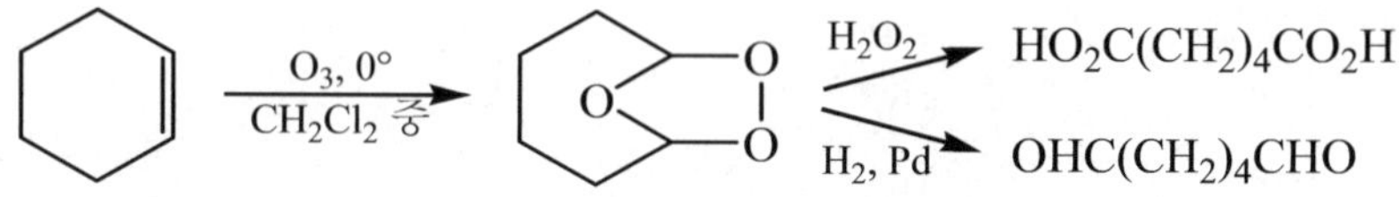

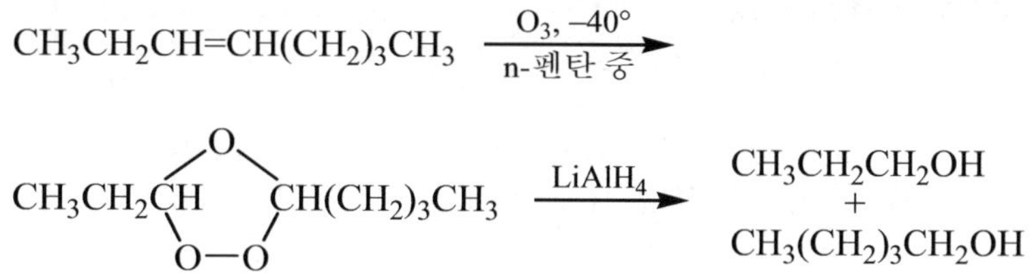

벤젠환도 오조니드에 의하여 산화개열을 받는다.

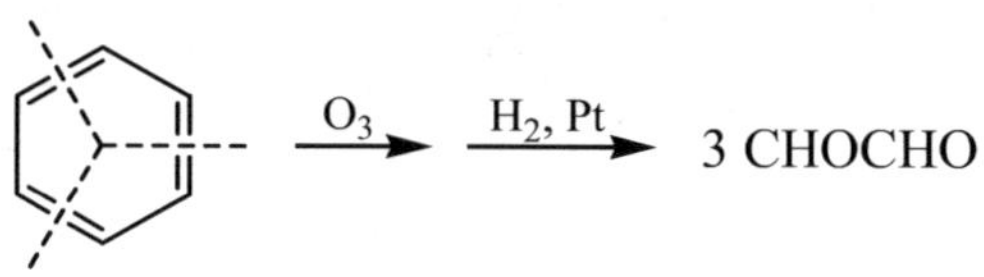

6) **과산화물에 의한 산화**

과산은 올레핀의 π 전자를 공격하고 반응하여, 에폭시화합물을 생성한다. 이 반응은 아래와 같은 환상전이상태를 거쳐 입체특이적으로 진행하여 에폭시화합물을 얻는 합성적으로 중요한 반응이다.

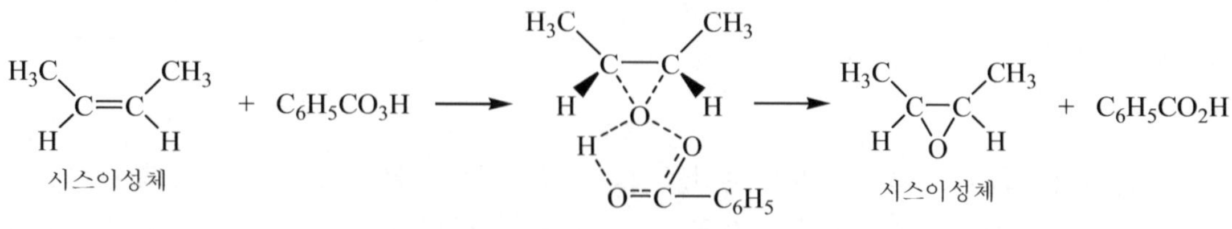

과산으로서는 일반적으로 과벤조산이나 모노과프탈산이 사용된다. 음성기를 공액한 올레핀은 과산으로는 산화되기 어렵고, 알칼리성의 과산화수소로서 에폭시화된다.

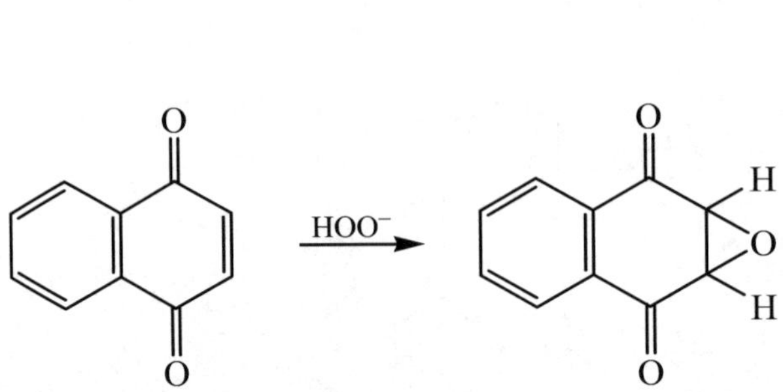

위의 반응은 π 전자가 과산화물의 공격을 받는 예이지만, 고립전자쌍은 π 전자보다도 더욱 공격되기 쉬우며, 과산에 한정되지 않고 과산화수소, 하이드로퍼옥사이드 등으로도 산화가 일어난다.

$$R_3N \longrightarrow R_3N\rightarrow O$$

$$R_3P \longrightarrow R_3P\rightarrow O$$

$$R_2S \longrightarrow R_2SO \longrightarrow R_2SO_2$$

$$ArN{=}NAr \longrightarrow Ar\overset{O\uparrow}{N}{=}NAr$$

$$ArI \longrightarrow ArI\rightarrow O$$

7) 탈수소

알칸류는, 촉매의 존재하에서 고온으로 탈수소를 받는다.

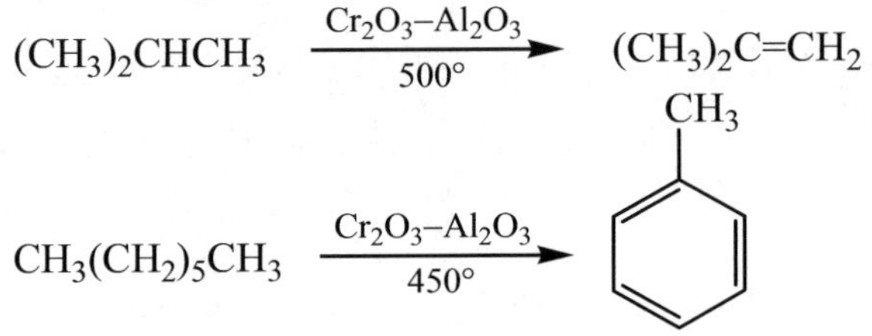

또한 6원환을 함유하는 지방족 고리화합물은 접촉수소화[2-1항 1)참조]에 사용되는 백금, 팔라듐 등의 촉매 혹은 S, Se 등에 의하여 탈수소반응을 받으며, 방향족 화합물로 변한다.

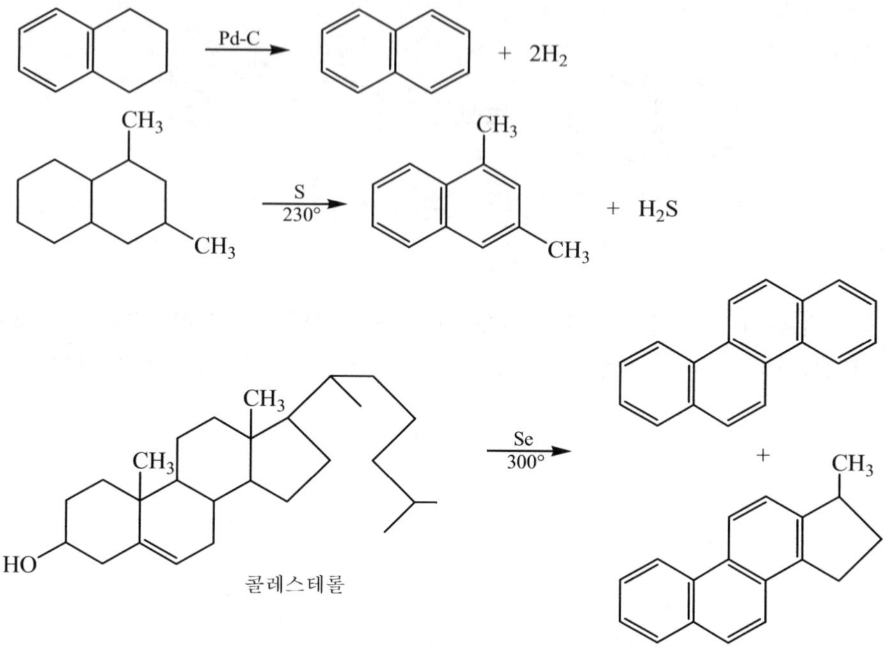

콜레스테롤

12-1-2. 알코올의 산화반응

1) 크롬산 산화

크롬산 산화는 알코올의 실험실적 산화방법으로서 가장 잘 이용된다. 1차알코올로부터는 알데히드, 카르복시산, 에스테르를 생성하고, 2차알코올로부터는 케톤을 생성한다. 3차알코올은 C-H결합을 갖지 않기 때문에 C-C결합의 개열을 받아 복잡한 분해생성물을 생성한다. Westheimer와 그의 공동연구자들에 의하여 이소프로필알코올의 아세톤으로의 산화메카니즘이 상세히 연구되고 있으며, 전형적인 무기화합물과 유기화합물의 산화준위가 어떻게 변화하는지를 밝힌 점에서 흥미가 있다. 제1단계는 크롬산이소프로필에스테르의 가역적인 생성이다. 이 에스테르는 불안정하지만, 추출단리가 가능하다.

$$(CH_3)_2CHOH + H_2CrO_4 \rightleftharpoons (CH_3)_2CHO{-}CrO_2OH + H_2O$$

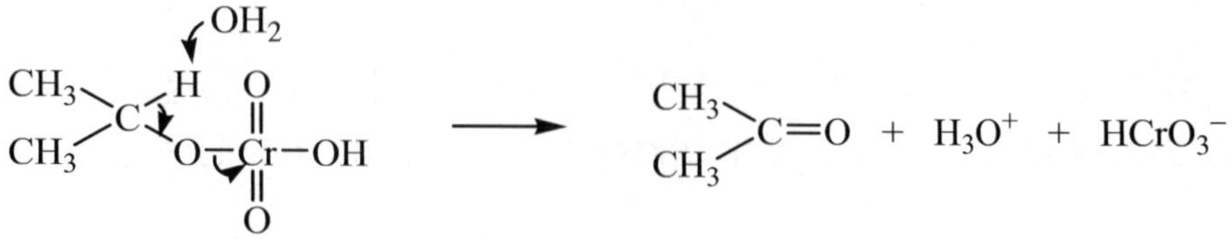

다음의 단계가 율속이며, 염기(이 경우는 물)가 α-수소를 공격하고, 협주적으로 Cr(IV)화합물의 탈리가 일어난다. 그러나 이 단계는, 다음과 같은 분자내 반응일지도 모른다.

율속단계에 C-H결합의 개열이 포함되어 있는 것은, $(CH_3)_2CDOH$를 사용했을 때의 동위체효과($k_H/k_D = 6.6$, 25℃)로부터 밝혀졌다. 일반적인 조건에서는 이와 같이 해서 생성한 Cr(IV)화합물은 Cr(VI)으로 빠르게 산화되어 Cr(V)를 생성하며, 이것이 또한 알코올을 산화한다라고 알려져 있다.

$$\text{Cr(IV)} + \text{Cr(VI)} \xrightarrow{\text{빠르다}} 2\text{Cr(V)}$$

$$\text{Cr(V)} + (CH_3)_2CHOH \longrightarrow \text{Cr(III)} + (CH_3)_2CO$$

위에서 설명한 산성수용액중의 크롬산 산화에 있어서 더욱 온화하며 선택적인 반응시약으로서, 피리딘중의 무수크롬산이 있다. 피리딘과 무수크롬산은 1;1의 착화합물을 형성하지만, 피리딘을 용매로서 이 착화합물에 의하여 산에 불안정한 화합물의 수산기의 산화를 행할 수가 있다.

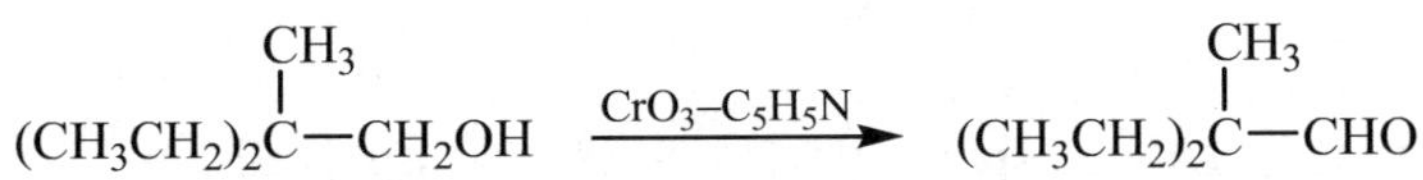

2) Oppenauer산화

알코올의 산화에 잘 사용되는 다른 하나의 방법에 Oppenauer산화가 있다. 케톤을 탈수소제, 알루미늄알콕사이드를 촉매로 하고, 벤젠 또는 톨루엔용매중에서 알코올을 알데히드 또는 케톤으로 산화하는 방법이다.

$$RR'CHOH + R_2''CO \underset{}{\overset{Al(OR''')_3}{\rightleftharpoons}} RR'CO + R_2''CHOH$$

Oppenauer산화에서는, 일반적으로 케톤(R_2"CO)으로서는 아세톤, 촉매로서는 알루미늄이소프로폭사이드가 사용되며, 다음과 같은 예가 있다.

$$Al(OCHMe_2)_3 + 3(C_6H_5CH_2)_2CHOH \rightleftharpoons [(C_6H_5CH_2)_2CHO]_3Al + 3Me_2HCOH$$

$$3(CH_3)_2CO + [(C_6H_5CH_2)_2CHO]_3Al \rightleftharpoons$$

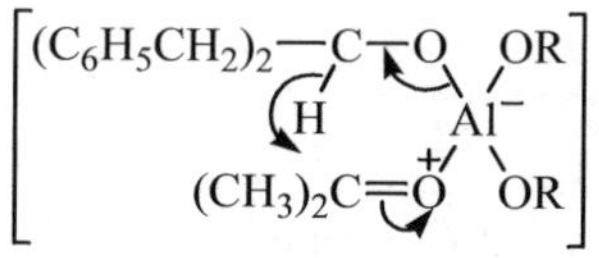

$$\rightleftharpoons \text{----} \rightleftharpoons 3(C_6H_5CH_2)_2CO + [(CH_3)_2CHO]_3Al$$

이 반응은 가역적이기 때문에, 알데히드 또는 케톤을 환원하여 알코올로 하는 방법(Meerwein-Ponndorf-Verley환원)으로서도 사용된다. Oppenauer산화에서는, 과잉으로 존재하는 아세톤을, 산화가 진행되면서 생성하는 이소프로필알코올과 함께 서서히 유거하는 것에 의하여, 또한 Meerwein-Ponndorf-Verley환원의 경우에는 생성하는 아세톤을 유거하는 것에 의하여, 반응을 진행시킬 수 있다. 산화, 환원의 어떤 경우도 알콕사이드의 알루미늄원자는 케톤의 산소원자와 배위결합을 형성하고, 다음의 평형에서 수소음이온이 이동하기 쉽도록 공간배치를 갖는 착화합물을 형성한다.

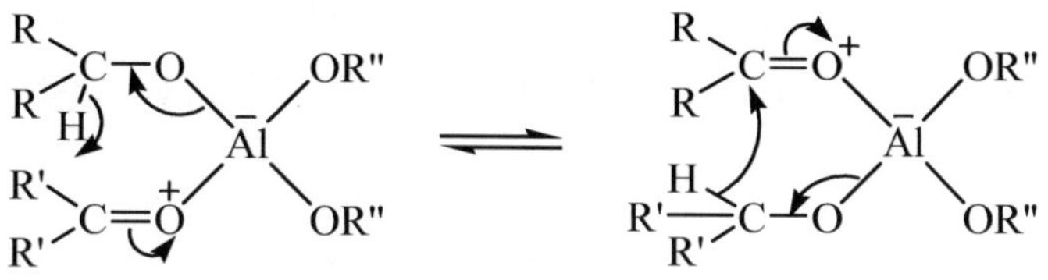

시클로헥사논을 Me_2CDOH로서 환원하면 생성물의 시클로헥사놀 중에 D가 검출되는 것으로부터, 상기의 착화합물에서 분자내 수소음이온이동이 일어나고 있음을 알 수 있다.

12-1-3. 1,2-글리콜의 산화반응

1930년대에 1,2-글리콜의 C-C결합을 정량적으로 절단하는 산화제가 2종류 발견되었으며, 이 산화방법은 각종의 유기화합물의 구조결정에 있어서 유효한 수단으로 되고 있다.

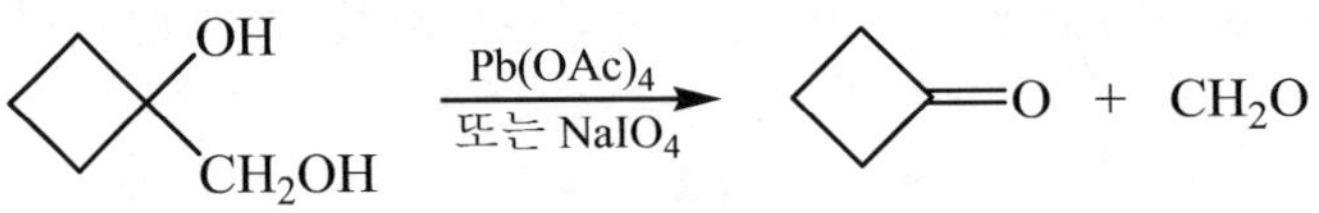

그의 하나는 사아세트산납으로서, 이 산화는 무수의 조건에서 아세트산 혹은 벤젠이 용매로 사용된다. 다른 하나는 과요오드산으로서, 이 산화제는 완충용액에서 사용되며, 탄수화물이나 기타의 생물학적으로 중요한 수용성물질의 산화분해에 특히 유용하다. 이들의 산화제는 전자가 유기용매에 용해하며, 후자는 물에 용해하는 점에서 상보적으로 사용된다.

1) 사아세트산납에 의한 산화

사아세트산납의 차거운 용액은 모든 형태의 1,2-글리콜과 정량적으로 2분자반응을 일으키며, 다음과 같은 환상중간체를 함유하는 메카니즘이 제안되었다.

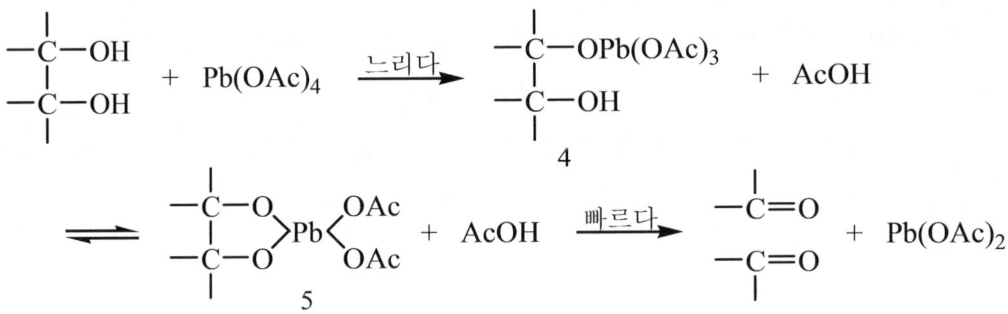

5원환 및 6원환의 환상 cis-글리콜의 산화가, trans-글리콜의 산화보다도 훨씬 쉬운 것으로부터, 환상중간체(5)를 경유하는 메카니즘이 지지되고 있다. 그러나 trans-데칼린-9,10-디올(6)과 같은 trans-글리콜도 속도는 느리지만 산화된다. 이 경우에는 (4)를 경유하는 다음과 같은 경로로서 개열한다라고 생각된다.

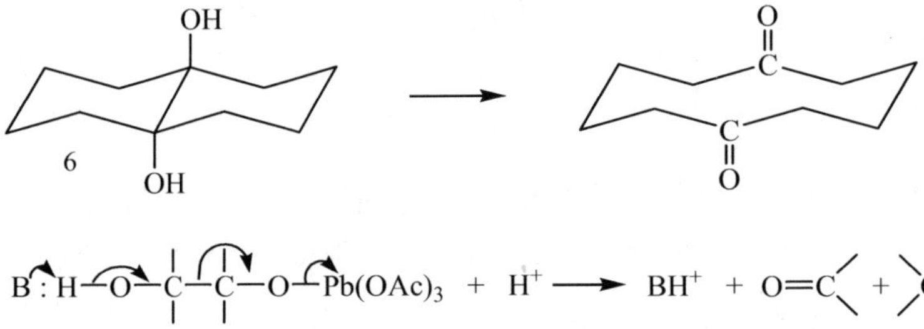

사아세트산납은 아미노알코올의 개열, α-하이드록시산, α-케토산의 산화에도 사용할 수 있다.

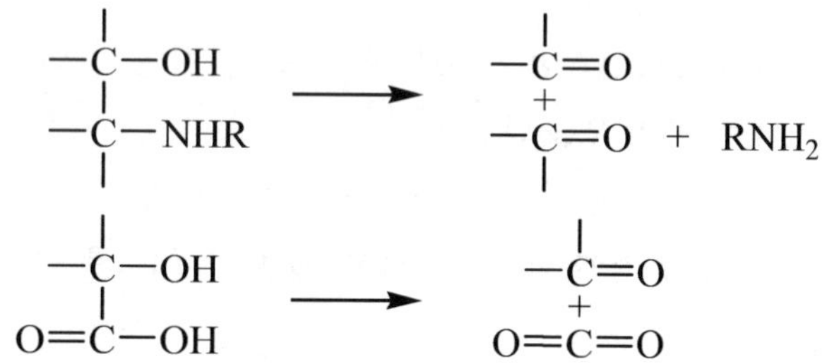

2) 과요오드산에 의한 산화

과요오드산(H_5IO_6) 및 메타과요오드산나트륨($NaIO_4$)이, 무기산의 존재하, 또는 pH 7 이하의 완충용액중에서 수용액으로서 사용된다. 알코올이나 디옥산을 혼합용매로서 사용하는 경우도 있다. 사아세트산납과 마찬가지로, 다음과 같은 환상중간체를 경유하는 메카니즘인 것으로 밝혀졌다.

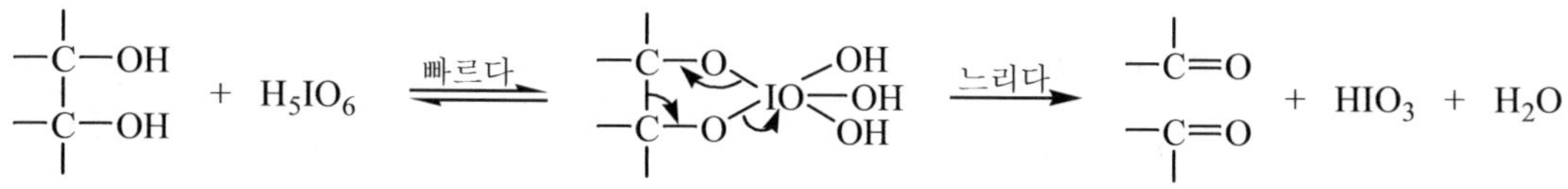

개열은 다음과 같은 형태로서 일어나며, 다가알코올에서는 포름산을 생성한다.

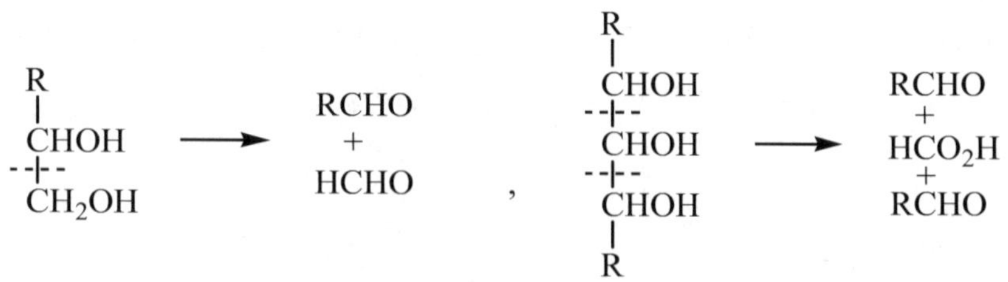

생성한 포름산의 수량, 혹은 소비된 과요오드산의 양을 측정하므로서, 출발물질의 구조를 알 수 있기 때문에, 이 정량적 산화는 탄수화물의 구조결정에 매우 유효한 수단으로 되고 있다. 예를 들면 메틸α-D-글리코시드는 2몰의 과요오드산을 소비하여 1몰의 포름

산을 생성한다.

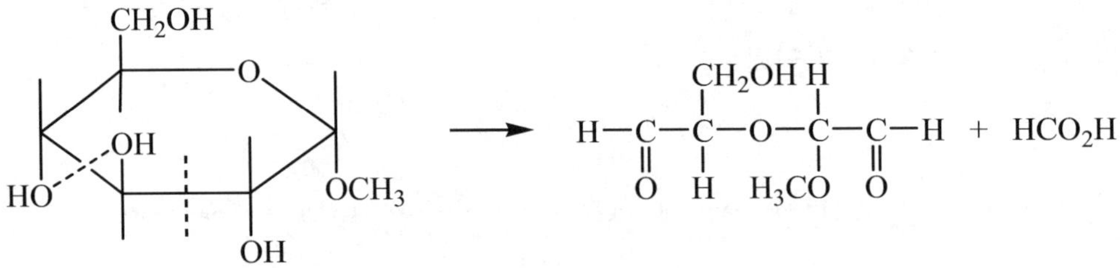

12-1-4. 알데히드, 케톤, 카르복시산의 산화반응

1) 알데히드의 산화

알데히드는 산화에 대해서 매우 민감하다. 과망간산에 의한 벤즈알데히드의 산화는 산접촉을 받는 것과, PhCDO를 사용하면 동위체효과가 관찰되며($k_H/k_D=7$), $Mn^{18}O_4^-$를 사용하면 생성하는 벤조산중에 ^{18}O가 존재하는 것 등으로부터, 다음과 같은 메카니즘으로 진행한다라고 생각된다.

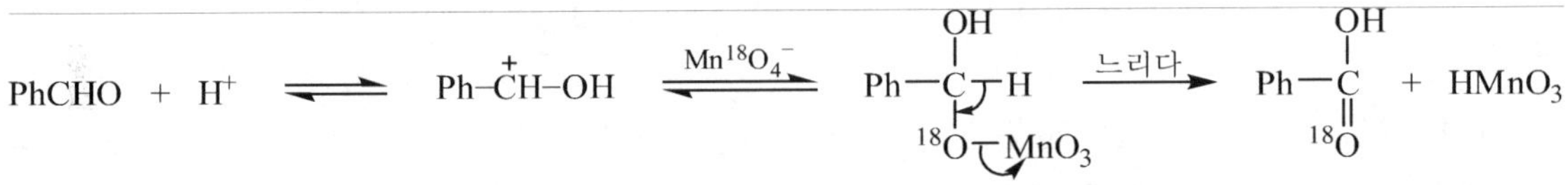

크롬산에 의한 벤즈알데히드의 산화는 과망간산과 비교하면 느리다. 알코올의 산화의 경우와 마찬가지로, 크롬산에스테르를 경유한다라고 생각된다.

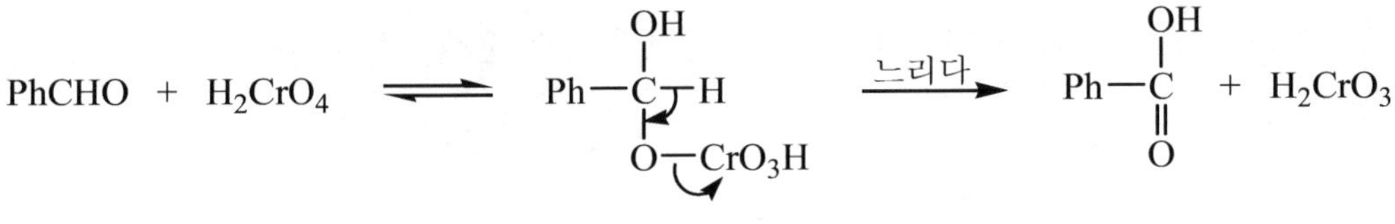

이 경우에도 동위체효과($k_H/k_D=4.3$)가 확인되고 있다. 과망간산산화에서는, 알코올의 산화에 비하여 알데히드의 산화가 용이하기 때문에, 알코올의 산화시에는 알데히드의 단리가 곤란하지만, 크롬산 산화에서는 알코올과 알데히드의 산화속도가 거의 같은 정도이

기 때문에 $RCH_2OH \rightarrow RCHO$의 부분산화가 가능하다[1-2항 1) 참조]. 무수아세트산에 의한 알도옥심의 탈수반응도 알데히드의 산화반응으로서 이용된다.

이 반응은 분자중에 다른 산화되기 쉬운 관능기를 갖는 경우에, 알데히드기를 선택적으로 산화하는데 최적의 방법이다.

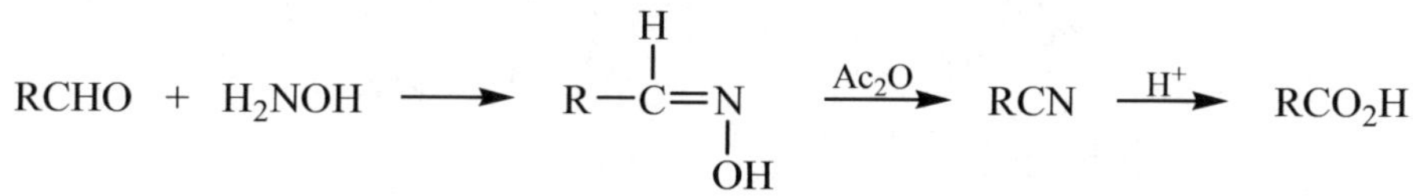

2) 케톤의 산화

케톤은 알데히드나 올레핀 보다는 훨씬 산화되기 어렵다. 카르보닐기에 직접 작용하는 산화제는 과산화물뿐이다.

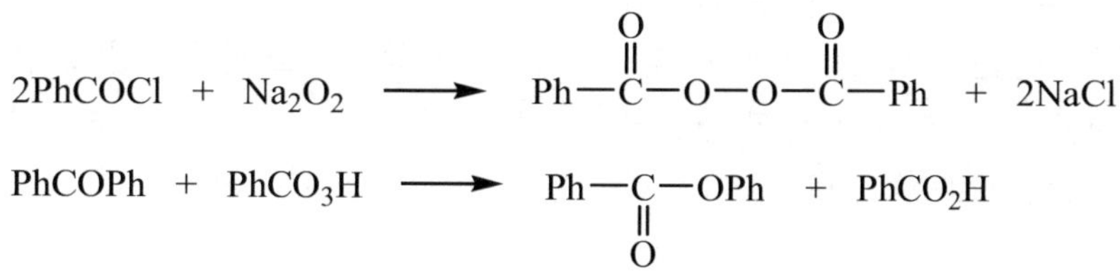

(Baeyer-Villiger 반응, 제9장 3절 참조)

그러나 엔올화할 수 있는 케톤은 그의 α-위치가 산화를 받을 수 있다. 예를 들면 할로포름반응(제8장 2-2항 참조)이 그 일례이다.

$$PhCOCH_3 + 3Br_2 \longrightarrow PhCOCBr_3 \xrightarrow{OH^-} PhCO_2H + HCBr_3$$

사아세트산납으로 행할 수 있는 반응의 하나로서, 활성메틸렌의 아세톡실화가 있지만, 예를 들면 카르보닐기의 α-위치와의 반응은 엔올화가 율속으로 되며, 다음과 같이 진행한다라고 생각되고 있다.

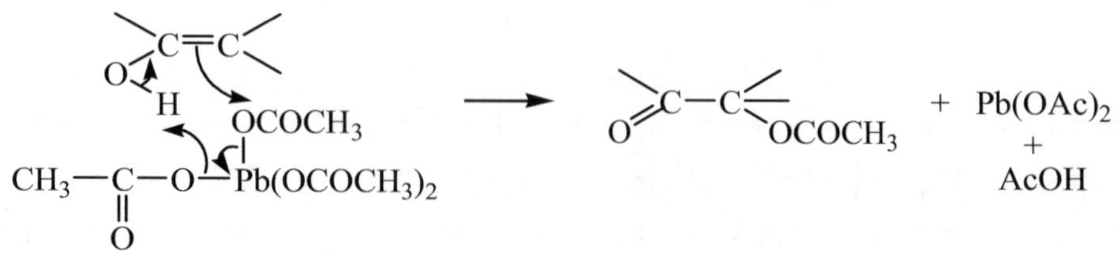

이산화셀렌은 $-COCH_2-$기를 $-COCO-$기로 산화하는 특이적인 산화제이지만(이 반응은 Riley반응이라고도 말한다), 이것도 또한 엔올화한 케톤과 반응한다라고 생각된다. 이 반응은 일반적으로 뜨거운 아세트산 중에서 행하지만, 이 조건에서는 아셀렌산이 반응시약으로 된다.

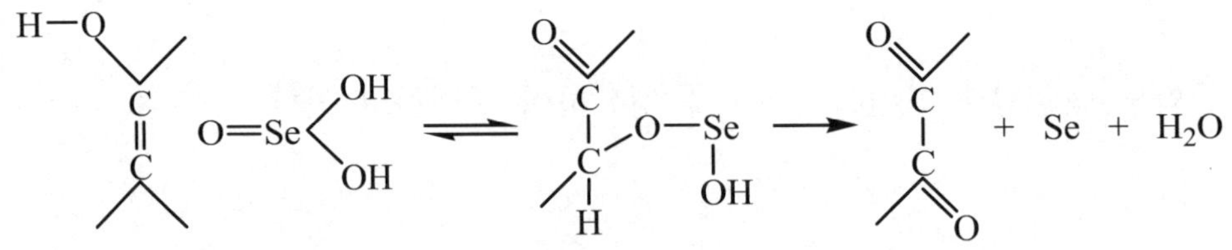

$$CH_3COCH_3 \xrightarrow{SeO_2} CH_3COCHO$$

아질산, 아질산알킬, 유기니트로소화합물을 사용해도 이산화셀렌과 마찬가지의 산화를 행할 수 있다.

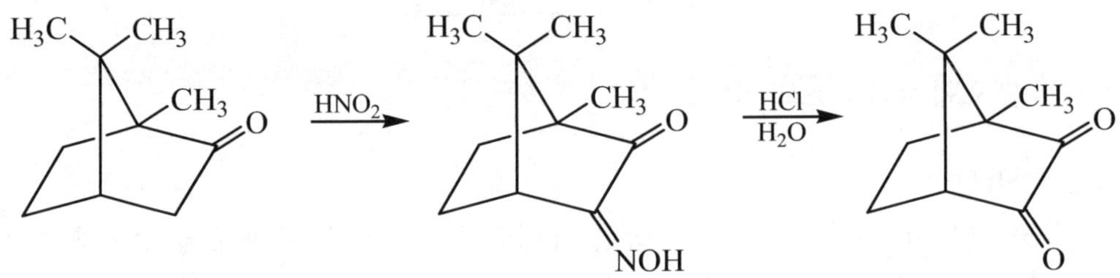

3) 카르복시산의 산화

포화카르복시산은 매우 산화되기 어려우며, 일반적인 산화제로서는 산화되지 않지만, 라디칼반응에 의한 산화를 받으며, 그의 예는 다음과 같다(제10장 2절, 8절 참조).

$$CH_3CO_2^- \xrightarrow{\text{전해산화}} CH_3CO_2\cdot \longrightarrow CO_2 + CH_3\cdot \qquad \text{(Kolbe의 전해)}$$

$$(CH_3)_3CCH_2CO_2Ag + Br_2 \longrightarrow (CH_3)_3CCH_2Br + CO_2 + AgBr \qquad \text{(Hunsdiecker의 반응)}$$

카르복시산의 이온적 메카니즘에 의한 산화는 희귀하며, 예로서, Hell-Volhard-Zelinsky반응이 있다. 적인과 브롬으로 카르복시산의 α-위치를 브롬화하는 반응이다. 적인과 브롬으로부터 생성한 삼브롬화인과의 반응으로 먼저 산브롬화물이 생성하고, 이것이 더욱 다음과 같은 메카니즘으로 α 위치의 브롬화를 받는다라고 밝혀졌다.

$$RCH_2COBr + Br_2 \longrightarrow RCHBrCOBr + HBr$$

$$RCHBrCOBr + RCH_2CO_2H \rightleftharpoons RCHBrCO_2H + RCH_2COBr$$

이 브롬화도 엔올형태의 산브롬화물을 경유하여 진행하고 있다.

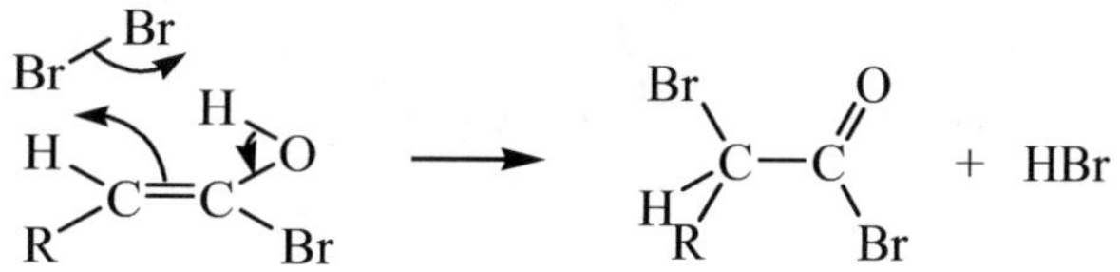

12-2. 환원반응

12-2-1. 불포화탄화수소의 환원반응

1) 접촉수소화반응

불포화기를 함유한 유기화합물을 적당한 용매중에서 촉매의 존재하에 수소와 반응시키면 불포화결합의 일부 또는 전부에 수소가 부가한다. 이 수소와의 반응은 접촉수소화반응이라고 말하며, 반응물질, 촉매 등의 변화에 의하여 각각의 온도와 압력으로 행해진다.

접촉수소화반응에 의하여 각종의 반응이 가능하지만, 이것을 반응의 종류로서 대별하면 다음과 같다.

(1) 올레핀결합의 포화

$$>C=C< \longrightarrow >CHCH<$$

(2) 아세틸렌결합의 포화

$$-C\equiv C- \longrightarrow -CH=CH- \longrightarrow -CH_2CH_2-$$

(3) 카르보닐화합물로부터 알코올 또는 탄화수소

$$>C{=}O \longrightarrow >CHOH \longrightarrow >CH_2$$

(4) 에스테르로부터 알코올

$$-COOR \longrightarrow -CH_2OH + ROH$$

(5) 니트릴로부터 아민

$$-CN \longrightarrow -CH_2NH_2$$

(6) 니트로(또는, 니트로소)화합물로부터 아민

$$-NO_2 \text{ (또는 }-NO) \longrightarrow -NH_2$$

(7) 옥심으로부터 아민

$$>C{=}NOH \longrightarrow >CHNH_2$$

(8) 아족시, 아조화합물로부터 아민

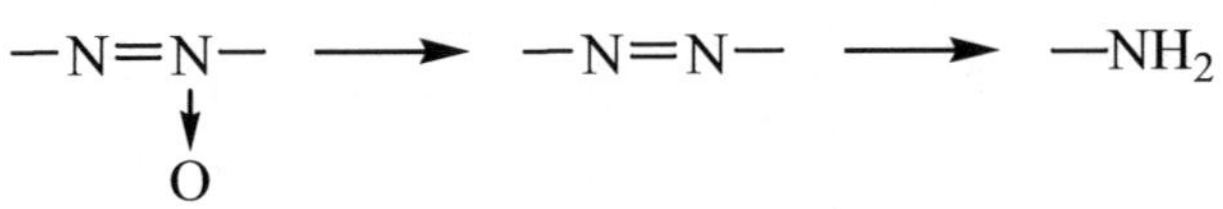

(9) 할로겐화알킬, 알코올, 에테르, 니트릴, 아민 등의 관능기 X의 개열 수소화

$$R{-}X \longrightarrow R{-}H + HX$$

수소화반응이 일어나기 쉬운 순서는, 니트로기>삼중결합>이중결합>카르보닐기≈니트릴기>방향환이다. 그러나 이들은 촉매 기타의 조건으로 변할 수 있다.

반응은 모두 촉매상에 흡착되고 활성화된 수소와 피환원물질간에 일어난다. 촉매로서는 각종의 중금속, 귀금속 및 그의 산화물 등이 사용되지만, 유명한 것은 팔라듐, 백금, 니켈 등의 금속 및 구리크롬산화물이다. 이들은 모두 적당한 처리에 의하여, 미분말 혹은 다공질상태로서 표면적을 확대시켜서 촉매활성을 높이고 있다. 예를 들면, Raney-Ni(가끔, R-Ni로서 표시한다)이라고 불리우는 강력한 촉매는, Ni-Al의 합금으로부터, 수산화알칼리수용액으로 Al만을 용해시킨 다공질상태의 것이다. 접촉수소화반응은 그의 조건(온도, 압력, 촉매 등)에 의하여 생성물, 수득율이 미묘하게 변하기 때문에 실제로 이것을 행할 때에는, 조건을 잘 검토할 필요가 있다.

알켄류의 접촉수소화반응은 순수한 알칸류의 일반적인 제법이다. 반응은 입체특이적 시스부가로서 진행한다.

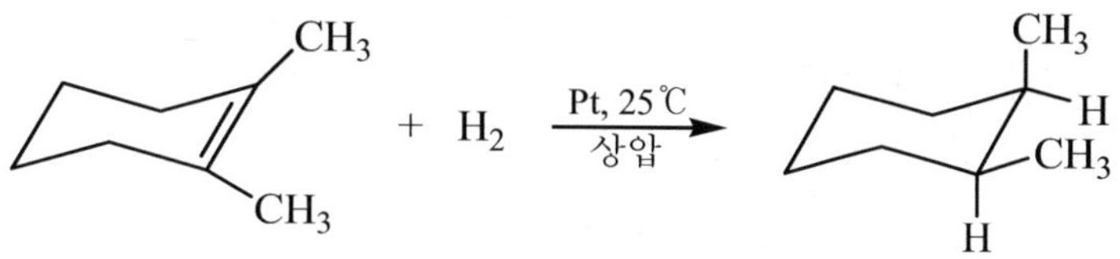

알킨류에서도 역시 시스부가이며, 수소화반응을 올레핀의 단계에서 정지시킬 수 있다.

$$CH_3CH_2C\equiv CCH_2CH_3 + H_2 \xrightarrow{Pt,\ 25^\circ C} \underset{H}{\overset{CH_3CH_2}{}}\!\!>C=C<\!\!\underset{H}{\overset{CH_2CH_3}{}}$$

시스부가가 일어나는 이유는, 출발물질, 수소 모두가 촉매상에 흡착된 상태에서 반응한다라고 생각하면 이해할 수 있다. 방향환도 올레핀에 비하면 곤란하지만, 수소화반응이 일어난다.

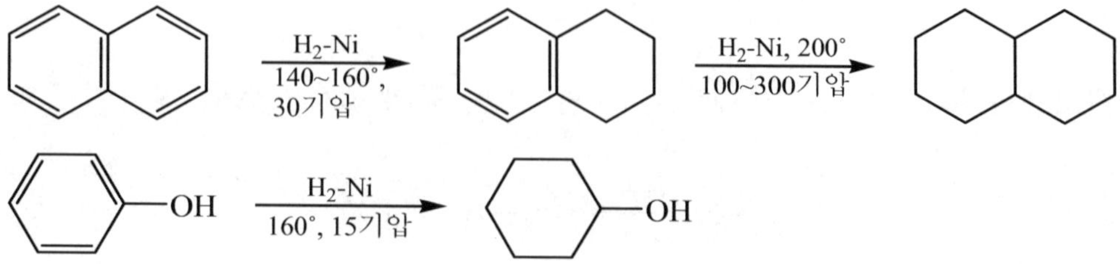

2) 금속수소화물에 의한 환원

알켄류, 알킨류, 방향족 탄화수소 등의 불포화화합물은, 금속수소화물로서 유명한 수소화알루미늄리튬($LiAlH_4$)이나 수소화붕소나트륨($NaBH_4$)과는 일반적으로 반응하지 않는다. 그러나 디보란이나 수소화알루미늄은 환원제로서 작용한다.

$$6CH_3(CH_2)_2CH{=}CH_2 + B_2H_6 \xrightarrow{(CH_3OCH_2CH_2)_2O} 2[CH_3(CH_2)_4]_3B \xrightarrow[\Delta]{CH_3CO_2H} CH_3(CH_2)_3CH_3$$

$$n\text{-}C_4H_9CH{=}CH_2 \xrightarrow[C_6H_6]{AlH_3} (n\text{-}C_6H_{13})_3Al \xrightarrow{H_3O^+} n\text{-}C_6H_{14}$$

3) 알칼리금속에 의한 환원

a) 액체암모니아중에서의 알칼리금속에 의한 환원

액체암모니아(융점-77.8℃, 비점-33.4℃)는 리튬, 나트륨, 칼륨을 잘 녹이며, 또한 저분자량의 유기화합물에 대한 용해력도 크기 때문에, 액체암모니아중의 알칼리금속(나트륨이 가장 잘 사용된다)은 좋은 환원제로 된다. 이 반응에는 이외에도 산(프로톤산)이 필요하며, 암모늄염[NH_4Cl, NH_4Br, $(NH_4)_2SO_4$ 등]이나 메탄올, 에탄올 등의 알코올류가 사용된다. 이들은 액체암모니아중에서는 산으로서 작용한다. 특히 알칼리금속-액체암모니아-알코올의 3성분의 조합에 의한 환원은 Birch환원이라고 불리우며, 방향족 화합물을 1,4-시클로헥사디엔 유도체로 환원하는 방법으로서 유용하다. 반응은 다음과 같이 진행한다고 생각된다.

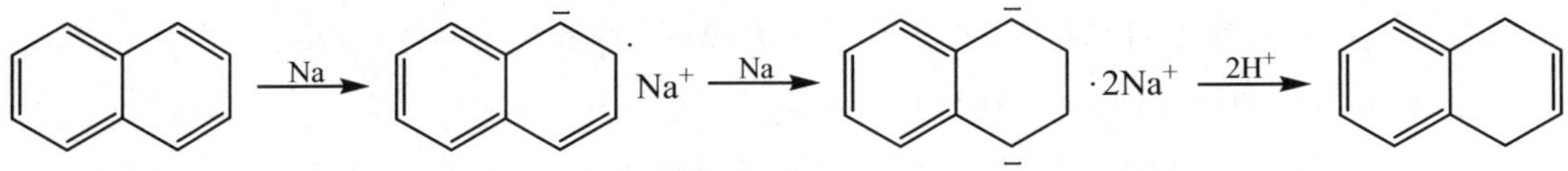

다른 예로서는 다음과 같은 반응이 있다.

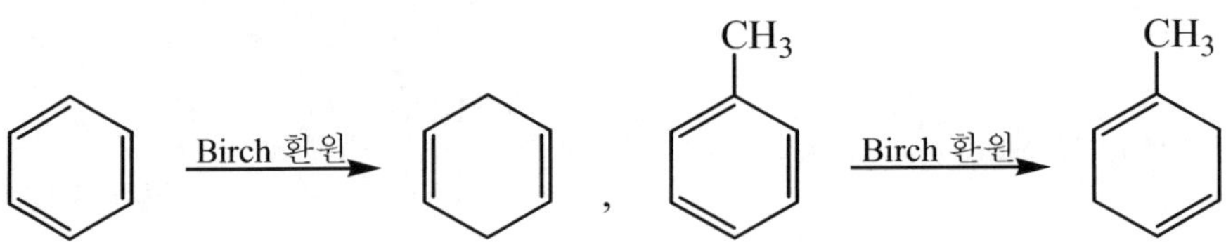

디알킬아세틸렌류는 환원되지만, 아세틸렌, 모노치환아세틸렌은 염을 형성하여 안정화되며 환원되지 않는다. 생성물은 입체특이적으로 trans-올레핀이다. 이것은 중간체의 디아니온으로서, 음전하는 서로 가장 멀리 분포하는 쪽이 안정하기 때문이다.

$HOCH_2CH_2CH_2C{\equiv}CCH_3$

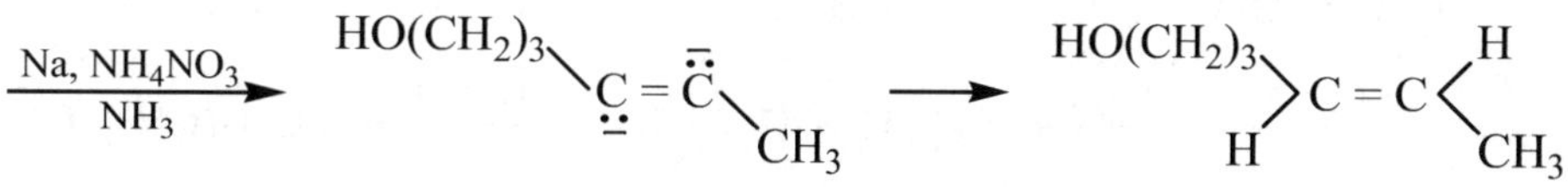

접촉수소화반응에서는 cis-올레핀을 생성하기 때문에, 이 환원은 trans-올레핀의 생성법으로서 가장 잘 사용된다. 고립이중결합은 일반적으로 환원되지 않는다. 아세틸렌류의 환원으로 올레핀을 얻는 것도, 벤젠환의 환원이 디하이드로화합물의 단계에서 정지하는 것도, 이 때문이다. 그러나 공액이중결합은 환원된다.

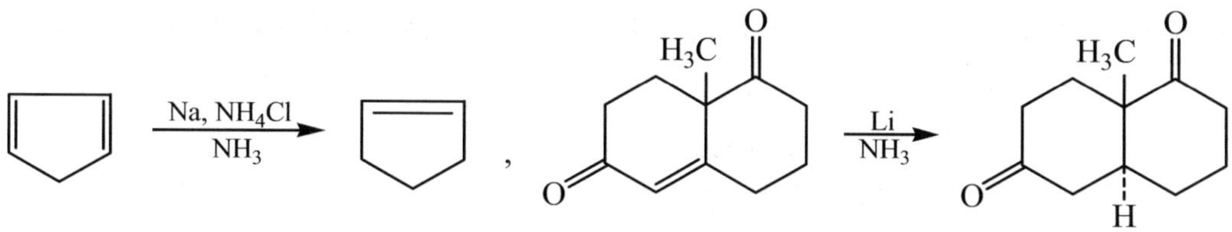

b) 알킬아민중 리튬에 의한 환원

메틸아민, 에틸아민, n-프로필아민 등의 저분자량 아민 중에 리튬을 가하고, 여기에 반응물을 가한 후, 질소기류중에서 환류시키므로서 각종의 유기화합물의 환원이 행해진다. 이들의 아민은 암모니아에 비하여 비점이 높고, 강염기이기 때문에 그의 환원력은 더욱 강하며, 반응중에 고립이중결합의 공액이중결합으로의 전위가 일어난다. 예를 들면, 벤젠으로부터 시클로헥센까지 1단계로서 환원이 일어난다. 그러나 이것은 동시에 선택성이 빈약하다라고 하는 결점도 있다. 아세틸렌류는 액체암모니아중의 나트륨과 마찬가지로 trans-올레핀을 생성한다.

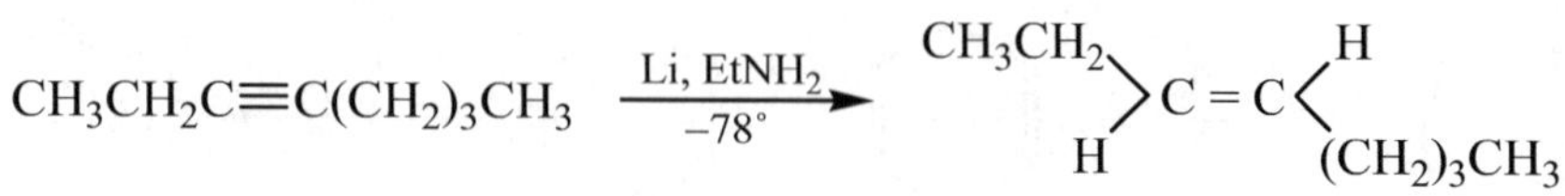

벤젠환은 대부분이 시클로헥센환으로, 일부는 시클로헥산환으로 환원된다.

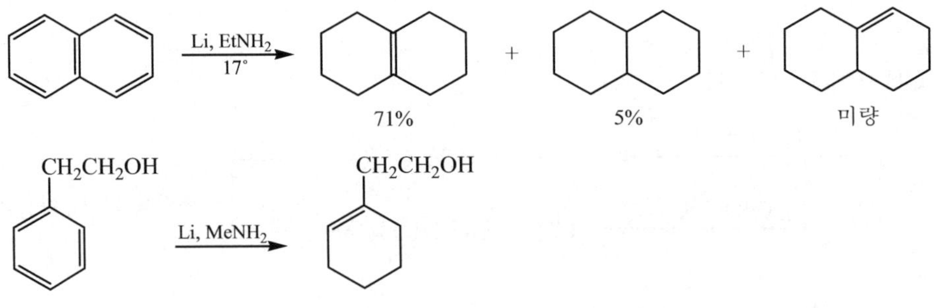

12-2-2. 산소화합물의 환원반응

1) 접촉수소화반응에 의한 환원

케톤이나 알데히드는 니켈, 백금, 팔라듐, 구리 등의 촉매로서 상당하는 알코올로 환원된다. 그러나 조건에 따라서는, 더욱 탄화수소로까지 환원되는 수도 있다.

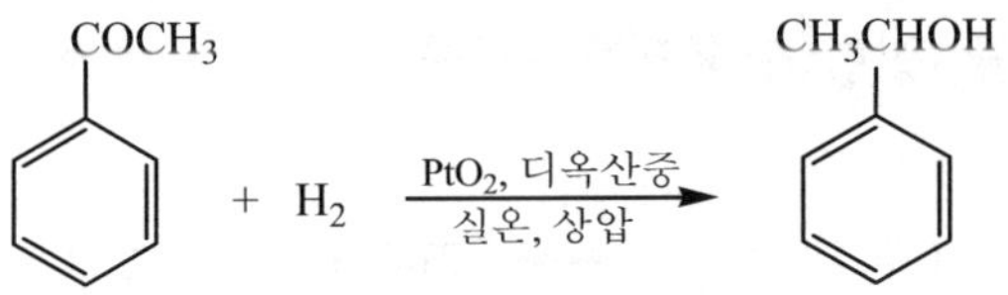

카르보닐기를 메틸렌기로 바꾸고 싶을 때, 뒤에서 설명하는 Wolff-Kishner환원이나 Clemmensen 환원을 모두 사용할 수 없을 때에는, 다음과 같은 티오케탈을 경유하는 방법이 사용된다.

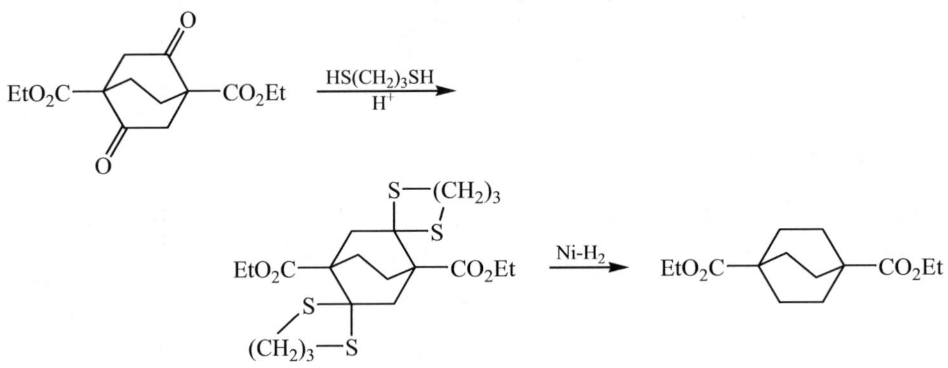

구리크롬산화물 촉매는 카르보닐화합물의 선택적인 환원제로서 유용하다.

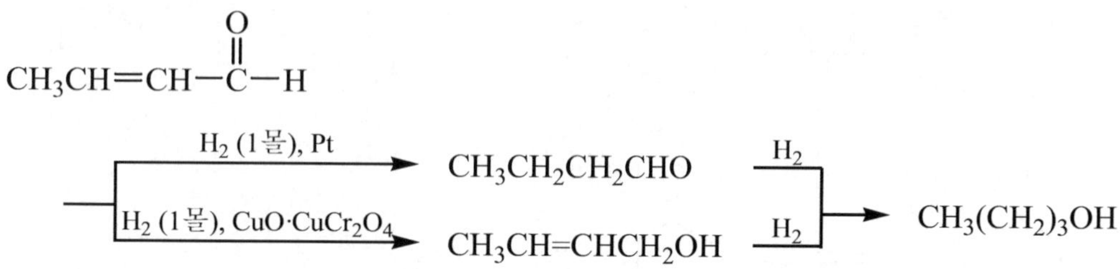

적당한 촉매를 사용하면 카르복시산이나 알코올도 환원할 수 있다.

$$RCOOH + H_2 \xrightarrow{\text{Re 또는 Ru}} RCH_2OH$$

$$ROH + H_2 \xrightarrow{\text{Ni, MoS}_3\text{, CuO·CuCr}_2\text{O}_4\text{ 등}} RH + H_2O$$

에테르류는 일반적으로 환원이 곤란하지만, 벤질에테르는 벤질기의 공명안정화로 인하여 비교적 쉽게 환원할 수 있다(수소화분해반응).

$$PhCH_2OR' \longrightarrow PhCH_3 + R'OH$$

에폭시화합물은 수소화하면 알코올로 된다.

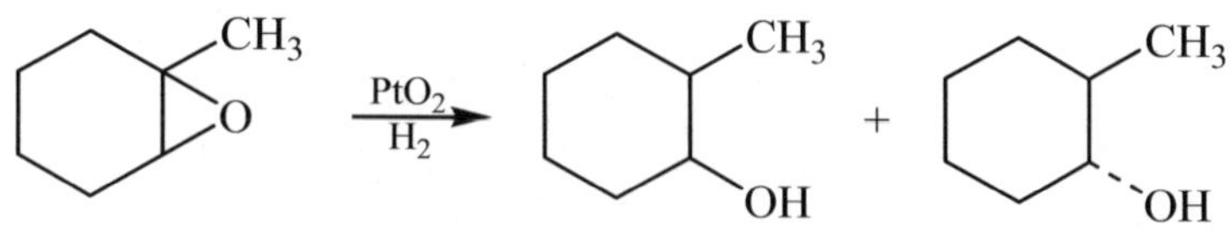

2) 금속수소화물에 의한 환원

수소화알루미늄리튬이나 수소화붕소나트륨은, 카르보닐화합물의 환원제로서 가장 중요하지만, 이들에 대해서는 이미 제8장 2절에서 설명했다.

3) 알칼리금속에 의한 환원

케톤이나 알데히드를 물, 알코올 중에서 나트륨 또는 그의 아말감으로 환원하면, 알코올 또는 피나콜을 생성한다.

$$CH_3COCH_3 \xrightarrow{Na,\ 30\%\ KOH} (CH_3)_2C(OH)-C(OH)(CH_3)_2$$

$$PhCOCH_3 \xrightarrow{Na,\ EtOH} PhCH(OH)CH_3$$

이 반응은 다음과 같은 라디칼(금속케틸)을 경유하여 진행한다라고 생각된다.

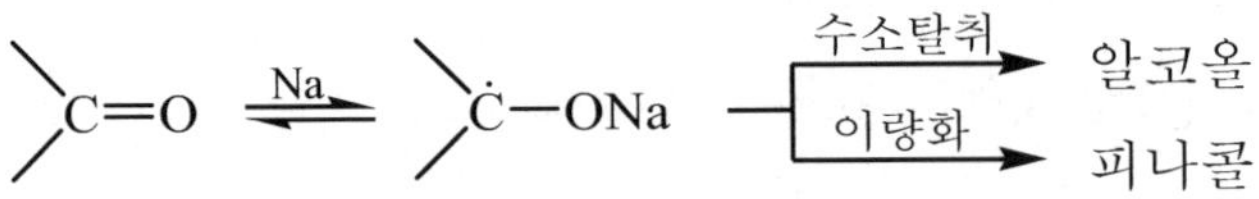

에스테르는 알코올 중에서 나트륨과 가열하는 것에 의하여, 1차알코올로 환원된다(Bouveault-Blanc 반응). 그러나 수소화알루미늄리튬의 출현으로 그의 합성적 가치를 상실했다.

$$RCO_2R' \xrightarrow[EtOH]{Na} RCH_2OH + R'OH$$

4) Wolff-Kishner환원과 Clemmensen환원

카르보닐기를 메틸렌기로까지 환원하는 방법으로서, Wolff-Kishner환원과 Clemmensen환원이 있다(접촉수소화반응으로도 행할 수 있지만, 공액케톤에 한정된다). Wolff-Kishner환원에서는 알데히드, 케톤으로부터 하이드라존을 제조하고, 이것을 알칼리성 촉매의 존재하에 가열하는 것에 의하여 환원된다.

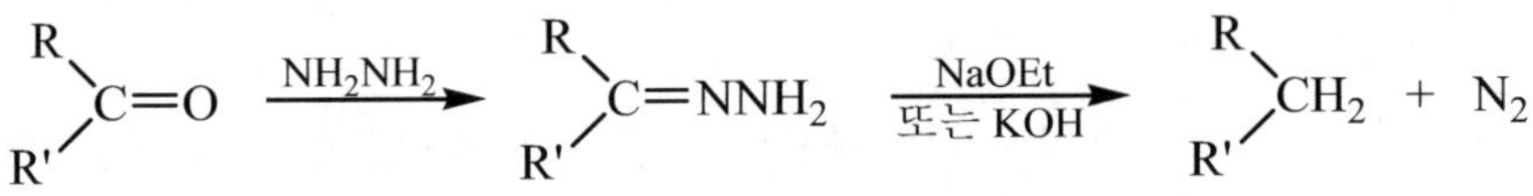

일반적으로는 Huang−Minlon의 개량법이라고 불리우는 방법이 사용된다. 이 방법은 알데히드 또는 케톤을, 트리메틸렌글리콜 중에서 수산화알칼리와 85%함수 하이드라진과 함께 1시간 환류시켜 먼저 하이드라존을 제조하고, 190~200℃까지 온도를 상승시켜 물과 과잉의 하이드라진을 유거한다. 그 후, 이 온도에서 3시간 가열하면, 수율 좋게 환원이 행해진다.

$$PhCOCH_2CH_2CH_2CO_2H \xrightarrow{\text{Huang-Minlon 법}} Ph(CH_2)_4CO_2H$$

다음과 같은 메카니즘이 생각되고 있다.

$$R_2C{=}N{-}NH_2 + B \rightleftharpoons R_2C{=}N{-}\bar{N}H + B\overset{+}{H}$$

$$R_2C{=}N{-}\bar{N}H \rightleftharpoons R_2CH{-}N{=}\bar{N}$$

$$R_2CH{-}N{=}\bar{N} \longrightarrow R_2\bar{C}H + N_2$$

$$R_2\bar{C}H + B\overset{+}{H} \longrightarrow R_2CH_2 + B$$

Clemmensen환원에서는, 카르보닐기는 아연아말감과 염산수용액으로 환원되며, 케톤, 알데히드로부터 탄화수소를 합성하는 방법으로서 실험실적으로는 가장 잘 이용된다.

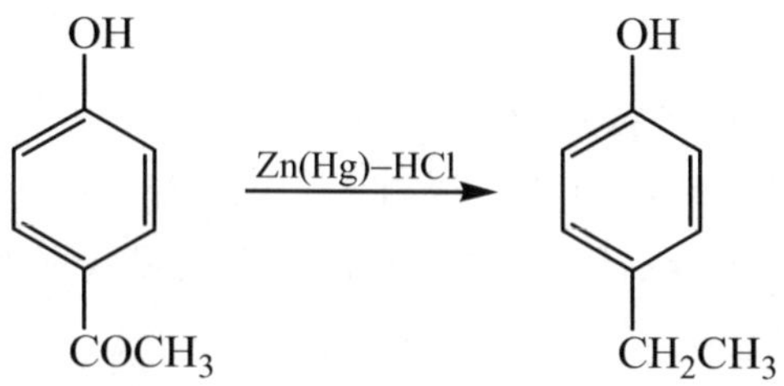

반응메카니즘의 상세는 불명확한 점이 많지만, 중간체로서 알코올은 경유하지 않는 것으로 확인되고 있다.

산에 불안정한 화합물은 Wolff−Kishner환원으로, 알칼리에 불안정한 화합물은 Clemmensen환원을 이용하면 좋다.

5) Meerwein-Ponndorf-Verley환원

알루미늄알코올레이트를 촉매로 사용하고, 알코올을 수소화제로서, 케톤 또는 알데히드를 상당하는 알코올로 변화시키는 방법은 Meerwein-Ponndorf-Verley환원이라고 불리우고 있다. 일반적으로 알루미늄이소프로폭사이드-이소프로필알코올의 조합이 이용된다.

$$3RR'CO + Al(O\text{-}i\text{-}Pr)_3 \rightleftharpoons (RR'CHO)_3Al + 3(CH_3)_2CO$$

$$2(RR'CHO)_3Al + 3H_2SO_4 \longrightarrow 6RR'CHOH + Al_2(SO_4)_3$$

이 반응은 지방족, 방향족의 알데히드, 케톤뿐만이 아니고 퀴논류에도 적용할 수 있으며, 이중결합, 니트로기, 할로겐, 에스테르기, 시아노기, 푸란환 등 알칼리에 약한 치환기도 침범하지 않고, 카르보닐기만이 환원되는 다음과 같은 예가 있다.

$$CH_3CH{=}CHCHO \longrightarrow CH_3CH{=}CHCH_2OH$$

$$PhCOCH_2Br \longrightarrow PhCH(OH)CH_2Br$$

$$CH_3CO(CH_2)_3CN \longrightarrow CH_3CH(OH)(CH_2)_3CN$$

이 반응은 가역적이며, 알코올의 산화(Oppenauer산화)에 이용되는 것에 대해서는 이미 설명했다. 반응메타니즘에 대해서도 1-2항을 참조하기 바란다. 현재는 $NaBH_4$가 취급하기 쉽고, 가격도 싸며, 같은 특이성을 갖는 환원제인 것으로부터, 이 반응은 유기합성에서 지금까지 점유해 왔던 지위를 상실하고 있다.

12-2-3. 질소화합물의 환원반응

1) 접촉수소화반응

니트로화합물은 Raney-Ni, 백금, 팔라듐, 구리 등의 촉매로서 아민을 생성한다.

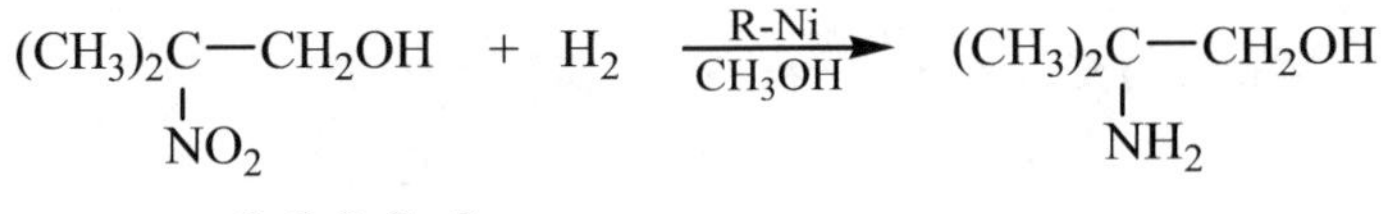

$$PhNO_2 \xrightarrow[H_2,\ 200^{\circ}]{CuO\cdot CuCr_2O_4} PhNH_2$$

수소발생제로서, 하이드라진하이드레이트를 사용하는 경우도 있다.

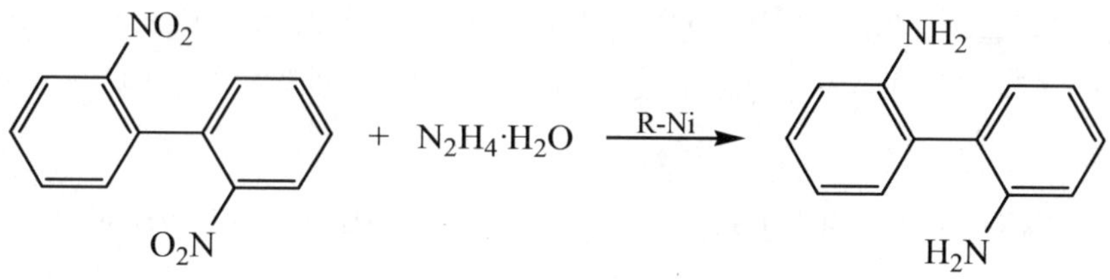

니트릴은 니켈, 백금, 팔라듐 등 일반적인 촉매로서 1차, 2차, 3차아민의 혼합물로 환원된다.

$$R-CN \xrightarrow{H_2} RCH{=}NH$$

$$\xrightarrow{H_2} RCH_2NH_2$$

$$\xrightarrow{RCH_2NH_2} \underset{\displaystyle NH_2}{RCHNHCH_2R}$$

좋은 수득율로서 1차아민을 얻기 위해서, 각종의 연구가 행해지고 있다. 암모니아의 존재하에서 수소화하기도 하고, 무수아세트산 중에서 염기성 조촉매(예를 들면 아세트산나트륨)의 존재하에서 수소화하기도 한다.

$$CH_3(CH_2)_{16}CN + H_2 \xrightarrow[\text{15기압, } NH_3]{\text{R-Ni, 130~155°}} CH_3(CH_2)_{17}NH_2 \quad (90\%)$$

$$PhCN + H_2 \xrightarrow[Ac_2O\text{-}AcONa]{\text{R-Ni}} PhCH_2NH_2 \quad (91\%)$$

옥심, 시프염기 등도 쉽게 수소화된다.

$$\underset{\displaystyle \|\atop NOH}{CH_3(CH_2)_4CCH_3} \xrightarrow{\text{Ni-}H_2} \underset{\displaystyle NH_2}{CH_3(CH_2)_4CHCH_3}$$

$$C_6H_5CH{=}N(CH_2)_4CH_3 \xrightarrow{\text{Pt-}H_2} C_6H_5CH_2NH(CH_2)_4CH_3$$

2) 금속수소화물에 의한 환원

수소화알루미늄리튬으로 환원하면, 니트릴, 옥심, 지방족 니트로화합물은 1차아민으로, 방향족 니트로화합물은 아조화합물로 환원된다. 그러나 수소화붕소나트륨으로는 앞의 3 종류는 환원할 수 없으며, 또한 방향족 니트로화합물은 아족시화합물까지 밖에 환원되지 않는다.

3) 기타의 시약에 의한 환원

니트로화합물은 위에서 설명한 것과 같은 중성조건 이외에, 산성, 염기성의 조건하에서도 각종의 시약으로 환원된다. 산성조건하에서는 아민을 생성하지만, 염기성조건하에서는 반응중간체들간의 축합반응 등을 동반하며, 조건에 따라서 각종 환원단계의 생성물을 생성한다.

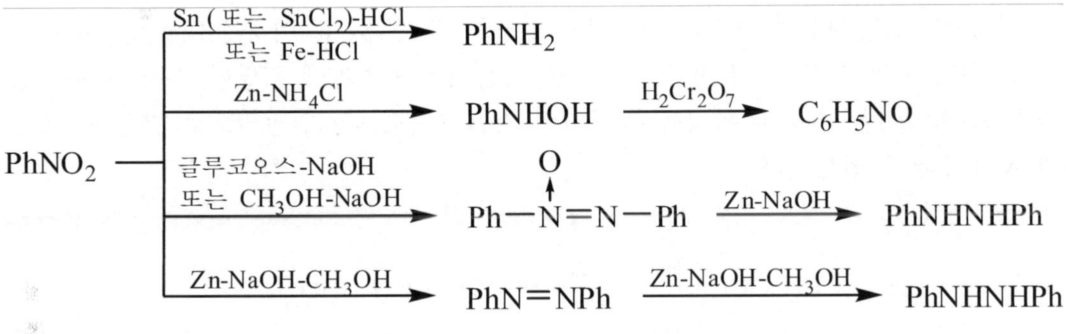

이들은 합성적으로 중요한 반응이다.
또한, 니트로기는 황화물에 의해서도 환원된다.

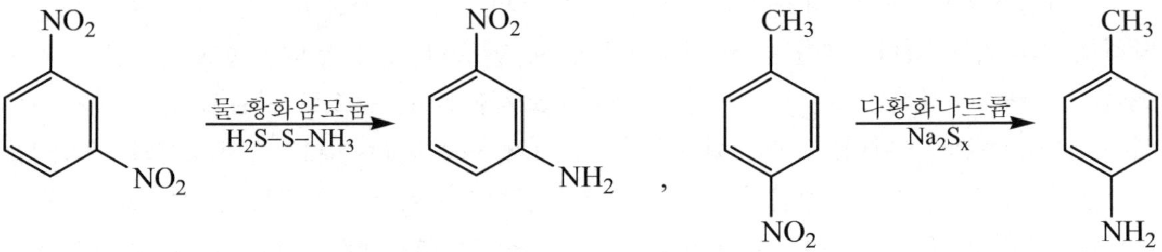

12-2-4. 할로겐화합물의 환원반응

니켈, 팔라듐, 백금 등의 촉매의 존재하에서 방향족 할로겐화물, 알릴위치, 벤질위치의 할로겐화물을 수소화하면, 할로겐과 수소의 교환이 일어난다.

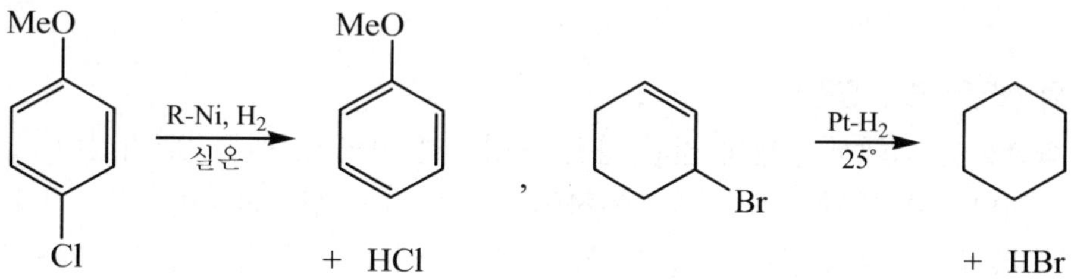

적당한 촉매를 사용하여 염화아실을 수소화하면, 염소와 수소의 교환에 의하여 알데히드를 생성하며, 그 이상의 환원이 진행되지 않도록 할 수 있다. 이것을 Rosenmund환원이라고 말하며, 촉매로서는 황산바륨을 담체로 하는 팔라듐촉매에 적당한 촉매독(예를 들면 퀴놀린, 유황 등)을 가해서 활성을 약화시킨 것을 사용한다. 일반적으로 자일렌, 톨루엔 등의 용매중에서 행해진다.

$$PhCH_2CH_2COCl \xrightarrow{H_2,\ Pd\text{-}BaSO_4} PhCH_2CH_2CHO$$

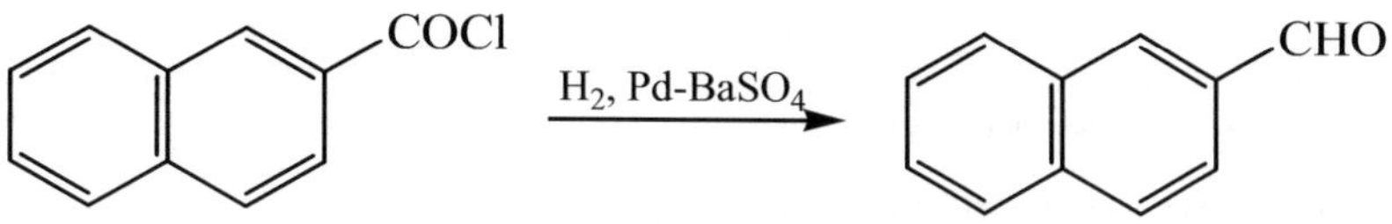

수소화알루미늄리튬을 사용해도 할로겐과 수소의 교환은 가능하지만, 일반적으로는 상당히 일어나기 어렵다. 예를 들면 할로에스테르, 할로케톤으로부터는 할로알코올이 얻어진다. 그러나 장시간, 고온에서 반응시키면 수소치환된다. 수소로 치환되기 쉬운 순서로서는, I > Br > Cl > F이며, 포화탄화수소에서는 1차 > 2차 > 3차이다. 즉 S_N2형의 반응성을 나타낸다. 또한 알릴계에 결합한 할로겐은 포화탄화수소에 결합한 할로겐 보다도 쉽게 환원되며, 또한 방향족 및 비닐계의 할로겐은 일반적인 조건에서는 환원되지 않는다.

$$CHCl{=}CClCH_2Cl \xrightarrow{LiAlH_4} CHCl{=}CClCH_3$$

$LiAlD_4$를 사용하면 D화물을 얻을 수 있다. 이것은 Grignard반응을 이용하는 아래의 반응과 더불어, D화물을 얻는 좋은 방법이다.

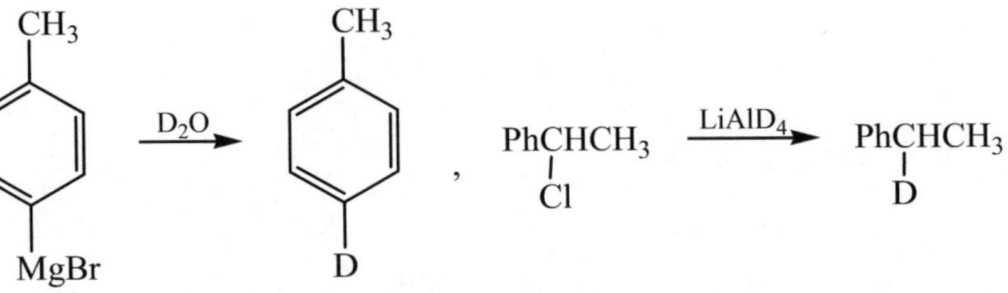

12-2-5. 유황화합물의 환원반응

탄소-유황의 결합은 매우 안정하여 환원되기 어렵지만, S-S결합, S-O결합은 비교적 쉽게 공격된다. 수소화알루미늄리튬을 사용하면 -S-S-(이것은 수소화붕소나트륨으로도 환원된다), $-SO_2-$, $-SO_3H$, $-SO_2Cl$, $-SO_2NH_2$등은 모두 -S- 또는 -SH로까지 환원된다.

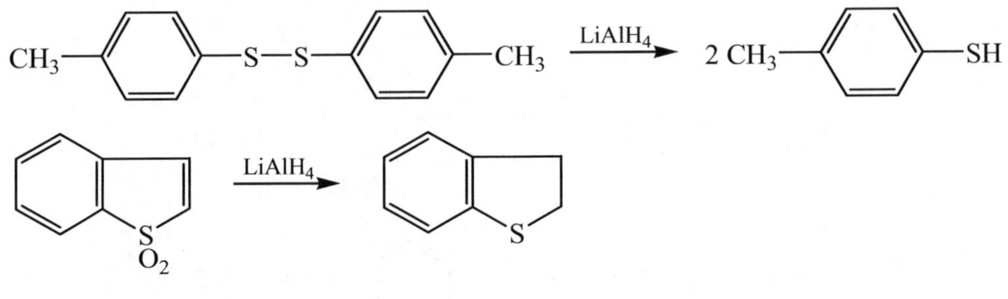

연습문제

01 다음의 반응메카니즘을 추정하여라.

1) $C_6H_5-C(CH_3)(C_2H_5)-NHNHSO_2C_6H_5 + EtONa \xrightarrow{EtOH} C_6H_5-C(C_2H_5)(C_2H_5)-H + N_2 + C_6H_5SO_2Na$

2) H_2O_2 (1몰) + OsO_4 (1몰) + $CH_3CH{=}CHCH_3$ (미량) (시스이성체) $\longrightarrow$ $CH_3CH(OH)-CH(OH)CH_3$ (메소이성체)

3) $CH_3(CH_2)_6CH_2OTs + (CH_3)_2SO \xrightarrow[150^\circ]{NaHCO_3} CH_3(CH_2)_6CHO + (CH_3)_2S$

4) $CH_3CHO \xrightarrow{Al(OEt)_3} CH_3CO_2C_2H_5$ (Tischtschenko반응이라고 말한다)

5) $PhCH{=}CHPh + H_2NNHSO_2C_6H_5 \xrightarrow{NaOEt} PhCH_2CH_2Ph + N_2 + C_6H_5SO_2Na$

6)
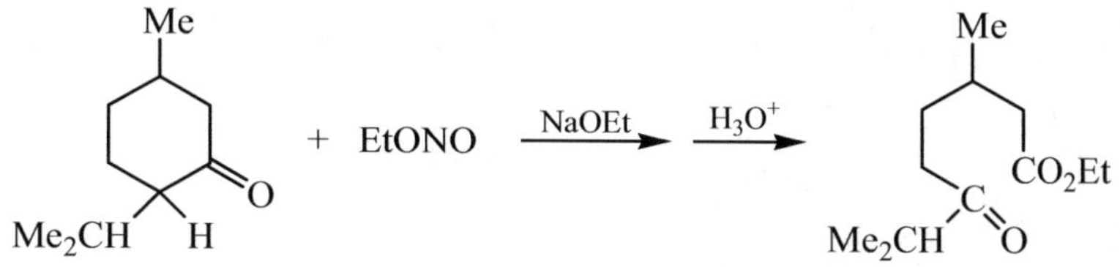

7)
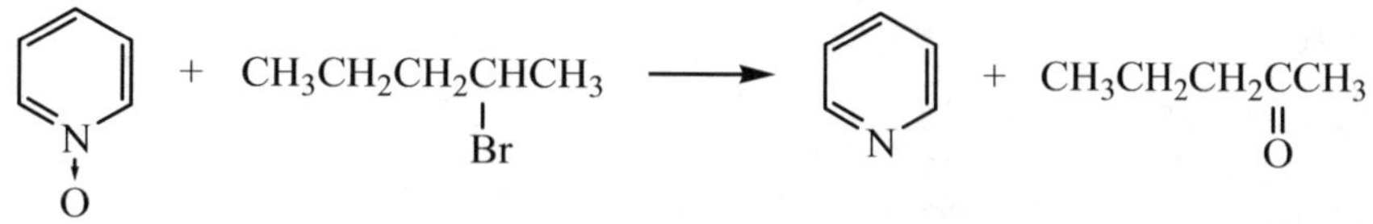

8) $CH_3COCH_2CH(CH_3)_2 \xrightarrow[NH_3]{H_2,\ Ni} CH_3CH(NH_2)CH_2CH(CH_3)_2$

02 다음의 사실을 설명하여라.

1) 광학활성의 sec-부틸알코올을 메틸에틸케톤 및 강염기와 함께 가열하면 서서히 광학활성을 잃는다.
2) 1-메틸나프탈렌을 Birch환원하면, (a)는 생성되지 않고 (b)가 생성된다.

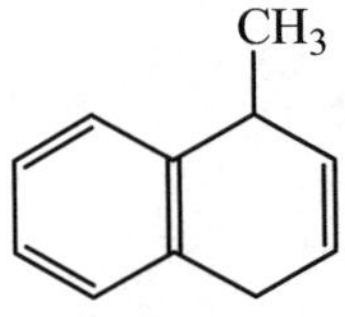
(a)

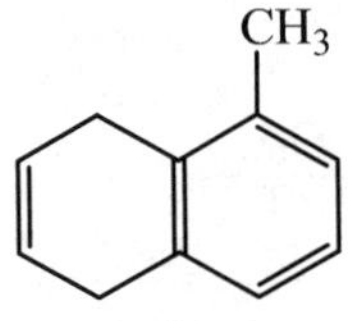
(b)

03 다음의 반응생성물은 무엇일까?

1) 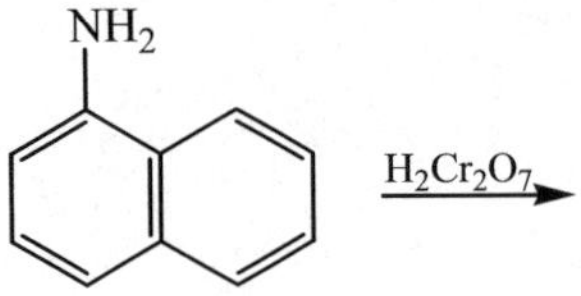

2) 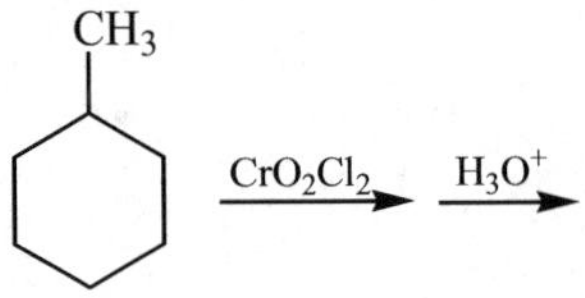

3) 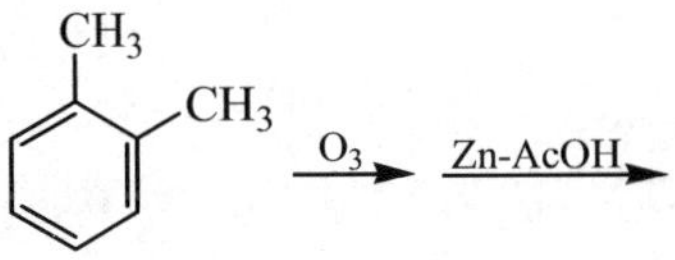

4) 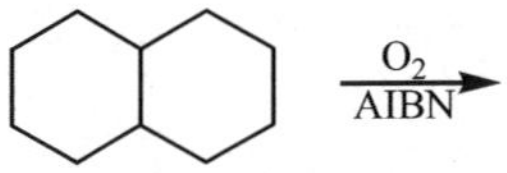

AIBN : $(CH_3)_2(CN)C{-}N{=}N{-}C(CN)(CH_3)_2$

5) $HOCH_2-\underset{NH_2}{CH}-CO_2H \xrightarrow{H_5IO_6}$

6) 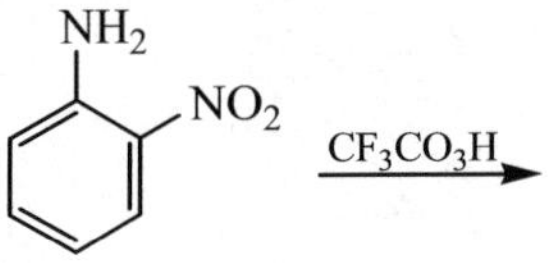

7) 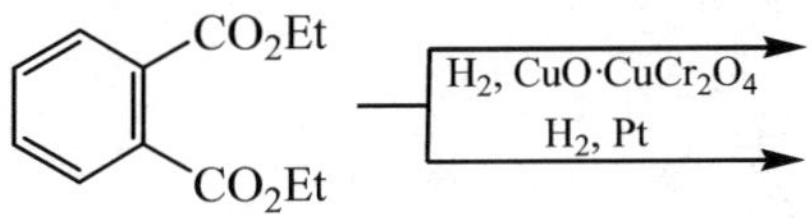

8) 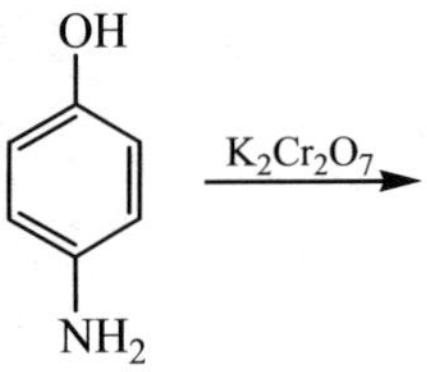

9) 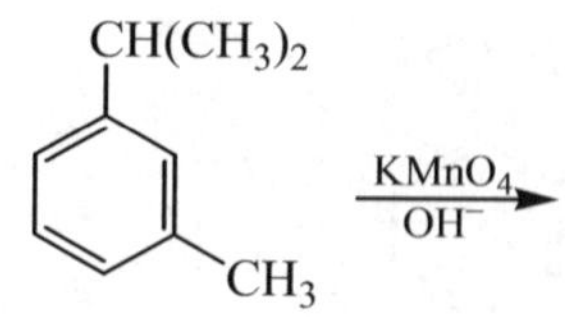

10) $(CH_3)_2CO \xrightarrow{SeO_2}$

11) $CH_3COC_2H_5 \xrightarrow{HNO_2}$

12) 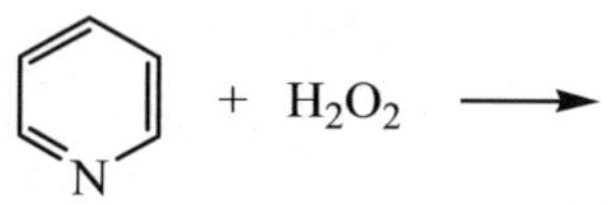

13) $CH_3CH_2SH + I_2 \xrightarrow{NaOH}$

14) $2(CH_3)_2CO \xrightarrow[2)\ H^+]{1)\ Mg\text{-}Hg}$

15) 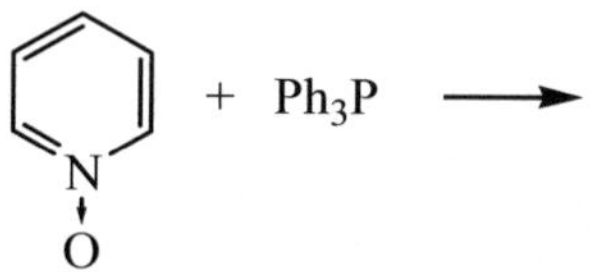

04 다음의 합성경로를 고찰하여라.

1) 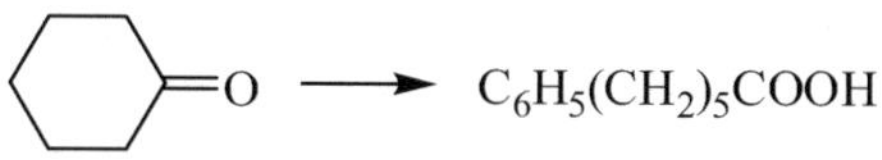

2) 

3) 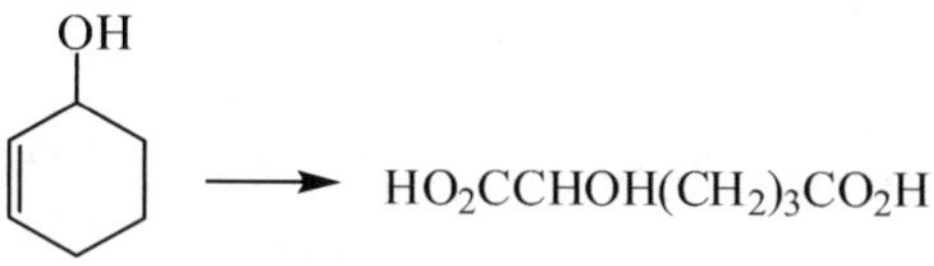

4) $CH_3CH_2CH_2NO_2 \longrightarrow CH_3CH_2CH(NH_2)-CH_2OH$

5) 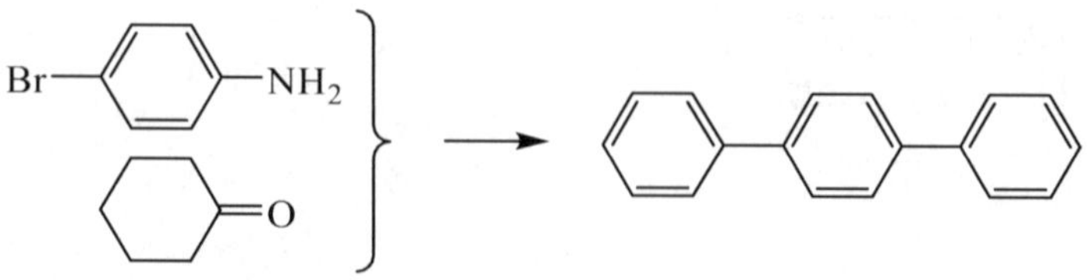

05*

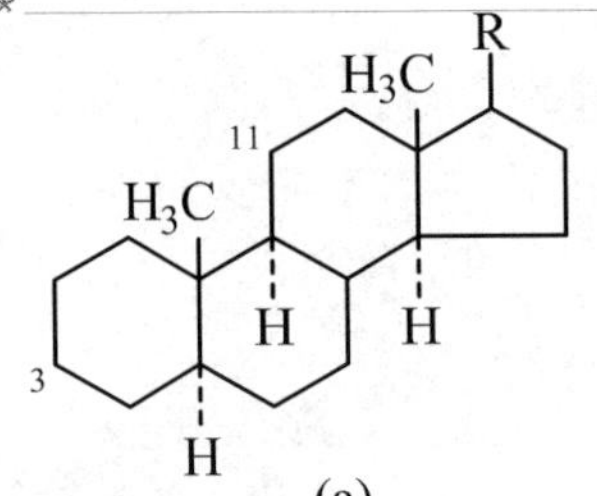

(a)

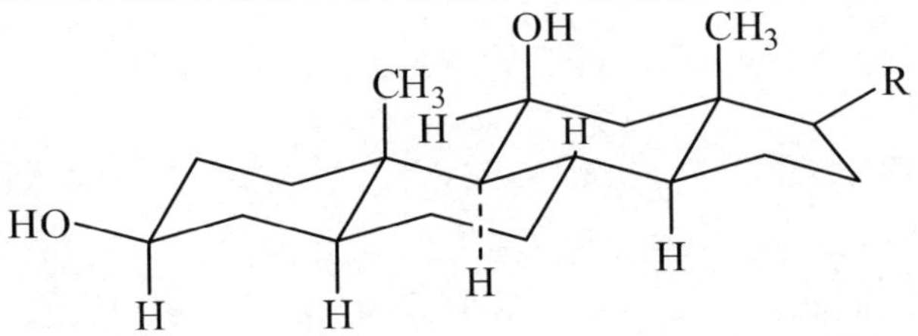

(b)

구조(a)는 천연에 다량으로 존재하는 스테로이드라고 불리우는 화합물 집단의 골격이다. 여기서 C_3와 C_{11}위치에 수산기를 도입한 화합물(b)를 생각하자. 이 2개의 수산기는 다음과 같은 3개의 반응에 있어서 상대반응성이 아래와 같이 되는 이유를 설명하여라.

에스테르화 $C_3 > C_{11}$,　　크롬산 산화 $C_{11} > C_3$,　　Oppenauer 산화 $C_3 > C_{11}$

06 n-부티르알데히드-1-^{2}H ($CH_3CH_2CH_2CDO$)를 광학활성의 sec-부틸알코올로부터 제조한 알루미늄 트리sec-부톡사이드로서 환원하기로 한다. 만일, 본문 1.2 항 2절에 표시한 것과 같은 환상의 수소음이온의 이동으로 반응이 진행한다라고 하면, 생성하는 n-부틸알코올-1-^{2}H의 최초의 10%의 부분은 광학활성으로 되겠는가? 평형일 때는 어떠할까?

07 브롬화페닐마그네슘(C_6H_5MgBr)을 사용하여 다음과 같이 탄소사슬을 1개 감소시키는 방법을 고찰하여라.

$RCH_2CO_2H \rightarrow RCO_2H$ (Barbier–Wieland의 방법이라고 말한다).

13 양 자 화 학

13-1. 분자궤도법

지금까지 각종 유기화학반응을 배웠지만, 이들의 거의 대부분은 +전하를 갖는 것과 -전하를 갖는 것의 반응 및 라디칼메카니즘으로 진행하는 반응으로 설명했다. 예를 들면, 할로겐화알킬과 NaOH의 반응에서는 OH^-이 +성의 탄소원자에 친핵적으로 공격하여 치환반응이 일어나며,

할로겐화알킬의 탈리반응에서는 1개의 전하를 가지고 있는 음이온이 프로톤을 탈취하는 것에 의하여 개시되었다.

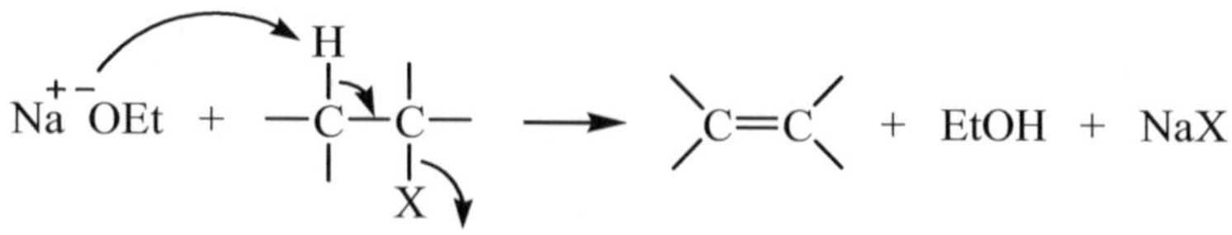

이외에, 알켄에의 부가반응, 벤젠환에의 친전자치환반응(S_E반응), 카르보닐화합물에의 친핵반응 등도 기본적으로는 +전하를 갖는 것과 -전하를 갖는 것의, 혹은 풍부한 전자를 갖는 것과의 반응이다.

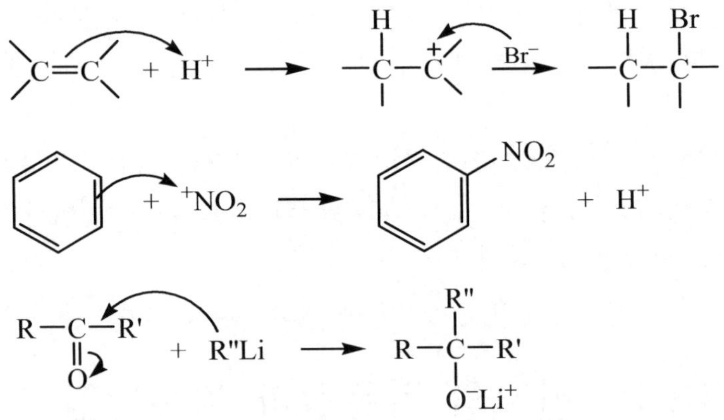

한편, 알칸의 할로겐화반응 등은 라디칼이 중간에 발생하여 일어나는 반응이다.

그러나 이들의 반응의 범주에 속하지 않는 반응도 몇 가지 존재한다. 그중에는 전자고리화반응(eletrocyclic reaction)이나 합성 화학적으로 중요한 Diels-Alder 반응 등도 포함되며, 이들은 협주반응(concerted reaction)이라고 불리운다.

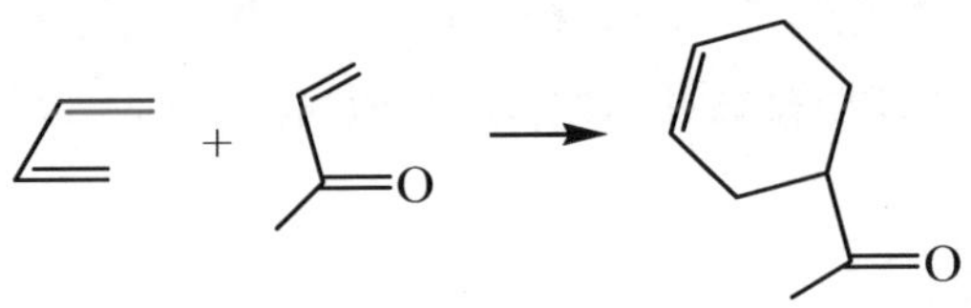

Diels-Alder 반응

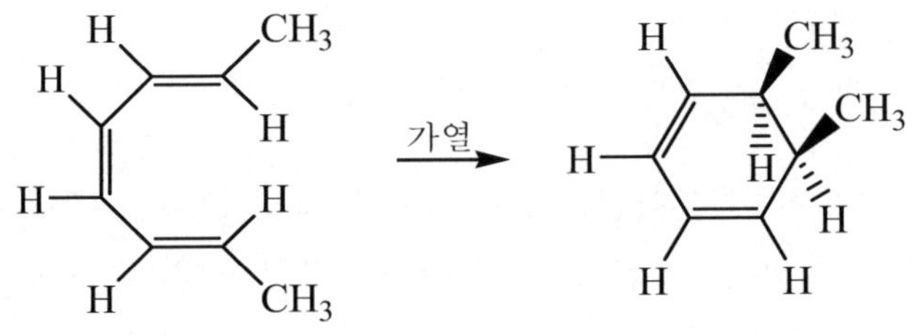

전자고리화 반응

이와 같은 반응은, 지금까지 설명한 유기전자론에서는 거의 설명할 수 없다. 즉, +전하를 갖는 것이 전자를 구하는 반응메카니즘, 혹은 반대로 전자를 갖는 것이 +전하를 구하는 반응메카니즘으로서는 설명할 수 없다. 이들의 반응은 분자를 구성하고 있는 원자의 원자궤도가 모여서 분자전체에 미치는 분자궤도를 형성하며, 그 분자궤도를 생각하는 것에 의하여 설명할 수 있다. 이 분자궤도가 분자의 반응성이나 성질을 결정한다라고 하는 이론이다.

이 분자궤도의 이론을 기본으로 하여, 협주반응의 메카니즘이나 그의 입체선택성, 입체특이성에 대해서 설명되고 있다. 특히 Woodward와 Hoffmann에 의하여 제안된 "궤도대칭성 보존규칙"으로 이해할 수 있게 되었다.

13-2. 전자의 파동성과 파동방정식

분자궤도론을 설명하기 위해서 먼저 원자궤도론을 간단히 설명하기로 한다. 근대의 원자궤도론은 1913년의 Bohr의 수소원자에 관한 이론으로부터 시작되었다. 이것은 지구가 태양의 주위를 회전하고 있는 것과 같이 수소원자의 전자는 양성자(프로톤)를 중심으로 하는 원궤도상을 운동하고 있다. 즉 원자 중의 각각의 전자는 고전적인 운동의 법칙(뉴튼의 법칙)에 따르는 궤도 중에서 운동하고 있다. 이것은 혹성이론이라고도 불리우며, −로 하전된 전자와 +로 하전한 양성자 간에 작용하는 인력과 원운동을 하고 있는 전자의 원심력과의 관계에 의하여 그의 궤도가 고정되고 있다.

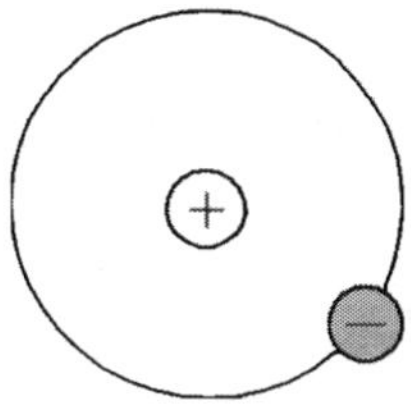

그러나 이와 같이 단순한 혹성이론으로는 수소원자의 스펙트럼에 관해서는 거의 완전히 설명할 수 없지만, 2개 이상의 전자를 함유하는 다른 계의 대해서는 정성적인 계산 밖에 할 수 없었다. 그 후 몇 가지의 수정도 행해졌지만, 결과적으로는 충분한 성과를 얻을 수 없었다.

그 후, 1924년 프랑스의 물리학자인 de Broglie는 전자와 같이 매우 작은 입자는 입자의 성질과 함께 파동으로서 거동한다라고 제안한다. 즉, 전자의 파동성이다. 파동의 성질로서는 파장, 진동수, 간섭의 현상 등이 있으며, 입자의 성질로서는 질량, 에너지, 운동량 등이 있다. 빛이 입자 및 파동으로서 진동한다라도 하는 이중성은 Planck나 Einstein의 연구에 의하여 확립되었지만, de Broglie는 전자도 이와 같은 이중성을 가지고 있다라고 제안했다. 이것에 의하여 어떤 현상의 설명에는 전자의 성질을 입자로서 취급하고, 또한 다른 현상의 이론을 위해서는 파동역학으로 표현할 수 있다.

고등학교의 물리에서 배운 바와 같이 음파 등의 각종 파동은 파동방정식에 의하여 설명된다. 따라서 전자의 파동도 또한 마찬가지로 파동방정식에 의하여 나타낼 수 있다.

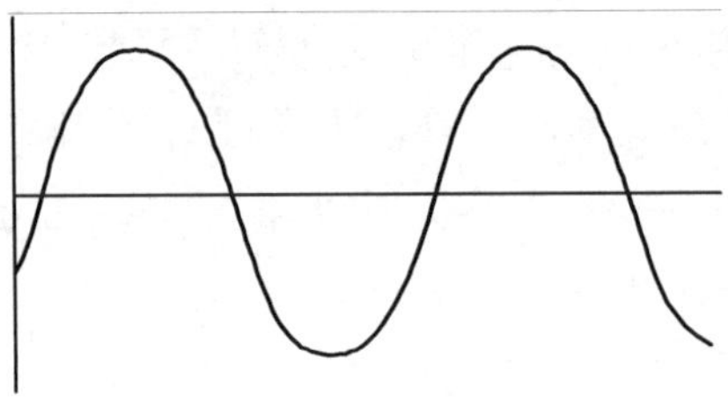

전형적인 파동의 예

위의 파동은 하나의 면의 내부에서만 운동하고 진폭은 다만 하나의 좌표의 함수이다. 그러나 전자의 파동은 모든 면의 내부에서 운동할 수 있으며 따라서 진폭 혹은 파동함수(Φ)는 3개의 좌표의 함수로 되어, $\Phi(x, y, z)$라고 표시할 수 있다. 이 파동방정식의 해답인 파동함수가 궤도(orbital)이다. 따라서 궤도는 파동함수이다. 즉 전자의 궤도는 일반적으로 경로와 같은 실제적 개념이 아니다. de Broglie가 전자의 파동성을 제안한 후, 1926년으로부터 1928년까지 이와 같은 개념이 몇 가지로 행해졌기 때문에 현실적인 문제에 유효하게 적용할 수 없었다. 그 후 Schrődinger의 파동방정식이 제안되었다. 이 방정식은 원자 이하의 크기의 입자를 설명하는 것으로서, 커다란 입자의 운동이 고전역학으로 설명하는 것과 같이 취급되고 있다.

3차원적 파동방정식은

$$\frac{\partial^2 \Psi}{\partial x^2} + \frac{\partial^2 \Psi}{\partial y^2} + \frac{\partial^2 \Psi}{\partial z^2} + \frac{8\pi \mathrm{m}}{\mathrm{h}^2}(\mathrm{E} - \mathrm{V})\Psi = 0$$

로서 나타낼 수 있다. 여기서 Ψ=파동함수, x, y, z=공간좌표, m=질량, h=플랑크의 상수, E=전에너지, V=퍼텐셜에너지이다. 실제의 파동의 경우에는 Ψ는 그의 파동의 진폭에 해당하지만, 파동방정식의 해답인 파동함수 Ψ에는 물리적인 의미는 없다. 그러나 광파장의 강도가 진폭의 2승으로 표시되는 것과 유사하며, 파동함수의 2승은 1개의 입자를 발견하는 확률에 비례하고 있다.

13-3. 궤도의 표현

기초적인 유기화학에 필요한 원자궤도는 2종류, 즉 s궤도와 p궤도이다. 전이금속원소나 란탄계열, 악티늄계열원소 화합물의 영역으로 되면 d궤도나 f궤도도 필요하지만, 여기서는 설명하지 않는다. 일반적으로 화학에서는 s궤도를 원으로 표시하지만 이 원은 구의 단면을 나타내는 것으로서 이때의 구는 전자의 존재확률을 나타내는 것이다. 예를 들면 수소원자의 경우, 1.7Å 반경의 구는, 수소원자핵(프로톤)으로부터 1.7Å 이내의 거리에서 발견할 수 있는 전자의 확률이 95%이다. 이 중에서 실제로 전자가 어떻게 작용하고 있는지는 알 수 없지만, 아무튼 구의 내부에 거의 존재하는 것을 나타내고 있다. 따라서 전자는 구의 주위를 돌고 있다라고 생각해서는 안된다.

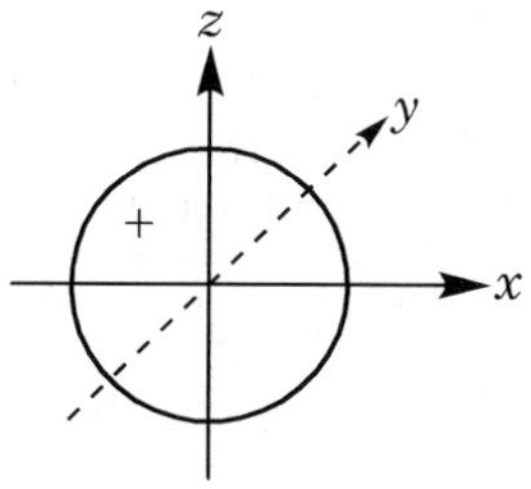

s

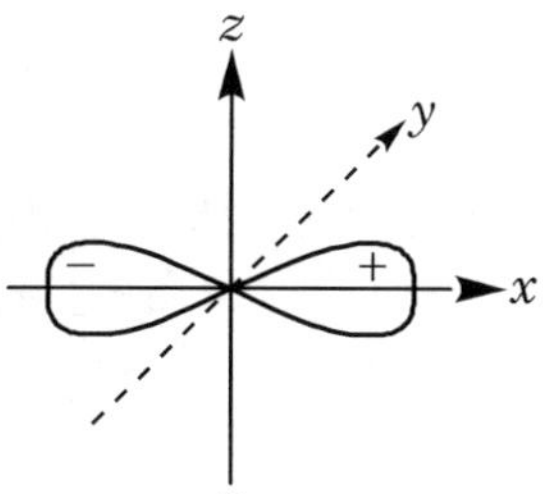

p

p궤도에서는 절이 1개 있으며, 위와 같이 나타낼 수 있다. 여기서 한 쪽의 로우브에는 +의 부호를, 다른 쪽의 로우브에는 −의 부호를 표시한다. 원래 로우브 자체는 확률곡면을 나타내고 있지만, p궤도 즉, p파동함수는 +부호를 갖는 로우브와 −부호를 갖는 로우브가 한점에서 접한 형태로서 표시된다. 따라서 일반적으로 확률곡면 Φ^2이 표시되어 있을지라도 p궤도의 2개의 로우브에 각각 +, −의 부호를 표시함으로서 파동함수 Φ도 어렴풋이 표시되어 있다.

13-4. 전자와 원자궤도의 3원칙

전자와 궤도 간에는 3개의 원칙이 존재한다. 먼저 첫째는,

(1) 전자는 궤도에너지가 낮은 쪽의 궤도로부터 순서에 따라서 점유된다. 이 궤도에너지의 순서는 1s < 2s < 2p < 3s < 3p < 4s < 3d … 이다.

둘째는 파울리의 배타원리(Pauli's exclusion principle)로서,

(2) 1개의 궤도에는 최대한 2개의 전자가 점유될 수 있으며, 이 경우에는 2개의 전자의 스핀은 쌍을 이루고 있다.

셋째는 훈트의 규칙(Hund's rule)으로서,

(3) 같은 에너지준위를 갖는 궤도가 몇 개 존재(중첩궤도)할 때, 중첩된 준위의 어떤 것의 1개에 2개의 전자가 점유되기 전에 이들의 각각의 궤도에 1개씩 전자가 점유되고 1개씩 점유된 전자는 그의 스핀이 평행으로 되어 있다라고 하는 것이다. 예를 들면, 질소원자의 전자배치는 다음의 그림 13-1과 같이 점유된다.

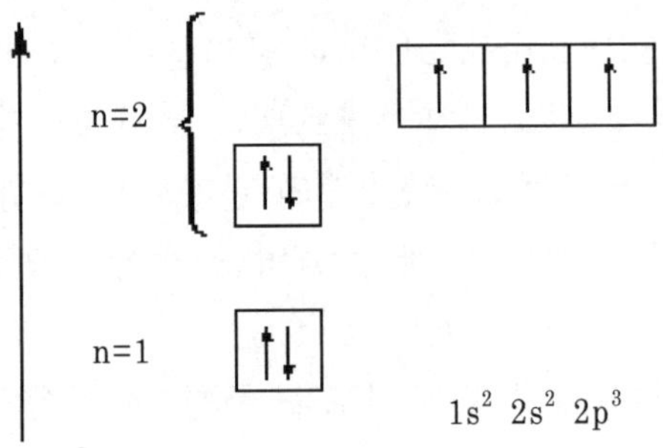

그림 13-1 질소원자에 있어서 전자배치

13-5. 분자궤도-결합성 궤도와 반결합성 궤도

가장 간단한 분자인 수소분자의 분자궤도를 생각해 보기로 하자. 수소원자 2개가 결합하여 수소분자를 형성했을 때, 원래 각각의 원자에 속했던 2개의 전자는 모두 양 쪽의 원자핵에 소속된 것이다. 이 경우, 각각의 원자상의 원자궤도 대신에 분자궤도(Ψ)를 생각하지 않으면 안된다. 전자가 점유되어 있는 분자궤도(즉, 파동함수)의 형태는 한 쪽의 원자핵의 근처에서는 그 원자의 원자궤도(파동함수 Φ_A)에 유사하며, 다른 쪽의 원자핵의 근처에서는 Φ_B에 유사한 형태를 취하고 있다. 따라서 분자궤도는 Φ_A와 Φ_B가 각각 가지고 있던 특성을 합친 것으로서 근사적으로 2개의 원자궤도를 합쳐서 나타낸다.

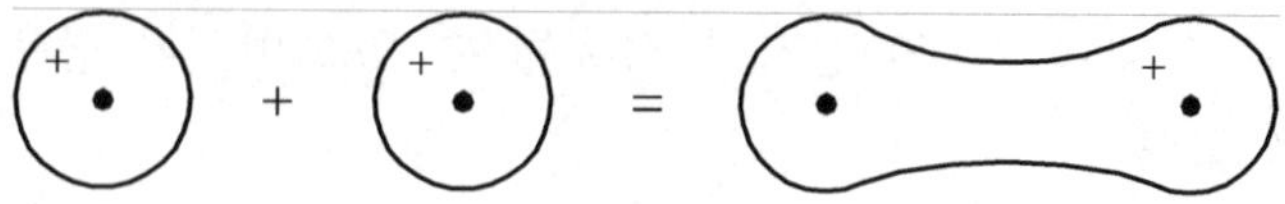

분자궤도(Ψ_b) = $\Phi_A + \Phi_B$

이것은 원자궤도의 1차결합법 또는 LCAO(linear combination of atomic orbital)법이라고 말한다. 이 분자궤도 Ψ_b는 2개의 원자핵과 상호작용을 하고 있고 2중심적이며, 이 식의 합의 형태는 2개의 전자가 그 사이에 있었던 수소원자들이 서로 결합하는 것을 돕고 있다. Ψ_b의 b는 bonding으로서 분자궤도가 결합성(bonding)인 것을 나타내고 있으며 이 분자궤도는 결합성 궤도(bonding orbital)라고 불리운다. 그러나 수소원자의 1s궤도에는 전자가 2개 점유될 수 있다. 그 수소원자 2개로부터 분자궤도가 형성되기 때문에, 최고 4개의 전자가 점유될 수 있는 분자궤도, 즉 2개의 분자궤도가 형성될 것이다. 실제로 수소분자궤도에는 2개로서, 그 중 1개는 위에서 설명한 결합성 궤도이고 다른 1개는 다음에 나타내는 것과 같은 반결합성 궤도이다.

반결합성 분자궤도는 위상이 다른 원자궤도를 합친 것(한쪽의 원자궤도로부터 다른 쪽을 뺀 것)에 의하여 얻어진다. 즉, $\Psi_a = \Phi_A - \Phi_B$이다. 이 분자궤도는 아래와 같이 절면을 가지고 있으며, 여기에 점유된 전자는 원자들을 떼어 놓으려고 한다. Ψ_a의 a는 anti bonding의 a이다. 수소분자에서는, 2개의 전자는 결합성궤도에 점유되어 있다.

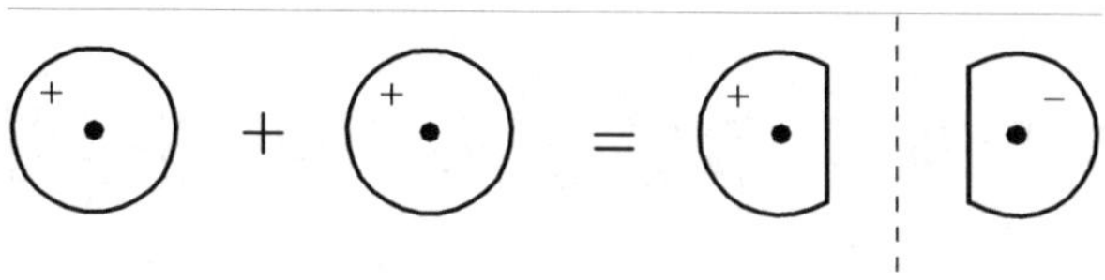

13-6. 헬륨(He)이 분자(He_2)를 형성하지 못하는 이유

수소와 같은 궤도를 가지고 있다라고 생각되는 헬륨에 대해서 생각해 보자. 잘 알려져 있는 바와 같이 헬륨은 불활성가스이며, 헬륨분자(He_2)를 형성할 수 없다. 그 이유를 분자궤도로부터 생각하자. 만일 헬륨원자가 2개 결합하여 He_2분자를 형성했다라고 가정하면, 각각의 헬륨원자에는 1s궤도가 있으며 전자가 2개씩 점유되어 있다. 이것이 분자를 형성하고 있기 때문에 당연히 분자궤도가 형성된다. 게다가 결합성과 반결합성의 2개이다. 그곳에 전자가 순서에 따라서 점유된다. 먼저 2개는 에너지준위가 낮은 결합성 궤도에 점유된다. 수소의 경우에는 이것으로 잘 해결되겠지만, 헬륨에는 아직 2개의 전자가 남아 있다. 이들은 당연히 반결합성 궤도에 점유되어야 한다. 그러나 반결합성 궤도에 전자가 점유되면 결합을 떼어 놓으려는 방향으로 힘이 작용한다. 이 반결합성의 작용은 결합성 궤도의 결합성보다도 강하기 때문에, 헬륨분자는 불안정해 진다. 즉, 헬륨은 분자로 되어 있는 것보다도 원자인 그대로 있는 쪽이 안정한 것이다.

13-7. 결합과 위상

13-5절에서 설명한 바와 같이 결합이 형성될 때에는 같은 부호의 원자궤도(예를 들면 +와 +)가 겹치지 않으면 안된다. 이 부호는 파동함수의 부호이며, 단순히 로우브의 위상의 차이를 나타내고 있다. 만일 위상이 다른 궤도가 접근하면 반결합성으로 되기 때문에 결합할 수 없다. 즉, +의 로우브는 +의 로우브, −의 로우브는 −의 로우브와 겹쳐서 결합할 수 있으며, +와 −의 로우브에서는 겹칠 수 없다.

알기 쉽게 그림으로 나타내면, 서로 겹치는 형태는 아래와 같고,

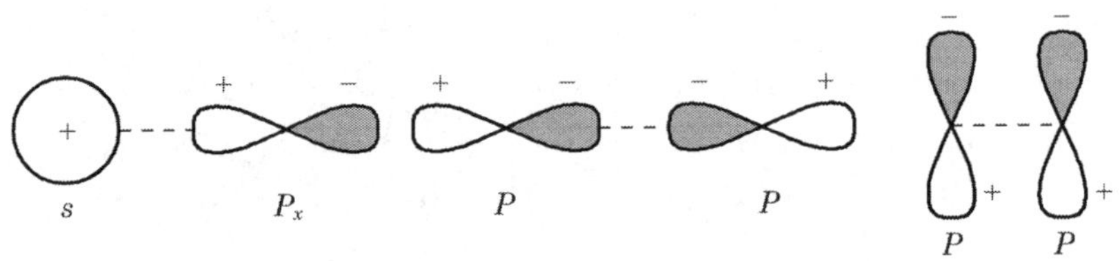

각각의 결합성 궤도와 반결합성 궤도는 다음과 같이 표시된다.

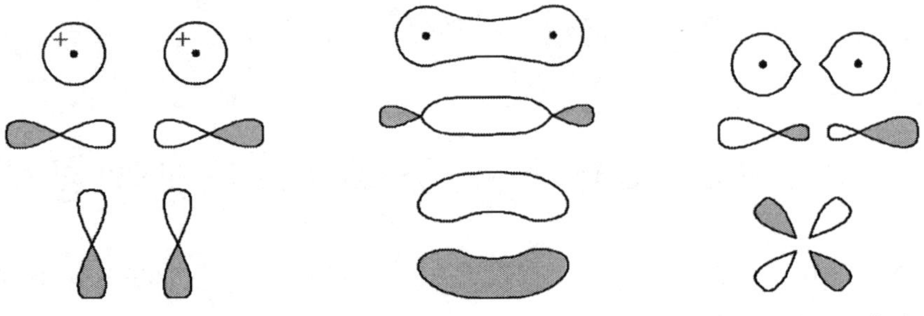

물론, 다음과 같은 궤도의 조합에서는 결합할 수 없다.

일반적으로 2개의 원자궤도로부터는 2개의 분자궤도가 3개의 원자궤도로부터는 3개의 분자궤도가 형성된다. 따라서 그의 반절은 결합성 궤도이고, 반절은 반결합성 궤도이다. 단, 홀수개의 경우, 중간의 궤도는 비결합성 궤도라고 부른다.

13-8. 분자궤도법과 그의 응용

여기서는 분자궤도를 사용하여, 대표적인 협주반응인 전자고리화반응에 대해서 설명하기로 한다.

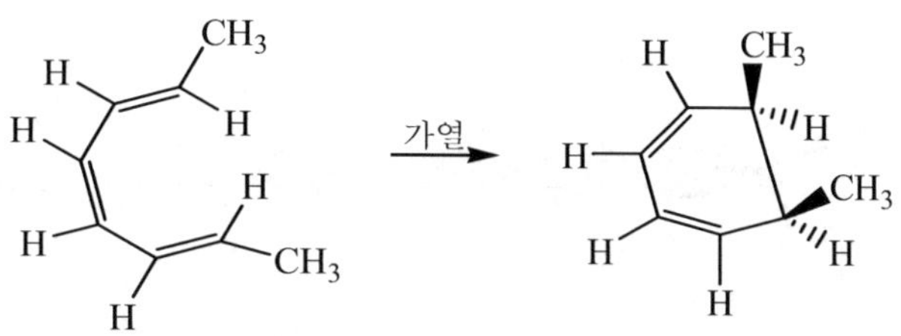

이 반응을 가열하여 행하면, 2개의 메틸기가 서로 시스형으로 되며, 트란스형은 생성되지 않는다. 이와 같은 반응, 특히 그의 완전한 입체특이성은 어떻게 설명될까? 지금까지의 이와 같은 유기전자론으로는 설명할 수 없다.

13-9. (2E,4Z,6E)-2,4,6-옥타트리엔의 분자궤도

이 반응에서는 다음과 같이 π 전자가 이동하여, 새로운 α 결합의 생성과 이중결합의 전위가 일어난다라고 생각된다.

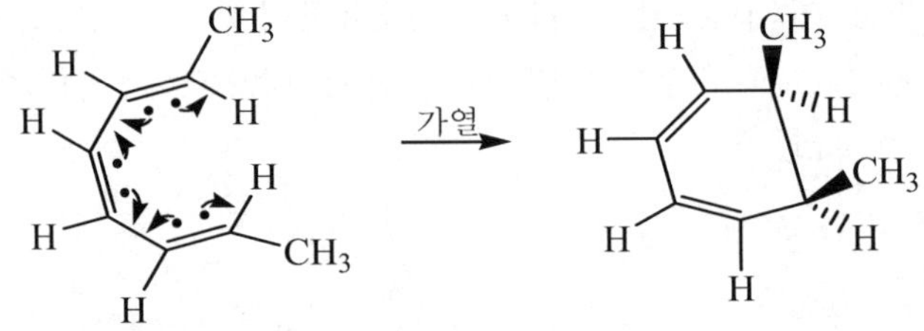

이 반응에 직접 관여하고 있는 것은 π 전자뿐이기 때문에, 이 π 전자에 대해서 먼저 생각하기로 하자. 이 계에는 다음과 같이 6개의 p원자궤도가 있으며, 이들이 분자 전체에서 π 분자궤도를 형성하고 있다.

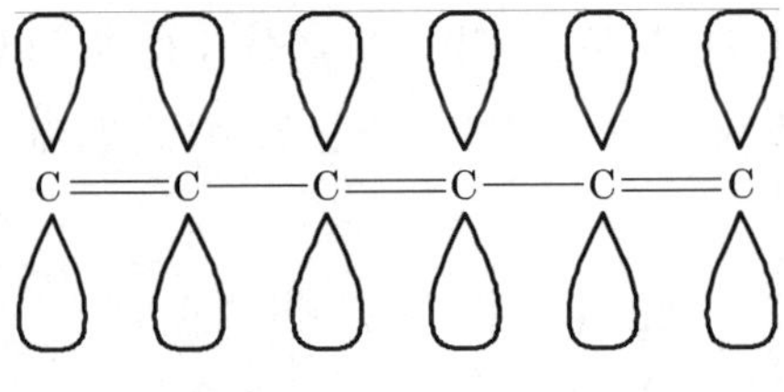

원래 6개의 원자궤도가 있기 때문에, 분자궤도는 마찬가지로 6개가 형성된다. 이들의 6개의 분자궤도를 Hückel 유사치로서 구하면 다음과 같이 된다.

π 전자의 분자궤도의 계산치(x는 원자궤도)

$$\Psi_6 = 0.232x_1 - 0.418x_2 + 0.521x_3 - 0.521x_4 + 0.418x_5 - 0.232x_6$$
$$\Psi_5 = 0.418x_1 - 0.521x_2 + 0.232x_3 + 0.232x_4 - 0.521x_5 + 0.418x_6$$
$$\Psi_4 = 0.521x_1 - 0.232x_2 - 0.418x_3 + 0.418x_4 + 0.232x_5 - 0.521x_6$$
$$\Psi_3 = 0.521x_1 + 0.232x_2 - 0.418x_3 - 0.418x_4 + 0.232x_5 + 0.521x_6$$
$$\Psi_2 = 0.418x_1 + 0.521x_2 + 0.232x_3 - 0.232x_4 - 0.521x_5 - 0.418x_6$$
$$\Psi_1 = 0.232x_1 + 0.418x_2 + 0.521x_3 + 0.521x_4 + 0.418x_5 + 0.232x_6$$

앞에서 설명한 바와 같이 이들 중에서 $\Psi_1 \sim \Psi_3$가 결합성 궤도이고, $\Psi_4 \sim \Psi_6$가 반결합성 궤도이다. 바닥상태(ground state) 즉, 안정할 때는 6개의 π 전자는 모두 결합성궤도에 점유되어 있다. 이 전자가 점유되어 있는 결합성 궤도 중에서 가장 위에 있는 궤도를 최고점유 분자궤도[highest occupied molecular orbital, HOMO(호모)]라고 말하며, 반결합성 궤도 중에서 가장 아래에 있는 궤도를 최저비점유 분자궤도[lowest unoccupied molecular orbital, LUMO(루모)]라고 말한다. 만일 빛으로 여기되면 HOMO에 있던 전자는 LUMO로 뛰어 오른다.

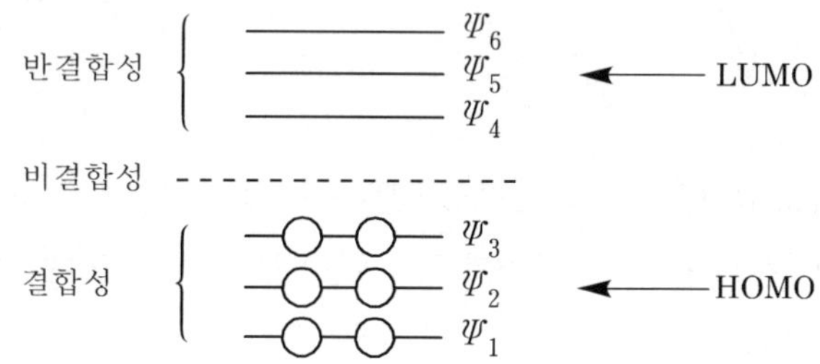

앞의 계산치로부터 보다 알기 쉬운 트리엔의 π 전자계의 그림을 생각하기로 하면, 그림 13-2와 같이 된다. 대칭, 비대칭은 결합의 중간에서의 면대칭을 나타내고 있다.

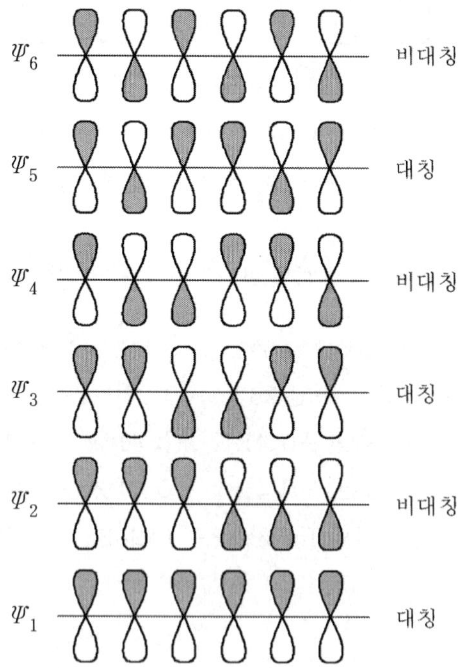

▌그림 13-2▐ 1,3,5-헥사트리엔의 π 분자궤도

13-10. 열반응에 의한 (2E,4Z,6E)-2,4,6-옥타트리엔의 폐환 반응

(2E,4Z,6E)-2,4,6-옥타트리엔을 열반응으로 폐환시키면 시스-5,6-디메틸시클로헥사-1,3-디엔이 선택적으로 얻어지며, 트란스체는 얻어지지 않는다. 이와 같은 입체선택성은 어떻게 설명될까? 순서에 따라서 반응을 관찰하기로 하자.

이 폐환반응에서는 2위치의 탄소와 7위치의 탄소 간에 새로운 σ결합이 형성된다. 원래 2위치와 7위치의 탄소는 sp^2궤도를 사용하고 있으며, p궤도가 남아 있었지만, 새로운 결합은 이들의 p궤도 간의 겹침으로 형성된 것이라고 생각된다. 이 때에는 앞에서 나타낸 바와 같이 당연히 위상이 맞지 않으면 안된다. 예를 들면 다음의 그림과 같다.

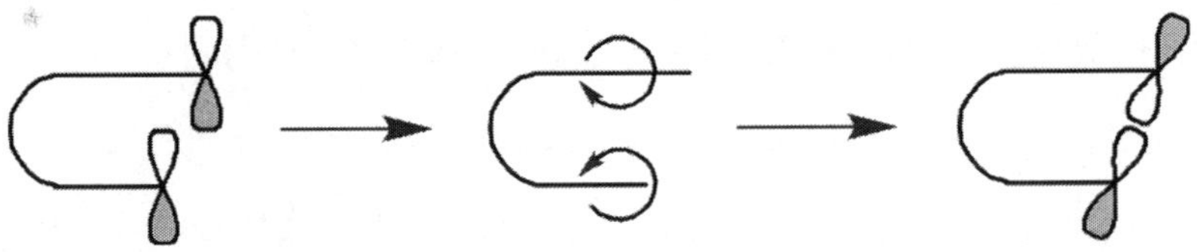

이와 같이 1개의 분자 내에서 π결합이 감소하고, 새로운 σ결합이 형성되어 고리화 되는 전자고리화반응에는 규칙이 있다. 이것은 열에 의한 전자고리화반응에서는 HOMO의 형태이고 빛에 의한 전자고리화반응에서는 LUMO의 형태로서 반응이 결정되는 것이다. 즉, 전자가 점유되어 있는 궤도 중에서 가장 위의 궤도의 형태이다.

헥사트리엔의 HOMO는 그림 13-2에 나타낸 바와 같이 Ψ_3의 궤도이며, 이것의 위상만을 보면 다음과 같이 된다.

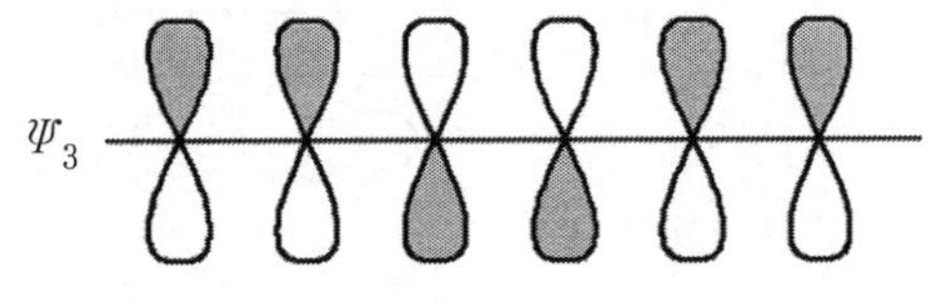

즉, 양 쪽 말단의 위상은 같은 쪽으로 향하고 있다. 이 양 쪽 말단의 π궤도가 위상을 맞추어 겹치기 위해서는 어떻게 회전하면 좋을까? 이 때, 2개의 메틸기는 고리의 평면에 대해서 같은 쪽으로 오고 있다. 즉 시스체가 선택적으로 얻어진다.

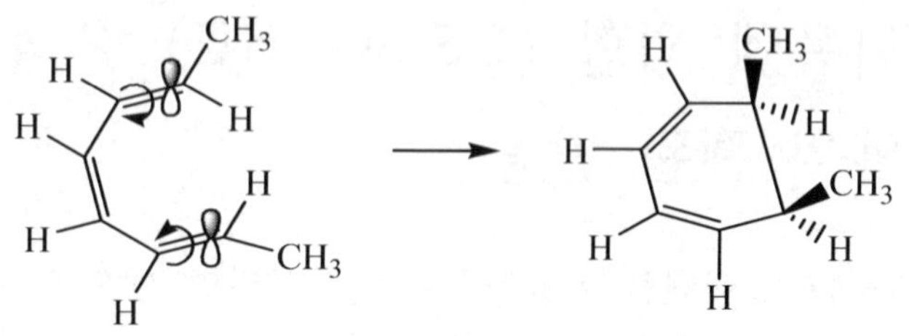

13-11. 광반응에 의한 (2E,4Z,6E)-2,4,6-옥타트리엔의 폐환 반응

(2E,4Z,6E)-2,4,6-옥타트리엔은 열 뿐만이 아니고, 빛의 조사에 의해서도 고리화 할 수 있다. 그러나 생성물은 시스체가 아니고 트란스체 만이 생성된다.

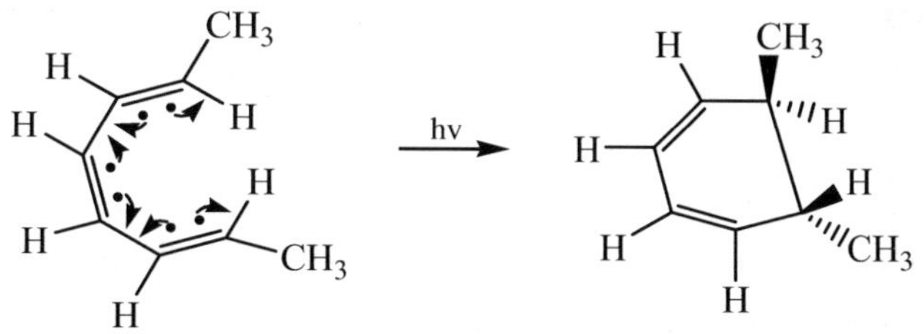

13-9절에서 설명한 바와 같이 빛에 조사되면 HOMO에 있던 전자는 여기되어 LUMO를 뛰어 오르고 옥타트리엔의 전자상태는 다음과 같이 된다.

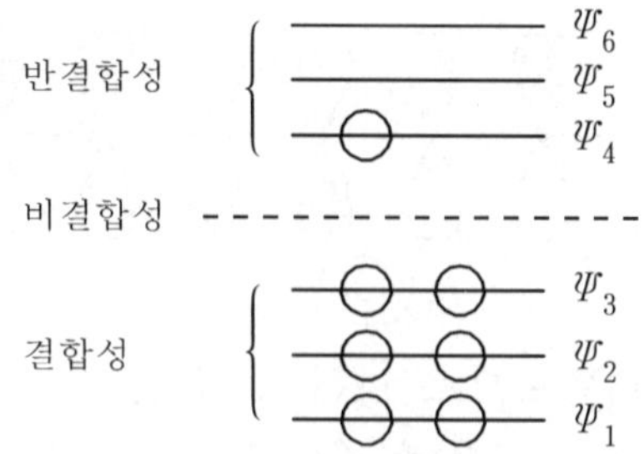

전자고리화반응에서는 전자가 점유되어 있는 최고의 궤도가 관계하고 있기 때문에, 이

경우에는 Ψ_4, 즉 LUMO의 형태로서 반응이 결정된다. 따라서 2개의 메틸기는 서로 트란스의 입체관계로 된다.

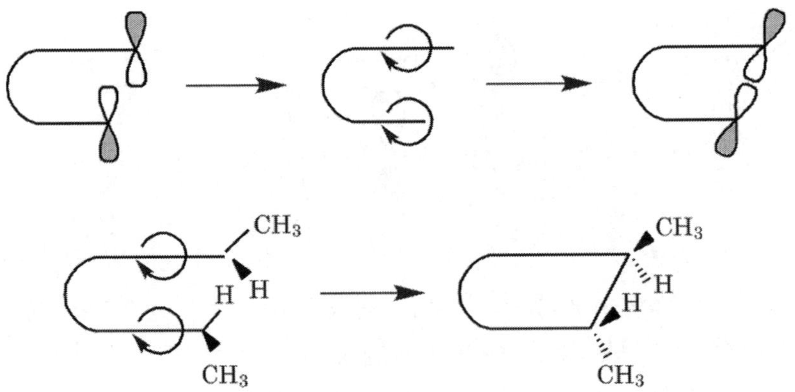

이 헥사트리엔계에 적용시킨 이론은, 부타디엔, 옥타테트라엔, 더욱 아릴계에도 마찬가지로 적용할 수 있으며, 생성물의 입체배치를 예상할 수 있다.

13-12. 시그마트로피반응

π 전자계에 있어서 σ 결합의 전위반응을 시그마결합 이동반응이라고 말하며, 다음과 같이 [1, j]次,[i, j]次시그마결합 이동의 2개의 반응이 있다. 이들의 반응이 열 혹은 광반응의 어느 것으로 쉽게 일어나는지를 살펴보기로 하자.

(1) [1, j]次시그마결합 이동반응

[1, j]次시그마결합 이동반응이란 1번째의 탄소로부터 j번째의 탄소에 시그마결합이 분자내에서 이동하는 전위반응으로서, 예를 들면 다음과 같은 [1, 5]시그마결합 이동이다.

이 반응에서 H · 가 이동한다라고 생각하면 모체는 5π 전자계이다. 협주반응에서는 궤도의 위상이 맞는 것이 기본이며, 또한 열반응에서는 HOMO가 반응을 결정한다라고 생

각하면, 다음과 같이 반응한다라고 생각할 수 있다(5π 전자계의 HOMO는 아래의 그림을 참조할 것).

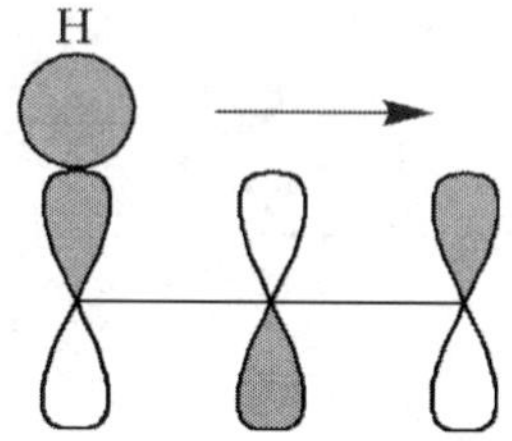

H·가 모체의 같은 쪽에서 이동하여 같은 위상과 σ결합을 형성하고 있다. 이와 같이 모체의 같은 쪽에서 전위하는 것을 동일면 형태(suprafacial)라고 말하며, 이것은 반응하기 쉽다. 반대로 반대 쪽으로 반응하는 것을 반대면 형태(antrafacial)라고 말하며, 일어나기 어렵다. 따라서 [1, 5]次시그마결합 이동반응은 열에 의하여 일어나며, 광반응에서는 일어나기 어려운 것을 알 수 있다.

※[참고]

탄소수가 홀수개의 π 전자계 화합물의 경우에는, 분자궤도는 다음과 같이 되어 있다.

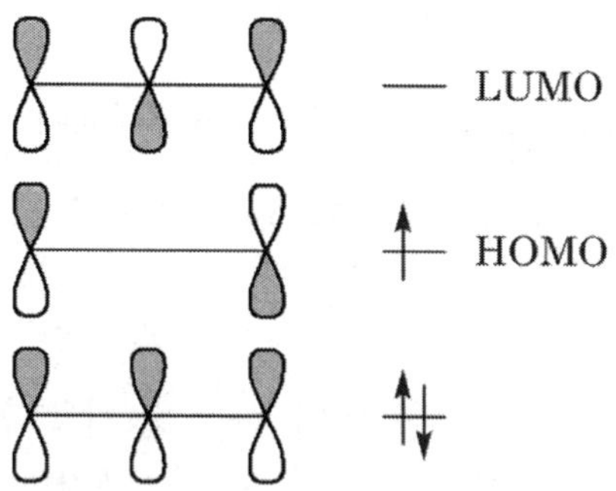

3π 전자계

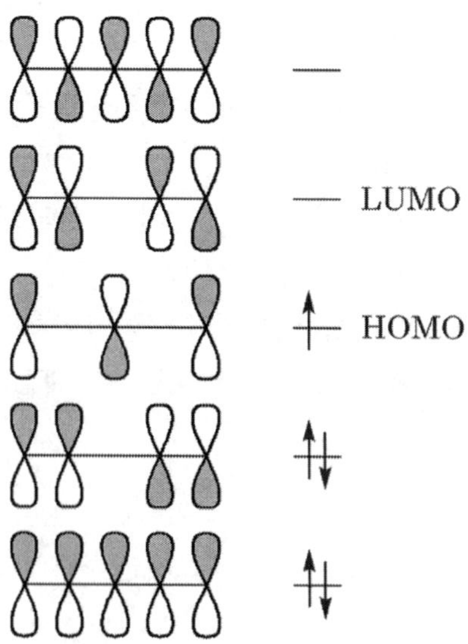

5π 전자계

(2) [i, j]次시그마결합 이동반응

[i, j]次시그마결합 이동반응이란 시그마결합이 1번째와 1'번째의 탄소로부터 i번째와 j번째로 이동하는 반응이다. 이 반응의 예로서 Cope전위반응이라고 불리우는 반응을 살펴보기로 하자.

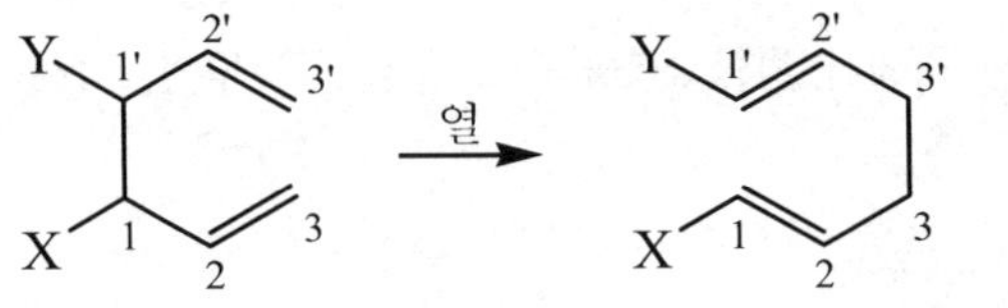

이 예에서는 1,1'의 σ결합이 절단하고, 3,3'의 σ결합이 생성하는 것으로서, 즉 σ결합이 1,1'로부터 3,3'로 전위한 것이다. 따라서 이 Cope전위반응의 경우에는 [3, 3]次시그마결합 이동반응이라고 말한다. 이 반응의 전이상태로서 다음과 같은 환상계가 생각된다.

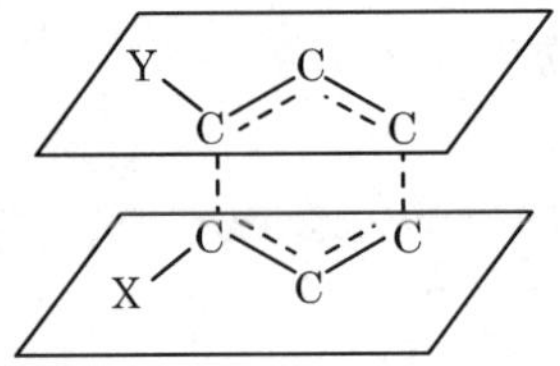

새로운 결합이 생성하는 데에는 위상이 맞아야 할 필요가 있다. Cope전위반응이 열에 의하여 일어날 때에는 HOMO에서의 반응이기 때문에, 3π 전자계의 HOMO를 생각하면 다음과 같이 되며, 동일면 형태로 되어 새로운 σ결합 형성이 용이해 진다.

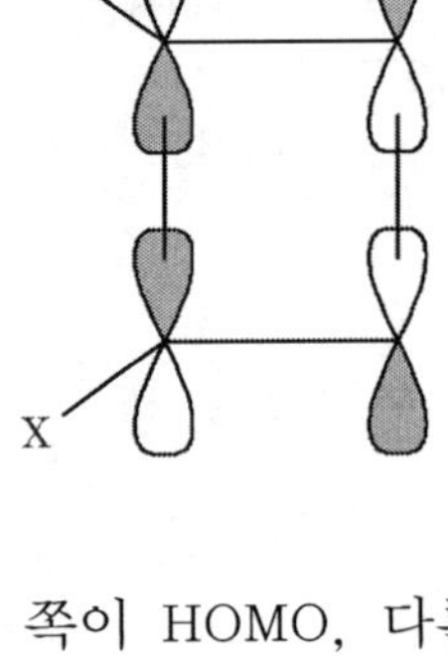

반대로 빛에 의한 반응에서는 한 쪽이 HOMO, 다른 쪽이 LUMO로서 반응하게 되며, 이 반응은 일어나기 어려운 것을 알 수 있다.

연습문제

01 다음의 화합물을 벤젠 중에서 환류시켰을 때의 생성물은 무엇일까?

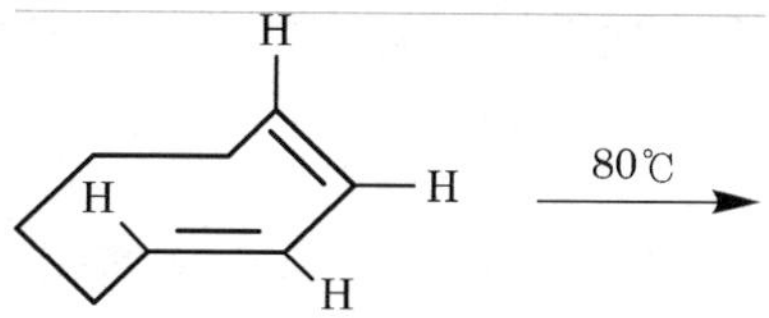

02 전자고리화반응은 가역반응이기 때문에 다음과 같은 시클로부텐계 화합물은 가열에 의하여 디엔화합물로 개환한다. 열반응에서는 개환반응의 입체특이성은 HOMO의 대칭성에 의하여 결정된다라고 생각하면, 다음의 반응생성물은 무엇일까?

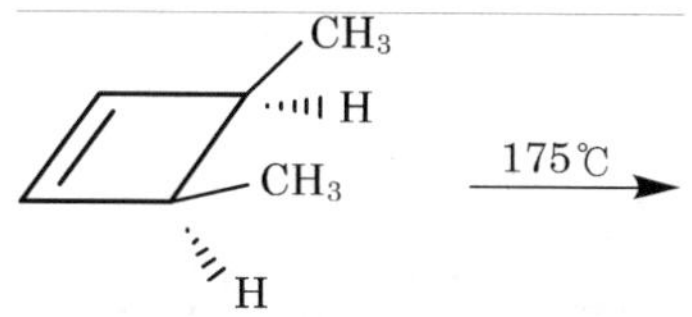

03 상기의 문제에 있어서, 개환반응을 광반응으로 행한 경우의 반응생성물은 무엇일까? 단, 광반응에서는 개환반응의 입체특이성은 LUMO의 대칭성에 의하여 결정된다.

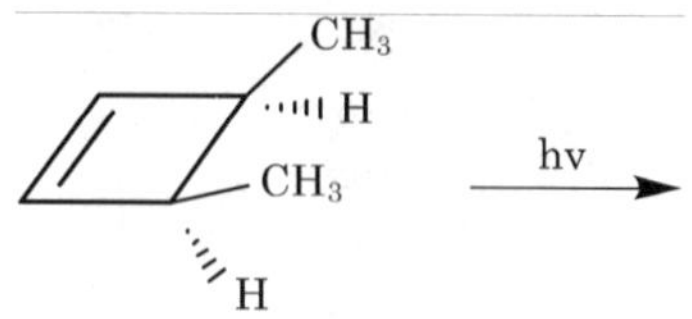

일상생활에 관련된 유기화합물과 고분자화합물 14

14-1. 유기화합물

유기공업화학은 석탄으로부터 얻어지는 콜타르의 이용으로부터 출발했다라고 말할 수 있다. 그러나 제2차 세계대전 이후 주로 경제적 이유로부터, 유기공업화학의 원료가 석탄으로부터 석유로 교체되었다. 현재 유기공업화학은 석유화학이라고 말해도 과언은 아니다. 그러나 석유는 한정이 있는 자원이기 때문에 장래에 있어서 가채매장량이 석유의 약 50배라고 하는 석탄을 이용한 새로운 화학기술을 개발할 필요가 있다고 생각된다.

14-1-1. 계면활성제

계면활성제(surface active agent)란 기체, 액체나 고체간의 계면에 흡착되어 그의 계면에너지를 저하시키는 작용을 하는 물질을 말한다. 계면활성제로서 인류가 오래전부터 사용해 온 것은 비누이다. 비누와 같은 계면활성제 분자는, 그림 14-1에 나타내는 바와 같이 분자 내에 소수기(친유기)와 친수기의 양쪽의 관능기를 갖는다. 예를 들면 물에 불용성의 기름이 수중에 분산하고 있는 경우 여기에 계면활성제를 가하면, 그림 14-2에 나타낸 것과 같은 계면활성제의 작용에 의하여 기름은 외관상 수용성으로 된다.

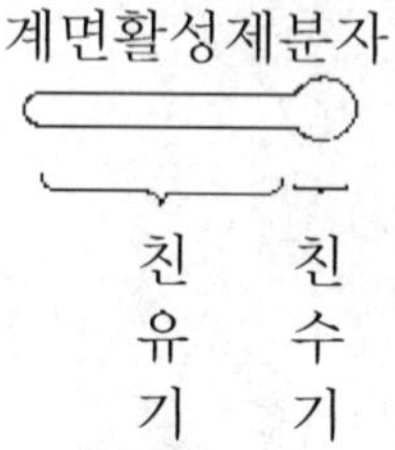

‖그림 14-1‖ 계면활성제 분자의 생략구조

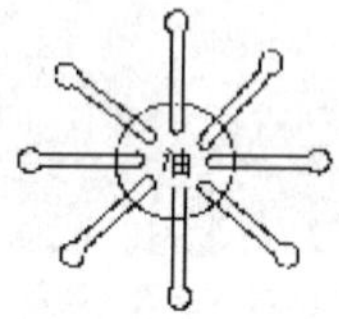

‖그림 14-2‖ 계면활성제 분자와 기름과의 상호작용 모형도

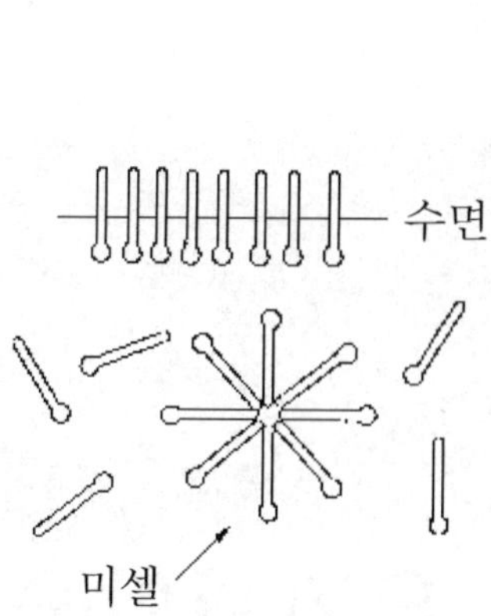

‖그림 14-3‖ 물이 첨가된 계면활성제 분자의 모형

또한, 수중에서의 계면활성제의 농도를 증대시키면, 그림 14-3에 나타낸 것과 같이, 계면에 늘어선 분자가 포화상태로 되며, 여분의 분자가 친수기를 바깥쪽으로 하여 집합체를 형성한다. 이 집합체를 미셀(micelle)이라고 말하며, 미셀이 생성하는 농도를 임계미셀농도(critical micelle concentration : CMC)라고 말한다.

계면활성제는 표 14-1과 같이 분류된다.

‖표 14-1‖ 계면활성제의 분류

- 계면활성제
  - 이온성 계면활성제
    - 음이온성 계면활성제
    - 양이온성 계면활성제
    - 양쪽성 계면활성제
  - 비이온성 계면활성제

대표적인 계면활성제에 대한 설명은 다음과 같다.

1) 음이온성 계면활성제

물에 용해했을 때 계면활성을 나타내는 부분이 음이온인 것과 같은 계면활성제로서, 유지의 비누화에 의하여 얻어진 비누가 이것에 속한다.

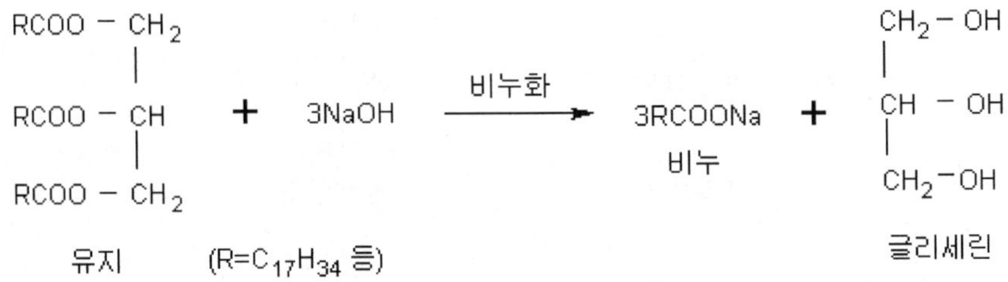

그러나 이 비누는 카르복시산(약산)과 수산화칼륨(약염기)과의 염이기 때문에 수중에서 가수분해 되어 약염기성을 나타내며, 눈에 들어가면 따가움을 느낀다. 이와 같은 단점을 제거할 목적으로, 중성의 계면활성제가 개발되었다. 이것은 카르복시산 대신에 벤젠술폰산(강산)을 사용했기 때문에 가수분해 되어도 중성으로서 눈에 들어가도 따갑지 않다.

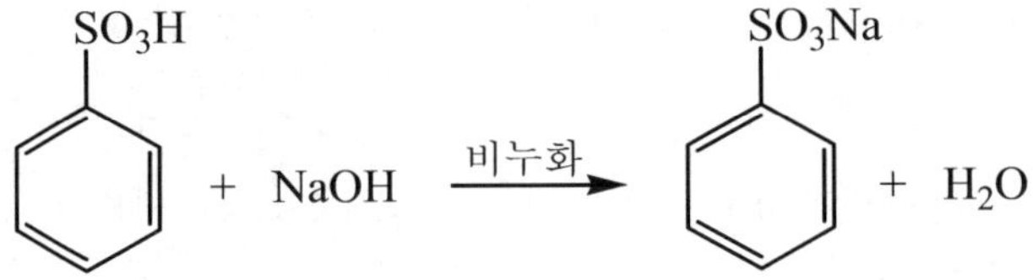

2) 양이온성 계면활성제

양이온성의 계면활성제는 음이온성 계면활성제보다도 세척능력이 떨어지는 것이 많지만, 이 형태의 계면활성제는 세제보다도 섬유의 방수나 유연제, 유화제 등에 주로 사용된다.

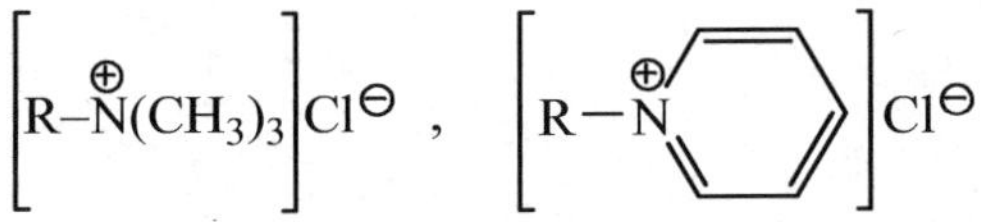

3) 양쪽성 계면활성제

계면활성을 나타내는 부분에 음이온성과 양이온성의 해리기를 갖는 것이다. 이와 같은 계면활성제의 특징은 넓은 pH 영역에서 사용될 수 있다. 대표적인 것으로서는 아미노산형이나 베타인(1개의 분자에 4차암모늄형 양이온과 산성의 음이온의 양쪽을 갖는다)형이 있다. 살균, 해독 등에 주로 사용된다.

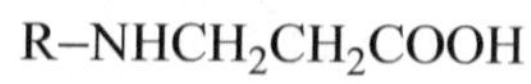

아미노산형

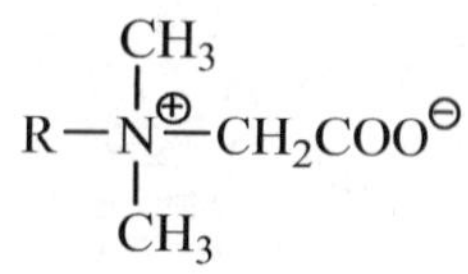

베타인형

4) 비이온성 계면활성제

수용액 중에서 이온으로 해리하지 않고, 중성분자 그대로 계면활성효과를 나타내는 화합물이다. 폴리에텔렌글리콜 유도체나 다가알코올을 친수기로 하는 고위 지방산에스테르 등이 있다. 주로 유화제나 분산제 등에 사용된다.

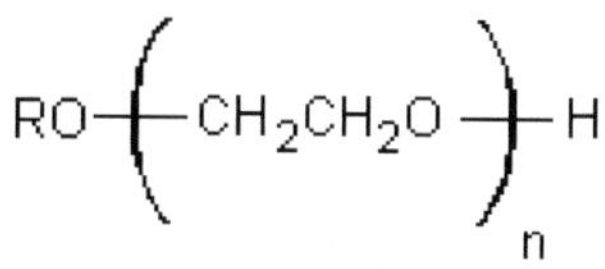

폴리에틸렌글리콜 유도체

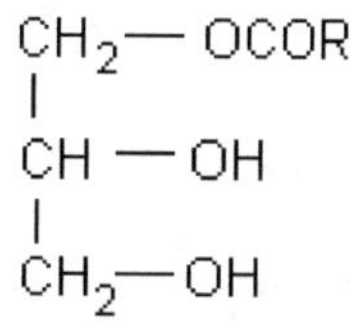

모노글리셀리드

14-1-2. 염료

염료를 인간이 사용하기 시작한 것은 이집트의 피라미드의 건설시대로서 매우 오래되었다. 최초에는 천연의 것을 사용했지만, 현재는 거의 대부분이 합성물질을 사용하고 있다. 염료에 요구되는 염색성, 내구성, 색조 등은 현재의 화학기술로서 상당히 높은 수준의 경지에 이르러 해결되고 있다.

1) 염착성

분자가 화려한 색을 가지고 있을지라도 섬유를 염색하는 성질이 없으면 염료로 될 수 없다. 염색하는 능력을 높이는 방법으로서 대표적인 것을 설명하면 다음과 같다.

(i) 조색단

염료분자에 될 수 있는 한, 많은 극성기를 도입하면 섬유에 대한 염착성이 증가한다. 이와 같은 기를 조색단(auxochrome)이라고 말한다. 조색단은 염료의 색조를 변화시키는 작용도 한다. 예를 들면, 아조벤젠은 황색이지만 염착성이 빈약하다. 여기에 아미노기나 술폰기를 도입하면 염착성이 완비된 염료(acid yellow)로 된다.

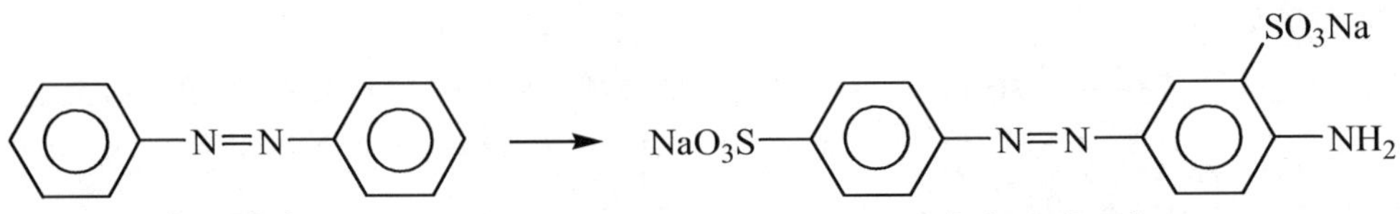

아조벤젠 → 아지드옐로우

(ii) 매염제

염료와 섬유간의 결합을 강화시키는 작용을 하는 약제를 매염제(mordant)라고 말한다. 알루미늄, 철이나 니켈 등의 금속염으로 섬유를 처리한 후, 염색하면 염착성이 증대한다.

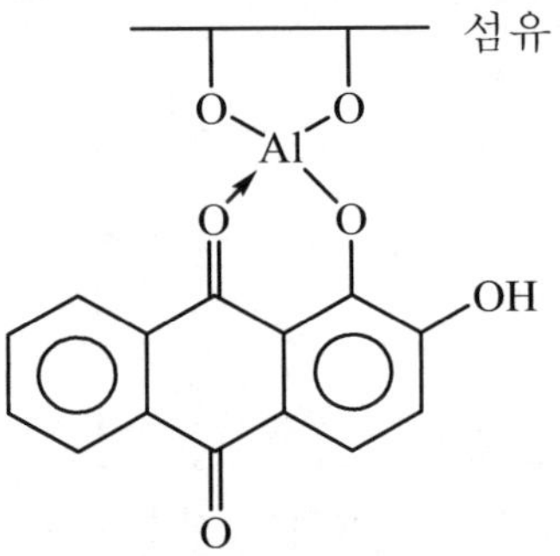

알리자린

2) 내구성

염색된 섬유는 세탁 등에 의하여 색이 빠지는 것이다. 색이 빠지기 어렵게 하는 성질을 견뢰도(fastness)라고 말한다. 견뢰도를 증대시키는 대표적인 방법은 다음과 같다.

(i) 아조염료

수용성의 염료중간체(예를 들면, 2-나프톨)로서 섬유를 처리해 두고, 여기에 디아조늄 화합물(예를 들면, 벤젠디아조늄)을 반응시키면 섬유상에서 커플링반응이 일어나는 것으로 물에 난용성의 아조염료가 형성된다. 물에 난용성이기 때문에 견뢰도가 높다.

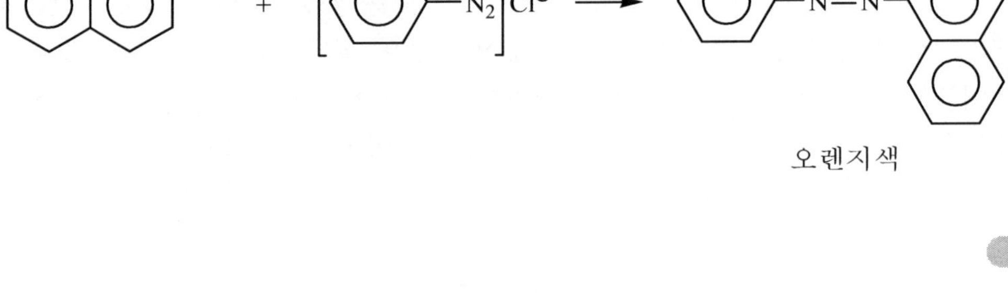

오렌지색

(ii) 배트염료

인디고는 물에 불용성이지만, 이 환원물은 무색에 가까운 수용성의 류코인디고로 된다. 이것으로 섬유를 처리한 후, 공기 중에 방치시켜 두면 공기에 의하여 산화되어 원래의 인디고가 섬유상에서 재생한다. 이것과 같은 방법으로 염색시키는 염료를 배트염료(vat dye)라고 말한다.

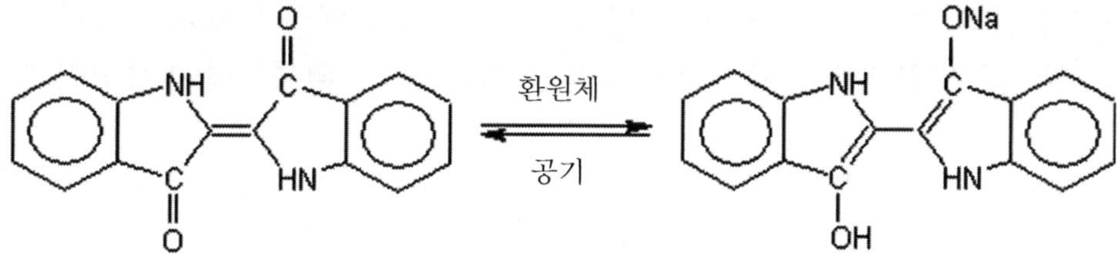

인디고 류코인디고

(iii) 반응염료

견뢰도를 향상시키기 위하여 염료와 섬유를 화학결합 시키는 방법이 있다. 예를 들면, 염화시아누르에 염료를 결합시켜 두고, 여기에 셀룰로오스를 염색하면, 화학결합이 성장하여 견뢰도가 높아진다.

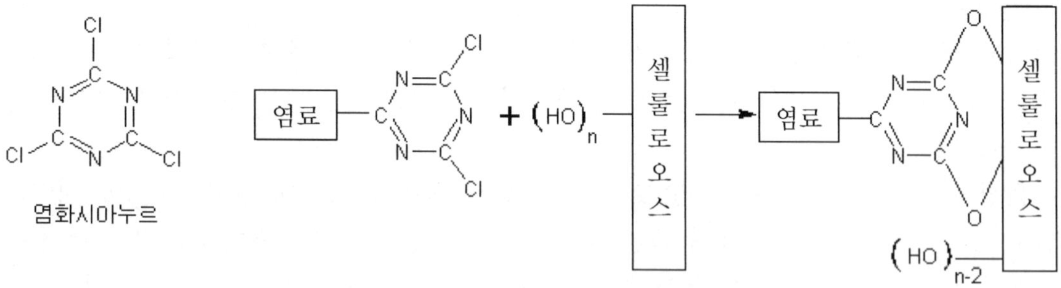

14-1-3. 향료

향료는 화장품, 비누, 식품, 청량음료수 등 폭넓은 분야에서 사용되고 있지만, 그의 취각의 메카니즘에 대해서는 지금까지 알지 못하는 점이 많다. 또한 향료는 복잡한 구조를 갖는 것이 많고, 염료와 같이 간단히 합성하기 어려우며, 게다가 몇 종류의 화합물을 투수한 비율로서 혼합하지 않으면 좋은 향료가 될 수 없는 것이 많다.

구조가 밝혀져서 합성되고 있는 몇 개의 향료의 구조식을 그림 14-4에 나타낸다. 바닐린(vanillin)은 바닐라의 과일에 함유되어 있으며, 아이스크림의 향료로서, 시스-재스몬(cis-jasmone)은 물푸레나무의 꽃의 향기성분으로서 향수 등, 멘톨(menthol)은 박하유의 성분으로서 과자의 향료 등, 무스콘(muscone)은 사향(musk)의 향기성분으로서 향수 등에 각각 사용되고 있다.

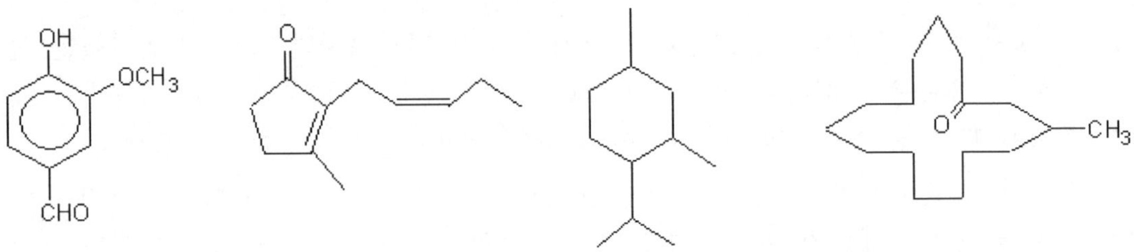

바닐린 　 시스-재스폰 　 L-멘톨 　 무스콘

▮그림 14-4▮ 합성되어 있는 향료의 예

14-1-4. 의약

의약품은 생명과 밀접하게 관여하고 있기 때문에, 생명의 본질이 완전히 해명되어 있지 않은 현재의 상황에서는 어떤 약품이 어떤 약리작용을 갖는지는 불명한 점이 많다. 따라서 현재 사용되고 있는 의약에는 우연히 발견된 것이 많다. 예를 들면, 버드나무의 가지를 사용하면 치통이 사라지는 것을 우연히 발견하고, 버드나무에 함유되는 성분의 연구로부터, 아스피린이 진통제나 해열제로서 사용되기에 이르렀다. 그러나 이 의약은 병의 그 자체에 효력이 있는 것이 아니고, 인체의 고통을 사라지게 하는 것으로서 병은 체력에 의하여 극복되는 수단을 취하는 것이 많다. 이것에 대해서 우연이지만 미생물이 생산하는 물질이 다른 미생물의 발육을 저해하는 것을 발견하고 복잡한 구조를 갖는 페니실린 등의 항생물질이 발견되었다. 이것은 병원균 그 자체에 작용하는 획기적인 의약이 되었다.

암은 일반적으로 감염병이 아니기 때문에 치료약의 개발에는 매우 곤란하다. 그러나 현재 첨단의 화학기술을 총 동원하여 암의 발생에 관계되는 DNA에 선택적으로 작용하는 약제의 개발이 시험되고 있다. cis-platin은 암의 DNA에 작용하는 강한 항암작용이 있는 것이 밝혀진 하나의 물질이다.

의약은 현재 DNA의 레벨까지 도달하고 있으며, 앞으로의 연구에 기대가 모아지고 있다. 또한 의약의 개발에서 주의해야 할 것은 salidmide 등에서 관찰되는 것과 같은 치명적인 부작용을 방지하는 것이다.

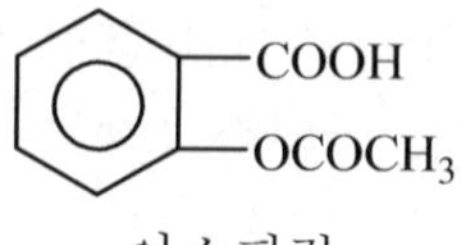

아스피린

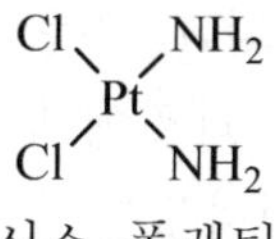

시스-폴래틴

14-1-5. 농약

농약은 농작물을 병충해 등으로부터 보호하기 위한 약품이지만, 단순히 농작물을 살균하기도 하고, 해충을 구제하는 것뿐만이 아니고 식물의 생육을 촉진 또는 억제하는 식물성장 조절제 등도 농약에 속한다. 이들의 농약은 농업생산을 비약적으로 증대시켰다. 그러나 과거의 DDT에서 관찰되는 것과 같이 해충에 대해서 커다란 살충효과를 가지고 있었지만, 자연계에서 분해되기 어렵기 때문에 잔류농약으로서 인체에도 해를 일으키는 것이 알려져 사용이 중지된 것도 많다.

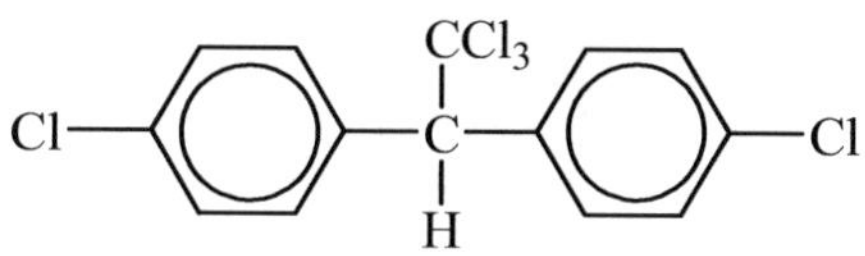

DDT

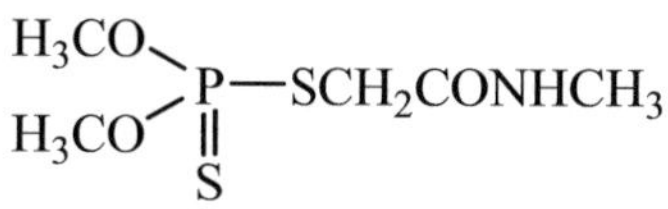

dimethoate

농약은 사용목적에 대해서는 충분한 효과를 나타내고, 기타의 자연계나 인류에는 해가 없어야 한다. 이와 같은 이상적인 농약의 발견은 어렵다. 침투성 살충제로서 알려져 있는 dimethoate는 곤충에 대해서 대사이상을 일으켜 사망에 이르게 하지만, 포유류에서는 체내에서 분해되어 무독성을 나타내기 때문에 이상에 가까운 농약이라고 말할 수 있다.

농약은 토양 중에도 침투하기 때문에 눈에 보이지 않는 토양 중에 끼치는 영향에 대해서도 고려해야 할 필요가 있다.

14-2. 고분자화합물

14-2-1. 천연고분자 화합물

천연에는 당류나 지질, 단백질 핵산 등의 생체고분자 화합물 이외에 종이나 섬유 등과 같은 천연고분자 화합물 등이 있다.

1) 셀룰로오스(cellulose)

당질의 일종인 글루코오스가 β-글루코시드결합에 의하여 사슬상태의 거대분자로 된 것을 셀룰로오스라고 말한다.

소나 말 등을 제외하고, 일반적으로 동물은 β-글루코시드결합을 분해할 수 없다. 즉, 특수한 식물을 제외하고 거의 대부분의 식물 중에 함유되어 있음에도 불구하고, 셀룰로오스는 음식물로 되지 않는다. 면이나 마 등에 함유되어 있는 셀룰로오스는 결정성이 좋고, 단단한 섬유를 형성하고 있기 때문에, 현재에도 의류로서 다량으로 사용되고 있다.

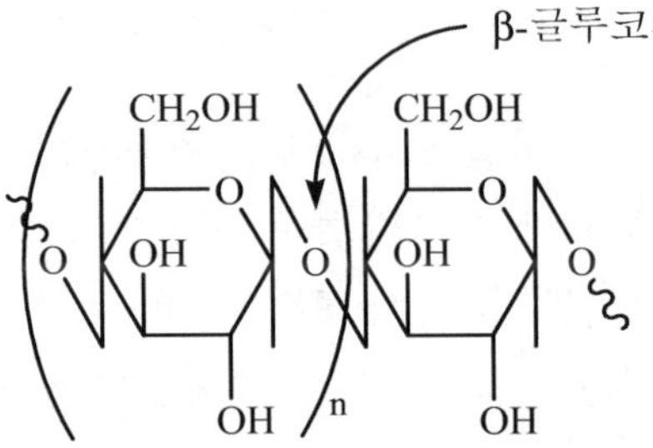

┃그림 14-5┃ 셀룰로오스의 부분구조

2) 펄프(pulp)

공업적으로는 목재로부터 다량의 셀룰로오스가 얻어지고 있다. 목재는 셀룰로오스를 약 50%, 리그닌을 약 30% 함유하고 있으며, 이외에는 유지 등을 함유하고 있다. 목재에 2번째로 많이 함유되어 있는 리그닌은 복잡한 구조로서, 완전히 해명되어 있지 않다. 리그닌의 분해물로부터, 그의 골격은 다음과 같이 생각되고 있다.

목재로부터 셀룰로오스를 얻는 일반적인 방법은 크래프트(kraft)법이다. 이것은 목재를 칩(chip)이라고 불리는 1~2cm의 각으로 분쇄된 것을 주로 수산화나트륨과 황화나트륨으로 형성된 용액을 분해하여 리그닌을 수용성으로 한다. 이와 같이 해서 얻어지는 셀룰로오스는 비교적 순도가 높으며, 화학펄프(chemical pulp)라고 불리운다. 이것에 대해서 신문지 등에 사용되는 종이는 목재에 물을 주입하면서 돌로서 압착하여 분쇄한 기계펄프(mechanical pulp)를 사용한다. 기계펄프는 다량의 리그닌을 함유하고 있기 때문에 신문용지와 같이 변색하기 쉬운 단점을 가지고 있지만, 가격이 싸고 인쇄잉크의 흡수가 빠르다라고 하는 장점을 가지고 있다.

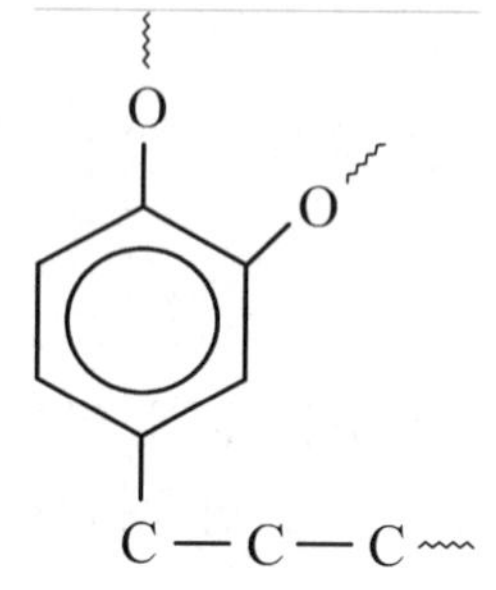

▌그림 14-6▐ 리그닌의 부분구조

3) 종이(paper)

종이의 역사는 매우 오래되었으며, 이집트시대에 파피루스가 사용되고 있었던 것은 유명하다. 종이는 그의 사용원료의 종류나 제조방법 등으로부터 한지와 양지로 대별되지만, 사용목적으로부터도 많은 종류로 분류된다. 대표적인 것으로서 인쇄 · 필기용지, 포장용지, 가정용지(냅킨, 타월, 화장지 등)나 특수용지(흡수지, 반투명지, 전기절연지 등) 등이 있다.

여기서는 양지 중에서 인쇄 · 필기용지로 사용되는 종이에 있어서 그의 제조방법을 중심으로 설명하기로 한다. 종이의 제조공정도를 그림 14-7에 나타낸다.

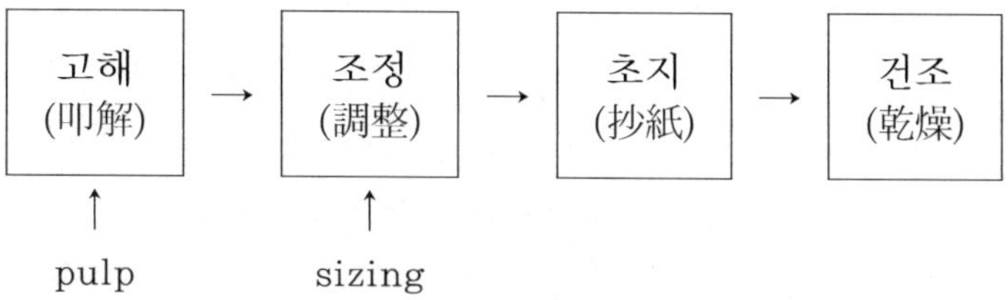

▌그림 14-7▐ 종이의 제조공정도

고해(beating)는 펄프를 적당한 농도로서 균일하게 물에 분산시키는 것이다. 펄프 만을 취해서 제조한 종이는 다공질로서 흡습성이 강하고, 잉크가 번지기 때문에 구멍을 내수성의 콜로이드물질로서 막을 필요가 있다. 이와 같은 처리를 사이징(sizing)이라고 말하며, 이 목적에 사용되는 물질을 사이즈(size)라고 말한다. 사이즈로서는 로진(rosin)이라고 불리우는 천연수지 등이 사용된다.

또한 종이를 불투명하게 하고, 지면을 평평하게 하여 인쇄성을 향상시키기 위한 사이즈로서는 다른 백색의 광물이 가해진다. 이와 같은 목적에 사용되는 물질을 충전제(filler)

라고 말한다. 충전제로서는 백토나 활석 등이 사용된다. 사이즈나 충전제를 가하고 조정한 원료는 초지기로서 처리한 후, 건조시킨다.

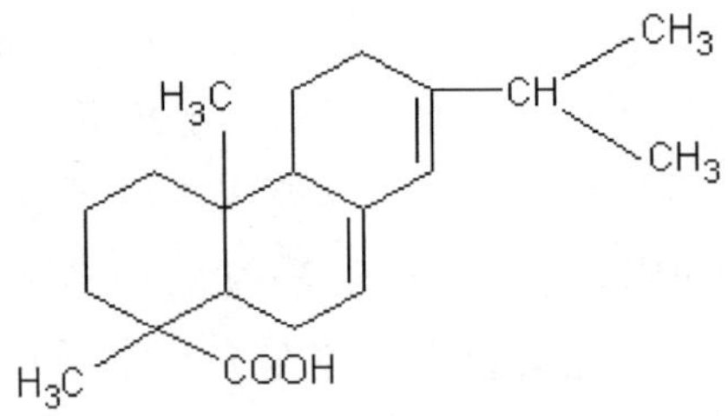

로진(abietic acid)

4) 천연섬유

천연섬유(natural fiber)는 식물섬유(목화, 마 등), 동물섬유(명주, 양털 등)와 광물섬유(석면 등) 등으로 분류된다. 명주, 양털은 단백질로 형성되어 있으며 보온성, 염색성 등에 뛰어난 성질을 가지고 있지만, 알칼리에 약하다라고 하는 단점을 가지고 있다. 석면은 광물질이기 때문에 내열성이 뛰어나지만, 현재 석면의 분말은 발암성 물질로 알려져 있기 때문에 그의 사용이 제한되어 있다.

5) 재생섬유

셀룰로오스 중 단섬유는 인장강도가 작고 이용가치가 낮기 때문에 이것을 적당한 용제에 용해시키고 응고액 중에서 방사(습식방사법)에 의하여 재응고시켜 장섬유상태로 하면 이용가치가 높아진다. 이와 같이 해서 얻어진 장섬유를 재생섬유(regenerated fiber)라고 말한다. 재생섬유는 용제의 종류나 원료섬유의 품질 등에 따라서 viscose rayon, polynosic rayon, copper-ammonia rayon 등으로 불리우고 있다.

6) 반합성섬유

재생섬유는 어느 것이나 셀룰로오스를 가용성으로 한 후, 재차 셀룰로오스로 되돌린 것이지만, 반합성섬유(semisynthetic fiber)는 셀룰로오스를 아세틸화 한 것에 의하여 아세톤에 가용성으로 변화시킨다. 셀룰로오스는 글루코오스 1분자 당 2.5개의 수산기를 아세틸화 하면 아세톤에 가용성으로 된다. 이 아세톤용액을 공기 중에서 용매를 휘발시키면서 방사(건식방사법)하면, 아세틸셀룰로오스의 섬유가 얻어진다. 이것은 아세테이트라고도 불리우고 있다. 아세테이트는 섬유로서 뿐만이 아니고, 판상으로 하여 사진의 필름 등으로도 이용되고 있다.

14-2-2. 합성고분자 화합물

천연고분자화합물에는 복잡한 구조를 갖는 것이 많지만, 대부분의 합성고분자는 비교적 구조가 간단한 저분자량의 화합물을 반복적으로 반응시켜서 제조하고 있다.

이와 같이 비교적 간단한 구조를 갖는 분자를 단량체(monomer)라고 말하며, 단량체가 반복해서 결합(중합 : polymerization)하여 얻어지는 거대한 분자를 중합체(polymer)라고 말한다. 셀룰로오스는 글루코오스 만으로 형성되는 중합체이기 때문에, 이와 같은 중합체를 동종중합체(homopolymer)라고 말하며, 명주나 양털과 같은 단백질은 여러 종류의 아미노산으로 형성되었기 때문에 이와 같은 고분자화합물을 혼성중합체(copolymer)라고 말한다.

중합은 그의 형식으로부터 부가중합(addition polymerization), 축합중합(condensation polymerization) 및 개환중합(ring-opening polymerization)으로 분류된다.

1) 부가중합

부가중합은 불포화결합을 갖는 단량체를 활성종(라디칼, 음이온이나 양이온)에 부가하는 반응을 반복시키는 것에 의하여 중합하는 형식의 반응을 말한다.

$$n\ CH_2{=}\underset{\displaystyle X}{\underset{|}{C}}H \xrightarrow{\text{중합}} \left(CH_2{-}\underset{\displaystyle X}{\underset{|}{C}}H_2 \right)_n$$

이와 같은 부가중합의 원료로 되는 단량체의 대표적인 화합물을 표 14-2에 나타낸다.

표 14-2 부가중합의 단량체

화합물명	화합물	화합물명	화합물
에틸렌	$CH_2{=}CH_2$	아크릴로니트릴	$CH_2{=}CH{-}CN$
프로필렌	$CH_2{=}CH{-}CH_3$	아크릴산메틸	$CH_2{=}CH{-}COOCH_3$
염화비닐	$CH_2{=}CH{-}Cl$	메타크릴산메틸	$CH_2{=}C(CH_3){-}COOCH_3$
아세트산비닐	$CH_2{=}CH{-}OCOCH_3$	스티렌	$CH_2{=}CH{-}C_6H_5$

2) 축합중합

축합중합은 단량체가 중합할 때, 물이나 알코올 등의 간단한 분자가 탈리하면서 중합을 반복하는 반응을 말한다. 원리적으로는 많은 것이 생각되지만, 실용적인 예는 한정된다. 하나의 예로서 나일론-66의 합성법을 나타내면 아래와 같다.

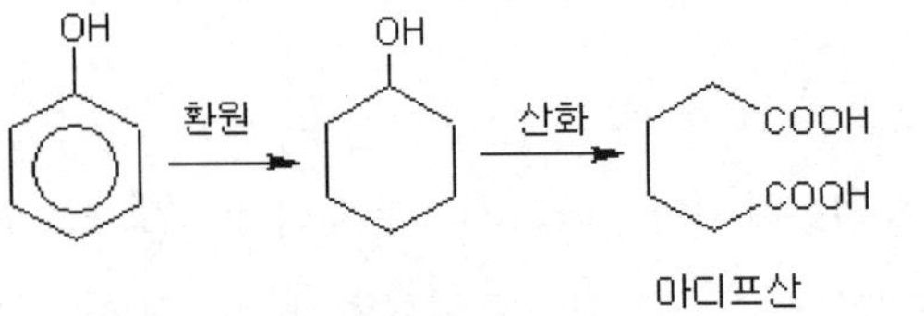

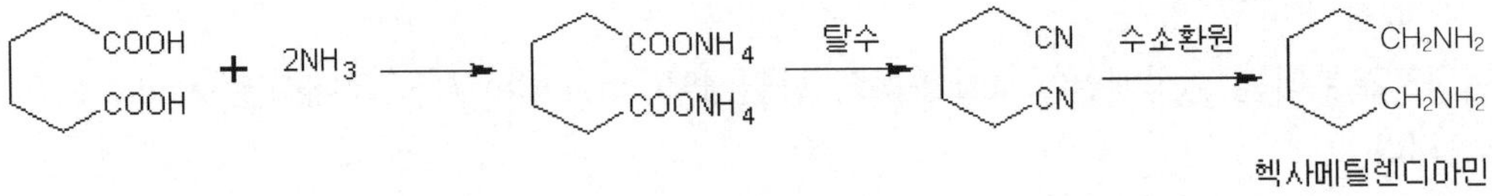

$$HOOC(CH_2)_4COOH + H_2N(CH_2)_6NH_2 \xrightarrow{\text{탈수}} HOOC(CH_2)_4CONH(CH_2)_6NH_2 \longrightarrow \text{축합중합}$$

아디프산　　헥사메틸렌디아민

나일론(nylon)의 합성섬유가 발명되었을 때의 광고문구는 「물과 공기와 석탄으로부터 제조되어, 강철보다도 강하고, 거미줄보다도 가늘다」 라고 표현했다. 원료의 아디프산과 헥사메틸렌디아민은 석탄으로부터 얻어진 페놀로부터 상기와 같이 해서 합성되었다. 현재는 거의 대부분 석유를 원료로 사용하여 제조하고 있다.

3) 개환중합

개환중합은 환상화합물이 개환한 후, 이들이 서로 부가하여 선상고분자로 되는 반응이다. 하나의 예로서 나일론-6의 합성법을 나타내면 아래와 같다. 시클로헥사논옥심(cyclohexanone oxime)의 베크만전위(Beckmann rearrangement)에 의하여 얻어지는 ε-카프로락탐(ε-caprolactam)을 개환중합 시키는 것에 의하여 얻어진다. 이것은 나일론-66와 유사한 합성고분자로서, 그의 구조로부터 나일론-6라고 명명되었다.

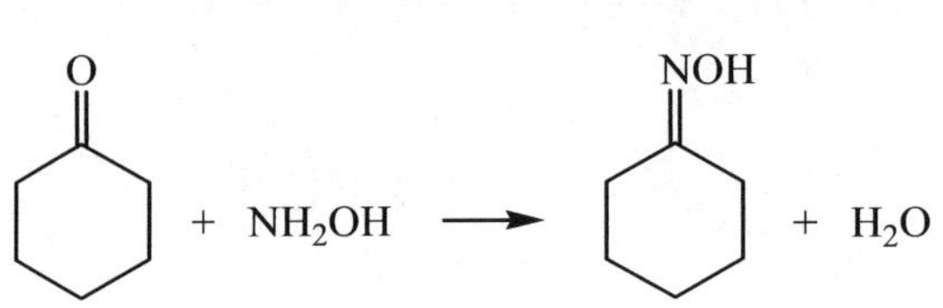

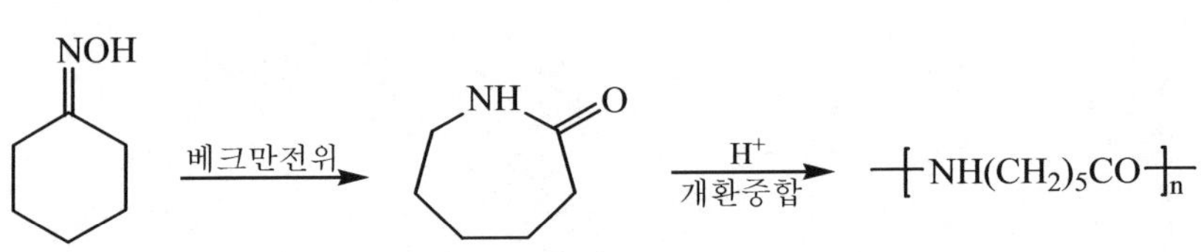

ε-카프로락탐

14-2-3. 고분자화합물의 구조와 성질

현재 고분자화합물은 그의 사용목적에 따라서 셀 수 없을 정도의 많은 종류의 것이 이용되고 있다. 이들의 고분자화합물을 그의 성질의 차이에 따라서 분류하면 열가소성수지(thermoplastic resin), 열경화성수지(thermosetting resin), 탄성중합체(elastomer)로 분류된다. 그 성질의 차이는 단량체의 종류, 결합순서, 평균분자량(평균중합도)이나 고분자의 구조 등에 유래하고 있다.

결합구조로부터는 혼성배열(atactic)구조, 동일배열(isotactic)구조, 교대배열(syndiotactic)구조로 분류된다.

어택틱 구조

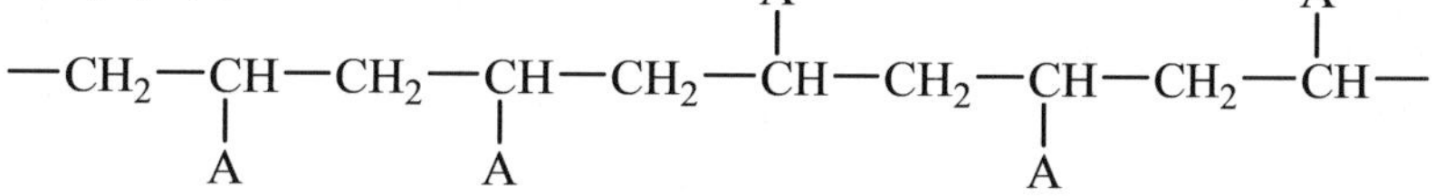

아이소탁틱 구조

신디오탁틱 구조

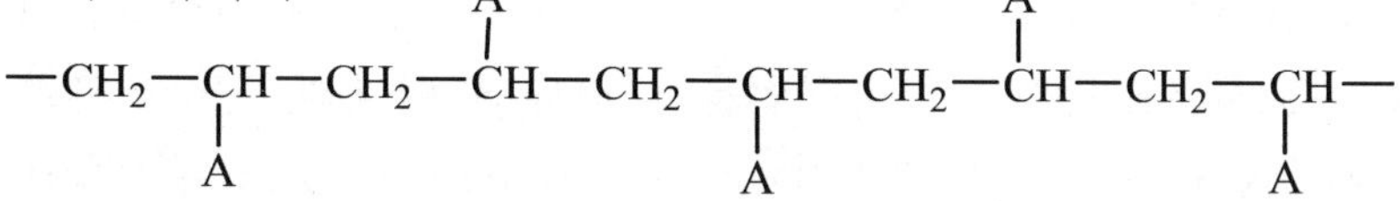

그리고 분자구조로부터는 선형고분자(linear polymer), 분지고분자(branched polymer), 가교고분자(crosslinked polymer)의 3종류로 분류할 수 있다.

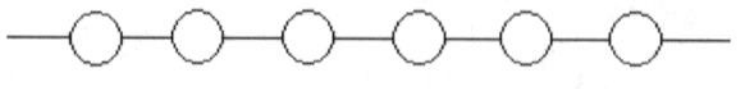

선형고분자

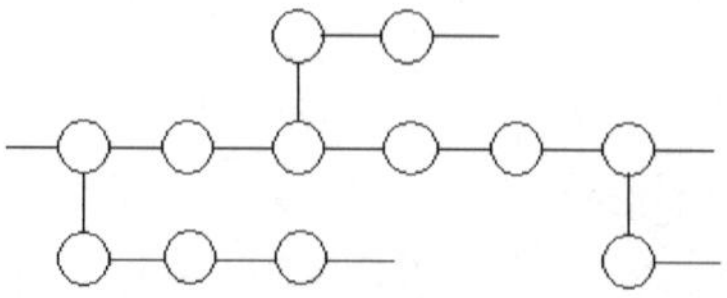

분지고분자

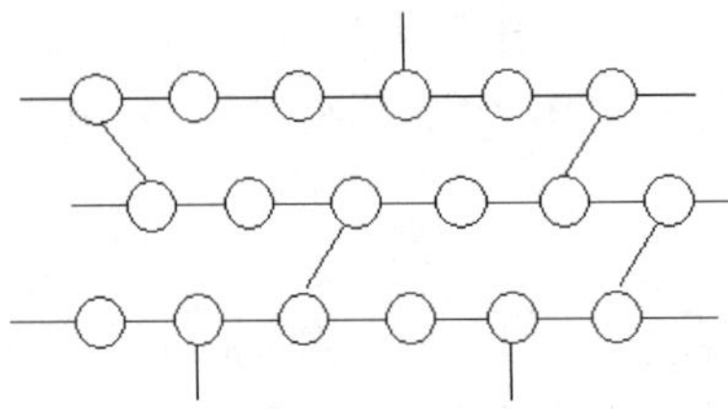

1) 열가소성수지

일반적으로 열가소성수지는 플라스틱이라고 불리우고 있다. 플라스틱은 가열하면 융해하지만, 저분자와 같은 명확한 융점을 나타내지 않는다. 그 이유는 각종의 분자량을 갖는 분자의 혼합물로서 특수한 선형고분자 이외에는 분지고분자이기 때문에 결정성도 낮다. 그러나 열가소성수지는 가열에 의하여 자유로 성형할 수 있는 장점을 가지고 있기 때문에, 복잡한 형태의 성형품을 제조하는 경우에는 매우 사정이 좋다. 융점이 비교적 높은 플라스틱을 합성하기 위해서는 가지가 적은 선형이면서 게다가 동일배열인 고분자를 합성하면 좋다. 결정성이 증대하고 융점이 높아진다.

2) 열경화성수지

가열에 의하여 3차원의 그물구조를 형성하는 분자는 가열해도 융해하지 않으며 열경화성수지라고 불리우고 있다. 하나의 예로서는 요소수지(urea resin)를 다음에 나타낸다.

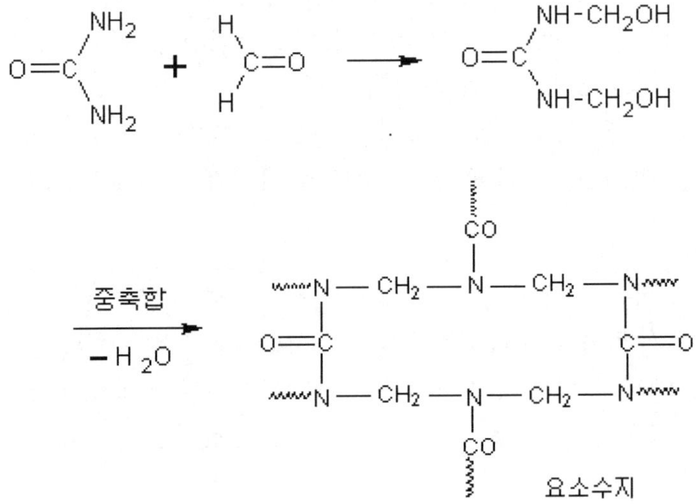

요수수지는 요소에 대해서 과잉의 포름알데히드를 가하면 디메틸요소가 생성하고, 이

것을 산성조건하에 가열하면 축합반응을 일으켜 3차원 구조를 갖는 열경화성수지가 얻어진다. 이외에 페놀수지나 멜라민수지 등 많은 열경화성수지가 실용화 되고 있다.

3) 탄성중합체(엘라스토머)

클로로프렌을 부가중합 시키면 이중결합을 갖는 선형고분자가 얻어진다. 이와 같은 형태의 고분자는 생고무라고 불리우고 추잉검상태로서 아직 탄성을 나타내지 않는다. 그러나 여기에 적당한 양의 유황을 가하고 가열하면 이중결합에 유황이 부가하여 가교고분자로 된다. 가교수가 많으면 열경화성의 에보나이트(ebonite)라고 불리우는 비탄성수지로 된다. 가교 수를 적당하게 조절하면 거친 그물구조를 가지며 탄성을 나타내게 된다. 탄성고무를 얻기 위해서 유황을 가하고 가열하는 것을 가황(vulcanization)이라고 말한다. 가교 수가 적으면 약한 힘으로 분자가 흐트러지지만, 가교로 인하여 탈리되지 않고 힘을 제거하면 원래의 위치로 되돌아오기 때문에, 결과적으로 탄성을 나타내게 된다. 이와 같이 탄성을 나타내는 고분자물질을 탄성중합체(elastomer)라고 말한다.

클로로프렌으로부터 합성한 탄성고무는 천연고무보다도 내유성이 뛰어나기 때문에, 합성고무로서 대량으로 사용되고 있다. 이외에도 많은 종류의 합성고무가 개발되어 사용되고 있다.

14-2-4. 접착제

일반적으로 접착제(adhesive)로서 생각되는 것은, 종이를 붙이는 풀이지만, 현재는 합성고분자의 발달에 의하여 그의 용도가 비약적으로 증대했다. 특히 이전에는 불가능했던 이종재료의 접착이 가능해졌으며, 접착 이외의 방법으로 접착시킬 수 있는 제품의 개발이 행해지고 있다. 현재 이용되고 있는 승용차는 거의 대부분이 접착에 의하여 조립되고 있다라고 해도 과언이 아니다. 접착제를 그 재료의 성질로부터 분류하면 다음과 같다.

1) 열가소성 접착제

일반적으로 상온에서는 고체이지만, 가열에 의하여 연화 또는 액화하기 때문에 그의 성질을 이용한 목적에 사용된다. 예를 들면 바지의 길이를 조절하기 위하여 옷단을 접어 접착테이프로 누르고 다림질을 하면 접착된다. 실로서 바느질할 필요가 없기 때문에 편리하다. 폴리아세트산비닐이나 폴리에틸렌 등과 같은 열가소성수지가 사용된다.

2) 열경화성 접착제

이것은 열가소성 접착제와는 다르며, 사용할 때 액상의 것이 많고, 경화제 또는 촉매를 첨가하는 것에 의하여 경화된다. 접착방법은 열가소성 접착제보다도 시간이 걸리지만, 일반적으로 열경화성수지를 이용하는 것이 많고, 내열성이 뛰어나다. 또한 종류에 따라서는 접착(경화)후에도 유연성을 갖는 것이나, 항공기 등에도 사용할 수 있는 고내열성 접착제, LNG탱크의 접착용으로서 극저온용 접착제 등도 개발되어 있다.

3) 고무계통 접착제

접착제 자신이 고무탄성을 가질 필요가 있는 장소에서 사용된다. 현재는 가황형과 비가황형이 사용되고 있다. 가황형은 용제나 열에 의하여 용해하지 않지만, 유기용매에 의하여 팽윤하는 경우가 있다.

14-2-5. 기능성 고분자화합물

어떤 고분자화합물을 기능성 고분자(functional polymer)로 분류하는지에 대해서는 현재 명확한 정의는 없다. 그러나 일반적으로는 감광성 고분자(photosensitive polymer), 이온교환수지(ion-exchange resin), 전도성 고분자(conducting polymer)나 생체용 고분자(biomedical polymer) 등으로 분류된다.

1) 감광성 고분자

현재는 폭발적으로 컴퓨터가 발달하고, 일상생활과 더불어 사회구조의 변화가 매우 심하다. 컴퓨터는 IC(integrated circuit)나 LSI(large scale integrated circuit)의 발달을 촉진시켰으며, IC나 LSI는 감광성 고분자의 발달을 촉진시켰다.

감광성 고분자에는 광조사에 의하여 중합하는 것, 광조사에 의하여 해중합하는 것이 있다. 전자의 예로서는 폴리비닐알코올에 신남산클로라이드를 반응시킨다.

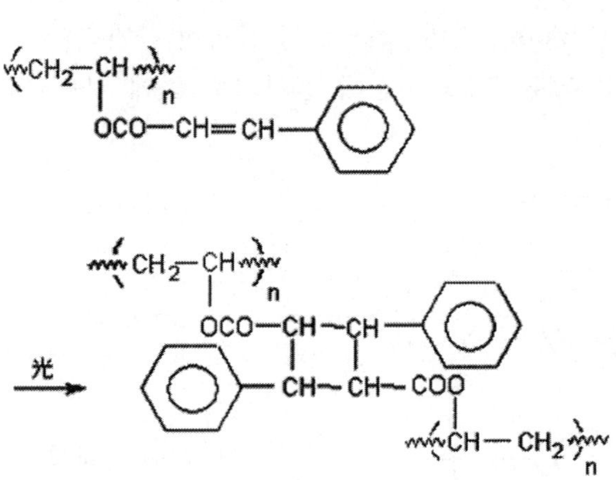

이와 같이 해서 얻어진 폴리머는 광조사에 의하여 가교결합이 일어나 용매에 불용으로 된다. 이와 같은 화합물을 감광저항체(photoresist)라고 말한다. 감광저항체를 금속판에 도포한 후, 용매로서 현상하여 로광되지 않은 부분을 세척하고, 산으로서 부식하면 비로광부분이 부식되어 음화판이 형성된다. 광조사에 의하여 해중합하는 화합물을 도포하여 두면 양화판으로 된다.

2) 이온교환수지

물에 불용성의 고분자 모체에 이온교환의 성능이 있는 치환기를 도입시킨 것을 이온교환수지라고 말한다. 일반적인 이온교환수지는 폴리스티렌을 모체로 한 것으로서 예를 들면, 아래와 같이 나타내는 (a)와 (b)의 이온교환수지를 2층으로 충진한 컬럼 중에 식염수를 통과시키면 이온교환 하여 식염은 제거된다.

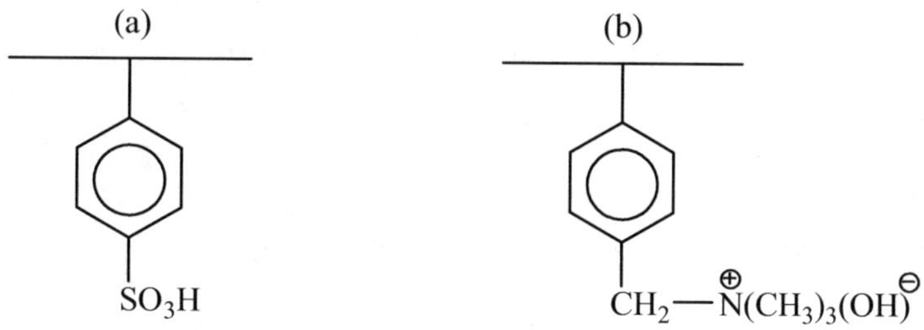

3) 전도성 고분자

일반적으로 유기고분자 화합물은 비전도성이다. 그러나 폴리아세틸렌, 폴리p-페닐렌이나 폴리페닐렌설파이드 등은 요오드 등의 전자수용성 분자 또는 금속나트륨과 같은 전자공여성 물질을 소량 첨가(doping)하면, 전도성이 급속히 증가한다. 이와 같은 전도성 고분자는 이의 투명성을 이용하여 액정표시판의 전기회로 등에 이용되고 있다.

$-\!\!(CH=CH)_n\!\!-$ 폴리아세틸렌

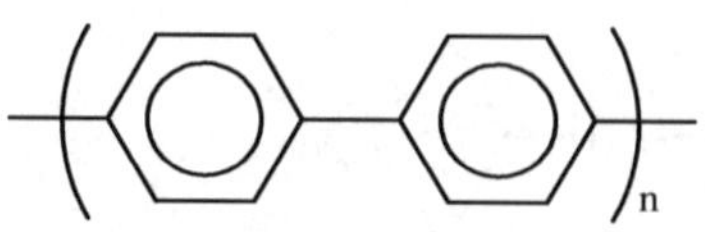

폴리p-페닐렌

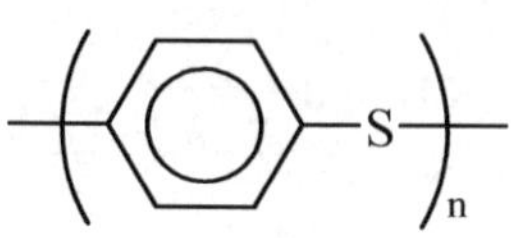

폴리페닐렌설파이드

4) 생체용 고분자

의학기술의 발달에 의하여 장기이식 등이 행해지고 있지만, 그의 공급에 문제가 있다. 이것에 대해서 연구된 것이 생체용 고분자재료이며, 구체적으로는 인공혈관, 인공심장, 인공피부, 인공신장이나 인공간장 등이 있다. 현재 충분히 실용화 되어 있지 않고, 앞으로의 연구에 기대되는 것이 많다.

연습문제

01 양쪽성 계면활성제의 특징에 대해서 설명하여라.

02 염료의 견뢰도를 높이기 위하여 어떤 연구가 행해지고 있는지를 설명하여라.

03 다음의 용어를 설명하여라.

a) 아이소탁틱구조 b) 아세테이트섬유 c) 엘라스토머
d) 사이즈 e) 펄프 f) 리그닌

04 열가소성수지와 열경화성수지의 구조적 특징에 대해서 설명하여라.

유기화합물의 구조결정법 15

15-1. 유기화합물의 단리·정제법

유기화합물의 구조를 결정하기 위한 준비로서는, 먼저 구조를 결정하려고 하는 물질을 단리 또는 될 수 있는 한 정제할 필요가 있다. 물질의 단리 · 정제법을 표 15-1에 정리했다.

‖표 15-1‖ 물질의 단리 · 정제법

방법	원리	적용되는 물질	특징
증류 { 상압 / 감압	비점차	저비점 화합물 고비점 화합물	공업적으로 가장 잘 이용되고 있다.
재결정	용매에 대한 용해도	결정성 화합물	결정성 고체에 대해서 사용(정제효율이 높다)
승화	고체의 증발	승화성 화합물	비교적 높은 정제효율이 얻어진다.
추출	용매에 대한 분배율의 차	용매의 극성에 따르는 분배율의 차가 큰 물질	정제조작의 전단계에서 순도를 높이는 수단으로 이용
크로마토그래피	흡수력 또는 분배율의 차	모든 물질에 적용가능	연구실에서 가장 널리 이용(천연물의 단리)

증류(distillation)는 어느 정도 비점차가 있는 혼합물로부터 물질의 단리 · 정제에 이용된다. 비점이 높은 물질에는 감압증류나 수증기 증류가 행해진다. 비점차가 그다지 없는 경우에는 증류효율이 높은 분류탑을 사용할 필요가 있다. 재결정(recrystallization)법은 결정성 고체의 정제법으로서 잘 이용되고 있다. 용매의 선택이 중요하지만, 정제효율이 뛰어난 방법이다. 승화(sublimation)법으로 정제할 수 있는 물질은 그다지 많지 않지만, 나프탈렌이나 아다만탄 등의 화합물이 이것에 상당한다. 추출(extraction)은 천연물이나 합성한 화합물의 단리과정의 전단계의 조작으로서 잘 이용된다. 크로마토그래피에는, 박층크로마토그래피(thin-layer chromatography ; TLC), 페이퍼크로마토그래피(paper chromatography), 컬럼크로마토그래피(column chromatography), 가스크로마토그래피(gas chromatography : GC), 고속액체크로마토그래피(high performance liquid chromatography ; HPLC) 등이 있다. 분석을 목적으로 하는 경우, TLC나 가스크로마토그래피가 잘 이용되고 있다.

15-2. 원소분석과 분자량

유기화합물의 구성원소의 수는 얼마되지 않기 때문에, 원소분석(elemental analysis)을 행하는 것에 의하여, 분자를 구성하는 원소의 비를 밝힐 수 있다.

순수한 시료의 일부를 취하고, 산화구리를 산화제로 사용하여 500~600℃ 정도의 온도에서 연소시키면, 탄소는 완전히 CO_2로, 수소는 H_2O로 된다. 이것을 각각 수산화칼륨(또는 소다석회) 및 염화칼슘에 흡수시킨 후, 그의 양을 결정한다. 질소는 연소의 결과 생성한 질소가스의 체적을 측정한다. 인, 유황, 할로겐은 PO_4^-, SO_4^-, 할로겐화물이온으로 한 후, 각각 그의 함량을 결정한다. 산소는 모든 다른 함유원소를 뺀 나머지의 양이다. 현재는 C, H, N 뿐만이 아니고, Cl나 S도 자동측정할 수 있게 되어 있다.

$C_XH_YO_Z$로 형성된 미지의 시료의 원소조성의 결정법에 대해서 설명하면 다음과 같다.

$$C_XH_YO_Z + O_2\,(\text{과잉}) \xrightarrow[500\sim600℃]{CuO} x\,CO_2 + 1/2\,yH_2O$$

생성한 CO_2와 H_2O의 중량으로부터, 미지화합물 중의 탄소, 수소, 산소의 백분율을 구하면 아래와 같다.

$$\text{시료 중의 C의 중량} = CO_2\text{의 중량} \times \frac{12.01}{44.01}$$

$$C(\%) = \frac{\text{시료 중의 C 중량}}{\text{시료의 중량}}$$

$$\text{시료 중의 H의 중량} = H_2O\text{의 중량} \times \frac{2.016}{18.016}$$

$$H(\%) = \frac{\text{시료 중의 H 중량}}{\text{시료의 중량}}$$

$$O(\%) = [100-(C\% + H\%)]$$

여기서 얻어진 분석치가 C%=52.14%, H%=13.15%, O%=34.71%였다라고 하면, 원자수의 비는 각각의 원자량으로 나누면 좋다.

$$C : H : O = \frac{52.14}{12.01} : \frac{13.15}{1.008} : \frac{34.71}{16} = 4.34 : 13.05 : 2.17$$

이것을 정수비로 고치면, C : H : O=2 : 6 : 1, 즉 $(C_2H_6O)n$으로 된다. 이것을 실험식(empirical formula)이라고 말한다. 분자량을 결정하면 n을 알 수 있으며, 미지시료의 분자식(molecular formula)을 결정할 수 있다.

분자량의 측정법으로서는 빙점강하법 등이 있지만, 최근에는 질량분석법(mass spectrometry)으로 행하는 수가 많다.

15-3. 스펙트럼분석

현재, 유기화합물의 구조결정은 스펙트럼분석법에 의존하는 비율이 매우 높다. 분광학에는 발광스펙트럼과 흡수스펙트럼이 있지만, 유기화학의 구조결정에 이용되는 것은 주로 흡수스펙트럼법이다.

유기분자에 전자파를 조사하면 특정파장의 전자파가 흡수되며, 개개의 분자로 특유의 흡수스펙트럼이 얻어진다. 이 스펙트럼을 해석하는 것에 의하여 분자에 관한 각종의 정보가 얻어지며, 분자 중의 원자단의 종류, 탄소의 결합상태나 혼성상태 등이 밝혀진다.

분자가 특정의 진동수의 전자파를 흡수하면, 낮은 에너지상태로부터 높은 에너지상태로 전이한다. 이 에너지의 차(ΔE)는 화합물이 흡수한 에너지와 같으며, 진동수 ν에 비례하여 다음의 관계식과 같다.

$$\Delta E = h\nu = hc/\lambda$$

여기서 h는 Planck의 상수(6.624×10^{-27}erg sec), ν는 입사광의 진동수(1초간의 사이클 수, cps), c는 빛의 속도(2.998×10^{-6}cm sec^{-1}), λ는 파장(cm)이다.

진동수 ν는 파장 λ에 반비례하기 때문에, 파장이 짧을수록 에너지는 커진다. 전자파의 에너지와 분자전이의 관계를 그림 15-1에 나타낸다.

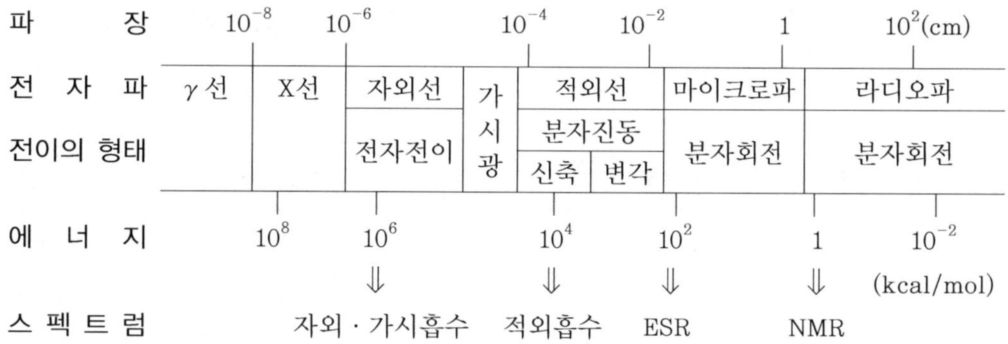

‖ 그림 15-1 ‖ 전자파의 종류와 분자의 전이

15-3-1. 자외스펙트럼[ultraviolet(UV) spectrum]

분자는 자외영역(자외선의 파장은, 100~400nm이며, 400~800nm의 파장의 전자파를 가시광선이라고 말한다. 1nm=1Å=1mμ=$10^{-3}\mu=10^{-9}$m)의 電磁에너지를 흡수하면, 외각전자의 여기가 일어난다. 이것에는 σ, π 및 비결합전자(n 전자)의 반결합성 σ^* 및 π^* 궤도에의 전이가 있다. 즉, $\sigma\rightarrow\sigma^*$, $\pi\rightarrow\pi^*$, $n\rightarrow\sigma^*$와 $n\rightarrow\pi^*$전이이다. 그림 15-2에 자외흡수스펙트럼의 하나의 예를 나타냈다. 그림에서 세로축은 흡광도(absorbance : A)이고, A는 다음의 식으로 표시된다.

$$A=\log(I_0/I)$$

여기서, I_0는 입사광의 강도, I는 투과광의 강도이다. 흡수강도와 용질분자 간에는, Lambert-Beer의 법칙이 성립한다.

$$A = \varepsilon cl \qquad \varepsilon = A/cl$$

ε를 분자흡광계수라고 말한다. 단, c는 시료의 몰농도(mol dm^{-3}), l은 측정셀의 광로(셀)의 길이(cm)이다.

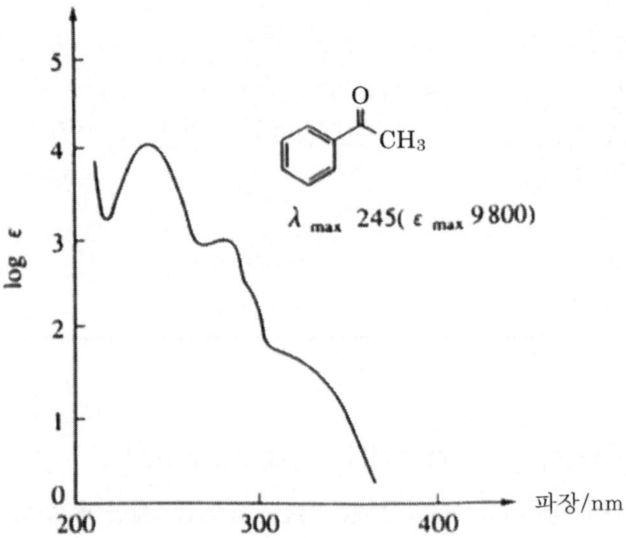

‖그림 15-2‖ 아세토페논의 UV스펙트럼

화합물이 흡수하는 파장 중에서 흡수강도가 가장 강한(ε_{max}) 파장을 극대흡수파장이라고 말하며, λ_{max}로서 나타낸다. 표 15-2에 대표적인 원자단의 흡수대와 그 전이의 형태를 나타냈다.

고립의 C-C 이중결합의 $\pi \rightarrow \pi^*$는 160~180nm에 있지만, 공액하면 π전자가 비편재화 하기 때문에 장파장 쪽에서 흡수가 일어나게 되며, ε의 값도 커진다. 비결합전자를 갖는 산소나, 질소 또는 할로겐을 함유하는 화합물에서는, $n \rightarrow \sigma^*$의 흡수가 존재한다. 예를 들면, 메탄올의 $n \rightarrow \sigma^*$의 흡수는 173nm에 있다. 알데히드나 케톤에서는 약한 $n \rightarrow \pi^*$의 흡수(275~295nm)와 강한 $\pi \rightarrow \pi^*$의 흡수(180~190nm)가 일어난다. 벤젠에서는 184nm(ε 4.7×10^4), 202nm(ε 7×10^3)과 230~270nm에 약한 흡수대가 있다.

‖표 15-2‖ 대표적인 화합물의 흡수대와 전이의 형태

원자단	$\lambda_{max}(\varepsilon_{max})$	전이의 종류
CH_4	135(~10^4)	$\sigma \rightarrow \sigma^*$
$CH_2=CH_2$	180(10^4)	$\pi \rightarrow \pi^*$
$CH_2=CH-CH=CH_2$	217(2×10^4)	$\pi \rightarrow \pi^*$
$HC\equiv CH$	173(6×10^3)	$\pi \rightarrow \pi^*$
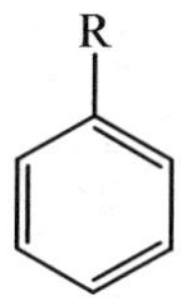	~200~300(~7×10^3~2×10^9) 250~280(2×10^2~10^3)	$\pi \rightarrow \pi^*$
$CH_3C(=O)CH_3$	190(10^3) 279(15)	$n \rightarrow \sigma^*$ $n \rightarrow \pi^*$

15-3-2. 적외 스펙트럼 [infrared(IR) spectrum]

IR스펙트럼은 간단히 측정할 수 있으며, 많은 정보를 제공하고 있다. 특히 분자 중에 어떤 원자단이나 관능기가 존재하는지를 판단할 수 있다.

분자가 적외영역의 파장[2.5~25μ(4000~400cm^{-1})의 범위를 말한다. 0.75~2.5μ(13300~4000cm^{-1})의 영역을 근적외, 25~2000μ(400~5cm^{-1})의 영역을 원적외라고 말한다]의 에너지를 흡수하면, 분자의 신축진동, 변각진동이나 비틀린 진동이 일어난다(그림 15-3 참조).

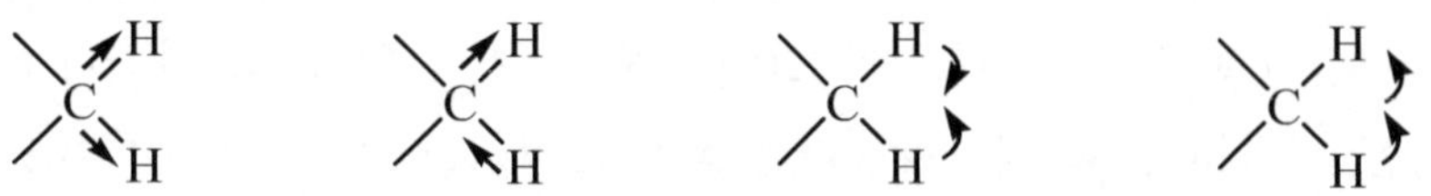

(a) 대칭신축 (b) 역대칭신축 (c) 변각(가위) (d) 변각(가로진동)

‖그림 15-3‖ 분자의 대표적인 진동양식

그림 15-4의 (a)와 (b)에 헥사놀과 부탄산에틸의 IR스펙트럼을 나타냈다. 세로축은 투과율(%), 가로축에 파수(cm^{-1}) 또는 파장(μ)을 취한다. 헥사놀의 3330cm^{-1}의 넓은 흡수는 수소결합한 알코올의 특징적인 O-H신축진동에 의한 것이다. 2930cm^{-1}의 영역흡수는

C-H신축, 1060cm^{-1}에 C-O신축의 흡수가 관찰된다. 부탄산에틸에서는 헥사놀에서 관찰되는 O-H의 흡수는 없고, 2950cm^{-1}의 영역에 C-H신축, 1730cm^{-1}에 C=O신축의 강한 흡수가 관찰된다. 1180cm^{-1} 흡수는 C-O신축에 의한 것이다. 그림 15-5에 대표적인 결합의 적외특성 흡수대를 표시한다.

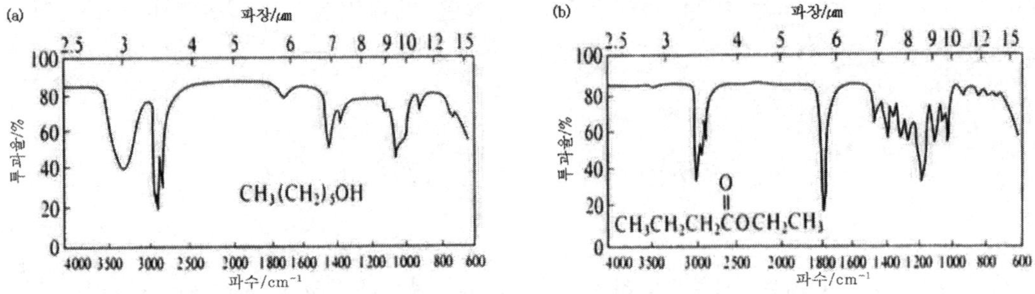

그림 15-4 적외 흡수스펙트럼의 예 (a)헥사놀, (b)부탄산에틸

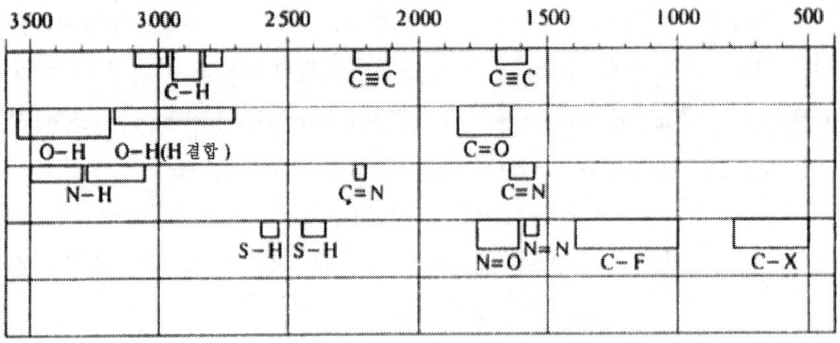

그림 15-5 주요한 결합의 특성흡수대
(폭은 흡수영역, 높이는 흡수강도를 나타낸다)

15-3-3. 핵자기 공명스펙트럼 [nuclear magnetic resonance(NMR) spectrum]

NMR스펙트럼은 분자의 골격을 함유하는 분자 전체에 있어서 상세한 정보를 제공한다. 현재, 분자의 구조를 결정하기 위한 가장 중요한 수단이다.

핵스핀量子數 I [주로 원자의 핵스핀양자수 I이다. I=0(^{12}C, ^{16}O), I=1/2(^{1}H, ^{13}C, ^{31}P), I=1(^{2}H, ^{14}N). 물론 I=0의 탄소나 산소에 NMR흡수는 관찰되지 않는다]가 O(zero)이 아닌 원

자핵은 자전하고 있는 작은 막대자석과 같이 거동하며, 원자핵의 자전에 동반하여 자장을 발생한다. 이 핵을 균일한 외부자장 중에 놓으면, 핵의 자전에 동반하는 角運動量의 量子化에 의하여, (2I+1)개의 방향 중에서 한쪽을 향한다. 핵스핀양자수 I는 핵의 종류에 따라서 다르지만, 핵스핀 1/2의 ^{1}H에 균일한 외부자장을 가하면 자장과 같은 방향을 갖는 낮은 에너지상태와 외부자장에 역평형의 높은 에너지상태로 분리된다. 낮은 에너지상태에 있는 핵이 $h\nu$에 상당하는 에너지를 흡수하면 높은 에너지상태로 전이한다. 이것이 공명조건으로서 다음의 식에 의하여 표시된다.

$$h\nu = 2\mu H_0 = \frac{h\gamma}{2\pi} H_0$$

여기서 μ는 자기모멘트, H_0는 외부자장의 강도, h는 플랑크상수, γ는 자기회전비이다. γ는 원자핵에 따라서 다르기 때문에 H_0의 강도를 일정하게 유지하면, 핵의 종류에 따라서 hv의 값이 달라진다. ^{1}H에 대해서 외부자장이 23500gauss(G)일 때, 100MH$_Z$에서 공명이 일어난다. 그러나 실제로는, 핵외의 전자가 자기적으로 핵을 차폐하기 때문에, 공명주파수는 각각의 수소원자핵의 주위의 전자적 환경에 따라서 공명주파수가 달라진다.

표준물질[$(CH_3)_4Si$ (TMS)이 사용된다. TMS(tetramethylsilane)는 화학적으로 불활성이며, 유기화합물과 잘 혼합된다. 또한, 측정용매로서 CCl_4, $CDCl_3$, C_6D_6, D_2O 등이 잘 사용된다]로부터 측정한 공명위치를 화학적 이동(chemical shift)이라고 말한다. 화학적 이동은 외부자장 H_0에 비례하기 때문에, 외부자장에 의존하지 않는 것과 같은 형태로서 표현된다.

$$\delta(ppm) = \frac{\Delta \times 10^6}{\text{발진기의 주파수}(Hz)}$$

Δ는 시료와 표준물질과의 흡수선의 간격(H$_Z$)으로, 화학적 이동을 δ(ppm)로서 나타낸다. δ(ppm)는 분광계의 라디오파 진동수의 백만분의 1을 나타내는 무차원의 값이다.

또한, 공명흡수의 강도를 면적의 크기(적분치)로서 나타내는 것에 의하여, 각각의 화학적 이동에 있어서 프로톤의 수를 알 수 있다.

그림 15-6에 에탄올의 ^{1}H-NMR을 나타냈다. 흡수선은 3그룹(δ1.20, δ3.63, δ4.80)으로 형성되며, 이들은 고자장 쪽으로부터 에탄올의 CH_3-, -CH_2-, -OH의 프로톤에 대응하며, 면적비도 3 : 2 : 1로 되어있다. 분자 중에서 자기적으로 등가인 프로톤은 같은 화학적 이

동을 갖는다. 예를 들면, 표준시료로 사용되는 $(CH_3)_4Si$(TMS)의 4개의 CH_3나 CH_3CH_3의 프로톤의 분열은 일어나지 않고 1개의 흡수를 나타낼 뿐이다. 그러나 등가인 프로톤도 반드시 1개의 흡수선으로 된다라고는 한정할 수 없으며, 근처의 프로톤의 영향을 받아서 다중선(multiplet)으로 된다. 이와 같은 형태로서 분열하는 것을 스핀-스핀분열(spin-spin spliting)이라고 말한다. 그리고 프로톤 간에 서로 다른 쪽의 프로톤의 흡수를 분열시킬 때, 커플링(coupling)이라고 말한다.

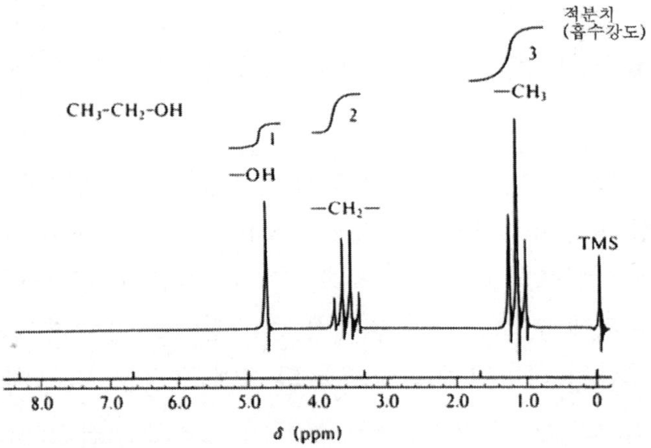

‖그림 15-6‖ 에탄올의 ^{1}H-NMR스펙트럼

에탄올의 3개의 그룹의 흡수는, 더욱 미세하게 분리된 흡수로 형성되어 있다. CH_3-의 시그널은 강도비 1 : 2 : 1의 삼중선(triplet)으로 분열하며, $-CH_2-$은 강도비 1 : 3 : 3 : 1의 사중선(guartet)으로 분열하고 있다. -OH는 단일선(singlet)의 시그널을 제공하고 있다.

단, 에탄과 같이 등가인 프로톤 간에는, 서로 다른 프로톤의 흡수를 분열시키지 않는다.

$C\underline{H_3}C\underline{H_3}$	$C\underline{H_3}C\underline{H_2}OH$
↓ ↓	↓ ↓
등가인 프로톤의 분열은 일어나지 않는다.	비등가이기 때문에 분열이 일어난다.

분열의 패턴은 커플링하고 있는 프로톤의 수(n)에 의하여 결정되며, 일반적으로 (n+1)개로 분열된다. 에탄올에 있어서, CH_3-는 이웃의 $-CH_2-$의 2개(n=2)의 프로톤과 커플링하고 있기 때문에 n+1=3으로 되어 삼중선으로 분열한다. 한편, $-CH_2-$는 CH_3-의 3

개(n=3)의 프로톤과 커플링하기 때문에 사중선으로 된다. 분열에 의한 흡수선의 강도는 좌우대칭이며, 그 강도비의 형태는 다음과 같다.

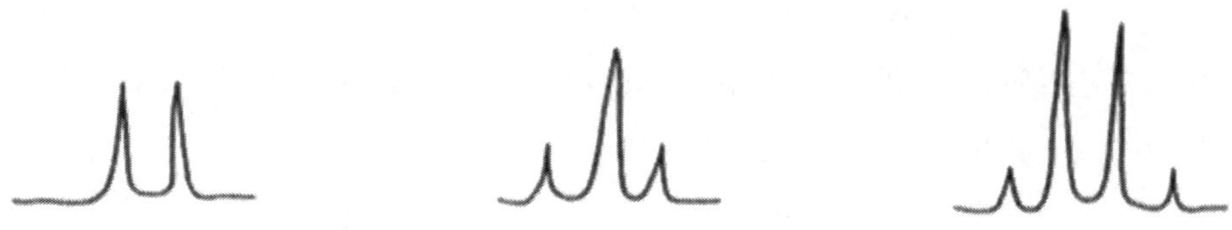

1 : 1	1 : 2 : 1	1 : 3 : 3 : 1
이중선(doublet)	삼중선(triplet)	사중선(quartet)

또한, 다중선의 분열폭은, 외부자장의 강도에 관계없이 어떤 일정한 값을 갖는다. 이 값을 스핀-스핀 결합상수(spin-spin coupling constant)라고 말하며, J(Hz)로서 나타낸다. 그림 15-6에 나타낸 에탄올의 CH_3-와 -CH_2-간의 J값은 7.5Hz이다. J값은 스핀-스핀 상호작용의 정도를 나타내며, 프로톤이 놓여 있는 환경에 있어서 중요한 지식을 제공한다. 표 15-3에 각종 프로톤의 화학적 이동을, 표 15-4에는 결합상수 J의 값을 정리했다.

▌표 15-3▌ 각종의 프로톤의 화학적 이동(δ ppm)

프로톤의 종류	화학적 이동의 영역	프로톤의 종류	화학적 이동의 영역
$Si(CH_3)_4$	0.000	$-C\equiv CH$	2.0~3.0
$R-CH_3$	0.95~0.85	$>C=CH_2$	4.6~4.9
$-CH_2-$	1.2~1.4		
$-\overset{\vert}{C}H-$	1.4~1.7	$-O-CH_3$	2.5~4.0
$C=C-CH_3$	1.5~1.8	Ar-H	6.0~8.5
$-\overset{O}{\overset{\Vert}{C}}CH_3$	1.8~2.3	$R\overset{O}{\overset{\Vert}{C}}H$	9~10
$-\overset{O}{\overset{\Vert}{C}}-CH_2-$	2.0~2.5	$R\overset{O}{\overset{\Vert}{C}}OH$	10~12

주) -OH기나 -NH_2기의 H의 δ값은 용매에 따라서 현저하게 변한다.
수소결합이 가능한 H는 D_2O중에서 D와 교환하기 때문에 쉽게 판별할 수 있다.

‖ 표 15-4 ‖ 대표적인 결합상수 J(Hz)의 값

결합의 종류	J(Hz)	결합의 종류	J(Hz)
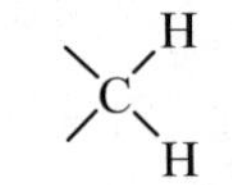	6~15	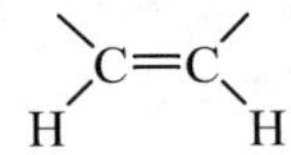	5~15
-CH-CH-	6~8		
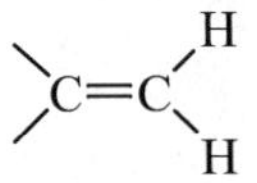	0~4	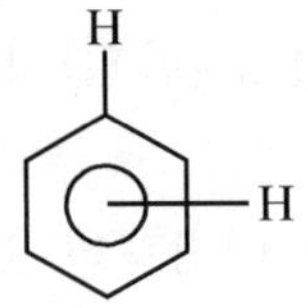	o- 6~10 m- 1~3.5 p- 0~1.5
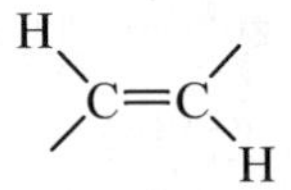	11~18		

^{13}C-NMR스펙트럼도 ^{13}C의 핵스핀 $I={}^{1}/_{2}$이기 때문에 기본적으로는 ^{1}H-NMR과 같지만, 천연 존재비가 1.1%정도이기 때문에, 고감도인 분광계를 이용하지 않으면 안된다. 실제로는 자료의 적산을 컴퓨터를 이용하여 행해진다. ^{1}H-NMR에서의 화학적 이동의 범위는 δ15ppm정도인 것에 대해서, ^{13}C-NMR에서는 δ300ppm의 범위에 이르기 때문에, 탄소핵의 화학적 이동의 겹침이 적으며, 거의 대부분의 탄소핵을 분리하여 관찰할 수 있다. 그림 15-7에 프로톤디이커플스펙트럼과 프로톤커플링스펙트럼을 나타냈다.

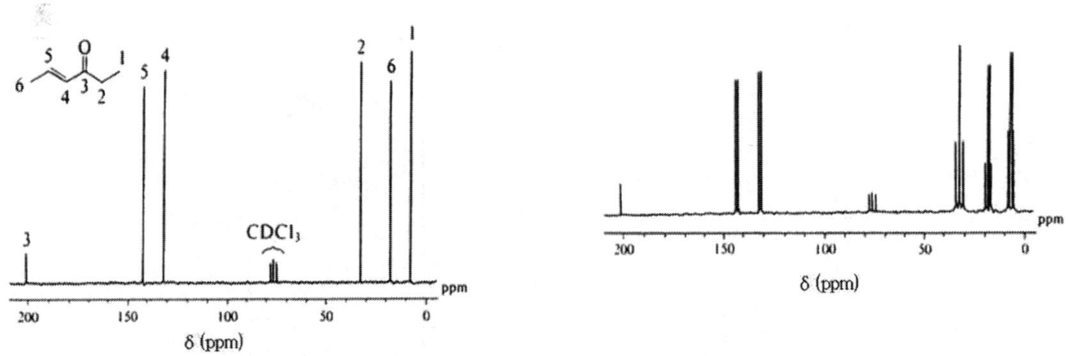

(a) proton-decouple spectrum, (b) proton-coupling spectrum

‖ 그림 15-7 ‖ trans-4-hexene-3-one의 ^{13}C-NMR스펙트럼

프로톤디이커플스펙트럼에서는 모든 탄소가 단일선으로 관찰된다. 프로톤커플링스펙트럼에 있어서 탄소는 탄소에 결합하고 있는 프로톤에 의하여 분열하며, 이 경우에도 n+1 규칙에 따른다.

15-3-4. 질량스펙트럼 [mass(MS) spectrum]

고진공하에서 기화한 분자에 고에너지를 갖는 전자선을 조사하면, 분자중의 전자는 일반적으로 1개가 튀어나와 이온화 하며, 카티온라디칼인 분자이온($M\cdot^{+}$)이 생성한다. 이것이 일정의 규칙에 따르는 개열로서 각종의 프래그먼트이온을 제공한다. 이와 같이 해서 생성한 이온이 자장을 통과하는 것에 의하여 질량과 전하의 비(m/e)가 큰 것으로부터 순서에 따라서 이온콜렉터에 의하여 검출된다. 이와 같이 해서 얻어진 것이 MS스펙트럼이다. MS스펙트럼은 극히 미량(μg단위)의 시료로서 얻을 수 있다.

스펙트럼 중에서 가장 큰 피크를 기준피크(base peak)라고 말하며, 이것을 100%로 하여 다른 프래그먼트이온의 상대강도가 표시된다. 분자이온의 질량수로부터 정확한 분자량이 결정되며, 또한 프래그먼트이온의 개열형식으로부터 분자의 구성단위를 알 수 있다. MS의 특징의 하나는 동위체 존재비에 있어서의 정보가 얻어지는 것으로서, 표지한 화합물의 MS스펙트럼을 해석하여 반응메카니즘의 해명 등에 응용되고 있다.

그림 15-8에 무수프탈산의 질량스펙트럼의 예를 나타냈다. 세로축은 상대강도이며, 가로축에 m/e를 취하고 있다. 분자이온(M^{+})은 148이며, 분자량이 148인 것을 알 수 있다. 주요한 프래그먼트피크는 104(기준피크), 76과 50이 있으며, 이것은 M^{+}으로부터 CO_2, CO 더욱 C_2H_2가 순서에 따라서 탈리하여 생성한 $C_7H_4O\cdot^{+}$, $C_6H_4\cdot^{+}$, $C_4H_2\cdot^{+}$에 대응한다. 149와 150의 약한 피크는 동위체를 함유한 분자이온피크에 의한 것이다.

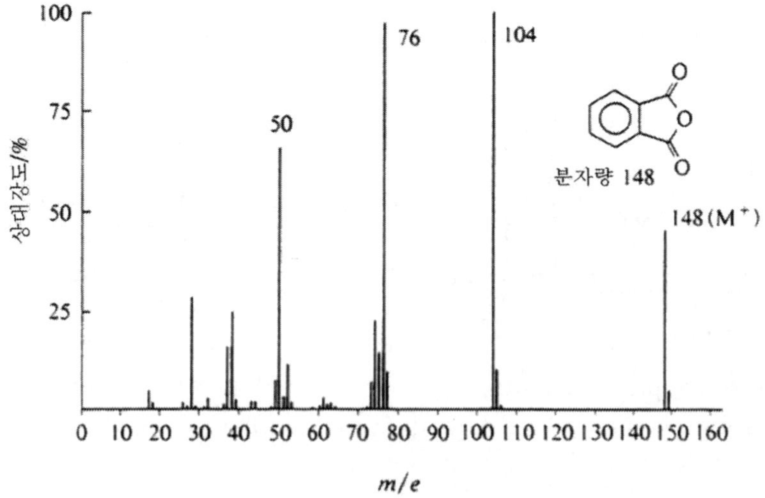

▌그림 15-8▐ 무수프탈산의 질량스펙트럼

연 습 문 제

01 CaHbNcOd로 형성되는 화합물이 있다. 이 화합물 12.3mg을 산화구리와 함께 산소기류 중에서 완전히 연소시키면, CO2 26.4mg과 H20 4.5mg이 생성했다. 또한, 이 화합물 12.3mg으로부터 27℃, 1기압하에서 질소 1.23ml가 얻어졌다. 분자량을 MS에 의하여 측정한 결과, 123인 것을 알았다. 이 화합물의 실험식과 분자식을 표기하라.

02 화합물 A는 에탄올 중에서 λmax가 235nm에 있고, 1×10^{-4}mol dm^{-3}용액을 1.0cm 석영셀에서 측정한 결과, 흡광도 A는 1.030이었다. 화합물 A의 εmax를 구하라.

03 트란스아조벤젠(C_6H_5-N=N-C_6H_5)은, λmax 430nm(εmax 500)과 λmax 320nm(εmax 25000)에 있다. 각각의 흡수대의 전이형식을 예상하여라.

04 다음의 화합물의 밑줄을 친 프로톤의 다중도를 표시하여라. 또한, 분열한 흡수선의 강도비를 써라.

a) $CH_3-C\underline{H}_2-CH_2-CH_3$, b) $CH_3-C\underline{H}(CH_3)-OH$, c) $CH_3-C\underline{H}_2-O-CH_3$

d) $CH_3-CH(C\underline{H}_3)-CH_2-CH_3$, e) $CH_3-C\underline{H}(CH_3)-CH_3$, f) $Ph-C\underline{H}_2-CH_3$

05 다음의 ^{1}H-NMR의 자료로부터 예상되는 구조를 표기하여라.

a) $C_3H_6Br_2$: δ 2.3(quintet, 2H), δ 3.7(triplet, 4H)

b) C_4H_9Br : δ 1.04(doublet, 6H), δ 1.95(multiplet, 1H), δ 3.33(doublet, 2H)

06 다음의 스펙트럼자료로부터 타당한 화합물의 구조를 표기하여라.

a) IR(cm^{-1}) : 3430 (중), 1310(강), 750(강)
NMR(ppm) : δ 1.10(triplet, J=7.0Hz, 3H), δ 3.30(quartet, J=7.0Hz, 2H),
δ 6.65(singlet, 1H), δ 6.4~7.3(multiplet, 5H).

MS : 121 (M^+), 106, 79, 77, 65, 53.

b) IR(cm^{-1}) : 1665(강), 1610(강), 1585(강), 1455(강), 985(강).

NMR(ppm) : δ 2.35(singlet, 3H), δ 6.70(doublet, J=16H_Z, 1H),
δ 7.4(multiplet, 5H), δ 7.5(doublet, J=16H_Z, 1H)

MS : 146(M^+), 131, 103, 77, 51, 43.

연습문제 해답

제1장 유기반응의 형식

01 a) H–Cl: b) H–S–H c) O=C=O

d) 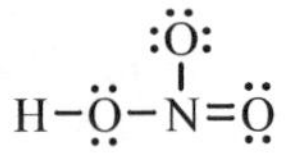 e) :C≡O: f) H–C≡N:

g) :Br–Br: h) :N≡N:

02 a) 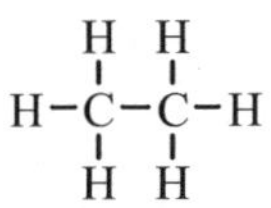

C–C
1.53 Å

b) 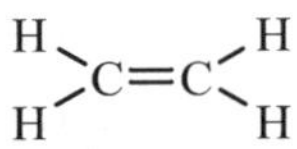

C=C
1.335 Å

c) H–C≡C–H

C≡C
1.206 Å

03 a) 이 핵은 1개의 양성자를 함유하며, K각에 1개의 전자를 함유한다.

b) 이 핵은 6개의 양성자와 6개의 중성자를 함유하며, K각에 2개의 전자, L각에 4개의 전자를 함유한다.

c) 이 핵은 9개의 양성자와 10개의 중성자를 함유하며, K각에 2개의 전자, L각에 7개의 전자를 함유한다.

d) 이 핵은 9개의 양성자와 10개의 중성자를 함유하며, K각에 2개의 전자, L각에 8개의 전자를 함유한다.

e) 이 핵은 2개의 양성자와 2개의 중성자를 함유하며, K각에 2개의 전자를 함유한다.

f) 이 핵은 10개의 양성자와 10개의 중성자를 함유하며, K각에 2개의 전자, L각에 8개의 전자를 함유한다.

g) 이 핵은 8개의 양성자와 8개의 중성자를 함유하며, K각에 2개의 전자, L각에 6개의

전자를 함유한다.

h) 이 핵은 7개의 양성자와 7개의 중성자를 함유하며, K각에 2개의 전자, L각에 5개의 전자를 함유한다.

04

a) 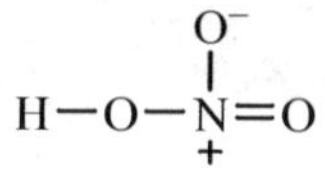

b) 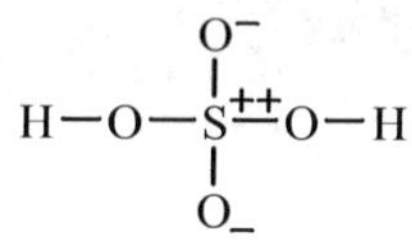

c) 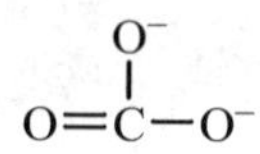

d) 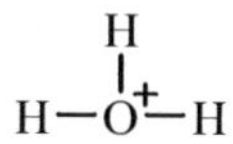

e) 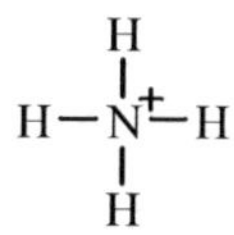

f) 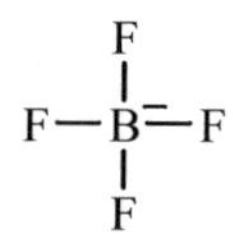

05

$V_{STP}=420\times\frac{740}{760}\times\frac{273}{372}=300$

$\frac{MW}{22400}=\frac{1.37}{300}$ MW=102

06

a) $C\%=\frac{24}{46}\times100=52.2$, $H\%=\frac{6}{46}\times100=13.0$, $O\%=\frac{16}{46}\times100=34.8$

b) C : 39.2%, H : 8.7%, O : 52.2%

c) C : 64.9%, H : 13.5%, O : 21.6%

d) C : 71.1%, H : 6.66%, N : 10.38%, O : 11.9%

07

92.3/12=7.7 7.7/1=7.7 실험식=CH

표준 상태에서의 체적=80.5×740/760×273/372=57.5ml

$\frac{분자량}{0.2}=\frac{22400}{57.5}$ 분자량=78 분자식=C_6H_6

08

분자식 결정의 순서는 일반적으로 다음과 같다.

분석치(중량 또는 용량) → 백분율조성(%) → 실험식(원자수의 비) → 분자량을 고려해서 → 분자식

기억해 두어야 할 원자량 : H=1.008, C=12.01, N=14, O=16, Na=23, P=31, S=32, Cl=35.5

1) 분석치 → 백분율 조성

$C\%=CO_2의\ 중량\times\frac{C}{CO_2}\times\frac{100}{시료의 중량}$

$H\% = H_2O$의 중량 $\times \frac{2H}{H_2O} \times \frac{100}{\text{시료의 중량}}$ (H가 아니고 2H인 점에 주의)

$N\% = N_2$의 중량 $\times \frac{100}{\text{시료의 중량}}$

듀마법(Dumas' method)에서는 N_2의 용적을 중량으로 환산한다(0℃, 760mmHg에 있어서 28g의 N_2는 22.4ℓ).

O%=일반적으로 C, H, N 등을 100으로부터 뺀 나머지 백분율 조성은 일반적으로 소수점 이하 두 자리까지 계산한다.

2) 백분율 조성 → 실험식

실험식을 구하는 데에는

a) 각 원소의 백분율치(%)를 각 원자량으로 나누고, 적어도 세자리 이상의 유효수자를 구한다.

b) 구한 값을 가장 작은 정수비로서 정리한다. 이 때 실험오차로 인하여 완전한 정수비가 되지 않는 경우가 많기 때문에, 소수점 이하의 수를 조정하여 정수로 한다. 허용되는 오차는 구한 실험식으로부터 백분율조성을 환산했을 때, C, H, N 등에 대해서 최대 ±0.3%이내이다. 만일 오차가 그 이상일 때는 소수점 이하의 수를 잘못 처리했기 때문으로서 정수비의 취급방법을 더욱 정밀하게 행할 필요가 있다.

3) 분자량의 계산

a) 비점상승 및 빙점강하법

실제로는 Rast법이 잘 이용된다(camphor를 용매로 한 빙점강하법)

캄퍼의 분자빙점강하=40°

분자량=(분자비점상승 또는 빙점강하 × 용매 1000g 중의 용질의 g수)/ΔT

b) 증기밀도법

물질 1몰의 증기는 0℃, 1기압에서 22.4ℓ 를 점유함을 기초로 한다.

c) 중화당량법, 은염법, 백금염법

이들의 방법으로는 분자중의 특정의 기(아민, 카르복시산 등) 1개에 대한 당량만을 계산할 수 있기 때문에, 분자중에 있어서 그들의 기의 수를 알지 못하면 분자량을 계산할 수 없다(예를 들면, 1염기산, 2염기산).

4) 실험식 → 분자식

실험식을 정수배로 하여 그 원자량의 합이 분자량에 일치하도록 한다. Rast법의 오차는 ±10%정도이다.

C, O, S는 원자가가 짝수이기 때문에, C, H, O, (S) 로서 형성되는 화합물의 H의 수는 짝수이다. N, 할로겐은 원자가가 홀수이기 때문에, 이들의 원자를 홀수개 함유하

는 분자의 H의 수는 홀수이다. 이것에 합당하지 않는 분자식은 일반적으로 잘못이다.
상기의 순서에 따라서 계산하면,

$$C\% = 8.20 \times \frac{12.01}{44.01} \times \frac{100}{3.195} = 68.49$$

$$H\% = 0.978 \times \frac{2.016}{18.016} \times \frac{100}{3.195} = 3.42$$

$$O\% = 100 - (68.49 + 3.42) = 28.09$$

실험식

C 68.49/12.01=5.702

H 3.42/1.008=3.394

O 28.09/16=1.756

C : H : O = 5.702 : 3.394 : 1.756 = 3.25 : 1.93 : 1

배수를 구하면

6.50 : 3.86 : 2, 9.75 : 5.79 : 3, 13.00 : 7.72 : 4, 16.25 : 9.65 : 5

이것으로부터 $C_{13}H_8O_4$식이 생각된다. 이 식의 계산치를 구하고, 이 식의 가부를 보면,

	C%	H%	원자량의 합
$C_{13}H_8O_4$ 계산치	68.42	3.53	228.19
실험식으로부터의 백분율조성	68.49	3.42	
오차	0.07	0.11	

따라서 오차범위 내이기 때문에 $C_{13}H_8O_4$의 실험식은 정확하다.

분자식

분자량의 측정치는 440으로서, 위의 실험식으로부터의 계산치는 228.19이기 때문에, 분자식은 실험식의 2배이다. 즉, 분자식 $C_{26}H_{16}O_8$, 분자량 456.38

09 분자식을 일반적인 방법에 따라서 구하면 다음과 같이 2가지가 있다.

	C%	H%	N%	분자량
a) $C_{16}H_{14}O_5N$ 계산치	63.99	4.70	4.66	300.28
b) $C_{16}H_{13}O_5N$ 계산치	64.21	4.38	4.68	299.27
실측치	64.08	4.60	4.68	약 300

a)식 쪽이 오히려 실측치에 가깝지만, N 1개가 존재하기 때문에 분자중의 H의 수는 홀수가 되어야 한다. 따라서 b)식 쪽이 정확하다.

10 분자중의 불포화수 및 고리의 수의 계산법

C, H, O로 형성되는 화합물에서는 포화쇄상화합물의 H의 수는

2n+n (n=C 의 수)

이중결합 또는 고리 1개마다 2H씩 감소하며, 삼중결합 1개마다 4H씩 감소한다.

따라서 고리의 수=탄소수$-\frac{1}{2}\times$수소수−이중결합수+1

고리의 수$=9-\frac{14}{2}-2+1=1$

즉, 단일환화합물이다.

11 분자량을 x라고 하면 1염기산이기 때문에

0.1(g) : x(g)=9(ml) : 10000(ml)

단, 0.1N NaOH는 10000ml로서 1몰이다.

$$x=\frac{0.1\times10000}{9}=111$$

분석치로부터 일반적인 방법에 따라서 실험식을 구하면 C_3H_3O로 되며, 원자량의 합계는 55.05로 된다. 따라서

분자식 $C_6H_6O_2$, 분자량 110.1

12 얼핏 보는 것만으로 (b)의 분자식은 H의 수가 짝수이기 때문에 틀렸음을 알 수 있다. 그러나 일단 전부 계산해 보면, 질소의 계산치 : (a) 12.50% (b) 12.72% (c) 12.32%

실험치는 N_2 0.316cc의 중량$=0.316\times\frac{28000}{22400}=0.395$mg

질소의 백분율=0.395/3.102=12.73%

이 값에 가장 가까운 식은 (b)이지만, 이 식은 틀리기 때문에 (a)식이 정확하다라고 생각된다. (c)식은 실험오차 (±0.3%)이상이다.

13 다원자분자의 쌍극자모멘트는 각 결합의 쌍극자 모멘트(μ)의 벡터의 합이다. 따라서 정사면체구조의 메탄분자(a)에서는 3개의 C−H결합의 벡터의 합은 나머지 1개의 C−H결합의 μ의 벡터와 같은 크기로서 방향이 정반대이며, 전체로서 $\mu=0$이다. 염화메틸(b) 또는 클로로포름(c)에서는 C−H결합과 C−Cl결합의 μ가 다르기 때문에 분자는 극성이지만, 분자가 정사면체로 되면 양쪽의 μ의 벡터는 모두 메탄의 경우로부터 아는 바와 같이 C−H결합과 C−Cl결합의 벡터의 합으로 되어 같아질 것이다. 그러나 실제로는 클로로포름쪽의 μ값이 작은 것은 C−Cl결합간의 원자가각이 정상보다도 크게 되어 있기 때문이라

고 생각된다. 사염화탄소(d)는 메탄의 경우와 마찬가지로 $\mu=0$이다. 물분자(e)는 2개의 O-H결합이 직선이 아니고, 어떤 각도(110°)로 되어 있기 때문에 쌍극자모멘트를 가지고 있다. 이산화탄소(f)에서는 2개의 C=O결합이 직선을 이루고 있기 때문에 $\mu=0$이다. 암모니아 분자(g)에서는 4면체의 중앙에 N가 있으며, 3개의 N-H결합과 고립전자쌍이 꼭지점을 향하는 것과 같은 구조를 취하고 있기 때문에 쌍극자모멘트를 가지고 있다.

14 화학구조와 용해도와의 관계에 대해서는, 서로 유사한 것은 서로 잘 용해한다라고 하는 경험규칙이 있다. 예를 들면, 극성이 있는 것은 극성이 있는 용매에 용해하며, 같은 관능기를 갖는 유사한 구조의 것은 서로 잘 용해한다. 물은 극성용매로서 수소결합을 형성하기 쉽고, 양성(兩性)을 나타낸다. 일반적으로 수산기, 술폰산기, 아미노기, 카르복시기와 같은 친수기를 갖는 것으로서 저위 즉 탄소수가 적은 화합물은 물에 용해한다. 다음에 그 주요한 것의 예를 든다.

a) 중성화합물 : 저위 알코올, 글리콜, 당류, 저위 알데히드, 저위 케톤, 저위 지방족 4차염 등
b) 염기성화합물 : 저위 지방족아민, 피리딘계화합물 등
c) 양성물질 : 아미노산 등
d) 산성화합물 : 저위 지방주의 카르복시산, 디카르복시산, 하이드록시카르복시산, 술폰산류, 페놀류

15

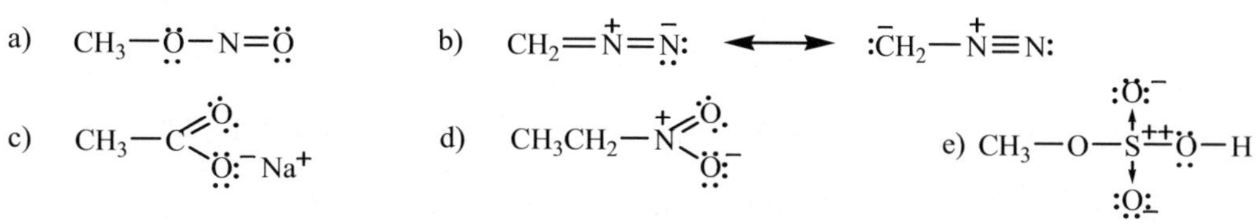

16. a) $C_{11}H_{14}O_4$　　b) $C_{21}H_{14}O_5N_2$　　c) $C_{18}H_{13}O_3Cl$

17 실험식은 CH_2Cl, 분자량은 99, 따라서 분자식은 $C_2H_4C_{12}$

18 정확한 것 : $C_{10}H_{22}O$, $C_{14}H_8O_4$, $C_{21}H_{31}O_3N$, $C_{20}H_{32}OSN_2$
잘못인 것 : $C_{20}H_{41}$, $C_{21}H_{31}O_3$, $C_8H_{14}ON$, $C_{10}H_{20}Br_3$

19 $C_2H_4Br_2$에 대해서 $BrCH_2-CH_2Br$ 및 $CH_3-CH<^{Br}_{Br}$
$C_2H_3Br_3$에 대해서 Br_2CH-CH_2Br 및 CH_3-CBr_3

20 1) a, g, i,　　2) a, g, h,　　3) c, f,
4) d, g,　　5) b,　　6) c, e

21 1) ~ 2) 는 생략.　　c) a

22 1) a) hydroxy,　　b) carboxy,　　c) amino,
d) sulfo,　　e) vinyl,　　f) cyan
2) a, b, c, d　　3) a, b, d,
4) e　　5) c

23 친핵반응 : a, c, 친전자반응 : b, d, e

24 a) 거의 용해하지 않는다. 친유성의 부분이 크기 때문에
b) 극히 용해하기 쉽다. 친수기(OH)가 많기 때문에
c) 약간 용해한다. 친유성의 부분이 약간 크기 때문에
d) 약간 용해한다. 극성은 없지만, 산소원자가 물분자와 수소결합을 형성하기 때문에
e) 잘 용해한다. $CH_3N^+H_3OH^-$으로 되기 때문에
f) 잘 용해한다. 분자내염($N^+H_3CH_2COO^-$)의 구조를 취하며 무기염과 유사하기 때문에
g) 잘 용해한다. 친유성의 부분이 작고, 극성이 크기 때문에
h) 용해하기 어렵다. 페닐기의 친유성이 크기 때문에

제2장 산과 염기

01 1)

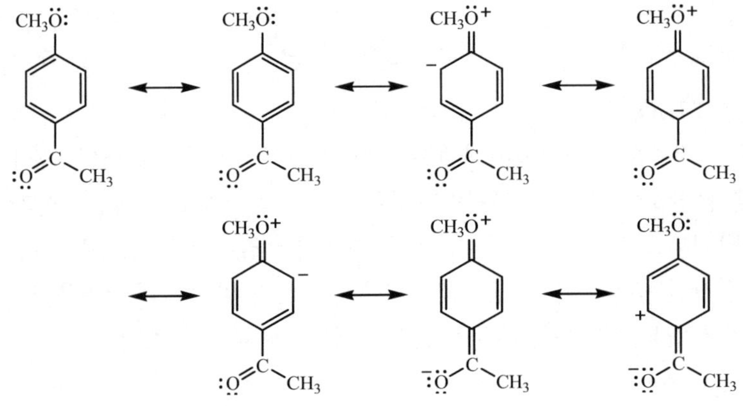

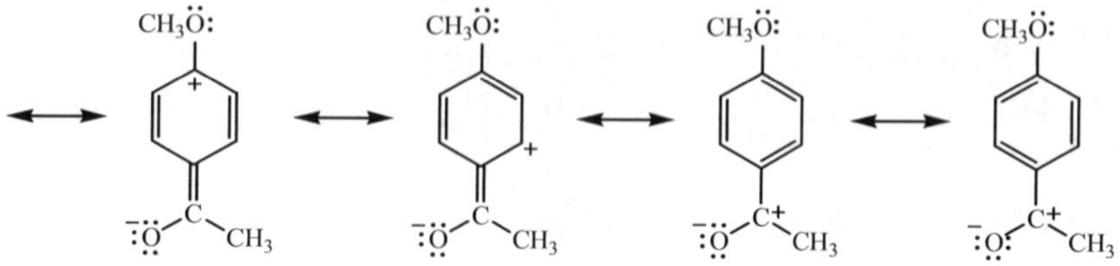

2) 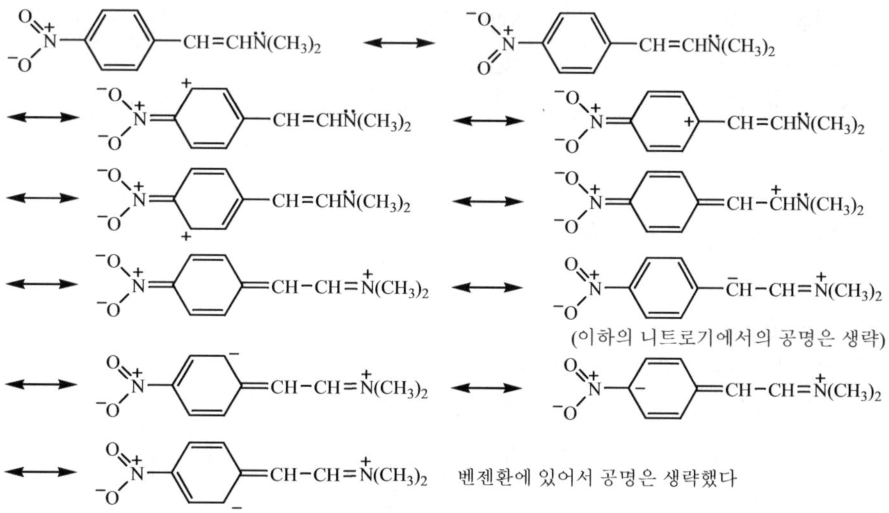

3) 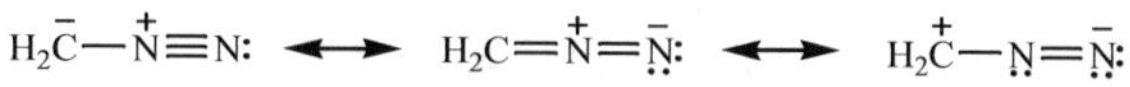

4) 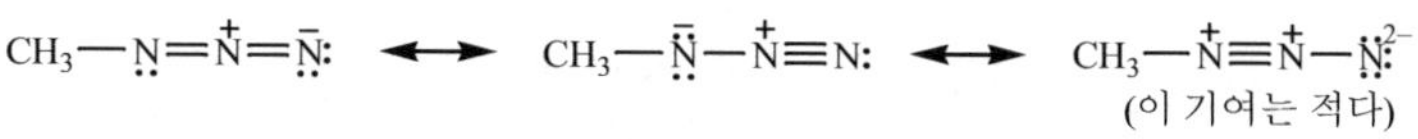

5) 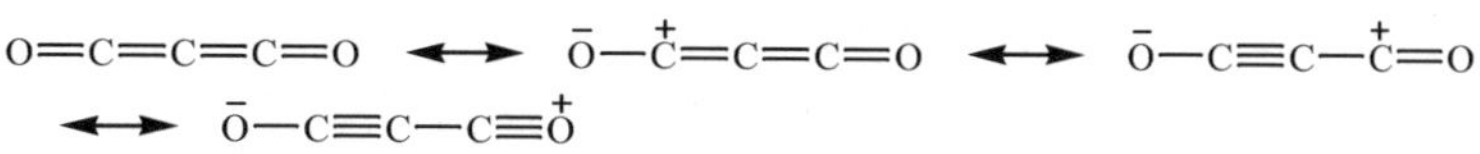

02 루이스산 : $HgCl_2$, SO_3, $FeCl_3$, $AlCl_3$, NO^+, $B(OC_2H_5)_3$, SbF_5, $(C_6H_5)_3C^+$

루이스염기 : NO_2^-, t−BuO$^-$, $C_6H_5COCH_2C_6H_5$, 

양쪽 모두의 것 : H_2O, SO_2

양쪽 모두 아닌 것 : NaCl, 헥사메틸벤젠, 테트라시아노에틸렌(그러나 올레핀이나 방향족의 π 전자계가 산소나 질소의 고립전자쌍처럼 전자공여체로서 작용한다라고 생각되는 현상이 가끔 발견되고 있다. 이와 같은 계에 대해서 π 염기의 명칭으로 불리우고 있으며, 또한 반대로 전자를 수용하는 π 전자계에 대해서 π 산의 명칭으로 불리우고 있다. 헥사메틸벤젠, 테트라시아노에틸렌은 각각 π 염기, π 산의 대표적인 예이다).

03 친핵시약 : Na, $SnCl_2$, SO_2, $[Fe(CN)_6]^{4-}$, H_2O, CH_3SCH_3, Et_3N, EtOH, CN^-, I^-

친전자시약 : $FeCl_3$, SO_2, O_3, Cl_2, Co^{3+}, $SnCl_4$, $S_2O_8^{2-}$, HNO_3, $[Fe(CN)_6]^{3-}$, $[Co(H_2O)_5(OH)]^{2+}$, SO_3, HOCl, $AlCl_3$, RCOCl, NO_2^+, $C_6H_5N_2Cl$, CH_3^+, H_3O^+

환원력이 있는 물질(친핵시약의 처음의 4개)는, 자신들의 전자를 상대방에게 제공하는 점에서 친핵적인 성질을 가지며, 반대로 산화력이 있는 물질(친전자시약의 처음의 10개)는, 상대방으로부터 전자를 뺏는 점에서 친전자적인 성질을 갖는다. SO_2는 산화제로서도 환원제로서도 작용할 수 있다.

04 1) $(CH_3)_3N^+CH_2CO_2H(1.83) > FCH_2CO_2H(2.66) > ClCH_2CO_2H(2.81) > HOCH_2CO_2H(3.83) > C_6H_5CH_2CO_2H(4.31) > CH_3CO_2H(4.76) > (CH_3)_3CCO_2H(5.02)$.

( )내는 pKa값. I효과의 순서를 생각하면 알 수 있다.

2) $CH_3C \equiv CCO_2H(222.8) > CH_3CH = CHCO_2H(2.03) > CH_3CH_2CH_2CO_2H(1.50)$.

( )내는 $Ka \times 10^5$. 결합의 전기음성도는 그의 혼성상태에 의하여 변화한다.

$sp > sp^2 > sp^3$.

3) $CH_3COCH_2COCH_3$(a) > $CH_3COCH_2CH_2COCH_3$(b)

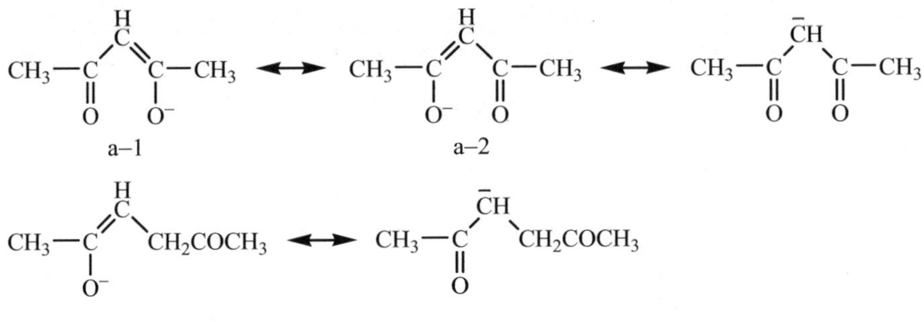

(a), (b)어느것이나 카르보닐기 사이에 삽입된 메틸렌기의 수소가 프로톤으로서 해리하지만, 이 때 생성하는 음이온에 있어서, (a)에서는 (b)에는 없는 a–1, a–2간의 공명이 있으며, 따라서 생성하는 음이온은 안정화되어 산으로서 강해진다.

4)

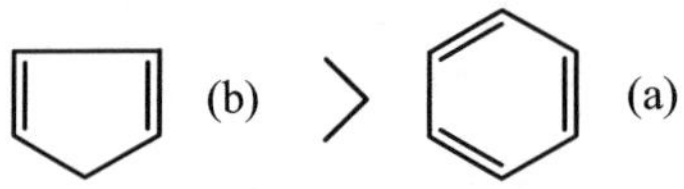

(b)는 수소이온이 방출되면 6π 전자계로 되어서 안정화한다.

5) 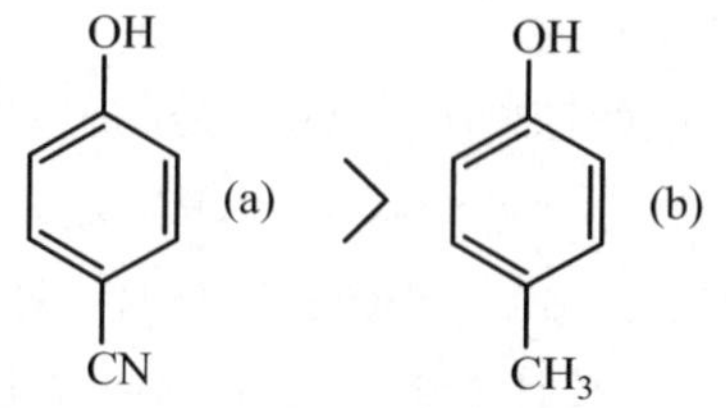

(a)에서는 공액염기에 (c)의 기여가 있기 때문에 안정화가 크지만, (b)에서는 (d)의 기여는 메틸기의 +I효과로 인하여 불안정해지기 때문이다.

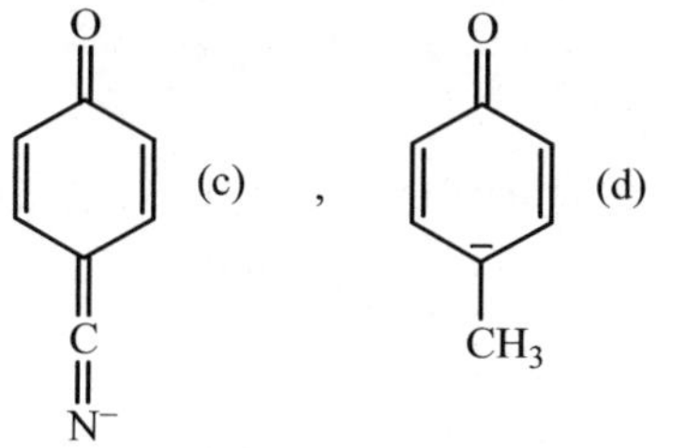

6) 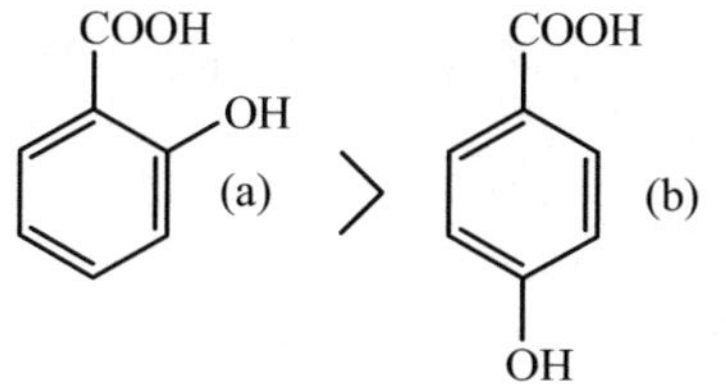

pKa값은 각각 3.00, 4.54. 양쪽의 pKa값에 이와 같은 큰 차이가 있는 것은, (a)에서는 다음과 같은 수소결합에 의한 음이온의 안정화가 있기 때문이다.

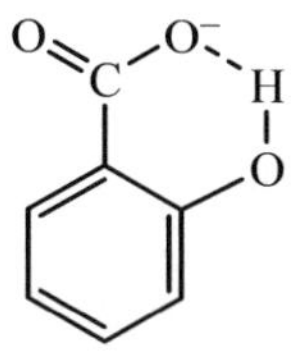

7) 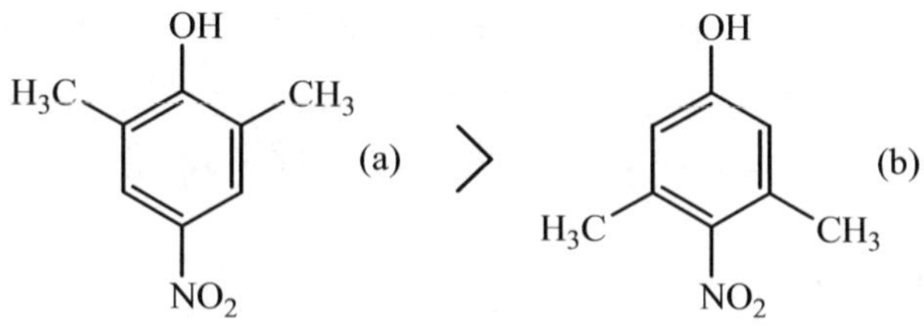

pKa값은 각각 7.22, 8.25. (a)에 있어서는 다음식과 같은 공명에 의한 안정화가 있지만, (b)에서는 입체장해로 인하여(니트로기가 벤젠환과 동일평면으로 되지 않는다) 존재하지 않는다.

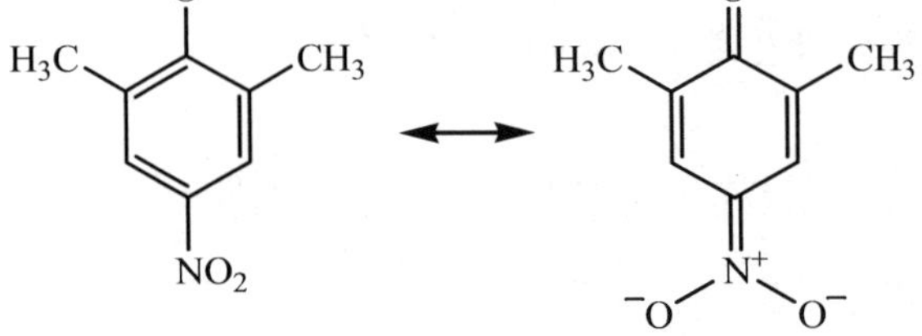

05 1)

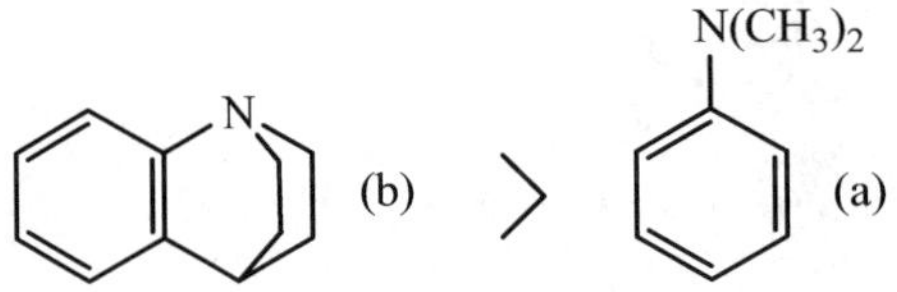

공액산의 pKa값은 각각 7.79, 5.06. (a)에서는 다음과 같은 공명구조의 기여에 의하여 질소상의 전자밀도가 감소하고 있다. (b)에서는 질소에 결합한 3개의 탄소원자는 동일평면으로 되지 않고, 이와 같은 공명은 존재할 수 없다.

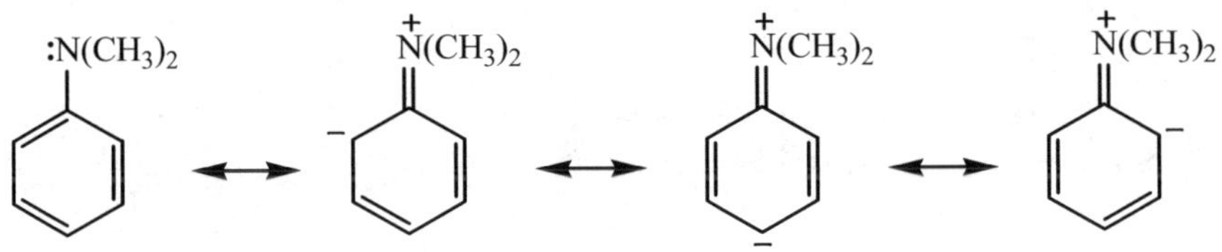

2)

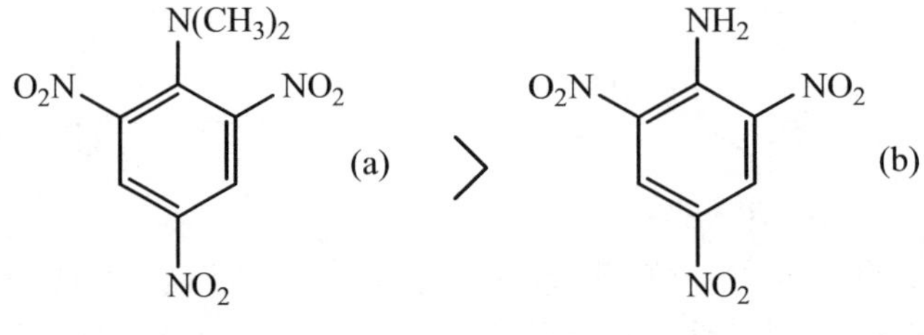

공액산의 pKa값은 각각 −4.7, −9.3. (b)의 NH_2는 작기 때문에 입체장애는 작고, 질소원자상의 전자밀도는 니트로기로 인하여 상당히 감소하지만, (a)에서는 $N(CH_3)_2$가 크기 때문에 오르토위치의 니트로기의 입체장애에 의하여 공명이 저해되어 있기 때문에 (a)쪽이 강하다.

3)

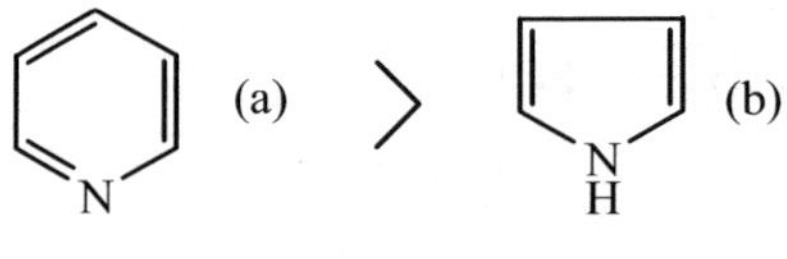

질소상의 고립전자쌍이 (b)에서는 6π 전자계에 기여하고, (a)에서는 기여하지 않는다.

따라서 (b)에서는 염기로서 작용하기 때문에 그의 고립전자쌍을 사용하는 것은 6π 전자계의 파괴를 초래하기 때문에 염기로서 약하다.

4) $C_6H_5CH_2O^-$ (a) > $C_6H_5O^-$ (b)

(b)는 다음과 같은 공명에 의한 안정화가 있지만, (a)에는 그것이 없다.

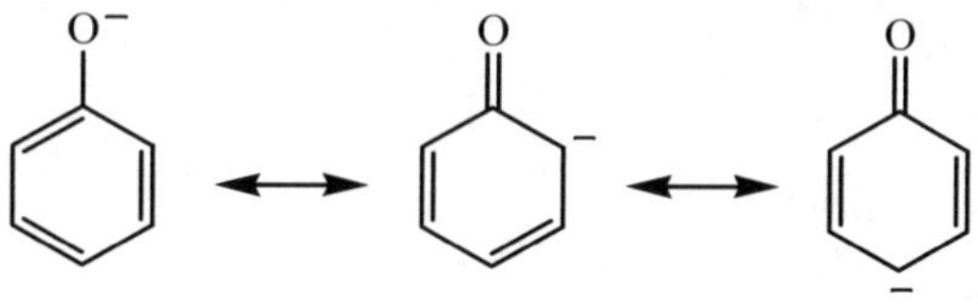

5) CH_3NH_2 (a) > $C_6H_5NH_2$ (b)

(a)에서는 메틸기에 의하여 질소상의 전자밀도가 증대하지만, (b)에서는 다음과 같은 공명에 의하여 벤젠환에 전자가 흘러들어가 전자밀도가 감소하고 있다. pKb값은 각각 3.37, 9.30.

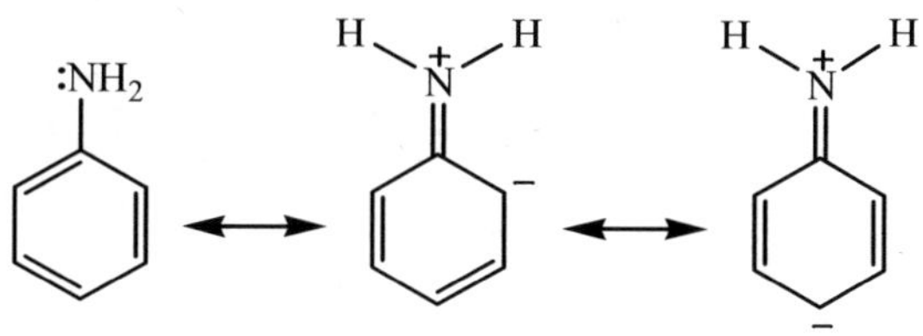

6)

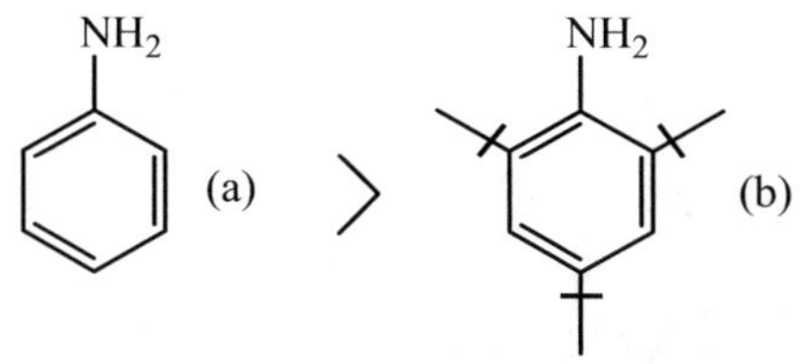

공액산의 pKa값은 각각 4.58, 2이하, 수소이온이 결합하여, 아닐늄이온으로 되었을 때, (b)에서는 커다란 입체장애가 존재한다. 이 효과가 t-부틸기가 갖는 전자공여성에 의한 전자밀도증가의 효과 및 NH_2의 공명효과를 능가하고 있다.

06

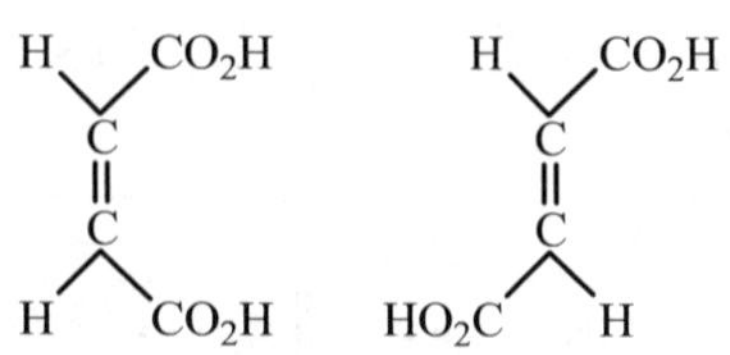

	말레산	푸마르산
$K_1 \times 10^5$	1170	93
$K_2 \times 10^5$	0.026	2.9

1차해리는 다음 식과 같은 수소결합에 의한 안정화로 인하여 말레산쪽이 강하다.

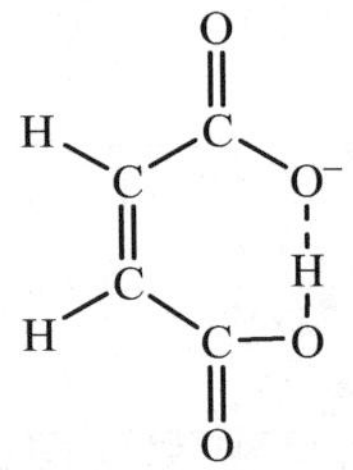

2차해리 때는, 말레산에서는 근접위치에 2개의 음전하가 존재하며,
그의 반발에 의하여 불안정해진다. 따라서 해리하기 어렵다.

07 5종류의 화합물중 전기음성도가 큰 원자를 함유하지 않으며 대칭성이 좋은 벤젠의 공명에너지가 최대인 것은 분명하다. 3종류의 5원환 화합물에는 아래와 같은 공명구조를 쓸 수 있다.

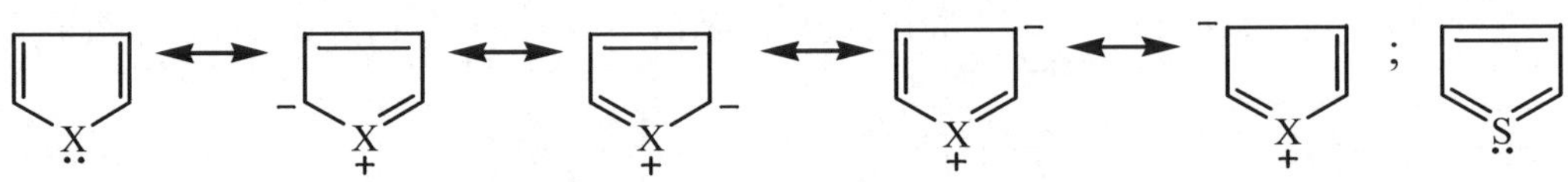

피롤과 푸란에서는 질소의 전기음성도가 산소보다도 작기 때문에, 질소상의 양전하를 편재화한 공명구조식의 기여가 산소상의 그것보다도 크기 때문에, 피롤의 공명에너지 쪽이 크다라고 생각된다. 티오펜에는 3d궤도의 기여가 있으며, 유황의 전기음성도도 작기 때문에 위의 2가지(피롤, 푸란)보다도 공명에너지는 크다. 피리딘은 6원환이기 때문에 피롤보다도 공명에너지는 크다라고 생각되지만, 티오펜과의 비교는 곤란하다. 공명에너지의 실측치를 아래에 나타낸다.

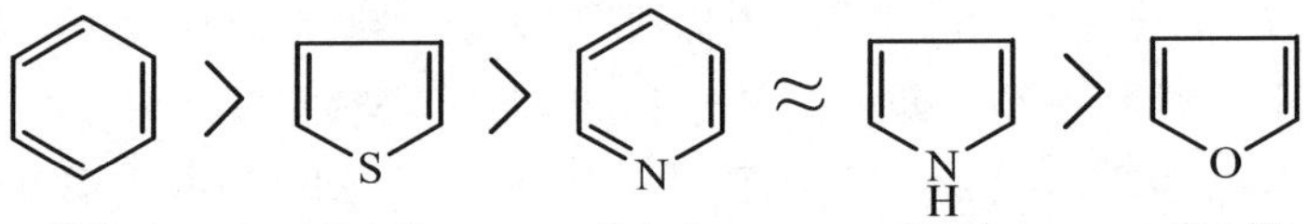

(36) (28.7) (23.0) (21.2) (15.8)
(단위는 kcal/mole)

08 본문 제2장 5절에 의하여 이 반응의 $\rho=+2.59$이기 때문에

$$\log(k_X/k_H)=2.59\,\sigma$$

표 5로부터 $k_H=55\times10^{-5}\ l\,\mathrm{mole}^{-1}\cdot\mathrm{sec}^{-1}$. m−디메틸아미노치환체에서는, $\sigma_m=-0.211$

이기 때문에

$$\log(k_X/55\times10^{-5})=2.59\times(-0.211)$$

이것으로부터, $k=15.6\times10^{-5}\ l\,\text{mole}^{-1}\cdot\text{sec}^{-1}$. 2치환체에서는 가성성이 성립하기 때문에

$$\log(k_X/55\times10^{-5})=2.59\times(\sigma_{m1}+\sigma_{m2})$$

σ_{m1}(메틸)$=-0.069$, σ_{m2}(아세틸)$=0.376$을 대입하면

$$\log(k_X/55\times10^{-5})=2.59\times(-0.069+0.376)$$

이것으로부터 m-메틸-m'-아세틸체에서는 $k=343\times10^{-5}\ l\,\text{mole}^{-1}\cdot\text{sec}^{-1}$.

09 이들의 반응은 다음과 같이 생각된다(제3장을 참조할 것).

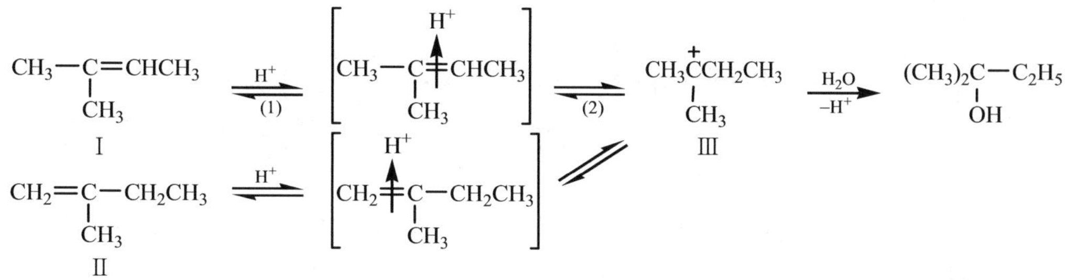

올레핀 I, II로부터 같은 카르보늄이온III를 생성하기 때문에 (1), (2)의 단계모두 평형이라면, 50%의 반응시에는 역반응에 의하여 올레핀은 이성화할 것이며, 또한 D_2O-H_2O중에서는 D^+도 작용하기 때문에, 올레핀이 III으로부터 생성할 때 D^+뿐만이 아니고 H^+을 탈리하고 생성하기 때문에, D를 취하게 될 것이다. 따라서 실험사실은 (2)의 평형을 부정한다. (1)은 평형에서도, H^+은 가볍게 결합한 상태(π 착화합물)이기 때문에, 이것이 탈리할 뿐이고 변화는 생각할 수 없다. $\log k_1$과 $-H_0$와는 직선관계이기 때문에 A-1메카니즘으로 되며, SH^+로서는 π 착화합물, X^+로서는 III을 적용하면 실험사실과 모순이 없다. π 착화합물과 III과는, 엔트로피적으로는 유사하다라고 간주할 수 있기 때문에, 이 사이의 변화가 율속이며, 활성화엔트로피는 거의 0일 것이다. 이상으로부터, 본문중의 (10)~(12)식은 이들의 실험사실을 지지하고 있다.

10 카르바니온(b)는 $C_1\sim C_9$가 동일평면상에 있고, 10π 전자계를 형성하고 있기 때문에 방향족성을 나타내고 있다라고 생각된다.

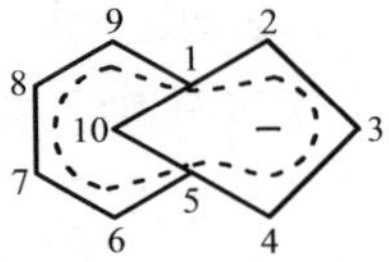

(b)

기여가 같다라고 생각되는 9개의 공명구조식을 쓸 수 있다. 2, 4위치에 음전하를 편재화한 경우에는 (c), (d)에 상당하는 공명구조식의 기여가 있다라고 생각된다. 따라서 공명구조식으로부터 생각하면, 전자밀도는 2, 4위치가 다른 것에 비하여 약간 크며, 나머지의 위치는 같다라고 생각된다.

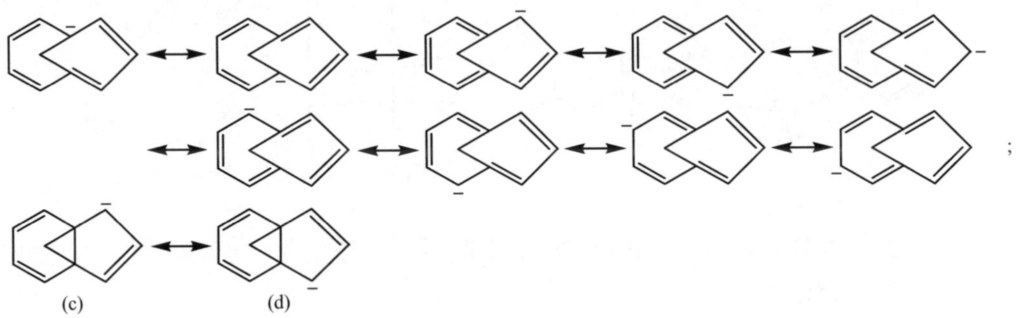

11 아스피린의 외관상의 가수분해속도와 pH의 관계는 아래과 같다.

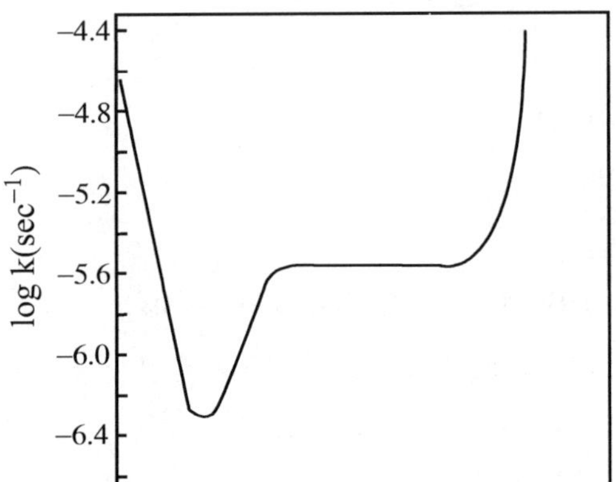

외관상의 1차속도상수와 pH의 관계

pH=1~3에서는 수소이온에 의한 접촉반응이고, pH=8~14에 있어서는 수산이온에 의한 접촉반응이다. pH=4~8에서는 속도는 일정하며, 이것을 물분자에 의한 일반적인 산-염기접촉반응이라고 생각하면, 아세트산-아세트산나트륨 완충용액중, pH=4.7에서 전아세트산농도를 0.05~0.3몰/ℓ까지 변화시켜도 속도변화가 거의 없는 것은 이해할 수 없다. 아세트산음이온은 친핵시약으로서는 약하지만, 일반적으로 에스테르의 가수분해에 있어서 접촉작용이 있는 것으로 확인되고 있기 때문이다. 따라서 카르복시산음이온에 의한 분자내반응에 의하여, 중간에 산무수물의 생성을 생각해야 하며, 그의 가수분해는 에스테르에 비하여 빠르다(아래의 반응식을 참조).

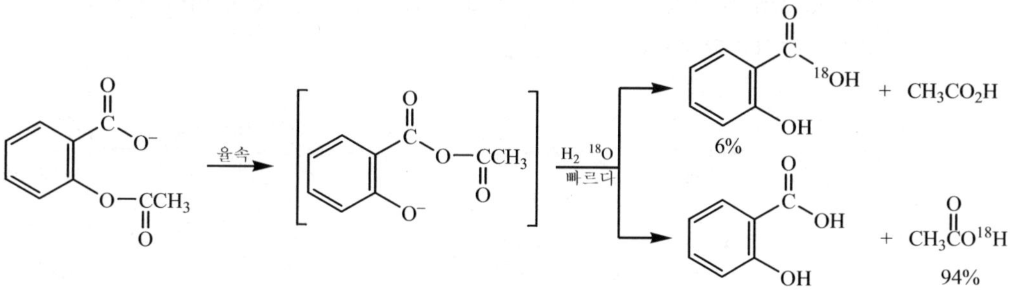

이것은 중산소수중의 가수분해에 있어서, 중산소가 살리실산에도 삽입되는 것에 의하여 증명되었다.

제3장 이온적 부가반응

01 1) $CH_3CH_2CI(CH_3)_2$

2) 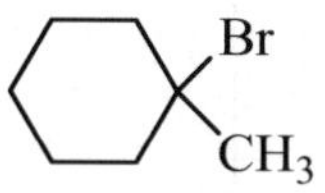

3) $C_2H_5CH_2CHBrCH_3$ + $C_2H_5CHBrCH_2CH_3$

메틸기, 에틸기의 성질이 유사하기 때문에 혼합물로 된다. 그러나 메틸기의 초공액이기 때문에 2-브로모펜탄쪽이 많다.

4) 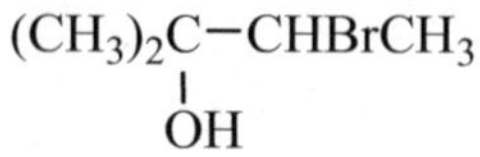

5) $C_6H_5CHOHCH_3$

6) 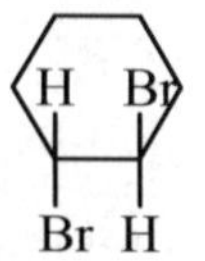 (트란스부가)

7) 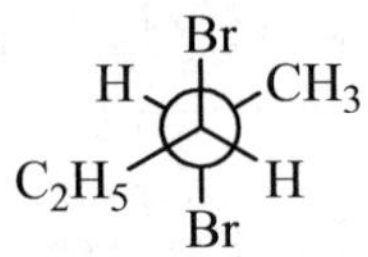 에리트로이성체

8) 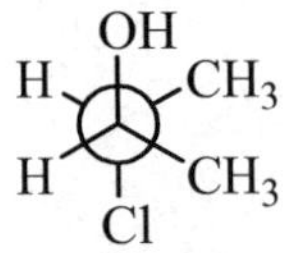 트레오이성체

9) $CH_3C{\equiv}CH + HBr \longrightarrow CH_3C(Br){=}CH_2 \xrightarrow{HBr} CH_3CBr_2{-}CH_3$

10) 프로톤이 부가한 카르보늄이온(a), (b)를 생각하면 양쪽 모두 각각 초공액효과, M효과로서 안정화되고 있지만, Cl의 −I 효과가 카르보늄이온을 불안정화시키는 방향으로 작용하기 때문에 (a)쪽이 안정하다. 따라서 생성물은 (c)이다.

$$\underset{(a)}{CH_3{-}\overset{+}{C}(CH_3){-}CHCl_2} \longleftrightarrow CH_3{-}C({=}CH_2H^+){-}CHCl_2 \quad 등$$

$$\underset{(b)}{(CH_3)_2CH{-}\overset{+}{C}Cl_2} \longleftrightarrow (CH_3)_2CH{-}C(Cl){=}Cl^+ \quad 등$$

$$\underset{(c)}{(CH_3)_2CCl{-}CHCl_2}$$

11) CF_3쪽이 Cl에 비하여 −I 효과가 크고, 카르보늄이온을 불안정하게 하며, 그리고 (a)에서는 다음식과 같은 공명이 존재하는 것에 의하여 생성물은 (b)이다.

$$CF_3CH_2{-}\overset{+}{C}HCl \ (a) \longleftrightarrow CF_3CH_2{-}C(H){=}Cl^+$$

$$CF_3CH_2{-}CHCl_2 \ (b)$$

12) M효과는 $OCH_3>F$, 전기음성도는 $F>O$로서 모두 (a)를 (b)보다도 안정화시키는 방향으로 작용하기 때문에 생성물은 (c)이다.

$$CH_3O{-}\overset{+}{C}H{-}CH_2F \ (a) \longleftrightarrow CH_3\overset{+}{O}{=}CH{-}CH_2F$$

$$CH_3OCH_2{-}\overset{+}{C}HF \ (b) \longleftrightarrow CH_3OCH_2{-}C(H){=}F^+$$

$$CH_3OCHCl{-}CH_2F \ (c)$$

(a)가 (b)보다도 안정한 것은, 니트로화반응에 대해서 플루오로벤젠은 불활성화되지만, 아니솔은 활성화되고 있는 것으로부터도 알 수 있다.

13) 카르보늄이온의 안정성은 3차>2차이기 때문에 전위생성물을 생성한다.

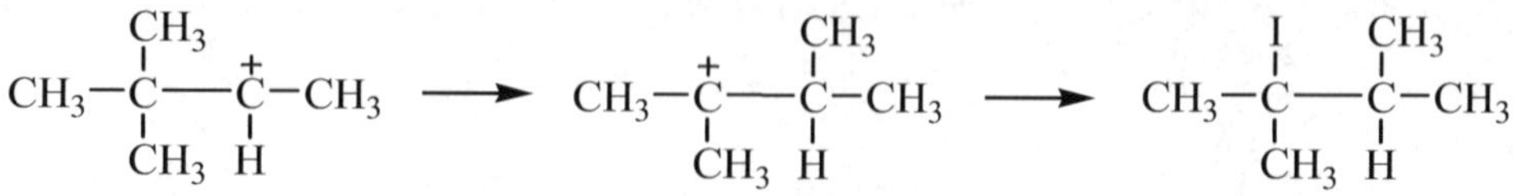

14) 카르보늄이온의 안정성은 3차>2차이기 때문에

15) ICl은 $I^{\delta+}Cl^{\delta-}$와 같이 분극하고 있기 때문에 처음에 I^+이 부가한다.

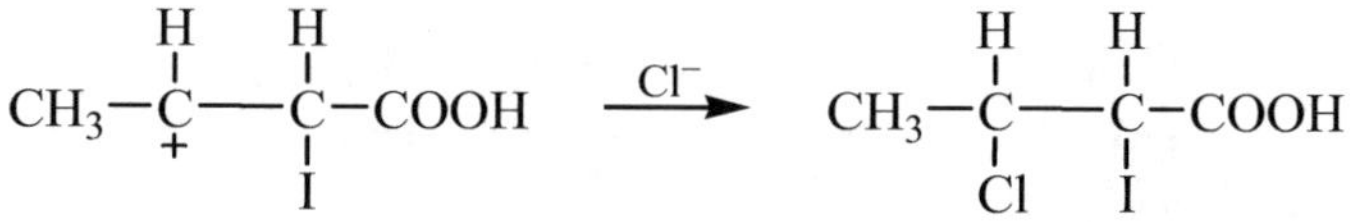

$CH_3CHI\text{–}\overset{+}{C}HCOOH$이 생성하지 않는것은 COOH의 전자흡인성에 의한다.

16) BrCl은 $Br^{\delta+}Cl^{\delta-}$와 같이 분극하고 있기 때문에 처음에 Br^+이 부가한다. (a)는 벤젠핵과의 공명으로 안정화하지만, (b)에는 이것이 없기 때문에 생성물은 (c)이다.

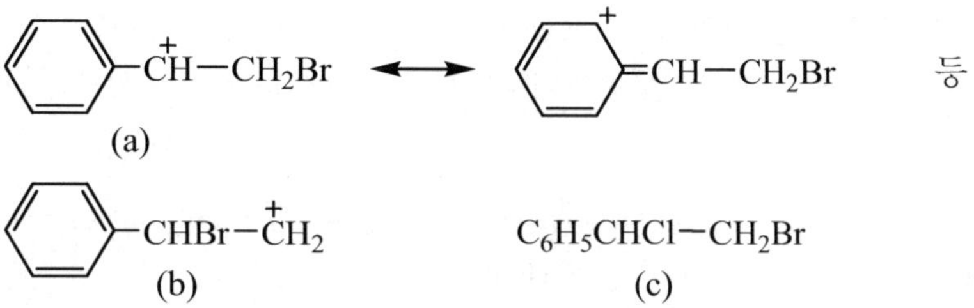

17) NOCl은 $NO^{\delta+}Cl^{\delta-}$와 같이 분극하고 있기 때문에, 처음에 NO^+이 부가한다. 또한 카르보늄이온의 안정성은 3차>1차이기 때문에 생성물은 (a)이다.

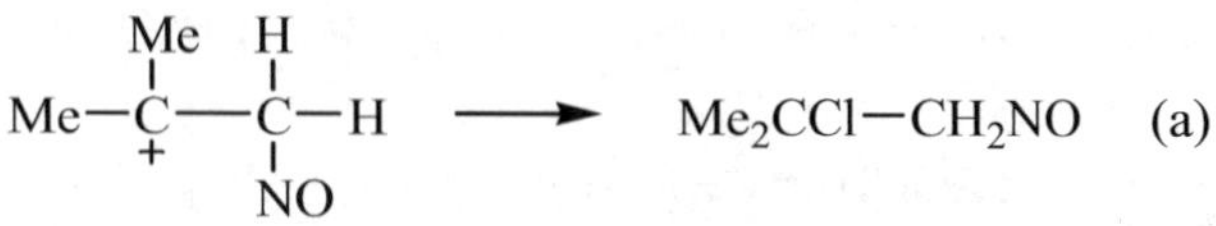

18) $(NO_2)_2C_6H_3SCl$은 $(NO_2)_2C_6H_3S^{\delta+}Cl^{\delta-}$와 같이 분극하고 있기 때문에(전기음성도의 차이를 생각하면 알 수 있다), 처음에 $(NO_2)_2C_6H_3S^{+}$이 부가한다. 이것이 페닐기로부터 멀리 있는 탄소에 결합하는 이유는, 16)과 같다. 생성물은

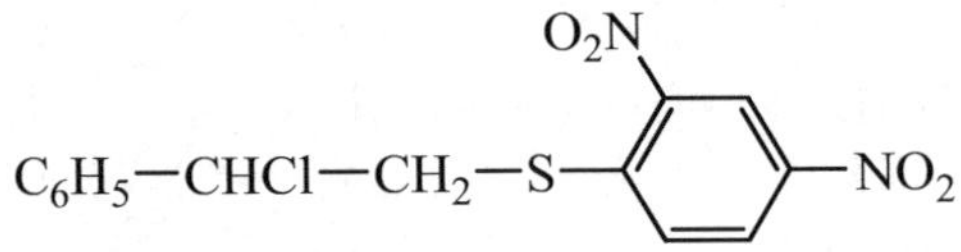

19) 페닐기의 M 효과가 메틸기의 초공액효과 및 +I 효과에 능가하기 때문에, (a)쪽이 (b)보다도 안정하며, 따라서 생성물은 (c)이다.

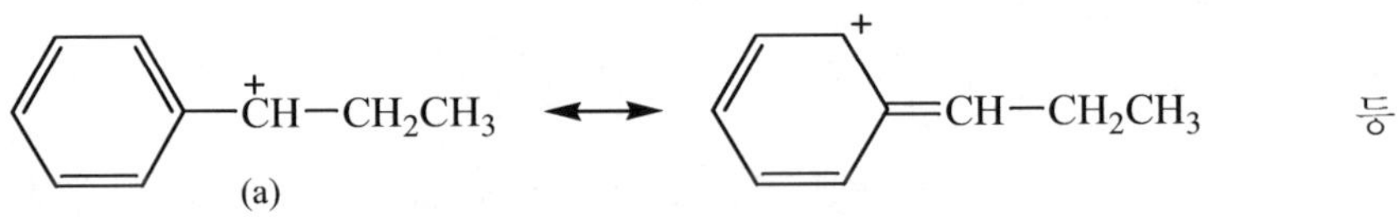

$$\underset{\text{(b)}}{C_6H_5CH_2-\overset{+}{C}HCH_3} \longleftrightarrow C_6H_5CH_2-\underset{H^+}{\overset{H}{C}}=CH_2$$

$$\underset{\text{(c)}}{C_6H_5CHClCH_2CH_3}$$

20) 최초에 프로톤이 결합하는 위치는 4가지로 생각할 수 있다.

(a)~(d)

$$\underset{\text{(a)}}{CH_3-CH=CH-\overset{+}{C}H-CH_3} \longleftrightarrow \underset{\text{(a')}}{CH_3-\overset{+}{C}H-CH=CH-CH_3}$$

$$\underset{\text{(b)}}{CH_3-CH=CH-CH_2-\overset{+}{C}H_2}$$

$$\underset{\text{(c)}}{CH_3-\overset{+}{C}H-CH_2-CH=CH_2}$$

$$\underset{\text{(d)}}{CH_3-CH_2-\overset{+}{C}H-CH=CH_2} \longleftrightarrow \underset{\text{(d')}}{CH_3-CH_2-CH=CH-\overset{+}{C}H_2}$$

(b), (c)는 공명이 존재하지 않는 것으로부터 (a), (d)에 비하여 불안정하다라고 생각된다. (a), (d)에서는, (a)와 (a')는 꼭 같은 공명구조식인데 대해서, (d)와 (d')는 다르며, 따라서 (a)쪽이 안정하다. (a), (a')에 Br^-이 부가한 것은 모두 $CH_3CH=CHCHBrCH_3$로서 이것이 생성물이다.

21) $(CH_3)_2C(Cl)-CH_2COC_6H_5$

22) $C_6H_5CH{=}CH_2 + B_2H_6 \longrightarrow (C_6H_5CH_2CH_2)_3B \xrightarrow[OH^-]{H_2O_2} C_6H_5CH_2CH_2OH$

23)

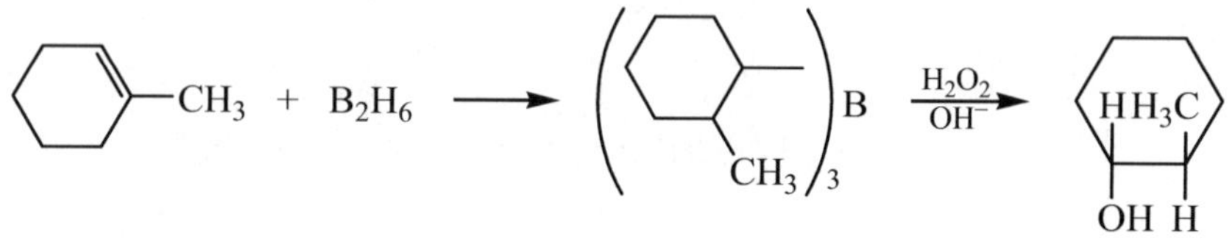

24) $CH_3CH{=}C(CH_3)C_2H_5 + B_2H_6 \longrightarrow (CH_3CH{-}CH(CH_3)C_2H_5)_3B$

$\xrightarrow[OH^-]{H_2O_2} CH_3CH(OH){-}CH(CH_3)C_2H_5$

02 극성이 비교적 작은 니트로벤젠중에서는 HX의 해리는 약하다라고 생각된다. 이것에 $SnCl_4$를 가하면,

$$\overset{\delta+}{H}\cdots\cdots\overset{\delta-}{X}\cdots\cdots\overset{\delta-}{Sn}Cl_4$$

와 같은 분극이 촉진되어, 반응성이 증가한다.

03 수용액중의 반응에서는 중간에 생성하는 브로모늄이온(a)에 대해서, Br^-과 H_2O가 경쟁적으로 반응하여, 각각 생성물(b), (c)를 생성한다. 여기에 브롬화나트륨을 가하면, 브롬이온의 양이 증가하며, 반응(1)이 촉진되기 때문에, (b)의 생성량이 증가한다. 그러나 한쪽에서는 $Br_2+Br^- \rightleftarrows Br_3^-$의 평형반응으로 Br_2이 감소하기 때문에 (a)가 생성하는 속도 즉 올레핀이 감소하는 속도는 아래와 같다.

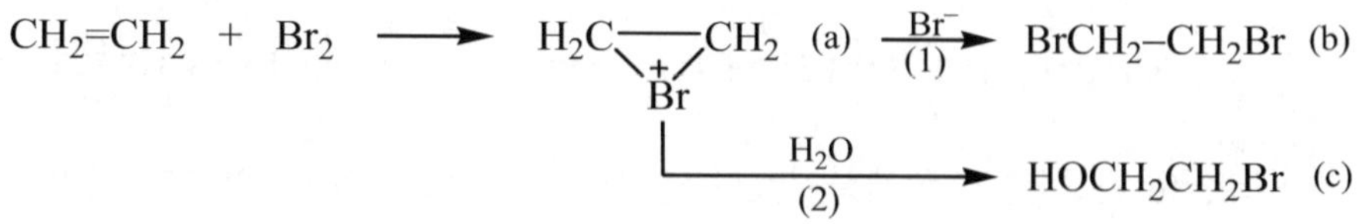

04 1)

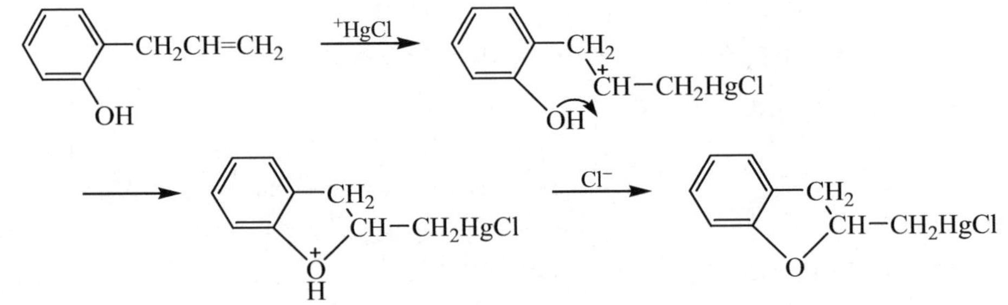

2)

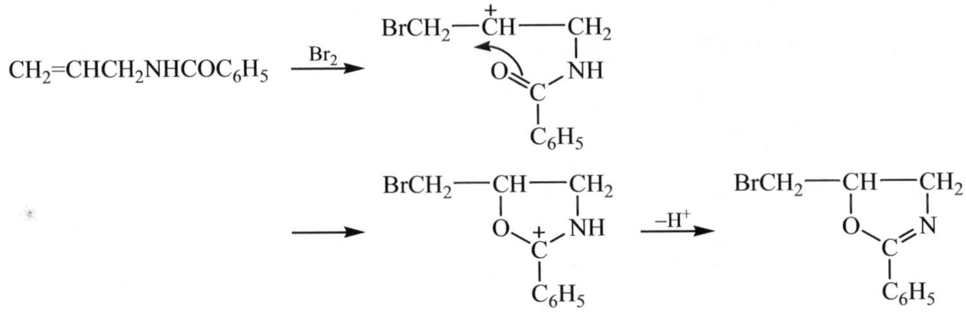

3)

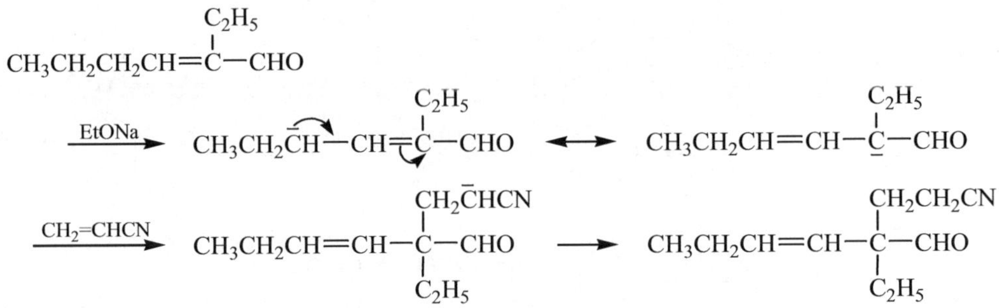

05 1)

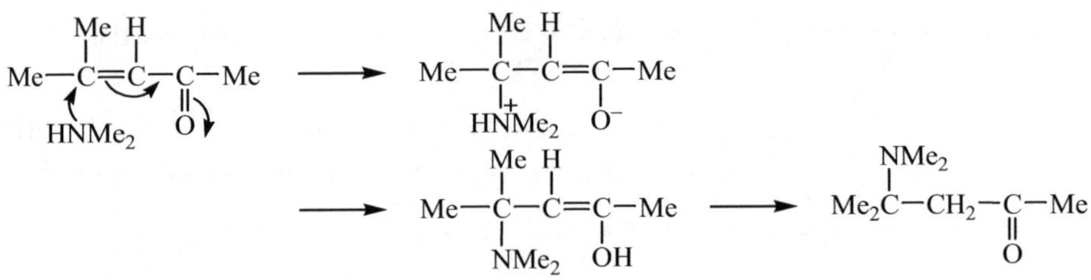

2)

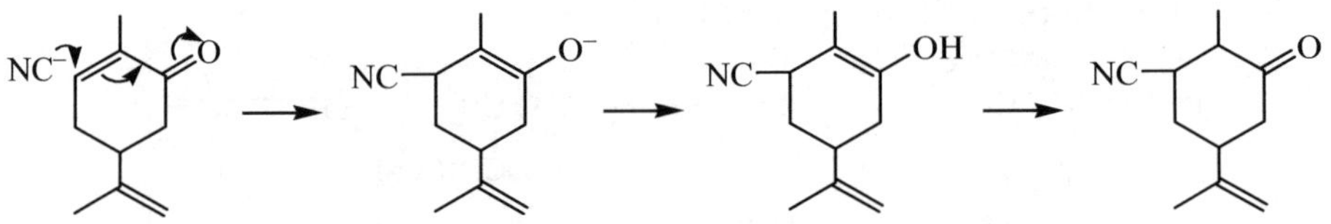

3) $CH_3NO_2 \xrightarrow{EtONa} {}^{-}CH_2NO_2$

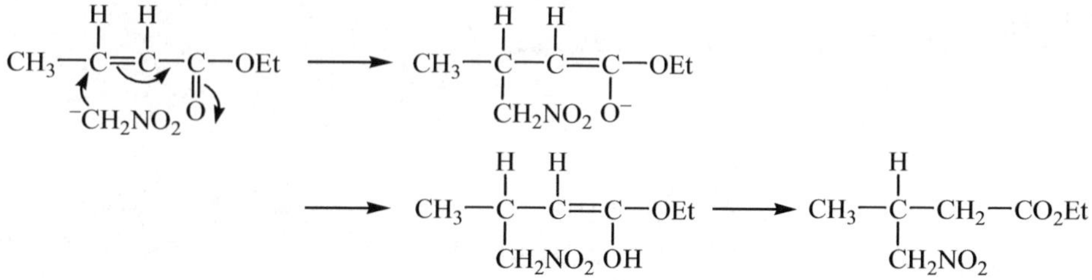

4) 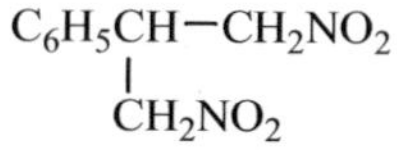

5) 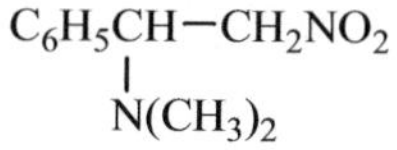

6) 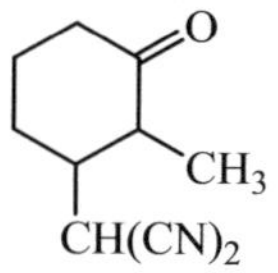

7) 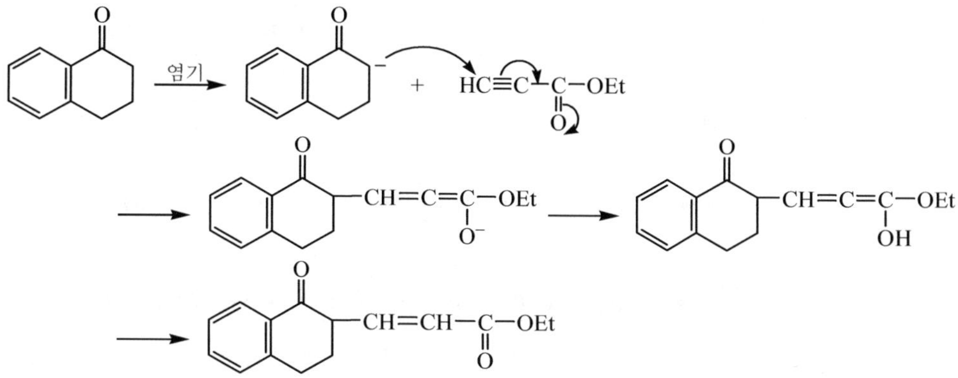

8) 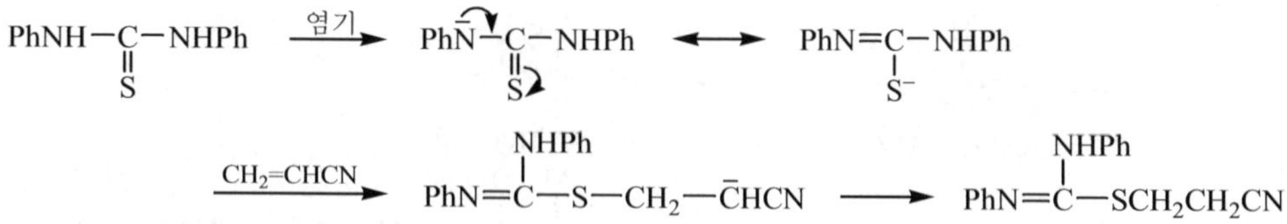

일반적으로 R_2N^-보다도 RS^-쪽이 친핵성이 훨씬 크다.

9) $CH_2(CO_2Et)_2 \xrightarrow{NaOEt} \bar{C}H(CO_2Et)_2$

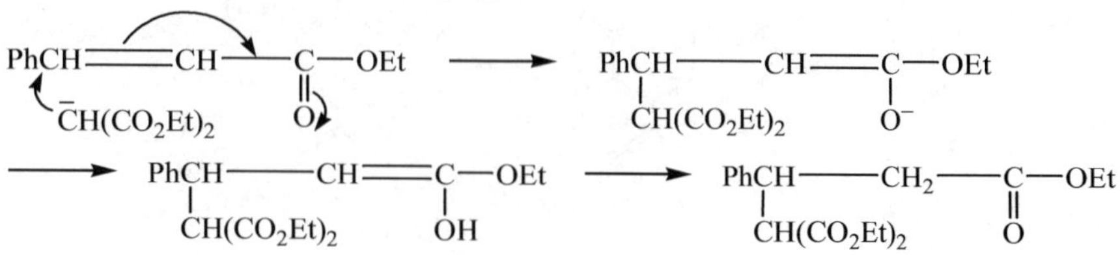

10)

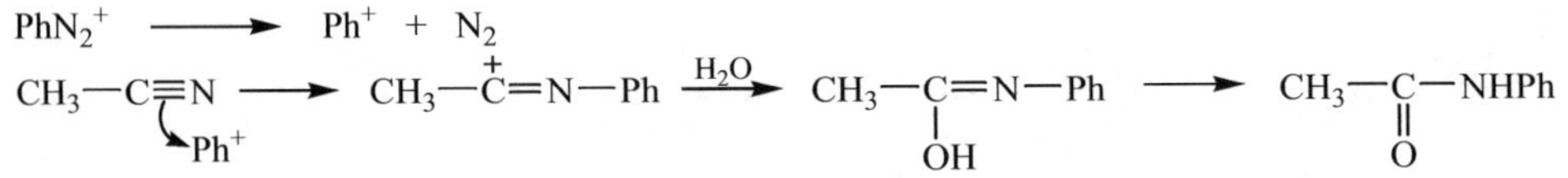

11) $HC{\equiv}CH + HCN \longrightarrow H_2C{=}CHCN$

12)

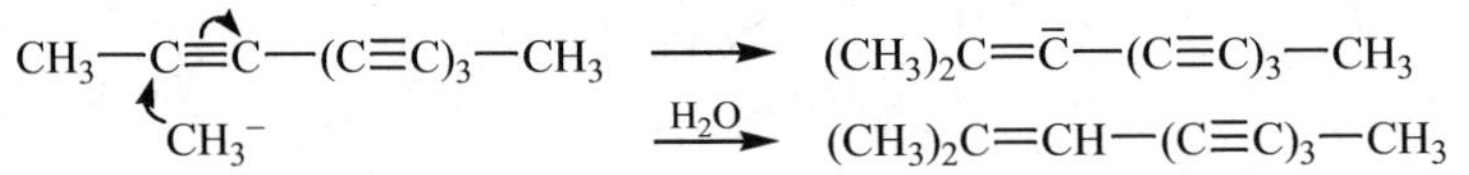

13)

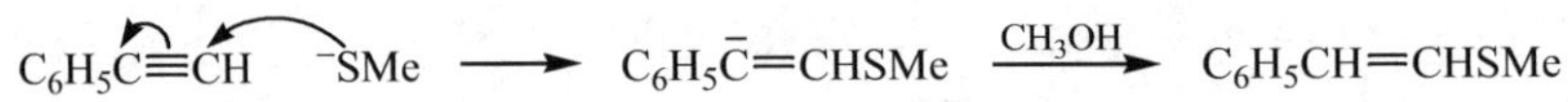

14)

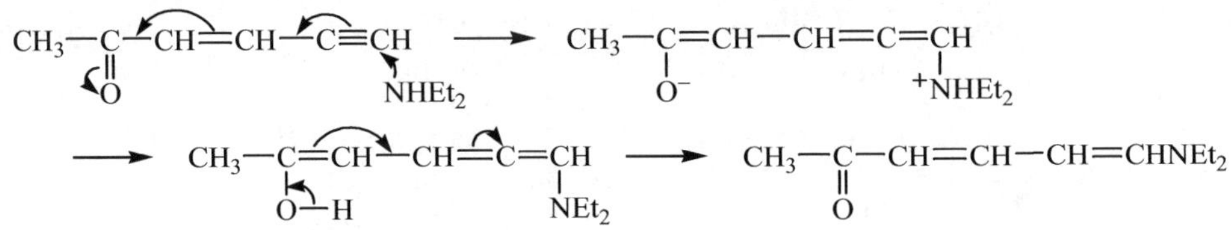

15)

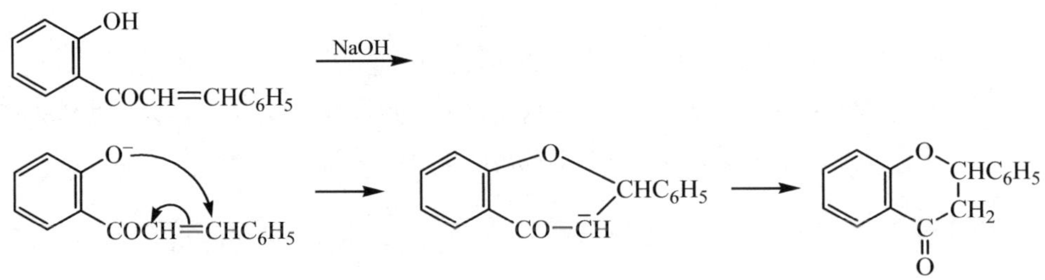

16) $H_2S + OH^- \longrightarrow {}^-SH$

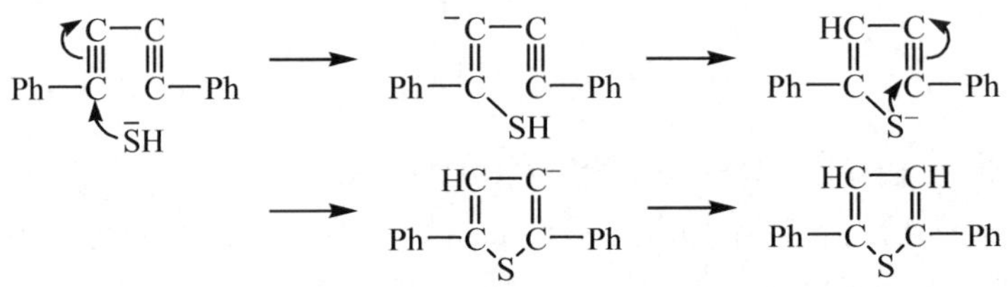

06

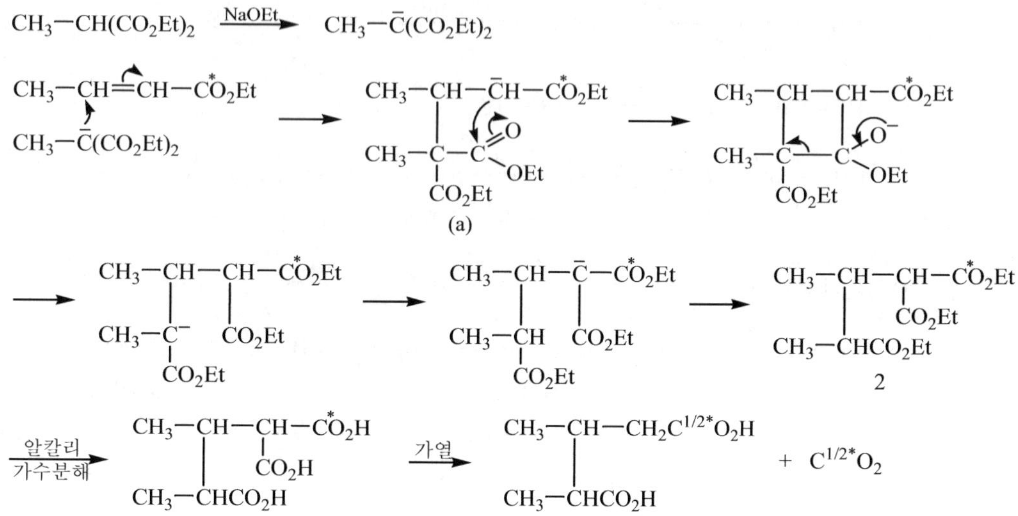

NaOEt가 소량밖에 존재하지 않을 때는, (a)는 활성수소원자를 갖는 메틸말론산디에틸로서 중화되어 (1)로 변하지만, 다량으로 존재할 때는 (a)가 상당한 양으로 존재할 수 있기 때문에, 상기와 같은 경로로서 (2)를 생성한다고 생각된다.

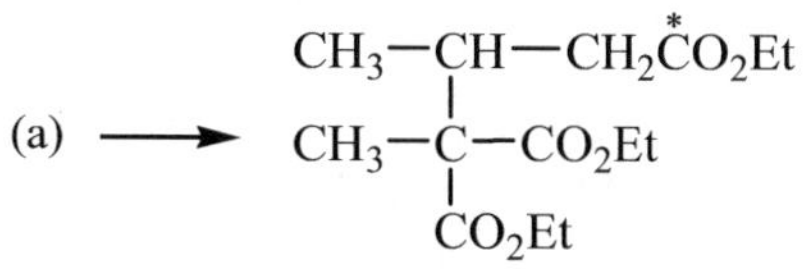

1

말론산디에틸을 사용했을 때는, 카르바니온(b)보다도 (c)쪽이 안정하기 때문에(2개의 카르보에톡시기로서 안정화되어 있다), 곧바로 (c)가 생성되며, 이것은 위와 같은 변화를 할 수 없기 때문에 이상반응을 하지 않는다라고 생각된다. 이상반응을 하거나 하지 않아도 생성물은 같기 때문에, 생성물로부터는 이상반응의 유무를 결정할 수 없다. 그러나 크로톤산에틸의 카르보닐탄소를 ^{14}C로 표지하고, 위와 같은 실험을 행하면, 생성하는 이산화탄소중에는 거의 방사능이 없는 것으로부터, 이상반응이 일어나지 않는 것으로 증명되었다.

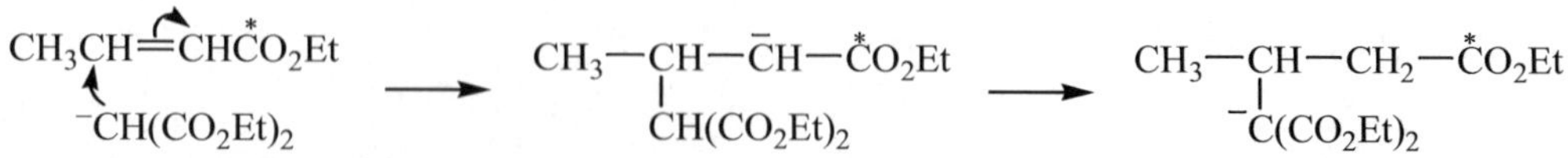

(b) (c)

제4장 이온적 지방족치환반응

01 1) Ph_3COCH_3

2) 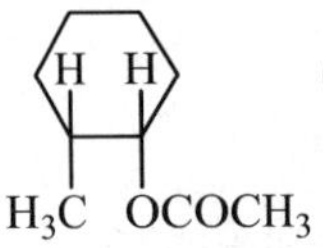
(S_N2반응으로 반전)

3) $CH_2(CO_2Et)_2 \xrightarrow{NaOEt} \bar{C}H(CO_2Et)_2 \xrightarrow{p\text{-}O_2NC_6H_4CH_2Cl} p\text{-}O_2NC_6H_4CH_2CH(CO_2Et)_2$

4) $PhOMe + HBr \longrightarrow [Ph\overset{\oplus}{\underset{H}{O}}Me]Br^- \longrightarrow PhOH + MeBr$

5) $MeCH{=}CHCH_2OH + HCl \xrightarrow{H_2O} MeCH{=}CHCH_2\overset{\oplus}{O}H_2$

$\xrightarrow{-H_2O} \left[MeCH{=}CH\overset{+}{C}H_2 \longleftrightarrow Me\overset{+}{C}H{-}CH{=}CH_2\right] \xrightarrow{Cl^-} MeCH{=}CHCH_2Cl + MeCHClCH{=}CH_2$

6) $EtBr + (NH_2)_2C{=}S \longrightarrow \left[H_2\overset{+}{N}{=}\underset{NH_2}{C}{-}S{-}Et\right]Br^- \xrightarrow[H_2O]{NaOH} NH_2CN + EtSH + NaBr$

N보다도 S쪽이 친핵성이 큰 것에 주의

7) $Me_3CCH_2I + KNH_2 \longrightarrow$ 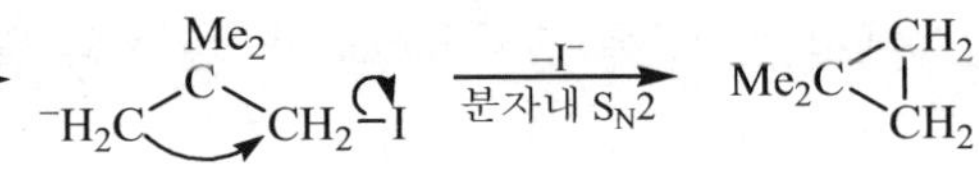

8) 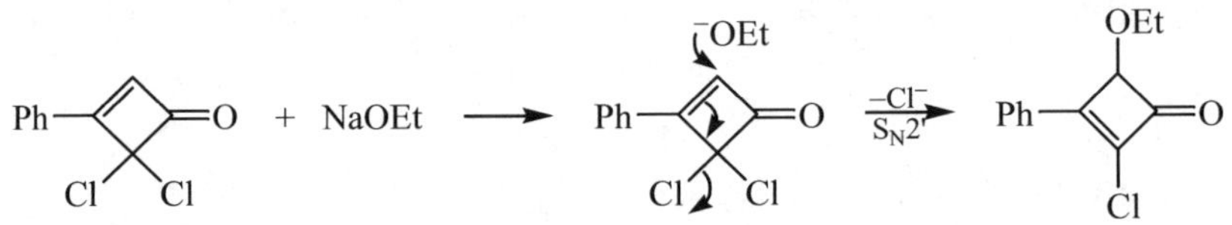

9) $EtI + Ag_2O \xrightarrow[S_N1]{EtOH} Et^+ \xrightarrow{HCONHPh} HC(OEt){=}NPh$ (주) $+ HC(=O){-}N(Et){-}Ph$ (부)

N보다도 O쪽이 전기음성도가 크다.

10) 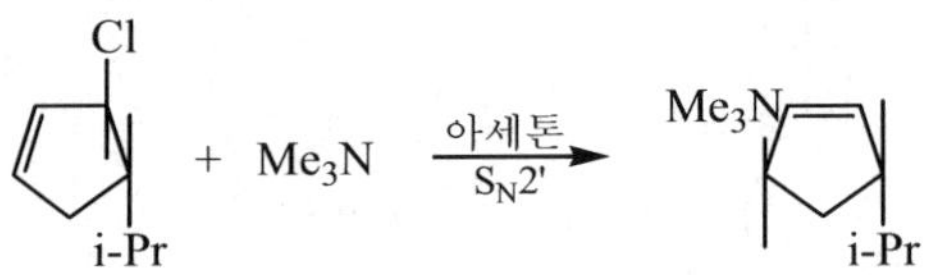

11) 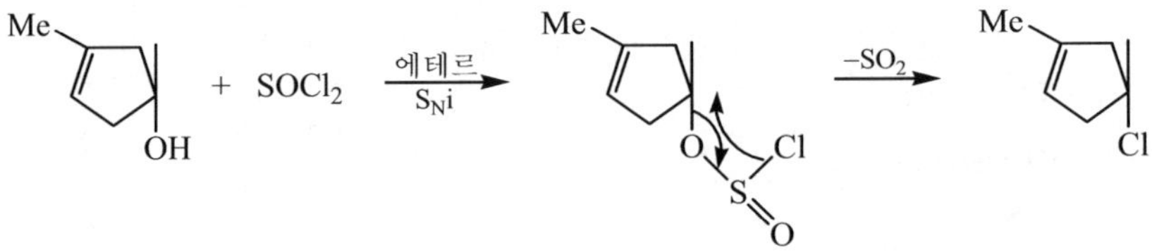

12) 수산기에 프로톤이 부가한 옥소늄이온의 뒤쪽으로부터 브롬이 공격하여, 기존의 브롬원자의 인접기효과에 의하여, 중간체로서 브로모늄이온을 생성한다.

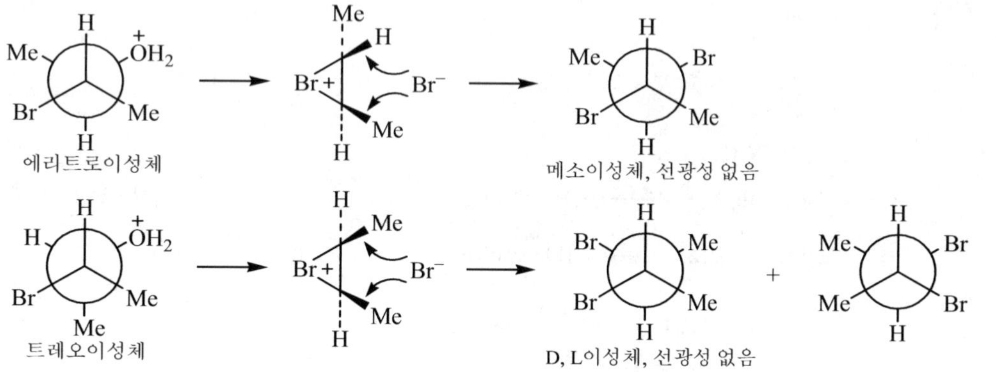

13) 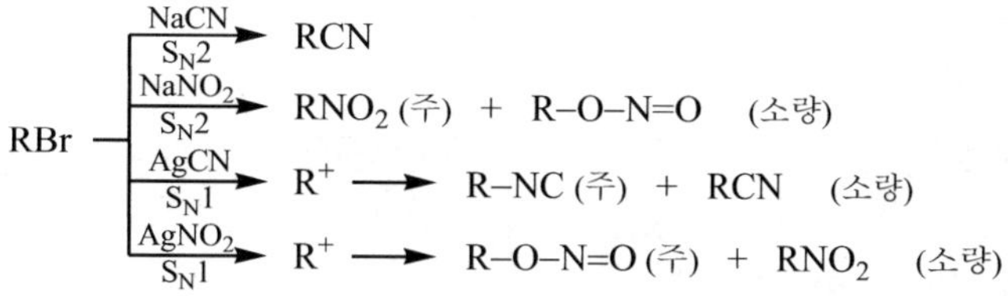

S_N1반응에서는, R^+은 전기음성도가 큰 쪽의 원자와 결합하기 쉽다.

14) 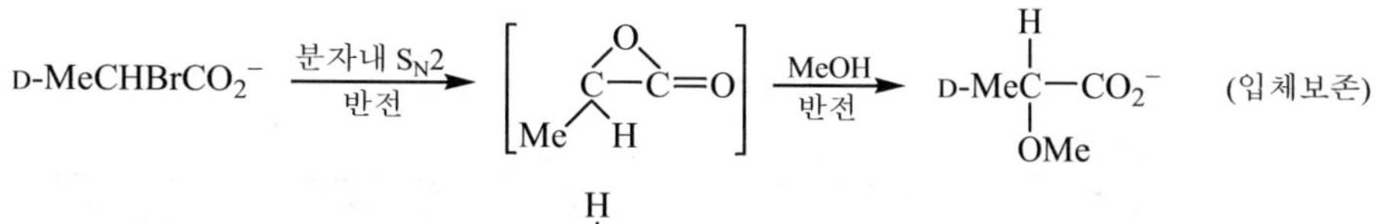

15) 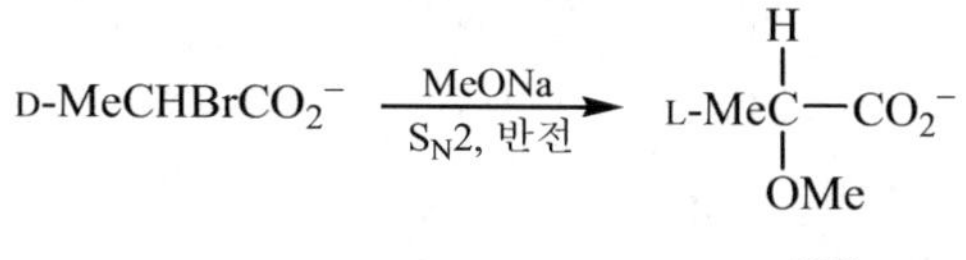

16) 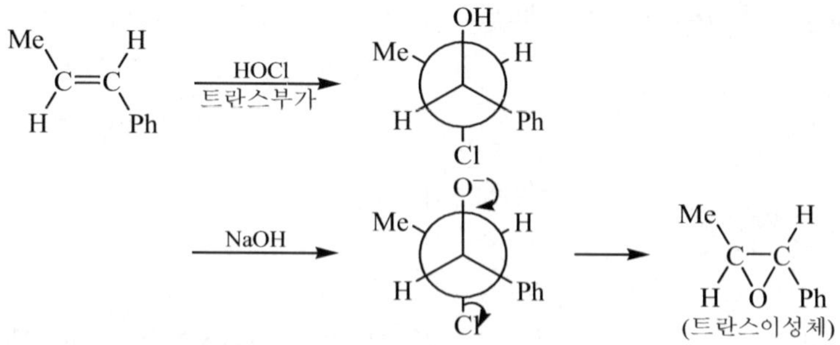

17) $H_2NCH_2CH_2OH$

18) $CH_3–CHOH–CH_2CH_3$

19) 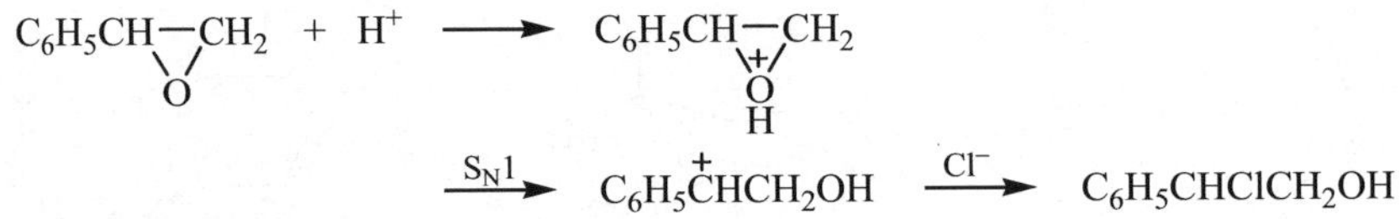

20) $C_6H_5CHOHCH_2SCH_3$

21) 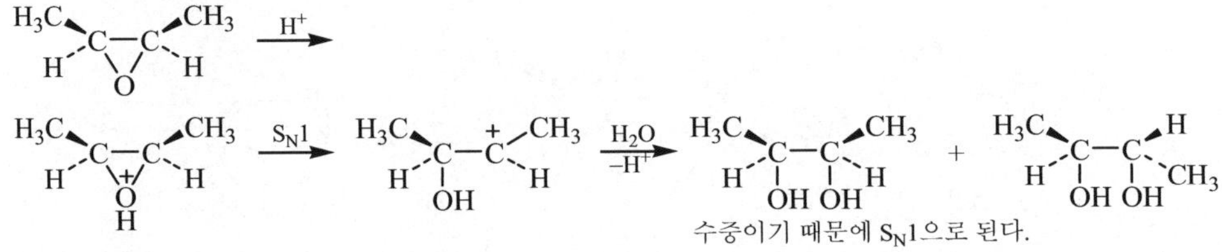

수중이기 때문에 S_N1으로 된다.

22) 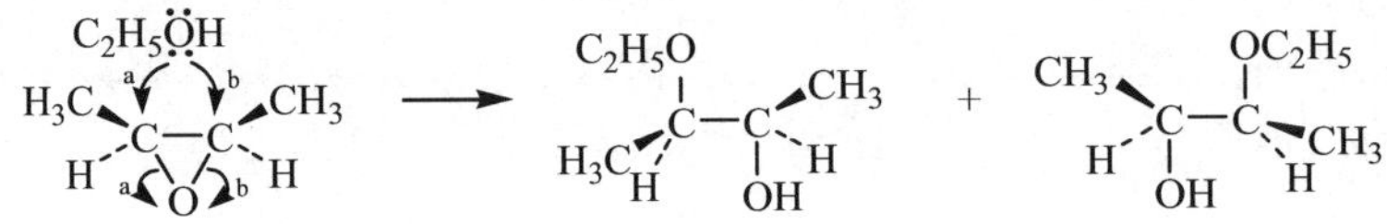

02

1) 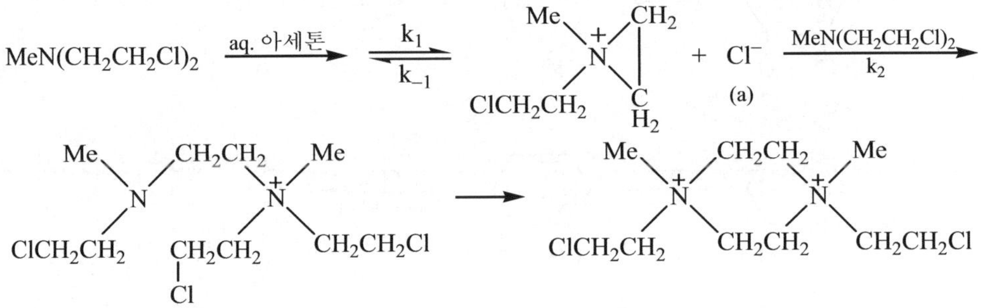

용액중에 OH^-, Me_3N등의 염기를 과잉으로 존재시키면, 염소는 그들에 의하여 치환되지만, 그의 속도는 k_1을 넘지 않는 것에 의하여 에틸렌암모늄이온(a)의 존재가 지지되고 있다.

2) 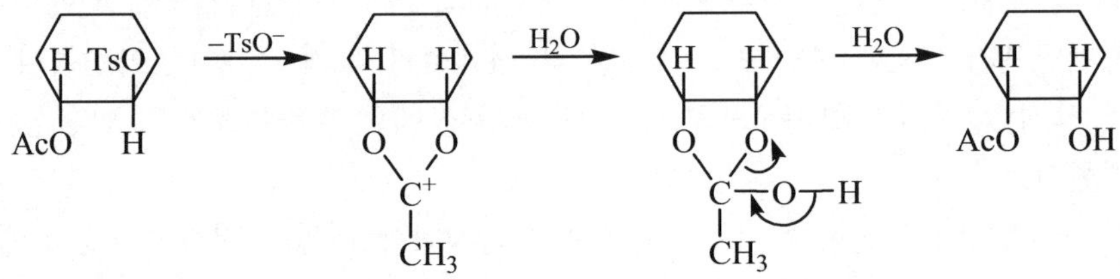

3) 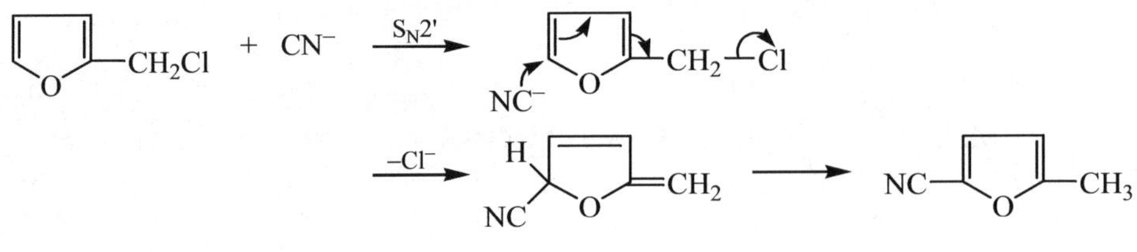

4)

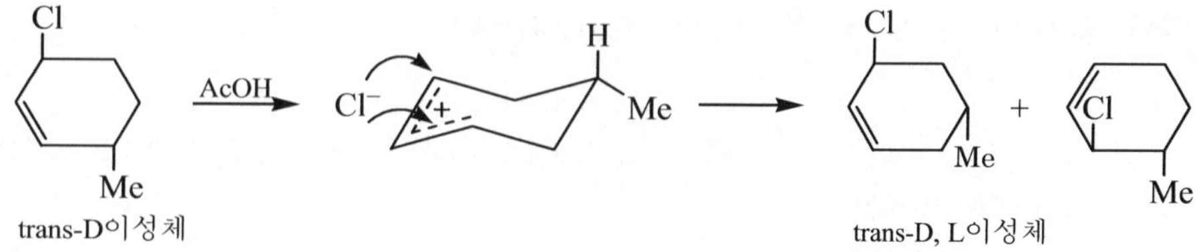

5)

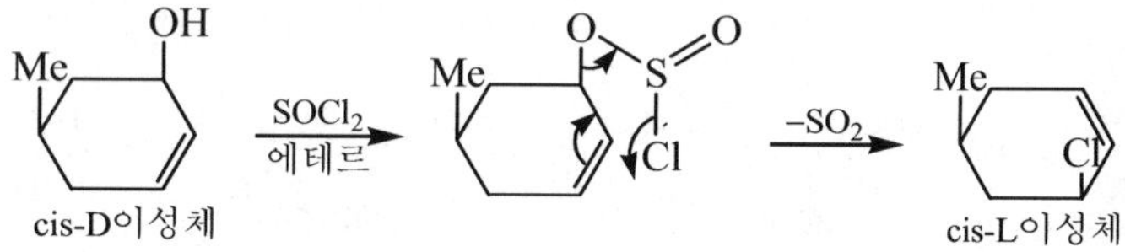

6)

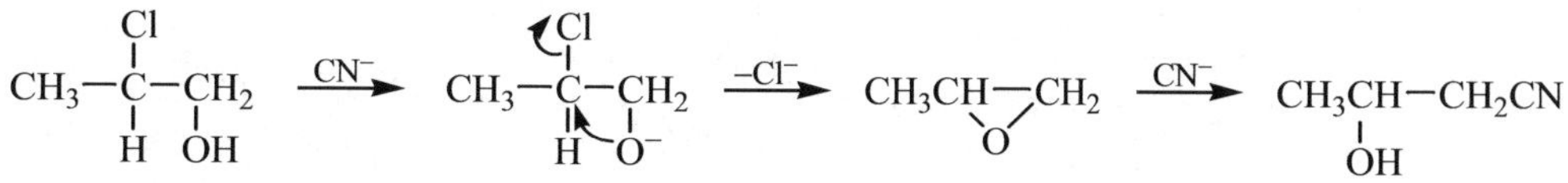

03 1)

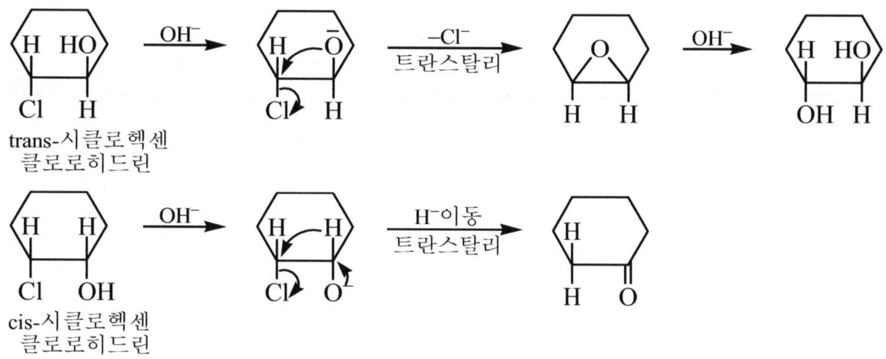

2) $R-Cl \xrightarrow[\text{반전}]{+I^-} R-I + Cl^- \xrightarrow[\text{반전}]{H_2O} R-OH + HI$
입체보존

요오드이온의 친핵반응성은 물 보다도 크고, 게다가 탈리기로서도 강력하다.

3) 입체장애가 없는 경우에는, 염기성 및 친핵성과 함께 트리에틸아민쪽이 피리딘 보다도 크지만, 요오드화이소프로필에서는 입체장애로 인하여 S_N2의 반응성(친핵성)이 역전한다.

4) S_N1에 의하여 생성하는 카르보늄이온의 안정화에 대해서 전자공여성의 메톡시기는 기여하지만, 전자흡인성의 니트로기는 기여하지 않는다.

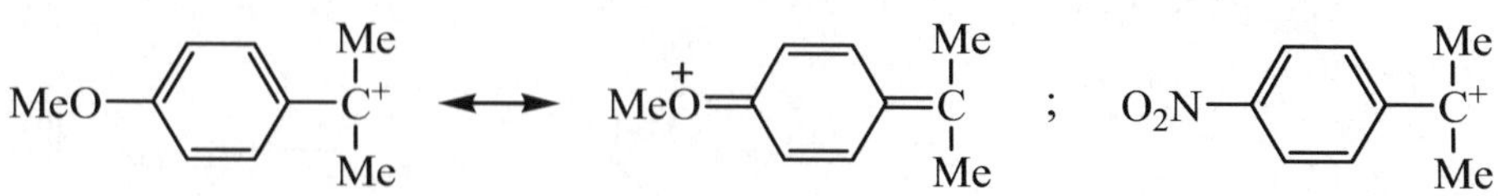

5) 치환기 R이 부피가 커지면 벤젠환의 오르토위치의 수소와의 입체장해에 의하여, 벤젠환이 비틀어지고, S_N1에 의하여 생성하는 카르보늄이온의 공명효과가 감소한다.

6) 소듐메톡사이드의 작용에서는 주로 S_N2반응이 일어나기 때문에, 메틸에테르가 상당히 생성하지만, 포타슘 t-부톡사이드에서는 t-BuO^-의 염기성이 크기 때문에, E2반응이 대부분으로 되며 올레핀을 생성한다.

04

$$\underset{3}{\text{MeCH}}{=}\underset{2}{\text{C}}\text{H}\underset{1}{\text{C}}\text{HMeCl (a)} \xrightarrow{\text{aq. 아세톤}} [\text{Me}\underset{3}{\text{C}}\text{H}{=}\underset{2}{\text{C}}\text{H}\underset{1}{\overset{+}{\text{C}}}\text{HMe (b)}$$

$$\longleftrightarrow \text{Me}\underset{3}{\overset{+}{\text{C}}}\text{H}{-}\underset{2}{\text{C}}\text{H}{=}\underset{1}{\text{C}}\text{HMe (c)}] \xrightarrow{H_2O} \text{MeCH=CHCHMeOH (d)}$$

출발물질(a)의 1위치의 탄소에 대한 S_N2반응에 의해서는 반전한 생성물(d)을 생성하지만, 이것은 극히 소량일 것이다. (a)의 3위치의 탄소에 대한 S_N2'반응에 의해서는 라세미화한 (d)를 생성한다. S_N1반응에 의해서는 카르보늄이온 [(b)↔(c)]을 생성하며, 이것에 의하여 라세미화한 (d)를 생성한다라고 생각된다. 후자의 2가지가 주이기 때문에, 일부가 반전을 동반하는 라세미화가 일어난다.

05 디메틸술폭사이드 용액쪽이 에탄올 용액쪽 보다도 훨씬 빠르다. 에탄올용액중에서는 Na^+의 용매화도 일어나지만, CN^-도

$$\text{Et}\overset{\delta-}{\text{O}}\overset{\delta+}{\text{H}}\cdots CN^-\cdots\overset{\delta+}{\text{H}}\overset{\delta-}{\text{O}}\text{Et}$$

와 같이 용매화되어 안정화하고 있다. 디메틸술폭사이드용액중에서는 Na+의 용매화가

$$Me_2\overset{+}{S}{-}\overset{-}{O}\cdots Na^+\cdots\overset{-}{O}{-}\overset{+}{S}Me_2$$

와 같이 현저하며, CN^-은 크게 용매화되지 않고, 벌거숭이 상태로 되며, 친핵시약으로서 강력해지기 때문이다.

제5장 친전자적 방향핵 치환반응

01 1) 니트로소기는 전자흡인성기(−I)이지만, 오르토, 파라치환에서는, 질소원자의 고립전자쌍이 양전하의 안정화에 기여하고 있기(M 효과) 때문에, 할로겐과 유사하다라고 생각되며, 불활성화 된 오르토, 파라배향

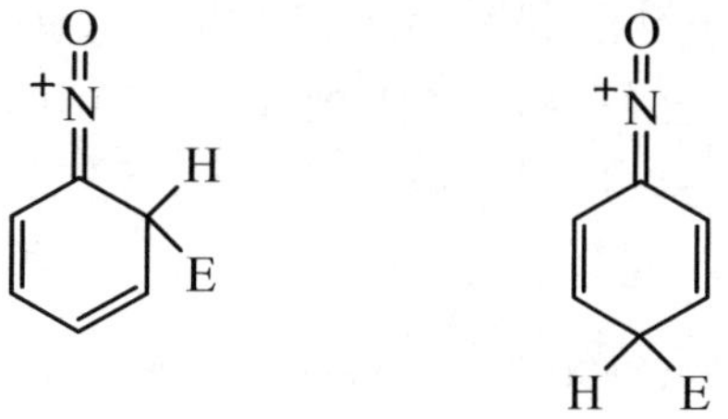

E는 친전자시약

2) N−옥사이드는 I효과만의 전자흡인성기로서, 오르토, 파라치환에서는 벤젠환상의 부분양전하가 질소의 양전하와 인접하여 불안정하기 때문에, 불활성화 된 메타배향

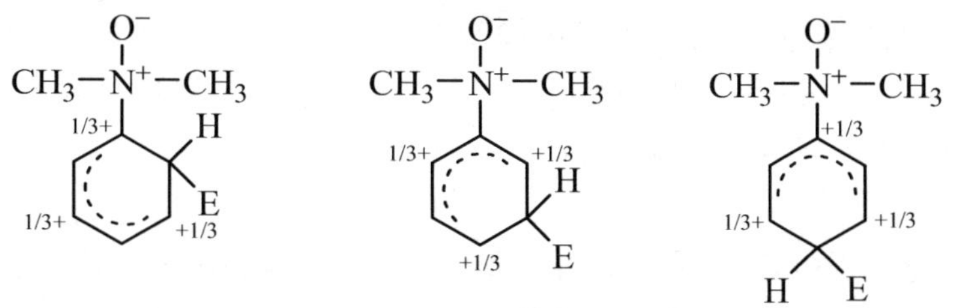

3) 아세틸아미노기는 I효과에서는 전자흡인성이지만, 질소의 M효과에 의하여 완전히 능가되며, 활성화된 오르토, 파라배향. 게다가 이것이 결합한 환이 보다 활성이기 때문에, 아래에 나타낸 모노니트로체를 생성한다.

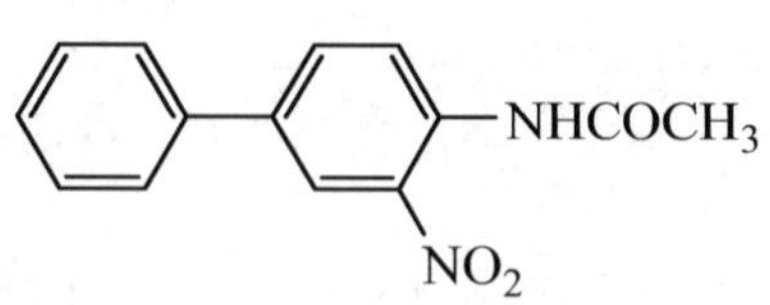

4) p−니트로페닐기는 할로겐과 마찬가지로 작용하기 때문에, 아래에 나타낸 것과 같이 불활성화 된 오르토, 파라배향.

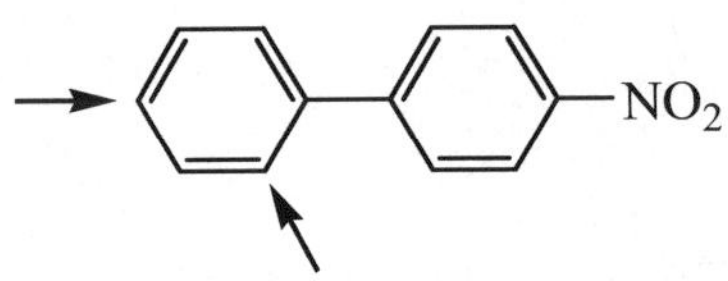

5) 오르토, 파라치환에는 다음과 같은 공명기여가 있으며, 활성화된 오르토, 파라배향

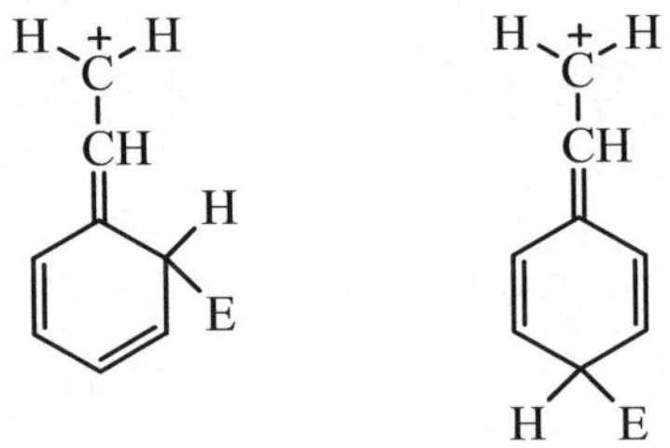

6) 니트로기의 전자흡인력이 강하기 때문에 불활성화 되어 있지만, 다음과 같은 공명기여가 있으며, 할로겐과 마찬가지로 오르토, 파라배향. 4)와 마찬가지로, 실험결과의 설명은 가능하지만 예측은 곤란하다.

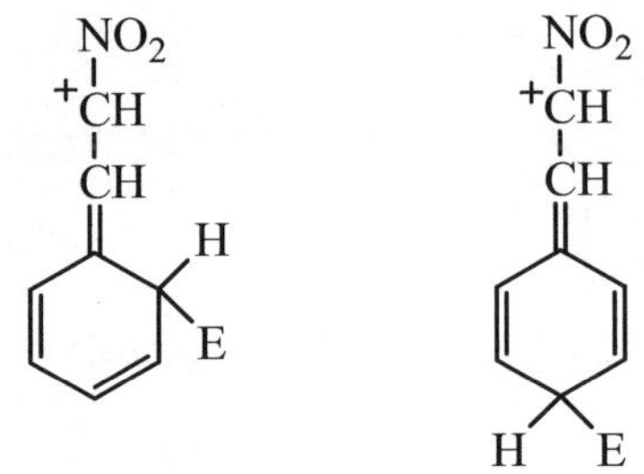

02 니트로화의 시약은 아세트산용액중 및 혼산중 모두 니트로늄이온이다. 유리의 아닐린의 니트로화의 속도(k_{NH_2})는 아닐늄이온의 니트화의 속도($k_{NH_3^+}$)에 비하여 매우 크다.

$$PhNH_2 + HX \overset{K}{\rightleftharpoons} PhN^+H_3X^-$$

$k_{NH_2} \downarrow NO_2^+$ 오르토, 파라배향

$k_{NH_3^+} \downarrow NO_2^+$ 메타배향

따라서 약산인 아세트산중에서는 외관상, 평형으로 존재하는 유리의 아닐린의 니트로화만이 일어난다. 혼산중에서는, 유리의 아닐린은 거의 존재하지 않기 때문에, 느린 아닐늄이온의 니트로화가 확인된다. 그러나 미량일지라도 유리의 아닐린의 니트로화는 매우 빠르기 때문에 이것도 동반한다.

03 1)

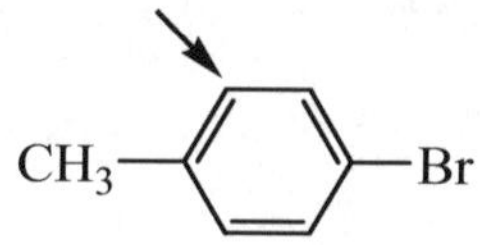

어느쪽이나 오르토, 파라배향기이지만, CH_3기쪽이 보다도 활성화하기 때문에 CH_3기에 지배된다.

2)

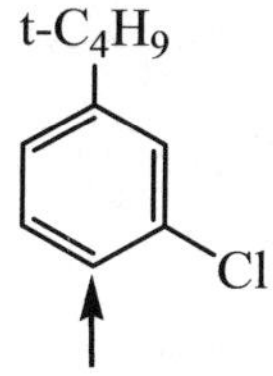

1)과 같은 이유이지만, t-C_4H_9기의 입체장해로 인하여 그의 오르토위치에는 들어가기 어렵다.

3)

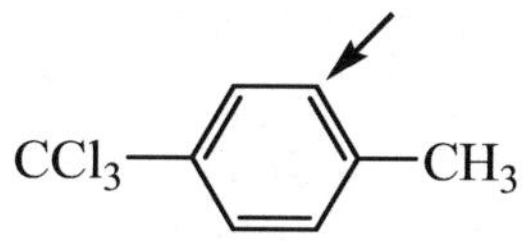

4)

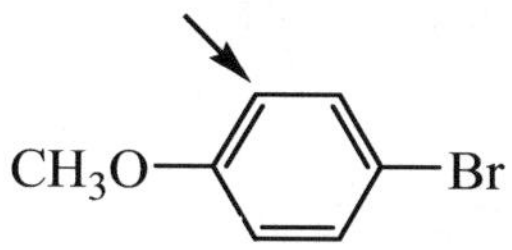

CH_3O기쪽이 오르토, 파라배향기로서 강력하다.

5)

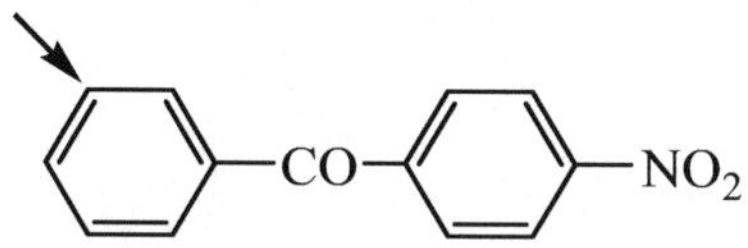

니트로기가 있는 쪽의 고리는 불활성화되어 있기 때문에, 치환되지 않은 고리쪽에 들어간다. ArCO기는 메타배향성이기 때문에

6)

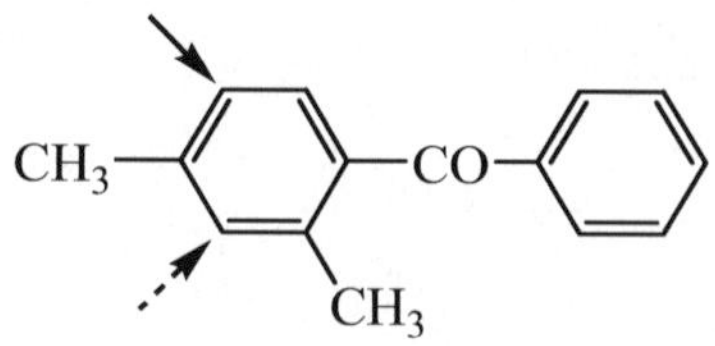

메틸기가 치환한 쪽이 활성화 되어 있기 때문에 →의 곳이다. --→의 곳은 입체장애로 인하여 들어가기 어렵다.

04

$Br^{+} > H_2OBr^{+} > HOBr > BrCl > Br_2 \gg Br_3^{-} \gg HBr$ (브롬화능력없음)

Br^{+}의 브롬화능력이 큰 것은 당연하다. 뒤쪽의 4개의 브롬원자에 결합하는 원자 및 원자단이 전기음성도가 큰 순서로 브롬화능력이 크다.

05

비페닐의 오르토, 메타, 파라위치의 반응속도를 각각 k_o, k_m, k_p로 하고, 벤젠의 1위치의 반응속도를 k_H로 하면, 아래식과 같은 관계가 있다.

$$4k_o + 4k_m + 2k_p = k_{Ph_2} = 40k_{PhH} = 40\times6\times k_H$$

따라서 각각의 부분속도비는 다음식으로 구해진다.

$$o_f = k_o/k_H = 40\times6\times(68/4\times100) = 40.8$$
$$m_f = k_m/k_H = 40\times6\times(1/4\times100) = 0.6$$
$$p_f = k_p/k_H = 40\times6\times(31/2\times100) = 37.2$$

06

1) $Me_2CH{-}CHMeOH + HF \longrightarrow Me_2CH{-}\overset{\oplus}{C}HMe + H_2O + F^{-}$

$Me_2CH\overset{\oplus}{C}HMe \xrightarrow{\text{전위}} Me_2\overset{\oplus}{C}CH_2Me$

$Me_2\overset{\oplus}{C}{-}CH_2Me + C_6H_6 \longrightarrow C_6H_5{-}CMe_2{-}CH_2Me + H^{+}$

2) $MeCH{=}CMe_2 + H_3PO_4 \longrightarrow MeCH_2{-}\overset{\oplus}{C}Me_2 + H_2PO_4^{-}$

$MeCH_2{-}\overset{\oplus}{C}Me_2 + C_6H_6 \longrightarrow C_6H_5{-}CMe_2{-}CH_2Me + H^{+}$

3)

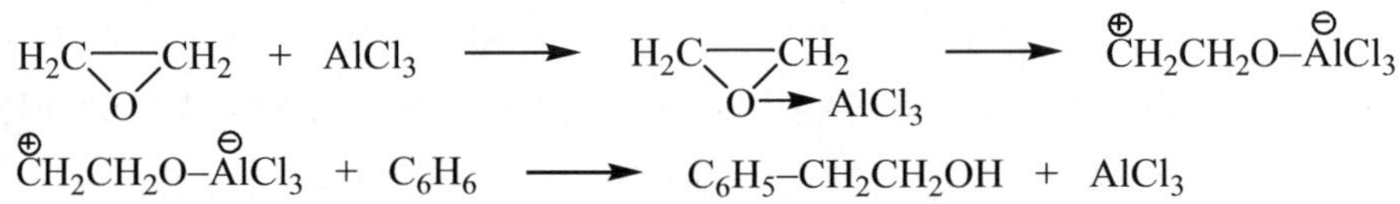

4)

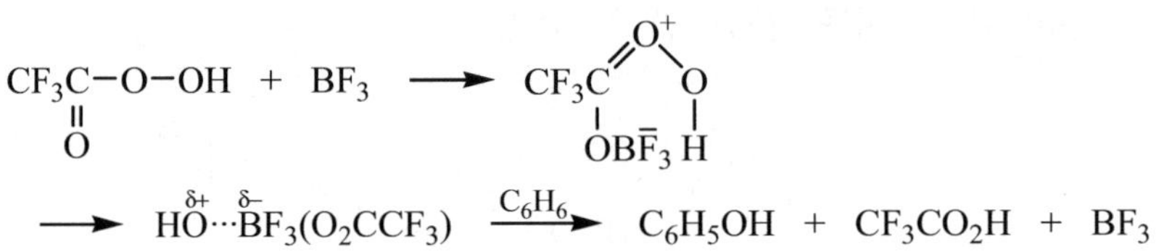

5)

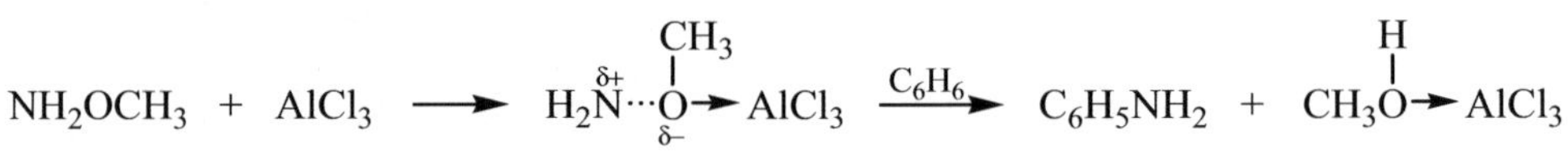

6) $HCl + ZnCl_2 \longrightarrow H^+ZnCl_3^-$

$CH_2O + H^+ZnCl_3^- \longrightarrow H_2C{=}\overset{\oplus}{O}H \cdot ZnCl_3^-$

$\longrightarrow H_2\overset{\oplus}{C}{-}OH \cdot ZnCl_3^- \xrightarrow{C_6H_6} C_6H_5CH_2OH + H^+ZnCl_3^-$

$C_6H_5CH_2OH + HCl \longrightarrow C_6H_5CH_2Cl + H_2O$

이 반응을 클로로메틸화라고 말한다.

07 1)

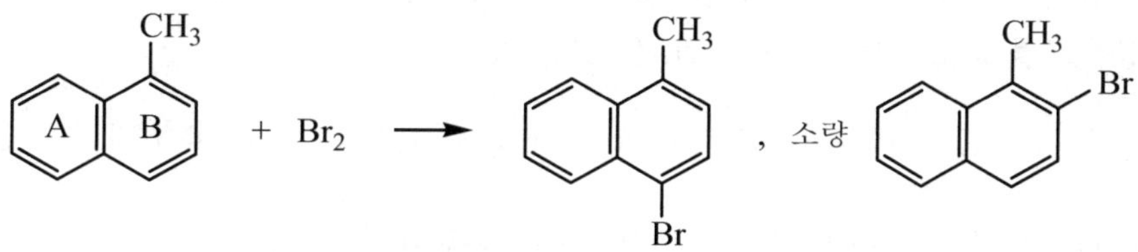

브롬화는 메틸기에 의하여 활성화되어 있는 B환에 일어난다. 4위치에 치환하는 경우, 중간체의 σ 착화합물에 있어서, B환내에 양전하를 편재화한 경우, A환의 방향족성을 잃지 않고 2종류의 공명구조식을 쓸 수 있지만, 2, 3위치에 치환하는 경우는 1종류밖에 쓸 수 없다.

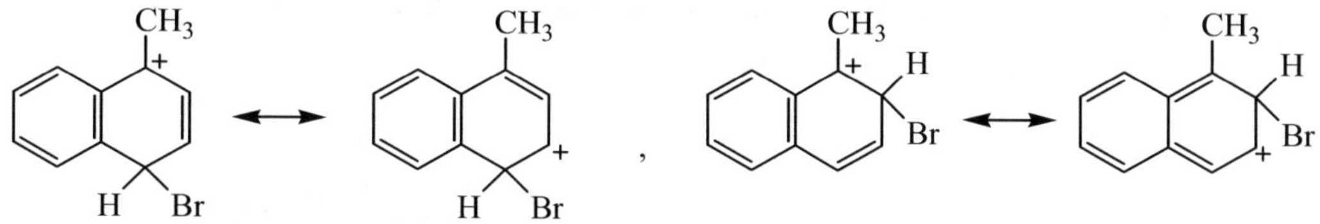

따라서 중간체의 안정성으로부터 생각하면, 주로 4위치에 치환된다라고 추정할 수 있다. 실제로는, 약간 2위치에도 치환한다. 이것은 2와 3위치의 치환을 비교하면, 2위치의 σ 착화합물에서는 메틸기가 치환하는 탄소상에 양전하가 오기 때문에 3위치의 경우와 비교하여 메틸기의 전자공여성으로 안정되기 때문이라고 생각된다.

2) 1)의 경우와 마찬가지로 생각하면 알 수 있다.

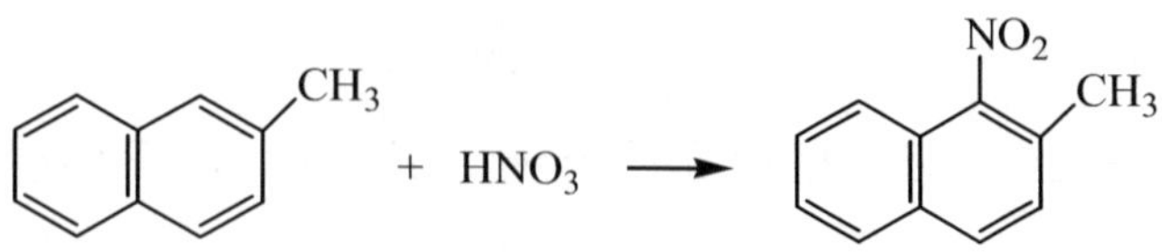

3) B환은 카르복시기에 의하여 불활성화 되어 있기 때문에, 니트로화는 A환에 일어난다.

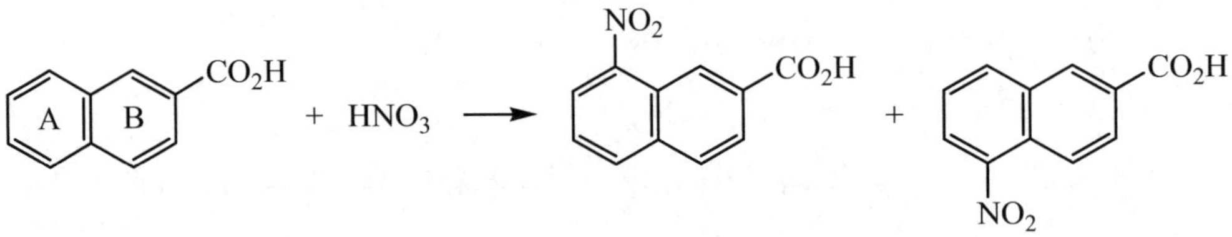

4)

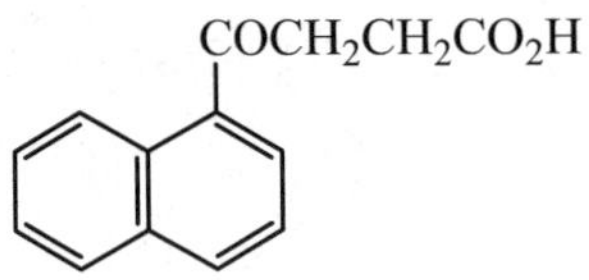

5)

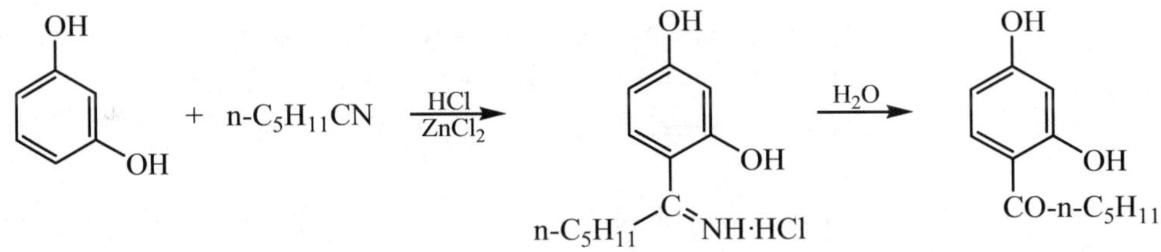

08 아닐린류에서는 질소의 고립전자쌍이 공명에 의하여 벤젠환에 유입되는 것을 제2장에서 설명했다. 따라서 t-부틸기의 입체장애에 의하여 벤젠환과 질소의 결합이 비틀리며, 아래와 같이 공명이 저해되어 벤젠환의 전자밀도가 감소하기 때문이다.

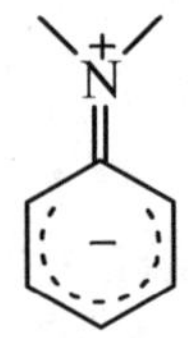

09 1) $C_6H_6 \xrightarrow[c.\ H_2SO_4]{HNO_3} C_6H_5NO_2 \xrightarrow[Fe]{Br_2}$ m-$NO_2C_6H_4Br$

2) $C_6H_6 \xrightarrow[Fe]{Cl_2} C_6H_5Cl \xrightarrow[c.\ H_2SO_4]{HNO_3}$ 2, 4-$(NO_2)_2C_6H_3Cl$

3) 요소존재하에서 니트로화를 행하면 좋다. 아세트아미드기는 활성화기이기 때문에, 반응중에 HNO_2를 생성한다. 이것이 생성하면 페놀의 예에서 설명한 바와 같이 파라이성체가 많이 생성하기 때문에 HNO_2를 억제시키기 위하여 요소를 넣어서 오르토이성체의 양을 증가시킨다.

4) $C_6H_6 \xrightarrow[AlCl_3]{CH_3COCl} C_6H_5COCH_3 \xrightarrow{\text{혼산}} m\text{-}NO_2C_6H_4COCH_3$

5) 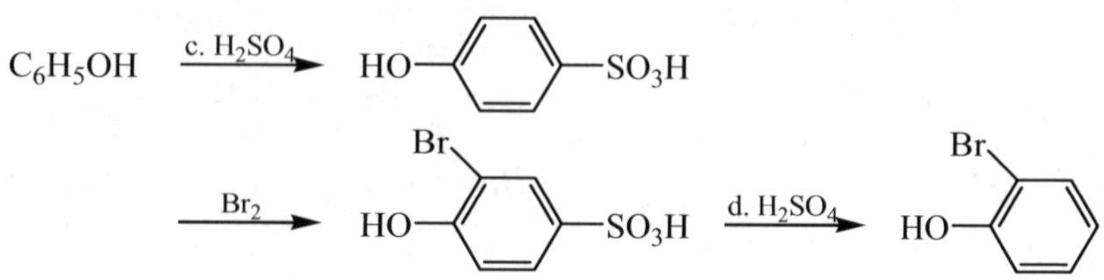

10 진한 황산으로부터 대응하는 술폰화의 시약은 다음과 같은 식에 의하여 생성한다라고 생각된다.

$$2H_2SO_4 \rightleftharpoons H_3SO_4^+ + HSO_4^- \quad (1)$$
$$2H_2SO_4 \rightleftharpoons SO_3 + H_3O^+ + HSO_4^- \quad (2)$$
$$3H_2SO_4 \rightleftharpoons HSO_3^+ + 2HSO_4^- + H_3O^+ \quad (3)$$
$$4H_2SO_4 \rightleftharpoons S_2O_6 + 2H_3O^+ + 2HSO_4^- \quad (4)$$

한편, 진한 황산중의 소량의 물(1~5%)은 완전히 히드로늄이온으로 되어 있다라고 생각된다.

$$H_2O + H_2SO_4 \rightleftharpoons H_3O^+ + HSO_4^- \quad (5)$$

따라서 술폰화시약이 (1)~(4)식에 의하여 생성한다라고 생각하면, 그의 속도는 각각 물의 농도의 1차, 2차, 3차 및 4차에 반비례하는 것으로 증명되었다. 따라서 술폰화시약은 SO_3 또는 $H_2S_2O_7(SO_3-H_2SO_4)$이다.

11 1) 아줄렌은 1.0D의 쌍극자모멘트를 가지며, 5원환이 부, 7원환이 정으로 분극하고 있는 것으로 알려져 있다. 따라서 디아조화는 5원환상에 일어난다라고 생각된다. 1위치 및 2위치에 치환이 일어나는 경우의 중간체 σ착화합물의 공명구조식에서, 1위치의 치환에 대해서는

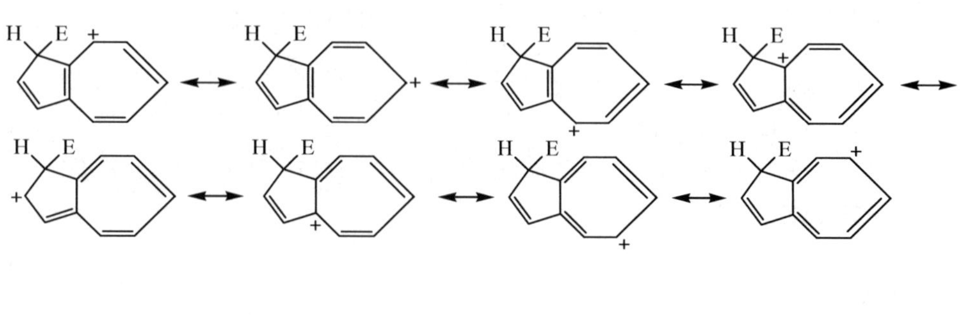

2위치의 치환에 대해서는

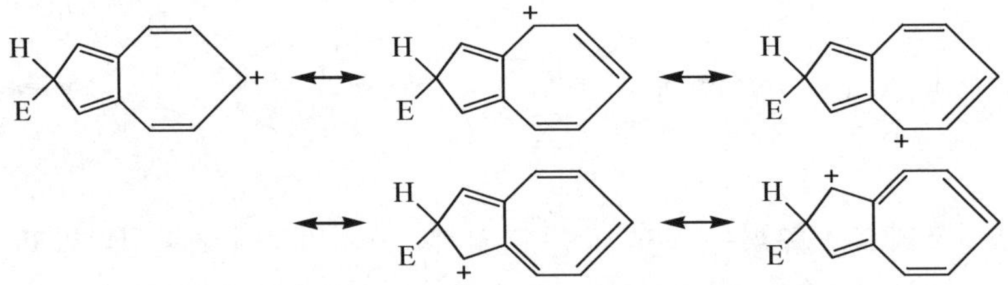

위에서 아는 바와 같이 1위치의 치환쪽이 공명안정화가 크기 때문에 디아조커플링은 1위치에서 일어나는 것으로 된다.

5원환상에 치환이 일어날 때에는 7원환은 소위 트로필륨이온으로서 6π 전자계로 되며, 방향족성을 가지고 안정화 되지만, 만일 7원환상에 치환이 일어나면 5원환은 4π 전자계로서 방향족성이 파괴된다. 따라서 치환은 5원환쪽에 일어나게 된다.

2) 디아조시클로펜타디엔의 디아조커플링은 2위치에서 일어난다. 2위치에 치환하는 경우의 σ 착화합물에는 3개의 중요한 공명구조식이 쓰여지며, 이들은 "through conjugation"을 하고 있지만, 3위치의 경우는 2개의 공명구조식밖에 쓸 수 없으며, 이들은 "cross conjugation"을 하고 있기 때문에 기여는 작다라고 생각된다.

2위치의 치환 :　　　　3위치의 치환 :

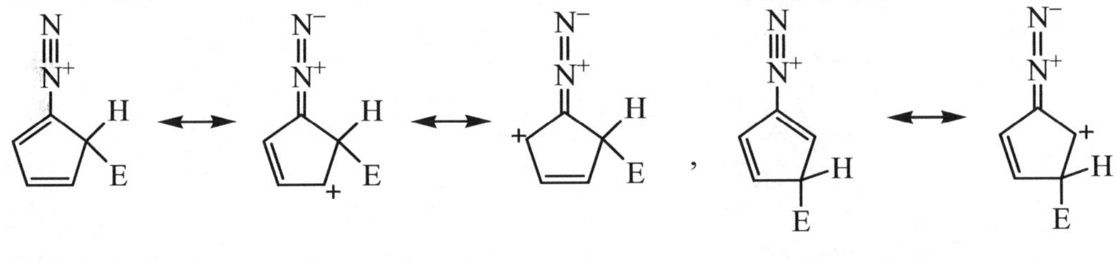

12 2위치 및 3위치에 치환하는 경우에 σ 착화합물의 공명구조식은 아래와 같다.

2위치의 치환에서는 :

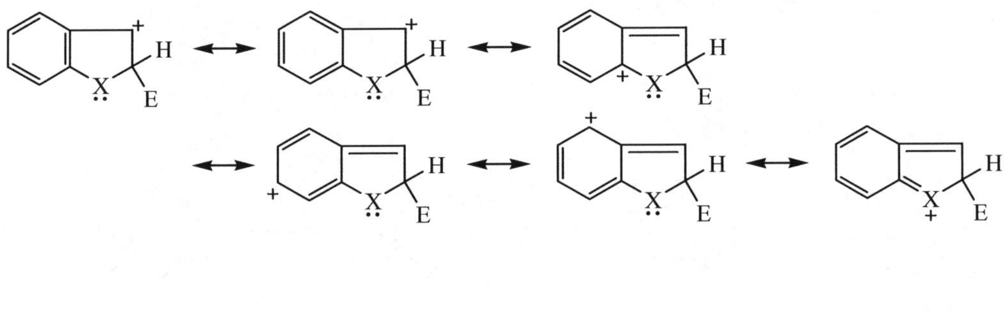

3위치의 치환에서는 :

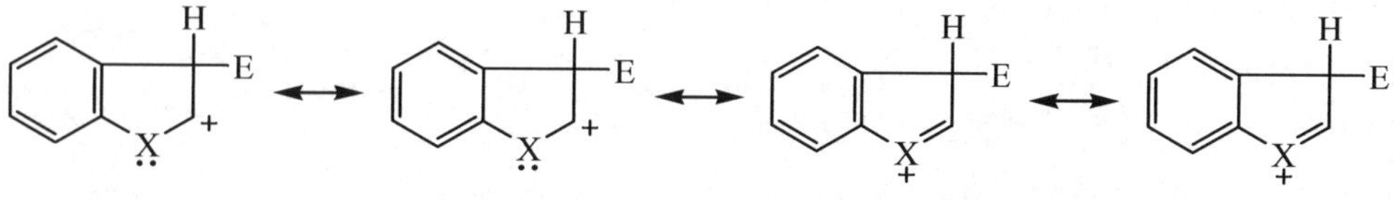

공명구조의 수로부터는 X가 어떤 것일지라도 2위치에 치환한다라고 생각되지만, 3위치에 치환하는 경우는 헤테로원자의 고립전자쌍을 공유한 구조가 2개 기여하고 있지만, 2위치의 경우는 1개밖에 없다. 따라서 전기음성도가 크지 않은 헤테로원자의 경우는, 3위치의 치환쪽이 안정해진다. 왜냐하면, 2위치의 치환에서는 기여가 작다라고 생각되는 벤젠환의 방향족성을 파괴하는 구조가 많이 포함되기 때문이다. 반대로 전기음성도가 큰 경우는 2위치의 치환이 일어난다라고 생각된다. 실제로 인돌은 3위치에서, 벤조푸란은 2위치의 치환이다. 벤조티오펜의 경우의 예상은 곤란하지만, 3위치의 치환인 것이 밝혀져 있다.

제6장 친핵적 방향핵 치환반응

01 1)

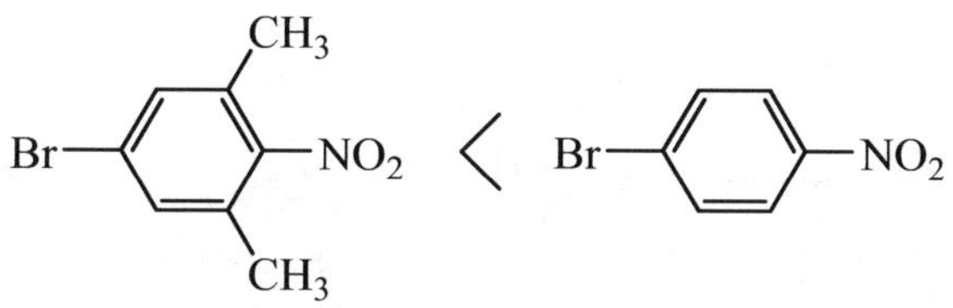

니트로기와 벤젠환의 공명이 오르토위치의 2개의 메틸기에 의한 입체장해로 인하여 저해되며, 니트로기의 전자흡인효과가 전달되기 어렵게 된다.

2)

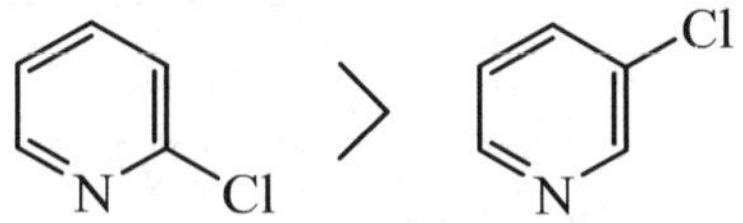

부가중간체의 공명구조식을 쓰면 다음과 같다.

2-클로로체에서는 :

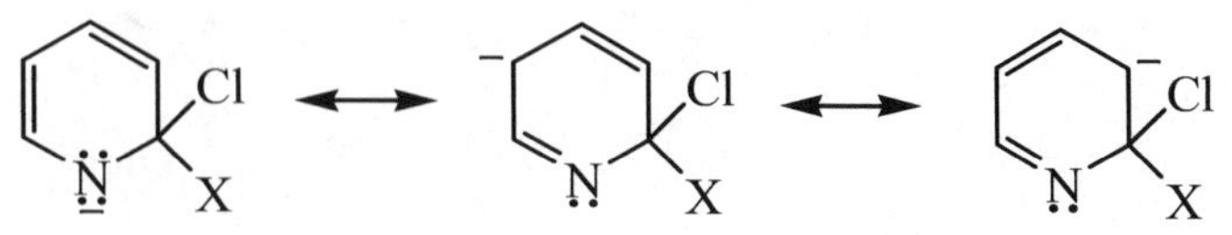

3-클로로체에서는 :

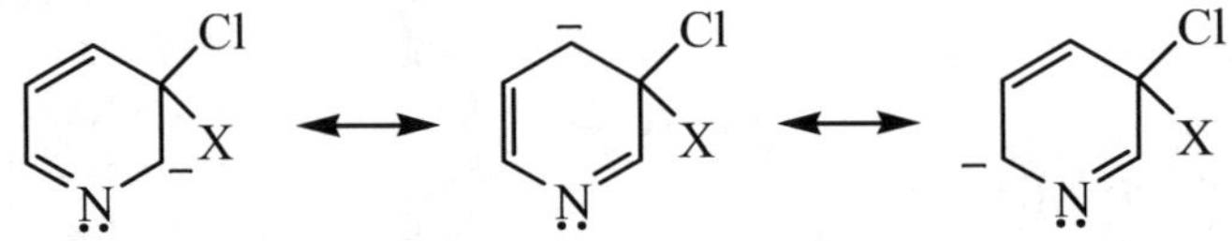

질소의 전기음성도가 탄소보다도 크기 때문에, 질소상에 음전하를 갖는 구조의 기여가 크다.

02 1)

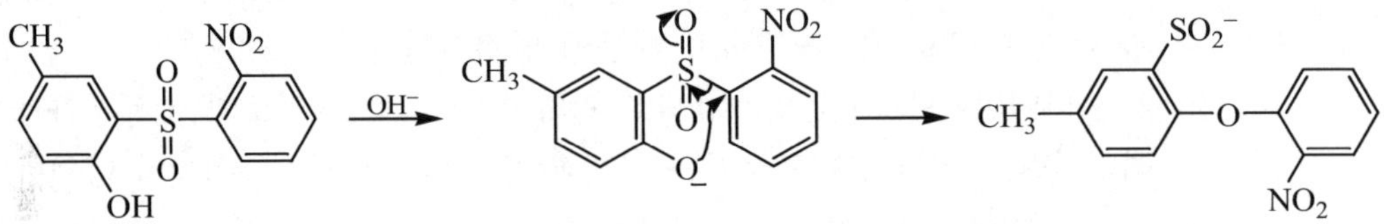

2)

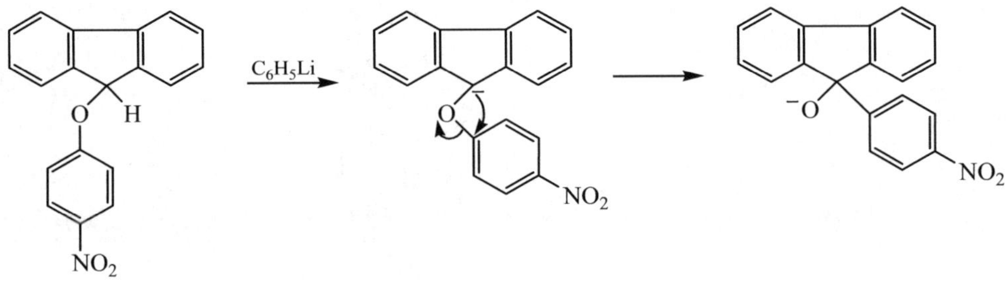

3) $NH_2OH + OH^- \longrightarrow {}^-NHOH + H_2O$

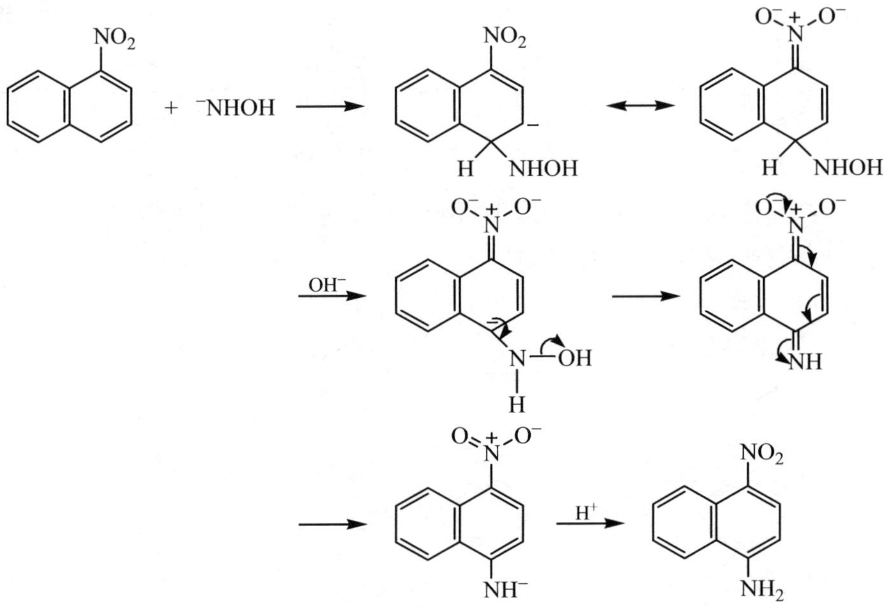

03 1)

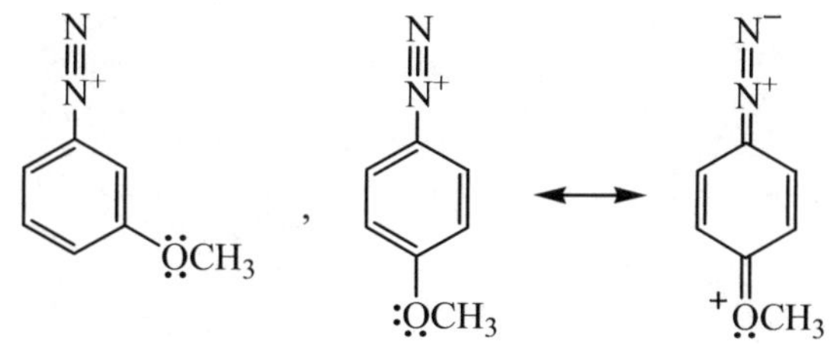

알킬기 이외의 전자공여성기는, 모두 탄소보다도 전기음성도가 큰 원자가 벤젠환에 결합하고 있기 때문에 유도효과로서는 전자흡인성(−I)이다. 따라서 메타위치에서는 −I효과만이 작용하기 때문에 디아조늄염의 분해가 촉진된다. 파라위치에서는 공명효과(+M)가 −I효과를 능가하기 때문에 안정화된다.

2) 2,6−디메틸기에 의한 입체장해로 인하여 1위치의 니트로기는 벤젠환과의 공명이 저해되지만, 4위치의 니트로기는 공명할 수 있다. 따라서 1위치의 양전하를 갖는 공명기여로 인하여 1위치는 친핵반응에 대해서 활성이다.

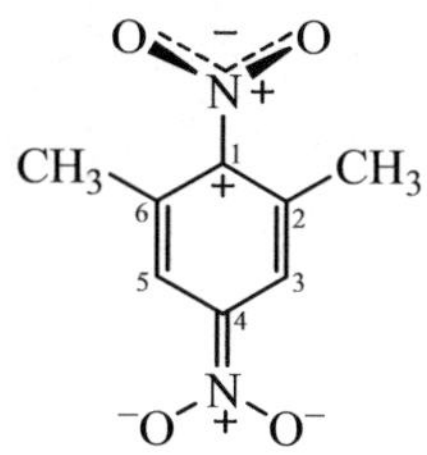

3)

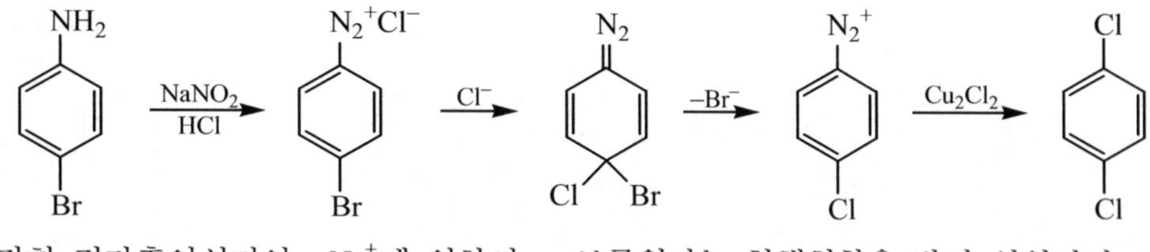

강한 전자흡인성기인 $-N_2^+$에 의하여 p−브롬원자는 친핵치환을 받기 쉬워지며, 따라서 위와 같이 일어난다.

4)

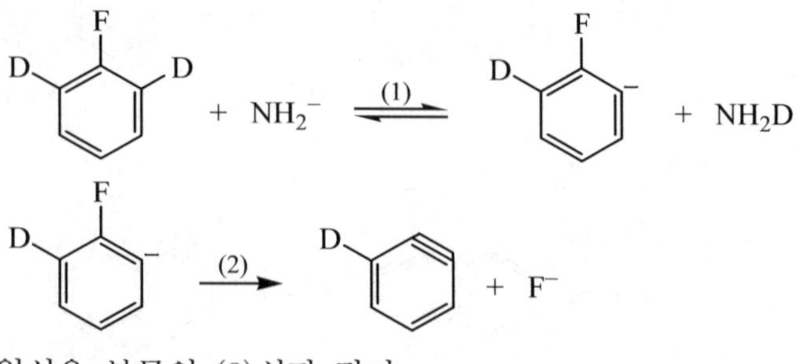

윗식은 본문의 (2)식과 같다.

F의 강한 −I효과로 인하여, 그의 오르토 위치의 수소는 산성도가 크기 때문에 쉽게 음이온으로 해리한다. 그러나 C−F결합에너지는 크기 때문에 F^-을 탈리할 수 없으며, 음이온은 NH_3로부터 프로톤을 탈취하고, 플루오로벤젠으로 돌아오기 때문에 중수소 교환은 잘 일어난다. 한편, 벤자인을 생성하지 않기 때문에 아닐린은 생성하지 않는다.

04

1)

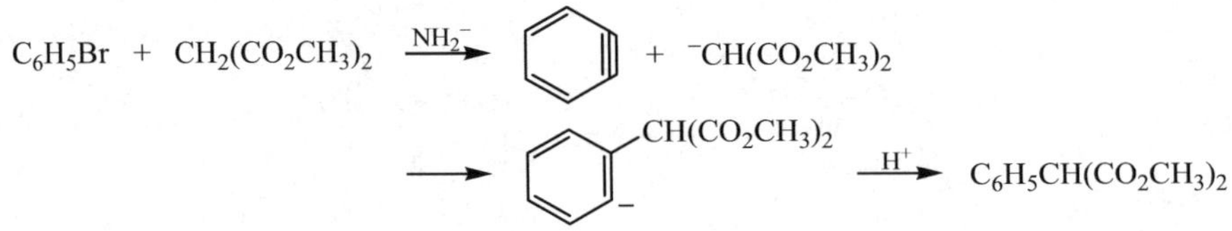

2)

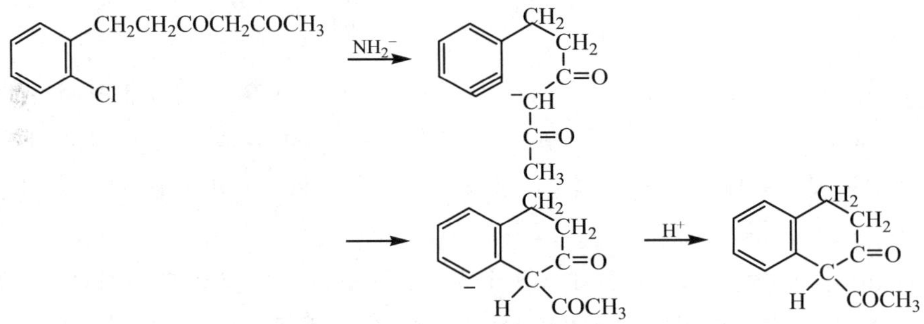

3)

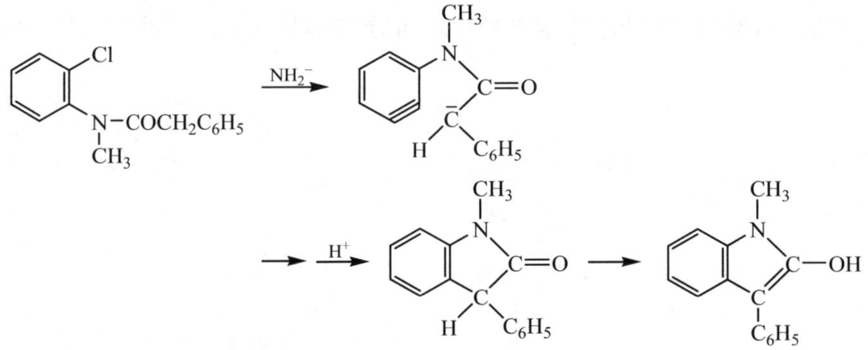

4)

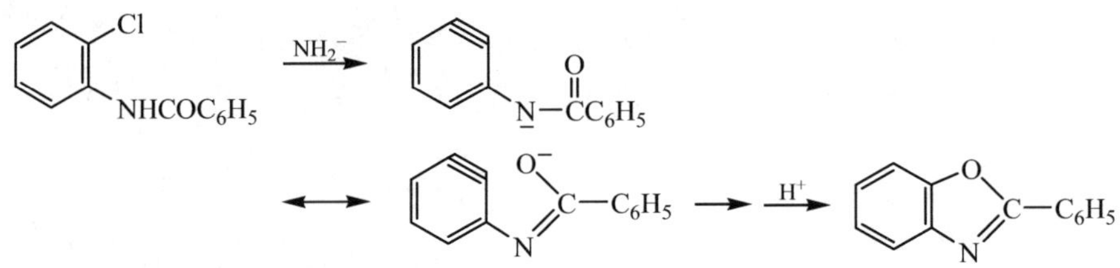

5)

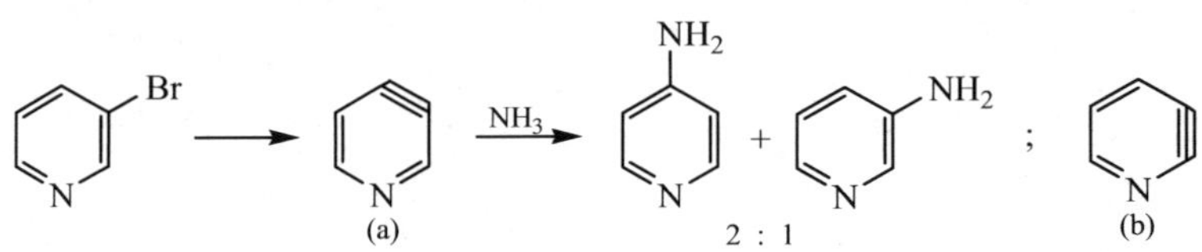

3 및 4-할로피리딘(Cl, Br, I)은 모두 위와 같은 조성의 생성물을 생성하기 때문에, (a)를 경유한다라고 생각된다. (b)가 생성하지 않는 이유는 확실히 밝혀지지 않았다.

6)

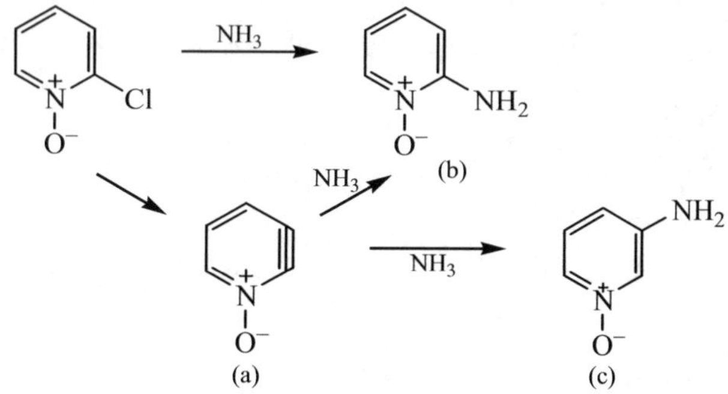

(b)가 주생성물이며, 그의 대부분은 친핵적 치환반응에 의하여 생성한다라고 생각되지만, 소량일지라도 (c)가 생성하는 것은 (a)를 경우하기 때문이라고 생각된다. 더욱, 3- 및 4-클로로체는 고수득율로서 각각 대응하는 아미노화합물만을 생성한다. 이것은 피리딘의 경우와 다르다.

7) (a)의 경로를 Stevens전위, (b)의 경로를 Sommelet전위라고 말한다. (b)의 경로는 낮은 온도에서 아미드를 사용할 때 유리하며, 고온에서는 (a)의 경로가 일어나기 쉽다. 페닐리튬과 같은 다른 강염기에서도 마찬가지의 반응을 한다.

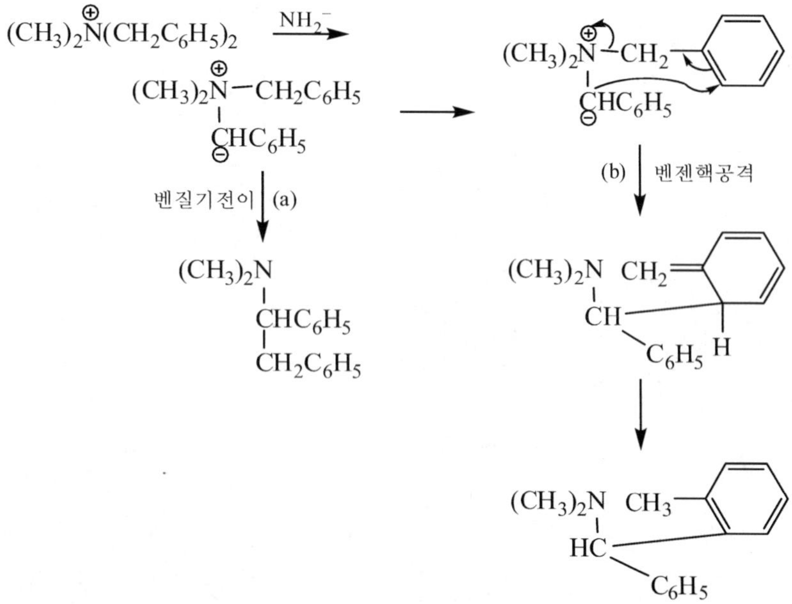

8)

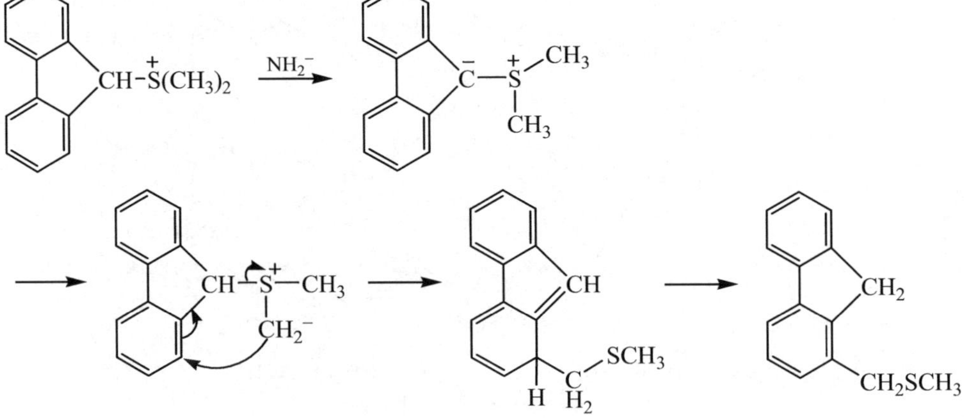

이것은 Sommelet전위의 일종이다.

9)

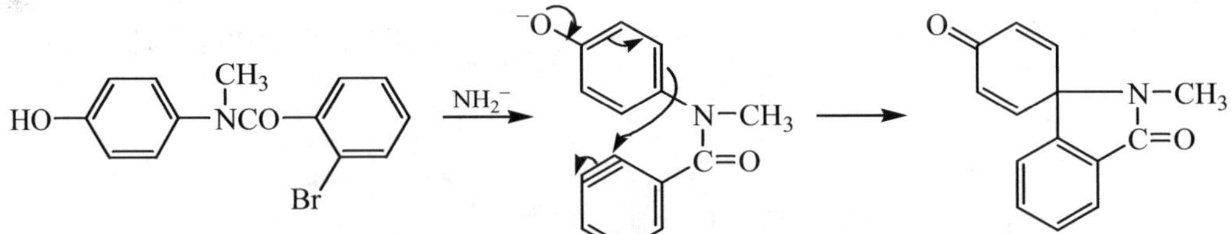

이 경우, 수산기가 아미노기에 대해서 메타위치에 있으면 2종류의 혼합물을 생성한다. 전자이동에 주의할 것.

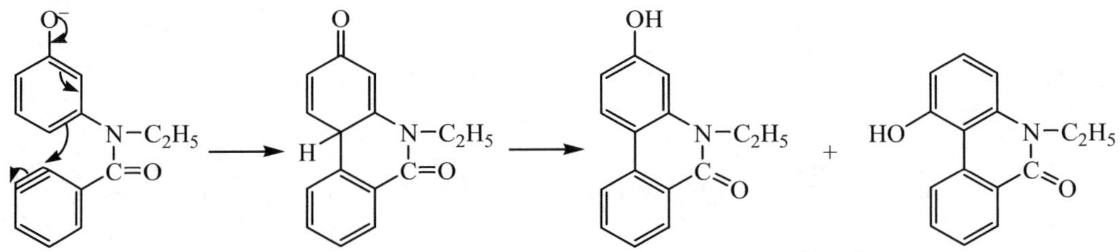

1 : 1

05

1)

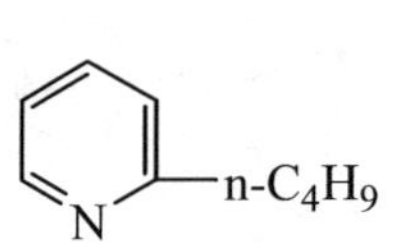

n−$C_4H_9^-$이 NH_2^-과 마찬가지로 작용한다. 이 반응을 Ziegler알킬화라고 말한다.

2)
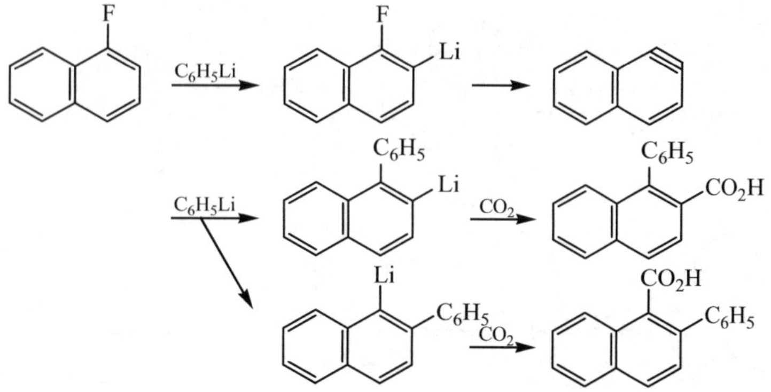

3)
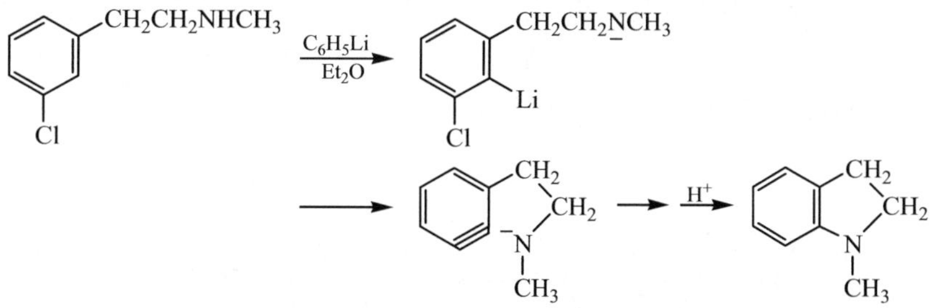

4)
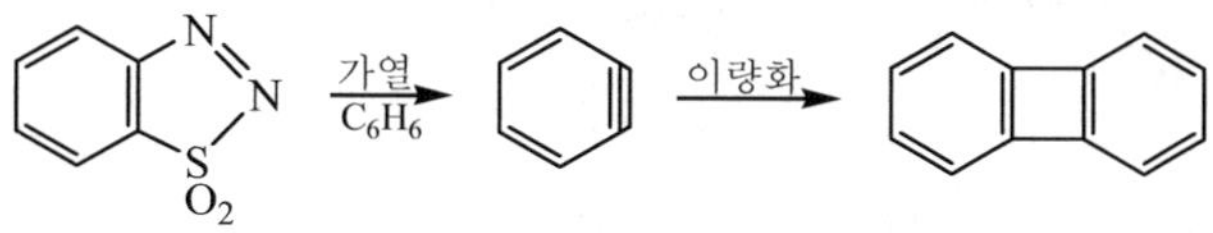

5)
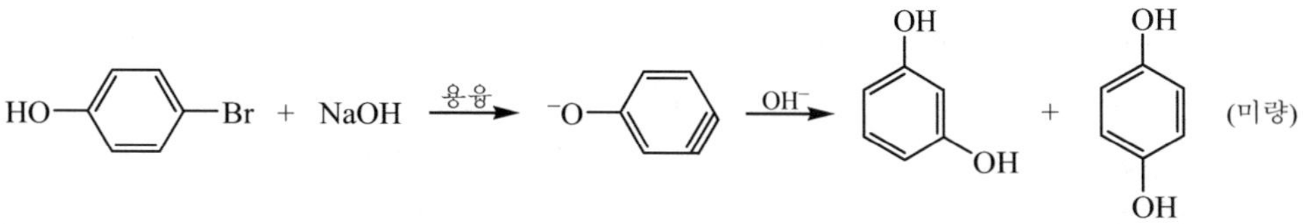

6)
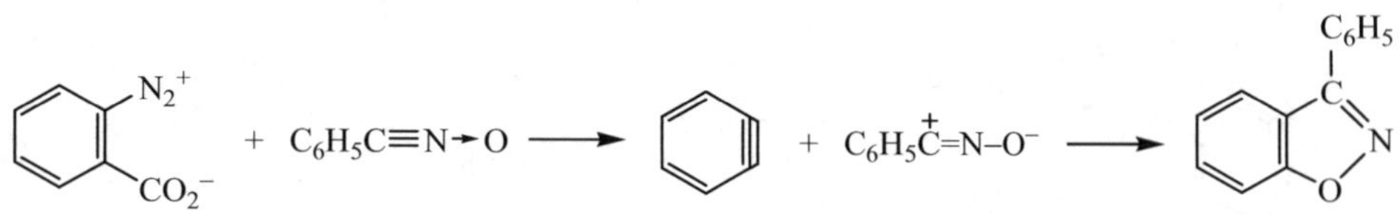

7)
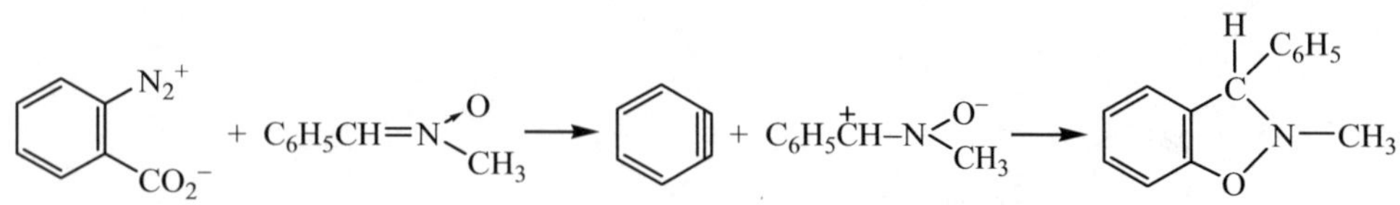

8)
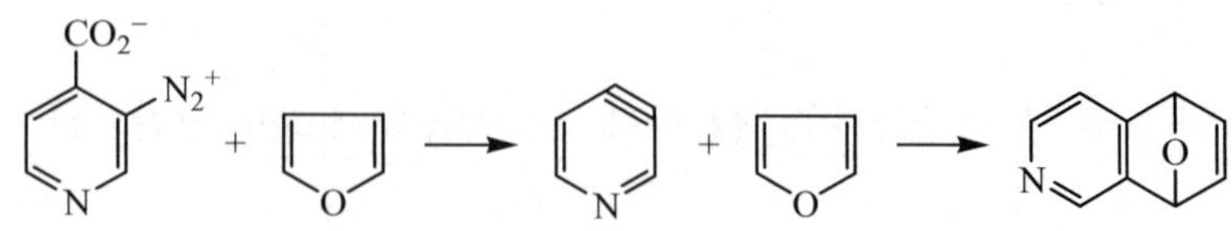

9)

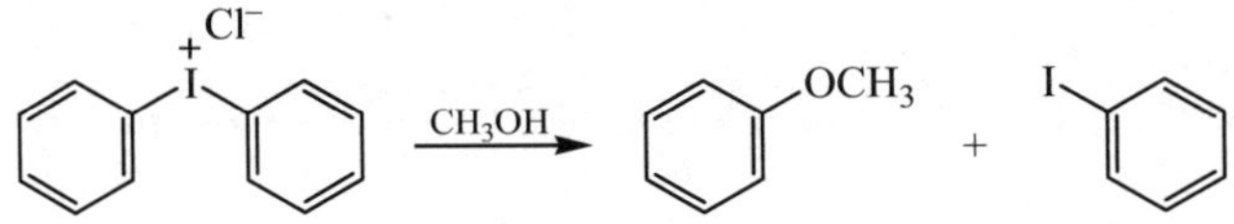
Cl⁻
I
CH₃OH
OCH₃
+
I

10)

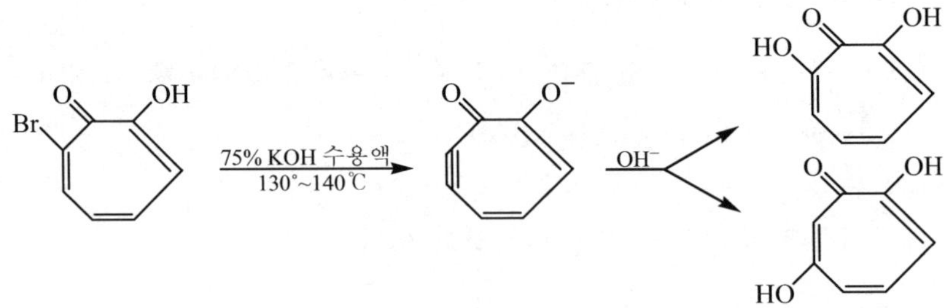
O
OH
Br
75% KOH 수용액
130°~140℃
O
O⁻
OH⁻
HO
O
OH
O
OH
HO

11)

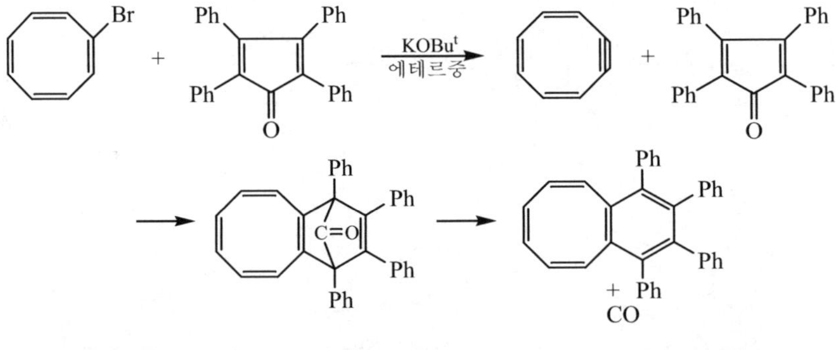
Br
+
Ph
Ph
Ph
Ph
O
KOBuᵗ
에테르중
+
C=O
+ Ph
CO

12)

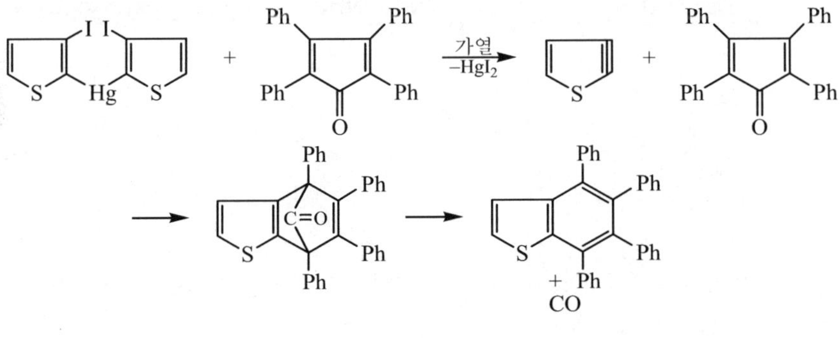
I I
S
Hg
S
+
Ph
O
가열
−HgI₂
+
C=O
+ Ph
CO

13)

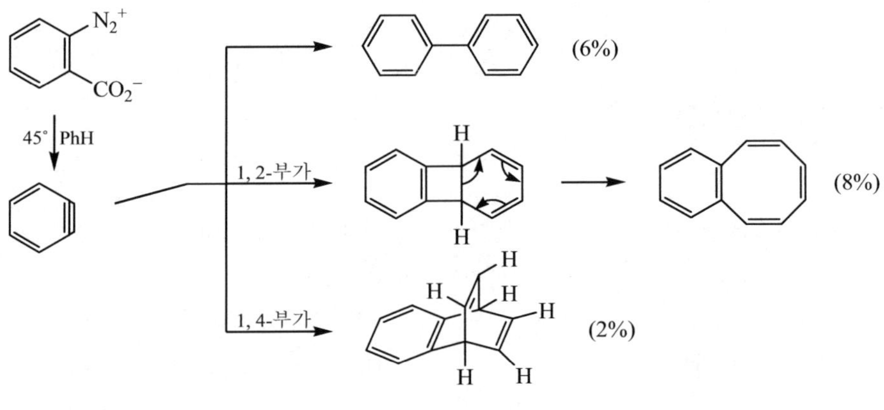
N₂⁺
CO₂⁻
45°
PhH
(6%)
1, 2-부가
H
H
(8%)
1, 4-부가
H
(2%)

06 1) $C_6H_6 \xrightarrow[\text{염소화}]{} C_6H_5Cl \xrightarrow{\text{혼산}} p\text{-}NO_2C_6H_4Cl \xrightarrow{NaOC_2H_5} p\text{-}NO_2C_6H_4OC_2H_5$

$\xrightarrow{\text{환원}} p\text{-}NH_2C_6H_4OC_2H_5$

2) $C_6H_5Cl \xrightarrow{\text{혼산}} 2,4\text{-}(NO_2)_2C_6H_3Cl \xrightarrow{CH_3NH_2} 2,4\text{-}(NO_2)_2C_6H_3NHCH_3$

$\xrightarrow{\text{환원}} 2,4\text{-}(NH_2)_2C_6H_3NHCH_3$

07 이하의 메카니즘은 문제의 조건을 만족하고 있다.

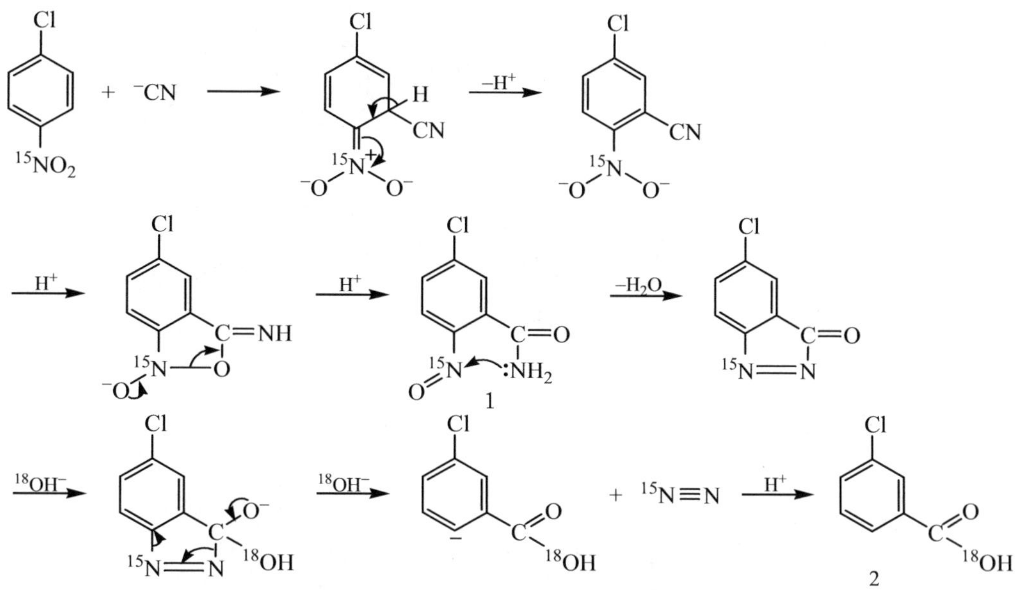

(1)은 약알칼리성으로서 빠르게 (2)를 생성한다. 이 반응을 von Richter반응이라고 말한다. (2)의 수득율은 40~50%이다.

제7장 탈리반응

01 1) $CH_2=CH_2$ (E2, Saytzeff규칙)

$C_2H_5OC_2H_5$ (S_N2)

2) $CH_3CH=CH_2$ (E2, Saytzeff규칙)

3) $(CH_3)_2C=CH_2$ (E1, Saytzeff규칙)

4) $CH_3CH=C(CH_3)_2$ (E1, Saytzeff규칙)

5) $(CH_3)_3CCH=C(CH_3)_2$ (E1, Saytzeff규칙)

6) $CH_2=CH_2+(CH_3)_2S$ (E2, Hofmann규칙)

7) $CH_3CH_2CH_2CHBrCH_3 \xrightarrow{EtO^-} CH_3CH_2CH=CHCH_3$ (E2, Saytzeff규칙)

8) $Cl-CH_2-CH_2-{}^+N(CH_3)_2-CH_2CH_3 \xrightarrow{EtO^-} ClHC=CH_2+C_2H_5N(CH_3)_2$ (E2, Hofmann규칙)

"보다 다수의 수소가 결합한 β 위치의 탄소의 수소가 탈리한다"라고 하는 Hofmann규칙에 얼핏 반대하는 것 같지만, 이것은 β 위치의 탄소에 결합한 치환기가 알킬기가 아니기 때문이며, "보다 산성도가 높은 β-수소가 탈리한다"고 하는 Hofmann규칙의 근본까지 거슬러 올라가면 결코 모순되지 않는다.

9) $C_6H_5CH(CH(CO_2Et)_2)CH_2CO_2Et \xrightarrow{NaOEt} C_6H_5CH({}^-C(CO_2Et)_2)CH_2CO_2Et \rightleftharpoons C_6H_5CH(HC(CO_2Et)_2)\bar{C}HCO_2Et$

$\longrightarrow C_6H_5CH=CHCO_2Et + {}^-CH(CO_2Et)_2 \longrightarrow CH_2(CO_2Et)_2$

이 반응은 anti-Michael반응이다.

02

1) $(CH_3)_3COH + H^+ \longrightarrow (CH_3)_3COH_2^+ \longrightarrow (CH_3)_3C^+ \xrightarrow{-H^+} (CH_3)_2C=CH_2$

2) 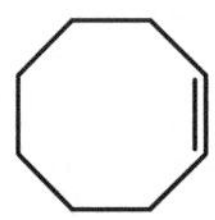

Ei 반응이기 때문에 시스이성체만을 생성한다.

3) 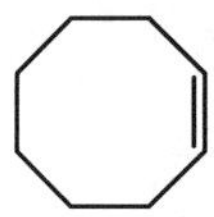

2)와 다르기 때문에 트란스이성체와 시스이성체의 혼합물을 생성한다 (60 : 40).

4) $C_6H_5C(CH_3)=CHCH_3 + C_6H_5CH(CH_3)-CH=CH_2$

열역학적 안정성으로부터 앞쪽이 유리 (실제로 50 : 35이다).

5) $CH_3CH_2CH=CH_2$ (E2, Hofmann규칙)

6)

7) $C_2H_5C(CH_3)_2OEt + CH_3CH=C(CH_3)_2 + CH_3CH_2-C(CH_3)=CH_2$ (66 : 27 : 4)

본문중에는 치환생성물에는 취급하지 않았지만, S_N1생성물도 상당히 생성하는 것에 주의하기 바란다.

8) $n-C_3H_7CN$(탈수반응)

9) $CH_3CH=C=CH_2$

10)
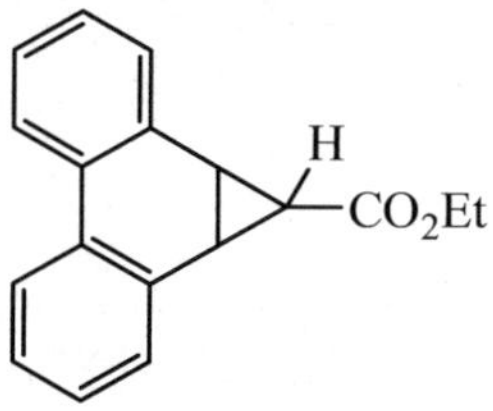
(: $CHCO_2Et$를 경유)

11) $n\text{-}C_4H_9Li + CH_2Cl_2 \longrightarrow n\text{-}C_4H_{10} + CHLiCl_2 \longrightarrow :CHCl + LiCl$

$(CH_3)_2C=C(CH_3)_2 + :CHCl \longrightarrow$
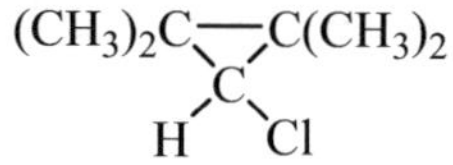

12)
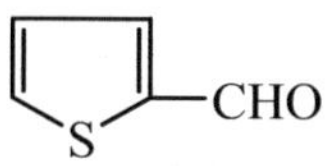

티오펜은 페놀과 마찬가지로 Reimer-Tiemann반응을 한다.

13)
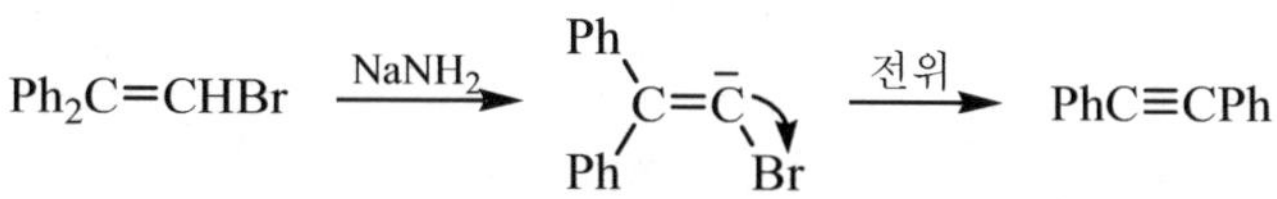

14) $CCl_3CO_2Na \xrightarrow{\text{가열}} :CCl_2 + CO_2 + NaCl$

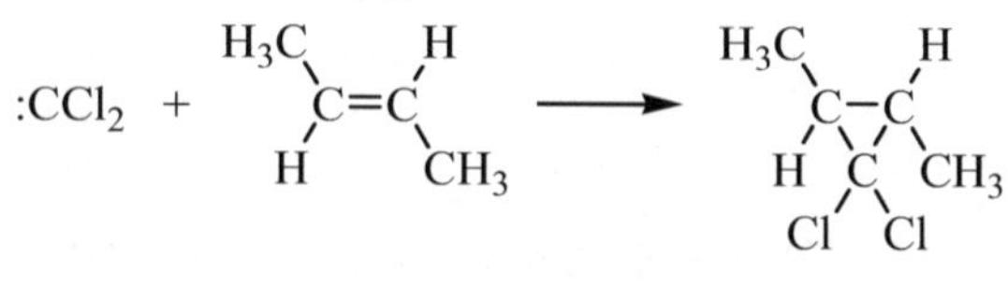

15)
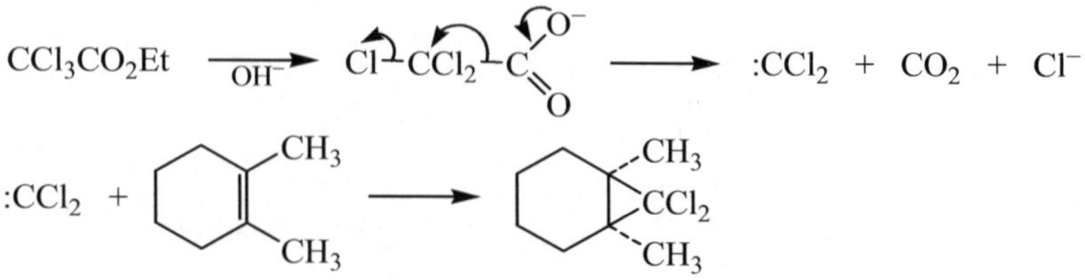

16) 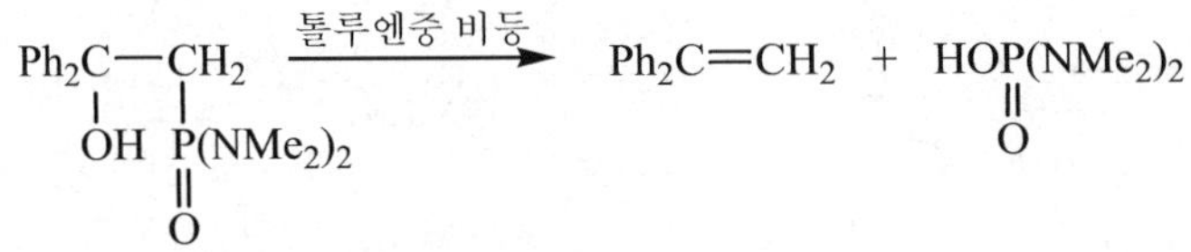

17) 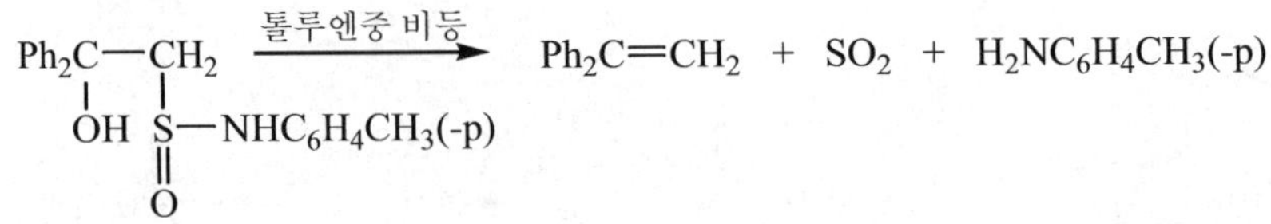

18) 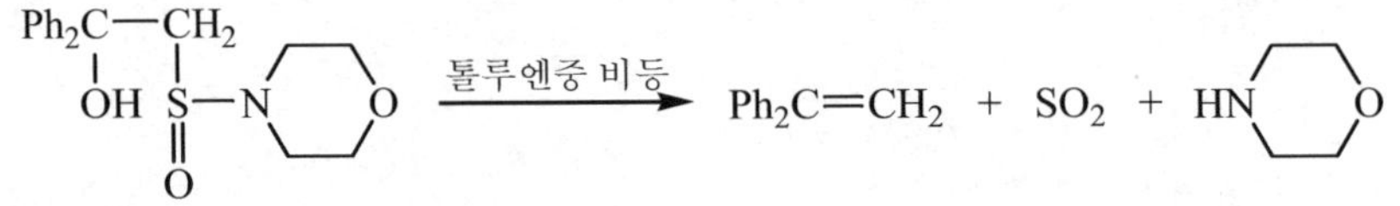

19) 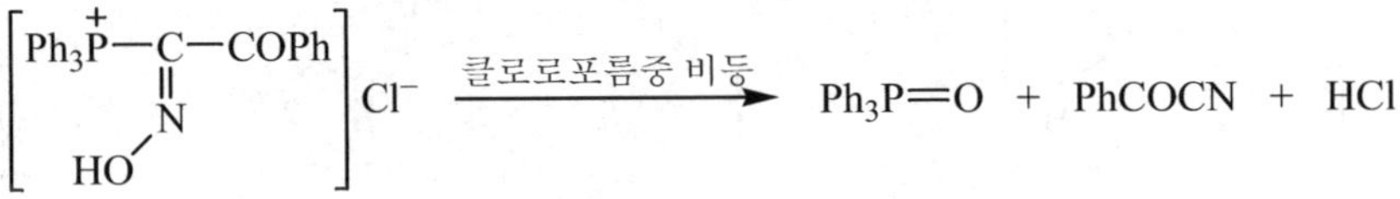

20) 

03

1) 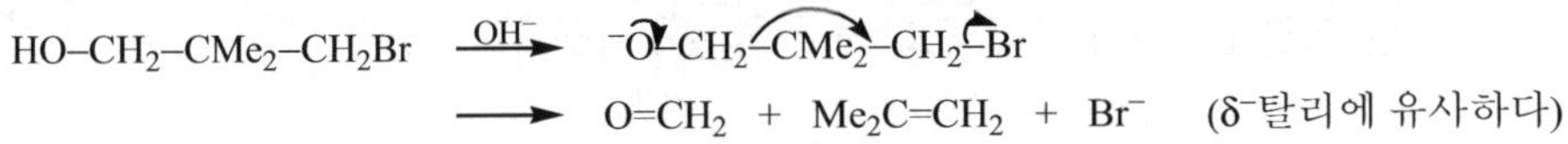

2) 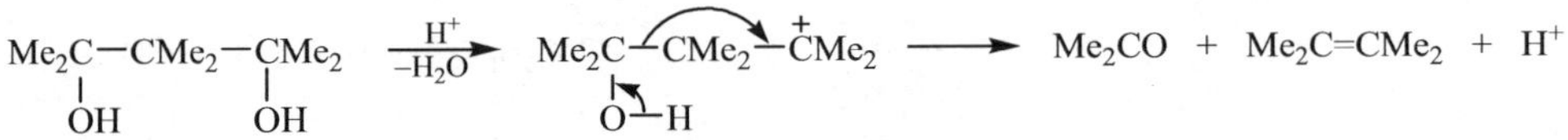

3) 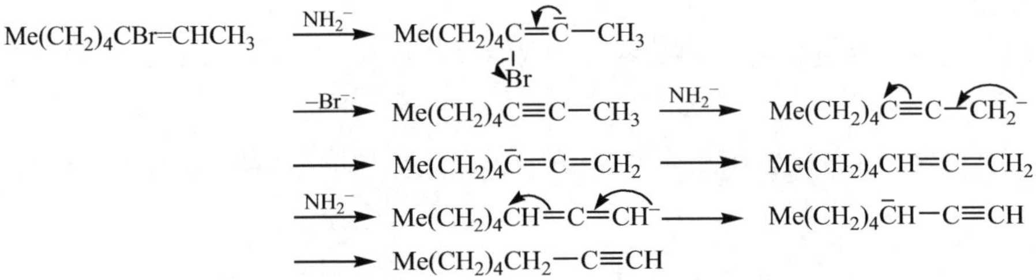

4) 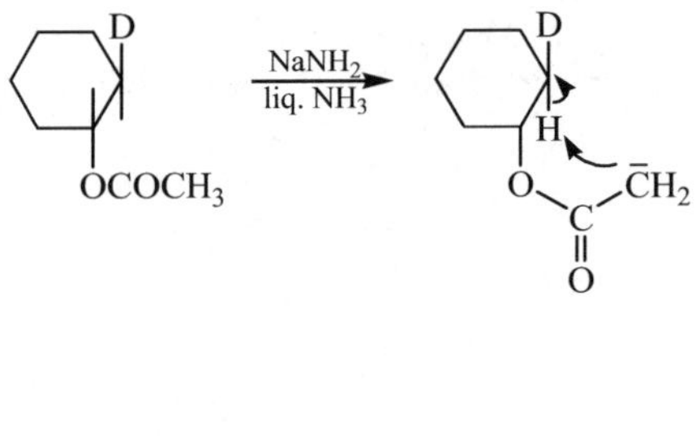

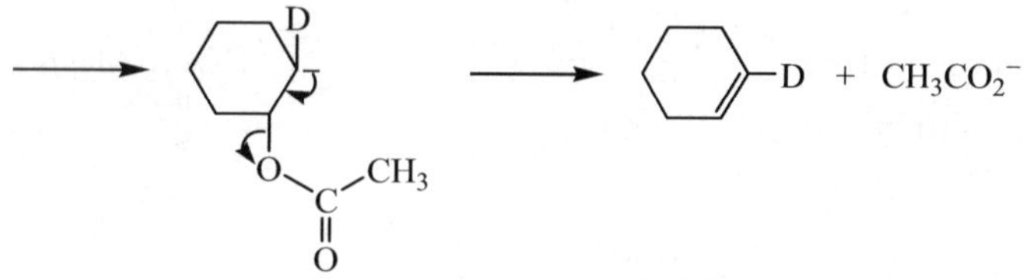

5)

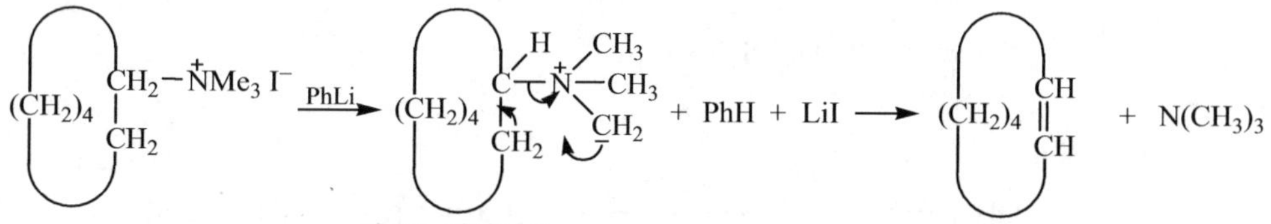

암모늄메틸리드

6) $CHCl_3 + KOH \longrightarrow :CCl_2$

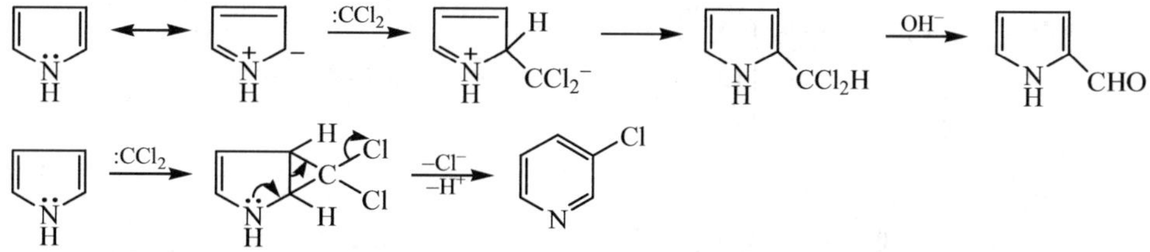

7) $CHCl_3 + KOH \longrightarrow :CCl_2$

$C_6H_5\ddot{N}H_2 + :CCl_2 \longrightarrow C_6H_5\overset{+}{N}H_2{-}CCl_2^- \xrightarrow{-2HCl} C_6H_5NC$

8)

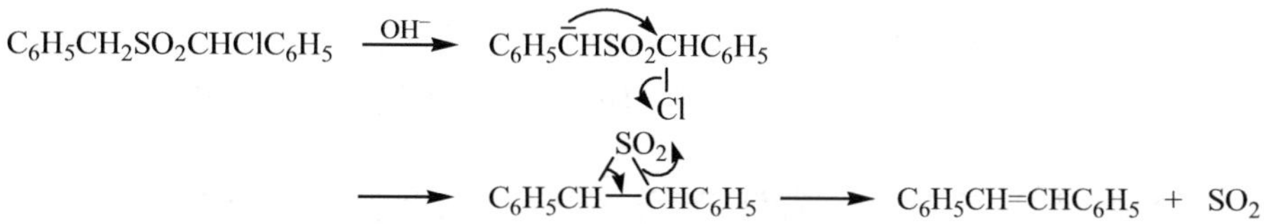

04

1) $C_2H_5C(CH_3)_2Br \xrightarrow{NaOEt} CH_3CH{=}C(CH_3)_2 \xrightarrow{HOBr} CH_3CH(Br){-}C(OH)(CH_3)_2$

2) $CH_2{=}C(CH_3)C_2H_5 \xrightarrow{HBr} (CH_3)_2C(Br)C_2H_5 \xrightarrow{NaOC_2H_5} (CH_3)_2C{=}CHCH_3$

3) $(CH_3)_3CCl \xrightarrow{NaOEt} (CH_3)_2C{=}CH_2 \xrightarrow{HI} (CH_3)_3CI$

4) $(CH_3)_3CCl \xrightarrow{NaOEt} (CH_3)_2C{=}CH_2 \xrightarrow{B_2H_6} \xrightarrow[OH^-]{H_2O_2} (CH_3)_2CHCH_2OH$

5)

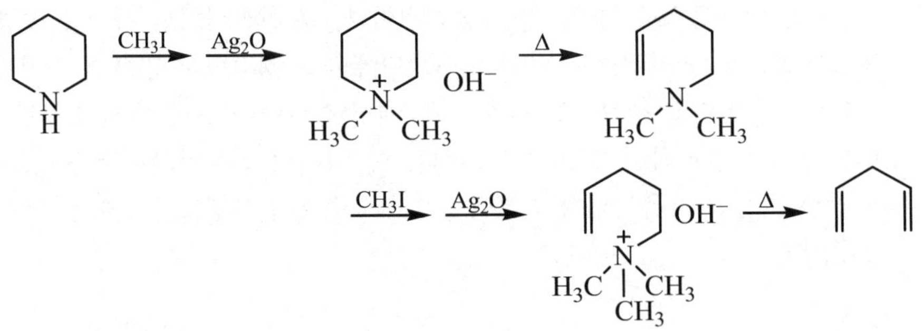

05 1)

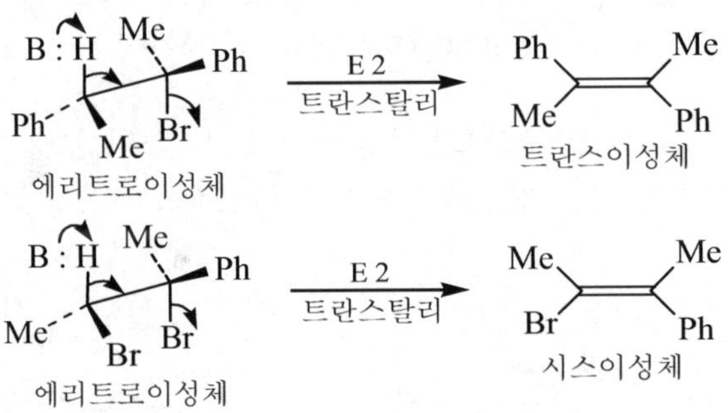

2) 신남산의 디브롬화물은 수산화칼륨수용액중에서는 음이온으로 되어 있으며, 이것은 쉽게 탈브롬화적 탈카르복시화하여 β-브로모스티렌을 생성한다.
p-CH_3O기가 있으면 공명에 의하여 α 위치의 탄소의 양이온이 안정화되어 있기 때문에 C_α-Br이 절단하기 쉽고, E1메카니즘에 의하여, 열역학적으로 안정한 트란스올레핀이 생성한다. p-NO_2기가 있으면, 이와 같은 안정화가 없고, 아래와 같은 E2트란스탈리에 의하여 시스올레핀이 생성한다. 무치환의 경우는 이것의 중간이다.

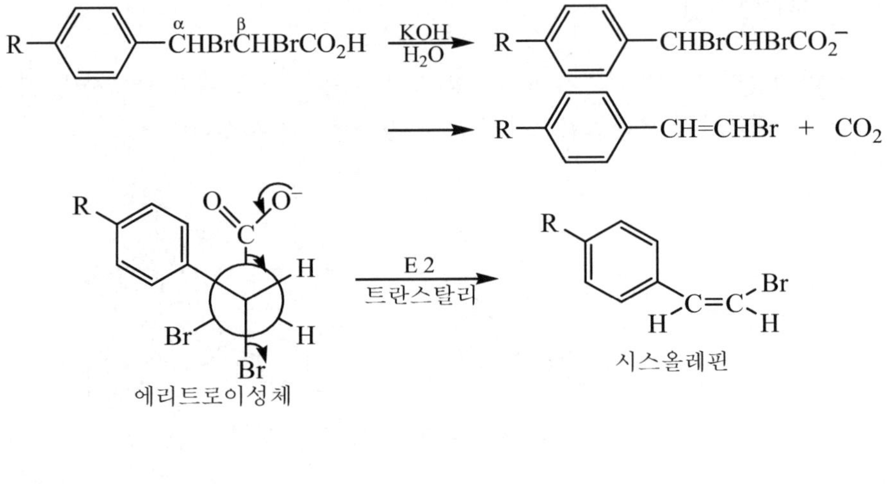

3) 생성물은 어느쪽으로부터도 같은 올레핀이다. 문제에 나타난 사실을 설명하는 데에는 염기가 프로톤을 탈취하는 단계를 율속단계라고 생각하지 않으면 안된다. E2cB메카니즘을 경유한다고 생각하는 것은 드문 예의 하나이다. X에 대해서 트란스위치의 6위치의 수소가 탈리하는 E2반응으로부터, 이 형태의 반응이 우선하는 것은 $SO_2C_6H_5$기가 갖는 강한 전자흡인성에 의하여 2위치의 수소의 산성도가 높아져 있기 때문이라고 생각된다.

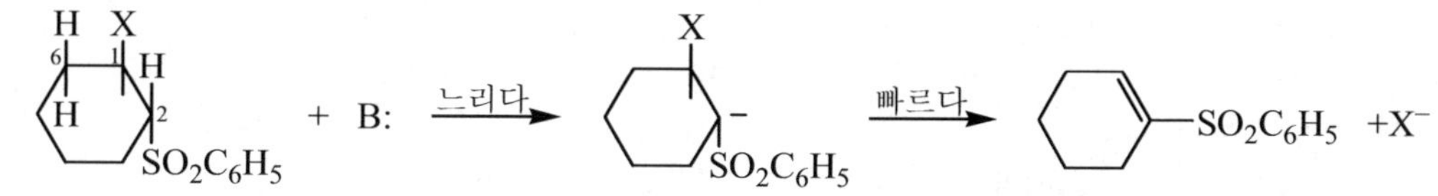

4) 트레오이성체나 에리트로이성체도 E2트란스탈리를 행한다. 투영도로부터 아는 바와 같이 어느것이나 입체장해가 가장 작은 경로를 통하여 트란스탈리한다고 생각하면 좋다.

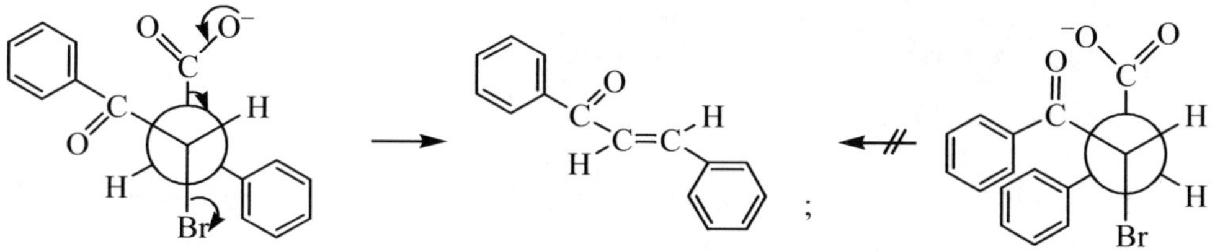
에리트로이성체

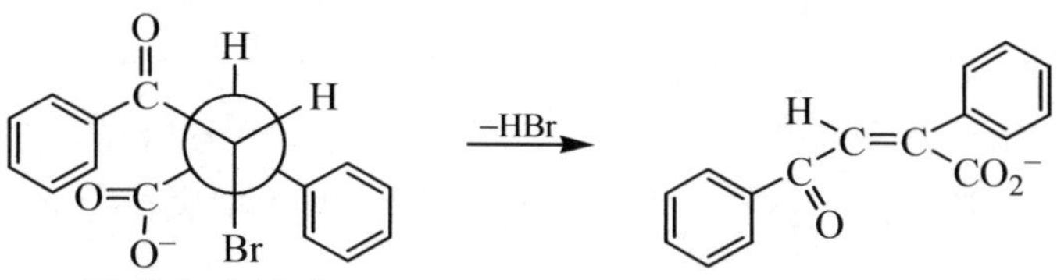
트레오이성체

5) 아세틸의 카르보닐기가 β탄소상의 H 또는 D를 탈취하는 분자내 시스탈리이다. 이 때, 페닐기가 트란스위치에 오는 투영도로부터 확실하다.

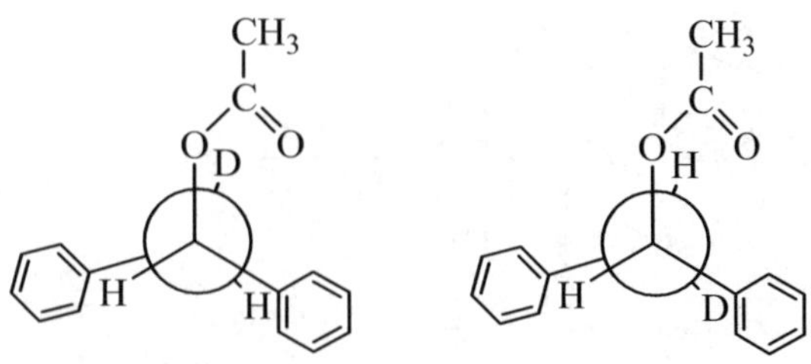
트레오이성체　　에리트로이성체

6) 2,3-디브로모부탄으로부터의 KI에 의한 탈브롬화반응은 전형적인 E2트란스탈리라고 생각되고 있다. 그러나 1차수소는 입체장해가 작고, 요오드이온에 의한 친핵적 치환반응(S_N2)이 쉽게 일어나며 이 때, 그 탄소상에서 반전이 일어난다. 생성한 요오드화물이 빠르게 트란스탈리를 한다. 이 때, 요오드가 가교한 중간체를 경유한다고 생각된다(반전을 다시 한번 일으킨다).

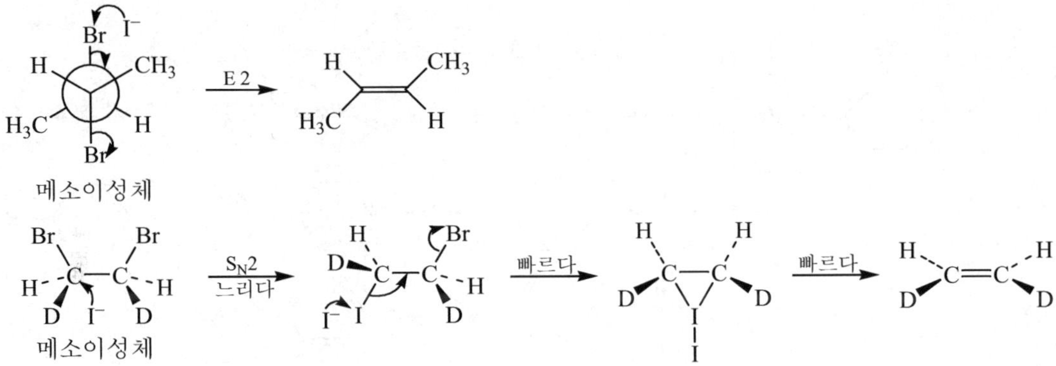

06 E2에 있어서 3위치의 액시얼의 수소는 4위치의 t-부틸기의 입체장해로 인하여 반응하기 어렵다. E1은 거의 일어나지 않는다.

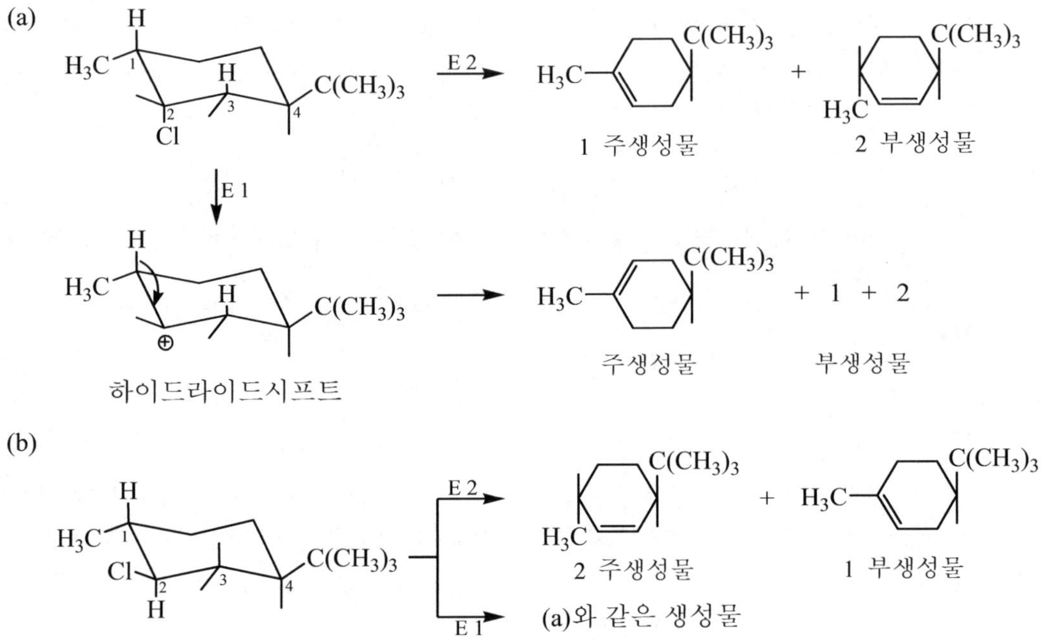

E2에서는 1 및 3위치의 액시얼수소와 염소가 탈리한다. E1에서는 (a)와 같은 생성물을 생성한다. E2는 매우 느리다.

07 아래의 반응식으로 나타낸 바와 같이, 1-클로로시클로펜텐의 메틸화반응후, 탈리하여 시클로펜틴이 중간에 생성하고, 이것이 페닐리튬과 반응할 때, 1위치와 2위치가 대등하게 반응한다.

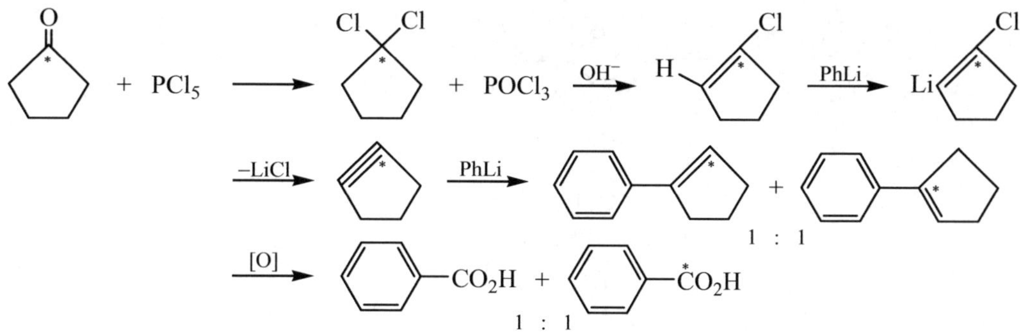

08 물을 가함에 따라서 용매의 극성이 증가하며, 하전체를 용매화하여 그것을 안정화시킨다.

1) $:{}^{-}OH + (CH_3)_2CHBr \longrightarrow HO^{\delta-}\cdots H\cdots C == C\cdots Br^{\delta-}$

전이상태에서는 원계에 비하여 전하가 분산하고 있다. 이것으로 인하여 용매의 극성이 증가하면, 더욱 더 원계가 안정화하며, 활성화에너지가 증대하기 때문에, 속도는 약간 감소한다.

2) $:{}^{-}OH + (C_2H_5)_3S + \longrightarrow HO^{\delta-}\cdots H\cdots C == C\cdots{}^{\delta+}S(C_2H_5)2$

전이상태에서는 전하가 감소하기 때문에, 1)과 같이 생각되며, 속도는 상당히 감소한다.

3) $:H_2O + C_6H_5(CH_2)_2N^+(CH_3)_3 \longrightarrow H_2O^{\delta+}\cdots H\cdots C == C\cdots{}^{\delta+}N(CH_3)_3$

1)과 마찬가지로 속도는 약간 감소한다.

09 전자에서는 탈리할 수 있는 수소는 1위치와 3위치에 있다. 그러나 이 화합물은 $-N^+(CH_3)_3$와 이소프로필기라고 하는 부피가 큰 기가 인접해 있기 때문에, 분자는 커다란 입체비틀림을 받으며, 부피가 큰 기인 $-N^+(CH_3)_3$는 이상하게 탈리하기 쉽게 되어 있고, 반응은 E1에 가까운 전이상태를 취하면서 진행한다라고 생각된다. 따라서 Saytzeff 규칙에 따르는 생성물을 생성한다.

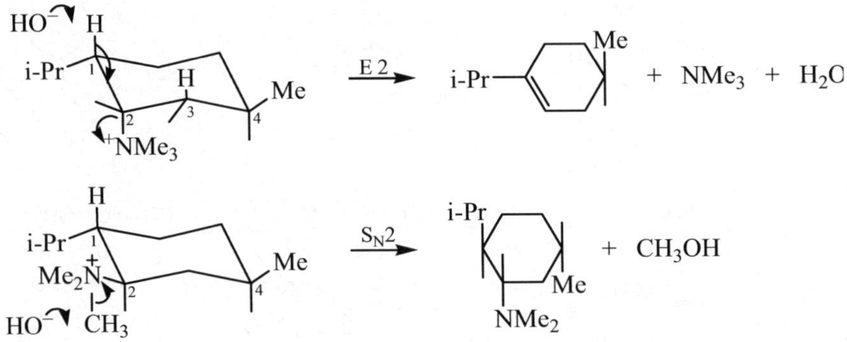

후자에서는 E2반응으로 되기 때문에 $-N^+(CH_3)_3$기가 액시얼로 오면, 아래와 같이 4위치의 메틸기와 1,3-디액시얼의 위치에 있기 때문에 입체장애에 의하여 불리해 진다. 따라서 S_N2반응으로 된다.

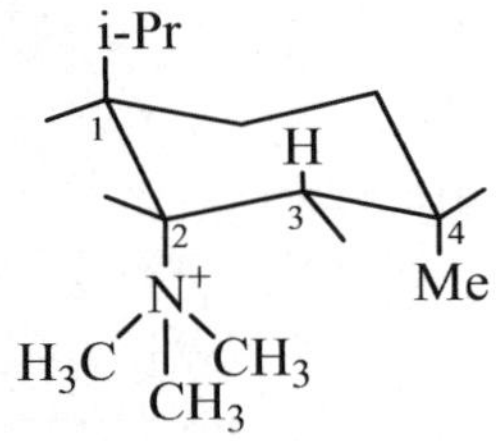

제8장 친핵적 부가 및 부가-탈리반응

01

1)

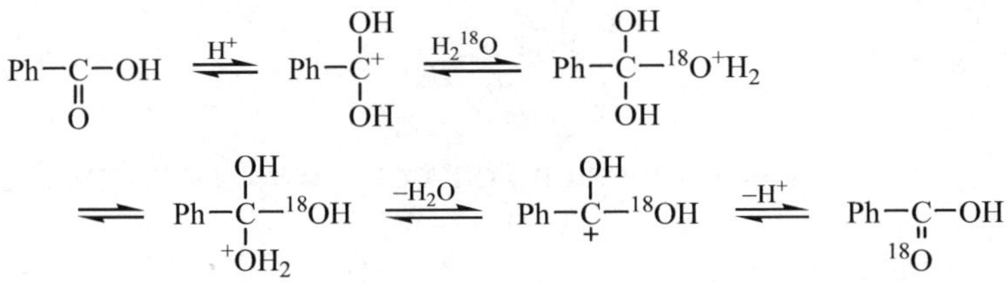

2)

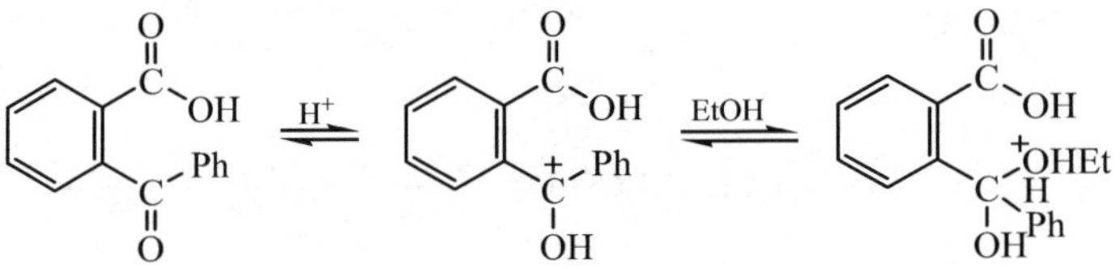

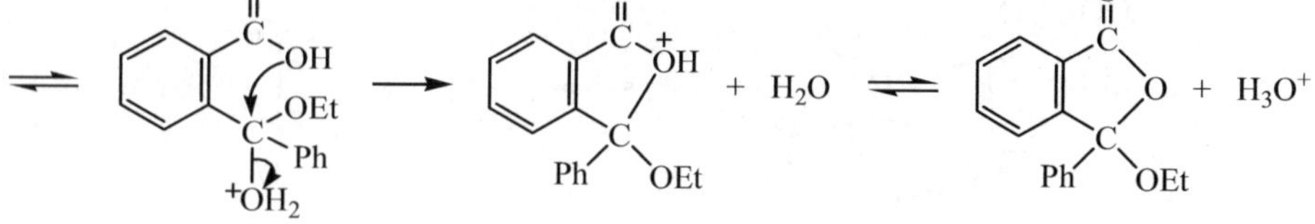

3) 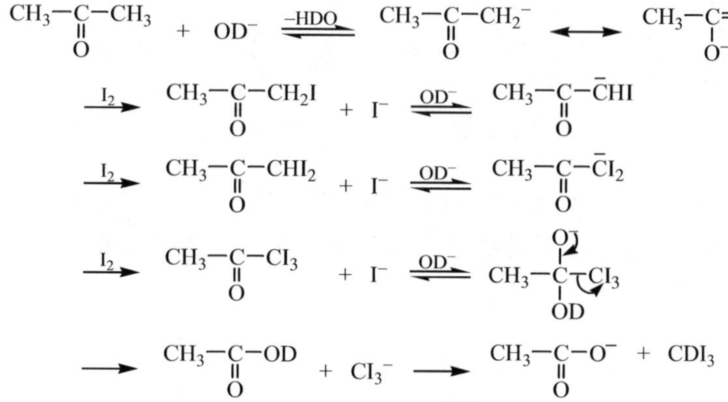

4) 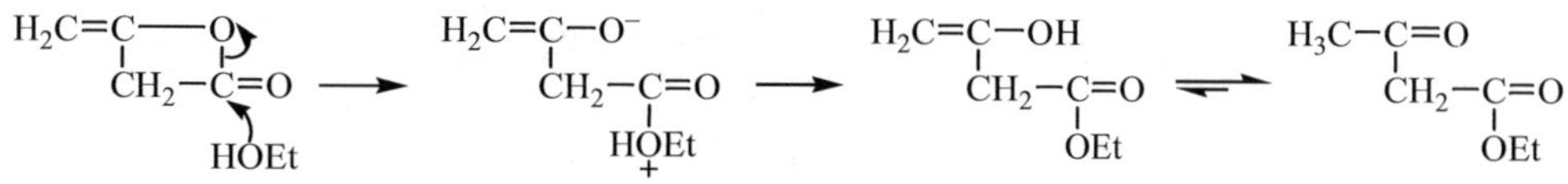

5) $2HCl + SnCl_2 \longrightarrow H^+[HSnCl_4]^-$

$C_6H_5CH_2C{\equiv}N + H^+[HSnCl_4]^- \longrightarrow [C_6H_5CH_2\overset{+}{C}{=}NH][HSnCl_4]^-$

$\xrightarrow{HCl} [C_6H_5CH_2CH{=}NH{\cdot}HCl]_2{\cdot}SnCl_4 \xrightarrow{H_2O} C_6H_5CH_2CHO$

6) $C_6H_5HgCCl_3 + Ph_3P \longrightarrow C_6H_5HgCl + Ph_3P{=}CCl_2$

$Ph_3P{=}CCl_2 + (CH_3)_2CO \longrightarrow Ph_3PO + (CH_3)_2C{=}CCl_2$

7) 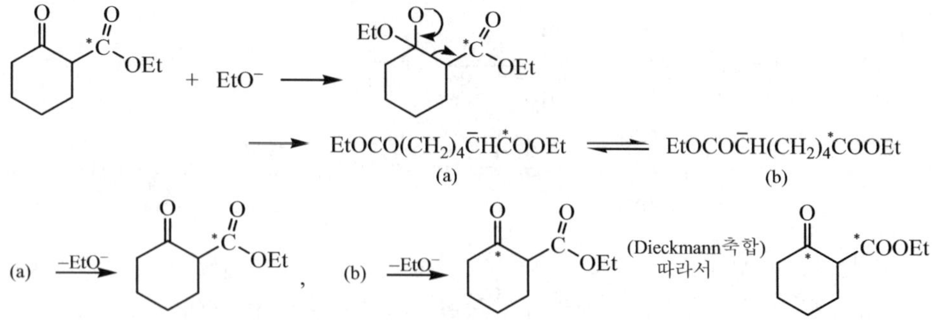

8) $CH_2(CH_2CO_2Et)_2 \xrightarrow{EtO^-} EtO_2C\bar{C}HCH_2CH_2CO_2Et \xrightarrow[-EtO^-\text{; 친핵적부가–탈리반응}]{(EtO_2C)_2}$

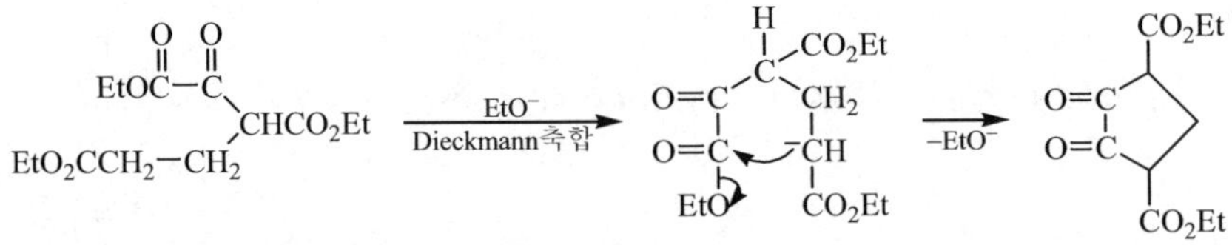

---

9) $CH_3CH{=}CHCO_2Et \xrightarrow{EtO^-} {}^-CH_2{-}CH{=}CHCO_2Et$

$\xrightarrow{(EtO_2C)_2} EtO{-}\overset{O}{\overset{\|}{C}}{-}\overset{O}{\overset{\|}{C}}{-}CH_2CH{=}CHCO_2Et + EtO^-$

10) $Ph\underset{O}{\underset{\|}{C}}CMe_2CO_2Et + EtO^- \rightleftharpoons Ph\underset{O}{\underset{\|}{C}}{-}OEt + \bar{C}Me_2CO_2Et$

$\xrightarrow{MeCO_2Et} Me\underset{O}{\underset{\|}{C}}CMe_2CO_2Et + EtO^-$

11) 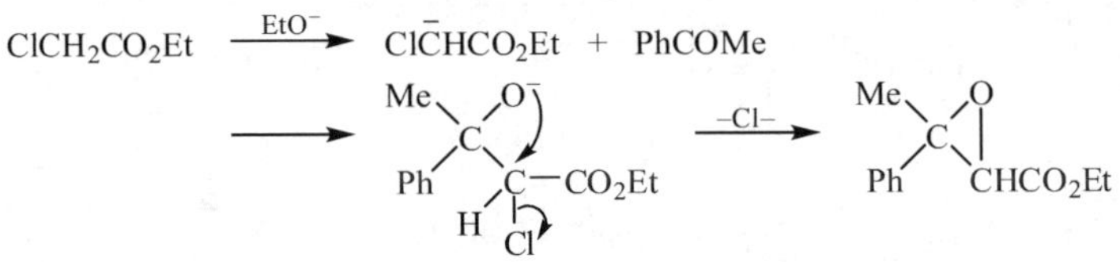

12) 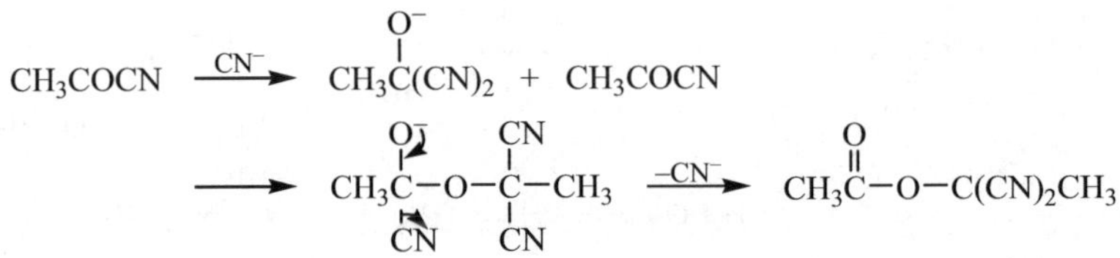

13) 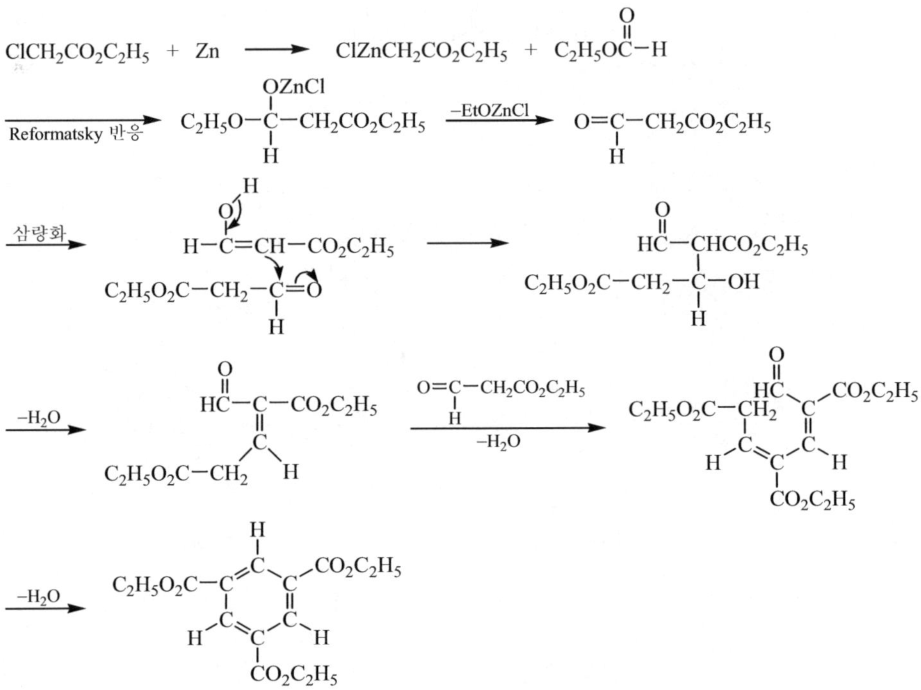

14)

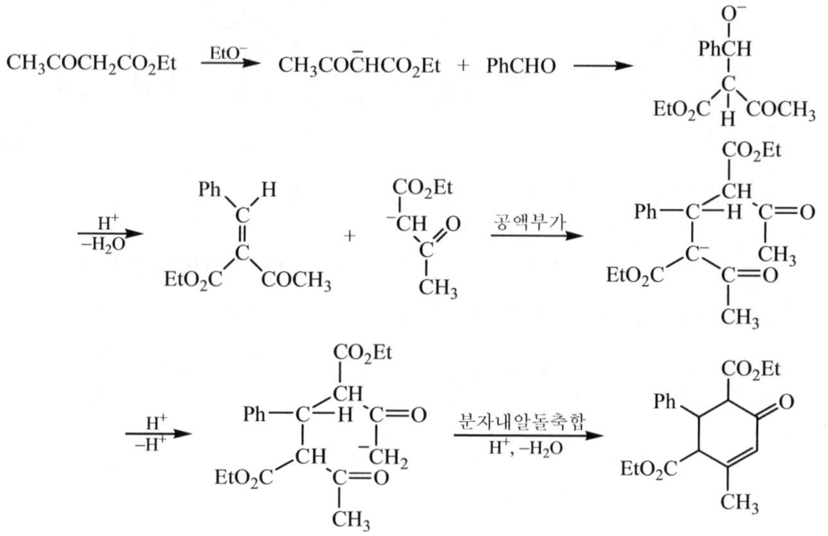

15)

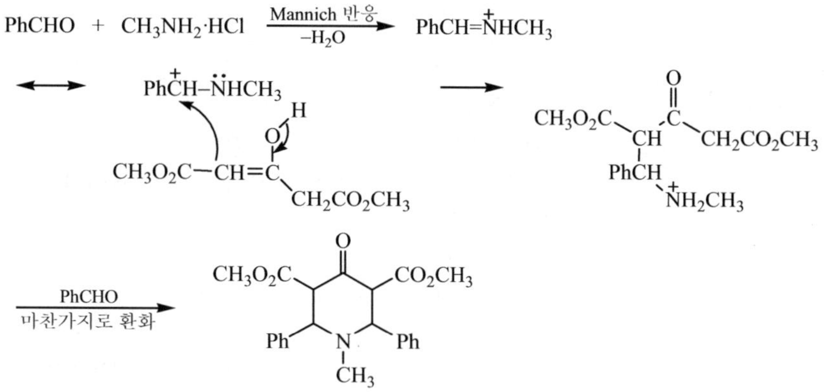

16)

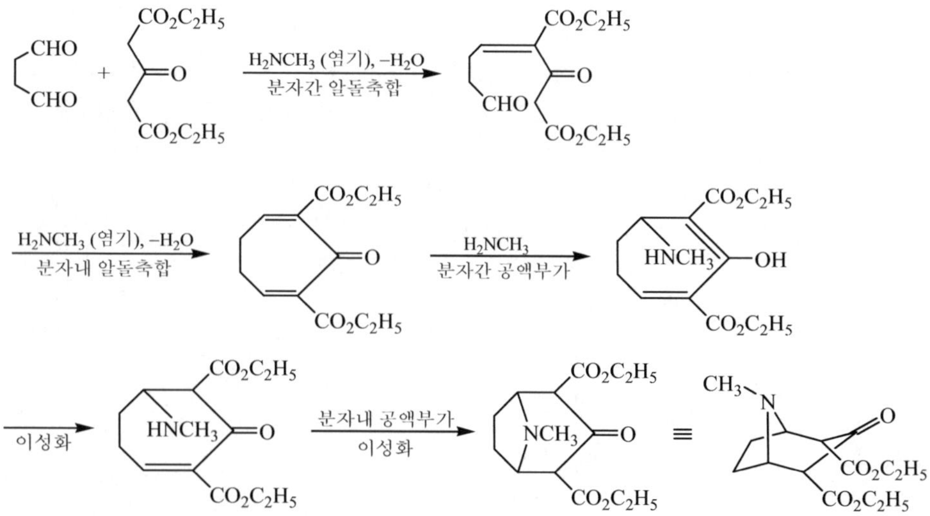

17)

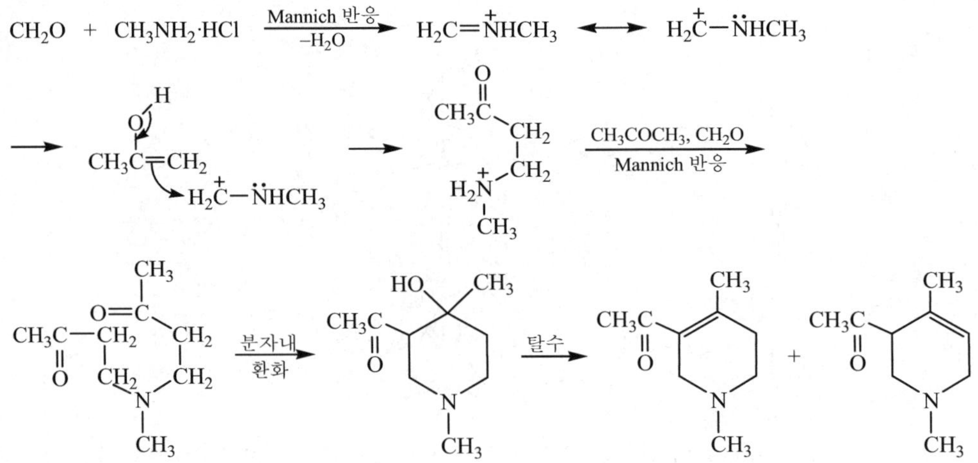

02

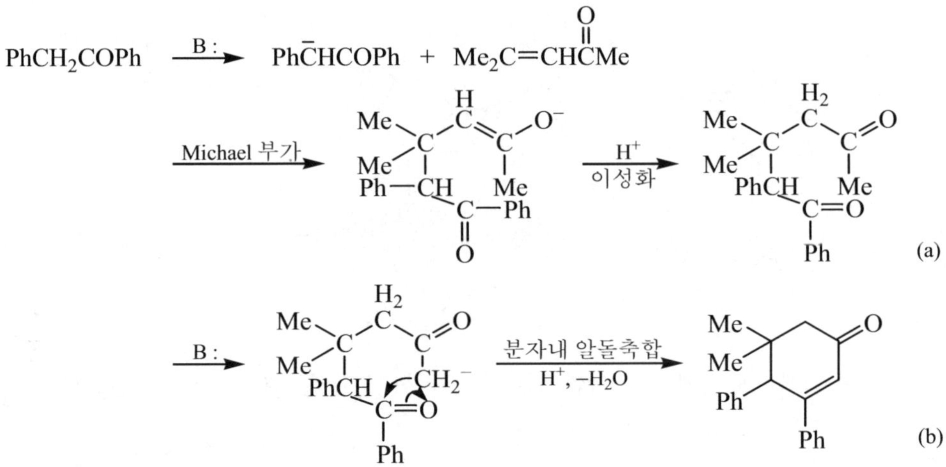

03

$(p-NO_2C_6H_4O)_3PO > (p-NO_2C_6H_4O)(C_2H_5O)_2PO > (C_6H_5O)(C_2H_5O)_2PO > (C_2H_5O)_3PO$

반응메카니즘은 다음과 같다.

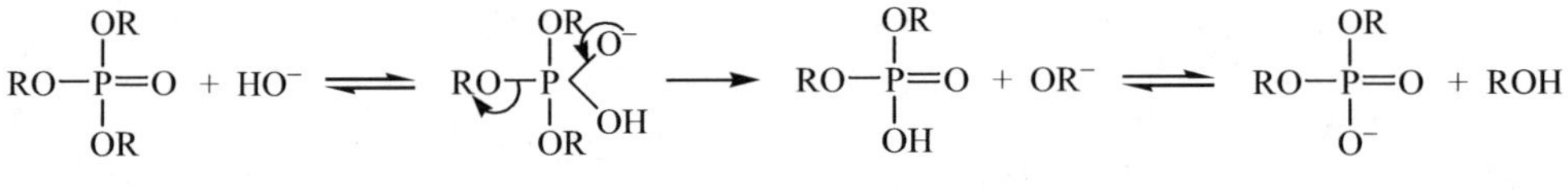

음성기는 수산이온의 공격을 받기 쉽게함과 동시에, −OR의 탈리를 쉽게하는 작용을 한다.

04 1)

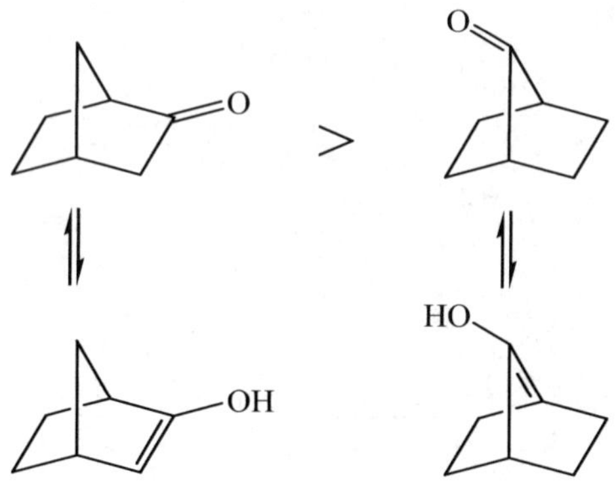

교두(bridge head)에 이중결합을 갖는 구조는 그의 큰 비틀림 때문에 얻을 수 없다 (Bredt's rule).

2)

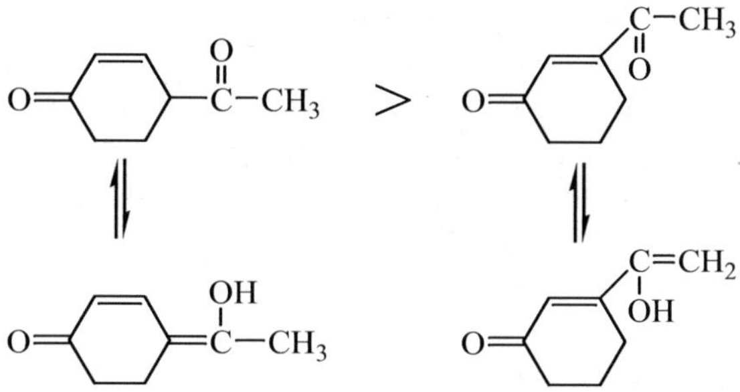

공액카르보닐기의 현저한 M효과에 의하여 아세틸기가 결합한 탄소에 있는 수소는 산성도가 고조되어 있다.

3)

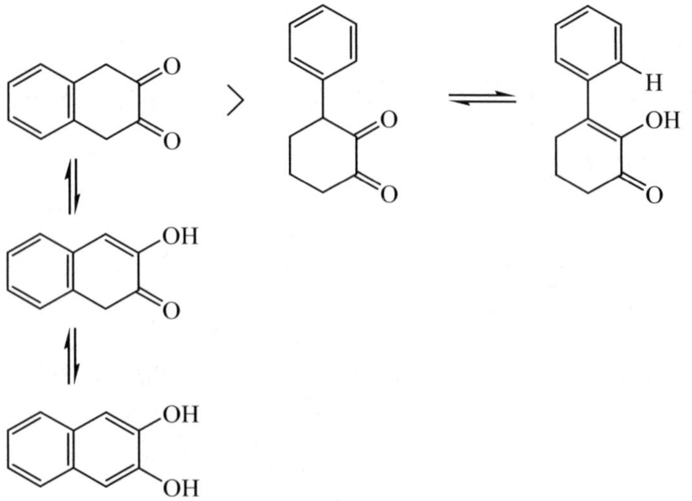

후자에서는 엔올에 있어서 수산기와 벤젠환상의 수소와의 입체장애가 있으며, 완전한 평면성을 가질 수 없다라고 생각된다. 전자는 디엔올화하면 안정한 나프탈렌환으로 된다. 즉 엔올화했을 때의 공명안정화의 정도가 전자쪽이 크다.

05 1) 예를 들면 메틸에틸케톤을 생각하면, 제1단계에서 생성하는 음이온에는 (a) 및 (b)가 생각된다.

$$CH_3\bar{C}H-\underset{\underset{O}{\|}}{C}-CH_3 \qquad\qquad CH_3CH_2-\underset{\underset{O}{\|}}{C}-\bar{C}H_2$$

(a) (b)

(a)는 메틸기의 +I효과로서 불안정화 되어 있기 때문에 (b)가 생성하기 쉬우며, 따라서 메틸기가 할로겐화 된다. 다음에 프로톤이 탈리하여 생성하는 음이온에는 (c), (d)가 생각되지만, X(할로겐)의 −I효과에 의하여 (d)쪽이 안정화되며, 이것이 생성한다. 따라서 메틸기가 할로겐화 된다. 마찬가지의 이유로서 메틸기가 모두 할로겐화 되어 버린다.

$$CH_3\bar{C}H-\underset{\underset{O}{\|}}{C}-CH_2X \qquad\qquad CH_3CH_2-\underset{\underset{O}{\|}}{C}-\bar{C}HX$$

(c) (d)

2) α-하이드록시알데히드 및 α-하이드록시케톤은 과잉의 페닐하이드라진과 반응하면 오사존을 생성한다. 생성한 오사존은 점선으로 표시한 것과 같은 대칭면을 가지며 광학불활성이다.

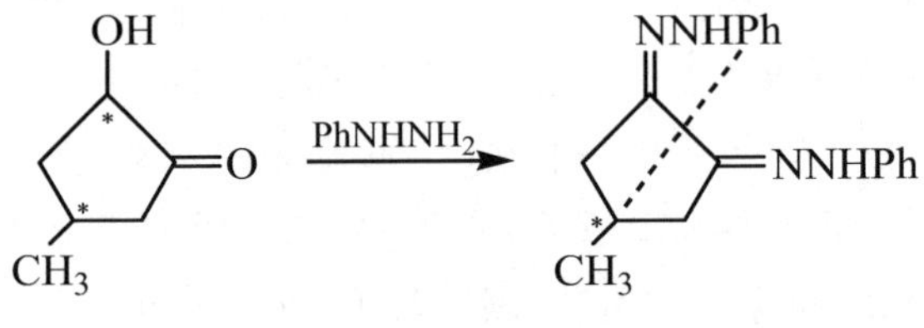

(* 표시는 비대칭탄소원자)

3) 문제의 시클로헥산은 (a)와 같이 메틸기가 에쿠아토리얼에 있는 입체배좌로서 존재하고 있다고 생각된다. 여기에 하이드라진을 작용시키면 공액부가를 하여 (b)를 생성하고 이어서 (c)를 생성한다. (b)를 생성할 때, 입체장애가 큰 기가 에쿠아토리얼로 되는 것과 같은 생성물 밖에 생성되지 않는다고 생각된다.

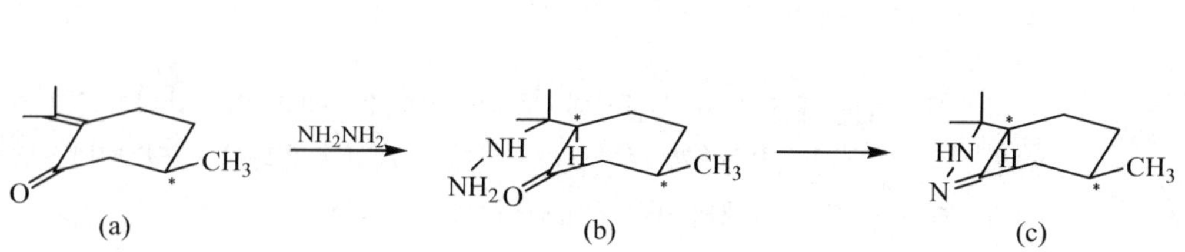

4)

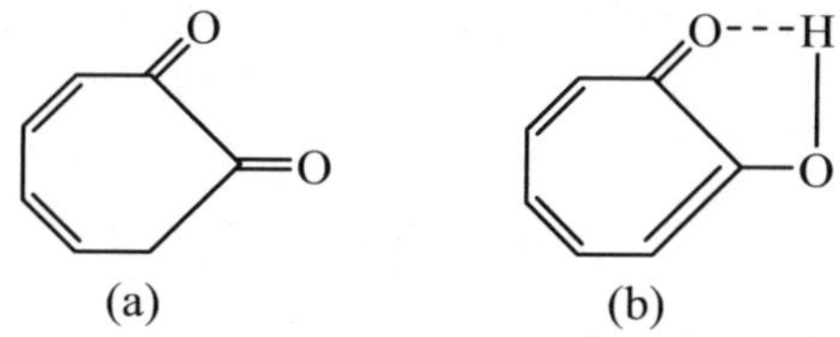

(a)는 4π 전자계이지만, (b)는 6π 전자계로서 방향족성을 갖는다. 또한 (b)는 수소결합에 의한 안정화도 있다.

5) 염기에 의한 경우 :

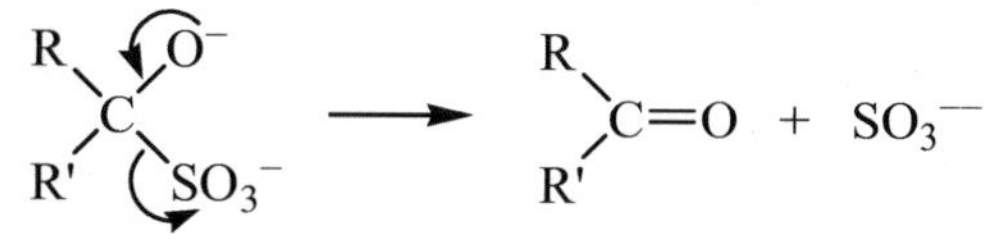

산에 의한 경우 :

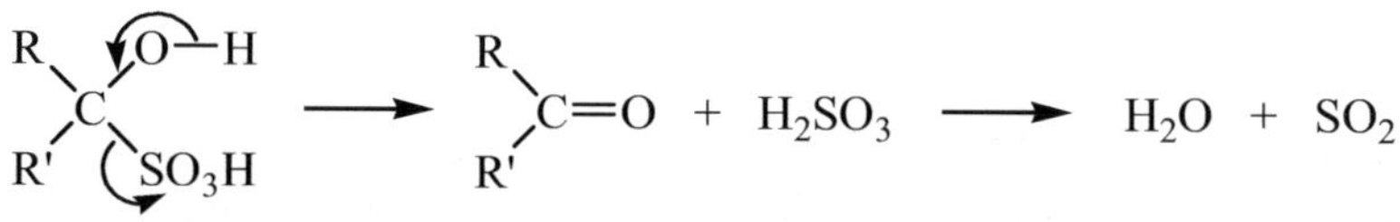

6) 벤조인축합에 있어서는, 시아나이드이온이 알데히드에 부가하여 시아노하이드린을 생성하는 단계와 생성한 시아노하이드린의 음이온이 알데히드에 부가하는 단계와 2단계의 친핵반응이 있다. 후자가 율속단계인 것은 본문에서 설명했다. p-디메틸아미노벤즈알데히드(a)는, 치환기가 강한 전자공여성이기 때문에, 양쪽의 단계에 있어서 친전자성이 감소하고 있지만, 시아나이드이온은 친핵성이 강하기 때문에 부가해서 생성하고, p-$Me_2NC_6H_4\overline{C}(OH)CN$(b)을 생성한다. 당연히 $Ph\overline{C}(OH)CN$(c)도 공존한다. (b)는 시아나이드이온에 비하여 친핵성이 약하기 때문에 (a)에는 부가할 수 없지만, 벤즈알데히드(d)에는 부가할 수 있다. (c)의 친핵성은 (b)보다도 약하기 때문에 당연히 (a)에는 부가할 수 없으며, (d)에의 부가는 (b)쪽이 (c)보다는 빠르다. 이것은 최초에 시아나이드이온이 부가한 알데히드기가, 생성한 벤조인에서는 케토기로 된다라고 하는 메카니즘과 일치하고 있다.

7) 벤조산은 이소부티르산 보다도 산성도가 큰 것으로부터 기대되는 것과 같이, 그의 에스테르와 (a)와의 반응은 후자의 에스테르보다도 빠르지만, 원계와의 사이에 평형이 있다. 이소부티르산에틸의 자기축합물(b)는 더욱 활성수소를 가지며, (c)로 되기 때문에 평형이 상당히 (c)쪽으로 기울어져 있다.

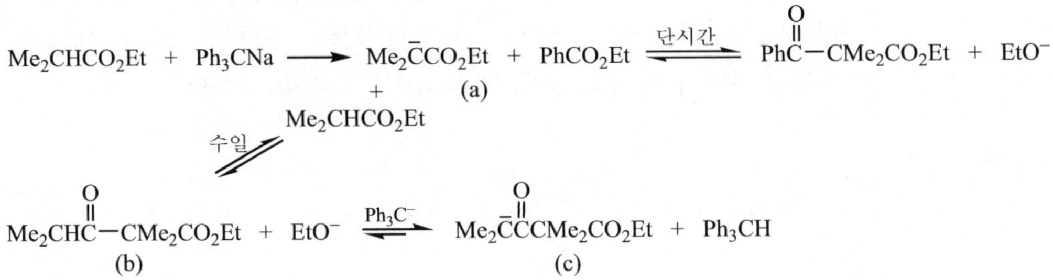

8) Cram 규칙에 의해서 이해할 수 있다.

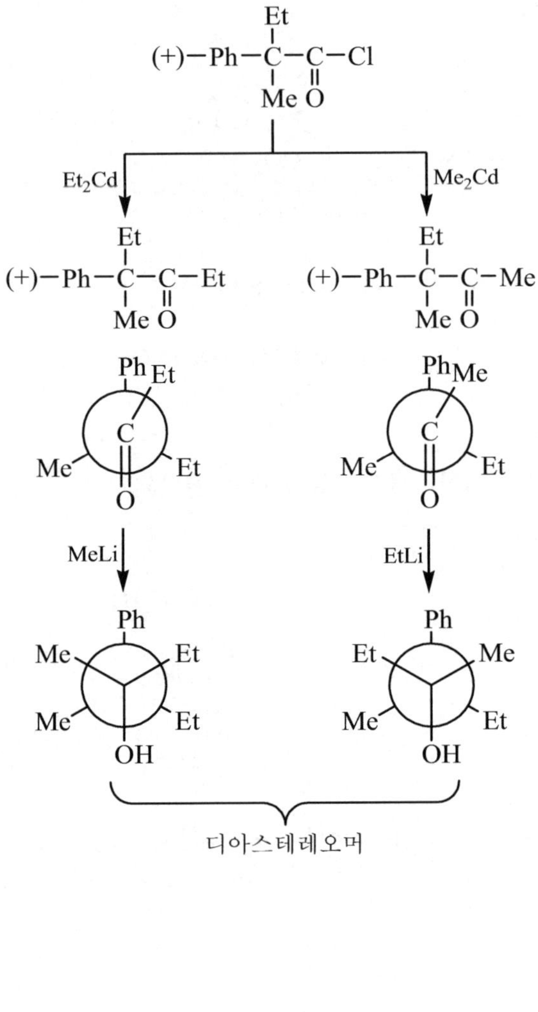

9) 5~7원환 및 14원환 이상에서는 골격탄소간의 결합각은 정상으로서 비틀림이 없고, 따라서 거의 같은 정도의 해리상수를 갖는다. 중간의 8~12원환의 경우에는 결합각의 정상치로부터의 차이에 의한 비틀림(I-Strain)이 있으며, 이것은 케톤(sp^2)보다도 시아노하이드린(sp^3)에 있어서 현저하다라고 생각된다.
따라서 비틀림을 해방하는 경향, 즉 해리의 경향이 커진다. 또한 중원환의 케톤에서는 안정한 입체배좌는 카르보닐기가 환의 안쪽으로 향한 것으로서, 그로 인하여 HCN의 부가가 일어나기 어려운 것도 해리상수를 크게하고 있다.

06

1) 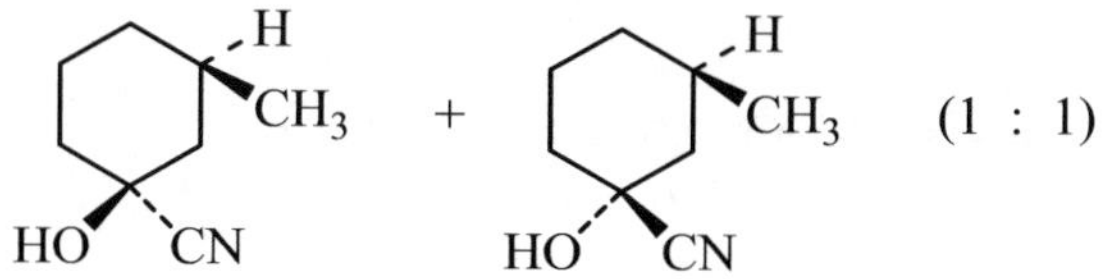

2) 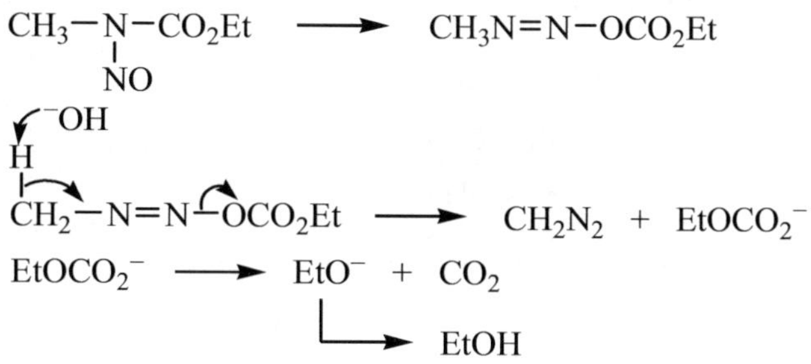

3) 저온에서 행하면 보다 반응하기 쉬운 카르보닐기만이 환원된다(표 5참조).

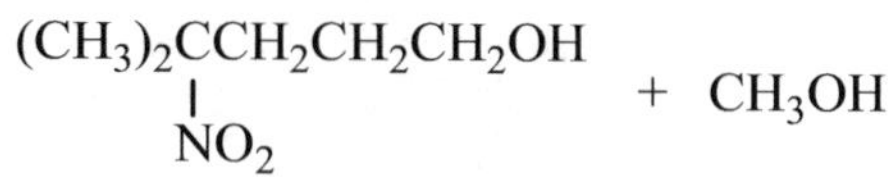

4) 카르보닐기와 이미다졸환과의 결합은 절단되기 쉬우며, 환원되어서 알데히드를 생성한다.

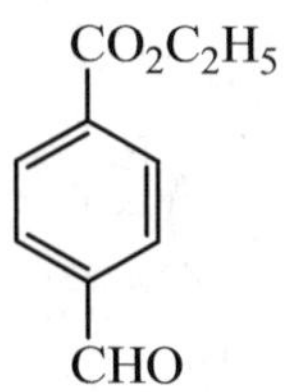

5) 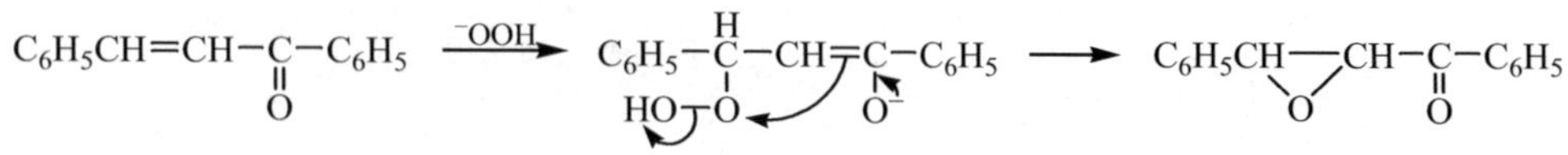

6)

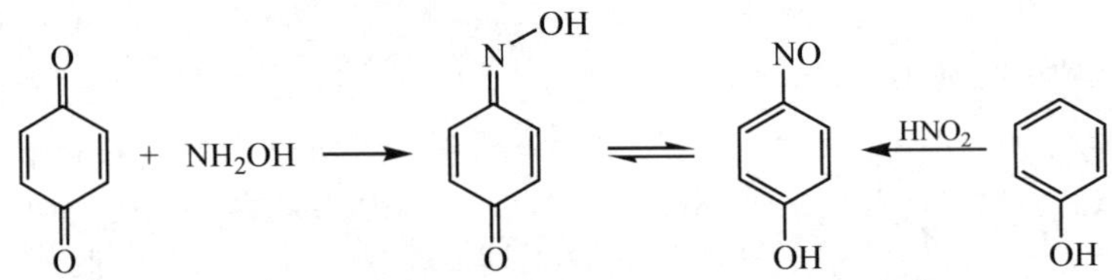

7)

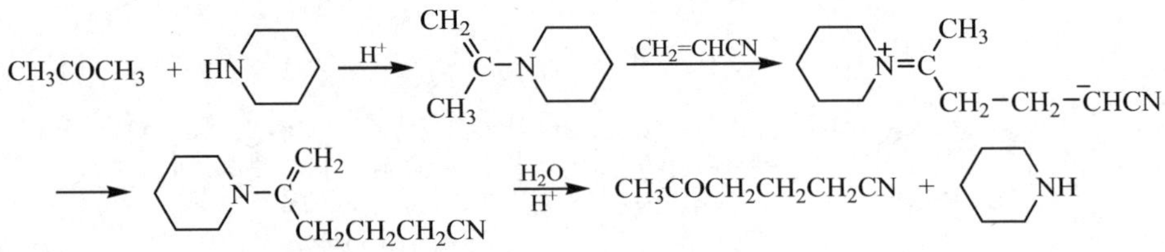

8) $CH_3CHOH-C(CH_3)_2CO_2Et$

9)

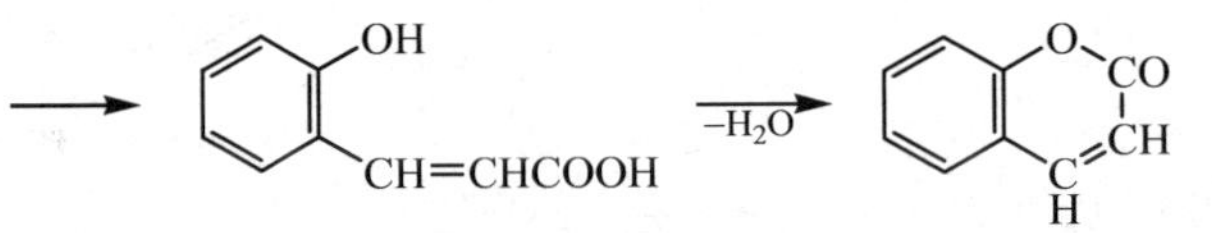

10) $\xrightarrow{100℃}$ $PhCH(OCOCHMe_2)-CMe_2CO_2H$ + $PhCH(OCOCHMe_2)-CMe_2CO_2COCHMe_2$

$\xrightarrow{150℃}$ $PhCH=CMe_2$ + CO_2 + Me_2CHCO_2H (Ei탈리반응이 일어난다)

11)

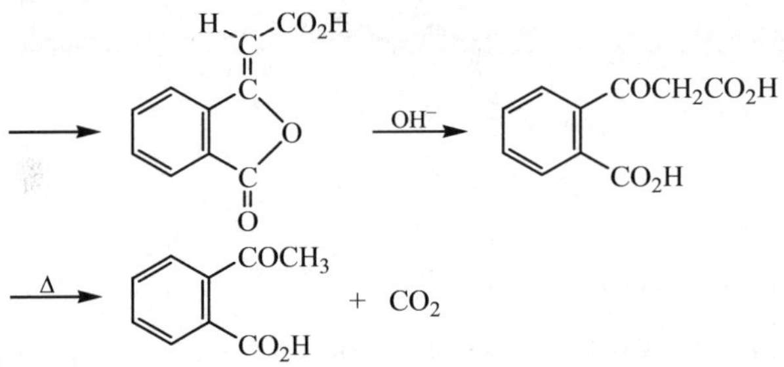

12)

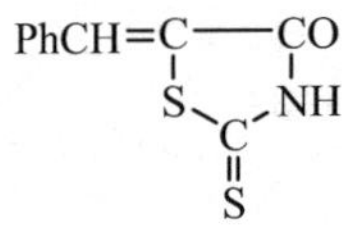

13) $CH_3CH=CHCH=CHCO_2H$ + CO_2

14)

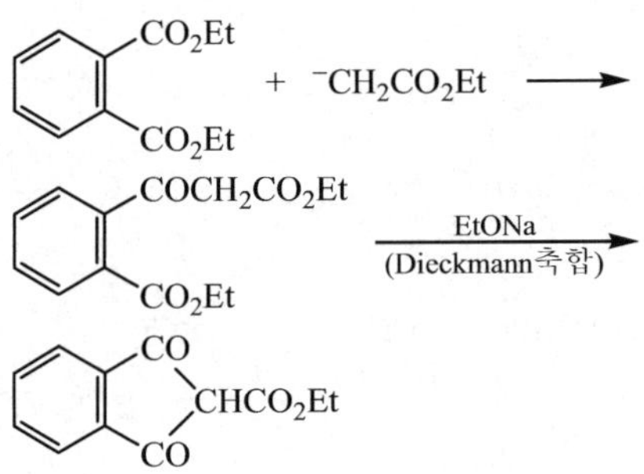

15) 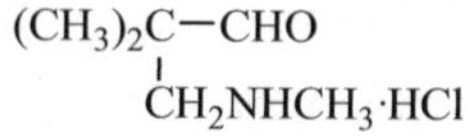

16) 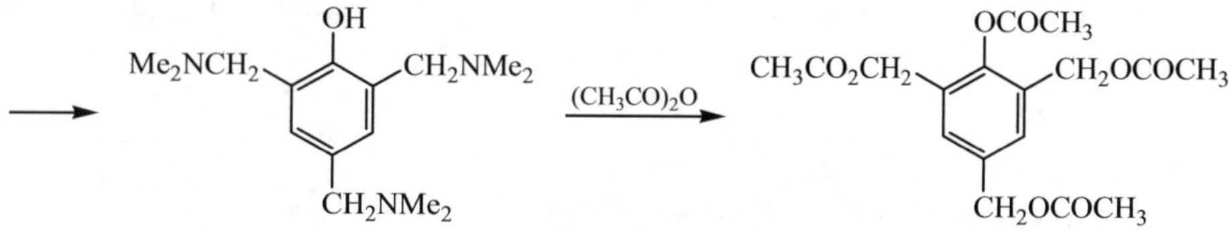

17) 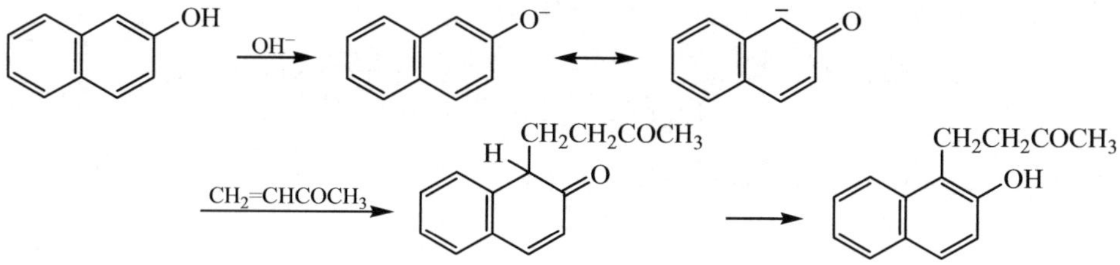

18) 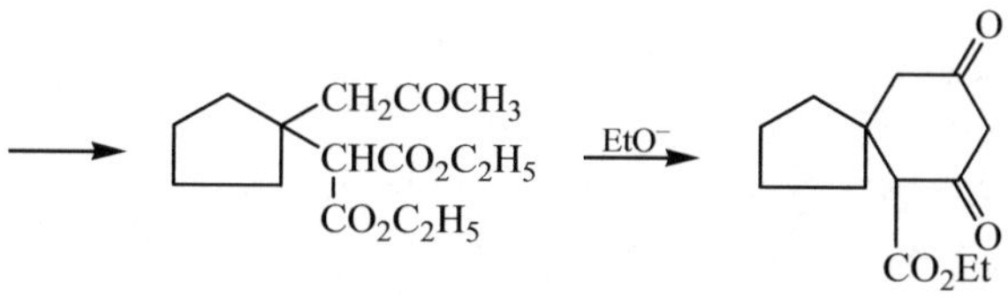

19) 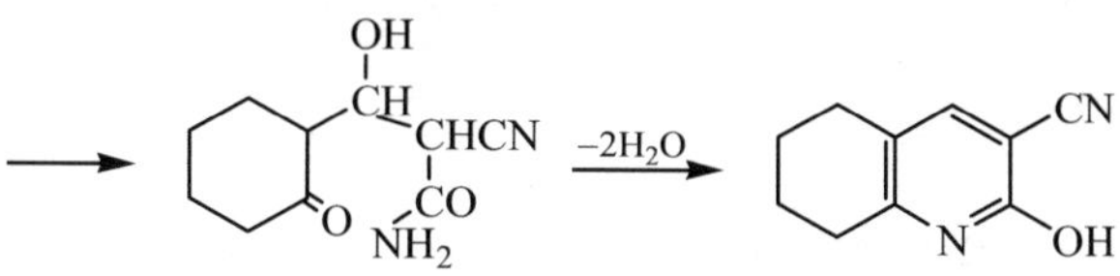

20) 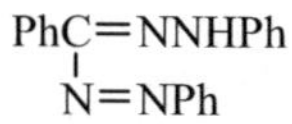

21) 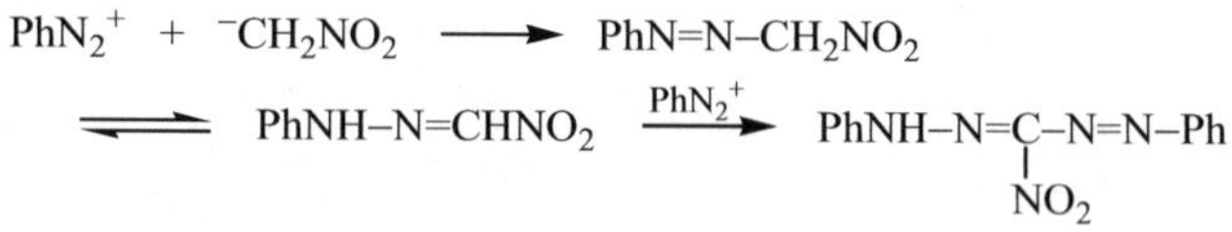

22) 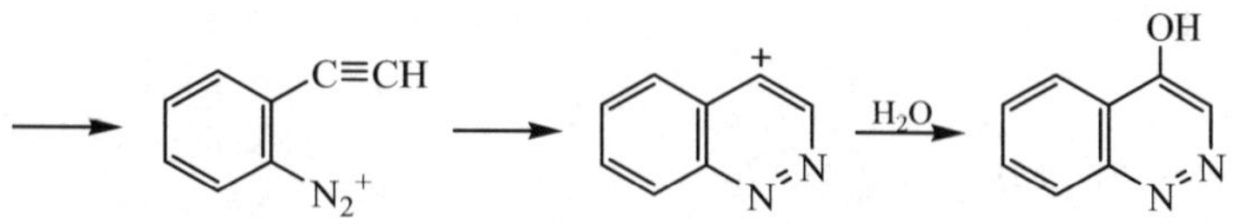

23) 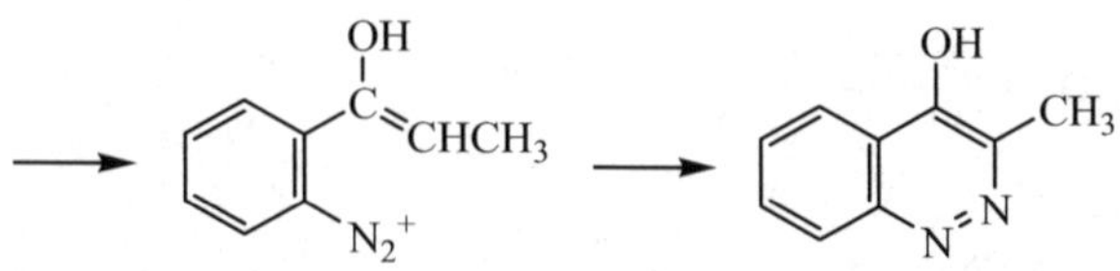

24) 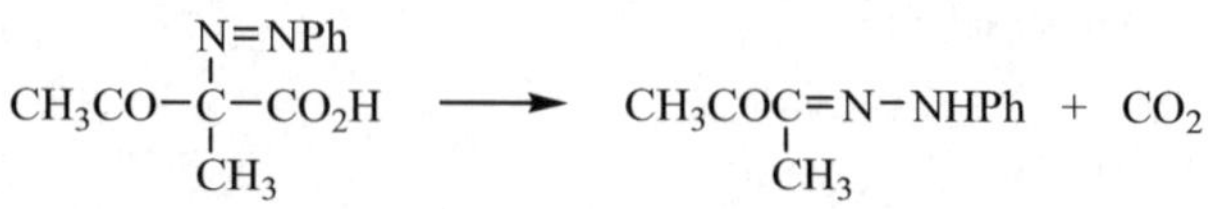

07

1) $C_6H_5CO_2H \xrightarrow{SOCl_2} C_6H_5COCl \xrightarrow{CH_2N_2} C_6H_5COCHN_2$

$\xrightarrow[\Delta]{Ag^+} C_6H_5CH{=}C{=}O \xrightarrow{PhNH_2} C_6H_5CH_2CONHPh$

2) $HCOCH_2CH_2CH_2OH \xrightarrow[EtOH]{H^+} (EtO)_2CHCH_2CH_2CH_2OH$

$\xrightarrow[OH^-]{KMnO_4} (EtO)_2CHCH_2CH_2CO_2H \xrightarrow{H^+} HCOCH_2CH_2CO_2H$

3) $CH_2{=}CHCOCH_3 \xrightarrow{Me_2NH} Me_2NCH_2CH_2COCH_3 \xrightarrow[NaCN]{H^+} Me_2NCH_2CH_2C(OH)(CN){-}CH_3$

4) $CH_3CH{=}CHCHO \xrightarrow[EtOH]{H^+} CH_3CH(OEt){-}CH_2CH(OEt)_2$

5)

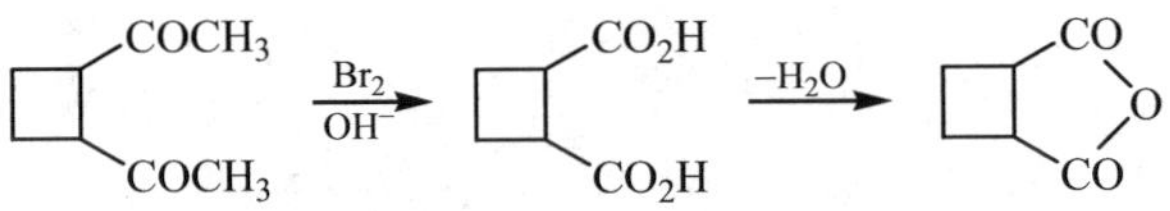

6) $PhCH_2CO_2Et + HCO_2Et \xrightarrow{NaOEt} PhCH(CHO){-}CO_2Et$

7) $PhMgBr + 2CH_3CO_2Et \longrightarrow Ph_2C(OH){-}CH_3 \xrightarrow{H_2SO_4} Ph_2C{=}CH_2$

8) $PhCH_2Cl + Ph_3P \longrightarrow Ph_3\overset{+}{P}{-}CH_2Ph\ Cl^-$

$\xrightarrow{BuLi} Ph_3P{=}CHPh \xrightarrow{PhCOCH_3} Ph_3PO + PhCH{=}C(Me)Ph$

9)

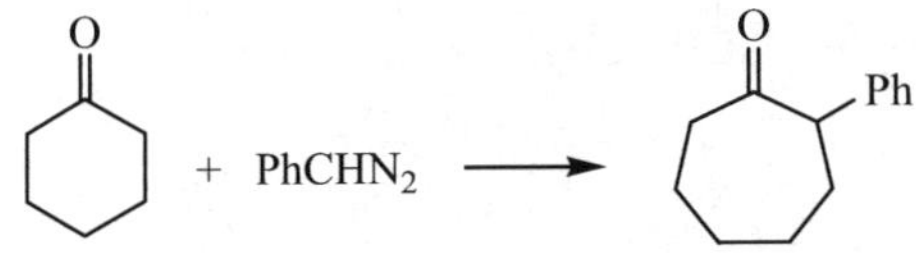

10) $PhBr \xrightarrow{Mg} PhMgBr \xrightarrow{H_2C-CH_2\ (O)} PhCH_2CH_2OH \xrightarrow{HBr} PhCH_2CH_2Br$

$\xrightarrow{Mg} \xrightarrow{CO_2} PhCH_2CH_2CO_2H \xrightarrow{SOCl_2} PhCH_2CH_2COCl \xrightarrow{Mg_2Cd} PhCH_2CH_2COMe$

11) $HO(CH_2)_3OH \xrightarrow{HBr} Br(CH_2)_3Br$

$CH_2(CO_2Et)_2 \xrightarrow{NaOEt} \bar{C}H(CO_2Et)_2$

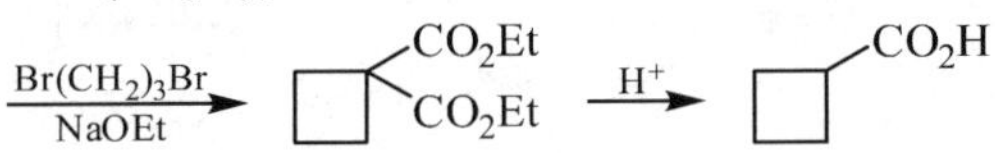

12) $PhCH{=}CHCHO + (CH_3CO)_2O + CH_3CO_2Na \longrightarrow PhCH{=}CH{-}CH{=}CHCO_2H$

13) 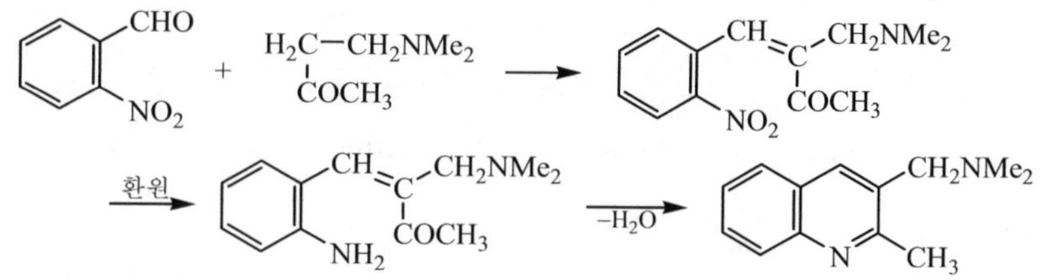

14) 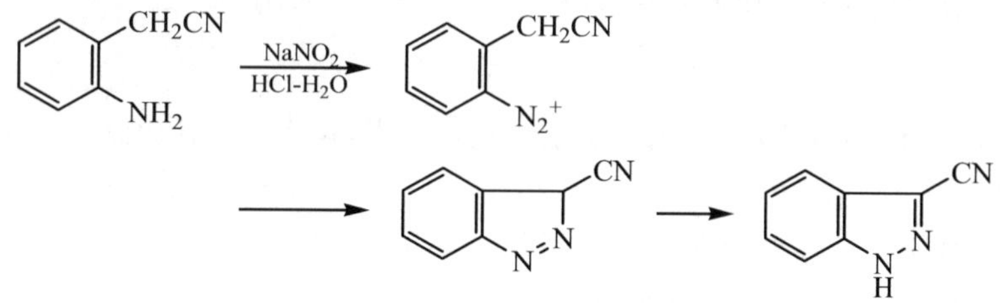

15) 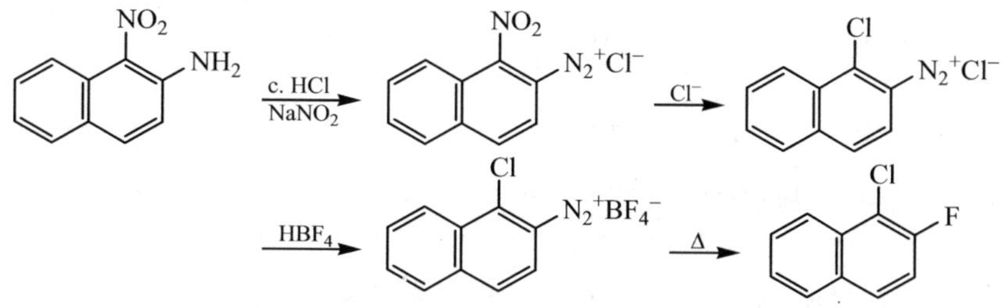

16) 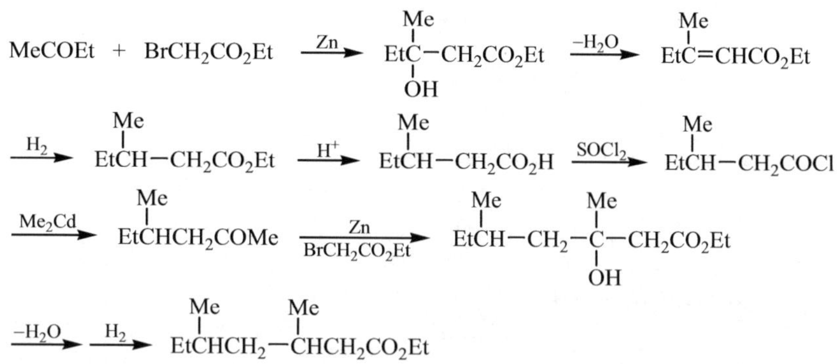

17) 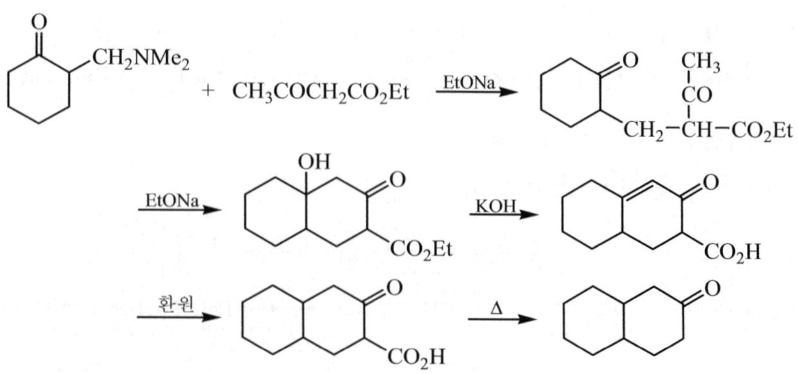

18)
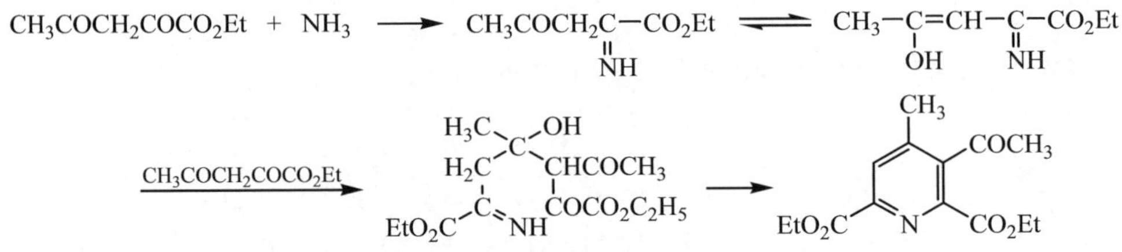

19)
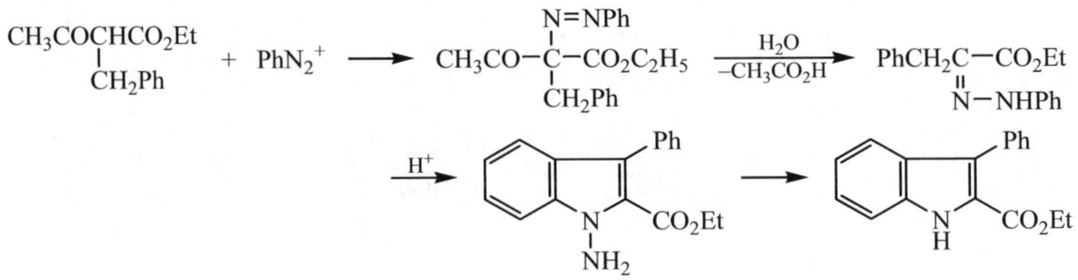

20)
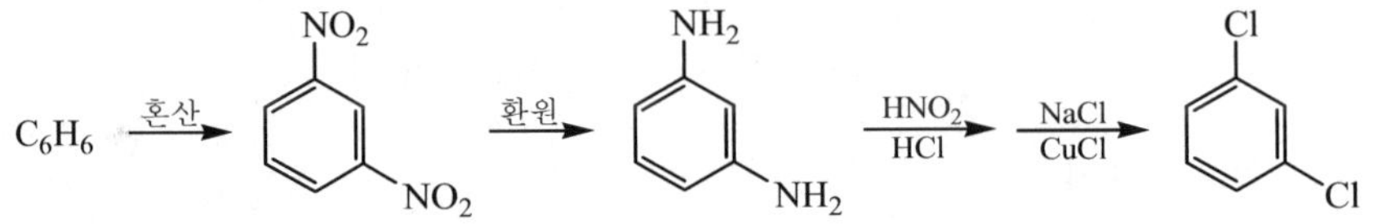

21)
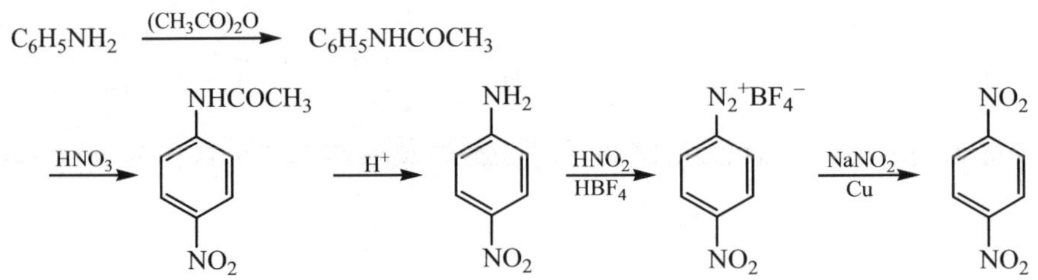

08 2개의 알코올로부터 모두 페닐글리옥실산에스테르를 제조하고, 1몰의 브롬화메틸마그네슘으로 카르보닐기에 메틸기를 부가시킨 후, 가수분해하여 생성한 α-하이드록시산(α-페닐락트산)의 선광성을 비교한다. 만일 양쪽으로부터 얻어진 α-페닐락트산의 선광성이 같은 방향이라면, 입체배치를 알 수 없는 알코올은 D-sec-부틸알코올과 같은 입체배치이며, 선광성이 반대이면 다르다라고 생각된다.

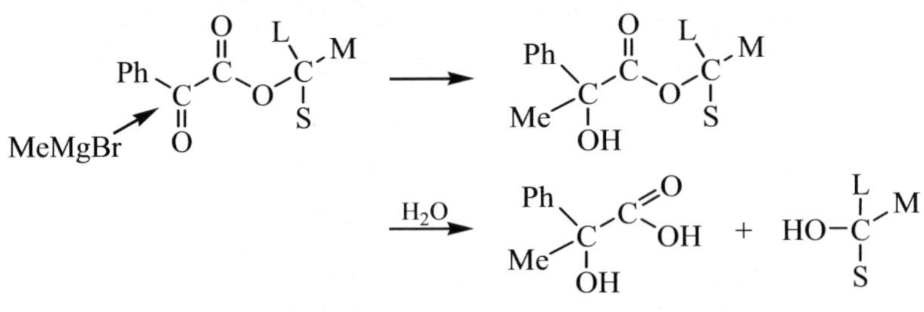

알코올부분의 입체배치가 같으면 메틸기는 같은 방향으로부터 부가한다.

09 아민을 A, 카르보닐화합물을 B라고 하면,

$$A + H_2O \rightleftharpoons AH^+ + OH^-$$

$$B + H_2O \rightleftharpoons BH^+ + OH^-$$

$$[H^+][OH^-] = K_W = 10^{-14}$$

$$\frac{[AH^+][OH^-]}{[A]} = \frac{[AH^+]K_W}{[A][H^+]} = K_B(A) = 10^{-11}$$

$$\frac{[BH^+][OH^-]}{[B]} = \frac{[BH^+]K_W}{[B][H^+]} = K_B(B) = 10^{-14}$$

여기서 A, B모두 농도는 1M이기 때문에

$$[A]+[AH^+] = 1,\ [B]+[BH^+] = 1$$

이상의 식으로부터

$$[A] = \frac{1}{1+10^3[H^+]},\quad [BH^+] = \frac{[H^+]}{1+[H^+]}$$

카르보닐화합물과 아민의 반응은, 다음의 단계가 율속이기 때문에, 반응속도 ν 는 아래와 같이 된다.

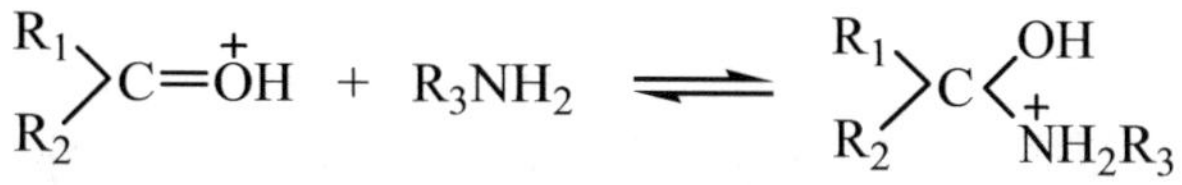

$$\upsilon = k[BH^+][A] = \frac{k[H^+]}{1+10^3[H^+]+10^3[H^+]^2}$$

$$\frac{d\upsilon}{d[H^+]} = \frac{k(1-10^3[H^+]^2)}{(1+10^3[H^+]+10^3[H^+]^2)^2}$$

따라서 속도가 최대로 될 때의 수소이온농도$[H^+]_{max}$ 및 pH는

$1-10^3[H^+]^2max=0$,　　$\therefore\ [H^+]max=10^{-1.5}$,　　$\therefore$ pH=1.5

pH=1.5일 때의 속도　　$\upsilon = k\times 9.4\times 10^{-4} \approx 10^{-3}\cdot k$

pH=0일 때의 속도　　$\upsilon = k\times 5\times 10^{-4}$

pH=7일 때의 속도　　$\upsilon = k\times 10^{-7}$

$$\therefore\ \frac{\upsilon(pH=1.5)}{\upsilon(pH=0)} = 2,\quad \frac{\upsilon(pH=1.5)}{\upsilon(pH=7)} = 10^4$$

10 1)

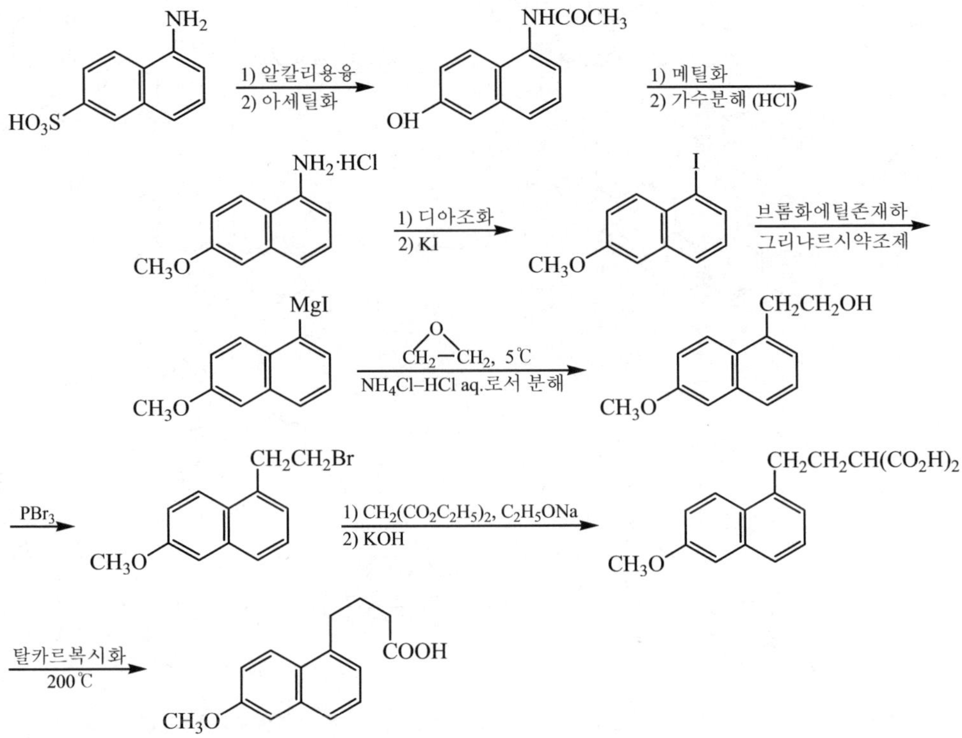
NH₂
1) 알칼리용융
2) 아세틸화
HO₃S
NHCOCH₃
OH
1) 메틸화
2) 가수분해 (HCl)
NH₂·HCl
CH₃O
1) 디아조화
2) KI
I
브롬화에틸존재하
그리냐르시약조제
MgI
CH₂—CH₂, 5℃
NH₄Cl–HCl aq.로서 분해
CH₂CH₂OH
PBr₃
CH₂CH₂Br
1) CH₂(CO₂C₂H₅)₂, C₂H₅ONa
2) KOH
CH₂CH₂CH(CO₂H)₂
탈카르복시화
200℃
COOH

2)

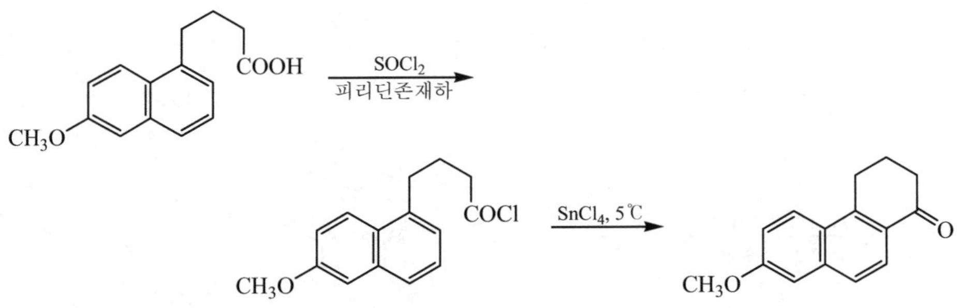
COOH
SOCl₂
피리딘존재하
CH₃O
COCl
SnCl₄, 5℃
O

3)

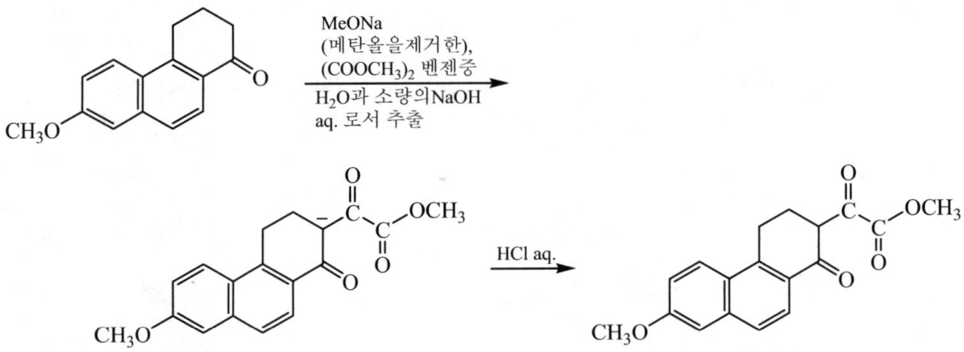
MeONa
(메탄올을제거한),
(COOCH₃)₂ 벤젠중
H₂O과 소량의NaOH
aq. 로서 추출
CH₃O
O
C
OCH₃
HCl aq.

4)

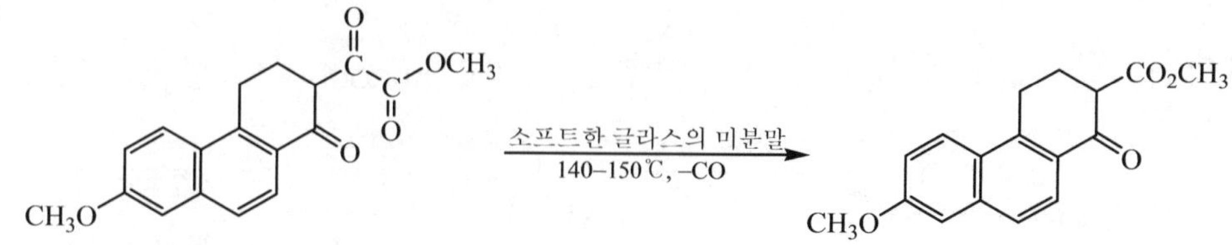

OCH_3
CO_2CH_3
소프트한 글라스의 미분말
140–150℃, –CO
CH_3O

5)

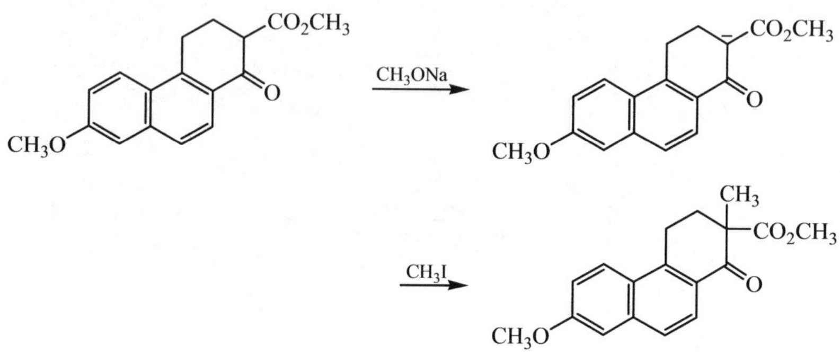

CO_2CH_3
CH_3ONa
CH_3I
CH_3
CH_3O

6)

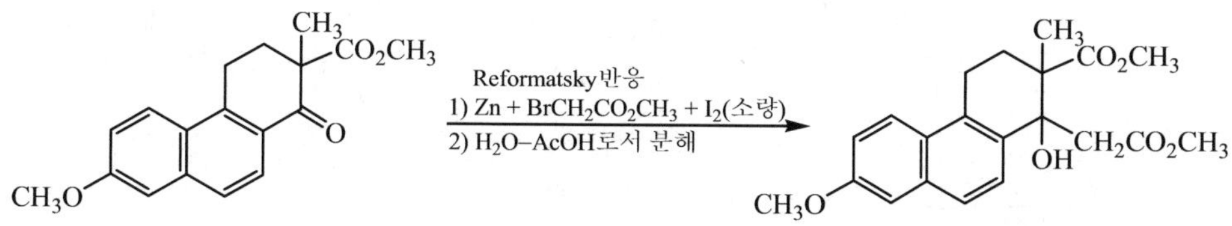

CH_3
CO_2CH_3
Reformatsky반응
1) $Zn + BrCH_2CO_2CH_3 + I_2$(소량)
2) H_2O–AcOH로서 분해
OH
$CH_2CO_2CH_3$
CH_3O

7)

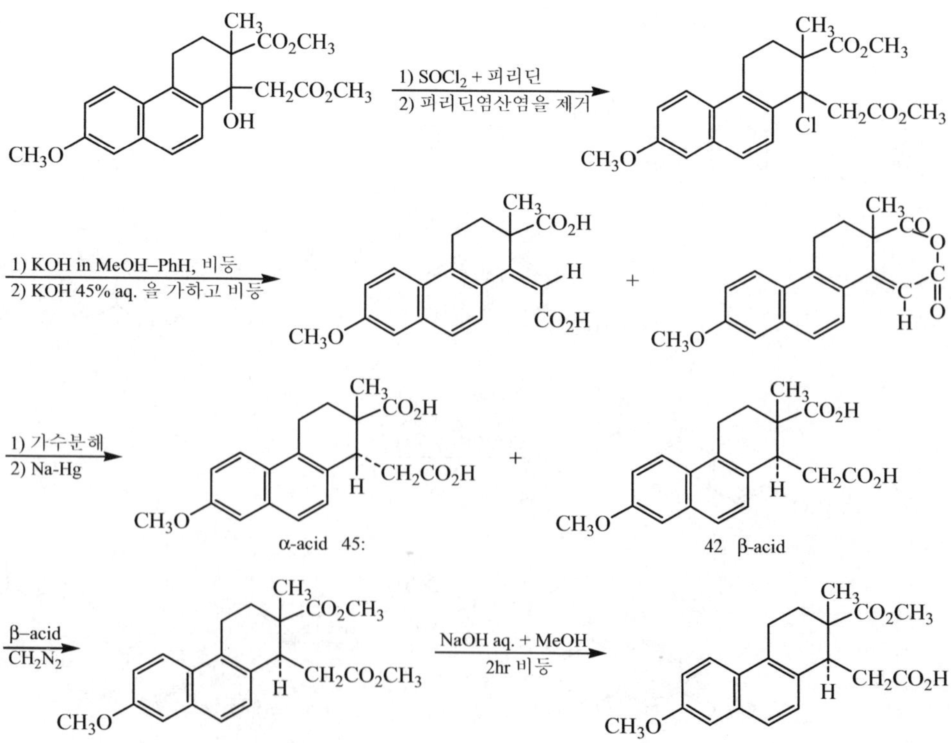

CH_3
CO_2CH_3
$CH_2CO_2CH_3$
OH
1) $SOCl_2$ + 피리딘
2) 피리딘염산염을 제거
Cl
1) KOH in MeOH–PhH, 비등
2) KOH 45% aq. 을 가하고 비등
CO_2H
H
1) 가수분해
2) Na-Hg
CH_2CO_2H
α-acid 45:
42 β-acid
β–acid
CH_2N_2
NaOH aq. + MeOH
2hr 비등
CH_3O

8)

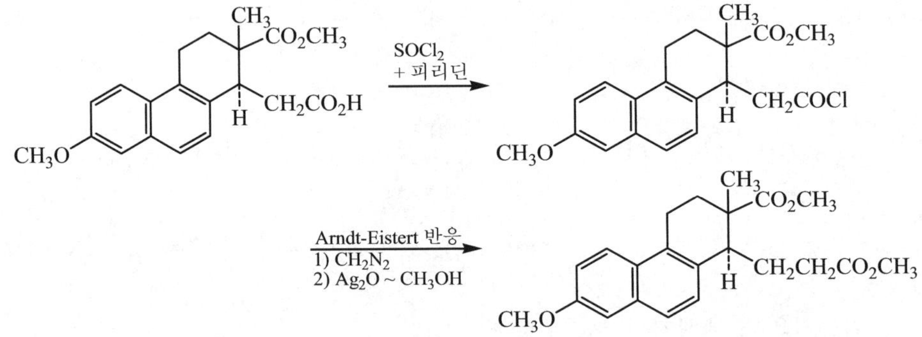

9)
10)

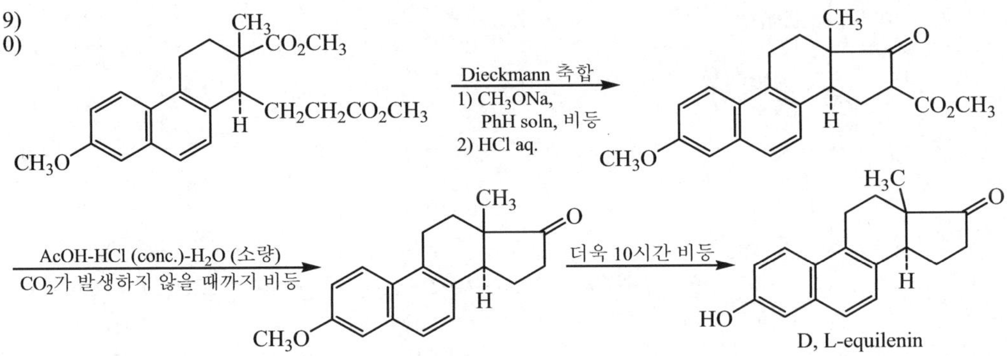

제9장 전자결핍원자에 기인하는 전위반응

01 1) $(CH_3)_2C=C(CH_3)_2$

2)

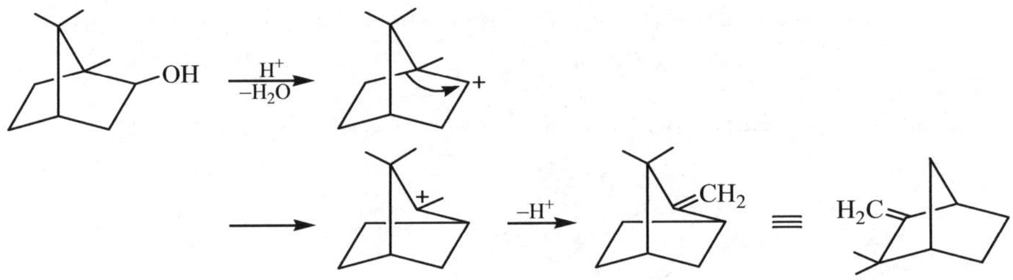

3)

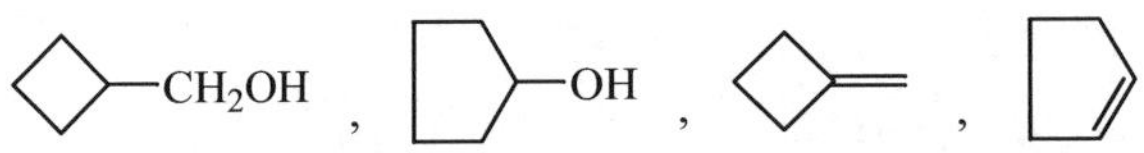

4)

$C_6H_5-\overset{O}{\overset{\|}{C}}-O-C_6H_4OCH_3$-p ; p-$CH_3OC_6H_4$쪽이 C_6H_5보다도 전이능력이 높다.

5)

$$Ph_2C=N-N_2^+ \longrightarrow Ph-\overset{+}{C}=N-Ph \xrightarrow{H_2O} Ph-\overset{O}{\overset{\|}{C}}-NHPh$$

6) 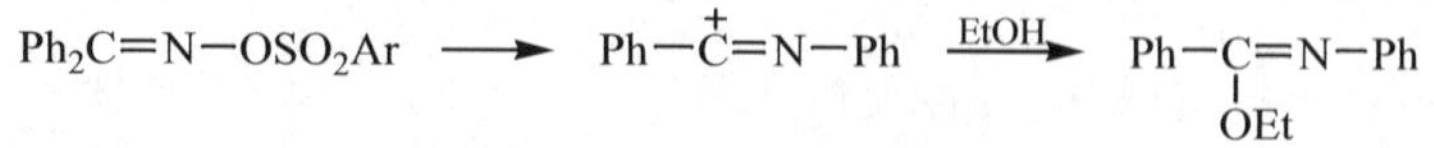

7) $C_6H_5NHCOCH_3$

8) 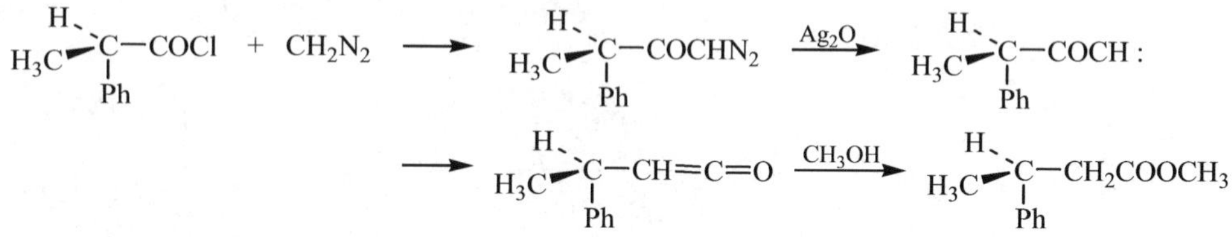

이동기의 입체배치는 보존된다.

9) $CH_3CONHC_2H_5$

10) 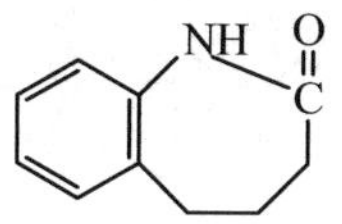

02

1) 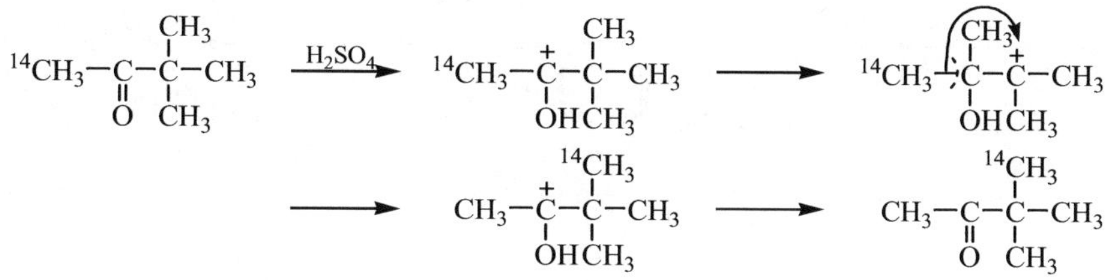

2) 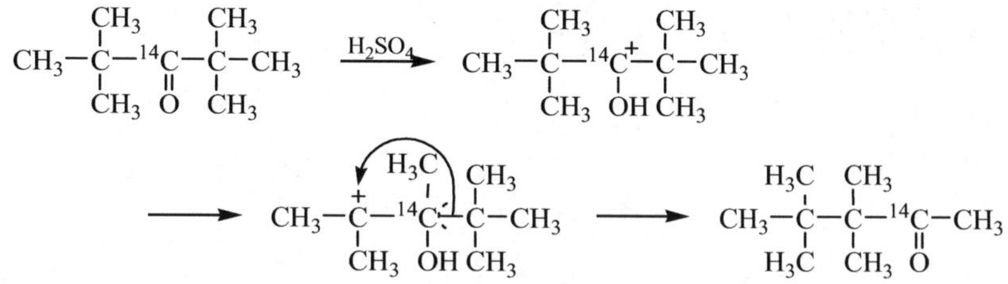

3) $H_2O_2 + {}^{-}OH \rightleftharpoons HOO^- + H_2O$

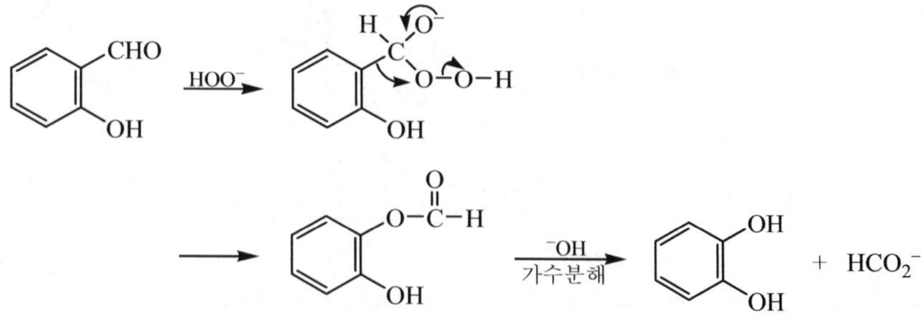

4) 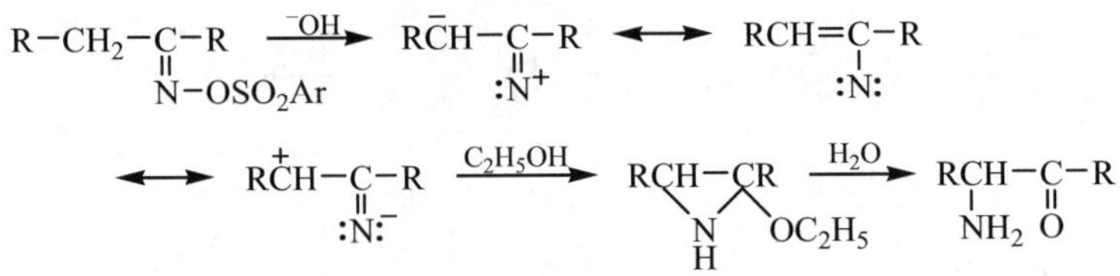

5) 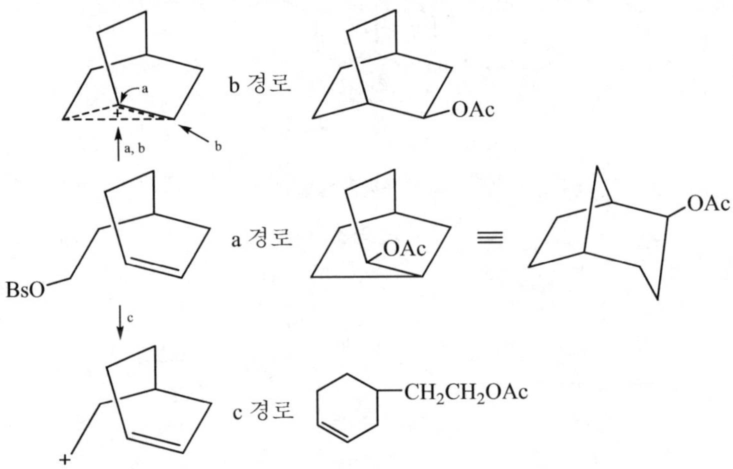

6) 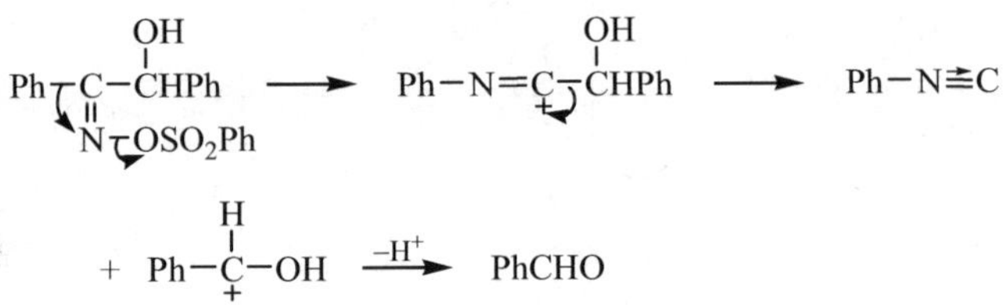

정전하를 갖는 탄소상의 치환기가 카르보늄이온으로서 안정화 될 수 있는 경우에는 결합의 개열이 일어난다. 이와 같은 형태의 반응에서는 "이상한 베크만전위" 또는 "Beckmann fission"이라고 말한다.

7) 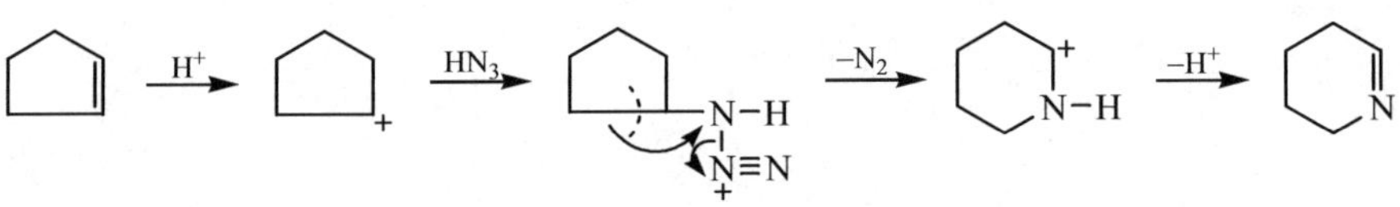

8) 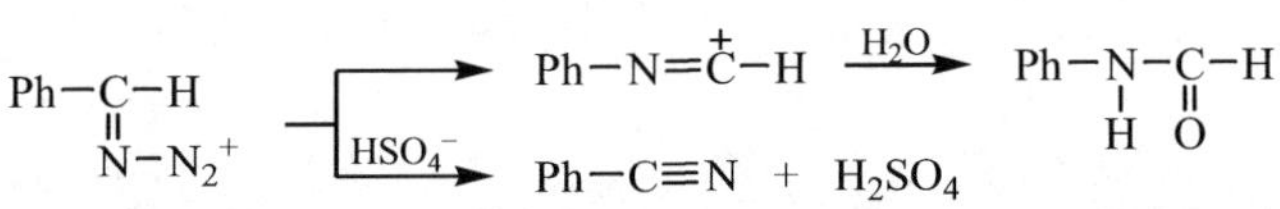

반응계의 산성도가 약한 때일수록 니트릴의 생성이 많다.

9) 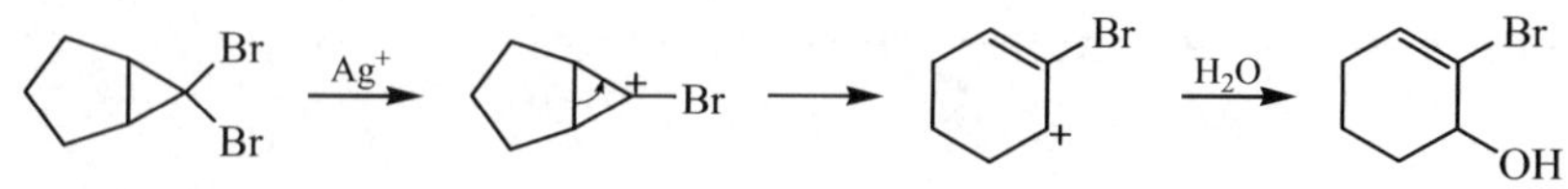

10) 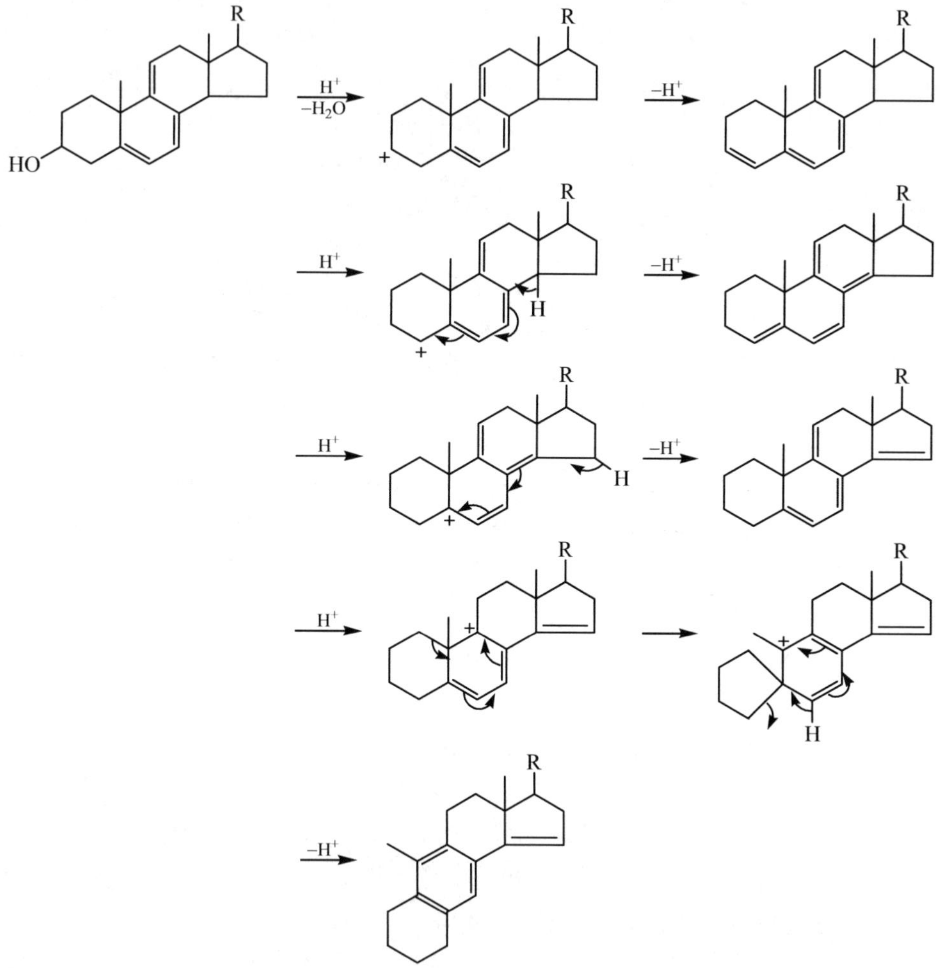

03

1) 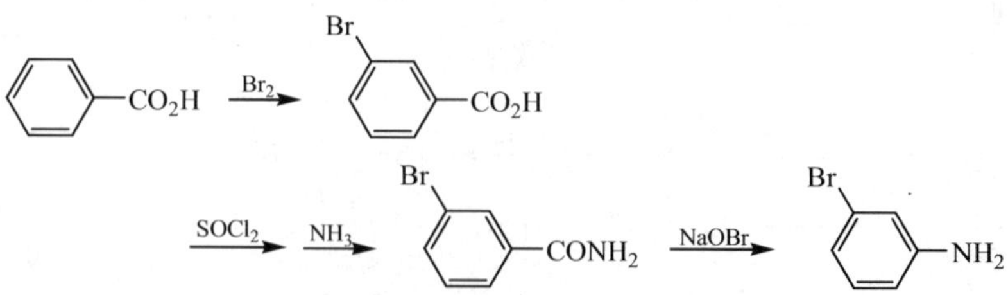

2) 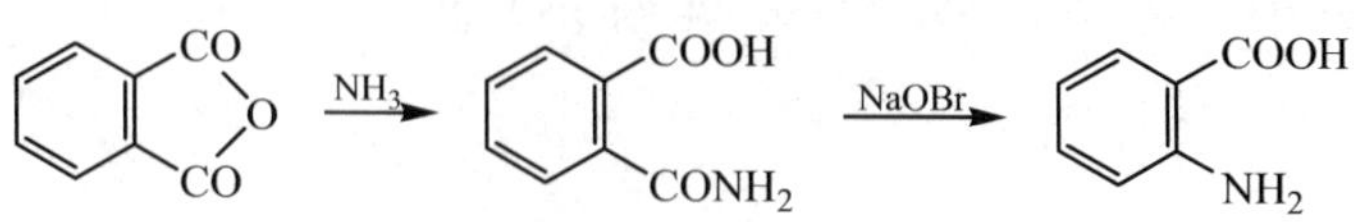

3)

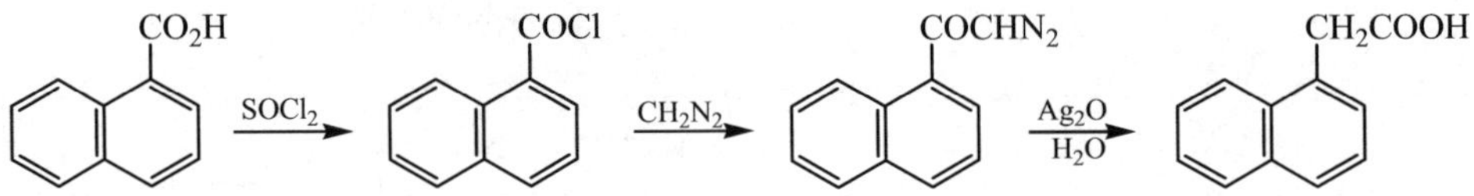

4)

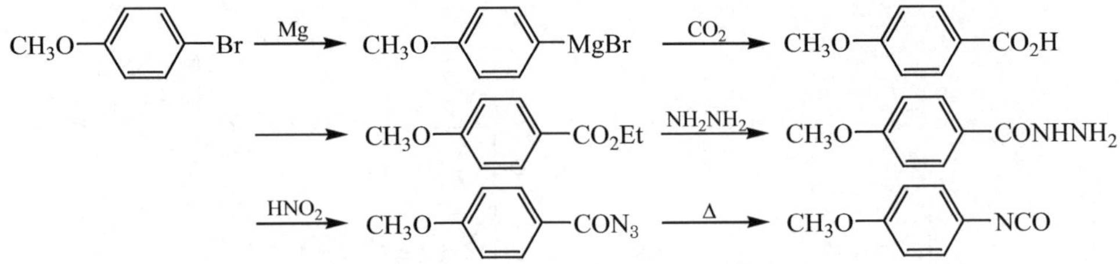

04 1)

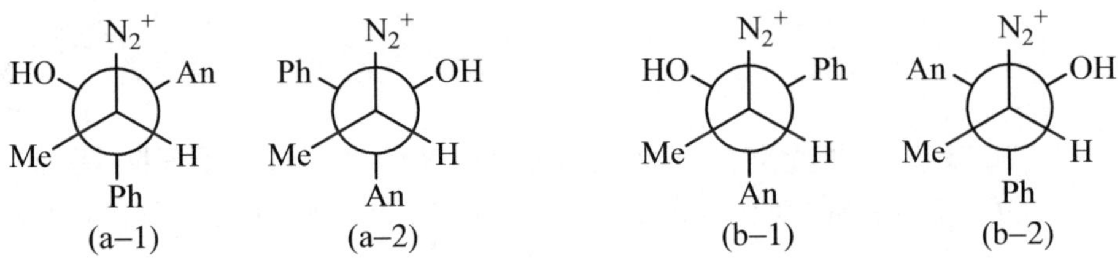

(a–2), (b–2)에서는 아릴기와 메틸기간의 입체적인 중첩효과가 있기 때문에 (a–1), (b–1)에 비하여 불안정한 입체배치이다. 따라서 보다 안정한 (a–1), (b–1)을 통해서 전위한다.

2)

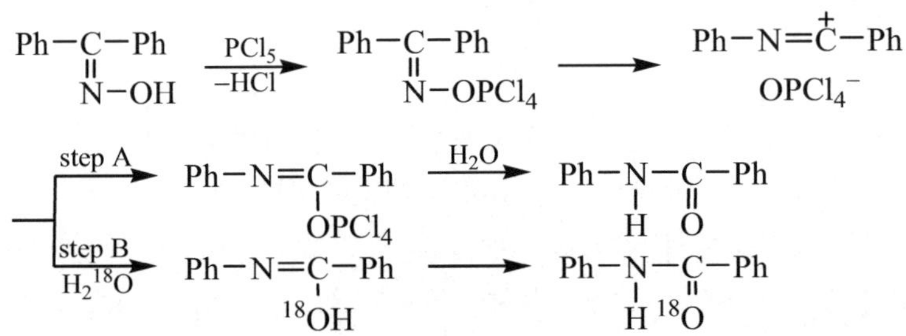

중간에 Ph–N=C$^+$–Ph와 같은 이온을 경유하는 상기의 메카니즘의 정확성을 나타내고 있다라고 생각된다. H_2O쪽이 –$OPCl_4$보다 친핵성이 뛰어나기 때문에, 물이 있으면 step A대신에 step B가 일어난다.

3) 중간에 R–N=C$^+$–R을 경유하는 아래의 메카니즘의 정확성을 나타내고 있다.

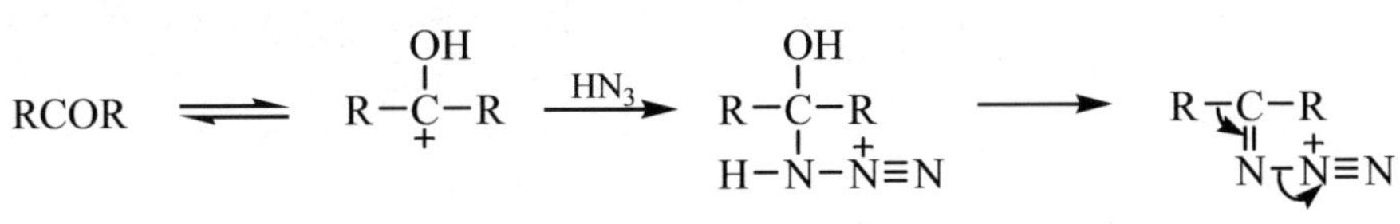

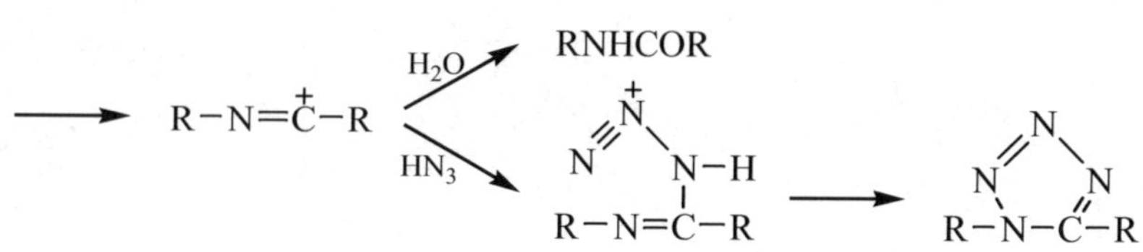

4)

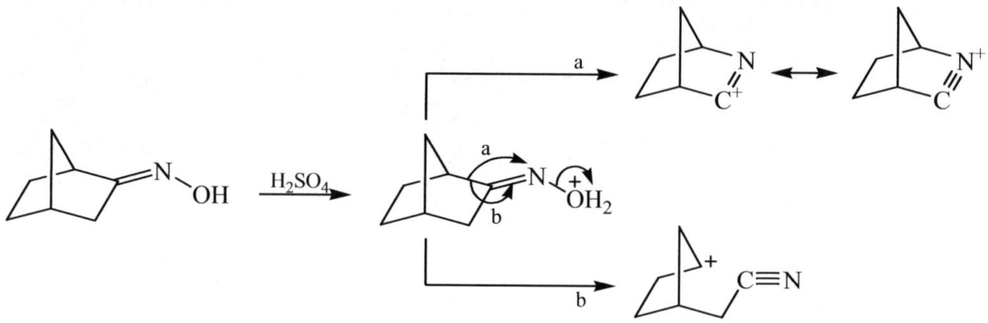

경로a는 생성하는 양이온의 입체적 비틀림이 크고 불안정하기 때문에 일어날 수 없고, 결합이 개열하는 b경로가 일어난다. "Beckmann fission"의 하나의 예이다.

5)

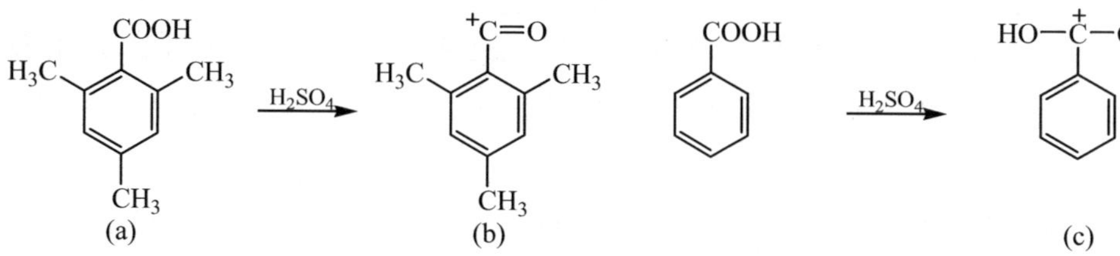

빙점강하의 실험으로부터, 진한 황산중에서는 (a)는 거의 대부분 이온(b)로 되어 있는 것으로 알려져 있다. 입체장해가 감소하기 때문에 이와 같은 변화가 일어나기 쉽다. 벤조산은 진한 황산중에서는 (c)와 같은 이온으로 되어 있으며, 이것이 HN_3와 반응한다라고 생각된다. (b)쪽이 (c)에 비하여 농도도 높고, 게다가 반응성이 높기 때문에 반응이 일어나기 쉽다.

05

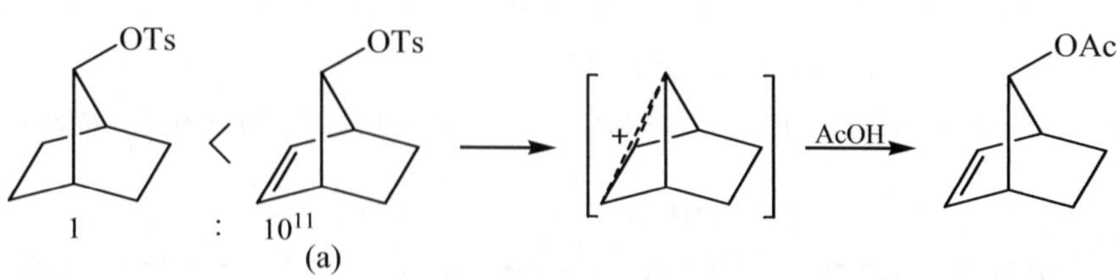

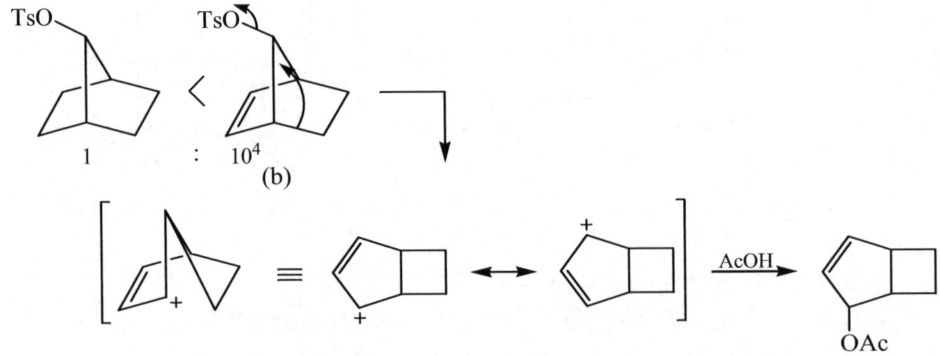

위와 같은 메카니즘으로 반응한다. (b)에 있어서 메틸렌기 관여가 (a)에 있어서 이중결합 관여에 비하여 약하기 때문에, 속도에 10^7의 차이가 나타나고 있다.

06 비고전적 카르보늄이온(c)는 대칭면(C_4, C_5, C_6와 결합, C_1-C_2의 중간을 절단하는 평면)을 가지고 있기 때문에, a 공격과 b 공격은 꼭 같은 확률로서 일어난다라고 생각된다.

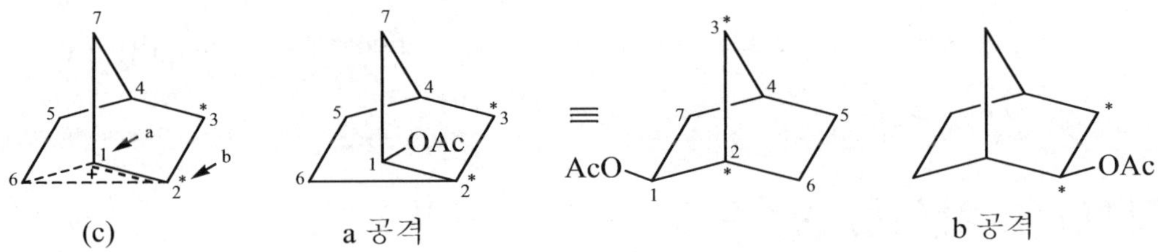

따라서 (c)만을 통할 때의 ^{14}C 분포의 계산치는 아래와 같이 된다.

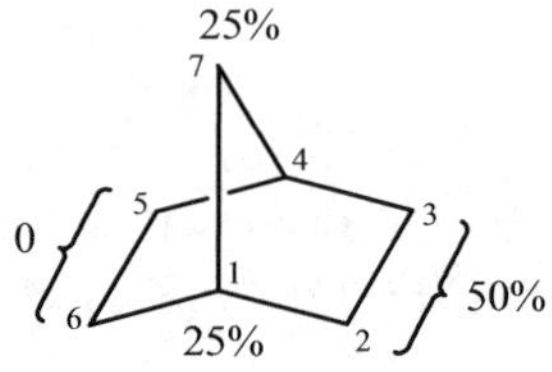

실측치에 있어서 C_5, C_6에도 상당히 ^{14}C가 분포하고 있는 것은, 다음과 같은 "1,3-형 하이드라이드이동"을 포함하는 평형의 존재를 생각하면 설명할 수 있다. 또한 (d)와 같은 비고전적 카르보늄이온이 (c)와 공존하며, 반응은 양쪽을 중간체로서 진행한다라고 생각해도 설명할 수 있다.

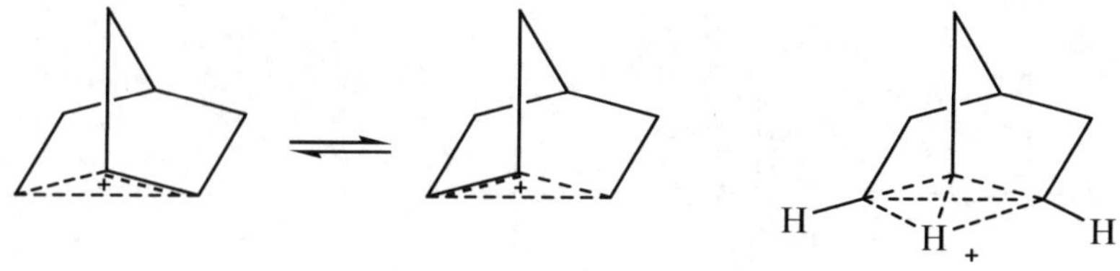

(d)

07 다음과 같은 도식에 따르는 실험을 행하면 좋다.
Hofmann 전위를 경유한 (a) 또는 (b)와, Beckmann 전위를 경유한 (a) 또는 (b)가 광학적으로 같으면, Beckmann 전위가 입체보존인 것을 나타낸다.

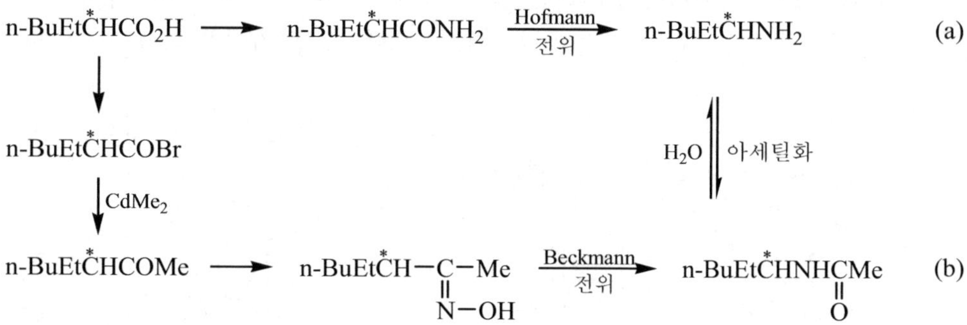

제10장 라디칼 반응

01 1) $BrCH_2-CH_2(CH_2)_8CO_2H$

2) $CH_3CHBr-CH(CH_3)_2$

3) $C_6H_5CH_2CH_2SC_6H_5$

4) $CH_3OCO(CH_2)_8COO^- \xrightarrow{-e} CH_3OCO(CH_2)_8COO\cdot \longrightarrow CH_3OCO(CH_2)_8\cdot + CO_2$
$2CH_3OCO(CH_2)_8\cdot \longrightarrow CH_3O_2C(CH_2)_{16}CO_2CH_3$

5) $t\text{-}Bu_2O_2 \longrightarrow 2t\text{-}BuO\cdot$
$CH_2(CO_2Et)_2 + t\text{-}BuO\cdot \longrightarrow \cdot CH(CO_2Et)_2 + t\text{-}BuOH$
$C_6H_5CH{=}CH_2 + \cdot CH(CO_2Et)_2 \longrightarrow C_6H_5\dot{C}HCH_2CH(CO_2Et)_2$
$C_6H_5\dot{C}HCH_2CH(CO_2Et)_2 + CH_2(CO_2Et)_2 \longrightarrow C_6H_5CH_2CH_2CH(CO_2Et)_2 + \cdot CH(CO_2Et)_2$

6) $(CH_3COO)_2 \longrightarrow CH_3\cdot$
$CH_3\cdot + CHCl_3 \longrightarrow CH_4 + \cdot CCl_3$
$\cdot CCl_3 + C_6H_{13}CH{=}CH_2 \longrightarrow C_6H_{13}\dot{C}HCH_2CCl_3$
$C_6H_{13}\dot{C}HCH_2CCl_3 + CHCl_3 \longrightarrow C_6H_{13}CH_2CH_2CCl_3 + \cdot CCl_3$

7) $t\text{-BuOOH} + Co^{2+} \longrightarrow t\text{-BuO}\cdot + OH^- + Co^{3+}$

$t\text{-BuOOH} + Co^{3+} \longrightarrow t\text{-BuOO}\cdot + H^+ + Co^{2+}$

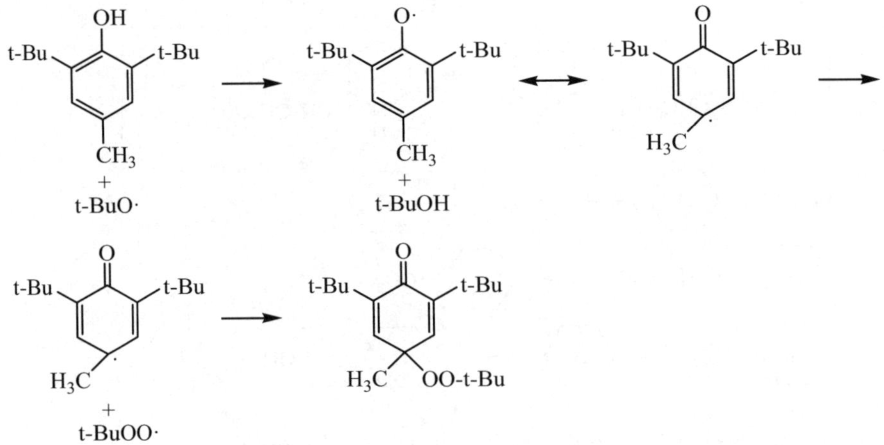

8) $(CH_3COO)_2 \longrightarrow 2CH_3COO\cdot \longrightarrow 2CH_3\cdot + 2CO_2$

$CH_3\cdot + ClCH_2CO_2H \longrightarrow CH_4 + Cl\dot{C}HCO_2H$

$2Cl\dot{C}HCO_2H \longrightarrow (Cl\dot{C}HCO_2H)_2$

9) $CH_3CH{=}CHCl + HBr \xrightarrow{BPO} CH_3CHBrCH_2Cl$

중간라디칼은, $CH_3CHBr\dot{C}HCl$, $CH_3\dot{C}HCHBrCl$이지만, 앞쪽이 염소와의 공액으로 안정화하기 때문이다.

10) $CH_3SH + CFCl{=}CF_2 \xrightarrow{光} CH_3SCF_2CHFCl$

중간 라디칼 $CH_3SCF_2\dot{C}FCl$쪽이 $CH_3SCFClCF_2\cdot$에 비하여 안정하다(염소와의 공액이기 때문이다).

11) $CH_3{-}\underset{OCOCH_3}{C}{=}CH_2 + \underset{HP(OEt)_2}{\overset{O}{\|}} \xrightarrow{BPO} CH_3\underset{H_3COCO}{C}HCH_2\underset{O}{\overset{}{P}}(OEt)_2$

12) $(C_6H_5COO)_2 \longrightarrow 2C_6H_5COO\cdot$

$C_6H_5COO\cdot \longrightarrow C_6H_5\cdot + CO_2$

$C_6H_5\cdot + t\text{-BuOCl} \longrightarrow t\text{-BuO}\cdot + C_6H_5Cl$

$t\text{-BuO}\cdot + PhCHO \longrightarrow t\text{-BuOH} + Ph\dot{C}O$

$Ph\dot{C}O + t\text{-BuOCl} \longrightarrow PhCOCl + t\text{-BuO}\cdot$

13)

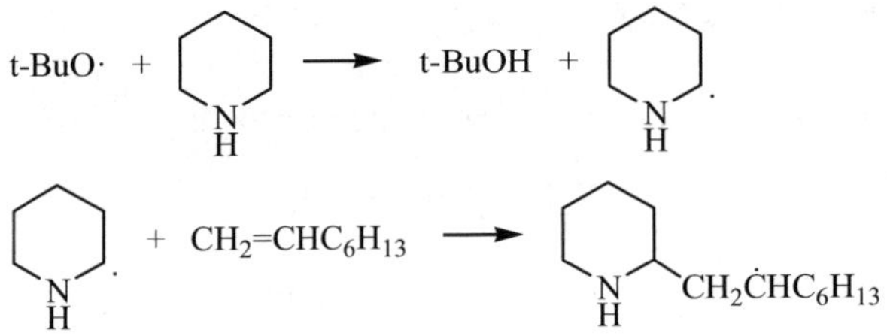

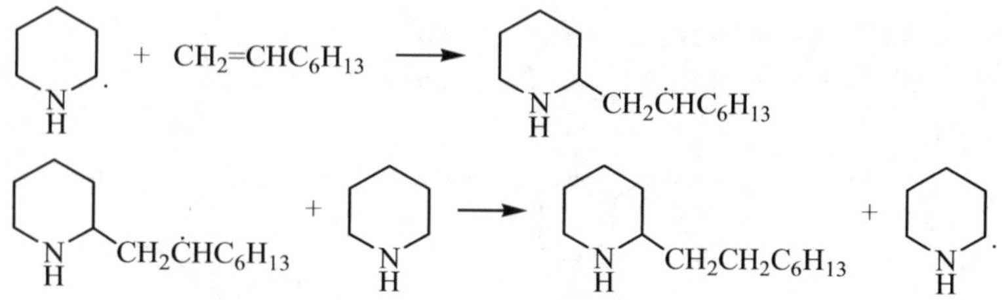

14)

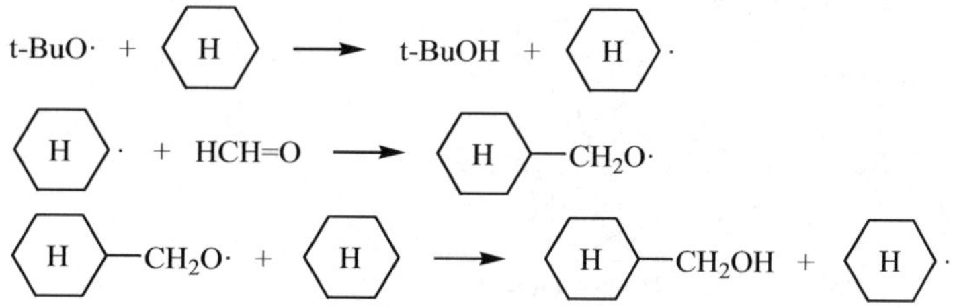

시클로헥실라디칼은 카르보닐탄소원자쪽에 부가한다.

15)

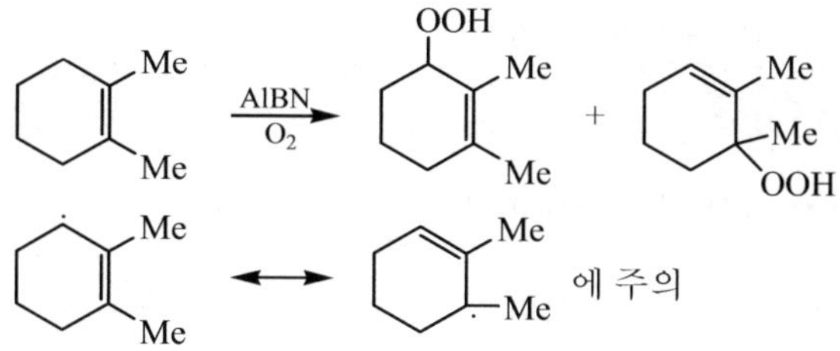

16)

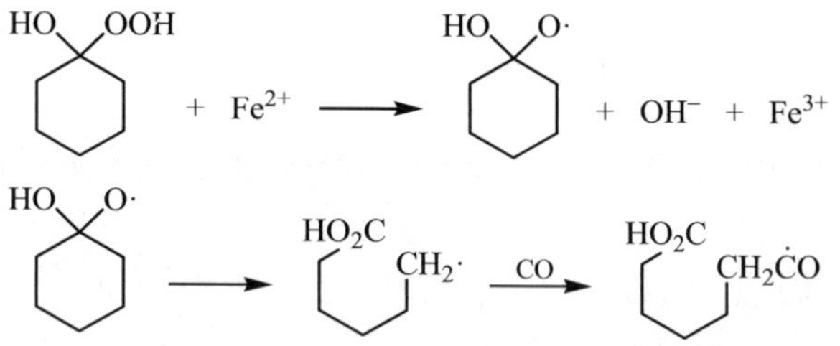

$$\xrightarrow[-Fe^{2+}]{Fe^{3+}} HO_2C(CH_2)_4CH_2C^{+}O \xrightarrow[-H^{+}]{H_2O} HO_2C(CH_2)_5CO_2H$$

17) $PhSO_2Cl + CuCl \longrightarrow PhSO_2\cdot + CuCl_2$

$PhSO_2\cdot + CH_2{=}CHPh \longrightarrow PhSO_2CH_2\dot{C}HPh$

$PhSO_2CH_2\dot{C}HPh + CuCl_2 \longrightarrow PhSO_2CH_2CHClPh + CuCl$

18) $n\text{-}C_4H_9CMe_2OCl \xrightarrow{光} n\text{-}C_4H_9CMe_2O\cdot + Cl\cdot$

$\xrightarrow[\text{(1)}]{\text{1,5-H 이동}} CH_3\dot{C}HCH_2CH_2CMe_2OH \xrightarrow{(1)} CH_3CHClCH_2CH_2CMe_2OH$ (55%)

$\xrightarrow{\text{분해}} Me_2CO + n\text{-}C_4H_9\cdot \xrightarrow{(1)} n\text{-}C_4H_9Cl$ (15%)

클로로벤젠으로 희석하면, 알데히드(1)의 농도가 감소(탈취되기 쉬운 수소의 농도가 감소)하고, 전위생성물(3)의 생성이 증가한다.

02 1)

$$\left(\mathrm{Me_2C(CN)-N=}\right)_2 \longrightarrow 2\mathrm{Me_2\dot{C}(CN)} + \mathrm{N_2}$$

$$\mathrm{Me_2\dot{C}C{\equiv}N} \longleftrightarrow \mathrm{Me_2C{=}C{=}N\cdot}$$

$$\mathrm{Me_2\dot{C}C{\equiv}N} + \mathrm{Me_2C{=}C{=}N\cdot} \longrightarrow \mathrm{Me_2C{=}C{=}NCMe_2(CN)} \qquad \text{(a)}$$

(a)는 장시간의 반응에서는, 원래의 라디칼로 분해하며 열역학적으로 안정한 테트라메틸숙신디니트릴로 재회합한다.

2) $Cl_2 \xrightarrow{光} 2Cl\cdot$

$Cl\cdot + CHCl{=}CCl_2 \longrightarrow CHCl_2CCl_2\cdot$

$CHCl_2CCl_2\cdot + O_2 \longrightarrow CHCl_2CCl_2OO\cdot$

$2CHCl_2CCl_2OO\cdot \longrightarrow 2CHCl_2CCl_2O\cdot + O_2$

$CHCl_2CCl_2O\cdot \longrightarrow CHCl_2COCl + Cl\cdot$

3) $HBr + (PhCOO)_2 \longrightarrow \longrightarrow Br\cdot$

$Br\cdot + CH_2{=}CHCHBrCH_3 \longrightarrow BrCH_2\dot{C}HCHBrCH_3 \xrightarrow{-Br\cdot} BrCH_2CH{=}CHCH_3$

Br· 의 부가는 가역적인 것에 주의할 것

4) $N_2CHCO_2Me \xrightarrow{光} N_2 + :CHCO_2Me$

$:CHCO_2Me + BrCCl_3 \longrightarrow Br\dot{C}HCO_2Me + \cdot CCl_3$

$\cdot CCl_3 + N_2CHCO_2Me \longrightarrow N_2 + Cl_3C\dot{C}HCO_2Me$

$Cl_3C\dot{C}HCO_2Me \xrightarrow{1,2\text{-Cl이동}} Cl_2\dot{C}CHClCO_2Me$

$Cl_2\dot{C}CHClCO_2Me + BrCCl_3 \longrightarrow BrCCl_2CHClCO_2Me + \cdot CCl_3$

$2\cdot CCl_3 \longrightarrow C_2Cl_6$

$BrCCl_2CHClCO_2Me \xrightarrow{-HBr} CCl_2{=}CClCO_2Me$

5)

$Cl_2 \xrightarrow{光} 2Cl\cdot$, $Cl\cdot + C_6H_6 \longrightarrow$ 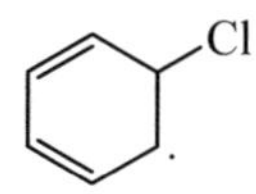

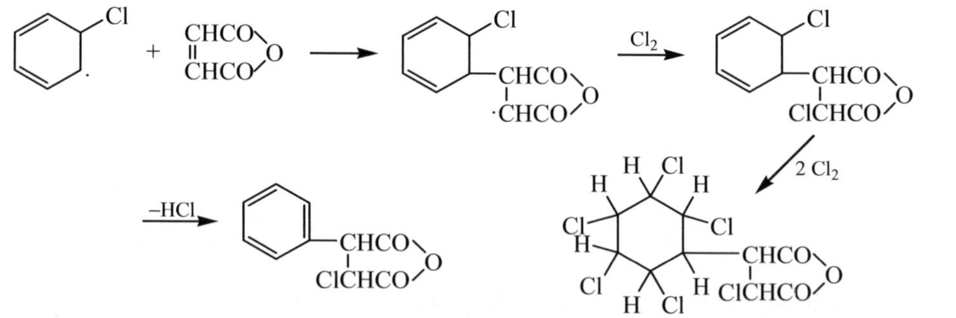

6)

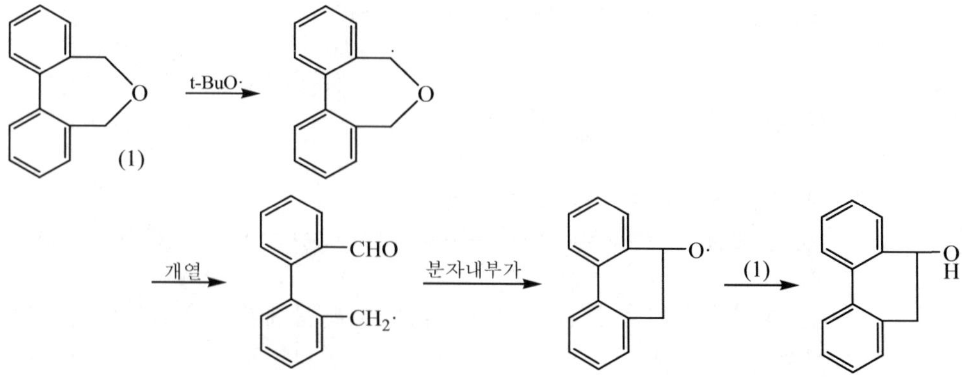

7) $(PhCOO)_2 \longrightarrow Ph\cdot$

$Ph\cdot + CHCl{=}CCl_2 \longrightarrow PhCHCl\dot{C}Cl_2 \longrightarrow PhCH{=}CCl_2 + Cl\cdot$

$Cl\cdot + CHCl{=}CCl_2 \longrightarrow CHCl_2\dot{C}Cl_2$

$CHCl_2\dot{C}Cl_2 + CHCl{=}CCl_2 \longrightarrow CHCl_2CCl_2CHCl\dot{C}Cl_2$

$CHCl_2CCl_2CHCl\dot{C}Cl_2 \longrightarrow CHCl_2CCl_2CH{=}CCl_2 + Cl\cdot$

$CHCl_2CCl_2CHCl\dot{C}Cl_2 \xrightarrow{\text{이량화}} C_8H_4Cl_{14}$

$PhCHCl\dot{C}Cl_2 + CHCl{=}CCl_2 \longrightarrow PhCHClCCl_2CHCl\dot{C}Cl_2$

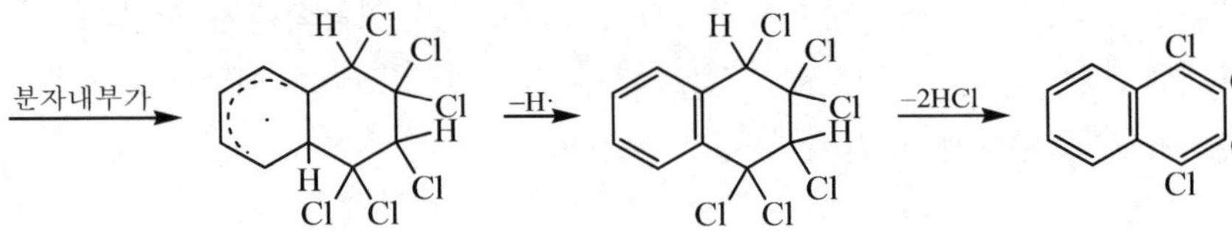

8) $(PhCOO)_2 \longrightarrow Ph\cdot$

$Ph\cdot + CCl_4 \longrightarrow PhCl + \cdot CCl_3$

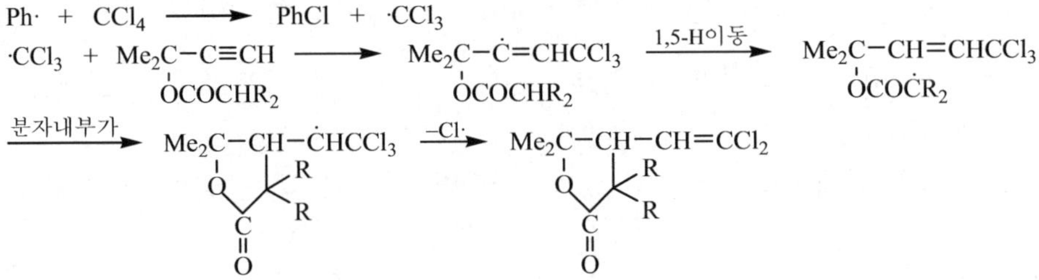

03

1)

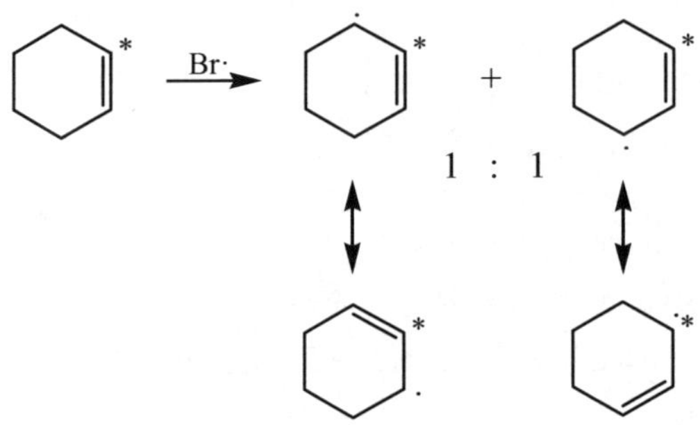

위의 2종류의 공명이 같은 비율로서 일어나기 때문에.

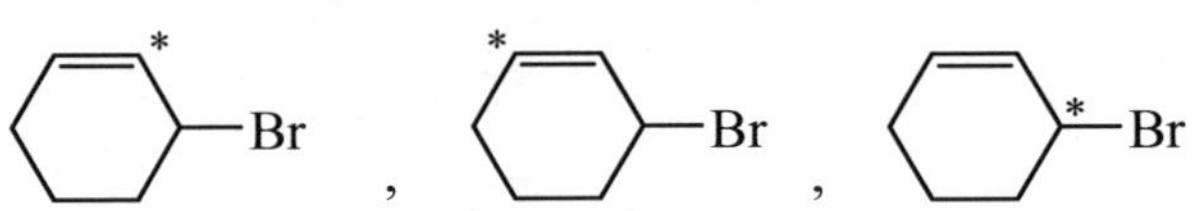

은 2 : 1 : 1 로서 생성한다.

2) $Me_2C=CHCN$에서는, CN의 공액능력이 크기 때문에, $Me_2\dot{C}-CH(CO-n-pr)CN$보다도 $Me_2C(CO-n-pr)\dot{C}HCN$ 쪽이 안정해 지며, $Me_2C(CO-n-pr)CH_2CN$ 만을 생성한다. 한편, $Me_2C=CHCO_2Et$에서는, CO_2Et의 공액능력이 CN보다도 작기 때문에, $Me_2\dot{C}CH(CO-n-pr)CO_2Et$와 $Me_2C(CO-nPr)\dot{C}HCO_2Et$의 안정성의 차이가 작아지며, 혼합물을 생성한다.

3) 아조디페닐메탄의 분해로서 생성하는 $Ph_2\dot{C}H$는, 공명안정화로 인하여 용매 $Ph_2{}^{14}CH_2$로부터는 거의 수소를 탈취하지 않고, 그 자신이 이량화하기 때문에, 생성하는 테트라페닐에탄에서는 거의 ^{14}C가 함유되지 않는다. 그러나 페닐메르캅탄의 존재하에서는, 이 수소원자가 탈취되기 쉽게 때문에,

$$Ph_2CH\cdot + PhSH \rightarrow Ph_2CH_2 + PhS\cdot$$
$$PhS\cdot + Ph_2{}^{14}CH_2 \rightarrow PhSH + Ph_2{}^{14}CH\cdot$$

가 일어나며, $Ph_2{}^{14}CH\cdot$가 회합에 관여하기 때문에, 테트라페닐에탄에는 상당히 ^{14}C가 함유된다.

4) 방향족 알데히드에서는 수소가 탈취되면, 다음과 같은 공명이 생각된다.

따라서 수소가 탈취되기 쉬우며, 자동산화하기 쉽다.

5) 에탄올중에서는 다음과 같은 라디칼반응이 일어난다.

$$C_6H_5N_2{}^+Cl^- \rightarrow C_6H_5N_2\cdot + Cl\cdot$$
$$C_6H_5N_2\cdot \rightarrow C_6H_5\cdot + N_2$$
$$C_6H_5\cdot + CH_3CH_2OH \rightarrow C_6H_6 + CH_3\dot{C}HOH$$

메탄올중에서는 다음과 같은 이온반응이 일어난다.

$$C_6H_5N_2{}^+Cl^- \rightarrow C_6H_5{}^+ + N_2 + Cl^-$$
$$C_6H_5{}^+ + CH_3OH \rightarrow C_6H_5OCH_3 + H^+$$

(제6장 참조)

에탄올에서는 2차수소를 갖지만, 메탄올에서는 1차수소만을 갖기 때문에 라디칼에 의한 탈취반응이 일어나기 어렵기 때문이다.

04 1) $C_6H_5CH_3$ $\xrightarrow{\text{혼산}}$ p-니트로톨루엔 $\xrightarrow{\text{환원}}$ p-톨루이딘

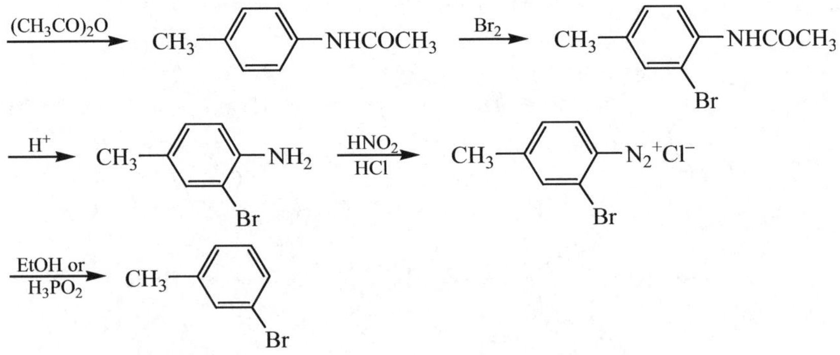

2)

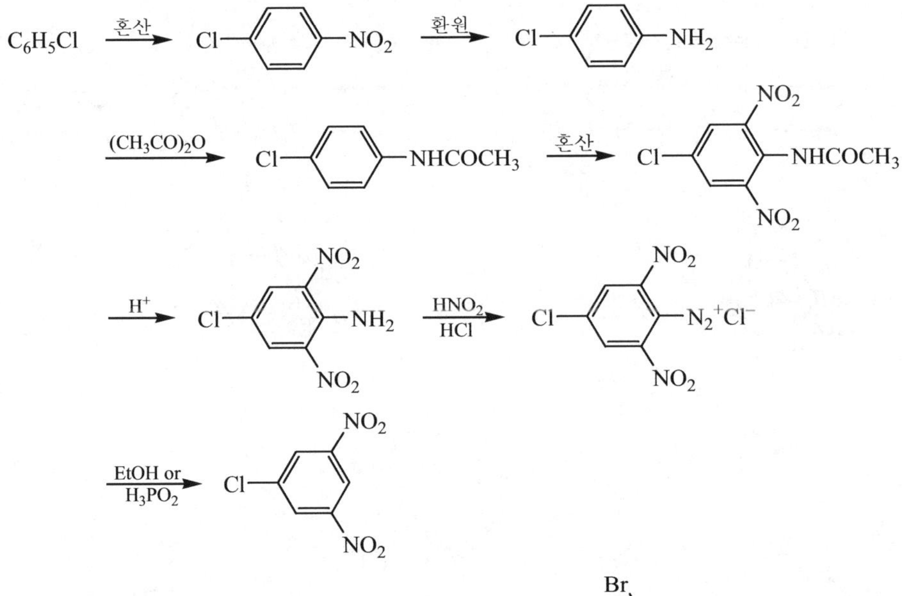

3)

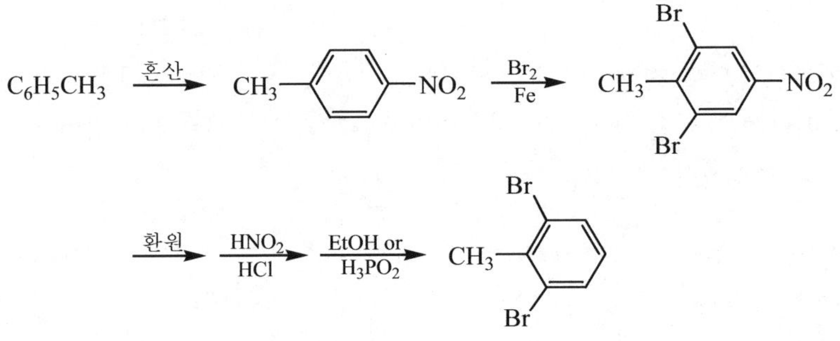

제11장 환상부가와 관련반응

01 1)

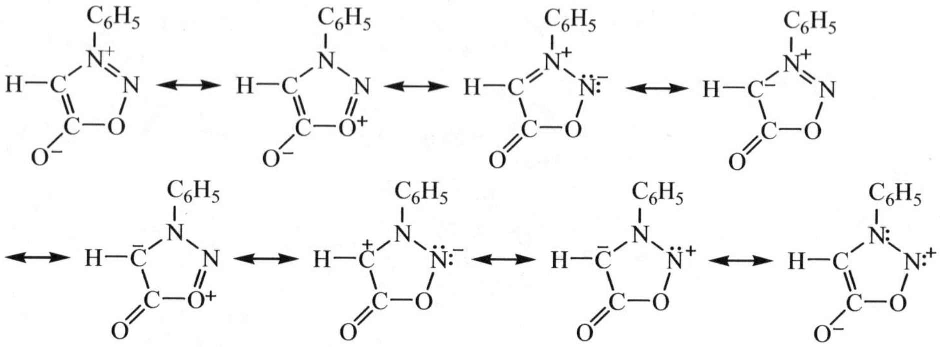

2)

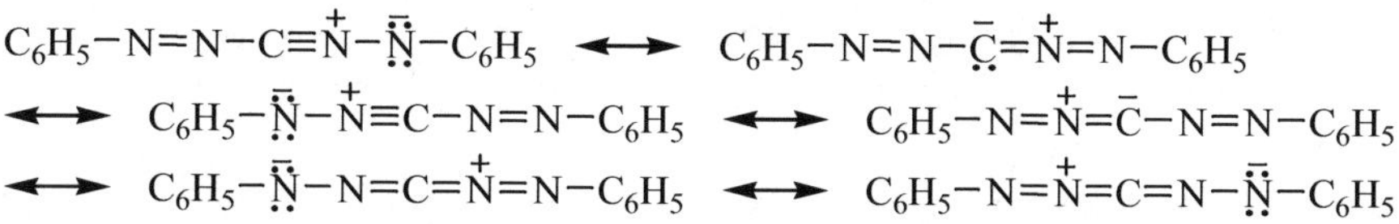

02 1)

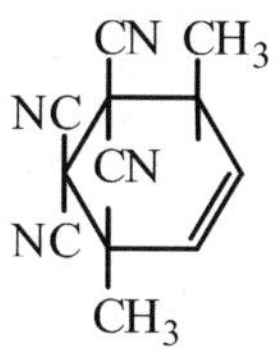

2)

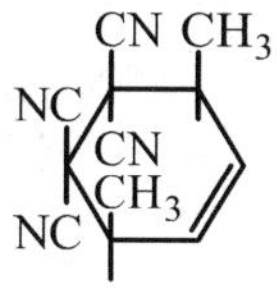

3)

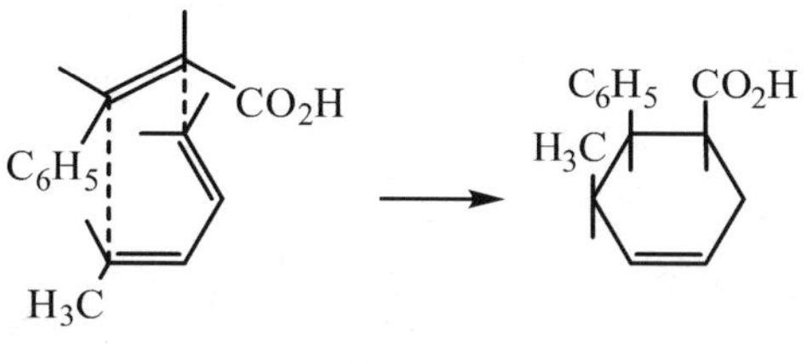

라디칼메카니즘으로 진행한다라고 하기에는 생성물의 입체특이성을 설명하는데 문제가 있지만, 배향성은 일단 생성하는 비라디칼중간체의 안정성으로 설명된다. 즉 (a)~(d)중 (a)가 가장 안정하다.

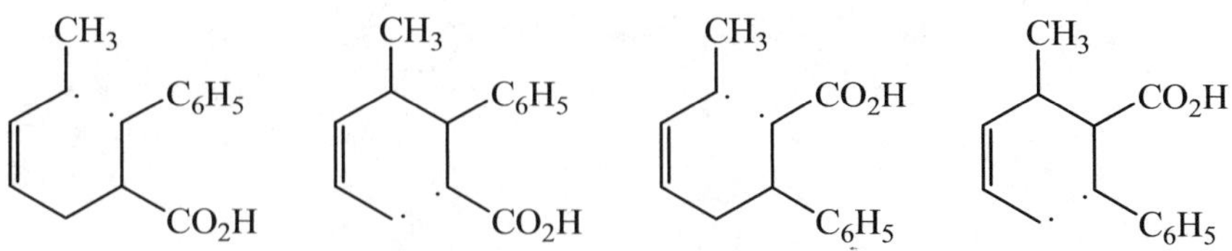

(a) (b) (c) (d)

4) 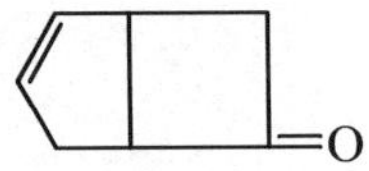

5) 본문 3절의 부분속도비의 값을 참조하기 바란다.

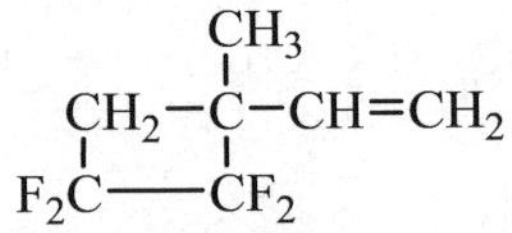

6) 중간체 비라디칼은 아래의 것이 가장 안정하다.

7) 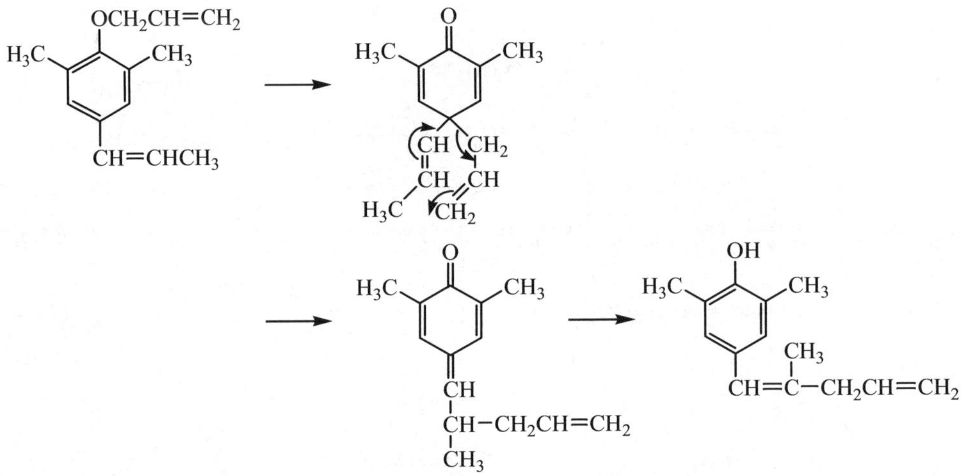

8) 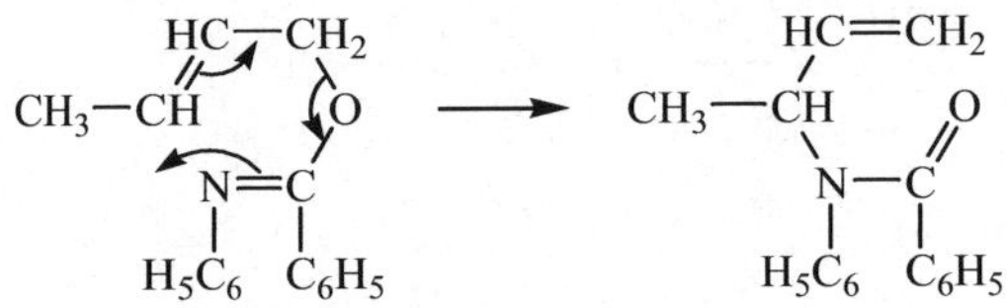

9) 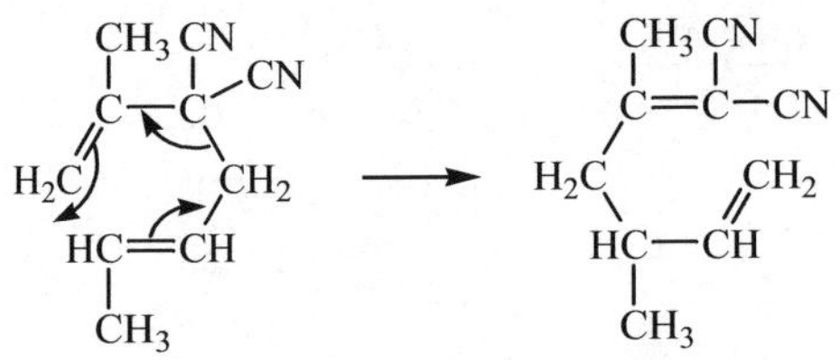

10)

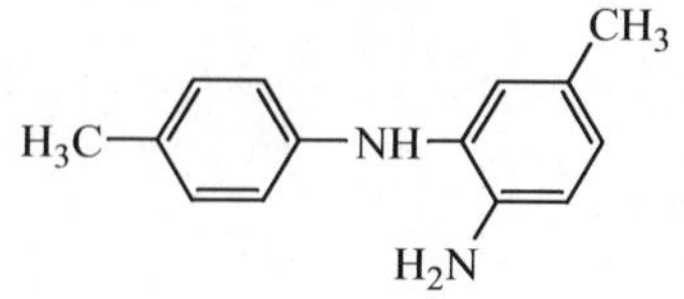

11)

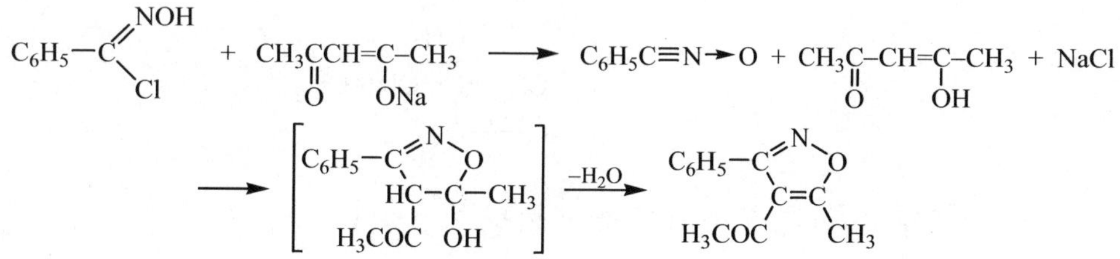

12)

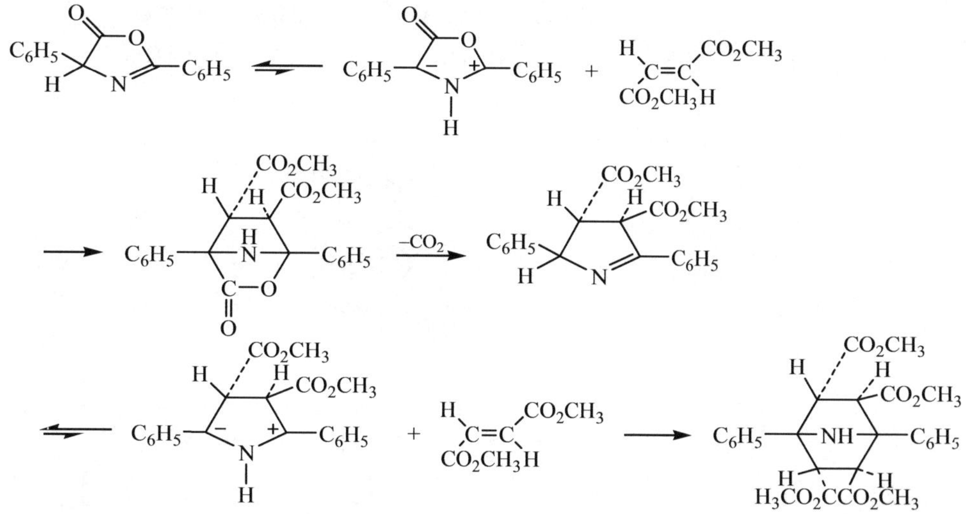

13)

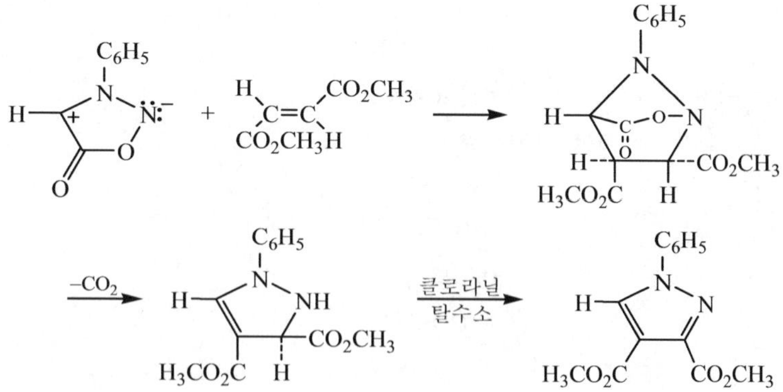

14) 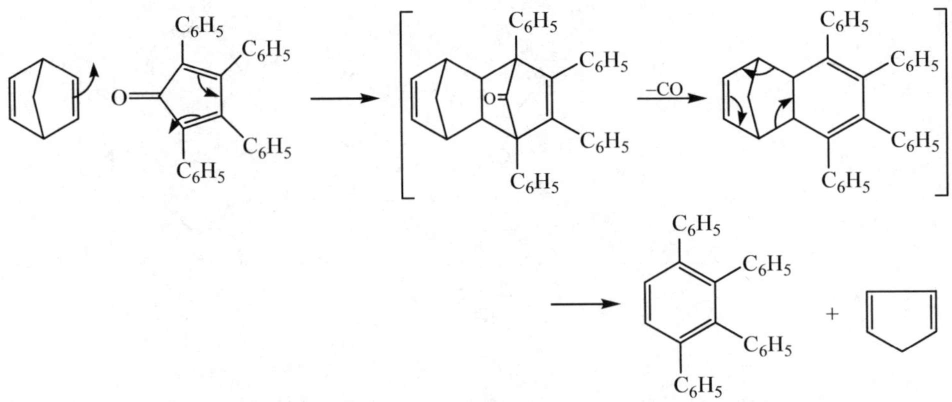

15) 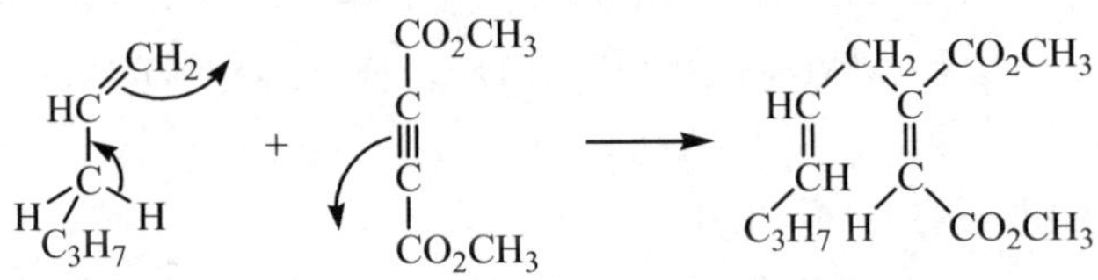

환상전자이동을 일으키고, 이중결합이 알릴위치에 이동하며 시스부가를 한다.

16) 부타디엔유도체의 빛에 의한 폐환반응이라고 생각된다. 따라서 반대방향으로 회전한다.

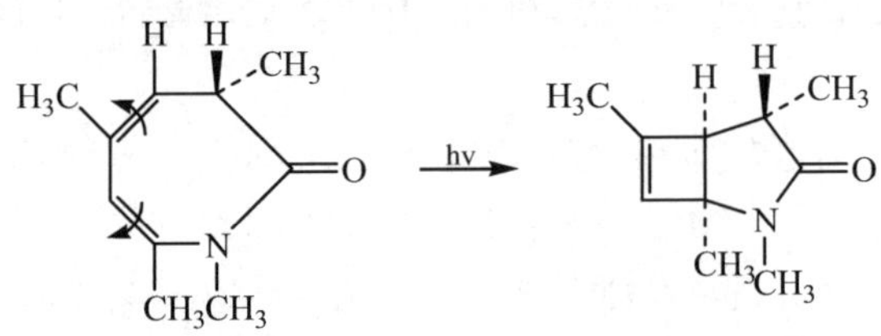

17) 16)과 마찬가지로 생각하면 (1)이 설명된다.

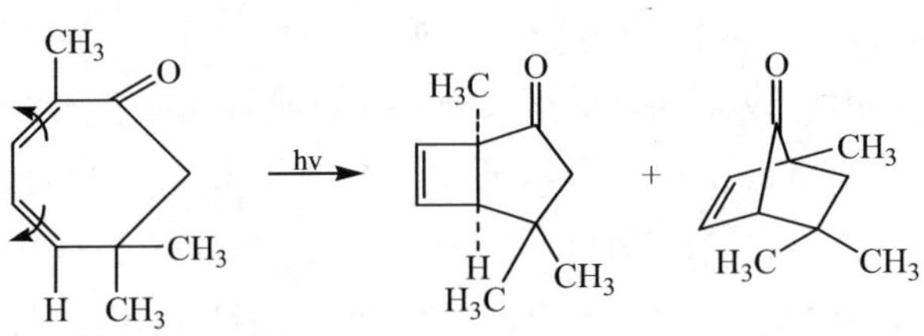

(a) 1 2

(2)가 생성하는 메카니즘은 얼핏 다음과 같이 이해할 수 있다. (a)의 공액계는 길기 때문에 광조사에 의하여 n→π*뿐만이 아니고, π→π*전이도 일어난다고 생각된다. 카르보닐기의 π→π*여기상태에서는 $C^{+}-O^{-}$의 분극이 강해지기 때문에, 용매로부터 프로톤을 탈취하며, (3)과 같은 π→π*여기펜타디엔일카티온이 생성한다고 예상된다.

(a) 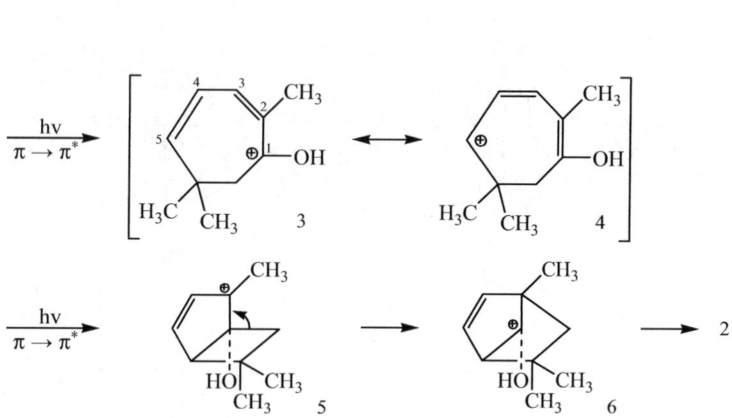

펜타디엔일카티온이 Woodward-Hofmann 규칙에 따라서 (5)를 생성하고, 이것이 Wagner-Meerwein 전위를 하여 (6)을 경유하고 (2)를 생성한다라고 생각된다.

03 1) 다음의 i), ii) 2가지의 이유가 생각된다.

i) 환상부가반응이 일어나기 때문에 가장 중요한 것은, 1,3-쌍극자와 올레핀간의 전자이동이다. 카르보닐기, 페닐기 등이 치환된 올레핀은 공액의 존재에 의하여 그것이 없는 올레핀에 비하여 분해율이 높아지며, 따라서 그 전자이동이 일어나기 쉬워진다라고 생각된다. cis-올레핀과 trans-올레핀을 생각하면 전자는 후자에 비하여 입체장애에 의하여 공액이 감소하며, 따라서 분극율이 저하하고 반응성이 떨어진다라고 생각된다.

ii) 반응이 진행함에 따라서 올레핀의 탄소는 $sp^2 \rightarrow sp^3$로의 혼성이 변하지만, 이 때 결합각은 120°→109°로 작아지는 효과가 탄소-탄소결합이 약간 길어지는 효과를 능가하기 때문에, cis-올레핀에서는 trans-올레핀에 비하여 전이상태에서 입체적인 충돌의 증가가 현저하다고 생각된다. 따라서 전이상태의 에너지가 높아지며 반응속도는 저하한다고 생각된다.

2) Diels-Alder 반응이 일어나기 위해서는, 디엔과 친디엔제간에 전자이동이 일어나는 것이 필요하다. 일반적으로는 디엔→친디엔제쪽으로 전자이동이 일어나지만, 헥사클로로시클로펜타디엔과 스티렌의 경우는 반대이며, 후자로부터 전자쪽으로 전자이동이 일어나 반응이 진행한다. 그러나 테트라시아노에틸렌의 경우에는 디엔, 친디엔제 모두 전자흡인성기가 많이 치환되어 있기 때문에 전자이동이 일어나지 않고, 따라서 반응도 일어나지 않는다.

3) 아래의 그림과 같은 평형반응에서 (a)가 생성했다라고 생각된다. 80~100℃의 조건에서는 평형상태에서 1이 약 85%, (a)가 약 15%의 비율로서 존재한다라고 알려져 있다.

1 (a)

4) 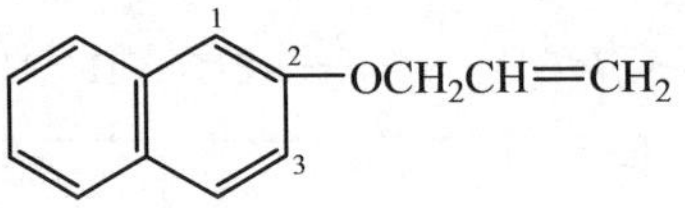

1,2 위치간의 쪽이 2,3 위치간에 비하여 이중결합성이 높기 때문에 1위치에 전위한다.

5) 아래의 식과 같은 o,o′-전위를 포함하는 평형반응이 존재하기 때문이라고 생각된다. o,o′-전위는 일반적인 오르토, 파라위치에의 Claisen 전위에 비하여 속도는 느리며, 일반적인 Claisen 전위에서는 표면에 나타나지 않는다.

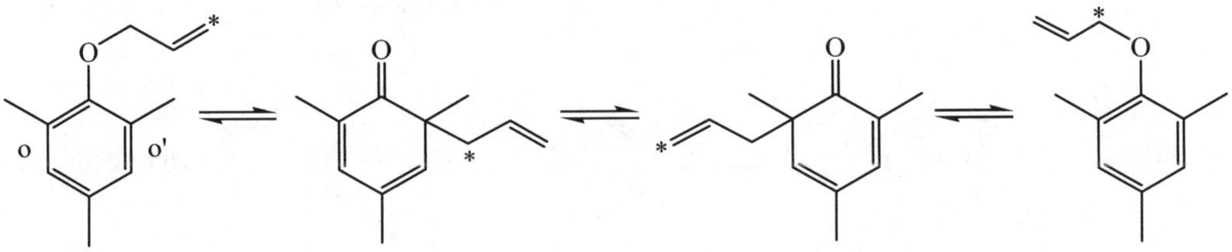

o,o′-전위의 전이상태는 아래와 같다라고 생각된다.

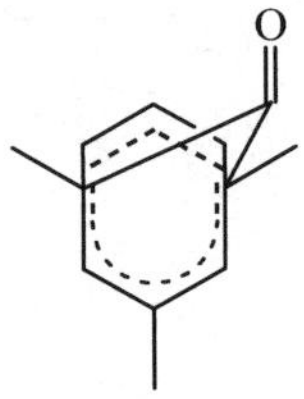

6) 일단 알릴라디칼 ($\cdot CH_2CH=\overset{*}{C}H_2 \longleftrightarrow CH_2=CH-\overset{*}{C}H_2\cdot$)을 생성하고, 이것이 파라위치에 부가한다.

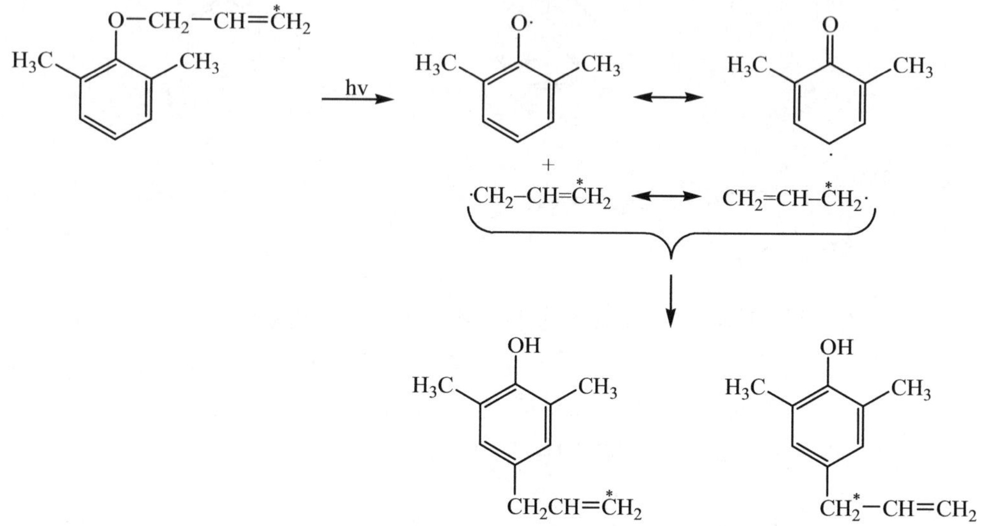

7)

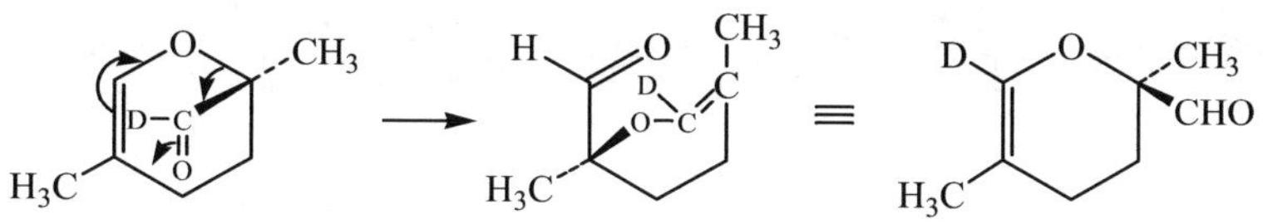

헤테로원자를 함유하는 일종의 Cope 전위이다.

04 아래의 그림과 같이 시클로헥산과의 반응에서는 시아노나이트렌을, 노르보르넨과의 반응에서는 트리아졸유도체를 중간체로 하는 메카니즘으로 설명된다.

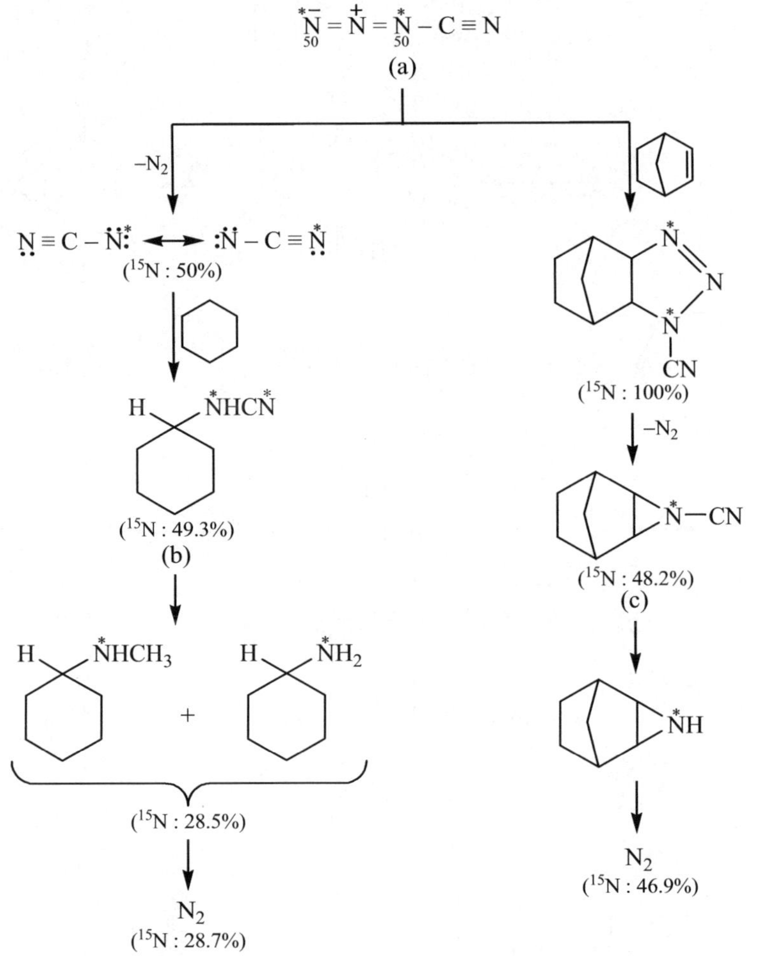

05 1)

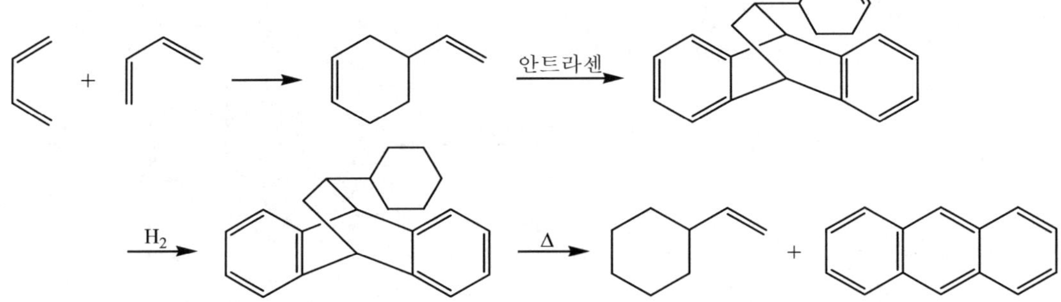

2)

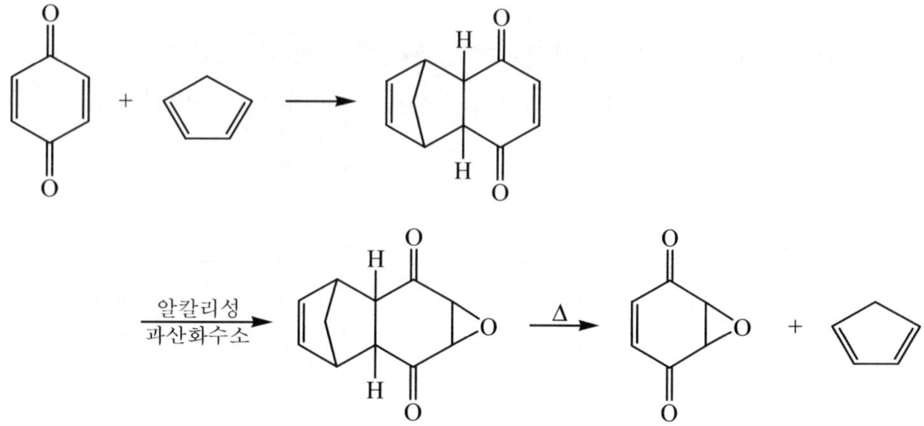

3)

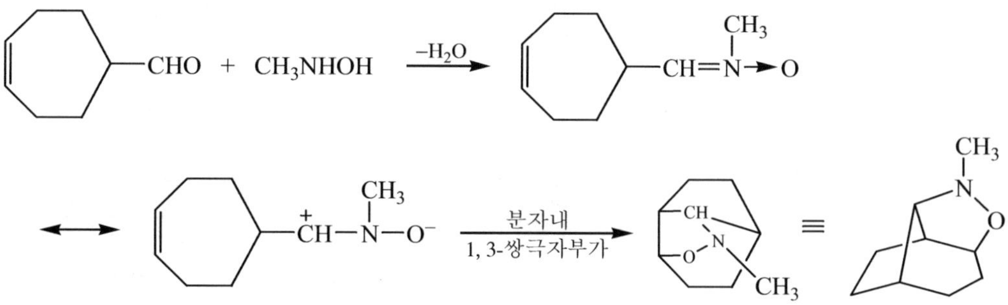

4)

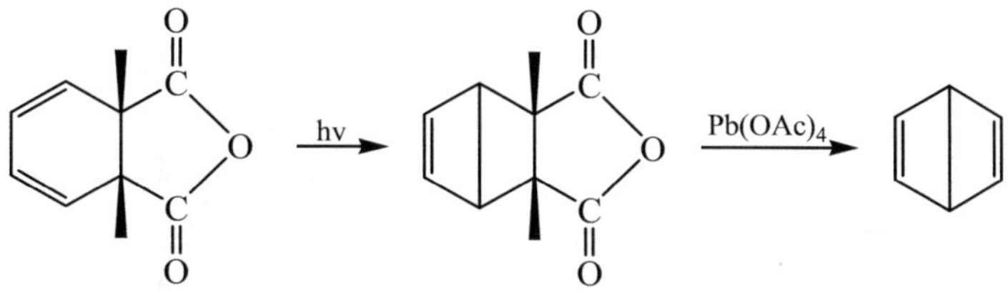

06 1)

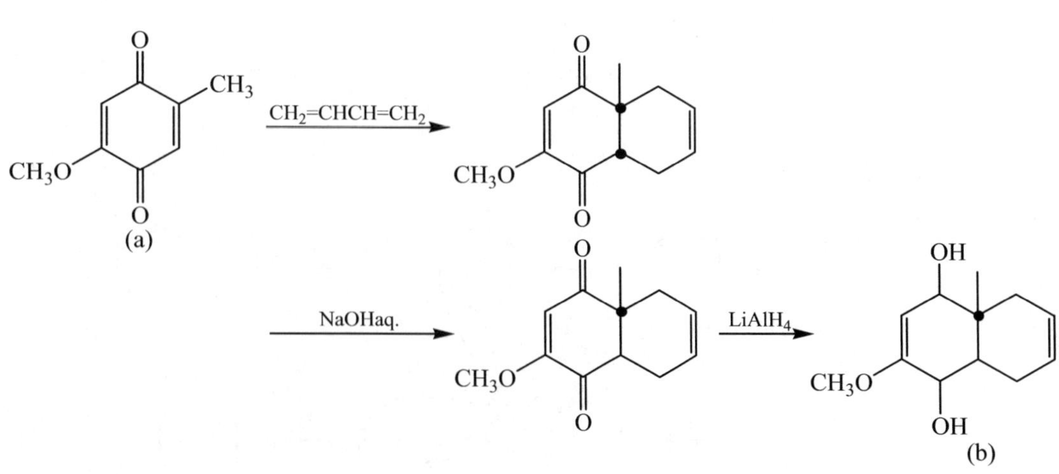

2)

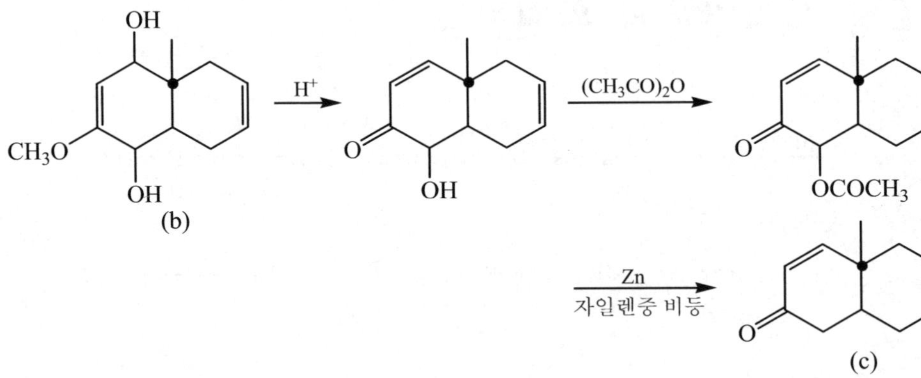
OH
CH₃O
OH
(b)
H⁺
O
OH
(CH₃CO)₂O
O
OCOCH₃
Zn
자일렌중 비등
O
(c)

3)

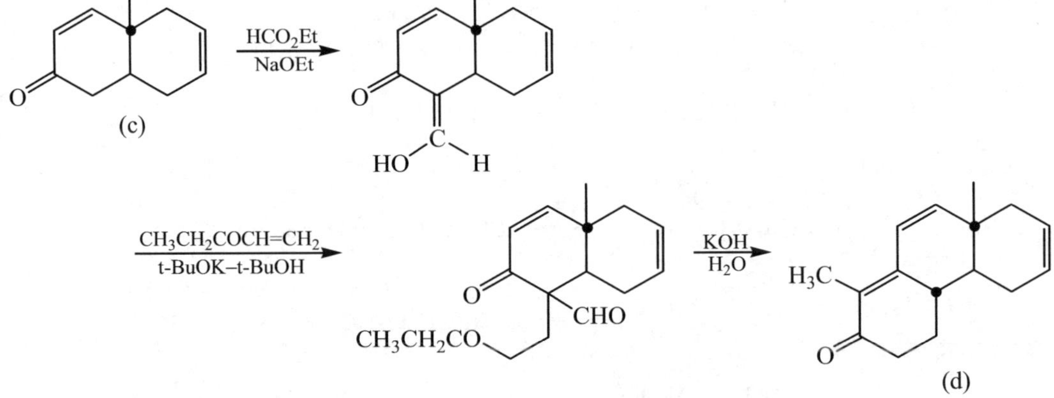
O
(c)
HCO₂Et
NaOEt
O
HO
C
H
CH₃CH₂COCH=CH₂
t-BuOK–t-BuOH
O
CHO
CH₃CH₂CO
KOH
H₂O
H₃C
O
(d)

4)

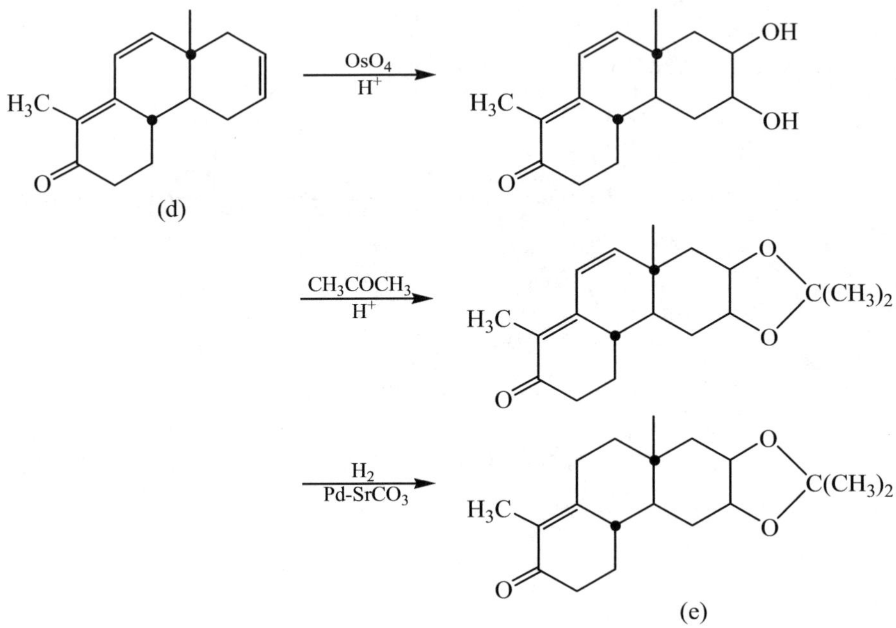
H₃C
O
(d)
OsO₄
H⁺
OH
OH
H₃C
O
CH₃COCH₃
H⁺
O
C(CH₃)₂
O
H₃C
O
H₂
Pd-SrCO₃
O
C(CH₃)₂
O
H₃C
O
(e)

제12장 산화반응과 환원반응

01 1)

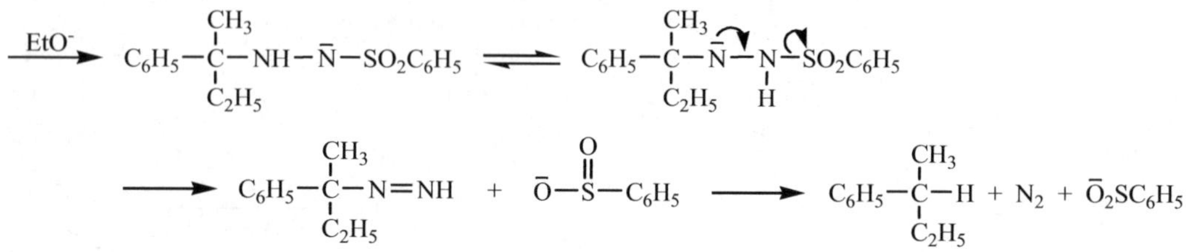

2)

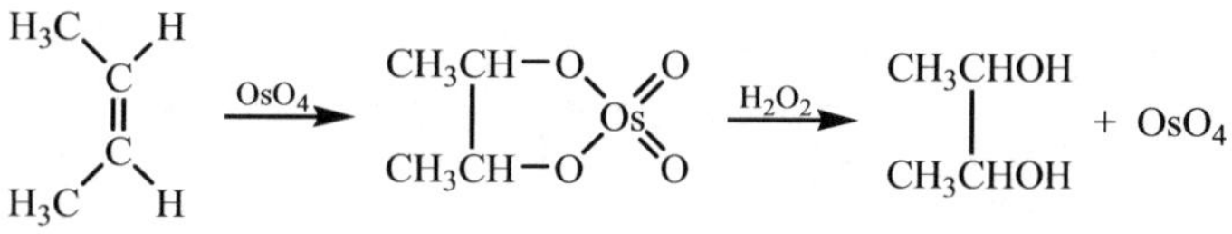

H_2O_2와 미량의 OsO_4를 Milas 시약이라고 말한다.

3)

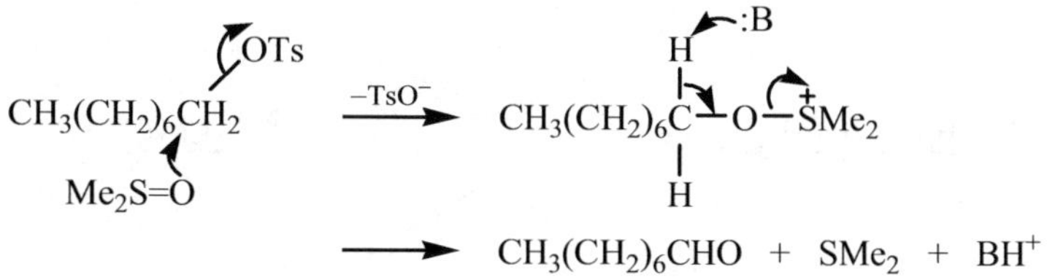

4)

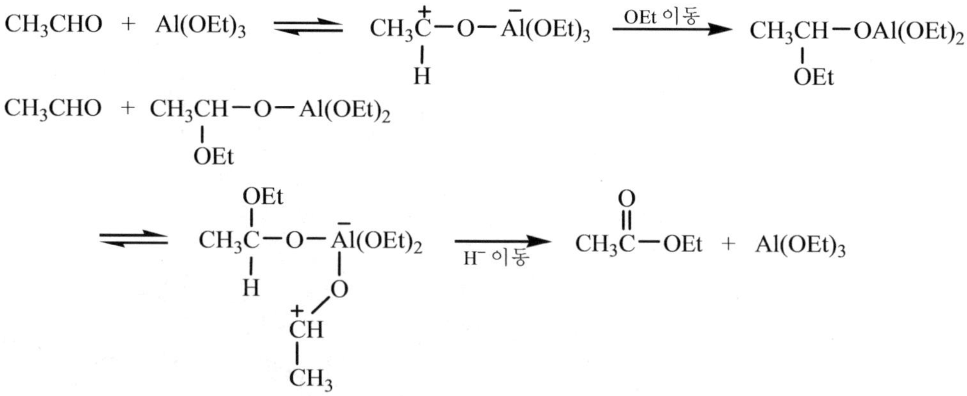

5)

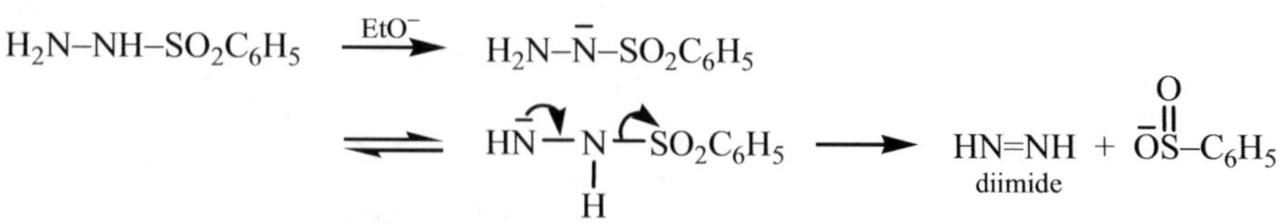

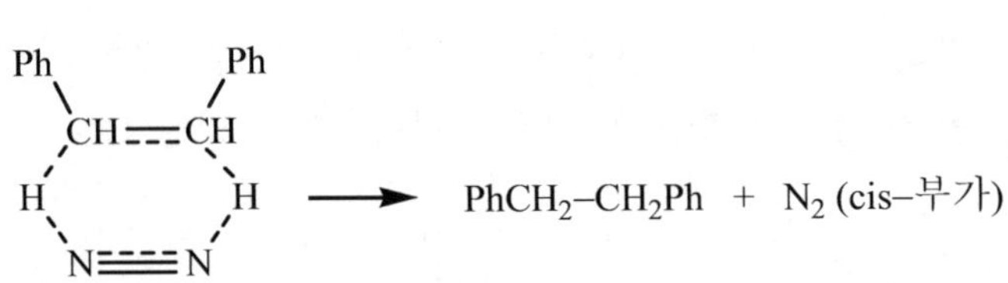

6)

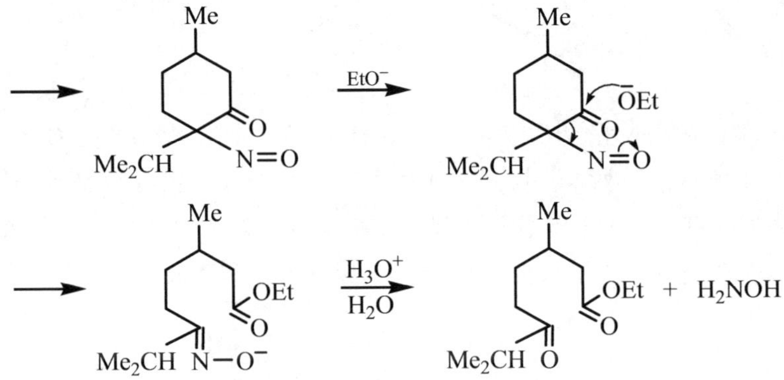

7)

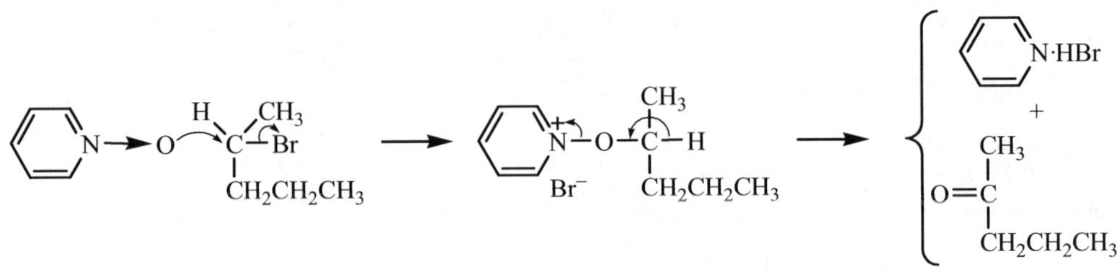

8)

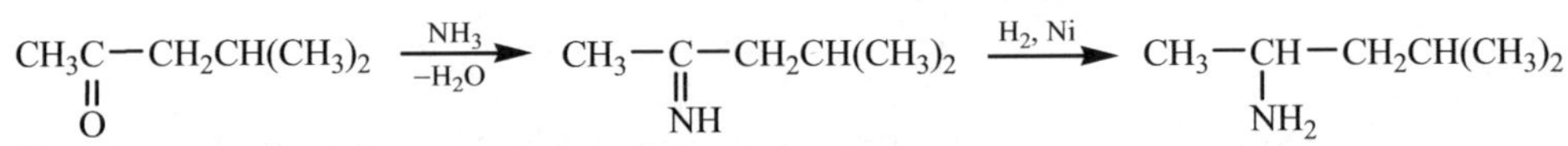

이와 같은 반응을 환원아미노화라고 말한다.

02 1)

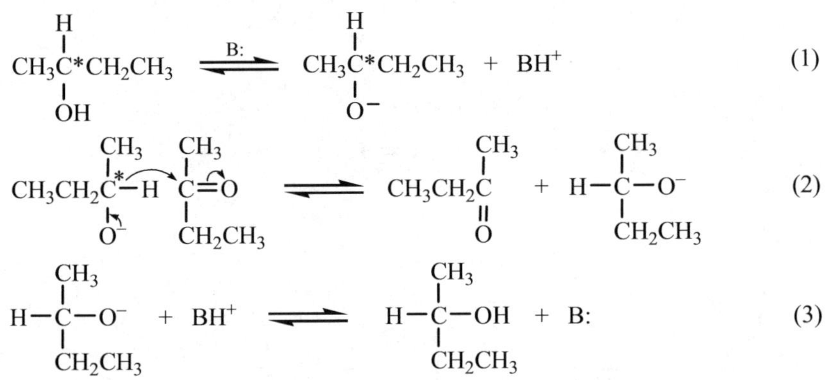

알콕사이드이온은 알루미늄알코올레이트와 같이 케톤을 환원하는 능력이 있으며, (2)

식의 평형이 성립한다. (2)식은 광학적으로 비대칭반응이지만, 광학활성의 보존율이 100%가 아니기 때문에, 평형의 반복에 의하여 광학활성을 잃는다.

2)

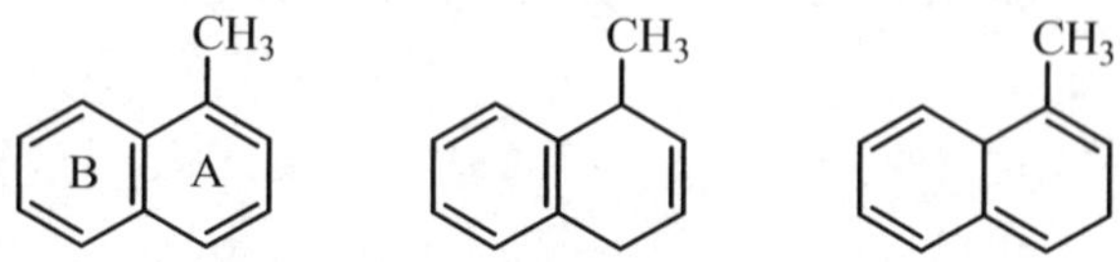

(a)의 Birch 환원에서, 만일 A환이 환원된다라고 하면, 생성물은 (b)뿐만이 아니고 (c)도 생성된다라고 생각되지만, 후자는 벤젠환의 공명을 잃기 때문에 불리하다. 중간에 생성하는 디아니온의 안정성을 생각하면, B환이 환원되어 5,8-디하이드로체로 되는 것으로 이해된다(메틸기에 의한 아니온의 불안정화).

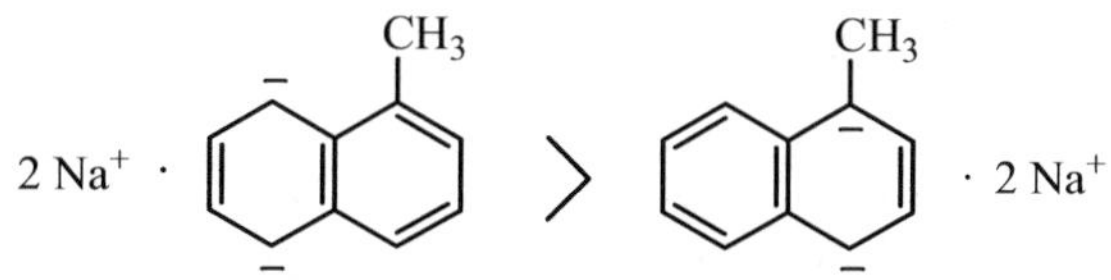

03

1)

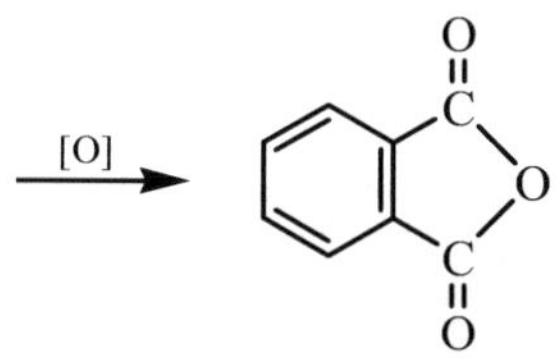

산화제는 친전자시약이기 때문에 전자밀도가 높은 쪽이 환을 공격한다.

2)

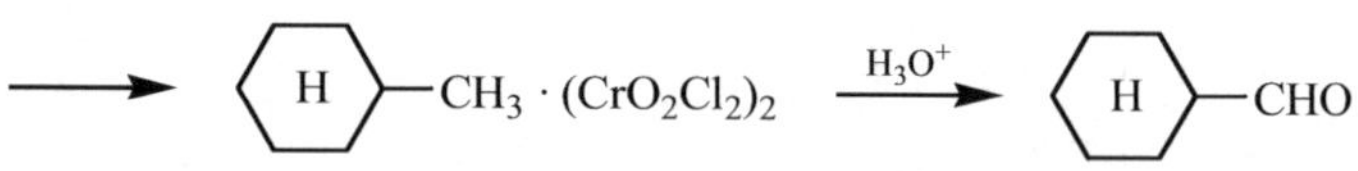

3)

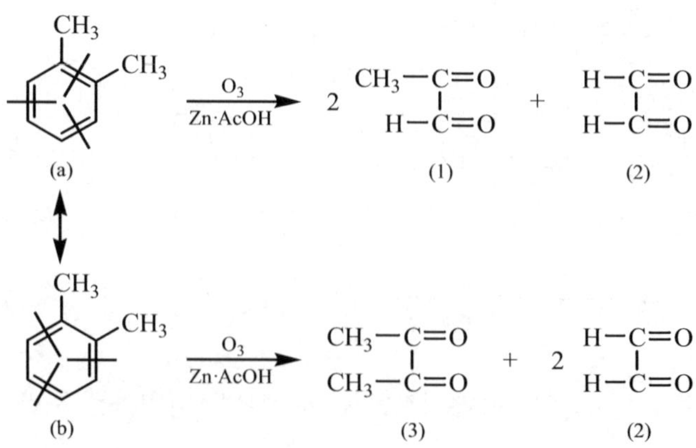

(a), (b)의 기여는 같기 때문에 전체로서 (1) : (2) : (3) = 2 : 3 : 1

4)

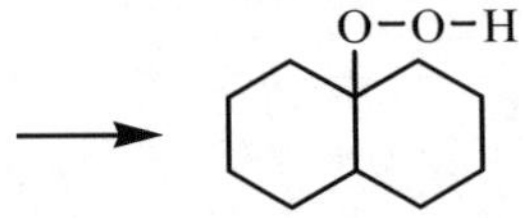

라디칼개시제에 의한 자동산화(제10장 참조)

5)

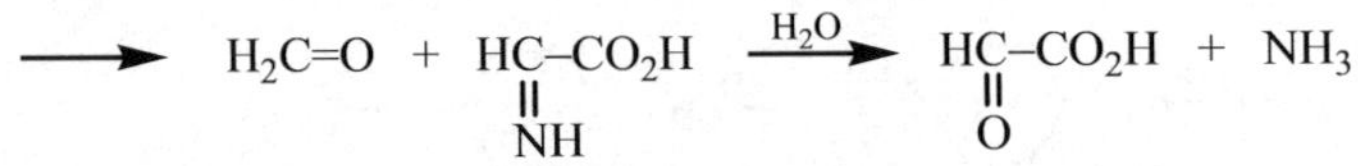

β-하이드록시-α-아미노산의 정량법이다.

6)

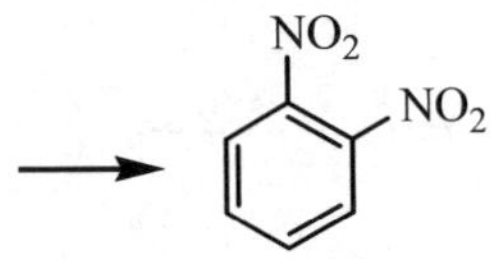

트리플루오로과아세트산은 방향족아미노기를 거의 정량적으로 니트로기로 산화한다.

7)

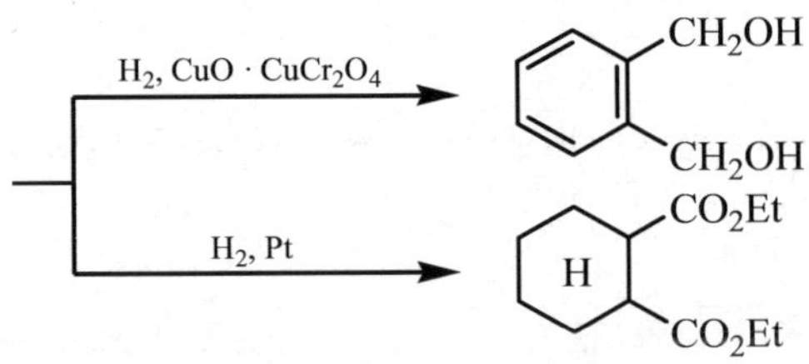

8)

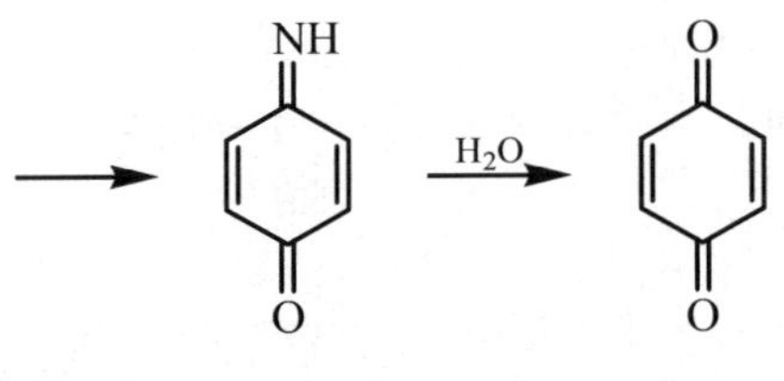

9)

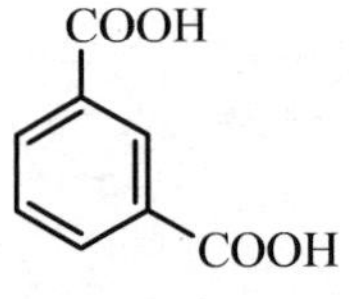

10) CH_3COCHO

11)

12)

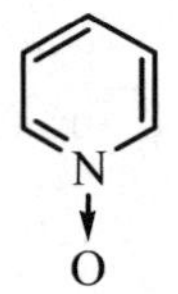

13) $(CH_3CH_2S)_2$

14) $(CH_3)_2C(OH)-C(OH)(CH_3)_2$

15)

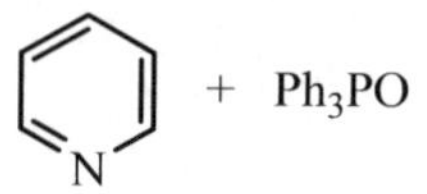

04

1)

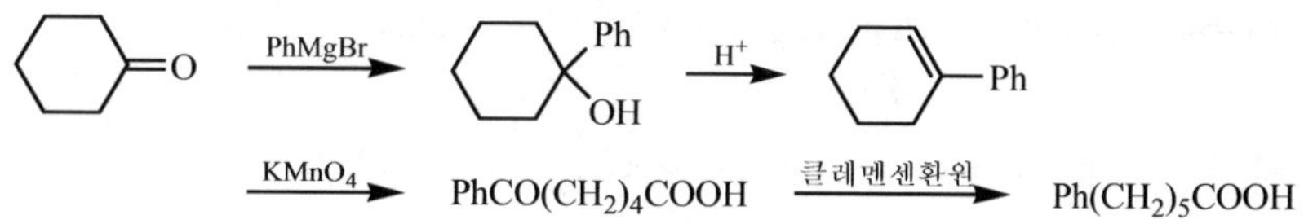

2)

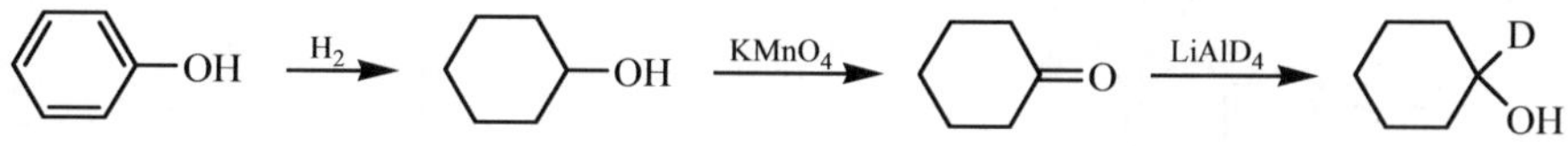

3)

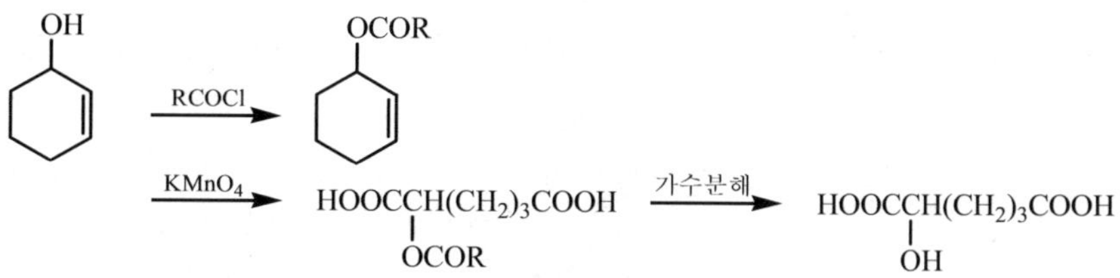

실제로는 R=OCH_2Ph가 사용되고 있다.

4)

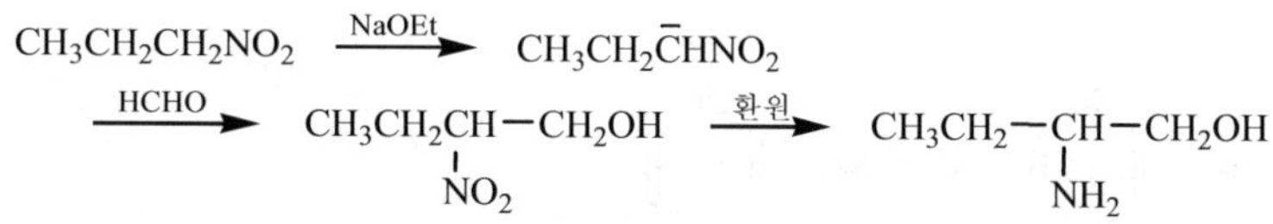

5)

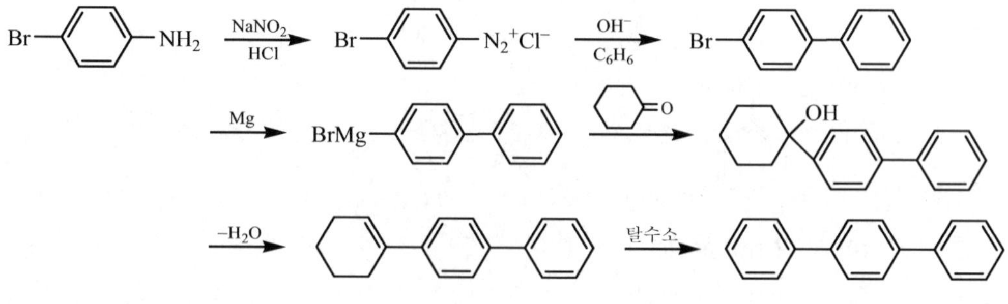

탈수소에는 클로라닐이 잘 사용된다.

05

11-위치의 수산기에는 1,3-디액시얼의 위치에 8위치의 수소와 10, 13위치의 메틸기가 있기 때문에, 3위치의 수산기 보다는 입체장애가 크다.

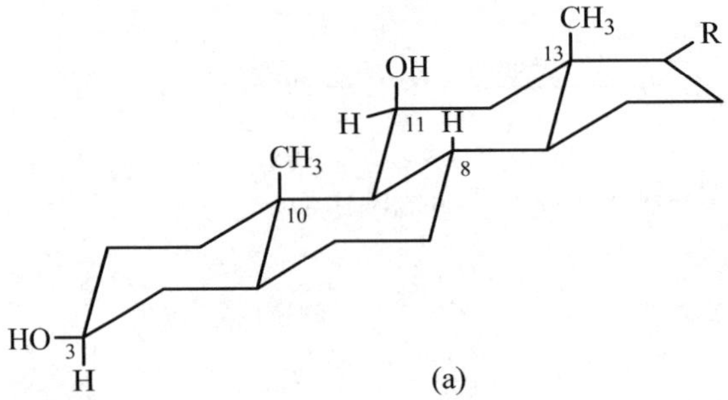

(a)

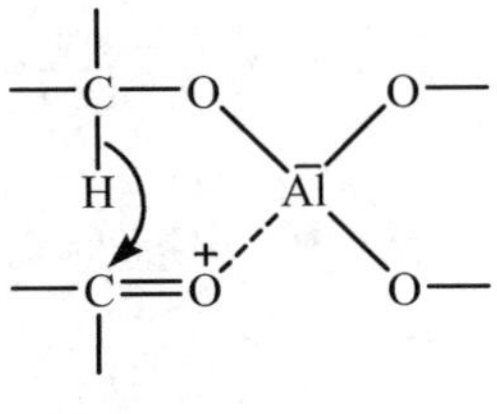

(b)

에스테르화는 프로톤이 부가한 카르복시산에의 (a)의 친핵적 공격이 율속단계이며, 입체장애의 효과가 현저하고, 3위치쪽이 빠르다. Oppenauer 산화와 크롬산 산화는 모두 금속에 수산기가 배위한 중간체의 농도는 3위치쪽이 크고(입체장애), 양쪽 반응 모두 수소이동이 율속단계이다. Oppenauer 산화의 율속단계는 (b)에 나타낸 바와 같이 카르보닐기가 배위한 4가의 알루미늄화합물에 있어서 수소음이온의 이동이며, 이 단계에 있어서 입체장애가 현저하기 때문에 3위치쪽이 빠르다. 크롬산 산화의 율속단계는 중간체의 분자내, 혹은 작은 분자인 물이 관여한 수소이동이며, 이동하는 수소의 분자내에 있어서 입체장해가 적은(3위치는 a-bond, 11위치는 e-bond) 11위치쪽이 빠르며, 이것이 평형이 작다라고 하는 불리한 것을 능가하고 있다.

06 sec-부틸기가 광학활성이기 때문에, 수소이온이동의 각각의 단계는 아래와 같은 비대칭 합성이다. 그러나 반응의 광학활성 보존율이 100%가 아니기 때문에 방치하면(평형시) 차츰 광학활성은 감소하여 0으로 수축되지만, 감소의 속도는 느리다라고 생각된다. 반응율이 10%에서는 상당히 광학활성이 큰 n-부틸알코올-1-D가 얻어지리라고 생각된다.

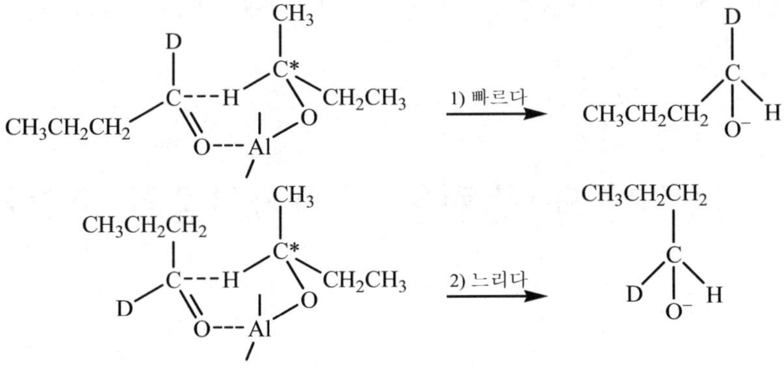

07 $RCH_2CO_2H \xrightarrow[H_2SO_4]{EtOH} RCH_2CO_2Et \xrightarrow{2C_6H_5MgBr} RCH_2-C(OH)(C_6H_5)_2$

$\xrightarrow{-H_2O} RCH=C(C_6H_5)_2 \xrightarrow{KMnO_4} RCO_2H + (C_6H_5)_2CO$

제13장 양자화학

01. 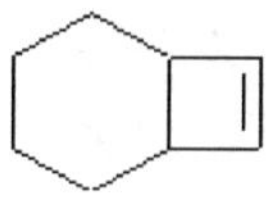

02 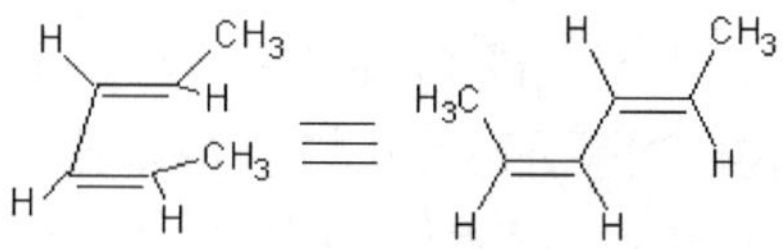

03 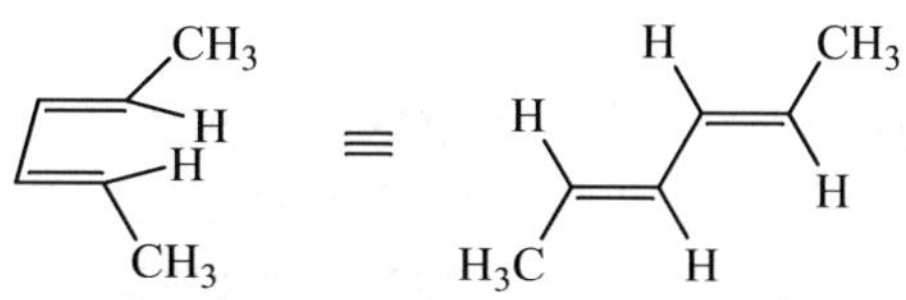

단, 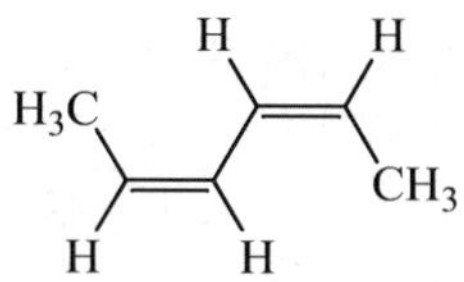 은 메틸기간의 입체장애. 생성하지 않는다.

제14장 일상생활에 관련된 유기화합물과 고분자화합물

01 14-1-1의 (3)참조

02 14-1-1의 (2)참조

03 (a) 14-2-3참조 (b) 14-2-1의 (6)참조

(c) 14-2-3의 (3)참조　　(d) 14-2-1의 (3)참조
(e) 14-2-1의 (2)참조　　(f) 14-2-1의 (2)참조

04 14-2-3의 (1)과 (2)참조

제15장 유기화합물의 구조결정법

01 $C_6H_5NO_2$

02 10300

03 n→π*, π→π*전이

04 (a) 4중선(1 : 2 : 2 : 1),　　(b) 4중선(1 : 2 : 2 : 1)
(c) 4중선(1 : 2 : 2 : 1),　　(d) 2중선(1 : 1)
(f) 4중선(1 : 2 : 2 : 1)

05 (a) $Br-CH_2-CH_2-CH_2-Br$　　(b)

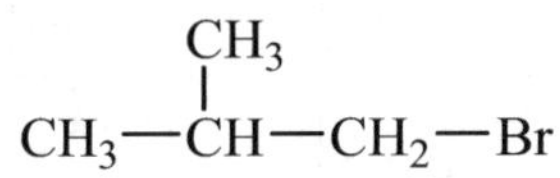

06 (a)

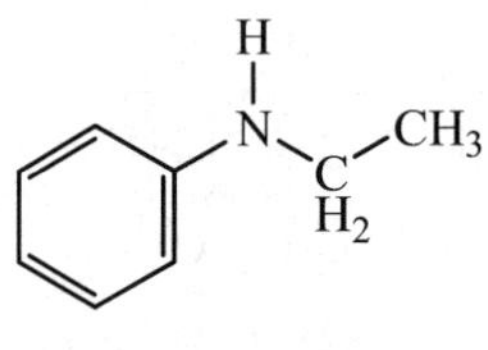

(b)

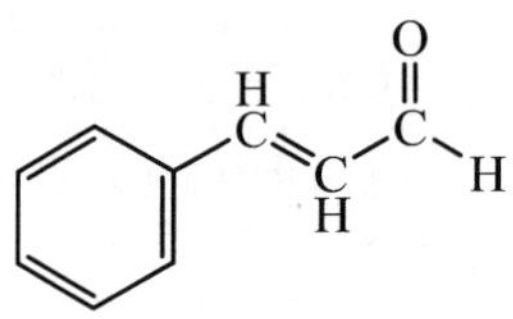

각종 유기기명

영어명	한국어명	화학식
Acenaphthenyl	아세나프텐일	$C_{12}H_9-$
Acetamido	아세트아미도	CH_3CONH-
Acetimidoyl	아세트이미도일	$CH_3C(=NH)-$
Acetoacetyl	아세토아세틸	CH_3COCH_2CO-
Acetonyl	아세토닐	CH_3COCH_2-
Acetonylidene	아세토닐리덴	$CH_3COCH=$
Acetoxy	아세톡시	CH_3COO-
Acetyl	아세틸	CH_3CO-
Acetylamino	아세틸아미노	CH_3CONH-
Acetylimino	아세틸이미노	$CH_3CO-N=$
Acridinyl	아크리딘일	$C_{13}H_8N-$
Acryloyl	아크릴로일	$CH_2=CHCO-$
Adipoyl	아디포일	$-CO(CH_2)_4CO-$
Alanyl	알라닐	$CH_3CH(NH_2)CO-$
β-Alanyl	β-알라닐	$H_2NCH_2CH_2CO-$
Allyl	알릴	$CH_2=CHCH_2-$
Allylidene	알릴리덴	$CH_2=CHCH=$
Allyloxy	알릴옥시	$CH_2=CHCH_2O-$
Amidino	아미디노	$H_2N-C(=NH)-$

영어명	한국어명	화학식
Amino	아미노	NH_2-
Aminooxy	아미노옥시	H_2N-O-
Ammonio	암모니오	$^{+}H_3N-$
Amyl	아밀	−>펜틸
Anilino	아닐리노	C_6H_5NH-
Anisidino	아니시디노	$CH_3OC_6H_4NH-$(o−, m−, p−)
Anisoyl	아니소일	$CH_3OC_6H_4CO-$(o−, m−, p−)
Anisyl	아니실	$CH_3OC_6H_4CH_2-$(o−, m−, p−)
Anthryl	안트릴	$C_{14}H_9-$
Arginyl	아르기닐	$NH_2C(=NH)NH(CH_2)_3CH(NH_2)CO-$
Asparaginyl	아스파라긴일	$NH_2COCH_2CH(NH_2)CO-$
α −Aspartyl	α −아스파르트일	$HO_2CCH_2CH(NH_2)CO-$
β −Aspartyl	β −아스파르트일	$HO_2CCH(NH_2)CH_2CO-$
Aspartoyl	아스파르토일	$-COCH_2CH(NH_2)CO-$
Atropoyl	아트로포일	$C_6H_5C=(CH_2)CO-$
Azelaoyl	아젤라오일	$-CO(CH_2)_7CO-$
Azi	아지	$-N=N-$(단일원자에 결합)
Azido	아지도	N_3-
Azino	아지노	$=N-N=$
Azo	아조	$-N=N-$
Azoxy	아족시	$-N(O)=N-$
Benzamido	벤즈아미도	C_6H_5CONH-
Benzenazo	벤젠아조	$C_6H_5N=N-$
Benzenesulfinyl	벤젠술핀일	C_6H_5SO-
Benzenesulfonamido	벤젠술폰아미도	$C_6H_5SO_2NH-$
Benzenesulfonyl	벤젠술폰일	$C_6H_5SO_2-$
Benzhydryl	벤즈하이드릴 (또는 디페닐메틸)	$(C_6H_5)_2CH-$

영어명	한국어명	화학식
Benzhydrylidene	벤즈하이드릴리덴	$(C_6H_5)_2C=$
Benzimidoyl	벤즈이미도일	$C_6H_5C(=NH)-$
Benzofuranyl	벤조푸란일	OC_8H_5-
Benzoquinonyl	벤조퀴논일	$(O=)_2C_6H_3-$(1,2- 또는 1,4-)
Benzoyl	벤조일	C_6H_5CO-
Benzoylamino	벤조일아미노	C_6H_5CONH-
Benzoylimino	벤조일이미노	$C_6H_5CON=$
Benzoyloxy	벤조일옥시	C_6H_5COO-
Benzyl	벤질	$C_6H_5CH_2-$
Benzylidene	벤질리덴	$C_6H_5CH=$
Benzylidyne	벤질리딘	$C_6H_5C\equiv$
Benzyloxy	벤질옥시	$C_6H_5CH_2O-$
Benzyloxycarbonyl	벤질옥시카르보닐	$C_6H_5CH_2OCO-$
Benzylthio	벤질티오	$C_6H_5CH_2S-$
Biphenylyl	비페닐일	$C_6H_5C_6H_4-$
Bornyl	보르닐	$C_{10}H_{17}-$
Bromo	브로모	$Br-$
Bromoformyl	브로모포르밀	$Br-CO-$
Butoxy	부톡시	$CH_3CH_2CH_2CH_2O-$
s-Butoxy	s-부톡시	$C_2H_5CH(CH_3)O-$
t-Butoxy	t-부톡시	$(CH_3)_3CO-$
1-Butenyl	1-부텐일	$CH_3CH_2CH=CH-$
2-Butenyl	2-부텐일	$CH_3CH=CHCH_2-$
2-Butenylene	2-부텐일렌	$-CH_2CH=CHCH_2-$
2-Butenylidene	2-부텐일리덴	$CH_3CH=CHCH=$
2-Butenylidyne	2-부텐일리딘	$CH_3CH=CHC\equiv$
Butyl	부틸	$CH_3CH_2CH_2CH_2-$
s-Butyl	s-부틸	$C_2H_5CH(CH_3)-$

영어명	한국어명	화학식
t-Butyl	t-부틸	$(CH_3)_3C-$
Butylidene	부틸리덴	$CH_3CH_2CH_2CH=$
s-Butylidene	s-부틸리덴	$C_2H_5C(CH_3)=$
Butylidyne	부틸리딘	$CH_3CH_2CH_2C\equiv$
Butyryl	부티릴	$CH_3CH_2CH_2CO-$
Camphyl	캄필	->보르닐
Caprinoyl	카프리노일	->데카노일
Caproyl	카프로일	->헥사노일
Capryloyl	카프릴로일	->옥타노일
Carbamoyl	카르바모일	NH_2CO-
Carbazido	카르바지도	->카르보노하이드라지도
Carbazolyl	카르바졸일	$NC_{12}H_8-$
Carbazoyl	카르바조일	NH_2NHCO-
Carbonimidoyl	카르본이미도일	$-C(=NH)-$
Carbonohydrazido	카르보노하이드라지도	$H_2NNHCONHNH-$
Carbonyl	카르보닐	$-CO-$, $OC<$
Carbonyldioxy	카르보닐디옥시	$-O-CO-O-$
Carboxy	카르복시	HO_2C-
Carboxylato	카르복실레이토	$OOC-$
Chloro	클로로	$Cl-$
Chloroformyl	클로로포르밀	$Cl-CO-$
Chloronio	클로로니오	$^{+}HCl-$
Chlorosyl	클로로실	$OCl-$
Chlorothio	클로로티오	$ClS-$
Chloryl	클로릴	O_2Cl-
Cinnamoyl	신나모일	$C_6H_5CH=CHCO-$
Cinnamyl	신나밀	$C_6H_5CH=CHCH_2-$
Cinnamylidene	신나밀리덴	$C_6H_5CH=CHCH=$

영어명	한국어명	화학식
Citraconoyl	시트라콘노일	$HC-CO-$ ‖ $CH_3-C-CO-$
Crotonoyl	크로토노일	$CH_3CH=CHCO-$
Crotyl	크로틸	−>2−부텐일
Cumenyl	쿠멘일	$(CH_3)_2CHC_6H_4-$ (o−, m−, p−)
Cyanato	시아네이토	$NCO-$
Cyano	시아노	$N\equiv C-$
Cyclobutyl	시클로부틸	C_4H_7-
Cycloheptyl	시클로헵틸	$C_7H_{13}-$
2,4−Cyclohexadienyl	2,4−시클로헥사디엔일	$CH_2CH=CHCH=CHCH-$
Cyclohexanecarbonyl	시클로헥산카르보닐	$C_6H_{11}CO-$
Cyclohexenyl	시클로헥센일	C_6H_9-
Cyclohexenylene	시클로헥센일렌	$-C_6H_8-$
2−Cyclohexenylidene	2−시클로헥센일리덴	$CH_2CH_2CH_2CH=CHC=$
Cyclohexyl	시클로헥실	$C_6H_{11}-$
Cyclohexylcarbonyl	시클로헥실카르보닐	$C_6H_{11}CO-$
Cyclohexylene	시클로헥실렌	$-C_6H_{10}-$
Cyclohexylidene	시클로헥실리덴	$CH_2CH_2CH_2CH_2CH_2C=$
Cyclopentadienyl	시클로펜타디엔일	C_5H_5-
Cyclopentadienylidene	시클로펜타디엔일리덴	$CH=CHCH=CHC=$
Cyclopentenyl	시클로펜텐일	C_5H_7-
Cyclopentyl	시클로펜틸	C_5H_9-
Cyclopropyl	시클로프로필	C_3H_5-
Cysteinyl	시스테인일	$HSCH_2CH(NH_2)CO-$
Cystyl	시스틸	$-COCH(NH_2)CH_2S-SCH_2CH(NH_2)CO-$

영어명	한국어명	화학식
Decanedioyl	데칸디오일	$-CO(CH_2)_8CO-$
Decanoyl	데카노일	$CH_3(CH_2)_8CO-$
Decyl	데실	$CH_3(CH_2)_8CH_2-$
Diacetylamino	디아세틸아미노	$(CH_3CO)_2N-$
Diazo	디아조	$=N_2$
Diazoamino	디아조아미노	$-N=N-NH-$
Dichloroiodo	디클로로아이오도	Cl_2I-
Diethylamino	디에틸아미노	$(C_2H_5)_2N-$
Dihydroxyiodo	디하이드록시아이오도	$(HO)_2I-$
Dimethylamino	디메틸아미노	$(CH_3)_2N-$
Dioxy	디옥시	$-O-O-$
Diphenylamino	디페닐아미노	$(C_6H_5)_2N-$
Diphenylmethyl	디페닐메틸 (또는 벤즈하이드릴)	$(C_6H_5)_2CH-$
Diphenylmethylene	디페닐메틸렌	$(C_6H_5)_2C=$
Dithio	디티오	$-S-S-$
Dithiocarboxy	디티오카르복시	HSSC−
Docosyl	도코실	$CH_3(CH_2)_{20}CH_2-$
Dodecanoyl	도데카노일	$CH_3(CH_2)_{10}CO-$
Dodecyl	도데실	$CH_3(CH_2)_{10}CH_2-$
Eicosyl	에이코실	$CH_3(CH_2)_{18}CH_2-$
Elaidoyl	엘라이도일	$CH_3(CH_2)_7CH=CH(CH_2)_7CO-$ (trans−)
Epidioxy	에피디옥시	−O−O−(가교결합)
Epidithio	에피디티오	−S−S−(가교결합)
Epimino	에피이미노	−NH−(가교결합)
Epithio	에피티오	−S−(가교결합)
Epoxy	에폭시	−O−(가교결합)
Ethanediylidene	에탄디일리덴	$=CHCH=$

영어명	한국어명	화학식
Ethoxalyl	에톡살일	$C_2H_5OOC-CO-$
Ethoxy	에톡시	C_2H_5O-
Ethoxycarbonyl	에톡시카르보닐	C_2H_5OOC-
Ethylamino	에틸아미노	C_2H_5NH-
Ethyl	에틸	CH_3CH_2-
Ethylene	에틸렌	$-CH_2CH_2-$
Ethylenedioxy	에틸렌디옥시	$-OCH_2CH_2O-$
Ethylidene	에틸리덴	$CH_3CH=$
Ethylidyne	에틸리딘	$CH_3C\equiv$
Ethylthio	에틸티오	C_2H_5S-
Ethynyl	에틴일	$HC\equiv C-$
Ethynylene	에틴일렌	$-C\equiv C-$
Fluorenyl	플루오렌일	$C_{13}H_9-$
Fluorenylidene	플루오렌일리덴	$C_{13}H_8=$
Fluoro	플루오로	F−
Fluoroformyl	플루오로포르밀	F−CO−
Formamido	포름아미도	OCH−NH−
Formimidoyl	포름이미도일	CH(=NH)−
Formyl	포르밀	OHC−
Formylamino	포르밀아미노	HCONH−
Formylimino	포르밀이미노	HCON=
Formyloxy	포르밀옥시	HCOO−
3−Furoyl	3−푸로일	CH=CHOCH=C−CO−
Fumaroyl	푸마로일	−COCH=CHCO−(trans−)
Furancarbonyl	푸란카르보닐	−>푸로일
Furfuryl	푸르푸릴	$OC_4H_3-CH_2-$($_2$−에 한정한다)

영어명	한국어명	화학식
Furfurylidene	푸르푸르일리덴	$OCH=CHCH=C-CH=$ (ring closure) (2-에 한정한다)
Furyl	푸릴	OC_4H_3-
2-Furylmethyl	2-푸릴메틸	->푸르푸릴
3-Furylmethyl	3-푸릴메틸	$CH=CHOCH=C-CH_2-$ (ring closure)
Galloyl	갈로일	$3,4,5-(HO)_3C_6H_2CO-$
Glutaminyl	글루타민일	$NH_2COCH_2CH_2CH(NH_2)CO-$
Glutamoyl	글루타모일	$-COCH_2CH_2CH(NH_2)CO-$
Glutaryl	글루타릴	$-CO(CH_2)_3CO-$
α -Glutamyl	α -글루탐일	$HO_2C(CH_3)_2CH(NH_2)CO-$
γ -Glutamyl	γ -글루탐일	$HO_2CCH(NH_2)(CH_2)_2CO-$
Glyceroyl	글리세로일	$HOCH_2CH(OH)CO-$
Glycoloyl	글리콜로일	$HOCH_2CO-$
Glycyl	글리실	NH_2CH_2CO-
Glyoxyloyl	글리옥실로일	$OHC-CO-$
Guanidino	구아니디노	$NH_2C(=NH)NH-$
Guanyl	구안일	->아미디노
Heneicosyl	헨에이코실	$CH_3(CH_2)_{19}CH_2-$
Heptadecanoyl	헵타데칸오일	$CH_3(CH_2)_{15}CO-$
Heptadecyl	헵타데실	$CH_3(CH_2)_{15}CH_2-$
Heptanedioyl	헵탄디오일	$-CO(CH_2)_5CO-$
Heptanoyl	헵탄오일	$CH_3(CH_2)_5CO-$
Heptyl	헵틸	$CH_3(CH_2)_5CH_2-$
Hexadecanoyl	헥사데카노일	$CH_3(CH_2)_{14}CO-$
Hexadecyl	헥사데실	$CH_3(CH_2)_{14}CH_2-$
Hexamethylene	헥사메틸렌	$-CH_2(CH_2)_4CH_2-$
Hexanamido	헥산아미도	$C_5H_{11}CONH-$

영어명	한국어명	화학식
Hexanoyl	헥산오일	$CH_3(CH_2)_4CO-$
Hexyl	헥실	$CH_3(CH_2)_4CH_2-$
Hexylidene	헥실리덴	$CH_3(CH_2)_4CH=$
Hexylidyne	헥실리딘	$CH_3(CH_2)_4C\equiv$
Hexyloxy	헥실옥시	$CH_3(CH_2)_5O-$
Hippuroyl	히퓨로일	$C_6H_5CONHCH_2CO-$
Histidyl	히스티딜	$N_2C_3H_3-CH_2CH(NH_2)CO-$
Hydantoyl	히단토일	$NH_2CONHCH_2CO-$
Hydratropoyl	하이드라트로포일	$C_6H_5CH(CH_3)CO-$
Hydrazi	하이드라지	−NHNH−(단일원자에 결합)
Hydrazino	하이드라지노	NH_2NH-
Hydrazo	하이드라조	−NHNH−(다른원자에 결합)
Hydrazono	하이드라조노	$NH_2N=$
Hydroperoxy	하이드로퍼옥시	HOO−
Hydroseleno	하이드로셀레노	HSe−
Hydroxy	하이드록시	HO−
o−Hydroxybenzoyl	o−하이드록시벤조일	−>살리실로일
p−Hydroxybenzoyl	p−하이드록시벤조일	$p-HOC_6H_4CO-$
Hydroxyamino	하이드록시아미노	HONH−
Hydroxyimino	하이드록시이미노	HON=
Imidazolyl	이미다졸릴	$N_2C_3H_3-$
Imino	이미노	−HN−, HN<
Indenyl	인덴일	C_9H_7-
Indolyl	인돌일	NC_8H_6-
Iodo	아이오도	I−
Iodoformyl	아이오도포르밀	I−CO−
Iodoso	아이오도소	−>아이오도실
Iodosyl	아이오도실	OI−

영어명	한국어명	화학식
Iodoxy	아이오독시	−>아이오딜
Iodyl	아이오딜	O_2I-
Isoamyl	이소아밀	−>이소펜틸
Isobutoxy	이소부톡시	$(CH_3)_2CHCH_2O-$
Isobutyl	이소부틸	$(CH_3)_2CHCH_2-$
Isobutylidene	이소부틸리덴	$(CH_3)_2CHCH=$
Isobutylidyne	이소부틸리딘	$(CH_3)_2CHC\equiv$
Isobutyryl	이소부티릴	$(CH_3)_2CHCO-$
Isocrotonoyl	이소크로토노일	$CH_3CH=CHCO-$(cis−)
Isocyanato	이소시아네이토	$OCN-$
Isocyano	이소시아노	$CN-$
Isohexyl	이소헥실	$(CH_3)_2CH(CH_2)_2CH_2-$
Isohexylidene	이소헥실리덴	$(CH_3)_2CH(CH_3)_2CH=$
Isohexylidyne	이소헥실리딘	$(CH_3)_2CH(CH_3)_2C\equiv$
Isoindolyl	이소인돌일	NC_8H_6-
Isoleucyl	이소류실	$C_2H_5CH(CH_3)CH(NH_2)CO-$
Isonicotinoyl	이소니코티노일	NC_5H_4-CO-(4−)
Isopentyl	이소펜틸	$(CH_3)_2CHCH_2CH_2-$
Isopentylidene	이소펜틸리덴	$(CH_3)_2CHCH_2CH=$
Isopentylidyne	이소펜틸리딘	$(CH_3)_2CHCH_2C\equiv$
Isopentyloxy	이소펜틸옥시	$(CH_3)_2CHCH_2CH_2O-$
Isophthaloyl	이소프탈로일	$-COC_6H_4CO-$(m−)
Isopropenyl	이소프로펜일	$CH_2=C(CH_3)-$
Isopropoxy	이소프로폭시	$(CH_3)_2CHO-$
Isopropyl	이소프로필	$(CH_3)_2CH-$
Isopropylidene	이소프로필리덴	$(CH_3)_2C=$
Isoquinolyl	이소퀴놀일	NC_9H_6-
Isothiazolyl	이소티아졸일	SNC_3H_2-

영어명	한국어명	화학식
Isothiocyanato	이소티오시아네이토	SCN−
Isothioureido	이소티오우레이도	HN=C(SH)NH−, $H_2NC(SH)=N-$
Isoureido	이소우레이도	NH=C(OH)NH−, $H_2NC(OH)=N-$
Isovaleryl	이소발레르일	$(CH_3)_2CHCH_2CO-$
Isoxazolyl	이소옥사졸일	ONC_3H_2-
Lactoyl	락토일	$CH_3CH(OH)CO-$
Lauroyl	라우로일	$CH_3(CH_2)_{10}CO-$
Leucyl	류실	$(CH_3)_2CHCH_2CH(NH_2)CO-$
Lysyl	리실	$NH_2(CH_2)_4CH(NH_2)CO-$
Maleoyl	말레오일	−COCH=CHCO−(cis−)
Malonyl	말로닐	$-COCH_2CO-$
Maloyl	말로일	$-COCH(OH)CH_2CO-$
Menthyl	멘틸	$C_{10}H_{19}-$
Mercapto	메르캅토	HS−
Mesaconoyl	메사코노일	−CO−CH ‖ $CH_3-C-CO-$
Mesityl	메시틸	$2,4,6-(CH_3)_3C_6H_2-$
Mesoxalo	메소옥살로	HOOCCOCO−
Mesoxalyl	메소옥살일	−COCOCO−
Mesyl	메실	CH_3SO_2-
Methacryloyl	메타크릴로일	$CH_2=C(CH_3)CO-$
Methanesulfinyl	메탄술핀일	CH_3SO-
Methanesulfonamido	메탄술폰아미도	CH_3SO_2NH-
Methanesulfonyl	메탄술폰일	−>메실
Methionyl	메티온일	$CH_3SCH_2CH_2CH(NH_2)CO-$
Methoxalyl	메톡살릴	$CH_3OOC-CO-$
Methoxy	메톡시	CH_3O-
Methoxycarbonyl	메톡시카르보닐	CH_3OOC-

영어명	한국어명	화학식
Methoxyimino	메톡시이미노	$CH_3ON=$
Methoxyphenyl	메톡시페닐	$CH_3OC_6H_4-$(o-, m-, p-)
Methoxysulfinyl	메톡시술핀일	CH_3OSO-
Methoxysulfonyl	메톡시술폰일	CH_3OSO_2-
Methyl	메틸	CH_3-
Methylallyl	메틸알릴	$CH_2=C(CH_3)CH_2-$
Methylamino	메틸아미노	CH_3NH-
Methylazo	메틸아조	$CH_3N=N-$
Methylazoxy	메틸아족시	CH_3N_2O-
Methylbenzyl	메틸벤질	$CH_3C_6H_4CH_2-$(o-, m-, p-)
Methyldithio	메틸디티오	CH_3S_2-
Methylene	메틸렌	$-CH_2-$, $H_2C<$
Methylenedioxy	메틸렌디옥시	$-OCH_2O-$
Methylidyne	메틸리딘	$HC\equiv$
α -Methylbenzyl	α -메틸벤질	$C_6H_5CH(CH_2)-$
Methylsulfinyl	메틸술핀일	CH_3SO-
Methylsulfonyl	메틸술폰일	->메실
Methylthio	메틸티오	CH_3S-
Morpholino	모르폴리노	$CH_2CH_2OCH_2CH_2N-$ (ring)
3-Morpholinyl	3-모르폴린일	$NHCH_2CH_2OCH_2CH-$ (ring)
Myristoyl	미리스토일	$CH_3(CH_2)_{12}CO-$
Naphthaleneazo	나프탈렌아조	$C_{10}H_7N=N-$(1-, 2-)
Naphthoyl	나프토일	$C_{10}H_7CO-$(1-, 2-)
Naphthoyloxy	나프토일옥시	$C_{10}H_7COO-$(1-, 2-)
Naphthyl	나프틸	$C_{10}H_7-$(1-, 2-)
Naphthylazo	나프틸아조	$C_{10}H_7N=N-$(1-, 2-)
Naphthylene	나프틸렌	$-C_{10}H_6-$

영어명	한국어명	화학식
Naphthylmethylene	나프틸메틸렌	$C_{10}H_7CH=$(1–, 2–)
Naphthylmethylidyne	나프틸메틸리딘	$C_{10}H_7C\equiv$(1–, 2–)
Naphthyloxy	나프틸옥시	$C_{10}H_7O-$(1–, 2–)
Neopentyl	네오펜틸	$(CH_3)_3CCH_2-$
Nicotinoyl	니코틴오일	NC_5H_4-CO-(3–)
Nitrilo	니트릴로	$N\equiv$
Nitro	니트로	O_2N-
aci–Nitro	aci–니트로	$HO(O=)N=$
Nitroso	니트로소	$ON-$
Nonadecyl	노나데실	$CH_3(CH_2)_{17}CH_2-$
Nonanedioyl	노난디오일	$-CO(CH_2)_7CO-$
Nonanoyl	노나노일	$CH_3(CH_2)_7CO-$
Nonyl	논일	$CH_3(CH_2)_7CH_2-$
Norbornyl	노르보른일	$C_7H_{11}-$
Norleucyl	노르류실	$CH_3(CH_2)_3CH(NH_2)CO-$
Norvalyl	노르발일	$CH_3CH_2CH_2CH(NH_2)CO-$
Octadecanoyl	옥타데카노일	$CH_3(CH_2)_{16}CO-$
Octadecyl	옥타데실	$CH_3(CH_2)_{16}CH_2-$
Octanedioyl	옥탄디오일	$-CO(CH_2)_6CO-$
Octanoyl	옥타노일	$CH_3(CH_2)_6CO-$
Octyl	옥틸	$CH_3(CH_2)_6CH_2-$
Oleoyl	올레오일	$CH_3(CH_2)_7CH=CH(CH_2)_7CO-$ (cis–)
Ornithyl	오르니틸	$NH_2(CH_2)_3CH(NH_2)CO-$
Oxalaceto	옥살아세토	$HOOC-COCH_2CO-$
Oxalacetyl	옥살아세틸	$-COCH_2COCO-$
Oxalo	옥살로	$HOOC-CO-$
Oxalyl	옥살일	$-COCO-$
Oxamoyl	옥사모일	NH_2COCO-

영어명	한국어명	화학식
Oxazolyl	옥사졸일	ONC_3H_2-
Oxido	옥사이도	$^-O-$(이온)
Oxo	옥소	$O=$
Oxonio	옥소니오	$^+H_2O-$
Oxy	옥시	$-O-$
Palmitoyl	팔미토일	$CH_3(CH_2)_{14}CO-$
2-Pentenyl	2-펜텐일	$CH_3CH_2CH=CHCH_2-$
Pentadecanoyl	펜타데카노일	$CH_3(CH_2)_{13}CO-$
Pentadecyl	펜타데실	$CH_3(CH_2)_{13}CH_2-$
Pentamethylene	펜타메틸렌	$-CH_2(CH_2)_3CH_2-$
Pentyl	펜틸	$CH_3(CH_2)_3CH_2-$
Pentylidene	펜틸리덴	$CH_3(CH_2)_3CH=$
Penylidyne	펜틸리딘	$CH_3(CH_2)_3C\equiv$
t-pentyl	t-펜틸	$C_2H_5C(CH_3)_2-$
Pentyloxy	펜틸옥시	$CH_3(CH_2)_3CH_2O-$
Perchloryl	퍼클로릴	O_3Cl-
Phenacyl	펜아실	$C_6H_5COCH_2-$
Phenacylidene	펜아실리덴	$C_6H_5COCH=$
Phenanthryl	페난트릴	$C_{14}H_9-$
Phenethyl	페네틸	$C_6H_5CH_2CH_2-$
Phenetidino	페네티디노	$C_2H_5OC_6H_4NH-$(o-, m-, p-)
Phenoxy	페녹시	C_6H_5O-
Phenyl	페닐	C_6H_5-
Phenylacetyl	페닐아세틸	$C_6H_5CH_2CO-$
Phenylazo	페닐아조	$C_6H_5N=N-$
Phenylazoxy	페닐아족시	$C_6H_5-N_2O-$
Phenylcarbamoyl	페닐카르바모일	C_6H_5NHCO-
Phenylene	페닐렌	$-C_6H_4-$(o-, m-, p-)

영어명	한국어명	화학식
Phenylenebisazo	페닐렌비스아조	$-N=N-C_6H_4-N=N-$
Phenylimino	페닐이미노	$C_6H_5N=$
Phenylsulfamoyl	페닐술파모일	$C_6H_5NHSO_2-$
Phenylsulfinyl	페닐술핀일	C_6H_5SO-
Phenylsulfonyl	페닐술폰일	$C_6H_5SO_2-$
Phenylsulfonylamino	페닐술폰일아미노	$C_6H_5SO_2NH-$
Phenylthio	페닐티오	C_6H_5S-
3-Phenylpropyl	3-페닐프로필	$C_6H_5CH_2CH_2CH_2-$
Phthalidyl	프탈리딜	$\overline{C_6H_4COOCH}-$
Phthalidylidene	프탈리딜리덴	$\overline{C_6H_4COOC}=$
Phthalimido	프탈이미도	$\overline{COC_6H_4CON}-$
Phthaloyl	프탈로일	$-COC_6H_4CO-(o-)$
Picryl	피크릴	$2,4,6-(NO_2)_3C_6H_2-$
Pimeloyl	피멜로일	$-CO(CH_2)_5CO-$
Piperazinyl	피페라진일	$N_2C_4H_9-$
Piperidino	피페리디노	$C_5H_{10}N-$(1-에 한정한다)
Piperidyl	피페리딜	$NC_5H_{10}-$
Piperonyl	피페로닐	3, $4-CH_2O_2=C_6H_3CH_2-$
Piperonylidene	피페로닐리덴	3, $4-CH_2O_2=C_6H_3CH=$
Piperonyloyl	피페로닐로일	3, $4-CH_2O_2=C_6H_3CO-$
Pivaloyl	피발로일	$(CH_3)_3CCO-$
Polythio	폴리티오	$-Sn-$
Prolyl	프롤일	$\overline{NHCH_2CH_2CH_2CHCO}-$
Propane-1,2,3-triyl	프로판-1,2,3-트리일	$-CH_2-\overset{\vert}{C}H-CH_2-$

영어명	한국어명	화학식
Propargyl	프로파르길	->2-프로핀일
1-Propenyl	1-프로펜일	$CH_3CH=CH-$
2-Propenyl	2-프로펜일	->알릴
Propenylene	프로펜일렌	$-CH_2CH=CH-$
Propioloyl	프로피올오일	$CH\equiv C-CO-$
Propionamido	프로피온아미도	CH_3CH_2CONH-
Propionyl	프로피온일	CH_3CH_2CO-
Propionyloxy	프로피온일옥시	CH_3CH_2COO-
Propoxy	프로폭시	$CH_3CH_2CH_2O-$
1-Propynyl	1-프로핀일	$CH_3C\equiv C-$
2-Propynyl	2-프로핀일	$HC\equiv CCH_2-$
Propyl	프로필	$CH_3CH_2CH_2-$
Propylene	프로필렌	$-CH(CH_3)CH_2-$
Propylidene	프로필리덴	$CH_3CH_2CH=$
Propylidyne	프로필리딘	$CH_3CH_2C\equiv$
Protocatechuoyl	프로토카테쿠오일	$3,4-(HO)_2C_6H_3CO-$
Pyranyl	피란일	OC_5H_5-
Pyrazinyl	피라진일	$N_2C_4H_3-$
Pyrazolinyl	피라졸린일	$N_2C_3H_5-$
Pyrazolyl	파라졸일	$N_2C_3H_3-$
Pyridinio	피리딘이오	$^{+}NC_5H_5-$
2-Pyridinecarbonyl	2-피리딘카르보닐	NC_5H_4-CO-
3-Pyridinecarbonyl	3-피리딘카르보닐	->니코틴오일
4-Pyridinecarbonyl	4-피리딘카르보닐	->이소니코틴오일
Pyridyl	피리딜	$NC_5H_4-(2-, 3-, 4-)$
Pyridyloxy	피리딜옥시	NC_5H_4-O-
Pyrimidinyl	피리미딘일	$N_2C_4H_3-$
Pyrrolidinyl	피롤리딘일	NC_4H_8-

영어명	한국어명	화학식
Pyrrolinyl	피롤린일	NC_4H_6-
Pyrrolyl	피롤일	$NC_4H_4-(1-,\ 2-,\ 3-)$
Pyruvoyl	피루보일	CH_3COCO-
Quinolyl	퀴놀일	NC_9H_6-
Salicyl	살리실	$o-HOC_6H_4CH_2-$
Salicylidene	살리실리덴	$o-HOC_6H_4CH=$
Salicyloyl	살리실로일	$o-HOC_6H_4CO-$
Sarcosyl	사르코실	CH_3NHCH_2CO-
Sebacoyl	세바코일	$-CO(CH_2)_8CO-$
Seleneno	셀레네노	$HOSe-$
Selenino	셀레니노	HO_2Se-
Seleninyl	셀레닌일	$OSe<$
Seleno	셀레노	$-Se-$
Selenoformyl	셀레노포르밀	$HSeC-$
Selenono	셀레노노	HO_3Se-
Selenonyl	셀레논일	O_2Se
Selenoxo	셀레녹소	$(C)=Se<$
Semicarbazido	세미카르바지도	$H_2NCONHNH-$
Semicarbazono	세미카르바조노	$H_2NCONHN=$
Seryl	세릴	$HOCH_2CH(NH_2)CO-$
Stearoyl	스테아로일	$CH_3(CH_2)_{16}CO-$
Styryl	스티릴	$C_6H_5CH=CH-$
Suberoyl	수베로일	$-CO(CH_2)_6CO-$
Succinamoyl	숙신아모일	$NH_2COCH_2CH_2CO-$
Succinimido	숙신이미도	$\overline{COCH_2CH_2CON}-$
Succinimidoyl	숙신이미도일	$-C(=NH)CH_2CH_2C(=NH)-$
Succinyl	숙신일	$-COCH_2CH_2CO-$

영어명	한국어명	화학식
Sulfamoyl	술파모일	NH_2SO_2-
Sulfanilamido	술파닐아미도	$p-NH_2C_6H_4SO_2NH-$
Sulfanilyl	술파닐일	$p-H_2NC_6H_4SO_2-$
Sulfenamoyl	술펜아모일	NH_2-S-
Sulfeno	술페노	HO−S−
Sulfido	술피도	$^-S-$(이온)
Sulfinamoyl	술핀아모일	NH_2-SO-
Sulfino	술피노	HO_2S-
Sulfinyl	술핀일	−SO−
Sulfo	술포	$HO-SO_2-$
Sulfoamino	술포아미노	HO_3S-NH-
Sulfonato	술포네이토	$^-O_3S-$(이온)
Sulfonio	술포니오	$^+H_2S-$(이온)
Sulfonyl	술포닐	$-SO_2-$
Sulfonyldioxy	술포닐디옥시	$-O-SO_2-O-$
Tartaroyl	타르타로일	−COCH(OH)CH(OH)CO−
Tartronoyl	타르트로노일	−COCH(OH)CO−
Tauryl	타우릴	$H_2NCH_2CH_2SO_2-$
Telluro	텔루로	−Te−(O원자를 치환한 것)
Terephthaloyl	테레프탈로일	$-COC_6H_4CO-(p-)$
Tetradecanoyl	테트라데카노일	$CH_3(CH_2)_{12}CO-$
Tetradecyl	테트라데실	$CH_3(CH_2)_{12}CH_2-$
Tetramethylene	테트라메틸렌	$-CH_2CH_2CH_2CH_2-$
Tetrazolyl	테트라졸일	N_4CH-
2−Thenylidene	2−테닐리덴	SCH=CHCH=C−CH= (고리: S와 C 연결)
Thenoyl	테노일	$SC_4H_3-CO-(2-, 3-)$
Thenyl	텐일	$SC_4H_3-CH_2-(2-, 3-)$

영어명	한국어명	화학식
Thiazolyl	티아졸일	SNC_3H_2-
Thienyl	티에닐	$SC_4H_3-(2, 3)$
Thio	티오	$-S-$
Thioacetyl	티오아세틸	CH_3CS-
Thiobenzoyl	티오벤조일	C_6H_5CS-
Thiocarbamoyl	티오카르바모일	NH_2CS-
Thiocarbonyl	티오카르보닐	$-CS-$, $SC<$
Thiocarboxy	티오카르복시	$HSOC-$
Thiocyanato	티오시아네이토	$NCS-$
Thioformyl	티오포르밀	$SHC-$
Thiosulfino	티오술피노	HOS_2-
Thiosulfo	티오술포	HO_2S_2-
Thioureido	티오우레이도	NH_2CSNH-
Thioxo	티옥소	$S=$
Threonyl	트레온일	$CH_3CH(OH)CH(NH_2)CO-$
Thyronyl	티로닐	$p-(p-HOC_6H_4O)C_6H_4CH_2CH(NH_2)CO-$
Toluenesulfonyl	톨루엔술폰일	$CH_3C_6H_4SO_2-$(o-, m-, p-)
Toluidino	톨루이디노	$CH_3C_6H_4NH-$(o-, m-, p-)
Toluoyl	톨루오일	$CH_3C_6H_4CO-$(o-, m-, p-)
Tolyl	톨릴	$CH_3C_6H_4-$(o-, m-, p-)
Tolylsulfonyl	톨릴술폰일	$CH_3C_6H_4SO_2-$(o-, m-, p-)
Tosyl	토실	$p-CH_3C_6H_4SO_2-$(p-에 한정한다)
Triazano	트리아자노	NH_2NHNH-
Triazeno	트리아제노	$NH_2N=N-$
Triazinyl	트리아진일	$N_3C_3H_2-$
Triazolyl	트리아졸일	$N_3C_2H_2-$
Tricosyl	트리코실	$CH_3(CH_2)_{21}CH_2-$
Tridecanoyl	트리데카노일	$CH_3(CH_2)_{11}CO-$

영어명	한국어명	화학식
Tridecyl	트리데실	$CH_3(CH_2)_{11}CH_2-$
Trimethylammonio	트리메틸암모니오	$(CH_3)_3N^+-$
Trimethylene	트리메틸렌	$-CH_2CH_2CH_2-$
Trimethylenedioxy	트리메틸렌디옥시	$-OCH_2CH_2CH_2O-$
Triphenylmethyl	트리페닐메틸(또는 트리틸)	$(C_6H_5)_3C-$
Trithio	트리티오	$-S_3-$
Trityl (Triphenylmethyl)	트리틸 (또는 트리페닐메틸)	$(C_6H_5)_3C-$
Tryptophyl	트리프토필	$NC_8H_6-CH_2CH(NH_2)CO-$
Tyrosyl	티로실	$p-HOC_6H_4CH_2CH(NH_2)CO-$
Undecyl	운데실	$CH_3(CH_2)_9CH_2-$
Unecanoyl	운데카노일	$CH_3(CH_2)_9CO-$
Ureido	우레이도	NH_2CONH-
Ureylene	우레일렌	$-NHCONH-$
Valeryl	발레릴	$CH_3(CH_2)_3CO-$
Valyl	발일	$(CH_3)_2CHCH(NH_2)CO-$
Vanilloyl	바닐로일	$3,4-(CH_3O)(HO)C_6H_3CO-$
Vanillyl	바닐일	$3,4-(CH_3O)(HO)C_6H_3CH_2-$
Vanillylidene	바닐일리덴	$3,4-(CH_3O)(HO)C_6H_3CH=$
Veratroyl	베라트로일	$3,4-(CH_3O)_2C_6H_3CO-$
Veratryl	베라트릴	$3,4-(CH_3O)_2C_6H_3CH_2-$
Veratrylidene	베라트릴이덴	$3,4-(CH_3O)_2C_6H_3CH=$
Vinyl	비닐	$CH_2=CH-$
Vinylene	비닐렌	$-HC=CH-$
Vinylidene	비닐리덴	$CH_2=C=$
Xanthenyl	크산텐일	$OC_{13}H_9-$
Xylidino	자일리디노	$(CH_3)_2C_6H_3NH-$
Xylyl	자일일	$(CH_3)_2C_6H_3-$

찾아보기

(ㄱ)

(Z)

(α)

(β)

(ε)

(π)

(ρ)

(σ)

(1)

(2)

(3)